McGraw Hill

5판

COWAN 미생물학 에센스

Marjorie Kelly Cowan · Heidi Smith 지음
이영옥 감수
강윤중 · 고관수 · 엄안흠 · 이경열 · 이동선
이미령 · 이준식 · 이중재 · 이효정 · 한송이 옮김

교문사

Microbiology: A Systems Approach, 5th Edition

1 2 3 4 5 6 7 8 9 10 GMS 20 20

Original: Microbiology: A Systems Approach, 5th Edition © 2018
By Marjorie Kelly Cowan, Heidi Smith
ISBN 978-1-259-70661-5

This authorized Korean translation edition is published by Gyomoonsa in arrangement with McGraw-Hill Education Korea, Ltd. This edition is authorized for sale in the Republic of Korea.

This book is exclusively distributed by Gyomoonsa.

When ordering this title, please use ISBN 978-89-363-1986-1

Printed in Korea

옮긴이 머리말

우리 눈에 보이지 않는 마이크로(0.001 mm) 크기의 생명체들을 미생물이라고 한다. 네덜란드의 옷감장수였던 레이우엔훅(Leeuwenhoek, 1632~1723)이 개발한 현미경 덕분에 우리 인류가 미생물의 존재를 알게 되었으나 그 후로도 100여 년 이상 미생물은 우리의 관심 밖에 있었다. 그러다 미생물학의 선구자라고 할 수 있는 파스퇴르(Pasteur, 1822~1895), 코흐(Koch, 1843~1910) 등에 의해 미생물 연구가 시작되어 우리 인간에게 질병을 야기하는 수많은 감염 미생물 등에 관한 연구들이 대대적으로 이루어진 100년(1850~1950)을 미생물학의 황금기라고 한다. 그 후 분자생물학의 발달 덕분에 점점 더 정교해진 실험기법으로 미생물을 연구할 수 있게 됨에 따라 우리는 미생물을 더 많이 이해하게 되었다. 즉 자연계나 우리 몸에 존재하는 미생물을 배양하지 않고도 해당 미생물들이 가진 유전체의 총합인 마이크로바이옴을 분석할 수 있게 됨으로써 미생물에 대한 이해도가 하루가 다르게 높아지는 지금을 제2의 미생물학 황금기라고도 한다. 본 교재의 각 장에 소개된 마이크로바이옴과 인체 건강과의 연관성은 최근 가장 많이 연구되는 미생물 분야 중의 하나이다. 본 교재에서는 감염성 미생물들에 대한 설명이 많은 편이나 실제로 병원성 미생물은 자연계에 존재하는 모든 미생물 중 극소수만을 차지하고 그 외의 미생물들은 지구 생태계의 지속가능성을 위해 필수적이거나 우리 삶에서 다양하게 활용되는 우리의 친구들이다. 제2의 미생물학 황금기인 지금, 세계 곳곳에서 활발하게 진행 중인 미생물 관련 연구의 성과들은 분명 우리 인류에게 수많은 유익을 가져다줄 것이다.

끝으로 이 책의 구성 및 번역 지침에 대해 간략하게 설명하겠다. 총 14장으로 구성된 본 교재 중, 1~11장과 14장은 대부분의 일반미생물학 교재들이 공통적으로 다루는 주제들에 관한 것이고, 나머지 12~13장은 의학미생물 분야에서 다루는 건강 관련 주제들이다. 아울러 면역학 부분은 별도의 PDF 파일로 제공할 예정이다(교문사 홈페이지). 본 교재에 포함된 전문 용어들의 번역은 네이버 미생물학백과에 준하였고 네이버 미생물학백과에 미수록된 미생물의 학명이나 효소명 등은 원어 그대로 기재하였다.

저자의 의도와 같이 우리 번역진들 또한 학습자들이 교재 내용을 쉽게 습득하도록 번역하고자 하였다. 본 교재로 공부한 학생들의 미생물에 대한 '앎(science 혹은 knowledge)'의 정도가 크게 향상되길 진심으로 바란다.

역자 대표 이영옥

저자 소개

켈리 코완(Kelly Cowan)은 미생물학자로서 지난 20여 년 동안 간호학과 및 건강 관련 학과 학생들에게 미생물학을 가르쳐 왔다. 그녀는 켄터키주립대학 루이빌(Louisville) 분교에서 박사 학위를 취득한 후, 미국의 매릴랜드대학과 네덜란드의 흐로닝언(Groningen)대학에서 박사후(PostDoc)과정을 마쳤다. 그 후 그녀가 현재 재직 중인 미국 오하이오에 있는 마이애미대학(Miami University Middletown)에서 강의를 하면서 학부생 및 대학원생들과의 공동연구로 25편 이상의 기초과학적인 연구논문을 발표하였다. 지난 몇 년 전부터는 연구보다는 학생들의 교육에 더 많은 관심을 가지고 기초가 부족한 학생들의 역량 강화를 위해 노력 중이다. 그녀는 미국미생물학회(American Society for Microbiology, ASM)의 학부교육위원회 분과를 비롯해 다양한 교육 분과의 위원장을 맡기도 하였다.

© Ted Light

하이디 스미스(Heidi Smith)는 콜로라도주 Fort Collins에 있는 Front Range Community College(FRCC)의 미생물학과에 재직 중이다. 그녀는 미국 전역에 있는 대학들과 협력하여 학생들 주도의 학습력과 비판적인 사고력 함양을 위한 좀 더 발전적인 온라인 교육법의 활성화를 위해 노력하고 있다. 그녀 또한 ASM의 회원이면서 ASM 학부교육위원회 분과에서 학부교육의 지침을 만드는 중추적인 멤버로 활동하였으며, 현재 재직 중인 대학(FRCC)에서 연방정부의 교육정책 관련 프로젝트(기초가 부족한 학생들의 역량 강화 프로그램 등)를 수행하기도 하였다. 사적으로 그녀는 남편과 3명의 어린 자녀들과 함께 콜로라도의 아름다운 자연을 즐기는 데 가능한 한 많은 시간을 보낸다고 한다.

© Heidi Smith

저자 머리말

학생들에게 주는 메시지

미생물의 세계에 온 학생 여러분을 환영합니다. 여러분은 이제 곧 미생물이 우리 인간, 더 나아가 우리의 터전인 지구 환경과 얼마나 깊이 연관되어 있는지를 알게 될 것이고, 또 그로 인해 여러분의 지적 호기심도 생길 것입니다. 흥미로운 것은 여러분 모두 이미 미생물과 관련된 수많은 경험을 했다는 것입니다. 그 중 하나를 예로 들자면, 여러분은 지금 미생물과 함께 살고 있고, 여러분 각자의 유전정보(DNA) 안에는 바이러스나 다른 미생물의 유전정보도 끼여 있다는 것입니다. 미생물과 관련된 나쁜 기억이 있다면 그것은 아마 여러분이 지구상에 존재하는 모든 미생물 중 극히 일부를 차지하는 병원성 미생물에 감염되어 질병을 앓았던 적이 있기 때문일 것입니다. 그런데 더 놀라운 일은 그 질병의 치료 또한 미생물 때문에 가능하다는 것입니다.

이 책은 생명과학 및 화학 분야에 대한 사전 지식이 없는 학생들을 위해 쓴 책입니다. 특히 이 책은 건강 관련 직업에 종사하고자 하는 학생들이 꼭 알아야 할 정보들을 제공해줄 것입니다. 미생물과 관련된 엄청나게 많고도 복잡다단한 세부지식으로 여러분을 불필요하게 압도하지 않고서 말입니다. 지금 여러분이 건강 관련 직장에 다니지 않는다고 걱정할 필요가 없습니다. 앞으로 여러분이 건강 관련 직장에서 일하기 위해서는 미생물학과 관련된 주요 개념이나 주제들을 여러분이 제대로 이해하고 있어야 합니다. 여러분은 이 책을 통해 그 일을 해낼 수 있습니다!

켈리 코완

이 책을 나의 남편 테드, 우리의 손주 몰리와 로즈,
그리고 그 외의 우리 가족들에게 바친다 – 켈리

이 책을 내가 사랑하는 전 세계에 있는 친구들, 그리고
남편이자 최고의 친구인 리안에게 바친다 – 하이디

차례

© Blend Images-Don Mason/Getty Images RF

© Westend61/Getty Images RF

© Neil Lockhart/ Shutterstock RF

Chapter 7
미생물 영양, 생태 및 생장 171

Bristol BioEnergy Centre BRL, University of the West of England, UK

Chapter 8
미생물 대사: 생명의 화학적 갈림길 199

© Imagesource/ PictureQuest RF

Chapter 9
미생물 유전학 234

© Mare Czinar

Chapter **10**
유전공학과 재조합 DNA 272

© Digital Vision/Getty Images RF

Chapter **11**
미생물 제어를 위한 물리화학적 방법 296

© Brand X Pixtures/PunchStock RF

Chapter **12**
항생제 치료 326

© MarkHatfield/iStock/Getty Images RF

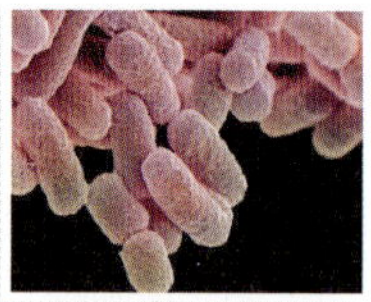
©Science Photo Library RF/Getty Images RF

© Shutterstock/AstroStar RF

Chapter 1 미생물학 개요

현미경으로 본 세상

더러운 커피 머신?

이번에 소개하는 사례를 통해 대중매체의 기사가 어디까지 사실인지 살펴볼 것이다. 이 사례는 2015년 Huffington Post 신문에 소개된 "당신의 커피 머신은 세균과 곰팡이로 덮여 있을 수 있다."란 기사에 대한 것이다.

인기 있는 개인용 커피 머신은 확실히 편리하다. 모든 사람은 자신만의 커피 취향이 있다! 커피 머신이 없으면 버너에 커피 주전자를 너무 오래 끓여 커피 향을 망칠 수 있다. 그러나 이 기사는 커피 맛 이야기가 아닌 다른 이야기를 하고 있다. 피츠버그, 달라스, 시카고의 CBS 방송국에 있는 커피 머신 29개에서 면봉으로 시료를 채취한 후 실험실에 보내어 미생물을 조사하였다. "시료의 절반 이상에서 세균 수백만 개가 배양되었다."라고 기자는 전한다. 달라스의 한 머신에서는 대장균(*Escherichia coli*) 양성반응을 보였다. 그중 하나의 커피 머신 소유자인 한 여성은 "이 결과 때문에 울고 싶다."라고 인터뷰하였다.

- 이 기사가 **의도하는 메시지**는 무엇인가?
- 기사를 읽은 후 **여러분의 평가**는 어떠한가? 평가가 비판을 의미하는 것은 아니다. 여러분의 지식을 이용하여 기사의 사실여부, 그리고 기사가 전달하고자 하는 메시지가 무엇인지를 제대로(혹은 옳게) 인지하기 위해서는 비평적인 안목이 필요하다.
- 미생물학을 공부하지 않은 친구를 위해 이 기사를 어떻게 **해석할** 것인가?

- 기사의 정확성과 의도된 효과의 정확성을 고려하여 기사에 대한 당신의 **점수**는 얼마인가?

현미경으로 본 세상-논평은 이 장의 끝에 나옵니다.

1.1 미생물학의 영역

미생물학(microbiology)은 대개 너무 작아서 확대하지 않으면 볼 수 없는 생물을 다루는 생물학의 한 분야이다. 이런 **미세한**(microscopic) 생물은 미생물 종류나 목적에 따라 **미생물**(microorganism, microbe), 또는 다른 용어로 불린다. 감염 및 질병 분야에서는 세균, 바이러스, 또는 병원체라고 불리기도 한다. 심지어 "벌레"라고 불리기도 한다. 하지만 어떤 용어도 명확하지 않다. 더 나아가, 몇몇 용어는 미생물의 특정한 측면을 지나치게 강조한다. 이 책으로 공부하면서 나중에 알게 되겠지만 일부의 미생물만이 다른 생물에 해를 끼친다. 미생물학에서는 주로 **세균**(bacteria), **바이러스**(virus), **원생생물**(protist), **기생충**(helminth), **진균**(혹은 균류, fungi)를 다룬다. 바이러스를 제외하고는 모두 세포로 구성된 생물이다. 바이러스는 유전자와 그 유전자를 둘러싸는 단백질 입자로 구성된 비세포성이면서 기생적인 존재인데 세포로 구성된 생물(숙주)을 감염하여 손상을 야기한다. 바이러스의 진화 역사와 영향은 미생물의 진화, 그리고 인간을 포함하는 모든 생물과 밀접하게 연결되어 있다. 앞으로 공부하게 되겠지만, 바이러스를 제외한 미생물들은 모두 생물학적 특징들을 확실하게 보유하고 있다.

미생물이란 존재는 우리가 미생물을 공부하기 쉽게 하기도 하고, 또 어렵게 하기도 한다. 왜냐하면 미생물들은 매우 빨리 번식하므로 실험실에서 손쉽게 큰 집단으로 키울 수 있어서 쉽고, 또 그 대부분이 육안으로 볼 수 없기 때문에 어렵게 느껴지기도 한다. 그래서 그들을 분석하기 위해 현미경 등의 다양한 간접적인 도구들을 동원하기도 한다.

미생물학자들은 미생물들의 세포 구조와 기능, 생장과 생리학, 유전학, 분류학, 진화역사, 그리고 생물과 환경 사이의 상호작용 등 미생물의 다양한 측면을 연구한다. 또한 산업 및 농업 분야에서의 미생물의 적용성 그리고 미생물의 포유류 숙주와의 관계, 특히, 숙주 생물에게 질병을 초래하거나 이익을 제공하는 그들의 속성을 연구한다.

표 1.1에 미생물학의 다양한 세부 분야에 대한 설명이 제시되어 있다. 미생물학 연구를 통해 많은 일반적인 생물학적 원리들(principles)을 더 잘 이해하게 되었다. 즉 미생물을 연구함으로써 생명체의 화학, 그들의 유전 체계, 그리고 영양소, 무기물, 기체 등의 물질의 전지구적인 순환 등에 관해 더 보편적인 개념을 정립할 수 있게 되었다.

1.1 학습 평가

1. 다양한 미생물의 종류에 대해 설명할 수 있다.
2. 미생물학과 관련된 다양한 직업을 구별할 수 있다.

1.2 미생물이 지구에 미치는 영향: 거대한 영향력을 가진 작은 생물

미생물학을 공부하면서 가장 중요하게 인식해야 할 것은 미생물들이 지구환경 및 지구 서식자들에게 다양한 측면에서 막강한 영향력을 발휘한다는 것이다. 10억 년 동안, 미생물들은 자신들의 서식범위를 매우 넓게 확장하였으며 다양한 생명체로 진화하였다. 과학자들이 다른 행성에서 생명체의 존재 유무를 조사할 때 우선 미생물의 흔적을 찾는 것도 이와 같은 이유에서다.

화석 기록에 의하면, 현재의 세포 유형 이전의 세포로 된 생물은 약 35억 년 전에 출현하였다. 약 29억 년 전까지는 그들이 유일하게 살아 있는 생명체였던 것으로 여겨진다. 이후 공통 조상, 또는 LUCA(last universal common ancestor)라고 불리는 세포로부터 3가지 유형의 세포가 생긴 것으로 보인다. 이 중 2가지는 세균과 고세균이며, 나머지 한 가지는 더 복잡한 유형의 세포로 구성된 단세포 **진핵생물**(eukaryote)이다. 진핵은 **진정한 핵**(true nucleus)을 의미하는데, 이는 이들이 핵을 가진 유일한 세포이기 때문이다. 세균과 고세균에는 진정한 핵이 없다. 때문에, 세균과 고세균을 **원핵생물**(prokaryote)이라고 한다. 하지만 과학자들은 고세균과 세균이 유전적으로 서로 다르므로 **원핵생물**이라는 용어를 더 이상 사용하지 말자고 제안하기도 한다.

세균과 고세균

처음에 미생물학자들이 그랬듯이 우리는 '원핵생물과 진핵생물'이라는 두 용어로 모든 세포 유형을 정의할 수 있다는 점에서 너무 쉽게 미생물을 이해하곤 했다. 그러나 세균과 고세균을 포함하는 원핵생물들이 유전 연구를 통해 서로 가깝게 연관되지 않는 것을 알게 되자 하나의 범주로 묶이지 않게 되었다. 즉 고세균은 구조적으로는 세균과 닮았지만, 유전적으

표 1.1 미생물학 분야

A. 의학 미생물학 • 사람과 동물에게 질병을 유발하는 미생물을 다룬다. 연구자들은 미생물이 독성을 갖는 요인과 이를 억제하는 기작을 규명한다.	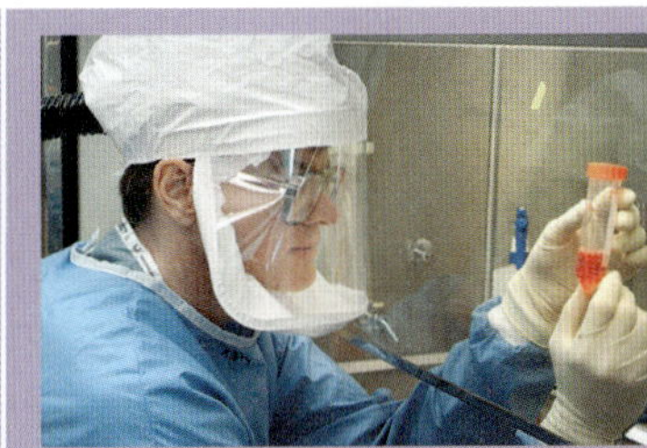	**그림 A.** 질병통제예방센터(Center for Disease Control and Prevention, CDC)의 미생물학 연구원들이 1918년 유행했던 인플루엔자바이러스를 검사하고 있다. 이 실험실에서는 바이러스가 높은 치사율을 보인 이유와 백신 및 치료제 개발에 관해 연구한다. 치명적인 바이러스를 다룰 때 특별한 보호 장비와 배기 장치를 갖춘 고도의 보호시설이 필요하다. *CDC/James Gathany*
B. 공중보건 미생물학과 역학(epidemiology) • 지역사회에서의 질병의 전파를 감시하고 통제한다. 이 업무를 수행하는 기관은 공중보건국(U.S. Public Health Service, USPHS), 질병통제예방센터(CDC), 세계보건기구(World Health Organization, WHO) 등이다.		**그림 B.** 2명의 역학자가 아이티(Haiti)의 콜레라 대유행(epidemic)을 제어하는 계획에 대해 인터뷰를 하고 있다. 2013년 사진. *CDC/Preetha Iyengar, M.D*
C. 면역학 • 방어 물질들 간의 복잡한 연계성과 감염에 대응해 생산되는 세포들에 대해 연구하는데 여기에는 백신 접종, 혈액 검사, 알레르기 등도 포함된다. 면역학자는 또한 암과 자가면역 질환에서 면역체계의 역할에 관해 연구한다.		**그림 C.** 면역학자들이 시료를 동결건조(freeze dry)하고 있다. *© Ariel Skelley/Blend Images LLC RF*
D. 산업 미생물학 • 식품과 물의 안전, 미생물 대사과정을 이용한 제품 생산과 같은 생명공학을 다룬다. 미생물은 아미노산, 맥주, 약물, 효소, 비타민의 대량 생산에 이용된다.		**그림 D.** 과학자들이 닭을 검사하기 위해 화상장치(multispectral imaging system)를 이용하고 있다. *USDA-ARS/tephen R Ausmus*
E. 농업 미생물학 • 미생물과 농작물 혹은 미생물과 가축 사이의 관계에 대해 연구한다. • 농작물관련 미생물학자는 농작물 질병, 토양 비옥도, 영양분 상호작용(nutritional interaction) 등에 관해 연구한다. • 동물관련 미생물학자는 동물에 발생하는 감염성 질병과 동물과 미생물 간의 관계에 관해 연구한다.		**그림 E.** 농작물관련 미생물학자들이 자운영(alfalfa) 뿌리에 미치는 미생물의 영향을 조사하기 위해 자운영 싹의 영상을 검사하고 있다. *USDA/Scott Bauer*
F. 환경 미생물학 • 다양한 지구 환경에 미치는 미생물의 영향에 관해 연구한다. 담수, 해수, 표토, 지각 등 어디에나 존재하는 미생물들은 해당 서식 환경에 상당한 영향을 미친다. 환경 미생물학의 세부 분야는 다음과 같다. 수생(aquatic) 미생물학 – 지표수에 서식하는 미생물에 관한 연구 토양 미생물학 – 육상(토양)에 서식하는 미생물에 관한 연구 지질 미생물학 – 지각에 존재하는 미생물에 관한 연구 우주생물학 또는 외계생물학 – 지구 밖에 존재하는 미생물과 기타 생물에 관한 연구		**그림 F.** 연구자가 이리 호수(Lake Erie)에서 시료를 채취하고 있다. *© Christopher Berkey/epa/Corbis*

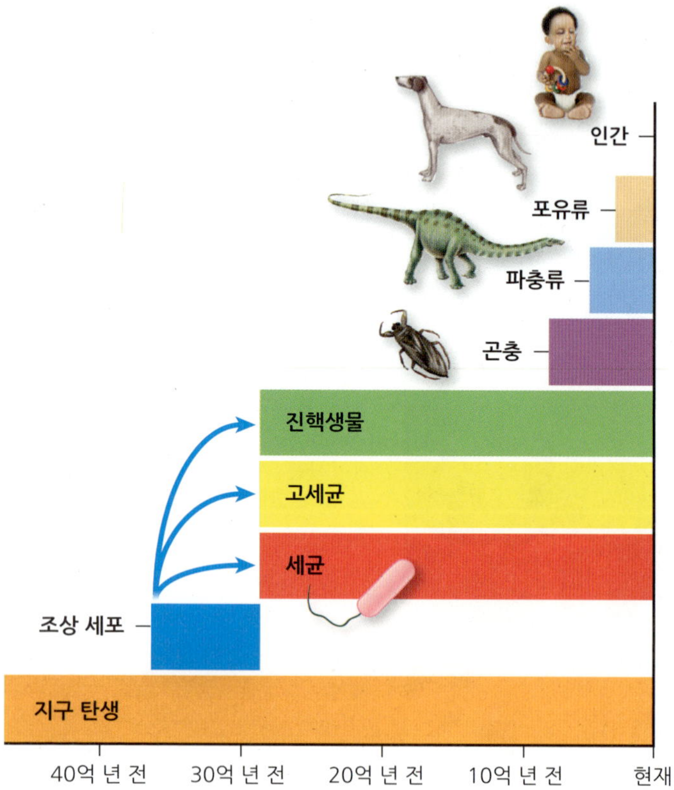

그림 1.1 **진화 연대표** 첫 번째 세포는 약 35억 년 전 출현하였다.

로는 진핵생물과 더 가까운 것으로 여겨진다. 따라서 이제는 진핵생물, 세균, 고세균, 3가지의 세포 유형으로 구분한다. 이 책에서 우리는 세균과 진핵생물에 집중할 것이다. 왜냐하면 이들이 대부분의 인간 질병을 야기하기 때문이다. 이 책의 여러 장에서 우리는 고세균을 구분지어 설명하기도 하지만 더러는 그 설명이 세균뿐 아니라 고세균에게 해당될지라도 세균에 집중해 세균만 거론하기도 할 것이다. 왜냐하면 세균에 대한 정보를 제공해야 할 때 "세균과 고세균"이라고 얘기하면 혼란을 초래할 수도 있기 때문이다.

그림 1.1은 지구상에서의 생명체의 역사를 보여준다. 그림에 표현된 눈금에 의하면 인간은 방금 전에 출현한 것처로 보인다. 세균은 심지어 가장 먼저 나타난 동물보다 20억 년 더 앞서 존재했다. 이는 인간이 세균을 환경에서 제거하려고 하면 안 된다는 것을 암시하기도 한다. 세균은 긴 지구 역사 동안에 있었던 수많은 파괴적인 변화에도 살아남아 적응해왔다.

세균이 가진 막강한 영향력을 암시하는 또 다른 관점은 그들이 **어디에나 존재**(ubiquitous)한다는 것이다. 미생물은 지구의 깊숙한 곳부터 극지방 만년설까지, 또 바다 속, 동·식물의 체내 등 거의 모든 곳에서 발견된다. 대개 눈에 보이지 않는 미생물들이 보유한 영향력이 크기가 큰 식물 및 동물의 영향력에 비해 분명하지도 않고 또 우리가 그런 것들에 익숙하지도 않다. 미생물은 많은 수로 존재하고 많은 다른 생물이 살지 못하는 곳에서 생존이 가능한 그 장점들로 그들의 작은 크기를 보완한다. 무엇보다도 그들은 지구 생명체들의 삶에 필수불가결한 임무를 수행한다.

"Karyote"와 "Caryote"

원핵생물(prokaryote)과 진핵생물(eukaryote)의 k영문 철자에서뿐만 아니라 c로도 표기된 것(procaryote, eucaryote)을 볼 수 있을 것이다. 2가지 철자 모두 맞다. 이 책에서는 현대 방식의 k 철자를 사용한다.

29억 년 동안, 단세포 생물이 지구 행성에서 다양한 환경에 적응한 현상에 주목하면서 **진화**(evolution)에 대해 설명해보자. 가장 먼저 나타난 생명체가 환경과 상황에 적응하며 끊임없이 변하지 않았더라면 현재의 구조로 살아가지 못할 것이다. 그림 1.1에서 맨 왼쪽부터 인간이 출현한 맨 오른쪽까지는 행성이 형성된 이후로 발생한 첫 세포를 시작으로 수십억 가지의 작은 변화들이 있었을 것이다.

여러분은 "진화론"이라는 개념을 틀림없이 들어봤을 것이다. 몇 가지 용어의 개념을 명확하게 구분해보자. **진화**(evolution)는 생물이 환경에 적응하면서 생물에 발생하는 변화가 축적되는 것이다. 진화는 과학적으로 검증될 수 있는 관찰 가능한 현상이며 매일 지구 행성의 모든 곳에서 일어나며 기록되고 있다. 그러나 이를 "**진화론**(theory of evolution)"이라고 부르면 일반 대중들은 혼란스러워 한다. 1.6절에서 설명하겠지만, 과학자들은 "이론"이라는 단어를 일반 대중들과 달리 사용한다. 과학에서 사용하는 '이론'이란 용어는 수년에 걸친 실험으로 그 오류가 입증되지 않았음을 의미한다.

즉 "내 이론은 그가 늦잠을 자서 늦었다는 거야"와 같이 우리가 흔히 일상회화에 사용하는 이론이란 용어와는 전혀 다른 뜻이 진화론에는 내포되어 있다. 진화론은 배종설(germ theory) 등 수많은 다른 과학 이론처럼 잘 연구되었고 잘 정립된 자연 현상에 대한 표지이다.

지구환경조성에 관여하는 미생물

미생물은 지구 생태계[1]에서 일어나는 에너지 및 물질 흐름(먹이그물망)에 깊숙이 관여하고 있다. 식물이 빛에너지

1 생태계(ecosystem)란 살아 있는 생물과 그들의 서식공간인 환경의 합을 의미한다.

(a) (b)

그림 1.2 미생물 서식지의 예 (a) 여름철, 왕성하게 광합성을 하는 조류 군집에 의해 두껍게 덮인 연못. (b) 동/식물 사체 분해에 주된 역할을 하는 미생물.

(a) © Jerome Wexler/Science Source; (b) © Michel & Christine Denis-Huot/Science Source

를 이용해 이산화탄소를 유기물로 전환하면서 산소도 형성하는, 즉 **산소성 광합성**(oxygenic photosynthesis)을 한다는 것을 잘 알 것이다. 그러나 세균은 식물이 지구에 출현하기 훨씬 전부터 광합성을 했는데, 처음에는 산소를 형성하지 않는 **무산소성 광합성**(anoxygenic photosynthesis)만을 하다 나중에는 더 진화된 산소성 광합성도 하였는데 그로 인해 산소가 생성될 뿐만 아니라 햇빛으로부터 흡수하는 에너지 효율 또한 향상되었다. 즉 세균이 대기의 조성을, 무산소 상태에서 유산소 상태로 전환하는 데 기여한 것이다. 또 생성된 산소는 생물의 호흡(유기호흡)에 이용될 뿐 아니라 오존층 생성을 유도하면서 엄청난 생물종 다양성을 야기하였다. 오늘날, 미생물(세균과 조류)은 지구 총 광합성량의 70% 이상을 수행하면서 생성한 산소를 대기로 방출하므로 대기의 주요 산소 생산자인 셈이다(**그림 1.2a**).

미생물이 지구환경의 유지를 위해 수행하는 또 다른 주요 기능은 **분해**(decomposition)과정을 통해 영양소를 재순환(recycling)하는 기능이다. 분해는 사체와 폐기물에 포함된 복잡한 유기화합물을 생물이 곧바로 이용할 수 있는 단순한 무기화합물로 전환시켜 자연적으로 영양소 등의 물질이 순환되는 것을 말한다(**그림 1.2b**). 생물이 죽으면 그 사체는 곧바로 분해되기 시작한다. 세균은 사체의 분해 시에 주요한 역할을 한다. 세균은 체내의 부드러운 조직을 액체 및 기체 상태 물질로 전환시킨다. 분해의 결과로 방출되는 황화수소와 같은 화학물질은 사체에서 톡 쏘는 냄새가 나게 한다. 만약 지구상에 세균과 진균이 없다면 생물의 사체에 있는 유기화합물이 분해되지 않아 생물이 필요로 하는 많은 원소들의 사용이 불가능하게 될 것이다. 또한 우리 인간은 산업 및 생활 폐기물더미에 압도될 것이다! 장기적인 관점에서 봤을 때, 미생물이 토양, 물, 그리고 대기의 구조 및 그 내용물 형성에 주된 역할을 한다. 예를 들어서,

- 지구의 온도는 이산화탄소, 이산화질소, 그리고 메탄(CH_4) 등의 기체에 의해 결정되는데, 이들은 대기의 단열층을 형성해 열을 보존한다. 이 기체들은 자연환경과 동물의 소화관에 사는 미생물에 의해 주로 생성된다.
- 많은 생물이 지각의 퇴적물, 암석, 그리고 심지어 화산에 존재한다는 것이 최근 연구로 밝혀졌다. 이 거대한 지하 미생물의 군집은 풍화, 광물 추출, 그리고 토양 형성에 큰 영향을 미친다.
- 식물들과 복잡한 관계를 형성하며 살아가는 세균과 진균은 식물이 영양소와 물을 얻는 것을 도와주거나 그들을 질병으로부터 보호한다. 미생물은 동물과도 식물과 유사한 관계를 형성하는데, 주목할 점은 소의 되새김위에 있는 다양한 종류의 세균들이 소가 먹이로 섭식한 복합적인 탄수화물을 소화시키고 대기로 방출되는 메탄가스 형성에 주된 역할을 한다는 점이다.

1.2 학습 평가

3. 지구상에서의 미생물의 역할과 영향을 설명할 수 있다.
4. 진화론에 관해 설명하고 진화론이 이론으로 불리는 이유를 설명할 수 있다.

1.3 인류의 미생물 이용

미생물은 지구행성의 활성에 대단히 중요하다. 그들의 다양성과 다재다능한 능력은 인간의 문제를 해결하는 데 매우 유용하게 사용된다. 고의든 아니든, 인간은 지난 수천 년간 우리의 삶을 향상시키고 심지어 문명을 구축하는 데 미생물을 사용해왔다. 단세포 진균인 효모는 빵이 부풀도록 하고 당을 알코올로 발효시켜 포도주와 맥주를 만든다. 다른 진균은 로크포르와 카망베르와 같은 특별한 치즈를 만드는 데 이용된다. 인간은 수천 년 동안 미생물을 가정에서 사용해왔다. 예를 들어, 기록에 의하면 고대 이집트의 가정에서는 상처 치료를 위해 곰팡이가 핀 빵을 가지고 있었다. 인간이 산업 현장에서 상품 생산을 위해 미생물을 이용할 때, 이를 생명공학이라고 한다. 예를 들면, 몇몇 세균은 귀중한 금속의 채광능력이나 에너지를 생산하는 능력을 가지고 있다(**그림 1.3**).

유전공학(genetic engineering)은 생명공학의 한 분야로, 새로운 상품과 유전자 조작 생물(GMO)을 만들기 위해 미생물, 식물, 그리고 동물의 유전학을 이용한다. GMO를 설계하는 강력한 기술을 **재조합 DNA 기술**(recombinant DNA technology)이라고 한다. 이 기술은 한 생명체의 유전자를 다른 생명체로 옮겨 의도적으로 DNA[2]를 변형되게 한다. 이렇게 유전적으로 조작된 최초의 생명체들이 세균과 효모였다. 많은 사람들이 GMO 과정에 의구심을 가지고 불안해하지만, GMO의 의학적, 산업적, 그리고 농업적 사용으로 이득을 보는 사람들 또한 많다. 미생물은 약물, 호르몬, 효소 등 필수적인 상품 합성을 위해 조작될 수 있다.

생명공학자에 의해 조작된 생명체에는 항생제 같은 물질을 대량생산하는 세균, 인간 인슐린을 생산하는 효모, 인간 헤모글로빈을 생산하는 돼지, 선천적으로 살충능을 지닌 식물, 그리고 너무 빨리 익지 않는 과일 등이 있다. 또한 유전공학은 인간에게 중요한 백신과 치료 요법을 제공하였다.

미생물이 보유한 잠재력을 활용하는 또 다른 사례는 **생물정화**(bioremediation)이다. 방법은 미생물을 환경에 도입

2 DNA, 또는 데옥시리보핵산은 생물의 유전 물질을 구성하는 화학 물질이다.

(a)

(b)

(c)

그림 1.3 미생물의 다각적인 활용 방안 (a) 대체에너지원 개발을 위해 배양 중인 황갈조류와 녹조류. (b) 물질합성자로서의 미생물. 포도주 양조장의 발효 탱크. (c) 알래스카 해안에 좌초된 유조선(Exxon Valdez)에서 누출된 기름 제거에 투여된 유류분해 미생물의 생장에 필요한 영양분을 살포 중인 작업자들.

(a) NREL/US Department of Energy/Dennis Schroeder; (b) © Bloomberg via Getty Images (c) © Accent Alaska.com/Alamy

해 훼손된 생태계를 안정적인 생태계로 회복시키거나 해당 환경에 존재하는 독성 오염원을 제거하는 것이다. 미생물은 다른 생물에게 해로운 화학물질을 분해하는 놀라운 능력이 있다. 여기에는 인간이 개발하여 자연계에는 그 대응물질이 존재하지 않는 인공합성물질도 포함된다.

(산)업체들은 원유 유출문제를 해결하고 중금속, 살충제, 그 외의 화학적 폐기물로 오염된 지역을 해독하기 위한 미생물 제제들을 개발해왔다(**그림 1.3c**). 한동안 생물정화 기법은 정수 처리와 하수 처리에 집중적으로 사용되었다. 왜냐하면 전 세계적으로 깨끗한 수자원이 점차 감소하므로 그에 대한 대책으로 오염된 물을 정화하는 기법의 중요성이 갈수록 증가하기 때문이다.

1.3 학습 평가

5. 인류가 미생물을 이용한 사례 중 전통적인 것과 최근 것 각각 하나씩 예를 들어 설명할 수 있다.

1.4 감염성 질병과 인체 건강

미생물의 가장 흥미로운 측면 중 하나는 그들이 제공하는 이점도 많지만, **병원체**(pathogen)로서 인간에게 엄청난 고통을 준다는 것이다. 여러분은 아래의 사실을 반드시 이해해야 한다. 인간과 관련된 대부분의 미생물은 인간에게 해를 끼치지 않는다. 사실상, 그들은 인간 숙주에게 많은 혜택을 제공한다. 인체 내에 사는 다양한 미생물이 인간의 건강에 중요한 영향을 미친다는 점에 주목해야 한다. 하지만 인간은 또한 다양한 질병을 일으킬 수 있는 2,000개가 넘는 미생물에 시달린다. 그동안 감염성 질병에 대한 이해와 그 치료에 대한 괄목할만한 진전이 있었지만 감염성 질병은 여전히 인류를 황폐화시키는 위협적인 존재이다. 세계보건기구(WHO)는 전 세계적으로 매년 총 100억 개의 새로운 감염이 발생한다고 추정한다. 또한 감염성 질병은 주요 사망 원인 중 하나이며, 여전히 상당수의 미국인 목숨을 빼앗는다. **표 1.2**는 미국과 전 세계의 연간 상위 10개의 사망 원인을 보여준다. 전 세계적으로 전염병에 의한 사상자는 연간 약 1,300만 명이다. 일례로 WHO의 보고에 의하면, 아이 1명이 30초마다 말라리아 질병으로 죽는다고 한다.

질병과의 연관성

가장 치명적인 하기도감염은 독감과 폐렴이다. 계절성 독감은 일반적으로 아주 어린 영아나 나이가 많은 노인들에게 치명적이다. 그런데 범유행성(pandemic) 독감 바이러스 균주(strains)가 수년간 돌 때에는 젊고 건강한 어른들도 심각한 영향을 받을 수 있다. 또한 독감 감염은 독감을 야기한 인플루엔자바이러스 혹은 이차적인 바이러스나 세균에 의해 폐렴을 야기할 수 있다. 물론, 인플루엔자바이러스에 감염되지 않고도 폐렴에 걸릴 수 있다.

그림 1.4에서 보듯이, 미국뿐 아니라 전 세계에서 비감염성 질병이 훨씬 더 빈번하게 발생한다. 즉 비전염성(noncommunicable) 질병의 수에 비해 상대적으로 적은 수의 전염성(communicable) 질병이 발병하는 것을 알 수 있을 것이다.

전 세계적으로 매년 약 44만 명에서 70만 명을 죽음에 이르게 하는 말라리아는 모기에 의해 전달되는 미생물에 의한 질병이다. 현재 개발도상국에서 말라리아 감염을 피하는 가

표 1.2 주요 사망 원인–전체 질병

미국(2013)	사망자 수(명)	전 세계(2012)	사망자 수(명)
1. 심장 질환	611,105	1. 심장 질환	7.3백만
2. 암	584,881	2. 뇌졸중	6.7백만
3. 만성 하기도질환	149,205	3. 하기도감염(독감과 폐렴)*	3.1백만
4. 사고(의도가 없는 상해)	130,557	4. 만성폐쇄성 폐질환	3.1백만
5. 뇌졸중(심혈관계 질환)	128,978	5. 기관, 기관지, 폐암	1.6백만
6. 알츠하이머치매	84,767	6. HIV/AIDS	1.5백만
7. 당뇨	75,578	7. 설사	1.5백만
8. 독감과 폐렴	66,979	8. 당뇨	1.5백만
9. 신장 질환	47,112	9. 교통사고	1.3백만
10. 의도적 자해(자살)	41,149	10. 고혈압성 심장 질환	1.1백만

*붉은색으로 표시한 질환은 명백히 미생물에 의해 유발되는 것이다.
출처: 질병통제예방센터(CDC)의 2013년 자료(미국)와 WHO의 2012년 자료(전 세계)를 토대로 각각 2015년에 발표한 자료.

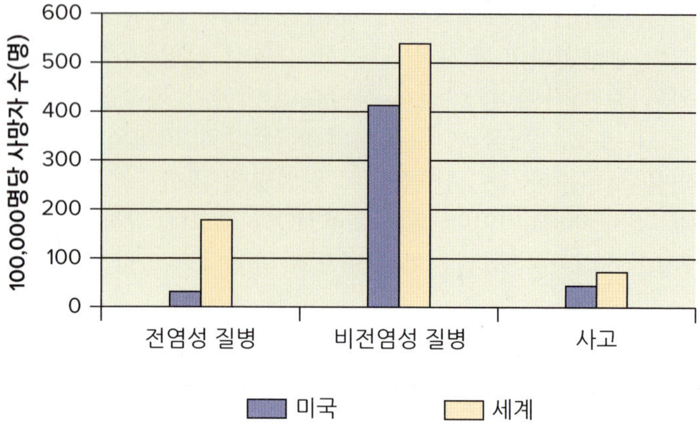

그림 1.4 미국과 세계의 사망 원인
출처: WHO의 2012년 자료

장 효과적인 방법은 모기장 안에서 자는 것인데, 이는 모기가 밤에 주로 활동하기 때문이다. 하지만 많은 이들이 이런 값싼 해결책의 혜택을 누리지 못한다. 동남아 지역의 어머니들은 그들에게는 10달러하는 모기장이 너무 비싸 한 개밖에 없는 모기장 안에서 어떤 자식을 재울 것인가를 매일 저녁 고민한다.

전염성 질병의 부담에 더하여, 신종(emerging) 질병과 재출현(reemerging) 질병의 수도 증가하고 있다. 에볼라바이러스병, AIDS, C형 간염, 바이러스 뇌염은 높은 사망률(mortality)과 이환율(morbidity)을 보인다. 이러한 경향을 상쇄하듯이 소아마비, 한센병, 기생충 질병 등은 거의 박멸에 가까운 진전을 보였다.

최근의 놀라운 연구 성과 중 하나는 감염성 질병이 아닌 것으로 생각되어온 많은 질병이 미생물 감염과 관련되어 있다는 것이다. 이중 가장 잘 알려진 사례는 세균 헬리코박터(*Helicobacter*)가 위궤양의 원인균이라는 것이다. 관련 사례는 많다. 암과 세균 및 바이러스, 당뇨와 콕삭키바이러스(coxsackievirus), 조현병(schizophrenia)과 콕삭키바이러스 사이의 연관성이 밝혀졌다. 다발성 경화증(multiple sclerosis), 강박장애(obsessive compulsive disorder), 관상동맥질환, 비만 모두 만성 미생물 감염과 관련되어 있다. 미생물학 발전사에서, 많은 질병들의 특성이 확실히 규명되고 그 질병들의 치료제 및 예방책이 개발되었던 시기를 미생물 발견의 황금시대라고 하는데 이 시기를 첫 번째 황금기라고 불러야 더 정확하다. 여기에는 클라미디아(*Chlamydia*) 감염에 의한 여성 불임, 간암바이러스에 의한 간암, 인유두종바이러스에 의한 자궁경부암 등이 포함된다.

1.5절에서 언급하게 될 것은, 감염성 질병 발생의 또 다른 특성은 나이가 들어 면역력이 저하된 환자의 증가이다. 이들은 건강한 사람에게는 병원성이 없는 흔한 미생물에 의한 감염에도 취약하다. 아울러 약물에 저항성이 있는 미생물도 증가하고 있다. 첨단 기술 사용이 가능한 지금도 프랑스의 위대한 미생물학자 파스퇴르가 가졌던 '미생물은 "결정적인 한 방"을 가지고 있다'는 견해는 여전히 유효하다.

1.4 학습 평가

6. 미생물에 의해 유발되는 인체 질병에 대해 선진국과 개발도상국의 경우를 비교하여 설명할 수 있다.

1.5 미생물의 일반적인 특징

세포 구조

1.1절에서 논의한 바와 같이, 3개의 기본적인 세포 계통이 진화 과정에서 나타났다. 이들은 **고세균**(archaea), **진핵생물**(eukarya), **세균**(bacteria)으로 세포 구조의 복잡성뿐만 아니라 성분과 기능에서도 차이가 있다(**그림 1.5a**).

바이러스와 관련된 이야기

바이러스(virus)는 미생물학자들에 의해 집중적으로 연구된다. 이미 언급한 것처럼 바이러스는 독립적인 생물이 아니다. 그보다는 바이러스는 고분자 물질과 세포 사이의, 복잡성을 보유한 작은 입자이다(**그림 1.5b**). 바이러스는 세포보다 훨씬 단순하다. 숙주 밖의 바이러스는 때로는 외피(단백질이 포함된 지질막)를 가진 단백질로 둘러싸인 소량의 유전 물질(DNA 또는 RNA, 둘 다 가진 예는 없음)로 구성되어 있다. 세포 바깥에 있을 때, 바이러스는 **바이러스 입자** 또는 **비리온**(virion)으로 불린다. 숙주 생물 안에서 바이러스는 대체로 숙주 생물에 부분적인 유전 특성을 갖는 유전 물질의 형태로 존재한다. 이 때문에 바이러스는 기생체로 불린다. 바이러스를 원시생물로 간주하는 학자들도 있지만 바이러스는 그 증식에 숙주 세포의 기능에 절대적으로 의존적이라는 사실에 모든 생물학자들이 동의한다.

일반적으로 세균 및 고세균의 크기는 진핵세포보다 10배 정도 작다. 이들은 진핵세포에 있는 **세포소기관**(organelle)을 갖지 않는다. 세포소기관은 진핵세포에서 특정 기능을 담당하는 2중막으로 싸인 작은 구조물이다. 미토콘드리아, 엽록체가 이에 속한다. 모든 세균과 고세균은 미생물이지만, 진핵생물의 경우, 그 일부만이 미생물이다. 대부분의 미생물(세균, 고세균, 일부 진핵생물)은 단세포 생물이지만 일부는 몇 개의 세포로 구성된다(**그림 1.6**). 특정 무척추동

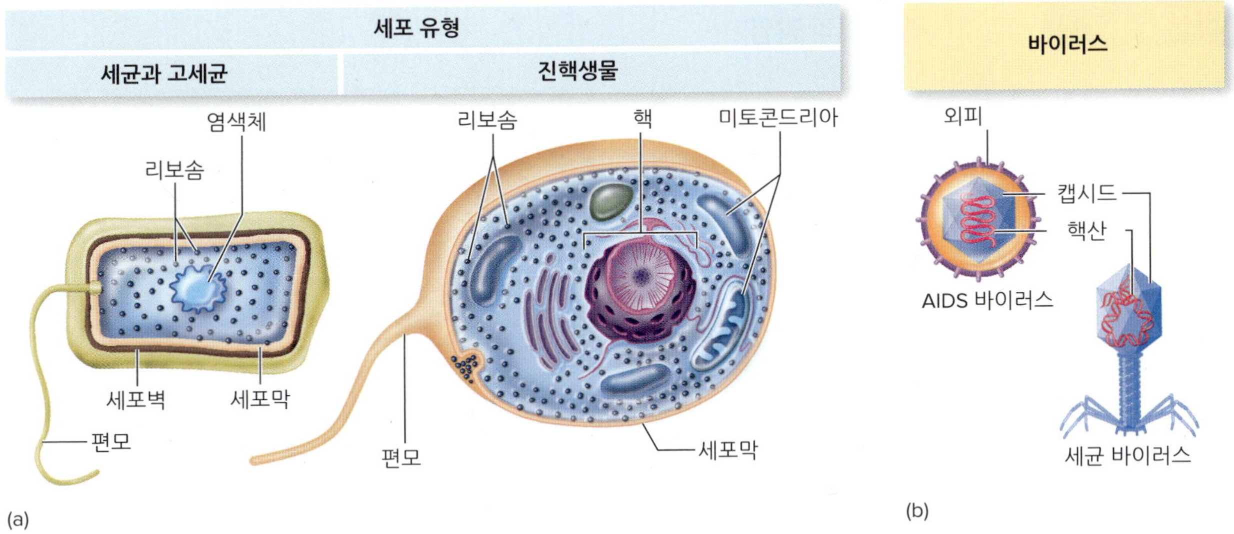

그림 1.5 세포 구조 (a) 세균/고세균 세포와 진핵생물 세포의 비교 (b) 바이러스 2가지 예

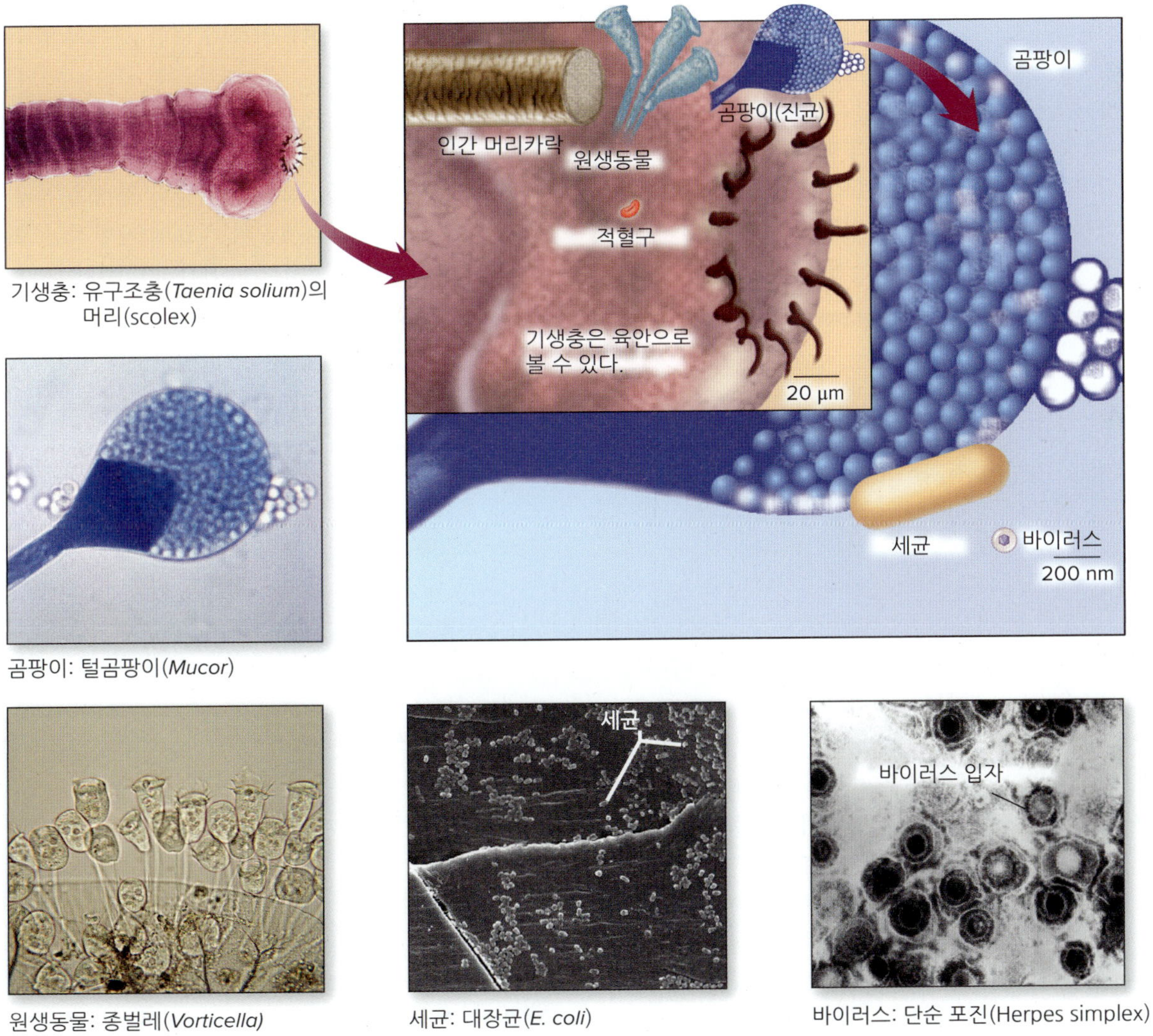

그림 1.6 미생물의 5가지 유형 오른쪽 위의 그림은 상대적인 크기를 보여준다. 그림 주변의 미생물 사진은 자세히 보여주기 위해 서로 다른 배율로 나타내었다.

(Top Left) CDC; (Middle Left) CDC/Dr. Lucille K. Georg; (Bottom Left) © Nancy Nehring/E+/Getty Images RF; (Bottom Center) CDC/Janice Carr; (Bottom Right) CDC

들여다보기 1.1 임상: (미)생물막 감염

의사들이 종종 세균성 감염으로 진단하고도 통상적인 항생제 치료법으로 치료가 어려운 경우를 경험하기도 한다. 세균학자들은 오래전부터 세균들이 특정 환경에서 **생물막**(biofilm)이란 구조를 형성한다는 것을 알고 있었다. 예를 들어 폐 또는 혈액이 세균에 의해 감염되면 그 감염균이 떠다니거나 내부 표면에 부착될 것이다. 실제로 많은 경우에 그러하다. 그러나 어떤 경우에는 세균이 표면에 부착한 다음, 세균들끼리 서로 결합하여 여러 층을 이루는데 이때 세균이 분비하는 당에 의해 봉합되므로 이것은 떼어 내기 어렵고, 항생제로도 치료하기 어렵게 된다.

생물막 감염의 예로는 만성적인 귀 감염, 전립선 감염, 폐 감염, (인공관절 또는 인공판막과 같은) 의료 기구 감염 등이 있다. 이런 종류의 감염을 보면, 일부 세균이 떨어져 나와 지속적으로 다른 비감염 부위에 정착함으로써 감염 부위가 점점 넓어진다. 항생제는 자유롭게 떠다니는 세균의 치료에는 효과적이지만, 생물막 내 세균의 치료에는 비효과적이므로 항생제 치료가 중단된 후에도 세균들은 오랫동안 생존 가능하다. 그동안 항생제가 생물막 세균의 치료에 효과가 없음을 입증하는 수많은 연구들이 수행되었으며 왜 그런지의 이유 일부도 명백하게 밝혀졌다. 예를 들어 생물막의 끈적끈적한 특성 때문에 항생제가 침투하는 데 한계가 있다. 그러나 어떤 이유는 불분명하다. 생물막이 형성될 때는 세균의 다른 유전자가 발현되며 그로 인해 약물에 대한 세균의 감수성이 감소한다는 것이다.

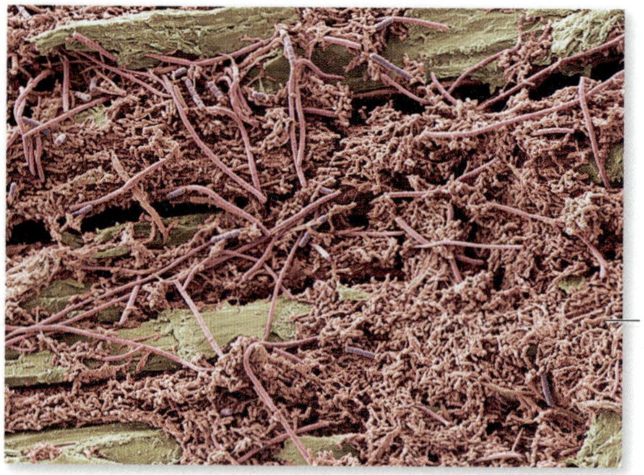

© Steve Gschmeissner/Science Source

2015년 캘리포니아에서 학자들은 예상 밖의 발견을 하였다. 흔히 어린이 귀에 염증을 일으키는 세균이 적정량 미만의 항생제에 노출될 경우, 오히려 생물막 형성을 부추긴다는 것이다. 항생제가 생물막 세균의 치료에 제한적인 효과만 있는 것이 아니라, 생물막 형성을 촉진하기도 한다.

물인 기생충은 그 크기가 육안으로 볼 수 있을 만큼 커서 미생물은 아니지만, 질병을 전파하고 인체에 이상을 야기하므로 감염성 질병 연구에 포함시켜 이 책에서 다룬다.

미생물의 생활 방식

토양, 물 등의 서식지에 자유롭게 사는 대부분의 미생물은 보통 무해하며 오히려 유익한 존재이다. 일반적으로 독립생활을 하는 생물은 무생물 환경으로부터 영양분 등 필요한 것들을 얻는다. 일부 미생물은 다른 생물과의 상호작용이 필수적인데 이런 종류의 미생물을 **기생생물**(parasite)이라고 한다(**들여다보기 1.1**). 그들은 숙주라는 다른 생물에 살면서 그 숙주로부터 영양분을 공급받는다. 기생생물에 의한 감염과 질병은 숙주에게 손상을 야기한다. 기생생물이 중요한 질병을 유발하기도 하지만, 기생생물이 전체 미생물에서 차지하는 비율은 아주 작다.

1.5 학습 평가

7. 세균, 고세균, 진핵성 미생물을 구분할 수 있다.
8. 제4형의 미생물을 구분할 수 있다.
9. 다양한 미생물들의 상대적인 크기를 비교할 수 있다.

1.6 미생물학의 역사

지난 300여 년간의 수많은 미생물학자의 노력이 없었다면, 우리와 더불어 살고 있는 미생물에 대해 아는 바가 거의 없을 것이다. 칙칙한 기구로 가득한 실험실에서 오랜 시간을 보낸 연구자들의 선행 연구는 많은 발견의 토대가 되었다. 크건 작건 간에 하나하나의 영감이 쌓여 생물에 대한 현재의 지식이 구축되었다. 이 절에서는 지난 300여 년간 이루어진 발견들, 즉 현미경 개발, 과학적 방법의 수립, 배종설(germ theory)과 현대 미생물학 기법의 기원을 포함한 의학 미생물학의 발전 등을 소개할 것이다.

현미경의 개발: “보는 것이 믿는 것이다”

오래전부터 인류는 상한 음식은 먹을 수 없고 질병을 일으킨다는 것과 또 어떤 “상한” 음식은 해롭지 않고 오히려 향미(flavor)를 높인다는 것을 알았다. 더욱이, 몇 세기 전에는 흑사병(black plague)과 천연두(smallpox) 같은 질병이 전이되는 물질에 의해 유발된다는 것을 알게 되었다. 그러나 이러한 현상의 원인을 연구할 기술이 없었기 때문에 불분명하였다. 결과적으로 지금은 당연시되는 많은 것들이 비밀스러운 베일에 싸여 있어 과학자들조차도 자연발생(spontaneous generation)을 믿게 되었다(**들여다보기 1.2**).

첫 번째 현미경이 개발된 후 미생물의 광범위한 분포와 특성에 대해 인식하기 시작하였다. 현미경 연구로 미생물이 크고 맨눈으로 관찰되는 식물 및 동물과 같은 세포의 특징 대부분을 가지는 독립된 존재임이 밝혀졌다. 몇몇 초기 과학자들이 만든 렌즈는 세균 및 기타 단세포 생물들의 관

들여다보기 1.2 연구: 자연발생설: 끊기 어려운 습관

대부분 사람들은 미생물이 무엇인지 잘 모른다. 현미경으로 미생물을 한 번도 본 적이 없는 사람조차도 감기 또는 목감기에 걸리면 “벌레 때문에 병이 났군”이라고 말하지만 늘 그런 것은 아니다. 수천 년 동안, 신의 저주 또는 공기 중의 독기로 병이 나고, 또 식물, 동물, 사람조차도 보이지 않는 생명력에 의해 발병한다고 사람들은 믿었다. 이 이론이 **자연발생설**(spontaneous generation)이다.

훅과 레이우엔훅이 1600년대 중반부터 1700년대에 원시적인 현미경으로 세포를 관찰한 이후에도 자연발생설은 일반인과 학자들의 강력한 지지를 받았다. 일련의 신빙성 있는 실험으로 **무생물발생설**(abiogenesis)이 부정되고 **생물발생설**(biogenesis)이 지지를 받기까지 200년 이상이 걸렸다.

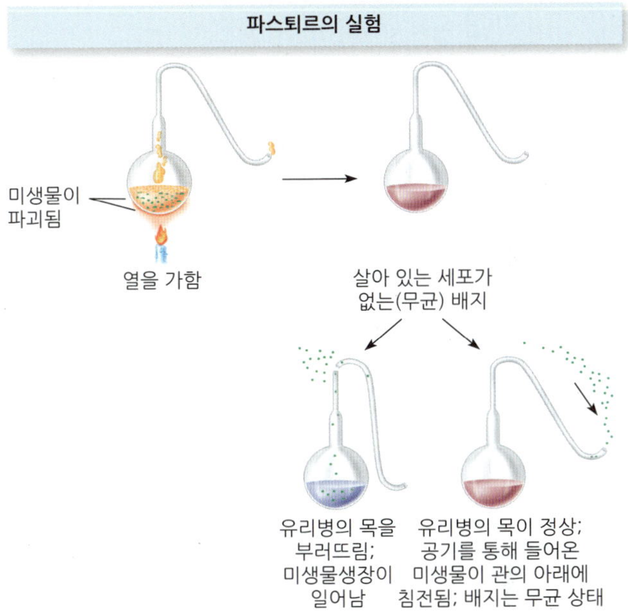

© Steve Gschmeissner/Science Source

간단한 실험으로 자연발생설을 검증한 과학자 중 한 명이 레디(Francesco Redi)다. 그는 2개의 병에 고기를 넣고 병 하나에는 파리가 들어오지 못하도록 미세한 천으로 덮고, 다른 하나는 그대로 두었다. 2개의 병에 파리가 모였지만 천으로 막지 않은 병에서만 구더기가 생겼다. 두 번째 병을 덮은 천에만 파리 구더기가 있었고, 고기에는 없었기에 고기가 구더기의 원인이 아님이 증명되었다. 이와 유사한 실험들로 구더기, 생쥐, 기타 생물이 자연적으로 발생하지 않는다는 것이 밝혀졌다.

과학자 중에는 여전히 이를 의심하는 사람이 있었다. 독일의 슐츠(Franz Shultze)와 슈반(Theodor Schwann)은 공기에 있는 기운이 생명의 근원이라고 주장하였다. 이들은 공기를 강한 화학물질로 처리하거나 유리관을 통해 열처리한 후 병에 주입하였다. 주입한 공기에서 생물이 발생하지 않은 것은 생명을 탄생시키는 공기의 처리 때문이라고 주장하였다.

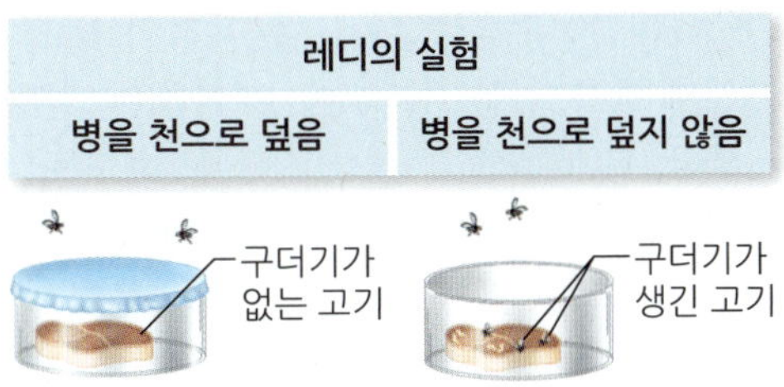

화학자이자 생물학자인 파스퇴르가 정교한 실험을 수행한 후 공기 중 미생물이 생명체의 원인이라는 것이 명백하게 입증되었다. 백조의 목처럼 길고 구부러진 입구를 가진 플라스크에 배지를 채운 후 플라스크의 입구를 공기에 노출시켰지만 입구가 구부러져있어 외부의 오염 물질이 목 부위에서 침전되었다. 플라스크의 배지를 끓여 멸균한 후, 미생물의 생장 여부를 관찰하였으나 백조 목을 가진 플라스크에서는 미생물이 배양되지 않았다. 그러나 백조 목 부위를 깨뜨려 먼지가 플라스크 안으로 들어갈 수 있게 된 경우에는 미생물이 자라 배지가 탁해졌다. 이 명쾌한 실험에 대해 언급하면서 파스퇴르는 “자연발생설을 부정하는 이 단순한 실험으로 자연발생설은 영원히 묻힐 것이다.”라고 말했다. 파스퇴르가 이 실험에 사용했던 멸균된 플라스크 등은 지금도 파스퇴르연구소에 전시 중이다.

그림 1.7 미생물에 대한 최초의 그림 (a) 훅이 1665년 그린 "털 곰팡이(hairy mold)" 콜로니의 그림. (b) 훅이 찍은 것으로 보이는 곰팡이의 현미경 사진. 흔한 실내 곰팡이 *Mucor*의 한 종이다.

(a) © Biophoto Associates/Science Source; (b) CDC/Dr. Lucille K. Georg

찰에 적합한 상을 만들지 못했다. 미생물에 대한 최초의 기록은 영국인 훅(Robert Hooke)의 연구 결과이다. 1660년대, 훅(Hooke)은 가구, 식물, 나무 등 다양한 물질을 관찰하였다. 나무껍질에서 세포의 구조를 처음으로 기록하였다. 살아 있는 것 같은 "작은 구조"에 대한 스케치를 그렸다. 자신이 만든 단안(single-lens) 현미경을 이용하여, 훅은 책의 양피지에서 찾은 곰팡이에 대해 아래와 같이 묘사하였다.

> 좋은 현미경을 통해 보면, 이 작은 반점은 예쁜 모양의 식물체로, 많은 작고 기다란 원통형의 투명한 줄기가 가죽으로부터 뻗어 나왔는데 각각의 끝에 자라는 둥글고 흰 덩이(knob)의 무게 때문에 직선이 아닌 조금 구부러진 상태이다.

훅은 선구자로서, 나중에 자수성가한 옷감장수이면서 미생물학자였던 레이우엔훅(Antonie van Leeuwenhoek)이 좀 더 정확히 미생물을 관찰할 수 있는 토대를 만들어 주었다(**그림 1.7a**).

1600년대 네덜란드의 직물 상점을 상상해보자. 전통적인 네덜란드 의상을 입은 숙녀들이 여러 필의 직물 중에서 커튼과 가구용 천에 쓸 것을 고르기 위해 드나든다. 손님들 사이에서 레이우엔훅은 상점 뒤편의 작업대에서 천을 선별할 때 쓸 더 좋은 렌즈를 만들고 있다. 결국, 레이우엔훅은 천 선별보다는 다른 일에 흥미를 갖기 시작하였다. 그는 도자기에 담긴 빗물을 시료대 위에 올려 놓고 렌즈를 통해 관찰하였다. 그는 맨눈으로 호수에 사는 미소 동물[역주: 레이우엔훅이 이를 극미동물(animalcule)이라고 함]을 관찰할 때보다 그는 자신이 만든 렌즈로 훨씬 더 크게 관찰할 수 있었다.

그는 여기서 멈추지 않았다. 평생 치아를 닦지 않은 사람의 치아로부터 치태(plaque)를 긁어 관찰하였다. 그의 기록에 따르면, 많은 작은 동물들이 움직이고 …… 더욱이 수가 매우 많고 …… 살아 있는 것처럼 보였다. 레이우엔훅은 관찰한 내용을 영국왕립학회(Royal Society of London)에 보냈고, 마침내 유능한 과학자로 인정되었다.

레이우엔훅은 수십 개의 현미경을 만들었는데 해상도가 300배까지 이르렀다(**그림 1.8**). 정식적으로 과학적 교육을 받은 적이 없었지만, 그가 작은 동물(animalcule)이라 불렀던 세균과 원생동물에 대한 묘사는 매우 정확했다. 미생물학에 대한 레이우엔훅의 지대한 공헌으로 그는 미생물학과 원생동물학의 아버지로 불린다.

훅과 레이우엔훅 이후로 현미경은 더욱 정교하게 발전하였다. 1800년대 중반 이후 사용되고 있는 현대 현미경의 해상도는 1,000배 이상이다. 현대의 학생용 현미경은 이 초기 현미경과 구조와 기능에서 크게 다르지 않다. 현미경과 현미경 관찰법은 3장에서 자세히 다룰 것이다.

현미경의 발달은 우리가 미생물에 대해 이해하고 그들이 야기하는 질병에 대해 이해하는 시발점이 되었으며 점차 빠른 속도로 다양한 병원성 미생물이 규명되고 있다. 사실 2000년대는 활발한 유전체 연구와 생명공학 연구에 힘입어 생물학의 세기(Century of Biology)로 불린다. 미생물은 이런 발견들을 이끌었고 새로운 연구에서도 중요한 역할을 한다.

그림 1.8 레이우엔훅의 현미경 레이우엔훅 현미경의 황동 복사본. 렌즈는 시료대를 바라보는 눈앞에 위치한다.
© Tetra Images/Alamy RF

미생물학의 황금시대(Golden Age of Microbiology)와 생물학의 세기에 수천의 중요한 발견들이 이루어졌다. 미생물학에 대한 이해를 크게 발전시킨 최근의 발견에 대해 살펴보자.

질병과의 연관성

치아는 많은 종류의 세균이 모이는 완벽한 표면을 제공한다. (치과 치료 직후와 같은) 깨끗한 치아 표면은 즉시 타액의 단백질로 덮이기 시작한다. 이렇게 덮인 표면에는 연쇄상구균이 자라고, 이후 더 많은 세균의 콜로니가 형성된다. 두꺼운 세균 군집이 생겨 (특히 레이우엔훅이 관찰한 사람처럼 평생 양치를 하지 않는다면) 가시적인 치태(plaque)가 된다. (생물막의 한 종류인) 치태로 인해 [우식(caries)으로 알려진] 공동(cavity) 또는 치주질환이 발생한다(들여다보기 1.1 참조).

제한효소의 발견–1970년대 3명의 과학자 나탄(Daniel Nathans), 아버(Werner Arber), 스미스(Hamilton Smith)는 세균에서 가위 같은 역할을 하는 제한효소를 발견하였다. 제한효소는 DNA를 특정한 방식으로 자른다. 세균에서 제한효소의 기능은 침입하는 (바이러스) DNA를 파괴하기 위한 것이다. 이 발견은 생명과학 분야에서 매우 획기적인 것이었다. 연구실에서 세균을 이용해 제한효소를 생산한 다음, 이 제한효소로 원하는 DNA 부위를 정교하게 잘라 운반체를 통해 다른 세포로 이동시킬 수 있다. 제한효소의 발견은 유전공학을 탄생시켰고 질병 치료를 위한 생물학 관점의

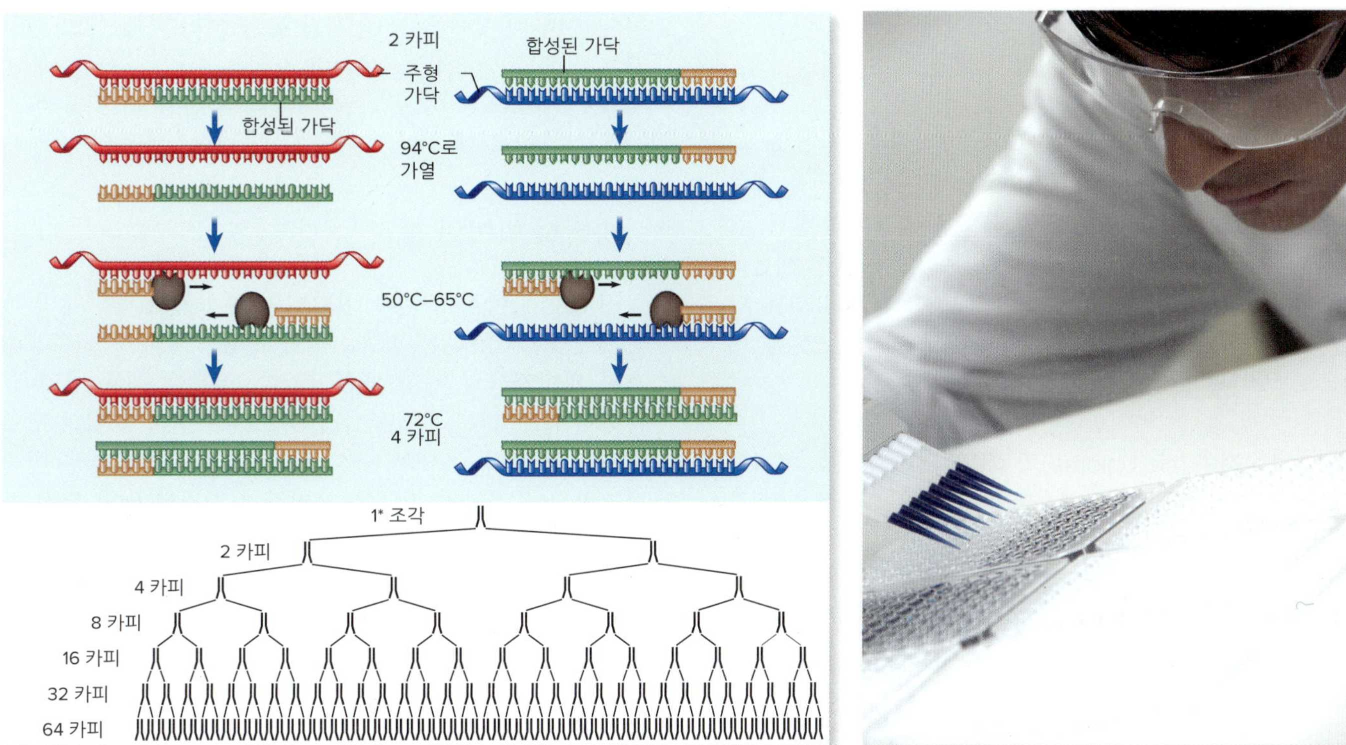

그림 1.9 중합효소연쇄반응 DNA 조각이 분석에 필요한 만큼 기하급수적으로 증폭된다.
© Adam Gault/age fotostock RF

들여다보기 1.3 마이크로바이옴: 마이크로바이옴이란?

최근 몇 년간 '마이크로바이옴'이라는 새로운 단어가 신문기사와 인터넷 사이트에 등장하였다. 이것은 특정 지역에 있는 모든 미생물의 유전체 총합을 뜻한다. 무언가 잘못되지 않는 한 미생물은 질병을 일으키지 않으며 오히려 인류의 발전과 삶에 필요한 동반사이다.

인간 미생물군유전체 프로젝트(Human Microbiome Project, HMP)는 2008년 시작되어 실험실 배양 없이 유전 물질에 근거하여 미생물을 동정하는 기술을 사용하였다. HMP는 경이로운 결과를 내놓았고, 매우 빠른 속도로 진행되었다.

자연분만이냐 제왕절개이냐에 따라 그들의 마이크로바이옴이 달라진다. 장 내 마이크로바이옴이 장 건강뿐만 아니라 자가면역질환, 체중, 심지어 감정에도 영향을 미친다. 건강한 사람과 환자의 피부, 눈, 폐 등의 장기에 있는 마이크로바이옴이 서로 다르다. 자궁의 마이크로바이옴이 배아 발생에 영향을 미친다.

요약하면 마이크로바이옴의 특성이 당신과 당신의 경험을 결정한다. 이 책의 모든 장에서 마이크로바이옴에 관한 탐구가 해당 장의 주제에 맞춰 소개될 것이다.

연구를 진척시켰고 21세기의 분자 혁명을 이루었다.

PCR 기술의 발명–1980년대 **중합효소연쇄반응**(polymerase chain reaction, PCR)은 소량의 DNA를 탐지하고 이를 대량 증폭시키는 기술이다. PCR은 또한 새로운 생명체의 발견, 감염성 질병의 진단, 범죄 수사 연구나 법의학 분야에서 새롭고 강력한 도구로 사용된다. 발명자 뮬리스(Kary Mullis)는 당시 캘리포니아의 한 회사에 근무하는 연구자였다. 그는 이 발명으로 1993년 노벨상을 받았다(**그림 1.9**).

마이크로바이옴(microbiome)의 기능–2010년대 마이크로바이옴은 특정 환경에 존재하는 미생물의 유전체 전체를 의미한다. 인체의 마이크로바이옴은 인체에 거주하는 모든 바이러스, 세균, 진균, 원생동물의 유전체로 구성된다. 수많은 미생물이 인체 일부로 우리 몸에 살고 있다. 인간 미생물군유전체 프로젝트(Human Microbiome Project)는 2008년 시작되어 2012년 첫 번째 주요 결과가 발표되었다. 미생물을 배양하는 대신 미생물 핵산을 직접 연구하는 기법으로 이 연구가 가능하였다. 자세한 정보는 **들여다보기 1.3**을 참조한다.

작은 RNA의 중요성–2000년대 인체의 전체 유전체를 분석할 수 있게 된 후 원리(dogma)라 불리던 개념이 완전히 바뀌는 발견이 이루어졌다. 9.2절에서 DNA가 세포의 기능을 담당하는 단백질의 생산을 이끈다는 것을 배울 것이다. 생명과학의 중심원리(Central Dogma of Biology)에 따르면 RNA는 이 둘의 매개자이다. DNA로부터 만들어진 RNA가 단백질 생산을 결정한다. 유전체 염기서열 분석에 따르면 단지 2%의 DNA만이 단백질 생산에 사용된다. 단백질을 생산하는 데 쓰이지 않는 많은 RNA가 생산된다. 이런 RNA 조각들은 대체로 작다. 이 작은 RNA들이 세포에서 일어나는 일을 조절하는 데 매우 중요한 역할을 할 것으로 추정된다. 위와 같은 정보들은 기존의 과학적인 가정들을 수정하게 하고 또 그들의 실재적인 역량을 이해하는 데도 중요한 일이다. 이 발견으로 질병을 치료하는 새로운 방식이 탄생하였다. 예를 들어, 인체를 감염시키는 세균에 이 작은 RNA가 존재하면 이는 항균제 개발의 새로운 표적이 될 수 있다.

이 사례는 어쩌면 그간 과소평가되었던 생물학과 모든 자연과학의 속성을 재조명하도록 한다. 우리가 가진 두꺼운 교재에 많은 주장과 "사실"이 담겨 있으므로, 많은 사람은 과학이 철의 장막에 싸인 사실들의 집합이라고 생각한다. 하지만 이는 틀렸다! 과학은 관찰 가능한 현상으로부터 도출되어 이전의 정보와 합쳐져, 자연에 대한 현재의 이해의 폭을 넓혀주므로 끊임없이 변동되는 새로운 사실들의 집합이다. 일부 관찰들은 오랜 시간 동안 여러 차례 확인되어 사실에 매우 근접하지만, 여전히 사실은 아니다. 많은 다른 관찰들로 새로운 것이 발견될 때마다 수정될 것이다. 이것이 바로 과학의 실체이다.

과학적 방법의 확립

진정한 과학적 추론과 실험법의 발전을 심각하게 방해했던 것은 자연 현상을 믿음, 미신, 논쟁으로 설명하려고 했던 초기 과학자들의 경향 때문이었다. 질문에 대해 편견에 의존하지 않고 객관적으로 답을 찾으려는 실험 방법의 도입은 진정한 과학적 사고의 시발점이 되었다. 1600년대 이러한 사고방식이 과학자 집단에 자리잡기 시작하였다. 특정 자연 현상에 대한 답을 구할 때 과학자에 의해 사용되는 일반적인 접근을 **과학적 방법**(scientific method)이라 한다. 이 방법의 주요 목적 중 하나는 관찰되거나 측정되는 것에 대한 잠재적인 답인 **가설**(hypothesis)을 수립하는 것이다. 타당한 가설은 진술의 형태를 띤다. 가설은 관찰이나 실험을 통해 지지되거나 부정될 수 있어야 한다. 예를 들어, "미생물은 질병을 유발한다."는 과학적 도구에 의해 실험적으로 규명될 수 있지만, "질병은 악령에 의해 유발된다."는 그렇지 않다.

연역적 추론과 귀납적 추론

과학은 관찰, 실험, 추론을 이용하여 탐구하는 과정이다. 어떤 탐구에서는 일반적으로 널리 받아들여지는 원리를 이용하여 결정을 내릴 것이다. 이를 연역적 추론(deductive reasoning)이라 한다. 연역적 추론은 수학, 철학, 정치학, 윤리학 분야에서 주로 사용하는 추론방식이다. 연역적 추론은 또한 컴퓨터가 작동하는 방식이기도 하다. 우리는 모두 연역적 추론을 이용하여 발신자 미상의 전자우편에 첨부된 파일을 열지 말지 등의 일상적인 결정을 한다(**그림 1.10**). 일반적인 원리가 이와 같은 결정을 검토하고 평가하는 데 사용된다.

귀납적 추론

일반적인 원리는 어떻게 생기나? 종교적인, 윤리적인 원리는 종종 종교적인 근거를 갖는다. 정치적인 원리는 사회 시스템을 반영한다. 그러나 어떤 일반적인 원리는 종교나 정치가 아니라 우리 주변의 물리적 세계의 관찰로부터 도출되기도 한다. 사과를 떨어뜨리면, 당신의 의지, 혹은 어떤 법률과도 상관없이, 사과는 떨어진다. 과학은 물리적 세계의 작동을 조정하는 일반적인 원리를 발견하기 위한 것이다.

과학자들은 이런 일반적인 원리를 어떻게 발견하는가? 우선 과학자들은 관찰자이다. 이들은 세상이 어떻게 작동하는지 이해하기 위해 세상을 관찰한다. 물리적 세계를 지배하는 원리의 결정도 관찰에 의한다.

특정 상황을 주의 깊게 관찰하여 그것으로부터 일반적인 원리를 발견하는 과정을 **귀납적 추론**(inductive reasoning)이라 한다. 이 방법은 약 400년 전 뉴턴(Isaac Newton), 베이컨(Francis Bacon) 등이 실험을 하고 그 결과로부터 세계가 어떻게 작동하는가에 대한 일반적인 원리를 추론하면서 보편화되기 시작하였다. 이들의 실험은 때로 매우 간단하였다. 뉴턴의 실험은 손에 쥔 사과를 놓는 것과 사과가 땅으로 떨어지는 것을 관찰하는 것으로 구성되었다. 사과가 땅에 떨어지는 단순한 현상에 대한 관찰로부터 뉴턴은 모든 물체는 지구 중심을 향해 떨어진다는 일반 원리를 추론하였다. 이 원리는 세계가 어떻게 작동하는지에 대한 가능한 설명 즉 가설이다. 여러분들도 발신자 미상의 전자우편 첨부 파일의 신뢰에 대해 관찰을 하고 관찰에 근거하여 일반 원리를 만들 수 있다(그림 1.10). 뉴턴처럼 과학자들은 가설을 세우고 실험을 통해 그 가설을 검증하는데 이때 관찰은 세운 가설을 입증하는 재료인 셈이다.

그림 1.10 연역적 추론과 귀납적 추론
© Tom Grill/Corbis RF

일반 원리가 이미 설정되었을 경우에는 연역적 추론이 사용된다. 귀납적 추론은 발견 과정을 통해 일반적인 원리를 탄생시킨다.

실험, 분석, 검증의 긴 과정은 결국 가설을 지지하거나 부정하는 결론에 이른다. 만약 실험이 가설을 지지하지 않고 오류가 발견된다면, 가설 전부 또는 그 일부가 부정된다. 실험 결과에 맞도록 가설을 버리거나 수정한다. 실험 결과에 따라 가설이 지지가 되어도, 가설이 즉시 사실로 채택되지 않는다. 가설은 검증하고 재검증되어야 한다. 이는 가설의 채택에 대한 중요한 지침이다. 실험 결과는 공표되고 다른 연구자에 의해 검증되어야 한다.

가설이 더 많은 자료에 의해 지지를 받고 엄격한 검증을 통과하면, 다음 단계인 **이론**(theory)으로 넘어간다. 이론은 자연 현상을 설명하는 진술, 제안, 개념의 집합이다. 이론은 반복적으로 검증된 한 실험의 결과가 아니라 어떤 자연 현상의 여러 측면을 표현하고 설명하는 한 무리의 생각이다. 이론은 모호하고 근거 없는 추측이 아닌 지지를 받고 엄격한 과학적 추적에도 부정되지 않고 살아남은 선언이다. 종종 이론은 수십 년의 연구를 통해 개발되고 발전되며 새로운 발견으로 더해지거나 수정된다. 어떤 때에는 이론의 정확도와 예측의 증거가 너무 명확하여 다음 단계의 신뢰에 이르면 법칙(law), 또는 원리(principle)가 된다. 예를 들어 질병의 세균유래설(germ theory of disease)이라 부르지만, 미생물에 의한 질병 발생에는 의심의 여지가 거의 없으므로 이는 이미 법칙의 영역에 도달하였다. 진화론(theory of evolution) 또한 이런 범주에 속한다.

자연과학, 그리고 그와 관련된 가설 및 이론은 기술과 함께 발전한다. 실험 도구의 발전으로 생명 현상에 대해 새롭고도 더 정교한 관찰이 가능해짐에 따라, 오래된 이론은 재검증되거나 수정되고 새로운 이론이 제안된다. 과학자들은 이론 또는 법칙조차도 영원히 증명된 것으로 여기지 않는다.

과학자들이 매우 효율적으로 일을 하는 것은 그들이 가진 호기심, 포용력, 비판의식, 창의력, 협력 그리고 새로운 것이 발견되면 자신들의 주장을 수정하는 적극적인 융통성 때문이다. 들여다보기 1.2에 이와 관련된 중요한 사례가 소개되었다.

의학 미생물학의 발달

미생물의 출처에 대한 초기 실험을 통해 미생물이 어디에나 존재한다는 것을 알게 되었다. 공기와 먼지뿐만 아니라 지구 표면 전체, 물, 모든 물체에 미생물이 존재한다. 이 발견은 즉시 의학에 적용되었다. 19세기 중반에서 후반에 미생물학이 의학 분야에 도입되었는데 이 초창기에 배종설이 도입되었으며 멸균, 소독, 순수배양기법 등을 의료 현장에 적용한 것이 주된 성과였다.

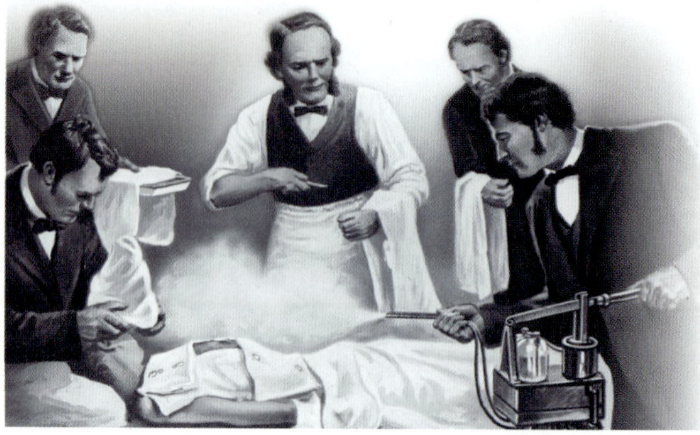

그림 1.11 1800년대 중반 리스터의 수술실 분무기로 페놀을 뿌리고 있다.

포자의 발견과 멸균

자연발생설과 연관된 파스퇴르의 창의적인 연구(들여다보기 1.2) 이후, 영국 물리학자 틴들(John Tyndall)은 흙과 공기 중에는 열에 저항성이 있는 미생물이 있는데 그 미생물들을 죽이려면 특별한 처리가 필요하다는 것을 처음으로 입증하였다. 이후, 독일의 식물학자 콘(Ferdinand Cohn)에 의해 밝혀진 일부 세균에 있는 내생포자의 열 저항성은 단순한 열처리로는 모든 미생물을 제거하지 못하는 이유를 해명해주었다. 현재도 사용하는 **멸균**(sterile)이란 개념은 포자와 바이러스를 비롯해 모든 생명체를 제거한다는 의미인데 그때부터 사용되었다. 물질 및 매체를 멸균하는 기술은 미생물학, 의학, 치의학, 산업 분야 등에서 매우 필수적으로 준수해야 할 능력이다.

소독 기술의 개발

아주 오래 전부터 인류는 썩어가는 물체로부터 뿜어 나오는 "보이지 않는 힘"과 "해로운 증기"가 질병을 일으킨다는 모호한 개념을 가지고 있었다. 미생물학이 좀 더 발전하고 보이지 않던 것들을 볼 수 있게 됨에 따라, 이런 비밀스러운 증기에 대한 공포는 그 실체가 밝혀짐으로써 해소되었거나 이후 알게 된 "세균(germ)"에 대한 공포로 대체되었다. 약 125년 전, 독일의 내과의사 코흐(Robert Koch)의 연구로 인해 미생물과 특정 질병과의 연관성이 밝혀졌다. 그 후, 미생물학자들은 질병을 유발하는 병원체들에 대해 꾸준히 연구하고 있다.

무생물기원설(abiogenesis)에 대한 논쟁이 한창일 때(들여다보기 1.2 참조), 일부 의사들은 미생물이 부패뿐 아니라 감염성 질병의 원인임을 의심하기 시작하였다. 이들은 인체 또한 감염의 원인일 것으로 생각하였다. 미국 의사 홈스(Oliver Wendell Holmes)는 병원에서 분만하는 여성보다 집에서 분만하는 여성이 적게 감염된다는 것을 확인하였다. 헝가리 의사 셈멜바이스(Ignaz Semmelweis)는 부검실에서 바로 온 의사에게 검진을 받은 산모 병동의 여성이 감염된다는 사실을 명확히 보여주었다.

영국 의사 리스터(Joseph Lister)는 이러한 사실에 주목하여 의료 환경에서의 미생물 감염을 줄이고자 **소독 기술**(aseptic technique)을 도입하였다. 리스터의 무균법(asepsis)은 현대 지침보다 훨씬 더 제한적이다. 주로 수술 전에 손과 공기를 페놀(phenol)과 같은 소독제로 소독하는 것이 전부다(**그림 1.11**). 지금은 믿기 어렵지만 1800년대 후반까지 외과의사는 수술실에서 일상복을 입었고 손 세정의 중요성을 인식하지 못했다. 리스터의 기술과 열을 이용한 멸균은 물리적, 화학적 방법으로 미생물을 통제하는 기초가 되었고, 이는 현재에도 여전히 사용된다.

병원체의 발견과 질병의 배종설

프랑스의 파스퇴르(Louis Pasteur)는 현재에도 여전히 쓰이는 방법을 개발하였다. 파스퇴르는 포도주와 맥주 생산에서 미생물이 하는 역할에 대해 많이 이해하게 되었다. 저온살균법(pasteurization)을 개발하였고 인체 질병이 감염으로 유발된다는 첫 번째 연구를 수행하였다. 이 연구는 다른 과학자의 연구로부터 지지를 받았고 **질병의 배종설**(germ theory of disease)로 발전하였다. 파스퇴르와 같은 시기에 활동한 코흐는 세균 유래설을 입증하여 어떤 생물이 병원체인지, 무슨 질병을 유발하는지를 확인할 수 있는 코흐의 가설(Koch's postulates)을 수립하였다. 1875년 코흐는 이 가설을 사용하여 탄저병(anthrax)을 유발하는 세균이 탄저균(*Bacillus anthracis*)임을 증명하였다. 이 방법으로 20개의 다른 질병에 대한 병원체가 1875년부터 1900년 사이에 확인되었고, 지금도 식물과 동물의 병원체를 확인하는 표준 방법으로 사용된다.

코흐의 연구실로부터 많은 실험 기술이 탄생하였다. 1880년대 황금기 동안, 코흐는 미생물의 분리 및 배양의 중요성을 이해했다. 3장에서 소개하게 될 접종, 분리, 배지, 순수배양, 현미경 검사를 위한 시료 준비 등의 기술 대부분이 코흐와 그의 동료들에 의해 개발되었다. 이 시기에 발견된 기법들이 미생물 통제와 백신에 대해 다루는 여러 장에서 다시 소개될 것이다.

1.6 학습 평가

10. 1600년대부터 현재까지 미생물학의 발전에 대한 연대표를 만들 수 있다.
11. 최근의 미생물학 발견 중 영향력이 큰 것을 나열할 수 있다.
12. 과학적 방법에서 중요한 요소에 관해 설명할 수 있다.

1.7 미생물의 명명, 분류, 동정

미생물학 공부를 처음 시작할 때 끝없이 새롭고, 이상하고, 혼란스러운 미생물의 이름들 때문에 좌절하기도 한다. 미생물에 대한 **명명법**(nomenclature)을 공부하는 것은 새로운 언어를 배우는 것과 같아서 때로는 다소 압도당하는 느낌을 받는다. 올바른 미생물 명칭에 주의를 기울이는 것은 야구 경기 또는 연극 작품을 보는 것과 같다. 배우와 작품을 구분하여 생각할 수 없다! 명명법에 대한 몇 가지 규칙을 알면 미생물을 이해하고 평가하는 데 도움이 될 것이다.

분류학(taxonomy)은 생물을 분류하는 학문이다. 250여 년 전 스웨덴 식물학자인 린네(Carl von Linné)는 분류에 대한 기본적인 규칙을 제정하고 분류 단위인 분류군(taxa)의 개념을 확립해 분류학을 창안하였다.

린네는 생물의 특성을 인식하고 정의할 수 있는 시스템을 이용해 각 생물에 고유한 이름을 부여하고 생물을 체계적으로 목록화함으로써 연구의 혼란을 피할 수 있다는 점을 일찍이 간파하였다. 이런 분류법은 같은 생물을 동정하는 수단으로 작용하여 다양한 생물학 분야 연구에서 여러 연구자들의 동일종 생물에 대한 토론이 가능하게 하였다. 린네가 개발한 명명법은 이후 멸종한 생물을 포함하여 수백만 종의 생물을 구분하는 데 사용되었다.

현대 분류학의 주요 관심은 여전히 명명하고, 분류하고, 동정하는 것이다. 이 3가지는 상호연관이 되어 많은 현생생물과 멸종생물들의 목록을 만드는 데 중요한 역할을 한다. 일반적으로,

- **명명법**(nomenclature)은 다양한 분류군과 각각의 생물에 학명을 부여하는 것이다. "nom"은 이름을 의미한다.
- **분류**(classification)는 생물을 체계적인 분류군으로 정리하는 것이다.
- **동정**(identification)은 형질 또는 생물을 발견하고 기록하여 분류체계에서 해당 생물의 위치를 파악하는 것이다. 동정은 3장에서 자세히 다룰 것이기 때문에 이 장에서는 명명법과 분류에 대해서만 알아볼 것이다.

세균, 바이러스, 기타 미생물을 분류하는 것은 어려운데, 이는 세대 간의 유전자 전달과는 다른 방식으로 많은 유전자가 생물 사이에서 수평적으로 전달되기 때문이다. 이를 수평적 유전자 전달(horizontal gene transfer)이라 한다. 같은 종의 세균이라도 다른 종으로부터 유전자를 얻게 되면 유전자 조성이 달라지기 때문에, 종을 정확히 정의하기 어렵다. 그런데도 미생물학자들은 여전히 미생물 사이의 관계를 분석하고 미생물들을 목록화한다.

명명법: 학명을 지정하기

많은 생물이 그들이 가진 주된 특징에 따라 통상적인 이름(common name)으로 알려져 있다. 예를 들이, 어떤 세는 붉은머리검은새(red-headed blackbird)로 불리고 어떤 식물은 멍든 눈의 수잔(black-eyed Susan)으로 불린다. 인체 병원체인 "gonococcus"(*Neisseria gonorrhoeae*), 발효생물인 "brewer's yeast"(*Saccharomyces cerevisiae*), 최근에 지어진 "Iraqabacter"(*Acinetobacter baumannii*)처럼 미생물도 더러 비공식적인 이름으로 불리지만 이런 것이 흔한 일은 아니다. "작고 노란 사슬균"처럼 일반적인 명칭은 학명(scientific name)에 비해 거추장스럽고 혼란스러울 것이다. 심한 경우에는 같은 나라에서도 지역마다 명칭이 다르다. 표준화된 명명법의 명백한 장점은 공용어를 제공함으로써 전 세계의 모든 과학자가 정확한 의사소통을 할 수 있다는 점이다.

학명을 지정하는 방법을 **이명법**(binomial system)이라 한다. 학명은 항상 속명(genus name)과 종소명(species epithet)으로 구성된다. 학명의 속명은 항상 대문자로 시작하고, 종소명은 소문자로 시작한다. 속명과 종소명은 모두 이탤릭체(정자체에서는 밑줄을 긋는다)로 쓴다.

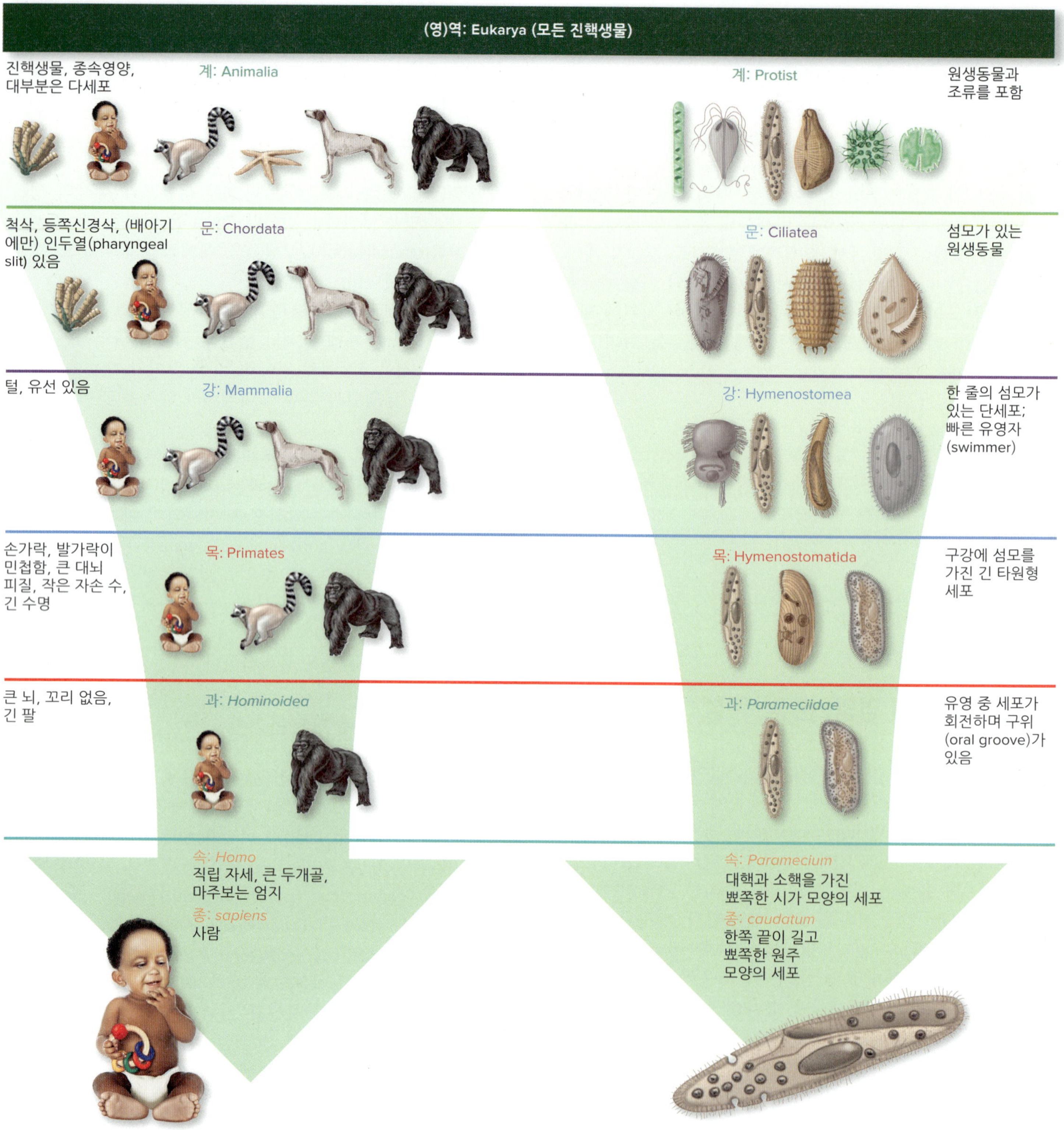

그림 1.12 분류학의 예 진핵생물 (영)역에 속하는 두 생물을 분류 단계에 따라 추적하였다. 좌측은 현대 인류인 *Homo sapiens*이며, 우측은 흔한 원생동물의 일종인 짚신벌레 *Paramecium caudatum*이다.

Staphylococcus aureus

생물에 대한 이명법에서 속명이 이미 언급된 때에만 *S. aureus*와 같이 약어를 사용한다. 명명법은 대개 라틴어 또는 그리스어를 사용한다. 영어 또는 불어처럼 다른 언어가 사용될 때는 단어의 끝을 라틴어로 변화시킨다. 새로 발견된 생물의 이름을 정할 때는 그 생물에 대한 이름이 이미 존재하는지, 같은 이름을 가진 다른 생물이 존재하는지에 대해 감독하는 국제기구가 있다. 명명하는 방식은 매우 다양하고 종종 상상력을 발휘한다. 몇몇 종은 그 미생물을 발견한 미생물학자 또는 해당 분야에 뛰어난 업적을 남긴 미생물학자를 기리기 위해 명명되었다. 또는 미생물의 특성(형태, 색), 발견 지역, 유발하는 질병에 따라 명명되기도 한다. 학명에 대한 예는 다음과 같다.

- *Staphylococcus aureus* Gr. *staphule*, 포도송이, *kokkus*, 장과(berry), Gr. *aureus*, 금빛. 인체의 흔한 병원체.
- *Campylobacter jejuni* Gr. *kampylos*, 구부러진, *bakterion*, 작은 막대, *jejunum*, 장. 장 감염의 세계적으로 중요한 원인 중 하나.
- *Lactobacillus sanfrancisco* L. *lacto*, 우유, *bacillus*, 작은 막대. 제빵에 사용되는 세균 균주.
- *Vampirovibrio chlorellavorus* Fr. *Vampire*, 흡혈귀; L. *vibrio*, 구부러진; *Chlorella*, 녹조류의 한 속; *vorus*, 먹는다. *Chlorella*의 세포액을 빨아먹는 작고, 구부러진 세균.
- *Giardia lamblia* 중증 장염을 일으키는 원생동물로 연구자인 프랑스 미생물학자 Alfred Giard, 보헤미아 내과의사 Vilem Lambl을 기려 명명됨.

이러한 이름들을 발음하기 어려워서 대충하고 싶은 유혹을 느낄 수 있다. 미생물 이름을 볼 때마다 시간을 투자해 익숙해질 때까지 발음해 볼 것을 권장한다. 그렇게 하면 쉽게 기억하고 다른 것들과 덜 혼동할 것이다.

분류: 분류체계의 구성

분류체계의 주요 단위는 몇 단계로 구성되는데, 모든 분류군 그룹을 포함하는 가장 보편적인 생물의 공통분모로 시작하여 가장 작고 가장 특이적인 그룹으로 끝난다. 가장 높은 단계의 분류 그룹은 단지 한두 개의 일반적인 특징을 공유하고, 가장 낮은 단계의 분류 그룹은 같은 종류의 생물로서 특징 대부분을 공유한다. 위에서 아래 방향으로 분류군을 나열하면 **(영)역**(domain), **계**(kingdom), **문**(phylum 혹은 division),[3] **강**(class), **목**(order), **과**(family), **속**(genus), **종**(species)의 순서가 된다. 따라서 각각의 계는 몇 개의 문으로 구분되고, 각각의 문은 몇 개의 강으로 구분되고, 각각의 강은 몇 개의 목으로 구분되는 방식으로 구성된다. 분류군 체계는 어느 정도 인위적이기 때문에, 특정 그룹의 생물은 주요 그룹으로 분류되지 않을 수 있다. 그런 경우, 추가의 분류 단계가 분류군 위 또는 아래쪽에 놓여 상문(superphylum), 아강(subclass)과 같은 그룹을 형성한다.

분류 단계를 살펴보기 위해 사람과 원생동물에 대한 분류체계를 비교해 보자(**그림 1.12**). 사람과 원생동물은 모두 진핵생물이다. 따라서 같은 역에 속하지만 서로 다른 계에 속한다. 사람은 다세포 생물로 동물계에 속하지만, 원생동물은 단세포 생물로 조류(algae)와 함께 원생생물계에 속한다. 사람이 해파리와 같은 계에 속한다는 사실을 생각해 보면 계가 얼마나 넓은 범주인지 알 수 있다. 동물계에 속하는 여러 문 중에서, 사람은 척삭동물문에 속하는데 사람은 척추동물뿐만 아니라 멍게와도 같은 문에 속한다. 다음 단계인 포유강에는 털이 있고 젖을 먹이는 척추동물만이 속한다. 사람은 유인원, 원숭이, 여우원숭이와 함께 영장류 목에 속한다. 사람상과(Hominoidea)에는 단지 사람과 유인원만 속한다. 마지막으로 사람의 학명은 *Homo sapiens*이다. 사람과 원생동물에서, 하위의 목에 해당하는 분류군은 덜 포괄적이며 개체들은 좀 더 밀접히 서로 관련되어 있다. 모든 분류군 **체계**(hierarchy)는 특정 생물에 대한 전문가의 기준을 따르지만 모든 전문가들이 이에 동의하는 것은 아님을 기억해야 한다. 결과적으로 모든 분류군이 영속적인 것은 아니다. 그래서 분류체계에 새로운 정보가 추가되고 새로운 관점이 형성되면 끊임없이 개선되고 보완된다. 일반적으로는 가장 포괄적인 단계(계, 문)와 가장 특이적인 단계(속, 종)에 관심이 집중된다.

미생물의 기원과 진화

분류학(taxonomy)은 생물 종을 분류하는 학문으로 현생 및 멸종생물 모두를 구분하는 데 사용된다. 현재 생물학에서는 분류군을 나누는 데 여러 가지 방법이 있지만, 모든 방법은 생물 사이의 유사도에 의존한다. 생물 그룹 간에 조상 종과의 관계인 자연적 유사도를 사용하는 방식을 **계통발생학**(phylogeny)이라 한다. 생물학자는 계통발생학을 이용하여 분류 단계를 결정한다.

생물 사이의 유사도를 이해하기 위해서는 진화 과정의 기본을 이해해야 한다. 진화는 미생물학을 포함하여 모든 생물학의 기초가 되는 개념이다. 이미 언급한 바와 같이, 진화에 따르면 시간에 따라 바뀐 생물의 유전 정보는 여러 세대를 거치면서 다양한 구조적, 기능적 변화를 초래한다. 진화 과정은 선택적이어서 특정 생물 또는 생물 집단의 생

3 문(phylum)은 세균, 원생동물, 동물에서 사용한다; 문(division)은 조류, 식물, 진균(균류)에서 사용한다.

그림 1.13 휘태커(Whittaker) 분류체계 이 체계에서 계는 세포 구조와 유형, 생물 구조의 특성, 영양 유형에 따라 나뉜다.

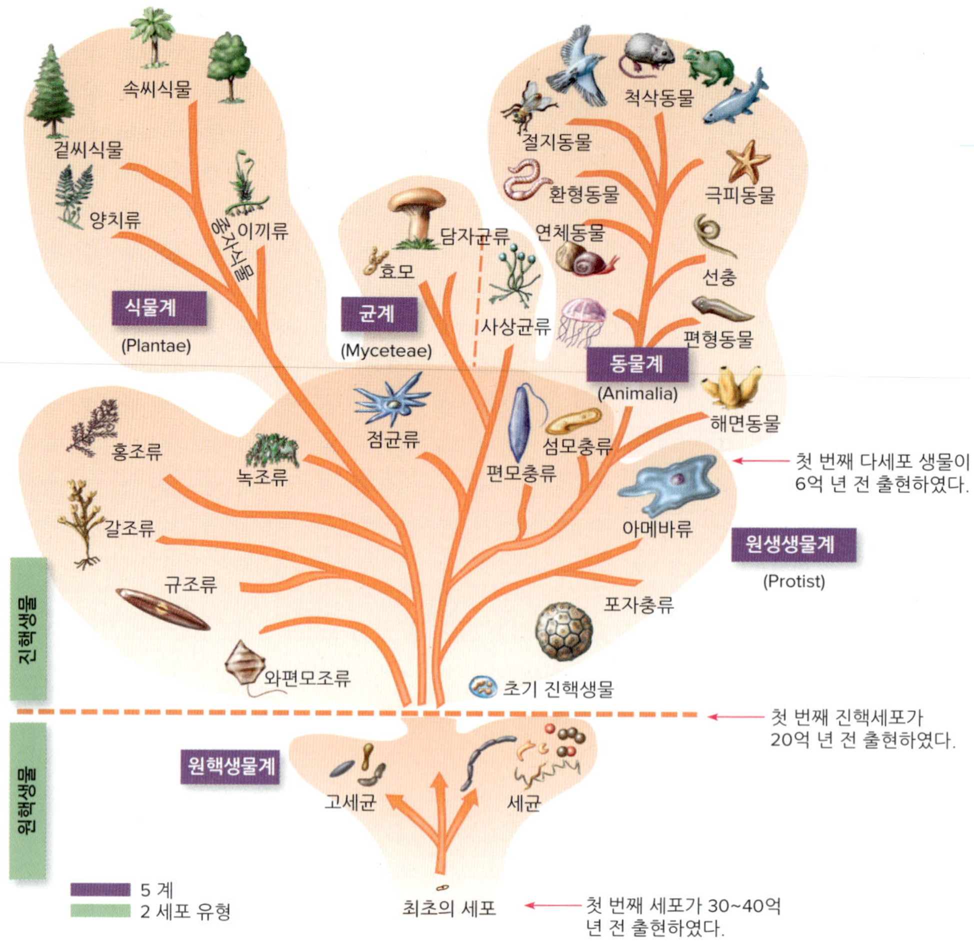

존에 유리한 변화는 살아남지만, 생존에 덜 유리한 변화는 사라진다. 항상 그런 것은 아니지만 대체로 그렇다. 다윈(Charles Darwin)은 이 과정을 자연선택(natural selection)이라 하였다.

진화의 2가지 원칙은 (1) 모든 새로운 종은 이미 존재하는 종에서 기원한다는 것과 (2) 근연관계의 생물은 공통 조상으로부터 진화했기 때문에 유사한 특성을 갖는다는 것이다. 따라서 분기(divergence)로 차이점이 나타난다. 대체로 진화는 복잡도가 증가하는 방향으로 일어나지만, 복잡도가 감소하는 방향으로 진행하는 퇴행성진화(reductive evolution)의 예도 많이 존재한다. 생물은 홀로 진화하는 것이 아니라 선택압력이 작용하는 특정 환경에서 생물 개체군으로부터 진화하는 것이다. 진화 과정의 분화 특성 때문에 생물의 계통발생, 즉 후손 사이의 유사도는 종종 계통수로 나타낸다. 나무의 몸통은 조상의 기원을 나타내며 가지는 파생된 특정 그룹의 생물(분기군)을 나타낸다. 이런 방식의 배치에서 공통 조상으로부터 덜 분화된 분류군은 나무의 뿌리 근처에 위치하고 많이 분화된 분류군은 나무 꼭대기 근처에 위치한다(**그림 1.13**과 **1.14**).

계통수

지구의 모든 생물에 대한 계통발생 관계는 종종 "계통수(tree of life)"로 나타낸다. 첫 번째 계통수는 다윈과 헤켈(Ernest Haeckel)에 의해 단지 2개의 계인 식물과 동물로 구성되었다. 이 계통수는 주로 눈에 보이는 형태학적 특성에 따라 작성되었다. 조류와 원생동물과 같은 (미)생물은 단세포로 존재하며 동물계 또는 식물계에 맞지 않았기 때문에 헤켈은 이런 단순한 생물에 대한 또 다른 계를 제안하였다. 이를 원생생물계[Protista, 역주: 이 책에는 Protista로 되어있지만 일반적으로 Protist(복수 Protists)라고 함]라고 한다. 이후 같은 단세포 생물들간에도 큰 차이가 있는 것이 확실해지자 헤켈이 네 번째 계인 원핵생물계(Monera)를 1870년대에 제안하였다. 그로부터 약 100년 후 휘태커(Robert Whittaker)는 이를 확장하여 다섯 번째 계인 진균계(fungi)를 1960년대 제안하였다. 휘태커의 계통수는 원핵생물과 진핵생물의 세포 구조, 영양 섭취 방식과 같은 구조적 유사점과 차이점에 근거하여 작성되었다. 이런 기준에 따르면 5개의 주요 분류군 단위, 즉 계가 존재한다(원핵생물계, 원

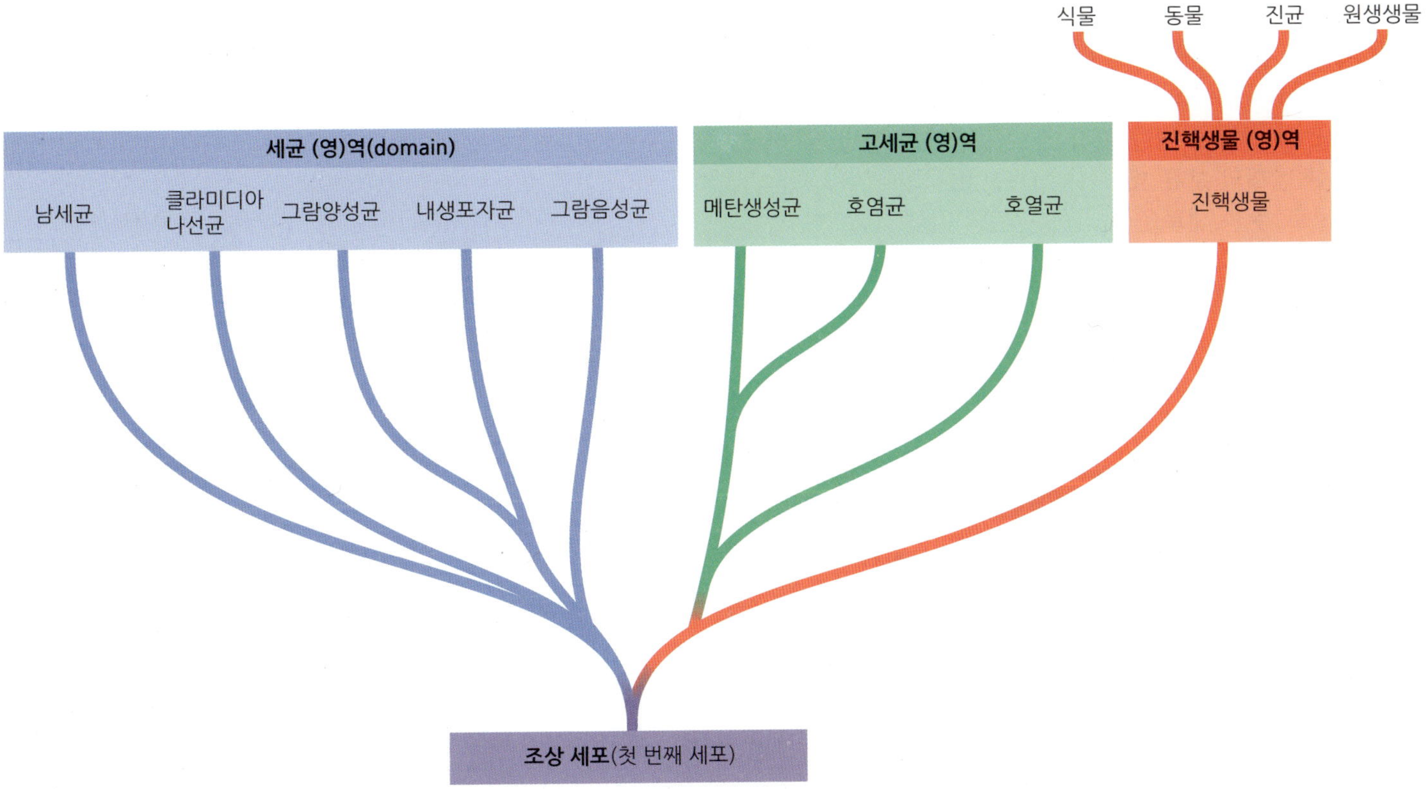

그림 1.14 계통수 계통발생학적 체계. 세포의 기원과 주요 분류군에 대한 체계. (영)역에는 3개의 세포 유형이 있다. 첫 번째 원시세포는 원핵생물의 (영)역인 세균과 고세균의 조상이고, 고세균은 진핵생물 (영)역과 같은 뿌리에서 나타났다.

생생물계, 식물계, (진)균계, 동물계). 이 모두는 원핵세포 또는 진핵세포 중 하나로 구성된다. 휘태커의 5계 시스템은 곧 표준으로 자리 잡았다(그림 1.13 참조).

분자유전학이 발전함에 따라 계통분류 연구에 새롭게 적용된 분자유전학적인 연구 기법은 이전의 것과 확연히 다른 계통수를 탄생시켰으며 생명체들의 진화적 유연관계에 대한 우리의 이해도를 향상시켰다. 분자유전학 덕분에 분자 수준에서의 유전 물질의 구조와 기능에 대한 심층적인 연구가 가능하였다. 연구에 의하면 세포 구조와 기능에 중요한 4개의 고분자 물질 중 2개인 단백질과 핵산은 서열을 비교할 수 있으므로 생물 사이의 차이점을 비교하는 데 매우 적합하다. 특히 리보솜의 작은 소단위체의 리보핵산(ssuRNA)은 진화과정에서 변하지 않고 잘 보전되어 있어 종 내 모든 생물에서 거의 같다. 이런 이유로 ssuRNA(small subunit RNA)는 특정 생물의 진화 역사를 담고 있는 생물학적 시계(biological chronometer) 또는 생체 기록물(living record)로 간주된다. 다수의 원핵세포 및 진핵세포에서 분리한 ssuRNA들의 염기서열의 비교연구 결과, 그 염기서열이 진핵세포나 세균의 것과 확연한 차이를 보이는 다른 부류의 원핵생명체들이 있다는 것을 알게 되었다. 이 그룹에 속하는 분류군이 고세균(archaea)이다. 현미경 상에서 고세균의 구조는 세균의 구조와 유사하지만, 분자생물학적 연구 결과에 따르면 고세균은 세균보다 진핵세포과 더 가까운 유연관계를 나타낸다(표 4.1 참조). 이런 관계를 반영하여 새로운 계통수가 탄생하였다. 따라서 모든 생물은 3가지로 구분되는 분류군 단위인 (영)역(domain) 중 한 (영)역에 속한다(그림 1.14).

(영)역은 위계상 가장 높은 단계로 각 영역은 여러 개의 계를 포함할 수 있다. 원핵세포는 고세균 영역과 세균 영역에 속하고, 진핵생물은 모두 진핵생물 영역에 속한다. 3개 영역에 속하는 모든 생물의 ssuRNA 분석에 따르면 모든 현생생물과 멸종생물은 하나의 공통 조상으로부터 유래한다. 따라서 진핵생물은 원핵생물로부터 출현한 것이 아니다. 이 둘은 모두 지금은 멸종된 LUCA(last universal common ancestor)라 불리는 공통조상으로부터 출현하였다.

생명체에서 활발하게 일어나는 수평적 유전자 전달의 발견으로 전통적인 계통수는 수정되었다. 예를 들어, 인체 DNA의 40~50%는 (바이러스에 의해) 다른 종으로부터 유입된 것으로 추정된다. 또 다른 예로는, 소의 유전체에는 뱀 DNA의 일부가 포함되어 있다. 이런 이유로 요즘에는 많은 과학자들이 계통수보다는 그물(web)을 선호한다. 물론 새롭게 정립된 분류체계가 속 또는 종 수준에서 주로 논의되는 미생물 연구에 미치는 영향은 크지 않다. 그러나 생물 분류 및 생물의 진화에 대한 관점이 지금 전환 중임을 알아야 한다. 또한 현재의 분류 및 진화 체계는 현재의 관점을 반영한 것이므로 추후 새로운 사실이 발견되면 변할 수도 있음을 기억해야 한다.

바이러스는 세포 또는 생물이 아니어서 계통수에 포함될 수 없으므로 분류 또는 진화 체계에 바이러스는 포함되지 않는다.

질병과의 연관성

설사는 종 사이의 유전자 공유 현상의 영향을 받는다. 매우 심각한 설사 중 하나가 *Shigella*로부터 유입한 독소를 갖는 *E. coli* O157:H7에 의해 일어난다.

1.7 학습 평가

13. 명명법, 분류학, 분류를 구별할 수 있다.
14. 분류 체계를 기억할 수 있는 암기 표를 만들 수 있다.
15. 어떤 미생물의 이름을 이명법(학명)으로 쓸 수 있다.
16. 주요 3개 영역에 대한 표를 그릴 수 있다.
17. 전통적인 분류학과 분자생물학적 분류학의 차이를 설명할 수 있다.

현미경으로 본 세상 — 논평

"당신의 커피 머신은 세균과 곰팡이로 덮여 있을 수 있다."란 기사는 일부 데이터를 포함한다. 2개의 문장을 살펴보자. 첫째는 "시료의 절반 이상에서 세균 수백만 개가 배양되었다."란 문장이다. 기사는 연구 논문 또는 데이터 출처를 제공하지 않지만, 수백만 개의 세균이 시료에서 자랐다는 것은 타당해 보인다. 미생물학을 배우는 학생은 수백만 개의 세균이 인체와 자연환경의 표면을 덮고 있다는 것을 안다. 우리는 또한 이것이 정상이고, 대다수의 미생물은 건강에 도움이 되거나 중립적이란 것을 안다. 그러나 교육받지 않은 대중에게 "수백만의 세균"은 경고처럼 들리며, 기사의 의도가 경고를 울리는 것으로 보일 수 있다. 이 경우 경고는 정당하지 않다.

둘째는 머신이 분뇨(fecal matter)로 오염되었을 가능성을 암시하는 "29개 중 하나에서 대장균(*Escherichia coli*) 양성이다."란 문장이다. 이는 당연히 대중에게 혐오감을 불러일으킨다. 그러나 미생물학자는 손에 묻은 배설물로 집기 표면을 오염시킨다는 것을 알고 있다. *E. coli*는 포유동물(사람, 개, 고양이)의 큰 창자에 서식하기 때문에 *E. coli*는 배설물이 오염되었음을 보여주는 지표(indicator) 생물이다. 그러나 대부분의 *E. coli* 균주는 질병을 일으키지 않으며, 사실 정상 생물총(normal biota)에 속한다. 따라서 커피머신에 있는 *E. coli*의 존재는 경고가 되지 못한다. 이는 배설물에 의한 오염을 나타내주긴 하지만 그런 사례는 흔히 발생한다.

© Image Source, all rights reserved. RF

이 기사의 데이터는 큰 경고가 되지 못하는 것을 재확인하였다: 커피 머신은 주변 환경의 다른 것들과 같은 특징을 갖는다. 커피 머신으로 만든 것이 우리 몸안으로 들어오므로 우리는 단지 정상적인 수준의 청결을 유지하고 적절하게 씻어야 한다.

이 장의 서두에서 질문을 던진 것처럼 기사가 **의도하는 메시지**는 커피 머신에서 자라는 모든 것에 경각심을 갖는 것이다. 그러나 모든 표면은 미생물로 덮여 있으므로 아무런 경고도 울리지 못한다는 것이 **평가**이다. 29개 머신 중 하나에서 *E. coli*가 존재한다는 것은 매일 적절한 청결이 유지되어야 함을 제안하는 것이다. 이것이 이 기사에 대한 **해석**이다. 이 기사에 대한 **점수**는 D-인데, 이는 의도가 사실에 의해 지지받지 못하기 때문이다; *E. coli*가 무엇인지 설명하지 않았고, 우리 스스로 확인할 수 있는 데이터 또는 연구와 관련된 아무런 자료도 제공되지 않았기 때문이다.

출처: *Huffington Post*, "VitaminYour Keurig Machine May Be Covered in Bacteria and Mold", 2015년 5월 21일 게시된 온라인 기사.

단원 요약

1.1 미생물학의 영역

- 미생물은 "크기가 너무 작아 맨눈으로는 보이지 않는 살아 있는 생물"로 정의된다. 미생물에 속하는 생물로는 세균, 원생동물, 진균, 기생충(helminth), 바이러스 등이 있다.
- 미생물은 지구의 거의 모든 곳에 존재하며 많은 생물학적, 물리학적 활동에 영향을 준다.
- 미생물과 인류 사이에는 다양한 관계가 존재한다. 그 대부분이 유익하고 일부만 유해하다.

1.2 미생물이 지구에 미치는 영향: 거대한 영향력을 가진 작은 생물

- 여러 부류의 생물이 끊임없이 진화하여 새로운 유형의 생명체를 출현시킨다.
- 미생물은 지상의 모든 생명체에 필수적인 영양소 및 에너지의 순환에 중요하다.

1.3 인류의 미생물 이용

- 인류는 산업, 의학, 환경보호에 미생물을 활용해왔다.

1.4 감염성 질병과 인체 건강

- 지난 160년 동안, 미생물학자들은 감염성 질병을 일으키는 다양한 병원체를 동정하였다. 더욱이, 원인이 알려지지 않은 질병과 미생물의 관계를 발견하였다.

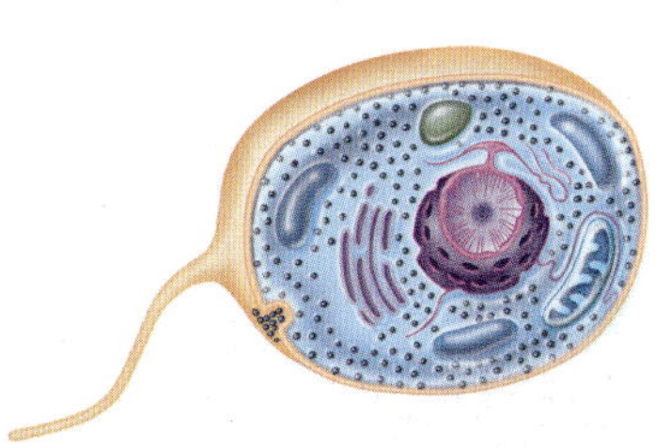

- 미생물은 전 세계에서 질병을 일으키지만, 빈곤한 국가가 겪는 직접적, 간접적 영향이 더 크다.

1.5 미생물의 일반적인 특징

- 바이러스를 제외하고, 미생물에는 3종류(세균, 고세균, 진핵미생물)가 있다. 세균 및 고세균은 작고 핵과 대부분의 세포소기관이 없으며, 진핵세포로 된 진핵미생물은 크며 핵과 세포소기관을 모두 가진다.
- 바이러스는 세포가 아니며, 때로 생물이 아닌 입자로 불린다. 그러나 작은 크기와 세포와의 밀접한 관계 때문에 미생물학에서 함께 다룬다.

1.6 미생물학의 역사

- 현미경 덕분에 미생물이 관찰되었고, 다양한 곳에 서식하며 질병의 병원체임이 밝혀졌다.
- 공기에 있는 "생명력(vital force)"에 의한 생물의 자연발생설은 파스퇴르에 의해 완전히 부정되었다.
- 과학적 방법은 자연 현상을 규명하기 위해 과학자들이 사용하는 연구과정이다. 자연현상은 주로 실험으로 규명되는데 실험 초기에 세운 가설이 지지되거나 부정되는 특징을 갖는다.

© Biophoto Associates/ Science Source

- 과학적 방법으로 얻은 지식은 타당성을 증명하기 위해 많은 과학자에 의해 반복적인 실험으로 검증된다. 일련의 타당한 가설을 이론이라 한다. 오랜 시간에 걸쳐 수집된 많은 자료에 의해 지지를 받는 이론은 법칙이라 불리며 이론이란 용어는 여전히 법칙과 관련되어 있다.
- 과학적 정설 또는 이론은 시간이 경과하면서 새로운 연구로 기존의 것과 다른 것이 발견되면 변화하기도 한다.
- 의학 미생물학자들은 질병의 세균 유래설을 개발하여 질병 병원체 전파를 조절할 수 있는 무균 기술이란 중요한 개념을 도입하였다.

1.7 미생물의 명명, 분류, 동정

- 분류체계는 3가지 중요한 기능을 가진다: 종에 대한 명명, 분류, 동정.
- 가장 최신 분류체계의 주요 그룹은 (영)역, 계, 문, 강, 목, 과, 속, 종이다.
- 진화 패턴은 모든 생명체는 하나의 공통 조상 유전자 풀을 통해 뻗어 나가는 수상(treelike) 또는 망상(weblike) 구조를 보인다.

- 현재의 분류체계는 모든 진핵생물은 진핵생물 영역에 속하며, 원핵생물은 고세균과 세균 2개의 영역으로 구분된다.

객관식 문제(선다형 문제와 OX 문제) | 블룸 1단계 및 2단계: 기억과 이해

선다형 문제 – 제시된 보기에서 답을 고르시오.

1. 미생물이 아닌 것은?
   a. 조류(algae)　　b. 세균
   c. 원생동물　　d. 곰팡이

2. 생물 유전 물질의 정교한 변형을 포함하는 것은?
   a. 생물정화　　b. 생명공학
   c. 분해　　d. 재조합 DNA 기술

3. 레이우엔훅 현미경에 없는 것은?
   a. 초점 나사　　b. 렌즈
   c. 시료대　　d. 집광기

4. 무생물발생설을 설명하는 것은?
   a. 생명이 없는 물질로부터 생물의 자연발생
   b. 이미 존재하는 생물로부터 생물의 발생
   c. 멸균 기술의 개발
   d. 질병의 배종설

5. 가설의 정의는?
   a. 지식에 근거한 믿음
   b. 믿음에 근거한 지식
   c. 검증 대상이 되는 과학적 설명
   d. 철저히 검증된 이론

6. 장기적인 연구와 데이터에 의해 전적인 지지를 받은 가설의 다음 단계는?
   a. 법칙　　b. 추측
   c. 이론　　d. 증명

7. 분류군을 가장 구체적인 것에서부터 가장 보편적인 것의 순서로 배열한 것은?
   a. 역, 계, 문, 강, 목, 과, 속, 종
   b. 문, 역, 계, 강, 과, 속, 종
   c. 종, 속, 과, 목, 강, 문, 계, 역
   d. 종, 과, 강, 목, 문, 계

8. 진핵생물이 아닌 것은?
   a. 세균　　b. 고세균
   c. 원생동물　　d. a와 b

9. 가장 작은 것부터 가장 큰 것을 1부터 8의 순서로 표시하시오.
   ____ 아데노바이러스　　____ 기생충
   ____ 아메바　　____ 구균 형태의 세균
   ____ 리케차　　____ 적혈구
   ____ 단백질　　____ 원자

10. 바이러스의 특성으로 옳은 것은?
    a. 원핵생물
    b. 진핵생물
    c. a도 b도 아님

OX 문제 – 다음 문장 내용이 옳으면 O, 틀리면 X로 표기하고 틀린 내용을 올바르게 수정하시오.

11. 같은 목에 속하는 생물들은 같은 과에 속하는 생물들보다 더 서로간의 관계가 가깝다.
12. 진핵생물은 원핵생물로부터 진화하였다.
13. 고세균은 핵이 없다.
14. 이론으로 판정되려면 과학적 아이디어는 수많은 검증을 거쳐야 한다.
15. 미생물은 지구 모든 곳에 존재한다.

Chapter 2

생물학 속 화학

현미경으로 본 세상

비타민과 여드름

이번에 소개하는 사례를 통해 대중매체의 기사가 어디까지 사실인지 살펴볼 것이다. 이 사례는 Verge에 실린 "비타민 B_{12}는 당신의 피부 세균을 자극하여 여드름을 유발할 수도 있다."란 기사에 대한 것이다.

이 장에서, 우리는 다양한 화합물과 분자들에 대해 배우고자 하며, 동시에 이들이 우리 세포와 몸에 어떻게 영향을 주는지 알아보고자 한다. 비타민(Vitamine)은 우리 건강에 필수적인 분자들 중 하나이다[이름에서 보듯이 – 이들의 이름은 "생명을 위한 아민들(amines for life)로, 비타(vita)는 생명을 의미한다]. 비타민 B_{12}는 많은 사람들이 기억력 증진과 빈혈 예방을 위해 섭취하는 물질이다.

이 기사는 B_{12} 보충제를 섭취하는 많은 사람들에게서 여드름이 발생한다는 것으로 시작한다. 다음으로 캘리포니아 대학교 로스앤젤레스(University of California – Los Angeles) 분교의 과학자들에 의해 밝혀진, 이 보충제들을 복용한 사람들의 피부가 놀랍지 않게도 높은 양의 B_{12}를 함유하고 있다는 결과를 서술하고 있다. 이는 피부 세균인 프로피오니박테리움 아크네스(*Propionibacterium acnes*, 이름을 보면 – 이는 여드름과의 관련성 때문에 이런 이름이 붙여졌다)가 자체 B_{12} 생성을 늦추도록 했다. 대사 경로들이 종종 행동의 균형을 맞추기 때문에, 세균이 B_{12} 생성을 늦췄을 때, 다른 생성물들은 평소 양보다 더 많이 생성되었다. 이 생성물들 중 하나가 염증을 유발한다. 여기서 말하는 염증은 당연히 여드름으로 보이는 "증상"이다. 기사는, "따라서 일부 사람들에게는 B_{12} 복용이 피부에 염증을 유발하여 여드름이 생기게 할 수 있다. 그러나 이 여드름 사건 사슬의 마지막 단계는 아직 입증되지 않았다. 그렇게 하는 데 약간의 시간이 더 필요하다."라고 언급하였다.

- 이 기사가 **의도하는 메시지**는 무엇인가?

■ 기사를 읽은 후 **여러분의 평가**는 어떠한가? 평가가 비판을 의미하는 것은 아니다. 여러분의 지식을 이용하여 기사의 사실여부, 그리고 기사가 전달하고자 하는 메시지가 무엇인지를 제대로(혹은 옳게) 인지하기 위해서는 비평적인 안목이 필요하다.
■ 미생물학을 공부하지 않은 친구를 위해 이 기사를 어떻게 **해석할** 것인가?
■ 기사의 정확성과 의도된 효과의 정확성을 고려하여 기사에 대한 당신의 **점수**는 얼마인가?

현미경으로 본 세상–논평은 이 장의 끝에 나옵니다.

2.1 원자, 결합, 그리고 분자: 기본적인 구성 요소

우주는 기체, 액체 및 고체 상태로 존재하는 무한한 다양한 물질들로 구성되어 있다. 공간을 차지하고 질량을 갖는 이러한 모든 유형의 재료들을 **물질**(matter)이라고 부른다. 공기, 암석, 동물의 몸 또는 세균 등 물질의 구성은 원자라 하는 개별적인 구성 요소로 시작된다. **원자**(atom)는 그 특성을 잃지 않으면서 더 작은 물질로 세분할 수 없는 작은 입자로 정의된다. 아주 작은 것들을 다루는 과학에서조차 원자의 미세한 크기는 놀라운데, 예를 들어 산소 원자는 직경이 0.0000000013 mm(0.0013 nm)에 불과하며 클러스터로 된 이들 중 100만 개는 육안으로 거의 보이지 않는다.

원자는 양으로 하전된 **양성자**(protons, p^+), 전하가 없는(중성의) **중성자**(neutrons, n^0) 및 음으로 하전된 **전자**(electrons, e^-)라고 불리는 원자 구성 입자들의 조합으로부터 그 특성을 이끌어낸다. 비교적 큰 양성자와 중성자는 중심 핵 또는 **핵**(nucleus)[1]을 구성하고, 하나 이상의 전자들에 의해 둘러싸여 있다(**그림 2.1**). 핵은 원자의 질량(무게)에서 비중이 큰 반면, 전자는 부피에서 큰 비중을 차지한다. 비율에 대한 관점을 가지려면 다음을 고려한다. 만약 원자가 야구 경기장의 크기라면 핵은 약 구슬 하나 크기이다! 원자 구조의 안정성은 주로 (1) 양성자와 전자의 상호 인력(반대 전하가 서로를 끌어당김) 및 (2) 양성자 수와 전자 수의 정확한 균형으로 인해 유지되는데, 이는 반대 전하들이 서로를 상쇄시켜 버리는 것을 야기한다. 그러므로 적어도 이론적으로는, 분리된 온전한 원자는 전하를 갖지 않는다.

원자의 다른 종류: 원소 그리고 그들의 속성

모든 원자들은 동일한 기본 구조를 공유한다. 모든 양성자는 동일하고, 모든 중성자는 동일하며, 모든 전자들은 동일하다. 그러나 이러한 원자 구성 입자들이 다른 조합으로 함께 모일 때, **원소**(elements)라고 하는 독특한 유형의 원자가 생성된다. 각 원소는 특징적인 원자 구조와 예측 가능한 화학적 거동을 가지고 있다. 현재까지, 자연적으로 발생되거나 또한 물리학자들에 의해 인공적으로 생성된 약 118개의 원소들이 기재되었다. 일반적으로, 원소에는 약식 단축 기호가 있는 고유 이름이 지정된다. 원소들은 종종 주기율표로 표시된다. **표 2.1**은 생물계에 공통적인 일부 원소들, 원자적 특징 및 이들이 수행하는 자연적이고 적용된 역할을 보여준다.

생명의 주요 원소 및 이들의 주요 특징

각 원소의 독특한 특성은 원소에 포함된 양성자, 중성자 그리고 전자의 수에서 비롯되며, 각 원소는 특정 물리적 측정으로 식별될 수 있다.

동위원소(isotopes)는 중성자 수가 다른 동일한 원소의 변형된 형태이다. 이러한 여러 형태는 특정 비율로 자연적으로 발생한다. 예를 들어, 탄소는 주로 6개 중성자를 갖는 탄소 12로 존재하지만, 소량(약 1%)은 7개 중성자를 가진 탄소 13 혹은 8개의 중성자를 가진 탄소 14이다. 비록 동위원소는 사실상 동일한 화학적 특성을 갖지만, 그들 중 일부는 방사선의 형태로 자발적으로 에너지를 방출하는 불안정한 핵을 가지고 있다. 이러한 **방사성 동위원소**(radioactive isotopes)는 여러 연구 및 의료 응용 분야에서 중요한 역할을 한다. 그것들은 검출 가능한 신호를 방출하기 때문에, 화학반응에서 주요 원자 또는 분자의 위치를 추적하는 데 사용될 수 있고, 진단 및 치료의 도구이며, 멸균 절차에도 적용된다(11.2절의 이온화 방사선에 대한 설명 참조). 또한 동위원소는 화석과 다른 고대 물질의 연대 측정에 사용된다.

1 원자의 핵과 세포의 핵을 혼동하지 않도록 주의한다.

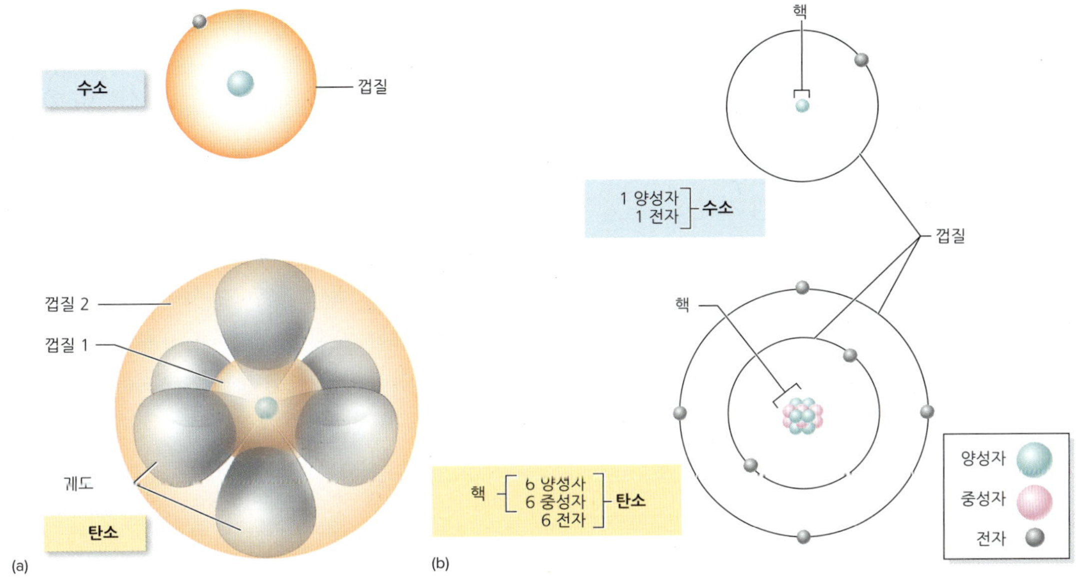

그림 2.1 원자 구조의 모델 (a) 실제 구조와 비슷한 수소와 탄소의 3차원 모델. 핵은 껍질이라 불리는 수준에서 발생하는 궤도의 전자들로 둘러싸여 있다. 수소는 하나의 껍질과 하나의 궤도를 가지고 있다. 탄소는 2개의 껍질과 4개의 궤도를 갖고 있으며, 가장 바깥쪽 궤도의 모양은 원이나 구가 아닌 짝을 이루는 로브(lobes)이다. (b) 동일한 원자의 간단한 모델은 껍질과 전자의 수 및 배열, 그리고 핵 안의 양성자와 중성자의 개수를 보여주기 더 쉽게 만든다. (정확한 스케일은 아니다.)

표 2.1 생명의 주요 원소 및 이들의 주요 특징

원소	원소 기호*	원자량**	이온화 형태의 예	미생물학에서의 중요성
칼슘	Ca	40.1	Ca^{2+}	특정 껍질이 있는 아메바의 외피의 구성성분(분), 세균 포자 내 저장
탄소 탄소˙	C C−14	12.0 14.0	CO_3^{2-}	생명체 구성분자의 주요 구조 성분 화석의 연대 측정에 사용되는 방사성 동위원소
염소	Cl	35.5	Cl^-	물 소독에 사용되는 소독제 성분
코발트 코발트˙	Co Co−60	58.9 60	Co^{2+}, Co^{3+}	비타민을 합성하기 위해 일부 세균에 필요한 미량 원소 감마선 방출기, 음식 살균에 사용, 암 치료에 사용
구리	Cu	63.5	Cu^+, Cu^{2+}	일부 효소의 기능에 필요, 구리 염은 곰팡이 및 기생충 감염을 치료하는 데 사용
수소 수소˙	H H3	1 3	H^+	물과 많은 유기 분자의 필수 성분, 세균성 대사에 의해 방출되는 수소 가스 2개의 중성자 지님, 방사성, 임상 실험실 절차에 사용
요오드 요오드˙	I I−131, I−125	126.9 131, 125	I^-	방부제 및 소독제 성분, 그람(Gram) 염색에 사용 암 진단 및 치료를 위한 방사성 동위원소
철	Fe	55.8	Fe^{2+}, Fe^{3+}	호흡 효소의 필수 구성 요소, 독소를 생산하기 위해 일부 미생물에 필요
마그네슘	Mg	24.3	Mg^{2+}	일부 효소에 필요한 미량 원소, 엽록소 색소의 성분
망간	Mn	54.9	Mn^{2+}, Mn^{3+}	특정 호흡 효소의 구성에 필요한 미량 원소
질소	N	14.0	NO^{3-}	모든 단백질 및 핵산의 성분, 주요 대기 성분
산소	O	16.0		많은 유기 분자의 필수 성분, 많은 생명체 대사에 사용되는 분자
인 인˙	P P−32	31 32	PO_4^{3-}	ATP, 핵산, 세포막의 성분, 세포 과립에 저장 진단 및 치료제로 사용되는 방사성 동위원소
칼륨	K	39.1	K^+	정상적인 리보솜 기능 및 단백질 합성에 필요, 세포막 투과성에 필수
나트륨	Na	23.0	Na^+	수송에 필요, 삼투압을 유지, 식품 보존에 사용
황	S	32.1	SO_4^{2-}	단백질의 중요한 성분, 2황화 결합을 만듦, 많은 세균의 저장 원소
아연	Zn	65.4	Zn^{2+}	효소 보조 인자, 단백질 합성 및 세포 분열에 필요, DNA 조절에 중요

참고: *원소의 라틴 이름을 기반으로 한다. 첫 글자는 항상 대문자이며, 두 번째 글자가 있으면 항상 소문자이다.
**원자 질량 또는 무게는 해당 원소의 동위원소에 대한 평균 질량 수와 같다.

질병과의 연관성

동위원소는 암과 같은 특정 질병을 진단하는 데 매우 유용하다. 환자들은 체내에서 방사선을 방출하는 **추적자**(tracers, 또는 추적자가 흡입되거나 삼킬 수 있다)라고 하는 동위원소(방사성 원소의 형태)를 투여 받는다. 그런 다음 기술자들은 특수 검출기를 이용하여 신체 내에서 방사성 동위원소의 위치와 농도를 평가하며, 이러한 영상들로부터 장기 질환이 냉점(동위원소가 부분적으로만 차지하는 영역) 혹은 온점(동위원소가 과도하게 흡수되는 영역)으로 감지될 수 있다. 일정 기간 동안 일련의 영상이 촬영되며, 동위원소 활성의 어떤 비정상적인 속도 및/또는 패턴이 장기 질환 혹은 오작동을 나타낼 수 있다.

전자 궤도와 껍질

원자의 구조는 경로를 따라 핵을 중심으로 끊임없이 회전하는 전자의 "구름"으로 둘러싸인 중심 핵으로 구상될 수 있다(그림 2.1 참조). **궤도**(orbital)라고 하는 경로는 실제물체나 정확한 위치가 아니라 전자가 발견될 수 있는 공간 영역을 나타낸다. 전자는 에너지 껍질을 차지하며, 핵에서 가장 가까운 낮은 수준의 에너지 전자에서부터 가장 먼 궤도의 높은 수준의 에너지 전자로 이어진다.

전자는 핵에 가까운 껍질부터 시작하여, 궤도와 껍질을 **쌍**(pairs)으로 채운다. 첫 번째 껍질은 하나의 궤도와 최대 2개의 전자를 포함하고, 두 번째 껍질은 4개의 궤도와 최대 8개까지의 전자를 포함하며, 9개의 궤도를 가진 세 번째 껍질은 최대 18개의 전자를 수용할 수 있으며, 16개의 궤도를 가진 네 번째 껍질은 최대 32개의 전자를 포함한다. 궤도와 껍질의 수와 그들이 얼마나 완전히 채워지는지는 전자의 수에 달려 있으므로, 각 원소는 고유한 패턴을 가지게 된다. 예를 들어, 2개의 전자를 가진 헬륨은 채워진 첫 번째 껍질만 가지고 있고, 산소는 채워진 첫 번째 껍질과 부분적으로 채워진 6개의 전자의 두 번째 껍질을 가지고 있으며, 마그네슘은 채워진 첫 번째 껍질, 채워진 두 번째 껍질 및 오직 하나의 궤도만 채우므로 거의 비어 있는 세 번째 껍질

그림 2.2 생물학적으로 중요한 원자의 예 간단한 모델을 통해 원자 번호가 증가함에 따라 껍질이 어떻게 전자로 채워지는지를 보여준다. 이 원소들은 8개보다 적은 전자를 가지고 있기 때문에 불완전하게 채워진 외부 껍질을 가지고 있음에 주목한다.

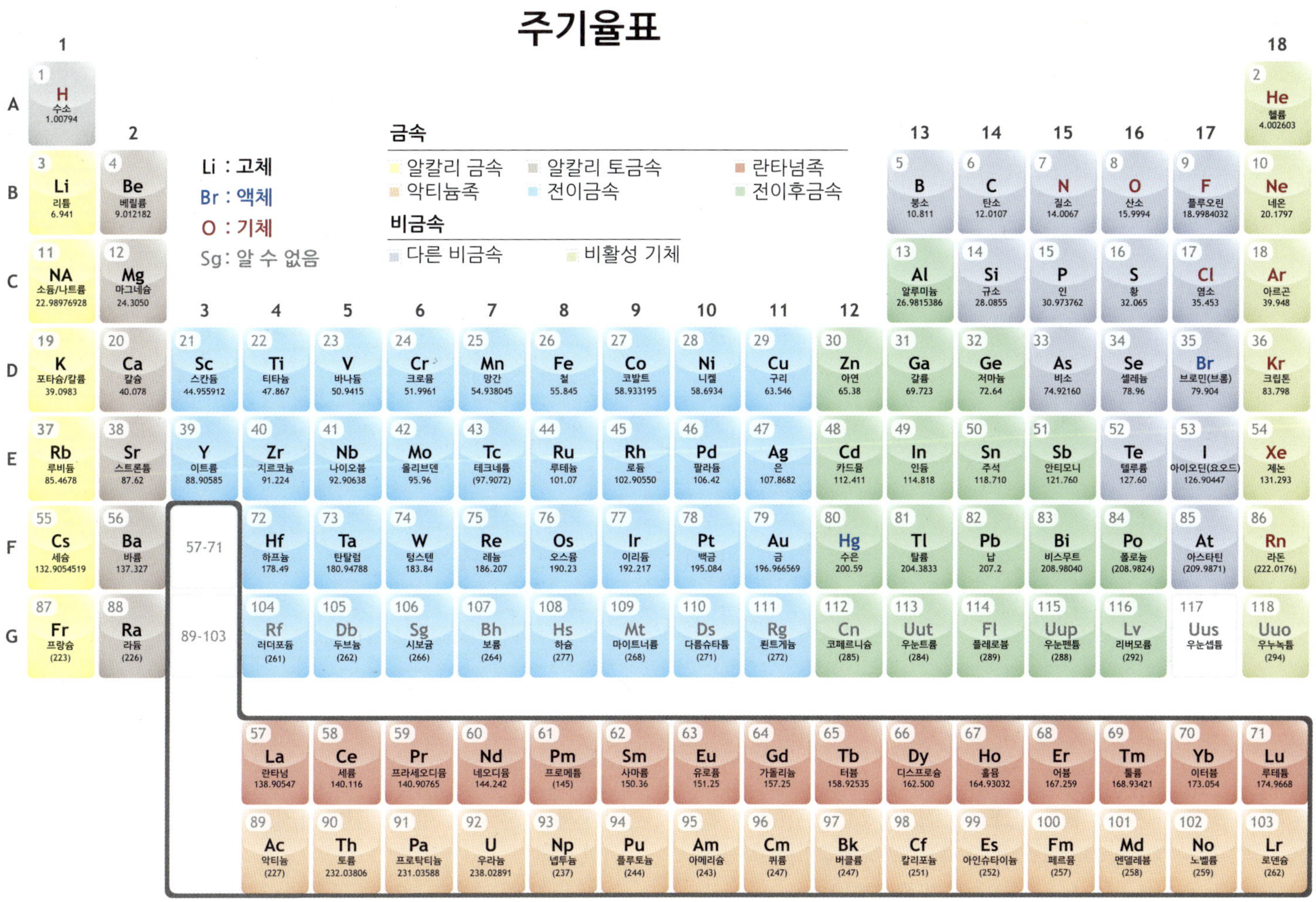

그림 2.3 주기율표

을 가지고 있다. 우리가 볼 수 있듯이, 원소의 화학적 성질은 가장 바깥쪽 껍질의 전자 분포에 의해 주로 제어된다. 그림 2.1과 **그림 2.2**는 원자 구조와 전자 지도의 다양한 단순화된 모델을 제시한다. **그림 2.3**은 익숙한 주기율표의 모든 원소를 보여준다. 원소 이름 또는 원자 기호는 종종 그것의 화학적 특성이나 역사적 배경을 반영한다.

질량, 무게 및 관련 용어

질량은 원자 입자가 함유하는 물질의 양을 말한다. 양성자와 중성자는 거의 정확히 같은 질량을 가지고 있는데, 이것은 대략 1.66×10^{-24} g이며, 달톤(Dalton, Da) 또는 통합 원자 질량 단위(U)로 알려진 질량 단위이다. 모든 원소는 이 단위들로 측정될 수 있다. 질량(mass)과 무게(weight)라는 용어는 서로 다른 의미이지만 둘 다 물질과 관련된 용어이므로 생물학에서 종종 상호교환적으로 사용된다. 무게는 입자, 원자 또는 물체의 질량에 대한 중력의 측정이다. 결과적으로, 동일한 질량을 가진 물체의 무게가 다를 수 있다. 예를 들어, 지구의 우주 비행사(정상 중력)는 달의 동일한 우주 비행사(약한 중력)보다 무게가 더 크다. 대부분의 화학반응과 생물학적 활성은 지구의 정상 중력 조건에서 발생하기 때문에, 원자량은 생물학자들에게 전통적인 사용이 되어 왔다. 이것은 비교 표준으로서 원자량을 사용할 수 있게 한다. 또한 화학식량(formula weight)과 분자량(molecular weight)이라는 용어는 상호교환적으로 사용됨을 볼 수 있는데, 이들은 실제로 동의어이다. 둘 다 분자 내 모든 원자량의 합을 의미한다.

결합 및 분자

대부분의 원소는 자연적으로 순수하고 결합되지 않은 형태로 존재하지 않지만 분자와 화합물과 같이 서로 결합되어 있다. **분자**(molecules)는 둘 이상의 원자의 조합으로 생성되

그림 2.4 **3가지 결합 유형의 일반적인 표현** (a) 공유 결합. 단일 및 이중. (b) 이온 결합. (c) 수소 결합. 수소 결합은 (c)에서 보이듯이, 모델과 식에서 점선으로 표시됨을 참고한다.

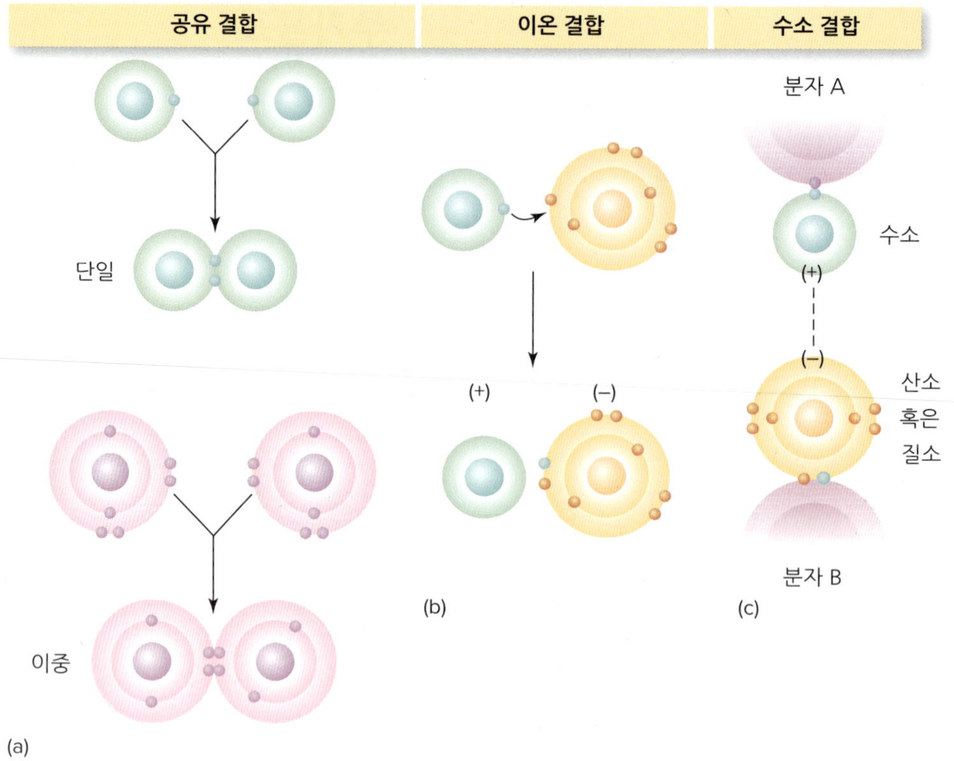

는 독특한 화학 물질이다. 산소(O_2) 및 질소(N_2) 가스와 같은 일부 분자는 동일한 원소의 원자로 구성된다. 둘 이상의 상이한(different) 원소의 조합인 분자를 **화합물**(compound)이라 한다. 물(H_2O) 및 생명체 구성분자(단백질, 당, 지방)와 같은 화합물은 생명체의 주요 물질이다. 원자가 분자에 서로 결합할 때, 이들은 원자의 특성을 잃고 결합된 물질의 특성을 취한다.

분자와 화합물의 화학 결합은 2개 이상의 원자가 전자를 공유, 공여(잃다), 또는 수용(얻다)할 때 발생한다(**그림 2.4**). 원소의 가장 바깥쪽 껍질 안의 전자 수는 그것의 **원자가**(valence)로 알려져 있다. 원자가는 반응성의 정도 및 원소가 만들 수 있는 결합 유형을 결정한다. 외부 궤도가 채워진 원소는 다른 원자와 공유하거나 다른 원자에 공여할 여분의 전자가 없기 때문에 비교적 안정적이다. 예를 들어, 헬륨은 전자를 포기하거나 다른 원소로부터 전자를 가져오려는 경향이 없이 하나의 채워진 껍질을 가지고 있어서, 안정적이고 비활성(비반응성)인 기체이다. 외부 궤도가 부분적으로 채워진 원소는 덜 안정적이어서 어떤 종류의 결합을 형성하기 더 쉽다. 많은 화학반응은 외부 껍질이 채워지지 않은 원자가 외부 껍질을 채워 더 큰 안정성을 획득하려는 경향에 기초한다. 예를 들어, 2개의 추가 전자를 수용할 수 있는 산소와 같은 원자는 전자를 공유하거나 공여할 수 있는 원자(수소와 같은)와 쉽게 결합할 것이다. 우리는 다음 절에서 기본 결합 유형의 몇 가지 추가적인 예를 살펴볼 것이다.

반응성 이외에도, 외부 껍질의 전자 수는 원자가 만든 화학 결합의 수 또한 나타낸다. 예를 들어, 수소는 하나의 다른 원자와 결합할 수 있고, 산소는 최대 2개의 다른 원자와 결합할 수 있으며, 탄소는 4개의 다른 원자와 결합할 수 있다.

공유 결합과 극성: 공유 전자를 가진 분자

공유(covalent, 협동 원자가) **결합**(bonds)은 전자를 공여하거나 수용하는 것보다는 전자를 공유하는 원자 사이에서 형성된다. 간단한 예는 2개의 수소 원자로 구성된 수소 기체(H_2)이다.

수소 원자는 하나의 전자만 가지고 있지만, 그들 중 2개가 결합하면 각각은 그것의 전자가 두 핵 주위에서 궤도를 돌게 하는데, 이는 두 원자 모두에 대해 채워진 궤도(2개의 전자)를 만들어 단일 공유 결합을 초래한다(**그림 2.5a**). 산소 기체(O_2)에서도 공유 결합이 발생하지만 차이가 있다. 각 원자는 이 분자에서 공유하는 2개의 전자를 갖기 때문에, 이 조합은 이중 공유 결합으로도 알려진 2쌍의 공유 전자를 생성한다(**그림 2.5b**). 생명체와 관련된 대부분의 분자들은 가장 일반적인 생물학적 원소(탄소, 수소, 산소, 질소,

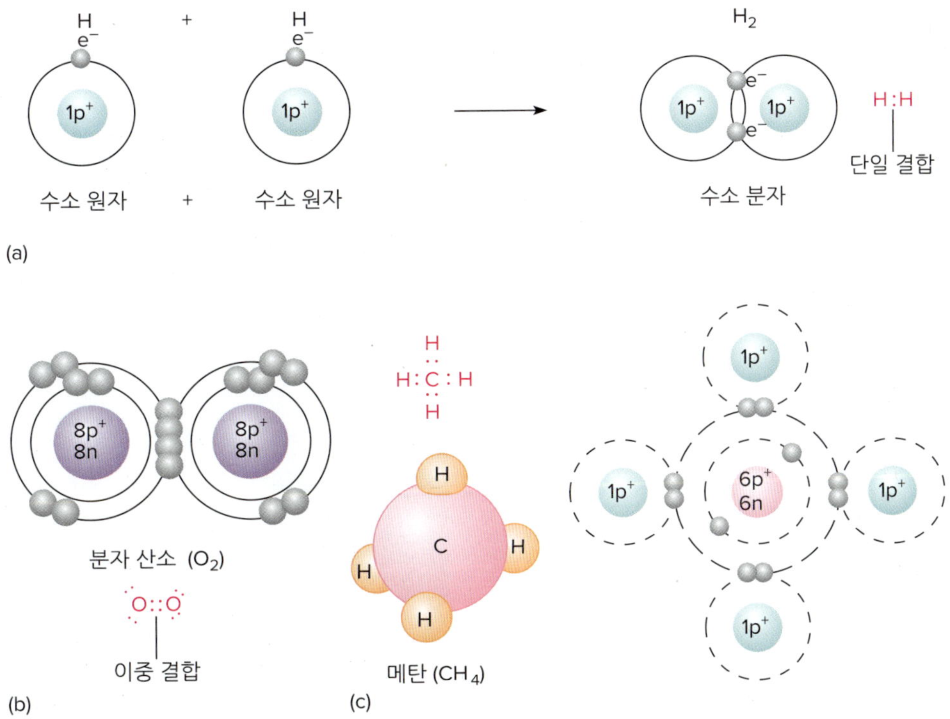

그림 2.5 공유 결합을 갖는 분자의 예 (a) 수소 분자는 2개의 수소 원자가 그들의 전자를 공유하고 단일 결합을 형성할 때 형성된다. (b) 이중 결합에서, 2개의 산소 원자의 외부 궤도는 중첩되고 4개의 전자(각각으로부터 한 쌍)의 공유 및 둘 다에 외부 궤도의 포화를 허용한다. (c) 단순하고 3차원적이며, 작동하는 메탄의 모델. 탄소는 4개의 공유하는 전자를 갖고 있고 수소는 각각 하나를 가지므로, 화합물 내 모든 원자에 대한 껍질을 완성하고 4개의 단일 결합을 생성한다는 점에 유의해야 한다.

황 및 인) 사이의 단일 및 이중 공유 결합을 구성한다.

들여다보기 2.1은 인과 산소 사이의 인산염을 형성하는 결합이 지구에 엄청난 양의 산소가 있다는 사실과 많은 관계가 있다는 것을 보여준다. 분자 및 화합물의 이중 결합은 단일 결합보다 더 단단하다. **그림 2.5c**의 메탄 기체(CH_4)는 좀 더 복잡한 공유 결합 패턴을 보여준다. 결합의 다른 효과는 극성의 차이를 초래한다. 전기음성도[2]가 다른 원자가 공유 결합을 형성할 때, 전자는 동일하게 공유되지 않고 다른 원자보다 한 원자를 향해 더 많이 끌어당겨질 것이다. 이 당김은 분자의 한쪽 끝이 부분적으로 음전하를 취하고, 다른 쪽 끝이 부분적으로 양전하를 취하도록 한다. 이러한 전하의 비대칭 분포를 갖는 분자를 **극성**(polar)이라고 하며, 양극과 음극을 갖는다. **그림 2.6**에 있는 물 분자를 관찰하고, 산소 원자가 수소 원자보다 더 크고 더 많은 양성자를 갖기 때문에 핵을 향해 더 큰 힘으로 공유 전자를 끌어당기는 경향이 있음을 주목하라. 이 불균등한 힘은 분자의 산소 부분이 음전하를 나타나게(전자가 끌어당겨져서) 수소가 양전하를 나타나게(양성자 때문에) 한다. 물의 극성은 생물 반응에서 물이 막강한 영향력을 발휘하도록 한다. 극성은

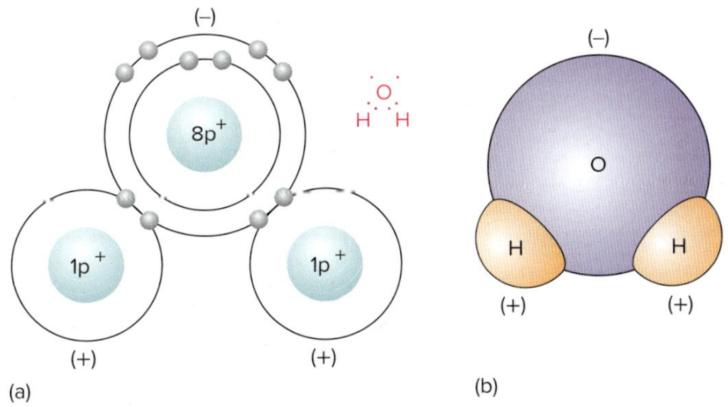

그림 2.6 극성 분자 (a) 간단한 모델 및 (b) 물 분자의 3차원 모델은 분자의 산소 측으로의 공유 전자의 당김에 의해 야기되는 전하의 극성 또는 불평등한 분포를 나타낸다.

생명체에서 많은 큰 분자들의 중요한 특성이며 그들의 반응성과 구조에 큰 영향을 미친다.

동일 또는 유사한 전기 음성도를 갖는 원자들 사이에 공유 결합이 형성될 때, 전자는 두 원자 사이에서 동일하게 공유된다. 이 균형 잡힌 분포 때문에 분자의 어떤 부분도 전자에 대해 더 큰 인력을 가지지 않는다. 이러한 종류의 전기적으로 중성인 분자를 **비극성**(nonpolar) 분자라고 한다.

2 전기음성도 – 전자를 끌어들이는 능력.

들여다보기 2.1 마이크로바이옴: 우리가 숨 쉬게 해준 해면동물과 그것의 마이크로바이옴 덕분에

인간만이 마이크로바이옴을 가진 유일한 생명체는 아니다. 실제로, 과학자들은 다른 생명체들과 환경에 있는 마이크로바이옴을 분류하고 있다. 1.2절에서 말했듯이, 지구의 모든 서식지는 그곳에 사는 미생물, 다른 말로 그들의 마이크로바이옴에 의해 크게 영향을 받아 왔다.

2014년에 과학자들은 최소 부분적으로 약 7억 5천만 년 전에 지구에 산소가 엄청나게 유입되어 캄브리아기(Cambrian) 폭발을 일으켰다는 사실을 발견했다. 캄브리아기 폭발은 주로 지구를 덮고 있는 대양에서 대량의 산소가 갑자기 출현한 덕분에, 현재 지구상에 우리가 볼 수 있는 많은 종류의 생명체와 동물들이 출현하였음을 의미한다.

하지만 산소는 어디서 왔는가? 2014년의 연구는 이것이 해면-물을 펌핑하고 여과하는 데 큰 용량을 가진 것으로 보이는 바다 생명체로부터 왔다고 제안했다. 그러나 어떻게 그것이 그 모든 산소의 유입을 이끌었는가? 해면은 매우 낮은 수준의 산소에서 살고 모든 펌핑과 여과를 수행하기 때문에, 심해의 서식지에서 산소를 생산하는 것으로 보인다. 그러나 무엇으로부터?

산소는 해면의 광합성 세균에 의해 생성된다. 해면에 의한 산소의 능동적인 펌핑은 많은 양의 인산염(바다에 풍부한 인이 산소와 결합하여 인산염 침전물을 형성하기 때문에)을 생성했다. 과학자들은 이 시기에 깊은 바다에서 나타나기 시작한 다량의 인산염은 해면과 협력관계에 있는 광합성 세균이 생산한 산소가 그 증거라고 추론했다. 따라서 바다 해면동물(sponge)과 그들의 마이크로바이옴이 지구상의 산소가 있는 삶을 가능하게 한 조건을 만들었을 가능성이 크다.

© Design Pics/Carson Ganci RF

이원자 원소

수소, 산소, 질소, 염소 및 요오드가 종종 2 첨자–H_2 또는 O_2로 표기되어 있다. 이 원소들은 이원자(2개의 원자)이며, 순수한 원소 상태에서는 단일 원자가 아닌 쌍으로 존재한다는 의미이다. 이 현상의 원인은 그들의 원자가와 관련이 있다. 외부 껍질의 전자는 이들이 결합할 때 두 원자에 대해 완전한 외부 껍질을 완성하도록 구성된다. 이는 그림 2.3과 2.5에서 직접 확인할 수 있다. 이원자 원소의 대부분은 기체이다.

이온 결합: 원자 간 전자 이동

이온 결합(ionic bonds)을 형성하는 반응에서, 전자는 한 원자에서 또 다른 원자로 완전히 이동하며 공유되지 않는다. 이러한 반응은 원자가가 서로 상보적인 원자들 사이에서 항상 발생하는데, 이는 한 원자는 전자를 쉽게 수용할 수 있는 채워지지 않은 껍질을 가지고 있고 다른 원자는 전자를 쉽게 잃을 수 있는 채워지지 않은 껍질을 가지고 있음을 의미한다. 두드러진 예는 나트륨(Na)과 염소(Cl) 사이에서 발생하는 반응이다. 나트륨 원소는 부드럽고 광택이 나는 금속으로 살을 태울 만큼 반응성이 높고, 염소 분자는 매우 유독한 황색 기체이다. 그러나 이 둘이 합쳐지면, 그들

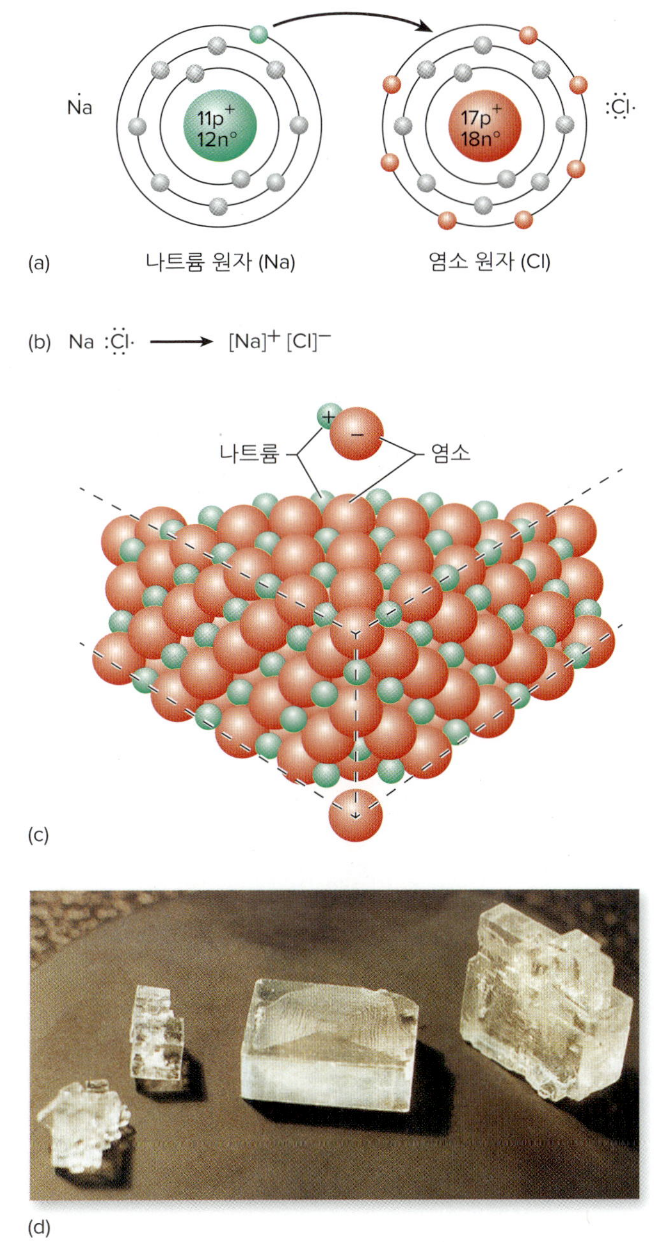

그림 2.7 나트륨과 염소 간의 이온 결합 (a) 두 원소가 함께 배치될 때, 나트륨은 단일 외부 궤도 전자를 잃어 염소의 외부 궤도를 채운다. (b) 이온 결합의 간단한 모델. (c) 나트륨과 염화 이온은 큰 분자 혹은 결정을 생성하는데, 여기서 두 원자는 명확한 규칙적인 기하학적 패턴으로 번갈아 나타난다. (d) 거시적 수준에서 NaCl 결정의 입방 특성에 주목한다.
©Kathy Park Talaro

은 친숙한 비독성 식염이며 두 모원소와는 상당히 다른 성질을 가진 화합물인 염화나트륨[3](NaCl)을 형성한다(**그림 2.7**).

이 변화는 어떻게 발생하는가? 나트륨은 11개의 전자(껍질 1에 2개, 껍질 2에 8개 및 껍질 3에 1개만 있음)를 가지고 있기 때문에, 완전한 외부 껍질을 가지는 것의 7개가 부족하다. 염소는 17개의 전자(껍질 1에 2개, 껍질 2에 8개 및 껍질 3에 7개)를 가지고 있어서, 완전한 외부 껍질의 1개가 부족하게 된다. 이 두 원자는 나트륨 원자가 그것의 단일 전자를 쉽게 공여하고 염소 원자가 이를 쉽게 받아들일 것이기 때문에, 서로 매우 큰 반응성을 가진다. 이 반응은 단일 나트륨 원자가 단일 염소 원자와 결합하는 것보다 약간 더 복잡하지만, 기본적인 반응은 여기에 설명된 것과 같다. 이 반응의 결과는 다수의 단일 분리된 NaCl 분자가 아니라 수백만 개의 나트륨과 염화 이온을 서로 연결하는 고체 결정 복합체이다(**그림 2.7c,d**).

이온화: 하전 입자의 형성 이온 결합을 갖는 분자는 전기적으로 중성이지만, 용매라고 불리는 액체에 용해되면 하

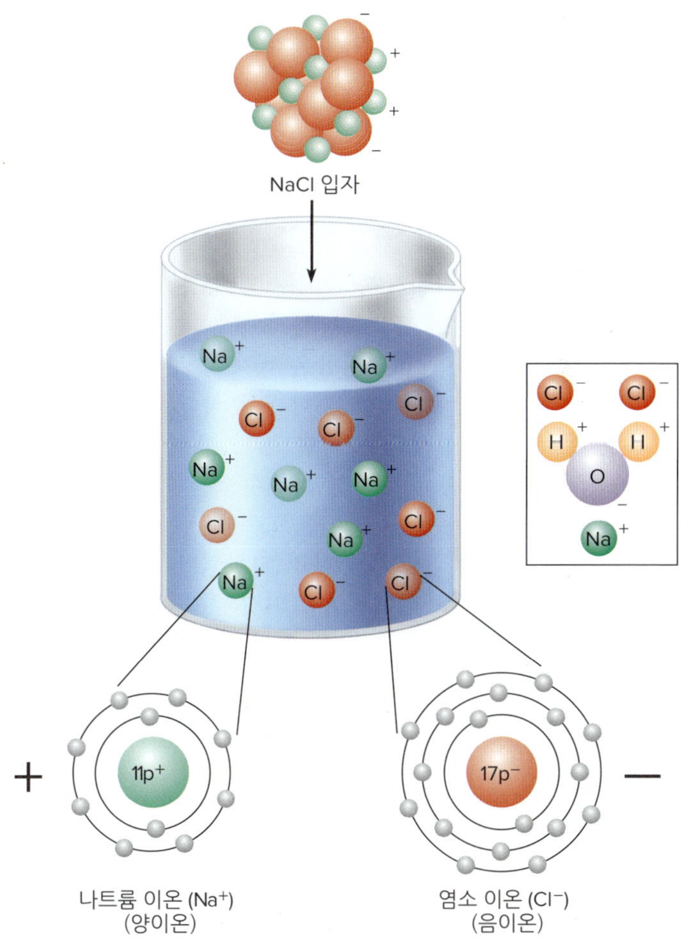

그림 2.8 이온화 결정질 형태의 NaCl이 물에 첨가될 때, 이온은 별도의 하전 입자(양이온 및 음이온)로서 결정으로부터 용액으로 방출된다(그림 2.12 참조). 이 용액에서, Cl^- 이온은 물의 수소 성분에 끌리고, Na^+ 이온은 산소에 끌린다(박스).

3 일반적으로, 염이 형성되면, 음으로 하전된 이온 이름의 끝이 −ide로 변경된다.

전 입자를 생성할 수 있다. **이온화**(ionization)라고 하는 이 현상은, 이온 결합이 끊어지고 원자가 **이온**(ions)이라고 하는 부착되지 않은 하전 입자로 해리(분리)될 때 발생한다(**그림 2.8**). 이온에 전하를 주는 것을 설명하기 위해, 나트륨과 염소 간의 반응을 다시 살펴보자.

나트륨 원자가 염소와 반응하여 1개의 전자를 잃을 때, 나트륨은 전자보다 하나 더 많은 양성자로 남는다. 이 불균형은 양으로 하전된 나트륨 이온(Na^+)을 생성한다. 반면에, 염소는 1개의 전자를 얻었고 현재 양성자보다 1개 더 많은 전자를 가지고 있어 음으로 하전된 이온(Cl^-)을 생성한다. 양으로 하전된 이온은 **양이온**(cation)으로 지칭되고, 음으로 하전된 이온은 **음이온**(anion)으로 지칭된다. 물에 용해될 때 이온을 방출하는 이러한 염, 산 및 염기와 같은 물질을 **전해질**(electrolyte)이라고 한다(전하로 인해 전류를 전도할 수 있기 때문에). 같은 전하의 입자들이 서로를 밀어내고 반대 전하의 입자들이 서로를 끌어당기는 일반적인 규칙으로 인해, 우리는 이온이 다른 이온 및 극성 분자와 상호작용할 것으로 기대할 수 있다. 이러한 상호작용은 많은 세포 화학반응, 용액 형성 및 미생물의 색소와의 반응에서 중요하다. 한 분자에서 다른 분자로의 전자의 이동은 생물계가 에너지를 저장하고 방출하는 중요한 메커니즘을 구성하지만, 또한 세포에 손상을 주는 생성물을 형성하는 결과를 낳기도 한다.

수소 결합 일부 결합 유형은 전자의 공유, 상실 또는 획득을 포함하지 않지만, 가까운 분자 또는 원자 사이의 인력 때문에 생긴다. 이러한 결합은 하나의 분자에 공유 결합된 수소와 동일한 분자 또는 다른 분자 상의 산소 또는 질소 원자 사이에 형성되는 약한 결합 유형인 **수소 결합**(hydrogen bond)이다. 공유 결합의 수소는 양으로 하전되는 경향이 있기 때문에, 근처의 음으로 하전된 원자를 끌어당기고 그것과 쉽게 끊어지는 다리를 형성할 것이다. 이 결합 유형은 일반적으로 점선으로 그려진 분자 모델로 표현된다. 수소 결합의 간단한 예는 물 분자 사이에 일어난다(**그림 2.9**). 2.2절에서 볼 수 있듯이, 좀 더 광범위한 수소 결합은 단백질과 핵산의 구조 및 안정성에 부분적으로 책임이 있다.

분자들 사이의 다른 유사한 비공유 결합은 **반데르발스 힘**(van der Waals forces)이다. 이러한 약한 인력은 낮은 수준의 극성을 나타내는 분자들 사이에서 발생한다. 약간의 끌어당김만 있는 이웃 그룹은 서로 접근하여 결합된 채로 유지된다. 이러한 힘은 빽빽하게 채워진 원자를 갖는 큰 분자의 응집성을 유지하는 데 필수적인 요소이다. 수소 결합과 반데르발스 힘의 이러한 2가지 결합 유형이 자체적으로는 상대적으로 약하지만, 종종 한 영역에 많은 수가 있기

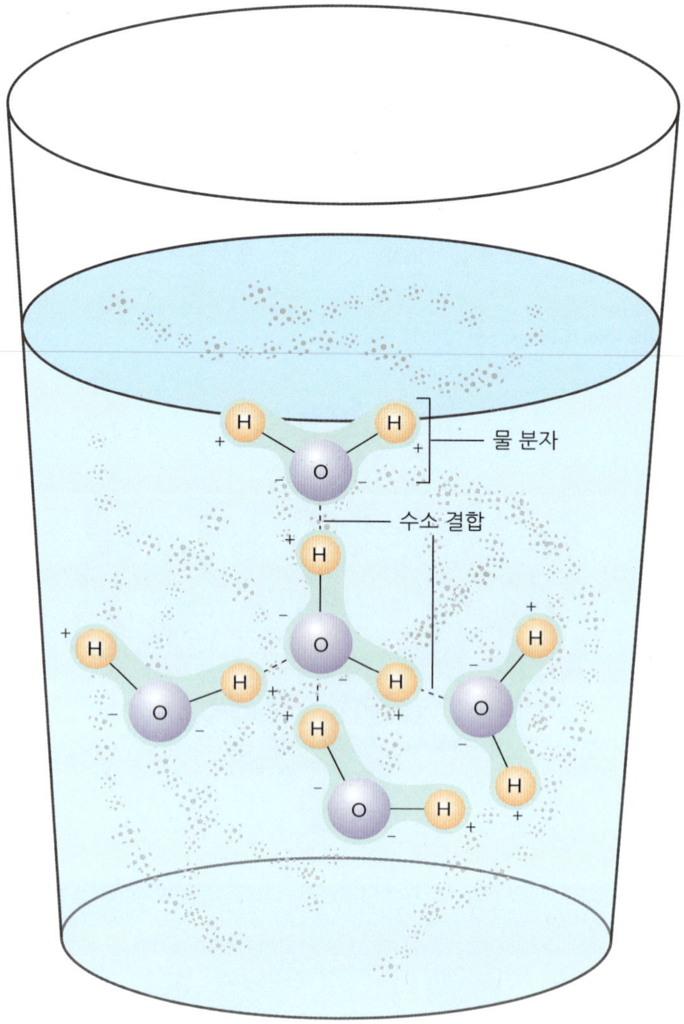

그림 2.9 물에서의 수소 결합 물 분자의 극성으로 인해, 한 물 분자의 음으로 하전된 산소 말단은 인접한 물 분자의 양으로 하전된 수소 말단에 약하게 끌린다.

때문에 분자에 큰 안정성을 제공한다. 각 개별적인 결합의 약점은 다른 한편으로는 유연성을 제공하여, 분자가 모양을 바꾸거나 다른 물체에 상대적으로 쉽게 결합하고 떨어지게도 한다. 생명의 기본 과정은 결합과 결합 해제를 포함하고(예를 들어, DNA 나선이 복제되려면 "결합 해제"하거나 풀어야 하고, 효소 반응에서는 단백질이 다른 분자에 결합하고 또 그 후 해리되어 방출되어야 한다. 수소 결합과 반데르발스 힘은 그렇게 하기 위해 맞춤 제작된다.

화학 약칭: 공식, 모델 및 방정식 분자의 원자 함량은 몇 가지 편리한 공식으로 나타낼 수 있다. 우리는 이미 분자식을 사용하여 왔는데, 이는 원자 기호와 아래 첨자(CO_2, H_2O)로 관련된 원소의 수를 간결하게 제공한다. 포도당($C_6H_{12}O_6$)과 같은 더 복잡한 분자 또한 이 방법으로 상징화

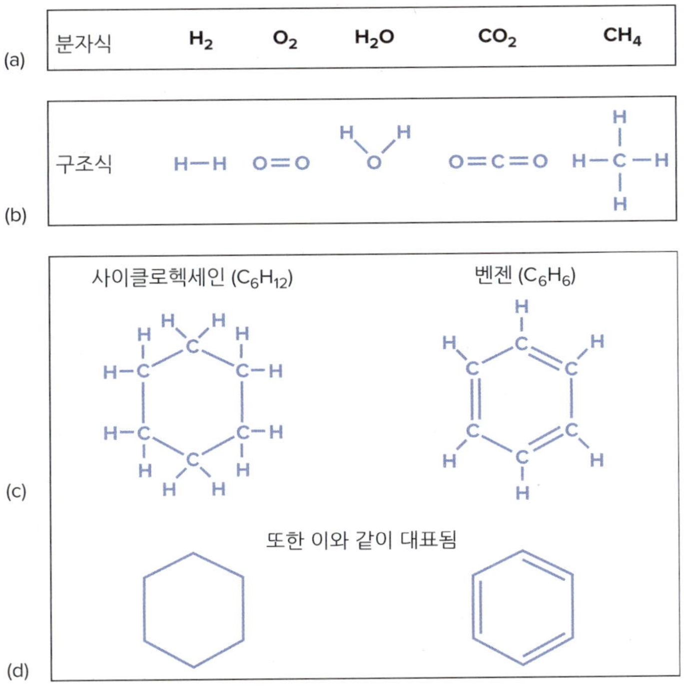

그림 2.10 분자 및 구조식의 비교 (a) 분자식은 화합물의 원소에 대한 간략한 요약을 제공한다. (b) 구조식은 단일 선으로 단일 결합을, 이중 선으로 이중 결합을 나타내는 분자 내 원자의 정확한 관계를 명확하게 한다. (c) 유기 화합물의 구조식에서, 고리형 화합물은 완전히 표지될 수 있거나, 또는 (d) 이들은 탄소가 각에 있고 수소에 부착된 것으로 가정되는 속기 형태로 제시될 수 있다. 동일한 분자식 $C_6H_{12}O_6$를 갖는 3개의 당의 구조식은 그림 2.15를 참조한다.

그림 2.11 (a) 물, (b) 이산화탄소 및 (c) 포도당의 3차원 또는 공간-채움 모형. 붉은 원자는 산소, 흰색은 수소, 그리고 검은색은 탄소이다.
© John W. Hole

될 수 있으나, 이러한 쓰기 방법은 독창적이지 않은데, 왜냐하면 과당과 갈락토스는 동일하게 표현되기 때문이다. 분자식은 유용하지만, 화합물의 원자만 요약하며, 원자 간 결합의 위치는 나타내지 않는다. 이를 위해, 화학자들은 원자의 관계와 결합의 수 및 유형을 나타내는 구조식을 사용한다(**그림 2.10**). 다른 구조 모델은 원자의 방향(색으로 구분)과 분자의 전체 모양을 보여주는, 분자의 3차원 모양을 나타낸다(**그림 2.11**). 분자가 실제로 공간을 어떻게 차지하는지에 대한 아이디어를 얻을 수 있기 때문에 이는 종종 공간-채움 모형이라고 불린다. 가령 각 원자를 둘러싼 구체가 원자의 영향이 어느 정도인지를 나타낸다고 하자. 때로 이것을 원자의 부피라고도 한다.

분자 구조를 인쇄화하면 정적으로 보이게 만드는 경향이 있지만, 분자는 화학반응을 통해 변할 수 있기 때문에, 이 그림이 정확한 것은 아니다. 이러한 변화를 설명하기 위해, 화학자들은 반응의 주요 특성을 단순화하거나 요약하기 위한 기호, 숫자, 및 화살표가 포함된 속기 방정식을 사용한다.

반응을 들어가거나 시작하는 분자를 **반응물**(reactant)이라고 하며, 반응에 의해 남은 물질을 **생성물**(product)이라고 한다. 대부분의 경우, 쓰여진 화학반응은 표현을 단순하게 유지하고 공간을 절약하기 위해, 교환의 세부 사항을 제공하지 않는다.

합성 반응(synthesis reaction)에서, 반응물은 완전히 새로운 분자를 생성하는 방식으로 함께 결합한다(반응물 A + 반응물 B는 생성물 AB를 생성한다). 한 예로 황 연료가 연소되면 그 부산물 및 스모그의 중요한 성분인 이산화황이 생성된다.

$$S + O_2 \rightarrow SO_2$$

일부 합성 반응은 이러한 단순한 조합이 아니다. 예를 들어, 물이 합성될 때, 산소 원소는 O_2로 존재하고 수소 원소는 H_2로 존재하기 때문에, 반응은 실제로 2개의 수소 원자와 결합하는 하나의 산소 원자를 포함하지 않는다. 이 반응에 대한 더 정확한 방정식은 다음과 같다.

$$2H_2 + O_2 \rightarrow 2H_2O$$

반응에 대한 방정식은 균형을 이루어야 한다. 즉, 반응의 모든 참여자를 반영하기 위해 화살표 한쪽의 원자 수는 다른 쪽의 수와 같아야 한다. 반응에서 총 원자 수에 도달하려면, 접두사 수에 아래 첨자 수를 곱하라. 만약 수가 표기되어 있지 않으면, 그것은 1로 간주된다.

분해 반응(decomposition reaction)에서, 단일 반응물 분자상의 결합은 2개 이상의 생성물 분자로 방출되기 위해 영구적으로 파괴된다. 일반적인 화학 물질 과산화수소에 대해 간단한 예를 보여줄 수 있다.

$$2H_2O_2 \rightarrow 2H_2O + O_2$$

교환 반응(exchange reaction)에서 반응물들은 서로 간에 부분을 교환하고 이 둘의 조합인 생성물을 방출한다. 이러한 반응 유형은 산과 염기가 물과 염을 생성할 때 그들 사이에 발생한다.

$$AB + XY \rightleftharpoons AX + BY$$

생물계에서의 반응은 가역적일 수 있으며, 이는 반응물과 생성물이 앞뒤로 전환될 수 있음을 의미한다. 이들 가역 반응은 이전의 교환 반응과 같이 각각 반대 방향을 가리키는 이중 화살표로 표시된다. 반응의 가역여부는 이들 화합물의 비율, 반응물과 생성물의 에너지 상태의 차이 및 **촉매**(catalysts)의 존재(반응 속도를 증가시키는 물질)에 의존적이다. 또 다른 반응에서부터 나오는 추가 반응물은 주 화살표에 들어가거나 나가는 화살표로 또한 표시될 수 있다.

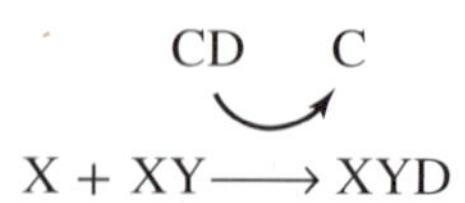

용액: 분자의 균일 혼합물

용액(solution)은 **용매**(solvent)라 하는 용해 매체에 균일하게 분산된 **용질**(solute)이라 하는 하나 이상의 물질의 혼합물이다. 용액의 중요한 특성은 용질을 일반적인 침전으로 분리할 수 없다는 것이다(따라서 "균일하다"). 용질은 기체, 액체 또는 고체일 수 있으며, 용매는 일반적으로 액체이다.

용액의 예는 물에 용해된 염이나 설탕 및 알코올에 용해된 요오드이다. 일반적으로, 용매는 용해도의 규칙에 의해 지시된 것과 같이 유사한 전기적 특성을 갖는 경우에만 용질을 용해시키며, 단순히 "유사한 것이 유사한 것을 녹인다(like dissolves like.)"로 표현된다. 예를 들어, 물은 극성 분자이며 염화나트륨(NaCl)과 같은 이온성 용질을 쉽게 용해시키지만, 벤젠과 같은 비극성 용매는 염화나트륨을 용해시키지 않는다.

물은 자연계에서 가장 일반적인 용매이며, 이 역할에 적합한 몇 가지 특성을 가지고 있다. 물 분자의 극성은 다른 물 분자와 수소 결합을 형성하게끔 보존하지만, 하전 또는 극성 분자와도 쉽게 상호 작용할 수 있다. 염화나트륨 결정과 같은 이온성 용질이 물에 첨가될 때, 그것은 물에 용해되어 Na^+와 Cl^-을 용액 안에 방출시킨다. Na^+가 물 분자의 음극에 끌리고 Cl^-가 양극에 끌리기 때문에 용해가 일어나며, 이러한 방식으로, 이들은 결정으로부터 분리되어 용액으로 빠져나온다. 빠져나올 때, 각각의 이온은 **수화**(hydrated)되는데 이는 물 분자의 구체로 둘러싸여 있음을 의미한다(**그림 2.12**). 표면에 물을 끌어들이는 염 또는 당과 같은 분자를 **친수성**(hydrophilic)이라 명명한다. 물을 밀어내는 벤젠과 같은 비극성 분자들은 **소수성**(hydrophobic)으로 간주된다. 세 번째 부류의 분자는 세포막의 인지질을 포함하는데, 이러한 분자들은 친수성과 소수성 성질을 둘 다 가지고 있으므로 **양친매성**(amphipathic)으로 간주된다.

대부분의 생물학적 활성은 수용액(물을 기반으로 하는)에서 일어나기 때문에, 이러한 용액의 농도는 매우 중요할 수 있다. 용액의 **농도**(concentration)는 특정 양의 용매에 용해된 용질의 양을 나타낸다. 이는 무게, 부피 또는 백분율로 계산될 수 있다. 농도의 백분율을 계산하는 일반적인 방법은 밀리리터(mL)로 측정된 특정 부피의 용매에 용해된, 그램(g)으로 측정된 용질의 무게를 사용하는 것이다. 예를 들어, 100 mL의 물에 3 g의 염화나트륨을 용해시키면 3% 용

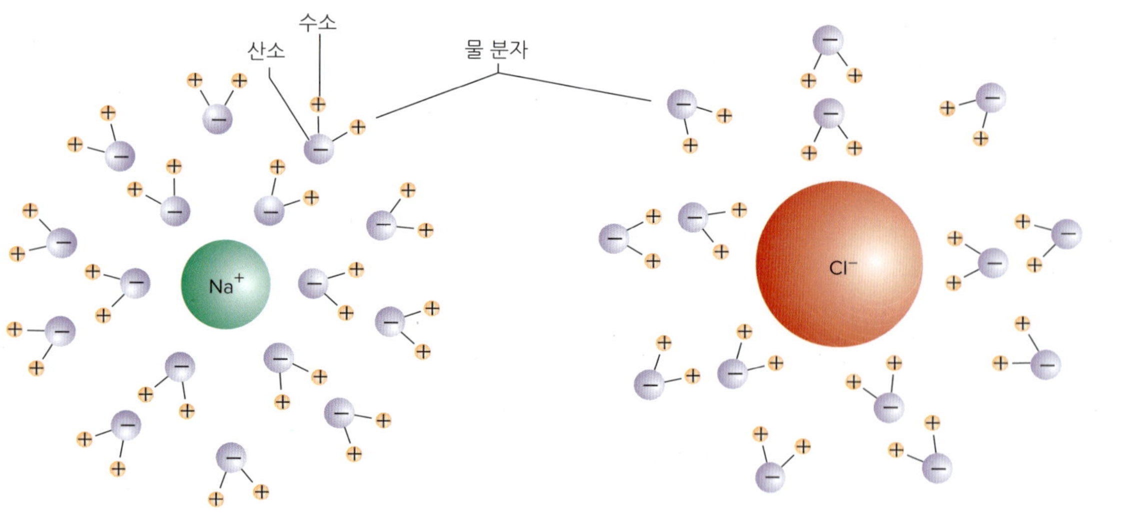

그림 2.12 용액 내 이온 주위에 형성된 수화 구체 이 예에서, 나트륨 양이온은 물 분자의 음으로 하전된 영역을 끌어당기고, 염화 음이온은 물 분자의 양으로 하전된 영역을 끌어당긴다. 두 경우 모두, 이온은 물 분자의 특정 개수 및 배열의 구형 층으로 덮여 있다.

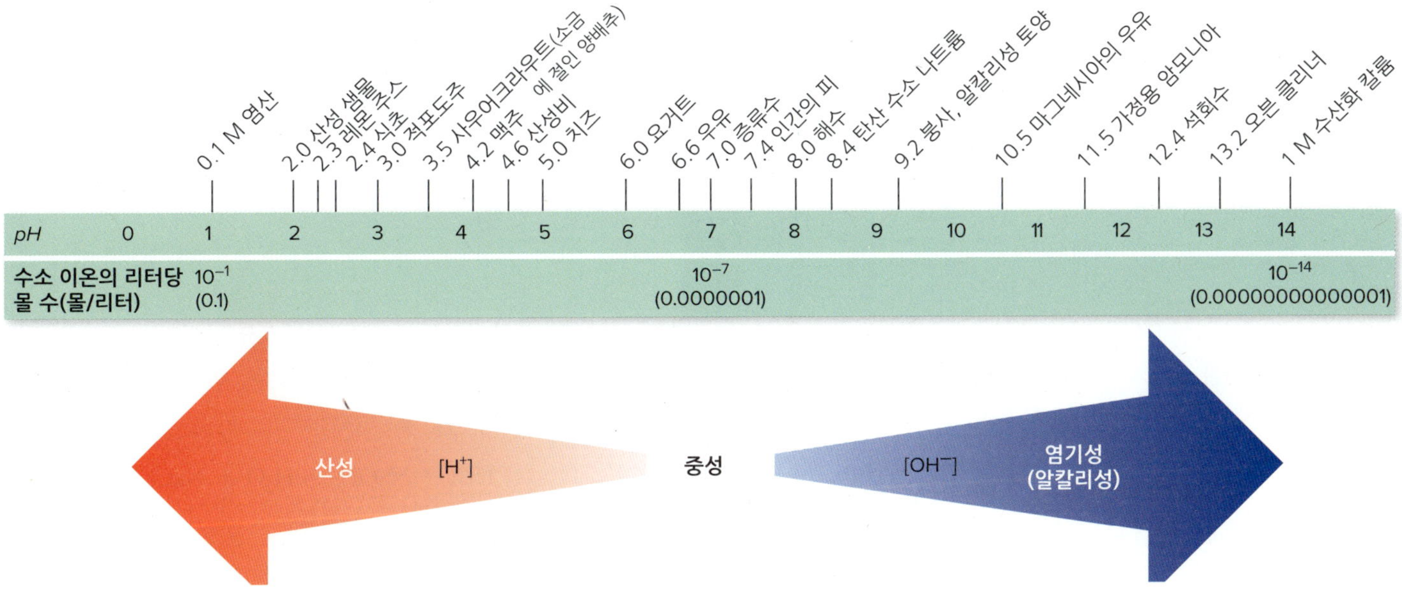

그림 2.13 **pH 척도** 상대적인 산도, 염기도 및 다양한 물질에 대한 대략적인 pH 수치가 표시된다.

액이 생성되고, 100 mL의 물에 30 g을 용해시키면 30% 용액이 되며, 1,000 mL(1리터)에 3 g을 용해시키면 0.3% 용액이 생성된다.

생물학적 용액의 농도를 표현하는 일반적인 방법은 **몰 농도**(molar concentration 또는 molarity, M)이다. 표준 몰 용액은 1리터(1,000 mL)의 용액에 그램 단위의 화합물의 분자량으로 정의된 1 **몰**(mole)을 용해시킴으로써 얻어진다. 1 M의 염화나트륨 용액을 만들기 위해, 1리터의 용매에 58 g의 염화나트륨을 녹여야 하며, 0.1 M 용액은 1리터의 용매에 5.8 g의 염화나트륨이 녹아있는 것이다.

산성, 알칼리성 및 pH 척도

생물에 광범위한 영향을 미치는 또 다른 요인은 용액의 상대적 산성 또는 염기성(알칼리성이라고도 함)의 정도이다. 용액이 어떻게 산성 또는 염기성이 되는지를 이해하려면, 물 분자의 거동을 다시 살펴봐야 한다. 수소와 산소는 공유 결합에 의해 결합된 상태를 유지하는 경향이 있지만, 어떤 경우에는, 단일 수소가 이온 형태(H^+)로 분리되어 나머지 분자는 OH^- 이온의 형태로 남을 수 있다. H^+ 이온은 본질적으로 전자를 잃은 수소 이온이기 때문에 양으로 하전되고, OH^-는 그 전자를 소유하고 있기 때문에 음전하를 띠고 있다. 물의 이온화는 지속적으로 일어나나, 다른 이온을 함유하지 않은 순수한 물에서는 H^+와 OH^-이 같은 양으로 생성되고 용액은 중성으로 유지된다. 한 정의에 따르면, 물에 용해된 성분(산)이 과량의 수소 이온[4]을 방출할 때 그 용액은 **산성**(acidic)으로 간주되며, 성분이 과량의 하이드록실 이온(OH^-)을 방출할 때 그 용액은 **염기성**(basic)이므로, 두 이온 사이에 더 이상 균형은 없다.

용액의 산 및 염기 농도를 측정하기 위해, 과학자들은 0(가장 산성)에서 14(가장 염기성)에 이르는 단계적인 수치 척도인 pH 척도를 사용한다. 이 척도는 상대적인 산도와 염기도를 평가하는 데 유용한 표준이다. 몇 가지 일반적인 물질의 pH 측정값을 스스로 익히려면 **그림 2.13**을 참고하면 된다. pH 척도는 대수 척도이므로, 각 증분(pH 2.0에서 pH 3.0으로)은 이온 농도의 10배 변화를 나타낸다.

질병과의 연관성

사람이나 그 안의 많은 세균이 잘 자라기 위해서는 중성 pH(약 7.0)를 필요함에도 불구하고, 위궤양을 일으키는 세균인 **헬리코박터 파일로리**(*Helicobacter pylori*)는 주목할 만한 예외 사례에 속한다. 이 세균들은 약 2의 산성 pH를 가진 위에서 산다. 이것은 우레아제(urease)라는 효소를 분비함으로써 이 적대적 환경을 방어하는데, 우레아제는 일반적인 화합물인 요소(urea)를 이산화탄소와 암모니아로 분해한다. 암모니아는 위산을 중화시켜 줌으로써 세균들이 왕성하게 성장할 수 있도록 한다.

4 실제로, 이것은 하이드로늄 이온(H_3O^+)을 형성하지만, 간단히 하기 위해 H^+의 표기법을 사용할 것이다.

더 정확하게는, pH는 용액 속의 H^+ 이온 농도($[H^+]$로 표시)의 음의 로그에 기초하며, 다음과 같이 표현된다.

$$pH = -\log[H^+]$$

양은 리터당 몰로 표시된다. 몰은 단순하게 측정의 표준 단위이며, 6×10^{23} 원자를 포함하는 물질의 양을 나타낸다.

산성 용액은 1.0몰 H^+/리터를 포함하는 pH 0부터 시작하며, OH^-보다 H^+의 농도가 더 높다. 척도에서 각 다음 양의 정수 값은 $[H^+]$이 10배 감소만큼 변화하므로, pH 1은 [0.1몰 H^+/리터]를 포함하고, pH 2는 [0.01몰 H^+/리터]를 포함하며, [0.00000000000001몰 H^+/리터]를 포함하는 pH 14까지 동일한 방식으로 계속된다. 이러한 동일 농도는 지수로 좀 더 관리하기 쉽게 표현될 수 있다. pH 2는 10^{-2}몰의 $[H^+]$를 가지고, pH 14는 10^{-14}몰의 $[H^+]$를 가진다(**표 2.2**). pH 단위는 지수 자체로부터 나온다. 비록 pH 척도에 대한 기초가 $[H^+]$임에도 불구하고, 용액 내 $[H^+]$이 감소함에 따라, $[OH^-]$도 직접적으로 비례하여 증가한다는 것을 유의해야 한다. pH 7 또는 중성인 중간 점에서, $[H^+]$, $[OH^-]$ 농도는 동일하고 어느 것이 우세하지 않으며, 이는 앞서 언급한 순수한 물의 pH이다.

요약하면, pH 척도는 용액의 산성 또는 염기성의 정도를 평가하거나 결정하는 데 사용될 수 있다. 이 척도에서, pH 7 미만은 산성이며, pH가 낮을수록 산성도는 더 크다. 7을 초과하는 pH는 염기성이며, pH가 높을수록 염기도는 더 크다. 또한 여기에 pH가 정수로 주어져 있음에도 불구하고, 더 자주 pH 값은 소수 형태, 예를 들어 pH 4.5 또는 6.8(산성) 및 pH 7.4 또는 10.2(염기성)로 존재한다. 매우 농축된 산 또는 염기의 손상을 주는 효과로 인해, 대부분의 세포는 중성, 약산성 또는 약염기성 조건 하에 가장 잘 작동한다(**들여다보기 2.2**).

표 2.2 주어진 pH에서의 수소 이온 및 수산화 이온 농도

수소 이온의 몰/리터	로그	pH	수산화 이온의 몰/리터
1.0	10^{-0}	0	10^{-14}
0.1	10^{-1}	1	10^{-13}
0.01	10^{-2}	2	10^{-12}
0.001	10^{-3}	3	10^{-11}
0.0001	10^{-4}	4	10^{-10}
0.00001	10^{-5}	5	10^{-9}
0.000001	10^{-6}	6	10^{-8}
0.0000001	10^{-7}	7	10^{-7}
0.00000001	10^{-8}	8	10^{-6}
0.000000001	10^{-9}	9	10^{-5}
0.0000000001	10^{-10}	10	10^{-4}
0.00000000001	10^{-11}	11	10^{-3}
0.000000000001	10^{-12}	12	10^{-2}
0.0000000000001	10^{-13}	13	10^{-1}
0.00000000000001	10^{-14}	14	10^{-0}

산과 염기 둘 다를 함유한 수용액은 **중화**(neutralization) 반응에 관여하는데, 이는 물과 다른 중성인 부산물을 야기한다. 예를 들어, 염산(HCl)과 수산화나트륨(NaOH, 염기)의 동일한 몰 용액을 혼합하는 경우, 반응은 다음과 같이 진행된다.

$$HCl + NaOH \rightarrow H_2O + NaCl$$

여기에서 산과 염기는 H^+와 OH^- 이온으로 이온화되어 물을 형성하며, 다른 이온인 Na^+와 Cl^-은 염화나트륨을 형성한다. 산과 염기가 반응할 때 발생하는 물 이외의 다른 어떤 생성물을 염이라고 부른다. **대사**(metabolism)에 작용을 하는 많은 유기산(젖산과 숙신산과 같은)들은 세포 내 상태에 따라, 산과 염 형태로 이용이 가능하다.

탄소 및 유기 화합물의 화학

지금까지, 우리의 주요 초점은 원자, 이온 및 생명체의 구조와 기능에 다양한 역할을 수행하는 작고 단순한 물질의 특성에 있었다. 이러한 물질들은 종종 **무기 화학 물질**(inorganic chemicals)이라는 범주로 묶여 있다. 탄소와 수소를 둘 다 포함하지 않는다면 그 화학 물질을 무기물이라고 한다. 무기 화학 물질의 예는 NaCl(염화나트륨), $Mg_3(PO_4)_2$(인산마그네슘), $CaCO_3$(탄산칼슘) 및 CO_2(이산화탄소)를 포함한다. 그러나 실제로, 생물의 대부분의 화학 반응 및 구조는 **유기 화학 물질**(organic chemicals)이라 불리는 더 복잡한 분자를 포함한다. 이들은 다른 원자에 결합된 탄소 원소의 기본 골격을 갖는 탄소 화합물이다. 유기 분자는 가장 단순하여 분자량 16을 갖는 메탄(CH_4, 그림 2.5*c* 참조)에서부터, 거의 1,000,000의 분자량을 가지고 지구상의 가장 복잡한 분자 중 하나인 특정 항체 분자(우리 면역계의 일부)에 이르기까지 매우 다양하다.

생명의 기본 원소로서 탄소의 역할은 그것의 화학 및 결합 패턴을 본다면 가장 잘 이해할 수 있다. 탄소의 원자가는 그것이 유기 분자의 골격을 형성하기에 이상적인 원자적 구성 요소가 되게 한다. 그것은 공유 결합을 통해 다른 원자들(다른 탄소를 포함해서)과 공유하는 외부 궤도에 4개의 전자를 가지고 있다. 결과적으로, 그것은 수천 개의 탄소 원자를 함유하는 안정한 사슬을 형성할 수 있고 여전히 수많은 다른 원자들과 공유 결합 형성이 가능한 결합 부위를 가지

들여다보기 2.2 임상: 당뇨병에서의 산성 혈액

미국에서 성인 100명당 약 7명이 탄수화물 대사에 이상이 생겨 발생하는 당뇨병 환자로 진단된다. 당뇨병이 유발할 수 있는 가장 위험한 의학적 상태 중 하나를 **케톤산증**(ketoacidosis)이라 한다. 이 상태에서, 환자의 혈액과 소변은 인슐린 결핍에 의해 유발되는 대사 반응으로 인해 산성이 된다. 인슐린 치료가 도입되기 전에, 케톤산증은 사실상 100% 치명적이었다.

다음은 케톤산 증세와 pH 척도 사이의 민감한 연관성이다. 정상적인 혈액 pH는 7.35~7.45이다. 생명을 위협하는 지점까지의 질병의 진행과 관련된 pH 변화는 다음과 같다.

- 가벼운 케톤산증 = pH 7.25~7.30
- 중증도 케톤산증 = pH 7.00~7.25
- 심한 케톤산증 = pH < 7.00

심한 케톤산증은 빠른 혼수상태와 사망을 야기할 수 있다.

pH 척도는 로그 척도이므로 소수점 앞의 각 숫자 변화는 수소 이온 함량의 10배 변화와 산도를 나타낸다.

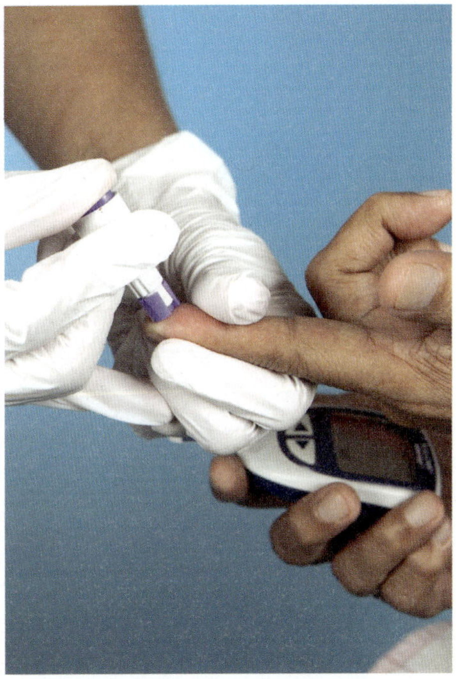

© aabejon/Getty Images RF

고 있다. 탄소가 형성하는 결합은 선형, 분지형 또는 고리형이며, 4개의 단일 결합, 2개의 이중 결합 또는 1개의 3중 결합을 형성할 수 있다(**그림 2.14**). 유기 분자에서 탄소와 가장 많이 결합하는 원자는 수소, 산소, 질소, 황 및 인이다.

유기 화합물의 작용기

생물체(최근에서 주로 생명체)에서 분자적 골격을 구성하는 탄소가 가진 주요 장점은 끊임없이 자유롭게 다른 분자들을 배열할 수 있고 또 그들과 결합할 수 있다는 것이다. 유기 화합물에 결합하는 이러한 특수 분자 그룹 또는 보조 분자를 **작용기**(functional group)라고 한다. 작용기는 유기 화합물의 화학적 분류를 정의하는 것을 도와주며 전체 분자에 독특한 반응성을 부여한다(**표 2.3**). 각 작용기들은 고유한 방식으로 작동하기 때문에, 유기 화합물의 반응은 그것이 지닌 작용기나 작용기들의 종류를 앎으로써 예측할 수 있다. 많은 반응들이 R−OH나 R−NH_2와 같은 작용기에 의존한다. 분자 상의 −R 명칭은 잔기에 대한 줄임 표현이며, 그것의 화학식에서의 배치는 잔기(작용기)가 화합물마다 다르다는 것을 가리킨다.

2.1 학습 평가

1. 원자와 원소의 관계를 설명할 수 있다.
2. 4가지 유형의 화학 결합을 나열하고 정의할 수 있다.
3. 용질과 용매를 구별할 수 있다.
4. pH에 대해 간단히 정의할 수 있다.

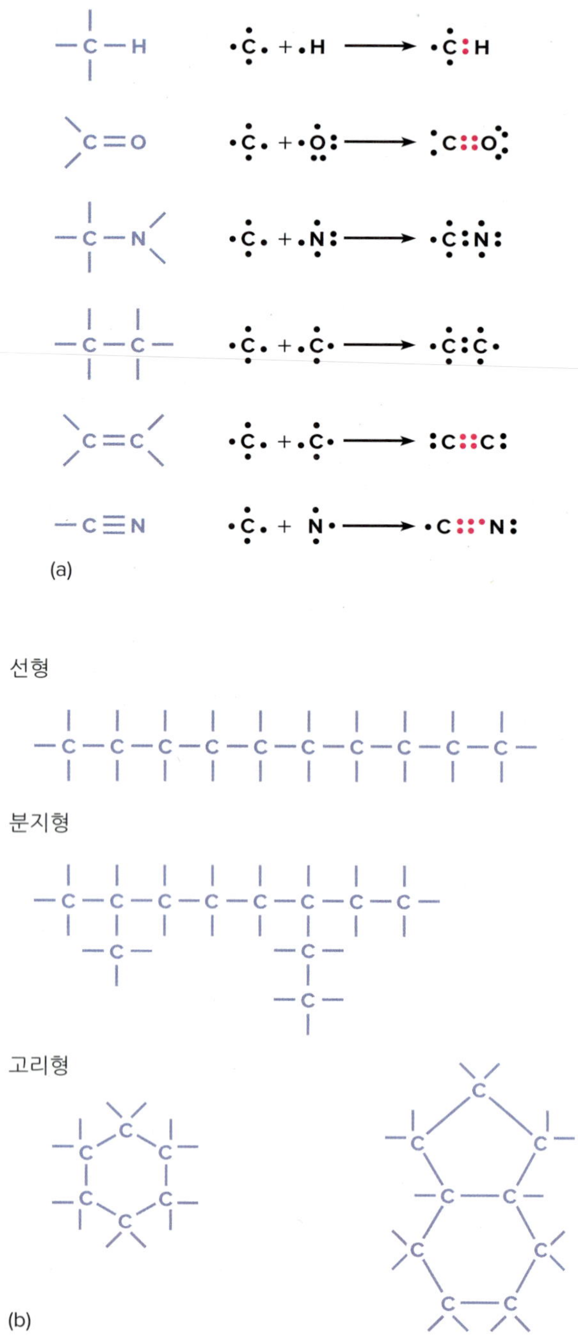

그림 2.14 탄소에서 결합의 다양성 대부분의 화합물에서, 각 탄소는 총 4개의 결합을 만든다. (a) 단일 및 이중 결합은 다른 탄소, 산소 및 질소와 만들어질 수 있으며, 단일 결합은 수소와 만들어진다. 간단한 전자 모델은 이러한 결합에서 전자가 어떻게 공유되는지 보여준다. (b) 탄소의 다중 결합은 긴 사슬, 분지형 화합물 및 고리형 화합물을 만들 수 있으며, 이들 중 다수는 매우 크고 복잡하다.

표 2.3 대표적인 작용기 및 유기 화합물의 종류

작용기의 화학식	이름	화합물의 종류
	하이드록실	알코올, 탄수화물
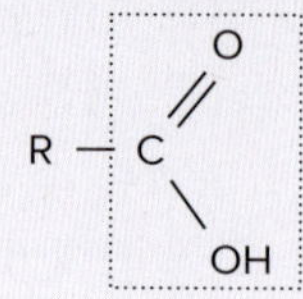	카르복실	지방산, 단백질, 유기산
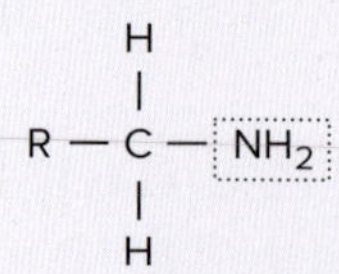	아미노	단백질, 핵산
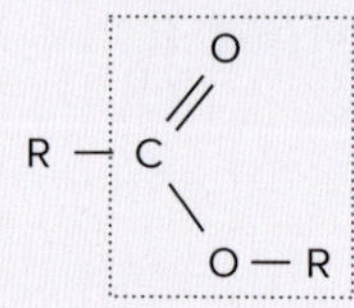	에스터	지질
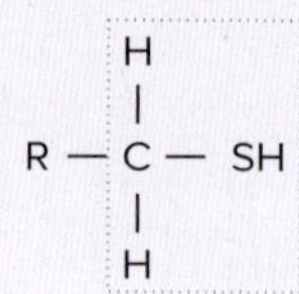	설프하이드릴	시스테인(아미노산), 단백질
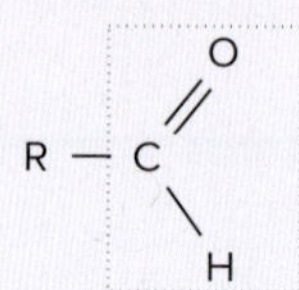	카르보닐, 말단	알데히드, 다당류
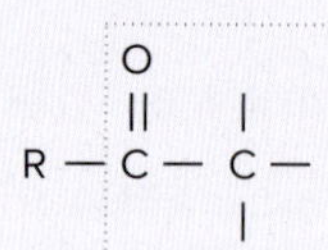	카르보닐, 내부	케톤, 다당류
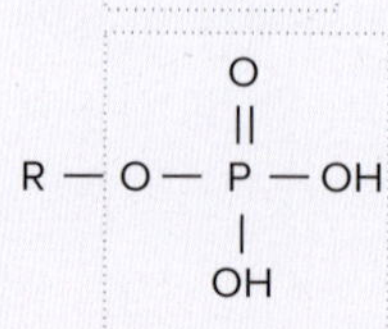	인산	DNA, RNA, ATP

참고: 분자상 R 명칭은 잔기에 대한 약어이며, 해당 부위에 부착된 것이 화합물마다 다르다는 것을 가리킨다.

2.2 고분자: 생명의 상부 구조

생명의 화합물은 **생화학**(biochemistry) 분야에서 연구된다. 생화학 물질은 생명체(또는 생명체의 구성 요소)에 의해 생산되는 유기 화합물이며, 4개의 주요 군인 탄수화물, 지질, 단백질 및 핵산을 포함한다(**표 2.4**). 이들 그룹의 화합물들은 더 작은 분자 소단위 또는 구성 요소로부터 조립되며, 이들은 종종 매우 큰 화합물이기 때문에 **고분자**(macromolecule)라고 한다. 지질을 제외한 모든 고분자들은 **단량체**(monomer)라 하는 반복되는 소단위들이 **중합체**(polymer)라 하는 다양한 길이의 사슬로 결합되는 과정인 중합에 의해 형성된다. 예를 들어, 단백질(중합체)은 아미노산(단량체)의 사슬로 구성된다. 고분자들의 큰 크기와 복잡한 3차원 모양은 그들이 구조적 성분, 분자 메신저, 에너지원, 효소(생화학적 촉매), 영양소 및 유전 정보원으로 기능할 수 있게 한다. 2.3절과 이후 장에서, 우리는 세포 내 고분자들의 역할과 관련된 수많은 개념을 고찰한다. 표 2.4는 8장에서 대사를 공부할 때 또한 유용한 참고 자료가 될 것이다.

탄수화물: 당 및 다당류

탄수화물(carbohydrate)이라는 용어는 이 분류의 분자들의 구성에서 유래한다. 그들은 탄소(탄－)와 물(-수화물)의 조합이다. 탄수화물은 일반적으로 화학식$(CH_2O)_n$으로 나타낼 수 있으며, 여기서 n은 이러한 원자 조합의 단위 수를 가리킨다(**그림 2.15a**). 일부 탄수화물은 추가적으로 황 또는 질소 원소를 포함한다.

탄수화물은 매우 다양한 구성으로 존재한다. 일반적인 당(**당류**, saccharide)이라는 용어는 단당류 또는 이당류와 같은 단순한 탄수화물을 의미한다. **단당류**(monosaccharide)는 3개에서 7개의 탄소를 함유하는 단순 당이고, **이당류**(disaccharide)는 2개의 단당류의 조합이며, **다당류**(polysaccharide)는 5개 이상의 단당류가 선형 또는 분지-사슬 패턴으로 결합된 중합체이다(**그림 2.15b**). 단당류와 다당류는 당의 일부 특성을 설명하는 접두사와 접미사 -오스(-ose)를 조합하여 지정된다. 예를 들어, **육탄당**(hexoses)은 6개의 탄소로 구성되고, **오탄당**(pentoses)은 5개의 탄소를 포함한다. **포도당**(glucose, 그리스어로 glyko, 달콤한)은 가장 흔하고 중요한 육탄당이고, **과당**(fructose)은 과일(그것이 발견된 곳)의 이름을 땄으며, 오탄당인 자일로오스(xylose)는 그리스어로 나무라는 이름에서 유래되었다. 이당류 역시 유사하게 명명되는데, **유당**(Lactose, L. *lacteus*, 우유)은 우유의 중요한 성분이고, **맥아당**(maltose)은 맥아설탕을 의미하며, **수크로스**(sucrose, 프랑스어로 sucre, 설탕)는 일반적인 설탕 혹은 수수 설탕이다.

탄수화물 결합의 성질

이당류 및 다당류의 소단위는 **글리코시드 결합**(glycosidic bonds)에 의해 연결되며, 여기에서 인접한 당 단위의 탄소(각각에 번호가 할당됨)는 사슬의 연결 고리와 같은 동일한 산소 원자에 결합된다(**그림 2.16**). 예를 들어, 맥아당은 포도당의 1번 탄소가 2번째 포도당의 4번 탄소상의 산소에 결합할 때 형성되고, 수크로스는 포도당과 과당이 그들의 1번과 2번 탄소 사이의 산소에 결합할 때 형성되며, 유당은 포도당과 갈락토스(galactose)가 그들의 1번과 4번 탄소에 의해 연결될 때 형성된다. 이 결합을 형성하기 위해, 하나의 탄소는 OH 기를 포기하고 다른 하나(산소를 결합에 제공하는 것)는 OH 기로부터 H를 잃는다. 물 분자는 손실된 화합물의 생성물이기 때문에, 이 반응은 **탈수 합성**(dehydration synthesis)－물 분자의 손실을 지칭하는 "탈수"－으로 알려져 있다. 3가지 다당류(녹말, 셀룰로오스 및 글리코겐)는 모두가 동일한 단당류인 포도당의 중합체임에도 불구하고, 구조적으로, 또 생화학적으로 구별된다. 이러한 차이는 주로 포도당들이 서로 결합되는 방식때문에 나타나며, 이는 최종 생성물의 특성에 큰 영향을 미친다(**그림 2.17**). 각 결합 유형의 합성과 분해에는 효소라고 하는 특화된 촉매를 필요로 한다(8.1절).

다당류의 기능

세포 및 조직에서, 다당류는 전형적으로 구조적 지지 및 보호에 기여하고, 영양소 및 에너지 저장소로서 기능한다. 식물과 많은 미세 조류의 세포벽은 긴 섬유질 중합체인 **셀룰로오스**(cellulose)로부터 그들의 강도와 단단함을 유도한다(**그림 2.17a**). 이 역할 때문에, 셀룰로오스는 아마도 지구상에서 가장 일반적인 유기 물질 중 하나일 수 있지만, 특정 세균, 곰팡이 및 원생동물에 의해서만 소화될 수 있다. 분해자(decomposer)라는 분해 기능이 있는 미생물들은 식물재료를 분해하고 재활용하는 데 필수적인 역할을 한다. 일부 세균은 **덱스트란**(dextran)이라는 포도당 중합체의 점액층을 분비한다. 이 물질은 치태(plaque)를 유도하는, 치아상에 끈적한 층을 형성한다.

다른 구조적 다당류는 아미노산, 질소 염기, 지질 또는 단백질에 접합(화학적으로 결합)될 수 있다. 고체 배양 배지 제조에 없어서는 안 될 다당류인 **한천**(agar)은 특정 해조류의 천연 성분이다. 그것은 갈락토스와 황 함유 탄수화물의 복합 중합체이다. 특정 곰팡이의 외골격은 글루코사민(아민 작용기를 가진 당)의 중합체인 **키틴**(chitin)을 포

표 2.4 고분자 및 그들의 기능

고분자	설명/기본 구조	예	예시에 대한 참고 사항
탄수화물			
단당류	3~7개의 탄소 당	포도당, 과당	대사 반응에 관여하는 당, 이당류 및 다당류의 구성 요소
이당류	2개의 단당류	맥아당(맥아 설탕)	2개의 포도당으로 구성, 녹말의 중요한 분해 산물
		유당(우유 설탕)	포도당과 갈락토스로 구성
		자당(설탕)	포도당과 과당으로 구성
다당류	단당류의 사슬	녹말, 셀룰로오스, 글리코겐	세포벽, 식품 저장
지질			
트리글리세리드	지방산+글리세롤	지방, 기름	세포 막의 주 성분, 저장
인지질	지방산+글리세롤+인산	막 성분	
왁스	지방산, 알코올	미콜산(mycolic acid)	마이코박테리아의 세포벽
스테로이드	고리 형 구조	콜레스테롤, 에르고스테롤	진핵생물 및 일부 세균의 막 안
단백질	아미노산	효소, 세포막의 일부, 세포벽, 리보솜, 항체	구조적 성분으로 작용 및 대사 반응 수행
핵산	뉴클레오티드 퓨린: 아데닌, 구아닌 피리미딘: 시토신, 티민, 유라실		
디옥시리보 핵산(DNA)	디옥시리보스 당과 유라실이 아닌 티민을 포함	염색체, 바이러스의 유전물질	유전 매개
리보 핵산(RNA)	리보스 당과 티민이 아닌 유라실을 포함	리보솜, mRNA, tRNA	유전적 형질의 발현 촉진

함한다. **펩티도글리칸**(Peptidoglycan)은 다당류(글리칸)가 펩티드 단편(아미노산의 짧은 사슬)에 연결된 화합물의 일종이다. 이 분자는 세균 세포벽의 주요 성분으로 세포벽을 지지해준다. 일부 세균의 세포벽은 열과 쇼크와 같은 증상을 일으키는 지질과 다당류의 복합체인 **지질 다당류**(lipopolysaccharide) 또한 포함하고 있다(13.2절 참조).

많은 세포의 외부 표면은 단백질에 다양한 방식으로 결합된 다당류(그 조합은 당단백질이다)로 구성된 "당 코팅(sugar coating)"을 갖는다. **글리코칼릭스**(glycocalyx)라고 하는 이 구조는 다른 세포에 부착하는 기능을 갖거나 외부 자극을 받거나 결합 부위로 작용하는 표면 분자인 수용체(receptors)를 위한 부위로 기능한다. 작은 당 분자는 인간 혈액형에서의 차이를 설명하며, 탄수화물은 항체(antibody)라고 불리는 큰 단백질 분자의 구성 성분이다. 바이러스는 또한 표면에 당단백질을 가지고 있어서 그것으로 그들의 숙주 세포에 결합하여 침입한다.

다당류는 종종 녹말(**그림 2.17b**) 또는 **글리코겐**(glycogen)과 같은 포도당 중합체의 형태로 세포에 저장되지만, 해당 소화 효소를 가진 생명체들만 그들을 분해하여 영양소 공급원으로 사용할 수 있다. 2개의 포도당 분자 사이에 결합을 끊는 데 물 분자가 요구되기 때문에, 소화는 또한 **가수 분해**(hydrolysis)로 불린다. 녹말은 녹색 식물, 미세 조류 및 일부 곰팡이의 주요 저장 식품이며, 글리코겐은 동물과 특정 그룹의 세균 및 원생동물에 저장된 탄수화물이다.

지질: 지방, 인지질 및 왁스

지방을 의미하는 그리스어 lipos에서 파생된 **지질**(lipid)이라는 용어는 화학적 명칭이 아니라 물과 같은 극성 용매에는 녹지 않고(기름과 물이 섞이지 않음을 상기하라) 벤젠과 클로로포름과 같은 비극성 용매에 녹는 다양한 물질에

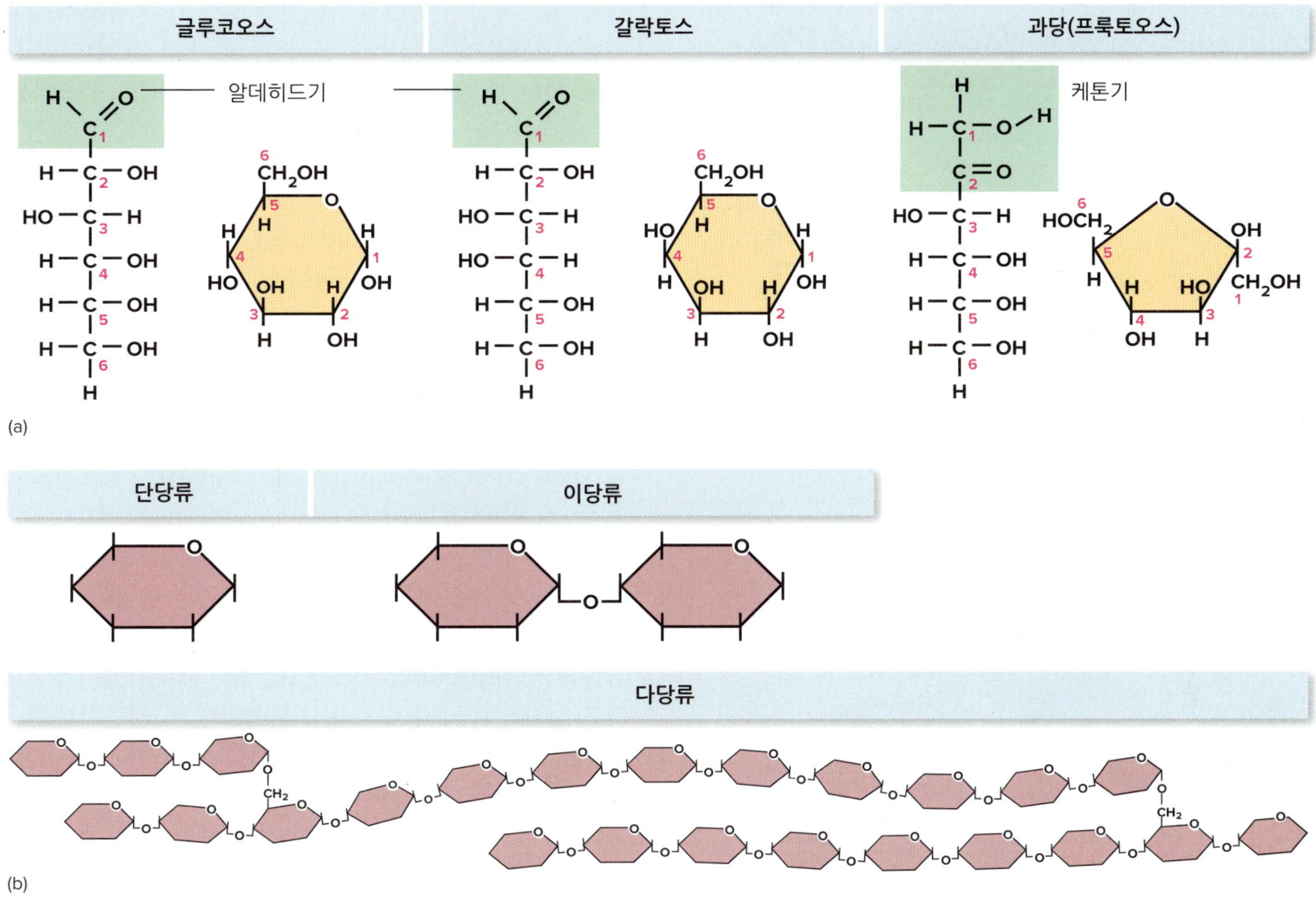

그림 2.15 탄수화물의 일반적인 종류 (a) 동일 분자식과 다른 구조식을 갖는 3개의 육탄당. 선형 및 고리 모델이 모두 나와 있다. 선형 형태는 용액에서 당이 고리 형태로 존재함에도 불구하고 알데히드 및 케톤 기를 강조한다. 단당류 내 및 단당류 사이의 반응을 추적하기 위해 탄소가 번호 매겨진다는 점에 유의한다. (b) 각각이 포함하고 있는 당 단위의 수로 명명된 주요 당 그룹.

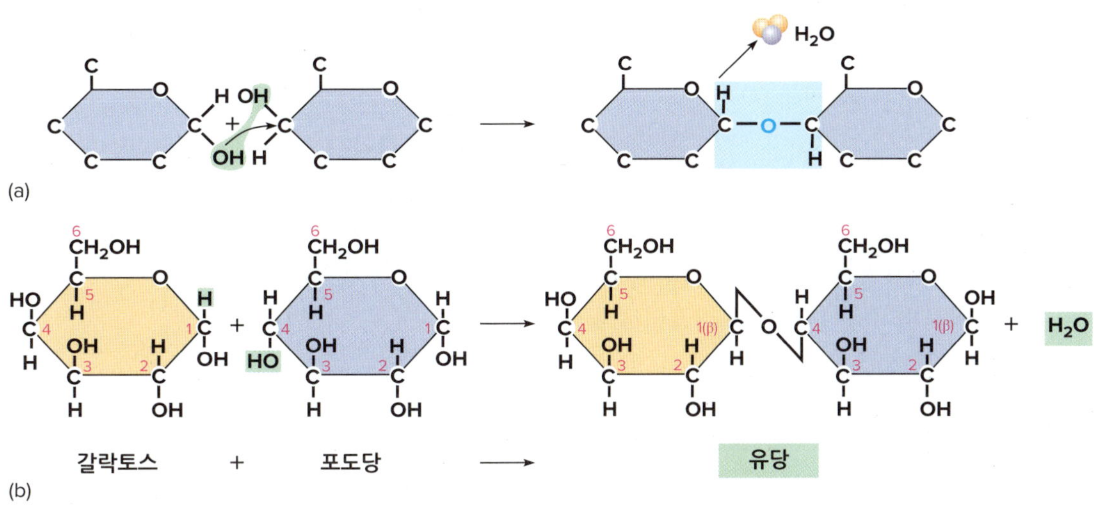

그림 2.16 일반적인 이당류에서 글리코시드 결합 (a) 탈수 합성에 의한 글리코시드 결합 형성의 일반적인 모식도. (b) 갈락토스와 포도당 사이의 1,4 결합은 유당을 생성한다.

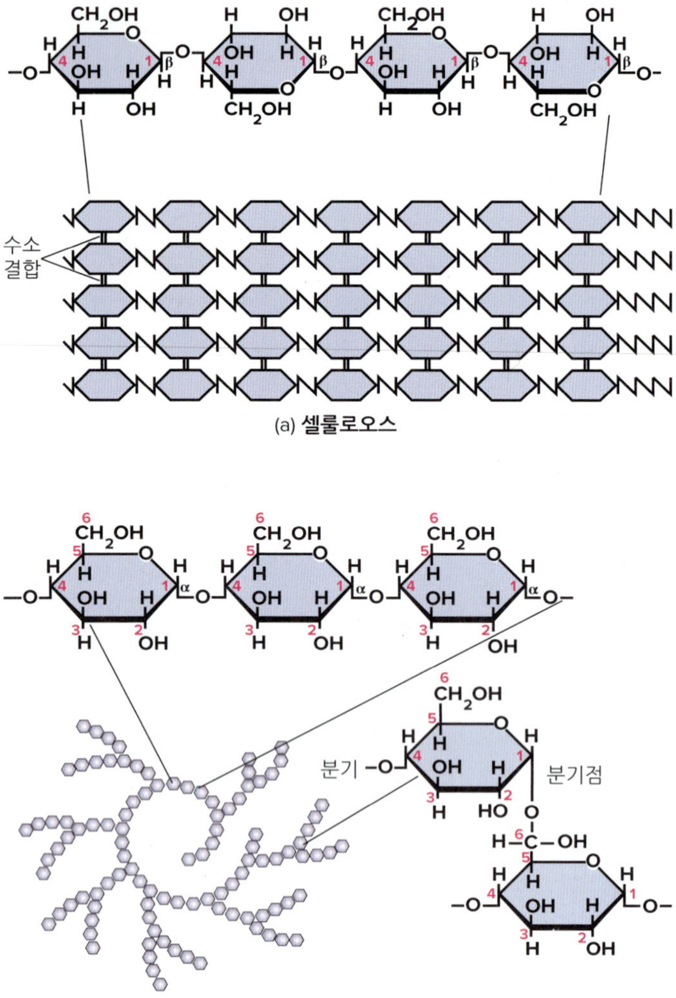

그림 2.17 다당류 (a) 셀룰로오스는 1,4 결합으로 결합된 β 포도당으로 구성되어 있으며, 길이에 따라 수소 결합된 다당류의 선형의 긴 사슬을 생성한다. 이것은 목재 및 면화 섬유의 전형적인 구조이다. (b) 녹말은 또한 포도당 중합체로 구성되는데, 이 경우는 α 포도당이다. 주요 구조는 1,6 결합에 의해 결합된 아밀로펙틴의 곁가지와 함께 1,4 패턴으로 결합된 아밀로오스이다. 전체 분자는 조밀하며 입상이다.

대한 작동 용어(operational term)이다. 이 특성은 우리가 지질이라고 부르는 물질이 비극성이므로 소수성인 비교적 길거나 복잡한 C−H(탄화수소) 사슬을 포함하기 때문에 발생한다. 지질로 분류된 화합물의 주요 그룹은 트리글리세리드, 인지질, 스테로이드 및 왁스이다.

트리글리세리드(triglycerides)는 중요한 저장 지질이다. 지방과 기름은 모두 트리글리세리드이다. 이들은 3개의 지방산에 결합된 단일 분자의 글리세롤로 구성되어 있다(**그림 2.18**). **글리세롤**(glycerol)은 결합 부위로 작용하는 3개의 OH 기를 가진 3−탄소 알코올[5]이며, 지방산은 한쪽 말단에 카르복실 기(COOH)를 가진 긴−사슬 탄화수소 분자이다. 지방산의 탄화수소 부분은 4개에서 24개의 탄소 길이로 변할 수 있으며, 지방에 따라 포화 또는 불포화될 수 있다. 즉, 사슬 내 모든 탄소들이 2개의 다른 탄소 및 2개의 수소와 단일 결합되어 있으면, 지방은 포화되어 있고, 사슬 내 적어도 하나의 C=C 이중 결합이 있는 경우 그것은 불포화되어 있다. 지방산의 구조는 지방과 기름(액체 지방)에 기름기 많고 불용성인 성질을 부여한다. 일반적으로, 고체 지방(버터와 같은)은 더 포화되어 있고, 액체 지방(기름과 같은)은 불포화되어 있다. 최근에 대중적으로 트랜스 지방(trans fat)이라고 하는 트리글리세리드의 종류가 그것을 소비하는 사람들의 건강에 해롭다고 알려졌다. 트랜스 지방은 자연에서 흔히 발견되지 않는 위치(트랜스)에 있는 지방산의 하나 이상을 가진 불포화 트리글리세리드이나 가공 식품에서 흔하다.

대부분의 세포에서, 트리글리세리드는 방울(droplet)이나 소구체와 같이 장기적으로 농축된 형태로 저장된다. 이들은 리파아제(lipase)라는 소화 효소에 의해 지방산과 글리세롤로 분해되어 대사에 자유롭게 사용된다. 지방산은 우수한 에너지원으로, 다른 저장 분자(**녹말**, starch)에 비해 g당 2배 많은 에너지를 생성한다. 비누는 지방산의 K^+ 또는 Na^+ 염으로 그 특징이 그것을 우수한 기름 제거제 및 세정제 기능을 부여한다.

막 지질

세포막의 주요 구조적 성분으로 작용하는 지질 부류는 **인지질**(phospholipids)이다. 인지질은 또한 글리세롤 및 지방산을 포함함에도 불구하고, 트리글리세리드와는 상당한 차이가 있다. 인지질은 글리세롤에 부착된 2개의 지방산만을 함유하고, 세 번째 글리세롤 결합 부위는 인산기를 보유한다. 인산은 인지질 종류에 따라 달라지는 알코올에 결합된다(**그림 2.19a**). 인지질은 분자의 인산−알코올 "머리" 상의 전하로부터 친수성 영역 및 길고 전하를 띠지 않는 "꼬리"(지방산에 의해 형성된)에 상응하는 소수성 영역을 갖는다. 수용액에 노출될 때, 전하를 띤 머리는 수상으로 끌리고, 비극성 꼬리는 수상에서 반발된다(**그림 2.19b**). 이 특성은 지질이 단일 2중층을 자연적으로 형성하도록 하며 그 막의 이러한 특징은 생물학적으로 매우 중요하다. 극성 지질의 2개의 단일 층이 2중층을 형성하기 위해 모일 때, 각각의 단일 층의 외부 친수성 면은 용액을 향해 그들 자신을 배향할 것이고, 소수성 부분은 2중층의 내부에 잠기게 될 것이다. 2중층의 구조는 막에 선택적 투과성 및 유동성과 같은 특성을 부여한다(**들여다보기 2.3**).

5 알코올은 OH 기를 포함하는 탄소 화합물이다.

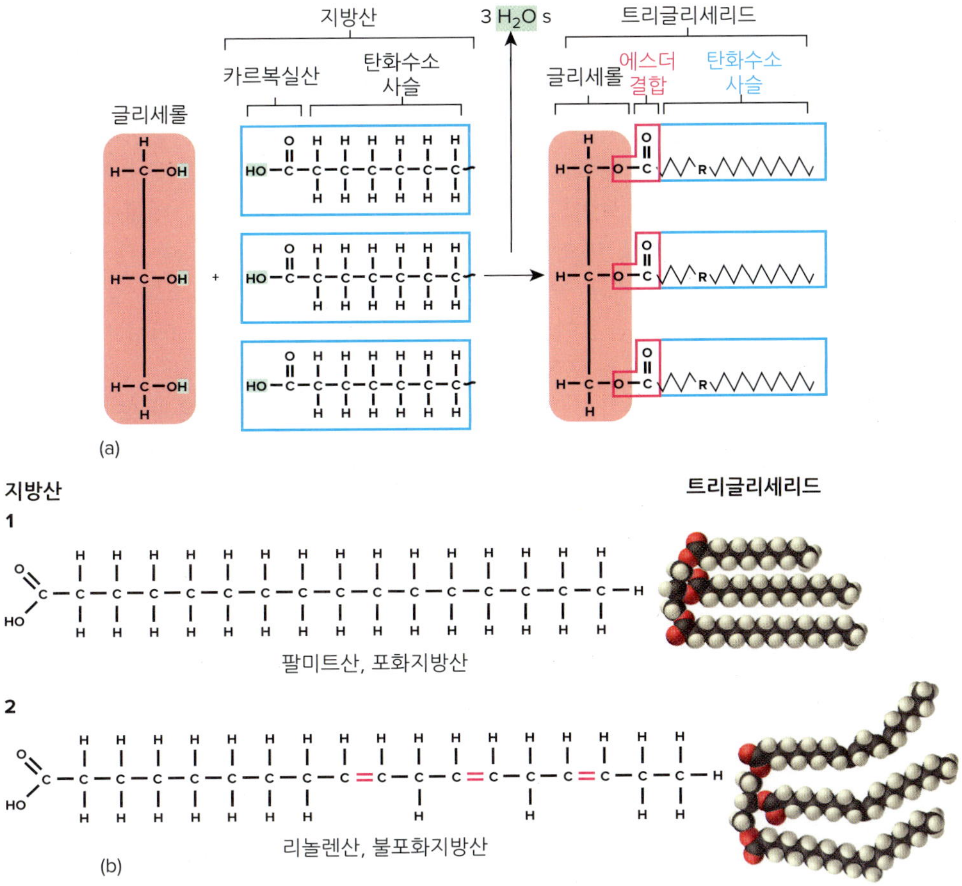

그림 2.18 트리글리세리드의 합성 및 구조 (a) 물 분자가 각각의 에스터 결합에서 방출되기 때문에, 이것은 탈수 합성의 또 다른 예이다. 톱니 모양의 선과 R 기호는 일반적으로 매우 긴 지방산의 탄화수소 사슬을 나타낸다. (b) 지방산 및 트리글리세리드의 구조와 3차원 모델. (1) 포화 지방산은 함께 모이기 쉽고 고체 지방을 형성하는 길고 곧은 사슬을 가진다. (2) 불포화 지방산–여기서는 3개의 이중 결합을 가진 다중 불포화 지방산에는 구부러진 사슬이 있어 서로 모이지 않으므로 액상지방을 생성한다(오른쪽).

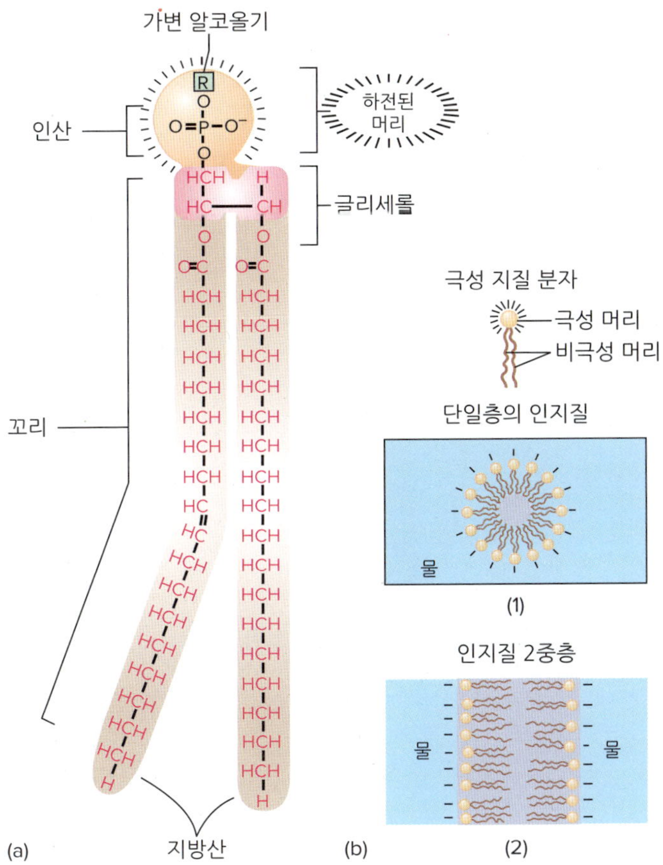

그림 2.19 인지질–막 분자 (a) 인지질의 단일 분자 모델. 인산–알코올 머리는 분자의 한 말단에 전하를 제공하며, 긴 후미 탄화수소 사슬은 전하를 띠지 않는다. (b) 수성 용액에서 인지질의 거동은 (1) 하전된 머리는 수상 쪽으로 향하고 소수성 비극성 꼬리는 수상으로부터 떨어져 내부에 묻히는 마이셀(micelle)이라 불리는 단일 층으로, 혹은 (2) 2개의 친수성 층 사이에 낀 소수성 꼬리를 가진 2중층의 인지질 시스템으로 배열되게 한다.

들여다보기 2.3 연구: 막: 세포의 피부

© McGraw-Hill Education

막(membrane)이라는 단어는 이 장과 다른 장의 세포의 설명에서 자주 나타난다. 단어 자체는 신체의 점막과 같은 다세포 구조물을 포함하는, 모든 층 또는 덮개를 의미한다. 그러나 단일 세포의 관점에서, 막은 인지질, 스테롤(막 함량의 약 40% 평균) 같은 지질 및 단백질 분자(평균 약 60%)로 구성된 얇은 2중층의 판이다. 이 구조의 주요 역할은 세포질을 완전히 감싸는 것이다. 막은 또한 핵, 미토콘드리아 및 엽록체와 같은 진핵세포 소기관의 구성 요소이며, 특정 세균 및 고세균 세포의 내부 주머니에 나타난다. 세포가 전혀 아닌 일부 바이러스조차도, 막 모양의 보호 덮개를 가질 수 있다.

세포막은 매우 얇아 – 평균적으로 단지 0.0070 μm(7 nm) 두께 – 실제로 광학현미경으로 볼 수 없다. 전자현미경의 배율(500,000 ×)에서조차 정확한 구조를 거의 볼 수 없으며, 횡단면도는 철로 모양을 갖는다. 미세한 현미경 및 화학적 분석에 따라, 싱거(S. J. Singer)와 니콜슨(C. K. Nicholson)은 **유동 모자이크 모델**(fluid mosaic model)이라 불리는 막 구조의 단순하고 훌륭한 설명을 제안했다. 이 모델에 따르면, 막은 극성 지질 머리가 외부 쪽으로 배향되고 비극성 꼬리가 막의 중심으로 배향되는 지질로 형성된 연속적인 2중층이다. 이 2중층의 수많은 위치에 다양한 크기의 구형 단백질이 깊숙이 박혀 있다. 일부 단백질은 표면에만 위치하며, 다른 것은 전체 막을 통해 완전히 걸쳐져 있다. 단백질의 모양과 위치의 변화로 인해 막의 내부 및 외부의 구성이 상당히 다를 수 있다.

막은, 지질상이 움직이고 많은 단백질들이 마치 바다에 떠 있는 빙산처럼 자유롭게 이동할 수 있기 때문에 동적이고 지속적으로 변한다. 이러한 유동성은 음식의 삼킴 및 세포에 의한 방출 또는 분비와 같은 활동에 필수적이다. 이 특성이 세포의 수송을 조절하는 선택적 투과성 및 용량을 부여한다. 그것은 또한 세포의 세포질 내에서 활동을 분리하는 역할을 한다. 막 단백질은 분자적 신호를 받는데(수용체), 그로 인해 영양소와 결합하고 수송하며 효소로서 작용할 수 있다.

스테로이드 및 왁스

스테로이드(steroid)는 세포막 및 동물 호르몬에서 흔히 발견되는 복잡한 지질 화합물이다. 가장 잘 알려진 것은 **콜레스테롤**(cholesterol)이라고 불리는 스테롤(OH 기를 가진 스테로이드를 의미)이다(**그림 2.20**). 콜레스테롤은 동물 세포 및 마이코플라즈마(mycoplasmas)라고 하는 세포벽이 없는 세균 등 특이한 그룹에서 세포막의 구조를 강화시켜준다. 곰팡이의 세포막은 에르고스테롤(ergosterol)이라는 스테롤을 포함한다.

화학적으로, 왁스(wax)는 긴-사슬 알코올과 포화 지방산 화합물 사이에 형성되는데, 이 결과물은 일반적으로 따뜻할 때 유연하고 부드럽지만 차가울 때는 단단하고 방수성을 나타낸다(예: 파라핀). 생물의 모피, 깃털, 과일, 잎, 사람 피부 및 곤충 외골격 등은 왁스로 코팅되어 있으므로 자연적으로 방수 처리된 셈이다. 결핵과 나병을 유발하는 세균은 보통의 실험실 얼룩을 방지하거나 몸에 해로운 영향을 주는 왁스를 생성하기도 한다.

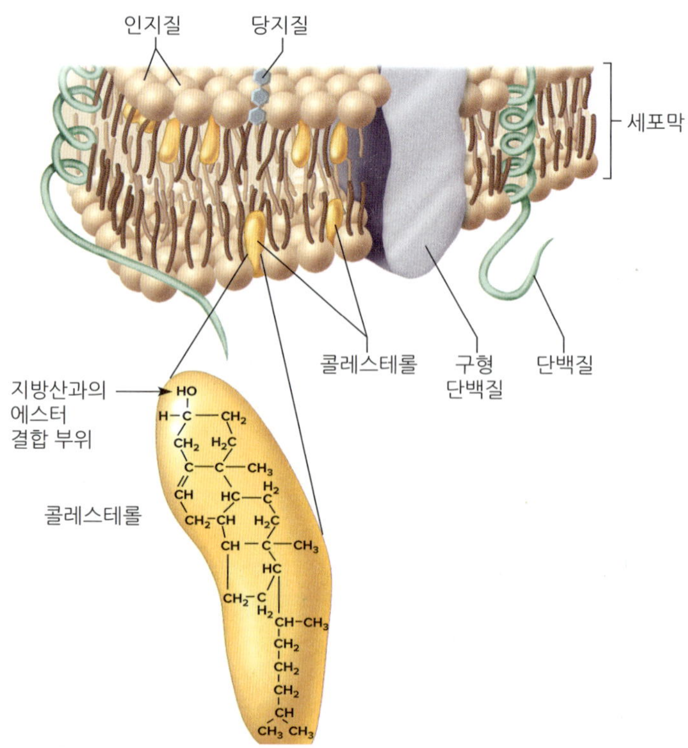

그림 2.20 지질의 2중층을 갖는 막의 절취도 1차 지질은 인지질이나. 콜레스테롤이 일부 막에 삽입된다. 다른 구조는 단백질 및 당지질 분자이다. 콜레스테롤은 OH^- 기에 지방산과 에스터 결합을 형성할 수 있어 인지질 것과 비슷한 극성 특질을 부여한다.

단백질: 생명의 셰이퍼(shapers)

세포에서 가장 많은 유기 고분자 물질은 **단백질**(proteins)이다. 각 생물의 구조, 행동 및 독특한 특성은 그들이 함유한 단백질의 결과이다. 단백질의 특별한 특성과 다양성의 기원을 가장 잘 설명하기 위해, 우리는 그들의 일반적인 구조를 검토해야 한다. 단백질은 자연적으로 발생한 20가지의 **아미노산**(amino acids)으로 구성된다(**표 2.5**). 이들 아미노산의 다양한 조합은 거의 무한한 단백질을 형성한다. 아미노산은 아미노기(NH_2), 카르복실기(COOH), 수소 원자(H) 및 가변 R기에 연결된 탄소(α 탄소라고 불리는)로 구성된 기본 골격을 가지고 있다. 아미노산 사이의 변이는 R기에서 발생하며, 이는 각 아미노산마다 다르고, 분자에 독특한 특성을 부여한다(**그림 2.21**). **펩티드 결합**(peptide bond)이라고 불리는 공유 결합은 한 아미노산의 아미노기와 또 다른 아미노산의 카르복실기 사이에 형성된다. 펩티드 결합 형성의 결과로서, 2개의 아미노산으로부터 수천 개를 포함하는 사슬까지 길이가 다양한 분자를 생성할 수 있다.

표 2.5 20개의 아미노산 및 그들의 약어

산	약어	R기의 특성
알라닌	Ala	비극성
알지닌	Arg	+
아스파라진	Asn	극성
아스파르트산	Asp	-
시스테인	Cys	극성
글루탐산	Glu	-
글루타민	Gln	극성
글라이신	Gly	비극성
히스티딘	His	+
아이소류신	Ile	비극성
류신	Leu	비극성
라이신	Lys	+
메싸이오닌	Met	비극성
페닐알라닌	Phe	비극성
프롤린	Pro	비극성
세린	Ser	극성
트레오닌	Thr	극성
트립토판	Trp	비극성
타이로신	Tyr	극성
발린	Val	비극성

참고: + = 양전하, − = 음전하.

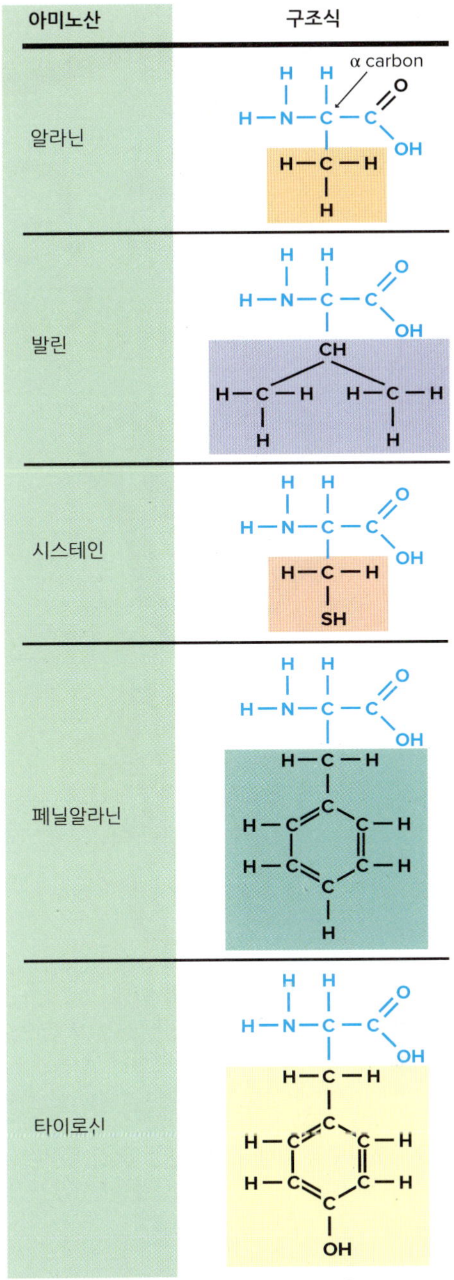

그림 2.21 선택된 아미노산의 구조식 모든 아미노산에 공통적인 기본 구조는 파란색으로 표시되며, 가변기 또는 R기는 색이 있는 상자에 배치된다. R기의 구조 변화에 주목한다.

단백질의 성질을 나타내기 위해 다양한 용어가 사용된다. **펩티드**(peptide)는 일반적으로 디펩티드(dipeptide, 2개의 아미노산), 트리펩티드(tripeptide, 3개) 및 테트라펩티드(tetrapeptide, 4개)와 같은 아미노산의 짧은 사슬로 구성된 분자를 지칭한다. **폴리펩티드**(polypeptide)는 아미노산의 불특정한 수를 함유하지만 보통 20개 이상이고 종종 단백질의 작은 소단위 역할을 한다. 단백질은 이러한 분류의 화합

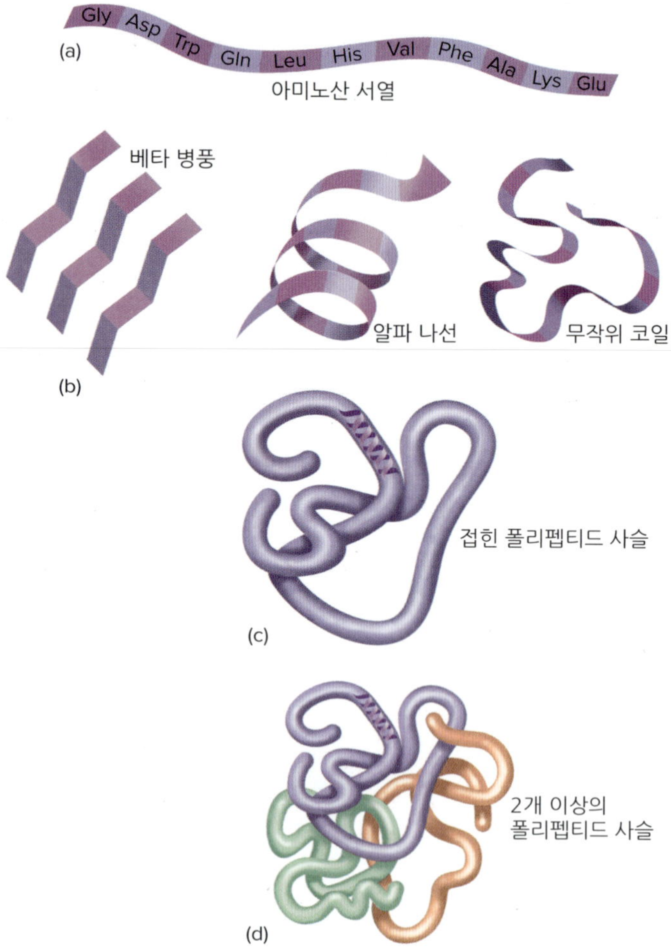

그림 2.22 기능성 단백질의 형성에서의 단계 (a) 1차 구조는 사슬에 결합된 일련의 아미노산들이다. (b) 2차 구조는 사슬이 수소 결합을 형성하여 알파 나선 또는 베타 병풍과 같은 여러 구성 중 하나로 접힐 때 발생한다. 일부 단백질은 동일 분자 내에 여러 구성을 가진다. (c) 단백질의 3차 구조는 작용기들 사이의 수소, 이온 및 이황화 결합에 의해 안정화 되는 3차원적 덩어리로의 분자의 추가적인 접힘 때문이다. (d) 4차 구조는 둘 이상의 폴리펩티드 사슬로 구성된 단백질에서만 존재한다. 이 단백질 내 사슬들은 각각 다른 색을 가지고 있다.

물 중에서 가장 크며 일반적으로 최소 50개의 아미노산을 포함한다. 단백질이라는 용어가 이러한 모든 분자를 설명하는 데 사용되는 것이 일반적이며, 우리는 이것을 이 단락의 첫 번째 문장에서 일반적인 의미로 사용했다. 그러나 모든 폴리펩티드가 단백질로 간주되기에 충분히 큰 것은 아니다. 9.2절에서, 단백질 합성이 단지 아미노산의 무작위적인 연결이 아니며, DNA에서 제공되는 정보에 의해 지시됨을 알 수 있다.

단백질의 구조와 다양성

단백질이 매우 다양하고 특이적인 이유는 그들이 아미노산의 단순히 곧은 사슬의 형태(1차 구조, primary structure)로 기능하지 않기 때문이다. 단백질은 2차, 3차 및 4차 구조라는 복잡한 구조를 형성하는 경향이 있다(**그림 2.22**). **1차 구조**(primary structure)는 사슬 내 아미노산의 유형, 수 및 순서이며, 단백질마다 크게 다르다. **2차 구조**(secondary structure)는 분자 외부 표면에 노출된 다양한 작용기들이 수소 결합으로 형성되어 상호작용을 할 때 발생한다. 이러한 상호작용은 아미노산 사슬이 알파 나선(α helix)이라고 하는 코일 형태로 꼬이거나 베타 병풍(β pleated sheet)이라고 하는 아코디언 패턴으로 접히는 구조를 야기한다. 많은 단백질들이 2차 구성의 2가지 유형을 모두 포함한다.

질병과의 연관성

인플루엔자 바이러스 표면의 한 단백질의 1차 구조에서의 작은 변화들로 인해 해마다 사람들에게 질병을 유발한다. 이 표면 단백질은 지속적으로 아미노산 서열에 변화를 축적한다. 특정 1차 서열의 단백질을 인식하기 위해 이전 감염 또는 면역화에 의해 감작(感作)되는(primed) 면역 시스템은 변경된 서열의 단백질에 강하게 반응하지 않을 것이다. 이것이 당신이 과거에 예방 접종을 했을지라도 다시 독감에 걸릴 수 있는 이유이다.

2차 수준의 단백질은 작용기들 사이의 추가적인 결합에 의해 생성된 **3차 구조**(tertiary structure)라고 불리는 3차 비틀림을 받는다(**그림 2.22c**). 황을 함유한 시스테인(cysteine)을 갖는 단백질에서, 분자의 2개의 상이한 부분상의 황 원자 사이의 공유 이황화 결합을 통해 상당한 3차 안정성이 얻어진다. 일부 복잡한 단백질은 둘 이상의 폴리펩티드가 큰 다중 단위 단백질을 형성하는 **4차 구조**(quaternary structure)를 형성한다. 세포 합성에 작용하는 항체와 일부 효소가 여기에 속한다.

결합과 접힘의 다양한 형태의 가장 중요한 결과는 단백질의 각 다른 유형이 독특한 모양을 발달시키고, 그 표면에 주머니 모양이나 돌출물 형태 등의 독특한 패턴을 나타낸다는 것이다. 결과적으로, 단백질은 자물쇠와 열쇠와 같이 특정 표면 특징에 보완해주거나 맞는 분자와만 반응한다. 이러한 특이성의 정도는 수천 개의 다른 세포 활동에 필요한 기능적 다양성을 제공할 수 있다. **효소**(enzymes)는 세포 내 모든 화학반응에 대한 촉매 역할을 하며, 거의 모든 반응이 각기 다른 효소를 요구한다. 이 특이성은 결합 부위의 구조로부터 나오며, 어떤 분자가 그것에 맞는지를 결정한다. 항체의 경우도 동일한데, **항체**(antibody)는 세균, 바이러스 및 다른 미생물들에 대해 특정 부착영역을 가진 복잡한 당단백질이다. 특정 세균성 독소(유독한 생성물)는 하나의 특정 장기 또는 조직과만 반응하며, 세포막 내 깊숙이 박힌 단백질은 특정 영양소로 제한되는 반응성 부위를 갖는다. 단백질의 기능성 3차원적 형태는 자연 상태(native state)로 지칭되며, 그것이 어떤 방법으로 파괴되면, 단백질은 변성된다(denatured)고 한다. 열, 산, 알코올 및 일부 소독제와 같은 물질은 안정화된 사슬 내 결합을 파괴(그러므로 변성)시키고 분자가 기능을 못하게 한다.

핵산: 세포 컴퓨터 및 프로그램

핵산인 **디옥시리보 핵산**(deoxyribonucleic acid, DNA)과 **리보 핵산**(ribonucleic acid, RNA)은 원래 세포 핵으로부터 분리할 수 있었다. 그 직후에, 그들은 또한 핵이 형성된 세포의 다른 부분, 핵이 없는 세포(세균 및 고세균) 및 바이러스에서도 발견되었다. 모든 알려진 세포와 바이러스에서 핵산의 보편적인 발생은 정보 분자로서 중요한 역할을 강조한다. 세포의 마스터 컴퓨터인 DNA는 각 유기체의 유전에 대한 상세하고 구체적인 지침이 있는 특별히 암호화된 유전 프로그램을 포함한다. 그것은, DNA의 지시를 수행하고 DNA 프로그램을 생명 기능을 수행할 수 있는 단백질로 전사하는 데 책임이 있는 "도와주는" 분자인 RNA로 프로그램의 세부 사항을 전달한다. 여기서는, DNA, RNA의 구조와 일부 기능 및 가까운 관계인 아데노신 삼인산(adenosine triphosphate, ATP)에 대해 간단히 살펴보자.

DNA와 RNA는 둘 다 **뉴클레오티드**(nucleotide)라고 하는 반복 단위의 중합체이며, 이것은 3개의 더 작은 단위인 **질소 염기**(nitrogen base), 5탄당(5-탄소) 및 **인산**(phosphate)으로 구성되어 있다.[6] 질소 염기는 2가지 형태인 **퓨린**(purines, 2개의 고리)과 **피리미딘**(pyrimidines, 1개의 고리)으로 존재하는 고리 화합물(cyclic compound)이다. 퓨린의 2가지 유형으로 **아데닌**(adenine, A)과 **구아닌**(guanine, G) 및 피리미딘의 3가지 유형으로 **티민**(thymine, T), **사이토신**(cytosine, C) 및 **유라실**(uracil, U)이 있다(**그림 2.24**). DNA와 RNA를 구별하는 특징은 DNA는 유라실을 제외한 모든 질소 염기를 포함하고, RNA는 티민을 제외한 모든 질소 염기를 포함한다는 것이다. 질소 염기는 RNA의 **리보스**(ribose) 및 DNA의 **디옥시리보스**(deoxyribose, 리보스보다 하나 더 적은 산소를 가지기 때문에)에 공유 결합된다. 인산은 당을 직렬로 연결하는 최종적인 공유 다리를 제공한다. 따라서 핵산 가닥의 골격은 번갈아 가는 인산-당-인산-당 분자의 사슬이며, 질소염기는 이 골격의 측면에서 갈라져 나간다(**그림 2.23b,c**).

6 질소 염기와 5탄당을 합하여 **뉴클레오사이드**(nucleoside)라고 한다.

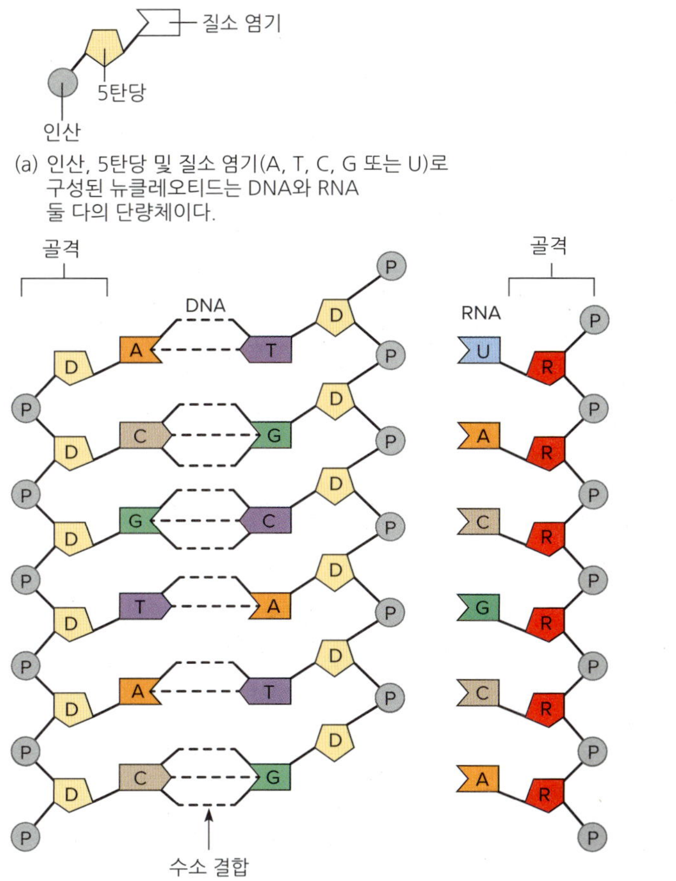

(a) 인산, 5탄당 및 질소 염기(A, T, C, G 또는 U)로 구성된 뉴클레오티드는 DNA와 RNA 둘 다의 단량체이다.

(b) DNA에서, 중합체는 디옥시리보스에 부착된 질소 염기(A, T, C, G)와 교대로 된 디옥시리보스(D) 및 인산(P)으로 구성된다. DNA는 대부분 가닥의 쌍으로 존재하며, 염기가 분자의 중심축을 가로질러 쌍을 이루도록 배향된다.

(c) RNA에서, 중합체는 질소염기(A, U, C, G)에 부착된 리보스와 인산(P)으로 구성되며 단일 가닥이다.

그림 2.23 핵산의 일반적인 구조

DNA의 이중 나선

DNA는 질소 염기의 상보적인 쌍 사이의 수소 결합에 의해 길이를 따라 연결된 2개의 매우 긴 폴리뉴클레오티드(polynucleotide) 가닥에 의해 형성된 거대한 분자이다. 질소 염기의 쌍은 예측 가능한 패턴에 따라 발생하는데, 아데닌은 티민과, 시토신은 구아닌과 항상 쌍을 이룬다. 각 쌍이 수소 결합에 완벽하게 정렬되도록 정확하게 배치된 산소, 질소 및 수소 원소를 공유하기 때문에 염기들은 이러한 방식으로 끌리게 된다(**그림 2.25**).

DNA의 구조를 이해하기 쉽도록, 때때로 당-인산 골격은 레일(rail)을 나타내고 쌍을 이루는 질소 염기는 계단을 나타내는 사다리와 비교된다. 뉴클레오티드 쌍 및 염기의 적층 방식으로 인해, DNA의 실제 구조는 약간 나선형 층계

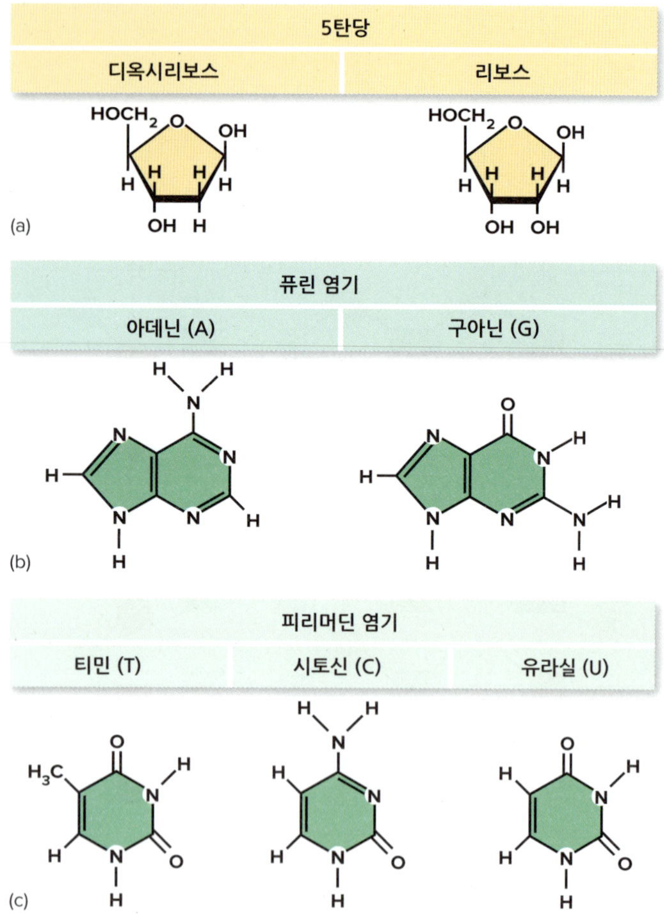

그림 2.24 DNA와 RNA를 구성하는 당과 질소 염기 (a) DNA는 디옥시리보스를 포함하고, RNA는 리보스를 포함한다. (b) A와 G 퓨린 염기는 DNA와 RNA 양쪽 모두에서 발견된다. (c) 피리미딘 염기는 DNA와 RNA 양쪽 모두에서 발견되지만, T는 DNA에서만 발견되고, U는 RNA에서만 발견된다.

그림 2.25 DNA의 이중 나선의 구조적 표현 2가닥의 질소 염기 사이의 수소 결합에 대한 세부 사항이 표시된다.

처럼 보이는 **이중 나선**(double helix)이다. 단백질의 경우와 마찬가지로, DNA의 구조는 그것의 기능과 밀접한 관련이 있다. DNA 분자는 일반적으로 매우 길다. 쌍들 사이의 수소 결합은 DNA가 복제될 때 분리되고, 고정된 상보성 염기쌍은 유전 암호를 유지하는 데 필수적이다.

RNA: 단백질 합성의 조직자(organizer)

DNA와 마찬가지로, RNA는 뉴클레오티드의 긴 사슬로 구성된다. 그러나 RNA는 일부 바이러스의 경우를 제외하고는 일반적으로 단일 가닥이다. 그것은 디옥시리보스 대신에 리보스 당을, 티민 대신에 유라실을 포함한다(그림 2.23 참조). RNA의 여러 기능적 유형들은 복제와 유사한 과정을 통해 DNA 주형을 사용하여 형성된다. 단백질 합성에서 RNA의 3가지 주요 유형이 중요하다. 메신저 RNA(messenger RNA, mRNA)는 단백질 내 아미노산의 순서 및 유형을 제공하는 유전자(DNA의 단일 기능적 부분)의 사본이고, 전달 RNA(transfer RNA, tRNA)는 단백질 조립을 위해 정확한 아미노산을 전달하는 운반체이며, 리보솜 RNA(ribosomal RNA, rRNA)는 리보솜의 주요 성분이다. RNA의 4번째 유형은 유전자 및 유전자 발현을 조절하는 RNA이다.

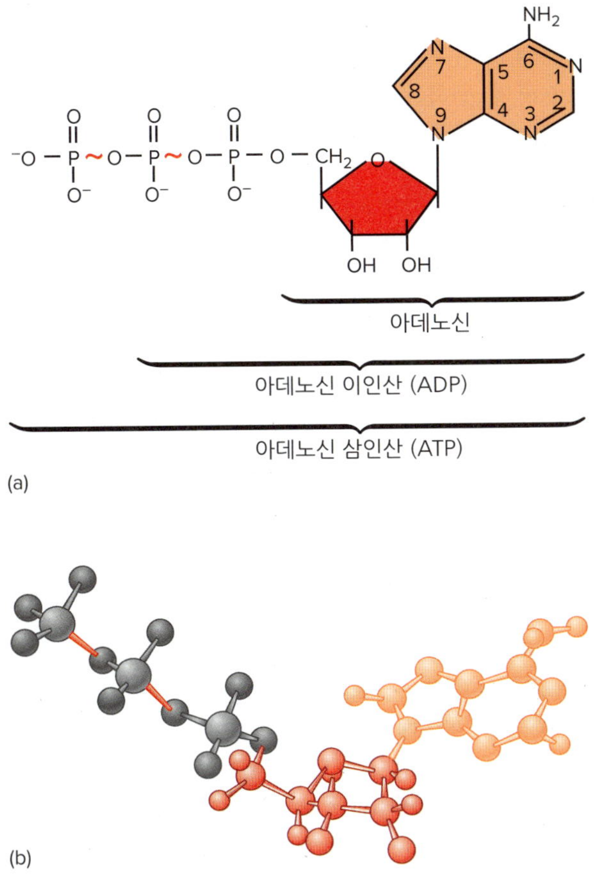

그림 2.26 ATP 분자 (a) 구조식. 인산들을 연결하는 물결 선은 많은 양의 에너지를 방출하는 결합을 나타낸다. (b) 공–막대기 모형.

ATP: 세포의 에너지 분자

완전히 다른 세포 활동에 관여하는 RNA의 친척뻘은 **아데노신 삼인산**(adenosine triphosphate, ATP)이다. ATP는 아데닌, 리보스에 1개가 아닌 3개의 인산을 함유하는 뉴클레오티드이다(**그림 2.26**). 그것은 2번째와 3번째(가장 바깥쪽) 인산 사이의 결합이 끊어질 때 에너지를 방출하는 고에너지 화합물(또한 구아노신 삼인산[GTP]을 포함)의 범주에 속한다. 이러한 고에너지 결합의 존재는 ATP가 세포의 화학적 반응을 위한 에너지를 방출하거나 저장할 수 있게 한다. 세포의 물질대사를 위한 에너지 방출을 위해, ATP의 말단 인산염 결합이 파괴되면 아데노신 이인산(ADP)이 생성된다. ADP는 3번째 인산이 복원될 때 ATP로 다시 전환될 수 있으며, 그럼으로써 에너지 저장소로서 작용한다. 산화-환원 활성을 위한 운반체(예: 니코틴아마이드 아데닌 다이뉴클레오티드, nicotinamide adenine dinucleotide[NAD])는 뉴클레오티드의 유도체이다.

2.2 학습 평가

5. 4가지 주요 생화학 물질 군을 말할 수 있다.
6. 각 생화학 물질 군으로 만들어진 세포 성분의 예를 제시할 수 있다.
7. 단백질의 1차, 2차, 3차 및 4차 구조를 구분할 수 있다.
8. 뉴클레오티드의 3가지 성분을 나열할 수 있다.
9. DNA와 RNA의 질소 염기를 명명할 수 있다.
10. ATP의 3가지 구성 요소를 나열할 수 있다.

2.3 세포: 화학 물질이 생명을 얻는 곳

단순한 분자에서 시작해 복잡한 고분자까지의 다양한 화학적인 생명분자를 조사하는 과정의 어느 시점에서 우리는 생명이 없는 분자의 영역에서부터 한 줄을 넘어 **세포**(cell)라고 불리는 생명의 기본적인 단위에 도달한다.[7] 세포는 실제로 탄소, 수소, 산소, 질소 및 많은 다른 원소의 막대한 집합체이며, 화학과 물리학의 기본 법칙을 따르지만 그 이상의 것이다. 이들 원자의 조합은 **살아 있는 것**(living)으로만 설명될 수 있는 특성, 반응 및 생성물을 보유한다.

세포의 기본 특성

세균과 원생동물과 같은 생명체는 하나의 세포로만 구성되는 반면, 동물과 식물은 수조 개의 세포로 되어 있다. 생명체의 종류와 관계없이, 모든 세포는 몇 가지 공통된 특징을 가지고 있다. 그들은 구형, 다각형, 입방체 또는 원통형으로 되어 있으며, 그들의 원형질(내부 세포 내용물)은 세포질막이라고도 하는 세포막에 싸여 있다(들여다보기 2.3 참조). 그들은 DNA를 포함한 염색체와 단백질 합성을 위한 리보솜을 가지고 있으며, 기능이 매우 복잡하다. 이러한 몇 가지 유사점 외에도, 대부분의 세포 유형은 3가지 근본적으로 서로 다른, 작고 겉보기에는 단순한 세균성 및 고세균성 세포, 그리고 더 크고 구조적으로 더 복잡한 진핵세포 중 하나에 속한다.

동물, 식물, 곰팡이 및 원생동물은 진핵세포로 구성된다. 이러한 세포는 생장, 영양 또는 대사와 관련된 세포에 유용한 기능을 수행하는 소기관(organelles)이라는 다수의 복잡한 내부 구조물을 포함한다. 관례적으로, 소기관은 특정 기능을 수행하는 세포 구성 요소로 정의되고 막으로 둘러싸여

7 **세포**라는 단어는 원래 식물 세포가 초기 미생물학자에게 보이는 방식 때문에 "작은 방"을 의미하는 구 영어 용어에서 만들어졌다.

있다. 소기관들은 또한 진핵세포를 더 작은 구획으로 분할한다. 가장 눈에 띄는 것은 DNA를 포함하는 2중막으로 둘러싸인 대략 공 모양의 덩어리인 핵이다. 다른 소기관들은 골지체(Golgi apparatus), 소포체(endoplasmic reticulum), 액포(vacuole) 및 미토콘드리아(mitochondria)이다.

세균성 및 고세균성 세포는 소기관들이 결핍된 것으로 기술되기 때문에, 세포의 "빈곤층"인 것처럼 보일 수도 있다. 그들은 핵이 없으며 일반적으로 다른 소기관을 가지고 있지 않다. 그러나 이러한 외형적인 단순성은 이들 세포의 미세 구조가 실제로 복잡하기 때문에 오해의 소지가 있다. 전반적으로, 세균성 및 고세균성 세포는 진핵세포가 할 수 있는 거의 모든 세포활동을 할 수 있으며, 많은 경우 진핵생물이 하지 못하는 것도 할 수 있다. 4장과 5장에서 세균성 및 진핵세포의 특성에 대해 깊이 탐구하게 될 것이다.

2.3 학습 평가

11. 모든 세포에 공통적인 3가지 특성을 말할 수 있다.

현미경으로 본 세상 — 논평

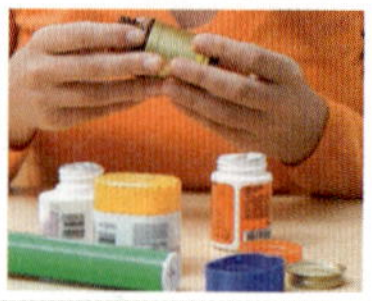

© Image Source, all rights reserved. RF

"비타민 B_{12}는 당신의 피부 세균을 자극하여 여드름을 유발할 수도 있다."란 기사는 B_{12} 보충제를 복용하는 많은 사람들에게 생긴 여드름의 원인을 설명하는 과학 논문에 대해 보고한다(reports on a science paper). **의도하는 메시지**는 제목에 아주 명확하게 언급되어 있으며, "할 수도 있다(could)"라는 단어를 포함한다. 이것은 저자가 발견한 것에 대해 조심스럽고, 과장하지 않으려는 의도이다. 이 장의 시작에서 보고된 것과 같이 기사의 **당신 평가**(critical reading)에서, 당신은 항상 저자의 진술이 과학에 의해 뒷받침 되는지를 확인해야 한다. 원 기사에 접근하지 않고 당신은 뉴스 보고서의 작성안 단서에 의존해야 한다. 뉴스 기사가 설명하는 사건에 논리적 순서가 있는가? 다음의 내용으로 확인할 수 있다. 첫째, B_{12}를 복용한 사람들에게 종종 여드름이 있다는 것을 알고 있다. 둘째, 과학자들은 그러한 사람들의 피부에서 고농도의 B_{12}를 발견했다. 우리는 또한 세균 프로피오니박테리움 아크네스(*Propionibacterium acnes*)가 사람 피부에 흔한 세균임을 알고 있다. 그런 다음 기사는 과학자들이 그러한 세균이 과량의 B_{12}의 환경에 있을 때 하는 일을 찾기 위해 실험을 했다고 보고한다. 그리고 그들은 세균이 그런 환경 조건에서는 대사 기어를 바꾸고 염증을 증가시키는 다른 화합물을 생성한다는 것을 발견했다. 여기에 바로 사건의 사슬이 있다. 그러나 이 보고를 가장 신뢰할 수 있게 만드는 것은 기사 저자가 연구의 한계를 분명히 밝히는 것이다. "그러나 이 여드름 사건 사슬의 마지막 단계는 아직 입증되지 않았다. 그렇게 하는 데 약간의 시간이 더 필요하다." 이러한 유형의 서술은 기사의 저자가 사실에 주의를 기울이고 있음을 나타내는 좋은 지표이다.

이 기사는 다음의 해석을 통해 대중적인 과학 커뮤니케이션의 장점을 부각시킨다. 비타민 B_{12} 섭취 → 피부에 B_{12} 과다 → 피부 세균이 B_{12}를 감지하고 대응책으로 다른 것을 만든다. → "다른 것"은 염증(여드름)을 일으킨다.

나는 이 기사에 A를 준다!

출처: The Verge, "Vitamin B_{12} Screws with Your Skin Bacteria and Could Cause Acne", 2015년 6월 24일 게시된 온라인 기사.

단원 요약

2.1 원자, 결합, 그리고 분자: 기본적인 구성 요소

- 양성자(p^+)와 중성자(n^0)는 원자의 핵을 구성한다. 전자(e^-)는 핵을 공전한다.
- 모든 원소는 원자로 구성되어 있지만 그들이 보유한 양성자, 중성자 및 전자 수는 다르다.

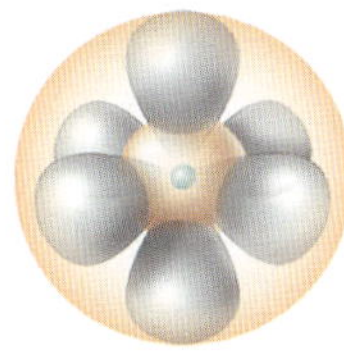

- 동위원소는 같은 수의 양성자를 가지지만 다른 수의 중성자를 포함하는 한 원소의 종류이다.
- 원소의 가장 바깥쪽 궤도 안의 전자 수(가능한 총수와 비교)는 원소의 화학적 특성과 반응성을 결정한다.
- 공유 결합은 전자가 원자 사이에 공유되는 화학 결합이다. 균일하게 분포된 전자는 비극성 공유 결합을 형성하는 반면, 균일하지 않게 분포된 전자는 극성 공유 결합을 형성한다.
- 이온 결합은 반대편 전하 때문에 발생되는 화학 결합이다. 외부 전자 껍질은 또 다른 원자로부터 전자를 공여 또는 수용하여 각 원자의 외부 궤도가 완전히 채워지도록 한다.
- 수소 결합은 공유 결합된 수소와 다른 분자 상의 산소 혹은 질소 사이에 형성되는 약한 화학적 인력이다. 반 데르발스 힘과 수소결합은 생물학적 과정에서 매우 중요하다.
- 화학 방정식은 원자 또는 분자 사이의 화학적 교환을 표현한다.

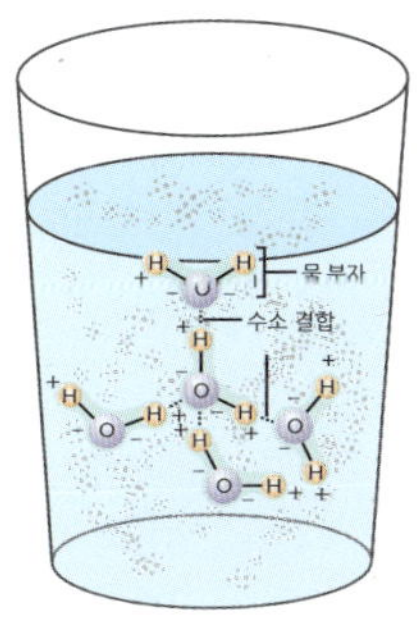

- 용액은 여과 또는 침전에 의해 분리될 수 없는 용질과 용매의 혼합물이다.
- 높은 산성 용액에서부터 높은 염기성 용액에 이르는 pH는 수소 이온의 농도를 나타낸다. 그것은 0에서부터 14까지의 숫자로 표시된다.
- 생물학자들은 유기 분자를 탄소와 수소를 함유하는 화합물로 정의한다.
- 탄소는 그 자체 및 많은 다른 원소들과 단일, 2중, 또는 3중의 공유 결합을 형성하는 능력 때문에 생체분자들의 골격을 이룬다.
- 작용기(R)들은 유기 화합물에 화학적 반응성을 포함한 독특한 특성을 부여하는 유기 분자의 특정 배열을 가지고 있다.

2.2 고분자: 생명의 상부 구조

- 고분자는 더 작은 분자 소단위(단량체)의 중합에 의해 구축된 매우 큰 유기 분자(중합체)이다.
- 탄수화물은 글리코시드 결합에 의해 단량체들이 함께 연결되어 생성된 중합체로서 주요 생명체 구성분자이다.
- 지질은 물에 불용성인 지방과 같은 생명체 구성분자이다. 주요 기능은 세포 성분, 세포 분비물, 영양분 및 에너지 저장고이기도 하다.

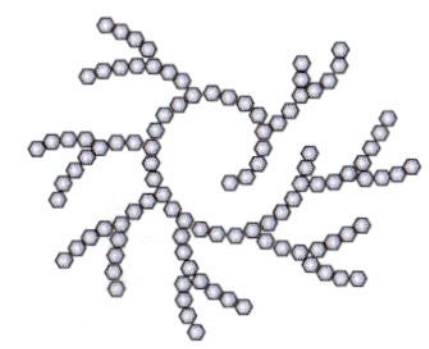

- 단백질은 아미노산 단량체들이 결합으로 생성된 펩티드 중합체들의 사슬로 구성된 주요 생명체 구성분자이다.
- 단백질은 세포 구조 및 세포 대사에서 그들이 수행하는 많은 생명체 역할 때문에 "생명의 셰이퍼"라고 불린다.
- 단백질 구조는 단백질 기능을 결정한다. 구조와 모양은 아미노산 조성에 의해 그리고 단백질의 즉각적인 환경의 pH 및 온도에 의해 결정된다.
- 핵산은 그 단량체(인산-5탄당 질소염기)들이 인산-5탄당의 공유 결합에 의해 연결된 생명체 구성분자이다. 이중 가닥 핵산은 수소 결합에 의해 함께 연결된다. 핵산은 세포 대사와 복제를 지시하는 정보 분자이다. ATP와 같은 뉴클레오티드는 또한 세포 내 에너지 전달 분자로서 역할을 한다.

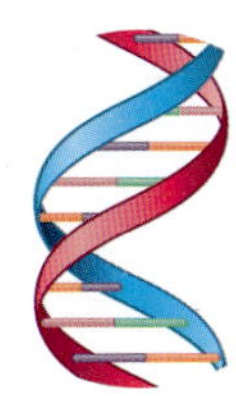

2.3 세포: 화학 물질이 생명을 얻는 곳

- 원자가 물질의 기본 단위이듯이, 세포도 마찬가지로 생명체의 기본 단위이다.

객관식 문제(선다형 문제와 OX 문제) | 블룸 1단계 및 2단계: 기억과 이해

선다형 문제 – 제시된 보기에서 답을 고르시오.

1. 독특한 특성을 가진 물질의 가장 작은 단위는?
   a. 전자 b. 분자
   c. 원자 d. 양성자
2. 양성자의 ____ 전하는 ____의 ____전하에 의해 정확히 균형을 이룬다.
   a. 음, 전자, 양 b. 양, 중성자, 중성
   c. 양, 전자, 음 d. 중성, 전자, 음
3. 전자는 ____라고 불리는 경로에서 원자의 핵 주위를 돈다.
   a. 껍질 b. 궤도
   c. 원 d. 고리
4. 원자가 전자를 공유하는 결합은 ____ 결합으로 정의된다.
   a. 수소 b. 이온
   c. 2중 d. 공유
5. 수소 결합은 서로 인접한 ____ 사이에 형성될 수 있다.
   a. 2개의 수소 원자 b. 2개의 산소 원자
   c. 수소 원자와 산소 원자 d. 음전하
6. 반응 중에 전자를 공여할 수 있는 원자를 ____라고 부른다.
   a. 산화제 b. 환원제
   c. 이온성 제(an ionic agent) d. 전해질
7. pH가 8인 용액보다 pH가 2인 용액이 ____.
   a. 더 적은 H^+를 가진다. b. 더 많은 H^+를 가진다.
   c. 더 많은 OH^-를 가진다. d. 덜 농축되어 있다.
8. 단백질은 아미노산들이____ 결합으로 연결되어 합성된다.
   a. 이황화 b. 글리코사이드
   c. 펩티드 d. 에스터
9. DNA는 ____으로 구성된 유전 분자이다.
   a. 디옥시리보스, 인산 및 질소 염기
   b. 디옥시리보스, 5탄당 및 핵산
   c. 당, 단백질 및 티민
   d. 아데닌, 인산 및 리보스
10. RNA는 어떤 생물학적 과정에서 중요한 역할을 하는가?
    a. 복제 b. 단백질 합성
    c. 지질 대사 d. 물 수송

OX 문제 – 다음 문장 내용이 옳으면 O, 틀리면 X로 표기하고 틀린 내용을 올바르게 수정하시오.

11. 원소는 다양한 수의 양성자, 중성자 및 전자를 가진다.
12. 공유 결합은 2개의 다른 원소 사이에 만들어지는 결합이다.
13. 모든 자연적 원소로 만들어지는 화합물을 "유기"라고 한다.
14. 시스테인은 단백질에서 이황화 결합에 참여하는 아미노산이다.
15. 막은 주로 탄수화물이라고 하는 고분자로 구성된다.

Chapter 3

실험실 도구

미생물의 배양과 현미경 분석방법

현미경으로 본 세상

사람에게 나병을 전염시킨 플로리다의 아르마딜로

이번에 소개하는 사례를 통해 대중매체의 기사가 어디까지 사실인지 살펴볼 것이다. 이 사례는 2015년 뉴욕데일리 뉴스에 실린 "아르마딜로(Armadillos, 아메리카 대륙에 사는 가죽이 딱딱한 동물)가 일으킨 플로리다의 나병: 건강관리"란 기사에 대한 것이다.

2015년 여름, 뉴욕데일리 뉴스는 연초부터 플로리다에서 9명이 한센병이라고도 하는 나병을 일으키는 세균에 감염되었다는 기사를 실었다. 질병통제예방센터(CDC)에 따르면, 일부 아르마딜로들이 "자연적으로 이 병에 감염되었다"고 보고했다. 이 보고서는 9건의 사건 각각이 동물들과 직접 접촉한 사실을 기록했다고 보고했다. 저자는 지역 내과의사의 말을 인용하여, 이 감염의 원인 및 증가는 아르마딜로들의 자연 서식지를 교란시키고 있는 주택 건설 활동 때문이라고 말했다.

그 기사는 마지막에 인구의 95%가 질병(나병)을 일으키는 세균(*Mycobacterium leprae*)에 대한 자연 면역력을 가지고 있다고 말했다.

사람들이 아르마딜로를 멀리해야 한다는 말로 기사를 마무리했다.

- 이 기사가 **의도하는 메시지**는 무엇인가?
- 기사를 읽은 후 **여러분의 평가**는 어떠한가? 평가가 비판을 의미하는 것은 아니다. 여러분의 지식을 이용하여 기사의 사실여부, 그리고 기사가 전달하고자 하는 메시지가 무엇인지를 제대로(혹은 옳게) 인지하기 위해서는 비평적인 안목이 필요하다.
- 미생물학을 공부하지 않은 친구를 위해 이 기사를 어떻게 **해석할** 것인가?
- 기사의 정확성과 의도된 효과의 정확성을 고려하여 기사에 대한 당신의 **점수**는 얼마인가?

현미경으로 본 세상–논평은 이 장의 끝에 나옵니다.

3.1 미생물 배양 방법: 5개 I

미생물학자들은 몇 가지 독특한 문제에 직면해 있다. 첫째로, 대부분의 서식지에서 미생물들은 복잡한 연합체(군집)를 구성하기 때문에 때로는 각각의 미생물을 분리할 필요가 있다. 둘째로, 미생물 연구를 하려면 그들을 인공적인 조건에서 배양한다는 것이다. 미생물을 다루는 데 있어서 세 번째 어려움은 그들이 눈에 보이지 않고 또 널리 분포하고 있으며, 유감스럽게도 더러는 시도한 실험이 오해의 소지가 있는 결과를 초래할 수 있다는 것이다.

"5개 I"는 실험실에서 미생물을 접종(inoculation), 배양(incubation), 분리(isolation), 검사(inspection) 및 동정(identification)을 위한 5가지 기본 기법을 의미한다. (5개 I; **과정 그림 3.1**) 각각의 미생물 군집을 구성하는 특성을 연구하고 기록할 수 있는 별개의 실체로 그들을 처리하고 유지하기 위해 검사(test)를 하려면 시간이 걸린다.

지난 10년 동안 분자 기술의 발전으로 모든 경우에 더 이상 "5개 I"가 필요하지 않다는 것을 유념해야 한다. 그러나 새로운 실험기법의 발전에도 불구하고, 때로는 검사와 동정을 위해 미생물을 배양하는 것이 최선일 때도 있다.

질병과의 연관성

많은 질병에 대한 검사가 가능하기 전에 의사들은 그들의 감각만을 사용하여 진단을 내렸다. 의사들은 시각, 청각, 촉각, 후각을 이용하여 종종 어디가 아픈지 판단할 수 있었다. 당신은 미각이 결코 질병을 발견하는 데 사용되는 수단이 될 것이라고 생각되지 않지만, 수세기 전에는 의사들이 그 문제에 있어서 종종 선택의 여지가 없었다. 1674년 토마스 윌리스는 당뇨병과 단맛 소변과의 관계를 최초로 규명하였다. 그는 라틴

미생물 배양 실험법의 요약
(시료 채취 ~ 특성 분석)

시료(표본, specimen) 채취:
미생물의 시료(표본)는 거의 모든 대상물이나 재질에서 채취할 수 있다. 일반적인 시료는 체액과 조직, 음식, 물 또는 토양 등이다. 의학분야에서는 멸균 면봉, 주사기 등을 이용해 표본을 수집한 후, 채취한 시료 내 미생물을 적절히 보존하기 위한 특수 운송 장치를 이용해 실험실로 가능한 빨리 이동한다.

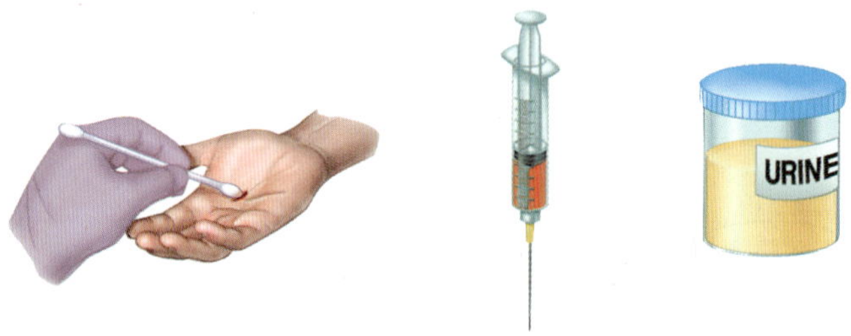

'5개 I'에 대한 소개 : 시료 처리 및 분석 방법

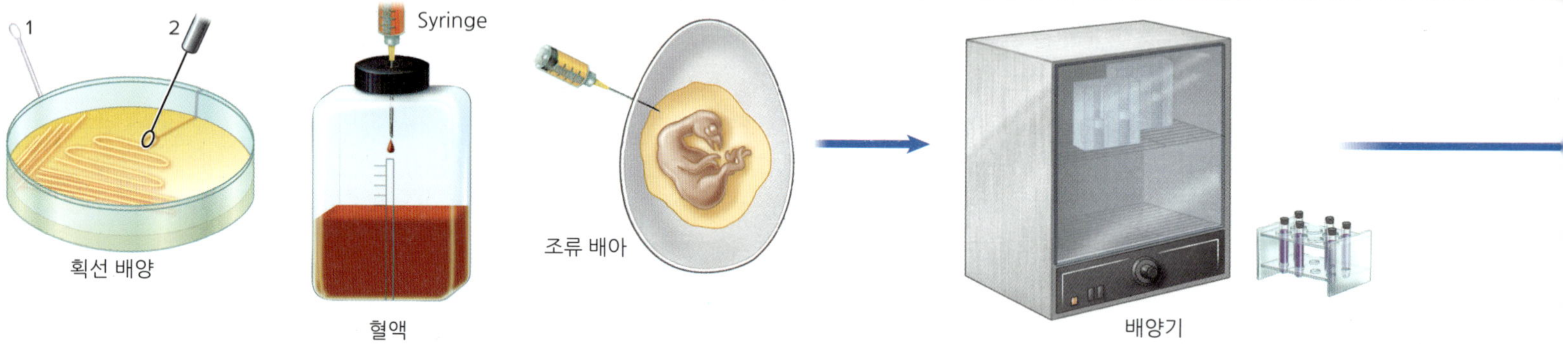

1 접종(inoculation):
시료를 적절한 용기에 담긴 멸균 배지에 넣고 표면에 분산시킨다. 이때 배지가 고체배지이면 배지 표면에 도말하고, 액체인 경우에는 플라스크 또는 시험관에 일정량의 시료를 주입한다.
특수 기능이 있는 선택배지를 사용하면 분리 및 동정이 용이하다.
어떤 미생물은 생장 배지로 살아있는 세포(동물, 배아)를 필요로 한다.

2 배양(incubation):
배양기(incubator)의 온도 및 기타 조건을 배양하고자 하는 미생물에 적합하게 설정할 수 있다. 미생물의 증식에 필요한 배양 시간은 해당 미생물에 따라 몇 시간, 며칠, 심지어 몇 주간일 수도 있다. 배양 후, 배양 방법에 따라 배지 속 또는 배지 표면에서 미생물의 생장 여부를 육안으로도 확인할 수 있다.

과정 그림 3.1 일반적인 미생물 배양 실험 기술의 요약 미생물 배양을 위해 여기에 열거된 모든 단계를 수행하거나 또는 이 순서대로 실험할 필요는 없지만 그 중 일부만 할 때도 있다. 어떤 경우에는 시료 채취단계부터 검사단계까지 하며, 또 다른 경우에는 특수 배지를 이용해 시료에 포함된 미생물을 접종하고 배양만 하기도 한다.

어로 "꿀"을 뜻하는 당뇨병에 달콤한이라는 용어를 추가했다. 요즘 당뇨병은 간단한 소변 검사나 혈액검사로도 쉽게 진단할 수 있다

접종: 배양균 만들기

미생물을 **배양**(culture)하기 위해 작은 시료(접종)를 미생물이 증식할 수 있는 환경을 제공해 주는 영양 **배지**(역주: 단수 medium, 복수 media)의 용기에 도입한다. 이 과정을 **접종**(inoculation)이라고 한다.

시료 채취와 접종에 사용되는 모든 기구는 **멸균**(sterile) 상태여야 한다. **배양**(incubation) 후 배지의 내부나 표면에 관찰되는 생장을 배양균이라 한다. 배양 중 시료의 특성은 분석의 목적에 따라 달라진다.

감염성 질환의 원인을 파악하기 위한 임상 시료는 체액(혈액, 뇌척수액), 배설물(소변, 대변), 해부학적 부위(흉부, 코, 귀, 눈, 생식기) 또는 농양이나 상처와 같은 질환 조직 등에서 채취한다. 미생물 분석 대상의 다른 시료로는 토양, 물, 하수, 음식, 공기, 무생물 등이 있다. 적절한 시료 채취 절차는 13.1절에서 알아본다.

배양

일단 배지가 들어 있는 용기에 시료가 접종되면, 증식을 촉진하기 위해 온도가 조절되는 **배양기**(incubator)에 넣고 배양한다. 다양한 미생물들이 빙점에서 비등점까지의 다양한 온도범위에서 생장 가능하도록 적응되었지만, 실험실 증식에 이용되는 보통 온도는 20~45℃ 사이이다. 배양기는 산소와 이산화탄소와 같은 특정한 미생물의 생장에 필요한 대기 가스의 함량을 조절할 수 있다. 배양 기간(하루에서 몇 주까지)에는 미생물이 증식하고 생장률이 높아진다(표 3.1). 액체 배지의 미생물 증식은 탁도, 침전물, 찌꺼기 또는 배지의 색깔 등으로 구체화된다. 고체 배지에 나타나는 증식의 가장 흔한 형태는 세균이나 곰팡이가 집락(colony)을 형성하는 것이다. 집락은 세포의 큰 덩어리이다(13.3절 참조).

5개 I에 대한 정보를 계속 다루기 전에, 배지에 대해 잠시 살펴보자.

표 3.1 다양한 병원성 세균의 배양 조건

미생물	최적 생장 온도(℃)	배양 시간(일)
Listeria monocytogenes	25 – 30	1 – 2
Pseudomonas fluorescens	25 – 30	1 – 2
Streptococcus pyogenes	37	1 – 2
Mycobacterium tuberculosis	37	28
Mycobacterium leprae	27 – 30	*

* *M. leprae*은 체외에서 배양할 수 없지만, 동물 모델에서 알려진 세균 중 가장 긴 세대 시간(14일)을 갖는다.

3 분리(isolation):
고체배지 표면에 미생물을 접종하고 배양한 결과, 생성된 각각의 집락(세포 덩어리) 자체가 분리된 미생물들이다. 액체 배양의 경우, 접종 배양 후, 탁해진 배양액 일부를 취해 별도의 고체 배지에 획선 배양법으로 계대배양을 하면 세균의 분리가 가능하다. 배양된 배지에서 1개 집락을 백금이로 분리해 별도의 배지에 연속적으로 계대배양하면 결국 배지 표면에 하나의 동일 균주들로만 구성된 집락이 존재한다. 이를 순수 배양이라 한다.

4 검사(inspection):
고체 및 액체배지로 분리 배양한 세균의 거시적인 생장 특성(집락의 색상 · 질감 · 크기)을 육안으로 관찰한다. 슬라이드는 집락을 구성하는 세균 세포의 모양 · 크기 · 운동성 등의 미시적 특성을 현미경으로 관찰하기 위해 만든다. 세포 형태적 특성들과 관련된 더 많은 정보를 수집하기 위해 다양한 염색기법들을 도입하기도 한다.

5 동정(identification):
'5개 I'의 주요 목적은 분리 배양된 미생물 종류를 보통 종(species)의 수준으로 판정하는 것이다. 동정에 사용되는 정보에는 초기 검사과정에서 수집한 거시적 · 미시적인 정보들과 더 세부적으로 분석하기 위한 추가적인 검사를 포함한다. 그 추가적인 검사 항목에는 미생물의 물질대사능을 확인하기 위한 생화학적 반응, 면역학적 반응과 유전자(DNA) 분석 등이 있다.

배지: 실험실에서 영양분 공급

1800년대 후반의 미생물학의 혁신적인 발전을 촉발한 것은 자연 서식지의 미생물을 실험실에서 순수배양할 수 있게 한 기술이었다. 그로 인해 미생물 자체, 그리고 그들의 형태학, 생리학 및 유전학의 면밀한 조사가 가능하게 되었다. 성공적인 배양을 위해서는 각 미생물이 필요한 모든 영양소가 배지에 제공되어야 한다.

어떤 미생물은 생장을 위해 소수의 간단한 무기 화합물만 요구하며 또 다른 미생물들은 특정 무기 및 유기 화합물을 복잡하게 요구한다. 이러한 다양성은 준비해야 하는 배지 종류에서 명백하게 드러낸다. 미생물을 배양하고 식별하는 데 500가지가 넘는 다양한 유형의 배지가 사용된다. 배양 배지는 시험관, 플라스크 또는 페트리 접시에 담겨 백금이(loop), 고리, 바늘, 피펫 및 면봉과 같은 도구로 접종한다. 배지는 영양소 함량과 농도에서 매우 다양하고, 특정한 목적에 맞게 조제할 수 있다. 인공 배지에서 생장할 수 없는 바이러스나 다른 미생물들의 배양은 세포 배양이나 숙주 동물을 필요로 한다. 배지는 임상에서 가장 많이 사용되는 유형이기 때문에 이 장에서는 배지에 초점을 맞추도록 한다.

배지의 종류

배지는 다음의 3가지 성질에 따라 분류할 수 있다(**표 3.2**).

1. 물리적 상태
2. 화학적 성분
3. 기능적(목적) 유형

여기서 논의되는 대부분의 배지는 세균과 진균을 위해 고안되었지만, 조류와 일부 원생동물도 배지에서 증식될 수 있다.

배지의 물리적 상태

액체 배지(liquid media)는 어느점 이상의 온도에서 고형화되지 않고 용기를 기울일 때 자유롭게 흐르는 형태의 물기가 많은 용액이다(**과정 그림** 3.2a). 이러한 배지는 증류수에 육수, 우유 또는 추출물을 섞어 만든다. 일반적인 실험 배지인 **액상영양배지**(nutrient broth)는 쇠고기 추출물과 물에 용해된 펩톤을 함유하고 있다. 메틸렌블루 우유와 리트머스 우유는 전유와 염료를 포함한 불투명 액체다. 유동성 티오글리콜산염은 다른 미생물의 산소요구량을 결정하는데 사용되는 약간 점성이 있는 추출물이다.

일반적인 실온에서 **반고체 배지**(semisolid media)는 응고일관성(**과정 그림** 3.2b)을 나타내는데, 이는 응고성분이 강하지만 표면이 단단하지 않기 때문이다. 반고체 배지는 세균의 운동성을 측정하고 특정 반응이 일어나는 장소를 찾는데 사용된다.

고체 배지(solid media)는 세포가 분리된 집락을 형성할 수 있는 단단한 표면(**과정 그림** 3.2c)을 제공하며 세균과 진균을 분리 및 배양하는 데 도움이 된다. 가역성 고체 배지라고도 불리는 액화 고체 배지는 온도에 반응하여 물리적 성질을 바꾸는 고형제를 함유하고 있다. 지금까지 이 약품들 중에서 가장 널리 사용되고 효과적인 것은 홍조류 *Gelidium*에서 분리된 복합 다당류인 한천(agar)이다. 한천은 실온에서 고체이고, 물이 끓는 온도(100℃)에서 녹는다. 일단 액화하면 42℃로 식을 때까지 한천은 고체화되지 않는다.

1~5%의 한천을 포함하는 모든 배지는 보통 그 이름에 한천이라는 단어를 가지고 있는데, 가장 흔한 것은 영양 한천이다. 영양액과 마찬가지로 중량 기준 한천 1.5%와 같이 쇠고기 추출물과 펩톤을 포함한다. 배지의 기능 범주에 대한 절에서 다루는 많은 예제의 배지에는 한천이 포함되어 있다. 젤라틴은 한천만큼 만족스럽지는 않지만 10~15%의 농도로 상당히 단단한 표면을 만든다.

배지의 화학적 성분

화학 성분이 정확히 알려진 배지를 제한배지 혹은 **합성배지**라고 한다. 이 합성배지는 다양하고도 그 성분이 정확히 명시된 유·무기 화합물을 포함하고 있다. 제한배지는 물에 용해된 염이나 아미노산 같은 몇 가지의 필수 화학 물질만을 포함할 수도 있고 다양하게 정의된 유기 및 무기 화학물질로 구성될 수도 있다(**표** 3.3). 이러한 표준화되고 재현

표 3.2 배지 분류의 3가지 범주

물리적 상태*	화학적 성분	기능적 유형	
1. 액체 2. 반고체 3. 고체(액체로 변환될 수 있음) 4. 고체(액화될 수 없음)	1. 화학적으로 정의됨(합성) 2. 복합(complex); 화학적으로 정의되지 않음.	1. 일반목적 2. 강화 3. 선택 4. 분별	5. 혐기성 생장 6. 시료 운반 7. 분석 8. 계수

* 일부 배지는 둘 이상의 기능을 수행할 수 있다. 예를 들어, brain-heart infusion 배지는 일반적인 접종배양 목적 외에도 농화배양이 가능하고, 만니톨염 한천배지는 선택배지이면서 분별 배지이고 혈액 배지는 농화배양과 분별배양이 가능하다.

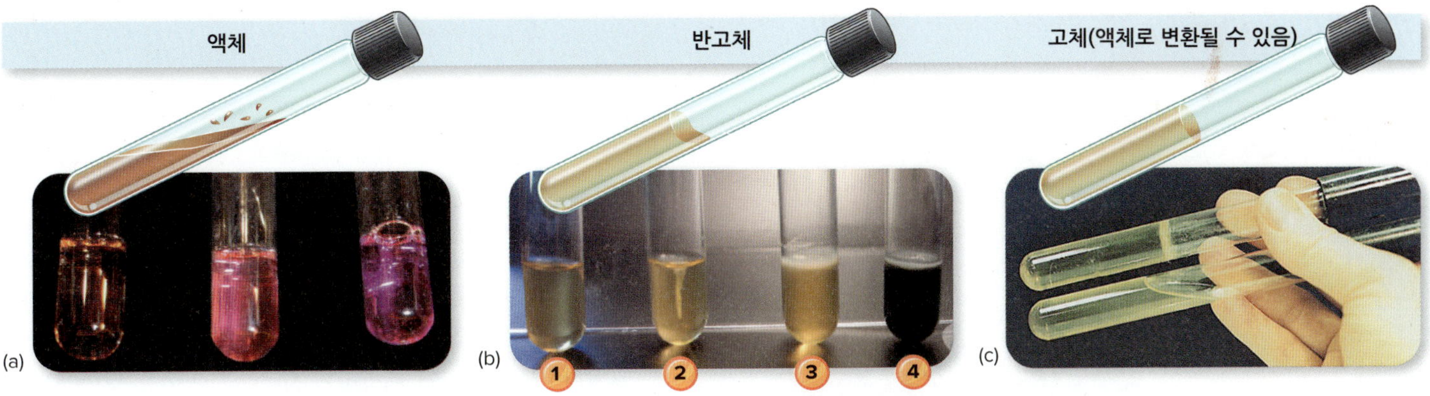

과정 그림 3.2 다양한 물리적 형태의 배지들 (a) 액체 배지는 동결 이상의 온도에서 굳지 않고 용기를 기울였을 때 자유롭게 흐르는 수성 용액이다. 일반적으로 세균이 액체 배지 전체에 걸쳐 생장하면 균등한 탁도를 보이나 경우에 따라서는 국지적으로 분산되거나 입자성 침전물을 보일 때도 있다. 요소 액체 배지는 배양된 세균의 요소분해능 여부, 즉 세균의 요소분해효소가 배지에 함유된 요소를 분해해 암모늄을 방출하는 생화학 반응을 검사하기 위해 사용된다. 이로 인해 용액의 pH가 상승하면 배지에 함유된 지시염료가 분홍색으로 변하게 된다. 왼쪽: 비접종된 액체 배지, pH 7; 중간: 약한 양성, pH 7.5; 오른쪽: 강한 양성, pH 8.0. (b) 반고체 배지에는 고체가 액체 배지보다 많지만 고체 배지보다는 적다. 그래서 반고체 배지는 흐르지 않고 상온에서 약하게 고체화되어 있다. 반고체 배지는 세균의 운동성 여부를 검사하거나 반응을 특정 부위로 국한시키는 데 사용된다. 그림에 예시된 배지는 유황 인돌 운동성(SIM, sulfur indole mobility) 배지이다. ① 세균을 묻힌 끝이 뾰족한 백금이로 배지를 찔러 접종하고 배양한다. 배양 결과, 비운동성의 세균인 경우에는 그림 ②와 같이 찌른 부위만 흐리고, 운동성이 있는 세균인 경우에는 세균이 이동해 배지 전체가 탁해진 그림 ③과 같다. 가스를 방출할 경우, 그림 ④ 시험관과 같이 검은 침전물이 형성된다. (c) 1~5% 한천(agar)을 함유한 배지는 용기가 기울어지거나 뒤집혀도 배지가 제자리에 그대로 남아 있을 정도로 견고하다. 그러나 고체화된 배지를 다시 가열하면 액화되므로 다른 용기에 부어 다시 굳힐 수 있다. 고체 배지는 접종된 세포들 각각이 서로 물리적으로 떨어진 위치에 집락을 형성할 수 있는 단단한 표면을 제공한다. 고형제인 젤라틴이 12% 함유된 젤라틴 영양배지는 충분히 견고한 고체 배지이다. 맨 위의 시험관은 고체 상태이고 맨 아래 시험관은 가열(역주: 한천 배지와 달리 50℃ 정도에서 용해됨)하거나 미생물의 젤라틴 분해효소작용으로 인해 배지가 액화된 상태를 보여준다.

표 3.3A 포도상구균(*Staphylococcus aureus*)의 생장과 유지를 위한 화학적으로 정의된 합성 배지

아래 아미노산 각 0.25g	아래 아미노산 각 0.5g	아래 아미노산 각 0.12g
시스틴	아르기닌	아스파르트산
히스티딘	글리신	글루탐산
류신	이소류신	
페닐알라닌	리신	
프롤린	메티오닌	
트립토판	세린	
티로신	트레오닌	
	발린	

추가성분		
0.005g	니코틴아미드	비타민
0.005g	티아민	비타민
0.005g	피리독신	비타민
0.5g	비오틴	비타민
1.25g	황산마그네슘	염
1.25g	인산이칼륨수소	염
1.25g	염화나트륨	염
0.125g	염화철	염

성분은 증류수 1,000mL에 용해하여 pH 7.0으로 완충한다.

표 3.3B 뇌-심장 추출액 배지: 포도상구균(*Staphylococcus aureus*)의 생장과 유지를 위한 비합성 복합 배지

27.5g	뇌(brain), 심장 추출물(heart extract), 펩톤 추출물(peptone extract)
2g	포도당(glucose)
5g	염화나트륨(sodium chloride)
2.5g	인산수소이나트륨(disodium hydrogen phosphate)

성분은 증류수 1,000mL에 용해하여 pH 7.0으로 완충한다.

가능한 배지는 시험 생물의 정확한 영양 요구를 알고 있는 연구에 매우 유용하다.

주어진 배지의 한 성분이라도 화학적으로 정의할 수 없다면 배지는 **복잡한** 범주에 속한다. 복합 배지는 세포분쇄물, 조직, 분비물과 같은 동물, 식물 또는 효모 추출물을 포함한다. 혈액, 혈청, 육류 추출물이나 우려낸 물이 그 예다. 다른 비합성 성분으로는 우유, 효모 추출물, 콩 소화물, 펩톤 등이 있다. 영양액, 혈액 한천(agar), MacConkey agar 등은 비록 기능과 생김새는 다르지만 모두 복잡한 영양적 요구를 가진 미생물에 풍부한 혼합 영양분을 제공하는 복합 배지이다.

표 3.3은 병원성 포도상구균(*Staphylococcus*) 종의 생장을 위한 화학적으로 정의된 복합 배지 예시를 제공한다.

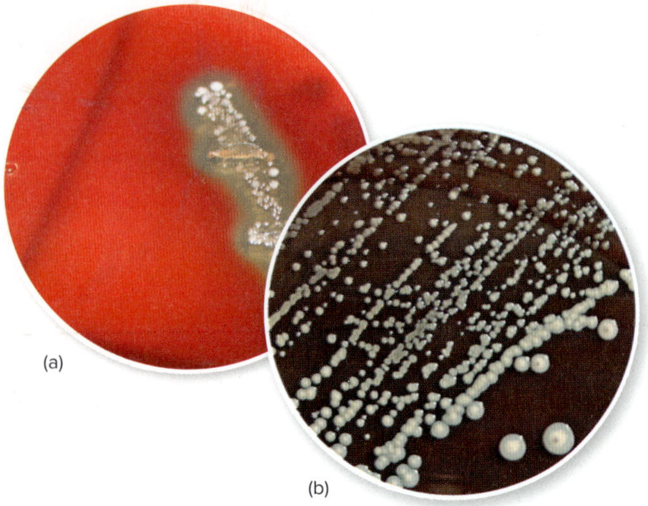

그림 3.3 농화 배지의 예 (a) 사람의 식도에서 분리한 세균이 생장하는 혈액 한천 배지. 이 배지는 투명한 용혈대(halo)를 남긴다. (b) 초콜릿 배지상의 *Neisseria* sp. 혈액 한천 배지는 조리된 혈액(초콜릿 아님)으로 만들어 갈색을 띠며 용혈이 생기지 않는다.
(a) © Lisa Burgess/McGraw-Hill Education; (b) © Kathy Park Talaro

특별한 목적의 배지

최근까지, 미생물학자들은 인공적으로 배양할 수 없는 세균이나 진균을 단지 몇 종만 알고 있었다. 그러나 새로운 DNA 검출 기술은 우리가 실험실에서 배양하는 방법을 모르는 미생물들이 우리가 배양하는 것보다 훨씬 더 많다는 것을 알려주었다. 연구자들은 이러한 미생물들이 자연 서식지에서와 같이 생장할 수 있는 배지를 계속 개발하려고 노력 중이다.

일반 배지(general-purpose media)는 가능한 광범위한 미생물들이 생장하도록 고안되었다. 원칙적으로 일반 배지에는 다양한 조율이 있으며 다양한 미생물을 지지하고 생장할 수 있는 영양분이 혼합되어 있다. 그 예로는 영양 한천(nutrient agar)과 육수, 뇌－심장 침출액, trypticase soy agar(TSA) 배지 등이 있다. **농화 배지**(enriched medium)는 혈액, 혈청, 헤모글로빈 등 복잡한 유기물질이나 특정 종(특정 비타민, 아미노산)이 생장을 위해 필요로 하는 특수한 **생장인자**(특정 비타민)를 포함한다. 생장인자와 복합 영양분을 요구하는 세균은 배양이 **까다롭다**(fastidious)고 한다. 혈액 한천 배지(blood agar)는 양, 말, 토끼의 혈액을 멸균된 배지에 첨가하여 제조되는데(**그림 3.3a**) 배양 조건이 까다로운 연쇄상구균이나 다른 병원균을 배양하는 데 널리 사용된다. 병원성 **임질균**(*Neisseria*)은 Thayer-Martin 배지 또는 혈액 한천 배지(초코릿 배지)에 배양한다(**그림 3.3b**).

질병과의 연관성

건강관리사들을 위한 가이드라인에 “의혹 지수(index of suspicion)”가 없다면, 배양이 까다로운 세균을 놓칠 수 있다. 정확한 영양분을 공급할 때에도, 까다로운 세균은 그렇지 않은 세균보다 더 느리게 자랄 수 있다. 예를 들어, 윙윙거리는 기침병을 유발하는 세균인 *Bordetella pertussis*는 절대 호기성이며 특정한 영양분을 필요로 한다. 환자가 목구멍이 아프거나 기침을 할 경우, 시술자는 혈액 한천 배지에 환자의 시료를 도말하고 5% CO_2에 배양하여 *Streptococcus*를 찾아 다음 날 검사할 수 있다. 하루 이틀이 지나도 한천에 병원균이 나타나지 않으면 바이러스 감염의 진단이 내려질 수 있다. 그러나 진범은 *Bordetella pertussis* 였을지도 모른다. 이 세균은 숯을 함유한 특정배지에서 더 잘 자라며 접종 후 며칠 만에 아주 작은 구멍 크기의 집락을 형성한다.

선택 및 분별 배지 이 배지는 특정 미생물 집단을 위해 설계되었으며, 분리와 동정에 매우 유용하다(**그림 3.4**). 이들은 한 단계에서 속(genus) 수준이나 심지어 종(species) 수준까지 예비 동정이 가능하다.

속이나 심지어는 종까지 예비 동정을 할 수 있다.

선택 배지(selective medium)(**표 3.4**)는 특정 미생물 또는 미생물들(A, B, C)의 생장을 저해하지만 다른 미생물(D)은 저해하지 않는 하나 이상의 약품을 포함하며, 따라서 미생물 D의 생장을 선택적으로 촉진한다. 선택 배지는 미생물을 분리하는 데 매우 중요하다. 그들은 원치 않는 배경 생물들을 억제하고 원하는 종의 생장을 선호하여 분리를 빨리 할 수 있도록 한다.

만니톨염 배지(mannitol salt agar, MSA)(**그림 3.5a**)에는 대부분의 인간 병원균을 억제하는 고농도 NaCl(7.5%)이 포함되어 있다. 예외적으로 이 배지에서 포도상구균속은 잘 자라고 혼합시료에서 증식될 수 있다. 그람음성 병원성 장내세균을 분리하기 위한 맥콘키 배지(MacConkey agar, Hektoen enteric [HE] agar)에서는 선택시약으로 담즙염을 포함한다(**그림 3.5b**). 선택적 성질을 가지는 다른 약품은 메틸린 블루와 크리스탈바이올렛 같은 염색제와 항균제 등이다. 셀레나이트(selenite) 또는 아지드화나트륨(sodium azide)과 같은 강력한 억제제는 대부분의 세균 생장을 억제하지만 시료에서 적은 수로 존재해 배제될 수 있는 병원체의 생장을 촉진한다.

분별 배지(differential medium)는 각각 여러 종류의 미생물이 자랄 수 있지만 생장하는 양식에서 현저한 차이를 나타내도록 설계되었다. 구분은 집락의 크기나 색깔의 변화, 배지색깔의 변화, 또는 기체 방울이나 침전물의 형성 유무

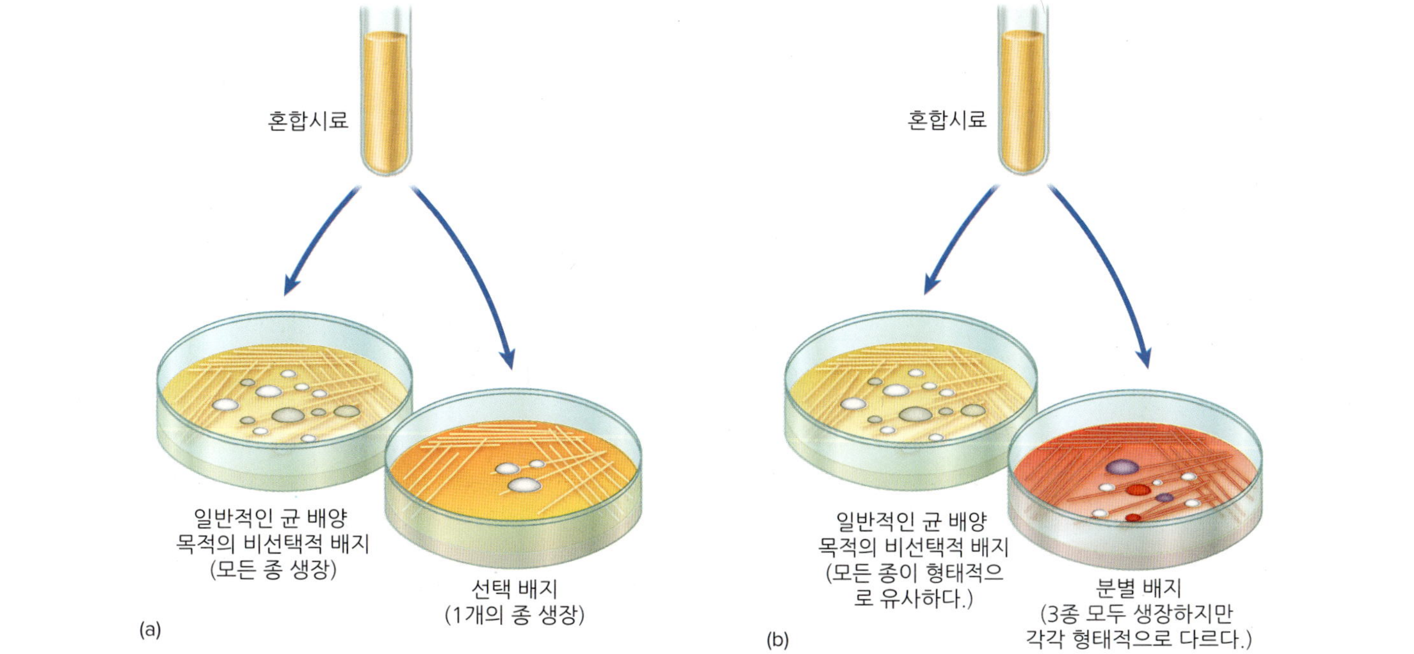

그림 3.4 선택 및 분별 배지와 일반 배지의 비교 (a) 3가지 다른 종을 포함하는 혼합시료를 일반 배지와 선택 배지에 접종하였다. (b) 3가지 다른 종을 포함하는 혼합시료를 일반 배지와 분별 배지에 접종하였다.

등에 의한다(**표 3.5**). 이러한 변화는 종종 배지가 포함하고 있는 화학 물질의 종류나 미생물이 배지에 반응한 결과로 나타난다. 예를 들어 미생물 X가 어떤 물질을 대사하지만 미생물 Y는 대사하지 못할 때, X는 배지에 눈에 띄는 변화를 유발하지만 Y는 그렇지 않다. 가장 단순한 분별 배지는 단지 2종류의 반응을 보여주는데, 특정한 영양분을 사용하거나 사용하지 않는 것 또는 어떤 집락은 색이 변화하지만 다른 집락은 색의 변화가 없는 것 등이다. 일부 배지는 3~4 종류의 다른 반응을 나타내는 복잡한 것도 있다(**그림 3.6**).

염료는 산 또는 염기의 생성에 반응하여 색이 변하는 pH 지시자(indicator)이기 때문에 분별제로 자주 사용된다. 예를 들어, 만니톨염 배지는 미생물이 만니톨을 발효시켜 배지를 산성화할 때 황색으로 변하는 지시자 염료인 페놀 레드를 함유한다. 맥콘키(MacConkey) 배지에는 미생물이 유당을 대사할 때 분홍색 또는 빨간색으로 변하는 붉은색 염료가 들어 있다.

혈액 한천은 까다로운 미생물의 생장에 사용되는 농축

표 3.4 선택 배지, 시약, 기능

선택 배지	선택 시약	용도
뮬러 텔루라이트(Mueller tellurite)	칼륨 텔루라이트(Potassium tellurite)	디프테리아균(*Corynebacterium diphtheriae*) 분리
Enterococcus faecalis 액	아지드화나트륨(Sodium azide) 테트라졸륨(tetrazolium)	분원성 장내구균(fecal enterococci) 분리
페닐에탄올(Phenylethanol) 배지	염화 페닐에탄올(Phenylethano chloride)	포도상구균(staphylococci) 및 연쇄상구균(streptococci) 분리
토마토주스 배지	토마토주스, 산	타액으로부터 젖산균(lactobacilli) 분리
맥콘키(MacConkey) 배지	담즙, 크리스탈바이올렛(crystal violet)	그람음성 장세균(enterics) 분리
살모넬라/이질균(*Salmonella*/*Shigella*, SS) 배지	담즙, 구연산(citrate), 브릴리언트그린(brilliant green)	살모넬라균(*Salmonella*) 및 이질균(*Shigella*) 분리
로벤슈타인-엔센(Lowenstein-Jensen) 배지	말라카이트 그린(Malachite green) 염색제	미코박테리움(*Mycobacterium*) 분리 및 유지
만니톨염(Mannitol salt) 배지	염화 나트륨(Sodium chloride)	포도상구균(*Staphylococcus*) 종 분리
사부로(Sabouraud's) 배지	pH 5.6 (산)	진균 분리-세균 억제

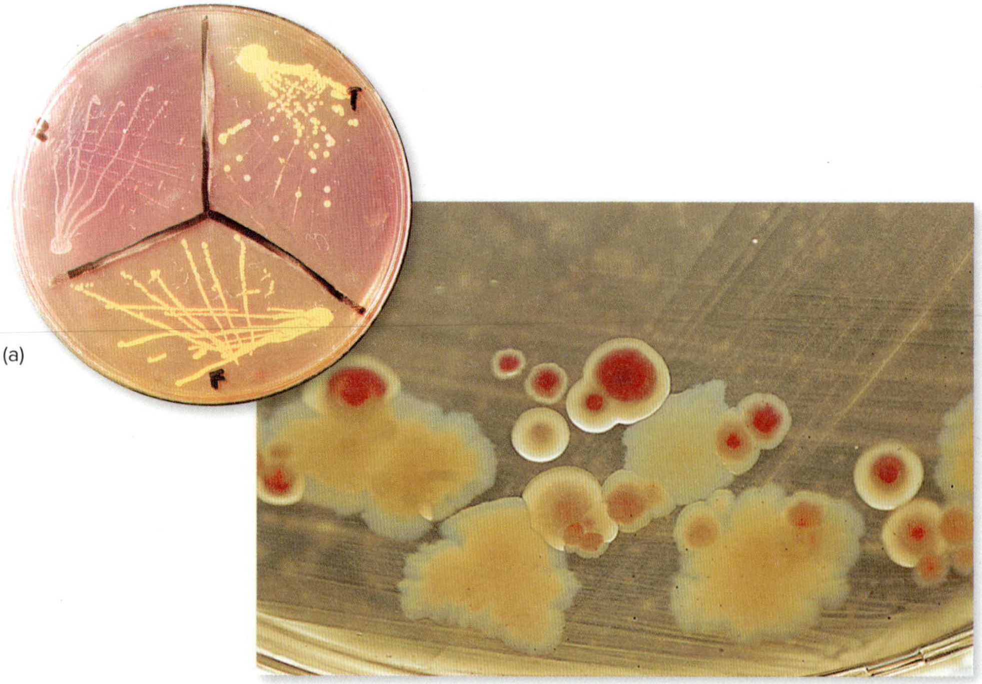

(a)

(b)

그림 3.5 선택 배지와 분별 배지의 예 (a) 만니톨염 배지는 *Staphylococcus* 속을 분리하는 데 사용된다. *Staphylococcus*는 7.5%의 염화나트륨이 있는 곳에서 생장 가능한 반면, 많은 다른 종들은 이 높은 염 농도에 의해 생장 억제되기 때문에 선택적이다. *Staphylococcus* 속은 만니톨 발효로부터 산을 생성해(pH가 산성) 페놀 적색 염료를 밝은 노란색으로 변하게 한다. (b) 맥콘키 배지는 그람양성균의 생장을 억제한다. 유당 발효 세균(집락 중심 부위가 분홍색-적색으로 보임)과 유당 음성 세균(염색반응이 없음)을 구별한다.

배지의 유형이지만, 온전한 적혈구의 존재는 분별 배지로서 기능할 수 있게 한다. **헤모리신**(hemolysins)은 생장을 위해 철분이 풍부한 헤모글로빈을 방출할 목적으로 적혈구를 용해(파괴)시키는 기능을 하는 효소이다. 일부 헤모리신 생성 종은 혈액 배지에서 자라면 인접한 배지에서 모든 적혈구를 완전히 용해시켜, 베타 용혈을 일으킨다(**그림 3.7**). 세균 집락의 빈 곳에서 다른 종들은 알파 용혈을 일으키는 적혈구를 부분적으로만 용해시켜 집락 주변의 한천이 녹색으로 나타난다. 헤모리신이 없는 세균은 한천에서 반응을 일으키지 않으며, 이를 **감마 용혈**(gamma-hemolysis)이라고 한다.

1개의 배지가 복합적인 배지성분 때문에 선택 배지인 동시에 분별 배지이기도 하다. 예를 들어, 맥콘키 한천과 만니

표 3.5 분별 배지

배지	분별을 용이하게 하는 물질	차이점
혈액 배지	완전한 적혈구	다른 종의 *Streptococcus*에 의하여 보여지는 용혈의 종류
만니톨염 배지	만니톨, 페놀 레드 염색제	*Staphylococcus* 종
헤크토엔 엔트릭 배지 (Hektoen enteric(HE) agar)	브롬 티몰 블루(bnrom thymol blue), 산성 혹신(acid fuchsin), 슈크로스, 살리신, 티오황산염, 철암모늄 구연산염	*Salmonella*, *Shigella*, 다른 유당 발효 비발효체로부터 유당발효하는 종들
맥콘키 배지	젖당, 중성 레드 염색제	유당을 발효하는 종(pH를 낮춤)과 발효하지 않는 종
요소액 배지	요소, 페놀 레드 염색제	요소를 가수분해하는 세균과 하지 않는 세균
황 인돌 운동성 배지 (Sulfur indole motility, SIM)	티오황산염, 철	H_2S 가스의 생산자와 비생산자
3당 철 배지(Triple-sugar iron agar, TSIA)	3당, 철, 페놀 레드 염색제	당의 발효, H_2S 생산
새모이(씨앗)배지	엉겅퀴 나무 씨앗	*Cryptococcus neoformans*과 다른 진균

(a)

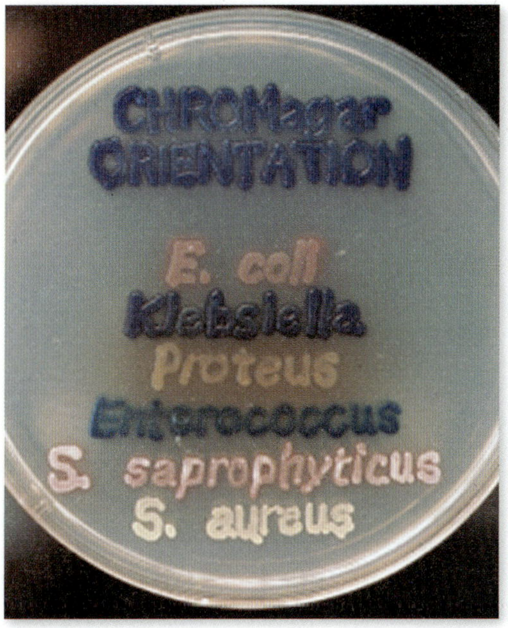

(b)

그림 3.6 특성 선별 배지 (a) 3당철(Triple-sugar iron agar, TSI) 사면배지. 이 배지에는 발효 중 산 생성으로 인한 pH 변화를 나타내는 페놀레드와 함께 3개의 발효 가능한 탄수화물과 H_2S 가스 생산을 나타내는 화학물질(철분)이 포함되어 있다. 반응(왼쪽에서 오른쪽으로)은 산 생성이 없는 생장이다. H_2S 가스 형성은 있으나 산 생성 없음(검정) 및 배지 전체의 산 생산(노란색)과 가스 생산. (b) 가장 흔한 비뇨기 병원체를 배양하고 식별하기 위해 개발된 배지. CHROM 배지는 적어도 7종의 세균종 구별이 가능한 배지로 색상 형성 반응을 이용하여 신속한 동정과 치료가 가능하다. 그 예로 아래 배지 표면에 분리배양되는 세균의 학명을 표시했다.

(a) © Lisa Burgess/McGraw-Hill Education; (b) © Kathy Park Talaro

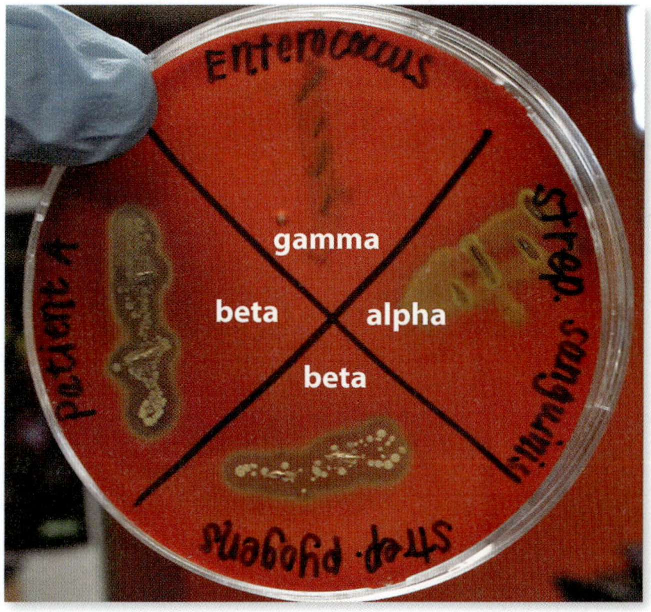

그림 3.7 혈액 배지의 용혈 종류 감마 용혈을 나타내거나 헤모리신 생산 부족으로 인해 변화가 없는 미생물. 완전한 적혈구 용해로 인한 베타용혈 또는 혈액 배지 제거. 불완전한 적혈구 용해로 인한 혈액 배지의 알파 용혈 또는 집락 주변이 녹색을 띤다.

© Lisa Burgess/McGraw-Hill Education

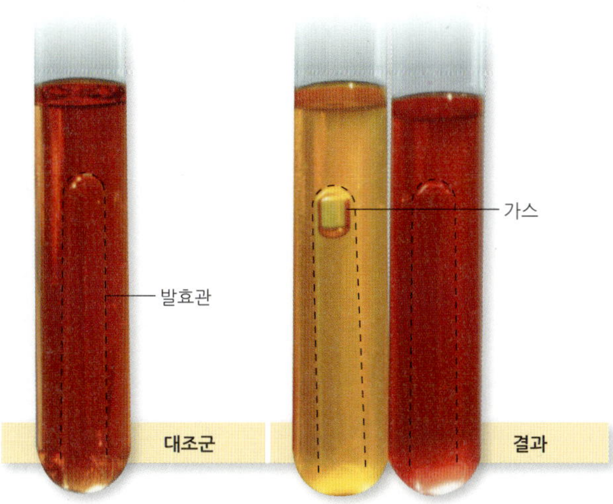

그림 3.8 액체 배지를 이용한 탄수화물 발효 이 배지는 기포 포집을 위해 배양균이 접종된 시험관에 거꾸로 넣은 작은 발효관을 이용해 발효(산 생성) 및 가스 생성 유무를 나타내도록 설계되었다. 왼쪽의 시험관은 접종되지 않은 음성 대조군이고 중앙의 시험관은 산(노란색)과 가스(오픈 공간) 양성이며, 오른쪽 시험관은 생장을 나타내지만 산도 가스도 생성되지 않았다.

© Harold J. Benson

톨염 한천은 표 3.4(선택 배지)와 표 3.5(분별 배지)에서 보듯이 특정 세균의 생장을 촉진(가시적인 생장을 유도)하는 동시에 원치 않는 세균의 생장을 억제시킨다.

기타 배지 **환원 배지**(reducing medium)는 티오글리콜산(thioglycolic acid) 또는 시스틴(cystine) 같이 배지에서 산소를 흡수하거나 산소의 투과를 느리게 하는 물질을 포함하고 있어 산소의 가용도를 감소시킨다. 환원 배지는 혐기성 세균의 생장이나 분리 균주의 산소 요구도를 측정하는데 이용된다. **탄수화물 발효 배지**(carbohydrate fermentation media)는 발효될 수 있는 당(산으로 변환)과 이 반응을 보여주기 위한 pH 지식약을 포함하고 있다(**그림 3.8**).

운반 배지(transport media)는 임상분석을 하기 전에 시료를 오랫동안 유지하거나 보존 또는 안정된 조건에 보관하지 않으면 빨리 사멸하는 민감한 종을 유지하기 위하여 사용된다. **분석 배지**(assay media)는 기술자가 항생제의 효율성을 검증하거나 제약회사에서 살균제, 방부제, 화장품 그리고 미생물의 생장에 대한 보존제의 효과를 평가하기 위하여 사용된다. **계수 배지**(enumeration media)는 산업미생물학자 또는 환경미생물학자가 우유, 물, 식품, 토양 그리고 다른 시료들에 포함된 세균의 수를 계수할 때 사용한다.

분리: 여러 종류의 세균에서 한 종 분리하기

만약 1개의 세균이 고체 배지의 표면에서 이웃한 다른 세균과 공간적으로 충분히 멀리 떨어져 있다면 이 세균은 **집락**(colony)이라고 하는 세포더미로 생장한다(**그림 3.9**). 또 만약 집락이 하나의 세포로부터 형성되었다면 집락은 단지 하나의 종으로 구성된다. 적절한 분리를 위해 소량의 세포를 부피가 크거나 면적이 넓은 배지에 접종해야 한다. 분리에는 보통 다음의 재료가 필요하다. 비교적 단단한 표면을 가진 배지(앞부분의 "배지의 물리적 형태" 참조), 페트리 접시(뚜껑이 있는 투명하고 평평한 접시), 그리고 접종 도구 등의 재료가 필요하다. **획선 평판법**(streak plate method)에서는 작은 방울의 배양균이나 시료를 **백금이**(inoculating loop)를 이용하여 점진적으로 희석시켜 페트리 접시의 여러 부분으로 세포가 분산되도록 배지 표면에 펼치는 방법이다(**과정 그림 3.10a**).

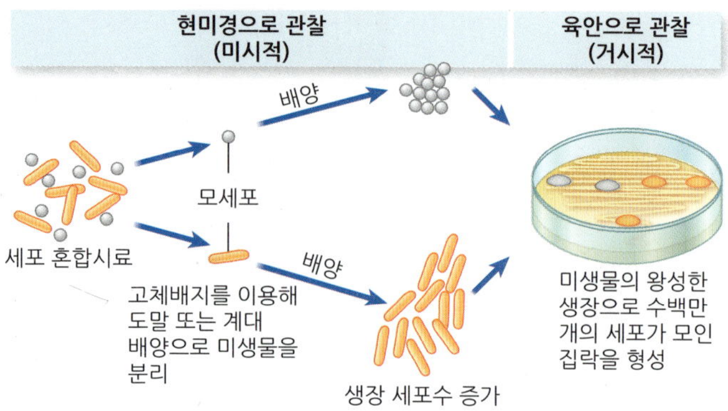

그림 3.9 분리 기술 현미경적 결과와 육안적 결과를 보여주는 분리된 집락 형성의 과정. 획선 배양과 같은 분리 기술은 단일 세포 분리에 사용될 수 있다. 수많은 세포분열 이후 맨눈으로 볼 수 있는 세포의 더미인 집락이 형성된다. 이는 혼합시료에서 각기 다른 종류의 세균을 분리하는 비교적 간단하지만 좋은 방법이다.

주입 평판법(pour plate method)은 다양한 농도로 희석된 시료를 적당히 식혀진 일련의 액상 배지 시험관에 접종한 후 멸균된 페트리 접시에 주입하는 방법이다(**과정 그림 3.10b**). 접종된 시험관은 멸균된 페트리 접시에 부어서 굳혀지도록 한다. 배양 후 결과는 배지 표면에 세균 집락들이 별도의 집락으로 생장할 수 있는 충분한 공간이 확보된 보통 2/3번째의 희석 시료가 접종된 페트리 접시 위의 집락수를 산출한다. 이 방법과 획선 평판법의 한 가지 차이점은 이 방법에서 일부 집락이 표면뿐 아니라 배지 내부 깊숙한 곳에서도 발생할 수 있다는 것이다.

도말 평판법(spread plate method)에서는 소량의 희석된 액체시료를 배지의 표면에 첨가하고 멸균된 도말 도구[하키스틱(hockey stick)이라고 함]로 골고루 펼친다(역주: 하키스틱 보다는 Drigalski가 개발한 내열성 유리로 된 3각형 막대를 일반적으로 사용). 획선 평판법과 마찬가지로 배양하고자 하는 세균액(접종액)을 멸균시킨 도말 도구를 이용해 배지 표면에 밀어서 넓게 분산시켜 독립적인 집락이 형성되도록 한다.

어떤 면에서, 미생물 배양은 원예와 유사하다. 배양은 미생물 세포와 함께 작은 줄거리(배지)를 "씨앗" 형성한 잡초(오염원)를 배제하기 위해 각별히 주의를 기울여야 한다. 배양 후 미생물이 자라면, 의료진이나 미생물 전공자는 용기(페트리 접시, 시험관 등)를 검사해야 한다. **순수 배양**(pure culture)은 같은 종에 속하는 동일한 균주(strain)만 배양된 경우이다(**그림 3.11a**). 이러한 형태의 배양은 하나의 미생물을 체계적으로 검사하고 제어할 수 있기 때문에 실험실 연구에 가장 자주 사용된다. 순수 배양이라는 용어 대신에 일부 미생물학자들은 **무균**(axenic)이라는 용어를 선호하는데, 무균배양이란 배양하고자 하는 생명체를 제외한 다른 생명체가 없다는 의미이다. 일반적으로 순수 배양은 **계대배양**(subculture)에 의한다. 즉 잘 분리된 집락에서 제2의 배양을 만드는 것이다. 느리게 생장하는 아주 작은 세포는 그들에게 더 나은 생육환경을 제공하기 위해 별도의 배지에 옮겨 배양하기도 한다(과정 그림 3.1의 "분리" 참조). 순수 배양된 균들은 다른 생명체들과의 관계에서 격리되어 있으므로 그들이 실제로 자연계에서 어떤 특성을 나타내는지

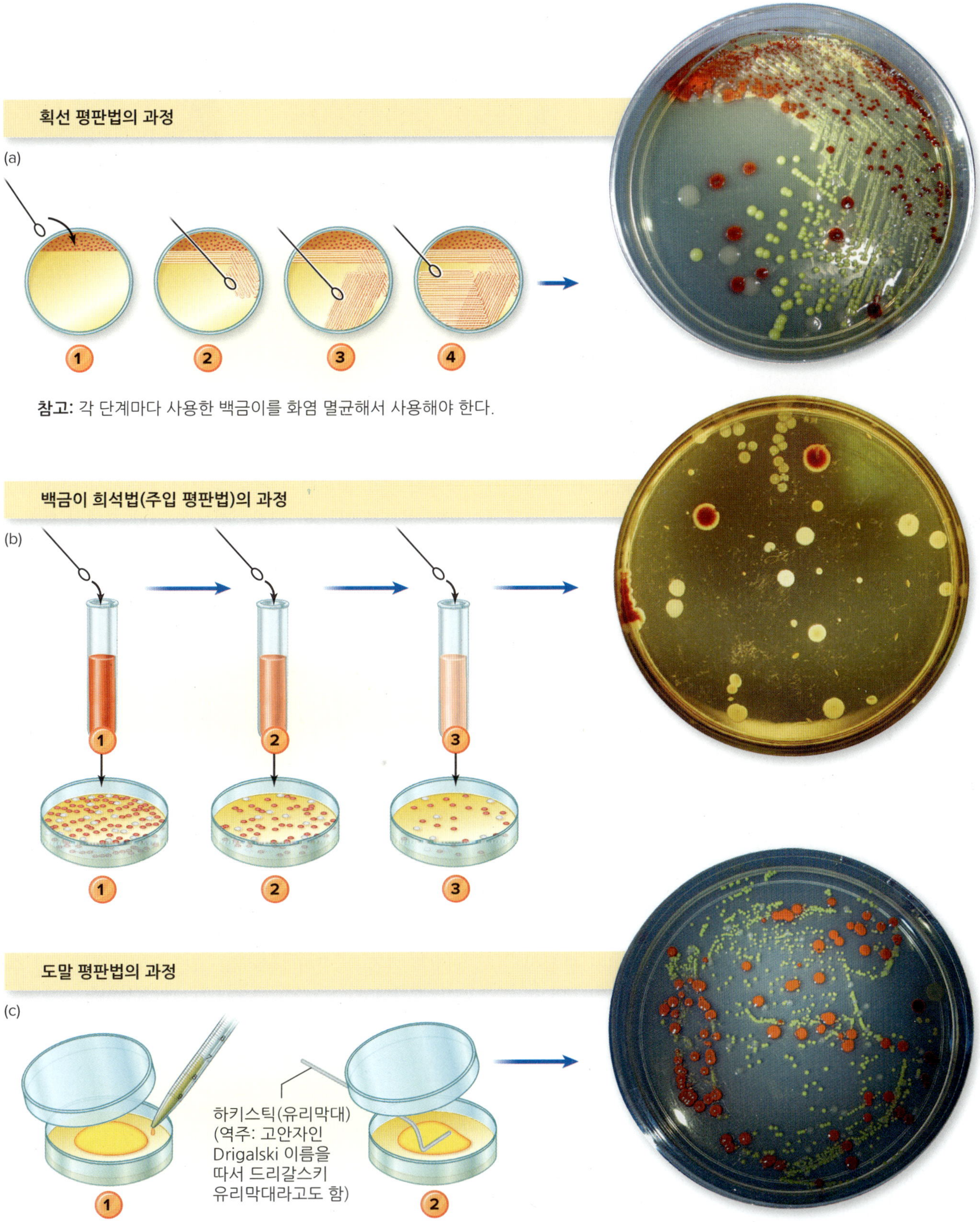

과정 그림 3.10 세균분리방법 (a) 획선 평판법의 단계와 그 결과로 나타난 분리된 세균 집락. 미생물학자들은 3~5단계들을 거쳐 세균을 분리한다. (b) 3개의 단계별로 희석된 시험관에서 백금이를 이용해 3개의 배지에 분리배양한 결과를 볼 수 있다. (c) 도말 평판법과 그 결과.

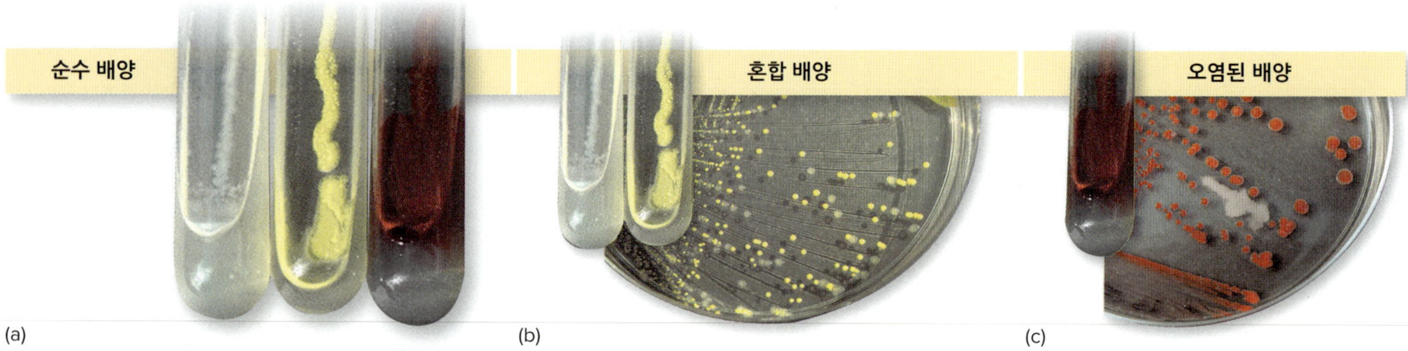

그림 3.11 세균을 다양한 배양조건에서 배양한 결과 (a) 순수 배양된 3균주[*Escherichia coli*(흰색), *Micrococcus luteus*(노란색), *Serratia marcescens*(빨간색)] (b) 배양 접시 위에 *M. luteus*(노란색)와 *E. coli*(대장균, 흰색)를 혼합 배양. (c) 시험관의 *S. marcescens*를 배지에 접종하는 과정에서 실내공기(오염원)에 과도하게 노출된 결과, 원하지 않는 정체불명의 크고 하얀 집락을 형성하였다.

© Kathy Park Talaro

에 관한 정보를 관찰자에게 제공하지 못하는 점도 있다. **혼합 배양**(mixed culture)(**그림 3.11b**)은 당근과 양파를 모두 포함하는 정원과 달리 2가지 이상 **동정된**(identified) 미생물종을 담는 것이다. **오염된 배양**(contaminated culture)(**그림 3.11c**)은 순수 분리되거나 혼합되었다가 그 후 정원의 잡초와 같이, **오염원**(contaminant)(동정되지 않은 불확실한 미생물)이 유입되는 것이다. 오염 물질은 혼란을 일으킬 가능성이 있기 때문에, 미생물학 실험실에서 그것들을 제외하기 위해 지속적인 경계가 요구된다. 오염 물질은 시험관이나 페트리 접시 뚜껑을 너무 오래 닫지 않으면 공기 중에 떠다니는 미생물들이 배지에 침전될 수 있다. 또한 불완전하게 멸균된 백금이(inoculating loop), 탁자를 무심코 재사용하거나 피부에 닿은 기구로 인해 오염 물질이 들어갈 수 있다.

5개 I의 완성: 검사와 동정

어떤 종류의 미생물이 배양에서 분리되었는지 어떻게 결정(동정)할까? 확실하게, 크고 더 복잡한 진핵세포로부터 작고 단순한 세균 세포를 구별하는 데에는 현미경 관찰이 중요할 수 있다. 진핵미생물의 경우, 세포모양은 그들의 형태적 특성으로 인해 그들을 속이나 종 수준으로 확인하는 데 특히 유용하지만, 세균은 매우 다른 종이 아주 유사하게 보일 수 있기 때문에 보통 이러한 방법으로 동정할 수 없다. 세균을 동정하기 위해서는 그들의 생리적인 특징을 검사할 수 있는 다른 방법을 포함해야만 한다. 이러한 **생화학적 테스트**(biochemical tests)는 영양요구성, 생장에 따라 생성되는 산물, 효소의 존재, 에너지 생성 기작 등 기본적인 화학적 특성을 측정할 수 있다. 유전학적 특성과 면역학적 특성도 동정에 이용된다.

유전적 특성에 초점을 맞춘 몇몇 현대적 분석 및 진단 도구는 DNA를 바탕으로 미생물들을 검출할 수 있다(유전형 검사). 항원-항체반응, 즉 알려진 항체를 이용해 모르는 세균(항원)을 동정하는 면역학적 방법도 사용가능하다. 특정 병원균의 경우 적합한 실험용 동물에 접종하여 미생물에 대한 추가 정보를 얻는다. 13장에서는 이러한 현대식 동정 방법에 대해 자세한 예를 제시해줄 것이다.

해당 미생물의 프로필은 표현형, 유전형, 면역학적 검사 결과와 "행동"을 조합하여 작성될 수 있고 또 그것이 결국에는 동정에 사용된다.

배양균의 유지와 폐기처분

대부분의 교수, 임상 및 연구 실험실에서는 연구 및 실험을 위해 "균주생존 목록"을 나타내는 일련의 보존 배양(stock culture)을 유지한다. 가장 큰 균주 은행은 버지니아 주 매너서스에 있는 미국표준균주은행(American Type Culture Collection)에서 볼 수 있으며, 여기에는 동결 및 동결 건조된 곰팡이, 세균, 바이러스 및 조류 배양체가 많이 있다. 물론 환자 또는 환경에서 수집한 배양체 및 시료는 잠재적 위험을 가질 수 있어 신속하고 적절한 폐기가 필요할 수 있다. 고압증기멸균과 소각은 미생물을 폐기처분하는 데 사용된다.

3.1 학습 평가

1. 5개 I의 의미와 각 단계가 수반하는 것을 설명할 수 있다.
2. 배지의 3가지 물리적 상태와 각 상태가 언제 유용한지 논의할 수 있다.
3. 선택 배지와 분별 배지를 비교 및 대조하고 각각의 예를 제시할 수 있다.
4. 제한(defined) 및 복합 배지에 대한 정의를 간단히 내릴 수 있다.

3.2 현미경: 보이지 않는 영역의 창

레이우엔훅(Leeuwenhoek)이 처음 빗물을 보고 예전에 몰랐던 생명체로 가득 찬 놀라운 미시적 세계를 보았을 때의 흥분과 궁금증을 상상해보라. 미생물학을 시작한 학생들은 여전히 이러한 감각을 경험하고 있으며, 경험 많은 미생물학자들도 그들이 처음 시각적으로 경험한 미생물을 기억한다. 현미경을 검사하기 전에, 실제로 미생물이 얼마나 작은지 생각해보자.

미생물의 크기: 얼마나 작은가?

미생물을 맨눈으로 보기에는 너무 작다고 할 때 어떤 종류의 차원을 이야기하는 것일까? 작은 것을 생각하는 것의

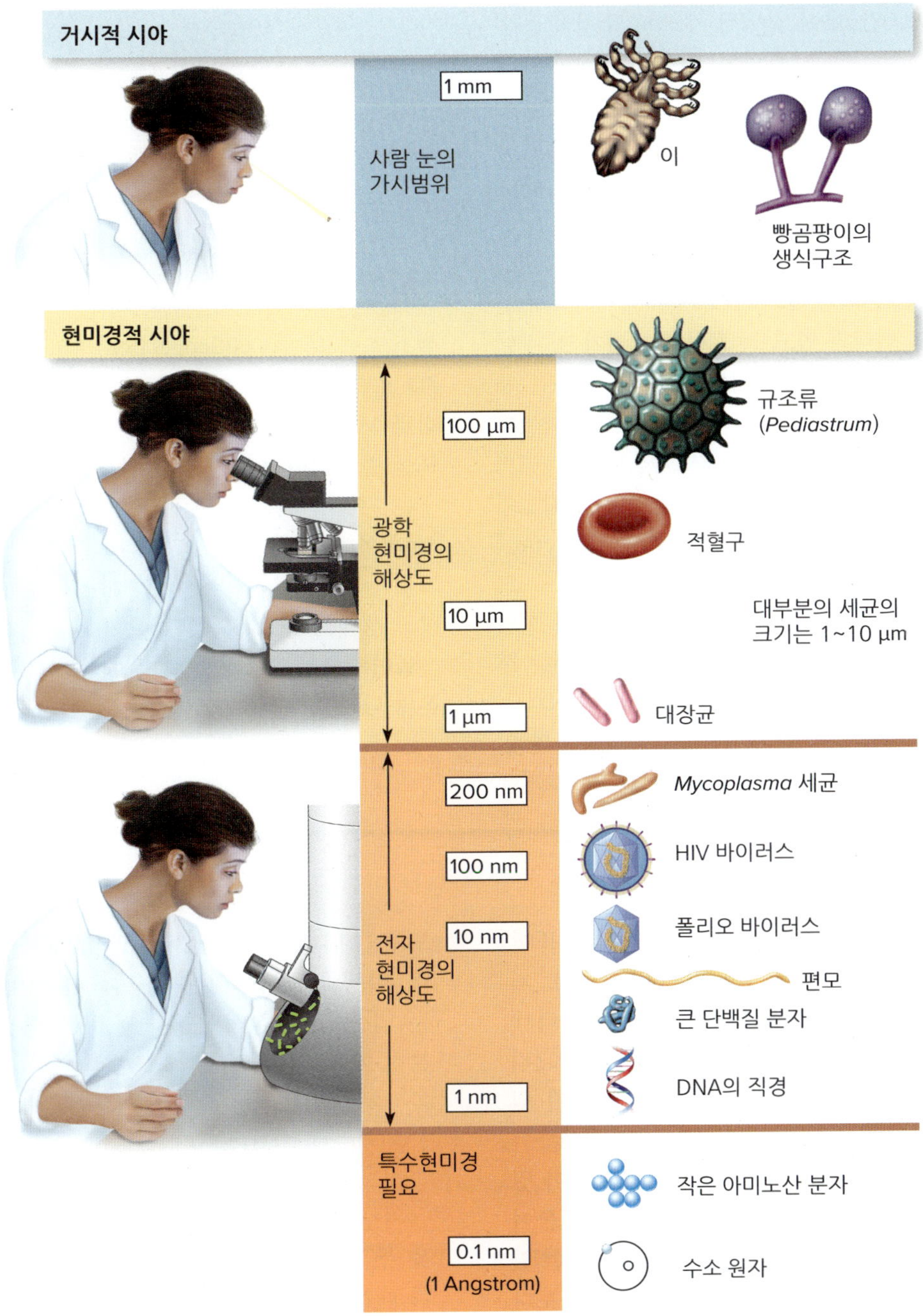

그림 3.12 사물의 크기 미생물학에서의 관찰하는 대상물들의 크기(거시적-미시적 범위). 미생물은 대부분 100 μm ~ 10 nm의 크기에 있다. 표시된 미생물은 해당 크기 영역내에서 조금 더 크거나 작을 수 있지만 크기 영역을 뛰어 넘지는 않는다.

들여다보기 3.1 임상: 로아 폰(Loa Phone)

아프리카는 벌레로 문제를 겪고 있다. 정확히는 선충(Nematode)이다. 그 대륙에는 인간 질병을 일으키는 3종류의 회충이 있다. 그 중 "강맹(river blindness)"으로 알려진 것 중 하나는 검은 파리에 의해 전염되는 기생충(Onchocerca volvulus)에 의해 발생한다. 광범위한 통제 전 약 6천만 명이 영향을 받았다. 두 번째 유형은 림프성 필라리아증인데, 2가지 다른 벌레인 *Wuchereria*와 *Burgia*에 의해 발생한다. 세계보건기구(WHO)는 1억2,000만 명이 감염된 것으로 추정하고 있다. 이 2가지 감염 중 하나라도 감염된 사람들을 위한 가장 효과적이고 저렴한 치료법 중 하나는 1년에 한 번 이버멕틴(ivermectin)이라는 약을 복용하는 것이다. 이로 인해 대륙 전역의 시민들에게 대량 약물투여(mass drug administration, MDA)를 도입하게 되었다.

그러나 여기에는 함정이 있다. 세 번째 유형의 벌레 감염인 회충 로아로아(*Loa loa*)에 의한 로아시스(loiasis)는 대륙의 서쪽에 만연하다. 혈액에 벌레가 있고 눈 표면에 벌레가 있는 이 감염은 서아프리카에서 2~19%의 발병률을 보인다. "숨은 문제점(catch)"은 혈액에 로아로아 농도가 높은 사람들이 이버멕틴 치료 시 심각한 부작용을 경험할 수 있다. 가능한 경우 이버멕틴을 피해야 한다. 문제는 로아로아에 감염된 많은 사람들이 자신이 감염된 사실을 알지 못해[모두가 "눈벌레(eyeworm)" 증상을 겪지 않음] 약물 치료를 피해야 한다는 사실을 모른다. 로아시스는 숙련된 기술자에 의한 현미경 관찰로 혈액 시료에서 쉽게 감지할 수 있지만, 대륙의 많은 지역에서는 현지에서 구할 수 없는 2가지가 현미경과 숙련된 기술자이다.

과학자, 엔지니어, 의사, 그리고 지역 의료 종사자들의 인상적인 협력은 가능한 해결책을 생각해냈다. 그들은 그것을

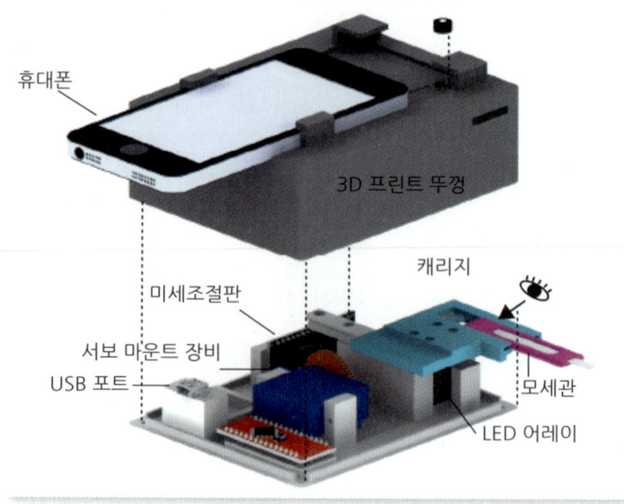

Courtesy Mike D'Ambrosio and Matt Bakalar, Fletcher Lab, UC Berkeley

셀스코프 로아(CellScope Loa)라고 부른다. 일반 iPhone과 3D 프린팅 박스에 렌즈와 손가락에 찔린 피를 담은 작은 시험관(모세관)을 탑재하고 있다. 연구원들은 시료의 혈액 세포들이 움직이는 방식을 분석하는 프로그램을 개발했다. (혈구는 저전력 렌즈로 볼 수 있을 정도로 크다.) 전체 테스트는 3분밖에 걸리지 않는다. 그리고 로아시스가 흔한 지역에서, 그것은 MDA가 위험할 수 있는 사람들을 위험에 빠뜨리지 않고 생명을 구할 수 있다.

들여다보기 3.2에서는 미생물의 시각화에 있어서 스마트폰의 다른 용도에 대해 설명한다.

출처: 2015. *Science Translational Medicine*. vol. 7, p 286. DOI: 10.1126/scitranlmed.aaa3480.

개념은 미생물을 거시세계의 커다란 생물과 비교하고 또한 분자세계의 원자, 분자와 비교하는 것이다(**그림 3.12**). 거시세계의 차원은 보통 센티미터(cm)와 미터(m)로 나타내지만, 미생물은 밀리미터(mm)에서 마이크로미터(μm) 그리고 나노미터(nm) 범위에 속한다. 대부분의 미생물 크기 범위는 200 nm 정도인 가장 작은 세균에서부터, 맨눈으로 볼 수 있는 3~4 mm 크기의 원생동물과 조류까지 확장되어 있다. 적혈구는 저배율의 광학현미경으로도 볼 수 있다(**들여다보기 3.1**). 미생물을 포함한 모든 생물을 감염시킬 수 있는 바이러스는 20~800 nm 사이인데, 일부는 큰 분자보다 그렇게 많이 크지 않지만 어떤 것들은 가장 작은 세균보다 조금 더 크다.

미생물의 세계는 우리에게 익숙치 않은 세계이므로 필수 도구인 현미경이 없었더라면 대체로 미지로 남아 있을 것이다. 미생물을 탐구하는 데 필요한 **현미기술**과 시료를 준비하는 법 등의 본질적인 것들을 배우려는 여러분의 노력은 충분히 가치 있는 일이다.

확대 및 현미경 설계

미생물학의 발전을 촉진한 초기 미생물학자들의 발견은 투명 유리구체가 작은 물체를 확대하는 렌즈 역할을 했기 때문에 가능하였다. 대부분의 현미경에서 확대는 가시광선과 렌즈의 곡률 사이의 복잡한 상호 작용으로 인해 발생한다. 공기를 통해 전달되는 광선 또는 광선이 유리의 볼록한 표면을 통과하면 **굴절**(refraction)이 발생하며, 렌즈와 갈

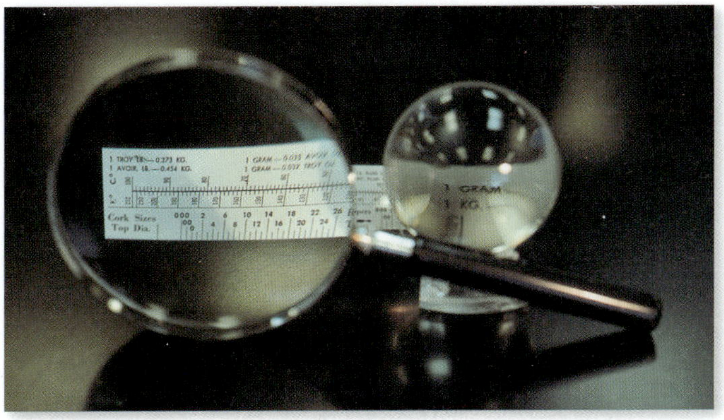

그림 3.13 확대효과 투명 유리 "렌즈"의 확대 및 이미지 형성 능력 시연. 적절한 광원이 주어지면 돋보기와 수정구는 눈금자를 2~3배 확대한다.

© Kathy Park Talaro

은 배지를 통과할 때 입사각의 변화로 정의된다. 빛이 지나가는 두 물질의 구성에서 차이가 클수록 굴절은 뚜렷해진다. 물체가 구형 렌즈로부터 일정한 거리를 두고 빛으로 조명되면 그 물체는 굴절된 빛에 의해 형성된다. 렌즈의 크기와 곡률에 따라 이미지가 특정한 정도로 확대되어 나타나는 것을 확대율이라고 하며 일반적으로 ×("배"로 읽음)와 조합된 숫자로 식별된다. 이러한 빛의 행동은 유리 공이나 돋보기와 같은 일상적인 물체를 통해 볼 때 명백하다(**그림 3.13**). 이미지의 크기를 정의하고, 수정 및 증가시키는 부가적인 기능을 가진 것이 많지만, 모든 광학, 즉 빛은 현미경의 기능에 기본이 된다.

초기에 현미경은 단순한 구조로 하나의 돋보기 렌즈와 몇 개의 작동 부품만 포함되어 있었다. 이 유형의 현미경의 예는 돋보기, 손으로 들고 사용하는 돋보기 및 레이우엔훅의 기본 작은 도구 등이 있다(그림 1.8). 그 다음으로 확대경 시스템은 오늘날의 복합 현미경의 발전으로 이어진 개선 중에 하나이며, 두 번째 돋보기 렌즈 시스템, 가시광선을 발산하고 물체의 단일 지점에 빛이 시료를 비추는 전등, 광선을 수렴하거나 초점을 맞추는 집광기라는 특수 렌즈가 추가되었다. 현대 복합 광학현미경의 기본 구조는 **그림 3.14**에 설명되어 있다.

광학현미경의 원리

가장 효과적인 현미경은 배율, 해상도, 대비라는 3가지

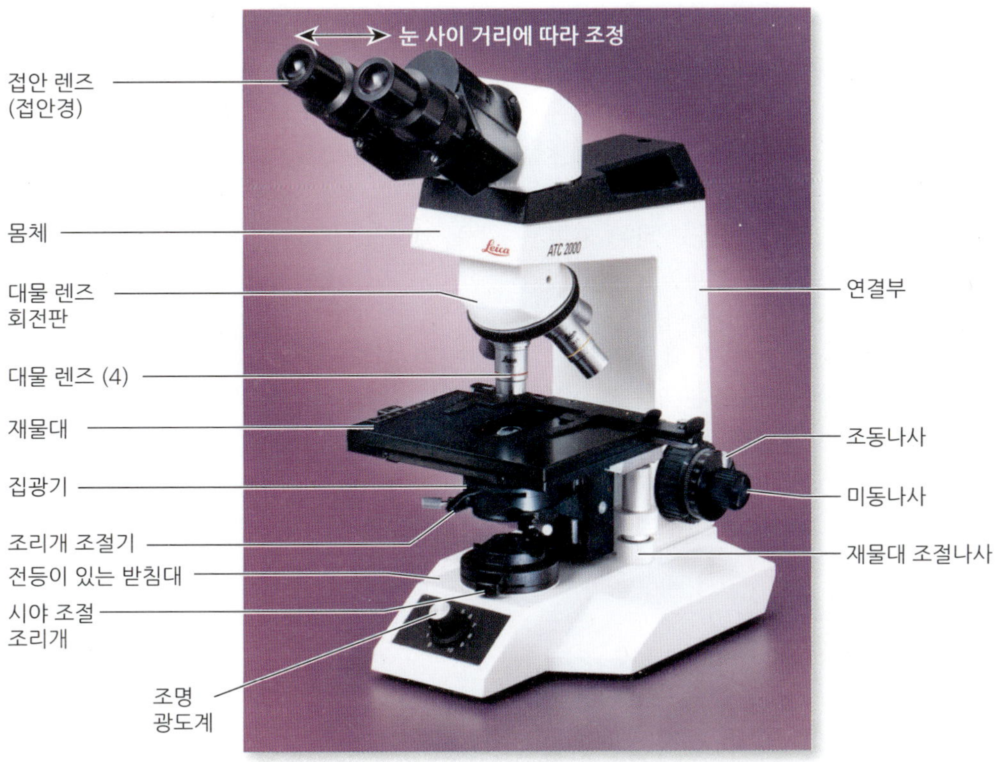

그림 3.14 학생실험용 현미경의 일부 이 현미경은 2개의 접안 렌즈(쌍안)가 있는 복합 광학현미경이다.

Courtesy Leica Microsystems Inc.

그림 3.15 복합 현미경의 빛의 경로와 2단계 확대 빛이 집광 렌즈를 통과하면서 표본에 초점이 맞춰지는 집광된 빛을 형성한다. 표본을 떠나는 빛은 대물 렌즈로 들어가며 확대되어 1차 이미지, 실상이 형성된다. 우리는 실상을 볼 수 없지만, 확대율은 작은 원으로 표시된다. 실상은 접안 렌즈에 투영되어 두 번째 영상인 허상이 비슷한 과정으로 형성된다. 허상은 최종적으로 확대된 영상이며 망막에서 받아들여 두뇌에 의하여 인식된다. 렌즈 시스템은 영상이 뒤집히게 한다.

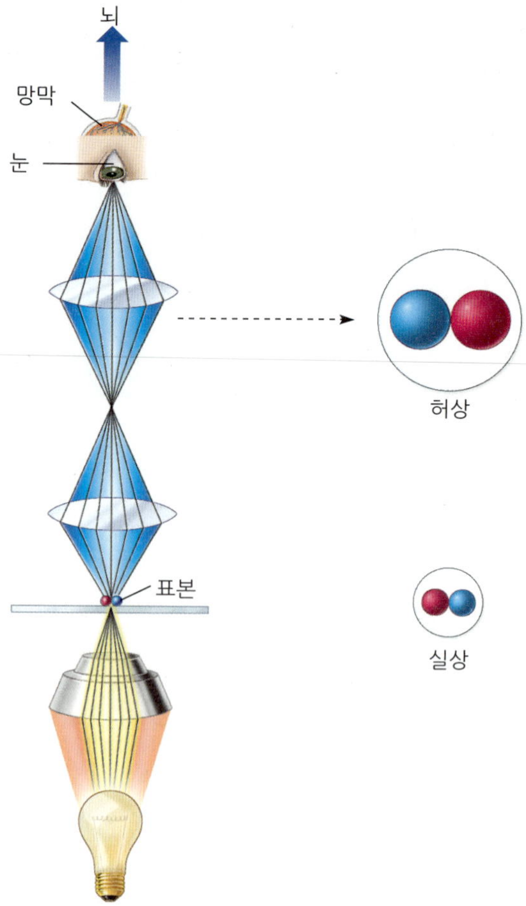

속성을 갖춰야 한다. 복합 현미경에 의한 물체 또는 시료편의 확대는 두 단계로 발생한다. 이 시스템에서 첫 번째 렌즈(표본에서 가까운 렌즈)는 대물 렌즈이며 두 번째 렌즈(눈에 가장 가까운 렌즈)는 눈 렌즈 또는 접안 렌즈이다(**그림 3.15**). 대물 렌즈는 **실상**(real image)이라고 하는 표본의 초기 이미지를 형성한다. 이 이미지가 현미경을 통해 접안경의 평면으로 투영될 때, 안구 렌즈는 2차 이미지, **허상**(virtual image)을 형성한다. 이 허상은 눈을 통해 망막의 시각 이미지로 변환된다. 대물 렌즈의 확대율은 일반적으로 4× 내지 100×의 범위이고, **접안 렌즈**의 확대율은 10× 내지 20×의 범위이다. 최종 이미지의 총 배율을 형성한다. 복합 렌즈의 최종 영상의 배율은 두 렌즈의 각 배율의 곱이다.

대물 렌즈의 배율	×	접안 렌즈의 배율	=	총 배율
10×저배율 대물 렌즈	×	10×	=	100×
40×고배율 대물 렌즈	×	10×	=	400×
100× 유침 대물 렌즈	×	10×	=	1,000×

현미경은 필요한 위치로 회전할 수 있는 3개 이상의 대물 렌즈를 가지고 있는 **회전판**(nosepiece)이 있다. 접안 렌즈의 배율에 따라 광학현미경의 총 배율은 최저배율 대물 렌즈(탐색 대물 렌즈) 40×부터 최고배율 대물 렌즈(유침 대물 렌즈) 2,000×까지 변화한다.

유침 렌즈

유침 렌즈(oil immersion lens)가 최대 해상도를 제공하려면 렌즈 끝과 유리 슬라이드의 표본 사이 기름 한 방울을 넣어야 한다. 기름은 유리와 동일한 광학 특성을 갖기 때문에 광선이 슬라이드를 통해 기름으로 들어올 때 방향(또는 굴절)이 변하지 않는다. 이것은 대부분의 주변 광선의 비산을 방지하고 좀 더 집중된 광선을 만든다. 이 특성은 개구수(numerical aperture)를 증가시키고 유침 렌즈의 높은 배율과 결합하여 해상도를 크게 향상시킨다(**그림 3.16**).

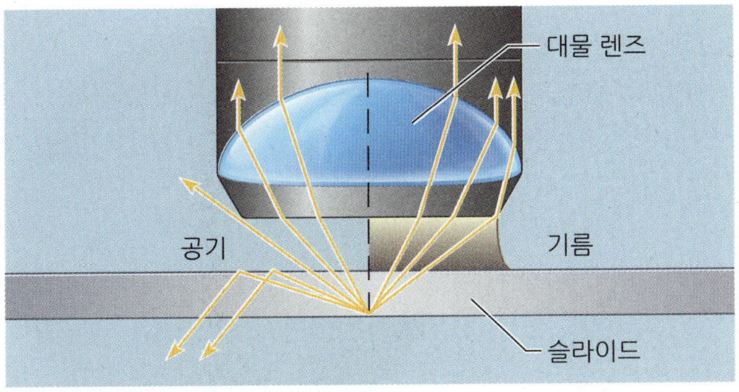

그림 3.16 유침 렌즈의 작용 기름이 없으면 표본을 통과한 일부 주변의 빛은 공기나 슬라이드로 산란되며, 이러한 산란은 해상도를 감소시킨다.

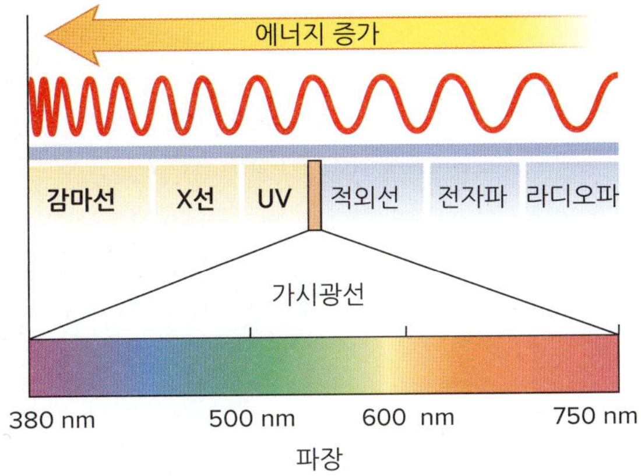

그림 3.17 전자스펙트럼

해상도: 확대된 물체를 명확하게 구분하기

작은 물체나 세포를 시각화할 때 배율만큼 중요한 추가적인 광학적 특성은 선명하게 보이는 것이다. 이 특성을 해상도(resolution) 또는 **해상력**(resolving power)이라고 한다. 해상도는 광학시스템이 2개의 인접한 물체나 점을 서로 구분하거나 분리하는 능력이다. 예를 들어 어느 공정된 거리에서 인간 눈의 수정체는 두 물체가 0.2 mm보다 더 가까이 있지 않는 한 분리된 점들로 해상될 수 있다. 검안사에 의한 시력검사는 사실상 인간의 눈의 다양한 크기의 글자를 특정한 거리에서 읽는 해상력을 검사하는 것이다. 미생물은 매우 작고 가까이 있기 때문에 현미경의 렌즈가 그것을 해결할 수 없는 한 명확하거나 세부적인 부분이 보이지 않는다.

해상력은 대물 렌즈의 특성과 표본을 조명하는 빛의 파장의 조합에 의해 결정된다. 광학현미경의 광원은 가시광신 스펙트럼의 유색 파장으로 구성되어 있다. 가장 짧은 가시 파장은 스펙트럼의 보라색 부분(400 nm)에 있고, 가장 긴 파장은 빨간색 부분(750 nm)에 있다(**그림 3.17**). 파장은 해상되는 물체 사이를 통과해야 되기 때문에 더 짧은 파장(400~500 nm 범위)은 더 나은 해상력을 제공할 것이다(**그림 3.18**). 일부 현미경에는 더 긴 파장 길이의 빛이 시료에 들어오는 것을 막기 위한 특수 파란색 필터가 있다.

실질적으로 유심 렌즈는 직경이 0.2 μm 이상이면 세포와 세포의 부분, 서로 0.2 μm 이상 떨어져 있으면 인접한 두 물체를 구별할 수 있다(**그림 3.19**). 일반적으로 직경이 0.5 μm 이상인 생물은 쉽게 보인다. 여기에는 진균, 원생동물, 그들의 일부 내부 구조, 그리고 세균이 포함된다. 그러나 일부 세균과 대부분의 바이러스는 광학현미경의 해상도에 비하여 훨씬 작으며 전자현미경을 필요로 한다. 요약하면 현미경 영상의 선명도를 가장 제한하는 요인은 해상도이다. 광학현미경이 수천 배를 확대하도록 고안되었더라도 해상도는 증가될 수 없으며, 만들어지는 영상은 단지 크기만 크고 희미하다.

대조(contrast) 잘 확대된 영상의 세 번째 특성은 주변물체와 대조되는 정도이다. 대조는 **굴절**(refractive index)이라고 하는 특성으로 측정된다. 굴절률은 빛이 하나의 매질(물이나 유리와 같은)에서 다른 매질(세균 세포)로 전달될 때 빛이 휘는 정도를 말한다. 굴절률의 차이가 클수록(빛이 많이 휠수록), 현미경과 눈에 기록되는 대조는 더 선명해진다. 빛이 너무 강하면 대조를 감소시키고 영상을 새까맣게 만들기 때문에 대부분의 광학현미경은 집광기로 들어가는 빛의 양을 조리개로 조절한다. 세포 구성 요소의 대조가 결여된 것은 특별한 렌즈(위상차 현미경)와 염색제를 첨가하여 보완한다.

광학현미경의 종류

가시광선을 사용하는 광학현미경은 접안 렌즈를 통하여 보이는 둥근 지역인 시야의 성질에 의하여 묘사될 수 있다. 가시광선 현미경에는 명시야, 암시야, 위상차, 간섭 현미경의 4종류가 있다. 광학현미경의 다섯 번째 종류인 형광현미경은 광원으로서 자외선을 사용하며, 다른 공초점 현미경은 레이저광선을 사용한다. 각각의 현미경은 **표 3.6**에서처럼 표본을 특정한 방식으로 보는 데 적응되어 있다.

현미경 표본 준비하기

광학현미경의 표본은 집광기와 대물 렌즈 사이의 재물대에 놓인 슬라이드 글라스에 시료를 올려놓는다. 슬라이드 표본 또는 **검경판**(mount)이 준비되는 방식은 (1) 살아 있는지 또는 보존된 상태인지 등 시료의 상태, (2) 전반적인 구

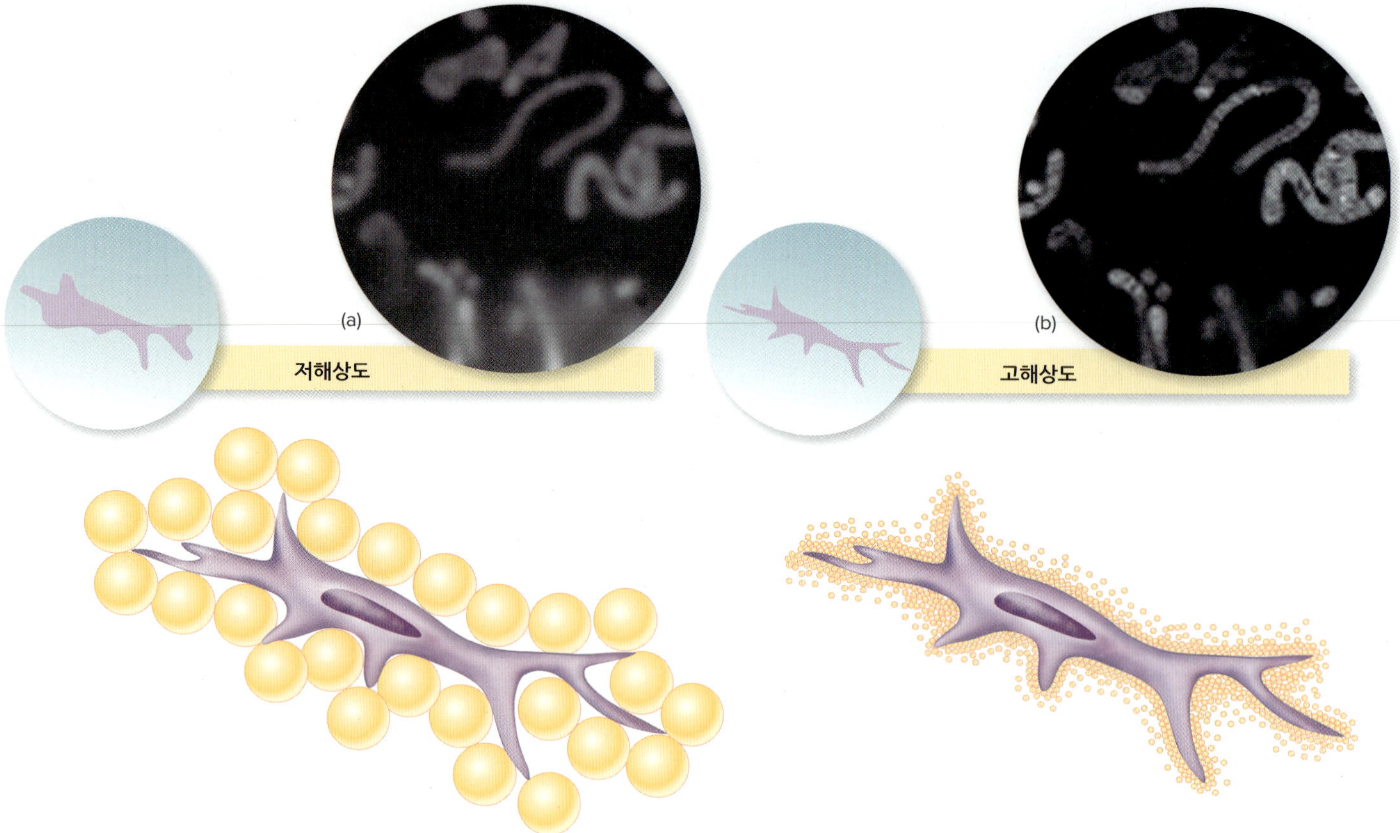

그림 3.18 파장이 해상도에 미치는 영향 간단한 모형은 빛의 파장이 현미경의 해상력에 어떤 영향을 미치는지를 보여준다. 공(ball)의 크기는 파장의 상대적인 크기를 나타낸다. 여기서 인간 세포(섬유아세포)에 장파장의 빛(a)과 단파장의 빛(b)을 비추었다. (a)에서는 파장이 너무 너무 커서 더 촘촘한 공간을 뚫고 들어가지 못하므로 흐릿한 반면, (b)에서는 그와 반대여서 선명한 상을 볼 수 있다.
Courtesy Nikon Instruments Inc.

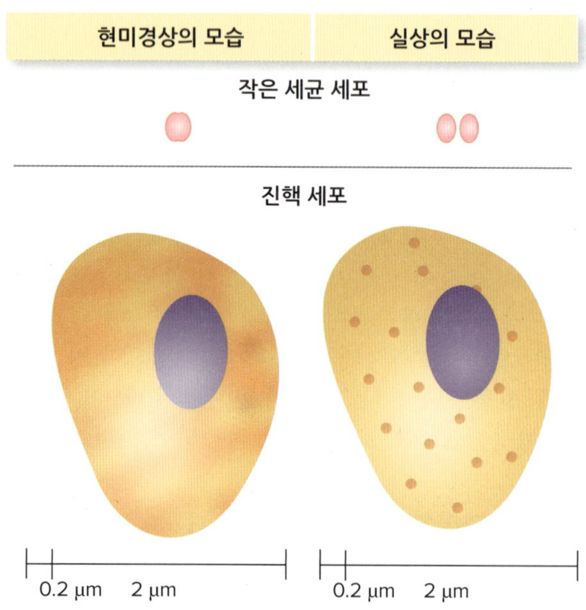

그림 3.19 해상도의 중요성 현미경의 해상력이 0.2 μm라면 사균 세포들은 2개의 분리된 세포로 해상되지 않을 것이다. 마찬가지로 진핵세포 내 작은 반점들도 볼 수 없을 것이다.

조를 관찰하는 것인지, 미생물을 동정하는 것인지 또는 운동성을 보는 것인지 등 관찰자의 목적, (3) 명시야인지, 암시야인지, 위상차인지, 또는 형광인지 등 이용 가능한 현미경의 종류에 따라 결정된다.

신선하고 살아 있는 표본 준비

살아 있는 미생물 표본을 자연상태에 최대한 가깝게 관찰할 수 있도록 습식 검경판이나 현적(매달린 물방울) 검경판에 놓는다. 세포는 일시적으로 생존력을 유지하고 운동을 위한 공간과 매체를 제공하는 적절한 액체(물, 수프, 식염수)에 띄운다. 젖은 검경판은 한두 방울의 배양균을 슬라이드에 놓고 커버 글라스로 덮는다. 매달린 물방울 검경판은 특별한 요면(오목한 면) 슬라이드, 바셀린 접착제나 밀폐제, 그리고 작은 방울이 매달리는 커버 글라스로 이루어져 있다(**그림 3.20**). 이러한 단기간 검경판은 세포의 크기, 형태, 배열, 색깔, 운동성을 정확하게 측정할 수 있도록 한다. 그러나 세포의 세부 내용을 관찰하기 원한다면 위상차현미경이나 간섭현미경을 사용해야 할 것이다.

표 3.6 다양한 현미경의 비교

현미경	최대실질배율	해상도	
가시광선 광원			
명시야(Bright-field) 현미경 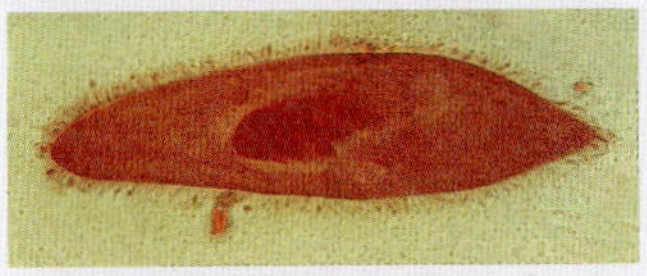 *Paramecium* (230×) © Michael Abbey/Science Source	2,000×	0.2 μm (200 nm)	명시야 현미경은 가장 널리 이용되는 광학현미경이다. 책에 있는 글자와 같은 물체를 볼 때 보통 표면에서 반사되는 빛을 보지만, 명시야 현미경은 빛이 표본을 투과할 때 영상이 형성된다. 이 표본은 주변에 비하여 밀도가 높고 더 불투명하기 때문에 일부 빛은 흡수하고 나머지 빛은 접안 렌즈로 직접 투과되어 올라간다. 그 결과 표본은 밝게 조명된 시야인 주변에 비하여 어두운 영상을 생성한다. 명시야 현미경은 살아 있는 염색하지 않은 물질과 보존된 염색된 물질에 함께 사용될 수 있는 다목적 기구이다.
암시야(Dark-field) 현미경 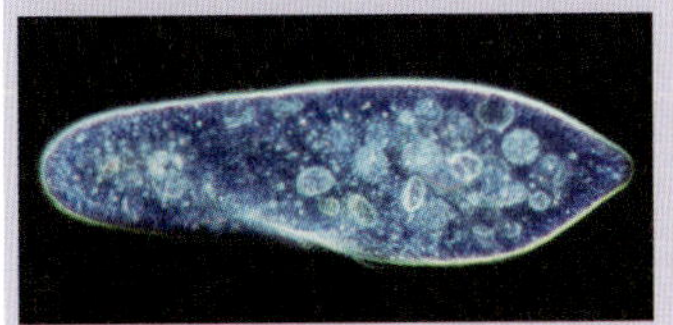 *Paramecium* (230×) © Laguna Design/Science Source	2,000×	0.2 μm	암시야 현미경은 집광기에 "stop"이라고 하는 특별한 판을 추가하여 암시야 현미경으로 개조할 수 있다. "stop"은 표본 자체의 면에서 반사되는 주변 빛을 제외하고 모든 빛이 대물 렌즈로 들어가는 것을 차단하다. 그 결과 나타나는 영상은 어두운(검은) 시야에 둘러싸인 밝게 조명된 표본으로 현저히 두드러지게 나타난다. 암시야 현미경을 가장 효과적으로 사용하는 방법은 건조나 열에 의하여 왜곡되거나 일반적인 방법으로 염색이 되지 않는 살아 있는 세포를 관찰하는 것이다.
위상차(Phase-contrast) 현미경 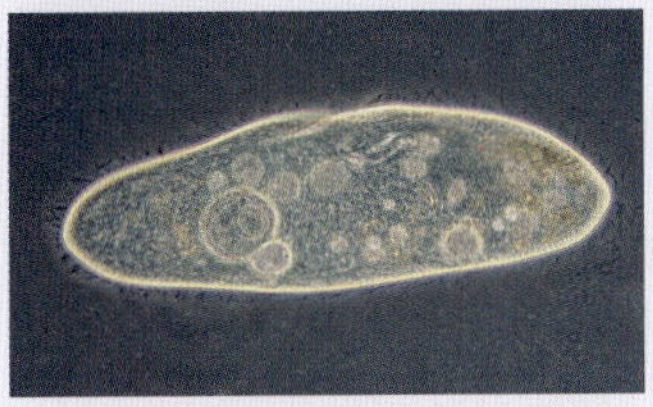 *Paramecium* (230×) © Michael Abbey/Science Source	2,000×	0.2 μm	투명한 유리, 얼음, 셀로판, 플라스틱으로 된 비슷한 물체를 물이 담긴 용기에 함께 넣으면, 그들이 유사한 광학적 특성을 가지고 있기 때문에 관찰하는 사람은 구별하는 데 어려움이 있다. 살아 있는 염색하지 않은 세포의 내부 구성요소는 대조가 없기 때문에 구별이 어렵다. 그러나 세포 구조는 밀도가 약간 다르며, 이는 그들을 투과하는 빛을 미묘하게 변경시키기에 충분하다. 위상차 현미경은 표본을 통과하면서 일어나는 빛 파동의 미묘한 변화를 광도의 차이로 바꿀 수 있는 기구를 포함하고 있다. 예를 들어 세포소기관 같은 밀도가 높은 세포 성분은 세포질 같은 밀도가 낮은 지역에 비하여 빛의 경로를 더 변경시킨다. 이러한 지역에서 오는 빛의 양상은 대비도가 변화한다. 이러한 방법에 의하여 볼 수 있는 내부의 상세한 부분은 명시야나 암시야 현미경에 비하여 많다. 위상차 현미경은 세균의 내생포자, 과립, 세포소기관뿐 아니라 섬모와 같은 진핵세포의 운동 구조 등을 관찰하는 데 매우 유용하다.
차별간섭 현미경 (Differential interference) 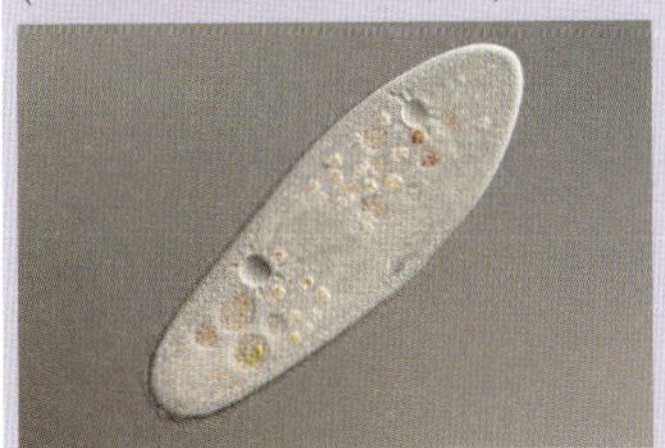 *Paramecium* (230×) © Gerd Guenther/Science Source	2,000×	0.2 μm	위상차 현미경과 마찬가지로, 차별간섭대조(dflerential interierence conlrasl, DIC) 현미경은 빛을 조작하여 염색되지 않은 살아 있는 세포의 상세한 구조를 제공한다. 그러나 이 현미경은 영상에 대조를 부가하는 2개의 프리즘과, 하나가 아니라 2개의 광원을 포함하는 더욱 정교한 기기이다. DIC 현미경은 선명한 색과 입체적으로 보이는 매우 명확한 윤곽을 가진 영상을 생성한다.
자외선 광원			
형광(Fluorescence) 현미경 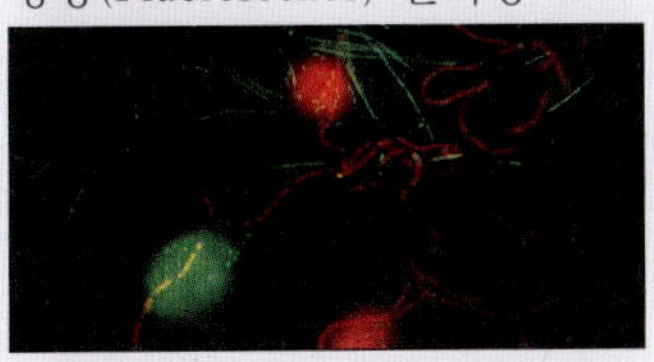 광대상피세포(초점이 맞지 않는 녹색 또는 적색 세포) 세균은 녹색사상균, 적색간균, 그리고 녹색쌍구균(400×) © Molecular Probes, Inc.	2,000×	0.2 μm	형광 현미경은 자외선(UV) 광원과 위험한 빛으로부터 관찰자의 눈을 보호하는 필터가 구비된 특별히 변형된 복합 현미경이다. 형광 현미경의 이름은 **형광**을 나타내는 특정한 염색제(acridine, luorescein)와 광물을 사용하는 데에서 유래하였다. 짧은 파장의 자외선을 쪼이면 염색제는 가시광선을 방출한다. 이미지를 형성하려면 먼저 표본을 형광원으로 피복하거나 접촉하도록 한다. 그 이후 자외선을 비추면 검은 시야에 대비하여 강한 노란색, 주황색, 적색 등으로 영상을 형성하는 빛을 발하게 된다. 형광 현미경은 특정한 세균, 원생동물, 바이러스에 의한 감염을 진단하는 데 매우 유용하다.

표 3.6 현미경 종류의 비교(계속)

현미경	최대실질배율	해상도	
공초점(Confocal) 현미경 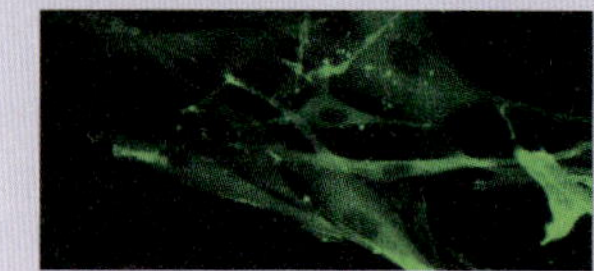 큰섬유아세포, 조직 회복에 관여하는 세포(400×) *Courtesy Dr. Jeremy Allen/University of Salford, Biosciences Research Institute*	2,000×	0.2 μm	주사공초점(scanning confocal) 현미경은 두께가 있는 세포나 구조물 등을 관찰할 때 초점을 맞출 수 없다는 문제점을 해결한 현미경이다. 이 현미경은 레이저 광으로 다양한 깊이를 가진 두꺼운 표본을 주사(scan)해 단일 평면에 초점이 맞추어진 선명한 영상들을 생성한다. 따라서 이러한 방식으로 세포의 표면부터 세포중심부까지의 다양한 깊이에서 생성된 수많은 영상들을 층층이 쌓아 올려 3차원적인 이미지를 가시화할 수 있다. 이 현미경은 주로 형광염색된 표본 관찰에 사용되지만 염색되지 않은 세포나 조직을 관찰하는 데에도 이용된다.
전자선이 표본의 영상 형성한다			
투과전자현미경(Transmission electron microscope, TEM) 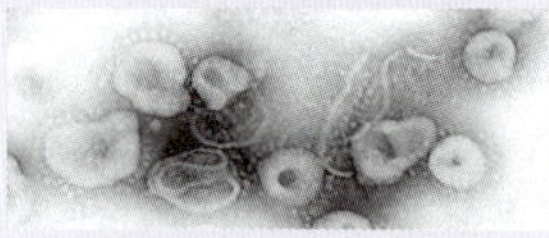 코로나바이러스, 다발성 호흡기 감염의 원인(100,000×) *© Billy Curran, Department of Veterinary Science. Queen's University Belfast*	100,000,000×	0.5 nm	투과전자현미경은 세포와 바이러스의 상세한 구조를 보는 데 사용된다. 이 현미경은 전자가 표본을 통과하여 영상이 생성된다. 전자는 두꺼운 시료를 통과할 수 없기 때문에 표본은 매우 얇은 단편(20~100 nm)으로 절단되고 영상 대조를 증가시키는 금속으로 피복되어야만 한다. TEM 현미경 사진에서 가장 어두운 영역은 진한(밀도가 높은) 부분이고, 밝은 부분은 더 투영하고 밀도가 낮은 부분이다.
주사전자현미경(Scanning electron microscope, SEM)  칼슘판으로 된 세포벽을 가진 조류(10,000×) *© Science Photo Library RF/Getty Images RF*	100,000,000×	10 nm	주사전자현미경은 현존하는 현미경 중 가장 인상적이고 사실적인 영상을 제공한다. 이 현미경은 치석부터 촌충 머리에 이르기까지 다양한 물체의 3차원적인 상을 생성하도록 설계되었다. SEM은 상을 생성하기 위해서 금속으로 피복된 시료 표면을 전자빔으로 충격을 주면서 표면 전체를 앞뒤로 주사한다. 표본의 표면에서 산란된 전자빔들이 고성능의 탐지기에 수집되어 모니터 화면에 상을 형상화한다. 실제 전자현미경 사진은 흑백이나 채색하여 보기도 한다.
원자적 날카로운 침은 시료의 표면을 탐침한다			
원자현미경(Atomic force microscope, AFM) 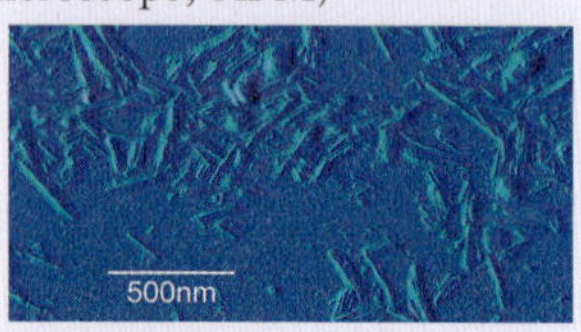 프리온 섬유 직경 5 nm *Courtesy Dr Valerie Sim*	100,000,000×	0.01 Angstroms	원자현미경에서 반경이 1~50 nm인 다이아몬드 또는 금속 팁은 표본을 스캔하고 원자 수준에서 표면의 윤곽을 따라 위아래로 움직인다. 팁의 움직임은 레이저로 측정하여 이미지로 변환된다.
주사터널현미경(Scanning tunneling microscope, STM) 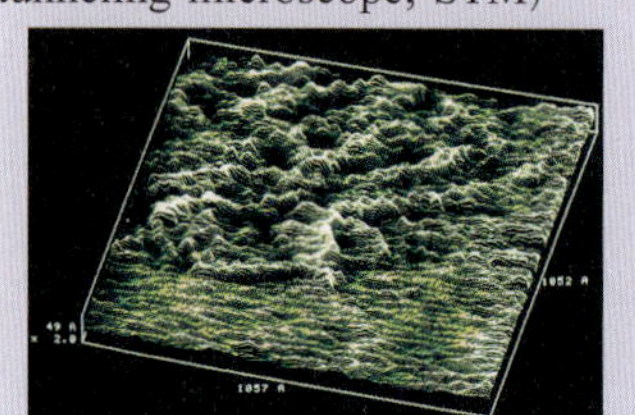 주사터널현미경으로 관찰한 깨끗한 표면에 코팅되지 않은 이중가닥의 DNA *© Science source*	100,000,000×	0.01 Angstrom	주사터널현미경에서는 전기 전압이 가동되는 동안 텅스텐 팁을 시료 표면에 근접시키면 팁과 표면 사이의 거리에 의존하는 전류가 발생된다. 이미지는 팁 경로의 전기 신호에 의해 생성된다.

들여다보기 3.2 연구: 현미경: 현재 스마트폰

적어도 큰 미생물을 보는 것은 조금 더 쉬워졌다. 뭉툭한 현미경을 끌어내고 기름에 스며든 렌즈를 만지작거리는 대신 이제는 스마트폰을 꺼내 볼 수 있게 되었다. 핀란드의 VTT 기술 연구 센터의 과학자들은 여러분의 카메라폰을 고해상도 현미경으로 변환할 수 있는 앱을 개발했다. 영상은 사용자가 카메라 렌즈 앞에 얇은 자기 현미경 모듈을 부착할 때 LED 조명과 광학 렌즈의 결합 효과에 의해 생성된다. 시야는 3×2 mm이고 해상도는 1 micron이며 LED는 물체를 다른 각도에서 볼 수 있게 한다. 이 장치는 인쇄물에 대한 표면 형성 연구부터 나무, 나뭇잎, 곤충에 대한 연구까지 의료 분야에서 사용될 수 있는 많은 다양한 용도를 가지고 있다.

© Ashley Zellmer/McGraw-Hill Education

SkyLight라는 또 다른 제품은 사용자들이 기존의 현미경에 간단한 플라스틱 스마트폰 홀더로 스마트폰을 부착할 수 있게 해준다. 이 장치는 스마트폰 카메라를 현미경의 안경에 맞추어서 사용자가 나중에 볼 수 있도록 스틸 이미지나 비디오를 촬영할 수 있도록 해준다. 게다가 훌륭하기도 하다. SkyLight의 개발자인 Andrew Miller와 Tess Bakke는 학생들을 위한 연구 보조금을 통해 임상의가 외딴 지역의 의사들과 이미지를 공유할 수 있도록 함으로써 전 세계인의 건강 수준이 향상되기를 희망한다. 이 장치는 1980년대까지 거슬러 올라가는 거의 모든 현미경 모델과 호환된다.

이제 스마트폰으로 어디에서나 미생물을 볼 수 있다.

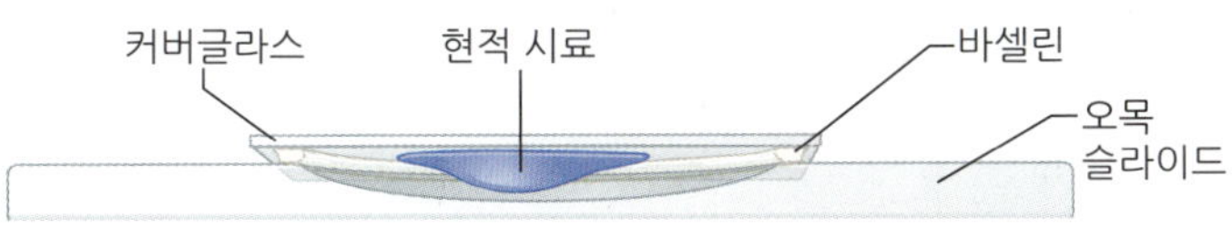

그림 3.20 현적법 슬라이드와 커버글라스의 단면도(바셀린이 슬라이드의 오목한 곳 전체를 둘러싸고 있다)

고정, 염색된 도포 표본

인체 장기 연구를 위한 좀 더 영구적인 검경판을 만들기 위해서는 시료를 공정하고 염색한다. 100여 년 전 로버트 코흐(Robert Koch)가 개발한 도포 기술은 세포를 액체에 부유시켜 얇은 막으로 펼치고 공기로 건조시킨다. 다음으로, 공기로 건조된 도포는 열 고정이라는 공정에 의해 부드럽게 가열된다. 고정화의 또 다른 중요한 작용은 왜곡을 최소화하면서 다양한 세포 성분을 자연 상태로 보존하는 것이다. 때때로 미생물 세포의 고정은 알코올이나 포르말린과 같은 화학 물질로 행해진다.

현상되지 않은 사진 필름 위의 영상처럼 염색하지 않은 고정 도포 표본의 세포는 현미경의 배율이 아무리 높고 해상력이 좋다 하더라도 거의 불분명하다. 도포 표본의 대조를 생성하고 눈에 띄지 않는 특징을 나타나게 하기 위해서 "현상"하는 과정은 염색 기술을 필요로 한다. 염색은 염색제라고 하는 색이 있는 화학약품을 적용하는 과정이다. 염

표 3.7 양성 염색과 음성 염색의 비교

배지	양성 염색	음성 염색
세포의 모습	염색제에 의해 색을 띰 	투명하고 무색임 
배경	염색되지 않음(보통 흰색)	염색됨(진회색이나 검은색)
적용하는 염색제	염기성 염색제 크리스탈 바이올렛 메틸렌블루 사프라닌 말라카이트 그린	산성 염색제 니그로신 인디아 잉크
특수한 염색제	여러 유형: 단순 염색 분별 염색 그람염색 항산성 염색 포자 염색 특별 염색 협막 편모 포자 과립 핵산	일부 유형: 협막 포자

색제는 화학반응을 통하여 세포나 세포의 부분이 색깔을 띠도록 한다. 염색제는 양전하를 가진 염기성(양이온) 염색제와 음전하를 가진 산성(음이온) 염색제로 분류할 수 있다. 반대의 전하를 가진 화합물은 서로 끌어당기기 때문에 음전하를 띤 세포 부분은 염기성 염색제를 끌어당기고, 양전하를 띤 부분은 산성 염색제를 끌어당긴다(**표 3.7**). 특히 세균과 같은 대부분의 세포는 표면에 음전하를 띤 산성 물질을 많이 가지고 있기 때문에 염기성 염색제로 쉽게 염색된다. 반면에 산성 염색제는 세포에 의하여 배척되기 때문에 **음성 염색**(negative staining)에 적합하다.

음성 염색과 양성 염색의 대조 염색제가 어떻게 표본과 반응하느냐에 따라 2종류의 기본적인 염색 기술이 이용된다(표 3.7에 요약). 대부분의 과정은 **양성 염색**(positive stain)을 포함하는데, 이는 염색제가 실제로 표본에 부착되어 색깔을 나타낸다. 반면에 **음성 염색**에서는 정반대이다

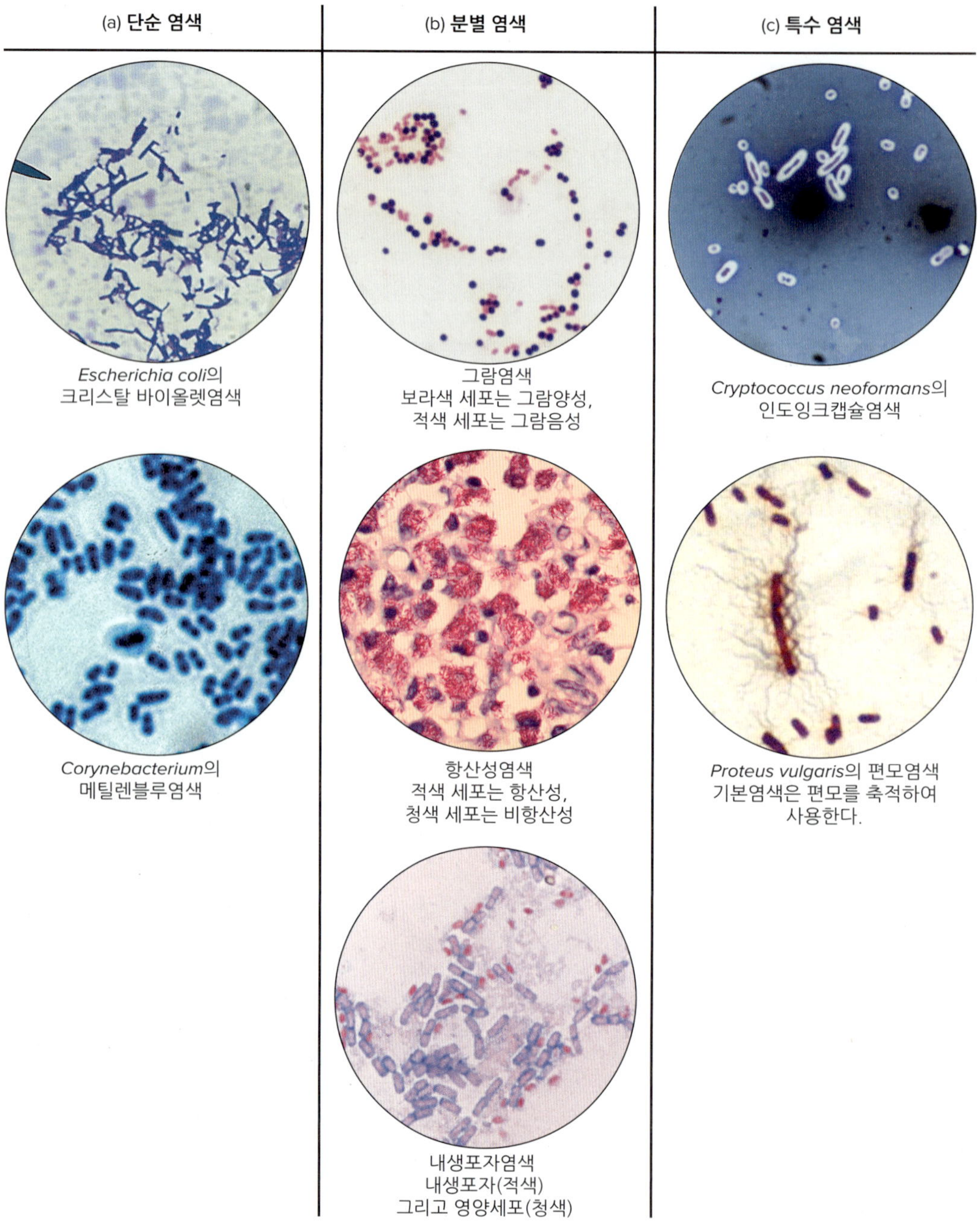

그림 3.21 미생물염색의 유형 (a) 단순 염색 (b) 분별 염색: 그람, 산성 그리고 포자 (c) 특수 염색: 협막 및 편모

(a, top) © Kathy Park Talaro; (a, bottom) © Harold J. Benson; (b, top) © Lisa Burgess/McGraw-Hill Education; (b, middle) CDC/Courtesy of Dr. Edwin P. Ewing, Jr.; (b, bottom) © Manfred Kage/Science Source; (c, top) © Lisa Burgess/McGraw-Hill Education; (c, bottom) © David Fankhauser

(사진의 원판처럼). 염색제는 표본에 부착하지 않고 외부 경계에서 떨어져 가라앉아 그림자를 형성한다. 니그로신(푸르스름한 검은색)과 먹물(india ink; 탄소 입자의 검은색 현탁액)은 음성 염색에 가장 보편적으로 이용되는 염색제이다. 음성 염색제는 음전하를 띠고 있어서 음전하를 띠는 세포 표면에 의하여 배척되기 때문에 세포가 염색되지 않는다. 음성 염색의 유용성은 비교적 단순하다는 것이며 도말 표본을 열로 고정하지 않기 때문에 세포의 수축이나 일그러짐이 적다는 것이다. 음성 염색은 또한 일부 세균과 효모를 둘러싸고 있는 **협막**(capsule)을 두드러지게 하는 데 이용된다(**그림 3.21c**).

질병과의 연관성

때때로 **캡슐**은 모든 것을 변화시킬 수 있다. *Streptococcus pneumoniae*은 큰 협막을 가진 매우 흔하고 매우 위험한 병원균이다. 상부호흡기관(URT)을 결장시키고, 거기서부터 폐렴, 뇌막염, 혈류 감염을 일으킬 수 있다. 과학자들은 협막이 없으면 이 세균은 URT에 부착될 수 없기 때문에 질병을 일으키지 않는다는 것을 발견했다.

단순 염색과 분별 염색의 대조 양성 염색 방법은 단순, 분별, 특수 염색으로 구분된다. **단순 염색**(simple stain)은 하나의 염색제를 필요로 하고 과정이 단순하지만, **분별 염색**(differenfial stain)은 세포 유형이나 부분을 구분하기 위하여 1차 염색제와 대조 염색제 2종류의 염색제를 사용한다. 이러한 염색 기술은 더 복잡할 수 있으며 원하는 반응을 얻기 위하여 때로는 추가적인 화학약품을 필요로 한다. 특수 염색은 단일 목적으로 개발된 것이다.

단순 염색은 말라카이트 그린, 크리스탈 바이올렛, 기본 퓨신 및 사프라닌과 같은 염료에 세균 세포가 즉시 결합되는 장점을 활용한다. 단순 염색은 도포 표본의 모든 세포가 종류에 상관없이 거의 비슷한 색깔을 나타내도록 하지만, 세포는 여전히 형태, 크기, 배열 등 세균의 특징을 보여준다(**그림 3.21a**).

분별 염색의 종류 분별 염색은 2종류의 세포나 세포 부분을 명확히 대비하기 위하여 다른 색깔을 가진 염색제를 사용한다. 일반적인 조합은 적색과 자주색, 적색과 녹색, 또는 분홍색과 청색이다 분별 염색은 세포의 크기 및 모양 및 배열과 같은 다른 특성을 정확하게 나타낼 수 있다. 전형적인 예는 그람, 산 및 내생포자염색을 포함한다. 내생포자염

들여다보기 3.3 마이크로바이옴: 현미경으로 본 당뇨병 환자의 마이크로바이옴

당뇨병성 궤양은 치료하기가 매우 어려운 질병이다. 혈액 순환에 문제가 있으면 치료가 잘되지 않으며 사지에 있을 때 사지 절단을 유발할 수도 있다. 이 장에서는 (1) 채취한 미생물 시료로부터 미생물을 분리하고 (2) 시각화하는 방법에 내해 학습한다. 영국의 한 연구 그룹은 당뇨병성 상처와 관련된 마이크로바이옴을 보고자 세균을 분리 및 배양하지 않고 조직 시료에 직접 현미경을 사용하여 관찰하였다.

맨체스터의 과학자들은 당뇨병 치료 클리닉에서 브리핑을 통해 당뇨병성 발궤양에서 제거된 4개의 조직 단편을 얻었다. 조직을 현미경으로 처리할 때 조직을 멸균 식염수에 유지시켰다. 분별 그람염색법을 사용하여 조직을 염색한 후, 광학 현미경으로 검사하거나, 인체세포가 아닌 세균에게만 부착하는 특수 화학물질을 표지자로 개발하였다. 그 화학물질 분자들은 형광 염료와 연결되어 있어서, 형광 현미경으로 조직을 보았을 때, 세균은 형광 적색으로 보였다. 그 결과 이미지는 상처 조직과 관련된 강력한 세균 군집을 보여준다.

출처: 2014. *Journal of Diabetes Research*.

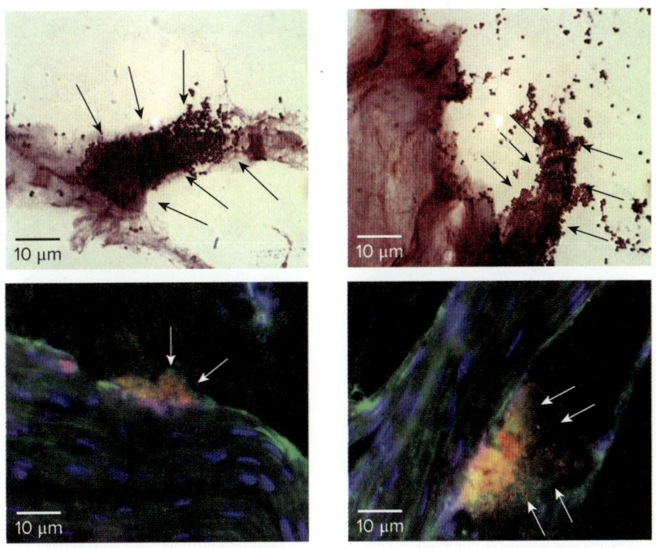

위쪽 이미지는 그람염색된 상처 조직이며, 선명하게 보이는 (희미한) 보라색 구균과 붉은 간균이 있다. 아래쪽 이미지는 형광 탐침으로 염색한 상처 조직으로 세균이 붉게 보이게 했다. 푸른 점이 있는 녹색 물질은 사람 조직을 나타낸다.

Angela Oates, Frank L. Bowling, Andrew J. M. Boulton, Philip G. Bowler, Daniel G. Metcalf, and Andrew J. McBain, "The Visualization of Biofilms in Chronic Diabetic Foot Wounds Using Routine Diagnostic Microscopy Methods," Journal of Diabetes Research, vol. 2014, Article ID 153586, 8 pages, 2014. doi:10.1155/2014/153586

색과 협막염색과 같은 일부 염색 기술은 분별 염색으로 "특별한" 범주에 속한다(**그림 3.21b**).

그람염색(Gram staining), 한스 크리스티안 그람(Hans Christian Gram)의 이름을 딴 100년 전의 그람염색은 세균에 대한 가장 보편적인 진단 염색 기술이다. 그것은 세포의 색반응에 따라 주요 범주의 즉각적인 분류를 가능하게 한다. 자주색으로 염색되는 세균은 **그람양성**(gram-positive)이라고 하고, 적색으로 염색되는 것을 **그람음성**(gram-negative)이라고 한다. 그람변화성 생물은 분홍색과 자주색을 모두 나타낸다(**들여다보기** 3.3). 그람염색은 세균 분류법, 세포벽 구조, 감염의 식별과 진단을 포함한 몇 가지 중요한 세균학적 특성의 기초가 된다. 어떤 경우에는, 그것은 심지어 투약에 맞는 올바른 약의 선택을 지도하기도 한다. 그람염색은 들여다보기 4.2에서 자세히 설명되어 있다.

항산성 염색(acid-fast stain)은 그람염색과 마찬가지로 항산성 세균(적색)과 비항산성 세균(청색)을 구분하는 중요한 진단 염색이다. 이 염색은 표본에서 결핵균(*Mycobacterium tuberculosis*)을 검출하기 위한 특별한 방법에서 유래되었다. 이 세균 세포는 산성이나 산성 알코올 용액으로 세척하더라도 석탄산 폭신(carbol fuchsin) 염색제가 단단하게 붙어 있는 불투과성의 외벽을 가지고 있는 것으로 판명되었다. 이 염색은 의학적으로 중요한 세균인 한센병(나병) 원인균과 폐렴 및 피부 감염을 야기하는 *Nocardia* 속 세균을 진단하는 데 사용된다.

내생포자 염색(endospore stain)은 열에 의해 내성이 생긴다는 점에서 항산성 염색과 유사하다(형성과 중요성은 4.4절에서 논의한다). 이 염색은 내생포자와 내생포자의 출처인 **영양세포**(vegetative cell)를 구분하기 위하여 고안되었다.

특수 염색은 보통의 염색 방법에 의하여 나타나지 않는 특정한 세포 부위를 강조하기 위하여 이용된다(**그림 3.21c**). **협막 염색**(capsular staining)은 일부 세균과 진균의 세포를 둘러싸고 있는 조직화되지 않은 보호층인 미생물의 협막을 관찰하는 방법이다. 협막은 대부분의 염색제와 반응하지 않기 때문에 종종 인도 잉크(먹물)로 음성 염색을 한다. 미생물이 모두 협막을 나타내지는 않는다는 사실은 병원균을 동정하는 유용한 특징이다. 한 가지 예는 AIDS 환자에 심각한 형태의 진균성 수막염을 유발하는 *Ciyptococcus*이다.

편모 염색(flagellar staining)은 세균이 운동을 위하여 사용하는 작고 가는 섬유인 편모(flagella; 단수 flagellum)를 보여주는 방법이다. 세균 편모의 폭은 광학현미경의 해상력 범위를 넘어서기 때문에 보이기 위해서는 편모 외부에 피복을 축적하고 염색하여 확대해야만 한다. 편모의 존재, 수, 세포 위에서의 배열은 세균을 동정하는 데 유용하다.

3.2 학습 평가

5. 미터법 체계 내 다른 단위를 서로 변환할 수 있다.
6. 최초의 현미경을 설명할 수 있다.
7. 좋은 현미경의 3가지 요소를 나열하고 설명할 수 있다.
8. 빛과 전자현미경의 원리를 구별할 수 있다.
9. 3가지 주요 염색 범주를 비교 및 대조하고 각각의 예를 제시할 수 있다.

현미경으로 본 세상 — 논평

© Nigel Hicks/National Geographic Image Collection/Getty Images

기사 "아르마딜로(Armadillos, 아메리카 대륙에 사는 가죽이 딱딱한 동물)가 일으킨 플로리다의 나병: 건강관리"기사에는 분석하고 싶은 몇 가지 진술이 있었다.

우선, 그들은 2015년 첫 7개월 동안 플로리다에서 9명이 나병 유발 세균에 감염되었다고 말한다. 확인하기 쉬운 사실은 질병통제예방센터(CDC) 웹사이트를 방문하여 확인한 것이다.

둘째, 저자는 CDC를 "일부 아르마딜로가 자연적으로 감염되었다"는 정보의 출처로 사용했다. CDC는 미국 질병에 관한 가장 신뢰할만한 정보 중 하나이므로 저자가 잘못 해석하거나 잘못 인용하지 않는 한 해당 정보를 신뢰할 수 있다. 독립적인 발굴은 또한 *Mycobacterium leprae*가 실험실용 배지에서 자라지 못하지만, 생쥐의 발바닥이나 아르마딜로에서만 자라는 사실을 밝혀 낼 수 있었다.

셋째, 이 기사는 일반 아르마딜로에서 사람으로 전염되는 것보다 더 심각한 문제는 아르마딜로 서식지의 파괴라고 말한다. 우리도 다른 질병이 이와 같은 방식으로 발생하는 것을 보았을 가능성이 높다. 전염병은 미국 남서부에서 산발적으로 발생한다. 예를 들어 사막에 집을 짓고 집에서 키우는 애완동물이 전염병에 감염된 프레리도그에 너무 가까이 가면 감염된 벼룩을 주인에게 옮긴다.

이 기사가 **의도하는 메시지**는 정보를 제공하고 아르마딜로 접촉에 대해 경고하는 것이다. 이 기사는 실제로 당신의 친구를 위한 **해석**이 필요하지 않다. 단지 주장의 진실에 대한 표시일 뿐이다. 나의 **평가**는 그것이 사실을 고수하는 좋은 일을 한다는 것이다. 나는 그것에 대한 하나의 퀴즈를 가지고 있다. 적어도 1550년(구약 성경에 언급된)으로 거슬러 올라가는 나병의 불길한 명성 때문에, 나병이라는 이름은 수년 전에 삭제되어 1873년에 원인이 되는 세균을 발견한 노르웨이의 과학자 이름(한센병)으로 대체되었다. 이 기사는 이것을 언급하고 있지만, 그것의 헤드라인은 더 선정적인 '나병'을 사용한다. 이런 이유로 나는 그 기사에 A⁻의 **점수**를 부여한다.

출처: *New York Daily News*, "Leprosy Spike in Florida Caused by Armadillos: Health Officials", 2015년 7월 22일 게시된 온라인 기사.

단원 요약

3.1 미생물 배양 방법: 5개 I

- 접종(inocubation), 배양(incubation), 분리(isolation), 검사(inspection), 동정(identification)의 5개 I는 미생물학에서 사용되는 실험 절차를 요약하고 있다.
- 접종한 다음에 배양균은 생장을 촉진하기 위하여 특정한 온도에서 배양한다(incubate).
- 대부분의 미생물은 인공 배지에서 배양될 수 있지만, 일부는 살아 있는 조직이나 세포 내에서만 배양될 수 있다.
- 인공 배지는 물리적 상태(physical state)에 따라 액체, 반고체, 액화되는 고체, 액화되지 않는 고체로 구분할 수 있다.
- 인공 배지는 화학적 조성(chemical composition)에 따라 정확한 화학적 성분이 첨가되었는가에 따라서 제한배지와 복합 배지로 나눌 수 있다.
- 농화, 선택, 분별, 운반, 분석, 계수 배지 등은 모두 특별한 목적을 위해 고안된 배지의 예이다.

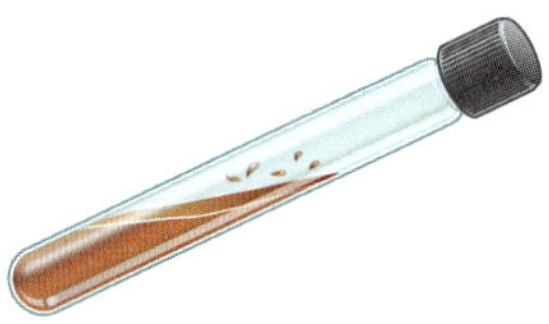

- 하나의 세포로부터 기원한 분리된(isolated) 집락은 함께 차곡차곡 쌓인 많은 수의 세포로 이루어져 있다.
- 배양에는 단지 한 종이나 한 가지 유형의 미생물만을 포함하는 순수 배양과, 두 종 이상을 포함하는 혼합 배양, 또는 아는 종과 모르는(원하지 않는) 미생물을 포함하는 오염된 배양이 있다.
- 검사할 때에는 배양균을 육안과 현미경으로 검사한다.
- 미생물은 육안 또는 면역학적 형태, 현미경적 형태, 생화학적 반응, 유전적 특성 등에 의하여 동정된다.
- 배양된 미생물은 보통 증기 멸균과 소각, 2가지 방법으로 처리한다.

3.2 현미경: 보이지 않는 영역의 창

- 배율, 해상력, 대조는 모두 광학현미경을 통하여 관찰되는 표본의 명확도에 영향을 미치는 주요 요인이다.
- 광학현미경의 최대 해상력은 200 nm 또는 0.2 μm이다. 이는 진핵생물의 내부 구조나 대부분 세균의 형태를 보는 데 충분하다.

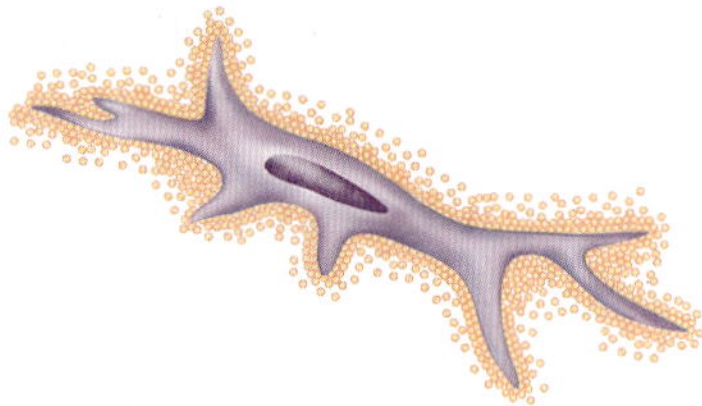

- 광학현미경에는 6종류가 있다. 명시야, 암시야, 위상차, 간섭 현미경의 4종류는 가시광선을 광원으로 사용한다.
- 형광현미경은 UV 광선을 광원으로 조명한다. 공초점 현미경은 표본에서 반사되는 UV 광선이나 가시광선을 사용한다.
- 전자현미경(EM)은 고배율(5,000×에서 1,000,000×)과 고해상도(0.5 nm)를 제공하기 위하여 광원으로 빛이 아니라 전자를 이용한다.
- 광학현미경을 통하여 관찰하는 표본은 준비하는 표본의 종류에 따라 살아 있거나 죽어 있을 수 있지만, 모든 전자현미경은 진공에서 관찰되어야 하기 때문에 죽어 있다.
- 그람염색은 그람양성 세균과 그람음성 세균의 2개의 주요한 집단으로 나누는 매우 유용한 분별 염색이다. 일부 세균은 이 둘 중 어느 하나에도 속하지 않는다.
- 염색은 표본의 대조를 증가시키며, 관찰하는 표본의 세포 형태, 구조, 생화학적 조성을 구별한 수 있도록 고안될 수 있다.

© Science Photo Library RF/Getty Images RF

객관식 문제(선다형 문제와 OX 문제) | 블룸 1단계 및 2단계: 기억과 이해

선다형 문제 – 제시된 보기에서 답을 고르시오.

1. 배양이란 ________에서 미생물의 ________생장을 말한다.
   a. 배양기, 빠른　　b. 배지, 거시적
   c. 신체, 미세한　　d. 집락, 인공적
2. 혼합 배양은 __________________.
   a. 오염된 배양과 동일하다.
   b. 충분히 저어준다.
   c. 하나는 2개 이상의 알려진 종을 포함한다.
   d. 조류 및 원생 동물을 함유하는 연못시료
3. 더 긴 파장의 빛에서 해상도는?
   a. 개선된다.　　b. 악화된다.
   c. 변경되지 않는다.　　d. 불가능하다.
4. 실상은 어떻게 만들어지나?
   a. 접안 렌즈　　b. 대물 렌즈
   c. 집광 렌즈　　d. 눈
5. 유침 렌즈를 사용할 때 총 배율이 1,500X인 현미경은 어떤 힘의 눈을 가지고 있는가?
   a. 150×　　b. 1.5×
   c. 15×　　d. 30×
6. 전자현미경의 표본은 항상 __________________.
   a. 염료로 염색한다.
   b. 얇은 부분으로 얇게 썬다.
   c. 사멸했다.
   d. 직접 보았다.
7. 운동성은 무엇에 의해 관찰되는가?
   a. 현적 표본　　b. 그람음성 세균
   c. 획선 배양　　d. 편모 염색
8. 세균은 세균 표면에 양이온 염료로 더 염색되는 경향이 있다. 그 원인으로는 __________________.
   a. 다량의 알칼리성 물질을 함유하기 때문이다.
   b. 다량의 산성 물질을 함유하기 때문이다.
   c. 중립이기 때문이다.
   d. 두꺼운 세포벽을 가지고 있기 때문이다.
9. **다중 매칭**. 각 유형의 배지에 맞는 모든 설명을 선택하시오. 둘 이상의 설명에 맞는 배지의 경우 왜 그런지 간략히 설명하시오.

____ 만니톨염 배지	a. 선택적 배지
____ 초콜릿 배지	b. 차동 배지
____ 맥콘키 배지	c. 화학적으로 정의된(합성) 배지
____ 영양액	
____ Sabouraud 배지	d. 농축 배지
____ 삼중 철분 배지	e. 범용 배지
____ 영양 배지	f. 복잡한 배지
____ SIM 배지	g. 운송 배지

10. 배양 조건이 까다로운 미생물은 어느 종류의 배지에서 생장하는가?
    a. 일반목적 배지　　b. 분별 배지
    c. 제한배지　　d. 농화 배지

OX 문제 – 다음 문장 내용이 옳으면 O, 틀리면 X로 표기하고 틀린 내용을 올바르게 수정하시오.

11. 한천은 미생물에 의해 쉽게 분해되는 단점이 있다.
12. 계대배양은 분리된 집락으로 만든 배양이다.
13. 현미경에서 이미지의 선명도를 가장 제한하는 요소는 배율이다.
14. 살아 있는 표본은 광학현미경 또는 전자현미경으로 검사할 수 있다.
15. 큰 협막을 갖는 미생물을 시각화하는 데 사용하는 가장 좋은 염색은 단순 염색이다.

Chapter 4

세균과 고세균

© Blend Images-Don Mason/Getty Images RF

현미경으로 본 세상

뇌를 먹는 세균이 루이지애나를 위협하다

이번에 소개하는 사례를 통해 대중매체의 기사가 어디까지 사실인지 살펴볼 것이다. 이 사례는 2015년 북부 캘리포니아 언론에 실린 "루이지애나에서 뇌를 먹는 치명적인 세균 확인: 경고 발령"이란 기사에 대한 것이다.

이 장에서는 세균의 구조와 특성에 대해 이야기하고자 한다. 세균이 생물분류체계(세균, 고세균, 진핵생물)에서 한 줄기를 형성한다는 것을 이미 1.7절에서 확인하였다.

2015년 7월, 한 매체는 루이지애나주 세인트 버나드 패리시(St. Bernard Parish)의 식수에서 뇌를 먹는 치명적인 아메바(*Naegleria fowleri*)가 발견됐다고 보도했다. 이후로 지역 주민들에게 주의보가 내려졌고, 이 아메바를 죽이기 위해 수돗물에는 염소가 추가되었다. 원생동물인 아메바는 100%의 치사율을 보이는 원발성 아메바 뇌척수막염을 일으킨다. 기사에서는 1962년부터 2014년 사이에 133건의 발병사례가 있으며, 감염원인으로는 식수가 아니라(원생동물이 흔히 사는) 호수에서 수영을 하면서 코로 물이 들어갔기 때문이라고 밝혔다. 또한 2015년 루이지애나에서는 호수와 같은 민물에서 물놀이를 하진 않았지만 집 근처의 수영장에서 물놀이를 한 뒤 이 아메바에 감염된 새로운 사례도 알려졌다.

- 이 기사가 **의도하는 메시지**는 무엇인가?
- 기사를 읽은 후 **여러분의 평가**는 어떠한가? 평가가 비판을 의미하는 것은 아니다. 여러분의 지식을 이용하여 기사의 사실여부, 그리고 기사가 전달하고자 하는 메시지가 무엇인지를 제대로(혹은 옳게) 인지하기 위해서는 비평적인 안목이 필요하다.
- 미생물학을 공부하지 않은 친구를 위해 이 기사를 어떻게 **해석할** 것인가?
- 기사의 정확성과 의도된 효과의 정확성을 고려하여 기사에 대한 당신의 **점수**는 얼마인가?

현미경으로 본 세상–논평은 이 장의 끝에 나옵니다.

1.2절에서, 세균과 고세균은 진정한 핵이 없는 세포라고 설명하였다. [진핵생물의 DNA 주위에는 막이 있으며 이 구조를 **핵**(nucleus)이라고 한다.] 이 장에서는 세균과 고세균, 진핵생물이 어떻게 다른지 살펴볼 것이다. 진핵세포와 원핵세포 사이에는 2가지 주요한 차이점이 있다.

- **DNA 포장 방식**: 세균과 고세균은 세포질 내부에 핵이 없다. 진핵생물은 DNA 주위에 막을 가지고 있는데 이 구조가 핵이다. 진핵생물은 DNA가 히스톤이라고 불리는 단백질을 감고 있으며 고세균은 비슷한 단백질과 구조를 가지고 있다. 세균은 DNA 주위에 단백질이 존재하지 않는다.
- **내부 구조**: 세균과 고세균은 세포질 내부에 복잡하고 막으로 둘러싸인 세포소기관을 가지고 있지 않다. 몇몇 세균과 고세균은 내부 막을 가지고 있지만 세포소기관을 둘러싸지는 않는다.

4.1 세균의 형태와 기능

원핵생물은 최소 29억 년 동안 진화하였다. 원핵생물이 다양한 서식지에서 오랫동안 존재할 수 있었던 것은 세포가 가지고 있는 구조와 기능이 매우 다목적이며 적응력이 뛰어나기 때문이다.

세균의 일반적인 세포 조직은 아래 순서도와 같다.

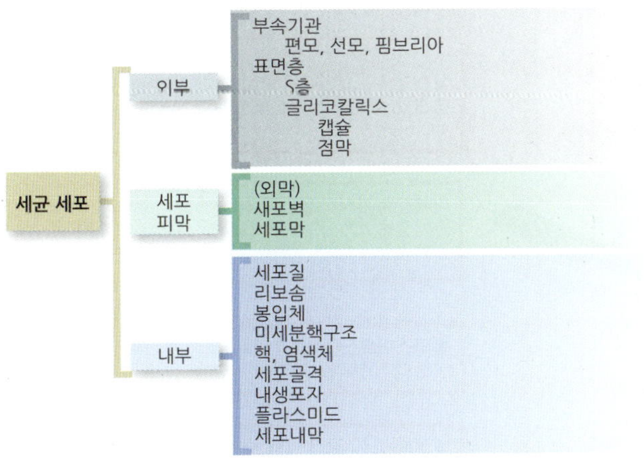

모든 세균은 세포막, 세포질, 리보솜과 염색체(하나 또는 몇 개)를 가지고 있다. 그 밖에도 대부분의 세균에는 세포벽이 있으며 일부 세균에는 세포외막, 글리코칼릭스(glycocalyx, 당질피질) 등이 존재한다. 전부는 아니지만 일부 세균에는 편모, 선모, S층, 세포골격, 봉입체, 미세분획구조, 내생포자, 세포내막이란 특수한 구조를 가지고 있다.

일반적인 세균 세포의 구조

세균을 광학현미경으로만 관찰했을 때는 매우 단순하고 2차원적인 생명체로 보이나, 전자현미경과 정밀한 생화학적 연구를 통해 세균의 형태와 복잡한 기능들이 밝혀졌다. **그림 4.1**은 일반적인 막대 모양 세균의 3차원 해부도를 나타낸 것이며, 이 세균의 주요 특징을 살피기 위해 외부 세포 구조부터 내부 구성물까지 모두 세밀하게 모식화하였다.

세균의 형태와 배열

세균은 기능이 전문화된 다세포 생물의 세포들과 다르게 각각의 세균 세포가 분열, 물질대사 및 영양분 섭취방법과 같은 필수적인 생명활동을 모두 수행할 수 있다. 어떤 세균들은 무리지어 활동하기도 한다. 세균은 집락이나 생물막에서 서로 가까이 있을 때는 화학물질을 통해 서로 소통하며 혼자 생활할 때와는 다르게 행동한다. 더 놀라운 것은, 세균은 **나노선**(nanowire)이라는 구조를 가지고 있는데, 길이가 수 마이크로미터 단위 이상이 되는 부속기관으로 금속 위에서 세포 외부로 전자 또는 다른 물질을 전달하는 데 사용된다. 또한 가까이에 있는 다른 세균의 나노선과 서로 얽혀 영양분을 교환하는 데 사용되기도 한다. 다세포 생물과 다른 방법이지만, 단세포인 미생물들도 서로 협업한다는 사실을 새롭게 발견하였다.

> **질병과의 연관성**
>
> 감염병에서 생물막은 중요한 역할을 맡고 있다. 만성적으로 중이염을 앓는 어린이들의 귀 내부 점막에서 세균의 생물막이 자라는 것을 확인하였으며, 이 생물막으로 인해 반복적으로 항생제를 복용해도 완치되지 않았다. 이 발견으로 만성 중이염 어린이를 항생제로 치료하는 방법보다 감염된 액체를 배출하기 위해 귀에 튜브를 넣는 방법으로 치료하는 이유를 알 수 있다.

세균의 형태와 크기, 배열은 매우 다양하다. 세균 세포의 평균적 크기는 약 1 μm 정도이지만 종류에 따라 다양한 크기를 가지고 있다. 지금까지 발견된 가장 큰 원핵생물은 아프리카 나미비아의 해양 퇴적물에 사는 세균이다. *Thiomargarita namibiensis*라는 이 원형의 세균은 100~750 μm(3/4 mm) 크기여서, 육안으로 볼 수 있다(**그림 4.2**). 반면에, **마이코플라스마**(*Mycoplasma*)라는 세균은 광학현미경 해상도의 한계인 0.15~0.30 μm 정도의 크기를 가지고 있는 가장 작은 세균이다. 그러나 마이코플라스마보다 10

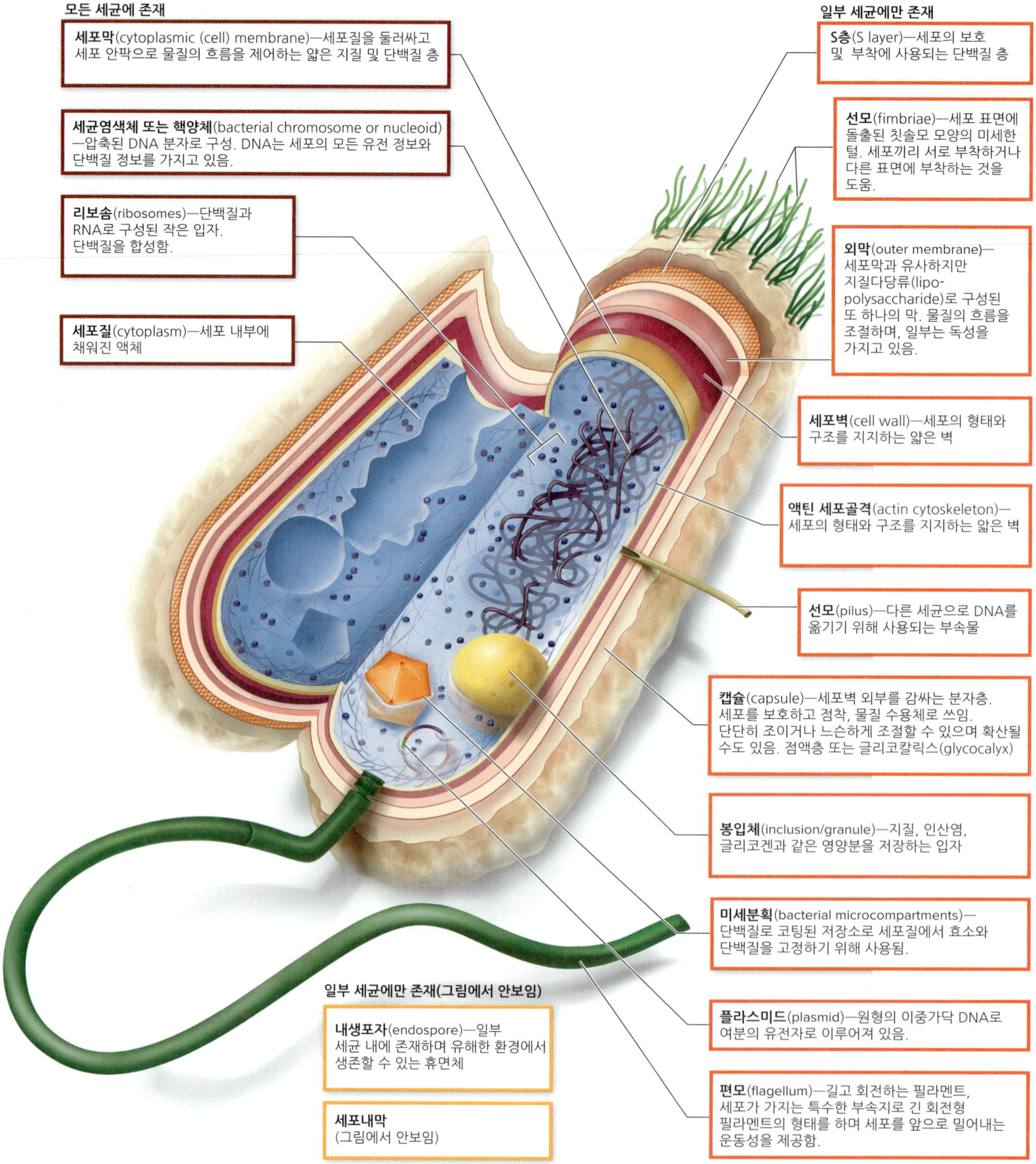

그림 4.1 세균 세포의 구조 주요한 구조적 특징을 보여주는 일반적 막대 모양 세균의 단면도

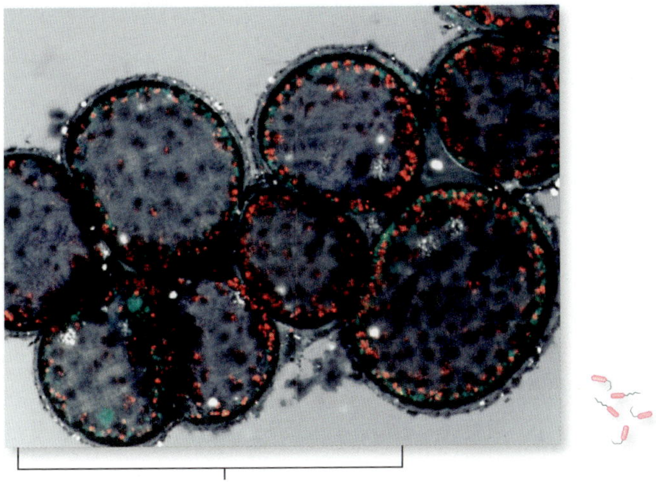

그림 4.2 *Thiomargarita namibiensis* 오른쪽에 크기를 비교하기 위해 대장균을 그려놓았다.

배 더 작고, 보통 세균 세포보다는 100배 더 작은 세균이 발견되어 새로운 논란도 있다. 이 작디작은 나노박테리아(nanobacteria, nanobes)는 0.05~0.2 μm의 크기로 혈액과 혈청에서 처음으로 분리되었으며 바다의 사암이나 수십 억년 된 광물에서도 발견되었다. 모든 미생물학자들이 이것을 진정한 미생물이라고 확신하지는 않지만 이것을 생명체의 크기에 대한 견해를 넓히는 사례로 볼 수 있다.

세균은 여러 가지 형태를 가지고 있지만, 대부분의 세균은 3가지 형태 중 하나이다(**그림 4.3**). 첫째로, 세포가 구형이나 공 모양이라면, **구균**(coccus)이라고 부른다. 구균은 완벽한 구의 형태를 가지기도 하지만 타원형, 콩 모양, 심지어 끝이 뾰족한 변종으로도 존재한다. 둘째, 원통형 세포를 **간균**(bacillus, rod)이라고 한다. 바실러스(*Bacillus*)라는 **속**(genus)도 있다. 막대 모양도 종에 따라 끝이 뾰족하거나, 뭉툭한 모양, 둥근 모양, 가늘고 긴 실 모양 또는 몽둥이 모양이나 드럼스틱 모양 등 그 모양이 다양하다. 막대 모

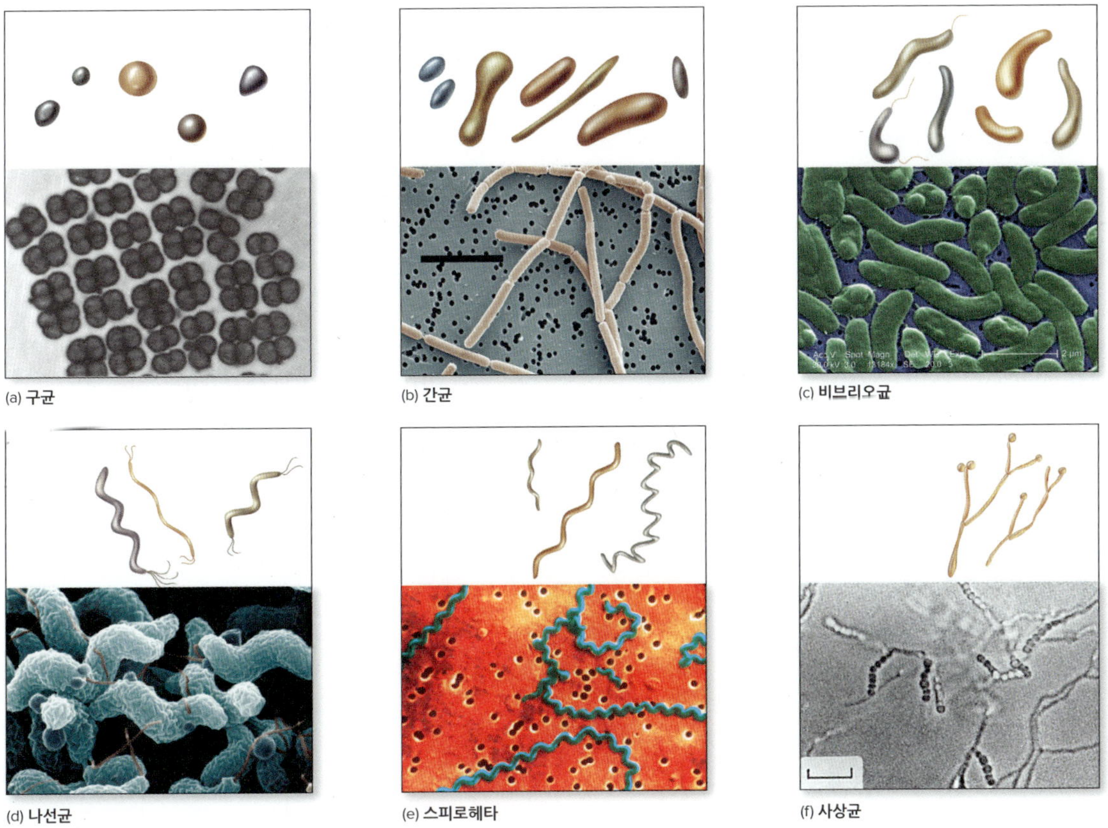

Key to Micrographs
(a) *Deinococcus* (2,000×) (b) *Lactobacillus bulgaricus* (5,000×) (c) *Vibrio cholerae* (13,000×) (d) *Aquaspirillum* (7,500×)
(e) Spirochetes on a filter (14,000×) (f) *Streptomyces* (1,500×)

그림 4.3 세균의 형태와 배열 구균, 간균, 비브리오균, 나선균, 스피로헤타, 사상균의 형태를 나타낸다. 각각의 그림 아래에는 해당 형태를 가진 대표적인 세균의 현미경 사진이다.

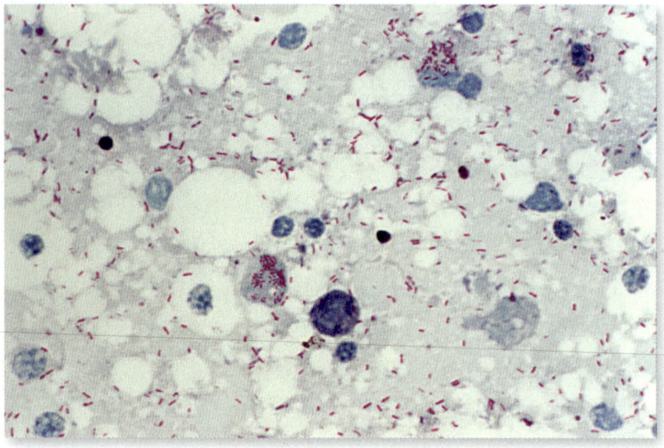

그림 4.4 세균의 다형성 세균 *Rickettsia rickettsii*의 현미경 사진을 자세히 보면 일부는 구형, 막대형을 나타내고 일부는 뒤섞인 형태를 띠고 있다.
CDC/Billie Ruth Bird

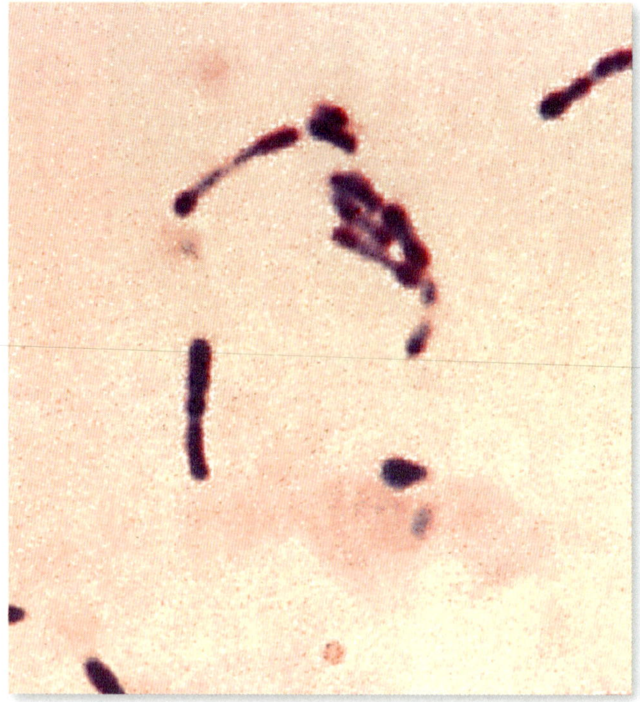

그림 4.5 울타리 배열을 나타내는 *Corynebacterium* 세균
CDC

양이 짧고 통통하면 **구간균**(coccobacillus)이라고 한다. 셋째는 구부러진 모양이다. 부드럽게 구부러져 있으면 **비브리오균**(vibrio)이라고 하며, 약간 구부러지거나 나선 모양의 원통을 가지며 두 번 이상 꼬여있는 나선형 세균은 **나선균**(spirillum)이라 부른다. **스피로헤타**(spirochete)라는 나선형 세균은 스프링과 유사한 가늘고 길며 유연한 형태를 가지고 있다. 세균 세포는 염색과 현미경으로 관찰하였을 때에는 2차원 평면형태로 주사전자현미경을 이용하면 3차원 형태로 보이므로 가장 잘 관찰할 수 있다(그림 4.3).

한 세균의 형태와 크기가 다양할 때도 종종 관찰되는데, 이는 **다형성**(pleomorphism)이라고 하는 현상이며 영양적 또는 약간의 유전적 차이로 인해 세포벽 구조가 달라진다(**그림 4.4**) 예를 들어, *Corynebacterium diphtheria*는 일반적으로 막대 모양으로 알려져 있지만, 배양했을 때에는 곤봉 모양, 길고 가는 실 모양, 공 모양과 같은 다양한 변이 형태가 나타난다. 마이코플라스마의 경우에는 세포벽이 존재하지 않아 형태의 변화가 가장 다양한 것으로 알려져 있다.

세균은 배열 또는 집단을 형성하는 방식에 따라서도 분류할 수 있다(그림 4.3). 세포 분열의 양상과 부착된 상태를 유지하는 방법에 따라 특정 세포의 배열이 달라질 수 있다. 가장 다양한 배열로 나타나는 것은 구균으로, 단일균, 2쌍이나 4쌍을 이루는 **쌍구균**(diplococcic), 불규칙한 집락을 형성[포도상구균(*Staphylococcus*), *Micrococcus*]하거나 수백 개의 사슬을 형성[연쇄상구균(streptococci)]하는 모양이 나타난다. 더 복잡한 집락은 **팔련구균**(sarcina)이라고 하는 8개, 16개 또는 더 많은 세포로 이루어진 입방형체이다. 이렇듯 구균의 상이한 집락은 구균이 단일평면, 2개의 수직면, 또는 여러 개의 교차하는 평면에서 딸세포가 분열하고, 분열 이후에 형성된 딸세포들이 모세포에 부착된 채로 있기 때문에 나타난다.

간균(bacilli)은 배열의 변동이 적으며 단일로 존재하거나 2개가 이어진 형태의 **쌍간균**(diplobacilli), 여러 개가 연쇄상으로 이어진 **연쇄상간균**(streptobacilli)으로 존재한다. **울타리형 간균**(palisades)은 세포말단이 부분적으로 붙어 있는 상태로 뒤로 접혀 골짜기 모양을 만들 수 있다(**그림 4.5**). **나선균**(spirilla)은 짧은 사슬형을 유지하지만, **스피로헤타**(spirochete)의 경우 분열 후에 서로 떨어져 있어 사슬형이 거의 유지되지 않는다.

4.1 학습 평가

1. 모든 세균이 가지고 있는 구조를 열거할 수 있다.
2. 일부 세균만 가지고 있는 4가지 구조를 확인할 수 있다.
3. 세균의 3가지 주된 형태를 설명할 수 있다.
4. 다른 특이한 형태를 가지는 세균에 대해 설명할 수 있다.
5. 세균의 배열을 설명하기 위한 최소 4개의 용어를 제시할 수 있다.

4.2 외부구조

부속기관: 세포의 연장부

세균 표면에는 여러 가지 유형의 부속기관이 존재한다. 이 중 긴 **부속기관**(appendages)이 모든 세균에 존재하지는 않는다. 부속기관은 운동성을 제공하는 것[편모(flagella) 및 축 필라멘트(axial filaments)]과 부착점 또는 통로를 제공하는 것[핌브리아(fimbriae)와 선모(pili)], 크게 2가지 그룹으로 나눌 수 있다.

편모-작은 프로펠러

세균의 **편모**(flagellum)는 정말 놀라운 구조의 부속기관이며 생물계에 존재하는 특이한 구조라고 할 수 있다. 편모의 주요 기능은 자체 추진력인 **운동성**(motility)을 세균에게 부여하여, 세포가 액체 내에서 자유롭게 유영할 수 있도록 한다.

세균의 편모는 매우 얇기 때문에, 이 구조를 관찰하려면 높은 배율의 현미경이 필요하다. 편모는 **편모섬유**(filament), 후크(hook), 기저체의 3부분으로 구성되어 있다(**그림 4.6**) **편모섬유**는 단백질로 구성된 나선형 구조로, 직경이 약 20 nm이고, 길이는 1~70 μm까지 다양하며 구부러진 관모양의 후크에 삽입되어 있다. 후크는 기저체에 의해 세포에 고정되어 있으며, 몇 개의 고리가 세포벽을 관통해 세포막과 외막에 단단히 고정되어 있다. 이 배열은 편모섬유와 후크가 프로펠러처럼 360° 회전할 수 있도록 한다.

주로 나선균(spirilla)과 일부 간균(bacilli), 그리고 소수의 구균(cocci)이 편모를 가지고 있으며, 편모의 수와 배열에 따라 2가지 패턴으로 나타난다(**그림 4.7**).

1. **극성**(polar) 배열에서 편모는 세포의 한쪽 끝이나 양쪽 끝에 붙어 있으며 3가지 유형으로 나눌 수 있다.
   - **단극모**(monotrichouw) – 하나의 편모를 가진다(**그림 4.7a**).
   - **속극모**(lopotrichous) – 세포의 한쪽 끝에 2개 이상의 편모를 가진다(**그림 4.7b**)
   - **양극모**(amphitrichous) – 세포의 양쪽 끝에 편모를 가지고 있다(**그림 4.7c**)
2. **주모성**(peritrichous)배열 – 세포 표면 전체에 편모가 무작위로 분산되어 있다(**그림 4.7d**).

운동성은 실험실에서 병원균을 동정하거나 진단하는 데 이용하는 정보 중 하나이다. 편모는 실험실에서 관찰하기 어렵지만 세균의 운동성 여부를 판단하는 것만으로도 충분하다. 운동성 여부는 반고체 배지에 끝이 뾰족한 백금이로 배양균을 찔러 넣는 방법으로 접종하거나, 현적 배양(hanging drop technique)을 한 후, 현미경으로 관찰하여 판단할 수 있다(3.2절 참조)

편모 기능의 장점 편모를 가진 세균은 꽤 정교한 기능을

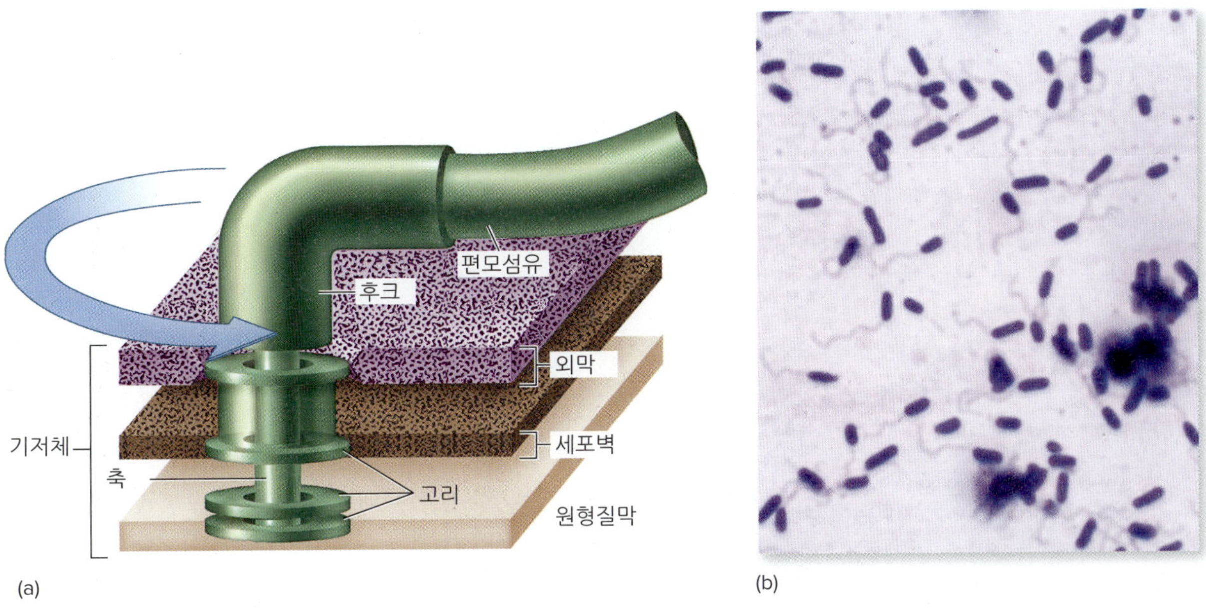

그림 4.6 그람음성 세균의 편모 기저체 세부구조 (a) 후크, 고리, 축은 편모섬유를 360° 회전시키는 도구로 함께 기능한다. (b) 현미경으로 관찰한 *Pseudomonas aeruginosa*의 편모.
© Lisa Burgess/McGraw-Hill Education

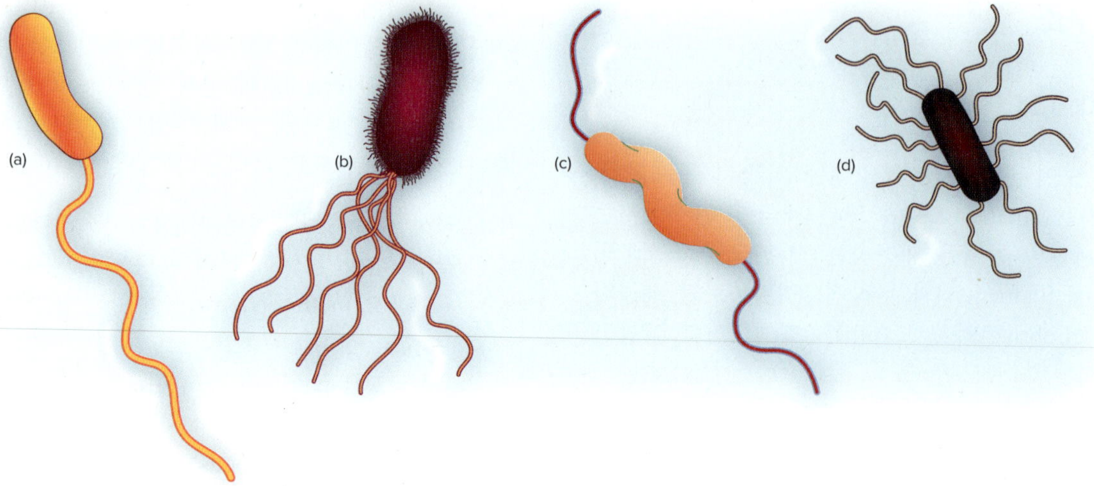

그림 4.7 편모 배열의 유형 (a) 단극성 편모 (b) 속극성 편모 (c) 양극성 편모 (d) 주모성 편모

수행할 수 있다. 바로 화학신호를 감지하고 움직이는 것이다. 이것은 **주화성**(chemotaxis)이라고 하는 행동의 일종으로 **양성 주화성**(positive chemotaxis)은 선호하는 화학적 자극(주로 영양물질)의 방향으로 세포가 움직이는 것이며, **음성 주화성**(negativie chomotaxis)은 기피하는 화학적 자극(주로 유해물질)으로부터 세포가 멀어지는 것이다.

편모는 화학물질을 검출하는 시스템과 편모를 움직이게 하는 기작이 연결되어 있기 때문에 주로 환경을 조작하여 세균을 유도할 수 있다. 세포막에는 인접한 환경으로부터 들어오는 특정 분자에 결합하는 수용체[1](receptor) 집단이 존재한다. 이 분자들이 충분히 많이 붙으면 편모에 신호가 전달되어 회전운동이 일어난다. 편모가 회전하기 위한 실질적인 "연료"는 세균의 물질대사에 의해 발생하는 양성자(수소이온)의 농도차이며, 세포막 내에서 편모에 일부 결합하거나 분리되면서 편모섬유가 회전하게 한다. 여러 개의 편모가 존재한다면 서로 협동하여 집단으로 회전한다(**그림 4.8**).

편모가 반시계방향으로 회전할 때 세포는 자극을 향해 부드럽게 직선형으로 헤엄치는데 이것을 **주행**(run)이라고 한다. 주행은 **회전**(tumble)에 의해 다양한 간격으로 중단되며, 이때 편모가 방향을 바꾸거나 정지하게 된다.

주행과 회전이 연속적으로 일어나면 세균에서 무작위로 움직이는 형태(random walk)의 운동성을 일으킨다. 그러나 유인물질의 농도차에 따라 세균은 회전을 억제하고 더 오랜 시간 주행하도록 하여 유인물질이 존재하는 방향으로 나아가게 된다(**그림 4.8**). 이러한 운동을 편향된 무작위 운동성(biased random walk)이라고 하며, 세포는 유인물질 방향으로 치우쳐 움직이게 된다. 하지만 편모를 가진 세균이 독성물질로부터 도망치고자 할 때는 어떤 일이 일어날까? 이 경우에는 무작위 운동성(random walk)이 기피물질로부터 멀어지도록 움직이게 된다. 세균은 회전을 지연시키고 오랫동안 주행하면서 유해한 자극으로부터 멀어지도록 방향을 바꾼다(**그림 4.9**) 광합성 세균 중 일부는 화학물질보다는 빛에 반응하여 움직이는데 이것을 **주광성**(phototaxsis)이라고 한다.

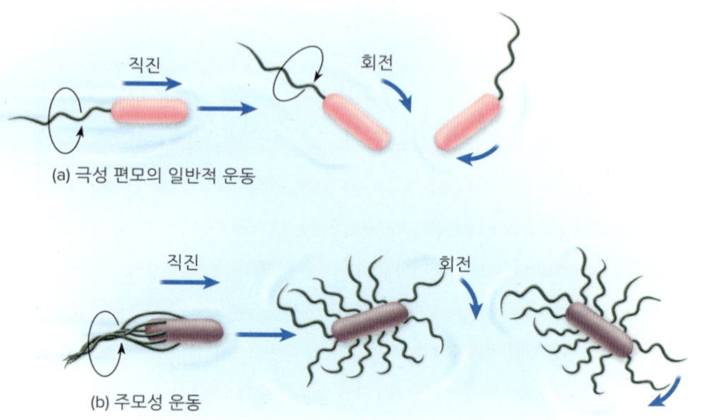

그림 4.8 한쪽 말단에 주모성 편모를 가진 세균에서 편모의 작동과 이동방식 (a) 일반적으로 극성 편모가 반시계방향으로 회전하면, 세포는 앞으로 나아간다(swim). 편모가 방향을 바꿔 시계방향으로 회전하면 세포는 멈추고 회전을 한다. (b) 주모성 형태의 편모는 세포의 한쪽 끝에 몰려있고 집단으로 회전한다. 회전을 할 때에는 편모 운동이 일어나지 않는다.

1 세포 표면에서 다른 분자와 특이적으로 결합하는 분자

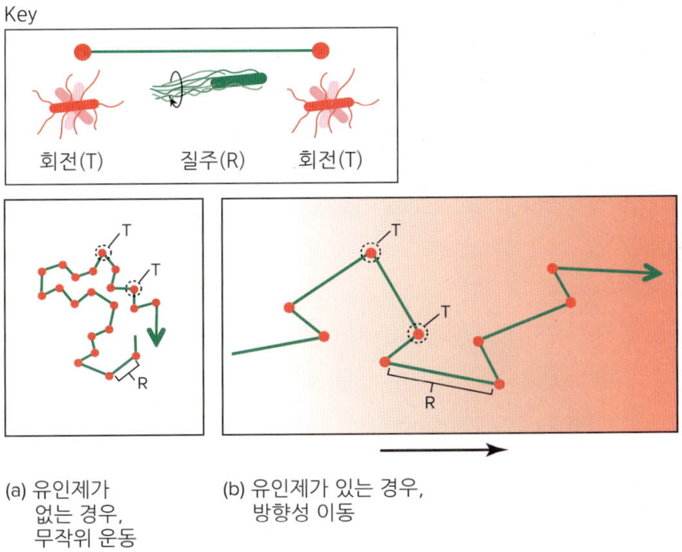

그림 4.9 세균의 주화성 (a) 유인물질이나 기피물질이 없을 때 세균은 짧은 주행과 회전을 무작위로 반복하여 이동한다. (b) 유인물질에 가까이 갈수록 주행하는 시간이 길어진다.

주변세포질 편모

스피로헤타(spirochetes)는 나사모양의 세균으로 2개 이상의 길고 꼬불꼬불한 실, 주변세포질 편모(periplasmic flagella) 또는 **축 섬유**(axial filaments)에 의해 발생하는 불규칙하고 꿈틀거리는 움직임을 보인다. 주변세포질 편모(periplasmic flagella)는 세포 내부에 존재하는 편모의 일종으로 세포막과 세포벽 사이의 공간을 둘러싸고 있다(**그림 4.10**). 편모섬유는 스피로헤타(spirochete) 주위를 둘러싸고 세포가 자유롭게 수축하고 구부러져 움직일 수 있도록 한다. 많은 고세균들도 편모를 가지고 있는 것으로 알려져 있지만, 최근 연구결과에 따르면 고세균의 편모는 세균의 편모와 구조가 상당히 다른 것으로 밝혀졌다. 일부 과학자들은 이를 **고편모**(archaellum)라고 한다.

부착과 교배를 위한 부속기관

세균 편모의 주된 기능은 운동성이지만, 어떤 세균의 편모는 세포가 다른 표면에 부착하는 데 사용되기도 한다. **선모**(pili)와 **핌브리아**(fimbria)는 둘 다 운동성이 아니라 세균의 표면에 존재하는 부속기관으로 일종의 접착력을 제공한다. 전체적인 세포 구조를 생각했을 때, 세균의 부착은 병원성, 즉 질병을 일으키는 능력을 향상시킬 수 있다. 따라서 이러한 구조를 표적으로 새로운 항생제를 개발해야 한다.

핌브리아는 주로 세균의 표면에 돋아 있는 짧고 뻣뻣한 털 같은 섬유 형태이며, 대부분 단백질로 구성되어 있다(**그림 4.11**). 핌브리아는 표면에서 서로 붙는 성질을 가지고 있어서 액체 표면에서 세포가 두껍게 모여 생물막을 형성하거나, 암석이나 유리 같은 고체에서 미생물 집락(colony)이 만들어지는 것과 관련이 있다(**들여다보기 4.1**). *Gonococcus*와 일부 병원성 대장균은 그들이 가진 핌브리아가 숙주의 상피세포에 단단히 부착하여 숙주 조직에 집락을 형성하고 감염을 일으킬 수 있다(**그림 4.11b**). 이러한 병원균이 핌브리아가 없는 돌연변이 형태가 되면 숙주를 감염시킬 수 없게 된다.

선모(pilus)는 **필린**(pilin) 단백질로 만들어진 길고 단단

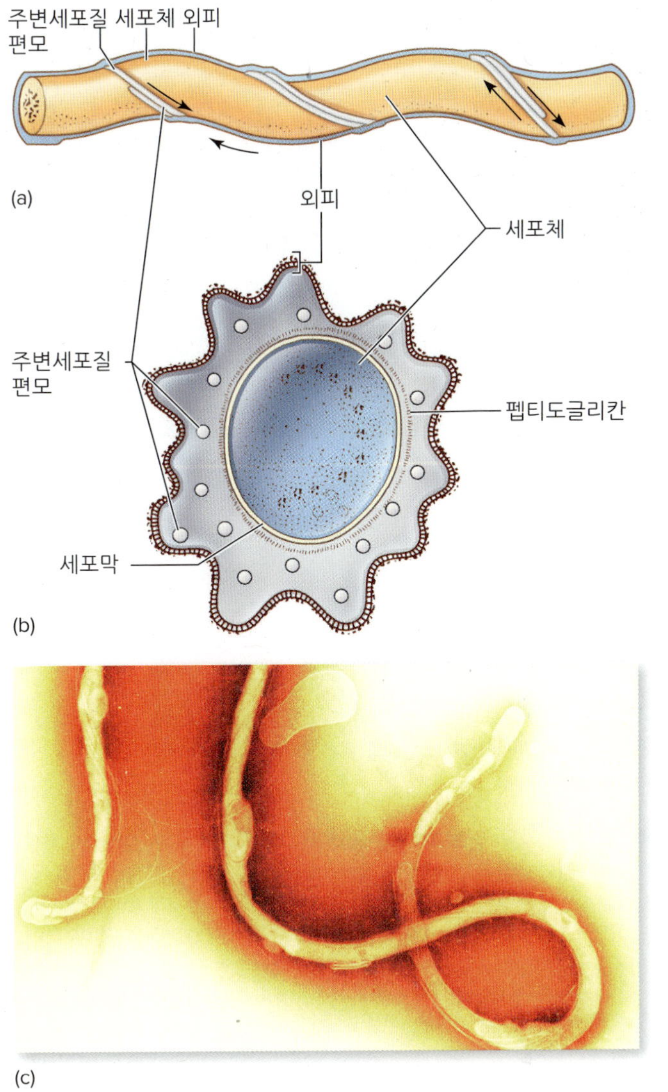

그림 4.10 스피로헤타 세포에서 주변세포질 편모의 방향 (a) 종단면. (b) 횡단면(말단 부위). 편모섬유가 수축함으로 인해 회전 및 곡선형의 운동패턴이 만들어진다. (c) 라임병을 일으키는 *Borellia burgdorferi* 주변세포질 편모의 전자현미경사진. 오른쪽이 올바른 편모의 위치이며, 왼쪽은 표본을 만드는 동안 편모가 외막을 빠져나온 것이다.
NIH/Tina Carvalho, University of Hawaii at Manoa

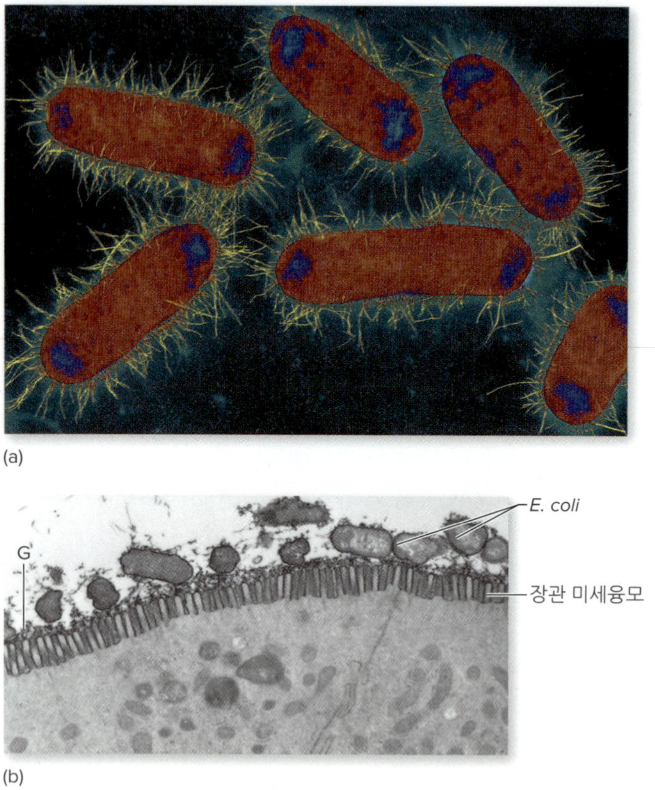

그림 4.11 세균 핌브리아의 형태와 기능 (a) 일부 병원성 대장균(*E.coli*)은 핌브리아라고 불리는 짧고 뻣뻣한 털 같은 섬유로 덮여 있다(30,000×). 양쪽 말단의 진한 파란색 과립은 염색체이다. (b) *E. coli*는 핌브리아에 의해 소장 융모에 단단히 부착되었다(12,000×). 이것이 감염이 일어났을 때 세균이 인체 조직에 달라붙는 방법이다. (G: 글리코칼릭스)

(a) © Eye of Science/Science Source; (b) Dr. S. Knutton from D.R. Lloyd and S. Knurron, Infection and Immunity, January 1987, p 86-92. © ASM

한 관 모양이다. 지금까지 선모는 그람음성 세균에서만 발견되었으며, 한 세포가 다른 세포로 DNA를 전달하는 접합(conjugation)[2]이라고 하는 세균들 사이의 교배과정에 쓰인다(**그림 4.12**). 공여세포(donor cell)의 선모는 수용세포(recipient cell)와 결합하여 DNA를 전달할 수 있을 만큼 가까워지게 한다. 선모의 형성은 유전적으로 조절되며, 접합은 서로 호환이 가능한 그람음성 세균 사이에서만 일어난다. 접합은 일부 그람양성 세균에서도 일어나지만 이 경우에는 선모가 관여하지 않고 다른 접합 단백질에 의해 일어난다. 일부 세균에는 제4형 선모(Type IV pilus)라고 하는 특별한 구조가 있는데 선모와 마찬가지로 유전물질을 옮길 수 있다. 또한 핌브리아처럼 작용하여 부착을 돕고, 편모처럼 세균이 이동할 수 있게 한다. 선모와 접합의 역할은 9.4절에서 좀 더 자세히 설명할 것이다.

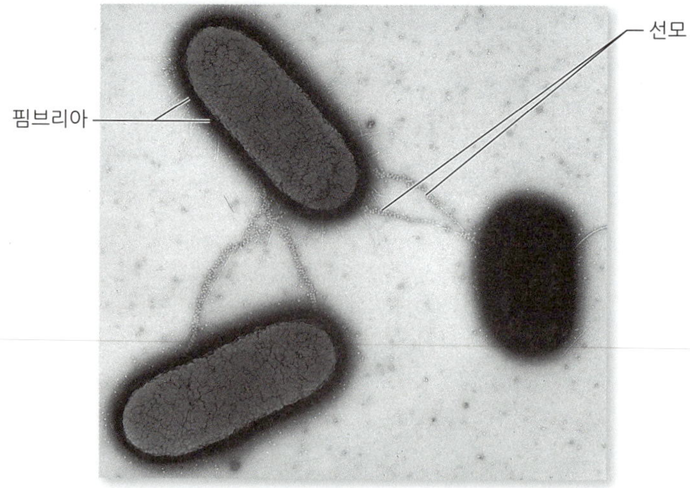

그림 4.12 접합 중인 3개의 세균 선모가 공여체(오른쪽 세포)와 2개의 수여체(왼쪽 세포들) 사이에 공동의 접합 다리를 형성하고 있다. 왼쪽 세포들에서 핌브리아도 관찰할 수 있다.

© L. Caro/Science Source

표면피복: S층과 글리코칼릭스(당질피질)

세균의 세포 표면은 심각한 환경조건에 자주 노출된다. 세균은 **S층**(S layer)이나 **글리코칼릭스**(glycocalyx, 당질피질)를 사용하여 스스로를 보호한다. S층은 수천 개의 단백질이 작은 사슬 갑옷처럼 서로 연결된 단일층으로 종종 세균 세포의 "갑옷"이라고 불린다. 세균은 불리한 환경에서만 S층을 만들기 때문에 과학자들이 오랫동안 발견하지 못했는데, 그 이유는 실험실에서 배양할 때에는 경쟁요인이 없는 유리한 환경이었기 때문에 세균이 S층을 만들지 않았기 때문이다. 이제는 *Clostridium difficile*, *Bacillus anthracis*와

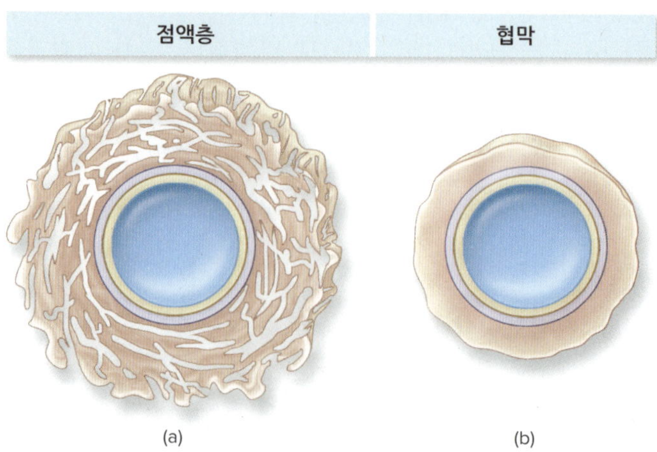

그림 4.13 세균 단면에서 나타나는 글리코칼릭스의 2가지 유형 (a) 점액층은 느슨한 구조로 제거하기 쉽다. (b) 협막은 두껍고 구조화된 층으로 쉽게 제거되지 않는다.

2 이 과정에서 짝짓기라는 용어가 가끔 사용되기도 하지만, 이것은 짝짓기의 일종이 아니다.

들여다보기 4.1 임상: 생물막은 복잡하게 감염을 일으킨다

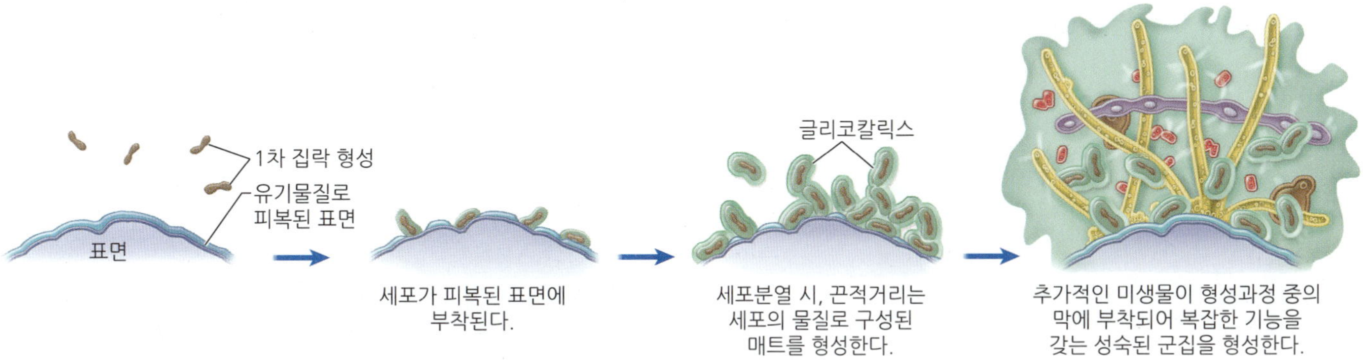

여러분은 이미 화장실 안쪽, 샤워실, 심지어 치아에 쌓여 있는 이것을 본 적이 있다. 이 끈적끈적한 것은 여러분이 한동안 청소하지 않았다는 증거일 뿐만 아니라, **생물막**(biofilm)이라고 불리는 미생물의 집락이다. 과학자들은 세균이 독립적으로 **떠다니거나**(planktonic), 단일세포 형태로 존재하지 않고 다른 종의 세균이나 고세균, 곰팡이, 조류와도 서로 조합을 만들고 있다는 것을 발견했다. 미생물들은 음식물, 물, 대기 등의 다양한 환경에 접근해서 그곳을 자신들의 서식에 좋은 장소로 활용하기 위해 생물막을 형성한다. 종종 산소 농도가 높은 표면 근처의 호기성 미생물과 산소 농도가 낮은 바닥 근처의 혐기성 미생물로 층을 이루고 있다. 생물막 내의 세균들은 각각의 알맞은 자리에 존재한다.

생물막은 수많은 불활성물질에서 만들어질 수 있는데, 일반적으로 표면이 축축한 곳에서 다당류, 당단백질과 같은 유기물질이 얇은 층을 만든 경우다. 생물막의 약간 끈적끈적한 질감은 세균이 표면에 붙어 증식할 수 있도록 끌어들인다. 처음 집락을 형성한 세포가 자라면서 세포 신호 수용체, 선모, 점액층, 캡슐, 심지어 다른 미생물을 표면으로 끌어들이는 DNA 같은 물질을 분비한다. **정족수 인식**(quorum sensing)이라고 하는(7.2절 참조) 이 세포 간의 통신은 다양한 종의 미생물이 함께 성장하며 더 많은 세포외 물질(위 도면에 녹색으로 표시된 부분)을 분비할 수 있게 한다. 생물막은 어디에서 자라기 시작하고 얼마나 오랫동안 그곳에서 자라왔는가(또는 양치질한 후의 시간이 얼마나 되었는가)에 따라 두께가 다를 수 있다.

생물막은 또한 의학적으로 중요한 의미를 가지고 있다. 종종 미생물은 심장판막과 같은 손상된 조직이나 치아와 같은 딱딱한 표면에 축적된다. 또한 자궁 내 장치, 카테터, 단락(shunt), 위루관(gastrostomy tubes), 요로카테터와 같은 이식된 의료기기의 표면에 쉽게 생물막을 형성할 수 있다. 이런 종류의 감염은 치료하기 매우 어려운데 그 이유는 항생제가 생물막의 두꺼운 글리코칼릭스에 침투할 수 없기 때문이라고 추측하고 있다. 최근 연구에 따르면 미생물은 생물막 형태에서 다른 유전자를 작동시켜 항생제 처리를 견딜 수 있게 된다는 것이 밝혀졌다. 생물막에 의한 감염을 치료할 수 있는 방법을 찾는 것은 현재 계속되고 있으며, 미국에서만 생물막에 의한 감염을 치료하는 데 연간 10억 달러 이상의 비용이 드는 것으로 추산된다.

같은 병원균을 포함한 많은 세균들이 S층을 만들 수 있다는 것이 알려졌다. 뿐만 아니라, 일부 세균은 S층을 표면에 부착하는 데 사용하기도 한다.

글리코칼릭스는 다당류와 당단백질들이 반복된 껍데기의 형태로 만들어지며, 세포를 보호하고 때로는 세포가 표면에 붙는 것을 돕는다. 글리코칼릭스는 세균마다 두께, 조직,

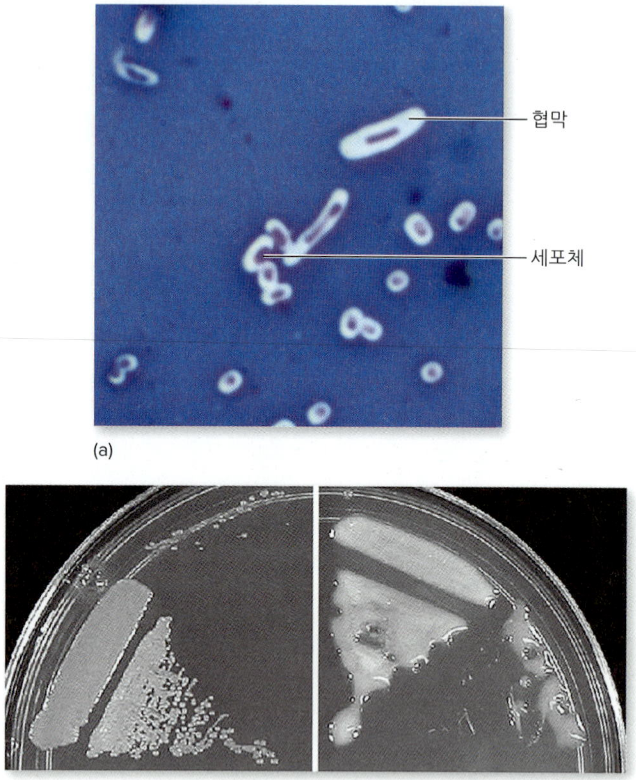

그림 4.14 협막으로 싸인 세균 (a) 음성 염색을 통해 잘 발달된 협막의 외관을 관찰할 수 있다. (b) *Sinorhizobium*이라는 토양 세균의 협막이 없는 형태(왼쪽)과 협막이 만들어진 형태(오른쪽)의 집락.
(a) © Lisa Burgess/McGraw-Hill Education; (b) Courtesy Graham C. Walker

화학성분이 다르다. 일부 세균은 **점액층**(slime layer)이라는 느슨한 보호막으로 덮여있어 물과 영양분의 손실을 막을 수 있다(**그림 4.13a**). 글리코칼릭스는 **협막**(capsule)이라고 부르는 점액층보다 밀도가 높고 두꺼운 층을 생성하여 세포와 더 밀접하게 결합하고 있다(**그림 4.13b**). 협막은 특수한 염색 기술을 이용하여 관찰할 수 있으며(**그림 4.14a**) 고체 배지에 배양했을 때 끈적끈적한 점액질 모양의 집락을 형성한다(**그림 4.14b**).

글리코칼릭스의 전문화된 기능

Streptococcus pneumoniae(폐렴의 원인), *Haemophilus influenzae*(수막염의 원인), *Bacillus anthracis*(탄저병의 원인) 같은 많은 병원성 세균이 협막을 만들어낸다. 협막은 세균을 백혈구의 일종인 식세포(phagocyte)로부터 보호하기 때문에 일반적으로 병원성이 더 강하다. 식세포는 식균작용을 통해 외부세포를 집어삼켜 파괴하는 자연스런 인체의 방어체계로 감염을 예방한다. 그러나 협막으로 둘러싸인 세균은 식세포가 세균에 부착하여 식균작용을 할 수 없도

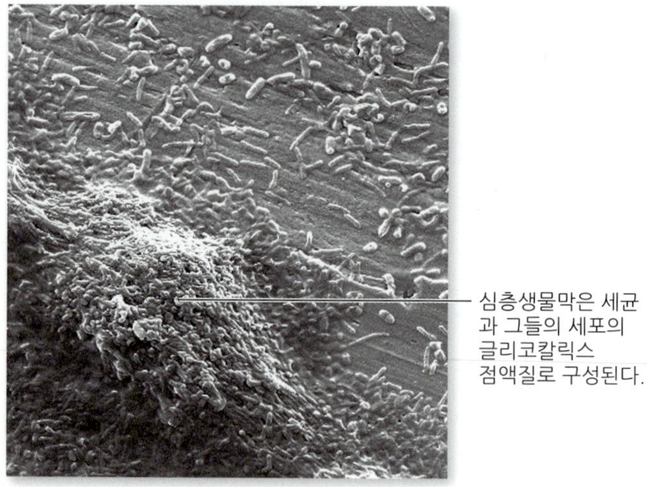

그림 4.15 생물막 형성 물속에서 발견되는 *Legionella pneumophila*가 만들어낸 생물막의 전자현미경 사진.
CDC/Janice Carr

록 막을 수 있다. 식균작용을 회피하면서 세균은 자유롭게 증식하고 인체조직을 감염시킬 수 있다. 그렇기 때문에 협막을 가진 세균이 협막이 없는 형태로 돌연변이가 일어나면 질병을 일으키는 능력을 잃게 된다.

생물막을 형성하는 데에도 글리코칼릭스가 중요한 역할을 한다. 치아 표면에 만들어지는 두껍고 하얀 치태(plaque)는 구강 내에 있는 연쇄상구균(streptococci)이 만들어낸 점액물질이다. 이 점액물질은 치아에서 세균이 떨어져 나가는 것을 막아주고 치주질환을 일으킬 수 있는 다른 세균이 부착할 수 있는 장소를 제공한다. 일부 세균의 글리코칼릭스는 접착력이 매우 높아서 플라스틱 카테터, 자궁 내 장치, 그리고 금속 심박 조절장치와 같은 의료 기기들에 지속적으로 집락을 형성할 수 있게 한다(**그림 4.15**).

4.2 학습 평가

6. 5가지 유형의 세균 외부구조와 기능을 설명할 수 있다.
7. 유인물이 있는 곳에서 편모가 어떻게 작동하는지 설명할 수 있다.

4.3 세포 외피: 세균의 경계층

대부분의 세균은 **세포 외피**(cell envelope)라고 불리는 세포질 바깥쪽에 위치하며 화학적으로 복잡한 구조의 외부덮

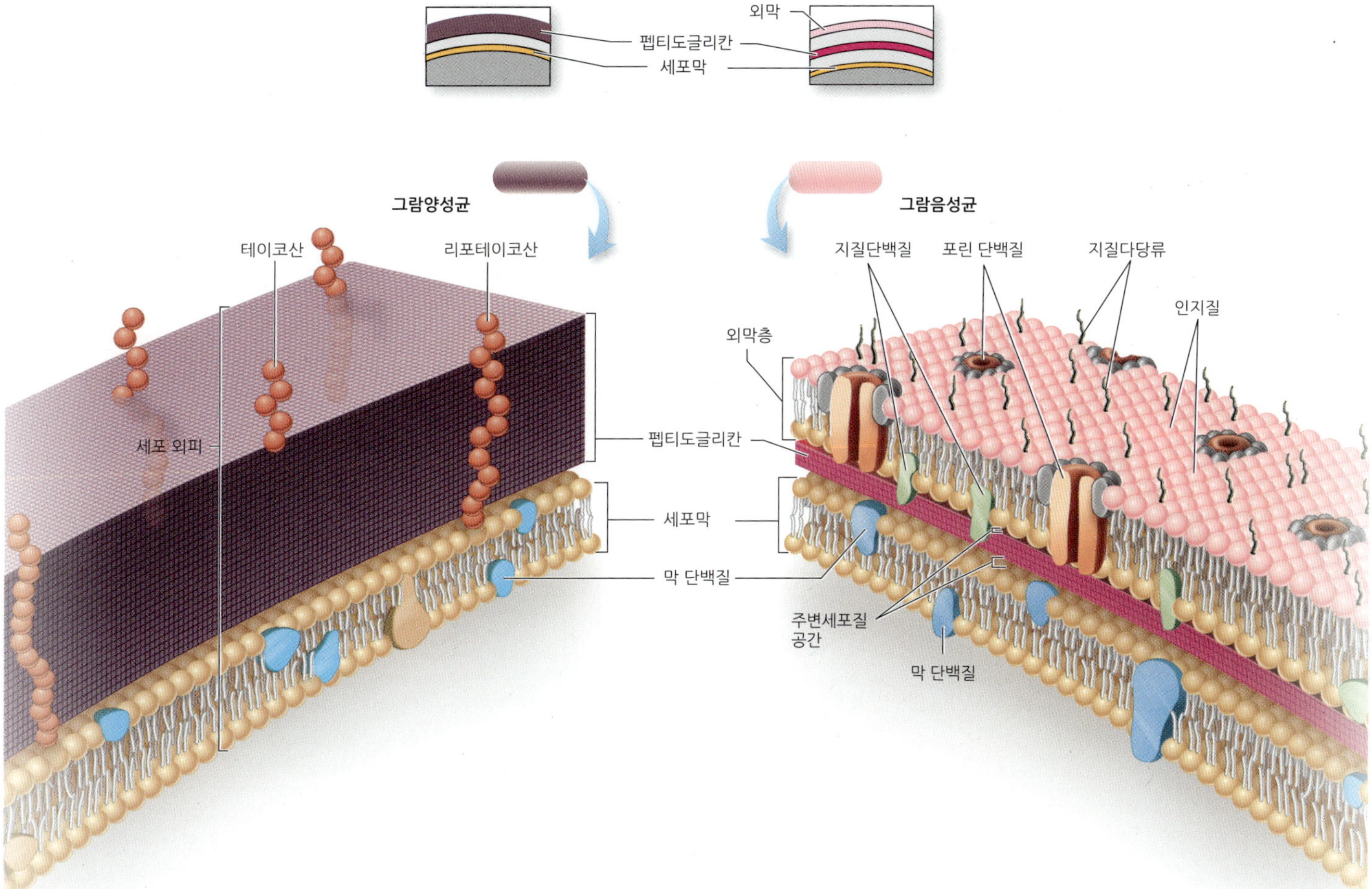

그림 4.16 그람양성과 그람음성 세포 외피의 상세 구조 비교

개를 가지고 있다. 세포 외피는 2~3개의 층으로, 세포벽, 세포실막 그리고 일부 세균이 가지고 있는 외막으로 구성되어 있다. 외피 층은 겹겹이 쌓여 있으며, 단단히 결속되어 있다.

세균 외피 구조의 차이

세균의 상세한 구조가 알려지기 이전인 100여 년 전에, 덴마크의 의사인 그람(Hans Christian Gram)은 구조가 다른 2가지 그룹의 세균을 구별하는 염색 기술인 **그람염색법**(Gram stain)을 개발했다(**들여다보기** 4.2). 이 기술로 **그람양성 세균**(gram-positive bacteria)과 **그람음성 세균**(gram-negative bacteria)을 확인할 수 있다.

그람양성과 그람음성이라는 명칭으로 나타내는 구조적 차이는 세포 외피에 있다(**그림** 4.16). 그람양성 세균을 현미경으로 관찰하면 주로 펩티도글리칸으로 구성된 두꺼운 세포벽과 세포막을 볼 수 있다. 그람음성 세균의 세포 외피는 외막, 얇은 세포벽, 세포막으로 이루어져 있다.

바깥쪽에서 안쪽으로 보면, 외막은 존재하는 경우에 한해 글리코칼릭스 바로 아래에 있다. 다음은 세포벽이 있고 가장 안쪽 층에 세포막이 있다. 일부 세균만 외막을 가지고 있기 때문에, 먼저 세포벽에 대해 알아보자.

세포벽의 구조

세포벽(cell wall)은 세균의 중요한 특성으로 설명할 수 있다. 일반적으로 세균의 형태를 결정하는 데 도움이 되며, 삼투압의 변화로 세균이 터지는 것을 막기 위해 필요한 구조적 지지대이다. 이러한 방식으로 세포벽은 자전거 타이어처럼 모양을 유지하고 세포가 팽창될 때 섬세한 내부의 관들(세포막)이 터지지 않게 한다.

대부분 세균의 세포벽은 **펩티도글리칸**(peptidoglycan, PG)이라고 불리는 독특한 거대 분자 덕분에 단단한 성질을 갖고 있다. 펩티도글리칸은 짧은 펩티드(단백질) 조각이 긴

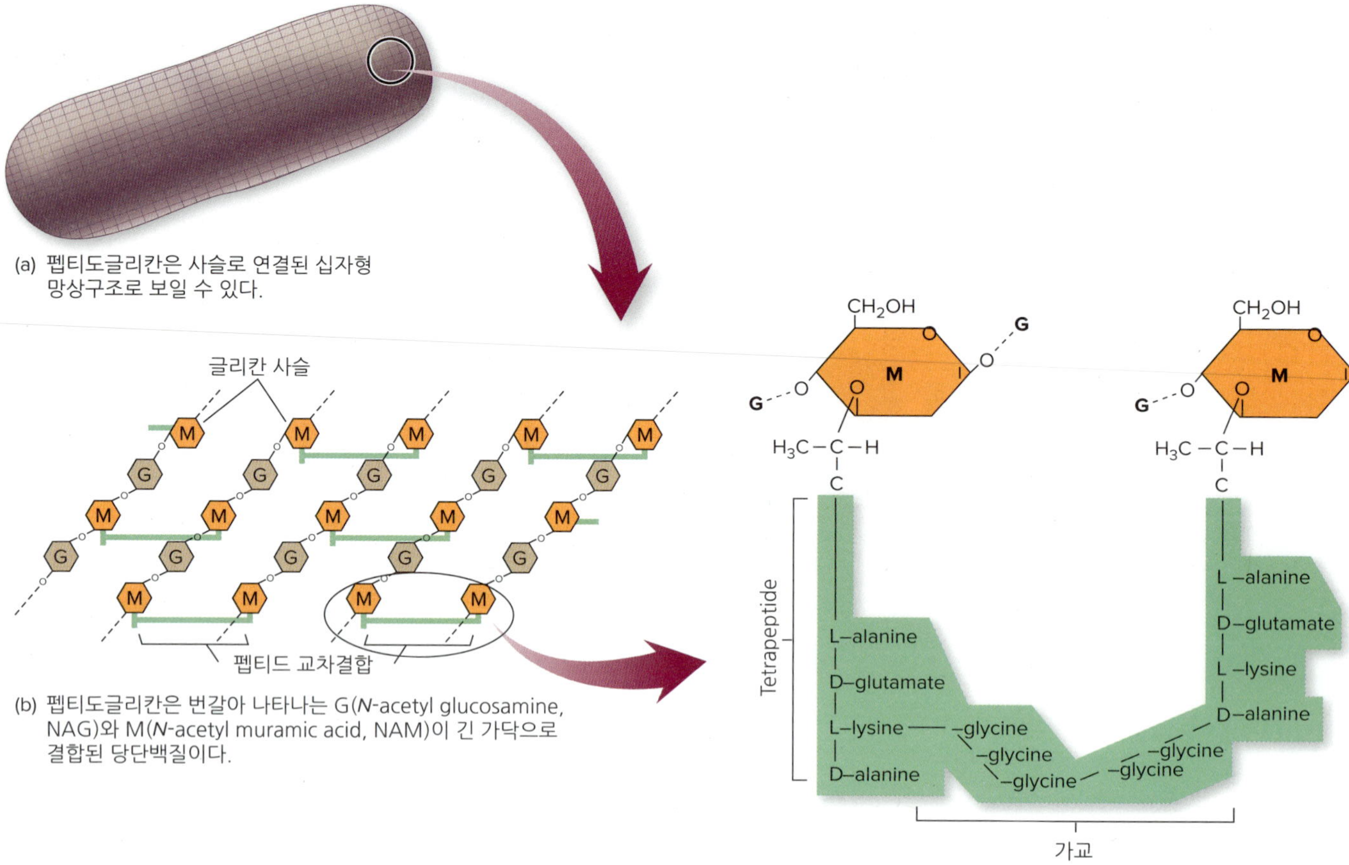

(a) 펩티도글리칸은 사슬로 연결된 십자형 망상구조로 보일 수 있다.

(b) 펩티도글리칸은 번갈아 나타나는 G(*N*-acetyl glucosamine, NAG)와 M(*N*-acetyl muramic acid, NAM)이 긴 가닥으로 결합된 당단백질이다.

(c) 뮤라믹산 사이의 연결을 상세하게 보여주는 모식도: 뮤라믹산으로부터 갈라져 나오는 테트라펩티드사슬은 아미노산들로 이루어진 교차다리로 연결된다.

그림 4.17 세포벽 내의 펩티도글리칸 구조

글리칸(당)과 그물처럼 얽혀 반복적인 사슬형태의 강력하고 유연한 골격을 만든다(**그림 4.17**). 펩티도글리칸의 양과 정확한 조성은 주요 세균분류군마다 다양하다.

많은 세균이 용존물질의 농도가 낮은 수생 서식지에서 살기 때문에, 삼투현상에 의해 지속적으로 많은 물을 흡수한다. 세포벽에 단단한 펩티도글리칸이 없었다면 세균은 내부 압력이 높아져 파열될 것이다. 이러한 세포벽의 기능은 제약 산업에 매우 큰 도움이 되어 왔다. 감염을 치료하는 데 사용되는 여러 종류의 약물(페니실린, 세팔로스포린)은 펩티도글리칸의 펩티드 결합을 표적으로 하여 세포벽을 해체시키기 때문에 효과적이다. 세포벽이 불완전하거나 없어진 상태에서, 세포들은 붕괴나 파열과 같은 **용해**(lysis)과정으로부터 거의 보호받을 수 없다. 눈물과 타액에 함유된 효소인 리소자임(lysozyme)은 특정세균에 대해 글리칸 사슬의 결합을 가수분해하여 세포벽을 파괴하는 작용으로 방어한다(11.3절에서 항균화학물질의 작용에 대해 설명한다).

그람양성 세포벽

그람양성 세포벽의 대부분은 두께가 20~80 nm 범위의 두껍고 균질한 펩티도글리칸 층이다. 또한 **테이코산**(teichonic acid)과 **리포테이코산**(lipoteichonic acid)을 포함한 산성다당류가 촘촘하게 결합되어 있다(그림 4.16) 테이코산은 리비톨이나 글리세롤(알코올), 인산염의 중합체로 펩티도글리칸 층에 박혀 있다. 리포테이코산은 테이코산과 구조가 비슷하며 세포막의 지질에 붙어 있다. 이 분자들은 세포가 분열하는 동안 세포벽을 유지하고 팽창시키는 기능을 할 뿐만 아니라 표면을 산성으로 변화시키기도 한다.

그람음성 세포벽

그람음성 세포벽은 펩티도글리칸 한 가지로 된 얇은(1~3 nm) 층이다. 앞에서 설명한 바와 같이 상당히 단단한 구조이지만, 얇기 때문에 그람음성 세균이 상대적으로 유연성이 크고 용해에 대해 민감하다.

들여다보기 4.2 연구: 그람염색법

1884년, 그람(Hans Christian Gram)은 감염성 세균을 더 관찰하기 쉽게 하는 염색 기술을 창안하였다. 이 기술은 크리스탈바이올렛(1차 염색제), 그람의 요오드(매염제), 알코올(탈색제), 그리고 대조 염색제(2차 염색제)로 구성된 염색제를 시간을 두고 순차적으로 적용하는 것이다. 처음 사용된 대조 염색제는 노란색 또는 갈색을 띠었고, 후에 적색을 띠는 사프라닌으로 바뀌었다. 보라색으로 염색된 세균을 그람양성이라고 하고, 적색으로 염색된 세균을 그람음성으로 구분하였다.

이러한 염색반응은 세포가 전하를 띠는 염료를 끌어당기기 때문이지만, **그람양성**(gram-positive)과 **그람음성**(gram-negative)의 의미는 세포의 전하 차이나 염료를 구분하는 것이 아니라, 탈색 후 세포가 1차 염료와 요오드 복합체를 가지고 있는지의 여부를 구분하는 것이다. 그람양성 세균의 1차 염료에 대한 반응 또는 그람음성 세균의 대조 염색제에 대한 반응이 특이한 것은 아니다. 그람염색의 결과는 세포벽의 구조적 차이와 세포에 적용된 시약에 대해 어떻게 반응하는지에 따라 다르다.

첫 번째 단계에서, 크리스탈 바이올렛으로 세포를 염색하면, 모두 자주색을 띠고 있다. 두 번째 단계에서 그람의 요오드(매염제)를 첨가하면 중요한 차이점이 나타나게 된다. 이 매염제는 염료가 세포벽의 그물처럼 짜여진 펩티도글리칸 사이에서 복합체를 형성하게 하여 안정화시킨다. 그람양성 세포의 펩티도글리칸 층이 더 두껍기 때문에, 그람양성 세포가 좀 더 많은 부분이 염색된다. 3단계에서 알코올을 첨가하면 그람음성 세포 외막의 지질이 녹아 펩티도글리칸 층에서 1차 염료인 크리스탈바이올렛이 빠져나간다. 이와는 대조적으로 그람양성 세포의 펩티도글리칸 층에 촘촘히 박혀 있는 크리스탈바이올렛 결정체들은 상대적으로 알코올에 접근하기 어려워 잘 제거되지 않는다. 그람음성 세포는 탈색 후에는 무색을 띠기 때문에, 최종단계에서 대조 염색제인 사프라닌으로 염색하여 구분한다.

그람염색은 오늘날까지 세균 분류와 식별을 위한 보편적인 기준으로 남아 있다. 또한 감염을 진단하고 약물치료를 결정하는 데 실질적인 도움을 준다. 예를 들어 소변이나 기도 시료를 그람염색하여 관찰하면 감염의 원인을 정확히 파악할 수 있으며, 경우에 따라 이 결과에 근거하여 약물치료를 시작할 수도 있다. 현대의 의료기술이 정교해졌음에도 불구하고, 그람염색은 진단에서 여전히 중요하고 탁월한 도구이다.

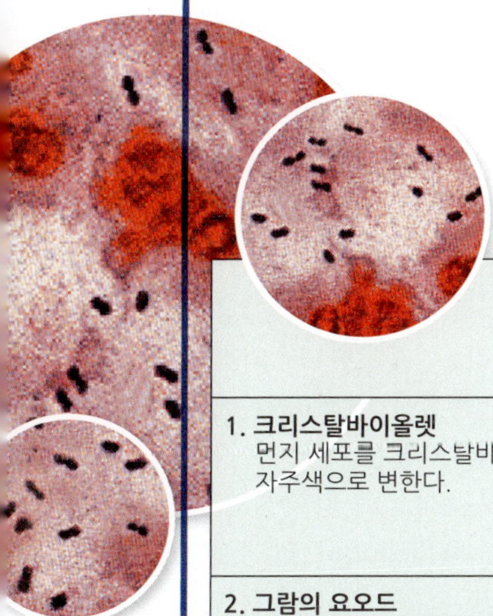

단계	현미경 아래에서의 세포 모양		세포벽에서 일어나는 화학반응	
	그람 (+)	그람 (–)	그람 (+)	그람 (–)
1. 크리스탈바이올렛 먼지 세포를 크리스탈바이올렛으로 염색한다. 염색 후 모든 세포는 자주색으로 변한다.			그람양·음성균 모두가 염색제로 염색된다.	
2. 그람의 요오드 그런 다음, 매염제인 그람의 요오드를 추가한다. 요오드는 염색제가 세포벽의 펩티도글리칸 망상구조와 커다란 복합체를 형성하게 하는 안정제이다. 그람양성 세포벽이 그람음성 세포벽보다 두껍기 때문에 복합체를 더 단단하게 만들 수 있다.			염색제 · 복합체가 세포벽에 붙어 있다.	요오드의 효과가 없다.
3. 알코올 첨가한 알코올이 그람음성세포 외막의 지질을 용해하여 펩티도글리칸 층에서 크리스탈바이올렛을 제거한다.			염색제 · 복합체가 세포벽에 남아 있다.	외막이 약해지고 세포벽에서 염색제가 빠져나간다.
4. 사프라닌(대조염색제) 그람음성세균은 알코올에 의해 탈색되어 무색이 되므로 대조염색제인 사프라닌으로 염색하여 붉게 보이게 한다.			붉은 염색제는 보라색에 가려진다.	무색의 세포가 붉게 염색된다.

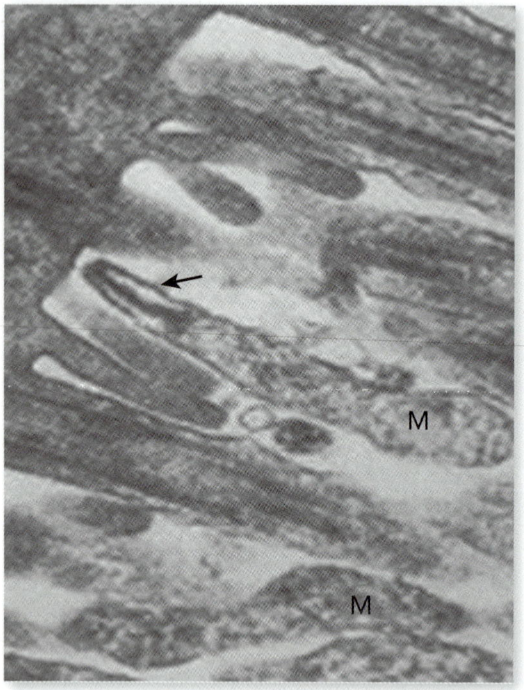

그림 4.18 호흡기의 섬모 점막에 붙어 있는 마이코플라스마(*Mycoplasma*, Mycoplasma를 'M'으로 표지). 화살표는 섬모 표면에 부착하려는 세균의 말단을 가리킨 것이다. 세포벽이 선천적으로 존재하지 않는 이러한 세포는 형태가 매우 다양하게 나타난다.

Shlomo Rottem, Nechama S. Kosower and Jonathan D. Kornspan(2012). Contamination of Tissue Cultures by Mycoplasmas, Biomedical Tissue Culture, Dr. Luca Ceccherini-Nelli(Ed.), ISBN: 978-953-51-0788-0, InTech, DOI: 10.5772/51518. Available from: http://www.intechopen.com/books/biomedical-tissue-culture/contamination-of-tissue-cultures-by-mycoplasmas

예외적인 형태의 세포벽

일부 세균 집단은 그람양성이나 그람음성 세균과 같은 세포벽 구조가 일부 존재하지 않고, 어떤 세균은 세포벽이 아예 존재하지 않는다. 이러한 예외적인 형태는 그람염색에서 양성 또는 음성으로 염색될 수 있지만 그들의 정확한 구조와 화학적 성질을 보면 일반적인 그람양성 또는 그람음성 세균에 대한 설명과 일치하지 않는다. 예를 들어 *Mycobacterium*과 *Nocardia*는 펩티도글리칸을 가지고 있어 염색하면 그람양성으로 구분되지만, 세포벽의 대부분이 독특한 형태의 지질들로 구성되어 있다. 이 지질 중 하나는 미콜산(mycollic acid)이라는 매우 긴 지방산 사슬이며 이 물질이 세균의 병원성에 기여한다. 이러한 지질들에 의해 세포벽은 두꺼운 왁스 같은 성질을 가지며, 특정 화학물질과 염료에 대해 강한 저항성을 나타낸다. 이러한 저항성 때문에 결핵과 나병(한센병)을 진단하는 데 **항산성 염색**(acid-fast stain)을 사용한다. 이 염색법에서는 뜨거운 석탄산푹신(carbol fuchsin dye)이 세포에 빠르고 강하게 달라붙어 산성 알코올 용액이 염료를 제거할 수 없게 한다.

마이코플라스마와 그 외의 세포벽이 결여된 세균

마이코플라스마(*Mycoplasma*)는 선천적으로 세포벽이 존재하지 않는 세균이다. 다른 세균은 세포의 파열을 막기 위해 온전한 세포벽이 필요하지만, 마이코플라스마의 세포막은 스테롤에 의해 안정화되어 있어서 쉽게 용해되지 않는다. 이 매우 작은 다형성 세포는 크기가 0.1~0.5 μm 밖에 되지 않는 세균이며, 나선형, 구형, 도넛형 등 다양한 형태를 가지고 있다. 마이코플라스마는 항상 숙주에 기생하는 것은 아니며 인공 배지에서도 자랄 수 있는데, 배양할 경우 세포막 성분인 스테롤을 추가시켜 주어야 한다. 마이코플라스마는 식물, 토양 및 동물을 포함한 많은 곳에서 발견된다. 폐의 상피세포에 달라붙어 비정형적 폐렴을 일으키는 *Mycoplasma pneumoniae*는 의학적으로 가장 중요한 병원균이다(**그림** 4.18).

그람음성 외막

외막(outer membrane, OM)은 구조적으로는 세포벽과 유사하지만 특수한 유형의 다당류 및 단백질을 함유하고 있다는 점이 다르다. 외막의 가장 위층에는 **지질 다당류**(lipopolysaccharide, LPS)가 포함되어 있다. LPS의 다당류 사슬은 표면에서 연장되어 신호분자와 수용체로서 기능한다. LPS의 지질 부분은 수막염과 장티푸스를 일으키는 그람음성 세균에 감염되었을 때 숙주에서 발열과 쇼크반응을 일으키기 때문에 **내독소**(endotoxin)라고 지칭한다. 외막의 가장 안쪽 층은 인지질층으로 지질단백질을 이용하여 아래의 펩티도글리칸 층에 고정되어 있다. 외막은 비교적 작은 분자들만 침투할 수 있게 함으로써 부분적으로 화학적인 거름망 역할을 한다. 외막에 걸쳐 있는 **포린**(porin) 단백질에 의해 형성된 특수한 세포막의 통로를 통과하여 접근이 가능하다. 포린의 크기는 유해한 화학물질의 유입을 막기 위해 변하며, 그람음성 세균을 특정항생제로부터 방어한다(그림 4.16).

세포막 구조

세포벽 바로 밑에 있는 것은 **세포막**(cytoplasmic membrane)으로, 세포질 주위를 완전히 덮고 있는 매우 얇고(5~10 nm) 유연한 판이다. 세포막은 다양한 단백질이 내재된 지질의 2중층을 이루고 있는 것으로 2.2절에서 설명하였다(들여다보기 2.3). 세균의 세포막은 주로 인지질(막 질량의 30~40%)과 단백질(60~70%)을 포함하는 구조이다. 예외로, 마이코플라스마의 세포막은 스테롤을 다량 포함하고 있고, 고세균 세포막은 세포 지방산이 아니라 독특한 분지형 탄소수소를 포함한다.

광합성 세균이나 암모니아 산화 세균을 포함한 일부 세균은 효소나 광합성 색소가 존재하는 내부 막을 가지고 있다. 내부 막은 효소와 색소가 높은 농도로 유지될 수 있게 하고 고에너지 생산이 가능하게 한다.

세포막의 기능

세균은 진핵세포에 있는 소기관이 없기 때문에 세포막에서 에너지반응, 영양소 처리 및 합성이 일어난다. 세포막의 주된 역할은 영양물질을 세포 안으로 통과시키거나 폐기물을 배출하는 **수송**(transport)을 조절하는 것이다. 물과 작은 분자들은 자체적으로 막을 통과하여 확산되지만, 막은 대부분의 분자에 대하여 특별한 수송 기작을 가지고 있는 **선택 투과성**(selectively permeable) 구조이다. 또한 세포막은 대사산물을 세포 밖으로 **분비**(secretion)하거나 배출하는 데 관여한다.

세균의 막은 많은 대사 활동에 있어 중요한 부위이다. 이들 세포에는 미토콘드리아가 없기 때문에 호흡 및 ATP 합성과 관련된 많은 효소가 세포막에 존재한다. 효소는 세포막에 존재하면서 세포 외피와 그 부속물질에 통합될 거대분자들의 합성을 돕는다. 어떤 생성물들(효소와 독소)은 막에 의해 세포 바깥으로 분비된다.

질병과의 연관성

그람음성 세균은 때때로 그람양성 세균보다 건강에 더 큰 위협을 초래하는 것으로 간주된다. 그람음성 세균이 외막을 가지고 있기 때문에 항생제에 더 잘 견딜 수 있기 때문이다. 그러나 그람양성 세균과 그람음성 세균은 모두 인간에게 심각한 질병, 때로는 사망을 유발한다. 불행히도, 전통적으로 사용해 온 항생제의 효과가 감소하고 있고 대체할 수 있는 새로운 항생제의 개발은 늦어지고 있다. 따라서 점점 항생제를 처리했을 때 죽지 않는 내성 세균이 증가하고 있다. 새로운 항생제를 개발하거나 세균을 죽일 수 있는 새로운 방법을 개발하는 것이 시급하다.

세균 외피 구조의 차이점에 대한 실제 고려 사항

세포 외피 구조의 변이는 세포 유형의 몇 가지 차이점 때문에 일어난다. 그람음성 세균에서 외막은 염료, 소독제와 같은 일부 항균성 화학물질이 침투할 수 없게 하는 장벽이기 때문에 일반적으로 그람양성 세균보다 억제하거나 죽이기가 더 어렵다. 예외적인 경우로, 알코올성 화합물은 외막의 지질을 녹여 세포를 분해할 수 있다. 그람음성 세균에 의한 감염을 치료하는 데는 그람양성 세균 감염과 다른 약, 특히 외막을 통과할 수 있는 약이 필요하다.

세포 외피는 인간의 조직과 상호작용하여 질병을 일으킬 수 있다. 디프테리아를 일으키는 *Corynebacterium diphtheriae*와 인후염을 일으키는 *Streptococcus pyogenes* 등 여러 그람양성 세균은 세포벽 바깥쪽에 독성 단백질을 갖고 있다. *Mycobacterium*의 세포벽에 있는 지질은 사람에게 해롭다. 세포벽에 있는 대부분의 고분자 물질은 인간에게 이질적인 것으로 면역체계에 의한 항체를 생성하도록 자극한다.

그람음성과 양성 세균 외피 내의 독특한 구조를 살펴보면, 오늘날 연구자들이 잠재적 표적을 가진 신약을 개발하는 것에 대한 통찰력을 얻을 수 있을 것이다.

4.3 학습 평가

8. 세균 외피 구조의 2가지 종류와 차이점을 설명할 수 있다.
9. 그람양성 세포벽이 그람음성 세포벽에 비하여 왜 더 강한지 설명할 수 있다.
10. 인간에게 심각한 증상을 유발할 수 있는 일부 세균에서 가지고 있는 외피물질의 이름을 쓸 수 있다.

4.4 세균의 내부 구조

세포질의 구성물

세포질(cytoplasm)은 세포막으로 둘러싸인 젤라틴 용액으로, 세포의 생화학적 합성 활동을 위한 중요한 장소이다. 주로 물(70~80%)로 이루어져 있으며, 당, 아미노산, 염분 등의 영양물질이 복합적으로 섞여 있다. 이 구성요소들은 세포 합성을 위한 구성단위나 에너지원으로 작용한다. 또 세포질에는 염색체, 리보솜, 세포골격을 유지하는 미세섬유를 포함하고 있다.

세균 염색체와 플라스미드: 유전정보의 근원

세균의 유전물질인 **세균 염색체**(bacterial chromosome)는 단일 원형 DNA의 형태로 존재한다. 일부 세균은 여러 개의 염색체를 가지고 있다. 세균에는 핵이 없으며, 세균의 DNA가 핵막으로 둘러싸여 있지 않고 세포 안에 모여있어 **핵양체**(nucleoid)라고 한다(**그림 4.19**). **염색체**(chromosome)는 매우 긴 이중가닥 DNA 분자로, 세포 내부의 특수한 염기성

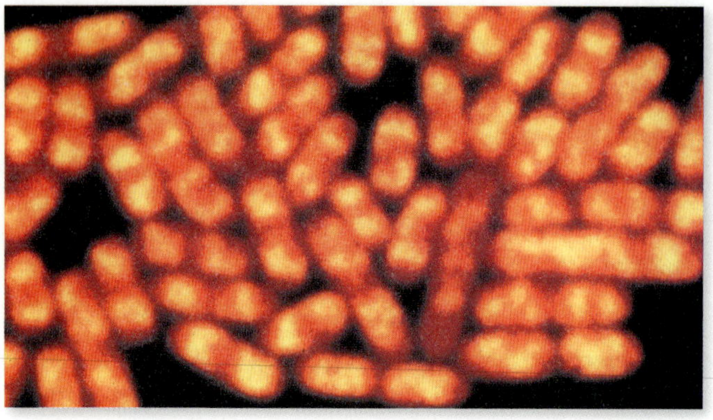

그림 4.19 염색체의 구조 병원균 *Salmonella enteritidis*의 염색체를 형광염색한 것이다. 세포질은 주황색, 염색체는 밝은 노란색 형광을 띤다.

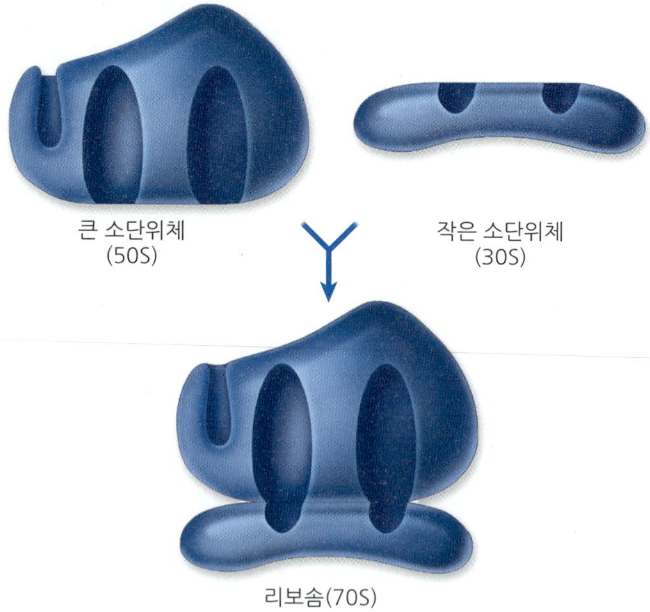

그림 4.20 세균 리보솜의 모형 작은 소단위체(30S)와 큰 소단위체(50S) 그리고 이들이 결합한 형태를 나타내었다.

단백질 분자 주위에 단단히 감겨 있다. DNA의 길이에 따라 세균의 유지와 성장에 필요한 정보를 전달하는 유전자(gene)가 배열되어 있다.

염색체는 세균이 생존하기 위해 필요한 최소한의 유전물질이지만, 많은 세균들이 **플라스미드**(plasmid)라고 하는 상대적으로 덜 중요한 다른 DNA 조각을 포함하고 있다(그림 4.1 참조). 플라스미드는 별도의 이중가닥 DNA가 원형으로 존재하며, 때로는 염색체에 통합되기도 한다. **접합**(conjugation)을 통해 플라스미드는 복제되어 주변의 다른 세균에게 전달될 수 있으며 세균이 분열하는 동안에 복제되어 자손에게 전해진다. 플라스미드는 세균의 생장과 대사에 필수적인 것은 아니지만 세포를 보호하기 위해 약제 내성과, 독소와 효소를 생산하는 능력을 가지고 있는 경우가 많다. 플라스미드는 실험실에서 쉽게 조작되어 하나의 세균 세포에서 다른 세균 세포로 옮길 수 있기 때문에 유전공학 기술에서 중요한 매개체이다.

리보솜: 단백질 합성 장소

모든 세균 세포에는 RNA와 단백질로 이루어진 작은 **리보솜**(ribosome)이 수천 개 존재한다. 리보솜은 세포질 전체에 분산되어 있고, 종종 폴리솜(polysome)이라고 불리는 사슬 형태로 존재하며, 많은 수가 세포막에 붙어 있다. 화학적으로 리보솜은 리보솜 RNA(rRNA, 약 60%)와 단백질(40%)로 구성되어 있다. 리보솜은 "S단위"라고 하는 밀도에 의해 특성을 결정하는 데 원심 분리했을 때 분자량과 형태에 의해 분리되는 다양한 분자 크기를 평가하는 것이다. 더 무겁고, 더 작은 물질일수록 더 빨리 침전되며 더 높은 숫자의 S 등급을 받는다. 이 분석방법과 함께 전자현미경으로 관찰한 결과, 전체 등급이 70S인 세균의 리보솜이 실제로는 2개의 작은 소단위로 구성되어 있는 것으로 밝혀졌다(**그림 4.20**). 리보솜은 단백질을 합성하기 위한 작은 플랫폼을 형성하기 위해 서로 결합한다. 진핵생물의 리보솜은 세균과 유사하지만 다르기 때문에 인간에게 해롭지 않은 세균의 리보솜을 표적으로 한 약을 만들 수 있다. 진핵생물의 리보솜은 80S이며, 고세균은 70S 리보솜을 가지고 있지만 구조적으로는 진핵생물의 80S 리보솜과 유사하다.

봉입체와 미세분획구조

대부분의 세균은 영양물질이 부족한 환경에서 살고 있기 때문에, 영양물질이 부족할 때를 대비하여 봉입체를 만들어 영양분을 저장할 수 있다. 영양분이 부족해지면 세균은 필요에 따라 이 자체 창고를 사용한다. 세균의 일부 봉입체는 글리코겐과 폴리하이드록시부티르산(polyhydroxybutyrate, PHB) 같은 단열막으로 싸인 축합된 고에너지 유기물질을 보유한다. 수생환경에 서식하는 세균의 어떤 봉입체는 물에 뜰 수 있도록 가스 주머니 역할을 한다. 과립(granule)은 봉입체의 다른 형태로 무기화합물 결정체이며 막으로 둘러싸여 있지 않다. 광합성세균의 황 과립과 *Corynebacterium*, *Mycobacterium*의 폴리인산염 과립이 이런 유형이다. 후자는 핵산과 ATP 합성에 중요한 구성요소이다. 메틸렌블루로 이들을 염색했을 때 적색을 나타내므로 중크롬과립이라고 한다.

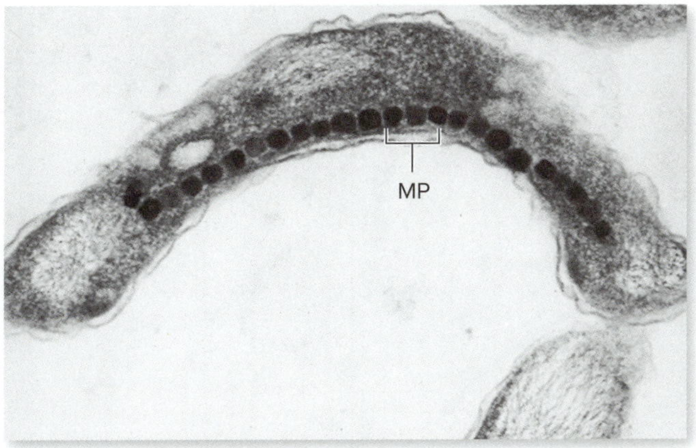

그림 4.21 세균의 봉입체 *Aquaspirillum*의 단면에서 매우 작은 자성의 금속물질, 또는 자성입자(magnetosomes, MP)로 된 사슬을 관찰할 수 있다. 이 독특한 세균은 이 봉입체를 이용하여 서식지 내에서 방향을 결정한다(123,000×).

© D. Balkwill and D. Maratea

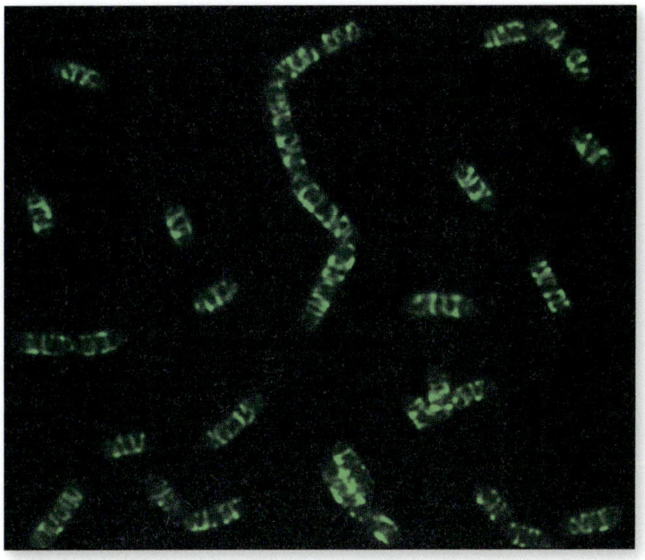

그림 4.22 세균의 세포골격 간균의 미세섬유를 형광으로 염색하였다.

© Rut Carballido-Lopez/I.N.R.A. Jouy-en-Josas, Laboratoire de Génétique Microbienne

세포의 영양의 물질보다는 세포의 방향성과 관련된 매우 특이한 과립도 있다. 자성 세균은 자력이 있는 산화철(magnetosomes)의 결정체를 과립으로 가지고 있다(**그림 4.21**). 세균은 이 과립을 이용하여 극성과 중력장에 의해 산소 함량이 낮은 깊은 서식지로 이동하도록 자신의 방향을 정한다.

세포골격

최근까지 과학자들은 모든 세균의 형태가 세포벽의 펩티도글리칸층에 의해 결정된다고 생각했다. 많은 세균, 특히 구균이 이 경우에 해당하지만, 일부 세균은 진핵생물의 **액틴**(actin)과 매우 유사한 긴 단백질 중합체를 생성한다. 이 중합체들은 세포막 바로 아래에서 세포를 나선형의 리본형태로 배열되어 있다(**그림 4.22**). 이 섬유들은 막대모양의 나선형 세균에서 발견되었으며, 펩티도글리칸이 합성되는 방식과 세포분열에 영향을 미침으로써 세포의 형태에 기여한다. 또한 고세균에서도 세포골격(cytoskeleton) 단백질이 확인에 관여한다. 이 단백질은 세균에는 없는 고유한 단백질인데 이것은 미래의 항생제 개발을 위해 매우 중요하고도 잠재적인 표적이라고 할 수 있다.

세균의 내생포자

세균은 불리한 환경에서 잘 적응할 수 있는 구조물을 가지고 있다. 그러나 모든 미생물이 가진 구조 중에서, **내생포자**(endospore)에 비하여 적대적인 조건을 견뎌내고 생존할 수 있게 하는 구조는 없다.

내생포자는 *Bacillus* 속, *Clostridium* 속 및 *Sporosarcina* 속의 세균이 만들어내는 휴면체이다. 이 세균들은 영양세포 단계와 내생포자 형성 단계, 2단계의 생활사를 가지고 있다(**그림 4.23**). 활발하게 대사를 해 생장 중인 영양세포가 특정한 환경에 처하면 내생포자를 형성한다. 일단 비활성 상태에서 내생포자가 만들어지면, 포자염색이나 그람염색에

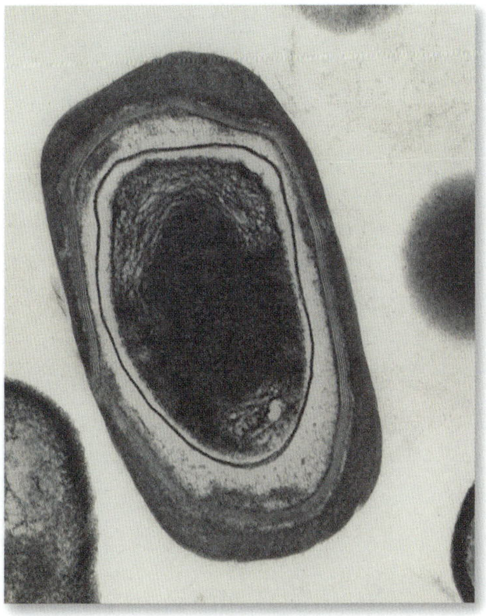

그림 4.23 *Bacillus subtilis*의 내생포자 영양세포 내에서 생성되어 아직 방출되지 않은 내생포자(과정 그림 4.24의 7단계).

© Dr. Tony Brain/Science Source

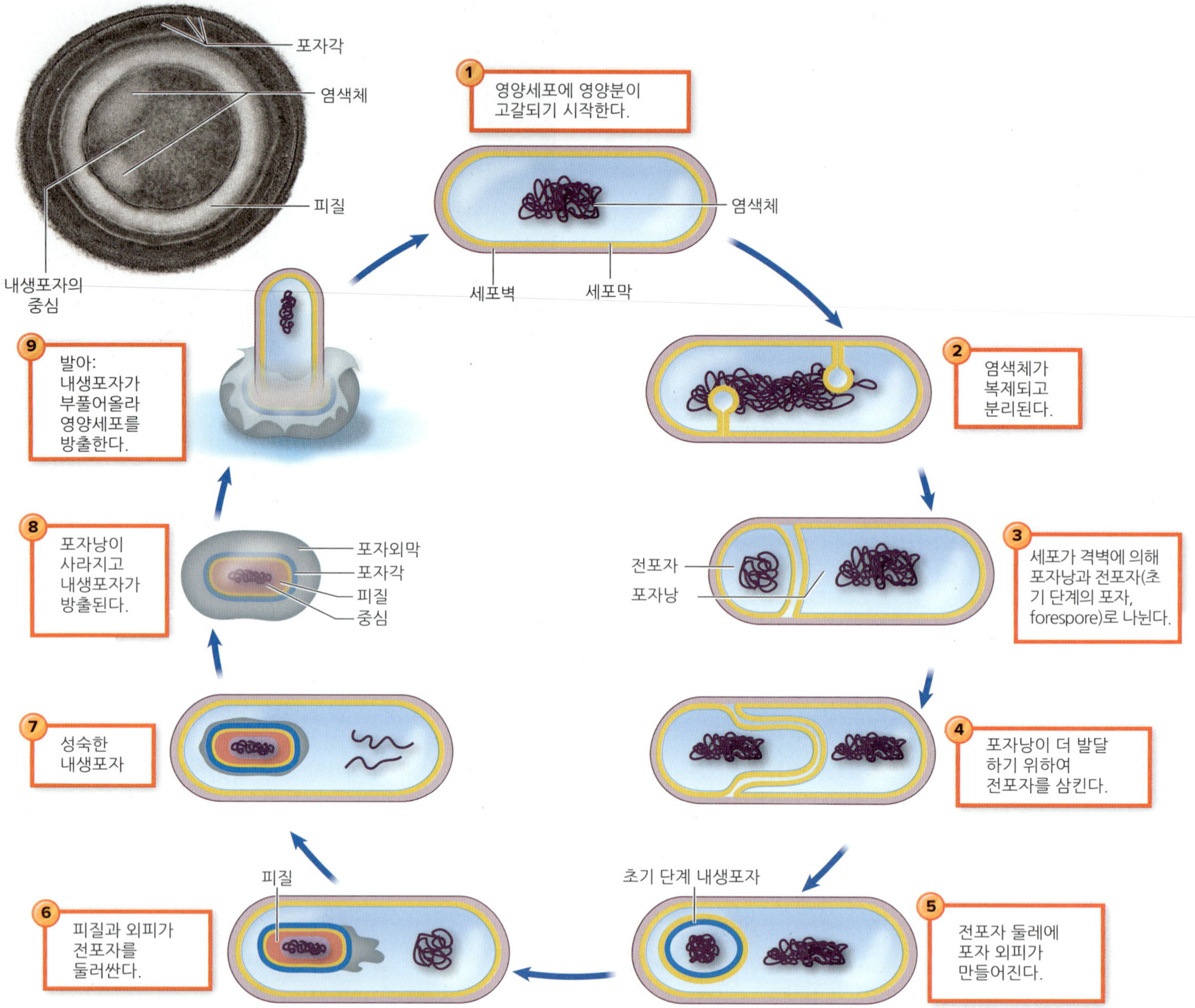

과정 그림 4.24 영양세포로부터 포자 방출과 발아까지의 *Bacillus* 속의 전형적인 포자형성 주기 이 과정은 평균 10시간 정도 소요된다. 왼쪽 위의 사진은 염색체가 있는 포자의 중심을 둘러싸고 있는 보호층을 보여주는 내생포자의 고배율(10,000×) 단면도이다.

서 그 존재를 뚜렷하게 확인할 수 있다(그림 4.23). 영양세포에서 나타나는 포자의 크기, 형태, 위치 등의 특징으로 일부 세균 종을 식별할 수 있다. 의학적으로 질병과 관련된 세균은 모두 그람양성 세균이다. 대부분의 세균은 하나의 성(sex)과 무관한 내생포자만을 만들기 때문에 내생포자가 생식기능을 하지 않는다.

세균의 내생포자는 모든 생명체 중에서 가장 단단하며 열, 건조, 동결, 방사능 및 화학물질 등의 극한 환경을 견뎌낼 수 있다. 이런 혹독한 조건에서 살아남을 수 있는 것은 여러 가지 요인 때문이다. 내생포자의 내열성은 칼슘과 **디피콜린산**(dipicolinic acid) 복합체가 포자 내에서 높은 함량으로 존재하기 때문이다. 열은 단백질과 DNA를 불활성화시켜 세포를 파괴하는데 이 과정에서 세포질 내에 어느 정도의 물이 필요하다. 내생포자는 포자 내에 축적된 칼슘 디피콜린산 복합체가 수분을 제거하여 내생포자를 건조시키기 때문에 열에 견딜 수 있게 된다. 또 대사를 하지 않는 상태이며, 추가적인 건조로 인한 손상에 대해서도 높은 내성을 나타낸다. 두껍고 투과성이 없는 내생포자의 외피는 방사능과 화학물질로부터도 안전하다. 내생포자의 수명은 거의 불멸에 가깝다. 한 기록에 의하면 2천 5백만 년 된 곤충 벌의 화석에서 재생 가능한 내생포자를 분리했다고 한다. 최근에 미생물학자들이 2억5천만 년 된 소금결정으로부터 재생 가능한 내생포자를 분리해냈다. 이 고대 미생물은 *Bacillus* 균으로 동정되었지만 유전적으로는 지금의 *Bacillus* 균과는 다른 것으로 밝혀졌다.

질병과의 연관성

클로스트리디움 디피실리(*Clostridium dificile*)는 포자를 형성하는 세균이며 심한 설사병을 일으킨다. 이 진단을 받은 환자는 반드시 격리시켜 다른 환자, 방문객, 직원에게 전염되는 것을 막아야 한다. 직원과 방문객은 환자를 만날 때 가운과 장갑을 착용해야 하며 만난 후에는 오염된 가운과 장갑을 버려야 한다. 내생포자는 일반적인 세척으로는 완전히 제거하기 어렵기 때문이다. 따라서 이 진단을 받은 환자가 사용했던 병실은 포자를 죽일 수 있는 약제를 사용하여 철저히 청소해야 한다.

내생포자의 형성과 저항성

영양소, 특히 탄소나 질소원이 고갈되면 영양세포가 내생포자 형성(sporulation)을 시작하게 된다. 일단 영양세포는 영양소가 부족한 것을 인지하면 **포자낭**(sporangium)이라고 하는 포자 형성 세포로 변한다. 영양세포가 포자낭으로 완전히 변한 후, 내생포자를 만드는 데에는 6~8시간 정도 걸린다. **과정 그림 4.24**는 포자형성 과정에서 발생하는 몇 가지 주요한 물리화학적 특징들을 나타내고 있다.

내생포자의 발아

세균은 내생포자를 형성해 오랜 시간 동안 비활성상태로 존재하다가 유리한 조건이 되면 다시 활성상태로 돌아갈 수 있다. 이 과정을 **발아**(germination)라고 하며, 물과 특정한 환경조건이나 화학적 자극제(발아 매개체)가 있을 때 일어난다. 일단 발아가 시작되면 매우 빠르게 활성상태로 돌아간다(1.5시간). 발아 매개체는 종마다 다르지만, 일반적으로 아미노산이나 무기염과 같은 작은 유기물 분자이다. 이 매개체는 내생포자 막에 존재하는 가수분해효소가 만들어지도록 한다. 이 효소들이 내생포자의 껍데기를 분해시켜 내생포자의 중심이 수분과 접촉하여 활성화되면 영양분을 흡수하면서 내생포자 밖으로 생장하기 시작한다. 시간이 지나면 완전히 활성화된 영양세포가 되어 영양주기(vegetative cycle)를 다시 시작한다.

용어 관련 이야기

포자(spore)라는 단어는 미생물학에서 2가지 이상의 뜻을 가질 수 있다. 미생물의 영양세포나 생식구조에 의해 만들어지는 작은 세포를 모두 뜻하는 용어이다. 곰팡이에는 생식구조물로 작용하는 포자가 있다. 세균의 포자는 세포 내에서 만들어지기 때문에 **내생포자**(endospore)라고 한다. 내생포자는 세포수의 증가 등을 포함하는 생장 및 생식에는 관여하지 않고 오로지 생존 기능만을 갖는다. 이와 대조적으로 곰팡이는 생존과 생식 모두에 관여하는 다양한 유형의 포자를 생성한다.

세균 내생포자의 의학적 중요성

대부분의 내생포자 형성 세균은 비교적 인체에 해가 되지 않지만, 일부 내생포자 형성 세균은 병원성 세균이다. 실제로 이 세균들이 일으키는 질병의 어떤 면들은 내생포자의 지속성, 저항성과 관련이 있다. *Bacillus anthracis*는 탄저병을 일으키며, 환경에 존재하는 내생포자의 지속성은 생물테러의 목적에 매우 적합하기도 하다. *Clostridium* 속에는 더 많은 병원균이 존재하는데, 파상풍의 원인인 *Clostridium tetant*, 위막성 대장염을 일으키는 *Clostridium difficile*, 가스괴저병의 원인인 *Clostridium perfringens*가 있다. 이 세균들의 내생포자가 상처 등을 통해 침투하면 조직 내에서 발아하여 강한 독소를 방출할 수 있다. 또 다른 독소 형성 세균인 *Clostridium botulinum*은 치명적인 식중독을 일으키는 보툴리누스 독소를 생성한다.

내생포자는 토양과 먼지에 존재하기 때문에 소독과 청결이 중요한 곳에서 항상 침입자로 작용한다. 내생포자는 끓는 물, 비누, 살균제를 사용하는 일반적인 청결방법에는 저항성을 가지고 있으며, 또 실험실에서 배지와 배양액을 오염시키기도 한다. 병원에서는 내생포자의 잠재적 유해성으로부터 보호하기 위해 주의를 기울여야 하며, 특히 설사병의 원인인 *Clostridium difficile*에 유의해야 한다. 내생포자의 파괴는 식품 통조림 산업에 있어 특히 중요한 일이다. 일부의 내생포자 형성 세균은 음식물을 부패하게 하고, 식중독을 일으키기 때문이다. 일반적으로 100℃에서 끓여도 이러한 내생포자는 파괴되지 않기 때문에 통조림은 포화수증기압증기로 120℃에서 20~30분 동안 살균한다. 이러한 엄격한 조건을 통과해야 식품 내에 생존 가능한 '세균 없음'이 보장된다.

4.4 학습 평가

11. 세균 세포질에 포함된 5가지 구조를 확인할 수 있다.
12. 포자형성과 발아의 원인과 기작을 상세히 설명할 수 있다.

4.5 고세균: 또 다른 원핵생물

세균과 유사하지만 형태적, 생리적, 유전적으로 다른 새로운 세포의 발견은 미생물 분류를 연구하는 미생물학자들의 견해를 바꾸어 놓았다. 이 단일세포는 **고세균**(archaea)이라고 하며, 제3의 세포 유형인 고세균 도메인(domain archaea)으로 분류된다. 고세균은 세균의 특성을 많은 부분 공유하고 있기 때문에 이 장에 포함하였다. 그러나 고세균은 실제로는 세균보다는 진핵생물과의 유연관계가 더 깊다고 한다. 예를 들어, 고세균과 진핵생물은 세균에서 발견되지 않는 다수의 리보솜 RNA 염기서열을 공유하고 있으며, 단백질 합성과 리보솜 소단위의 구조도 비슷하다. **표 4.1**에는 3가지 도메인의 차이점을 요약하였다.

고세균이 다른 세포 형태와 크게 다른 것은 rRNA에서 특정 유전자 서열이 발견되었고 독특한 방법으로 DNA를 합성한다는 것이다. 또 독특한 막 지질, 세포벽 구성성분과 필린(pilin) 단백질을 가지고 있다.

고세균의 세포벽은 화학적으로도 특이하다. 일부는 거의 다당류로 구성되어 있고 또 다른 일부 종들은 순수한 단백질로 구성되어 있다. 그러나 앞서 거론한 세균의 세포벽 성분인 펩티도글리칸 구조가 없다. 일부 고세균에는 세포벽이 완전히 존재하지 않기 때문에 세포막이 지지와 수송 기능을 맡고 있다.

초기의 지구는 황산 가스와 염분이 풍부하며 뜨겁고 혐기성인 "수프"상태라고 추정되는데, 현대의 고세균은 이런 고대의 조건이 남아 있는 서식지, 즉 자연에서 가장 극단적인 서식지에 살고 있다. 이런 이유에서 고세균을 **호극성 생물**(extremophiles)이라고 부른다.

고세균은 다른 유기체들에게는 치명적인 환경 조건들에 대해 놀라운 적응력을 보인다. 이들은 자신들의 생존에 불리한 열, 염분, 산, pH, 압력과 대기환경 등의 환경요인들이 복합적으로 작용해도 적응해낸다. 고세균 그룹에는 메탄 생성균, 극호열균(hyperthermophile), 극호염균(extreme halophile), 황환원균 등이 포함되어 있다.

메탄생성균(methanogen)은 독특하고 복잡한 경로를 통해 이산화탄소와 수소를 메탄가스(CH_4)로 전환한다. 이 고세균은 혐기성의 늪지, 호수 및 바다의 퇴적층, 그리고 동물의 소화기관에서 서식한다. 이 세균이 생산하는 가스가 모여 연료의 공급원이 될 수 있다. 메탄은 온실가스의 일종으로 기후변화를 야기한다.

극호염균(extreme halophile)과 같은 유형의 고세균은 성장하기 위해 염분이 필요하며 일부는 대부분의 세포를 파괴하는 36% 염화나트륨 용액에서도 증식할 수 있을 정도로 염분에 대한 내성이 강하다. 극호염균은 지구상에서 가장 염분이 많이 존재하는 곳 – 소금연못, 소금호수, 소금광산, 그리고 소금에 절인 생선에 존재한다. 바다는 염분함량이 특별히 높은 편은 아니기 때문에 고세균이 많지 않다. 대부분의 호염성균(halobacteria)은 빛이 있을 때 ATP를 합성하기 위해 붉은 색소를 사용한다. 이 색소로 인해 적색을 띤다(**그림 4.25**).

표 4.1 3 도메인의 비교

특징	세균	고세균	진핵생물
세포 유형	원핵생물	원핵생물	진핵생물
염색체	단일 또는 몇 개, 원형	단일, 원형	다수, 직선
리보솜 유형	70S	70S이지만 구조는 80S와 유사	80S
편모	후크, 환형	단단한 섬유질 구조	"9 + 2"미세소관 배열
특이적인 rRNA 서열 유무	+	+	+
진핵생물과 유사한 염기서열의 수	1	3	전체
진핵생물과 단백질 합성의 유사성	−	+	+
세포벽 펩티도글리칸의 존재 유무	+	−	−
세포막 지질	에스테르 결합의 지방산	긴 사슬형, 에테르 결합의 분지형 탄화수소	에스테르 결합의 지방산
막 내 스테롤	− (일부 존재)	−	+

들여다보기 4.3 마이크로바이오옴: 세균의 CSI?

만약 범죄 현장에서 수사관들이 지문 대신 용의자들이 남긴 특정 세균의 패턴을 찾아낸다면 어떻게 될까? 콜로라도 대학의 노아 피에르(Noah Fierer)는 인간의 손끝에 있는 세균 군집의 다양성을 연구한 결과, 이 질문이 생각보다 다양하다는 것을 알게 됐다.

피에르와 동료들은 컴퓨터 키보드와 마우스에서 시료를 채취하여 세균의 DNA를 분석한 후 키보드나 마우스를 사용한 개인과 일치하는지 확인하는 세균 "지문"을 고안해냈다. 그의 분석에 의하면 두 사람 간에 동일한 세균 종은 약 13%에 해당하며 피부에 있는 세균 군집은 시간이 지날수록 안정되고 씻은 후 몇 시간이 지나면 다시 자체적으로 회복하는 것으로 나타났다. 또한 피부의 세균은 다양한 환경조건에 내성을 가지고 있기 때문에 이러한 세균 지문들은 접촉했던 물건의 표면에 최대 2주까지 남아 있을 수 있다.

세균은 피부 표면에 다량 존재하고, 그들의 DNA는 회복과 증폭이 비교적 쉽다. 이러한 방법이 실제로 법의학에서 사용할 수 있는지 확인하기 위해서는 추가적인 테스트가 필요하지만, 피에르는 다음과 같은 질문을 남겼다. "우리의 미생물 지문이 인간게놈보다 더 쉽게 개인을 식별할 수 있을까?"

피에르의 연구 주제는 우리 몸에 살고 있는 미생물을 무엇인지 연구하기 위해 고안된 인간 미생물군유전체 프로젝트 (the Human Microbiome Project, HMP)의 일부라고 할 수 있다.

(Hond) ©Dynamic Graphics/Getty Images RF; (logo) National Human Genome Research Institute (NHGRI), part of the National Institutes of Health (NIH)

과연 세균이 범죄현장의 단서가 될 수 있을까?

출처: 2010. *Proc. Natl. Acad. Sci. U.S.A.* vol. 107, no. 14, p. 6477.

극저온의 환경에서 자라는 고세균을 **호냉성균**(psychrophile)이라고 한다. 초고온의 환경에서 **극호열균**(hyperthermophile)이며 80~113℃ 사이의 온도에서는 잘 자라지만 50℃에서는 자라지 않는다. 극호열균은 화산 온천, 해저 열수공 등에서

(a)

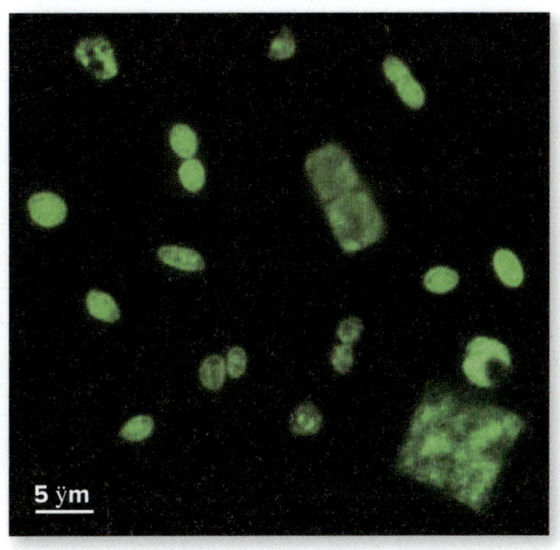

(b)

그림 4.25 전 세계에 존재하는 호염성균 (a) 탄자니아와 케냐 국경의 그레이트리프트밸리(Great Rift Valley)에 있는 나트론(Natron)호수. 호염성 조류 때문에 호수가 붉은색을 띤다. (b) 형광현미경으로 관찰한 호주의 염전에서 분리한 시료. 이 사진에서 나타나는 세포의 형태(구균, 간균 등)를 확인한다.
(a) © Paul & Paveena Mckenziee/Oxford Scientific/Getty Images; (b) Courtesy Dr. Mike Dyall-Smith, University of Melbourne

서식하며, 염분과 산에 내성을 가지고 있다. *Thermoplasma*라는 고세균은 탄광 주변의 고온의 산성 폐기물 더미에서 서식하는 것으로 알려져 있다. 많은 고세균들의 배양이 어렵기 때문에, rRNA 시퀀싱 기술은 이러한 미생물을 동정하는 데 매우 유용하다. 이들의 독특한 염기서열을 분석하는 연구는 미생물 분류 동정기술뿐만 아니라, 전사, 번역 및 세포의 진화에 대한 지식도 발전시켰다.

고세균은 자연계에만 존재하는 미생물이 아니다. 고세균은 대장, 입, 생식기와 같은 인간의 조직에서도 분리되었다. 최근, 심각한 치주 질환이 잇몸에 존재하는 고세균의 RNA 염기서열과 관련이 있는 것으로 밝혀졌는데, 이는 고세균이 질병을 일으킬 수도 있음을 시사한다.

4.5 학습 평가

13. 고세균과 세균의 차이점을 나열할 수 있다.

4.6 세균과 고세균의 분류 체계

분류 체계는 실질적인 목적과 학문적인 목적으로 사용된다. 예를 들어 의학과 응용미생물 분야에서 미지의 종을 분류하고 동정하는 데 분류 체계는 도움이 된다. 또한 분류 체계는 미생물의 유연관계와 기원을 연구하기 위한 수단으로도 유용하다. 분류학은 약 200년 전 시작된 이후 수천 종의 세균과 고세균이 동정되고, 명명되어 분류되었다.

수년 간 분류자들은 세균과 고세균 사이의 기원과 진화 관계를 추적해왔다. 분류학자들을 괴롭힌 질문 중 하나는 “세균과 고세균의 기원이 가까운 것을 증명하는 특징은 무엇인가?”였다. 초기의 미생물학자들은 세균을 형태, 배열의 변화, 생장 특성 및 서식에 따라 분류해왔다. 그러나 더 많은 세균 종들이 분리되고 생화학을 연구하는 기술이 발달함에 따라 세포의 형태, 배열, 염색 반응 등으로 미생물들 사이의 유연관계를 밝힐 수 없다는 것을 알게 되었다. 그람음성 간균은 형태로는 모두 비슷해 보이지만 생화학적, 유전학적으로 크게 다른 수백 종이 존재한다. 그람염색과 세포 형태만으로 분류하려 했다면 구체적으로 분류할 수 없었을 것이다. 분류 체계는 점점 현미경을 이용한 형태 관찰이나 배양으로 할 수 없는 유전적, 분자적 특성을 이용하는 것으로 변화하고 있다.

진화론적 연관성에 대한 가장 실용적인 지표는 리보솜의 주요 성분인 리보솜 RNA의 염기서열을 비교하는 것이다. 모든 세포에 있는 리보솜은 단백질을 합성하며, 장기간에 걸쳐 핵산 함량에서 다소 안정적으로 유지되는 경향이 있다. 따라서 리보솜 RNA의 염기서열의 차이가 크다면 서로 조상이 다를 수 있다. 이 기술을 이용하여 미생물 간의 진화적 관련성을 보여주는 계통수(phylogenetic tree)를 만들 수 있어 미생물 분류군 간의 차이를 효과적으로 나타낼 수 있다(그림 1.14) 또한 속(genus) 수준에서(예: *Mycobacterium* 및 *Legionella*) 세균을 미세하게 분류할 수 있다. 이러한 식별방법은 13장에서 자세히 설명할 것이다.

《Bergey's Manual》은 1923년부터 세균과 고세균을 분류하는 데 도움이 되는 자료를 계속해서 책으로 편찬 중이다. 세균 간 진화의 관련성에 대한 정보가 폭발적으로 증가함에 따라, Bergey's Manual에는 모르는 세균을 동정하기 위해 쉽게 접근할 수 있는 정보가 수록되어 있다. 《Bergey's Manual of Systematic Bacteriology》은 세균과 고세균의 연관성에 대한 포괄적인 견해를 제시하였으며, 표현형 정보와 리보솜RNA의 염기서열 정보 모두 수록되어 있다. 이제는 온라인에서도 이용이 가능하다(모든 세균과 고세균의 분류 체계는 늘 유동적이며 어떠한 분류 체계도 완벽하게 완성되지 않았음을 기억해야 한다).

《Bergey's Manual of Determinative Bacteriology》는 세균의 형태와 배양, 생화학적 반응과 같은 표현형 특성을 수록하고 있다. 임상, 교육 및 연구실에서 일반적으로 세균을 동정하는 데 매우 실용적인 참고문헌이다. 미생물의 진화적인 배경에 대해서는 모르지만 세균을 동정해야 하는 미생물학자들이 유용하게 사용하고 있다. 이 표현형에 의한 분류 방법은 병원 미생물학을 배우는 학생들에게도 유용하다.

분류 체계

《Bergey's Manual of Determinative Bacteriology》는 세균과 고세균을 세포벽의 특성에 따라 4개의 주요한 문(division)으로 분류하였다. **Gracilicutes**문은 그람음성의 얇은 세포벽을 가지고 있으며, **Firmicutes**문은 그람양성의 두껍고 강한 세포벽을 가지고 있다. **Tenericutes**문은 세포벽이 없이 부드러우며, **Mendosicutes**문은 고세균들이 속해 있다. 처음의 두 문(division)이 가장 많은 수의 종을 포함하고 있다. 지금까지 알려진 인간과 동물에게 질병을 일으키는 200여종은 Scotobacteria, Firmibacteria, Thallobacteria, Mollicutes의 4개의 강(class)에 속한다. 《Bergey's Manual》에서 사용하는 분류체계는 세균과 고세균을 강(class), 목(order), 과(family)로 세분하여 구성하고 있지만 모든 세균 및 고세균 분류군을 분류할 수는 없다.

진단 체계

이 절의 앞부분에서 언급한 바와 같이, 많은 임상의 미생

표 4.2 의학적으로 중요한 세균과(family)와 세균속(genus), 그리고 그들이 유발하는 일부 질병

1. 세포벽이 있는 그람양성 세균

- 송이나 주머니 형태의 구균
  Family *Micrococcaceae*: *Staphylococcus*(종기, 피부감염을 일으킴)

- 한 쌍을 이루거나 사슬형의 구균
  Family *Streptococcaceae*: *Streptococcus*(인후염, 치주질환을 일으킴)

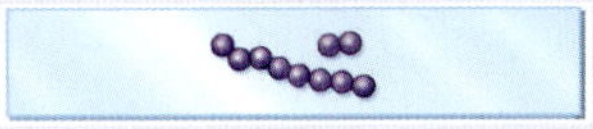

- 한 쌍, 4배체, 불규칙한 송이 모양의 혐기성 구균
  Family *Peptococcaceae*: *Peptococcus*, *Peptostreptococcus*(상처의 감염과 관련)

- 내생포자 형성 간균
  Family *Bacillaceae*: *Bacillus*(탄저병), *Clostridium*(파상풍, 가스괴저병, 보툴리누스)

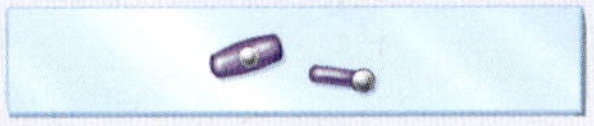

- 내생포자를 형성하지 않는 간균
  Family *Lactobacillaceae*: *Lactobacillus*, *Listeria*, *Erysipelothrix*(유단독증)
  Family *Propionibacteriaceae*: *Propionibacterium*(여드름)

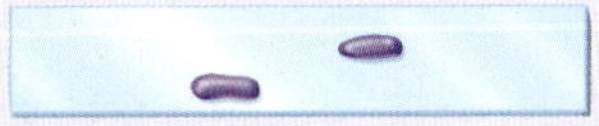

Family *Corynebacteriaceae*: *Corynebacterium*(디프테리아)

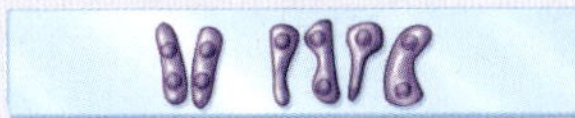

Family *Mycobacteriaceae*: *Mycobacterium*(결핵, 나병)

Family *Nocardiaceae*: *Nocardia*(폐 농양)

Family *Actinomycetaceae*: *Actinomyces*(방선균증), *Bifidobacterium*

Family *Streptomycetaceae*: *Streptomyces*(중요한 항생제 공급원)

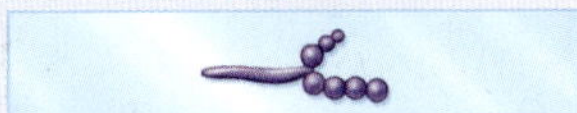

2. 세포벽이 있는 그람음성 세균

- 호기성 구균
  Neisseria(임질, 수막염), *Branhamella*

- 호기성 구간균
  Moraxella, *Acinetobacter*

- 혐기성 구균
  Family *Veillonellaceae*
  Veillonella(치주 질환)

- 기타 간균
  Brucella(브루셀라병), *Bordetella*(백일해), *Francisella*(야토병)

- 호기성 간균
  Family *Pseudomonadaceae*: *Pseudomonas*(폐렴, 화상감염)
  Miscellaneous: *Legionella*(레지오넬라증)

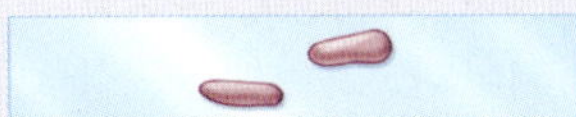

- 통성혐기성 · 혐기성 간균과 비브리오균
  Family *Enterobacteriaceae*: *Escherichia*, *Edwardsiella*, *Citrobacter*, *Salmonella*(장티푸스), *Shigella*(이질), *Klebsiella*, *Enterobacter*, *Serratia*, *Proteus*, *Yersinia*(페스트)

  Family *Vibrionaceae*: *Vibrio*(콜레라, 식중독), *Campylobacter*, *Aeromonas*

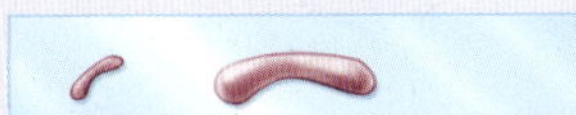

  Miscellaneous genera: *Chromobacterium*, *Flavobacterium*, *Haemophilus*(수막염), *Pasteurella*, *Cardiobacterium*, *Streptobacillus*

- 혐기성 간균
  Family *Bacteroidaceae*: *Bacteroides*, *Fusobacterium*(혐기성 상처와 치주질환)

- 나선형, 곡선형 세균
  Family *Spirochaetaceae*: *Treponema*(매독), *Borrelia*(라임병), *Leptospira*(신장 감염)

표 4.2 의학적으로 중요한 세균과(family)와 세균속(genus), 그리고 그들이 유발하는 일부 질병(계속)

2. 세포벽이 있는 그람음성 세균	
절대세포내기생균	
Family *Rickettsiaceae*: *Rickettsia*(록키산 홍반열), *Coxiella*(Q 열)	
Family *Bartonellaceae*: *Bartonella*(참호열, 고양이할퀴병)	
Family *Chlamydiaceae*: *Chlamydia*(성 매개 감염병)	
3. 세포벽이 없는 세균	
Family *Mycoplasmataceae*: *Mycoplasma*(폐렴), *Ureaplasma*(요로 감염증)	

물학자들은 주요 과(family)와 속(genera)을 요약한 시스템을 선호한다. **표 4.2**는 임상에서 사용될 수는 표현형을 이용한 분류 동정 방식을 요약한 것이다. 이 체계는 세균성 질병인자에만 제한되고 명명법에 의존하지 않으며 계통발생학적 관계보다는 쉽게 접근할 수 있는 형태학적, 생리학적 결과를 기반으로 하기 때문에 실제로 병원성 세균을 진단하는 데 더 적합하다. 또한 세균을 그람양성 세균, 그람음성 세균, 세포벽이 없는 세균으로 나누고 세포의 형태, 배열, 산소 이용 여부 등의 특정한 생리적 특성에 따라 분류한다. **호기성**(aerobic) 세균은 산소를 이용하고 **혐기성**(anaerobic) 세균은 산소를 이용하지 않는다. 통성혐기성(facultative anaerobes) 세균은 환경 조건에 따라 산소를 이용하거나 이용하지 않을 수 있다. 밀접하게 관련된 보통 종(species) 수준의 동정을 위해서는 표에 설명되지 않은 추가적인 실험이 필요한 경우도 있다.

세균과 고세균의 종과 아종

대부분의 생명체 중에서 종의 수준은 명확하고 쉽게 정의되며 분류학 범주에 속한다. 예를 들면 동물의 경우, 암수의 같은 동물들끼리 교배해 생식능이 있는 자손을 생산할 수 있는 유기체를 '동일 종'이라고 정의한다. 그런데 이 정의는 유성생식을 하지 않는 세균와 고세균에는 적용되지 않는다. 유연관계가 없는 유전자 정보를 받아들일 수 있기 때문에 다양한 기작에 의해 유전자의 구성을 바꿀 수 있다. 따라서 세균의 종(bacterial species)을 정의할 때에는 약간의 제한을 둘 필요가 있다. 이론적으로 종은 모든 구성원이 전반적으로 유사한 특징을 갖는 경향을 나타내는 세포의 집합이며, 다른 양상을 나타내는 그룹과는 뚜렷하게 다르다. 같은 속에서 밀접하게 연관된 2개의 종을 구분하는 것은 경우에 따라 임의로 이루어지지만, 이러한 정의는 여전히 배양 및 연구되는 다양한 세균들을 구분하는 데 필요하다.

어떤 종의 개별 구성원에 변이가 나타날 수 있다. 따라서 종 안에는 더 많은 범주가 존재할 수 있지만 명확하게 정의되지 않는다. 미생물학자들은 상이한 특성을 가지고 있는 동일종의 세균을 아종(subspecies), 균주(strain), 표준형(type)과 같은 용어를 사용하여 정의한다. 혈청형(serotype)은 세포 표면에 존재하는 독특한 분자로 인하여 숙주에서 항체반응을 자극하는 종을 가리킨다.

4.6 학습 평가

14. 《Manual of Systematic Bacteriology》과 《Bergey's Manual of Determinative Bacteriology》의 차이점을 설명할 수 있다.
15. –cutes로 끝나는 4개 문의 이름과 특성을 설명할 수 있다.
16. 세균의 관점에서 종을 정의할 수 있다.

현미경으로 본 세상 — 논평

"루이지애나에서 뇌를 먹는 치명적인 세균 확인: 경고 발령" 이 기사는 잘 작성된 기사이다. 예를 들어, 이 기사의 메시지는 독자들에게 코에 아메바가 들어갈 수 있는 희귀하지만 치명적인 질병에 대해 교육하는 것이다. 이 기사를 비판적으로 읽었을 때 매우 신뢰할 수 있는 전염병 통계 자료인 질병통제예방센터(Centers for Disease Control and Prevention, CDC)의 자료를 사용하고 있는 것을 알 수 있다. 또한 식수는 위험하지 않으며 감염원인을 명확히 제시한 점 또한 좋은 기사의 예라고 볼 수 있다. 이 글은 일반인이 쉽게 읽을 수 있도록 작성되었다. 여러분의 친구들이라면 따뜻한 담수에서 흔히 발견되는 미생물이 호수와 개울가에서 수영하는 사람들에게 영향을 미치지 않는 방법을 궁금해 할 것이다. 아메바는 입을 통해 체내에 들어간 경우에는 문제가 없기 때문이다. 드물지만 아메바가 물속에 있는 경우 강제로 코로 들어가 뇌에 침투할 수 있다.

© Blend Images-Don Mason/Getty Images RF

따라서 이 기사는 좋은 기사이지만, 전반적인 **점수**는 B⁻를 줄 것이다. 제목에는 *Naegleria fowleri*를 세균이라고 부르고 있는데 진핵생물에 속하는 원생동물이다. 점수가 너무 박한가?

출처: *Northern California*, "Deadly Brain-Eating Bacteria Confirmed in Louisiana: Alert Issued", 2015년 7월 25일 게시된 온라인 기사.

단원 요약

4.1 세균의 형태와 기능

- 세균과 고세균은 지구상의 최초의 생명체와 유사하며, 지구상의 모든 곳에 있고 가장 넓게 퍼져 있다.
- 대부분의 세균과 고세균은 세포벽의 구성에 따라 구형(coccus), 막대형(bacillus), 나선형(spiral)의 3가지 형태 중 하나이다. 나선형은 스피로헤타와 나선균(spirilla)의 2가지 형태가 있다.
- 세포의 형태와 배열은 세균과 고세균을 기술하는 핵심적인 의미를 나타낸다. 세포의 배열은 특정한 종이 분열하는 평면의 수에 근거한다.

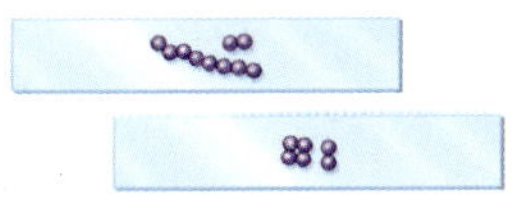

- 구균은 여러 면에서 쌍, 사슬형, 주머니형, 송이형 등의 형태를 만들 수 있다. 간균은 횡단면에서만 나뉘며 세포끼리 붙어 사슬형, 울타리형의 형태를 만든다.

4.2 외부 구조

- 세균의 외부 구조에는 부속기관(편모와 선모)과 외피(S층과 글리코칼릭스) 등이 있다.
- 편모는 수와 배열뿐 아니라 만들어내는 운동성의 형태와 속도도 상이하다.
- 고세균의 편모는 세균의 편모와 구조적으로 다르나 모두 운동 기능을 가지고 있다.

4.3 세포 외피: 세균의 경계층

- 세포외피는 세균 세포를 둘러싸고 있는 복잡한 경계선이다. 그람음성 세균은 외막, 세포벽, 세포막을 가지고 있으며, 그람양성 세균은 세포벽과 세포막만 가지고 있다.

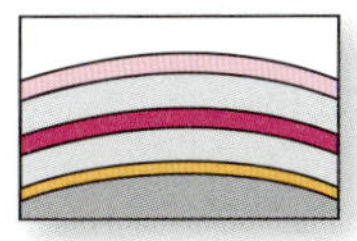

- 그람염색에서, 그람양성 세균은 크리스탈바이올렛 염색이 유지되어 자주색으로 나타나지만 그람음성 세균은 크리스탈바이올렛이 탈색되고 대조 염색제인 사프라닌에 의해 적색으로 나타난다.
- 그람양성 세균은 펩티도글리칸과 산성 다당류인 테이코산(teichoic acid)으로 구성된 두꺼운 세포벽을 가지고 있다. 그람음성 세균의 세포벽은 더 얇고 넓은 세포질 공간을 가지고 있다.
- 그람음성 세균의 외막은 지질다당류(lipopolysaccharide, LPS)로 구성되어 있으며 LPS는 포유류에게 독소로 작용한다.
- 세균의 세포막은 일반적으로 인지질과 단백질로 이루어져 있으며 물질 수송 등의 대사활동이 일어나는 곳이다.

4.4 세균의 내부 구조

- 세균의 세포질은 모든 세포의 기능에 사용되는 물질의 용매로서 작용한다.
- 세균의 유전물질은 DNA이며, 커다란 원형의 염색체이다. 추가적인 유전자는 플라스미드에 있다.
- 세균의 리보솜은 세포질에 분산되어 있고, 세포막에도 내재되어 있다.
- 세균은 세포질에 있는 봉입체에 영양분을 저장한다. 봉입

체의 구조와 그 안의 저장물질은 다양하다.

- 세균의 미세구획은 세포질에 존재하며 효소로 채워진 단백질 꾸러미이다.
- 일부 세균은 세포의 형태를 결정하는 액틴이나 튜블린 같은 긴 미세섬유를 만들어낸다.
- 일부 세균은 내생포자라고 하는 휴면포자를 생산하는데, 이것은 수천 년을 생존할 수 있는 가장 생존력이 강한 생명체 형태이다.

- 바실러스 속(*Bacillus*, sp.)과 클로스트리디움 속(*Clostridium*, sp.)은 내생포자를 형성하며 2속 모두 치명적인 병원균이다.

4.5 고세균: 또 다른 원핵생물

- 고세균은 생명의 3번째 도메인이다. 고세균은 생화학적으로나 유전적으로 세균과 다르며, 많은 고세균이 저온과 고온, 염분, 압력, 산성 등 극한 환경에 서식하고 있다.

4.6 세균과 고세균의 분류체계

- 세균과 고세균 모두 공식적으로 계통진화적 유연관계와 표현형적 특성에 의하여 분류된다.

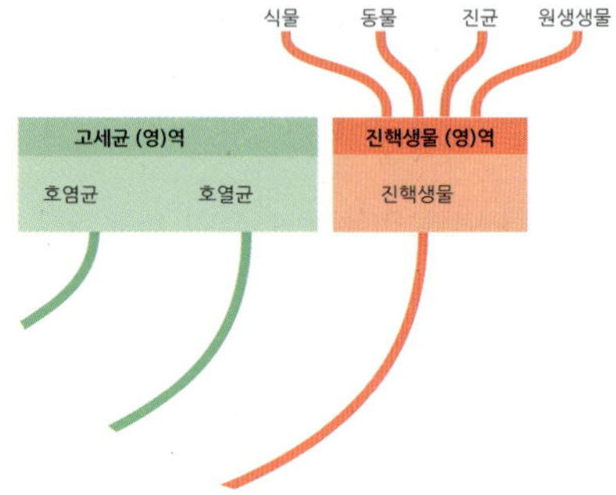

- 병원균의 의학적 동정은 그람염색, 형태, 생화학 반응, 대사물질과 같은 비공식적인 분류 체계를 사용한다.
- 세균에서 '종'은 다른 세균 집단들과 구별되게 유사한 특성을 공유하는 세균 집단으로 정의된다.
- 한 종 내의 변형은 아종(subspecies), 균주(strain), 표준형(type)으로 정의한다.

객관식 문제(선다형 문제와 OX 문제) | 블룸 1단계 및 2단계: 기억과 이해

선다형 문제 – 제시된 보기에서 답을 고르시오.

1. 다음 중 모든 세균 세포에서 발견되지 않는 것은 무엇인가?
   a. 세포막
   b. 핵양체
   c. 리보솜
   d. 액틴과 유사한 세포골격

2. ____ 세균에 있는 관모양의 선모는 ____ 기능을 제공한다.
   a. 그람양성, 유전적 교환
   b. 그람양성, 부착
   c. 그람음성, 유전적 교환
   d. 그람음성, 보호

3. 글리코칼릭스의 예는 _____ 이다.
   a. 캡슐　　b. 선모
   c. 외막　　d. 세포벽

4. 다음 중 세포벽의 주된 기능은 무엇인가?
   a. 수송　　b. 운동성
   c. 지지　　d. 접착

5. 다음 중 그람양성과 그람음성의 모두의 세포벽에 존재하는 것은 무엇인가?
   a. 외막　　b. 펩티도글리칸
   c. 테이코산　　d. 지질다당류

6. 어둡게 염색된 과립은 __________에서 발견되는 ______의 농축 된 결정체이다.
   a. *Mycobacterium*, 지방
   b. *Bacillus*, 디피콜린산
   c. *Thiobacillus*, 황
   d. *Corynebacterium*, 인산염

7. 세균 내생포자의 주요 기능은 무엇인가?
   a. 생식　　b. 생존
   c. 단백질 합성　　d. 저장

8. 8개의 세포로 구성된 모양의 세균 배열은 _____이다.
   a. 마이크로코커스　　b. 쌍구균
   c. 사련구균　　d. 팔련구균

9. *E.coili*는 세균의 어느 문(division)에 속하는가?
   a. Tenericutes　　b. Gracilicutes
   c. Firmicutes　　d. Mendosicutes

10. 의학적으로 중요한 세균의 세포벽에서 차이를 구별하기 위해 어떤 염색법을 사용하는가?
    a. 단일 염색
    b. 아크리딘 오렌지 염색
    c. 그람염색
    d. 음성 염색

OX 문제 – 다음 문장 내용이 옳으면 O, 틀리면 X로 표기하고 틀린 내용을 올바르게 수정하시오.

11. 그람양성 세균과 그람음성 세균 사이에 있는 외피 구조의 주요 차이점은 세포막의 존재 유무이다.

12. 두 세균 종 사이의 진화학적 연관성을 연구하는 미생물학자는 《Bergey's Manual of Systematic Bacteriology》보다 《Bergey's Manual of Determinative Bacteriology》을 사용하는 것이 유용하다.

13. 나노박테리아는 세균일 수도 있고 아닐 수도 있다.

14. 세균과 고세균은 모두 원핵생물이다.

15. 전체적으로 유사한 특성을 공유하는 세균 집단을 종(species)이라고 한다.

현미경으로 본 세상

네 고양이가 널 미치게 만든다고?

이번에 소개하는 사례를 통해 대중매체의 기사가 어디까지 사실인지 살펴볼 것이다. 이 사례는 2012년 The Atlantic article에 실린 "당신의 고양이가 어떻게 당신을 미치게 하는가"란 기사에 대한 것이다.

이 기사는 야로슬라브 프렉(Jaroslav Flegr)이라는 자신의 뇌가 원생동물 *Toxoplasma gondii*에 감염되었다고 믿는 체코출신의 과학자에 관한 것이다. 당신은 임신 중에는 장내 기생생물인 *Toxoplasma* 접촉을 피하기 위해 고양이의 변기통 근처에도 가지 않아야 한다는 얘기를 들었을 것이다. 태아가 이 원생동물에 감염되면 뇌가 심각하게 손상되거나 사망할 수도 있기 때문이다. 이 기사는 사실 *Toxoplasma*에 감염되었어도 증상을 나타내지 않는 수많은 감염자들의 질병관리상의 중요성을 강조하기 위한 것이며 프렉박사는 무증상 감염자들과 비감염자들 간에 유의적인 차이가 있음을 발견하였다. 그의 연구결과에 의하면 전 세계적으로 10~55% 인간이 *Toxoplasma*에 감염되어 있으며 더 흥미로운 것은 감염자들 간에 성별적인 차이가 있다는 것이다. 여성감염자의 경우, 비감염 여성에 비해 사교적이고 준법성이 강하며 본인의 의상에 신경을 쓰는 편인 데 반해 남성감염자는 비감염 남성에 비해 비사교적이고 규율을 무시하는 편이며 옷을 대충 입고 사는 사람들이라는 것이다.

이 글에서 강조되는 또 다른 관점은 비감염자들에 비해 감염자들이 주어지는 자극에 대하여 느리게 반응하는데 그로 인해 *T. gondii* 감염은 매년 수십만 명의 길거리 사망 사고를 발생시킬 수 있다고 프렉박사는 주장한다. 고양이가 이 원생동물의 주요한 감염 매개자이기 때문에 이 기사의 제목이 '당신의 고양이가 어떻게 당신을 미치게 하는가'이다.

- 이 기사가 **의도하는 메시지**는 무엇인가?
- 기사를 읽은 후 **여러분의 평가**는 어떠한가? 평가가 비판을 의미하는 것은 아니다. 여러분의 지식을 이용하여 기사의 사실여부, 그리고 기사가 전달하고자 하는 메시지가 무엇인지를 제대로(혹은 옳게) 인지하기 위해서는 비평적인 안목이 필요하다.
- 미생물학을 공부하지 않은 친구를 위해 이 기사를 어떻게 **해석할** 것인가?

- 기사의 정확성과 의도된 효과의 정확성을 고려하여 기사에 대한 당신의 **점수**는 얼마인가?

현미경으로 본 세상-논평은 이 장의 끝에 나옵니다.

5.1 진핵생물의 역사

고생물학적인 증거에 의하면, 진핵생물은 대략 20~30억 년에 지구상에 출현했다고 한다. 중국, 러시아, 호주의 이판암 퇴적층에서 발견된 8억5천 년~9억5천 년 전의 것으로 추정되는 화석의 형태들이 현대의 조류(algae) 혹은 원생동물과 매우 유사하다(**그림 5.1**). 예전에는 진핵생물을 구성하는 진핵세포들이 고대의 원핵세포로부터 진화되었다고 했었는데 지금은 3(영)역으로 구분되는 세균, 고세균, 진핵생물 모두 원핵세포의 전구체이면서 동시에 진핵세포인 하나의 (마지막) **공통조상**(the last common cell)(역주: 이 책에는 'the last common cell'로 표기되어 있지만 일반적으로는 'the last universal common ancestor, LUCA'라고 함)으로부터 유래했을 것으로 추정한다. 원핵세포도 아니고 진핵세포도 아닌 이 공통조상으로부터 각기 독립적으로 세균, 고세균, 그리고 진핵생물들이 진화했다고 한다. 진핵세포의 일부 **소기관들**(organelles)은 각각 더 원시적인 세포에서 기원했으며 그 소기관들이 하나의 세포에 합쳐졌다는 가설인 세포내공생설이 공신력을 얻고 있다(**들여다보기** 5.1).

초기의 진핵세포는 매우 유동적(versatile)이어서 곧바로 다양한 서식처에서의 서식이 가능했을 뿐 아니라 다양한 생활방식을 취하는 놀라운 적응력을 보였다. 초기 원시적인 진핵세포는 아마도 단세포였고 독립적이었을 것이나, 시간이 경과하면서 세포들이 모여 집락(colony)을 구성하였다. 집락을 구성한 세포들 중 일부는 **특화**되어 산소이용, 먹이섭취, 생식 등의 해당 집락 전체에 유익한 기능을 수행하기도 하였다. 다세포로 된 복잡한 유기체들은 원래는 한 집락에서 떨어져 나온 각각의 세포들로부터 유래한 것이다. 많은 세포로 구성된 다세포 유기체는 단순히 비조직적으로 모여 집락을 구성한 세포 집합체 이상의 것이다. 그보다는 다세포 유기체를 구성하는 세포들은 만약 이들이 유기체의 다른 부위에 각기 독립적으로 존재한다면 아무런 가치가 없었을 상이한 세포들로 구성되어 있다고 할 수 있다. 다세포 유기체를 구성하는 세포집단들은 **조직**(tissue)을 구성하고 또 조직들이 모여 **기관**(organ)을 만든다.

의학미생물학에서 다루는 진핵생물에는 진균(fungi), 원생동물, 장내 기생충(helminths)이 있다. 모든 원생동물(protozoa)은 단세포 생물이고 많은 진균들(fungi) 또한 단세포생이다. 진균에 속하는 버섯과 바다의 해조류 등의 예외가 있지만 진정한 의미의 다세포 생명체는 식물계와 동물계에만 존재한다. 동물인 기생충의 성체는 다세포이나 기생충의 알(egg)과 애벌레(유충)는 단세포성이다(**표** 5.1).

표 5.1 진핵미생물들의 세포적인 특성

단세포성	단/다세포성	다세포성
원생동물	진균, 조류	기생충[알과 애벌레(유충)는 단세포]

5.1 학습 평가

1. 세균·고세균·진핵생물과 공통조상(LUCA)과의 관계를 설명할 수 있다.
2. 진핵미생물의 종류를 나열하고, 그들을 단세포성 진핵미생물과 다세포성 진핵미생물로 구분할 수 있다.

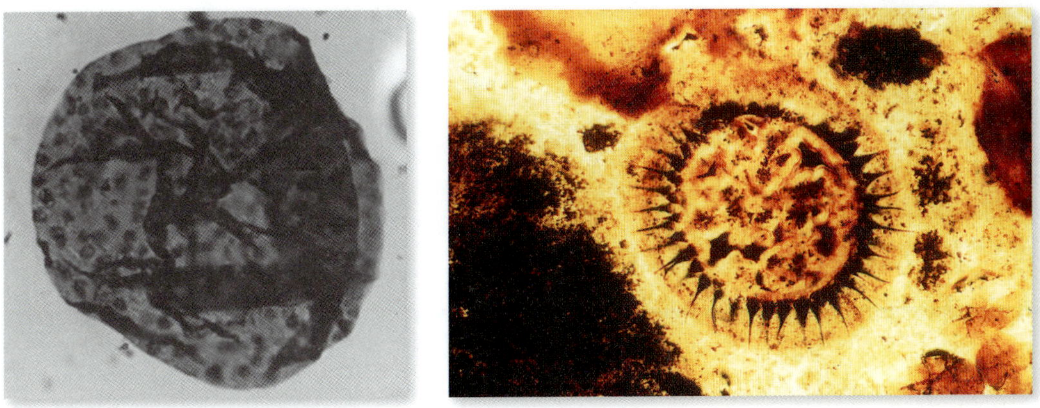

(a) (b)

그림 5.1 암석화된 고대 원생생물의 화석 (a) 시베리아의 이판암 퇴적층에서 발견된 9억5천 년 전의 것으로 추정되는 조류와 유사한 세포 화석 (b) 중국의 바위에서 발견된 5억 9천만~6억천만 년 전의 것으로 추정되는 가시관으로 둘러싸인 디스크모양의 큰 세포 화석

© Andrew Knoll

들여다보기 5.1 연구: 세포내공생

오랫동안 생명과학자들은 복잡한 구조를 가진 진핵세포의 기원에 관하여 논쟁을 벌여왔다.

그 논쟁으로부터 도출된 답이 **세포내공생**(endosymbiosis)이다. 20억 년 전, 매우 커다란 세포가 작은 세균성 원핵세포를 삼킨 후 세균을 죽이기보다 서로 공존하는 방법을 선택하였다. 세균은 숙주세포 안에서 살면서 숙주에게 먹이를 합성시켜주었고 산소 이용능이라는 특별한 기능을 제공하였다. 세포내공생은 세포의 융통성과 생존력을 향상시켜주었다. 시간이 경과되면서 숙주 내의 세균은 독립적인 생활 방식을 포기하고 세균 자신의 유전자를 숙주생물에 전달하였다. 이 세포내공생설을 처음 제안한 생물학자는 린 마굴리스(Lynn Margulis) 박사이다. 분자생물학적인 기법으로 그녀가 제안한 진핵세포의 소기관과 세균 간의 관계에 관한 이 가설은 입증되고 있다. 진핵세포의 미토콘드리아가 세포 안의 세포임을 여러모로 규명할 수 있었다.

세균과 같이 미토콘드리아는 고유의 원형 염색체(DNA)와 리보솜을 가지고 있으며 미토콘드리아막 또한 세균의 막과 같아 세균을 손상시키는 항생제에 의해 손상된다.

엽록체 또한 세포내공생을 한 남세균(cyanobacteria)에서 유래한 것으로 숙주에게 양분을 제공한다. 그녀는 나선형태의 세균이 초기 진핵생물의 세포막 안으로 들어와 살게 되면서, 즉 세포내공생으로 진핵생물인 섬모충류가 탄생했다고 굳게 믿었다.

이 세포내공생설은 지금도 진화학자들에게 폭넓게 받아들여지고 있다. 최근에는 엽록체의 초기 발생 연구에 좋은 모델 생명체, *Paulinella chromatophora*가 발견되었다. *P. chromatophora*는 상당히 최근이라고 할 수 있는 6천만 년 전에 진화한 것으로 추정되는 광합성 소기관(chromatophore)을 보유한 아메바류인데 이 생명체를 대상으로 한 연구에서 연구자들은 어떤 과정을 통해 해당 유전자가 삽입되었으며 또 새로 유도된 chromatophore에 관련 단백질이 어떻게 전달되었는지를 추적할 수 있었다. 그 연구결과는 소기관들의 발생기작에 관한 새로운 통찰과 세포내공생설을 추가적으로 뒷받침하는 분자생물학적인 증거들을 제공해주었다.

(a) 린 마굴리스(Courtesy Lynn Margulis) 박사

Courtesy Lynn Margulis

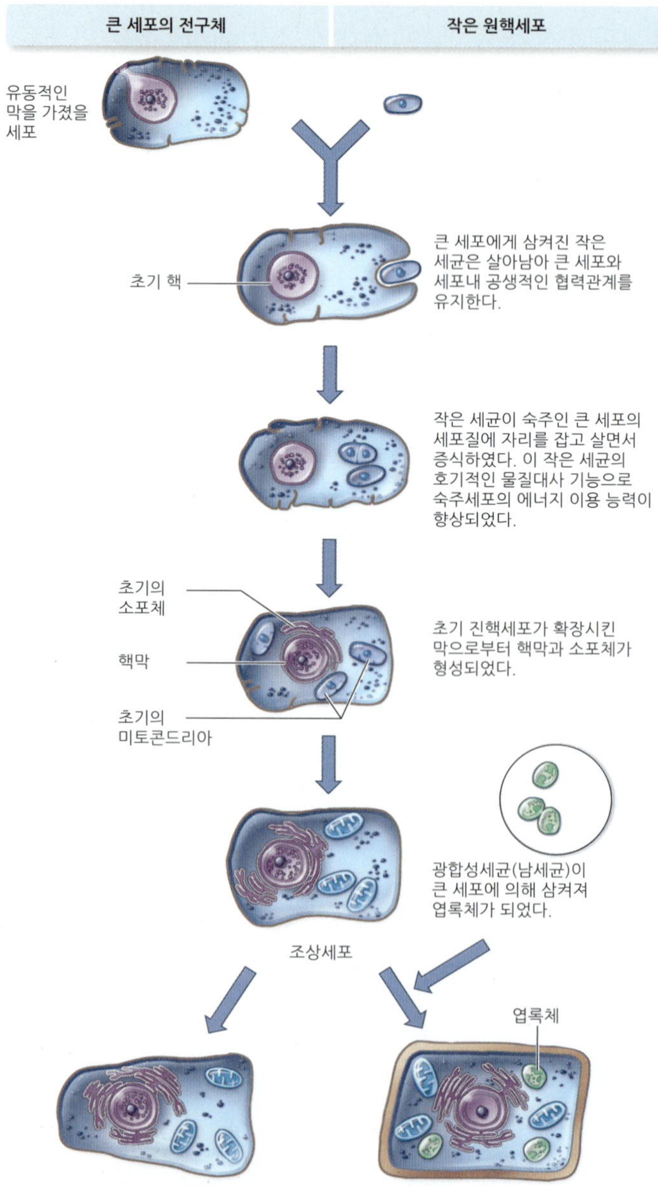

(b) 원생동물, 진균, 동물 조류, 고등식물

5.2 진핵세포의 형태와 기능: 외부 구조와 내 · 외부 경계 부분의 구조

진핵생물의 세포들은 매우 다양해서 특정 유형의 세포를 전형적인 진핵세포라고 할 수 없지만 개념적인 진핵세포의 구조는 **그림 5.2**에서 보는 것과 같다. 또한 아래에 있는 진핵세포의 구조와 앞서 4.1절에 제시된 원핵세포(세균)의 구조를 비교해보자.

일반적으로 진핵미생물 세포들은 세포막, 핵, 미토콘드리아, 소포체, 골지체, 액포, 세포골격과 당질피질(glycocalyx)을 가지고 있고 세포벽, 운동기관, 엽록체 등은 진핵미생물 일부에만 존재한다. 이어서 진핵세포의 현미경적 구조와 기능에 대해 알아볼 것이다. 원핵세포인 세균에서와 같이 진핵세포의 구조도 외부적인 구조부터 시작해 세포 내부구조도 알아볼 것이다.

진핵세포의 구조

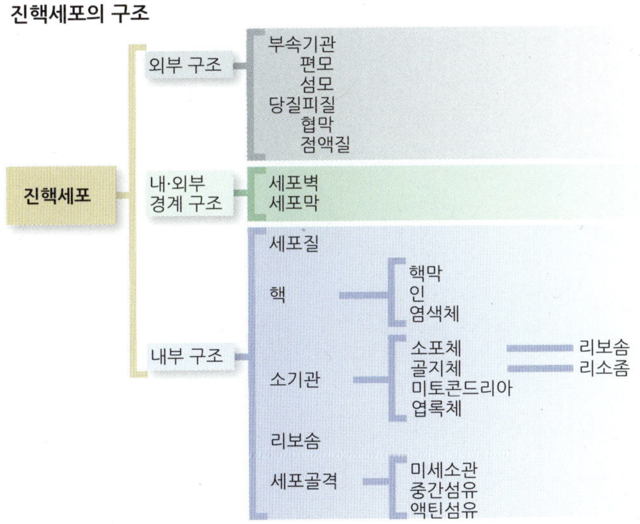

운동(부속)기관: 섬모와 편모

진핵세포의 편모는 세균 및 고세균의 편모와 이름은 같으나 구조적으로는 많이 다르다. 우선 진핵세포의 편모는 원핵세포의 편모보다 10배 정도 두껍고 구조적으로도 훨씬 복잡하며 확장된 세포막으로 싸여 있다. 편모는 막으로 덮힌 긴 원통형 구조물인데 이 원통형 구조물은 속이 비어 있는 작은 소관들, 즉 미세소관(microtubule)들이 편모 길이 전체에 걸쳐 규칙적으로 배열됨으로써 형성된 것이다(**그림 5.3a**). 편모를 절단한 단면도를 보면, 서로 근접해 있는 9쌍의 미세소관들이 중앙에 있는 1쌍의 미세소관을 둘러싸고 있다. 이 9+2배열은 진핵생물의 편모와 섬모의 일반적인 패턴이다(**그림 5.3b**). 세포가 운동하는 동안, 인접한 미세소관들이 서로 스치면서 미끄러짐으로써 편모가 앞뒤로 채찍질하듯 움직여 결국에는 세포가 이동하게 된다. 그 복잡한 운동기작에 관해 여기에 자세히 설명하기는 어려우나 세포의 움직임은 세포막에서 일어나는 여러 연계된 기작들의 결과물이며 에너지가 소모되는 기작이다. 편모의 위치와 개수는 편모충류 및 조류의 동정에 이용되는 유용한 분류형질이기도 하다.

섬모는 구조적으로 편모와 유사하나 편모에 비해 길이가 짧고 일부 섬모충류의 경우 수천 개의 섬모를 가질 만큼 그 숫자가 많다. 섬모는 특정 원생동물(섬모충류)과 동물세포 일부에만 존재한다. 섬모충류의 섬모는 세포 표면에 일렬로 있으면서 노처럼 규칙적으로 앞뒤로 움직인다(**그림 5.4**). 운동성이 있는 모든 세포들 중 섬모충류들이 가장 빠르게 움직이며 일부 섬모충류의 경우, 섬모를 이용해 먹이를 섭취하거나 여과를 한다.

질병과의 연관성

섬모를 가진 원생동물, 즉 섬모충류 중 인간에게 질병을 야기하는 것은 *Balantidium coli* 뿐이다. *B. coli*는 돼지 등의 포유류의 장(intestine)에 서식하는데 이들이 인간의 장을 감염시켜 발란티듐증(대장섬모충증, balantidiasis)이라는 설사를 하는 질병을 야기한다.

당질피질

대부분의 진핵세포들은 외부환경과 직접 접촉하는 최외각 경계 부위에 **당질피질**(glycocalyx)을 가진다(그림 5.2). 당질피질은 **체외 바탕질**(extra-cellular matrix)이라고도 하고 성분적으로는 다당류이며 형태적으로 보면 서로 연결된 섬유, 점액층 혹은 협막(capsule) 형태로 세포를 보호하거나 세포가 물체 표면에 쉽게 부착할 수 있게 해준다. 당질피질 바로 아래에 있는 물질은 진핵생물의 그룹 간에 차이가 있다.

원생동물을 비롯해 세포벽이 없는 모든 동물세포와 달리, 진균은 세포막을 감싸는 두껍고 단단한 세포벽을 가지고 있다. 진균과 조류는 형태를 유지해주고 보호해주는 단단한 세포벽을 가지고 있다.

경계면에 있는 세포 구조물

세포벽

진균과 조류는 형태를 유지해주고 보호해주는 단단한 세포벽을 가지고 있다. 그러나 그들의 세포벽은 화학적 조성

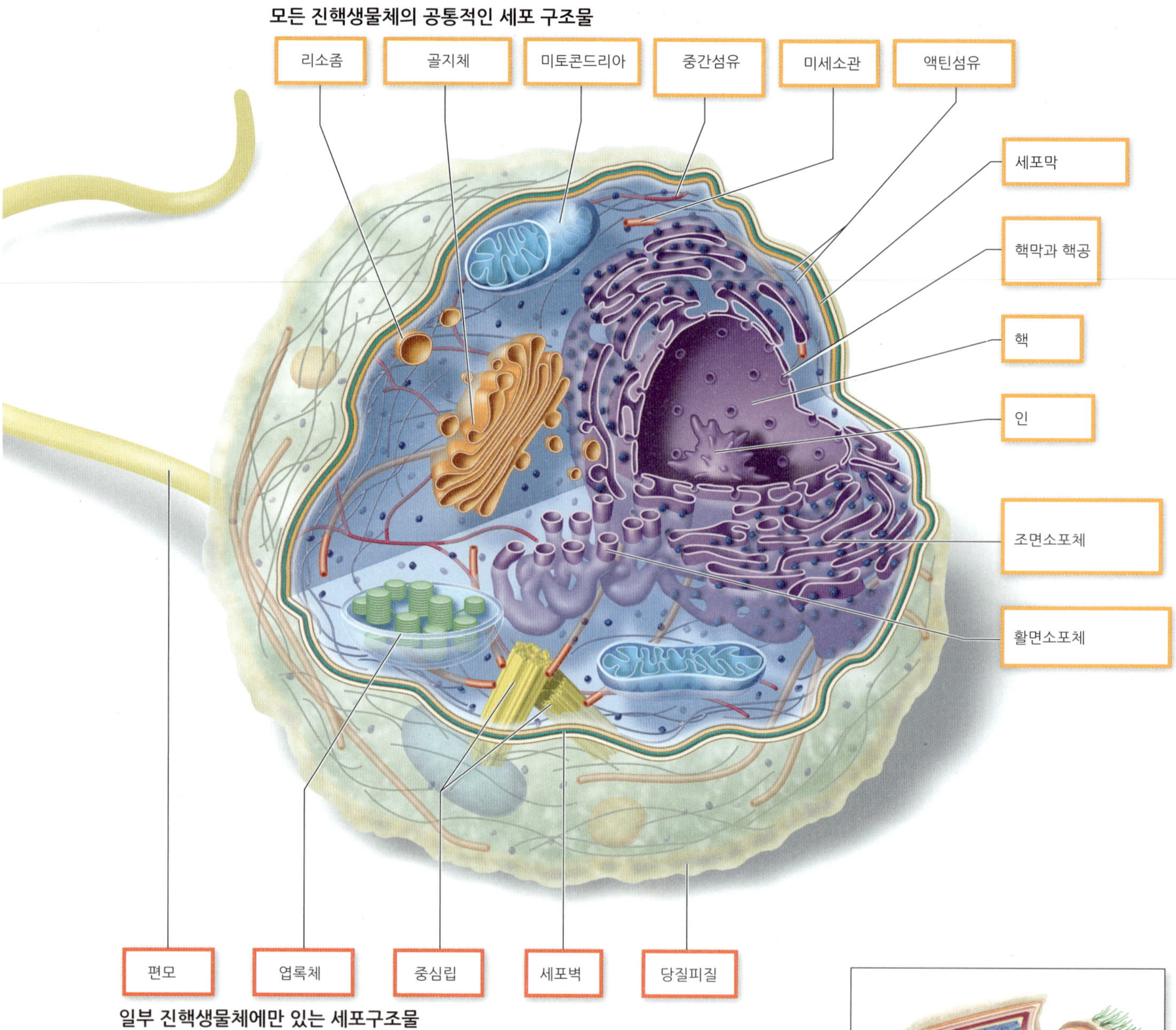

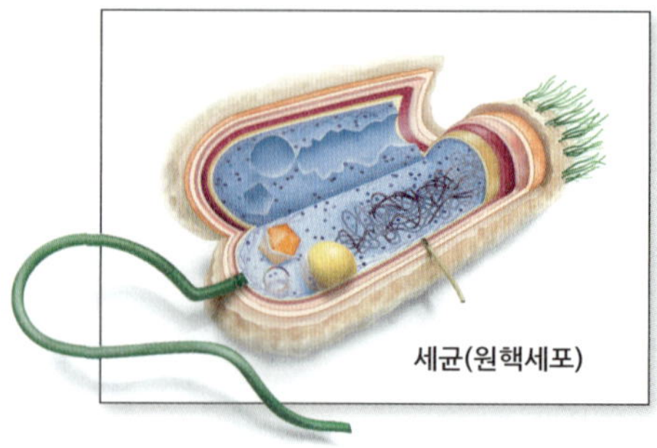

그림 5.2 진핵세포의 구조 원핵세포의 구조와의 비교를 위해 4.1절의 세균의 형태를 제시

에 있어 세균의 세포벽과 다르다. 진균 세포벽의 안쪽은 키틴이나 셀룰로오스(cellulose) 등의 다당류로 된 두꺼운 섬유질로 되어 있는 반면에 바깥층은 얇고 혼합된 글리칸으로 구성되어 있다(**그림 5.5**).

세포막(원형질막)

진핵세포의 전형적인 세포막은 인지질2중막에 단백질의 내재된 구조로 되어 있다. 이 인지질2중막에 다양한 종류의 스테롤(sterol)이 첨가되어 있는데 첨가되는 스테롤의 종류에 따라 세포막의 구조와 기능이 달라진다(2.2절 참조). 스

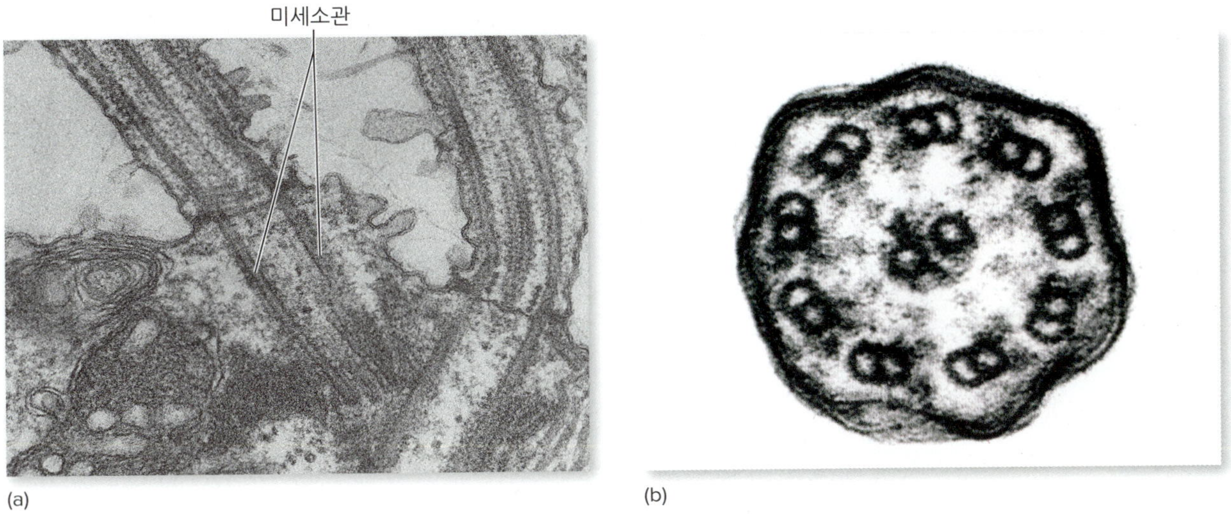

그림 5.3 편모 내부의 미세소관 (a) 2개의 편모를 길이 방향으로 절단한 단면도에 보이는 미세소관 (b) 편모와 섬모의 단면도에서 볼 수 있는 9+2 배열

(a) © Don W. Fawcett/B. Bouck/ Science Source; (b) © SPL/ Science Source

테롤이 부여하는 상대적인 견고성이 세포막의 안정성을 결정짓는다. 세포막을 강화시켜주는 이 특성은 특히 세포벽이 없는 세포들에게 매우 중요하다. 진핵세포의 세포막도 원핵세포인 세균의 세포막과 같이, 선택적인 물질만을 투과하는 장벽으로서의 기능을 가지고 있다. 막은 매우 정교하게 작용해 자신에게 필요한 양분은 세포 내부로 유입되도록 하고 불필요한 폐기물 등은 외부로 방출한다. 세균 세포막에서의 물질 운반시스템에 관련된 내용은 7.1절에 있으며 세균의 물질 운반시스템과 진핵생물의 그것은 매우 유사하다.

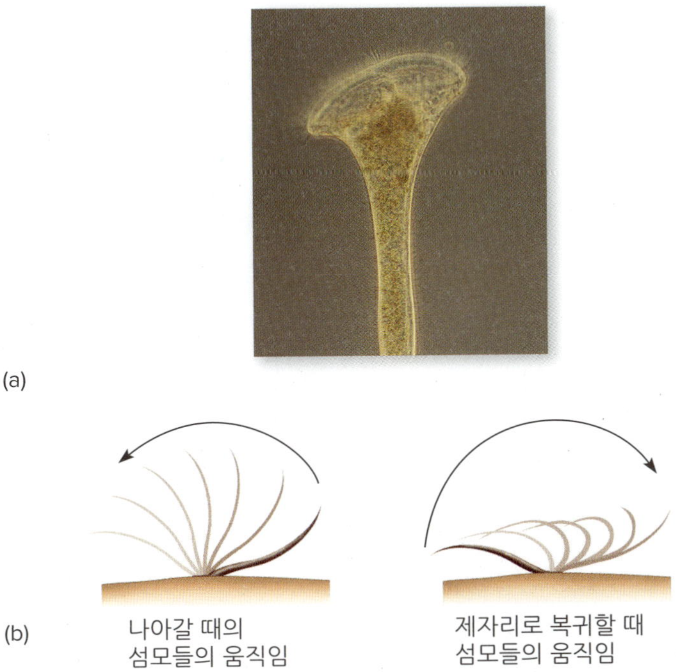

그림 5.4 섬모의 구조와 움직이는 양상 (a) 원생동물, 나팔벌레(*Stentor*)의 현미경 사진: 확연한 입 둘레의 섬모 (b) 섬모충류가 유영할 때 섬모들은 앞뒤로 물결치듯 움직이는데, 세포진행방향으로 나아갈 때의 섬모들의 움직임과 다시 제자리로 돌아올 때의 섬모들의 움직임.

© Stephen Durr RF

5.2 학습 평가

3. 진핵세포의 섬모와 편모를 구분하고, 세균 및 진핵세포의 편모 구조를 구분할 수 있다.
4. 진핵세포에 있는 당질피질의 중요성을 기술할 수 있다.
5. 진핵생물 중 세포벽을 가진 생물들을 나열할 수 있다.
6. 세균의 세포막과 진핵세포의 세포막 사이의 유사점과 차이점을 설명할 수 있다.

5.3 진핵세포의 형태와 기능: 내부 구조

세균 및 고세균과 달리, 진핵생물의 세포들은 각각 막으로 둘러싸인 세포소기관들을 가지고 있으며 이들이 세포 전체 부피의 60~80%를 차지할 만큼 그 비중이 크다.

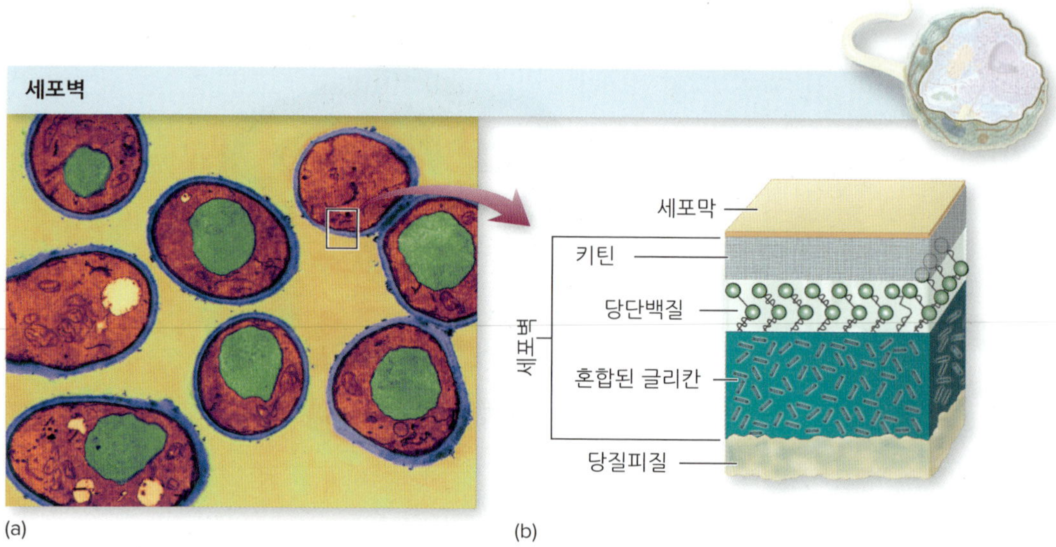

그림 5.5 진균 세포벽의 단면도 (a) 여러 진균세포들의 전자현미경 사진 (b) 진균 세포 일부를 확대한 모식도
© Thomas Deerinck, NCMIR/Science Source

핵: 통제센터

고밀도 공모양의 핵은 진핵세포에서 통제센터(control center)로서 기능을 하고 가장 중요하다고 할 수 있다. 핵은 핵을 둘러싸는 핵막으로 세포질과 분리되는데 이 **핵막**(nuclear envelope)이 매우 고유한 구조로 되어 있다. 핵막은 2층의 좁은 막인데, 규칙적으로 배열된 작은 구멍, 핵공에 의해 핵 내부와 외부가 연결된다(**그림 5.6**). 핵공은 핵에서 세포질로, 혹은 그와 반대방향으로, 고분자물질을 이동하는 통로로 작용한다. 핵은 **핵질**(nucleoplasm)과 입자성 물질인 **인**(nucleolus)으로 구성되어 있는데 핵을 염색하면 인의 RNA함량 때문에 인은 핵의 다른 부분보다 진하게 염색된다. 인은 리보솜RNA의 합성장소이면서 리보솜을 구성하는 소단위체들의 집합장소이기도 한데 그 소단위체들

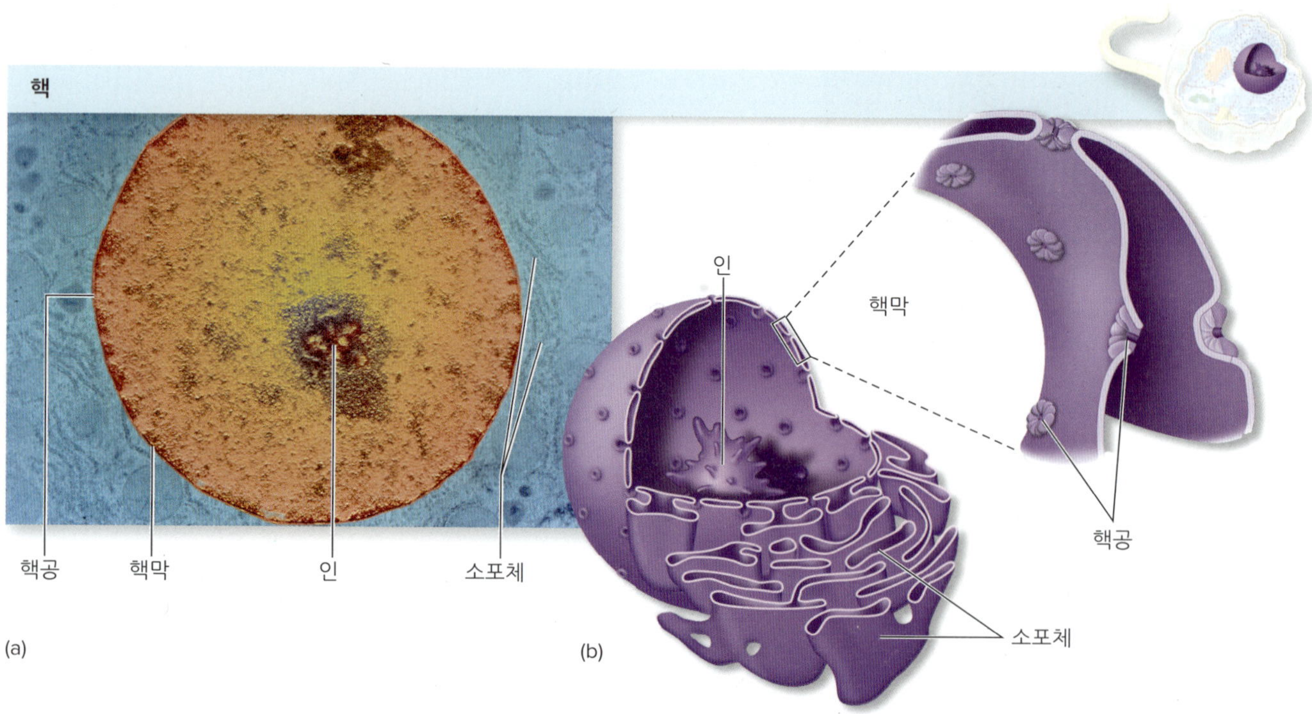

그림 5.6 핵 (a) 핵의 주요 특징들을 드러낸 핵의 전자현미경 사진 (b) 핵막과 핵공 간의 관계를 3차원적으로 모식
© D Spector/Getty Images

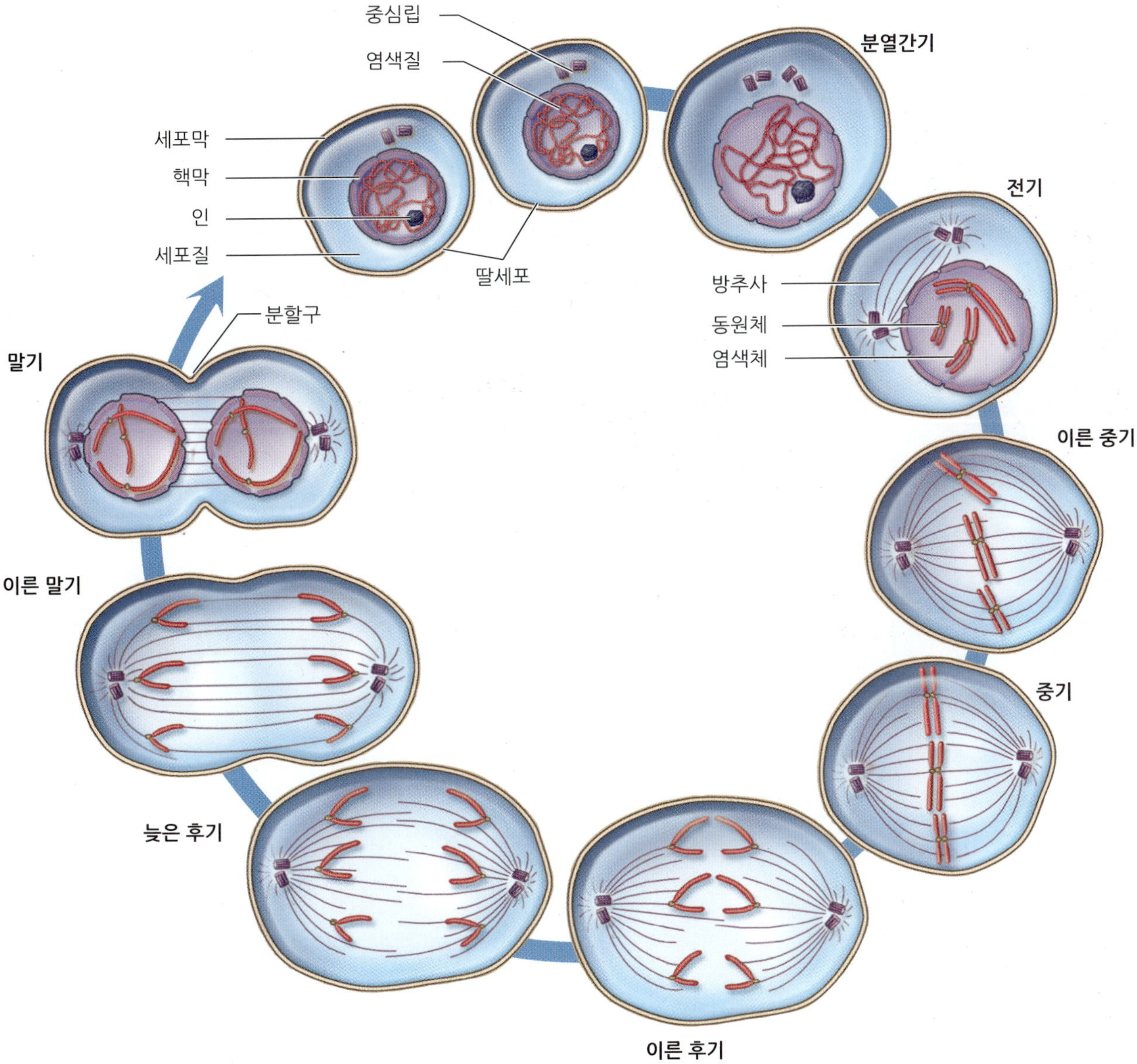

(a)

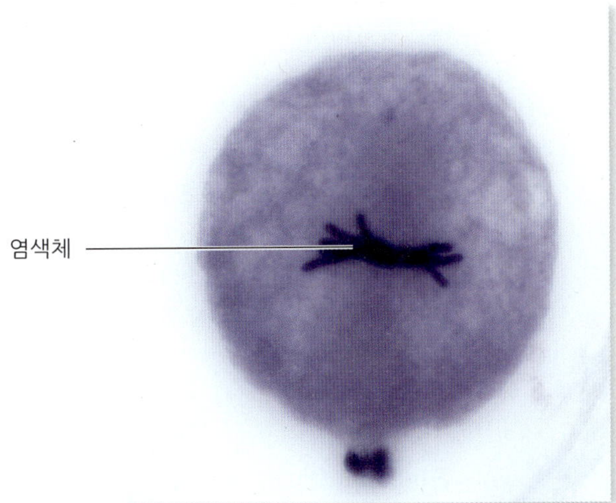

(b)

그림 5.7 효모 등 진핵세포가 세포분열을 할 때 나타내는 변화 (a) 분열하기 전, 즉 분열간기(interphase)에는 염색질만 보이고 분열이 막 시작된 시기, 즉 이른 전기(prophase)에는 염색질이 응축되어 가는 실모양으로 보이고 핵막과 인은 당분간 파괴된다. (b) 염색체를 볼 수 있는 세포분열 전기에 있는 핵의 현미경 사진

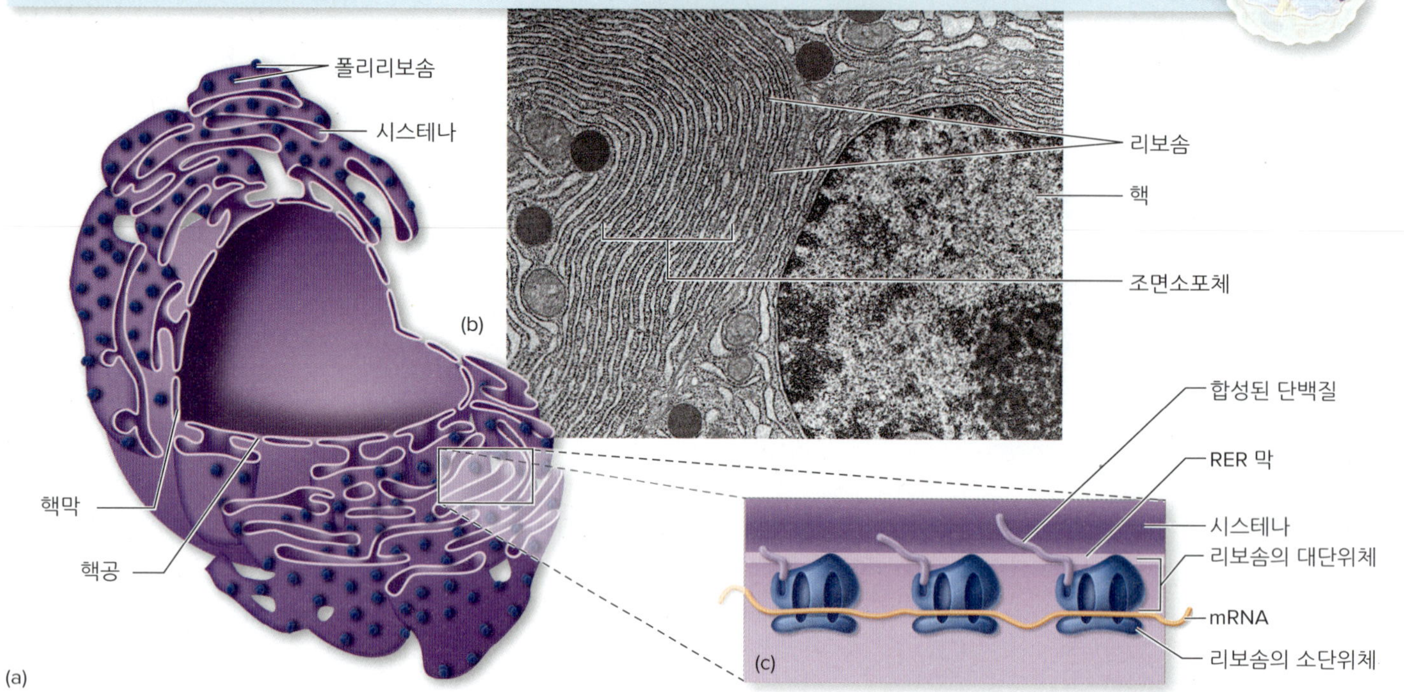

그림 5.8 조면소포체의 기원 및 구조 (a) 조면소포체의 3차원적인 모식도 (b) 핵의 2중막 중 외막이 확장되어 형성되는 조면소포체 (c) 조면소포체에 있는 리보솜의 상세도

© Don W. Fawcett/Science Source

이 리보솜으로 완전하게 조립되기 위해 핵공을 통해 세포질로 이동된다. 염색된 핵의 핵질에서 **염색질**(chromatin)이라는 연결망을 형성하는 짙은 색으로 염색된 섬유들을 관찰할 수 있다. 진핵세포의 **염색체**(chromosome)는 이 염색질로 구성되어 있으며 유전정보를 가지고 있다. 대부분의 세포핵에서 긴 선형의 DNA가 **히스톤단백질**(histone protein)을 여러 응축 정도로 감싸는 염색질의 미세구조를 고배율의 현미경 없이는 관찰하기 어렵다. 그러나 모세포의 염색체가 2배로 되어 딸세포에 균등하게 배분되는 **체세포분열**(**유사분열**, mitosis) 시기에는 염색체가 고도로 응축되므로 관찰이 가능하다(**그림 5.7**). 히스톤을 감싸는 DNA가 나선, 초나선을 형성하는 방식으로 고도로 응축되는 이유는 염색체가 서로 엉키는 것을 방지해줌으로써 세포분열 시 딸세포에 염색체가 균등하게 배분되도록 하기 위함이다.

앞에 소개된 것처럼 핵이 보유한 DNA는 진화과정에서 DNA(유전물질)의 복제와 전사라는 매우 정교한 공정을 탄생시켰다. 체세포분열을 하는 일반적인 세포를 제외한 성세포들은 **감수분열**(meiosis)을 한다. 핵 외의 다른 세포소기관에서는 단백질 합성 등 많은 물질대사가 이뤄진다.

소포체: 세포의 연결통로

소포체(endoplasmic reticulum)는 물질의 운반과 저장에 관여하는 소기관으로, **조면소포체**(**그림 5.8**)와 **활면소포체**의 2종류가 있다. 이중으로 되어 있는 핵막의 외막에서 기원한 조면소포체는 확장되어 세포질 전반에 걸쳐 네트워크를 형성할 뿐 아니라 세포막과도 연결된다. 소포체에 있는 **시스테나**(cisterna)라는 터널모양의 구조물은 물질을 핵에서 세포질로, 세포 외부로도 운반할 수 있다. 조면소포체는 그들의 표면에 수많은 리보솜이 부착되어 있기 때문에 거칠게 보인다.

리보솜에서 합성된 단백질은 조면소포체의 내강(lumen)에 보관되다가 추후의 사용목적에 맞게 포장되거나 사용될 장소로 운반될 것이다. 조면소포체와 달리, 리보솜이 부착되지 않은 활면소포체는 비단백성 고분자물질인 지질을 합성하고 저장하는 등 다양한 물질대사를 행한다.

골지체: 포장기계

이태리의 내과 의사이자 조직학자였던 골지(Camillo

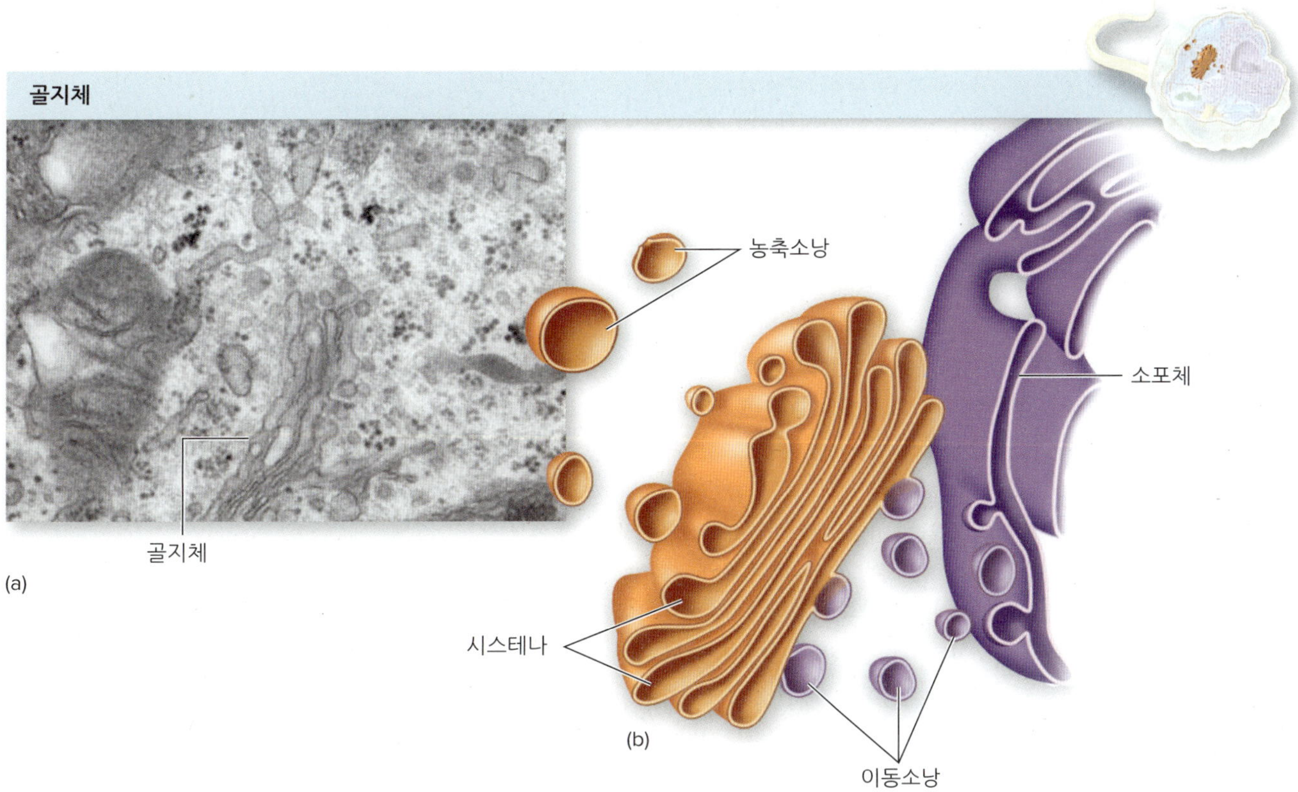

그림 5.9 골지체의 상세도 (a) 골지체의 현미경 사진 (b) 소포체로부터 소낭을 받거나 외부로 다른 소낭을 방출하는 골지체(황금색)

Golgi, 1843~1926)에 의해 1898년에 명명된 **골지체**(Golgi complex)는 세포에서 단백질을 변형시키거나 최종 목적지에 전달하는 일을 하는데, 납작한 원반모양의 소낭들이 겹겹이 쌓여 생긴 시스테나로 이루어졌다. 이 막으로 구성된 소낭들은 소포체처럼 내부에 빈 공간을 갖고 있으나 서로 연결되지 않은 불연속적인 네트워크를 형성한다(**그림 5.9**). 골지체는 소포체와 매우 긴밀한 관계에 있다. 골지체에 근접한 부위의 소포체가 **이동소낭**(transitional vesicle)이라는 막에 싸인 작은 단백질 주머니들을 만들어 방출하면 이들은 곧 골지체에 수용된다. 골지체에 수용된 단백질은 다당류나 지질이 첨가되는 등 복잡한 변형과정을 거치기도 한다. 마지막으로 골지체는 **농축소낭**(condensing vesicle)을 만들어 그 소낭 안의 물질을 필요로 하는 리소좀 등으로 운반하거나 **분비소낭**(secretory vesicle)을 만들어 물질을 세포 밖으로 배출하기도 한다(**그림 5.10**).

핵, 소포체, 골지체: 생명의 조립라인

진핵세포의 유전정보 저장소인 핵은 모든 세포 활성을 지배하고 조절한다. 그러나 핵은 세포 안에서 특정 위치에 고정되어 있기 때문에 일련의 구조적이고 화학적인 네트워

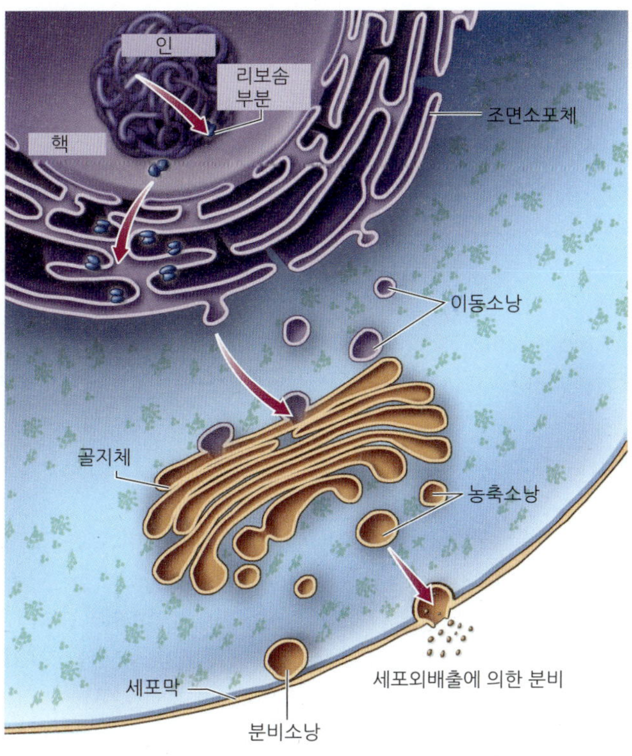

그림 5.10 운송과정 여러 기관들의 협력으로 단백질의 합성 및 운송이 이뤄짐(핵 → 소포체 → 골지체 → 소낭 → 배출)

크를 통해 세포 활성을 통제한다(그림 5.10). 이러한 네트워크에는 활면소포체와 골지체를 비롯해 핵 안에서 그 부품이 만들어지는 리보솜, 핵막과 연결된 조면소포체 등이 포함된다.

DNA에 있는 유전정보는 단백질 합성을 위해 RNA로 전사된 후 핵공을 통해 소포체에 붙어 있는 리보솜으로 이동된다. 리보솜에서 RNA전사 정보에 따라 합성된 특정한 단백질은 소포체의 내부 공간에 저장되어 있다가 골지체로 이동된 후에 다양한 사용처 및 사용목적에 걸맞게 화학적으로 변형되거나 소낭 형태로 포장된다. 어떤 소낭에는 세포 내부에 있는 음식물을 소화시키기 위한 소화효소가 있으며 물질을 분해시켜 세포 바깥으로 배출하는 소낭도 있다. 또 소낭은 세포벽과 세포막을 확장하거나 수리하는 등의 중요한 역할도 한다.

리소좀(lysosome)은 골지체에서 만들어지는 소낭의 일종으로 다양한 효소를 함유하고 있어 음식물의 세포내소화에 관여하거나 침입한 미생물로부터 세포를 보호하는 역할을 한다. 또한 손상된 세포 내의 잔재물을 소화시키고 제거하는 일도 한다. 리소좀은 다양한 세포소기관들, 즉 골지체–소포체–리소좀이 복잡한 협력 과정을 통해 생성된 합작품이라고 할 수 있다. 리소좀이 가진 효소는 조면소포체에 의해 합성되고 효소 운반은 활면소포체가 하며 이동소낭에 의해 골지체로 이동된 효소는 그곳에서 화학적으로 변형된 후 농축소낭에 담겨 최종 목적지인 리소좀에 전달되어야 리소좀에게 주어진 임무를 완수할 수 있게 된다.

소낭 중에는, 액상이나 고체상태의 물질을 소화한 후 방출시키거나 저장하는 **액포**(vacuole)라는 막 구조물이 있다. 액포는 식세포작용이 흔히 일어나는 혈구세포나 원생동물에서 볼 수 있다. 식포와 리소좀이 융합한 후 식포의 내용물이 소화(분해)되는데 이 융합된 구조물을 **파고솜**(phagosome)이라고 한다(**그림 5.11**). 다른 유형의 액포는 지방, 글리코겐 등의 저장고로 사용되기도 한다. 담수 환경에 서식하는 원생동물들은 체내로 유입되는 과량의 물을 **수축포**(contractile vacuole)를 이용해 체외로 퍼냄으로써 삼투조절을 한다.

미토콘드리아: 세포의 에너지 발전기

세포에서 핵이 중심 역할을 하지만 **미토콘드리아**(mitochondria)가 생성하는 에너지 없이는 어떠한 세포의 활성도 일어나지 않는다. 광학현미경으로 미토콘드리아를 관찰하면 둥글고 긴 입자들이 세포질에 흩어져 있는 것처럼 보인다. 미토콘드리아는 매끄러운 외막과 그 외막 내부에 접혀져 있는 내막으로 구성되어 있는데(**그림 5.12**) 이 **크리스타**(crista)(역주: 단수 crista, 복수 cristae-크리스테)라는 접혀진 내막은 손가락 모양의 관 형태이거나 겹겹이 쌓

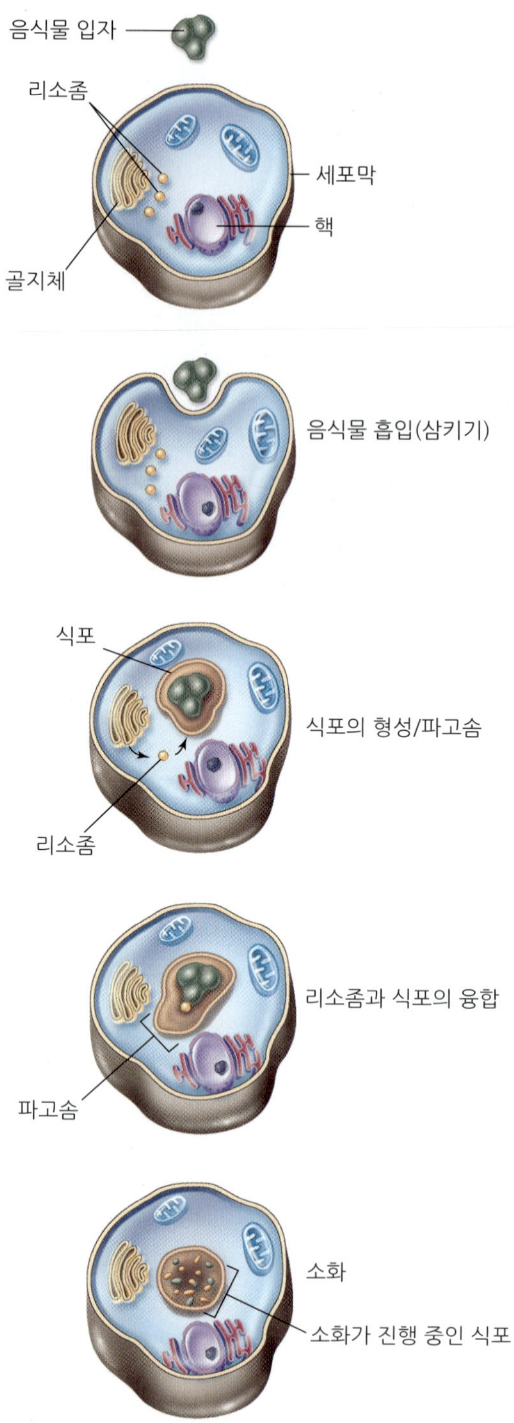

그림 5.11 식세포작용을 하는 리소좀의 기원 및 작용

인 선반 형태이다.

크리스타를 형성하는 막은 산소호흡(역주: 유기호흡과 동일)에 필요한 효소와 전자전달자들을 가지고 있다. 산소호흡은 산소를 이용해 유기성 고분자물질에 포함된 화학에너지를 추출해서 ATP라는 고에너지분자로 저장하는 과정이다. 크리스타 주변의 공간은 **매질**(matrix)이라는 복합적

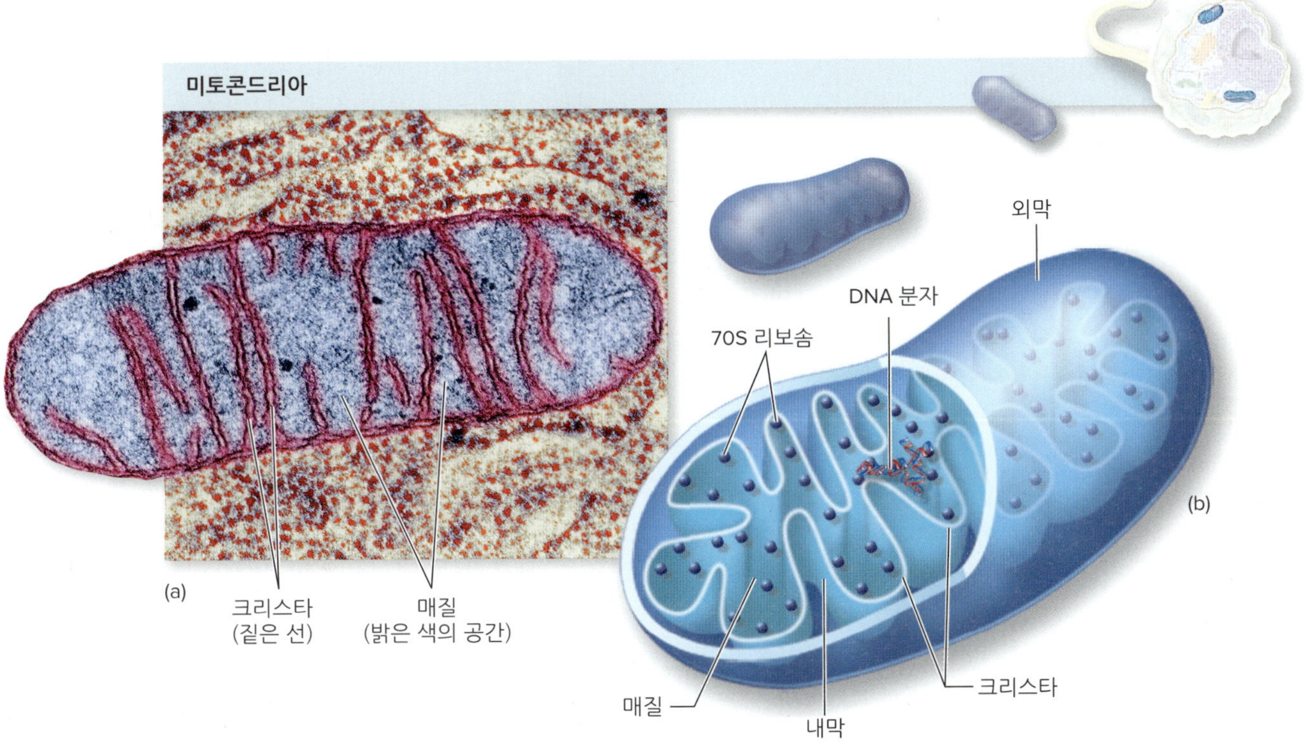

그림 5.12 미토콘드리아의 구조 (a) 미토콘드리아의 전자현미경 사진 (b) 3차원적인 모식도. 특정 진균·조류·원생동물의 미토콘드리아는 긴 실모양이지만 대부분의 세포에 있는 미토콘드리아는 타원형이거나 원형이다.

인 액체로 채워져 있으며 여기에 리보솜, DNA, TCA회로 등의 물질대사에 관련된 효소나 기타 화학물질들이 존재한다. 엽록체와 함께 미토콘드리아는 독립적으로 분열이 가능한 독특한 구조의 소기관으로, 세균과 같이 원형의 DNA와 70S 리보솜을 가지고 있다. 이러한 특징은 미토콘드리아가 호기성 세균으로부터 유래했다는 세포내공생설을 지지해 준다.

엽록체: 광합성 기기

조류와 식물에서 볼 수 있는 소기관인 **엽록체**(chloroplast)는 광합성을 통해 빛에너지를 화학에너지로 전환시킬 수 있다. 조류 및 식물은 광합성 기작을 통해 유기물을 생성하는 생산자이므로 일부 세균을 제외한 지구상의 거의 모든 생명체들은 이들에게 의존적으로 살아가게 된다. 또 다른 주요 광합성 산물은 산소이다. 엽록체는 그 모양이 미토콘드리아와 비슷하나 미토콘드리아보다 크고 색소를 가졌으며 형태 또한 다양하다. 조류 엽록체의 경우, 종류별로 형태적인 차이를 다소 보이나 대부분의 엽록체는 하나의 막이 다른 막을 감싸는 2중막으로 되어 있다. 매끈한 외막이 내막을 둘러싸고 있고, 그 2중막 안에는 역시 막으로 이루어진 **틸라코이드**(thylakoid)라는 작은 원반모양의 주머니가 있고, 그들이 차곡차곡 쌓여 **그라나**(grana)를 형성한다. 이 그라나에 녹색색소인 엽록소를 비롯해 여러 색소들이 있다. 틸라코이드와 막 사이의 공간을 **스트로마**(stroma)라고 한다(**그림 5.13**). 광합성 색소의 역할은 빛에너지를 흡수해 화학에

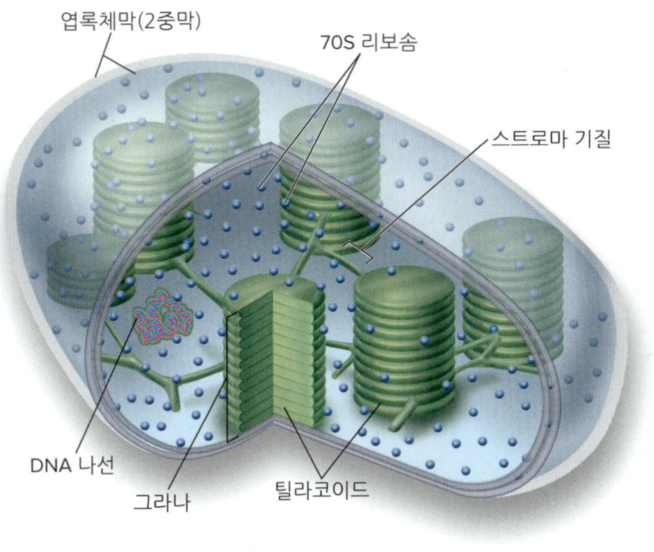

그림 5.13 조류의 엽록체 모식도

너지로 전환시키는 것이며, 이때 생성된 화학에너지는 스트로마에서 탄수화물을 합성하는 데 사용된다.

리보솜: 단백질의 합성 장소

진핵세포를 전자현미경으로 관찰하면 세포질에서 수많은 점처럼 보이는 작은 입자로 된 리보솜을 볼 수 있다. 리보솜은 세포 전체에 분포한다. 리보솜들은 세포질과 세포골격에 산재해 있거나 앞에서 서술한 것처럼 조면소포체에 부착되어 있다. 또한 미토콘드리아와 엽록체 안에도 리보솜이 있다. 여러 리보솜들이 사슬형태로 배열된 **폴리리보솜**(polyribosome) 혹은 **폴리솜**(polysome)이라고 하는 리보솜 구조물도 종종 세포질에서 관찰할 수 있다. 진핵세포의 리보솜도 원핵세포인 세균의 리보솜과 같이, 형태적으로 1개는 크고 다른 1개는 작은 2개의 소단위체로 구성되어 있으며 물질적으로 모두 동일하게 단백질과 RNA의 혼합물인 일종의 리보핵단백질(ribonucleoprotein)로 되어 있다(그림 5.8). 그러나 진핵세포의 리보솜(미토콘드리아와 엽록체 제외)의 크기는 원핵세포의 리보솜보다 커서 80S이며 이는 2개의 소단위체인 60S와 40S의 결합에 의한 것이다. 세균에서와 같이 진핵세포의 리보솜에서도 단백질이 합성된다.

질병과의 연관성

세균 리보솜과 진핵세포 리보솜의 구조적인 차이는 항생제를 이용한 질병 치료에 매우 중요한 단서를 제공해준다. 왜냐하면 세균성 질병은 숙주세포에게는 무해하고 병원성 세균만을 제거하는 방법으로 치료되어야 하는 데 세균의 리보솜 작용만을 방해하는 항생제가 개발되어 치료에 적용된다면 이는 숙주인 환자에게 미치는 부작용은 최소화되면서 세균만을 제거할 수 있기 때문에 매우 이상적인 치료법이라고 할 수 있다.

세포골격: 세포구조를 지지해주는 네트워크

진핵세포의 세포질을 단면도로 보면 세포골격이라는 유연성 있는 골격물질에 의해 종횡으로 연결되어 있음을 알 수 있다(**그림 5.14**). 이러한 세포골격의 네트워크로 인해 세포소기관의 고정, RNA의 이동, 세포의 형태를 변화시키거나 이동시키는 기능이 가능하다. 세포골격의 구성요소에는 **액틴섬유**(actin filament), **중간섬유**(intermediate filament), **미세소관**(microtubule), 3가지가 있는데 액틴섬유는 직경이 약 7 nm인 길고 가는 단백질로 된 섬유로 세포 전체에 퍼져 있으며, 특히 세포막 바로 안쪽에 집중적으로 분포해 있

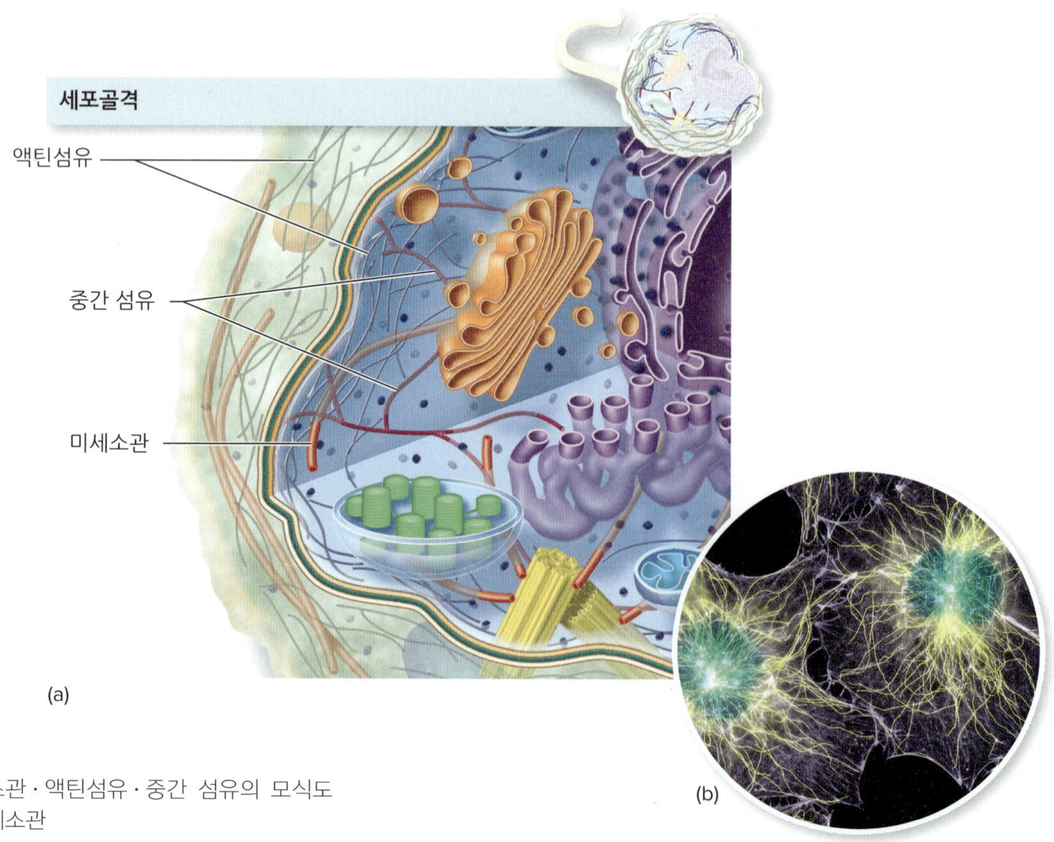

그림 5.14 세포골격 (a) 미세소관 · 액틴섬유 · 중간 섬유의 모식도 (b) 모식도에서 흰색으로 보이는 미세소관

© Dr. Torsten Wittmann/Science Source

표 5.2 세균 · 고세균 · 진핵생물과 바이러스가 나타내는 주요 특성들의 비교

기능/구조	특성*	세균 · 고세균	진핵생물	바이러스**
유전학	핵산	+	+	+
	염색체	+	+	−
	핵	−	+	−
	핵막	−	+	−
생식	체세포분열(유사분열)	−	+	−
	성세포 생성	+/−	+	−
	이분법	+	+	−
생합성	독립적	+	+	−
	골지체	−	+	−
	소포체	−	+	−
	리보솜	+***	+	−
호흡	미토콘드리아	−	+	−
광합성	색소	+/−	+/−	−
	엽록체	−	+/−	−
운동성/운동기관	편모	+/−***	+/−	−
	섬모	−	+/−	−
형태/보호	막	+	+	+/−
	세포벽	+***	+/−	−(대신 캡시드 보유)
	협막	+/−	+/−	−
가능의 복잡정도		+	+	+/−
일반적인 크기		0.5 − 3 μm****	2 − 100 μm	<0.2 μm

*+ 해당 특성 보유; − 해당 특성 없음; +/− 해당 특성을 보유한 생물과 그렇지 않은 생물 모두 존재.
** 바이러스는 숙주 밖에서는 물질대사능과 유전적인 활성이 전혀 없음.
*** 세균/고세균이 기능적으로는 진핵생물과 유사하나 구조적으로는 다름(구조적으로 세균/고세균과 다른 세포 구조물들).
**** 예외적으로 아주 작거나 큰 세균이 존재하기도 하나 이는 극히 드문 경우임.

다. **액틴섬유**는 세포분열 및 세포 확장 과정에서의 세포질 이동에 중요한 역할을 한다. 길고 속이 빈 관모양의 **미세소관**(microtubule)은 세포벽이 없는 일부 진핵세포(역주: 동물세포는 세포벽이 없음)의 형태를 유지하는 데 중요한 역할을 하며 세포의 한 부분에서 다른 부분으로 물질을 운반하기도 한다. 체세포분열 과정에서 중요한 역할을 하는 방추사(spindle fiber) 역시 미세소관의 일종인데 세포분열 시 염색체에 부착하여 이들을 딸세포로 분리, 이동시킨다.

앞서 설명했듯이 미세소관은 섬모충류와 편모충류의 운동성에 중요한 역할을 한다. 직경이 10 nm인 밧줄모양의 **중간섬유**는 크기로 볼 때 액틴섬유와 미세소관의 중간 정도의 크기여서 그렇게 불린다. 중간섬유의 주된 역할은 세포 구조 및 세포소기관을 강화시키는 역할이다. 일례로 핵막 구조가 중간섬유로 강화된다. **표 5.2**에 진핵세포와 원핵세포인 세균, 그리고 6장에서 다루게 될 바이러스의 차이를 요약 정리하였다.

진핵미생물의 종류

5.4~5.6절에서는 진핵미생물인 진균(fungi), 조류(algae), 원생동물(protozoa)과 장내 기생충(parasitic worms)들의 주요 특징, 즉 그들의 구조 및 생활사, 분류방식 등을 설명할 것이다.

5.3 학습 평가

7. 핵을 구성하는 주요 요소들을 기술할 수 있다.
8. 핵, 소포체, 골지체 그리고 소낭들이 어떤 방식으로 서로 협력하여 물질을 운반하는지를 기술할 수 있다.
9. 미토콘드리아의 기능을 설명할 수 있다.
10. 엽록체의 기능과 그들이 어떤 세포에 존재하며 어떤 세포에서 유래된 것인지를 설명할 수 있다.
11. 리보솜의 중요성을 설명하고 세균 리보솜과 진핵세포 리보솜을 구분할 수 있다.
12. 세포골격을 구성하는 3종류의 섬유들을 설명할 수 있다.

5.4 진균

진균(fungi) 계(kingdom)는 다양성과 복잡한 정도가 매우 큰 생물 분류군이다. 대략 5백만 종으로 추정되는 진균을 실용적인 목적으로 **대형진균류**(버섯)와 **소형진균류**(곰팡이와 효모)로 구분할 수 있다. 많은 진균들이 단세포이거나 단세포들이 모인 군체성(colonial) 구조로 되어 있지만 일부는 버섯처럼 복잡한 형태의 다세포성 구조로 되어 있다. 현미경으로 관찰하면 진균세포들의 기본적인 형태가 효모(yeast) 형태이거나 **균사**(hypha) 형태로 되어있음을 알 수 있다. 효모형 세포는 둥글거나 타원형이고 무성생식을 한다. 효모형 세포 표면의 일부가 부풀어 올라 **싹눈**(bud)을 형성하고 이 싹눈이 자라 성숙되면 모체로부터 분리되어 새로운 개체가 된다. 균사는 긴 실모양의 세포로 사상성 진균류나 곰팡이에서 볼 수 있다(**그림 5.15**).

일부 효모는 모세포에서 분리되지 않은 상태에서 계속 분열하여 사슬 형태를 이루기도 하는 데 이것을 **위균사**(pseudohypha)라고 한다(**그림 5.16**). 왜냐하면 이들은 사상성(filamentous) 곰팡이(mold)에서 볼 수 있는 균사와는 다른 형태의 세포이기 때문이다. 진균류 세포의 대부분은 효모 형태이거나 균사 형태로 되어 있는데, 극히 일부는 이 2가지 형태 모두를 나타내는 **동종이형**(dimorphic)인 것도 있다. 동종이형 진균은 온도변화 등의 생장조건에 의존적으로 둘 중 한 가지 세포형태를 나타내는데, 이와 같은 생장 형태적인 다양성은 일부 병원성 진균들이 나타내는 특성이기도 하다.

진균의 영양

종속영양생물(heterotroph)인 진균은 다양한 유기물질에서 양분을 얻는다(**그림 5.17**). 대부분의 진균이 토양이나 물속에 있는 동·식물의 사체에서 양분을 얻기 때문에 진균을 **부생생물**(saprobe)이라고도 한다. 진균이 살아 있는 동·식물에 기생하기도 하지만 진균 중에 살아 있는 숙주에서만 생존이 가능한 절대적인 **기생생물**(parasite)은 매우 드물다. 일반적으로 진균은 **기질**(substrate)을 뚫고 들어가서 효소를 분비해 그 기질을 작은 분자로 분해시킨 후 자신의 세포 내로 흡수한다. 진균은 깃털, 머리카락, 섬유질, 제반 석유화학물질, 목재와 고무 등 놀라울 만큼 다양한 물질의 분해가 가능한 효소들을 가지고 있다. 그래서 지구상에 존재하는 거의 모든 천연 유기물이 진균의 먹잇감이라고도 한다. 또 진균은 영양적으로 매우 열악하고 다양한 환경에서도 발견된다. 진균 중에는 고농도의 염분이나 당이 함유된 기질, 고온 환경, 심지어는 눈 속이나 빙하 등의 저온 환경에서 번성하는 것들도 있다. 그들이 의학적으로나 농업에 미치

그림 5.15 옥수수에 질병을 야기하는 *Diplodia maydis* (a) 사상성 조직구조(filamentous texture)를 보이는 단일 콜로니의 주사전자현미경(SEM) 사진 (b) 클로즈업된 균사 구조 (c) 균사의 기본적인 구조 유형 모식도

(a-b) Courtesy Dr. Judy A. Murphy

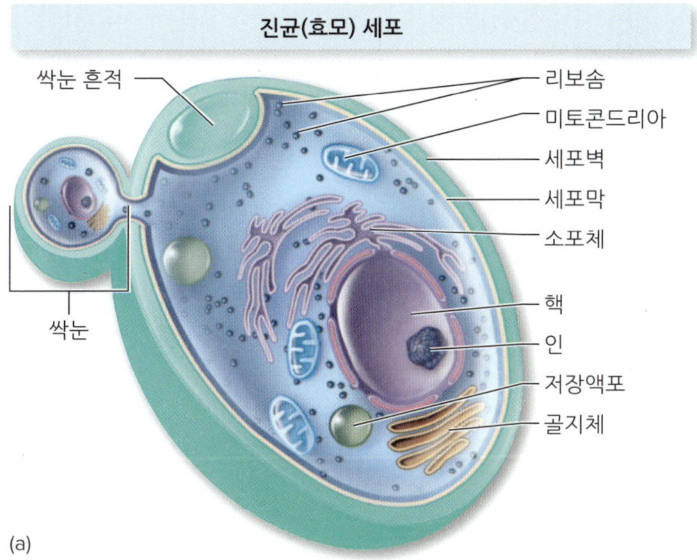

(a)

그림 5.16 효모의 현미경적 구조 (a) 효모의 주요 세포소기관을 볼 수 있는 모식도. 세포벽이 있지만 운동기관은 없음을 유념하라. (b) 맥주 제조나 제빵에 이용되는 효모(*Saccharomyces cerevisiae*)의 SEM(주사전자현미경)사진(21,000X) (c) 출아법(budding)으로 생식 중인 효모와 위균사(pseudophypa)

© Science Photo Library RF/Getty Images RF

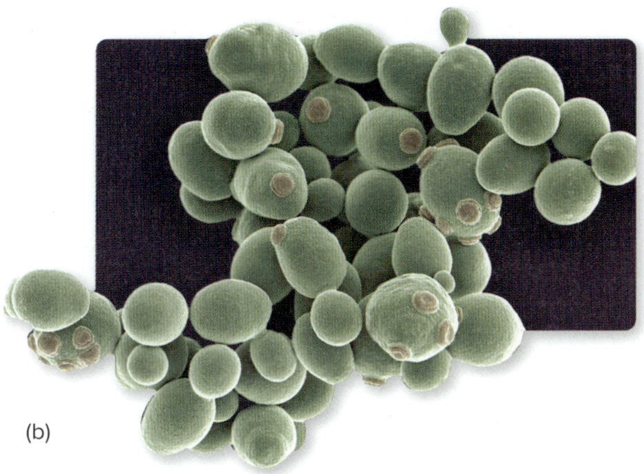

(b)

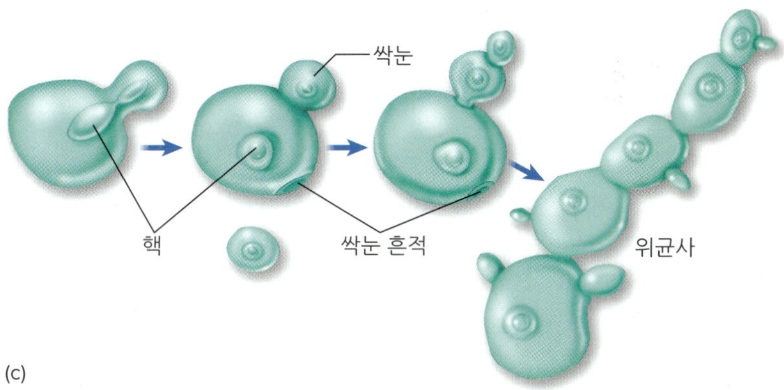

(c)

(a)

그림 5.17 진균이 얻는 양분의 출처 (a) 진균의 균사는 산딸기(raspberry)에서 양분을 섭취해 생장 (b) *Trichophyton rubrum*에 감염된 발바닥

(a) © Kathy Park Talaro; (b) CDC

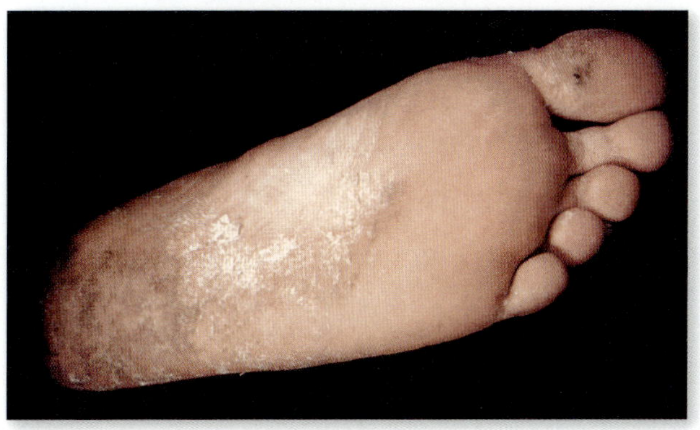

(b)

는 악영향이 막강하다. 일부 진균이 동물에 감염해 **진균감염증**(mycose)을 야기하고 수천 종의 진균들이 농작물의 주요 병원체이다. 진균의 독소가 인간에게 병을 야기하고 또한 공기 중에 떠도는 진균들이 알레르기의 원인이며 또 다른 의학적인 문제를 일으키기도 한다.

현미경적 크기인 소형 진균의 구조

광학현미경으로 그 구조의 관찰이 가능한 소형진균에 속한 세포들은 상호간의 관계가 느슨하거나 균체(colony)를 구성해 자란다. 효모 형태의 진균들 균체는 매끈한 질감과 일정한 형태를 갖고 있어 세균집락과 비슷해 보인다. 그러나 균사형인 사상성 진균(filamentous fungi)의 균체는 솜털이나 털이 나 있는 것처럼 보이거나 융단과 같은 질감을 나타내기도 한다. 균사들이 모여 서로 엉키고 꼬여져 형성된 균사 덩어리를 **균사체**(mycelium)라고 한다.

균사는 일반적인 진핵세포 소기관들을 가지고 있으나 독특한 구조적인 특징을 나타내기도 한다. 대부분의 진균류에서 균사는 **격막**(septa)(역주: 혹은 격벽, 단수 septum, 복수 septa)이라는 벽 구조물에 의해 구분된다(그림 5.15c). 격막은 이웃한 2개의 세포 간에 물질 이동이 완전히 차단된 것부터 격막에 작은 구멍이 있어 부분적으로 세포소기관이나 양분 이동이 가능한 것까지 그 구조가 다양하다. 격막이 없는 균사는 막힘이 없이 길게 연결되어 있으므로 세포질과 세포소기관들이 균사 안에서 자유롭게 이동하며 하나의 균사에 여러 개의 핵이 존재하기도 한다.

균사(rhizoid)를 기능적으로 구분하기도 한다. **생장균사**(vegetative hyphae)는 기질의 표면에서 관찰되는 균사로, 기질을 뚫고 내부로 들어가 분해한 후 양분을 흡수하는 일을 한다. 진균이 성숙하는 과정에서 생장균사는 **생식균사**(reproductive hyphae)라는 생식능이 있는 균사를 형성하고 그것을 분절시킨다. 이 생식균사가 **포자**(spore)라는 생식구조를 형성한다. 다양한 균사들의 모식도를 **그림 5.18**에서 볼 수 있다.

생식 전략과 포자 형성

진균은 매우 복잡하면서도 성공적인 생식 전략을 가지고 있다. 그 대부분이, 간단하게 기존 균사가 바깥쪽으로 생장하는 방식이나 균사체의 일부가 분절되어 새로운 균체를 만드는 방법으로 증식한다. 그러나 진균의 주요 생식방법에 다양한 종류로 형성되는 포자도 포함된다. 진균의 포자는

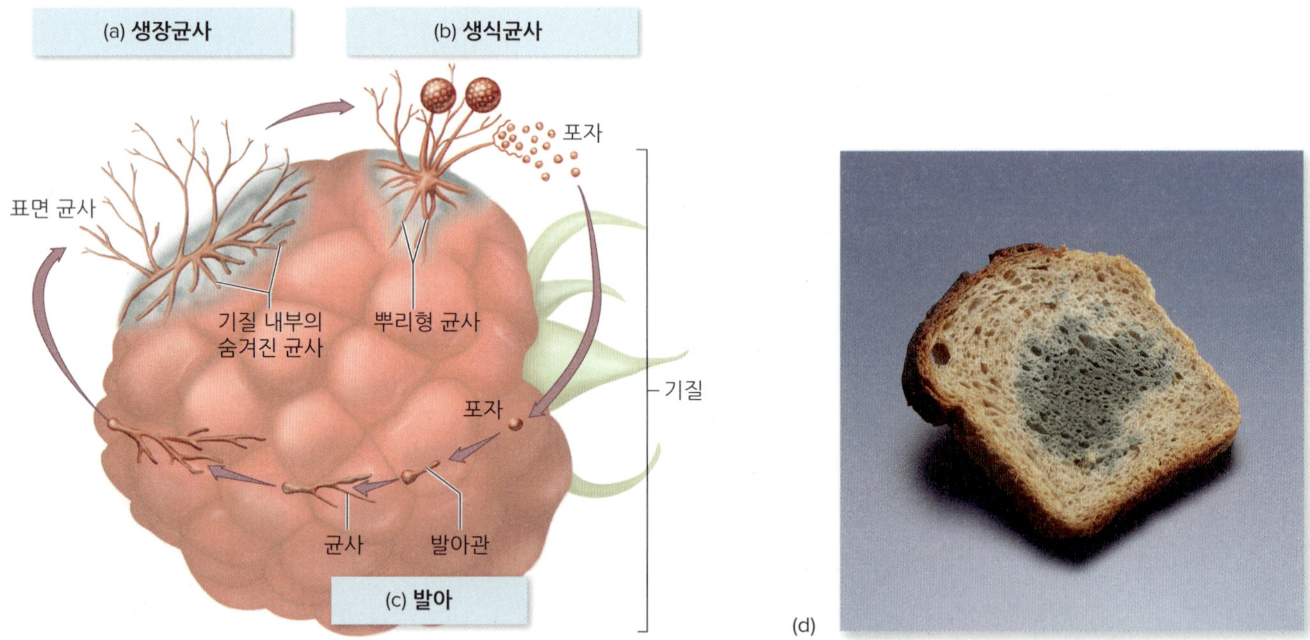

그림 5.18 곰팡이 *Rhizopus* sp.를 예로 설정해 균사의 종류를 설명 (a) 기질 표면 및 기질 내부에 섬유 형태로 존재하며 기질을 분해하고 그 분해산물을 양분으로 흡수해 균사체 전체에 공급하는 생장균사. 이 곰팡이가 기질 표면에 고착되는 구조를 뿌리형 균사라고 한다. (b) 곰팡이가 성숙하면 생식균사가 되어 무성생식포자를 만든다. (c) 무성생식을 하는 동안, 포자가 기질에 정착하면 곧장 발아되어 균사를 형성한다. 연이은 지속적인 생장과 분지로 균사체가 만들어진다. 하나의 곰팡이 군체에는 5,000개 이상의 포자형성기구가 있는데 이들은 다시 각각 2,000개 이상의 포자를 방출한다. 만일 이들이 모두 발아한다면 우리는 곰팡이에 파묻혀 살아야 할 것이다. 그러나 다행히 그 대부분이 발아하지 않지만 우리 주변에는 충분히 많은 곰팡이들이 있다. (d) 빵에서 흔히 볼 수 있는 곰팡이, *Rhizopus* sp.

© Richard Hutchings/McGraw-Hill Education

들여다보기 5.2 연구: 좀비 개미의 종말

여러분은 '진균'하면 우선 피자 위의 맛있는 토핑이나 빵에 귀찮게 생기는 곰팡이가 떠오를 것이다. 왕개미의 종말을 야기하는 오피오코디셉스(*Ophiocordyceps*)라는 진균에 대해서는 거의 들어본 적이 없을 것이다. 태국에 사는 개미의 신경계를 연구하던 과학자들은 개미가 이 곰팡이에 감염되면 개미의 행동이 개미 자신보다는 곰팡이 확산에 더 유리하게 조절되는 것을 발견하였다. 이 곰팡이가 개미 내부에서 자라면 개미가 돌변하여 정처 없이 돌아다니거나 경련을 일으키기도 한다. 며칠이 지나면 곰팡이가 개미를 나뭇잎에 접근시켜 나뭇잎을 턱으로 물고 떨어지지 않도록 곰팡이가 개미 머리를 뚫고 나와 자란 다음, 결국에는 포자를 사방으로 방출한다. 이 좀비 개미를 연구하던 과학자들은 곰팡이로 인해 개미가 나뭇잎을 기어오르는 시각이 태양이 가장 뜨거울 때인 정오 무렵으로 조정된다는 것을 알아냈다. 그런 다음 곰팡이들은 개미를 파열시키고 나와 자신들의 생장에 이로운 서늘한 밤에 좀 더 효율적이고도 안전하게 생장한다고 한다.

출처: K. Than, "'Zombie' Ants Bite at High Noon, Then Die," *National Geographic Daily News*(May 11, 2011).

생식능과 무관한 세균의 내생포자와 다르다. 진균의 포자는 생식에 관여할 뿐 아니라 열악한 환경에서의 생존, 유전적 변이체 생성과 종자의 확산 등 다양한 역할을 한다. 포자는 작고 가벼워서 대기, 물, 생물 등을 매개체로 이용해 널리 확신될 수 있다. 그러다 포자가 좋은 조건의 기질을 만나면 그 포자는 발아해서 매우 짧은 시간 내에 새로운 균사체를 형성한다(그림 5.18).

진균은 매우 다양한 포자를 형성하므로 포자의 형태와 포자형성기구에 따라 진균을 분류하기도 한다. 진균의 포자를 구분하고 명명하기 위한 매우 정교한 체계가 있지만 이 책에서는 그 내용을 다루지 않는다. 포자를 기준으로 진균을 개괄적으로 분류하기도 한다. 무성포자(asexual spore)는 한쪽 부모 세포의 체세포분열(mitosis)을 통해 생성되며 유성포자(sexual spore)는 양부모 세포들의 핵이 융합된 후 딸세포로 분열되는 과정인 감수분열(meiosis)의 결과로 생성된다.

무성포자의 형성

무성포자는 **포자낭포자**(sporangiospore)와 **분생포자**(conidiospore) 혹은 분생자(conidium)라는 2종류로 나뉜다(**그림 5.19**).

1. 포자낭포자는 포자낭자루 혹은 포자낭병(sporangiophore)이라는 줄기에 붙어 있는 주머니 모양의 **포자낭**(sporangium) 안에서 연속적인 분열을 통해 형성된다. 이 포자들이 처음에는 주머니 안에 있으나 포자낭이 파열되면서 밖으로 방출된다(**그림 5.19a**).
2. 분생포자(conidiospore) 혹은 **분생자**(conidium)는 포자주머니 안에 들어 있는 포자가 아니라 자유로운 포자로서, 생식균사 끝에서 떨어져 나오거나 생장균사의 분절에 의해 형성되는 포자이다. **그림 5.19b**에 제시된 것처럼 분생포자의 종류는 매우 다양하다.

유성포자의 형성

만약 진균이 수백만의 무성포자로 성공적으로 번식할 수 있다면 유성포자가 왜 필요할까? 그에 대한 답변은 서로 다른 유전자의 조합에 의한 유전적 다양성에 있다. 동·식물에서와 같이, 유성포자는 양부모로부터 받은 각기 다른 유전자의 조합으로 그들의 부모와 다른 유전자를 가진 자손을 만든다. 이러한 결합으로 생성된 자손의 형태와 기능은 조상과는 약간 차이가 있는데 이러한 변이가 해당 생물종의 환경변화에 대한 적응력이나 생존에 유리하게 작용한다.

대부분의 진균은 유성포자를 생성한다. 유성포자를 만드

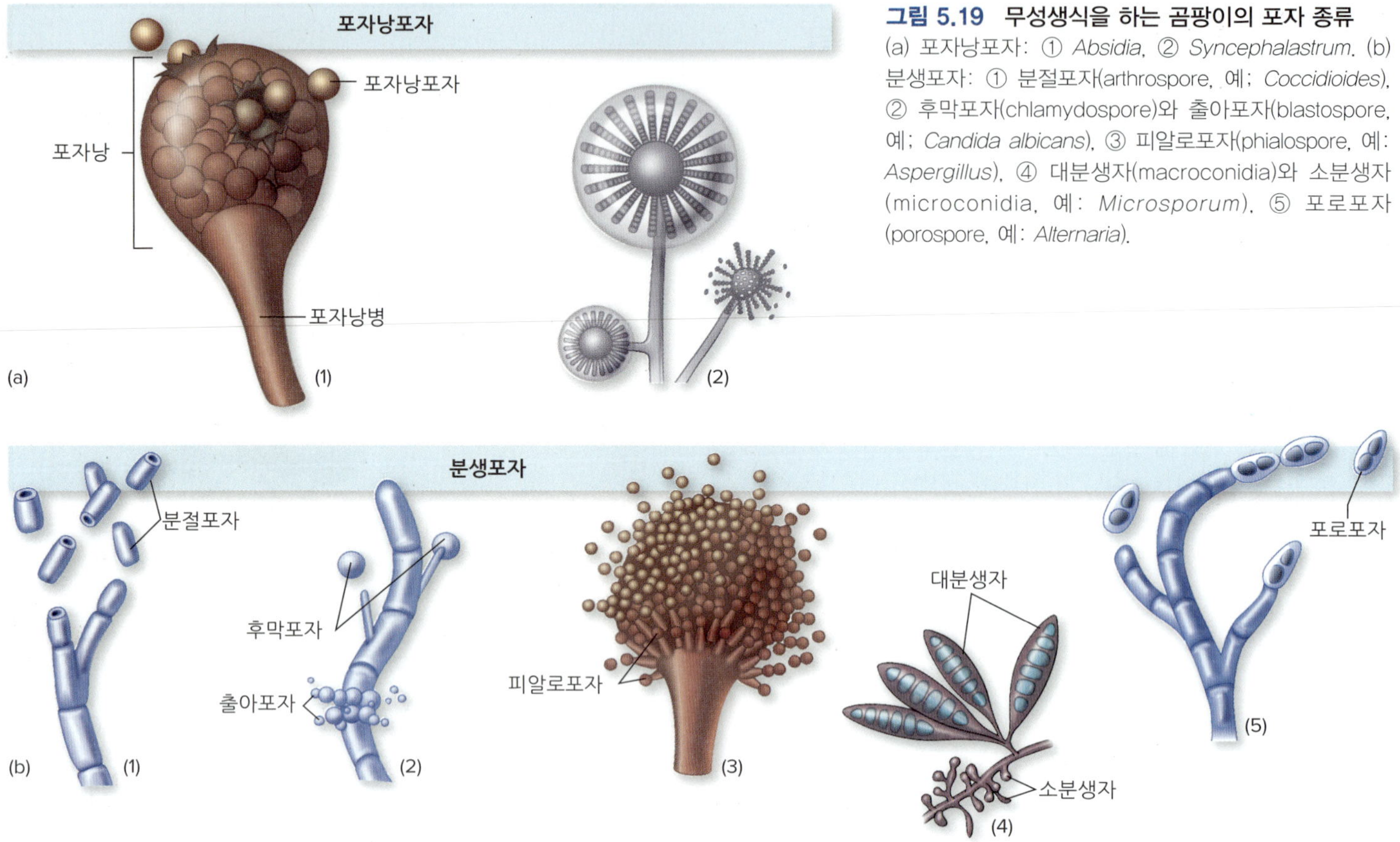

그림 5.19 무성생식을 하는 곰팡이의 포자 종류
(a) 포자낭포자: ① *Absidia*, ② *Syncephalastrum*. (b) 분생포자: ① 분절포자(arthrospore, 예: *Coccidioides*), ② 후막포자(chlamydospore)와 출아포자(blastospore, 예: *Candida albicans*), ③ 피알로포자(phialospore, 예: *Aspergillus*), ④ 대분생자(macroconidia)와 소분생자(microconidia, 예: *Microsporum*), ⑤ 포로포자(porospore, 예: *Alternaria*).

는 방법은 서로 다른 균주가 단순히 융합하는 방법부터 각각 성(sex)이 다른 자웅세포로 분화된 후, 두 세포가 결합해서 유성포자를 만드는 자실체(fruiting structure)를 생성하는 방법까지 다양하다. 우리가 먹는 버섯의 육질부분이 유성포자의 보호와 확산을 위한 자실체라는 게 조금은 놀랍기도 하다.

진균의 동정과 배양

진균의 동정은 진균 배양 배지를 이용해 분리된 진균 군체(colony) 형태를 육안으로, 그리고 그 미세구조를 현미경으로 관찰하는 것으로 시작된다. 일반적으로 무성포자를 형성하는 구조와 유성포자의 관찰 결과로 진균을 속(genus)과 종(species) 수준으로 동정한다. 균사의 형태, 군체의 질감, 색소, 생리적인 특성 및 유전적인 구성 등의 진균 특성들도 동정에 이용된다. 세균과 바이러스는 그들의 유전정보를 비교분석하는 분자적인 기술을 점점 더 많이 이용해 동정되는 반면, 진균은 실용학문분야에서는 여전히 현미경으로 관찰되는 그들의 아름다운 형태적 특성들에 준해 동정되고 있다(**그림 5.20a, b**).

자연계와 산업에서의 진균의 역할

대부분의 진균은 독립생활을 하므로 그들은 생활사 전체에 걸쳐 숙주를 전혀 필요로 하지 않는다. 그들은 유기물을 분해시켜 그 분해산물로 생긴 질소, 인 등의 중요한 무기원소들을 자연계에 되돌려 주는 일, 즉 순환시키는 일을 한다. 그러나 일부 진균은 생육 중인 옥수수, 밀 등의 농작물의 병원체이거나 운송 및 저장과정에서 신선한 농산물을 부패시킨다. 매년 총 농업생산량의 40% 정도가 사람이 아닌 진균에 의해 소모(부패)된다고 한다.

원래 병원성 진균도 있지만 인간이 진균에 감염되는 대부분의 경우는 토양, 물, 먼지 등의 환경에 있는 진균과 사람 사이의 우연한 접촉에 의한다고 한다. 정상적인 인간의 마이크로바이옴의 일부가 진균인 것에서 알 수 있듯이(**들여다보기 5.3**). 많은 진균의 서식처가 인체이다. 거의 300여 종의 진균이 인간에게 병을 야기한다. 미국의 질병통제예방센터(CDC)는 인간의 진균 감염 유형을 3가지로 나눈다. 공동체로 유입된 자연계의 병원성 진균에 의한 감염, 병원에 상주하는 진균에 의한 원내 감염, 면역력이 약한 사람만을 감염시키는 기회적 감염이 여기에 속한다.

진균감염증(mycose)을 야기하는 병원체가 신체 부위를

들여다보기 5.3 마이크로바이옴: 진핵미생물도 우리 몸에 있는 마이크로바이옴의 일부?

맞다. 거의 확실하다. 우리 몸에 있는 진균 중에는 병원체도 있지만 그 대부분이 우리 몸의 정상적인 무해한 서식자이다. 일례로 효모형 진균인 *Candida albicans*이 우리의 장, 구강, 여성의 질을 감염시킨다.

또한 피부, 머리카락, 손톱도 진균에 의해 쉽게 감염되는 부위다. 미국의 경우, 매년 2천9백만 명이 진균에 감염된다. 인간 미생물군유전체 프로젝트에서 우리의 정상적인 피부 등에 어떠한 진균들이 서식하는지를 조사하였다. 2013년, 미국 국립보건원(NIH)에서 건강한 성인 10명의 14부위의 피부에 사는 진균의 DNA를 추출해 분석한 결과, 80속(genus) 이상의 진균이 동정되었다. 그 이전에 배양기법으로 동일한 연구를 수행했을 때는 18속만이 동정되었다.

그들이 검출한 진균의 일종인 *Malassezia*를 과거에는 피부 질환을 야기하는 병원체로 간주했으나 지금은 건강한 사람의 두피에 흔하며 비듬과 연관이 있음을 알게 되었다. 이러한 연구 결과를 통해 우리 몸에는 항상 진균이 살고 있음을 알게 되었다.

또한 인체 부위 중 발뒤꿈치에 80속에 이르는 가장 다양한 진균들이 있으며, 엄지발톱에는 60속, 발가락 사이의 발갈퀴(web)에는 40속, 그리고 머리와 몸의 피부에는 2~10속의 진균이 서식한다고 한다(그림 설명).

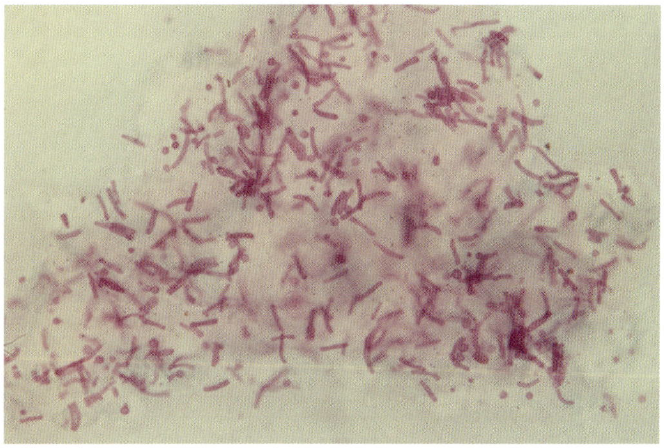

1,000배로 확대된 *Malassezia furfur*

CDC/Dr. Lucille K. Georg

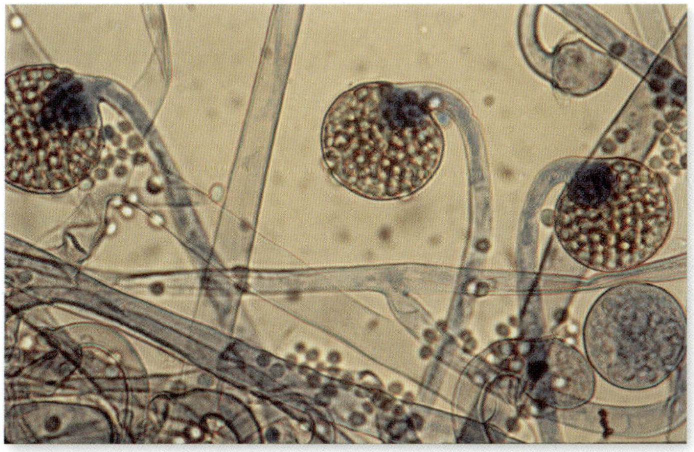

그림 5.20 대표적인 진균 (a) 토양과 부패 중인 견과류에 서식하는 *Circinella* (b) 자연환경에서 흔히 발견되며 인간에서 질병을 야기할 수 있는 *Aspergillus*

(a) © Kathy Park Talaro; (b) © William Marin, Jr./The Image Works

침입하는 경로와 조직의 손상 정도는 다양하다(**표 5.3**). 기회적 병원체에 속하는 진균의 종류가 지난 몇 년간 증가하고 있는데 이는 진단의학의 발달로 진균 감염 가능성이 큰 면역력이 약한 환자들이 증가했기 때문이다. 심지어는 대기 중이나 먼지 속의 인체에 무해했던 진균들도 AIDS, 암, 당뇨병을 앓고 있는 환자들에게 기회적 병원체로 작용할 수 있다.

진균은 감염 외의 다른 의학적인 문제도 유발한다. 진균의 세포벽은 알레르기를 유발하는 화학물질을 발생시킨다. 진균에 의해 생성된 독소는 신경 장애를 일으켜 심한 경우

표 5.3 인체를 감염하는 주요 진균성 질환

감염 부위	병명	원인진균
피부 감염(조직으로 침투 안 함)		
피부바깥	어루러기	*Malassezia furfur*
상피, 머리카락	백선 또는 버짐(두피·몸·발·발톱 등에 증상을 보이는 피부사상균증)	*Microsporum*, *Trichophyton*, *Epidermophyton*
점막, 손톱	칸디다증, 효모감염증	*Candida albicans*
내부기관 감염		
폐	콕시디오이드진균증(San Joaquin Valley fever) 북미블라스토마이세스증(Chicago disease) 히스토플라스마증(Ohio Valley fever) 효모균증(torulosis)	*Coccidioides immitis dermatitidis* *Blastomyces* *Histoplasma capsulatum* *Cryptococcus neoformans*
폐, 피부	파라콕시디오이드진균증(South American blastomycosis)	*Paracoccidioides brasiliensis*

사망에 이르게도 한다. *Aspergillus flavus*라는 곰팡이가 생성하는 치명적인 독소인 아플라톡신(aflatoxin)은 해당 곰팡이로 오염된 곡물 사료를 먹은 가축들에게 질병을 야기하고, 또 인간에게 간암 등을 유발하는 암유발원으로 알려져 있다.

진균의 유익한 면을 살펴보면 진균은 생태계에서 유기물을 무기물로 분해시켜 토양 등의 자연환경에 되돌려준다는 점이다. 식물뿌리가 진균과 연계되면 식물의 물과 양분 흡수능이 증가된다고 한다. 산업계에서는 진균을 이용해 항생제, 알코올, 유기산과 비타민 등을 대량으로 생산한다. 효모(*Saccharomyces*)가 맥주와 와인에 함유된 알코올을 생성하고 또 빵 반죽을 부풀리기도 한다. 푸른색의 치즈, 간장, 그리고 그 외의 다양한 발효식품의 고유한 풍미는 진균의 대사산물 때문이다.

질병과의 연관성

지금은 진균으로 분류되지만 과거의 발견 당시에는 원생동물로 분류되었던 폐포자충(*Pneumocystis jiroveci*)은 종종 AIDS 환자를 괴롭히는 진균성 병원체로 심각한 폐렴을 유발하고 폐포 공간을 채운다. 정상적인 면역력을 가진 사람은 이 폐포자충에 드물게 감염되며 또 대부분의 사람들은 3~4세의 유아기에 이 폐포자충에 노출되었으나 정상적인 면역력을 보유한 경우, 손쉽게 이 진균을 제압할 수 있었다. 그러나 면역력이 약한 사람들에게는 이 폐포자충이 기회적인 감염체로 작용해 심각한 질병을 야기하며 공기를 통해 전파되는 것으로 추정된다.

5.4 학습 평가

13. 진균의 구조적인 특징 3가지를 나열할 수 있다.
14. 종속영양생물, 부생생물, 기생생물을 구분할 수 있다.
15. 진균의 균사 및 균사체를 설명할 수 있다.
16. 진균이 포자를 형성하는 2가지 방법을 설명할 수 있다.
17. 진균이 인간에게 행하는 유해한 사례와 유익한 사례를 각각 2가지씩 나열할 수 있다.

5.5 원생생물

전통적인 분류체계에서 **조류**(algae)와 **원생동물**(protozoa)은 함께 같은 **계**(kingdom)인 원생생물계에 속한다. 이들을 조류 아계(subkingdom)와 원생동물 아계로 나누기도 한다. 현재 이들이 다양한 계로 분산된다는 것이 알려졌음에도 불구하고 진정한 조직이 결여된 단세포성·**군체성**(colonial) 진핵생물을 포괄하는 '**원생생물**(protist)'이란 개념은 여전히 유용하게 사용된다. 대부분의 조류는 인체 병원체가 아니므로 조류에 대해서는 간략하게 언급할 것이다.

조류: 광합성을 하는 원생생물

광합성을 하는 다양한 생명체를 포괄하는 **조류**(algae)에는 바다의 해조류와 켈프도 포함된다. 아름다운 색채를 띠며 다양한 형태를 나타내는 조류는 그 크기도 다양해서 몇 μm에서 수백 미터에 이르기도 한다. 형태 또한 단세포성,

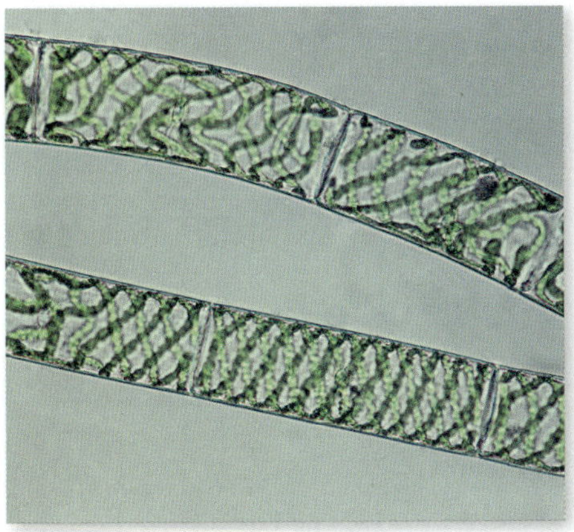

(a)

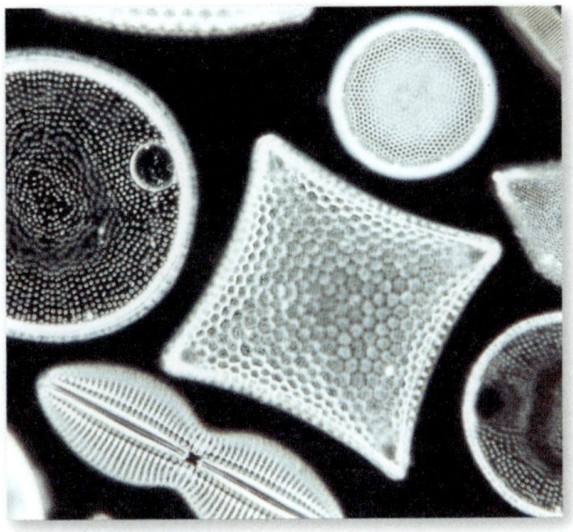

(b)

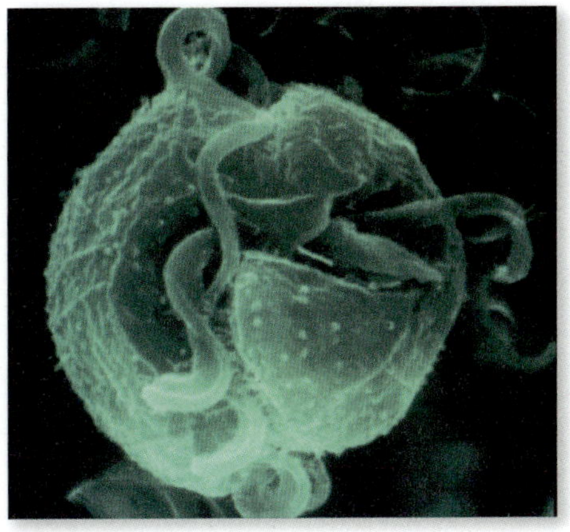

(c)

그림 5.21 대표적인 미세 조류 (a) 나선형 띠로 된 엽록체를 가진 사상성 *Spyrogyra* (b) 규산질(SiO_2)로 된 세포벽이 자아내는 다양한 무늬로 인해 매우 아름다운 규조류(diatom) (c) 독립생활을 하지만 어류에 기생하면서 강력한 독소를 방출해 어류를 죽이거나 인체에 해를 입히는 *Pfiesteria piscicida*

군체성, 사상체로 다양하다. **그림 5.21**에 다양한 조류들이 묘사되어 있다. 조류는 모든 세포소기관을 가진 진핵생물 분류군으로, 세포소기관 중 엽록체라는 엽록소와 그 외의 다른 색소들을 함유한 세포소기관을 가지고 있어 일부 조류의 경우, 외형적으로 노랑색, 붉은색, 갈색으로 보이기도 한다.

원생동물의 분류

진핵생물의 기원을 밝히는 데 부자기법이 도입된 이후 진핵생물 (영)역(domain)에 속한 생물들 간의 유연관계에 대해 이전보다 훨씬 더 많이 이해하게 되었다. 기존의 분류법에서는 세포의 형태, 개체의 조직적인 복잡도, 양분 섭취 방법 등의 분류형질들을 이용해 식물, 동물, 진균 등의 **계**(kingdom) 수준으로 구분하였다. 생물 분류에 적용되는 어떤 전통적인 분류형질들은 생명체들 간의 차이가 명확해서 그 분류형질을 이용한 분류결과가 분자기법의 결과와 동일하기도 하지만 분자기법으로 분류된 경우, 새롭고도 전통적인 분류결과와 전혀 다른 결과를 도출하는 경우도 많다.

진핵생물들 간의 계통적 유연관계는 여전히 연구 중이므로 진핵생물에 속한 어떤 분류군도 아직은 공신력 있는 분류체계를 갖지 못했다고 할 수 있다. 특히 조류와 원생동물을 포함하는 원생생물(protist)의 분류체계가 그러하다. 전통적인 분류법으로 동일계에 속한 원생생물들을 염기서열 분석에 의해 분류하면 여러 계로 분산되기도 한다. 예전에 원생생물로 분류되었던 어떤 생물들은 다른 원생생물들과의 유연관계보다 진균과의 유연관계가 더 깊은 것으로 밝혀지기도 했다. 그런 까닭에 대부분의 관련 학자들은 '원생생물', '원생동물'이란 용어는 이제 분류적으로 아무런 의미가 없는 용어로 간주하기도 한다.

조류는 담수와 해수 환경 도처에 서식한다. 해당 생태계에서 물의 흐름에 따라 떠다니는 주요 **부유생물**(plankton)이기 때문에 조류가 수계의 먹이연쇄에서 중요한 역할을 할 뿐 아니라 지구에 존재하는 산소의 대부분을 생산하기도 한다. 수계외의 조류 서식장소는 토양 표층, 암석 및 식물의 표면이다. 심지어는 생물의 생존이 어려운 뜨거운 온천이나 눈 속에 서식하는 조류도 있다.

조류가 야기하는 의료적인 문제점은 바다에 서식하는 특정 조류가 생성하는 독소로 인해 식중독이 발생하기 때문이다. 특정 계절(역주: 수온이 높은 여름 휴가철)에 유동성이 있는 특정 조류들이 대량 발생하면 바닷물 색깔이 붉은색으로 변화되는 **적조**(red tide) 현상이 나타난다. 적조가 발생한 곳에서 먹이를 섭취한 동물들의 체내에는 조류 독소가 축적되며 그 축적된 독소들이 몇 달간 유지된다. 적조에 노출되었던 조개류나 무척추동물들을 인간이 먹을 경우, 마비성 패류 중독(paralytic shellfish poisoning)이 야기되며 그로 인해 심각한 신경계의 병증이 나타나기도 한다. 시가테라(ciguatera)는 배스나 고등어 등의 어류에 축적된 조류 독소에 의한 중독이다. 요리(가열)를 해도 독소는 분해되지 않으며 해독제도 없다.

독성 조류인 *Pfiesteria piscicida*에 의한 심각한 감염 사례가 지난 몇 년간 미국에서 발생하였다. 처음에는 어류에게 나타난 이 조류에 의한 질병사례가 보고되었고 나중에는 인간에게 전파되었다. 이 조류는 포자, 피낭(cyst), 아메바 등

들여다보기 5.4 임상: 병원성 진핵미생물: 간과되는 진핵미생물에 의한 인체 감염

장내 기생충에 의해 세계 인구의 25% 정도가 감염된다는 보고에 여러분은 놀랄 것이다. 5장에 소개된 진균, 원생동물과 장내 기생충에 의해 인간이 감염되는 사례가 미국에서는 매우 드물 것으로 여러분이 생각할 것이나 아니다.

미국의 질병통제예방센터(CDC)는 아래와 같은 5종의 기생성 진핵미생물에 의해 야기되는 질병을 퇴치하기 위한 캠페인을 시작하였다.

- 샤가스병: 원생동물 *Trypanosoma cruzi*에 의해 야기되는 질병.
- 뇌낭미충증(neurocysticercosis): 촌충(조충류), *Taenia solium*에 의해 야기되는 질병.
- 개회충증(toxocariasis): 개회충에 의해 감염되고 감염되면 실명할 수 있는 질병.
- 톡소플라스마증(toxoplasmosis): 톡소포자충(*Toxoplasma gondii*)에 의해 감염되며 임신 중에 감염되면 태아에 심각한 질병을 유발할 수 있는 인수공통 전염병.
- 질편모충증(trichomoniasis): 원생동물(*Trichomonas vaginalis*)이 인간의 성기관을 감염하고 감염되면 다른 질병 감염에 더 취약해지며 임신 중에 감염되면 조산도 야기함.

누구나 장내 기생생물에 감염될 수 있지만 미국에서는 빈민가와 이민자들의 거주지에서 감염되는 사례들이 많다. 그에 대한 의료적인 관리 대책이 요구되었고 그 일환으로 해당 지역에서의 감염률을 산출하는 등 새로운 시도들이 시작되었다.

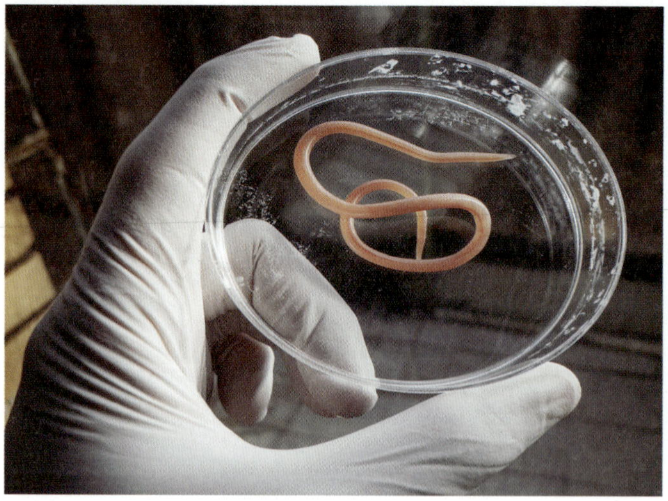

동물의 소장에 기생하는 선충인 *Toxocara*의 성충

다음은 병원성 진핵미생물과 관련된 통계자료이다.

- 뇌낭미충증이 미국의 일부 지역에서 발생하는 발작 증세의 가장 빈번한 원인이다.
- 개회충증은 개와 고양이에 의해 감염되며 미국민 중 14%가 이 질병에 노출되고 그 중 매년 70여 명이 실명한다.
- 원생동물이 야기하는 샤가스병에 30만 명이 감염된다.
- 370만 명이 질편모충(*Trichomonas*)에 감염된다.

따라서 진핵미생물에 의한 질병 감염이 나와 상관없는 남의 일이라는 생각을 바꾸어야 한다.

을 포함해 적어도 20여 가지의 다양한 형태로 되어 있으며 강력한 독소를 방출한다(**그림 5.21c**). 이 조류에 감염된 어류와 인간의 경우, 신경계 장애와 피부손상을 나타낸다. 역학조사 결과, 부영양화된 농업용수가 자연 수계로 방류됨으로써 갑작스럽게 *P. piscicida*가 대발생된 것으로 결론지었다. 이 대발생한 조류가 처음에는 어류를 공격해 대량 폐사시켰고 나중에는 관련 업계의 종사자들까지 감염시켰다.

원생동물의 생물학

원생동물(protozoa)은 원시적인 생물이란 뜻의 그리스어에서 유래한 용어지만 원생동물은 간단하고 원시적인 생물과 거리가 먼 생물이다. 약 65,000종으로 구성된 원생동물은 단세포성 생물임에도 불구하고 운동성과 먹이섭식능이 있고 행동양식(bahavior)에 장애가 없다. 이 그룹에 속한 대부분이 물과 토양에 독립적으로 서식하는 무해한 생명체이고 극히 일부 만이 매년 수백만 명을 감염시키는 기생생물이다(**들여다보기 5.4**). 원생동물성 병원체를 거론하기 전에, 앞서 거론했듯이 원생동물의 용어가 가진 분류적인 측면의 문제점에도 불구하고 편의상 원생동물이란 용어를 사용하면서 이 생명체들이 가진 일반적인 특성에 대해 설명하고자 한다. 다음 문단을 보면 왜 원생동물과 조류를 같이 한 그룹으로 묶는지 이해하게 될 것이다. 그들을 동일 분류군으로 간주하는 것은 그들 간의 유전적인 관계가 아닌 그들이 드러내는 유사한 물리적인 특성 때문이다.

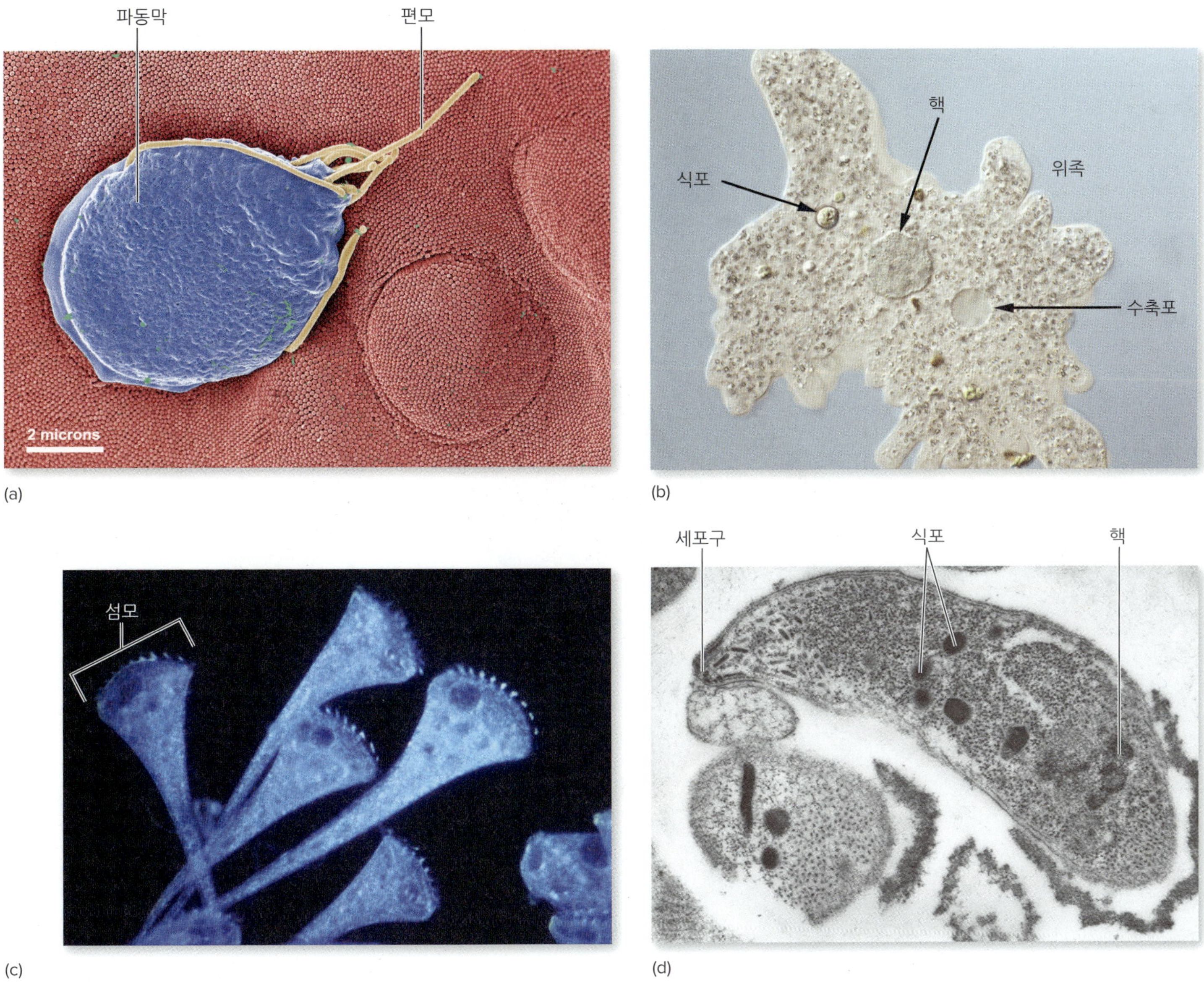

그림 5.22 이동방식으로 구분되는 원생동물의 4종류 (a) 편모로 이동하는 편모충류, *Giardia* (b) 위족으로 이동: 아메바, *Amoeba* (c) 섬모로 이동: 섬모충류, *Stentor* (d) 이동을 위해 특화된 기관이 없음: 포자충류, *Cryptosporidium*

(a) CDC/Dr. Stan Erlandsen; (b) © Stephen Durr RF; (c) © Oxford Scientific/Photodisc/Getty Images RF; (d) Courtesy Michael W. Riggs

원생동물의 형태와 기능

원생동물은 엽록체를 제외한 모든 주요 세포소기관을 가진 단세포로 된 생명체인데 그들이 가진 소기관들이 특화되어서 동물의 입, 소화계, 생식기관 및 다리와 같은 이동기관에 상응하는 기능을 별문제없이 하고 있다. 세포질은 바깥쪽에 있는 투명한 **외부원형질=외형질**(ectoplasm)과 안쪽에 있는 과립성 **내부원형질=내형질**(endoplasm)로 나뉜다. 외부원형질은 운동, 섭식, 자신을 보호하는 일에 관여하고 내부원형질에는 핵, 미토콘드리아, 식포와 수축포가 존재한다. 심지어 일부 섬모충류와 일부 편모충류는 원시적인 신경계와 유사한 소기관을 가지고 해당 원생동물의 이동을 통제하기도 한다. 원생동물은 세포벽이 없으므로 형태가 유동적이다. 외부와의 경계에 있는 세포막은 먹이, 노폐물 등의 이동과 분비작용을 조절한다. 세포 형태는 대부분의 섬모충류처럼 일정한 것도 있지만 아메바처럼 그 형태가 계속 변화되는 무정형(amorph)인 것도 있다. 아메바류인 유공충류(foraminiferan)는 탄산칼슘으로 된 딱딱한 외각 껍질을 갖고 있다. 원생생물 대부분은 3~300 μm의 크기이나 예외적으로 3~4 mm 크기의 거대한 아메바나 섬모충류도 있고 그들이 연못에서 유영하는 경우, 육안으로도 관찰이 가능하다.

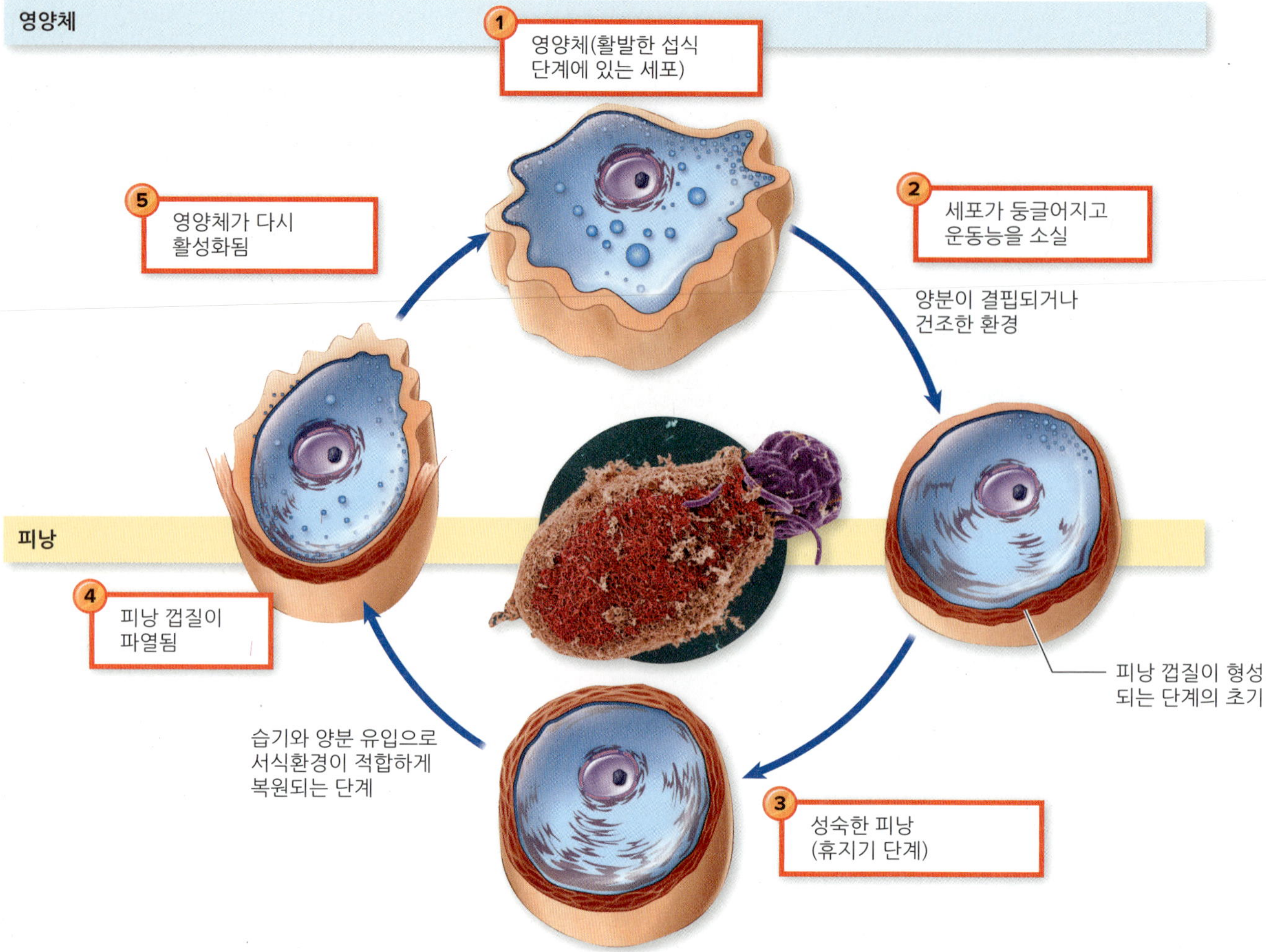

그림 5.23 원생동물의 일반적인 생활사(생활주기) 생활사 중 영양체(trophozoite)로 사는 시기가 모든 원생동물에 있으나 모든 원생동물이 피낭(cyst)을 형성하지는 않는다. 중앙의 사진; 편모충류인 *Giardia*, 피낭(붉은색)에서 나오는 영양체(보라색)
CDC/Dr. Stan Erlandsen

영양과 서식처 종속영양생물인 원생동물은 복합적인 유기물을 먹이로 섭취해 살아간다. 독립생활을 하는 종류는 살아 있는 세균과 조류, 심지어는 죽은 동·식물의 사체를 포식한다. 일부 원생동물은 세포막을 통해 직접 양분을 흡수하기도 한다. 기생생활을 하는 종들은 숙주의 혈장과 소화액 등의 액상물질이나 숙주의 조직으로부터 영양분을 얻는다.

원생동물은 다양한 서식환경에 적응하도록 진화되었음에도 그들의 서식을 제한하는 주요 요인으로 작용하는 것은 물의 이용성, 즉 습기이다. 그들이 우점하는 서식지는 담수와 해수, 그리고 동·식물이다. 온도와 pH 등의 극한 환경조건이 그들의 생존에 미치는 영향은 적은 편이다. 뜨거운 온천, 얼음과 강한 산성이나 알칼리성 환경에서도 사는 원생동물 종이 있다. 많은 원생동물들이 서식환경이 열악해지면 내성이 강한 피낭(cyst)을 형성해 동면한다.

운동기관의 종류 포자충류(Apicomplexa)를 제외한 원생동물들은 **위족**(pseudopods), **편모**(flagella) 혹은 **섬모**(cilia)를 사용해 이동한다. 일부 원생동물은 위족과 편모를 모두 가지고 있으며 또 어떤 종들은 운동기관이 없는데도 활주하거나 뒤틀리는 움직임을 나타내기도 한다. 위족의 형태는 종에 따라 뭉툭한 것, 갈라진 것, 긴 것, 뾰족한 것 등 다양하다. 위족으로 인해 세포 내의 액체들이 유동하는 결과를 아메바운동(amoeboid motion)이라고 하며 또한 위족은 많은 아메바류에서 먹이 섭취기관으로도 작동한다. 편모의 수는 종에 따라 1개에서 여러 개로 다양하며 일부 편모충류의 경우에는 편모가 세포의 길이방향으로 부착되는데 세포막의 확장으로 부착된 편모가 **파동막**(undulating membrane)이 되기도 한다(**그림 5.22a**). 대부분의 섬모충류에서 섬모는 세포 표면 전체에 해당 종 특유의 패턴으로 분포한다. 섬모의 배열과 기능 측면의 다양성으로 인해 섬모충류는 지구상에 존재하는 생명체 중 가장 다양성이 큰 분류군 중의 하나에 속한다. 일부 원생동물의 경우, 구강홈(oral groove)을 따라 나 있는 섬모가 먹이 섭취에 관여하는 것으로 보이고 다른 원생동물 종류에서는 섬모들이 서로 붙어 딱딱한 구조물이 되어 원시적인 발과 같은 이동기관으로 작동하기도 한다.

생활사와 생식 대부분의 원생동물은 운동성과 먹이 섭취능을 가진 세포 형태인 **영양체**(trophozoite)로 존재한다. 영양체가 활성을 유지하려면 충분한 먹이와 적당한 습도가 제공되어야 한다. 또 많은 원생동물은 자신의 서식환경이 나빠지면 휴지기 세포인 **피낭**(cyst)을 형성해 휴지기에 들어간다. 피낭은 영양체 세포가 둥글게 되어 공 모양으로 전환되고 외부원형질로부터 딱딱하고 두꺼운 큐티클 물질이 세포막 외부로 분비됨으로써 형성된다(**과정 그림 5.23**). 피낭은 영양체에 비해 열, 건조, 화학물질에 대한 내성이 강하므로 생존에 불리한 환경에서도 생존할 수 있다. 이와 같은 피낭의 특성은 공기흐름을 통해서도 원생동물이 전파될 수 있음을 시사하고 또 바로 그것이 아메바성 이질과 같은 질병이 전파되는 주요 요인일 것이다. 적당한 습기와 양분이 공급되는 환경이 조성되면 피낭의 외피가 파열되고 활성이 있는 영양체로 전환되어 방출된다. 원생동물성 병원체의 동정은 환자의 분변에 해당 원생동물의 알이나 원충 자체의 존재 여부를 검사해 시행한다. 현재 편모충증(giardiasis)과 크립토스포리디아증(cryptosporidiasis)은 면역학적인 방법을 병행해 진단한다.

원생동물의 생활사는 단순한 것부터 복잡한 것까지 다양하다. 어떤 원생동물은 일생동안 영양제 상태로만 산다. 그러나 많은 원생동물들이 서식처의 환경조건에 따라 유동적으로 생활사를 변화시켜 영양체 상태와 피낭 상태를 오가며 산다. 기생생활을 하는 원생동물의 생활사가 숙주를 감염하는 방법을 결정하기도 한다. 예를 들면 성관계로 전염되는 병원체인 편모충류, *Trichomonas vaginalis*는 피낭을 형성하지 못하기 때문에 직접적인 사람 간의 성행위에 의해서만 전파된다. 반면에 피낭을 형성하는 장내 병원체인 *Cryptosporidium*, *Giardia lamblia*는 피낭으로 오염된 물이나 식품이 감염원이 되어 전파된다(과정 그림 5.23).

모든 원생동물은 비교적 간단한 무성생식 방법으로 증식한다. 말라리아와 톡소플라스마증을 유발하는 기생성 원생동물은 숙주 안에서 세포분열을 통해 무성적으로 증식한다. 물론 대부분의 원생동물들이 유성생식도 할 수 있다. 섬모충류는 **접합**(conjugation) 과정을 통해 두 세포가 일시적으로 융합해 유전물질을 교환한다. 이러한 유전자 교환은 새롭고도 상이한 유전자 조합을 야기하므로 해당 생물의 진화에 유리하게 작용할 수 있다. 많은 원생동물은 독소를 함유한 세균을 함입함으로써 독성을 보유하기도 한다.

원생동물의 분류

현재 원생동물의 분류체계는 매우 복잡하나 여기에서는 의학적으로 유용한 고전적인 분류체계를 요약해서 설명한다. 앞서 언급했듯이 원생동물은 그들의 운동방식에 따라 4개의 그룹으로 나뉜다(그림 5.22).

편모로 이동하는 종류(편모충류)

- 편모만을 이용해 이동하거나 편모와 아메바운동, 2가지 방법으로 이동한다.
- 단일 핵을 보유하고 종류에 따라 배우자합체(syngamy)에 의한 유성생식을 하며 길이방향 분열을 통한 세포분열을 한다.
- 일부 기생체들의 경우, 미토콘드리아 등의 세포소기관이 결핍되어 있다.
- 대부분이 피낭을 형성하고 독립생활을 하며 일부만이 기생생활을 한다.
- 엉성한 응집체(aggregate)나 군체(colony)를 이루고 사는 것들도 있으나 대부분이 독립생활을 한다.
- 주요 종: *Trypanosoma*와 *Leishmania*는 곤충을 매개로 전파되고 인간의 혈액에서 증식하는 병원체이다.

아메바 운동으로 이동하는 종류(아메바류)

- 세포의 형태가 주로 아메바형(그림 5.22b)이고 생활사 중 생식단계에서 편모로 이동하는 종류도 있으나 이들의 주요 운동기관은 위족이다.
- 대부분이 세포분열을 통한 무성생식을 한다. 대부분이 단일 핵을 가지며 피낭을 형성한다. 대부분이 독립생활을 하며 포유류 등을 감염시키지 않으나 *Entamoeba*는 사람에게 기생한다.
- 두꺼운 껍질을 형성하는 아메바: 유공충류(foraminiferan)와 방산충류(radiolarian)는 해양에 탄산칼슘을 침전시킨다.

섬모로 이동하는 종류(섬모충류)

- 영양체는 섬모로 이동한다.
- 일부의 경우, 섬모로 먹이를 섭취하거나 표면에 부착한다.
- 대부분이 피낭을 형성하고 2개의 핵(대핵과 소핵)을 가지며 횡적분열을 한다.
- 대부분의 경우, 입과 같은 역할을 하는 먹이섭취기관(세포구, 구강홈)을 가지고 있다.
- 상대적으로 발달한 행동양식을 나타낸다(그림 5.22c).
- 대부분이 독립생활을 하며 무해하다.

표 5.4 주요 병원성 원생동물

원생동물	질병	보유고/출처
아메바		
Entamoeba histolytica	아메바성 감염	인간, 물, 식품
Naegleria, *Acanthamoeba*	뇌 감염	물속에서 독립생활
섬모충류		
Balantidium coli	대장섬모충증	돼지, 소
편모충류		
Giardia lamblia	편모충증(giardiasis)	동물, 물, 식품
Trichomonas vaginalis	트리코모나스 감염증	인간
Trypanosoma brucei, *T. cruzi*	트리파노소마증	동물/매개체에 의한 감염
Leishmania donovani, *L. tropica*, *L. brasiliensis*	라슈마니아증	동물/매개체에 의한 감염
포자충류		
Plasmodium vivax, *P. falciparum*, *P. malariae*	말라리아	사람/매개체에 의한 감염
Toxoplasma gondii	톡소플라스마증	동물/매개체에 의한 감염
Cryptosporidium	크립토스포리디아증	독립생활/물, 식품
Cyclospora cayetanensis	사이클로스포라증	물, 신선한 농산물

운동성이 없는 종류(포자충류)

- 수컷배우체만이 운동성이 있고 그 외의 세포들은 운동성이 없다.
- 포자충류를 'apicomplexa'라고도 하는 것처럼 잘 발달된 무성생식 주기와 유성생식 주기가 합해진 다소 복잡한 생활사를 가지고 있다.
- 포자충류(sporozoa)는 유성생식으로 **포자소체**(sporozoite)라는 포자모양의 세포를 형성하는데, 이 세포가 유일하게 운동능(활주운동)이 있는 세포이고 질병의 주요 감염원이다(그림 5.22d).
- 대부분의 포자충류는 두꺼운 벽으로 둘러싸인 난포낭(oocyst)을 형성하고 기생생활을 한다.
- *Plasmodium*은 대표적인 원생동물 병원체로 매년 전 세계적으로 1~3억 명이 모기를 통해 말라리아 질병에 걸린다. 인간과 모기 사이를 오가는 복잡한 생활사를 가졌다.
- *Toxoplasma gondii*는 인간에게 톡소플라스마증을 야기하는데, 인간은 고양이 등의 동물을 통해 감염된다.

세균이나 다른 진핵생물 병원체들처럼 원생동물도 인체에 다양한 질병을 유발한다.

원생동물의 동정과 배양

대부분의 원생동물은 독특한 외형을 가져 광학현미경 관찰만으로도 속(genus) 수준의 동정이 가능하며 경우에 따라서는 종(species) 수준의 동정도 가능하다. 동정에 적용되는 분류형질들은 세포의 형태 및 크기, 운동기관의 형태 및 수, 그리고 분포양상, 피낭이나 특정 세포소기관의 존재 유무, 핵의 개수 등이다. 혈액, 침, 척수액, 분변, 여성의 질에서 채집한 시료를 슬라이드에 도말하여 직접 관찰하거나 염색한 후 관찰한다. 추가적인 연구를 위해 원생동물을 인공적인 배지나 실험동물을 이용해 배양하기도 한다.

주요 병원성 원생동물

원생동물에 의한 감염은 흔히 일어나지만 실제로 인간에게 질병을 야기하는 원생동물의 종류는 극소수이며 지리적으로도 열대 및 아열대 지역에 국한되어 있다(**표 5.4**). 원생동물과 장내 기생충(helminth)을 묶어서 하는 연구를 기생충학(parasitology)이라고 한다. 기생생물이란 숙주로부터 양분 및 기타 필요한 물질들을 얻는 생명체를 의미하지만 의학에서의 기생체란 용어는 병원성이 있는 원생동물과 장내 기생충을 말한다. 인간에게 질병을 야기하는 편모충류는 *Trypanosoma brucei*와 *T. cruzi*이다. *T. brucei*는 수면병을 야기하는 병원체로 아프리카에서 매년 약 5,000건이 발생한다. *T. cruzi*는 샤가스병을 야기하는 병원체로 중남미에서 매년 수백만 명을 감염한다. 두 병원체는 모두 긴 초승달 모양의 세포로 1개의 편모가 부착되어 있는데, 종에 따라서는 이 편모가 확장된 세포막에 붙어 파동막(undulating membrane) 형태를 나타내기도 한다. 2종류의 편모충류 모두 모기 등 흡혈하는 매개곤충에 의해 전파되며 혈액에서 발견된다.

5.5 학습 평가

18. 원생동물의 학문적인 분류체계와 달리 원생동물을 모두 동일 분류군으로 그룹화하는 특성은 무엇인가?
19. 원생동물의 3가지 운동방식을 설명할 수 있다.
20. 원생동물의 생활사에 존재하는 피낭 단계의 유용성을 설명할 수 있다.
21. 원생동물을 4개의 그룹으로 나누는데 각 분류군을 대표하면서 인간에게 질병을 야기하는 원생동물 1종류를 설명할 수 있다.

5.6 장내 기생충

촌충, 디스토마, 회충 등을 통칭해 장내 기생충(helminths) 혹은 연충류라고 한다. 기생충의 성체는 크기가 커서 육안으로도 쉽게 관찰할 수 있다. 최장 길이가 25 m에 이르는 것도 있지만 1 mm 이하의 작은 것도 있다. 이와 같이 장내 기생충의 성체는 크지만 기생충의 감염원들인 알(egg)과 유충들의 크기가 현미경적 크기이기 때문에 장내 기생충을 미생물로 간주하기도 한다. 체형을 기준으로 기생충을 편형동물문(Platyhelminthes)과 선형동물문(Aschelminthes = nematodes), 두 문(phylum)으로 나눈다. 편형동물(**그림 5.24a**)에 속한 기생충의 체형은 매우 얇고 분절되어 있는 반면, 선형동물(**그림 5.25**)은 길고 원통형이며 분절되지 않는다. 편형동물문에 속한 편충류들은 다시 긴 리본모양(tapeworms)의 형태로 된 **조충류**(cestodes, **그림 5.24a**)와 둥글납작한 모양의 **흡충류**(trematodes, **그림 5.24b**)로 나뉜다. 모든 편충류와 선충류들이 기생생활을

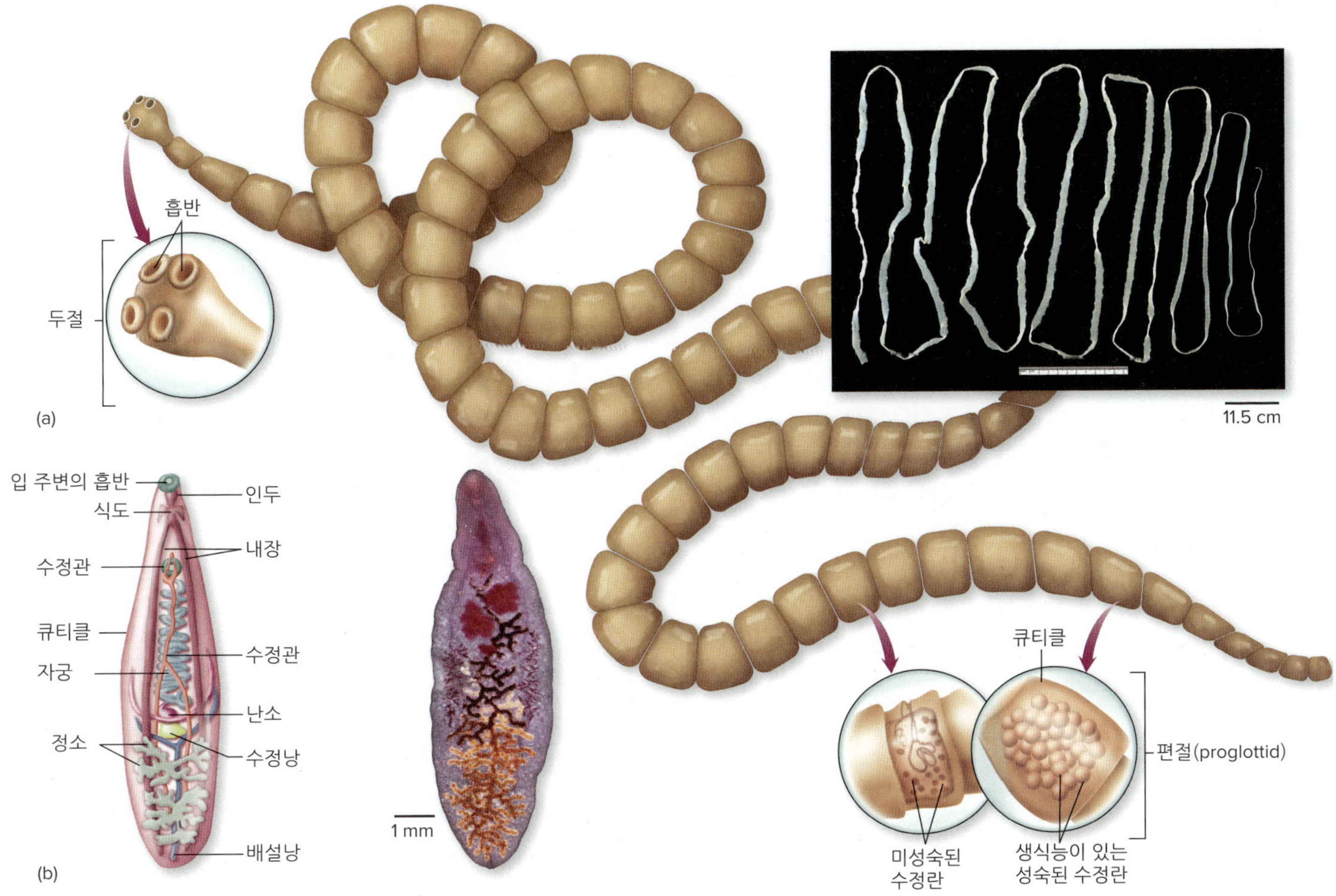

그림 5.24 기생성 편형동물(flatworms) (a) 조충류의 두절(=머리마디, scolex)과 긴, 체절된 몸, 그리고 확대된 미성숙 · 성숙된 편절 (b) 흡충류의 구조. 흡반(sucker)으로 숙주의 조직, 생식기관이나 소화기관에 부착해 필요한 양분을 흡수한다.

(a) CDC; (b) © Clouds Hill Imaging Ltd./Science Source

표 5.5 장내 기생충의 종류와 그들의 전파방식

종류	병원체의 일반명(병명)	숙주	인간의 감염원
선형동물(Aschelminthes)			
선충류(nematodes)			
장에 있는 선충류			
수정란에 의한 감염:			
Ascaris lumbricoides	회충(회충증)	인간	식품
Enterobius vermicularis	요충(요충증)	인간	분변
유충에 의한 감염:			
Trichinella spiralis	선모충(섬모충증)	돼지/야생포유류	육류 섭취
조직에 있는 선충류			
Onchocerca volvulus	사상충(사상충증)	인간/검은 파리(black fly)	검은 파리
Dracunculus medinensis	메디나충(메디나충증)	인간, 요각류(*Cyclops*)	오염된 식수
편형동물(Platyhelminthes)			
흡충류(trematodes)			
Schistosoma japonicum	주혈흡충(주혈흡충증)	인간, 달팽이	오염된 식수
조충류(cestodes)			
Taenia solium	갈고리촌충	인간, 돼지	잘 익히지 않은 돈육
Diphyllobothrium latum	긴촌충	인간, 어류	잘 익히지 않은 어류

하는 것이 아니고 그들 중 일부는 토양이나 수계 등의 자연계에서 독립생활을 한다. 그러나 질병을 야기하는 기생충들은 생활사의 일부를 숙주의 장내에서 보낸다.

기생충의 형태학

모든 장내 기생충은 기관 및 기관계를 부분적으로만 갖춘 다세포성 동물이다. 기생생활을 하는 장내 기생충의 생식기관들은 몸의 대부분을 차지할 만큼 잘 발달된 반면, 소화·배설·신경·근육 기관들은 다소 원시적이다. 특히 조충류(cestodes)의 경우, 생식기관인 난소, 정소와 수정란으로 가득 채워진 서로 연결된 편평한 주머니들, 즉 편절(proglottid)들이 체내 공간의 대부분을 차지하고 있다(그림 5.24a). 조충류의 생식기관만 잘 발달된 것이 아니라 그 생식기관을 보호하기 위한 두꺼운 큐티클층과 숙주의 조직을 분해하기 위한 입에 분비선(mouth gland)도 있다.

생활사와 생식

장내 기생충의 생활사에는 생식능이 있는 난(알), 유충, 성충이 포함된다. 장내 기생충 대부분의 성충은 숙주 안에서 유성생식으로 생성된다. 선충류(nematodes)는 자웅이체이며 암수의 형태가 서로 다르다. 흡충류(trematodes)는 자웅이체이거나 암수가 동일한 개체에 존재하는 자웅동체이고 조충류(cestodes)는 일반적으로 자웅동체이다. 장내 기생충들이 지속적으로 생존하기 위해서는 보통 수정란(egg)이나 유충(larva) 단계에서 동일종의 다른 숙주나 다른 종에 속하는 숙주를 감염함으로써 자신의 생활사를 완결해야 한다. 유충단계에서 기생하는 숙주가 중간숙주이고 생식이 가능한 성충이 되는 단계에 기생하는 숙주가 최종 숙주이다. 중간숙주 성격의 운반 숙주(transport host)도 있는데 이 숙주에서는 기생충의 발생은 이루어지지 않으나 해당 장내 기생충의 생활사를 완결하는 데 중요한 연결자이다.

일반적으로 장내 기생충에 의한 인체 감염은 장내 기생충으로 오염된 식품, 토양, 물이나 장내 미생물에 감염된 육류 섭취를 통해서이다. 전형적으로 입이나 피부의 상처를 통해 감염되며 **표 5.5**에서 보는 것처럼 많은 장내 기생충의 최종 숙주가 인간이다. 또 장내 기생충의 유일한 생물학적 보유고(reservoir)가 인간인 경우가 장내 기생충들의 절반 정도를 차지한다고 한다. 나머지 경우에는 동물이나 곤충 매개자들이 장내 기생충의 생물학적 보유고로 작용하고 그들의 발생과정을 위해 동물이나 곤충 매개자들이 요구되기도 한다. 또한 대부분의 장내 기생충들의 생활사가 완결되려면 반드시 기존 숙주를 떠나야 한다.

보통 자연계로 방출되는 수정란은 두꺼운 껍질로 둘러싸여 있어 보호되며 유충으로 발생되는 데 필요한 양분도 함유하고 있다. 그러나 대부분의 수정란과 유충은 열, 추위, 건조 등에 취약하고, 또 포식자에게 잡아먹히기 때문에 새로운 숙주에 기생할 가능성은 매우 저조하다. 이 엄청나게 높은 사망률을 상쇄하기 위해 어떤 기생충들은 굉장히 높

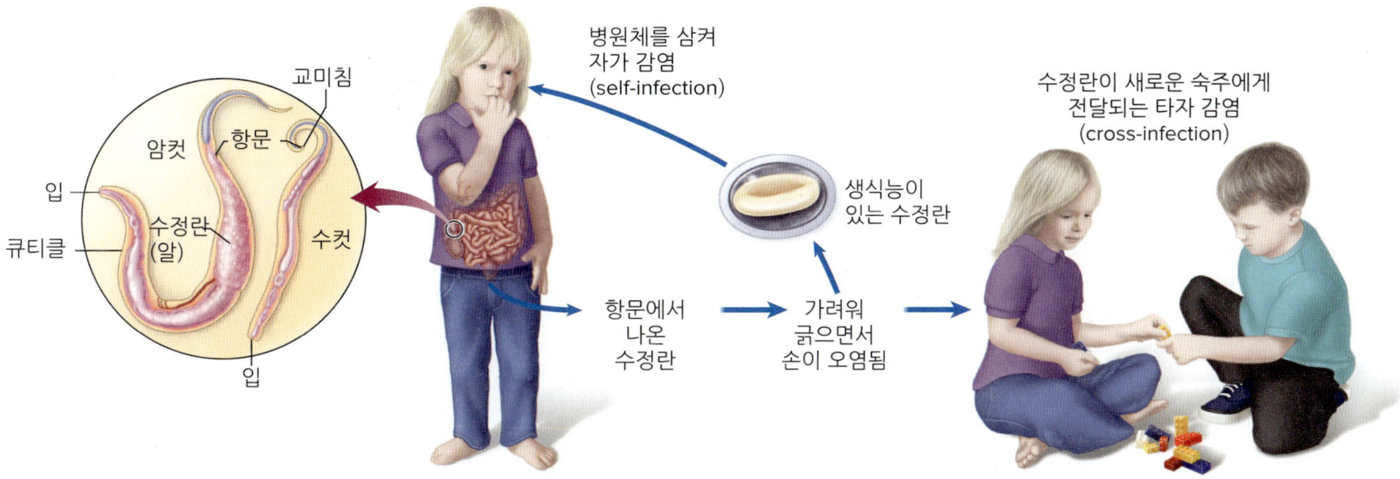

그림 5.25 요충(pinworm)과 회충(roundworm)의 생활사 항문에서 나온 감염능이 있는 수정란을 만진 손에 의해 전파된다. 어린이들이 흔히 하는 행동, 즉 수정란으로 오염된 손으로 본인 입을 만져 자가 감염되거나 다른 사람을 만져 타인을 감염시킨다.

은 생식능을 갖도록 진화되었다. 1개의 암컷 회충(*Ascaris*)이 하루에 20만 개의 알을 낳고 또 큰 암컷의 체내에 2,500만 개 이상의 여러 발생단계에 있는 수정란들이 들어 있기도 하다. 그 많은 알 중에 극히 일부만이 새로운 숙주를 만나 자신의 생활사를 성공적으로 완결할 수 있다.

장내 기생충의 생활사: 요충

요충(pinworm), *Enterobius vermicularis*를 사례로 택해 장내 기생충의 생활사를 살펴보자. 요충은 흔히 인간의 대장에서 다수로 서식 가능한 기생충으로서, 길이 2~12 mm, 끝으로 갈수록 가늘어지는 원통형 모양이다(그림 5.25). 이 기생충에 의해 발병하는 요충증(enterobiasis)은 장 밖으로는 확산되기 어려운 비교적 복잡하지 않은 질병이다.

요충 감염자와의 직접적인 접촉으로 현미경적 크기의 수정란을 삼키게 되거나 감염자가 만졌던 물건들을 만짐으로써 요충에 감염되면 그 생활사가 인체에서 시작된다. 인체로 들어온 수정란이 대장에서 부화한 후 한 달 이내에 유충에서 성충으로 발생한다. 수컷과 암컷 성충이 교미한 후 암컷이 항문으로 이동해 수정란을 산란한다. 방출된 수정란이 가려움증을 유발하고 그 심한 가려움증을 없애려고 손가락으로 긁게 되는데, 결국 수정란에 오염된 손가락이 침구나 동침자와 접촉함으로써 점차 요충의 수정난이 전파된다. 요충증은 가족이나 동거하는 사람들에게 가장 흔히 발병하는 질병이다. 요충은 단체생활을 하는 모든 공동체에 흔히 분포하지만 대체적으로 어른보다 어린아이들이 더 많이 감염된다.

장내 기생충(연충류)의 분류와 동정

장내 기생충은 그들의 형태에 준해 분류한다. 크기, 다양한 기관들의 발달 정도, 후크, 흡반 및 다른 특정 기관들의 존재 유무, 숙주의 종류, 난(알)과 유충의 모양 등이 분류에 사용되는 형질들이다. 현미경으로 성체, 유충, 난(알)을 관찰하면서 그들이 가진 형태적 특징을 세심하게 검색하고 그 결과를 토대로 동정한다. 더 세부적인 연구가 필요한 경우에는 배양하기도 한다.

장내 기생충의 분포와 중요성

인간의 장에 기생하는 기생충의 종류는 약 50여 종이고 인간이 사는 모든 곳에 분포하지만 서식에 지리적인 제한을 받는 종들도 있고 그 대부분이 열대지방에서 집중적으로 발병하는 특성이 있다. 이러한 정보는 비행기를 통한 인간의 이동이 점차 많아지는 현대사회에서 곧 이 장내 기생충들에 의한 질병의 감염 패턴이 변화될 것임을 깨닫게 한다. 특히 해당 기생충이 중간 숙주가 필요 없는 생활사를 가졌거나 발생에 특정 기후조건을 요구하지 않는 경우에 더욱 그러하다. 해마다 발병건수가 수십억 회에 이르며 발병지역도 개발도상국에 국한되지 않는다. 북미에서만 5천만 번의 장내 기생충 발병사례가 보고되었다.

인간이 지구상에 일정 수준 이상의 장내 기생충, 더 나아가 모든 병원성 미생물들이 항상 존재하게 한다는 것을 유념해야 한다. 최근 장내 기생충으로부터 상대적으로 자유로운 인간 집단이 있음을 알게 됐는데, 그들은 자가 면역 질환이나 알레르기 질환을 가진 환자들이었다.

표 5.6 진핵생물의 특성 비교

	원생동물	진균	조류	장내 기생충	인간
복잡성의 정도	단세포	단세포/다세포	단세포/다세포	단세포 – 알, 유충 다세포 – 성충	다세포
세포벽	없음	키틴/섬유소	섬유소	없음	없음
세포질	내형질과 외형질로 분리됨	비분리	비분리	비분리	비분리
영양방식	종속영양, 독립영양	종속영양	독립영양	종속영양	종속영양
운동기관	운동(편모·섬모·아메바)하거나 안함	편모(배우체)	편모(배우체)	편모(배우체)	팔, 다리
동정에 이용되는 구조적인 특성	피낭	균사/포자	엽록체	수정란	없음

5장에서 여러분은 다양한 진핵미생물들을 공부하였다. **표 5.6**에 다양한 진핵미생물들과 인간의 특성을 비교하였다. 다음 장인 6장에서는 진정한 세포체가 아닌 바이러스를 공부할 것이다.

5.6 학습 평가

22. 장내 기생충의 두 주요 그룹과 각 그룹을 대표하는 종의 특징을 설명할 수 있다.
23. 전형적인 장내 기생충의 생활사를 설명할 수 있다.

현미경으로 본 세상 — 논평

© Westend61/Getty Images RF

이 기사가 **의도하는 메시지**는 반려동물인 고양이가 인간의 행동양식을 바꿀 수도 있다는 것이다. 톡소플라스마증에 관련된 이 기사는 내용의 정확도를 높이기 위해 다수의 믿을만한 연구 결과들을 토대로 질병의 감염 증상 및 질병 관리 측면의 문제점에 대해 상세히 설명한, 과학이 뒷받침된 좋은 기사이다. 즉 생물학적으로 타당한, 그래서 믿을만한 기사이다. 병원체 관련 기초 연구를 하는 과학자들이 탐구하는 그 무엇은 바로 병원체에 대해 생물학적으로 타당한 설명을 하기 위해서다. 예를 들면 톡소플라스마의 초기 연구자들은 **톡소플라스마**(*Toxoplasma*)에 감염된 쥐들이 고양이를 무서워하지 않는다는 것을 알게 되었고, 그로 인해 고양이가 톡소플라스마에 감염된 쥐를 쉽게 포식하게 됨에 따라 톡소플라스마도 자동적으로 새로운 숙주인 고양이를 감염하게 되었는데, 이는 해당 원생동물인 톡소플라스마에게 많은 진화적인 이득을 제공할 것이다.

이 **비판적인 안목**으로 작성된 기사가 비전문적인 잡지에 게재되었음에도 불구하고 관련 과학적인 연구결과에 대해 상세히 소개하였다. 일례로 프렉박사가 감염운전자와 비감염운전자 간의 교통사고율을 비교한 결과에 의하면 감염자의 사고율이 비염감염자의 사고율보다 2.5배 이상 높았다.

만약, 여러분이 비전공자인 친구에게 이 길고도 많은 과학적인 자료가 포함된 기사에 대해 알기 쉽게 설명하려면 우선 제목부터 '뇌를 감염하는 미생물'에서 '한 숙주에서 다른 숙주로 이동함으로써 전파되는 병원체'라고 바꾸어야 할 것이다. 우리는 이 병원체가 숙주인 우리 몸 안에서 어떤 진화적인 전략을 가지고 사는지를 아직 다 알지 못한다.

이 기사에 대해 본인이 주는 **점수**는 A이다. 기사가 좀 더 간결하게 정리되었더라면 A+를 주었을 것이다. 아무튼 이 기사는 평균적인 교양을 가진 일반 독자를 매료시킬 수 있는 좋은 과학 기사이면서 계속적인 연구가 가능할 만큼 충분한 정보도 제공하고 있다.

출처: *The Atlantic* "How Your Cat Is Making You Crazy", 2012년 3월 게시된 온라인 기사.

단원 요약

5.1 진핵생물의 역사

- 진핵생물을 구성하는 진핵세포는 막으로 구획화된 핵과 세포소기관들을 가지고 있다. 세균(원핵생물)처럼, 진핵생물도 **공통조상**(LUCA, last universal common ancestor)으로부터 유래하였다. 진핵생물은 단세포로 된 것부터 매우 복잡한 다세포로 된 것까지 구조적으로 다양한데, 그로 인해 진핵생물에 속한 생물종들이 다양화된다.

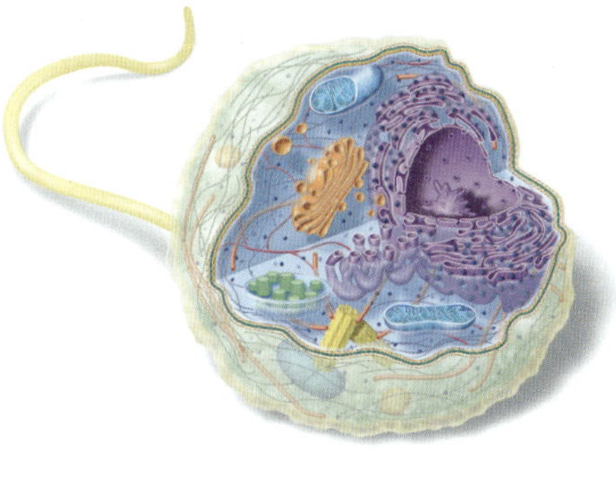

- 진핵세포는 공통적으로 핵, 세포막, 소포, 미토콘드리아, 소포체, 골지체, 그리고 세포골격을 가지고 있다. 세포벽, 엽록체와 운동기관은 특정 진핵생물에만 존재한다.

5.2 진핵세포의 형태와 기능: 외부 구조와 내·외부 경계 부분의 구조

- 현미경적 크기의 진핵생물들은 편모와 섬모 등의 운동기관을 이용해 이동하고 먹이를 섭취한다.
- 진핵세포 대부분의 가장 바깥 경계 부위에는 당질피질이 있는데, 그것은 보호기능, 부착기능, 외부환경이나 다른 생명세로부터 오는 신호를 접수하는 기능을 가지고 있다. 또한 세포벽이나 세포막을 둘러싸서 그들을 지지해 주는 역할도 한다.
- 진핵세포의 세포막은 기능 측면에서는 세균의 세포막과 유사하나 그 구조나 세포막 강화물질인 스테롤의 존재 여부 등 구성물질에는 차이가 있다.

5.3 진핵세포의 형태와 기능: 내부 구조

- 진핵생물의 유전체는 2중막으로 둘러싸인 구형의 핵에 있다. 핵 안에는 리보솜을 합성하는 장소인 인이 있으며 유전물질인 DNA가 핵 안의 염색체를 구성한다.

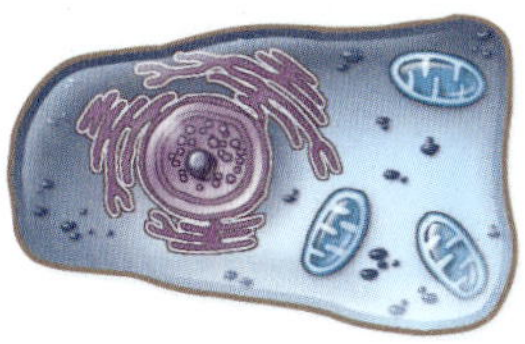

- 소포체는 핵의 외막에서 유래하는 막 구조물로 세포 전체에 걸쳐 내부적인 네트워크를 형성하며 세포에서 통로 역할을 한다.
- 골지체는 소포체로부터 받은 물질을 저장·분비·이동 등 사용목적에 맞게 변형시켜 소낭에 담는 일종의 포장기기이다.
- 미토콘드리아는 수많은 세포 활성에 필요한 ATP(에너지)를 발생시킨다.
- 식물과 조류에 있는 엽록체는 막으로 싸인 세포소기관으로 그 안에서 광합성을 한다.
- 원·진핵세포 모두에 존재하는 리보솜에서 단백질이 합성된다.
- 세포골격은 세포형태를 유지해주며 세포질 이동과 세포분열 시의 염색체 이동에 관여하고 세포골격의 구성요소인 미세소관은 섬모충류와 편모충류의 운동성에 중요한 역할을 한다.

5.4 진균

- 진균은 종속영양생물로 사체에서 양분을 흡수하는 부생적인 방법 혹은 숙주에 기생하는 방식으로 살아간다.

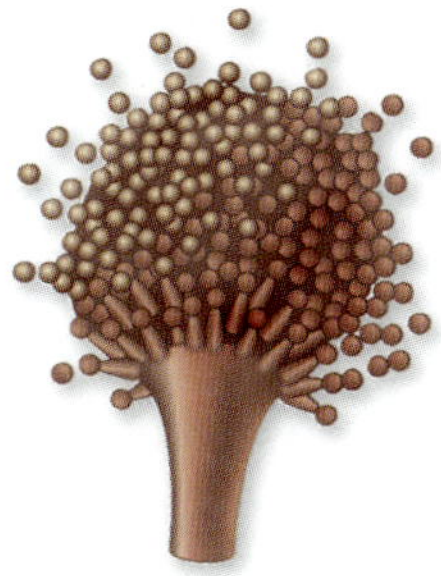

- 세포벽이 있고 단세포 혹은 다세포성이며 다양성과 복잡정도가 매우 큰 분류군이다.
- 진균은 무성생식과 유성생식을 포함해 다양한 생식 전략을 가지고 있다.
- 2종류의 무성포자, 즉 포자낭포자와 분생(포)자를 통해 손쉽게 번식한다.
- 양부모로부터 받은 유전자의 다양한 조합으로 생성되는 유성포자는 유전적으로 다양한 진균의 형태와 기능을 제공한다.
- 진균의 동정은 현미경으로 관찰되는 그들의 형태적 특성들을 준해 이루어진다.
- 인간에게 질병을 야기하는 진균을 2그룹, 1차적(primary) 병원체와 기회적 병원체로 나누는데, 1차적 병원체는 건강한 사람을 감염하는 진균을 의미하고 기회적 병원체는 면역력이 약한 숙주를 감염하는 진균을 말한다.

5.5 원생생물

- 원생생물은 단세포로 된 진핵생물로 조직이 없다. 여기에 속하는 2종류의 생물군은 조류와 원생동물이다.

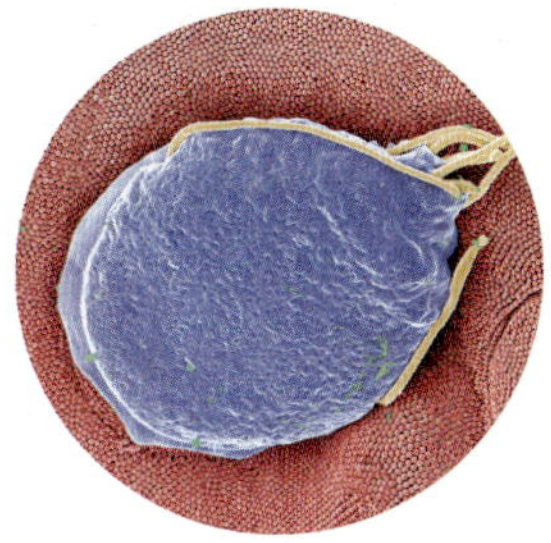

- 조류는 엽록체라는 세포소기관으로 광합성을 한다. 엽록체에는 엽록소와 그 외 여러 색소들이 있다.
- 원생동물은 종속영양생물인데 그들의 운동방식에 따라

분류한다. 대부분의 원생동물이 단세포로 된 영양체라는 세포형태로 되어 있으며 대다수가 서식환경이 나빠지면 피낭을 형성해 휴지기 단계로 진입한다.

5.6 장내 기생충

- 동물계에 속하면서 미생물학 분야에서 다루는 유일한 분류군은 장내 기생충 혹은 연충류(helminths)이다.
- 장내 기생충에는 편충류와 선충류가 포함되는데, 이들은 인체에 들어와 인체의 장에서 생식을 한다.

객관식 문제(선다형 문제와 OX 문제) | 블룸 1단계 및 2단계: 기억과 이해

선다형 문제 – 제시된 보기에서 답을 고르시오.

1. 편모와 섬모를 가진 생물을 고르시오.
   a. 조류 b. 원생동물
   c. 진균(곰팡이) d. 원생동물과 진균
2. 핵막의 특성으로 옳은 것을 고르시오.
   a. 리보솜
   b. 2중막
   c. 세포질과 통하는 핵공
   d. 2중막과 핵공
   e. 모두 옳음
3. 세포벽을 가진 진핵생물을 옳게 나열한 것을 고르시오.
   a. 진균 b. 조류
   c. 원생동물 d. 진균과 조류
4. 아래 문장의 빈 괄호 안에 들어갈 용어 2개를 차례대로 나열한 것을 고르시오.
   효모는 ____ 진균이고 곰팡이는 ____ 진균이다.
   a. 대형, 소형
   b. 단세포성, 사상성
   c. 운동성, 비운동성
   d. 수계 서식, 육상 서식
5. 모든 조류는 ____을 가지고 있다.
   a. 포자 b. 엽록소
   c. 운동기관 d. 독소
6. 거의 모든 원생동물은 ____을(를) 가진다.
   a. 운동기관 b. 피낭 형성 단계
   c. 펠리클층 d. 영양체형성단계
7. 모든 성숙 단계의 포자충류는 ____
   a. 기생적이다.
   b. 운동성이 없다.
   c. 벡터에 의해 운반된다.
   d. 기생적이며 운동성이 없다.
8. 장내 기생충은 ____으로 생식한다.
   a. 포자
   b. 알과 정자
   c. 체세포분열
   d. 피낭
   e. 모두(a~d) 포함
9. 미토콘드리아는 ____으로부터 기원하였다.
   a. 고세균 b. 세포막의 함입
   c. 세균 d. 엽록체
10. 대부분의 장내 기생충에 의한 감염은 ____에 의해서 이다.
    a. 국한된 몸의 특정 부위
    b. 몸의 거의 모든 부분
    c. 지라 내부
    d. 간 내부

OX 문제 – 다음 문장 내용이 옳으면 O, 틀리면 X로 표기하고 틀린 내용을 올바르게 수정하시오.

11. 세균과 진핵생물은 동일한 원시세포로부터 진화하였다.
12. 격막으로 나뉘는 균사를 격막 균사라고 한다.
13. 원생동물의 감염단계 세포는 영양체이다.
14. 인간을 감염하는 진균은 오로지 피부만 감염한다.
15. 일반적으로 진균은 광합성으로 자신이 필요한 양분을 충당한다.

Chapter 6

바이러스

© Neil Lockhart/Shutterstock RF

현미경으로 본 세상

바이러스 때문에 미련해질 수 있을까?

이번에 소개하는 사례를 통해 대중매체의 기사가 어디까지 사실인지 살펴볼 것이다. 이 사례는 2014년 ABC 뉴스에 소개된 "과학자들이 새로운 '미련한 바이러스'를 발견하였다."란 기사에 대한 것이다.

이 기사는 과학자들이 우연히 발견한 낮은 지능과 관련된 특정 바이러스에 대한 것으로 이 바이러스는 사람의 목에 존재한다. 기사에 따르면 조사한 사람의 44%는 이 바이러스를 보유하는데 바이러스를 보유한 사람의 IQ는 그렇지 않은 사람보다 7~9% 포인트가 낮았다. 또 바이러스를 생쥐의 소화관에 주입하면 "미로 찾기에 서툴렀고" 일반적으로 미련하게 행동하였다.

이 바이러스는 이전에 알려진 바가 없었다. 기사는 또한 잘 알려진 단순포진바이러스에 대해 흥미로운 내용을 소개하였다. 또 다른 실험에서 단순포진바이러스에 대한 노출로 인지능력이 감소하는 것으로 확인되었다.

- 이 기사가 **의도하는 메시지**는 무엇인가?
- 기사를 읽은 후 **여러분의 평가**는 어떠한가? 평가가 비판을 의미하는 것은 아니다. 여러분의 지식을 이용하여 기사의 사실여부, 그리고 기사가 전달하고자 하는 메시지가 무엇인지를 제대로(혹은 옳게) 인지하기 위해서는 비평적인 안목이 필요하다.
- 미생물학을 공부하지 않은 친구를 위해 이 기사를 어떻게 **해석할** 것인가?
- 기사의 정확성과 의도된 효과의 정확성을 고려하여 기사에 대한 당신의 **점수**는 얼마인가?

현미경으로 본 세상–논평은 이 장의 끝에 나옵니다.

6.1 바이러스의 발견

사람 사이에서 전염되는 것이 명백한데도 천연두와 소아마비 같은 바이러스 감염의 원인은 오랫동안 알려지지 않았다. 프랑스 과학자 파스퇴르(Louise Pasteur)는 광견병(rabies)이 세균보다 작은 "살아 있는 것"에 의해 일어난다고 추정하였고 1884년 광견병에 대한 백신을 처음으로 개발하였다. 또 파스퇴르는 이런 종류의 감염성 병원체를 일컫는 **바이러스**(virus)라는 용어를 제안하였다.

바이러스의 특성에 대한 첫 번째 발견은 1890년대에 이루어졌다. 이바노프스키(D. Ivanovski)와 베이여(M. Beijerinck)는 담배 식물의 질병이 바이러스(담배모자이크바이러스)에 의해 일어남을 입증하였다. 그 후 뢰플러(Friedrich Loeffler)와 프로쉬(Paul Frosch)는 동물 바이러스가 소의 구제역(causes foot-and-mouth disease)을 유발함을 발견하였다. 이들 초기 과학자들은 세균을 걸러내는 도자기 여과기(porcelain filter)에 숙주의 감염성 액체를 통과시켜 얻은 추출액이 여전히 감염성임을 밝혔다. 이로써 세균보다 작은 병원체에 의해 감염이 일어남이 증명되어 **여과 가능한 바이러스**(filterable virus)라는 개념이 도입되었다.

이후 수십 년에 걸쳐 바이러스의 놀라운 특성들이 밝혀지기 시작하였다. 바이러스의 놀라운 특성은 지금도 여전히 밝혀지고 있다. 다양한 질병을 일으키는 것 외에도, 바이러스는 생물의 진화에도 영향을 미치는 것으로 알려졌다. 바이러스는 여전히 놀라운 존재이다. 최근에는 모든 바이러스가 작은 것은 아니라는 사실이 확인되었다. 일부 바이러스의 크기는 세균과 같다.

6.1 학습 평가

1. 바이러스가 "여과되는" 것으로 인식된 것의 의미를 설명할 수 있다.

6.2 생물 체계에서 바이러스의 위치

바이러스는 세균, 조류(algae), 진균, 원생동물, 식물, 동물 등 모든 종류의 세포를 감염시키고, 지구 어디에서나 발견된다. 해수 1 mL당 천만 개의 바이러스가 발견된다. 호수 1 mL당 2억5천만 개의 바이러스가 발견된다. 환경에 존재하는 많은 바이러스의 영향력은 이제 막 이해되기 시작하였다. 바이러스의 독특하고 놀라운 특성은 많은 질문을 가지게 하며, 그 일부는 다음과 같다.

1. 바이러스는 생물, 즉 살아 있는 것인가?
2. 생명의 진화에서 바이러스는 어떤 역할을 하였는가?
3. 바이러스의 독특한 생물학적 특성은 무엇인가?
4. 이렇게 작고, 단순하고, 중요해 보이지 않는 입자가 어떻게 질병과 사망의 원인이 되는가?
5. 바이러스와 암의 관계는 무엇인가?
6. 생물의 발생에서 바이러스의 역할은 무엇인가?

이 장에서 위와 같은 문제들을 다룬다.

바이러스의 독특한 구조와 특성은 다른 미생물과의 관계에 대한 논쟁을 야기했다. 바이러스가 숙주 세포로부터 독립적으로 증식할 수 없어서 바이러스를 살아 있는 것이 아닌 감염성 분자로 보는 관점이 있다. 그러나 바이러스 스스로 생명 활동 대부분을 수행하지는 못하지만, 조절능력이 있으므로 바이러스를 불활성이고 무생물 분자 이상의 것으로 보는 관점도 있다. 생물 체계에서 바이러스의 특별한 위치에 맞추어 바이러스를 생물보다는 **감염성 입자**(infectious particle), 살아 있는 것 또는 죽은 것으로 구분하기보다 **활성**(active) 또는 **불활성**(inactive)으로 표현하는 것이 더 적절해 보인다.

바이러스가 단지 질병의 병원체인 것만은 아니다. 바이러스에는 많은 유익한 면이 있다. 다른 세포에 감염해 때로 유전적 구성에 영향을 줌으로써, 바이러스는 세포, 조직, 세균, 식물, 동물이 현재의 형태로 진화하는 데 도움을 주었다. **들여다보기 6.1**에는 바이러스가 인체의 정상 마이크로바이옴의 일부인 것에 대한 설명이 있다. 더욱이, 더이상 인체 일부가 아닌 바이러스는 유전 정보를 남겨 놓았다. 예를 들어, 인체 유전체에는 인체 DNA에 영구히 삽입된 80,000개의 바이러스 유전자가 있다. 세균 DNA의 10~20%에 바이러스 염기서열이 존재한다. 바이러스가 작동하는 방식을 배우면, 세균 DNA에 바이러스 유전체가 남겨지는 이유를 알게 될 것이다.

바이러스는 숙주와 크기, 구조, 행동, 생리에서 차이가 있다. 바이러스는 **세포 내 절대기생체**(obligate intracellular parasite)로 특이적 숙주 세포에 침입한 후 숙주의 유전 및 대사기구를 조절하여 새로운 바이러스를 만들고 방출함으로써 증식할 수 있다. 바이러스의 특징을 **표 6.1**에 요약하였다.

표 6.1 바이러스의 특성

- 세포가 아니다.
- 세균, 원생동물, 진균, 조류, 식물, 동물의 세포 내 절대기생체이다.
- 독립적으로 세포로서의 특성을 보이지 않는다.
- 숙주 세포 밖에서는 불활성이며, 숙주 세포 내에서만 활성을 갖는다.
- 중심부의 핵산을 둘러싼 단백질 캡시드의 기본 구조를 가진다.
- 자연에 널리 존재하며 생물의 발생에 큰 영향을 준다.
- 지름이 20~1,000 nm인 초미세구조의 구조물이다.
- 핵산은 DNA 또는 RNA이며, 2가지 모두 가지지는 않는다.
- 이중가닥 DNA, 단일가닥 DNA, 단일가닥 RNA, 또는 이중가닥 RNA를 갖는다.
- 숙주 세포 부착 특이성을 갖는 표면 분자를 갖는다.
- 숙주 세포의 유전 물질을 조절하고 새로운 바이러스의 합성과 조립을 통해 증식한다.
- 물질대사를 위한 효소 대부분이 없다.
- 단백질 합성 기구가 없다.

6.2 학습 평가

2. 바이러스를 생물로 분류하는 것에 대한 찬성, 반대 양측의 주장을 요약할 수 있다.
3. 바이러스의 특성을 설명하는 용어들을 구별할 수 있다.

6.3 바이러스의 구조

크기

바이러스는 대체로 세균보다 훨씬 더 작다. 바이러스는 광학현미경으로 관찰되지 않기 때문에 구조를 관찰하기 위해서는 전자현미경이 필요하다. 2,000개 이상의 세균성 바이러스가 세균 세포 하나에 들어가고, 5천만 개의 소아마비 바이러스가 인체 세포 하나에 들어간다. 동물 바이러스의 크기는, 지름이 0.02 μm인 작은 파보바이러스(parvovirus)부터 길이가 0.4~1 μm로 세균보다 큰 바이러스까지 다양하다. **그림 6.1**에는 몇몇 바이러스 크기를 분자, 세균, 진핵생물 세포 크기와 비교하였다. 2003년 발견된 미미바이러스(mimivirus)는 일부 세균보다 더 크다. 2013년 발견된 판도라바이러스(pandoravirus)는 *Streptococcus* 세균만큼 크다(그림 6.1). 일부 원통형 바이러스는 비교적 길지만(길이가 0.8 μm) 지름이 좁아서(0.015 μm) 고배율, 고해상도의 전자현미경 없이는 관찰하기 어렵다.

바이러스 구조는 전자현미경과 염색을 통해 가장 잘 관찰할 수 있다(**그림 6.2**).

> **들여다보기 6.1 마이크로바이옴: 바이러스도 마이크로바이옴 일부인가?**
>
> 그렇다. 인체에 있는 바이러스 유전체 전체를 **비롬**(virome)이라 한다. 아는 바와 같이 바이러스는 숙주세포를 이용해야만 한다. 따라서 인체 세포 모두는 바이러스의 숙주가 될 수 있다. 바이러스가 마이크로바이옴 일부로서 정상 생물총(biota)의 일부라면, 바이러스는 인체 세포에서 동면 상태로 세포 내에 조용히 증식하지 않은 채로 있는 것이다. 또한 미생물총(microbiota)의 일부인 세균을 감염시키는 박테리오파지로 불리는 바이러스도 있다. 모두 합하면 10^{15}개의 바이러스가 마이크로바이옴 일부로 존재한다(모두 쓰면, 1,000,000,000,000,000이다). 인체 세포는 10^{13}~10^{14}개 정도이고, 이보다 조금 더 많은 세균이 존재한다. 따라서 수로 따지면 바이러스가 가장 많다.
>
> 사람 대부분은 인체에 존재하는 바이러스를 의식하지 못한다. 최근까지 의학 연구자들은 광견병, 소아마비, 독감 등 질병을 유발하는 바이러스에게만 관심을 가졌다. 정교한 연구 방법으로 "조용한" 바이러스(항상 조용한 것과 때로 병원성을 보이는 간헐적으로 조용한 것)를 감지할 수 있게 되었다.
>
> 예를 들어, 거의 모든 성인은 엡스타인바바이러스(Epstein-Barr (EB) virus)에 감염되어 있다. EB 바이러스는 헤르페스바이러스로 거의 모든 사람은 한 종류 이상의 헤르페스바이러스에 감염되어 있다. 50% 이상의 사람이 생식기 헤르페스(genital herpes)에 감염되어 있지만, 대부분은 감염 사실을 모른다. 성인 대부분은 세포거대바이러스(cytomegalovirus, CMV)에 감염되어 있지만 다른 미생물에 감염되어 상태가 악화될 때를 제외하고는 영향을 받지 않는다. 그러나 선천성 이상(birth defect)을 일으킬 수 있다.
>
> 앞서 얘기한 대로, 대부분의 바이러스는 인체에서 병원성이 아니다. 포유류 태반의 발생은 바이러스의 영향을 받는다. 최근 연구에 따르면 장 점막의 박테리오파지는 세균 감염으로부터 인체를 보호한다. 바이러스는 숙주 사이에서 이동하기 쉬우므로, 지구환경에 있는 다른 생명체의 유전자를 우리 인체에 전달하여 인체 생리발달에 좋은 영향을 미칠 수도 있다.

바이러스 성분: 캡시드, 외피, 핵산

바이러스는 세포와 공통점이 거의 없고 단백질 합성 기구가 없다. 바이러스의 분자 구조는 일정한 단위체의 반복

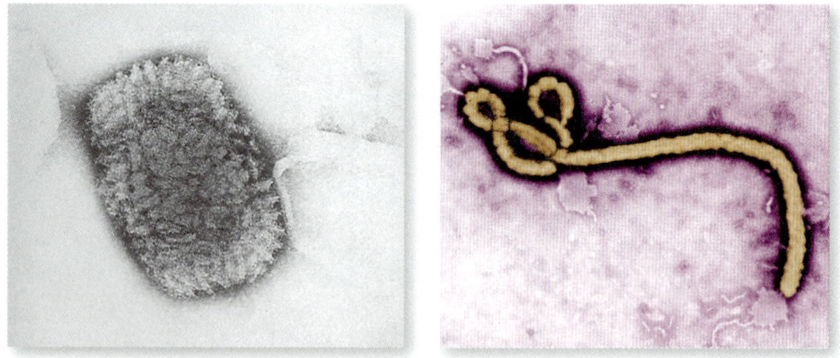

(a) (b)

(c)

그림 6.2 바이러스 관찰 방법 (a) 외형이 자세히 드러난 우두바이러스의 매질염색(negative staining). (b) 기다란 외형을 따라 명명된 필로바이러스(filovirus)인 에볼라바이러스병 바이러스의 염색. 표시된 캡시드에 주목한다. (c) 우두바이러스의 구조.

(a) CDC; (b) CDC/Frederick A. Murphy; (c) © A.B. Dowsette/Science Source

그림 6.1 바이러스와 진핵세포(효모), 세균의 크기 비교 거대 분자의 비교를 위해 단백질을 제시하였다.

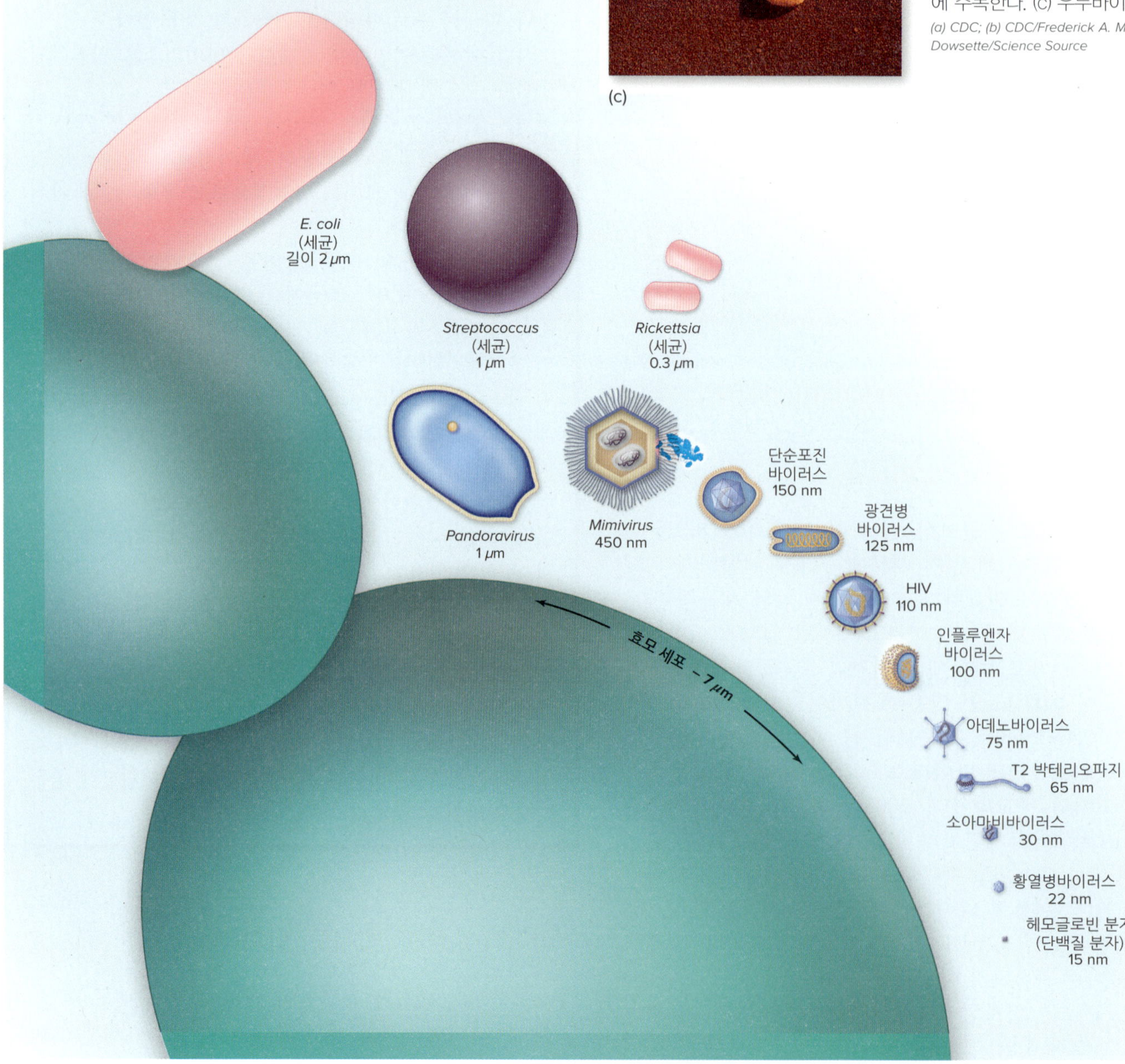

그림 6.3 바이러스 결정 분리된 폴리오바이러스 결정의 고해상도(150,000×) 전자현미경 사진.

되는 구조이며 결정 형태를 나타낸다. 분리된 바이러스는 특정한 처리에 따라 응집되어 결정을 형성한다(**그림 6.3**). 가장 단순한 형태에서 바이러스는 유전 물질과 단백질 껍질만을 필요로 한다. 바이러스는 단지 숙주 세포를 침입하고 조절할 물질만을 필요로 한다(DNA 또는 RNA의 핵산을 포함하는 중심부와 외부 껍질, 때로 한두 개의 효소). 이런 구성을 다음 그림과 같이 나타낼 수 있다.

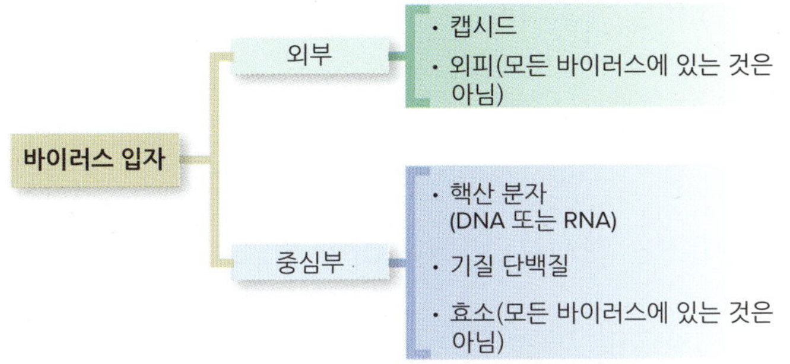

모든 바이러스는 중심부에 있는 핵산을 둘러싼 단백질인 **캡시드**(capsid)라는 껍질을 가진다. 캡시드와 핵산을 합쳐 **뉴클레오캡시드**(nucleocapsid)라 한다(**그림 6.4**). 여러 과의 동물 바이러스는 캡시드 바깥쪽에 외피를 갖는데, 이는 숙주 세포막이 변형된 것이다(**그림 6.4b**). 뉴클레오캡시드만 있는 바이러스를 **외피가 없는 바이러스**(naked virus)라 한다(**그림 6.4a**). 외피가 없는 바이러스와 외피가 있는 바이러스 모두 뉴클레오캡시드 또는 외피로부터 돌출한 단백질을 갖는다. 이 단백질을 통해 바이러스는 숙주 세포와 결합한다. 6.5절에서 보는 바와 같이, 외피가 있는 바이러스는 숙주 세포를 침입하고 탈출하는 방식이 외피가 없는 바이러스의 방식과 다르다. 숙주 세포에서 감염을 일으키는 바이러스를 **비리온**(virion)이라 한다.

질병과의 연관성

손 세척제에 포함된 알코올이 바이러스를 죽인다는 것은 잘못된 생각이다. 외피가 있는 바이러스는 지질로 구성된 외피를 파괴하는 UV, 건조제, 비누, 알코올 등에 의해 중화되거나 불활성화된다. 외피가 없는 바이러스는 알코올의 영향을 받지 않는다. 외피가 있는 바이러스에는 인간면역결핍바이러스

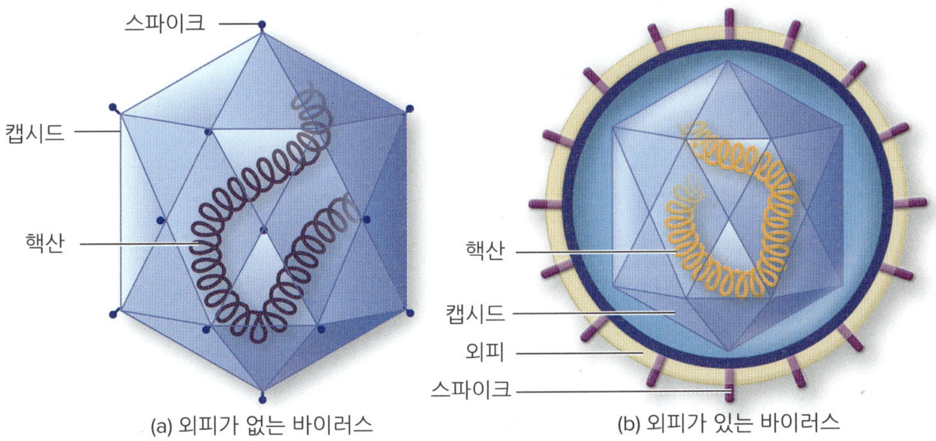

그림 6.4 바이러스의 일반적인 구조 (a) 가장 단순한 바이러스 구조는 핵산을 둘러싼 캡시드를 가진 외피가 없는 바이러스(뉴클레오캡시드)이다. (b) 외피가 있는 바이러스는 세포막인 외피로 싸인 뉴클레오캡시드로 구성된다.

(HIV), B형 간염 바이러스, 인플루엔자바이러스 등이 있다. 외피가 없는 바이러스에는 A형 간염 바이러스와 장염을 일으키는 장내바이러스(enterovirus) 등이 있다.

바이러스 캡시드: 방어용 바깥 껍질

바이러스 입자를 수백만 배 확대하면, 캡시드의 기하학적 구조가 명확히 보인다. 일반적으로 각각의 캡시드는 단백질 분자로 구성된 **캡소미어**(capsomere)란 단위체로 구성되어 있다. 캡소미어는 자발적으로 조립되어 캡시드를 형성한다. 캡소미어의 형태와 배열에 따라 동물 바이러스는 2가지 형태로 되어 있다[나선형(helical)과 정20면체형(icosahedral)].

단순한 **나선형**(helical) 캡시드는 막대형의 캡소미어를 연결하여 팔찌 같은 속이 빈 연결된 원반 구조를 형성한다. 뉴클레오캡시드를 만들 때, 이 원반들은 서로 연결되어 핵산 가닥이 안쪽에 들어 있는 연결된 나선형 구조를 형성한다(**그림 6.5**). 전자현미경 사진에서 나선형 캡시드의 모양은 바이러스 종류에 따라 다르다. 외피가 없는 나선형 바이러스의 뉴클레오캡시드는 매우 단단하고 견고하게 꼬여 원통형 구조를 형성한다(**그림 6.6a,b**). 담뱃잎을 공격하는 담배 모자이크 바이러스가 그 예이다. 외피가 있는 나선형 뉴클레오캡시드는 좀 더 유연하여 외피 안에서 좀 더 느슨한 나선형 구조를 형성한다(**그림 6.6c,d**). 이런 형태가 독감, 홍역, 광견병 등을 포함하는 외피가 있는 바이러스에서 발견된다.

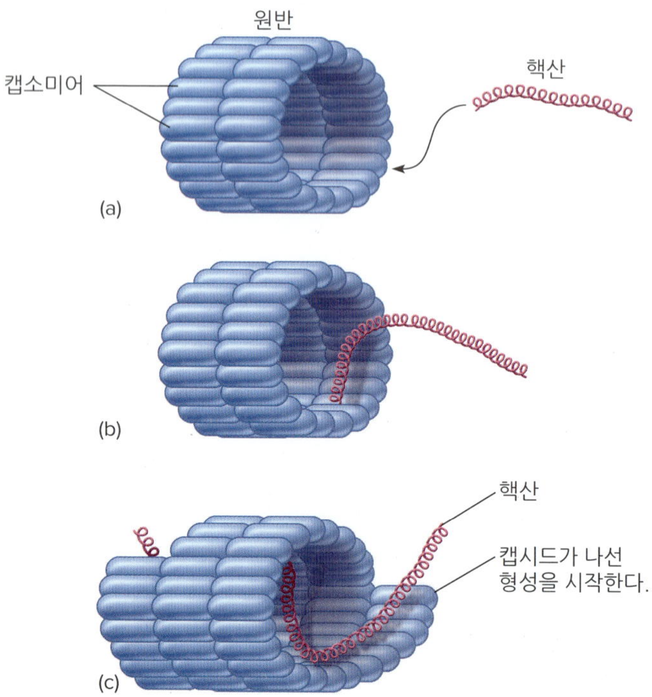

그림 6.5 나선형 뉴클레오캡시드의 조립 (a) 캡소미어는 속이 빈 원반으로 조립된다. (b) 원반 중심으로 핵산이 삽입된다. (c) 긴 축을 따라 핵산이 감기면서 한쪽 또는 양쪽 끝으로부터 뉴클레오캡시드가 확장된다.

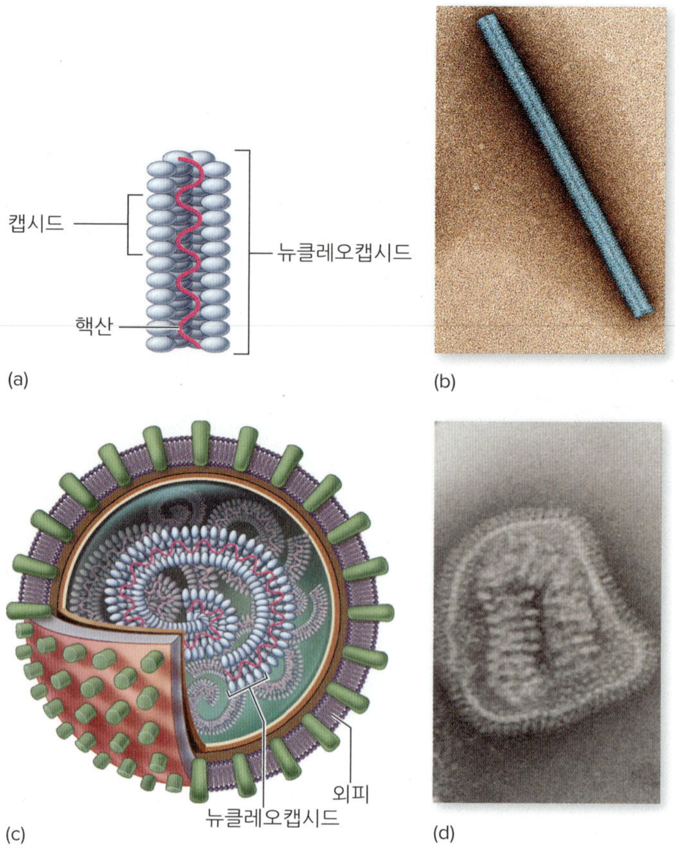

그림 6.6 나선형 뉴클레오캡시드 외피가 없는 나선형 바이러스(담배 모자이크 바이러스): (a) 모식도, (b) 고해상도 현미경 사진. 원통형 구조에 주목한다. 외피가 있는 나선형 바이러스(인플루엔자바이러스): (c) 모식도, (d) 전자현미경 사진.

(b) ©Omikron/Science Source; (d) CDC/Cynthia Goldsmith

질병과의 연관성

사람에게서 치사율이 거의 100%로 무시무시한 광견병 바이러스의 독특한 총알 구조는 나선형 캡시드와 외피 사이에 있는 기질 단백질에 의한 것이다.

많은 바이러스의 캡시드는 **정20면체**(icosahedron)로 12개의 꼭짓점과 20개의 면을 가진 3차 구조이다. 캡소미어의 배열은 바이러스마다 다를 만큼 다양하다. 몇몇 바이러스는 한 종류의 캡소미어를 이용하여 캡시드를 형성하는 반면, 다른 바이러스는 여러 개의 캡소미어를 갖는다(**그림 6.7**).

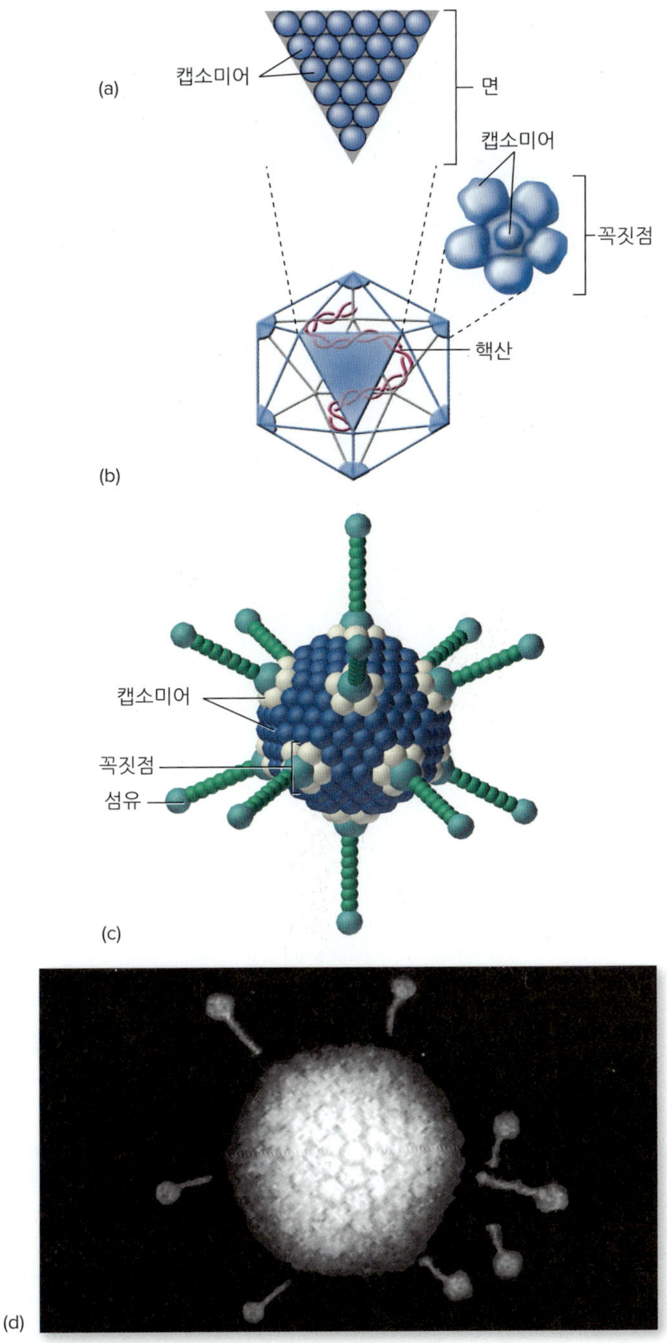

그림 6.7 정20면체형 캡시드의 형성 아데노바이러스를 예로 하였다. (a) 캡시드의 한 면은 21개의 같은 캡소미어로 구성된 삼각형 모양이다. 꼭짓점은 중심에 5각형 하나를 갖는 다른 캡소미어로 구성된다. 다른 바이러스에서는 캡소미어의 수, 유형, 배열이 다를 수 있다. (b) 조립된 바이러스에서는 면과 꼭짓점이 핵산을 둘러싸 껍질을 형성한다. (c) 바이러스의 3차 구조에서 5각형에 결합한 섬유(스파이크)가 보인다. (d) 바이러스의 매질염색으로(640,000×) 외형 및 떨어져 나온 섬유가 보인다.

모든 정20면체형 바이러스의 캡시드는 같은 구조를 갖지만, 캡소미어의 수는 다양하다. 예를 들어, 폴리오바이러스의 캡소미어의 수는 32개이지만, 아데노바이러스의 캡소미어의 수는 252개이다. 각각의 캡소미어는 고리 형태 또는 반구 형태이며, 캡시드는 구형 또는 입방형이다(**그림 6.8**). 바이러스가 조립될 때, 핵산은 정20면체의 안쪽에서 뉴클레오캡시드를 형성한다. 정20면체형 바이러스의 외형은 외피의 존재에 따라 달라진다. 유두종바이러스의 외피가 없는 뉴클레오캡시드는 단순헤르페스바이러스의 외피가 있는 뉴클레오캡시드와 차이가 있다(**그림 6.9**). 대부분의 바이러스 캡시드는 정20면체형 또는 나선형이지만, **복합형**(complex)이라는 또 다른 부류가 있다. 세균을 감염시키는 바이러스에서 발견되는 복합형 캡시드는 여러 종류의 단백질로 구성되며 대칭 구조가 아니다. 복합형 바이러스의 예가 **그림 6.10**에 제시되어 있다.

바이러스 외피

외피가 있는 바이러스가 숙주 세포로부터 방출될 때, 바이러스는 숙주의 세포막 일부를 취하여 외피를 형성한다. 몇몇 바이러스는 세포막에서 떨어져 나오고, 다른 바이러스는 핵막 또는 소포체로부터 떨어져 나온다. 방출 경로가 무엇인지와 관계없이, 바이러스 외피는 숙주의 막과 상당히 다르다. 바이러스는 막에 자신의 단백질을 넣고 이를 이용하여 외피를 형성한다. 일부 외피 단백질은 바이러스 캡시드에 결합하고, 당단백질은 외피 바깥쪽에 노출되어 있다. 외피가 있는 단백질에서 튀어나온 분자를 스파이크(spike)라 하는데, 숙주 세포 부착에 필수적이다. 외피는 캡시드보다 더 유연하므로, 외피가 있는 바이러스의 외형은 다형성(pleomorphic)이며, 바이러스의 형태는 구형부터 섬유형(filamentous)까지 다양하다.

핵산: 바이러스의 중심부

생물의 유전 정보 전체를 **유전체**(genome)라 한다. 생물의 유전 정보는 핵산(DNA, RNA)에 저장된다. 바이러스도 예외는 아니지만 상당한 차이가 있다. DNA와 RNA를 모두 갖는 세포와 달리, 바이러스는 DNA 또는 RNA만을 가지며 둘 다 가진 예는 없다. 바이러스는 새로운 바이러스를 만드는 데 필요한 모든 유전자를 작은 공간에 담아야 하므로, 바이러스 유전자의 수는 세포 유전자의 수에 비해 대체로 작다. B형 간염 바이러스는 4개 유전자를, 헤르페스바이러스는 수백 개의 유전자를, 판도라바이러스(pandoravirus)는 2,500개 이상의 유전자를 갖는다. 반면, 대장균(*Escherichia coli*)은 약 4,000개의 유전자를, 인체 세포는 약 23,000개의 유전자를 갖는다. 세포에 있는 여분의 유전자는 독립적인 활동을 위한 복잡한 대사 활동의 수행에 필요하다.

2.2절에서, DNA는 대체로 이중가닥 분자로, RNA는

(a)

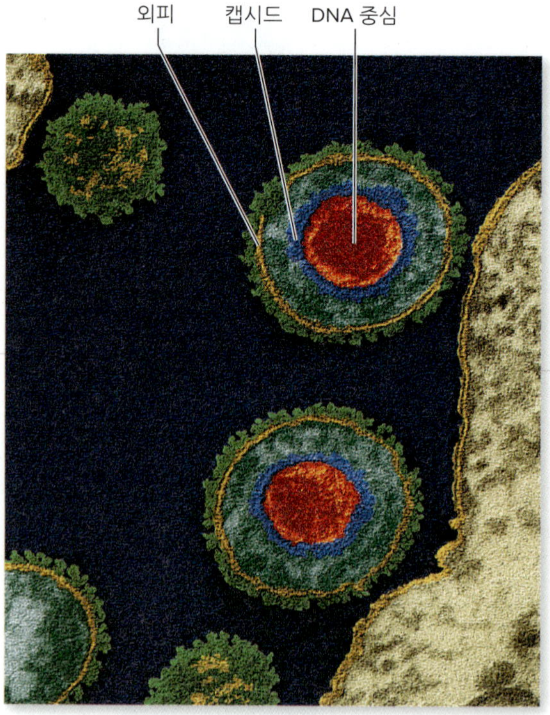

(b)

그림 6.8 정20면체형 캡시드 (a) 위: 바퀴의 살과 같은 캡소미어를 가진 로타바이러스(rotavirus)의 매질염색. 아래: 바이러스의 3차 구조. (b) 외피를 가진 정20면체형 바이러스인 단순포진바이러스의 전자현미경 사진(300,000×).

(a1) CDC/Dr. Erskine Palmer; (a2) © Dr Linda Stannard, Uct/Science Source; (b) ©Eye of Science/Science Source

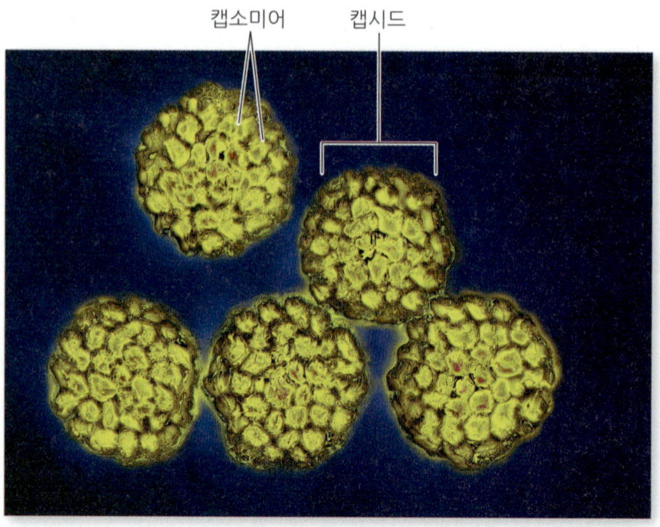

(a)

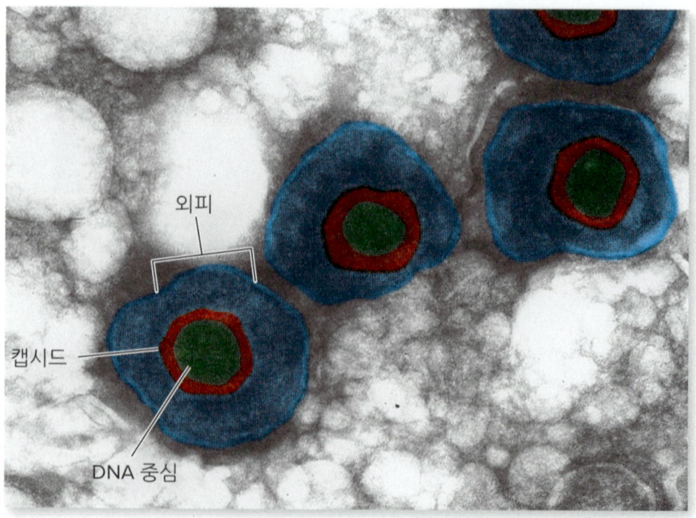

(b)

그림 6.9 외피가 없는 바이러스와 외피가 있는 바이러스 (a) 흔하지 않은 반지 모양의 캡시드를 가진 외피가 없는 유두종바이러스(papillomavirus)의 전자현미경 사진. (b) 외피를 가진 정20면체인 헤르페스바이러스(300,000×). 2장의 전자현미경 사진에 채색을 입혔다.

(a) © BSIP/Universal Images Group/Getty Images; (b) © Kathy Park Talaro

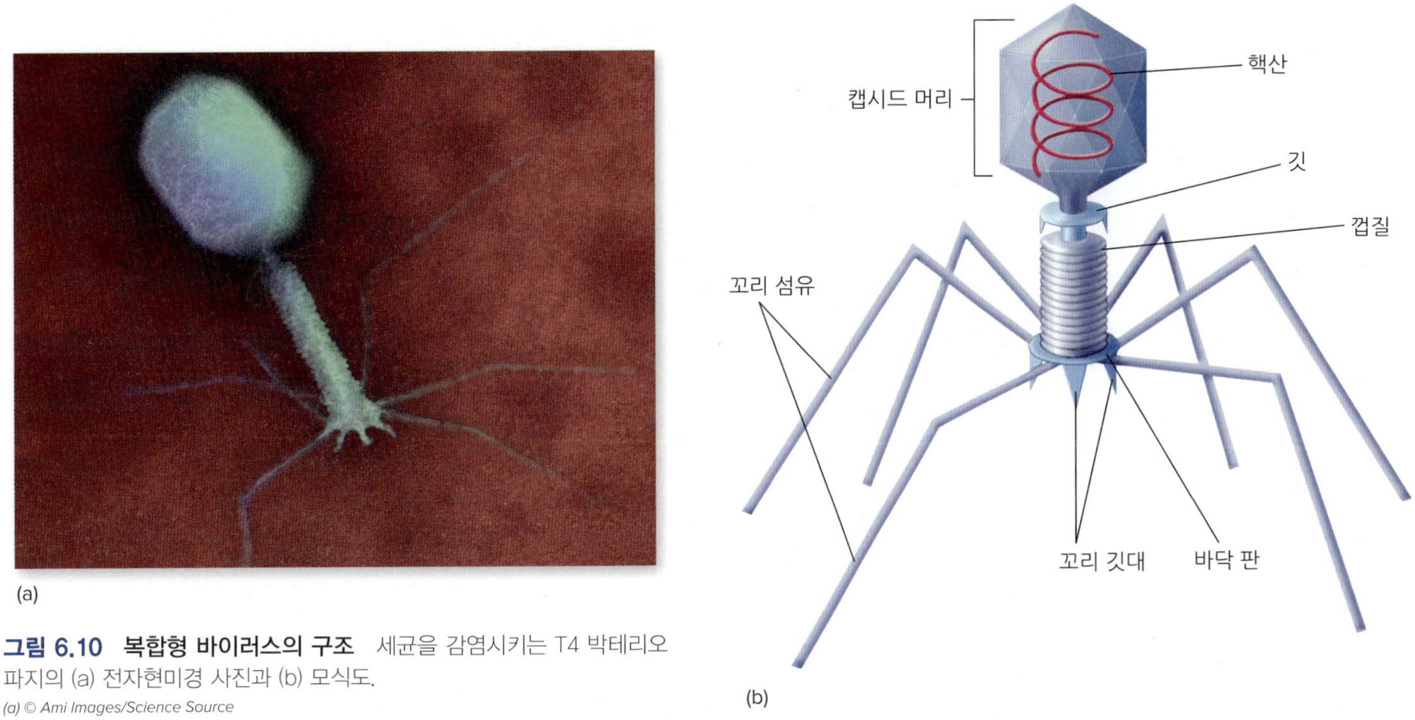

그림 6.10 복합형 바이러스의 구조 세균을 감염시키는 T4 박테리오파지의 (a) 전자현미경 사진과 (b) 모식도.
(a) © Ami Images/Science Source

단일가닥 분자로 존재한다고 학습하였다. 대부분의 바이러스도 이와 같지만, 예외가 존재한다. 파보바이러스(parvovirus)는 단일가닥 DNA를, 레오바이러스(reovirus)는 이중가닥 RNA를 갖는다. 사실, 바이러스 유전자의 구성은 다양하다. DNA 바이러스는 단일가닥(ss) 또는 이중가닥(ds) DNA를 갖는다. dsDNA는 선형 또는 원형이다. RNA 바이러스 유전자는 주로 단일가닥이며, 일부는 이중가닥이다. 9.2절에서 모든 단백질은 단일가닥 RNA의 핵산 암호를 아미노산 서열로 번역하여 만들어진다고 배울 것이다. 단일가닥 RNA 유전체는 단백질로 즉시 번역되기 때문에 **양성-의미**(positive-sense) RNA라 한다. 다른 RNA 유전체는 단백질로 번역되기 전에 전환되어야 하므로 **음성-의미**(negative-sense) RNA라 한다. RNA 유전체는 **분절되어**(segmented) 있어, 각각의 유전자가 서로 다른 RNA 조각에 존재할 수 있다. 인플루엔자바이러스가 그 예이다. 특별한 종류의 RNA 바이러스로 **레트로바이러스**(retrovirus)가 있다. 이에 대해서는 6.5절에서 다룰 것이다. 표 6.2에는 의학적으로 중요한 일부 DNA 바이러스와 RNA 바이러스를 소개하였다.

모든 경우에서 이 작은 유전 물질에 바이러스 구조와 기능에 대한 정보가 담겨 있다. 바이러스는 유전적 기생체로 숙주 세포의 내부로 침입하기 전에는 증식할 수 없다. 바이러스는 최소한 캡시드와 유전 물질을 합성, 숙주 조절, 바이러스 조립에 필요한 정보를 운반해야 한다.

바이러스 입자에 포함된 기타 물질

캡시드 단백질, 외피 단백질 및 지질, 핵산 외에도, 바이러스는 숙주 세포 내에서 특정 기능을 수행하는 효소를 포함하고 있다. 바이러스는 바이러스 복제에 필요한 효소를 갖는다. DNA와 RNA를 합성하는 **중합효소**(polymerase)와 RNA를 복제하는 복제효소(replicase)가 그 예이다. 인간면역결핍바이러스(HIV)는 RNA로부터 DNA를 합성하는 **역전사효소**(reverse transcriptase, RT)를 포함한다. 몇몇 바이러스는 숙주 세포의 물질을 포함한다. 아레나바이러스(arenavirus)는 숙주 리보솜을, 레트로바이러스는 숙주 tRNA 분자를 포함한다.

6.3 학습 평가

4. 다른 미생물과 비교하여 바이러스의 크기를 설명할 수 있다.
5. 바이러스 캡시드의 구조와 기능에 관해 설명할 수 있다.
6. 외피가 있는 바이러스와 외피가 없는 바이러스를 구분할 수 있다.
7. 바이러스 표면 단백질인 스파이크의 중요성을 설명할 수 있다.
8. 세포로 구성된 생물의 유전체와 바이러스 유전체를 비교하여 설명할 수 있다.
9. 바이러스에서 발견되는 핵산 구성의 특징을 표로 나타낼 수 있다.

표 6.2 바이러스 핵산

	모식도	바이러스 명칭	유발하는 질병
DNA 바이러스			
이중가닥 DNA	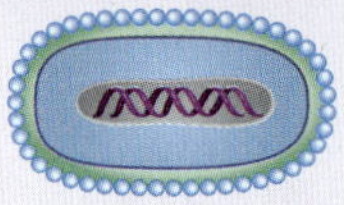	마마바이러스	천연두
		단순헤르페스 바이러스 2	성기 헤르페스
단일가닥 DNA		파보바이러스	감염홍반(피부 상태)
RNA 바이러스			
단일가닥 (+) 극성		폴리오바이러스	급성 회백수염
단일가닥 (−) 극성		인플루엔자바이러스	독감
이중가닥 RNA		로타바이러스	장염
단일가닥 RNA 역전사효소		HIV	AIDS

6.4 바이러스 분류와 명명법

바이러스는 영역(domain) 또는 계(kingdom)의 구성원으로 분류되지 않지만, 충분히 다양해서 연구와 동정에 필요한 분류 체계가 요구된다. 동물, 식물, 세균 바이러스와 같이 이미 비공식적인 방식으로 바이러스를 분류하였다(외피가 있는 또는 외피가 없는 바이러스, DNA 또는 RNA 바이러스, 나선형 또는 정20면체형 바이러스). 이런 초보적인 분류가 구분하고 설명하는 데 확실히 유익하지만, 특정 바이러스의 연구에는 좀 더 표준화된 명명법이 필요하다. 오랫동안 동물 바이러스는 숙주와 질병에 따라 분류되었다. 새로운 바이러스 명명 방식은 숙주와 질병보다는 바이러스 입자의 특성을 좀 더 고려하였다. 바이러스를 분류하는 데 사용되는 최근의 기준은 구조, 화학적 조성, 유전적 구성의 유사성이다.

2014년 국제바이러스분류위원회(the International Committee on the Taxonomy of Viruses)는 바이러스 분류에 대한 최신 보고서를 발표하였다. 위원회는 7개 목(order), 104개 과(family)에 속하는 바이러스를 분류하였다. 2000년 이전에는 단 하나의 목만 존재하였다. **표 6.3**에 7개 목의 바이러스에 대한 예가 나열되어 있다. 다음과 같은 명명 규정에 주의한다. 바이러스의 과명은 –viridae로 끝나며, 속명은 –virus로 끝난다.

역사적으로 몇몇 바이러스학자들은 고등생물의 이명법을 토대로 한 속명과 종소명(species epithet)을 사용하여 비공식적으로 종명을 만들었다(예: *Measles morbillivirus*). 그러나 이것은 공식적인 명칭이 아니다. 표준화된 종명의 사용이 대체로 받아들여지지 않기 때문에, 본 교재에서는 속명 또는 영어식 일반명이 사용될 것이다(예: 폴리오바이러스, 광견병바이러스). **표 6.4**에는 중요한 바이러스의 분류적 위치 및 일반 명칭, 그리고 관련 질병을 제시하였다.

표 6.3 바이러스 7개 목의 예

목	과	속	종	숙주
Caudovirales	*Myoviridae*	*SPO1 – like virus*	Bacillus phage	세균
Herpesvirales	*Herpesviridae* *Alloherpesviridae*	*Simplexvirus* *Salmonivirus*	Human herpesvirus 2 Salmonid herpesvirus 3	동물 동물
Ligamenvirales	*Rudiviridae*	*Lyssavirus*	Rabies virus	동물
Mononegavirales	*Paramyxoviridae* *Filoviridae*	*Morbillivirus* *Ebola virus*	Measles virus Ebola virus	동물 동물
Nidovirales	*Togaviridae* *Luteoviridae*	*Rubivirus* *Tobamovirus*	Rubella virus Tobacco mosaic virus	동물 식물
Picornavirales	*Iflaviridae* *Picornaviridae*	*Iflavirus* *Enterovirus*	Sacbrood virus Human enterovirus A	동물 동물
Tymovirales	*Betaflexiviridae* *Alphaflexiviridae*	*Citrivirus* *Lolavirus*	Citrus leaf blotch virus Lolium latent virus	식물 식물

표 6.4 중요한 인체 바이러스 과, 속, 일반 명칭, 질병

과	속	일반 명칭	질병
DNA 바이러스			
Poxviridae	*Orthopoxvirus*	Variola and vaccinia	Smallpox, cowpox
Herpesviridae	*Simplexvirus*	Herpes simplex type 1 virus (HSV－1)	Fever blister, cold sores
		Herpes simplex type 2 virus (HSV－2)	Genital herpes
	Varicellovirus	Varicella zoster virus (VZV)	Chickenpox, shingles
	Cytomegalovirus	Human cytomegalovirus (CMV)	CMV infections
Adenoviridae	*Mastadenovirus*	Human adenoviruses	Adenovirus infection
Papovaviridae	*Papillomavirus*	Human papillomavirus (HPV)	Several types of warts
	Polyomavirus	JC virus (JCV)	Progressive multifocal leukoencephalopathy (PML)
Hepadnaviridae	*Orthohepadnavirus*	Hepatitis B virus (HBV or Dane particle)	Serum hepatitis
Parvoviridae	*Erythrovirus*	Parvovirus B19	Erythema infectiosum
RNA 바이러스			
Picornaviridae	*Enterovirus*	Poliovirus	Poliomyelitis
		Coxsackievirus	Hand－foot－mouth disease
	Hepatovirus	Hepatitis A virus (HAV)	Short－term hepatitis
	Rhinovirus	Human rhinovirus	Common cold, bronchitis
Caliciviridae	*Norovirus*	Norwalk virus	Viral diarrhea, Norwalk virus syndrome
Togaviridae	*Alphavirus*	Eastern equine encephalitis virus	Eastern equine encephalitis (EEE)
		Western equine encephalitis virus	Western equine encephalitis (WEE)
		St. Louis encephalitis virus	St. Louis encephalitis
	Rubivirus	Rubella virus	Rubella (German measles)
Flaviviridae	*Flavivirus*	Dengue fever virus	Dengue fever
		West Nile fever virus	West Nile fever
		Yellow fever virus	Yellow fever
Coronaviridae	*Coronavirus*	Infectious bronchitis virus (IBV)	Bronchitis
		Enteric corona virus	Coronavirus enteritis
	Betacoronavirus	SARS virus	Severe acute respiratory syndrome
Filoviridae	*Ebolavirus Marburgvirus*	Ebola, Marburg virus	Ebola fever
Orthomyxoviridae	*Influenza A virus*	Influenza virus, type A (Asian, Hong Kong, and swine influenza viruses)	Influenza or "flu
Paramyxoviridae	*Respirovirus*	Parainfluenza virus, types 1－5	Parainfluenza
	Rubulavirus	Mumps virus	Mumps
	Morbillivirus	Measles virus	Measles
	Pneumovirus	Respiratory syncytial virus (RSV)	Common cold syndrome
Rhabdoviridae	*Lyssavirus*	Rabies virus	Rabies
Bunyaviridae	*Orthobunyavirus*	Bunyamwera viruses	California encephalitis
	Hantavirus	Sin Nombre virus	Respiratory distress syndrome
	Phlebovirus	Rift Valley fever virus	Rift Valley fever
	Nairovirus	Crimean－Congo hemorrhagic fever virus (CCHF)	Crimean－Congo hemorrhagic fever
Reoviridae	*Coltivirus*	.Colorado tick fever virus	Colorado tick fever
	Rotavirus	Human rotavirus	Rotavirus gastroenteritis
Retroviridae	*Deltaretrovirus*	Human T－lymphotrophic virus 1 (HTLV－1)	T－cell leukemia
	Lentivirus	HIV (human immunodeficiency viruses 1 and 2)	Acquired immunodeficiency syndrome (AIDS)
Arenaviridae	*Arenavirus*	Lassa virus	Lassa fever

> **6.4 학습 평가**
>
> 10. 바이러스에 종명을 부여하는 것에 반대하는 이유 2개를 들 수 있다.
> 11. 바이러스에 과명과 속명을 사용하는 예를 들 수 있다.

6.5 바이러스의 증식

바이러스 증식은 매우 특별한 생명 현상이다. 바이러스는 미세한 기생체로 세포의 합성 및 유전 기구를 통제한다. 바이러스 증식의 특성으로부터 바이러스 전파 및 숙주 영향과 면역 방어 반응이 이해되고, 바이러스 감염에 대한 통제가 시작된다. 이런 관점에서 바이러스와 숙주 세포 사이의 관계에 관한 연구는 매우 중요하다.

동물 바이러스의 증식 회로

동물 바이러스의 생활사 단계는 다음과 같다.

- **부착**(adsorption)
- **침입**(penetration)
- **탈피**(uncoating)
- **합성**(synthesis)
- **조립**(assembly)
- **방출**(release)

1회 증식에 소요되는 시간은 소아마비바이러스(poliovirus)의 8시간부터 일부 헤르페스바이러스의 36시간까지 다양하다. 바이러스 생활사의 주요 단계는 **과정 그림 6.11**과 6.14를 참조한다.

부착과 숙주범위

감염은 바이러스가 적절한 숙주 세포를 만나 세포막의 수용체에 특이적으로 결합하였을 때 시작된다. 바이러스가 결합하는 막 수용체는 대개 세포의 정상 기능에 필요한 당단백질이다. 예를 들어 광견병 바이러스는 신경 세포의 아세틸콜린 수용체에 결합하고, HIV는 특정 백혈구에 존재하는 CD4 단백질에 결합한다. 결합 방식은 바이러스의 2가지 유형에 따라 다르다. 인플루엔자바이러스와 HIV와 같은 외피가 있는 바이러스의 경우에는, 당단백질 스파이크가 세포막 수용체에 결합한다(**그림 6.12**). 아데노바이러스와 같은 외피가 없는 바이러스의 뉴클레오캡시드는 캡시드에 있는 분자를 이용하여 세포막 수용체에 결합한다. 바이러스는 특이적 숙주 분자와의 정확한 결합을 통해서만 숙주 세포를 감염시키기 때문에, 감염할 수 있는 숙주의 범위가 제한되어 있다. 이러한 제한을 **숙주범위**(host range)라 하는 데 숙주범위는 매우 제한적이어서 B형 간염 바이러스의 경우 사람의 간세포에만 감염된다. 덜 제한적인 폴리오바이러스의 경우 영장류(사람, 유인원, 원숭이)의 장 세포와 신경 세포를 감염시킨다. 광견병 바이러스는 모든 포유동물의 다양한 세포를 감염시킨다. 적절한 바이러스 수용체가 없는 경우에는 바이러스에 의한 부착과 감염이 일어나지 않는다. 따라서 인체 간세포가 개의 간염 바이러스에 감염되지 않고, 개의 간세포가 인체의 A형 간염 바이러스의 숙주가 되지 않는다. 바이러스가 조직 특이성이 커서 인체의 특정 세포에 대한 **친화성**(tropism)을 보이는 이유이다. B형 간염 바이러스는 간을 표적으로 하고, 볼거리바이러스(mumps virus)는 침샘을 표적으로 한다.

동물 바이러스의 침입과 탈피

동물 바이러스 숙주 세포로 들어가는 데 특별한 기작을 가진다. 숙주의 유연한 세포막은 바이러스 전체 또는 핵산만이 침입하도록 한다(**그림 6.13**). **세포내섭취**(endocytosis)에 의한 침입에서는(**그림 6.13a**), 전체 바이러스가 세포에 의해 삼켜져서 액포 또는 소낭으로 싸인다. 액포의 효소에 의해 외피와 캡시드가 분해되면, 바이러스는 탈피되어 바이러스 핵산이 세포질로 흘러나온다. 구체적인 탈피 방식은 다양하지만, 대부분의 바이러스는 소낭의 벽과 융합한다. 다른 방식으로는(인플루엔자바이러스와 볼거리바이러스에서처럼) 바이러스 외피가 직접 숙주 세포막과 융합하는 것이다(**그림 6.13b**). 이 경우 외피가 직접 세포막과 융합하여 뉴클레오캡시드가 세포 내부로 들어간다.

합성: 복제와 단백질 생산

동물 바이러스의 합성 및 복제 단계는 고도로 조절되는 매우 복잡한 과정이다. 바이러스 핵산은 숙주의 합성 및 대사 도구를 조절한다. 이 과정이 진행되는 방식은 바이러스의 핵산이 DNA인지 RNA인지에 따라 달라진다. 일반적으로 폭스바이러스(poxvirus)를 제외한 DNA 바이러스는 숙주 세포의 핵으로 이동하여 복제되고 조립된다. 레트로바이러스 등 일부를 제외한 RNA 바이러스는 세포질에서 복제되고 조립된다.

과정 그림 6.11에 양성가닥(+가닥) RNA 바이러스의 예를 제시하였다. 풍진바이러스(Rubella virus)가 이런 유형에 해당한다. 침투한 직후, 바이러스 핵산은 새로운 바이러스를 위한 재료를 합성하기 시작한다. 첫째, +ssRNA(양성 단일가닥 RNA)는 침투한 직후 mRNA로 작용하고 번역되

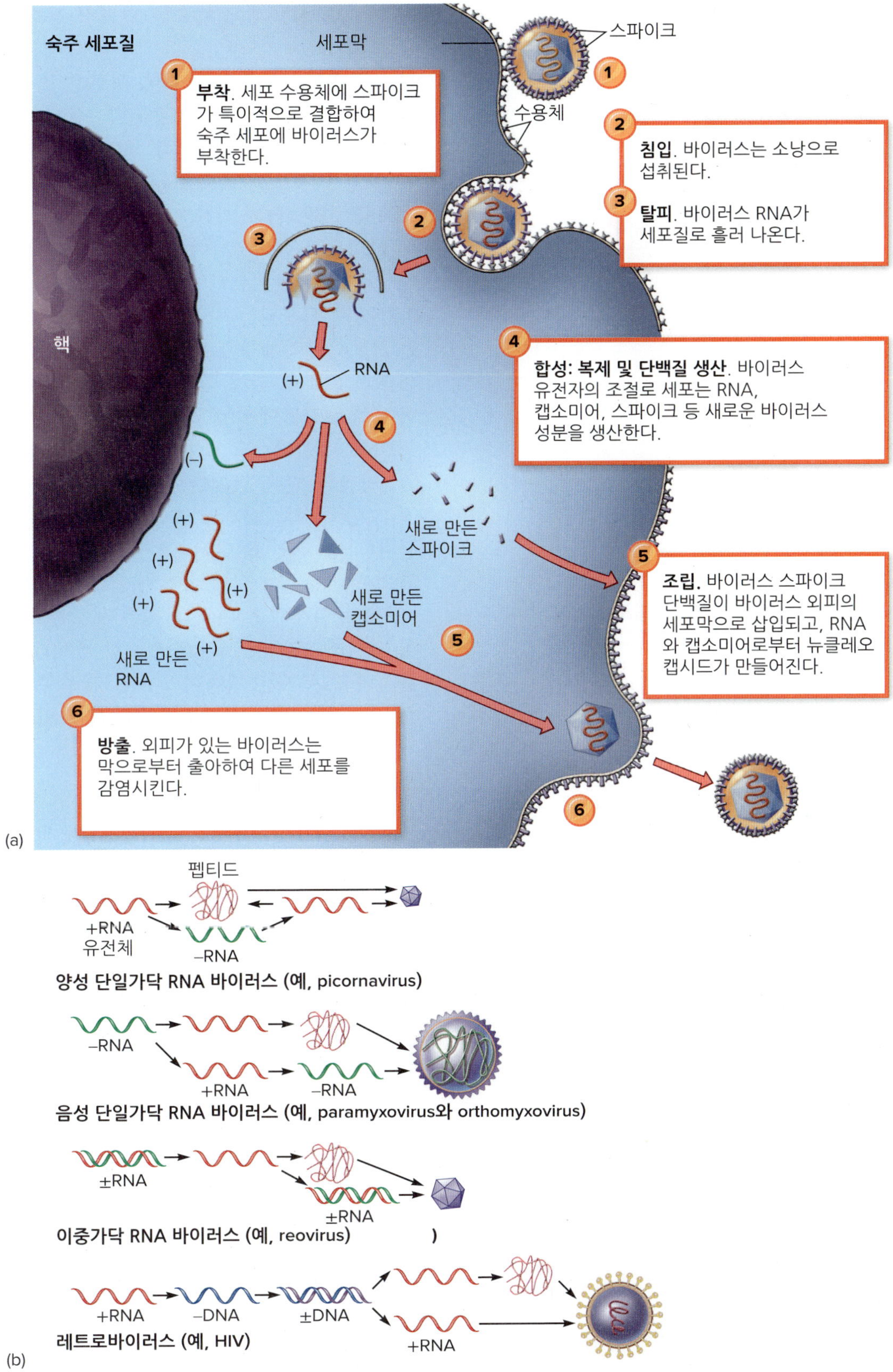

과정 그림 6.11 RNA 동물 바이러스의 일반적인 특징 (a) 외피가 있는 양성가닥 RNA(+RNA) 바이러스의 증식회로의 주요 단계. (b) RNA 바이러스 합성의 요약.

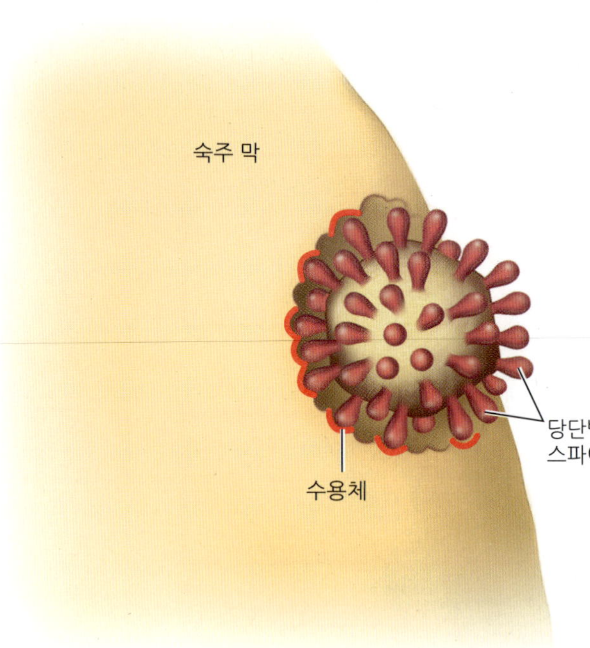

그림 6.12 동물 바이러스가 숙주 세포막에 결합하는 방식 뚜렷한 스파이크를 갖는 외피가 있는 코로나바이러스. 스파이크의 구조는 세포 수용체에 상보성을 갖는다. 바이러스가 세포에 붙어 수용체에 결합하는 과정을 도킹(docking)이라 한다.

어 바이러스 복제에 필요한 단백질 등이 만들어진다(과정 그림 6.11a). +가닥은 숙주 기구에 의해 −ssRNA로 복제된다. −ssRNA는 주형이 되어 새로운 바이러스의 유전체가 되는 +ssRNA 생산에 사용된다. 추가로 생산된 +ssRNA는 후기 mRNA로 사용된다. 몇몇 바이러스는 바이러스 성분 합성에 필요한 효소를 포함하고, 다른 바이러스는 숙주 효소를 사용한다. 캡시드, 스파이크, 바이러스 효소는 숙주 아미노산을 이용하여 숙주 리보솜으로부터 합성된다. 과정 그림 6.11b에는 다양한 RNA 바이러스로부터 유전체와 mRNA가 생산되는 방식이 제시되어 있다. 레트로바이러스는 RNA 유전체를 DNA로 전환한다. 역전사효소라는 바이러스 효소에 의해 이 과정이 수행되는데 이것은 HIV 바이러스의 감염에서 중요하다.

DNA 바이러스도 일반적으로 부착, 침입, 탈피, 합성, 조립, 방출의 같은 단계를 거친다. 합성 단계는 다양하다(과정 그림 6.14). dsDNA 바이러스의 복제는 여러 단계로 나뉜다(**과정 그림 6.14a**). 초기 단계에서, 바이러스 DNA는 핵으로 이동하여 몇몇 유전자가 전사되어 mRNA가 합성된다. 새로 합성된 RNA 전사체는 세포질로 이동한 후 번역되어 바이러스 DNA 복제에 필요한 바이러스 단백질(효소)이 합성되고, 복제는 핵에서 일어난다. 숙주 세포의 DNA 중합효소가 사용되거나, 헤르페스바이러스의 경우처럼 바이러스

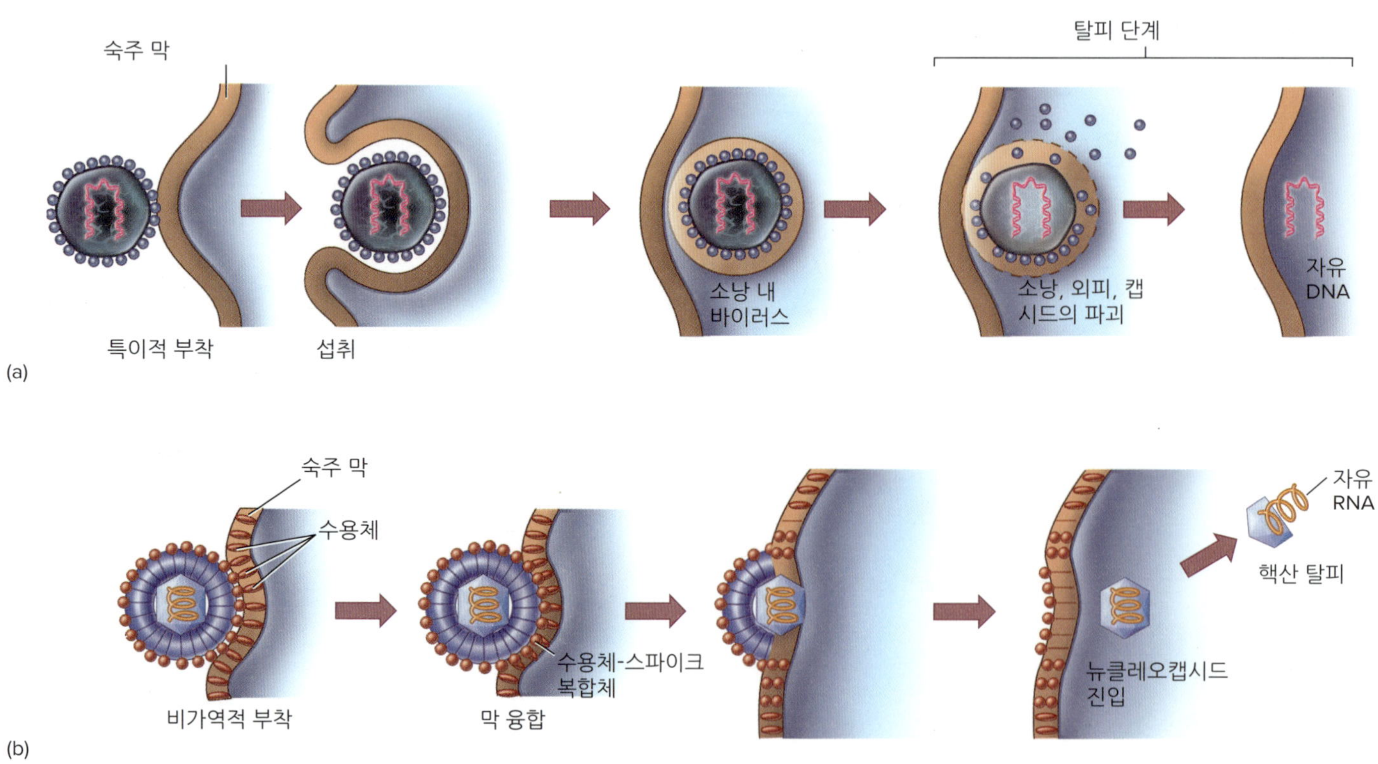

그림 6.13 동물 바이러스 침투의 2가지 방법 (a) 헤르페스바이러스의 세포내섭취와 탈피. (b) 볼거리바이러스의 세포막과 바이러스 외피의 융합.

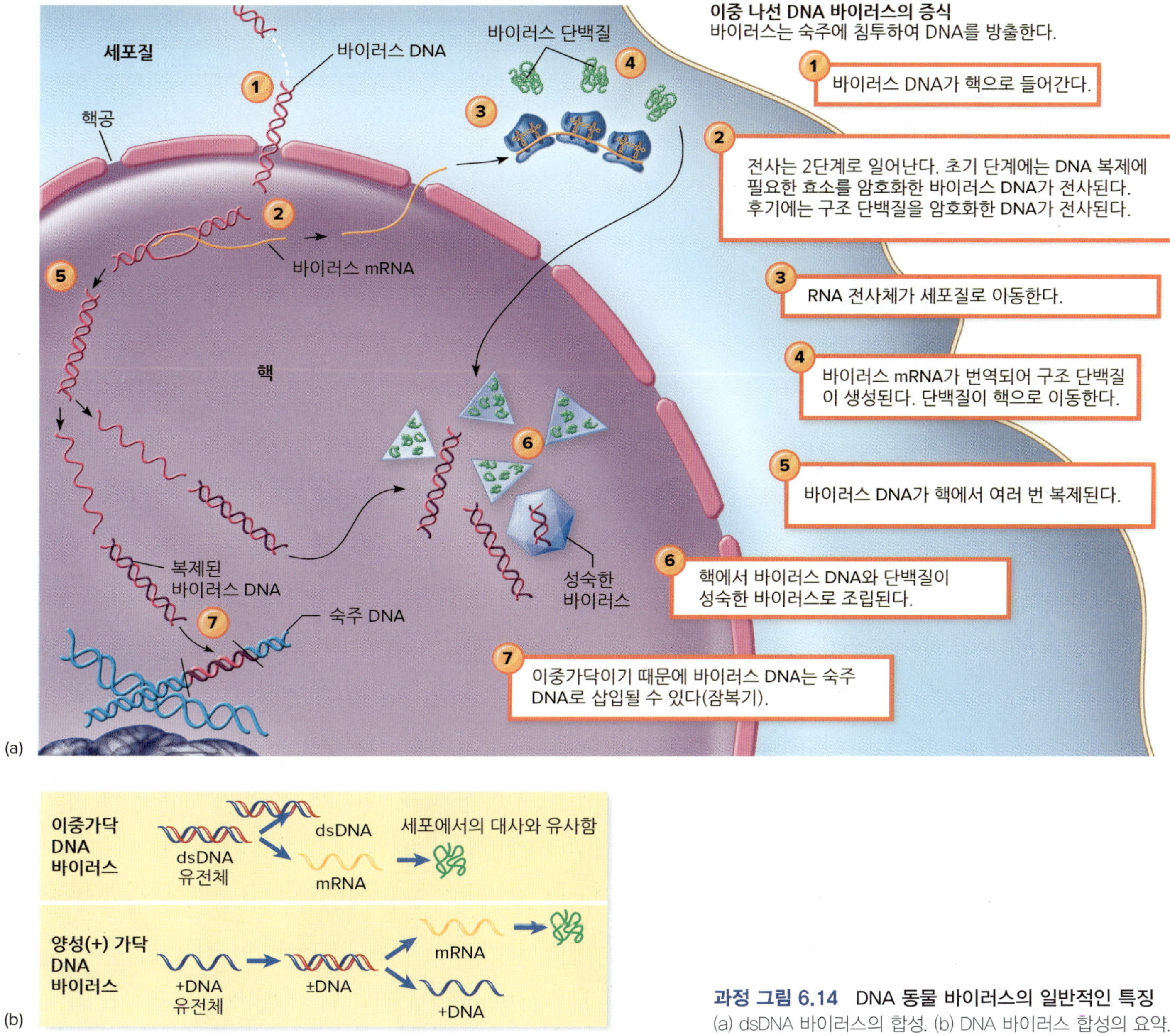

과정 그림 6.14 DNA 동물 바이러스의 일반적인 특징
(a) dsDNA 바이러스의 합성. (b) DNA 바이러스 합성의 요약.

자신의 중합효소가 사용된다. 후기에는, 바이러스 유전체의 다른 부분이 전사되어 캡시드 및 다른 구조 물질 형성에 필요한 단백질이 합성된다. 새로운 바이러스 유전체와 캡시드가 조립되고, 새로운 바이러스는 출아 또는 세포 분해를 통해 방출된다. 이중가닥 DNA 바이러스는 숙주 세포의 DNA와 직접 작용한다. 몇몇 바이러스에서, 바이러스 DNA는 숙주 유전체의 특정 부위에서 숙주 유전체에 삽입된다. 이러한 통합으로 숙주 세포는 형질 전환되어 종양 또는 암이 형성된다.

ssDNA(단일가닥 DNA) 바이러스에서는 약간 다른 복제 기작이 사용된다(**과정 그림** 6.14b).

동물 바이러스의 조립: 공장으로서의 숙주 세포

회로 말기에, 합성된 여러 부품으로부터 성숙한 바이러스 입자가 형성된다. 대부분은, 속이 빈 캡시드가 형성된 후 핵산 가닥이 들어간다. 이 시기에 찍은 전자현미경 사진에는 세포에 바이러스가 많이 존재하며, 종종 결정 구조도 보인다(**그림** 6.15). 외피가 있는 바이러스의 방출을 이끄는 중요한 단계는 바이러스 스파이크를 숙주 세포막에 삽입하여 외피와 함께 바이러스가 떨어져 나오는 것이다.

성숙한 바이러스의 방출

회로가 완성되기 위해서는, 조립된 바이러스가 2가지 중

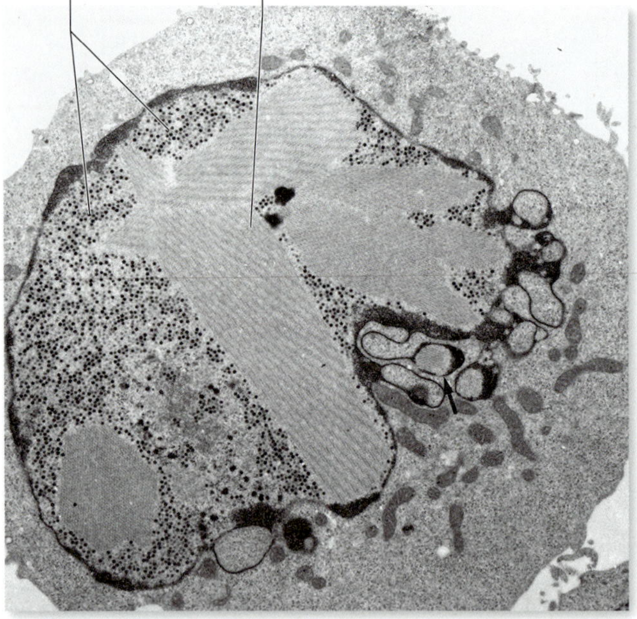

그림 6.15 수백 개의 아데노바이러스 비리온을 가진 진핵세포의 핵
Courtesy Dr. Harold C. Smith, Department of Biochemistry and Biophysics, RNA Center & Cancer Center, University of Rochester Medical Center, Rochester, NY

한 방식으로 숙주로부터 이탈하는 것이다. 성숙한 외피가 없는 바이러스 또는 복합형 바이러스는 세포핵 또는 세포질에서 세포 용해 또는 파괴로 방출된다. 외피가 있는 바이러스는 **출아**(budding) 또는 **세포외배출**(exocytosis)[1]에 의해 세포질, 핵, 소포체, 소낭의 막으로부터 방출된다. 이 과정에서, 뉴클레오캡시드는 막과 결합하여 둥글게 말려 작은 소낭을 형성한다. 소낭이 떨어져 나옴으로써 외피가 있는 바이러스가 방출된다(**그림 6.16**). 외피가 있는 바이러스의 출아는 세포의 갑작스러운 파괴 없이 바이러스를 서서히 방출시킨다. 바이러스가 어떻게 방출되든지 간에, 대부분의 활발한 바이러스 감염은 누적된 손상을 일으켜서 궁극적으로 세포에 치명적이다. 감염된 세포로부터 방출되는 바이러스의 수는 다양한데, 바이러스의 크기와 숙주 세포의 상태에 따라 달라진다. 폭스바이러스의 경우 감염된 세포 하나에서 3,000~4,000개의 비리온이 방출된다. 이 중 일부의 비리온만이 새로운 세포를 감염시킨다 해도, 바이러스 증식의 속도는 상당히 빠르다.

1 외피가 있는 바이러스의 경우 **출아**와 **세포외배출**은 같은 의미로 사용된다. 이 둘은 모두 세포로부터 유래된 세포막 일부에 바이러스가 싸여 동물 세포로부터 방출되는 것을 의미한다.

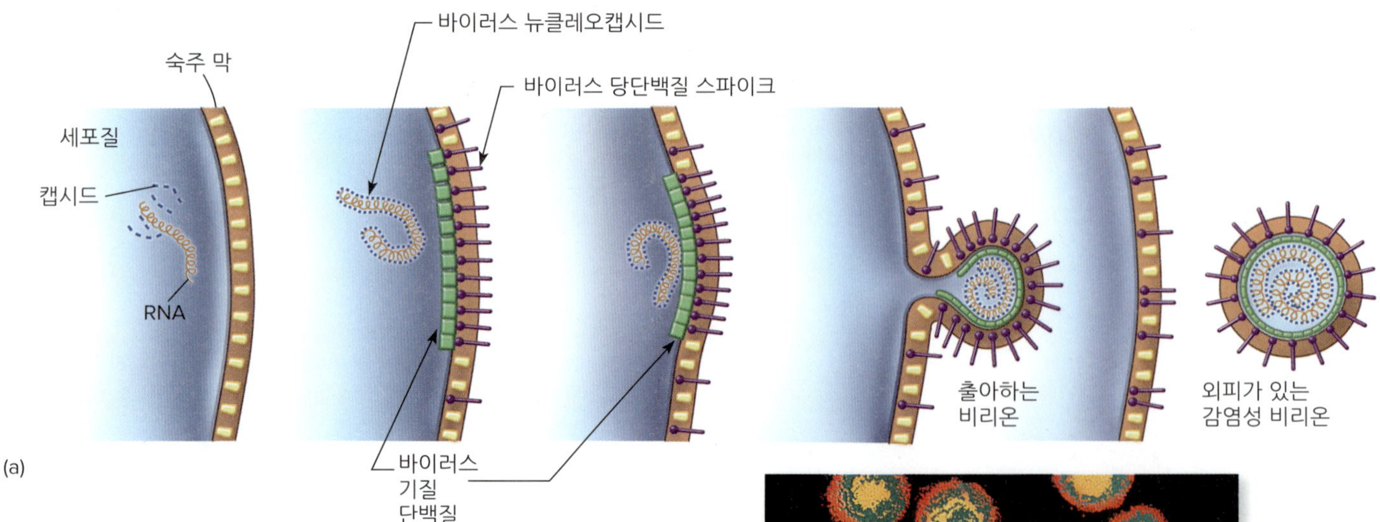

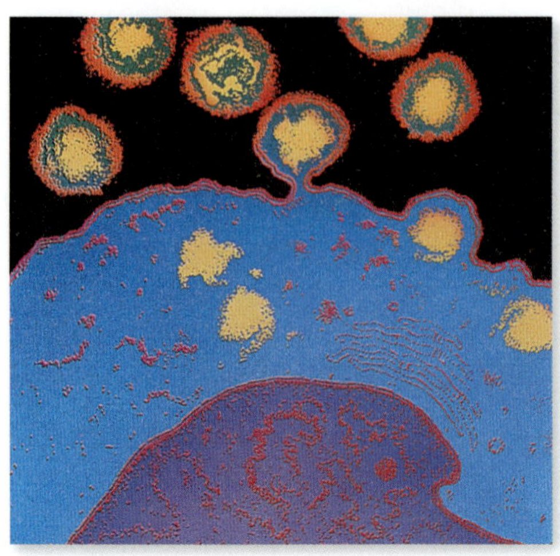

그림 6.16 외피가 있는 바이러스의 성숙과 방출 (a) 파라인플루엔자 바이러스는 출아하면서 세포막과 스파이크를 갖는다. (b) 인간면역결핍바이러스 비리온은 출아를 통해 숙주 T 세포로부터 분리된다.
(b) © Chris Bjornberg/Science Source

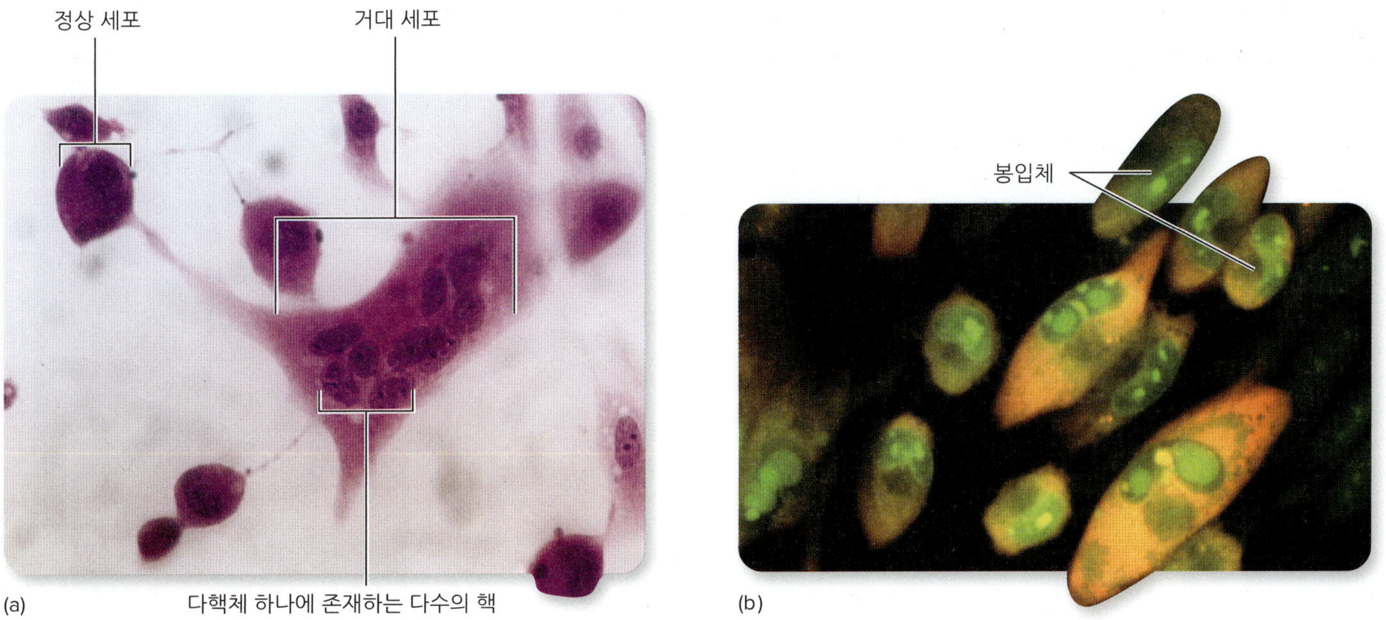

그림 6.17 바이러스에 감염된 세포에서 세포독성에 의한 변화 (a) 단순포진바이러스에 감염된 인체 상피 세포는 여러 개의 핵을 갖는 거대세포로 변한다. (b) 세포거대바이러스로 감염된 인체 세포의 형광 염색. 봉입체에 주목한다. 바이러스 감염으로 세포를 질서 있게 배열시키는 세포 사이의 결합이 파괴된다.

(a) © Dr. Diana Hardie, UCT/Science Source; (b) Courtesy Massimo Battaglia, INeMM CNR, Rome Italy

숙주 세포 손상

동물 세포에 대한 바이러스 감염의 단기 및 장기 영향은 잘 보고되어 있다. 바이러스에 의한 세포의 손상으로 현미경상에 나타난 변화를 **세포독성효과**(cytopathic effect, CPE)라 한다. 각각의 세포는 변형되어 형태 또는 크기에 큰 변화가 나타나거나 세포 내 변화가 일어난다(**그림 6.17**a). **봉입체**(inclusion body), 바이러스 덩어리, 손상된 세포소기관이 핵과 세포질에서 흔히 발견된다(**그림 6.17**b). CPE에 대한 세포 또는 조직의 관찰은 바이러스 감염 진단의 중요한 과정이다. **표 6.5**에 특정 바이러스에 대한 CPE에 관한 내용이 정리되어 있다. 한 가지 흔한 CPE는 여러 숙주 세포에서 유래한 여러 개의 핵들이 하나의 큰 세포로 융합되는 것이다. 이는 일부 바이러스가 막을 융합하여 생긴 결과로 **다핵체**(syncytium)라 한다. 호흡기세포융합바이러스(respiratory syncytial virus)는 이 효과를 따라 명명되었다.

표 6.5 바이러스로 감염된 동물 세포의 세포독성효과

바이러스	동물 세포의 반응
천연두 바이러스	세포가 둥글게 됨, 세포질에 봉입체가 나타남
단순헤르페스바이러스	세포가 융합되어 여러 개의 핵을 가진 다핵체가 형성됨, 핵에 봉입체가 나타남(그림 6.17)
아데노바이러스	세포의 뭉침, 핵에 봉입체가 나타남
폴리오바이러스	세포 용균, 봉입체 없음
레오바이러스(Reovirus)	세포 확장, 세포질 액포와 봉입체가 형성됨
인플루엔자바이러스	세포가 둥글게 됨, 봉입체 없음
광견병 바이러스	세포 외형에 변화 없음, 세포질에 봉입체가 나타남(네그리소체, Negri body)
홍역 바이러스	다핵체가 형성됨

지속 감염

바이러스 감염으로 누적된 손상은 대부분의 숙주 세포를 죽이지만, 몇몇 세포는 보균 상태를 유지하며 바이러스를 포함하고, 세포는 빠르게 용해되지 않는다. 이를 **지속 감염**(persistent infection)이라 하며 몇주간에서부터 평생 지속되기도 한다. 바이러스는 숙주 세포의 세포질에서 잠복 상태로 있거나, 숙주 세포의 DNA로 삽입된다. 숙주 DNA로 삽입된 바이러스 DNA를 **프로바이러스**(provirus)라 한다. 장미진(roseola)을 유발하는 바이러스는 프로바이러스 상태로 부모에서 자식에게 전달된다. 심각한 합병증 중 하나가 홍역 바이러스에서 일어난다. 홍역 바이러스는 뇌세포에 존재

들여다보기 6.2 연구: 산호 감소와 연관된 헤르페스바이러스?

산호초는 종종 바다의 열대우림(rainforest of the seas)으로 불린다. 번성하는 산호초에는 식물, 동물, 미생물이 풍부하다. 작은 산호 폴립(coral polyp)으로부터 수백만 년에 걸쳐 형성되어 생물이 가득한 산호초는 이제 지구 온난화, 오염, 무분별한 어획으로 대량 파괴에 직면하였다. 산호초의 80%가 지난 30~40년 동안 파괴되어 멸종 위험에 놓인 것으로 추정된다.

산호의 사멸과 파괴는 카리브해 지역의 부적절한 쓰레기 관리에 따른 사람의 배설물과 관련이 있고, 산호의 질병은 세균이 원인인 것으로 추정된다. 그러나 최근 연구는 바이러스 또한 산호 질병과 감소에 연관된 것으로 보고 있다. 오리건주립대의 베가-터버(Rebecca Vega-Thurber)는 메타유전체학으로 산호에 존재하는 유전체를 분석하였다. 그녀는 산호초에 존재하는 바이러스 중 가장 많은 종류가 헤르페스바이러스임을 밝혔다. 이는 놀라운 발견이 아니다. 헤르페스바이러스는 오래된 바이러스로 많은 종류의 동물을 감염시킨다. 바이러스와 산호와의 첫 번째 연결이라는 점에서는 의미 있는 일이다. 베가-터버는 산호에 보트 또는 폭풍에 의한 교란 같은 급성 스트레스를 주었을 때, 헤르페스바이러스-유사 유전자가 증가함을 입증하였다. 산호는 지구의 초기 생물 중 하나이기 때문에, 산호와 바이러스가 함께 진화해온 것으로 베가-터버는 추정하였다. 높은 수온, 물리적 자극, 영양분의 증가 또한 바이러스의 양을 증가시키는 것으로 확인되었다.

지구의 바다 전체에 걸쳐 산호가 감소하는 것은 오염의 증가와 지구 온난화에 따른 커다란 생태학적 문제를 암시하는 것이다. 산호 감소와 세균 및 바이러스 감염의 연관에 관한 연구는 바다의 열대우림을 감염과 감소를 방지하는 방법을 찾는 데 도움이 될 것이다.

건강한 산호초

© Darryl Leniuk/Getty Images RF

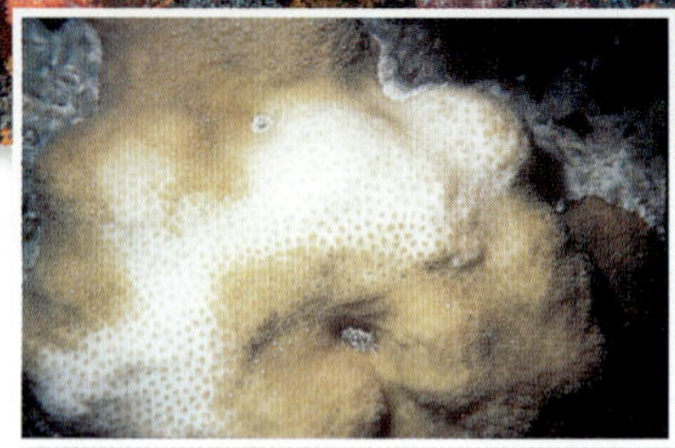

감염된 산호초

© Diane Nelson RF

출처: 2012. *Science Daily*. 2012년 3월 28일 게시된 온라인기사.

하며 지속적으로 손상을 일으켜 결국 기능을 상실시킨다. 몇몇 바이러스는 **만성 잠복 상태**(chronic latent state)[2]로 유지되며 주기적으로 재활성화된다. 단순헤르페스바이러스와 대상포진바이러스(herpes zoster virus)가 그 예이다. 두 바이러스 모두 신경 세포에서 잠복 상태로 있다가 다양한 자극으로 활성화된다. 헤르페스바이러스는 다양한 동물을 감염시킨다(**들여다보기** 6.2).

바이러스와 암

몇몇 동물 바이러스는 숙주 세포에 침입하여 유전 물질을 영구적으로 변화시켜 암을 유발한다. 인체 암의 13% 정도가 바이러스에 의해 유발되는 것으로 추정된다. 이들 바이러스를 **발암성**(oncogenic)이라 하며 세포에 끼치는 영향을 **형질전환**(transformation)이라 한다. 동물에서 암을 유발하는 바이러스는 **그림 6.18**에서 보는 바와 같이 몇 가지 방식으로 작용한다. 몇몇 경우에 바이러스는 암을 유발하는 유전자를 갖는다. 다른 경우, 바이러스는 세포의 성장 조절을 파괴하는 단백질을 생산하여 암을 일으킨다. 형질 전환한 세포는 성장 속도가 빠르고, 염색체 이상이 발생하거나, 세포 표면 분자에 변화가 생겨 정상 동물 세포와 달리 무제한 분열할 수 있는 능력을 갖춘다. 포유류 종양을 유발하는 바이러스를 **종양바이러스**(oncovirus)라 한다. 일부는 DNA 바이러스로 유두종바이러스(papillomavirus), 헤르페스바이러스, B형 간염 바이러스 등이 있다. HIV와 관련된 바이러스인 HTLV-I는 백혈병과 관련이 있다. 이러한 발견은 원인이 밝혀지지 않은 암과 바이러스와의 관계에 대한 많은 의심을 불러일으켰다.

2 장기간 비활성 상태로 존재함을 의미한다.

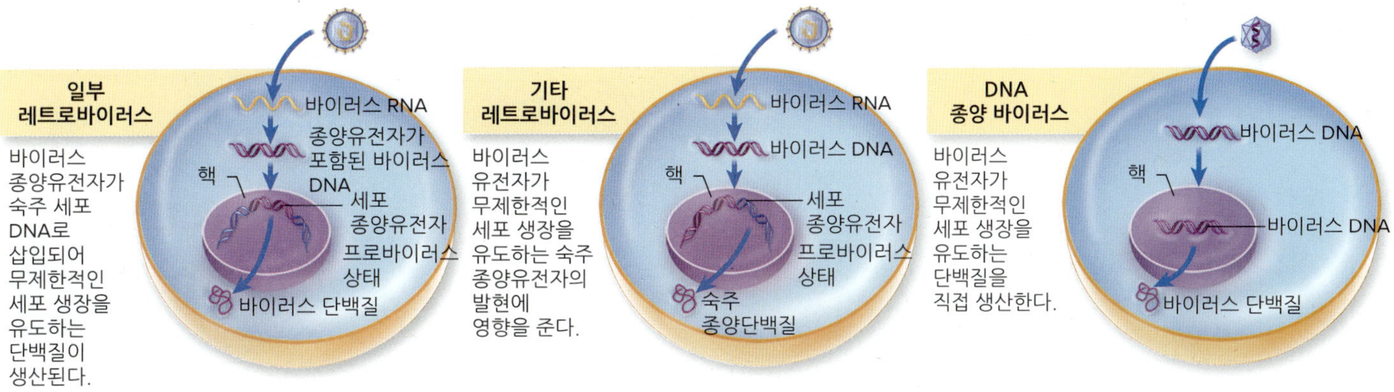

그림 6.18 바이러스에 의한 암 발생의 3가지 기작

세균을 감염시키는 바이러스

또 다른 바이러스인 박테리오파지에 대해 알아보자. 트워트(Frederick Twort)와 데렐(Felix d'Herelle)은 1915년 바이러스를 발견하였는데, 세균인 숙주 세포가 보이지 않는 기생체에 의해 잡아먹히는 것처럼 보였다. 이런 이유로 **박테리오파지**(bacteriophage)란 이름이 지어졌다(**파지**는 "먹는다"라는 의미의 그리스어에서 유래한다). 대부분의 박테리오파지[간단히 줄여서 종종 **파지**(phage)라고 함]는 이중가닥 DNA를 가지나, 단일가닥 DNA 또는 RNA인 경우도 존재한다. 지금까지 알려진 바로는 모든 세균은 적어도 하나 이상의 특이적 박테리오파지에 감염된다. 박테리오파지는 의학 미생물학자에게 중요한데, 박테리오파지에 감염된 세균이 인체에 더 해롭기 때문이다(이 절 후반부에서 자세히 논의함). 가장 잘 연구된 박테리오파지는 대장균을 감염하는 것으로 특히 "T-짝수" 파지로 알려진 T2와 T4이다. 이들은 DNA를 포함하는 정20면체형 캡시드 머리, 중심부의 껍질(sheath), 깃(collar), 바닥 판(base plate), 꼬리 깃대(tail pin)와 꼬리 섬유로 구성된다(그림 6.9). 이 특별한 바이러스는 외계 행성에 착륙하여 유전 화물을 내려놓을 준비가 된 작은 우주선처럼 보인다.

T-짝수 박테리오파지는 동물 바이러스와 유사한 방법으로 증식된다(**과정 그림 6.19**). 박테리오파지는 세균 표면의 특정 수용체를 이용하여 숙주인 세균에 **부착한다**(adsorb). 파지 전체가 숙주 세포로 들어가지는 못하지만, 파지가 세균의 세포막과 세포벽을 뚫고 만든 견고한 관을 통해 자신의 핵산을 숙주 내부로 침입한다(**그림 6.20**). 따라서 **탈피**(uncoating) 과정은 생략된다. 핵산의 침입으로 숙주 세포 DNA 복제와 단백질 합성은 정지된다. 곧이어 숙주 세포 기구는 바이러스 **복제**와 바이러스 단백질 생산에 사용된다. 숙주 세포가 새로운 파지의 부품을 생산함에 따라, 부품은 저절로 **조립**되어 박테리오파지를 만든다.

평균적인 크기의 대장균(*E. coli*) 세포에는 200개의 새로운 파지가 포함될 수 있다. 결국, 숙주 세포는 바이러스로 가득 차서 **용해**(lyse)되면 성숙한 비리온이 방출된다(**그림 6.21**). 감염 회로 후반에 생산되는 바이러스 효소에 의해 세포막이 분해되어 약화하면 이 과정은 빨라진다. 방출 직후 파지가 다른 세균에 퍼지면 새로운 감염 주기가 시작된다.

설명한 바와 같이 박테리오파지 감염은 세포의 용해를 초래한다. 숙주 세균의 용해 단계의 파지를 용균성 파지라고 한다. 반면 파지가 손상이 적은 **용원 회로**(lysogenic cycle)에 있을 수도 있다.

용원성: 조용한 바이러스 감염

용원성 파지(temperate phage)는 용균성 주기에 관여하지 않을 뿐 아니라 세균 숙주에 부착 및 침입한 후 즉시 복제 또는 방출을 하지 않을 수도 있다. 대신에 바이러스 DNA는 세균 염색체에 삽입되어 불활성화된 **프로파지**(prophage) 상태로 들어간다. 바이러스 DNA는 세균 세포에 의해 유지되어 세포 분열을 거쳐 자손에게 용원성 파지 DNA가 전달된다(그림 6.19). 숙주 염색체가 박테리오파지 DNA를 운반하는 상태를 **용원성**(lysogeny)이라 한다. 바이러스 입자를 생산하지 않기 때문에, 용원성 파지를 가진 세균은 용해되지 않고 정상처럼 보인다(동물 바이러스의 프로바이러스 상태와 유사하다). 때때로 **유도작용**(induction)으로 용원성 세포의 프로파지는 활성화되어 용균 회로의 바이러스 복제 단계로 진입한다. 용원성은 용균 회로보다 덜 치명적이며 숙주를 죽이지 않고서도 바이러스를 전파할 수 있다.

박테리오파지는 생물의 중요한 셰이퍼(shaper)로서의 지위를 받기 시작하였다. 지구의 모든 생물보다 박테리오파지가 그 능력이 더 많은 것으로 추정된다. 바이러스 유전자는

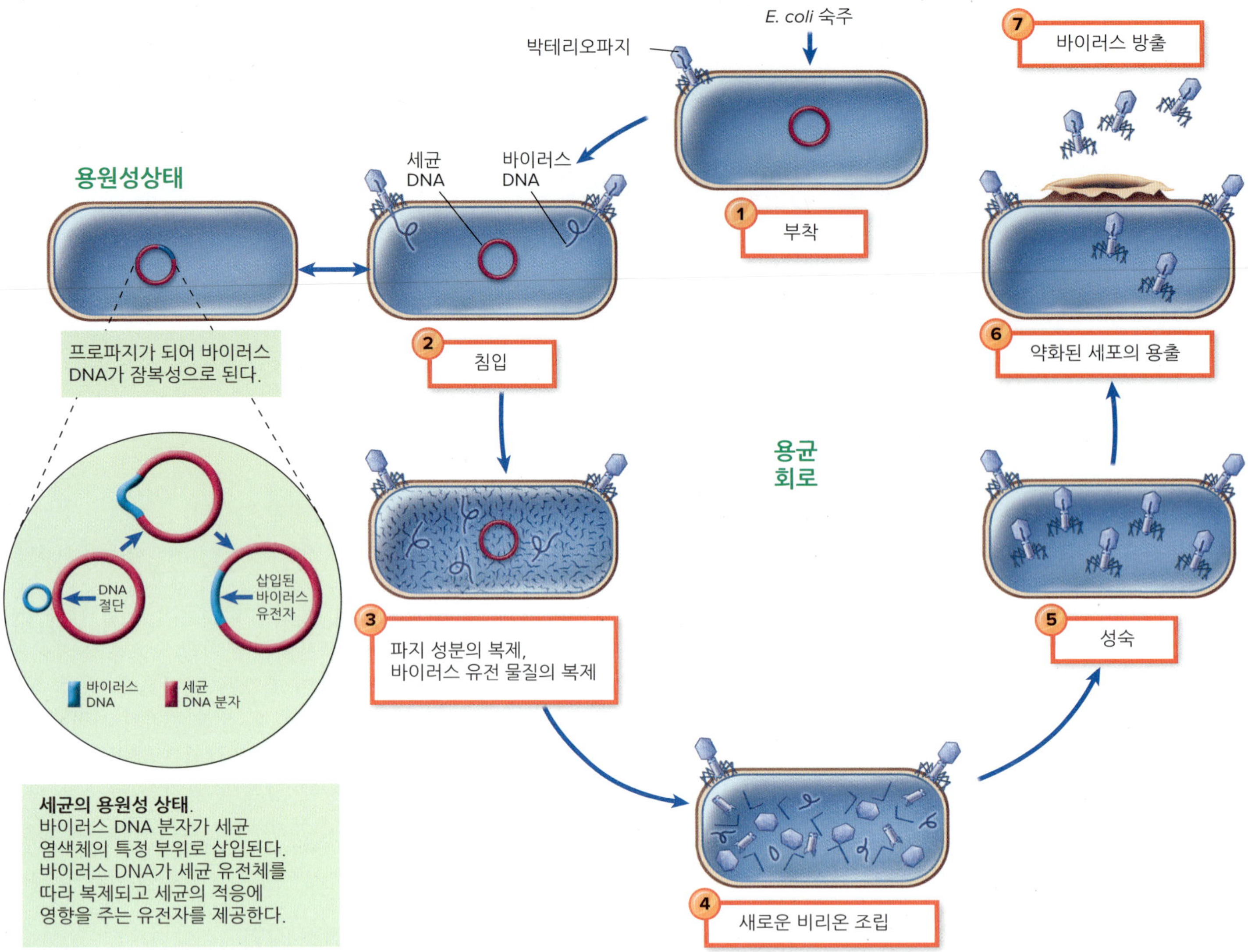

과정 그림 6.19 T-짝수 박테리오파지 용균 회로의 단계 용균 회로(①–⑦)는 비리온 방출까지의 바이러스 감염 전 과정을 포함한다. 때때로 바이러스는 용원성 단계로 진입하여 유전 물질을 숙주의 유전 물질 내부로 삽입시킨다.

인체, 동물, 식물, 세균의 유전체에 많은 수로 머무르고 있다. 세균 DNA의 10~20% 정도가 프로파지 DNA이다. 이처럼 바이러스는 세균의 형질에 많은 영향을 주기 때문에 모든 세균–모든 생물–은 자신과 바이러스의 혼성체이다.

박테리오파지는 인체의 세균 감염을 치료하는 데 이용된다(**들여다보기 6.3**). 12.4절에서 이에 대해 다룰 것이다.

2008년에 놀라운 발견이 있었다. 비로파지(virophage)라 불리는 스퓨트(Sputnik)는 바이러스에 기생하는 바이러스이다. 비로파지가 이미 커다란 바이러스에 감염된 아메바와 같은 숙주 세포에 침입하면, 비로파지는 다른 바이러스의 유전자를 이용하여 자신의 바이러스를 증식한다.

인체 질병에 위험요소인 용원성

인체를 감염하는 많은 세균은 파지에 의해 용원화된다. 때로 세균 염색체의 파지 유전자가 인체에 해로운 독소 또는 효소를 생산한다. 세균이 용원성 파지로부터 새로운 형질을 얻으면, 이를 **용원성 전환**(lysogenic conversion)이라 한다. 이 현상은 1950년대 디프테리아(diphtheria)를 일으키는 *Corynebacterium diphtheriae*에서 처음 발견되었다. 질병을 유발하는 디프테리아 독소는 박테리오파지의 산물이다. 파지가 없는 *C. diphtheriae*는 해롭지 않다. 프로파지에 의해 독성이 생기는 다른 세균으로는 콜레라 병원체인 *Vibrio cholerae*와 보툴리누스 중독(botulism)을 일으키는 *Clostridium botulinum*이 있다.

들여다보기 6.3 임상: 낭포성 섬유증에 대한 파지 치료법

낭포성 섬유증(cystic fibrosis, CF)은 유전 질환으로 폐와 다른 기관에서 점액(mucus)을 증가시킨다. 점액으로 채워진 폐에는 토양과 물에 존재하며 일반적으로 인체에 해롭지 않은 세균 *Pseudomonas aeruginosa*의 CF 환자는 *P. aeruginosa*로 감염된 폐가 지속적인 문제를 일으켜 분무형 항생제가 필요하다.

박테리오파지는 세균을 감염시키는 바이러스이다. "세균 포식자"란 뜻의 이름을 가진 박테리오파지는 세균에게는 치명적이지만 인체 세포에는 해롭지 않다. 박테리오파지는 항생제보다 더 특이적이어서, 항생제는 유익한 세균도 죽이지만, 박테리오파지는 감염시키는 세균만을 표적으로 한다. 세균 감염을 박테리오파지로 치료하는 방법, 즉 "파지 치료법"은 서유럽에서는 잘 알려지지 않았지만, 동유럽에서는 1900년대 초기부터 사용되었다.

최근 아일랜드의 티가스크 식품 연구소(Teagasc Food Research Centre) 연구자들은 특정 박테리오파지가 CF에 걸린 생쥐에서 *P. aeruginosa*를 제거함을 보였다. 2개의 박테리오파지를 사용한 경우 6시간 이내에 세균 수가 천만 개에서 천 개로 감소하였다. 이 새로운 치료법이 언젠가 인체의 감염을 감소시켜 CF 환자의 삶을 개선하고 연장할 것이다.

출처: 2012. *mBio*. DOI:10.1128/mBio. 00029-12.

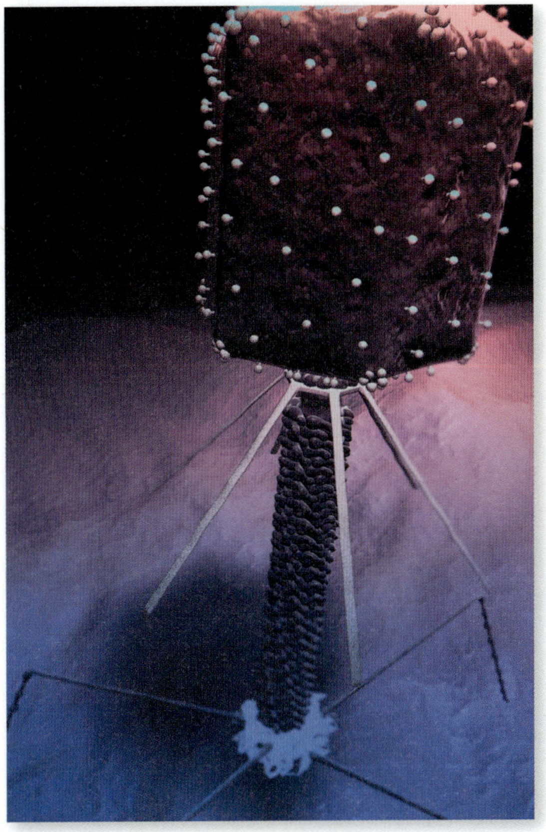

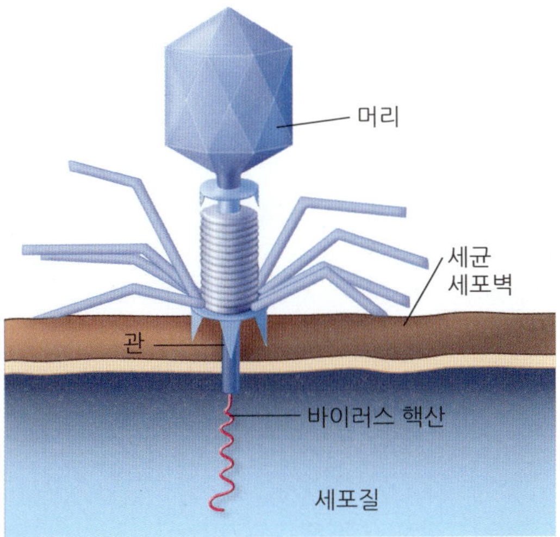

그림 6.20 T-짝수 박테리오파지의 침입 부착한 후 파지의 바닥 판은 세포벽에 고정되어 세포벽 내부로 관을 넣고 핵산을 세포 내부로 집어넣는다.

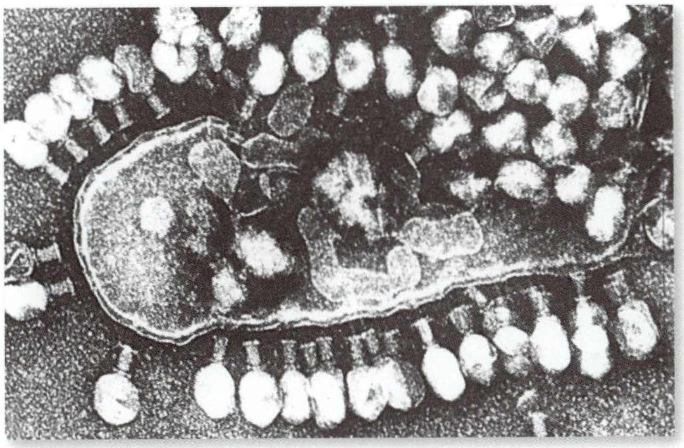

그림 6.21 바이러스로 채워져 약화한 세포벽 세포는 파괴되어 방출된 많은 비리온이 주변의 숙주 세포를 감염시킨다. 사용된 파지의 속이 빈 머리가 파괴된 세균 세포벽 외부에 정렬되어 있다.

질병과의 연관성

*Streptococcus pyogenes*는 질병을 유발하는 데 어떤 도움도 필요해 보이지 않는다. 이 병원체는 "연쇄상구균 인후통(strep throat)," 살이 썩는(flesh-eating) 질병, 심각한 혈액 감염을 일으킨다. 그러나 박테리오파지로부터 유전자가 들어오면, 더 심한 손상을 일으킨다. 용원성 *S. pyogenes*는 적혈구 독소(erythrogenic toxin)를 얻는다. 이 균주는 피부 발진(rash)과 고열이 발생하는 성홍열(scarlet fever)을 일으키는데, 이는 모두 박테리오파지 때문이다.

동물과 세균의 바이러스 생활사는 바이러스 증식의 일반적인 특징을 잘 보여준다(과정 그림 6.11, 6.14, 6.19). 두 회로를 **표 6.6**에서 비교하였다. 바이러스와 숙주의 유전 물질 사이의 작용 때문에 파지는 때로 세균 사이에서 세균 유전자를 전달하여 세균 유전학에 큰 영향을 미친다. 형질도입(transduction)이란 이 현상은 독소와 항생제 저항성에 대한 유전자가 세균 사이에서 전달되는 방식 중 하나이다.

6.5 학습 평가

12. 동물 바이러스 생활사의 6단계를 그림으로 나타낼 수 있다.
13. 세포독성효과를 정의하고 한 가지 예를 들 수 있다.
14. 지속 감염과 형질전환 감염의 예를 들고 숙주 세포에 끼치는 영향을 설명할 수 있다.
15. 박테리오파지에 의한 용원성 감염과 용균성 감염을 비교하여 설명할 수 있다.

6.6 동물 바이러스의 배양과 동정

초기 동물 바이러스학자들이 겪었던 고충 중 하나는 특정 바이러스를 연구하기에 충분한 양을 확보하기 위한 순수 배양 방법을 몰랐다는 것이다. 초기에는 통상적인 숙주만을 이용해 바이러스를 배양하였다. 그러나 이 방법에는 한계가 있다. 보통의 숙주만 사용한다면 인체 바이러스의 경우 바이러스 복제의 단계를 어떻게 추적할 것인가? 다행히 적용 범위가 넓은 배양 방법인 *in vivo* 방법과 *in vitro* 방법이 개발되었다. *In vivo*는 실험동물 또는 조류 배아를 이용하는 것이다. *In vitro*는 세포(조직) 배양 방법을 사용하는 것이다. 대체 숙주의 사용은 바이러스 생산의 통제, 균질성, 대량 생산을 가능하게 하였다.

바이러스 배양의 주요 목적은 다음과 같다.

1. 임상 시료로부터 바이러스를 분리하고 동정하는 것
2. 백신으로 사용할 바이러스를 준비하는 것
3. 바이러스 구조, 복제, 유전, 숙주 세포에 대한 영향 등을 자세하게 조사하는 것

동물 접종 이용

생쥐, 쥐, 햄스터, 기니피그, 토끼가 일반적으로 바이러스 배양에 선호된다. 무척추동물(곤충) 또는 인간 이외의 영장류가 가끔 사용되기도 한다. 바이러스는 숙주 특이성을 보이기 때문에, 어떤 동물은 다른 동물보다 특정 바이러스 증식에 더 적합하다. 배양액 또는 시료로부터 준비한 바이러스는 뇌, 혈액, 근육, 체강, 피부, 발바닥을 통해 동물에 주입한다.

표 6.6 박테리오파지와 동물 바이러스 증식의 비교

	박테리오파지	동물 바이러스
부착	세포벽에 특이적인 꼬리 섬유의 정확한 결합	세포 표면 수용체에 캡시드 또는 외피의 결합
침입	세포벽을 통한 핵산의 주입, 핵산의 탈피 없음	전체 바이러스가 포획되고 탈피하거나 바이러스 표면이 세포막과 융합함, 핵산이 방출됨
합성과 조립	세포질에서 일어남 숙주 합성의 중단 바이러스 DNA 또는 RNA가 복제되고 발현됨 바이러스 성분이 합성됨	세포질과 핵에서 일어남 숙주 합성의 중단 바이러스 DNA 또는 RNA가 복제되고 발현됨 바이러스 성분이 합성됨
바이러스 지속	용원성	잠복기, 만성 감염, 암
숙주 세포로부터 방출	바이러스 효소 작용으로 세포가 용출됨	일부 세포는 용출됨, 외피가 있는 바이러스는 세포막으로부터 출아됨
세포 파괴	즉시 또는 지연됨	즉시 또는 지연됨

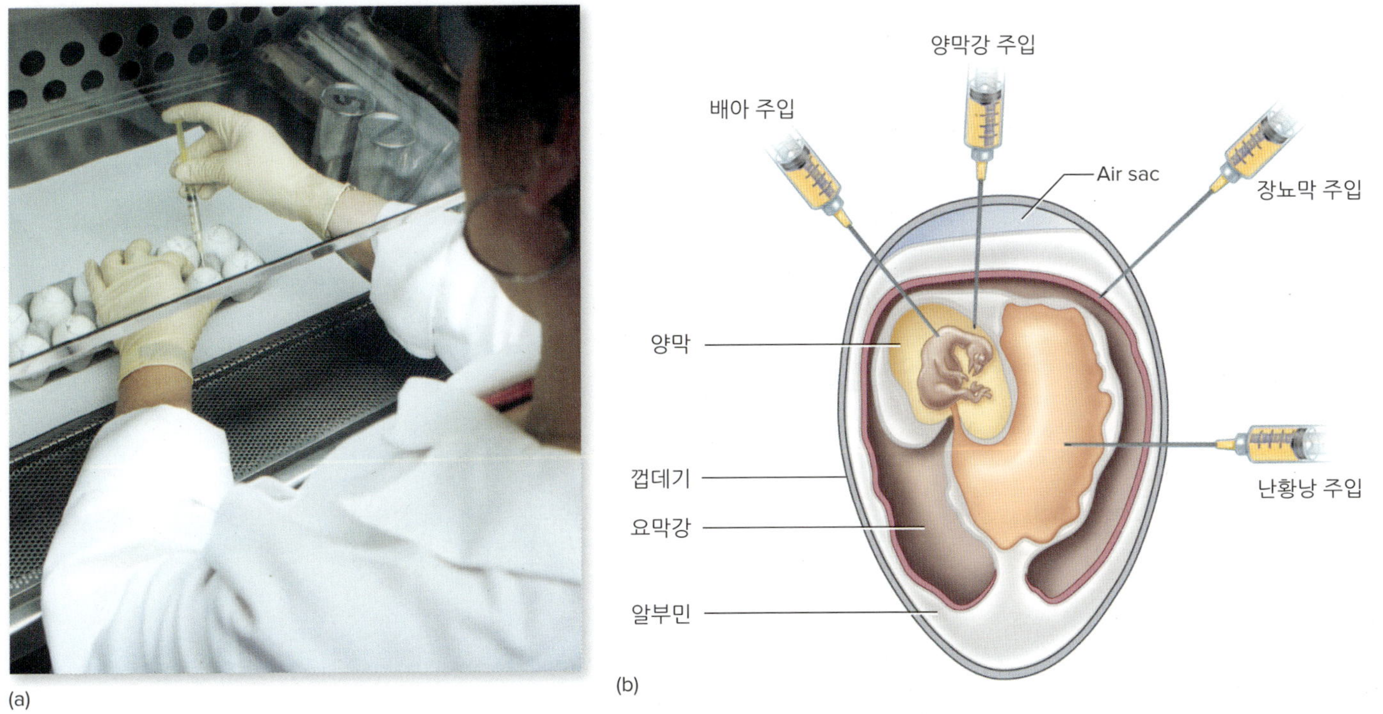

그림 6.22 발생 중인 배아에서 동물 바이러스의 배양 (a) 전문가가 백신 개발의 첫 단계로 수정된 달걀에 바이러스를 주입하고 있다. 일부 독감 백신은 이 방식으로 준비된다. (b) 멸균 상태에서 껍데기에 구멍을 뚫고 배양에 적절한 부위로 바이러스를 주입한다. 적절한 위치로는 배아의 노폐물을 저장하는 요막강(allantoic cavity), 배아를 보호하는 양막강(amniotic cavity), 배아 기체교환에 쓰이는 장뇨막(chorioallantoic membrane), 배아의 영양분을 제공하는 난황낭(yolk sac), 배아가 있다.
Courtesy Ted Heald, State of Iowa Hygienic Laboratory

조류 배아 이용

배아는 동물 발생의 초기 단계로 세포 분화가 빠르다. 조류는 알 내부에서 배아 시기를 거치기 때문에 조류 알은 바이러스 증식에 매우 적합하다. 알은 무균 환경으로 영양분이 풍부하여 온전한 자가-배양 장치와 같다. 게다가, 바이러스 증식에 필요한 여러 가지 배아 조직을 제공한다.

닭, 오리, 칠면조의 알이 배양에 적합하다. 알껍데기에 구멍을 뚫거나 작은 창을 만들어 바이러스를 주입한다. 철저한 멸균 과정을 통해 껍데기 밖과 공기로부터 세균이나 균류가 침입하지 못하도록 방지한다. 정확한 주입 경로는 배양할 바이러스의 종류와 실험 목적에 따라 달라진다(**그림 6.22**).

세포(조직) 배양 기법 이용

실험실에서 가장 쉬운 방식의 바이러스 배양은 배양 접시에 키운 동물 세포를 이용하는 것이다. 이런 방식의 *in vitro* 배양법을 **세포 배양**(cell culture) 또는 **조직 배양**(tissue culture)이라 한다(두 용어는 같은 의미로 사용되지만, **세포 배양**이 좀 더 정확한 표현이다). 대부분의 바이러스는 세포 배양으로 증식되며, 바이러스학자의 업무 중 상당 부분은 세포 배양을 개발하고 유지하는 일과 관련되어 있다. 동물 세포 배양은 동물 세포의 생존에 필요한 영양분을 포함하는 배지가 담긴 멸균 접시 또는 병이 사용된다. 배양 중인 세포는 **단층**(monolayer)으로 증식되기 때문에 배양 세포를 잘 관찰하면 감염 징후를 관찰할 수 있다(**그림 6.23**).

동물 세포 배양은 1차세포배양(primary cell culture)과 연속세포배양(continuous cell culture)으로 구분된다. **1차세포배양**은 새로 분리한 동물 조직을 배지에 배양하면서 시작한다. 세포는 일련의 체세포분열을 통해 접시 표면에 단일층을 형성한다. 배아, 태아, 성인, 암에서 유래한 세포가 1차세포배양에 사용된다. 1차세포배양은 분리된 조직의 특성을 유지하지만 제한된 기간만 생존한다. 결국에는 모든 세포가 죽거나 돌연변이에 의해 새로운 세포주(cell line)를 형성하여 지속해서 배양된다. 지속해서 배양되는 세포주는 염색체 수가 바뀌고, 빠르게 증식하며, 형태가 변하는 경향이 있다. 세포주는 정기적으로 배지를 새로 바꿈으로써 지속적인 계대배양(subculture)이 가능하다. 세포 배양의 명백한 특징 중 하나는 매우 좁은 숙주범위(host range)를 가지고 바이

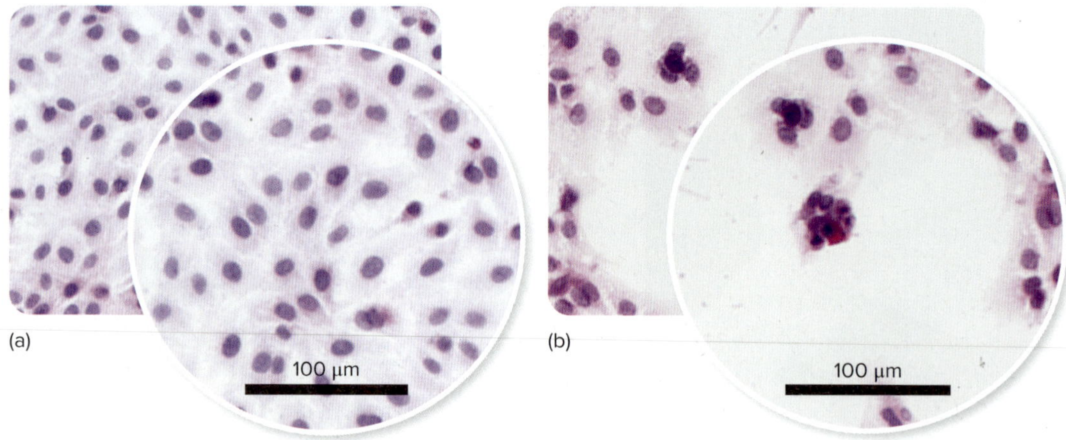

그림 6.23 정상과 감염된 세포 배양 (a) 정상 동물 세포층의 현미경 사진. (b) 동물 세포층의 용균반. 용균반은 바이러스 감염으로 세포가 파괴된 곳이다.
Bakonyi T, Lussy H, Weissenböck H, Hornyák A, Nowotny N. "In vitro host-cell susceptibility to Usutu virus." Emerging Infectious Diseases, Vol. 11, No. 2, Feb. 2005. Available from http:/wwwnc.cdc.gov/eid/article/11/2/04-1016.htm

러스를 배양하는 특정 세포주를 만들 수 있다는 점이다.

독감의 세계적 유행병(pandemic)과 백신의 필요성에 대한 지속적인 근심으로 과학자들은 1950년대부터 달걀을 이용하여 독감 바이러스에 대한 백신을 빠르고 효율적으로 생산해왔다. 2009년경 과학자들은 동물 콩팥 세포에서 유래한 세포주를 이용하여 바이러스를 배양하는 데 성공했다. 그 후 독감 백신은 세포 배양과 달걀을 이용하여 생산되었다.

배양 중인 바이러스의 증식을 탐지하는 방법의 하나는 단일 층의 세포에서 감염된 세포의 파괴와 용혈을 관찰하는 것이다. 바이러스로 감염된 세포가 파괴된 지역은 세포의 단일 층에서 맑은 지역인 **용균반**(plaque)으로 보인다(그림 6.23). 용균반은 세포독성효과(cytopathic effect, CPE)의 거시적인 현상이다. 세균의 한천 배지에서 형성된 용균반으로 박테리오파지를 탐지하고 계수하는 데 동일한 방법으로 바이러스의 증식 여부를 확인할 수 있다. 감염된 숙주 세포에서 방출된 바이러스가 주변의 세포로 퍼져 나갈 때 용균반이 형성된다(그림 6.23). 새로운 세포가 감염되면서 이들 세포가 죽고 새로운 바이러스가 방출되는 과정이 반복된다. 이 과정이 지속되면서, 감염은 점차 확산하고 감염이 시작된 지역으로부터 뻗어 나가 세포가 죽은 지역은 둥글고 맑게 보인다.

6.6 학습 평가

16. 바이러스 배양의 주요 목적 3가지를 나열할 수 있다.
17. 바이러스 배양 방법 3가지를 설명할 수 있다.

6.7 기타 비세포성 병원체

모든 비세포성 감염성 병원체가 바이러스인 것은 아니다. 바이러스보다 더 작고, 더 단순한 한 그룹의 물질이 사람과 동물에서 일어나는 만성적이고, 지속적인 질병과 관련되어 있다. 이 질병은 질병을 앓는 동물의 뇌 조직이 해면(sponge)을 닮아 해면상뇌병증(spongiform encephalopathy)이라고 불린다. 이 감염의 잠복기는 길어서 대개 감염 후 몇 년 뒤 첫 번째 임상적인 징후(sign)가 나타난다. 징후는 정신력 감퇴부터 근육 통제 소실까지 다양하다. 이 질병은 진행성(progressive)이고 치명적이다.

이런 증상의 공통적인 특징은 뇌 조직 내 단백질 섬유의 침착(deposition)이다. 단백질 섬유가 질병의 병원체인 **프리온**(prion)이다.

크로이츠펠트 야콥병(Creutzfeldt－Jakob disease, CJD)은 사람의 중추신경계에 영향을 미쳐 점진적인 퇴행을 일으켜 사망에 이른다. 전염되지만 감염기작은 아직 모른다. 몇몇 동물(양, 밍크, 엘크) 또한 유사한 전염성 질병의 피해를 받는다. 소해면상뇌병증(bovine spongiform encephalopathy, BSE), 즉 광우병은 오염된 고기를 섭취한 사람에게 질병이 생길 수 있다는 사실이 알려지며 최근 유럽에서 공포와 위기를 초래하였다. 이는 동물에서 사람으로의 프리온 전파의 첫 사례였다. 수백 명의 유럽인이 변종 크로이츠펠트 야콥병 질병의 증상을 보여, 소와 소고기의 수출에 엄격한 정부 통제가 시행되었다. 2003년 BSE에 걸린 소가 캐나다와 미국에서 발견되었다. 북미 소비자를 보호하기 위한 엄격한 예방 조치가 취해졌다.

프리온이 핵산이 없는 단백질만으로 구성된다는 점은 감염성 병원체의 구성에 관한 우리의 생각을 바꾸었다. 다른 모든 감염성 병원체는 핵산을 갖기 때문에 프리온이 어떤 방식으로 복제되는지를 알아내는 것이 초미의 관심사이면서 가장 중요한 질문 중 하나이다.

2015년, 프리온이 희귀하고 치명적인 뇌 질환인 다계통위축증(multiple-system atrophy, MSA)의 원인임이 밝혀졌다. 이로 인해 프리온은 좀 더 흔한 질환인 알츠하이머병(Alzheimer's disease)과 파킨슨병(Parkinson disease)의 원인으로 의심되고 있다.

인체 질병을 일으키는 또 다른 흥미로운 유사바이러스 병원체는 위성 바이러스(satellite virus)로, 복제를 위해서는 다른 바이러스의 존재가 필요하다. 아데노-연관 바이러스(adeno-associated virus, AAV)는 아데노바이러스(adenovirus)에 감염된 세포에서만 복제되는 것으로 초기에 알려졌다. 다른 바이러스에 감염되었거나 DNA가 파괴된 세포에 의해서 감염되기도 한다. 또 다른 위성 바이러스로는 B형 간염 바이러스가 존재할 때만 감염되어 간 손상을 악화시키는 델타(delta) 병원체가 있다.

식물 또한 유사바이러스 병원체인 **비로이드**(viroid)에 의해 감염되는데, 비로이드는 외피와 캡시드가 없고 매우 작은 RNA로만 구성되어 있다. 비로이드는 몇몇 경제적으로 중요한 식물인 토마토, 감자, 오이, 감귤나무(citrus tree), 국화(chrysanthemum) 등을 감염시킨다.

6.7 학습 평가

18. 바이러스 이외의 비세포성 감염성 병원체 3가지를 나열할 수 있다.

6.8 바이러스와 인체 건강

전 세계적으로 발생하는 바이러스 감염의 총수를 정확히 파악하는 것은 불가능에 가깝다. 분명히 감기, 수두(chickenpox), 독감, 헤르페스(herpes), 사마귀(wart)와 같은 흔한 질병을 고려할 때 바이러스는 입원이 필요하지 않은 급성 감염의 가장 흔한 원인이다. 또 뎅기열병(Dengue fever), 리프트밸리열병(Rift valley fever), 황열병(yellow fever) 등 특정 지역에서 발발하는 명백한 바이러스 감염을 고려한다면, 총수는 매년 수십억을 쉽게 넘을 것이다. 대부분의 바이러스 감염은 사망을 초래하지 않지만, 광견병 또는 에볼라바이러스병(Ebola virus disease) 등 일부 바이러스 감염은 치사율이 매우 높다. 소아마비 또는 선천성 풍진(rubella) 등 또 다른 일부 바이러스 감염은 장기적인 손상을 일으킨다.

바이러스의 특성으로 인해 효과적인 치료제를 개발하는 것은 어렵다. 바이러스는 세균이 아니므로, 세균 세포를 교란하는 항생제는 바이러스에 작용하지 않는다. 부득이하게 많은 항바이러스 약제가 숙주 세포의 기능을 표적으로 하여 바이러스 복제를 막지만, 같은 이유로 심각한 부작용을 일으킬 수 있다. 이 장 앞부분에서 배운 바와 같이 거의 모든 항바이러스 약제가 바이러스 생활사 단계 중 하나를 표적으로 한다. **인터페론**(IFN)은 인체 세포 산물로 바이러스 감염을 치료하거나 예방하는 데 어느 정도 효과가 있다.

바이러스 약제는 종종 세균에 대한 항생제보다 효과가 작으므로, 바이러스 질병에 대한 백신 개발에 큰 노력을 기울인다. 백신은 질병이 시작되기 이전에 질병을 예방할 수 있다.

지금까지 세균, 고세균, 진핵세포, 바이러스의 특성을 알아보았다. 앞으로는 미생물들이 어떻게 유지되는지를 영양과 미생물 대사 과정에 대해 살펴볼 것이다.

6.8 학습 평가

19. 인체 감염과 질병에서 바이러스의 중요성에 관해 설명할 수 있다.
20. 항바이러스 약제를 개발하는 것이 항균 약제를 개발하는 것보다 어려운 이유를 설명할 수 있다.

현미경으로 본 세상 — 논평

© Neil Lockhart/ Shutterstock RF

이 기사가 의도하는 메시지는 특정 바이러스에 대한 감염으로 인지능력이 영향을 받을 수 있다는 것이다. 또 다른 메시지는 바이러스는 이전에 생각한 것보다 다양한 영향을 준다는 것이다.

이 기사를 평가하자면, 기사에 담긴 내용이 거의 없다고 할 수 있다. 상당히 흥미롭지만, 일반인이 이것이 가능한지 어떻게 평가할 수 있을까? 그 중 장점은 이 기사는 인지능력 감소와 관련된 또 다른 바이러스인 단순포진바이러스를 언급하고 있다는 점이다. 새로운 사실을 뒷받침하는 좋은 방법으로 이미 전례가 있다는 점을 보이는 것이다.

이 기사는 다음처럼 해석된다. ABC 뉴스는 인지 기능과 어떤 관계가 있는 바이러스를 과학자가 찾았다고 소개하였다. 과학자는 바이러스 감염으로 지능이 떨어질 수 있다고 제안하였다.

나는 이 기사에 B^-를 준다. 이 이야기가 바이러스 때문에 사람이 피에 굶주린 미치광이 좀비가 된다는 수준까지 가지 않았다. 그런 방향으로 흐를 수도 있었는데 그렇지 않아서 좋았다. A를 주지 않은 이유는 기사의 정확성을 평가할 정보가 충분하지 않았기 때문이다. 연구 결과가 미국 학술원 기관지에 출판되었다고 했지만, 출판되었다는 것이 사실에 대한 단서를 주는 것은 아니다.

출처: ABC News, "New 'Stupidity Virus' Discovered, Scientists Say", 2014년 11월 11일 게시된 온라인 기사.

단원 요약

6.1 바이러스의 발견

- 바이러스는 비세포성 물질로 현미경, 조직 배양, 분자생물학을 통해 특성이 파악되었다.

6.2 생물 체계에서 바이러스의 위치

- 바이러스는 알려진 모든 세포를 침입하는 감염성 입자이다. 바이러스는 생물은 아니지만, 세포의 대사 과정을 이용하여 새로운 바이러스 입자를 만들 수 있다.
- 바이러스는 지구 생물의 유전체 구성에 큰 영향을 준다.
- 바이러스 복제는 세포의 기능 상실 또는 죽음을 일으킨다.

6.3 바이러스의 구조

- 바이러스의 지름은 20~1,000 nm에 이른다. 바이러스는 DNA 또는 RNA와 효소를 둘러싼 단백질 캡시드로 구성된다. 일부 바이러스는 캡시드를 둘러싼 외피를 갖는다.
- 바이러스 캡시드 또는 외피의 표면에 있는 스파이크는 숙주 세포에 부착하는 데 중요하다.

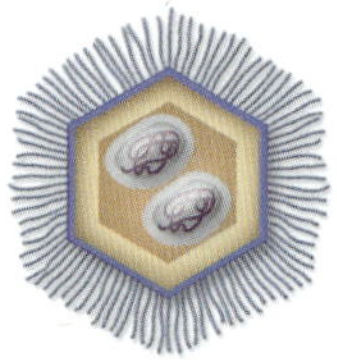

Mimivirus
450 nm

6.4 바이러스 분류와 명명법

- 바이러스는 다양한 방식으로 분류된다. 본 교재에서는 구조, 유전체 구성, 숙주범위를 이용하여 바이러스를 분류하였다.
- 바이러스 분류 국제위원회는 바이러스의 명명과 분류를 감독한다. 바이러스는 목, 과, 속으로 분류된다.

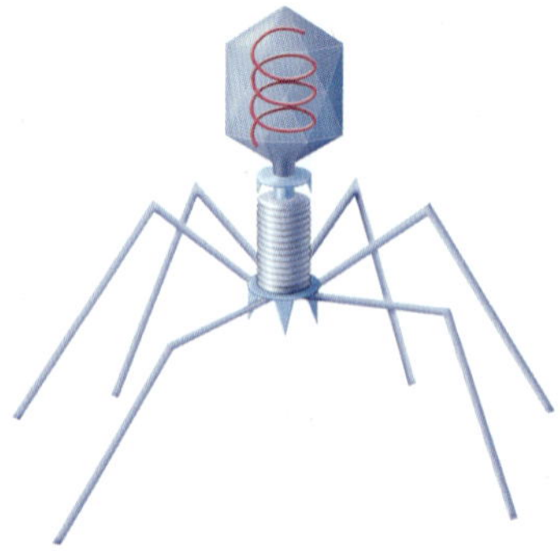

6.5 바이러스의 증식

- 바이러스는 부착, 침투, 바이러스 합성과 조립, 용균 또는 출아를 통한 탈출 과정을 통해 증식된다.
- 바이러스 증식 과정 동안 숙주 세포는 새로운 바이러스를 만들고 분비하는 공장이다. 세포는 궁극적으로 파괴된다.
- 동물 바이러스는 급성 감염을 일으키거나 숙주 조직에 꾸준히 존재하여 만성 잠복 감염을 일으킨다. 만성 잠복 감염 중 바이러스는 때때로 다시 활성화된다. 일부 지속성 동물 바이러스는 암을 유발한다.

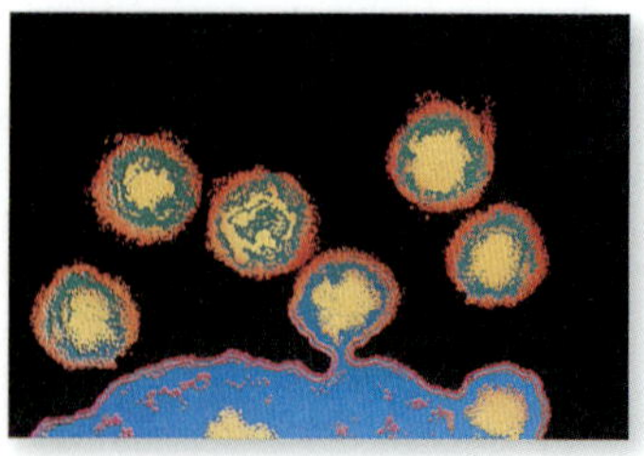

© Chris Bjornberg/Science Source

- 박테리오파지는 부착, 침투, 복제, 탈출 방식에서 동물 바이러스와는 큰 차이가 있다.
- 용원성은 바이러스 DNA가 세균의 염색체로 삽입되어 오

랫동안 활성이 없이 존재하는 상태이다. 세균이 복제할 때마다 염색체와 함께 바이러스 복제가 일어난다.

- 일부 세균은 염색체에 존재하는 박테리오파지 DNA에 암호화된 독성 형질을 발현한다. 이 현상을 용원성 전환(lysogenic conversion)이라 한다.

6.6 동물 바이러스의 배양과 동정

- 동물 바이러스는 실험동물, 조류 배아, 조직 배양과 같은 특정한 숙주 세포 환경에서만 연구된다.
- 세포 및 조직 배양은 원하지 않는 미생물을 배제하는 무균 기술을 이용하여 적절한 성장 인자가 포함된 멸균 용기에서 숙주 세포를 배양하는 것이다.

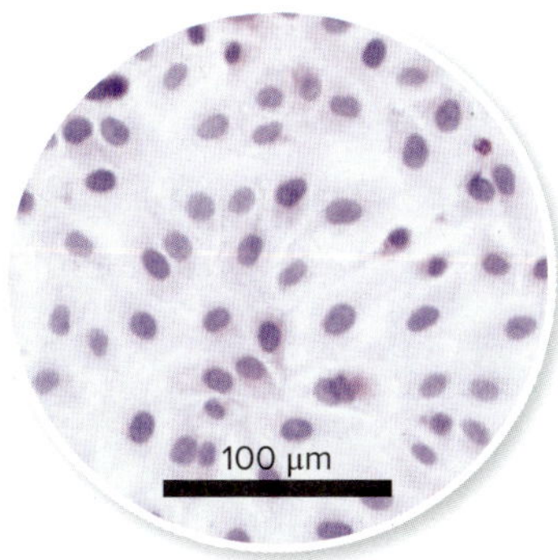

Bakonyi T, Lussy H, Weissenböck H, Hornyák A, Nowotny N. "In vitro host-cell susceptibility to Usutu virus." Emerging Infectious Diseases, Vol. 11, No. 2, Feb. 2005. Available from http:/wwwnc.cdc.gov/eid/article/11/2/04-1016.htm

- 세포 배양을 통한 바이러스 증식과 세균을 이용한 박테리오파지 증식은 용균반(plaque)으로 확인된다.

6.7 기타 비세포성 병원체

- 다른 비세포성 병원체로 질병을 일으키는 것은 여러 가지가 있다. 바이러스가 아닌 단지 단백질인 프리온, 외피가 없는 핵산으로 길이가 매우 짧은 비로이드, 질병을 일으키기 위해서는 커다란 바이러스의 존재가 필요한 위성 바이러스(satellite virus) 등이다.

6.8 바이러스와 인체 건강

- 바이러스는 매년 수십억 건의 감염을 일으킨다. 원인 미상의 만성 질병 중 많은 것이 바이러스와 관련이 있을 것으로 보인다.
- 바이러스 감염이 치료하기 어려운 이유는 바이러스 복제를 억제하는 약물이 숙주에 부작용을 일으키기 때문이다.

객관식 문제(선다형 문제와 OX 문제) | 블룸 1단계 및 2단계: 기억과 이해

선다형 문제 – 제시된 보기에서 답을 고르시오.

1. 바이러스는 작은 감염성
   a. 세포이다. b. 생물이다.
   c. 입자이다. d. 핵산이다.
2. 바이러스가 감염하는 것은?
   a. 식물 b. 세균
   c. 진균 d. 모든 생물
3. 바이러스의 핵산은?
   a. DNA b. RNA
   c. DNA와 RNA 모두 d. DNA 또는 RNA
4. 바이러스 증식 회로 단계의 순서로 옳은 것은?
   a. 부착, 침투, 합성, 조립, 방출
   b. 세포내섭취, 탈피, 복제, 조립, 출아
   c. 부착, 탈피, 복제, 조립, 용균
   d. 세포내섭취, 침투, 복제, 성숙, 세포외배출
5. 프로파지는?
   a. 세균 바이러스
   b. 폭스바이러스(poxvirus)
   c. 용균성 바이러스
   d. 외피가 있는 바이러스
6. RNA 바이러스 증식과 DNA 바이러스 증식 장소를 차례대로 나열하면?
   a. 핵, 세포질
   b. 세포질, 핵
   c. 소낭, 리보솜
   d. 소포체, 인
7. 바이러스가 배양되지 않는 것은?
   a. 조직 배양
   b. 조류 배아
   c. 살아 있는 포유동물
   d. 혈액 한천
8. 세포 배양에서 바이러스로 감염되어 투명한 지역은?
   a. 플라크(plaque)
   b. 작은 구멍(pock)
   c. 콜로니(colony)
   d. 프리온
9. 바이러스의 각 부위를 표시하시오. 캡시드, 핵산, 및 기타 바이러스 부위를 구분하시오.

10. 목록에서 바이러스 감염에 동그라미를 그리시오.

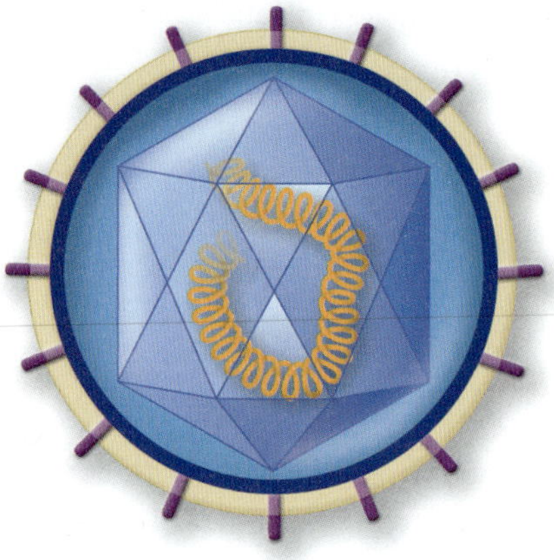

콜레라	광견병
페스트(plague)	발진(cold sore)
백일해(whooping cough)	파상풍
사마귀	임질
볼거리(mumps)	
로키산홍반열(Rocky Mountain spotted fever)	
매독	풍진(rubella)

OX 문제 – 다음 문장 내용이 옳으면 O, 틀리면 X로 표기하고 틀린 내용을 올바르게 수정하시오.

11. 용원성에서 바이러스 DNA는 숙주 염색체로 삽입된다.
12. 바이러스 캡시드는 비리온의 소단위체로 구성된다.
13. 동물 바이러스의 외피는 숙주 세포의 펩티도글리칸에서 유래한다.
14. 동물 바이러스의 핵산은 전좌(translocation)를 통해 숙주 세포로 들어간다.
15. 숙주 세포에 지속해서 존재하며 간헐적인 질병을 일으키는 바이러스는 잠복성 바이러스이다.

Chapter 7 미생물 영양, 생태 및 생장

Bristol BioEnergy Centre BRL, University of the West of England, UK

현미경으로 본 세상

소변으로 전화기를 충전할 수 있을까?

이번에 소개하는 사례를 통해 대중매체의 기사가 어디까지 사실인지 살펴볼 것이다. 이 사례는 2014년 Daily Mail.com에 실린 “소변으로 가정에 전기를 공급할 수 있을까? 과학자들은 인간 배설물에 있는 세균으로 전기를 생성한다.”란 기사에 대한 것이다.

영국 과학자들은 언젠가는 가정에서 간단한 인간 배설물로부터 전력을 공급받을 수 있을 것이라고 주장했다. 이 기사에서는 소변으로 삼성 휴대전화에 성공적으로 전원을 공급하는 초기 시도에 대해 설명했다. 핵심은 미생물이며, 미생물이 생장하는 동안 소변에 포함된 화학물질을 사용했고, “미생물 연료 전지”라는 장치를 통해 에너지를 생산했다. “이 기술은 연료전지 안에 내장된 천연 미생물을 생체 촉매로 사용하여 작동한다. 미생물은 소변의 일부를 사용하여 전류를 생성하는 전자를 발생시킨다.” 위 사진에서 소변과 미생물에서 얻은 에너지를 이용하여 전등이 켜지는 소변기의 시제품을 볼 수 있다.

연구자들은 전 세계의 열악한 지역이나 외진 지역에 있는 가정에서 전구를 켜기에 충분하도록 전기 생산량을 확대하고자 했다.

- 이 기사가 **의도하는 메시지**는 무엇인가?
- 기사를 읽은 후 **여러분의 평가**는 어떠한가? 평가가 비판을 의미하는 것은 아니다. 여러분의 지식을 이용하여 기사의 사실여부, 그리고 기사가 전달하고자 하는 메시지가 무엇인지를 제대로(혹은 옳게) 인지하기 위해서는 비평적인 안목이 필요하다.
- 미생물학을 공부하지 않은 친구를 위해 이 기사를 어떻게 **해석할** 것인가?
- 기사의 정확성과 의도된 효과의 정확성을 고려하여 기사에 대한 당신의 **점수**는 얼마인가?

현미경으로 본 세상–논평은 이 장의 끝에 나옵니다.

7.1 미생물의 영양

무기영양소(inorganic nutrient)는 **영양소**(nutrient)라고 불리는 화학물질을 환경에서 얻어 대사 및 생장과 같은 세포 활동에 사용되는 과정이다. 영양과 관련하여 미생물은 실제로 인간과 크게 다르지 않다. 무기황을 먹으면서 진흙에 사는 세균이나 흰개미의 장에서 목재를 소화하는 원생동물은 혁신적인 생활방식으로 살고 있는 것처럼 보이지만 이러한 생물조차도 서식지에서 특정물질이 지속적으로 유입되어야 한다(많은 학생들이 주장하는 바와 같이 카페인을 먹고 사는 세균도 있다). 아무리 이 생물의 먹이가 이상해 보여도 모든 생물은 탄소, 수소, 산소, 인, 칼륨, 질소, 황, 칼슘, 철, 나트륨, 염소, 마그네슘과 같은 원소의 공급이 필요하다. 그러나 특정 원소의 공급원과 그 원소의 화학적 형태, 그리고 미생물이 필요한 양은 모두 생물에 따라서 다르게 나타난다. 원소나 분자의 형태와 관계없이 생물에 제공되어야 하는 모든 물질을 **필수영양소**(essential nutrient)라고 한다. 미생물의 필수영양소는 탄소, 수소, 산소, 질소, 인(인산)과 황이며 약어로 CHONPS로 나타내기도 한다. 일단 흡수되면 영양소는 처리되어 세포의 화학물질로 변환된다.

필수영양소의 2가지 종류는 **다량영양소**(macronutrient)와 **미량영양소**(micronutrient)이다. 다량영양소는 비교적 대량으로 요구되며 세포 구조 및 대사에서 주요한 역할을 한다. 다량영양소의 예는 탄소, 수소와 산소이다. 망간, 아연, 니켈과 같은 미량영양소 또는 **미량원소**(trace element)는 훨씬 적은 양으로 존재하며 효소의 기능 및 단백질 구조 유지에 관여한다. 미량영양소의 구성은 미생물마다 다를 수 있다.

영양소를 분류하는 또 다른 방법은 탄소함량에 따른 것이다. 무기영양소(inorganica nutrient)는 탄소 및 수소 이외의 원자가 포함된 원자 또는 단순 분자이다. 자연에서 무기화합물의 저장소는 토양, 물 및 대기에 저장되어 있는 무기질이다. 예를 들면 금속 및 그 염(황산마그네슘, 질산제이철, 인산나트륨), 가스(산소, 이산화탄소) 및 물(**표 7.1**)이 있다. 대조적으로, 유기영양소의 분자는 탄소와 수소 원자를 포함하며 일반적으로 생명체의 산물이다. 유기영양소(organic nutrient)는 가장 간단한 유기분자인 메탄(CH_4)에서 고분자(탄수화물, 지질, 단백질, 핵산)에 이르기까지 다양하다. 영양소의 공급원은 매우 다양한데, 일부 미생물은 모든 영양소를 무기공급원에서만 얻고 그 외 미생물들은 유기 및 무기공급원에서 얻는다. 인체에 사는 기생충은 숙주 조직, 조직액, 분비물 및 노폐물에서 모든 필수영양소를 얻는다.

표 7.1 원소의 주요 저장소

원소	저장소
탄소	공기 중의 CO_2, 바위와 퇴적물의 CO_3^{2-}
산소	공기 중의 O_2, 특정 산화물, 물
질소	공기 중의 N_2, 토양, 물의 NO_3^-, NO_2^-, NH_4^+
수소	물, H_2 기체, 광상(mineral deposit)
인	광상(기체, PO_4^{3-}, H_3PO_4)
황	광상, 화산퇴적물(SO_4^{2-}, H_2S)
칼륨	광상, 해양(KCl, K_3PO_4)
나트륨	광상, 해양(NaCl, NaSi)
칼슘	광상, 해양($CaCO_3$, $CaCl_2$)
마그네슘	광상, 퇴적물($MgSO_4$)
염화물	해양(NaCl, NH_4Cl)
철	광상, 퇴적물($FeSO_4$)
망간, 몰리브덴, 코발트, 니켈, 아연, 구리, 기타 미량 영양소	다양한 퇴적물

질병과의 연관성

인간은 생존하기 위해 어떤 종류의 필수영양소가 필요할까? 다량영양소에는 탄수화물, 지방, 단백질과 물이 포함된다. 다량영양소는 몸에 연료를 공급하기 위해 대량으로 필요하다. 인간이 생존하는 데 필요한 미량영양소는 비타민 A, C, D, E 및 K와 B-복합비타민이다. 무기질에는 칼슘, 칼륨, 염소, 인, 나트륨 및 마그네슘(전해질이라고도 함)뿐만 아니라 구리, 코발트, 아연, 크롬, 철 및 불소(미량원소를 구성)가 포함된다. 실제로 우리 인간은 공통적으로 미생물과 몇 가지 필수영양소를 공통적으로 가지고 있다.

미생물 세포질의 화학 분석

세균 세포의 화학성분을 검사하면 그 세균의 영양 요구 사항을 알 수 있다. **표 7.2**는 장내 세균인 대장균(*Escherichia coli*)의 주요 내용을 정리한 것이다. 이러한 구성 요소 중 일부는 바로 사용 가능한 형태로 흡수되며, 다른 요소는 세포가 단순한 영양소를 이용하여 합성된다. 세포 구성의 중요한 특징은 다음과 같다.

- 물은 모든 성분 중 가장 풍부하다(세포 함량의 70%). 물을 제거한 후의 세포 내용물을 "건조중량"이라고 한다.

표 7.2 *Escherichia coli* **세포의 화학성분 분석**

	% 총 중량	% 건조 중량		% 건조 중량
유기화합물			원소	
단백질	15	50	탄소 (C)	50
핵산			산소 (O)	20
RNA	6	20	질소 (N)	14
DNA	1	3	수소 (H)	8
단수화물	3	10	인 (P)	3
지질	2	10	황 (S)	1
기타	2	4	칼륨 (K)	1
			나트륨 (Na)	1
			칼슘 (Ca)	0.5
무기화합물			마그네슘 (Mg)	0.5
			염소 (Cl)	0.5
물	70		철 (Fe)	0.2
기타	1	3	미량 금속	0.3

- 단백질은 물 다음으로 가장 많은 화학물질이다.
- 세포 건조중량의 약 97%가 유기화합물로 구성되어 있다.
- 세포 건조중량의 약 96%를 6개의 원소(CHONPS)가 차지한다.
- 세포 생장에 전체적으로 화학원소가 필요하지만, 세포에는 이러한 원소 대부분이 순수한 원소가 아닌 화합물의 형태로 존재한다(표 7.2 참조).
- 대장균처럼 "간단한" 세포에도 대략 5,000종류의 화합물이 있지만, 이러한 다양한 화합물을 합성하는 데 필요한 영양소는 단지 몇 종류에 불과하다.

필수영양소의 공급원

영양소를 구성하는 원소는 무기물 저장소에 존재한다. 저장소는 이들 원소의 영구적이면서 장기적인 공급원이지만 생명 활동으로 보충되기도 한다. 14.2절에서 볼 수 있듯이, 실제로 미생물의 원소를 순환하는 능력은 지구상의 모든 생명체들에게 필수적이다. 편의상, 이 절에서는 영양소에 대한 설명을 원소별로 구성해서 한다. 일부 범주는 겹치며 많은 화합물들은 둘 이상의 원소로 이루어져 있다.

탄소원

세포외 탄소원(extracellular source of carbon)이 탄소화합물의 **세포내 기능**(intracellular function)의 반대라는 점을 강조하기 위해 시간을 들여 설명할 가치가 있다. 탄소화합물이 영양소로서 흡수되는지에 따라 그 유형(무기 또는 유기)이 구분되지만, 모든 세포의 정상적인 구조 및 대사에 관여하는 대부분의 탄소 화합물은 유기화합물이다.

종속영양생물(heterotroph)은 탄소를 유기물의 형태로 흡수해야 하는 생물이다. 유기탄소는 다른 생물에서 유래하기 때문에, 종속영양생물은 다른 생물에 의존한다(hetero－는 "다른 것"을 의미하는 그리스어 접두사이다). 이 요건을 충족시킬 수 있는 일반적인 유기분자에는 단백질, 탄수화물, 지질 및 핵산이 있다. 종속영양생물이 이용할 수 있는 일부 유기영양소는 흡수하기에 충분히 간단한 형태(예: 단당류 및 아미노산)로 존재하지만, 더 큰 분자는 흡수하기 전에 세포에 의해 분해되어야 한다. 또한 종속영양생물은 유기탄소원을 이용하는 능력이 다양하다. 일부는 소수의 기질만을 사용할 수 있는 반면 어떤 생물은(예: *Pseudomonas* 세균) 100가지가 넘는 다양한 기질을 대사할 수 있다.

질병과의 연관성

*Pseudomonas aeruginosa*는 다양한 화학물질을 이용해 살 수 있는 능력으로 인해 환경 어디에나 존재하는 그람음성 간균이다. 건강한 사람에게는 질병을 일으키지 않지만 면역이 손상된 환자에게는 주요 병원균이다. 낭포성 섬유증으로 사망한 환자의 90%가 이 세균과 관련되어 있다.

독립영양생물(autotroph)은 탄소원으로 무기물인 CO_2를 사용하는 생물이다. 독립영양생물은 이산화탄소를 유기탄소화합물로 변환하는 특별한 능력을 가지고 있기 때문에 다른 생물에 영양적으로 의존하지 않는다.

질소원

질소의 주 저장소는 질소 기체(N_2)로, 지구 대기의 79%를 구성한다. 이 원소는 단백질, DNA, RNA 및 ATP의 구성에 없어서는 안 되는 원소이다. 이 화합물은 종속영양생물의 주요 질소원이지만 사용하기 위해서는 먼저 기본 구성요소(단백질은 아미노산으로, 핵산은 뉴클레오티드로)로 분해되어야 한다. 소수의 세균과 조류는 무기질소(NO_3^-, NO_2^-, 또는 NH_3)를 이용한다. 소수의 세균은 질소고정과정을 통해 N_2를 다른 생물이 사용할 수 있는 화합물로 변형시킬 수 있다(14.2절 참조). 세포로 유입되는 초기 형태와 상관없이 무기질소는 직접 탄소와 결합해서 아미노산 및 다른 화합물을 합성할 수 있는 유일한 형태인 NH_3로 변환되어야 한다.

산소원

산소는 탄수화물, 지질, 핵산 및 단백질과 같은 유기화합물의 주요 성분이므로 세포의 구조 및 효소의 기능에서 중요한 역할을 한다. 산소는 마찬가지로 황산염, 인산염, 질산염 및 물과 같은 무기염의 일반적인 구성 성분이다. 유리 기체 산소(O_2)는 대기의 20%를 차지한다. 산소는 많은 생물의 대사에 절대적으로 필요하다.

수소원

수소는 모든 유기화합물과 물(H_2O), 염($Ca[OH]_2$) 및 자연적으로 발생하는 기체(H_2S, CH_4 및 H_2)를 포함하는 일부 무기화합물의 주요 원소이다. 미생물들이 이 기체들을 사용하기도 하고 생산하기도 한다. 수소는 세포 생화학 과정에서 아래와 같이 여러 역할을 수행한다.

1. pH 유지
2. 분자 사이에 **수소 결합** 형성
3. 호흡의 산환-환원반응에서 **자유에너지**원으로 제공

인(인산염)공급원

무기인의 주요 공급원은 인산(phosphoric acid, H_3PO_4)에서 유도된 인산염(phosphate, PO_4^{3-})이며, 암석과 해양의 광상(mineral deposit)에서 발견된다. 인산염은 핵산의 핵심 성분이므로 모든 생물과 바이러스의 유전에 필수적이다. 또 세포의 중요한 에너지 분자인 ATP에서도 발견된다. 다른 인산염 함유 화합물에는 세포막의 인지질과 NAD^+와 같은 조효소가 있다(8.2절 참조). 특정 환경에서는 생물이 사용할 수 있는 인산염이 거의 없으므로 생물의 생장능력을 제한한다. *Corynebacterium* 세균은 세포질에 인산염을 다중인산염 형태로 저장한다.

황 공급원

황은 무기질 형태로 자연환경 전체에 널리 분포되어 있다. 암석과 퇴적물(석고)은 황산염(SO_4^{2-}), 황화물(FeS), 황화수소가스(H_2S), 황원소(S)를 포함할 수 있다. 황은 일부 비타민(비타민 B_1)과 아미노산(메티오닌 및 시스테인)의 필수 성분이며, 후자는 이황화결합이라는 독특한 결합을 형성함으로써 단백질의 형태 및 구조적 안정성을 결정하는 데 도움을 준다.

미생물 대사에 중요한 기타 영양소

미생물 대사에서 중요한 기타 원소에는 무기질 이온이 있다. 칼륨은 단백질 합성 및 막 기능에 필수적이다. 나트륨은 특정 유형의 세포 수송에 중요하다. 칼슘은 세균의 세포벽의 성분이며 내생포자의 안정제이다. 마그네슘은 엽록소의 성분이며 막과 리보솜의 안정제이다. 철은 세포호흡에서 시토크롬 단백질의 중요한 성분이다. 아연은 진핵생물의 필수 조절 요소이다. 이는 효소가 DNA의 특정 부위에 부착하는 데 도움이 되는 결합 인자인 "아연-집게(zinc fingers)"의 주요 구성 요소이다. 구리, 코발트, 니켈, 몰리브덴, 망간, 실리콘, 요오드 및 붕소는 일부 미생물이 소량 필요로 하지만 다른 미생물은 필요로 하지 않는다. 한편 금속은 미생물에 매우 유독할 수도 있다. 금속 이온의 농도는 미생물이 일으키는 질병에도 영향을 줄 수 있다. 예를 들어, 임질과 수막염을 유발하는 세균은 철 이온이 있을 때 더 빨리 자란다.

생장인자: 필수 유기 영양소

분자를 조립하는 데 있어서 대장균만큼 다재다능한 미생물은 거의 없다. 많은 까다로운 세균들은 생존에 필요한 유기화합물을 모두 합성할 수 있는 유전자 및 대사 기작이 부족하다. **생장인자**(growth factor)는 생물이 합성할 수 없고 영양소로 제공되어야 하는 아미노산, 질소 염기 또는 비타민과 같은 유기화합물이다. 예를 들어, 모든 세포가 단백질을 적절하게 조립하기 위해서는 20가지의 아미노산이 필요하지만, 많은 세포가 모든 아미노산을 합성할 수는 없다. 음식을 통해 얻어야 하는 아미노산을 필수아미노산이라고 한다.

미생물의 양분 섭취 방법: 영양 유형

지구의 무한한 서식지와 미생물 적응은 미생물 영양체계의 상세한 메뉴와 일치한다. 다행히도 대부분의 생물은 일관된 경향을 보이며 몇 가지 일반적인 범주(**표 7.3**)와 선택된 몇 가지 용어로 설명할 수 있다. 미생물 영양 유형의 주요 결정 요인은 미생물의 탄소원과 에너지원이다. 이전 절에서 탄소원에 따라 미생물을 독립영양생물과 종속영양생물로 구분하였다. 또 미생물은 에너지원에 따라 **광영양생물**(phototroph)과 **화학영양생물**(chemotroph)로 구분할 수 있다. 광합성을 하는 미생물은 광영양생물이며, 화학화합물로부터 에너지를 얻는 미생물은 화학영양생물이다. 탄소원 및 에너지원에 대한 용어를 편의상 한 단어로 병합하기도 한다(표 7.3 참조). 여기에 설명된 범주는 주요 영양군만을 설명하기 위한 것이며 특별한 예외는 포함하지 않았다.

표 7.3 에너지와 탄소원에 따른 미생물의 영양 종류

범주/탄소원	에너지원	예
독립영양/CO_2	비생물	
광독립영양	햇빛	조류, 식물, 시아노세균 등의 광합성생물
화학독립영양	단순한 무기화학물질	메탄생성세균, 심해열수구 세균과 같은 특정세균 및 고세균만을 포함
종속영양/유기탄소화합물	기타 생물 또는 햇빛	
광종속영양	햇빛	자색 및 녹색 광합성 세균
화학종속영양		
기생생물	살아 있는 숙주의 조직, 체액 활용	세균(병원균), 진균, 원생동물, 동물(다양한 기생충)
부생생물	죽은 생물의 유기물질 대사	진균

독립영양생물과 에너지원

독립영양생물은 2가지 가능한 비생물 공급원(햇빛 – 광독립영양생물, 단순한 화학물질이 관련된 화학반응-화학독립영양생물) 중 하나에서 에너지를 얻는다. **광독립영양생물**(photoautotroph)은 광합성을 한다. 즉, 빛의 에너지를 포획하여 세포대사에 사용할 수 있는 화학에너지로 변환한다(**그림 7.1**). 광합성생물(조류, 식물, 일부 세균)은 자신과 종속영양생물들이 사용할 수 있는 유기분자를 생산하기 때문에 먹이그물의 기본을 형성한다. 유기물질의 1차생산자로서 광합성생물의 역할은 14.1절에서 더 상세히 설명할 것이다.

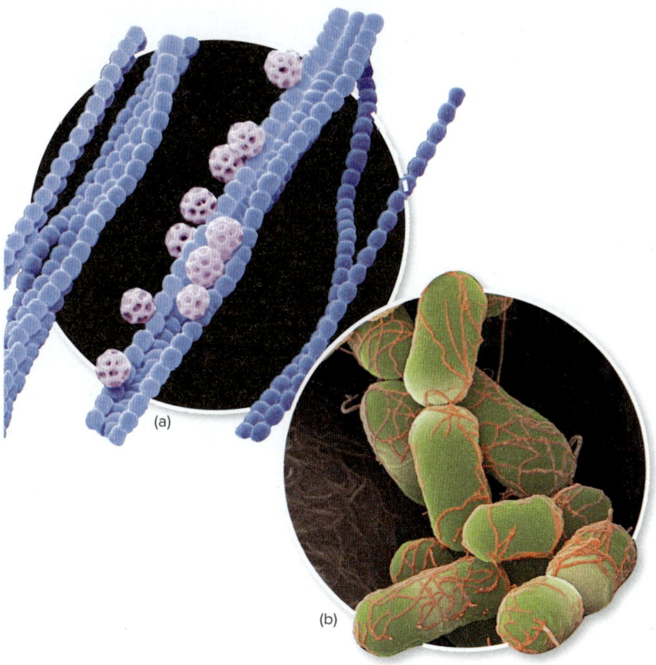

그림 7.1 광독립영양생물과 화학종속영양생물 (a) *Cyanobacterium*, 광독립영양(청색), 분홍색 구조는 포자. (b) 대장균(*Escherichia coli*), 화학종속영양.

(a) © Steve Gschmeissner/Science Source; (b) © Martin Oeggerli/Science Source

화학독립영양생물(chmoautotroph)은 무기물질(탄소원 – CO_2, 에너지원 – 무기물질)에 전적으로 의존적이므로 **무기독립영양생물**(lithoautotrophs)이라고도 한다. 이 세균들은 햇빛이나 유기영양소를 필요로 하지 않으면서, 매우 놀랍고도 다양한 방법으로 살아가는 데 필요한 에너지를 얻는다. 간단히 말해서 수소기체, 황화수소, 황 또는 철과 같은 무기물질에서 전자를 제거하여 이산화탄소와 수소에 결합시킨다.

2014년에 과학자들은 암석과 금속에서 나오는 순수한 전자만으로 살아가는 세균을 발견했다. 이에 대해서는 8.2절에서 자세히 설명할 것이다. 이 반응을 통해서 세포의 합성과정을 추진할 단순한 유기분자와 적당한 양의 에너지를 얻는다. 무기독립영양세균은 무기 영양소를 재활용하는 데 중요한 역할을 한다.

화학독립영양생물 중 흥미로운 생물은 **메탄생성균**(methanogen)으로, 수소 기체와 이산화탄소에서 메탄(CH_4)을 생성한다.

$$4H_2 + CO_2 \rightarrow CH_4 + 2H_2O$$

"늪 가스" 또는 "천연가스"로도 불리는 메탄은 토양, 늪, 진흙 및 심지어 일부 동물의 내장과 같은 산소가 없고 수소가 존재하는 미세환경에서 형성된다. 메탄생성균은 고세균이며, 그 중 일부는 온도가 최대 400℃에 이르는 대양의 열수구 및 온천과 같은 극한 서식지에 서식한다(**들여다보기 7.1**). 일부 가정에서 연료로 사용하는 메탄은 여러 종류의 미생물(메탄생성균)을 이용해 보일러를 작동하기에 충분한 메탄을 얻을 수 있다. 다양한 폐기물을 이용하여 제한적인 양의 메탄을 생산할 수 있으며, 또한 메탄은 현재 환경 문제가 되는 온실 가스 중 하나이다(14.3절 참조).

들여다보기 7.1 연구: 극한환경에 서식하는 생명체들

고온, 저온, 고염성, 산성, 알칼리성, 고압, 건조, 무산소 또는 독성물질이 존재하는 극단적인 서식지에는 이러한 상태에 특별히 적응한 미생물이 서식하고 있을 것이다. 대부분의 경우 이러한 혹독한 서식지에 사는 생물은 고세균과 세균이지만 일부 진균, 원생동물 및 조류도 살 수 있다. 미생물학자들은 이러한 놀라운 생물을 **호극성 생물**(extremophile)이라고 부른다.

고온과 저온

극단적인 서식지에 속하는 온천, 간헐천, 화산 및 해양 열수구에서도 미생물 개체군들이 번성하고 있다. 이 지역의 온도 범위는 50℃부터 물의 끓는점보다 높으며 일부 열수구는 350℃에 근접한다. 열에 적응한 많은 미생물은 유전과 물질대사가 이러한 생존방식을 위해 극도로 변형된 고세균이다. 화학독립영양을 하는 황화수소산화균을 기반으로 한 독특한 생태계가 심해 능선을 따라 위치한 열수구에 존재한다.

특별한 **극호열성 세균**(hyperthermophile)인 *Pyrococcus furiosis*는 이탈리아 불카노섬 근처의 열수구 근처에서 발견되었으며 산업공정의 유용성이 입증되었다. 이 세균의 효소는 다른 생물에서는 자연적으로 발견되지 않는 특이한 원소인 텅스텐을 함유하고 있다. *P. furiosis*의 대사효소는 뜨거운 온도를 선호하기 때문에 열 안정성이 뛰어나며, 이 세균의 DNA 중합효소는 오히려 DNA 이중 나선이 변성되는 온도를 선호하므로 중합효소연쇄반응(PCR)에 유용하다. 또한 *P. furiosis*의 유전공학은 이 세균을 생명공학과 바이오연료와 같은 제품의 제조에서 유용하게 했다.

지구환경 대부분의 온도는 낮다. 미생물은 북극과 남극 전역에 서식하며 바다의 가장 깊은 곳의 어는점 근처의 온도에서 정착하여 생장한다. 남극대륙 바다의 얼음은 아주 단단해 보이지만 물로 채워진 다양한 크기의 구멍과 관으로 인해 벌집 모양이다. 이렇게 차가운 미세서식지(microhabitat)에는 세균과 조류를 먹고 사는 플랑크톤성 포식자생물(어류와 새우)들이 살고 있다. 과학자들은 특히 아주 차가운 온도에서 살 수 있는 세균에 관심이 많다. 그 온도의 지구환경에서 번성할 수 있는 세균을 발견한다면 이는 차가운 환경의 다른 행성에도 생명체가 존재할 수도 있음을 시사한다.

염분, 산성, 알칼리성

대부분의 미생물의 생장은 많은 양의 염분에 의해 억제된다. 이는 염분이 일반적인 식품의 방부제로 사용되는 이유이다. 그러나 염분 의존성 세균 및 조류 군집은 해양, 염호 및 내륙해에 서식하며, 이들 중 일부는 염분으로 포화된 환경(30% – 일반 바다보다 거의 10배 짜다)에서도 산다. 이들 미생물의 대부분은 높은 함량의 나트륨, 칼륨, 마그네슘, 염화물 또는 요오드화물 등 무기물질을 대사에 필요로 한다.

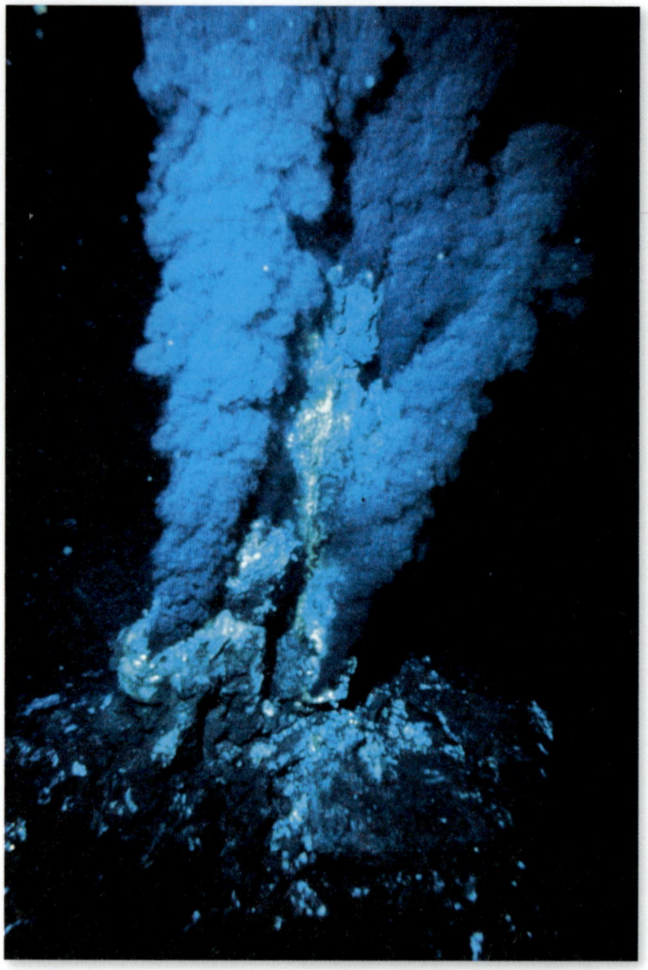

극호열성 세균은 해양바닥의 열수구 근처에서 산다.

OAR/National Undersea Research Program (NURP)/NOAA

정복할 다른 한계

한때 토양 아래 깊은 지역과 지구 표면의 상부 지각에는 생물이 없는 것으로 알려졌었다. 그러나 깊은 코어 시료(330 m 아래에서부터)를 사용한 작업은 이 영역에 광대한 미생물 집단이 존재한다는 것을 나타낸다. 많은 생물학자들은 이들이 지구상에 존재했던 최초의 고대 미생물과 매우 유사하다고 생각한다. 산소와 햇빛이 침투할 수 없는 진흙, 늪, 바다의 한가운데에 수많은 미생물종들이 자신의 생태적 지위를 가지고 있다. 대양의 가장 깊은 곳(10,000 m 이하)에 서식하는 주요 생물은 고압과 저온을 좋아하는 미생물이다. 석유, 석탄 및 구리, 아연, 금 및 우라늄을 함유한 광상에서도 번성하는 세균집단을 발견할 수 있다.

종속영양과 에너지원

종속영양미생물의 대부분은 유기화합물에서 탄소와 에너지를 모두 얻는 **화학종속영양생물**(chemoheterotroph)이다. 호흡 또는 발효에 의해 이들 유기 분자를 처리하면 ATP 형태의 에너지가 방출된다. 화학종속영양의 예로는 **호기성호흡**(유기호흡, aerobic respiration)이 있으며, 동물, 대부분의 원생동물 및 진균, 호기성 세균의 주요 에너지 생성경로이다. 호기성호흡은 간단히 식으로 나타낼 수 있다.

$$\text{포도당 } [(CH_2O)_n] + O_2 \rightarrow CO_2 + H_2O + \text{에너지(ATP)}$$

이 반응은 광합성과 상보적이다. 여기서 포도당과 산소는 반응물이며 이산화탄소가 방출된다. 실제로, 지구의 에너지와 대사기체의 균형은 모두 이 둘의 관계에 크게 의존한다. 화학종속영양미생물은 유기양분을 얻는 방법이 다음 2가지 주요 범주 중 하나에 속한다. **부생생물**(saprobe)은 주로 죽은 생물의 유기물을 먹는 자유 생활 미생물이며, **기생생물**(parasite)은 일반적으로 살아 있는 숙주의 세포 또는 조직에서 양분을 얻는다.

부생 미생물 부생 미생물은 식물 잔재물, 동물성 물질 및 죽은 미생물의 분해자로 생태적 지위를 차지한다. 분해자의 작업이 없다면, 지구는 유기물질로 가득 차게 되고, 버려지는 유기물에 포함되어 있는 양분은 재활용되지 않을 것이다. 대부분의 부생생물, 특히 세균과 진균은 단단한 세포벽을 가지고 있으며 큰 입자로 된 먹이는 삼킬 수 없다. 이를 보완하기 위해, 세포 밖 환경으로 효소(체외효소)를 방출하여 세포 안으로 운반이 가능한 더 작은 분자로 먹이 입자를 분해(소화)시킨다(**그림 7.2**). **절대부생생물**(obligate saprobes)은 토양과 물속의 죽은 유기물에서 살며 살아 있는 숙주의 몸에서는 적응할 수 없다. 부생생물에는 많은 자유 생활 원생동물, 진균 및 세균이 포함된다. 전에 생각했던 것보다 더 적은 종수의 절대부생생물이 존재하며, 아마도 많은 비병원성인 부생생물은 감수성 숙주를 감염시킬 수 있다. 부생 미생물이 숙주를 감염시키면 기생생물로 간주된다. 이러한 감염은 일반적으로 숙주가 손상될 때 발생하며 이때의 미생물은 기회적인 병원체(opportunistic pathogen)로 간주된다. 예를 들어, 녹농균의 자연 서식지는 토양과 물이지만 입원 환자에게 감염을 일으키기도 한다. 효모 *Cryptococcus neoformans*는 AIDS 환자의 폐와 뇌에 심각한 감염을 일으키지만 효모의 자연 서식지는 토양이다.

기생 미생물 기생생물은 숙주의 몸 또는 몸 안에서 살며 어느 정도 피해를 준다. 기생생물은 조직을 손상시키기도 하며(질병), 심지어 죽음에 이르게도 하기 때문에 **병원체**(pathogen)라고도 한다. 기생체(parasite)는 바이러스에서 기생충까지 다양하다. 절대기생생물(예: 한센병 바실러스 및 매독 스피로헤타)은 살아 있는 숙주의 외부에서 자랄 수 없다. 조금 덜 엄격한 기생생물은 적절한 양분과 환경

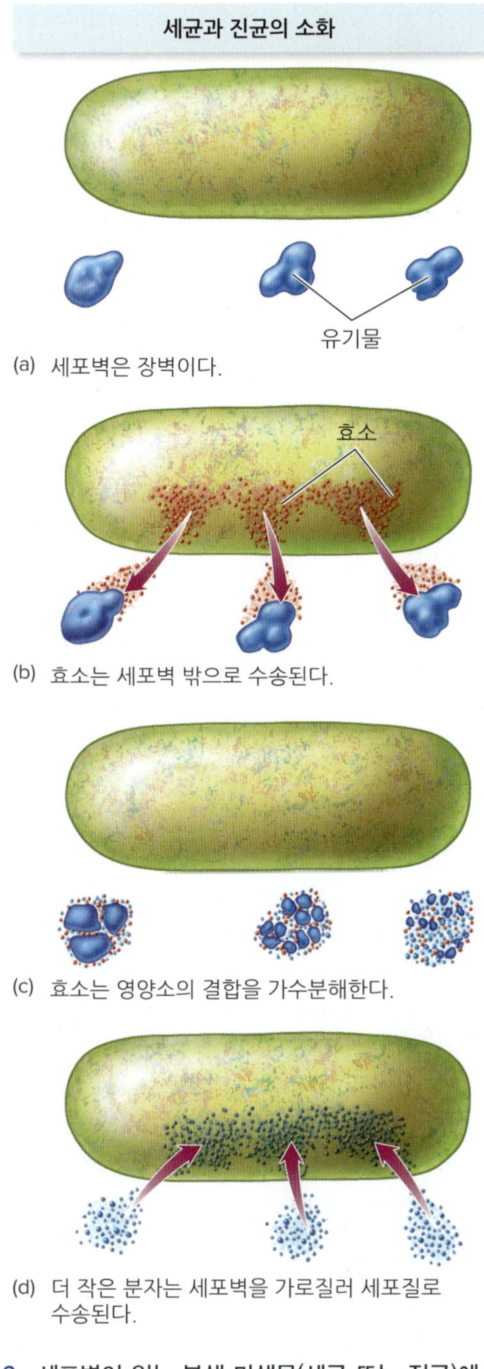

그림 7.2 세포벽이 있는 부생 미생물(세균 또는 진균)에서의 세포외 소화 (a) 벽으로 둘러싸인 세포는 유연성이 없으며 큰 유기물 조각을 삼킬 수 없다. (b) 사용 가능한 기질에 반응하여, 세포는 세포벽을 가로질러 세포 외부 환경으로 운반되는 효소를 합성한다. (c) 효소는 잔해 분자의 결합을 가수분해한다. (d) 세포외 소화로 세포질로 운반되기에 충분히 작은 분자를 생성한다.

조건이 제공된다면 인공적 배양이 가능하다. *Streptococcus pyogenes*(인후염의 원인균)와 *Staphylococcus aureus* 같은 세균은 인공 배지에서 자랄 수 있다.

절대세포내기생체는 극단적이지만 일반적인 생활 방식이다. 생활사의 전부 또는 일부를 숙주 세포 안에서 보내는 이들을 열거하면 바이러스, 일부 세균(리케차, 클라미디아) 및 특정 원생동물(첨복포자충류, apicomplexans) 등이다. 우리가 생각하는 것과는 달리, 세포 내부는 위험이 완전히 없지는 않으며, 미생물은 어려운 도전을 극복해야 한다. 미생물은 세포 안에서 길을 찾아야 하고, 파괴되지 않아야 하며, 너무 빨리 숙주 세포를 파괴하지 말아야 할 뿐만 아니라, 복제해야 하고, 다른 세포를 감염시키는 방법을 찾아야 한다. 세포 내 기생생물은 종류에 따라 숙주 세포에서 다른 물질을 얻는다. 바이러스는 극단적으로 숙주의 유전자와 대사기구에 기생한다. 리케차는 주로 에너지 기생생물이며, 말라리아를 야기하는 원생동물은 헤모글로빈 기생생물이다.

미생물의 먹이 섭취 방법: 양분 흡수

미생물의 서식지는 필수영양소를 제공하고 있으며(일부는 풍부하고 일부는 부족한), 미생물은 그 영양소를 세포로 가져와야 한다. 생존을 위해서는 세포가 노폐물을 세포 밖으로(그리고 환경으로) 운반해야 한다. 방향에 상관없이, 세포막을 가로질러 이동이 일어나며, 막의 구조는 이 역할에 특화되어 있다. 이는 세포벽을 갖는 생물(세균, 조류 및 진균)에서도 마찬가지인데, 세포벽은 일반적으로 분자의 유입과 유출을 통제하기에는 거의 비선택적이기 때문이다. 수송 기작을 이야기하기 전에 확산의 기본 원리를 살펴보자.

분자의 운동: 확산과 수송

수송의 원동력은 원자와 분자 운동인데, 원자와 분자는 일정한 무작위 운동을 하는 경향이 있다. 이 운동의 존재는 액체에 현탁된 입자의 브라운 운동에서 명백히 나타난다. 이것은 여러 가지 단순한 관찰로도 설명할 수 있다. 방의 한 부분에 뿌려진 한 방울의 향수를 다른 부분에서 곧 냄새를 맡을 수 있게 되거나, 한 잔의 차 안에서 설탕 덩어리가 젓지 않았는데도 설탕은 잔 전체에 퍼진다. 원자나 분자가 밀도나 농도가 더 높은 영역에서 더 낮은 밀도 나 농도의 영역으로 기울기에 따라 이동하는 이러한 분자 운동 현상을 **확산**(diffusion)이라 한다(**그림 7.3**).

세포막을 가로지르는 분자의 확산은 대체로 물질의 농도 기울기 및 투과성에 의해 결정된다. 그러나 세포 내외부로의 영양소(분자, 용질)의 움직임을 이야기하기 전에 물의 움직임 또는 삼투를 다룰 것이다. 여러분은 2.1절의 용질과

그림 7.3 수용액에서의 분자 확산 액체 바닥의 정육면체에 고농도의 설탕이 존재한다. 이 가상의 분자 그림은 설탕 분자가 일정한 운동 상태에 있음을 보여준다. 정육면체의 가장자리에 있는 부분은 농도가 높은 영역에서 더 희석된 영역으로 확산된다. 확산이 계속되면 설탕이 액체 전체에 무작위로 퍼져 결국에는 기울기가 없게 된다. 이때 그 시스템은 평형상태에 있다고 한다.

용매에 대해 다시 한번 살펴볼 수도 있다.

물의 움직임: 삼투

선택적 투과성 막을 통한 물의 확산은 **삼투**(osmosis)라고 하는 과정이다. **과정 그림 7.4**는 세포가 수용액에서 다양한 용질 농도를 처리하는 방법을 보여준다. 삼투압체계에서 막은 물의 자유로운 확산을 가능하게 하지만 용해된 다른 특정 분자를 차단하는 **선택적인 투과성**(selectively permeable) 통로를 가지고 있다. 이 막이 다른 농도의 용액 사이에 배치되고 용질이 구멍보다 큰 경우(예: 단백질), 확산 법칙에 따라 물은 물이 더 많은 쪽에서 더 적은 쪽으로 더 빠른 속도로 확산된다. 용액의 농도가 다르기 때문에, 평형에 도달해서 확산 속도가 균일해질 때까지 한 쪽은 물의 순손실이, 다른 쪽은 물의 순이득이 나타나게 될 것이다.

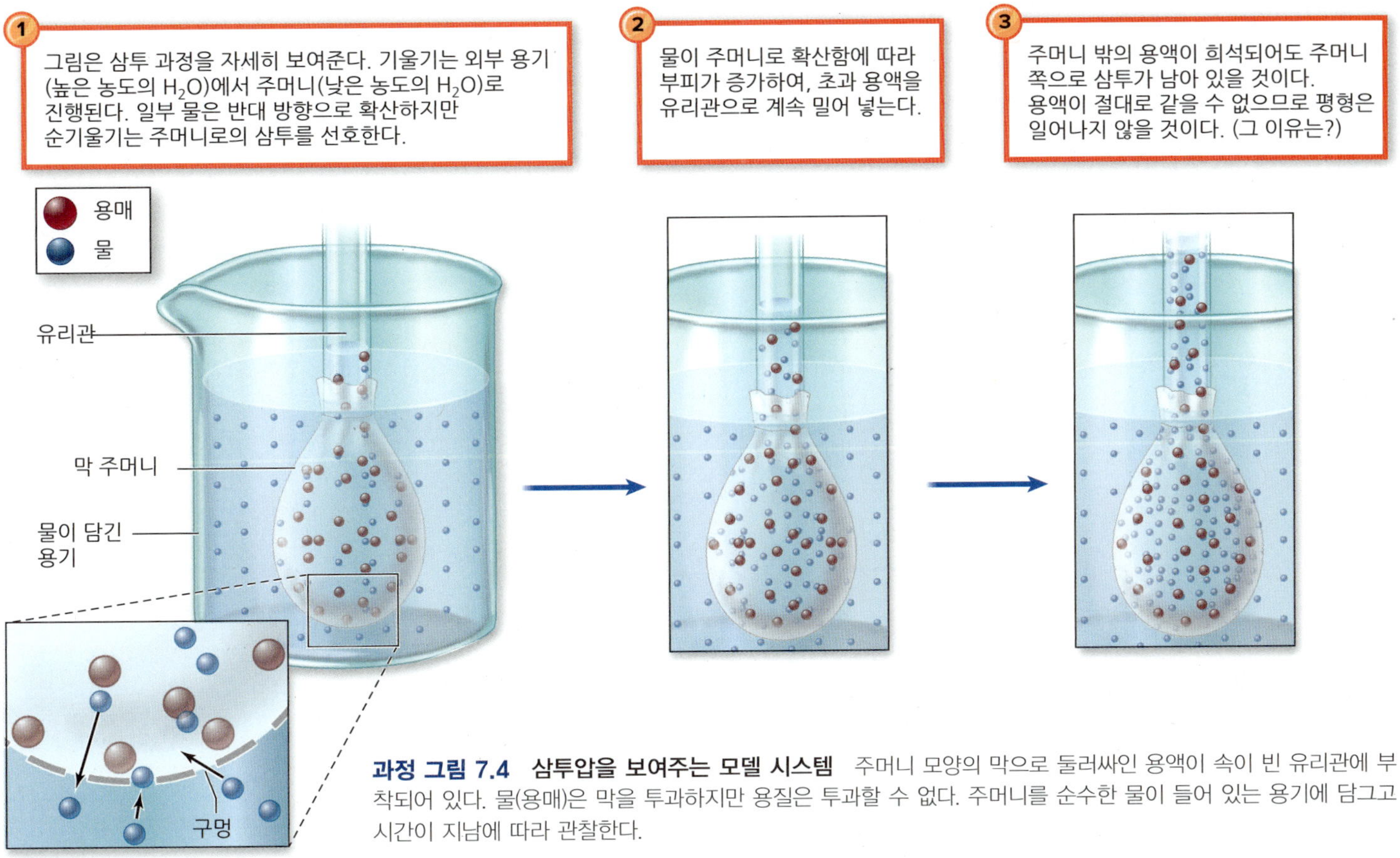

과정 그림 7.4 삼투압을 보여주는 모델 시스템 주머니 모양의 막으로 둘러싸인 용액이 속이 빈 유리관에 부착되어 있다. 물(용매)은 막을 투과하지만 용질은 투과할 수 없다. 주머니를 순수한 물이 들어 있는 용기에 담그고 시간이 지남에 따라 관찰한다.

생물에서 삼투는 과정 그림 7.4의 모델과 유사하다. 살아 있는 막은 일반적으로 더 큰 분자의 출입을 차단하고 물의 자유로운 확산을 허용한다. 대부분의 세포는 물로 둘러싸여 있기 때문에 들어오거나 나가는 물의 양은 세포 활동과 생존에 큰 영향을 미친다. 세포와 환경 사이의 삼투 관계는 세포막의 양쪽에 있는 용액의 상대 농도에 의해 결정된다(**그림 7.5**). 이러한 시스템은 등장성(isotonic), 저장성(hypotonic) 및 고장성(hypertonic)이라는 용어를 사용하여 비교할 수 있다.

등장성(isotonic) 조건에서 외부환경의 용질 농도는 세포 내부 환경과 동일하고, 양방향으로 동일한 비율로 물이 확산되기 때문에 세포 부피에서의 순수한 변화는 없다. 등장성 용액에서는 일반적으로 세포가 이미 삼투적 안정 상태에 있다. 숙주 조직에 사는 기생생물은 등장성 서식지에 살 가능성이 높다.

저장성(hypotonic) 조건에서 외부 환경의 용질 농도는 세포의 내부 환경보다 낮다. 순수한 물은 용질이 없기 때문에 세포에 가장 낮은 저장성 환경을 제공한다. 삼투의 순방향은 저장성 용액에서 세포로 들어가며 세포벽이 없는 세포는 팽창하여 파열될 수 있다.

약한 저장성 환경은 세균 세포에 아주 유리할 수 있다. 물이 세포 안으로 흐르는 일정한 약한 경향은 세포막을 완전히 확장시키고 세포질을 채운다. 이것은 막에서 발생하는 많은 과정에 최석의 소건이다. 단단한 세포벽으로 인해 대부분의 세균은 약한 저장성을 잘 견뎌낸다.

고장성(hypertonic)[1] 조건은 세포질과 균형이 맞지 않지만, 이 경우에 환경은 세포질보다 용질 농도가 더 높다. 고장성 환경은 물이 세포 밖으로 확산되도록 하기 때문에 높은 **삼투압**(osmotic pressure)을 갖고 있다고 말한다. 고장성 용액이 미생물의 생장을 제한하는 효과는 소금에 절인 햄에서처럼 음식의 보존제로 농축 소금 및 설탕용액을 사용하는 원리이다.

환경에서의 삼투 변이에 대한 적응

특정 미생물이 환경에 어떻게 삼투적으로 적응해 왔는지 살펴볼 것이다. 등장성 조건은 일반적으로 세포에 거의 스

1 접두사 iso-, hypo- 및 hyper-가 세포 외부 환경을 나타낸다는 것을 알면 이러한 삼투 조건을 기억하는 데 도움이 된다.

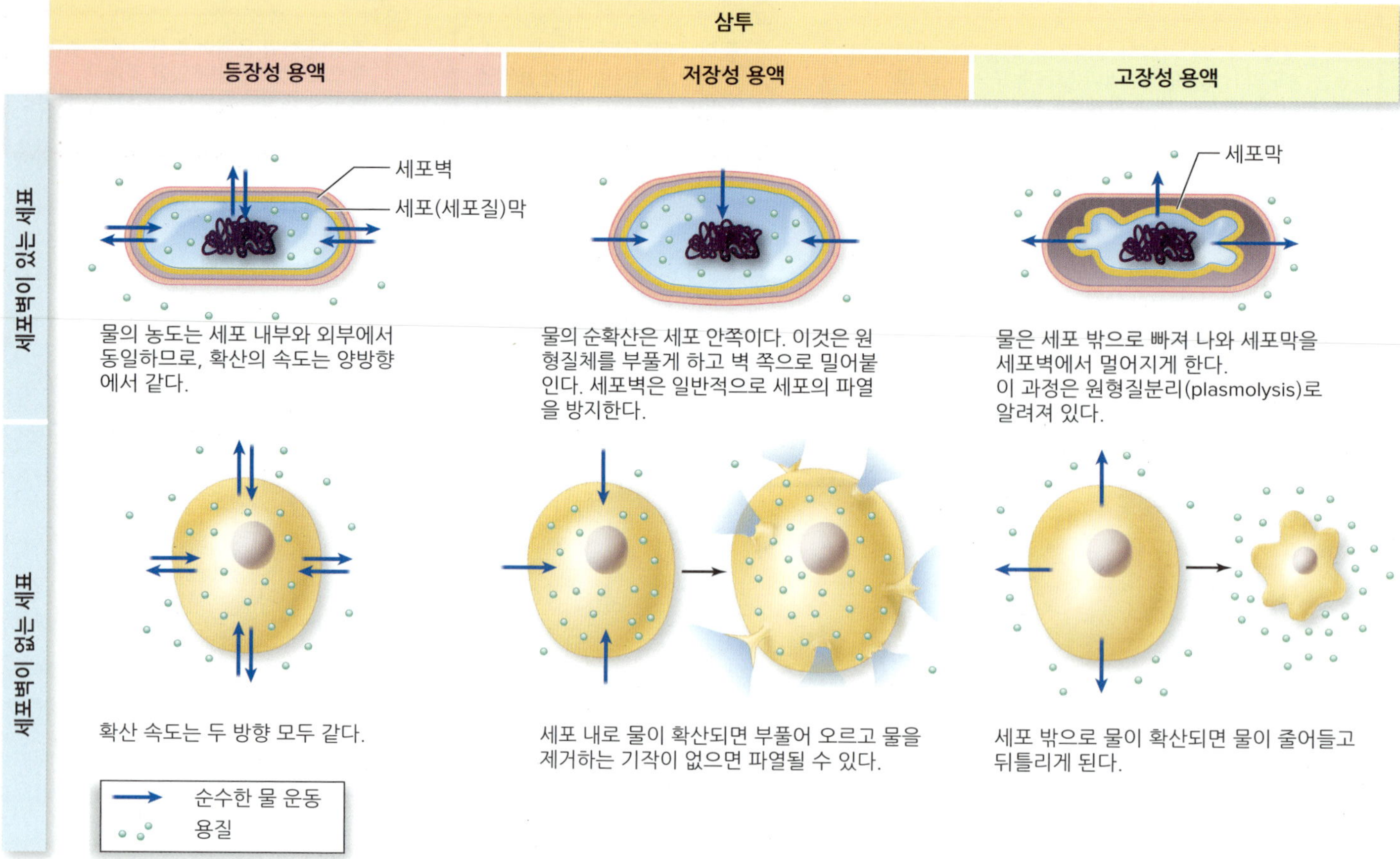

그림 7.5 삼투성 함량이 다른 용액에 대한 세포 반응

트레스를 주지 않기 때문에, 고장성과 저장성 환경의 부작용에 대응하는 데 생존이 달려 있다.

연못물에 서식하는 세균과 아메바는 지속적으로 저장성 조건에 사는 세포의 예이다. 세포막을 가로질러 세포질로 확산되는 물의 속도는 빠르고 일정하며, 세포는 적응할 방법이 없으면 죽을 것이다. 세균 세포의 대부분은 세포막이 압력으로 인해 팽창해도(turgid), 파열되는 것을 막는 세포벽을 가짐으로써 보상한다. 세포벽이 없는 아메바의 적응은 일정한 에너지 소비를 요구하는 해부학적·생리학적 적응이다. 아메바는 작은 펌프처럼 초과 수분을 서식지로 다시 옮기는 수축성 액포(수축포)를 가지고 있다.

고염성(고장성) 환경에 살고 있는 미생물은 반대의 문제가 있으며 환경으로의 물 손실을 제한하거나 내부 환경의 염분을 증가시켜야 한다. 대염호와 사해에 살고 있는 호염성세균은 실제로 세포가 환경과 등장성이 되도록 염분을 흡수한다. 따라서 이 세균의 서식지에는 생리학적으로 높은 염분농도가 필요하다(호염성세균에 대한 논의 참조).

막을 가로지르는 물질 운반

세포는 극성 분자와 이온이 막을 가로질러 이동할 수 있어야 하는데 이러한 화학물질의 투과성이 크게 감소하면 단순 확산으로는 이 물질이 이동할 수 없다. 물질이 세포로 들어오고 나가는 방법에는 여러 가지가 있으며 **표 7.4**에 요약되어 있다. 첫째, **촉진확산**(facilitated diffusion)이 있다. 이러한 유형의 매개된 수송기작은 특정 물질에 결합할 수송단백질을 이용한다. 이 결합은 물질이 막을 가로질러 이동하도록 수송단백질의 형태를 변화시킨다. 물질이 운반되면, 수송단백질은 원래 형태로 돌아가고 다시 운반할 준비가 된다. 이들 수송단백질은 **특이성**(specificity)을 나타내며, 이는 하나 또는 몇 가지 유형의 분자에만 결합하여 수송한다는 것을 의미한다. 예를 들어 나트륨을 운반하는 수송단백질은 포도당에는 결합하지 않는다.

촉진확산의 두 번째 특성은 **포화**(saturation)이다. 물질의 수송속도는 수송단백질상의 결합 부위의 수에 의해 제한된다. 물질의 농도가 증가함에 따라 수송물질의 농도가 수송자의 모든 결합 부위를 차지할 때까지 수송속도도 증가한

표 7.4 세포의 수송 과정

예	설명	에너지요구
수동		
단순확산	임의 운동 상태에 존재하는 원자 및 분자의 기본 특성	없음. 물질은 더 높은 농도에서 더 낮은 농도로 기울기를 따라 이동. 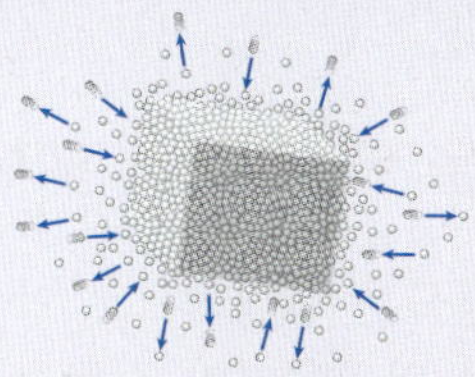
촉진확산	분자는 막의 특정 수용체에 결합하여 다른 쪽으로 수송. 분자별. 양방향으로 이동. 수송 속도는 수송단백질상의 결합 부위의 수에 의해 제한.	없음. 물질은 더 높은 농도에서 더 낮은 농도로 기울기를 따라 이동. 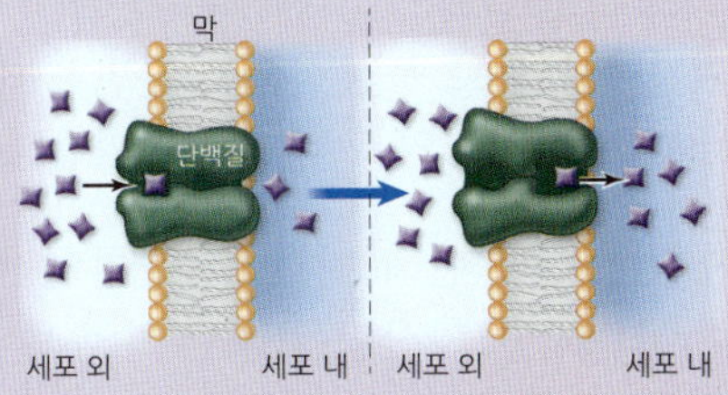
능동		
수송매개 능동수송	원자 또는 분자는 특수 수용체에 의해 세포 내외로 수송.	ATP 또는 양성자 동력에 의해 구동 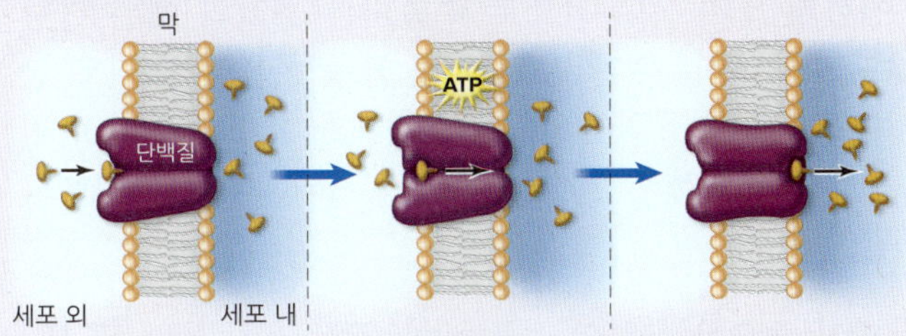
작용기수송	분자가 막을 가로질러 이동하고 동시에 대사적으로 유용한 물질로 전환.	ATP 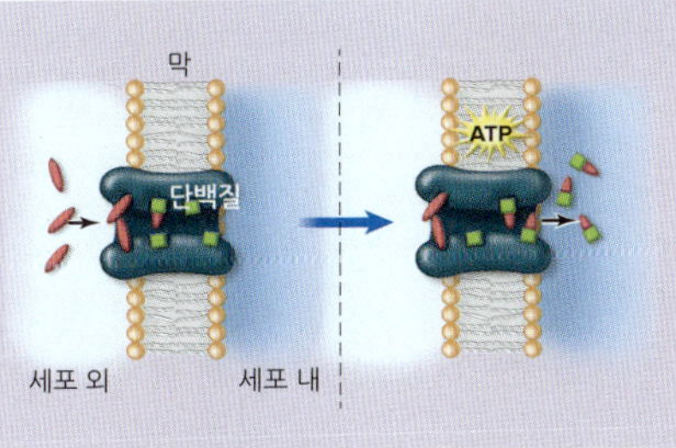
대량수송	큰 입자, 세포 및 액체를 삼키거나 소포의 형성을 통해 대량수송. 일반적으로 세포내흡입이라고 불리는 과정. 식균 작용은 고형물을 세포로 이동시킨다. 음세포작용은 액체를 세포로 옮긴다.	ATP 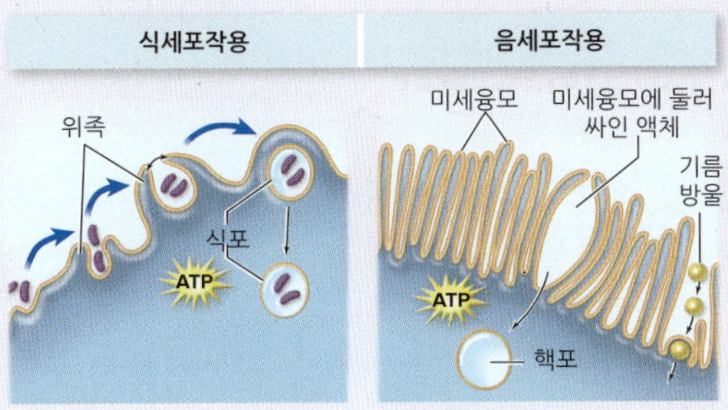

다. 그런 다음 운반 속도가 안정 상태에 도달하며 물질의 농도가 더 증가하더라도 더 빨리 이동할 수 없다. 이 수송단백질의 세 번째 특징은 이들이 **경쟁**(competition)을 한다는 것이다. 이것은 유사한 모양의 두 분자가 수송단백질의 동일한 결합 부위에 결합할 수 있는 경우이다. 결합 친화력이 높은 화학물질 또는 농도가 높은 화학물질은 더 빠른 속도로

수송된다.

농도가 높은 영역에서 농도가 낮은 영역으로 농도 기울기에 따라 분자가 이동하기 때문에 단순확산이나 촉진확산 모두 에너지가 필요하지 않다.

능동수송: 농도 기울기의 반대로 분자 수송

자유생활을 하는 미생물은 상대적으로 양분이 부족한 조건에서 존재하며 느리고 비효율적인 수동수송 기작에 완전히 의존할 수는 없다. 미생물이 양분과 그 외 필요한 물질을 지속적으로 공급받기 위해서는 공급이 매우 부족한 물질을 포획하여 세포로 능동적으로 운반해야 한다. **능동수송**(active transport) 체계의 고유기능은 다음과 같다.

1. 확산 기울기의 반대 방향 또는 자연적인 기울기와 같은 방향이지만 확산만에 의한 수송보다 더 빠른 속도로 양분을 수송.
2. 특정 막단백질(투과효소 및 펌프)의 존재.
3. 에너지 소비. 능동적으로 수송되는 물질의 예는 단당류, 아미노산, 유기산, 인산 및 금속 이온이다. 일부 담수 조류는 효율적인 능동수송체계를 갖추고 있어서 필수영양소의 세포 내 농도가 서식지의 200배인 경우도 발견된다.

한 가지 중요한 유형의 능동운송으로는 K^+, Na^+ 및 H^+와 같은 이온을 막을 가로질러 빠르게 운반할 수 있는 특수 펌프가 있다. 이러한 행동은 막의 ATP 형성 및 단백질 합성에서 특히 중요하다. 또 다른 유형의 능동수송인 **작용기전달**(group translocation)은 영양소의 수송을 세포 내에서 즉시 유용한 물질로의 전환과 결합시킨다. 이 방법은 특정 세균이 당(포도당, 과당)을 수송하는 데 사용되며, 동시에 인산염과 같은 분자를 추가하여 대사의 다음 단계를 준비한다.

세포내흡입: 세포의 먹이 섭취

일부 진핵세포는 세포막을 가로질러 큰 분자, 입자, 액체 또는 다른 세포를 운반한다. 세포는 일반적으로 이 수송을 수행하기 위해 에너지를 소비하기 때문에, 능동수송의 형태이기도 하다. 운반된 물질은 막을 통해 물리적으로 통과하지 않지만 **세포내흡입**(endocytosis)에 의해 세포로 운반된다. 먼저 세포는 세포막으로 물질을 둘러싸면서 식포(vacuole)를 형성하여 삼켜 버린다. 아메바와 어떤 백혈구는 **식세포작용**(phagocytosis)이라 하는 일종의 세포내흡입에 의해 전체 세포 또는 크기가 큰 고체 물질을 섭취한다. 용액 내의 오일이나 분자와 같은 액체는 **음세포작용**(pinocytosis)을 통해 세포로 들어간다.

7.1 학습 평가

1. 세균 세포의 필수영양소를 나열할 수 있다.
2. 다량영양소와 미량영양소를 구별할 수 있다.
3. 생물이 탄소원과 에너지원을 이용하는 방식을 나타내는 4가지 용어를 나열하고 정의할 수 있다.
4. 부생생물과 기생생물을 정의하고 각각에 대한 미생물 예를 제시할 수 있다.
5. 확산과 삼투과정을 비교하고 대조할 수 있다.
6. 세포에 등장성, 저장성 및 고장성 조건의 효과를 구분할 수 있다.
7. 2가지 유형의 수동수송과 3가지 유형의 능동수송의 이름을 나열할 수 있다.

7.2 미생물에 영향을 미치는 환경 요인

미생물은 영양분 외에도 다양한 환경 요인에 노출된다. 미생물 생태학은 미생물이 고온, 저온, 기체, 산도, 방사선, 삼투압 및 수압 등의 환경 요인들과의 관계, 심지어는 다른 미생물들과의 관계를 다루거나 적응하는 방식에 초점을 맞춘다. 적응은 장기적인 생존과 생장을 가능하게 하는 생화학 또는 유전학의 조절을 포함한다. 대부분의 미생물에서 이것은 대사 효소의 기능 변화를 의미한다. 따라서 변화하는 환경에서의 생존은 미생물의 효소 시스템이 서식지에서의 변화에 적응할 수 있는지의 문제이다. 또한 주어진 조건에서의 **생장**(growth)과 생장 없는 생존을 의미하는 **내성**(tolerance)을 구분하는 데 주의해야 한다.

온도

미생물 세포는 내부 온도를 제어할 수 없다. 미생물의 생존은 해당 서식지에서 발생하는 온도 변화에 적응하는 데 달려 있다. 다양한 미생물은 다양한 온도에서 생존할 수 있다. 특정 미생물의 생장에 관련된 온도 범위는 3가지 기본 생장 온도(cardinal temperature)로 나타낼 수 있다. **최소온도**(minimum temperature)는 미생물의 지속적인 생장과 대사를 허용하는 최저온도이며 이 온도 이하에서는 활성이 억제된다. **최대온도**(maximum temperature)는 생장과 물질대사를 할 수 있는 최고온도이다. 온도가 최대치를 약간 상회하면 생장이 멈추지만, 그 지점을 넘어 계속 상승하면 효소와 핵산이 영구적으로 비활성화되고(또는 변성이라고도 함) 세포가 죽을 것이다. 이러한 사실은 열이 미생물 제어제로서 아주 잘 작용되는 이유이다. **최적온도**(optimum temperature)는 최소온도와 최대온도 사이의 중간에 있는

들여다보기 7.2 임상: 감염 치료를 위한 열 유도

그림 7.6을 주의 깊게 살펴보면 미생물은 일반적으로 최적의 생장을 위한 온도 범위가 매우 좁다는 것을 알 수 있다. 대부분의 인간 병원체는 최적의 생장 온도가 37℃인 호중성 생물이며, 이 온도는 인체의 정상적인 평균 온도이므로 의미가 있다.

항생제가 개발되기 이전에 받은 가장 나쁜 진단 중 하나는 스피로헤타 세균인 *Treponema pallidum*에 의해 발생하는 감염성 질병인 매독 진단이었다. 치료하지 않으면 이 병은 결국 정신이상과 사망을 초래할 수 있다. 1900년대 초에 모험적인 의사들은 매독 환자에게 말라리아를 접종하였는데, 말라리아에 감염되면 주기적으로 매우 높은 발열(약 40~41℃)이 발생한다. 의사들은 고온이 비교적 열에 약한 세균을 죽이고, 말라리아는 퀴닌으로 치료할 수 있다고 추론했다. 때로는 효과가 있었지만, 물론 항생제를 사용하게 되면서 이 방법은 더 이상 사용하지 않게 되었다.

© MedicalRF.com

그러나 이 방법을 다시 사용하게 되었는데, 헨리 하임리히(Henry Heimlich, 하임리히 조작을 발명한 사람) 박사는 1990년대 중국에서 HIV를 치료하기 위해서 HIV 양성환자에게 말라리아 기생충을 감염시키는 실험을 실시했다. 연구가 공개되었을 때, 이 위험한 인간 대상 실험으로 인해 격렬한 반응이 있었으나 그 결과에 대해서는 알려진 바가 거의 없다.

더 최근에는, 같은 이유로 스스로 말라리아 감염을 요구하는 라임병 환자를 볼 수 있다(라임병 환자의 체온을 높이기 위해 화학물질을 사용하는 병원도 있다). 라임병은 치료하기 어려운 질병이며, 많은 환자들이 감염 후 수년간 참기 어려운 증상을 호소한다. 많은 증상들이 전통적인 의학에서 제공하는 치료로 완화되지 않는다. 이러한 상황에서 "말라리아 요법"과 같은 위험한 방법도 고통 받는 사람들에게는 매력적이다. 미국 질병통제예방센터는 모든 종류의 감염에 대해 말라리아 요법 또는 기타 열 유도 치료를 지지하지 않고 있다.

작은 범위이며, 가장 빠른 속도의 성장과 대사를 촉진한다(최적온도가 단일 지점인 경우는 드물다). 유동성에 영향을 미치는 세균 세포막의 작은 화학적 차이도 미생물들이 다른 온도에서 번식할 수 있게 한다.

미생물의 기본생장온도의 범위는 자연 서식지에 따라서 넓을 수도 있고 좁을 수도 있다. 온도가 숙주의 체온보다 몇 도 이상 차이가 날 경우 일부 절대 기생생물은 생장하지 않는다. 예를 들어, 티푸스 리케차는 32~38℃의 범위에서만 번식하고 라이노바이러스(일반적인 감기의 원인 중 하나)는 정상 체온(33~35℃)보다 약간 낮은 조직에서 가장 성공적으로 번식한다. 다른 생물은 그렇게 제한되지 않는다. *Staphylococcus aureus* 균주는 6~46℃ 범위에서 자라며 장내 세균 *Enterococcus faecalis*는 0~44℃ 범위에서 자란다. **들여다보기 7.2**의 주제는 높은 온도를 사용하여 감염을 치료하는 방법이다.

온도 적응을 표현하는 또 다른 방법은 미생물이 저온, 중온 또는 고온의 온도 범위에서 최적으로 자라는지를 나타내는 것이다. 미생물의 최적온도에 따라 **호냉성 생물**(psychrophile), **호중성 생물**(mesophile), **호열성 생물**(thermophile), **극호열성 생물**(hyperthermophile)로 분류한다(**그림 7.6**).

호냉성 생물(psychrophile)의 최적온도는 15℃ 이하이며,

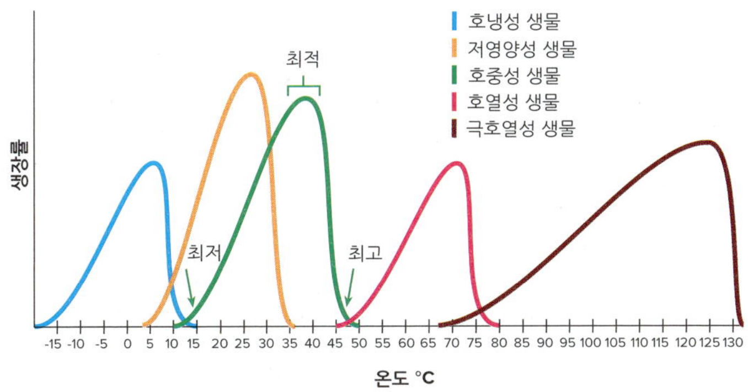

그림 7.6 최적온도별로 미생물 구분 호냉성은 0℃에서 또는 15℃ 이하에서 자랄 수 있다. 저영양성 생물(psychrotroph)의 최적온도는 15~30℃이다. 호중성 생물은 10~50℃ 사이에서 자랄 수 있지만, 최적온도는 보통 20~40℃ 사이이다. 일반적으로, 호열성 생물은 45℃ 이상의 온도가 필요하며 이 온도와 80℃ 사이에서 최적으로 생장한다. 극호열성 생물은 80℃ 이상이 최적온도이다. 범위는 어느 정도 겹칠 수 있다.

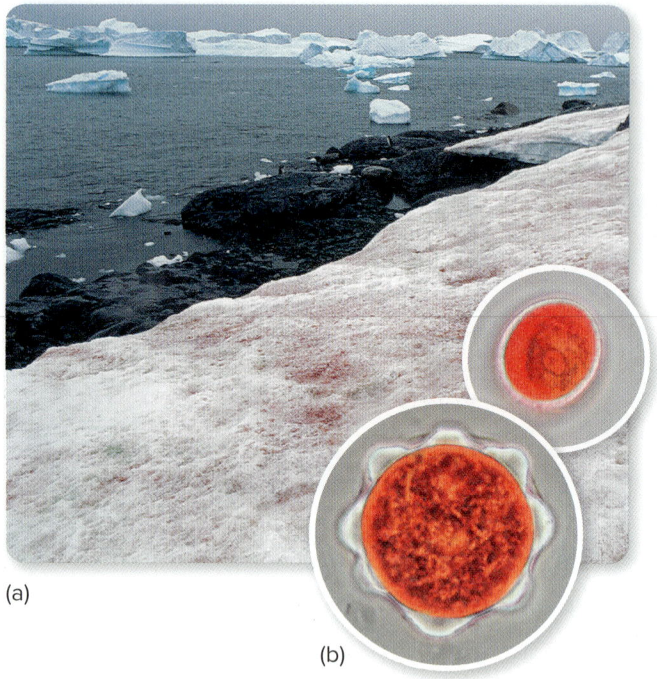

그림 7.7 붉은 눈 (a) 초여름 눈더미는 *Chlamydomonas nivalis*와 같은 호냉성 광합성 생물에게는 완벽한 서식지이다. (b) 이 눈조류(snow algae)의 현미경 관찰(실제로 붉은색을 띠지만 녹조류로 분류됨).
(a) © Francois Gohier/Science Source; (b) Courtesy Nozomu Takeuchi

0℃에서도 생장할 수 있는 미생물이다. 이 미생물은 저온에 절대적인데, 일반적으로 20℃ 이상에서는 생장할 수 없다는 것을 의미한다. 진정한 호냉성 생물을 실험실에서 다루는 작업은 상당히 어려울 수 있다. 실온은 이 미생물에 치명적일 수 있으므로 냉장실에서 접종해야 한다. 대부분의 실험실 배양과 달리, 냉장고 저장은 이 미생물을 억제하기보다는 배양하는 것이다. 당연히 호냉성 세균, 진균 및 조류의 서식지는 호수와 강, 설원(**그림 7.7**), 극지방의 얼음과 깊은 해양이다. 병원성인 경우는 거의 없다. 호냉성 세균 중에서 덜 극단적인 경우는 추운 곳에서는 느리게 자라지만 최적온도가 15~30℃ 사이에 있는 **저영양성 세균**(psychrotroph)이다.

의학적으로 중요한 미생물의 대부분은 중간 온도에서 자라는 생물인 **호중성 생물**(mesophile)이다. 각 종은 10℃ 또는 50℃의 극한에서 자랄 수 있지만 대부분의 호중성 생물의 최적 생장 온도는 20~40℃의 범위에 있다. 이 생물은 온대, 아열대 및 열대 지역의 토양과 물뿐만 아니라 동물과 식물에도 서식한다. 대부분의 인간 병원균은 30℃와 40℃ 사이에서 최적의 상태를 유지한다(체온이 37℃이다). *Staphylococcus aureus*와 같은 일부 호중성 세균은 체온에서 최적으로 자라지만 기능적으로는 조건부 호냉성이다. 즉, 냉장 온도에서 생존하고 천천히 증식하여 식품 저장에서 문제를 일으킨다. *Listeria monocytogenes*는 진정한 호냉성 생물이며 종종 아이스크림과 냉장 육류에서 자라는 인체 병원균이다. 내열성(thermoduric) 세균은 고온에 짧게 노출되면 살아남기도 하지만 일반적으로 호중성이며, 열처리하거나 저온살균한 식품에서 나타나는 일반적인 오염균이다. 예로는 *Giardia*와 같은 내열성 낭종을 형성하는 생물이나 *Bacillus* 및 *Clostridium*과 같은 포자형성세균 등이 있다.

호열성 생물(thermophile)은 45℃ 이상의 온도에서 최적으로 생장하는 미생물이다. 이렇게 열을 좋아하는 미생물은 화산 활동과 관련된 토양과 물, 퇴비 더미 및 태양에 직접 노출된 서식지에서 산다. 호열성 생물의 일반적인 생장 범위는 45~80℃이며, 다양한 온도 범위에서 생장한다. 대부분의 진핵생물은 60℃ 이상에서는 생존할 수 없으나, 극호열성이라고 불리는 일부 호열성 세균은 80~121℃에서 자란다(현재 121℃가 생존을 제한하는 상한온도). 극호열성 생물은 내열성이 뛰어나므로 연구자들은 고압증기멸균기(autoclave)를 사용하여 분리한다. 현재 생명공학회사의 호열성 미생물에 대한 관심이 높다(들여다보기 7.1 참조).

가스

미생물 생장에 가장 큰 영향을 미치는 대기 가스는 O_2와 CO_2이다. 이 중 산소 가스는 미생물 생장에 가장 큰 영향을 미친다. 중요한 호흡 가스일 뿐만 아니라 많은 독성 산소의 형태로 존재하는 강력한 산화제이기도 하다. 일반적으로 미생물은 3가지 범주 중 하나에 속한다.

- 산소를 사용하고 산소의 독성을 해독할 수 있는 미생물
- 산소를 사용하지 않고 산소의 독성을 해독할 수 없는 미생물
- 산소를 사용하지 않지만 산소의 독성을 해독할 수 있는 미생물

미생물이 산소를 처리하는 방법

산소가 세포 반응에 들어가면 몇 가지 독성 생성물로 변환된다. (O) 또는 $\dot{O}_2$로 쓰여진 단일항산소는 생물학적 반응과 비생물학적 반응 모두에서 생성되는 매우 반응성이 높은 분자이다. 특히, 감염 세균을 죽이기 위해 식세포에서 생성되는 물질 중 하나이다. 단일항산소의 축적 및 막지질과 다른 분자의 산화는 세포를 손상시키고 파괴할 수 있다. 반응성이 높은 초과산화물 이온(O_2^-), 과산화수소(H_2O_2)와 수산화라디칼(OH^-)은 산소의 또 다른 파괴적 대사 부산물이다. 대부분의 세포는 손상으로부터 스스로를 보호하기 위해 이러한 독성 산소를 제거하고 중화하는 효소를 개발했다. 과산화물 이온을 무해한 산소로 완전히 전환하려면 2단계

의 과정과 2가지 이상의 효소가 필요하다.

$$1단계 \quad 2O_2^- + 2H^+ \xrightarrow[\text{(SOD)}]{\text{초과산화물 불균등화효소}} H_2O_2(과산화수소) + O_2$$

$$2단계 \quad 2H_2O_2 \xrightarrow{\text{catalase}} 2H_2O + O_2$$

이 일련의 반응(호기성 생물에는 필수적인)에서, 초과산화물 이온은 먼저 초과산화물불균등화효소(superoxide disutase, SOD)라는 효소의 작용에 의해 과산화수소 및 정상 산소로 전환된다. 과산화수소는 세포에 독성이 있기 때문에(소독제 및 방부제로 사용되는 이유) 효소 catalase에 의해 물과 산소로 분해된다. 미생물이 이러한 기작 또는 이와 유사한 기작으로 독성 산소를 처리할 수 없는 경우에는 산소가 없는 서식지에 살게 된다.

생물의 산소요구량에는 몇 가지 다른 범주가 있다. **호기성 생물**(aerobe)은 대사에 산소를 사용하고 산소의 독성 부산물을 처리하는 데 필요한 효소를 가지고 있다. 산소 없이는 생장할 수 없는 생물은 **절대**(obligate)호기성 생물이다. 많은 세균뿐만 아니라 대부분의 진균과 원생동물은 절대호기성 생물이다.

조건부혐기성 생물(facultative anaerobe)은 대사에 산소가 필요하지 않고 산소가 없어도 생장할 수 있는 호기성 생물이다. 이 유형의 생물은 산소가 존재하면 호기성 호흡으로 대사한다. 그러나 산소가 없으면 발효와 같은 혐기성 대사를 선택한다. 조건부혐기성 생물은 일반적으로 catalase 및 초과산화물불균등화효소를 가지고 있다. 많은 병원성 세균이 이 그룹에 속한다(예: 그람음성 장내세균 및 포도상구균). **미호기성 생물**(microaerophile)은 일반 대기 중 산소 농도에서 생장하지 않지만 대사에 소량의 산소가 필요하다. 이 범주에 속하는 대부분의 생물은 소량의 산소가 존재하지만 대기에 직접 노출되지 않는 서식지(토양, 물 또는 인체)에 산다.

혐기성 생물(anaerobe)은 호흡에 산소를 이용하는 대사적 효소 시스템이 없다. 절대혐기성 생물은 독성 산소를 처리할 수 있는 효소가 없기 때문에 환경에 존재하는 유리 산소를 견딜 수 없으며 노출되면 죽는다. 절대혐기성 생물은 깊은 갯벌, 호수, 바다 및 토양 등의 서식지에 산다. 사람의 세포가 산소를 사용하고 혈액과 조직에 산소가 존재하지만, 신체의 일부 부위에는 혐기성 주머니나 미세서식지가 존재하여 감염이 일어날 수 있다. 혐기성 감염의 중요한 부위 중 하나는 구강이다. 충치는 호기성 세균과 혐기성 세균의 복잡한 작용에 기인하며, 대부분의 잇몸(gingival) 감염은 잇몸 조직을 손상시키는 구강 세균과 유사한 세균들의 혼합물에 의한다. 혐기성 감염의 또 다른 흔한 부위는 대장이며, 비교적 무산소 서식지로, 절대혐기성 세균이 풍부하다. 혐

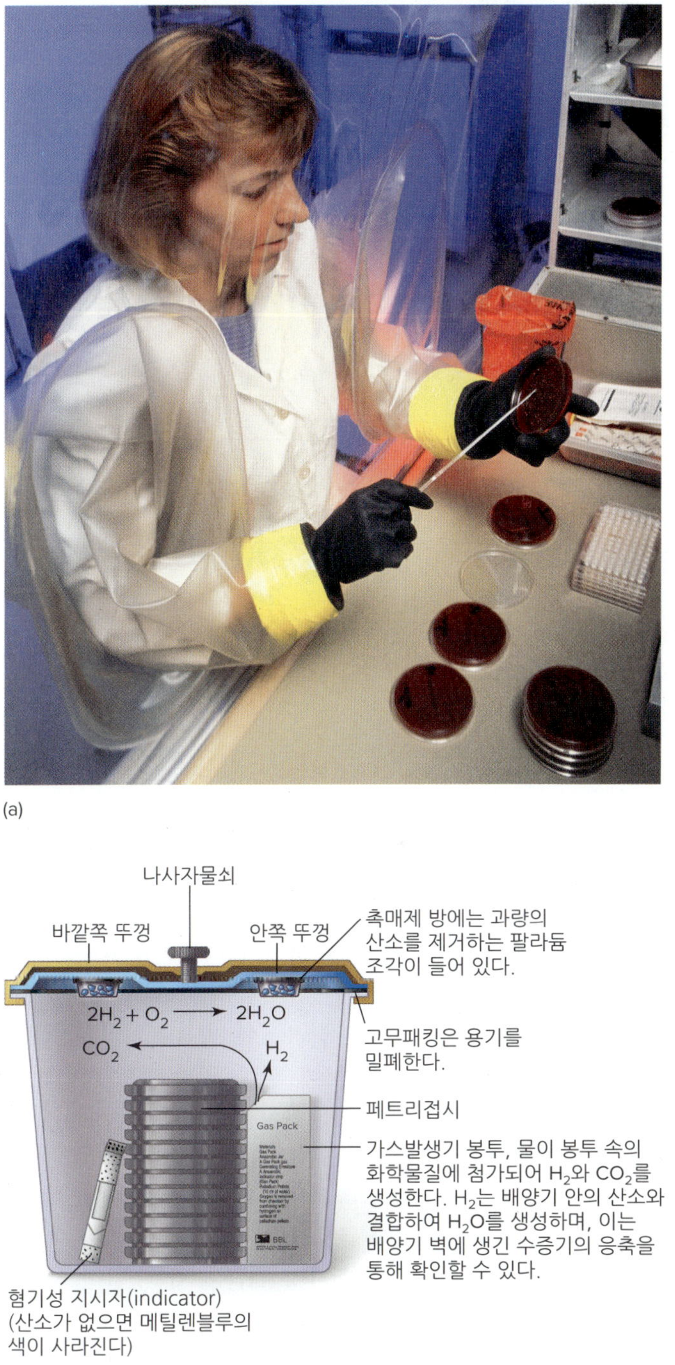

그림 7.8 혐기성 배양 기술 (a) 특수한 혐기성 배양기를 통해 절대혐기성 세균을 공기에 노출시키지 않고 다룰 수 있다. 완전히 산소가 없는 시스템에서 배양 및 검사를 할 수 있다. (b) 더 단순한 혐기성 세균(CO_2) 배양기. 혐기성 환경을 만들기 위해서는 패킷이 활성화되어 수소가스가 생성되고 배양기는 단단히 밀봉된다. 가스는 가용 산소와 반응하여 물을 생성한다. 고농도 이산화탄소가 필요한 생물의 생장을 위해 이산화탄소가 시스템에 추가될 수도 있다.

(a) © Hank Morgan/Science Source

기성 감염은 복부 수술과 외상성 부상(가스 괴저 및 파상풍) 후에 발생할 수 있다. 혐기성 세균의 생장에는 일반적으로 특별한 배지, 배양 방법 및 산소를 제거하는 배양장치가 필요하다(**그림 7.8**).

질병과의 연관성

파상풍(teltanus)은 혐기성 세균인 *Clostridium tetani*에 의해 발생한다. 우리는 못을 밟았을 때와 같은 구멍 난 상처를 통해 이 세균에 감염될 위험이 있음을 알고 있다. 이것은 이 세균의 산소 요구를 보여준다. 깊은 상처에는 그 상처의 "바닥"에 산소가 부족하며, 혈액(다른 산소 공급원)이 많이 흐르지 않는다. 이러한 상황에서 *Clostridium*의 내생포자는 발아하여 번식하게 된다.

내기성 혐기성 생물(aerotolerant anaerobe)은 산소를 사용하지 않지만 산소가 있을 때도 생존하며 제한적으로 생장할 수 있다. 이러한 혐기성 생물은 산소에 의해 해를 입지 않는다. 주로 초과산화물과 과산화물을 분해하는 대체 기작을 가지고 있기 때문이다. 특정 유산균과 연쇄상구균은 이 작업을 수행하기 위해 망간이온이나 과산화효소를 사용한다.

생화학적 관점에서 미생물의 산소 요구량을 결정하는 것은 시간이 많이 걸리는 과정일 수 있다. 이를 수행하는 한 가지 방법은 환원 배지를 이용하여 미생물을 배양하는 것이다(산소흡수 화학물질을 함유한 것). **그림 7.9**는 티오글리콜산(thioglycollate) 용액이 들어 있는 시험관에서 여러 미생물의 생장을 보여준다. 생장 위치는 미생물의 산소 요구량을 나타낸다.

모든 미생물이 대사에 이산화탄소가 필요하지만, 호탄산가스생물(capnophile)은 대기보다 더 높은 압력의 이산화탄소에서 가장 잘 자란다. 이러한 사실은 임상 검체에서 일부 병원균[특히 *Neisseria*(임질, 뇌수막염), *Brucella*(파상열) 및 *Streptococcus pneumoniae*]의 초기 분리에 중요하다. 이 세균의 배양은 3~10%의 CO_2를 공급하는 CO_2 배양기에서 수행된다(**그림 7.8b**). 초기의 호기성 세균에 대해 알아보려면 **들여다보기 7.3**을 참조한다.

질병과의 연관성

티오글리콜산(thioglycollate) 배지는 혈액 배양에 사용하기도 한다. 물론 혈액에는 세균이 없어야 한다. 균혈증 또는 패혈증은 신속하게 확인하고 치료받지 않으면 사망으로 이어질 수 있다. 티오글리콜산 배지는 혐기성 세균으로 인해 생명을 위협하는 감염을 식별하는 데 도움이 될 수 있다.

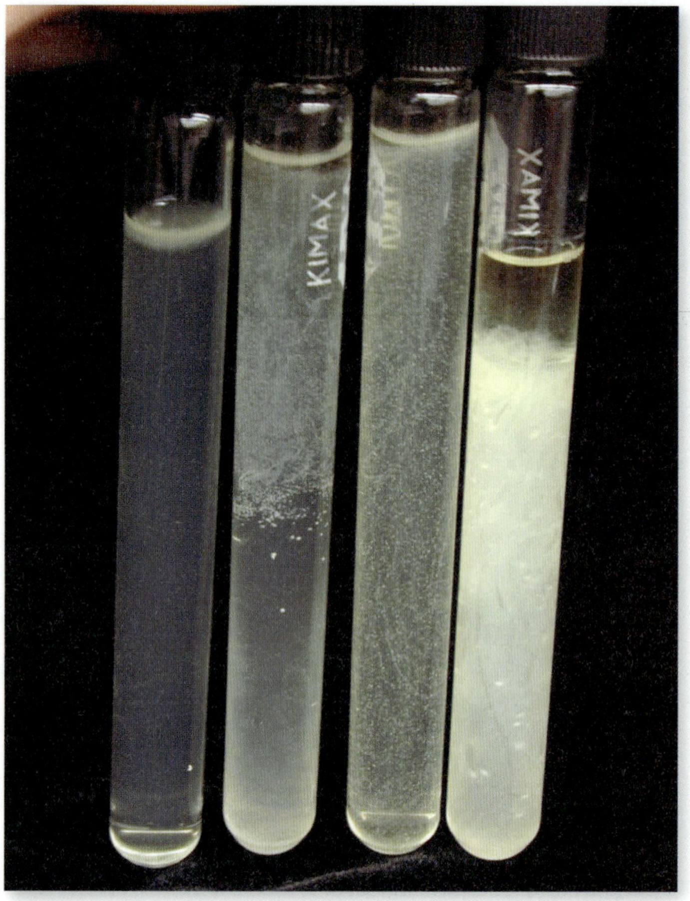

1 2 3 4

그림 7.9 3가지 다른 산소 이용 패턴을 보여주는 4개의 시험관
시험관은 산소를 물로 환원시키는 티오글리콜산을 사용하여 한천을 통한 산소의 확산을 제한한다. 따라서 한천의 상단에 산소가 풍부한 층이 있는 반면, 한천에서 아래로 내려가면서 산소 농도는 급격히 감소한다. 시험관 1에서, 절대호기성 세균인 *Pseudomonas aeruginosa*(녹농균)은 한천의 맨 꼭대기에서만 자란다. 시험관 2와 3은 조건부혐기성 세균의 2가지 다른 예를 나타낸다. 많은 조건부 세균은 호기성 및 혐기성으로 생장할 수 있지만 호기성 조건에서 더 효율적으로 생장한다. 이것은 시험관 2(*Staphylococcus aureus*)에서 더 명백하고 시험관 3(*Escherichia coli*)에서는 덜 명백하다. 시험관 4는 절대혐기성 세균인 *Clostridium butyricum*이 자라고 있다.

pH

미생물의 생장과 생존은 서식지의 pH에도 영향을 받는다. 2.1절에서 용어 pH를 용액의 산도 또는 알칼리도(염기도)로 정의하였다. 0에서 14 사이의 일련의 숫자인 pH 단위로 표현한다. 순수한 물(7.0)의 pH는 산성도 아니고 염기성도 아니다. pH값이 0쪽으로 감소함에 따라 산도가 증가한다. pH가 14를 향해 증가함에 따라 알칼리도는 증가한다. 강한 산과 염기가 효소 및 기타 세포 물질에 크게 손상을 줄 수 있기 때문에 대부분의 생물은 pH 6에서 8 사이의 서식지에서 살거나 자란다.

들여다보기 7.3 마이크로바이옴: 거대한 산화 사건과 지구의 마이크로바이옴

지구에 산소를 생성하는 미생물이 언제 나타났는지에 대해 많은 논쟁이 있어왔다. 최근까지 과학자들은 20억 년에서 30억 년 전까지는 혐기성 세포만 존재한다고 추정했었다. 소위 "거대한 산화 사건(Great Oxidation Event, GOE)"이 일어나서야 우리가 알고 있는 생명이 지구상에 사는 것이 가능해졌다. 거대한 산화 사건은 무엇이며 왜 중요할까? 그때까지 O_2 형태의 대기 산소는 매우 낮았으며, 아마도 현재 수준의 1/10,000 미만이었을 것이다. GOE 이전의 대기에는 지구의 온도를 높은 수준으로 유지하는 온실가스인 메탄이 상당한 양으로 포함되어 있었다. 산소의 생산은 지구 생명의 진화에서 중요한 사건이었다. 대기 중에 O_2가 처음 축적될 때까지 지구는 생물이 살기에는 너무 뜨겁고 메탄으로 가득 차 있었으며 너무 산성이었다.

NOAA Restoration Center & Damage Assessment and Restoration Program

앨버타대학의 지질미생물학자인 Kirt Konhauser가 이끄는 과학자들은 황철광(FeS_2, 바보의 금으로 알려져 있음)의 산화철로의 산화를 연구하였는데, 이 산화과정에서 고대 해저의 암석을 크롬과 다른 금속으로 용해하는 산이 방출되었다. 이들의 자료에 따르면 해저의 크롬 수준은 이전에 생각했던 것보다 약 1억 년 더 이른 시기인 약 248억 년 전에 크게 증가한 것으로 나타났다. **호산성**(acidophilic) 미생물은 고대 지구 해수의 극도로 낮은 pH에서 번성했다. Konhauser는 채굴장의 산성도가 높은 폐수에서 황철석에 서식하는 동일한 세균의 증거를 발견했다(사진). 이 생물은 가장 오래된 산소 생산자이며 오늘날 우리가 살고 있는 대기의 원동력일 수 있다.

일부 미생물은 극단적인 pH에서 산다. 절대호산성 생물로는 pH 0~1 사이의 산성 연못에서 자라는 조류인 *Euglena mutabilis*와 세포벽이 없는 고세균인 *Thermoplasma*가 있는데, 이 고세균은 pH 1~2의 뜨거운 석탄더미에서 살며 pH 7에 노출되면 용해된다. *Picrophilus*는 pH 0.7에서 잘 자라고 pH 0에서도 자랄 수 있다. 많은 곰팡이와 효모는 보통의 산을 견딜 수 있기 때문에 절인 식품의 가장 일반적인 부패원이다. *Natronomonas* 종과 같은 호염기성 생물(alkalinophiles)은 높은 함량의 염기성 무기질(최대 pH 12.0)이 포함된 뜨거운 온천과 토양에 산다. 어떤 세균은 소변 성분인 요소를 분해해 암모늄(NH_4^+)을 생성함으로써 소변의 pH를 알칼리화하기도 한다. 예를 들면 *Proteus* 속 세균의 경우, 비뇨기계통을 감염해 그곳에 서식하면서 소변 분해로 생성된 암모늄이온으로 소변의 산도를 중화시키는 대사를 한다.

삼투압

대부분의 미생물이 저장성 또는 등장성 조건에서 살지만, 일부 **호삼투성 생물**(osmophile) 중 일부는 높은 용질 농도의 서식지에 산다. 하나의 일반적인 유형의 호삼투성 생물은 고농도의 염을 선호하며, 이러한 생물을 호염성 생물(halophile)이라고 한다. *Halobacterium* 및 *Halococcus*와 같은 절대호염성 생물은 염분호수, 연못 및 기타 고염분 농도의 서식지에 서식한다. 이 세균은 25% NaCl 용액에서 최적으로 생장하지만 생장을 위해서는 최소 9% NaCl(다른 염과 결합)이 필요하다. 이 고세균은 세포벽과 막에 상당한 변형이 있으며 저장성 서식지에서는 용해된다. 조건부호염성 생물은 일반적으로 고염성 환경에 서식하지 않더라도 염분에 매우 강하다. 예를 들어, *Staphylococcus aureus*(포도상구균)은 0.1~20% 사이의 NaCl 배지에서 자랄 수 있다. 음식을 보존하기 위해 고농도의 소금과 설탕(젤리, 시럽 및 소금물)을 사용하는 것이 일반적이지만, 많은 세균과 진균은 실제로 이러한 조건에서 번성하며 일반적인 부패원이다.

방사선 및 정수대기압

다양한 형태의 전자기방사선(자외선, 적외선, 가시광선)이 태양에서 지구로 지속적으로 흐른다. 일부 미생물(광합성생물)은 가시광선을 에너지원으로 사용할 수 있지만 비광합성 미생물은 빛과의 접촉으로 생성되는 독성 산소 생성물에 의해 손상되는 경향이 있다. 일부 미생물은 독성 산소를 흡수하고 분해하여 빛에 의한 손상에서 보호하기 위해 노란색 카로티노이드 색소를 생성한다. 미생물을 손상시킬 수 있는 다른 유형의 방사선은 자외선 및 전리선(ionized rays, X선 및 우주선)이다. 11.2절에서는 이러한 유형의 에너지가 미생물 제어에 어떻게 적용되는지를 살펴볼 것이다.

해양의 깊이는 생물의 수압을 증가시킨다. 대기압의 몇 배부터 천 배가 넘는 압력에서 사는 심해미생물이 존재하는데 이런 생물을 **호압성 생물**(barophiles)이라 한다. 이 세균은 고압에 매우 적합하여 정상적인 대기압에 노출될 때 파열한다.

모든 세포는 세포질의 수분함량이 높기 때문에 생장과 대사를 유지하기 위해서는 환경에서 물을 공급받아야 한다. 물은 세포화학물질의 용매이며, 효소기능 및 거대 분자의 소화에 필요하다. 영양소와 노폐물의 확산을 위해서 세포의 외부 표면에 일정량의 물이 필요하다. 모래나 건조한 토양처럼 확실히 건조한 서식지에서도 입자는 미생물이 사용할 수 있는 얇은 수분층을 가지고 있다. 휴면 중이거나 탈수된 세포의 단계(예: 포자 및 낭포)에서만 효소가 비활성되어 극도의 건조를 견뎌낸다.

그림 7.10 상리공생 작은 레모라 물고기는 상어나 이 사진의 골리앗 그루퍼처럼 큰 물고기에 붙어서 큰 물고기와 관련된 먹이조각(그리고 아마도 대변)을 먹는다. 레모라는 영양을 얻고 큰 물고기는 기생생물과 잔해물을 청소한다.

다른 생물

지금까지 미생물의 생장에 있어 무생물 환경 영향의 중요성을 학습하였다. 미생물 자신의 서식지를 공유하고 있는 다른 생물 또한 미생물의 생장에 중요한 영향을 미친다. 아주 드문 경우를 제외하고, 미생물은 공동 서식처에 서식하며 다른 생물들과 복잡하고 흥미로운 관계를 맺고 있다. 일부 관계는 서로 유사하거나 다른 유형의 미생물 사이에 존재한다. 그밖에 미생물들은 동물이나 식물과 같은 다세포 생물과 관계를 맺고 있다. 상호작용은 관련 생물에 이득이 되거나 해롭거나 특별한 영향을 미치지 않을 수도 있고, 이 관계는 그 관계의 구성원에게 절대적이거나 조건적일 수 있으며, 영양과 관련된 상호작용을 포함할 수도 있다. 이 개요에서는 미생물 관계의 주요 유형에 대해 간단히 살펴본다.

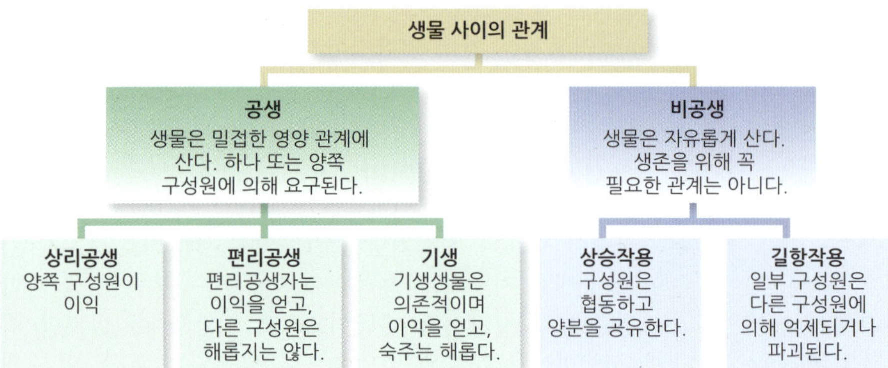

두 생물이 긴밀한 협력에서 함께 살고 있는 상황을 나타내는 데 사용되는 일반적인 용어는 **공생**(symbiosis)[2]이며, 그 구성원은 **공생자**(symbiont)라고 한다. 공생에는 3가지 주요 유형이 있다. **상리공생**(mutualism)은 생물이 절대적이지만 상호 유익한 관계로 살 때 존재한다. 이 관계는 관련 구성원에 대한 생존 가치 때문에 자연에서 다소 흔하다(**그림 7.10**). 인체에 사는 많은 미생물이 이 범주에 속한다. 미생물은 필요한 영양소를 섭취하며, 숙주는 병원성 미생물로부터의 방어에서부터 강한 미생물이 존재하는 경우에만 가능한 면역계의 건강한 발달에 이르기까지 다양한 혜택을 받는다.

다른 공생관계에서, 그 관계는 불평등한 경향이 있는데, 이는 공생관계가 한 구성원에게는 이득이 되나 다른 구성원에게는 이익이 되지 않는다는 것을 의미한다. **편리공생**(commensalism)으로 알려진 관계에서, 편리공생자(commensal)라는 구성원은 혜택을 받는 반면, 공동서식자는 피해를 입거나 혜택을 받지 않는다. 일부 미생물은 다른 미생물에 독성이 있거나 억제하는 물질을 분해할 수 있다. 아주 최근까지, 사람과 평화롭게 공존하는 대부분의 미생물은 편리공생 관계에 있는 것으로 여겨졌으며, 미생물은 서식지와 영양의 혜택을 받는 반면, 인간은 그들의 존재에 영향을 받지 않는 것으로 생각했다. 인체의 미생

2 공생이란 중립적인 용어로서 그 자체가 유익성이나 손해를 의미하지는 않는다는 점에 유의한다.

물이 우리의 발달, 건강 및 복지(정신건강을 포함)에 얼마나 중요한지 보여주는 광범위한 연구를 수행하는 인간 미생물군유전체 프로젝트와 함께, 우리는 대부분의 정상적인 생물군계가 편리공생이라는 견해를 조정해야 한다. 그들은 우리와 상리공생 관계에 있다.

앞서 숙주생물이 기생성 미생물에게 영양분과 서식지를 제공하는 관계로 **기생**(parasitism) 개념을 도입했다. 기생생물의 증식은 일반적으로 숙주에 어느 정도 해롭다. 이 관계가 발전함에 따라, 숙주는 기생생물에 대해 관용 또는 내성을 개발할 수 있으며, 이러한 관점에서 보면 이 관계는 편리공생 또는 상리공생이다.

길항작용(antagonism)은 한 군집의 구성원이 경쟁할 때 나타나는 자유 생물 종 사이의 비공생관계이다. 이 상호작용에서 한 미생물은 주변 환경으로 화학물질을 분비하여 같은 서식지에 사는 다른 미생물을 억제하거나 파괴한다. 첫 번째 미생물은 이용 가능한 공간과 영양소를 증가시켜 경쟁 이득을 얻을 수 있다. 이러한 유형의 상호작용은 혼합 군집이 종종 공간과 먹이를 위해 경쟁하는 토양에서 일반적이다. 항생작용(항생제 같은 억제화합물의 생산)은 실제로 길항작용의 한 형태이다. 수백 가지의 천연 항생제가 세균과 진균에서 분리되어 질병을 통제하는 약으로 사용되어 왔다.

상승작용(synergism)은 서로에게 유익하지만 생존에 반드시 필요하지 않은 둘 이상의 자유 생물 사이의 상호관계이다. 구성원들은 함께 협력하여 혼자서 할 수 없는 결과를 만들어낸다. 생물막은 상승작용의 가장 좋은 예이다.

상승적인 감염에서, 생물들의 조합은 한 생물이 단독으로 유발하지 않는 조직 손상을 만들어낼 수 있다. 잇몸 질환, 치아 우식증 및 가스 괴저는 상승작용으로 상호작용하는 세균에 의한 혼합 감염이다.

공진화

서로 밀접하게 지속적인 관계를 맺고 있는 생물은 **공진화**(coevolution)에 참여한다. 구성원 중 하나가 변하면, 다른 구성원이 변하고, 그에 따라 다시 첫 번째 구성원에 다른 변화가 발생할 수 있다. 이것은 이 지구상에서 생물들의 상호 연결성에 대한 또 다른 예이다. 식물과 곤충의 관계에서 공진화의 사례가 많이 있다. 가장 초기 사례 중 하나는 찰스 다윈(Charles Darwin)이 10인치 길이의 밀선을 가진 식물을 발견한 것이다. 다윈은 식물이 수분을 위해 곤충에 의존한다는 것을 알고 10인치 혀를 가진 곤충의 존재를 예측했으며 41년 후에는 그런 곤충이 발견되었다. 식물과 곤충은 시간이 지남에 따라 서로의 진화에 영향을 미친다. 상리공생하는 장내 세균도 포유류 숙주와 공진화해 온 것으로 간주된다. 숙주는 장내 세균의 질병 효과를 막는 기작을, 그리고 세균은 숙주에게 병원성이 적을 뿐만 아니라 숙주에게 중요한 이익을 제공하는 기작이 진화하였다.

생물막: 상승작용의 본보기

생물막의 중요성에 대해 이미 살펴보았다. 미국국립보건원(NIH)은 만성 감염의 80%가 생물막에 의해 유발되는 것으로 추정한다(**과정 그림 7.11**). 여기에는 만성 귀 감염, 전

(a)

(b)

과정 그림 7.11 생물막 (a) 거즈 밴드에 형성된 생물막의 전자현미경(SEM) 사진. 청색 세균은 메티실린 내성 포도상구균(MRSA)이고, 주황색 물질은 중합체 물질이며, 녹색 관은 거즈의 섬유이다. 이것은 아마도 특이한 단일 종 생물막일 것이다. (b) 생물막 형성 단계.

(a) Courtesy Ellen Swogger and Garth James, Center for Biofilm Engineering, Montana State University

립선 감염, 낭성 섬유증 환자의 폐 감염과 상처 감염뿐만 아니라 다른 많은 감염이 포함된다. 일반적인 항생제 치료는 대부분의 생물막에 대해 효과가 없다(이것은 감염이 만성적으로 남아 있는 이유이다). 12.3절에서 생물막의 이런 측면에 대해 더 배울 것이다.

전부는 아니지만, 많은 생물막은 다른 종류의 세균 및 미생물의 혼합 군집이다. 일반적으로 치아 또는 폐 조직과 같은 표면에 처음에 부착되는 세균인 "개척자"가 있다. 그후 다른 미생물이 표면의 미생물 개척자가 분비한 중합체 당 및 단백질 물질에 부착한다. 많은 경우 세포가 부착되면 세포 집단이 자라면서 축적되는 화학물질을 방출하도록 자극을 받는다. 이를 통해 미생물들은 자신의 집단 크기를 측정할 수 있다. 이것은 **쿠오룸센싱**(quorum sensing, **정족수 인식**)이라고 하는 과정이다. 세균은 쿠오룸센싱을 사용하여 동일한 종의 다른 구성원뿐만 아니라 다른 종의 구성원과 상호작용할 수 있다. 결국, 크고 복잡한 군집이 형성되는데, 군집의 물리적, 생물학적 특성은 위치에 따라 다양하다. 예를 들어 생물막의 최하부에서의 pH와 산소조건은 생물막의 표면과 매우 다를 수 있다. 플랑크톤(자유 부유) 상태의 미생물과는 달리 생물막 형성 미생물은 환경에 따라 다르게 행동하고 반응한다는 것은 명확하게 밝혀졌다. 2가지 상황에서 서로 다른 유전자가 사용되기도 한다. 쿠오룸센싱 동안 세포들이 분비하는 동일한 화학물질은 유전자 발현에서 이러한 변화 중 일부를 담당한다. 여하튼, 단일 생물막은 일반적으로 여러 종류의 미생물 사이의 협동관계이므로 개별 감염을 표적으로 하는 전통적인 방법으로는 근절될 수 없다. 이러한 종류의 상승작용은 어떻게 미생물이 감염되어 질병으로 발달하는지에 대해 다시 생각할 필요성을 갖게 했다.

생물막은 매우 널리 퍼져서 지구상 대부분의 자연 환경의 구조를 지배해 왔다. 미생물이 생물막 군집을 형성하는 경향은 오래된 효과적인 적응전략이다. 생물막은 서식지에서 미생물의 지속성을 선호할 뿐만 아니라 미생물의 생명유지조건에 더 많이 접근할 수 있다.

몇 년 동안 생물학자들은 대부분의 단세포 미생물을 증식할 때 군락에서 서로 붙는 것 외에는 함께 일하지 않는 단순한 개체로 간주했었다. 그러나 이러한 가정은 틀린 것으로 판명되었다. 생물막을 형성하고 기능하는 데 있어서 미생물이 서로 의사소통하고 협력할 수 있는 잘 발달된 능력을 갖고 있는 것은 확실하다. 진균 및 기타 미생물이 이러한 활동에 참여할 수도 있지만 이러한 능력은 특히 세균에만 해당된다.

생물막은 주변 세포들 사이에서 유전자 전달이 일어나기에 좋은 장소로 알려져 있다. 생물막 형성과 쿠오룸센싱에 대한 지식이 많아질수록 감염과의 관련성과 소독 및 약물내성에 대한 기여정도를 더 잘 이해할 수 있을 것이다. 또한 이는 이러한 생물막 형성을 표적으로 하는 신약에 대한 단서가 될 수도 있을 것이다.

7.2 학습 평가

8. 미생물의 최적 생장 온도를 나타내는 데 사용되는 5가지 용어를 나열하고 정의할 수 있다.
9. 산소가 존재할 때 미생물이 작용하는 3가지 방법을 요약할 수 있다.
10. 미생물이 환경에서 싸워야 하는 다른 3가지 물리적 요인을 구분할 수 있다.
11. 5가지 주요 미생물의 공생관계 유형을 나열하고 설명할 수 있다.
12. 부유성 세균과 생물막 세균을 구분하고 각각의 특성에 대해 논의할 수 있다.

7.3 미생물 생장 연구

미생물은 양분과 필요한 환경 요인이 제공되면 대사적으로 활성화되어 생장한다. 생장은 두 단계에 걸쳐 일어난다. 첫 번째 단계에서 세포는 새로운 세포 구성 요소를 합성하고 크기를 증가시킨다. 두 번째 단계에서 개체군의 세포수가 증가한다. 세포 분열에 의해 개체군의 크기를 증가시키는 이러한 증식 능력은 미생물 제어, 감염성 질환 및 생명공학에서 매우 중요하다. 미생물은 여러 가지 방식으로 "생장"할 수 있다. 5.3절에서는 진핵미생물이 어떻게 생장하는지를 배웠다. 여기서는 세균의 생장에 초점을 맞춘다. 출아 및 균사 형성(진균과 유사), 심지어 딸세포 형성(아래의 "세균 생식"에 대한 참고 사항 참조)을 통해 세균이 자라는 것을 알 수 있지만, 대부분의 세균은 이분법이라는 과정에 의해 생장한다.

세균 생식- "문화적 편견"

지금까지 연구된 세균의 대부분은 이 장에서 설명하는 것처럼 이분법을 통해 생식한다. 그러나 중요한 예외가 있다. 최근 몇 년간, 연구자들은 세포질 내에서 여러 자손을 생산한 후 여러 개의 새로운 세균을 방출하기 위해 쪼개지는(모세포를 죽이는) 세균을 발견했다. 한 예는 쥐돔(surgen fish)에 공생하는 *Epulopiscium*이다. 이 세균의 대부분은 배양된 적이 없지만 이들이 감염된 동물을 해부하여 연구했다. 세균이 항상 이분법으로 증식한다는 오랜 믿음은 "배양 편향(culture bias)"의 또 다른 부산물이다. 배양 편향이란 지구상에는 아직 배양되지 않은 세균이 더 많지만, 우리는 실험실에서 배양 가능한 세균을 토대로 세균에 대해 이해하고 있다는 것을 의미한다.

개체군 생장의 기초: 이분법

세균 세포의 분열은 주로 **이분법**(binary fission)을 통해 일어난다. binary은 한 세포가 2개의 세포가 됨을 의미한다. 이분법에 의한 분열 동안 모세포는 확장하고, 염색체를 복제한 후, 액틴 및 튜불린(진핵세포에서 미세소관의 단백질 부분)과 유사한 단백질로 구성된 단백질 밴드를 사용하여 세포의 중심에서 세포막을 함께 당기기 시작한다. 세포벽은 결국 완전한 중앙 격벽을 형성한다. 이 과정은 세포를 2개의 딸세포로 나눈다. 이 과정은 각각의 새로운 딸세포에 의해 주기적으로 반복되며, 각각이 분할을 거듭함에 따라 개체군 크기가 증가한다. 이러한 연속적인 과정의 단계는 **과정 그림 7.12**와 **그림 7.13**에서 자세히 볼 수 있다.

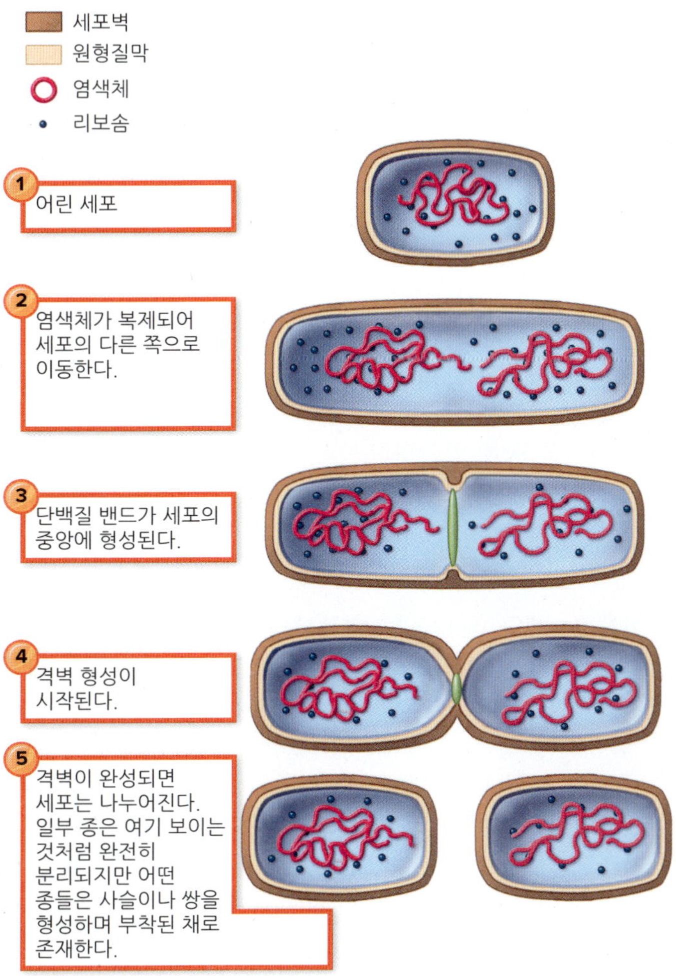

과정 그림 7.12 막대형 세균의 이분법 단계

개체군 생장률

부모 세포에서 2개의 새로운 딸세포에 이르는 완전한 분열주기에 필요한 시간을 **세대시간**(generation time) 또는 **배가시간**(doubling time)이라고 한다. 세대라는 용어는 사람에서처럼 한 개체가 태어나서 자손을 만들 때까지의 시간을 의미한다. 세균은 각각의 새로운 분열주기(세대)를 통해 개체군을 2배로 증가시킨다. 따라서 초기 부모 단계는 1개의 세포로 이루어지고, 1세대는 2개의 세포로 구성되며, 2번째 세대는 4개, 3번째 세대는 8개, 그리고 16, 32, 64개의 세포로 이루어진다. 환경이 좋다면, 이 배가효과는 일정한 속도로 계속될 수 있다. 각 세대가 지나면서 개체군은 계속해서 2배가 될 것이다.

세대시간의 길이는 한 생물의 생장 속도를 나타낸다. 다른 생물들의 생장 속도와 비교해보면 세균의 생장 속도는 매우 빠르다. 최적의 조건에서 평균 세대시간은 30~60분이다. 가장 짧은 세대시간은 10~12분이며 더 긴 세대시간은 며칠이다. 예를 들어, 한센병의 원인균인 *Mycobacterium leprae*는 10~30일의 세대시간을 가지고 있다. 일반적으로 자연 환경에 서식하는 세균들은 몇 개월 정도로 추정된다. 대부분의 병원생물은 배가시간이 비교적 짧다. 식품 매개 질병을 일으키는 세균인 *Salmonella enteritidis*와 *Staphylococcus aureus*는 20~30분에 2배가 되며, 이는 짧은 시간이라도 음식을 실온에 두는 것은 여러 식중독의 원인이 되는 이유이다. 몇 시간만 지나면 이 세균 개체군이 소수의 세포에서 수백만 개의 세포로 쉽게 자랄 수 있다.

그림 7.13a는 몇 가지 생장 특성을 보여준다. 세포 개체군 크기는 지수를 가진 숫자 $2(2^1, 2^2, 2^3, 2^4)$로 나타낼 수 있다. 지수는 각 세대마다 하나씩 증가한다. 지수의 수는 또한 세대의 수이다. 이러한 생장 패턴을 **지수적**(exponential)이라고 한다. 이 개체군은 매우 많은 수의 세포를 포함하기 때문에 지수 또는 대수(logarithm)를 사용하여 이를 표현하는 것이 유용하다. 생장하는 세균 개체군에서의 데이터는 시간의 함수로서 세포의 수를 그래프로 나타낼 수 있다(**그림 7.13b**). 세포수는 대수 또는 산술적으로 표현될 수 있다. 시간에 따른 대수값을 그래프로 그리면 지수적 증가를 나타내는 직선이 나타난다. 산술적으로 그래프를 그리면 기울기가 일정하게 구부러진다. 일반적으로, 정확한 세포수를 판독하기 쉽기 때문에(특히 초기 생장기 동안) 대수 그래프가 선호된다(**그림 7.13b, c**).

긴 생장 기간 동안 발생할 세포수를 예측하는 것(수백만 개의 세포수)은 비교적 단순한 개념을 기반으로 한다. $2+2=4$, $4+4=8$, $8+8=16$, $16+16=32$와 같이 추가하는 방법을 사용할 수 있다. 또는 곱셈 방법(예: $2^5=2\times2\times2\times2\times2$)을 사용할 수도 있다. 그러나 20세대 또는 30세대

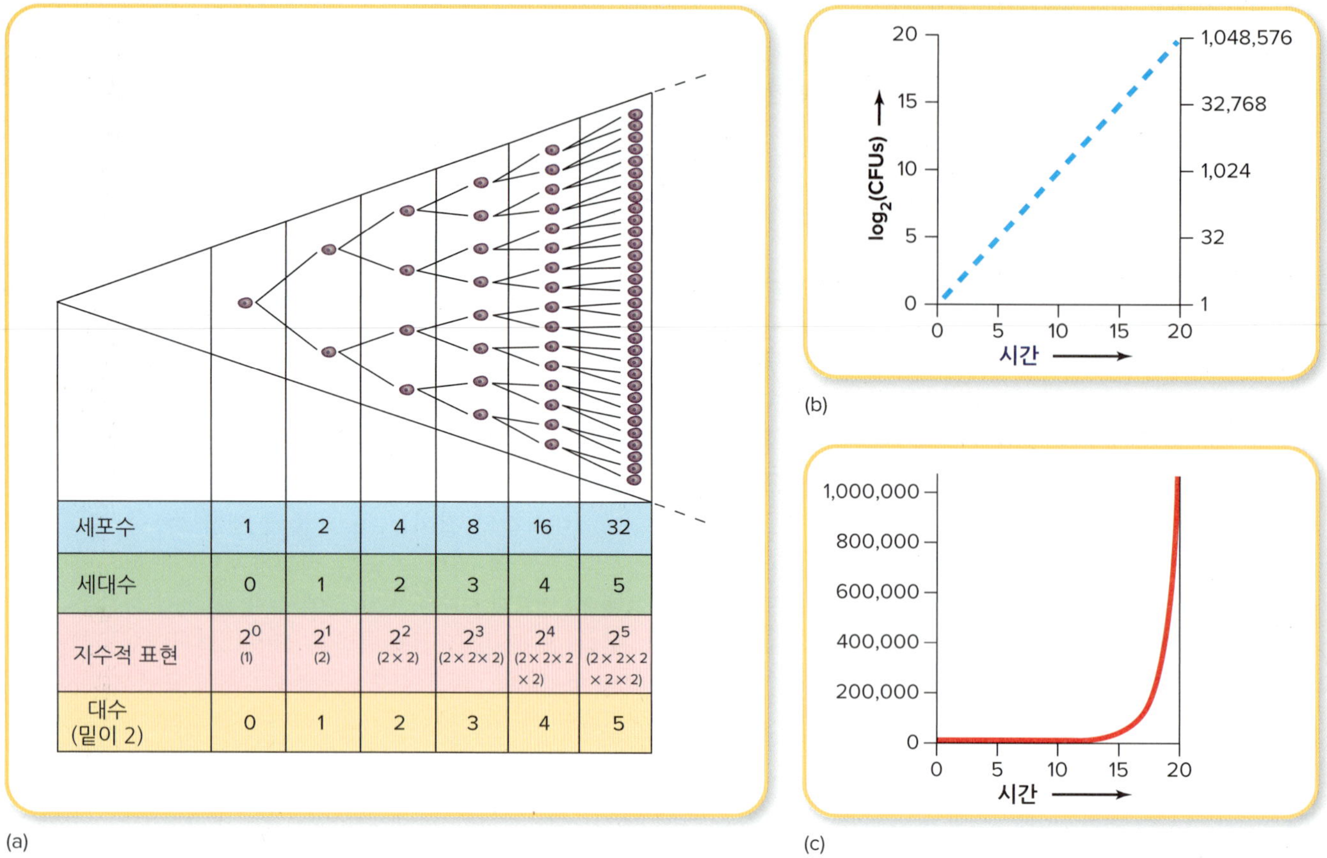

그림 7.13 개체군 생장의 수학 (a) 단일 세포로 시작하여 각 생식의 산물이 이분법으로 나뉘어질 경우, 개체군은 각각의 새로운 세포분열 또는 세대에 따라 2배가 된다. 이 과정은 로그(2를 지수로 올림) 또는 단순한 숫자로 나타낼 수 있다. (b) 세포의 로그수를 그래프로 그리면 지수적 생장을 나타내는 직선이 생성되는 반면, (c) 세포수를 산술적으로 그리면 곡선이 나타난다.

에 대하여 이렇게 계산하는 것은 매우 지루할 수 있다는 것을 쉽게 알 수 있다. 시간에 따른 개체군의 크기를 계산하는 더 쉬운 방법은 다음과 같은 방정식을 사용하는 것이다.

$$N_f = (N_i)2^n$$

이 방정식에서 N_f는 생장 단계의 특정 시점에 있는 개체군의 총 세포수, N_i는 시작수, 지수 n은 세대수, 2^n은 해당 세대의 세포수를 나타낸다. 두 값 중 하나를 알고 있으면 다른 값을 계산할 수 있다. 포도상구균(*Staphylococcus aureus*)의 예를 사용하여 4시간 동안 더운 자동차에 둔 계란 샐러드 샌드위치에 몇 개의 세포(N_f)가 존재할지 계산해 보자. 우리는 N_i가 10이라고 가정할 것이다(만드는 동안 샌드위치에 들어간 세포수). n을 도출하려면 세대시간(20분)으로 4시간(240분)을 나누어야 한다. 이 계산은 12로 나오므로 2^n은 2^{12}와 같다. 계산기를 사용하면 2^{12}가 4,096이라는 것을 알 수 있다.

$$\text{최종 수}(N_f) = 10 \times 4{,}096$$
$$= 40{,}960 \text{ 샌드위치 안의 세균 수}$$

동일한 방정식을 수정하면 생장기간의 시작과 끝에서 세포수를 알아야 하는 더 복잡한 계산인 세대시간을 결정하는 데 사용할 수 있다. 이러한 데이터는 다음 절에서 논의하는 실제 실험을 통해 얻는다.

개체군 생장 곡선

실제로, 세균 개체군은 대부분의 시스템에서 수많은 요인들이 세포가 최대 속도로 지속적으로 분열하는 것을 막기 때문에 잠재적인 생장 속도를 유지하지 못하며 끝없이 2배로 생장하지 않는다. 개체군은 일반적으로 시간에 따라 예측 가능한 패턴 또는 **생장 곡선**(growth curve)을 나타낸다.

개체군 생장 패턴을 관찰하기 위해 전통적으로 사용하는 방법은 주어진 기간 동안 살아 있는 세포의 총수를 세는 생균수 계수법(viable counting technique)이다. 이것은 실험실 미생물학의 기본 방법이다. 알고 있는 양의 멸균 액체 배지를 담은 플라스크에 순수 배양한 소수의 세포를 접종하여 생장하는 개체군을 만든다. 플라스크를 해당 세균의 최적

온도에서 일정 시간 동안 배양한다. 생장주기의 임의의 시점에서의 개체군 크기는 배양 중인 배양액에서 적은 양의 시료를 취한 후, 고체 배지 표면에 이를 도말하여 분리된 집락을 만들어 정량한다. 이 절차는 균등한 시간 간격으로(즉, 24시간 동안 매시간) 반복된다.

시료를 평가하는 것은 미생물학에서 일반적이고 중요한 원칙에 의한다. 평판배지에서 하나의 집락은 원래 시료에서 하나의 세포 또는 집락형성단위(colony forming unit, CFU)를 나타낸다. 일부 세균의 CFU는 실제로 여러 개의 세포(예: *Staphylococcus*의 군생)로 이루어져 있기 때문에 집락 수를 사용하는 것은 정확한 개체군의 크기를 어느 정도 과소평가할 수 있다. 이러한 세균에서 CFU는 집락 형성 및 분산의 가장 작은 단위이기 때문에 심각한 문제는 아니다. 단일 시료의 집락 수와 총 시료량(500 mL)을 곱하면 주어진 지점에서 총 개체군 크기(세포수)를 추정할 수 있다(**그림 7.14**). 생장 곡선은 전체 배양 기간 동안 순차적으로 각 샘플의 수를 그래프로 나타내어 결정된다.

정상 생장 곡선의 단계

그림 7.14에 설명한 배양 시스템은 폐쇄적인데, 이는 영양소와 공간이 한정되어 있으며 노폐물을 제거하는 기작이 없다는 것을 의미한다. 3~4일의 전체 생장기간 동안의 데이터는 일반적으로 지체기, 지수적 생장기(대수기), 정체기, 사멸기로 이루어진 일련의 시기를 가진 생장 곡선을 얻을 수 있다(**그림 7.15**).

지체기(lag phase)는 개체군이 생장하지 않거나 지수적인 속도 이하로 생장하면 그래프에 상대적으로 "평편하게" 나타나는 기간이다. 생장은 주로 다음과 같은 이유로 지연된다.

1. 새로 접종한 세포는 조정, 확장 및 합성 기간이 필요하다.
2. 세포는 아직 최대 속도로 증식하지 않고 있다.
3. 세포 개체군이 너무 희박하거나 희석되어 시료 채취에서 누락된다.

지체기의 길이는 세 개체군의 종류에 따라 약간 다르다. 세포 개체군이 증가(생장)하지 않더라도 개별 세포는 내용물을 증가시키고 분열을 준비하는 등의 대사적 활성 단계에 있음을 인지해야 한다.

세포는 지수적으로 증가하는 기간인 **지수적 생장기**(exponential growth phase) 또는 대수기(log phase)에서 최대 세포 분열 속도에 도달한다. 세포가 적절한 영양소를 가지고 있고 환경이 적절하면 이 단계는 계속될 것이다.

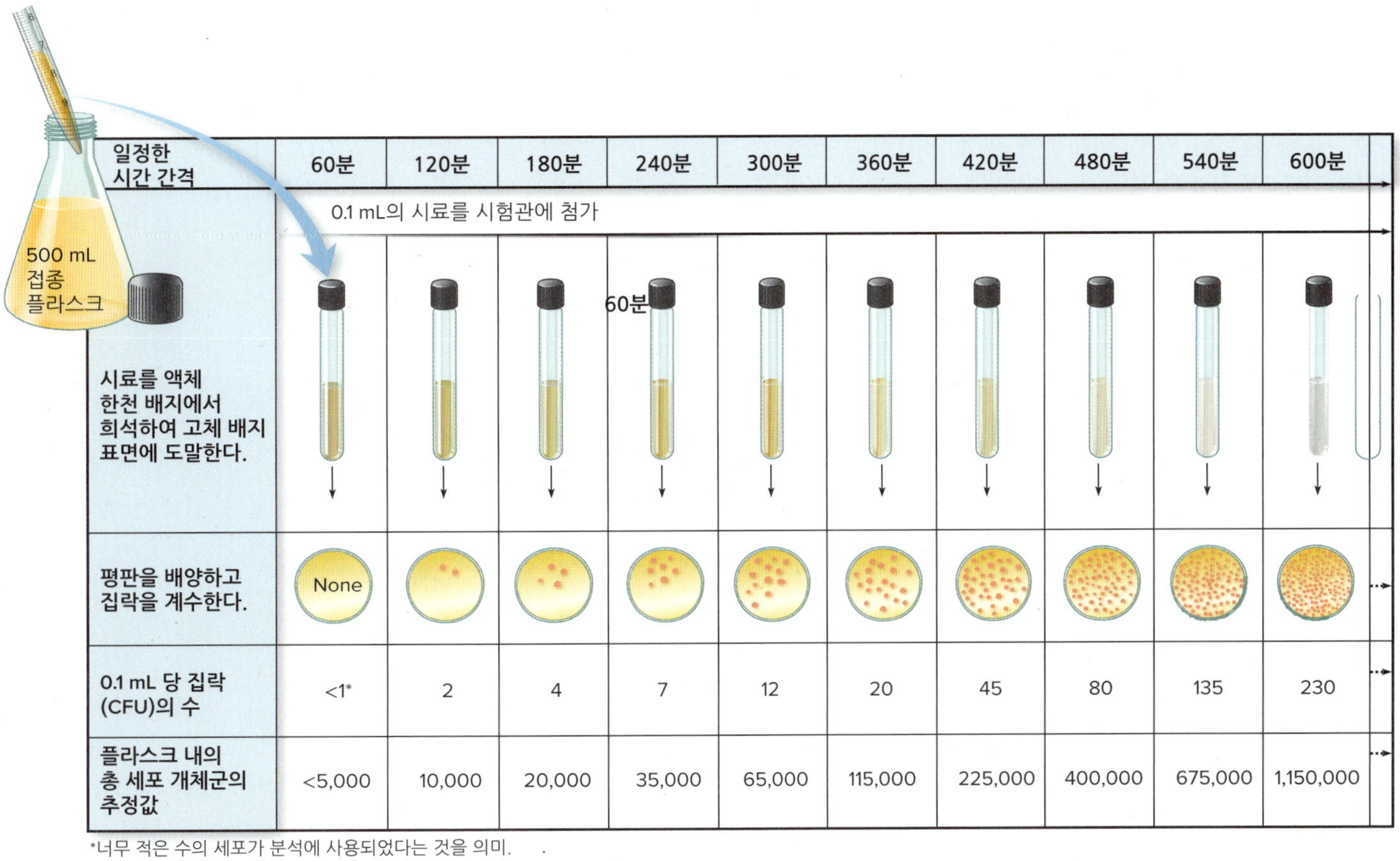

그림 7.14 살아 있는 평판계수법의 단계: 배치 배양법

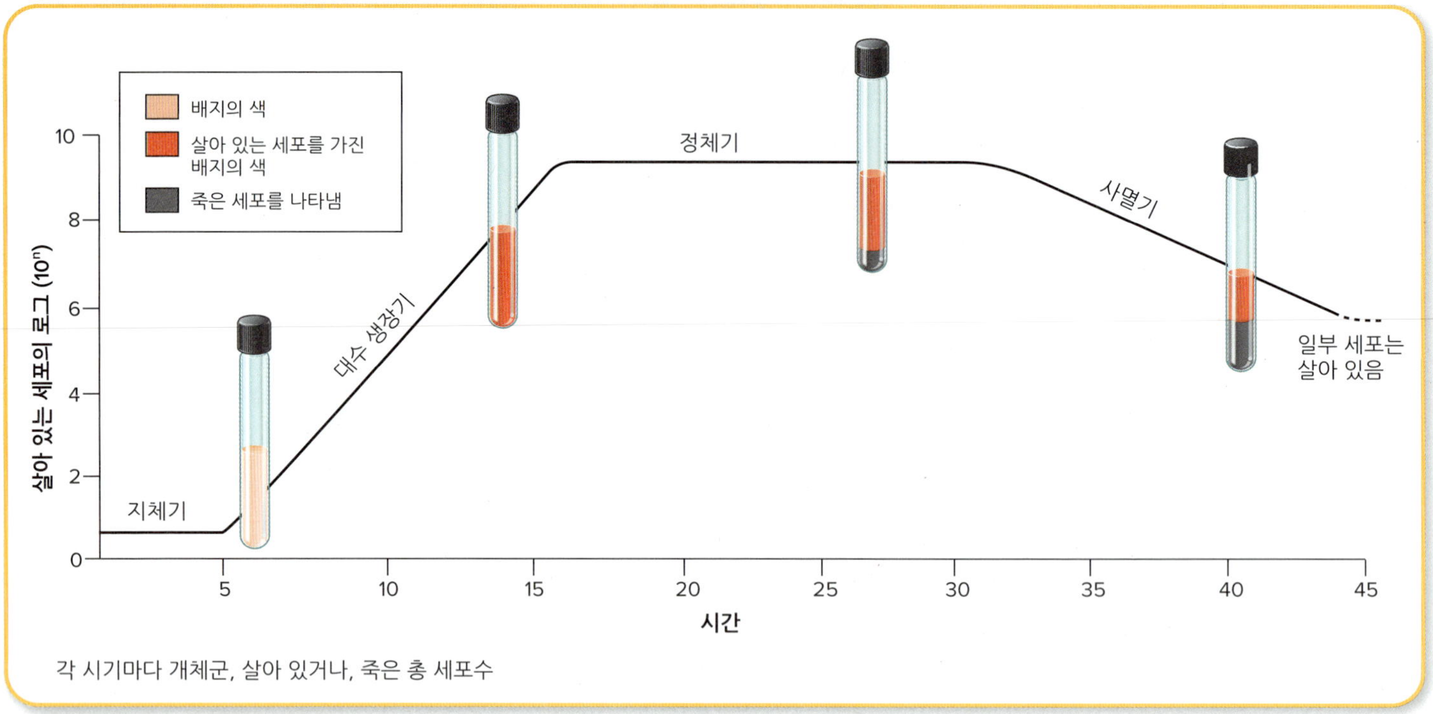

그림 7.15 세균 배양에서 생장 곡선 이 그래프에서 로그(log)로 표현된 살아 있는 세포수를 시간에 따라 표시하였다. 다양한 단계에 대한 설명은 본문을 참조한다. 세대시간이 30분이면 개체군은 16시간 만에 10(10^1) 세포에서 1,000,000,000(10^9) 세포로 증가했다.

정체기에서 개체군은 세포가 생장을 정지하거나 천천히 생장하는 생존 모드로 들어간다. 세포 억제율 또는 사멸률이 증식률과 균형을 이루기 때문에 생장 곡선이 수평을 유지하게 된다. 생장률의 감소는 세포 밀도의 증가로 인해 영양소와 산소가 고갈되고 유기산 및 기타 생화학적 오염 물질이 생장 배지에 축적되어 나타난다.

제한 요소가 심화됨에 따라 세포는 지수적으로 죽기 시작하고 증식할 수 없게 된다. **사멸기**(death phase)가 시작됨에 따라 곡선은 하강한다. 사멸이 일어나는 속도는 종의 상대적 저항도와 독성의 상태가 어떤지에 달려 있지만, 일반적으로 대수기보다 느리다. 생존 세포는 종종 이 단계가 시작된 후 몇 주와 몇 달 동안 남아 있다. 실험실에서는 냉장 보관으로 사멸 단계의 진행을 늦추어 배양체가 가능한 한 오랫동안 생존할 수 있도록 한다.

생장 곡선의 실제적인 중요성

개체군이 빠른 생장, 느린 생장 및 사멸의 단계를 나타내는 경향은 미생물 제어, 감염, 식품 미생물학 및 배양 기술에 중요한 영향을 미친다. 열 및 소독제와 같은 항미생물제는 모든 미생물에서 사멸 단계를 빠르게 가속화하지만 대수기의 미생물은 정체기에 들어간 미생물보다 이들 제제에 더 취약하다. 일반적으로, 활발하게 생장하는 세포는 세포 대사 및 이분법을 방해하는 조건에 더 취약하다.

미생물의 생장 패턴은 인간의 감염 단계와 일치할 수 있다. 감염의 초기 및 중간 단계에서 세균을 퍼트리는 사람은 후기 단계에서 퍼트리는 사람보다 다른 사람에게 전염시킬 가능성이 높다.

세포 생장 단계를 이해하는 것은 배양 작업에 중요하다. 때로는 증식하기에 충분한 영양소가 존재한다는 잘못된 생각으로 정체기에 도달한 배양체를 배양한다. 대부분의 경우, 정체기 단계 이상으로 계속해서 배양하는 것은 좋지 않은데, 그렇게 하면 생존 세포수가 줄어들고 배양체가 완전히 죽을 수도 있기 때문이다. 염색(포자 염색은 예외)과 운동성 테스트는 어린 배양체를 사용하는 것이 바람직한데, 이유는 이 단계의 세포가 자연적인 크기와 적절한 반응을 보이며, 운동성 세포는 작동하는 편모를 가지고 있기 때문이다.

특정 연구 또는 산업 응용 분야에서 4단계의 닫힌계를 나타내는 회분배양(batch culture)은 비효율적이다. 대안은 연속배양장치 또는 **항성분배양장치**(chemostat)라고 하는 자동배양기이다. 이 장치는 새로운 양분을 일정하게 공급하고, 사용한 배지와 오래된 세균 세포를 제거하여 생장 속도와 세포수를 안정화시킨다. 이러한 방법은 생화학적 활성상

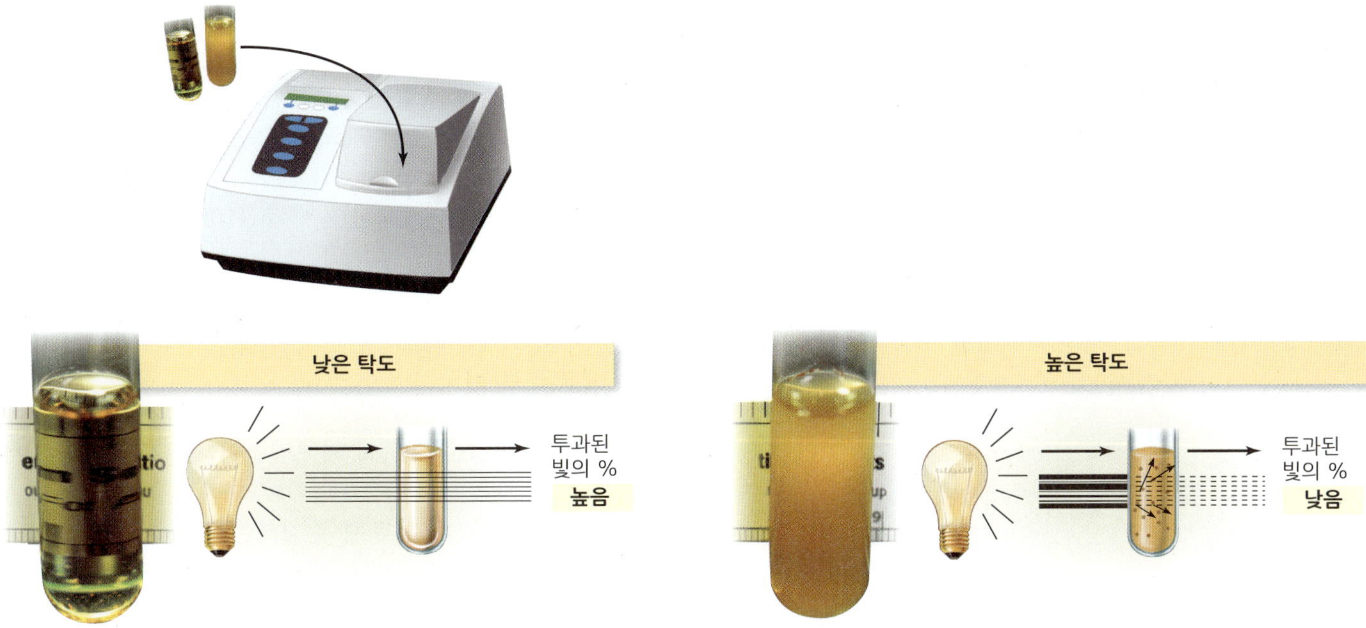

그림 7.16 생장 지표로서의 탁도 측정 배양액을 빛에 비춰보는 것은 탁도의 전체적 차이를 확인하는 한 가지 방법이다. 왼쪽의 배양액은 투명하여 생장이 거의 또는 전혀 없음을 나타낸다. 오른쪽에 있는 배양액은 흐리고 불투명하며 높은 생장을 나타낸다. 눈은 탁도에서 미세한 정도를 측정할 정도로 민감하지 않다. 분광광도계로 좀 더 민감한 측정을 수행할 수 있다. 왼쪽의 생장이 없는 시험관은 빛이 쉽게 통과할 수 있음을 알 수 있다. 따라서 더 많은 빛이 광검출기에 도달하여 더 높은 투과율값을 제공할 것이다. 오른쪽의 생장이 높은 시험관의 세포는 빛을 산란시켜 광검출기에 도달하는 빛의 양이 줄어들어 투과율이 낮아진다.

태로 배양을 유지하고 사멸기로 들어가는 것을 막는 이점이 있다.

개체군 증가 분석의 다른 방법

탁도

미생물학자들은 세균 생장을 정성적으로 그리고 정량적으로 분석하는 몇 가지 대안적인 방법을 개발했다. 개체군의 크기를 추정하는 가장 간단한 방법 중 하나는 **탁도법**(turbidometry)을 사용하는 것이다. 이 기술은 맑은 영양액이 들어 있는 시험관이 접종된 미생물이 자라면서 흐려지거나 탁해진다는 간단한 관찰을 통해 이루어진다. 일반적으로 탁도가 높을수록 개체군의 크기가 커지며 이는 감지장치로 측정할 수 있다(**그림 7.16**).

세균 계수

탁도 판독값은 상대적인 생장량을 평가하는 데 유용하지만 좀 더 정량적인 평가가 필요한 경우 이 장에서 설명한 생균수 계수법 또는 다른 계수법이 필요하다. **직접 세포 계수법**(direct cell count)은 현미경으로 시료에 존재하는 세포 수를 세는 것이다(**그림 7.17**). 혈구 세포 계수법에 사용된 것과 매우 유사한 이 기술은 미리 측정된 눈금에 작은 시료를 퍼트릴 수 있도록 보정된 특수 현미경 슬라이드(세포계수기, cytometer)를 사용한다. 세포계수기를 이용한 세포 계수는 너 큰 시료의 총 세포수를 추정할 수 있다(즉, 우유 또

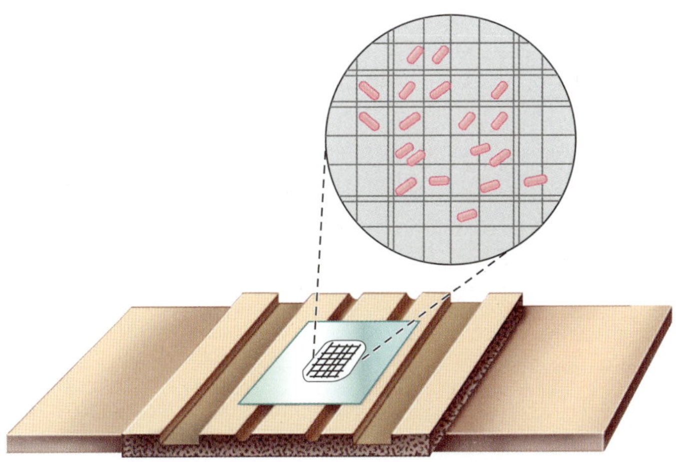

그림 7.17 세균의 직접 현미경 계수 작은 시료를 커버유리 아래 격자에 놓는다. 개별 세포, 즉 살아 있는 세포와 죽은 세포가 모두 계수된다. 이 숫자는 시료의 총 세포수(total cell count)를 계산하는 데 사용할 수 있다.

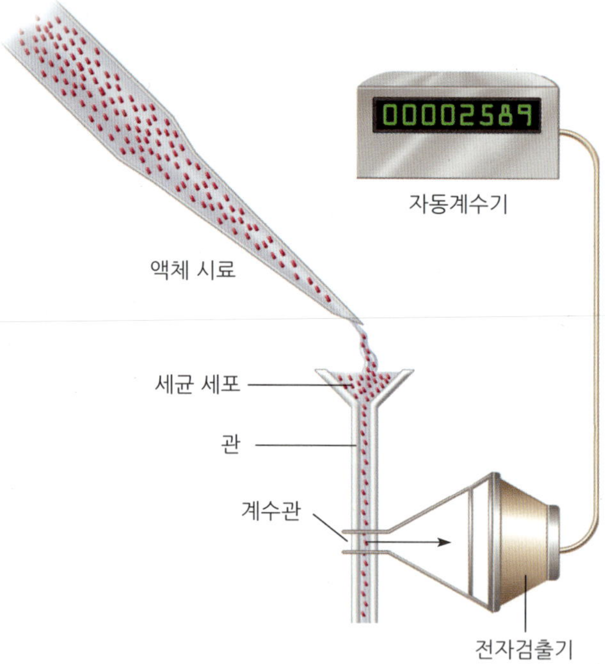

그림 7.18 쿨터계수기 세포가 이 장치를 통과할 때 전자 센서를 작동시켜 숫자를 증가시킨다.

는 물). 분광 광도 측정법뿐만 아니라 이 방법이 지닌 한 가지 부정확성은 죽은 세포와 살아 있는 세포를 구별할 수 없어, 둘 다 계수에 포함된다는 것이다.

작은 피펫을 통과하는 배양액을 전자적으로 스캔하는 **쿨터계수기**(Coulter counter)와 같은 민감한 장치를 통해 계수를 자동화할 수 있다. 각 세포는 흐름에 따라 전자 센서에서 감지되고 기록된다(**그림 7.18**). **유세포분석기**(flow cytometer)도 비슷한 원리로 작동하지만 계수 외에도 세포 크기를 측정하고 심지어 살아 있는 세포와 죽은 세포를 구별할 수도 있다. 형광염료와 항체를 함께 사용하여 그람양성균과 그람음성균을 구별하는 데 사용되어 왔다. 환자 검체에서 병원체를 식별하고 혈액 세포를 빨리 구분하는 방법으로 사용하기에 적합하다. 더 정교한 형태의 유세포분석기는 실제로 다른 유형의 세포를 수집 장치의 개별 구획으로 분류할 수 있다.

유세포분석법을 사용하여 배양할 필요 없이 자연 시료에서 세균을 계수할 수 있다고 하더라도, 검출하고자 하는 세포의 형광 표지가 필요하며, 이것이 항상 가능하지는 않다.

새로운 방법

점점 더 미생물 계수에 비배양법이 사용되고 있다. 9장에서는 중합효소 연쇄반응(PCR)이라는 기술을 배우게 되는데, 환경이나 조직 시료에 존재하는 세균과 기타 미생물을 분리하거나 배양하지 않고 정량할 수 있는 방법이다. 또 에너지 분자인 ATP를 측정하는 테스트는 식품 및 제약 산업에서 한동안 사용되어 왔으며 다른 환경 시료에 있는 미생물을 빨리 정량하는 데 사용될 수 있다.

7.3 학습 평가

13. 대부분의 세균이 사용하는 세포분열 단계를 요약하고 일부 세균이 사용하는 또 다른 분열법의 이름을 제시할 수 있다.
14. 배가시간을 정의하고 지수 생장으로 이어지는 방법을 설명할 수 있다.
15. 세균 생장 곡선에서 생장의 4단계를 비교하고 대조할 수 있다.
16. 세균 생장을 분석하는 데 사용되는 정량적 방법과 정성적 방법을 구분할 수 있다.

현미경으로 본 세상 — 논평

Bristol BioEnergy Centre BRL, University of the West of England, UK

이 기사가 의도하는 메시지는 소변이 에너지를 제공할 수 있다는 아이디어를 우리에게 소개하는 것이다. 그러나 기사나 제목에 큰 문제가 있다. 제목은 "과학자들은 인간 배설물에 있는 세균으로 전기를 생성한다."이다. 실제로, 세균은 과학자들이 미생물 연료 전지에 미리 넣어 두었고, 단순히 소변의 화학물질을 사용해서 전기를 생산하고 있다. 따라서 Daily Mail 기사는 독자들이 소변의 이점이 소변의 세균이라는 생각을 갖도록 잘못된 길로 안내한다. 기사 본문에는 미생물 연료 전지가 언급되었지만 미생물의 출처가 소변인지 아닌지는 명확하지 않다.

따라서 이 기사를 비판적으로 읽는 것은 어려울 것이다. 15개월 후 다른 간행물(Gizmag.com, 2015년 3월 7일)에 게시된 기사가 더 정확하며, 미생물 연료 전지를 사용하여 대학생의 소변을 난민촌의 방에 불을 밝힐 수 있는 충분한 전력으로 바꾸는 방법에 대해 자세히 설명하고 있다. 따라서 원본 기사를 비판적으로 읽으면 진실성을 의심하게 될 것이다.

친구를 위해 이 기사를 해석하려면(보다 정확한 두 번째 기사를 접할 수 없다고 가정) 다음과 같이 말할 수 있다. "미생물을 사용하여 소변에서 에너지를 생성하는 과학자들이 있다. 미생물이 어디에서 왔는지는 잘 모르겠다."

나는 이 기사에 C를 부여한다. 이 글은 관심을 자극하지만 정확한 정보를 충분히 제공하지는 못했다(한 번에 2가지 문제를 해결하는 것이 얼마나 좋은가!)

출처: Daily Mail.com, "Could Houses Be Powered by Urine? Scientists Generate Electricity from Bacteria in Human Waste", 2014년 1월 7일 게시된 온라인 기사.

단원 요약

7.1 미생물의 영양

- 영양은 모든 생명체가 환경에서 물질을 얻어 대사 용도로 전환시키는 과정이다.
- 영양소의 화학적 형태는 매우 다양하지만 대부분의 생물은 생존, 생장 및 번식을 위해 탄소, 수소, 산소, 질소, 인 및 황 등 6가지 원소가 필요하다.
- 영양소는 필요한 양(다량영양소 또는 미량영양소), 화학구조(유기 또는 무기) 및 생물의 생존에 중요성(필수 또는 비필수)에 의해 구분될 수 있다.
- 미생물은 탄소원과 이용하는 에너지원으로 분류된다.
- 영양소는 에너지를 소비하는 능동수송과 에너지 사용 없이 발생하는 수동 수송의 2가지 과정에 의해 미생물로 수송된다.

7.2 미생물에 영향을 미치는 환경 요인

- 대부분의 미생물 생장을 제어하는 환경 요인은 온도, pH, 수분, 방사선, 가스 및 기타 미생물과의 관계이다.
- 환경 요인은 주로 미생물 효소에 미치는 영향으로 미생물의 생장을 제어한다.
- 각 미생물에는 최소온도, 최대온도 및 최적 생장 온도와 같이 생장을 설명하는 3가지 기본 생장 온도가 있다.

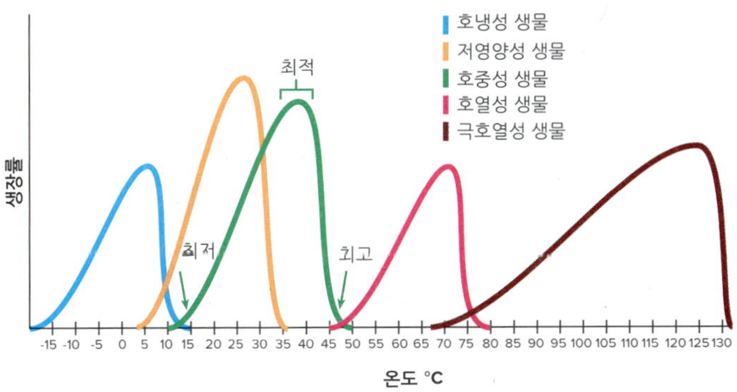

- 미생물은 온도 요건에 따라 호냉성, 호중성, 호열성 생물로 분류된다. 매우 열악한 환경을 견딜 수 있는 생물을 호극성 생물이라고 한다.
- 대부분의 진핵생물 미생물은 호기성이나 세균은 절대호기성에서 혐기성에 이르기까지 매우 다양한 산소와의 관계를 가진다.
- 미생물은 일반적으로 다른 미생물들과 관계를 맺으며 사는데 그 관계의 범위가 상리공생부터, 기생, 길항작용에 이르기까지 매우 광범위하다.
- 자유롭게 사는 부유성 미생물과 달리, 생물막에 있는 미생물은 서로 간의 상승작용이 있는 복잡한 군집이다.

7.3 미생물 생장 연구

- 한 쌍의 딸세포를 형성하기 위해 모세포가 둘로 나뉘는 것을 이분법이라고 한다.

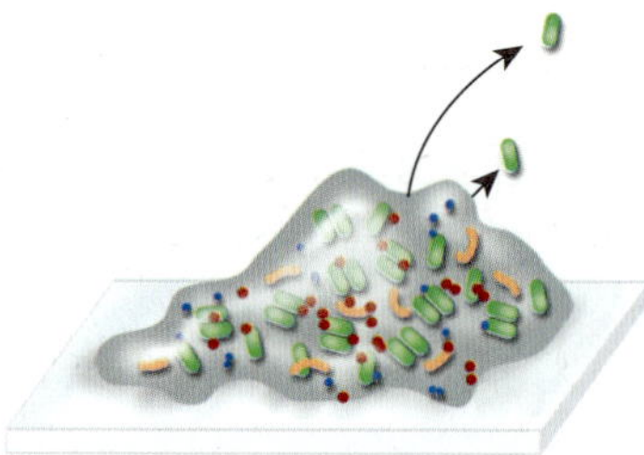

- 미생물 생장은 동일 개체군에서 세포 크기의 증가와 세포수의 증가를 의미한다.
- 세대시간은 미생물 개체군의 생장률의 측정 변수이다. 환경 조건에 따라 다르다.
- 영양소가 제한된 환경에서 미생물 배양은 지체기, 대수기, 정체기 및 사멸기의 4가지 뚜렷한 생장 단계를 나타내고 이를 생장 곡선이라고 한다.
- 자연 환경의 미생물 개체군은 변화하는 영양소 및 노폐물 조건에 따라 뚜렷한 생장 단계를 보여준다.
- 탁도를 측정하거나, 집락수 및 직접 세포 계수에 의해개체군 증가를 정량화할 수 있다. 세균을 배양하지 않고 직접 현미경으로 계수할 수 있다.

객관식 문제(선다형 문제와 OX 문제) | 블룸 1단계 및 2단계: 기억과 이해

선다형 문제 – 제시된 보기에서 답을 고르시오.

1. 생명의 필수 원소의 원천은?
   a. 무기 환경 저장소 b. 태양
   c. 바위 d. 공기
2. 태양의 에너지를 사용하여 CO_2에서 필요한 모든 유기 성분을 합성할 수 있는 생물은?
   a. 광독립영양생물 b. 광종속영양생물
   c. 화학독립영양생물 d. 화학종속영양생물
3. 화학독립영양생물은 ____ 만으로도 생존 할 수 있다.
   a. 무기질 b. CO_2
   c. 무기질과 CO_2 d. 메탄
4. 다음 중 모든 생물에 해당되는 것은 무엇인가?
   a. 유기양분이 필요하다.
   b. 무기양분이 필요하다.
   c. 생장인자가 필요하다.
   d. 산소 기체가 필요하다.
5. 병원성 생물을 가장 정확하게 나타낸 것은?
   a. 기생생물 c. 부생생물
   b. 편리공생생물 d. 공생생물
6. 다음 중 수동수송에 해당되는 것은 무엇인가?
   a. 농도구배가 필요하다.
   b. 세포벽을 사용한다.
   c. 세포내흡입이 포함된다.
   d. 물만 움직인다.
7. 고장성 환경에 노출된 세포는 삼투로 인해서 _______ 것이다.
   a. 물을 얻을
   b. 물을 잃을
   c. 물을 얻지도 잃지도 않을
   d. 파열될
8. 호냉성 생물은 ___________에서 생장할 것으로 예상된다.
   a. 온천 b. 인체
   c. 냉장 온도 d. 낮은 pH
9. 절대혐기성 생물은 ______이 부족하기 때문에 초과산화물이 온은 해롭다.
   a. 카탈라아제 c. 불균등화효소
   b. 과산화효소 d. 산화효소
10. 살아 있는 평판계수법에서, 각 ____은/는 표본 개체군의 ____을 나타낸다.
    a. 세포, 집락 b. 집락, 세포
    c. 시간, 세대 d. 세포, 세대

OX 문제 – 다음 문장 내용이 옳으면 O, 틀리면 X로 표기하고 틀린 내용을 올바르게 수정하시오.

11. 막을 가로질러 물질을 능동적으로 운반하려면 농도 기울기가 필요하다.
12. 합성할 수 없는 생물의 대사에 필수적인 유기영양소를 생장인자라고 한다.
13. 생물막은 종종 여러 종의 세균으로 구성된다.
14. 절대호염성 세균은 높은 삼투압을 요구하는 생물이다.
15. 조건부혐기성 생물은 산소의 유무에 관계없이 생장할 수 있다.

© Imagesource/PictureQuest RF

Chapter 8

미생물 대사

생명의 화학적 갈림길

현미경으로 본 세상

피클을 가지고 진정하시오

이번에 소개하는 사례를 통해 대중매체의 기사가 어디까지 사실인지 살펴볼 것이다. 이 사례는 2015년 WebMD 기사 "사회적 불안? 발효 식품이 도움이 될 수 있다."란 기사에 대한 것이다.

이 기사는 젊은 성인이 섭취한 발효 식품의 양과 그들이 느끼는 사회적 불안 정도 사이의 연관성에 관한 것이다. 발효 식품은 이제 유행이다. 이 장의 끝부분에서 일부 미생물은 발효를 대사적인 전략으로 사용한다. 소금에 절인 양배추, 피클, 김치, 요구르트, 템페, 된장국 및 다크 초콜릿과 같은 식품에는 잠재적으로 발효 미생물이 존재한다. ("잠재적으로"라고 하는 까닭은 통조림으로 만들어진 소금에 절인 양배추와 같은 제품은 발효 후, 포장 전에 멸균되었을 가능성이 있기 때문이다.) 이 기사는 사회적 불안도가 낮은 대학생과 그들이 소비한 발효 식품의 양 사이에 있는 연관성에 대한 것이다. 기사는 이러한 연관성의 근본적인 원인을 과학적으로 입증하지 못한다고 지적했다. 이 기사에는 또한 연구에 참여하지 않은 과학자의 논평이 포함되어 있다. "장내 세균에 대한 연구는 정신 장애에 대한 유전적 영향에 관한 연구와 마찬가지로 많이 확대되고 있다. 이 연구는 성격, 음식 섭취 및 운동 등을 어떻게 서로 연결하는지의 관점에서 진행된 흥미로운 연구이다."

- 이 기사가 **의도하는 메시지**는 무엇인가?
- 기사를 읽은 후 **여러분의 평가**는 어떠한가? 평가가 비판을 의미하는 것은 아니다. 여러분의 지식을 이용하여 기사의 사실여부, 그리고 기사가 전달하고자 하는 메시지가 무엇인지를 제대로(혹은 옳게) 인지하기 위해서는 비평적인 안목이 필요하다.
- 미생물학을 공부하지 않은 친구를 위해 이 기사를 어떻게 **해석할** 것인가?
- 기사의 정확성과 의도된 효과의 정확성을 고려하여 기사에 대한 당신의 **점수**는 얼마인가?

현미경으로 본 세상–논평은 이 장의 끝에 나옵니다.

8.1 미생물 물질대사

물질대사(metabolism)는 세포에서 일어나는 모든 화학반응과 물리적 작용을 의미하는 용어이다. 물질대사에는 수천 가지의 다른 반응이 수반되지만, 대부분은 2가지 일반적인 범주 중 하나에 속한다. 첫째, **생합성**(biosynthesis)이라고도 하는 **동화작용**(anabolism)은 세포 분자와 구조를 합성하는 모든 과정이다. 그것은 작은 것들로부터 더 큰 거대 분자를 형성하는 건축 및 결합 형성 과정이며, 일반적으로 에너지가 필요한 반응이다. 둘째, **이화작용**(catabolism)은 동화의 반대이다. 이화반응은 큰 분자의 결합을 끊어 작은 분자로 분해하며 종종 에너지를 방출한다. 세포에서 이화작용과 동화작용의 연결은 수많은 생화학 반응을 효율적으로 작동하도록 한다.

물질대사에 대한 또 다른 기본 사실은 전자가 반응에서 중요하다는 것이다. 요약하면, 세포는 전자를 외부 소스로부터 내부 운반체로 전달하며, 결국 에너지를 생성하는 일련의 단백질로 전자를 이동시켜 에너지를 생성한다. 여기서, 전자 흐름이 핵심이다. 물질대사과정에서 다음과 같은 일들이 진행된다(**그림 8.1**).

1. 동화작용: 작은 분자들이 모여 세포에 필요한 더 큰 거대 분자를 조립한다. 이 과정에서 ATP(에너지)는 결합을 형성하는 데 사용된다.
2. 이화작용: 거대 분자를 작은 분자로 분해하여 에너지를 생성하는 과정이다.
3. ATP(adenosine triphosphate)를 형성하고 일부는 열의 형태로 방출된다.

질병과의 연관성

동화작용은 더 작은 단위들로부터 세포 분자와 구조물을 합성하는 과정이다. 스테로이드는 남성 성 호르몬으로 알려진 테스토스테론(testosterone)에서 보이는 스테로이드(steroid)와 화학적으로 동일한 구조를 갖도록 실험실에서 합성된다. 스테로이드는 종종 보디빌더(bodybuilder)에 의해 근육을 구축하고, 체중을 늘리고, 더 남성적인 것처럼 보이기 위해 사용 혹은 남용되고 있다. 종종 에이즈 및 기타 만성 질환으로 인한 사춘기 지연 및 근육 낭비와 같은 특정 의학적 상태를 치료하는 데 사용되는 용량의 100배나 높은 용량으로 복용하는 사람들이 있다. 고용량의 스테로이드를 복용하면 불임, 혈전 및 심리적 영향(예: 과민성, 공격성, 우울증) 외에도 심장과 간이 손상될 수 있다.

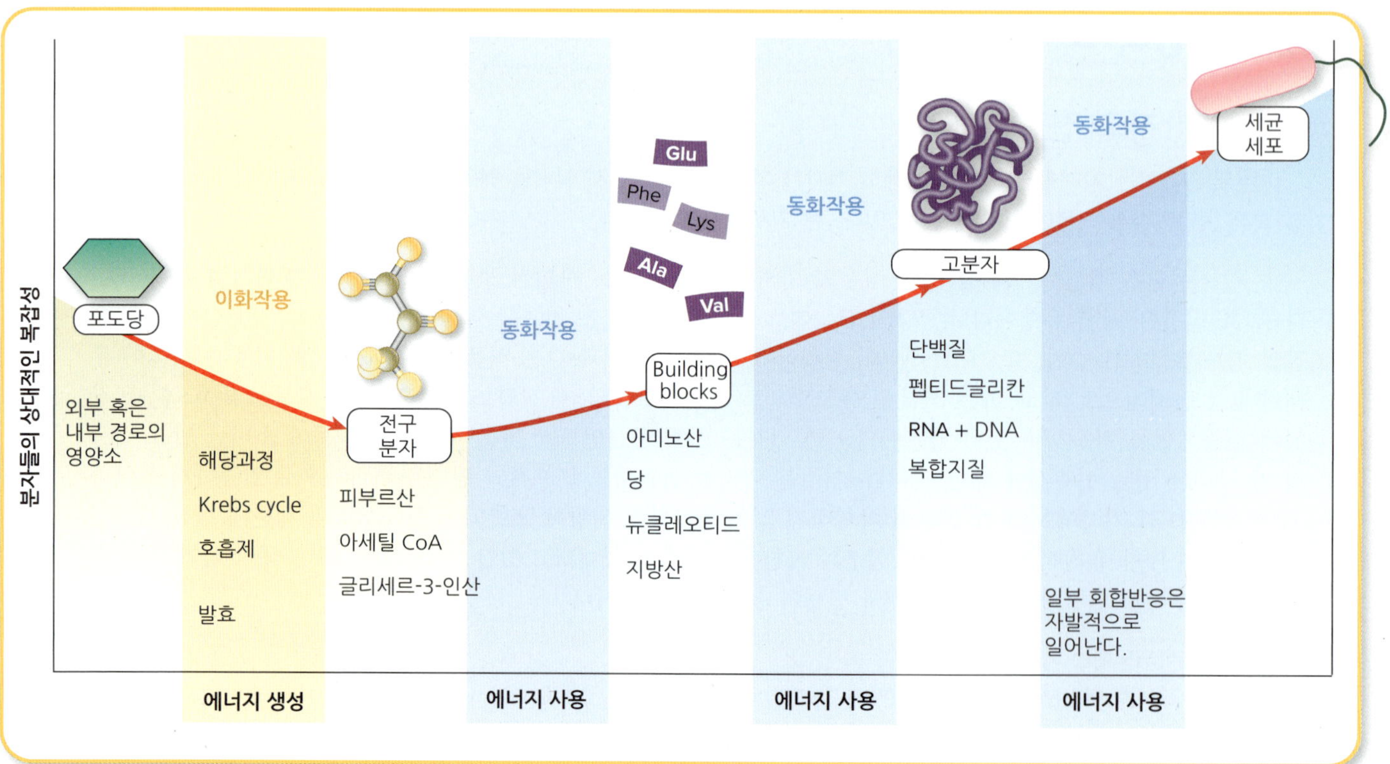

그림 8.1 단순화된 물질대사 모델 세포 반응은 2가지 주요 범주로 나뉜다. 이화작용(노란색)은 복잡한 유기 분자를 더 단순한 최종 생성물로 분해하여 에너지를 생성한다. 동화작용(파란색)은 전구체(precursors)에서 필요한 거대 분자와 세포 구조를 합성하기 위하여 에너지를 사용한다.

들여다보기 8.1 연구: Pass the Java

여러분은 스스로 카페인으로 버티며 일상을 유지하는 유일한 생명체라고 생각하는가? 다시 생각해보자. 아이오와 대학교 연구진들은 여러분이 가장 좋아하는 화학물질에서 번성하는 유기체를 발견했다. 아이오와 대학의 화학 및 생화학 공학박사과정 학생 섬머(Ryan Summers)는 세균 *Pseudomonas putida* CBB5에서 카페인을 분해하여 에너지원으로 사용하는 새로운 효소를 발견했다. 카페인 분자 자체는 탄소, 수소, 산소 및 질소로 구성되어 있으며 모두 물질대사에 필요하다. 섬머 그룹은 *P. putida*에서 생산되는 N－demethylase(NdmA, NdmB, NdmC) 3종류의 효소와 환원효소(reductase, Ccr)를 발견했으며, 이들은 카페인을 이산화탄소와 암모니아로 분해하는 데 관여한다. 그러나 여러분이 좋아하는 커피숍에서 *P. putida*를 발견하지는 못할 것 같다. 섬머는 카페인을 먹는 세균(*P. putida*)에 의해 생성된 효소가 천식 및 기타 상태를 치료하기 위한 의약품의 생산에 사용될 수 있다고 한다. 또 이들 효소는 커피 및 차 찌꺼기의 생물 정화(bioremediation)에도 사용될 수 있다. 카페인 분해 효소는 초콜릿 생산에 사용되는 커피, 차 및 코코아 식물의 카페인 제거(decaffeination) 가능성이 있다. "카페인만 분해할 수 있어?"라는 생각을 버리고 카페를 그냥 지나치자.

출처: 2013. *ACS Synth. Biol.* March 8. DOI: 10.1021/sb4000146

© FoodCollection RF

효소: 생명의 화학반응을 촉진

미생물 세포는 기본적인 생합성 재료(building materials), 에너지원 및 광범위한 대사 반응 네트워크를 운영하기 위한 "청사진(blue print)"이 완비된 현미경적 크기의 공장으로 간주될 수 있다. 그러나 생명체의 화학반응은 **효소**(enzyme)라 불리는 특별한 종류의 거대 분자 없이는 진행될 수 없다. 효소는 화학반응에서 생성물의 일부가 되지 않거나 혹은 반응에서 소비되지 않으면서 화학반응 속도를 증가시키는 **촉매**(catalyst) 역할을 한다. 효소가 반응을 일으킨다고 생각하기 쉽지만 사실이 아니다. 화학반응은 효소가 없어도 어느 시점에서 자연스럽게 발생할 수 있으며, 또한 매우 느리게 진행될 수 있다. 효소 urease에 대한 연구는 그것이 촉매화되지 않은 반응과 비교하여 요소의 분해 속도를 100조 배 증가시킨다는 것을 보여주었다. 일반적으로 촉매되지 않은 반응은 세포 공정에서 충분히 빠르지 않다. 따라서 반응 속도를 높이는 효소는 생명체에 없으면 안 되는 필수 요소이다. 효소의 다른 주요 특성은 **표 8.1**에 요약되어 있다.

효소는 어떻게 작동하는가?

효소는 대사의 반응 속도를 높이는데, 이는 어떻게 이루어지는가? 화학반응 동안, 반응물은 결합이 형성되거나 파괴되어 생성물로 전환된다. 그리고 반응 속도가 제한되는 모든 반응을 시작하기 위해서는 일정한 양의 에너지가 필요하다. 반응이 진행되기 위해 극복되어야 하는 초기반응에 대한 저항은 측정 가능하며 **활성화 에너지**(activation energy)라고 한다. 이 초기 저항은 다음과 같은 3가지 방안으로 극복할 수 있다.

1. 분자 속도를 높이기 위해 열 에너지(가열)를 증가시킨다.
2. 분자 충돌 속도를 높이기 위해 반응물의 농도를 증가시킨다.
3. 촉매를 첨가한다.

대부분의 생명체에서, 온도를 올리는 것은 잠재적으로 유해하며, 더 높은 농도의 반응물은 실용적이지 않기 때문에 처음 2가지 가능성들은 실현 가능하지 않다. 생명체에서 촉매 역할을 하는 효소는 이러한 요구를 효율적이고 강력하

표 8.1 효소 특성 점검표

- 대부분 단백질로 구성되어 있으며, 보조인자(cofactor)가 필요할 수 있다.
- 세포 촉매 반응 속도를 높이기 위해 유기 촉매로 작용한다.
- 화학반응을 진행하는 데 필요한 활성화 에너지를 감소시킨다.
- 모양, 특이성 및 기능과 같은 고유한 특성을 갖는다.
- 생명과 호환되는 속도로 대사반응을 진행할 수 있다.
- 표적 분자(기질, substrate)에 대한 활성 부위를 갖는다.
- 표적 분자(기질)보다 크기가 훨씬 크다.
- 기질과 밀접한 관련이 있지만 반응 생성물에 통합되지 않는다.
- 반응에 의해 소모되거나 영구적으로 변경되지 않는다.
- 재활용이 가능하여 매우 낮은 농도에서 작동한다.
- 온도와 pH의 영향을 크게 받는다.
- 유전자발현 과정 혹은 피드백 과정으로 조절된다.

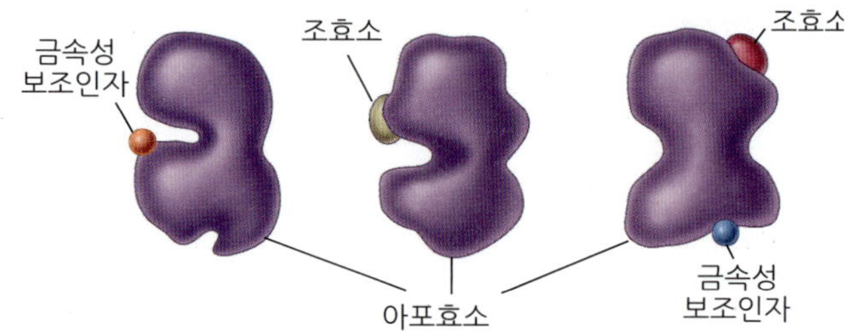

그림 8.2 결합효소 구조 모두 아포효소(폴리펩티드 또는 단백질) 성분과 하나 이상의 계면활성자를 가지고 있다.

게 충족시켜준다. 효소 촉매는 활성화 에너지를 효과적으로 낮추어 반응 속도가 빨라지고 에너지 투입이 줄어든다.

분자 수준에서, 효소는 **기질**(substrate)로 불리는 반응물과의 접근이 가능한 물리적 위치에서 작용함으로써 반응을 촉진시킨다. 효소는 기질보다 크기가 훨씬 크며, 특정 기질에만 맞는 독특한 활성 부위(active site)를 나타낸다. 효소는 기질에 결합하여 기질의 변화에 직접적으로 관여하지만, 생성물의 일부가 되지 않으며, 반응에 의해 사용되지 않고, 반복해서 작용할 수 있다. **효소 속도**는 잘 문서화되어 있다. 예를 들어, catalase 효소는 초당 수백만의 속도로 그의 기질을 전환시킨다.

효소 구조

대부분의 효소는 단백질이며 단순 또는 복합체(conjugated)로 분류될 수 있다. 단순 효소는 단백질만으로 구성되는 반면, 복합효소(**그림 8.2**)는 단백질과 다른 비단백질 분자를 포함한다. 때때로 **완전효소**(holoenzyme)로 지칭되는 전체 복합효소는 **아포효소**(apoenzyme)로 불리는 단백질과 하나 이상의 **보조인자**(cofactor)의 조합으로 구성된다. 보조인자는 **조효소**(coenzyme)로 불리는 유기 분자 혹은 무기 원소(금속 이온)이다. 예를 들어, 7.2절에서 언급된, 과산화수소를 분해하는 catalase 효소는 철을 금속 보조인자로 요구한다.

1980년대 초기에, 특별한 종류의 효소가 확인되었으며 RNA로 만들어졌다. **리보자임**(ribozymes)으로 명명된 이들 분자는 다른 RNA에 대한 반응을 촉매하는 RNA 분자이기 때문에 더 주목을 받는다. 리보자임은 촉매와 유전 물질로서 작용할 수 있는 지구상 가장 초기 분자의 잔존물인 것으로 생각된다. 그들의 발견은 오늘날 "RNA 가설"로 알려진 것을 지지해 왔는데, 이는 RNA가 실제로 고대 세포 내에서 최초의 유전 물질이라는 것이다. 생태계에서, 리보자임은 유전자 코드의 최종 처리 동안 RNA 분자의 자가-이어맞추기(self-splicing) 또는 절단에 관여한다.

아포효소: 특이성과 활성 부위

아포효소의 크기는 약 100 아미노산 및 12,000의 분자량을 갖는 작은 폴리펩티드에서부터 수천 개의 아미노산 및 1백만 이상의 분자량을 갖는 큰 폴리펩티드 집합체에 이르기까지 다양하다. 모든 단백질과 마찬가지로, 아포효소는 1차, 2차, 3차, 더 큰 효소에서는 4차 구조라는 분자 복합성을 나타낸다(**그림 8.3**). 2.2절에서 보았듯이, 처음 3가지 수준의 구조들은 단일 폴리펩티드 사슬이 자동 접힘(folding) 과정을 거치고 이황화 및 다른 유형의 결합으로 안정성을 확보한 구조이다. 기질이 결합하는 실제 부위는 **활성 부위** 또는 **촉매 부위**라고 하는 틈새 또는 홈이며, 그러한 부위는 하나 또는 여러 개가 있을 수 있다(그림 8.3). 각 부위의 3차원 형상은 아미노산 사슬 또는 사슬이 접히는 방식에 의해 형성된다. 각 유형의 효소는 상이한 1차 구조(아미노산의 유형 및 서열), 접힘의 변형 및 독특한 활성 부위를 갖는다.

효소-기질 상호작용

반응이 일어나기 위하여, 기질이 활성 부위 안으로 들어간다(**그림 8.4**). 이 맞춤은 매우 특이적이기 때문에 종종 기질이 활성 부위의 포켓에 삽입되는 "자물쇠와 열쇠" 맞춤으로 설명된다.

일단 효소-기질 복합체가 형성되면, 종종 보조인자의 도움으로 기질에 대한 적절한 반응이 일어나고, 결국 생성물이 형성되고 방출된다. 그런 다음 효소는 다른 기질 분자에 부착하여 촉매 반응을 반복할 수 있다.

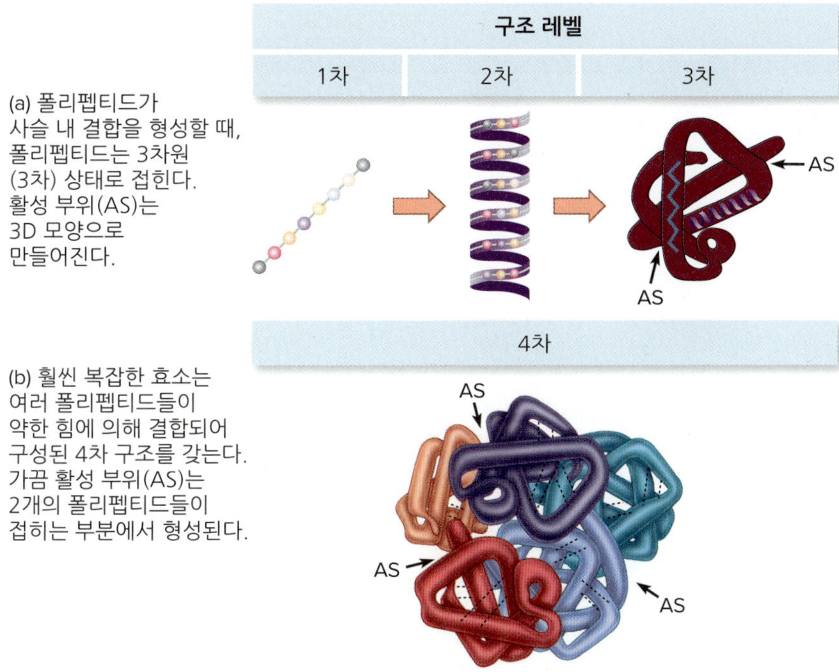

그림 8.3 아포효소의 활성 부위 및 특이성이 어떻게 발생하는가? 활성 부위(AS)는 항상 3차 또는 4차 접힘의 3차원 구조에 의해 형성되는데, 이는 1차 구조에서 서로 떨어져 있을 수 있는 아미노산들이 활성 부위에서는 인접할 수 있음을 의미한다. (a) 폴리펩티드가 사슬 내 결합을 형성할 때, 폴리펩티드는 3차원(3차) 상태로 접힌다. 활성 부위(AS)는 3D 모양으로 만들어진다. (b) 훨씬 복잡한 효소는 여러 폴리펩티드들이 약한 힘에 의해 결합되어 구성된 4차 구조를 갖는다. 가끔 활성 부위는 2개의 폴리펩티드들이 접히는 부분에서 형성된다.

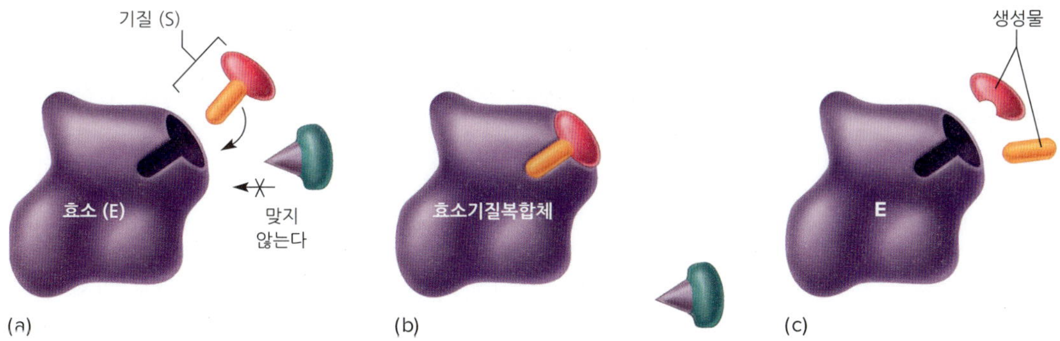

그림 8.4 효소-기질 반응 (a) 효소와 기질이 합쳐질 때 기질(S)은 효소(E)에 대한 정확한 맞춤과 위치를 보여야 한다. (b) 효소기질(ES) 복합체가 형성되면, 전이상태가 된다. 이 일시적이지만 긴밀한 결합 동안, 효소는 직접적으로 결합을 파괴하거나 또는 결합을 형성하는 데 참여한다. (c) 일단 반응이 완료되면, 효소는 생성물을 방출한다.

보조인자: 효소 작용 지원

7.1절에서, 미생물에는 미량원소라고 하는 특정 금속 이온과 특정 유기 생장인자(growth factor)가 필요하다는 것을 배웠다. 여기서는 그들이 어디에 필요한지를 알아본다(효소를 돕기 위해). 철, 구리, 마그네슘, 망간, 아연, 코발트, 셀레늄 등을 포함한 금속 보조인자는 효소와 기질 사이의 정확한 기능에 도움이 된다. 일반적으로, 금속은 효소를 활성화시키고, 활성 부위와 기질을 서로 가깝게 만들며, 효소-기질 복합체와의 화학반응에 직접 참여한다.

조효소는 보조인자의 한 유형이다. 조효소의 일반적인 기능은 하나의 기질 분자에서 화학기(chemical group)를 제거해 다른 기질에 추가하여, 이러한 화학기의 일시적인 운반체 역할을 하는 것이다. 곧, 조효소가 수소 원자, 전자, 이산화탄소 및 아미노기를 운반하고 전달하는 것을 보게 될 것이다. 조효소의 가장 중요한 성분 중 하나는 **비타민**(vitamine)인데, 왜 비타민이 영양에 중요하고 생물의 생장인자로 필요한지를 설명한다. 비타민 결핍은 완전한 효소가 형성되는 것을 막는다. 결과적으로, 화학반응과 그 반응에 의존하는 구조 또는 기능은 모두 잘 작동하지 않는다.

효소의 명명

대부분의 대사반응에는 별도의 다양하고 고유한 효소가 요구된다. 이러한 다양성을 명확하게 정리하기 위하여 효소들의 명명법 및 분류의 표준화된 시스템이 개발되었다. 일반적으로, 효소 이름은 다음 2가지 관점에서 만들어진다. (1) 어떠한 특성에서 유래한 접두사 또는 줄기 단어 – 일반적으로 기질이 작용하는 반응 또는 촉매 반응의 유형 또는 둘 다, (2) 효소이름 끝에 ase를 추가해 사용된다.

표 8.2 효소, 기질, 효소-기질 반응의 예시

공통 이름	체계적인 이름	효소 구분	기질	작용
락타아제	β-D-갈락토시다제	가수분해효소	유당	유당을 포도당과 갈락토스로 분해
페니실린나제	베타-락탐아제	가수분해효소	페니실린	베타-락탐아제를 가수분해
DNA 중합효소	DNA 뉴클레오티딜 트랜스퍼라제	전이효소	DNA 뉴클레오사이드	상보적 가닥을 모델로 사용하여 DNA가닥을 합성
젖산 탈수소효소	공통 이름과 동일	산화환원효소	피루브산	피루브산의 젖산으로의 전환을 촉매
옥시다아제	시토크롬 산화효소	산화환원효소	분자산소	분자산소는 O_2(전자와 수소의 첨가)의 환원을 촉매

새로운 표준화된 시스템은, 효소의 일반적인 생화학 작용에 따라 6가지 그룹들 중의 하나로 효소를 분류한다.

1. **산화환원효소**(oxidoreductase)는 한 기질에서 다른 기질로 전자를 전달하고, **탈수소효소**(dehydrogenase)는 한 화합물에서 다른 화합물로 수소를 전달한다.
2. **전이효소**(transferase)는 한 기질에서 다른 기질로 작용기(functional group)를 옮긴다.
3. **가수분해효소**(hydrolase)는 물을 첨가하여 분자의 결합을 파괴한다.
4. **리아제**(lyase)는 이중 결합된 기질에 작용기를 추가하거나 제거한다.
5. **이성화효소**(isomerase)는 기질의 어떠한 한 원자에 결합된 작용기를 같은 기질 내 다른 원자로 전달하는 작용으로 기질을 이성질체[1] 형태(isomeric form)로 변화시킨다.
6. **리가아제**(ligase)는 에너지로 ATP 사용하여 물의 제거와 함께 2개의 분자를 결합 형성을 촉매한다.

또 각 효소에는 촉매 작용을 하는 특정한 반응을 나타내는 공통 이름이 할당된다. 탄수화물 기질을 분해하는 효소는 **탄수화물분해효소**(carbohydrase)로 명명한다. 특정 탄수화물 효소인 **아밀라아제**(amylase)는 전분에 작용한다(아밀로스는 전분의 주요 성분이다). 단백질의 펩티드 결합을 가수분해하는 효소는 단백질 기질의 크기에 따라 **프로테이나제**(proteinase), **프로테아제**(protease) 또는 **펩티다제**(peptidase)로 명명한다. 어떤 지방과 지질은 **리파아제**(lipase)에 의해 분해된다. DNA는 **디옥시리보뉴클레아제**(deoxyribonuclease)에 의해 가수분해되며, 일반적으로 DNase로 간단히 명명한다. **합성효소**(synthetase) 혹은 **중합효소**(polymerase)는 많은 소분자들을 큰 분자로 결합시킨다. 효소의 다른 예는 **표 8.2**에 있다.

1 이성질체(isomer)는 분자식은 같지만 구조가 다른 화합물로써 분자식이 같더라도 원소들의 배열 방식이 다르므로 서로 다른 성질을 나타낸다.

효소에 의한 전이반응(transfer reaction)

작용기의 간단한 첨가 또는 제거를 수반하는 다른 효소-유도 반응은 세포의 전체 작용에 중요하다. 산화-환원 및 다른 전달 활성이 이러한 유형의 반응 예시이다.

전자의 흐름이 물질대사에 중요하다고 어떻게 말했는지 기억하는가? 일부 원자와 화합물은 전자를 쉽게 주고받거나 산화(oxidation, 전자를 잃는 것) 또는 환원(reduction, 전자를 얻는 것)에 참여한다. 전자를 잃는 화합물은 **산화되고**(oxidized) 전자를 받는 화합물은 **환원된다**(reduced). 이러한 산화-환원(redox) 반응은 세포에서 일반적이다. 산화환원효소(oxidoreductase)는 하나의 기질에서 전자를 제거하여 다른 기질에 추가한다. 그들의 조효소(coenzyme) 운반체(carrier)는 니코틴아미드 아데닌 디 뉴클레오티드(nicotinamide adenine dinucleotide, NAD) 및 플라빈 아데닌 디뉴클레오티드(flavin adenine dinucleotide, FAD)이다. (주의 사항: 지금까지 모든 용어와 세부 사항에 대해 집중되지 않았을지라도, 이 단락은 중요한 내용이다. 만약 이 단락의 내용들을 기억하면 나머지 물질대사를 훨씬 쉽게 이해할 수 있다.)

효소작용의 위치

효소는 자신을 생합성한 세포의 내부 또는 외부에서 작업을 수행한다. 이들이 세포 내부에서 만들어진 후에, **세포외효소**(exoenzyme)는 세포 외부로 운반되어 큰 먹이 분자 또는 유해한 화학물질을 분해(가수분해)한다. 세포외효소의 예는 셀룰라아제(cellulase), 아밀라아제(amylase) 및 페니실리나제(penicillinase)이다. 반대로, **세포내효소**(endoenzyme)는 세포 내에서 기능한다. 대사 경로의 대부분의 효소는 세포내효소이다(**그림 8.5**).

효소가 모두 같은 양 또는 같은 속도로 생산되는 것은 아니다. **구성효소**(constitutive enzyme)(**그림 8.6a**)는 세포 환경에 관계없이 비교적 일정한 양으로 세포 내에 항상 존재한다. 예를 들어 물질대사에서 매우 중요한 포도당 이용에

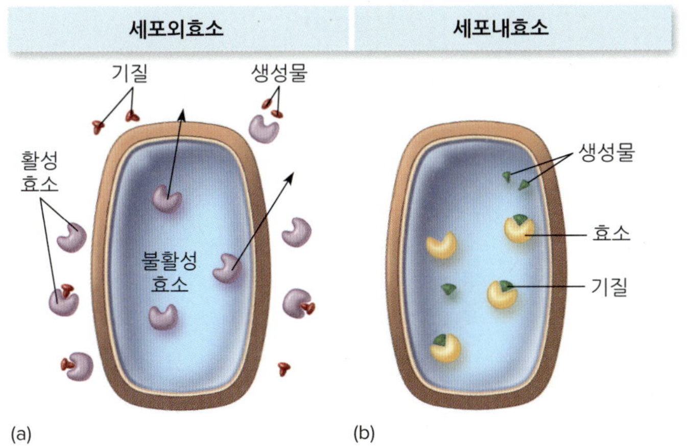

그림 8.5 작용 위치에 따라 설명된 효소 유형 (a) 세포외효소(exoenzyme)는 세포 외부로 방출되어 기능을 한다. (b) 세포내효소(endoenzyme)는 세포 안에서 기능을 한다.

관여하는 효소는 매우 중요하므로 구성효소이다. 다른 형태의 효소로 **조절효소**(regulated enzyme)(**그림 8.6b**)가 있으며, 그 생산은 기질의 농도 변화에 반응하여 효소합성이 유도되거나(induced) 효소합성이 억제된다(repressed).

질병에서 미생물 효소의 역할

많은 병원체(pathogen)는 숙주방어(host defense)를 피하거나 조직에서의 증식을 촉진하는 독특한 세포외효소(exoenzyme)를 분비한다. 이러한 효소는 병원성(pathogenicity)에 기여하기 때문에 독성인자(virulence factors) 또는 독소(toxin)라고도 한다. *Streptococcus pyogenes*(인후 및 피부 감염의 원인)는 혈전을 소화하고 상처 침범을 돕는 스트렙토키나제(streptokinase)를 생성한다. 이 세균의 또 다른 세포외효소(exoenzyme)를 스트렙토리신(streptolysin)이라고 한다. 포유동물 숙주에서, 스트렙토리신은 혈액 세포 및 조직을 손상시킨다. 또 혈액 한천 배지에서 사용되는 적혈구를 용해시키는 특성이 있으므로, 배지에서 자라는 세균을 식별하는 데 사용된다. 호흡기 및 피부 병원체인 **녹농균**(*Pseudomonas aeruginosa*)은 엘라스틴 및 콜라겐을 분해하는 에라스타제(elastase)와 골라게나제(collagenase)를 생성하는데, 이들은 결합조직에서 발견된다. 이들 효소는 특정

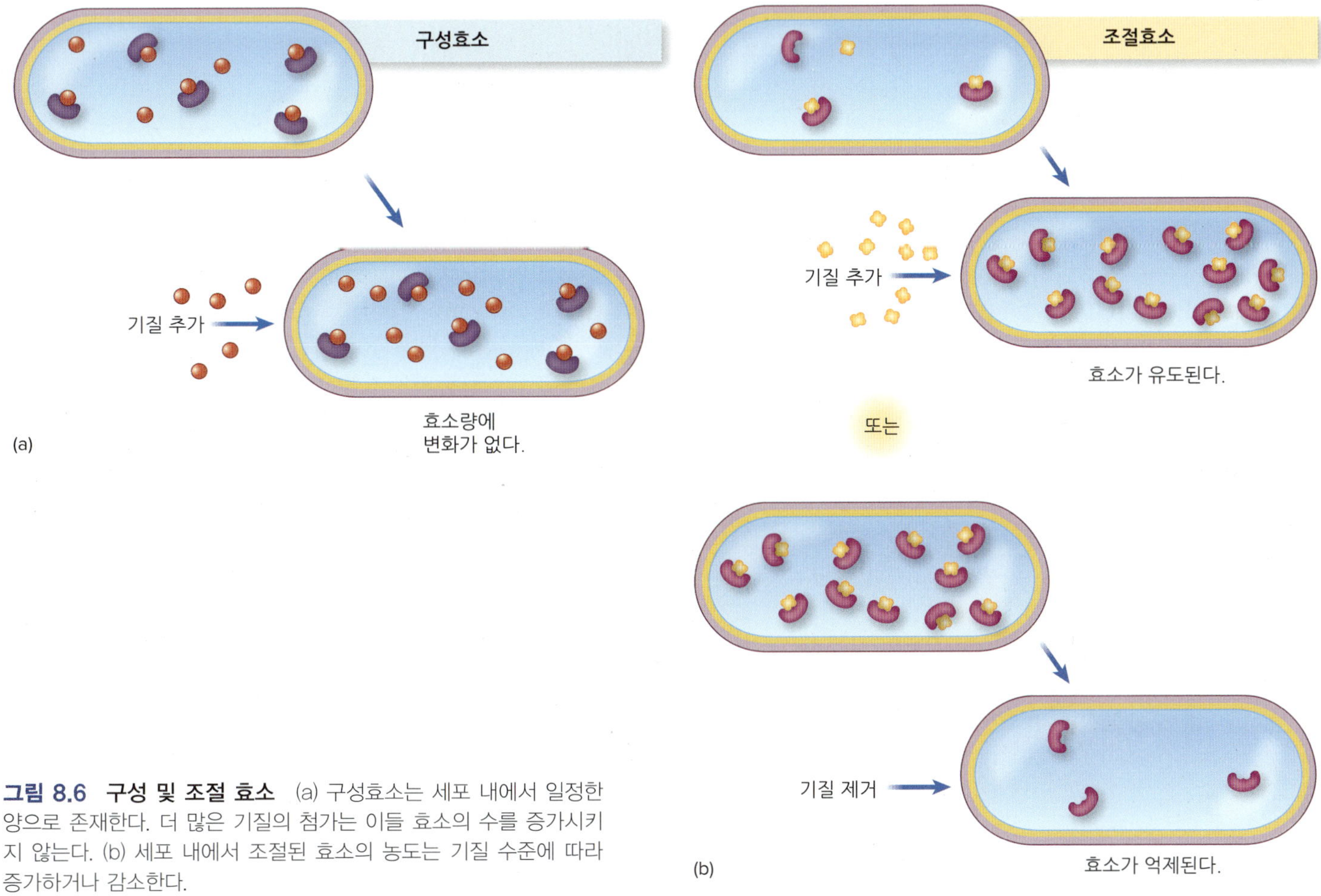

그림 8.6 구성 및 조절 효소 (a) 구성효소는 세포 내에서 일정한 양으로 존재한다. 더 많은 기질의 첨가는 이들 효소의 수를 증가시키지 않는다. (b) 세포 내에서 조절된 효소의 농도는 기질 수준에 따라 증가하거나 감소한다.

폐질환 및 화상 감염의 심각성을 증가시킨다. 가스괴저병(gas gangrene)의 원인균인 *Clostridium perfringens*는 세포막을 심하게 손상시키고 이 질환과 관련된 조직 사망을 야기하는 리파아제(lipase)인 레시티나제 C(lecithinase C)를 합성한다. 모든 미생물 효소가 조직을 파괴하는 것은 아니다. 페니실리나제(penicillinase)는 페니실린을 비활성화하여 미생물을 보호한다.

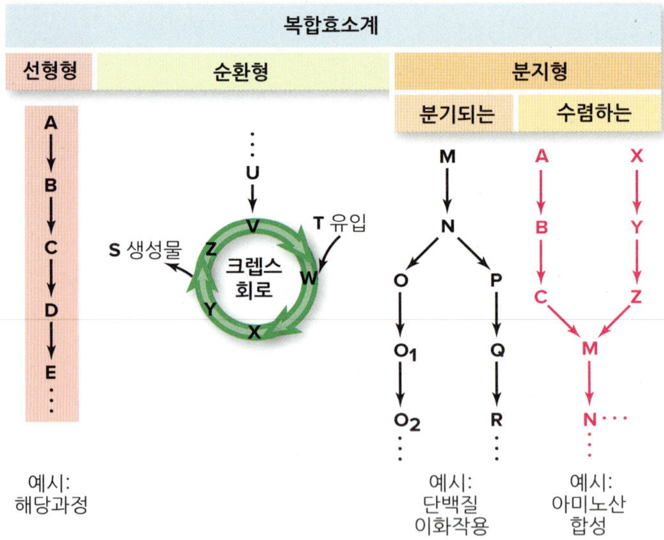

그림 8.7 물질대사의 패턴 일반적으로, 대사경로들은 중간 대사물질의 생성과 최종 생성물을 생성하는 하나의 화학반응 경로들이 서로 연계된 개개의 화학반응으로 구성된다. 이러한 대사경로는 선형형, 순환형 및 분지형을 포함한 여러 패턴으로 진행된다. 생합성에 관여하는 동화경로(anabolic pathway)는 각 단계별로 작용기를 추가하는 좀 더 복잡한 분자를 생성하며, 이화경로(catabolic pathway)는 에너지를 발생하는 분자의 분해반응이다. 일련의(화살표로 표시된) 모든 반응에는 특정 효소가 관여한다.

질병과의 연관성

경쟁적 저해에서, 효소 활성은 효소와 유사한 분자에 의해 억제된다. 경쟁적 저해기작으로 효과적인 제어가 가능한 많은 약물들이 있다. 아스피린은 부기와 통증을 매개하는 분자의 합성을 저해한다. HIV/AIDS를 치료하기 위해 개발된 많은 약물은 HIV 프로테아제(protease)에 의한 바이러스의 성숙(maturation)을 방해한다. 특정 항우울제, 이뇨제 및 항생제도 경쟁 저해제로 작용한다.

환경에 대한 효소의 민감성

효소의 활성은 세포의 환경에 크게 영향을 받는다. 일반적으로 효소는 해당 생명체의 특정 환경조건(자연 온도, pH, 삼투압)에서만 활성화된다. 효소가 이러한 정상적인 조건에서 변화되어야 하면, 화학적으로 불안정해진다.

저온은 촉매 작용을 억제하고 고온은 아포효소를 변성시킨다. **변성**(denaturation)은 아포효소의 본래 형태를 유지하는 약한 결합들이 파괴되는 과정이다. 이러한 파괴는 효소 형태가 극단적으로 변화되어 기질이 활성 부위에 부착되는 것을 방해한다. 이러한 기능을 상실한 효소는 대사 반응을 차단하고 세포 사멸을 초래할 수 있다. 낮거나 높은 pH 또는 특정 화학물질(중금속, 알코올) 또한 변성제이다.

효소 활성 및 대사 경로의 조절

대사반응은 영양분과 에너지의 사용을 극대화하기 위하여 체계적이며 고도로 조절되는 방식으로 진행된다. 세포는 생장과 생존에 가장 유리한 대사반응을 사용하여 환경 조건에 대응한다. 기본적으로 물질대사 조절은 정교한 점검 및 균형 시스템에 의한 효소 조절을 통해 이루어진다.

다음으로 대사 경로의 일반적인 특징을 검토한다.

대사 경로

대사반응은 거의 단일 반응이나 단일 단계로 이루어지지 않고, 다단계 시리즈 또는 경로에 의해 진행되며, 각 반응 단계는 각각의 효소에 의해 촉매된다. 개별 반응은 사용 목적에 따라 다양한 방식으로 표시될 수 있다(**그림** 8.7). 한 반응의 생성물은 종종 다음 반응을 위한 반응물(기질)이며 선형형(linear) 대사경로를 형성한다. 많은 경로에는 영양소 공정(nutrient processing)을 위한 대체 방법을 제공하는 분지형(branched) 대사경로가 있다. 다른 것들은 순환형(cyclic) 대사경로 형태를 취하는데, 여기서 출발 분자는 재생되어 또 다른 순환주기를 시작한다. 또 대사경로는 일반적으로 독립적이지 않으며, 그들은 대사경로의 많은 단계에서 서로 연결되어 병합된다.

효소 작용에 대한 직접적인 조절(효소 활성 조절)

세균 세포는 효소의 활성에 직접 영향을 미치는 여러 가지 방법이 있다. 효소의 정상적인 기질과 유사한 분자(모방체)를 공급함으로써 효소 활성을 저해할 수 있다. 그 후 "모방체(mimic)"는 효소의 활성 부위를 점유하여 실제 기질이 결합하지 못하게 할 수 있다. 실제로 모방체가 효소에 의해 작용하거나 생성물과 같은 방식으로 기능할 수 없기 때문에 효소 작용이 효과적으로 차단된다. 모방체가 결합 부위의 기질과 경쟁하기 때문에 이러한 형태의

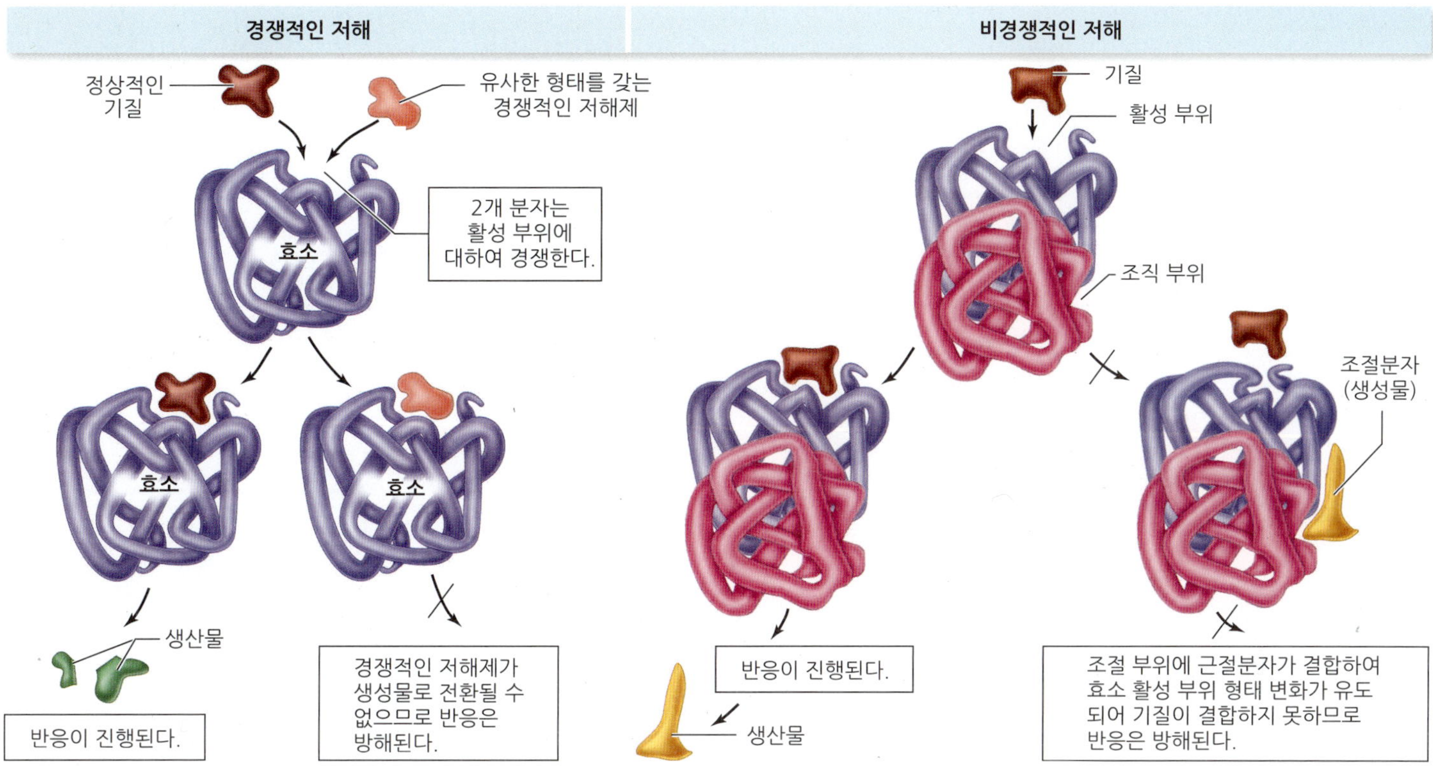

그림 8.8 효소에 대한 2가지 일반적인 조절기작(효소 활성 저해기작)의 예

저해를 **경쟁적 저해**(competitive inhibition)라 한다(**그림 8.8**).

또 다른 저해형태는 활성 부위(active site)와 조절 부위(regulative site)라고 불리는 2개의 결합 부위가 있는 특수한 유형의 효소에서 작용한다(그림 8.8). 이들 효소는 효소 조절 부위에서 조절분자(regulatory molecule)의 결합에 의해 효소 활성이 조절된다. 가끔 효소반응 자체의 생산물이 조절분자로 작용한다. 이는 효소반응 생성물이 특정 농도 이상 생성되면 효소 활성을 감소시킬 수 있는 부정적인 피드백 기작으로 작용한다. 이는 조절분자가 기질과 동일한 부위, 즉 활성 부위에 결합하지 않기 때문에 **비경쟁 억제**(noncompetitive inhibition)이다.

효소 합성에 대한 제어(효소 생합성 조절)

대사경로의 효율적인 조절을 위하여 효소 활성을 조절하는 방법(저해, inhibition)과 대사경로 반응을 촉매하는 효소의 생합성을 조절하는 방법(억제, repression)이 있다.

효소 억제(enzyme repression)는 대사경로의 반응 효소들의 추가 합성을 중지시키는 방법이다. 효소반응으로 인한 최종 생성물의 수준이 과도하게 증가함에 따라, 이들 효소의 유전자 발현이 억제된다(**과정 그림 8.9**). 효소의 유전자 발현 억제 시간은 효소 활성 피드백 저해보다 경과시간은 길지만 그 효과는 더 오래 지속된다.

효소 억제의 반대 개념이 **효소 유도**(enzyme induction)이다. 이 과정에서, 효소는 적합한 기질이 존재하는 경우에만 효소 유전자가 발현된다(즉, 효소의 합성이 기질에 의해 유도된다). 두 기작은 세균에서 중요한 유전자 제어 시스템이다.

효소 유도의 고전적인 모델은 특정 당에 대한 대장균(*Escherichia coli*)의 반응에서 일어난다. 예를 들어, 대장균(*E. coli*)의 특정 균주가 주요 탄소원인 유당(lactose) 배지에 접종되면, 효소 락토스 가수분해효소(lactase, β-galactosidase)를 생성하여 포도당과 갈락토스로 가수 분해한다. 후속적으로 그 대장균을 탄소원으로서 설탕(sucrose)만을 함유하는 배지에 접종하면, 락타아제 합성을 중단하고 설탕분해효소(sucrase, saccharase) 합성을 시작할 것이다. 이 반응은 생명체가 다양한 영양소에 적응할 수 있게 하며, 기질이 존재하지 않는 효소를 만들어 미생물이 에너지를 낭비하는 것을 방지한다.

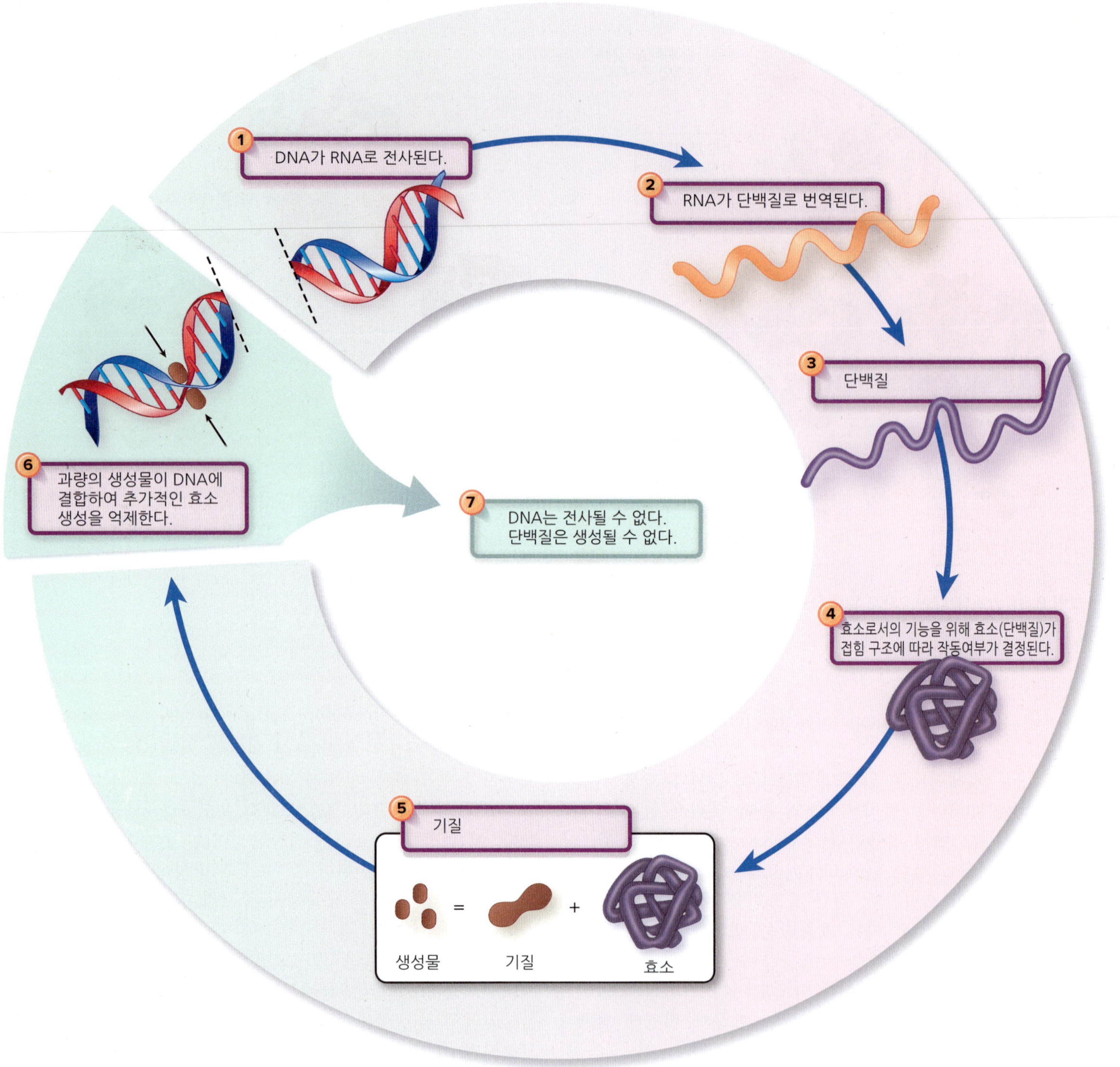

과정 그림 8.9 효소 합성의 유전자 제어의 한 유형: 효소 억제 [①–⑤]: 충분한 생성물이 생성될 때까지 억제되지 않은 전사 및 번역을 통해 효소를 연속적으로 합성한다. [⑥, ⑦]: 과잉 생성물은 효소 합성을 조절하는 DNA상의 부위와 반응하여 추가 효소 생성을 억제한다.

8.1 학습 평가

1. 물질대사, 이화작용 및 동화작용 사이의 관계를 설명할 수 있다.
2. 효소의 구조와 기능을 완전히 설명할 수 있다.
3. 아포효소와 완전효소를 구별할 수 있다.
4. 세포내효소와 세포외효소 및 구성효소와 조절효소를 각각 구별하여 설명할 수 있다.
5. 대사의 4가지 주요 패턴을 도표로 나타낼 수 있다.
6. 효소가 어떻게 조절되는지 설명할 수 있다.

8.2 에너지의 추구와 활용

물질대사를 수행하기 위해서 세포는 일정한 형태의 가용 에너지를 지속적으로 필요로 한다. 에너지는 햇빛(광합성계 이용) 또는 자유전자(환원된 화합물의 막 전자 전달계에서)에서 직접 올 수 있다. 이 책에서 살펴본 대부분의 세균에서 보듯이, 에너지는 당과 같은 유기 물질의 결합이 끊어지고 전자가 방출되고 전달될 때 발생한다. 에너지는 ATP에 저장된다.

세포 내 에너지

에너지와 관련된 모든 세포 반응이 동일한 것은 아니다. 일부는 에너지를 방출하며, 다른 일부는 에너지를 필요로 한다. 예를 들어, 다음과 같이 반응이 진행된다.

$$X + Y \xrightarrow{\text{효소}} Z + \text{에너지}$$

정반응으로 진행하면 에너지를 방출한다. 이러한 유형의 반응을 **발열반응**(exergonic)이라고 한다. 이 유형의 에너지는 자발적으로 진행되며 세포 활성에 사용할 수 있다. 다음과 같은 에너지 거래(energy transaction)는 반응에서 에너지를 필요로 하므로 **흡열반응**(endergonic)이라고 한다.

$$\text{에너지} + A + B \xrightarrow{\text{효소}} C$$

세포에서, 발열반응과 흡열반응은 종종 같이 일어나며(coupled), 방출된 에너지는 즉시 사용된다.

다시 말하면, 세포는 고분자화합물인 영양소의 결합(bond)을 점진적으로 파괴하여 방출되는 에너지를 포집하는 특별한 효소 시스템을 가지고 있다(**그림 8.10**). 발열반응 동안, 결합의 파괴에 의해 방출된 에너지는 ATP와 같은 특정한 고에너지 인산화 결합(high energy phosphate bond)에 저장된다. 화학 결합의 에너지를 일시적으로 저장하고

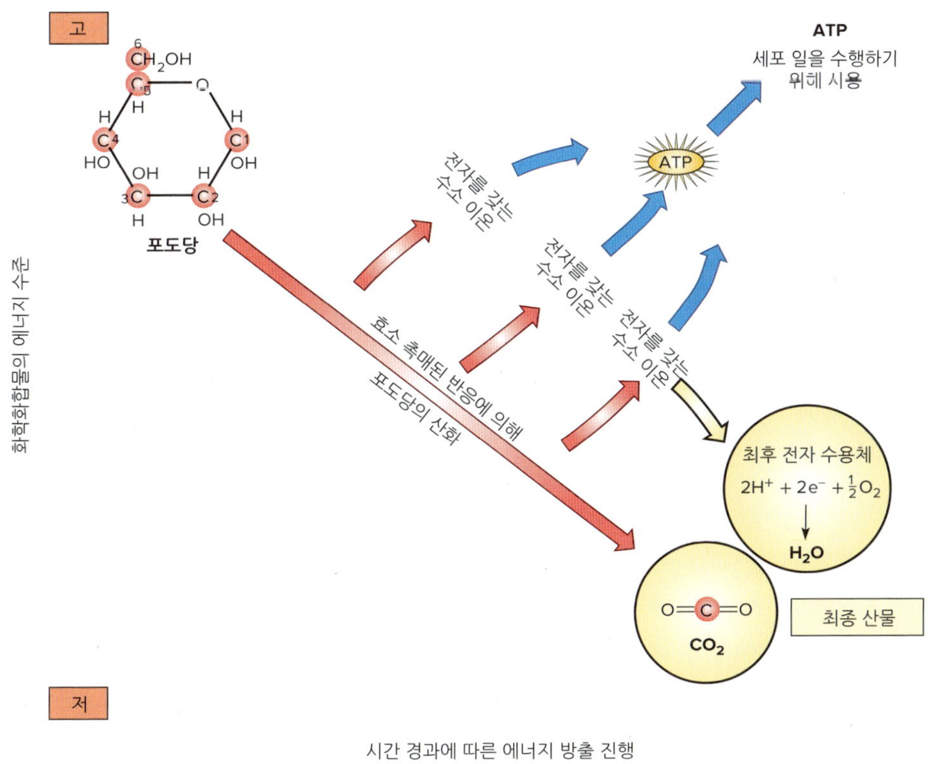

그림 8.10 에너지 생산의 간단한 모델 포도당은 순차적인 대사경로를 통하여 산화되어 수소와 수반되는 전자를 제거한다. 수소와 전자로부터 에너지는 ATP를 생성하는 데 사용된다. 결국 포도당의 탄소 골격에서 남은 것은 최종 산물 CO_2이다. 호기성 대사의 다른 부산물(by-product, 전자 및 수소 이온이 산소와 결합함으로 인하여)은 H_2O이다.

방출하는 ATP 에너지는 세포 흡열반응에서 연료에너지로 공급된다. ATP에 대해 논의하기 이전에, 에너지 생산에서 중요한 전자를 제공하는 산화환원 반응을 조사한다.

산화 및 환원에 대한 면밀한 검토

산화환원 반응(oxidation–reduction reaction, Redox reaction)은 항상 **산화환원 쌍**(redox pair)을 구성하는 전자 공여체 및 전자 수용체와 쌍으로 일어난다. 반응은 다음과 같이 나타낼 수 있다.

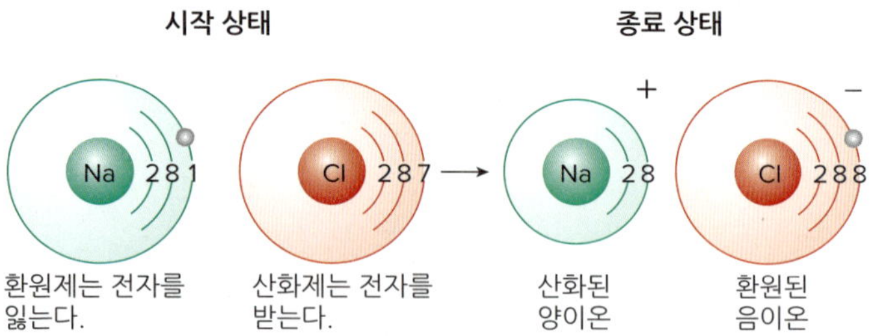

산화환원 반응은 모든 세포에서 발생하며 필요한 에너지 전환에 필수적이다. 세포 산화환원 반응의 중요한 성분은 산화환원효소(oxidoreductase)라는 효소이다. 이들은 nicotinamide adenine dinucleotide(NAD)(**그림 8.11**) 및 flavin adenine dinucleotide(FAD)라 불리는 조효소 운반체를 갖는다.

산화환원 반응은 에너지와 함께 전자를 회수한다. 환원된 화합물에 존재하는 에너지는 ADP 또는 다른 화합물에 무기인산(inorganic phosphate)을 첨가하는 **인산화**(phosphorylate) 반응에 사용된다. 이 과정에서 에너지를 고에너지 분자(예: ATP)에 저장한다. 많은 경우에, 세포는 전자를 별도의 실체가 아니라 수소(양성자와 전자를 포함하는)와 같은 원자의 일부로 취급한다. 간단히 말하면, 전자 전달(electron transfer)이라는 용어를 계속 사용하며, 수소가 가끔 전달 과정에 관여하는 것을 기억해야 한다. 산화환원 반응 동안 화합물로부터 수소를 제거하는 것을 탈수소반응(dehydrogenation)이라 한다. 이러한 양성자와 전자의 전달 과정에 하나 이상의 운반체가 관여하며, 이 운반체들은 운반될 때까지 전자에 대한 단기 저장소로서 기능한다. 앞으로 살펴보겠지만, 탈수소반응은 호흡전자전달시스템(respiratory electron transport system)에 필수적인 전자 공급원이다.

전자 운반체: 분자 셔틀

전자 운반체(carrier)는 교대로 전자가 부하되거나 전자가 해리되는 셔틀(shuttles)과 유사하며, 전자와 수소를 반

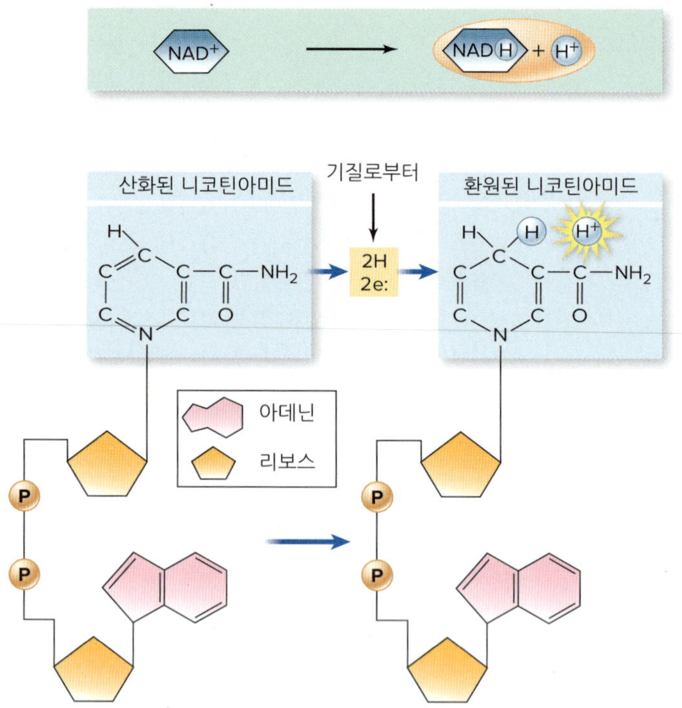

그림 8.11 NAD 감소의 세부 사항 조효소 NAD는 2개의 리보스 인산염(ribose phosphate) 분자에 결합된 비타민 니코틴아미드(니아신, niacin) 및 퓨린 아데닌(purine adenine)을 함유한다. 주요 작용 부위는 니코틴 아미드(nicotinamide, 파란색 상자 영역)이다. 기질에 의해 제공된 수소 및 전자는 고리의 상부에서 탄소와 상호 작용한다. 2개의 전자(H:)를 운반하는 하나의 수소 결합이 있고, 다른 수소는 용액에 H^+(양성자, proton)으로 운반된다.

복적으로 수용 및 방출하여 산화환원 에너지의 전달을 촉진한다. 대부분의 운반체는 전자와 수소를 모두 전달하지만 일부는 전자만 전달한다. 가장 일반적인 운반체는 NAD이며 탈수소반응에서 수소(및 한 쌍의 전자)를 운반한다(그림 8.11 참조). 환원된 NAD는 다양한 방식으로 표현될 수 있다. 2개 수소가 첨가되기 때문에 실제 운반체 상태는 NADH + H^1이지만, 이는 성가시므로 "NADH"로 표기한다. 이화경로에서 전자는 추출되어 일련의 산화환원 반응을 통해 전달되며, 특정 경로의 마지막 단계에 존재하는 최종 전자 수용체까지 전달된다(그림 8.10 참조). 호기성 대사에서, 최종 전자 수용체는 산소 분자이다. 혐기성 대사에서는 다른 무기물 또는 유기 화합물이다. 다른 일반적인 산화환원 운반체는 FAD, NADP(NAD phosphate) 및 막에 존재하는 호흡계(respiratory chain) 성분들이다.

아데노신 삼인산(Adenosine Triphosphate, ATP): 대사 화폐

에너지 분자 ATP를 자세히 살펴보자. ATP는 "대사 화폐(metabolic money)"로 설명되는데, 이는 돈을 벌고, 뱅킹하고, 저축하고, 쓰고, 교환할 수 있기 때문이다. 임시 에너지 저장소로써, ATP는 에너지를 생산하는 이화작용과 에너지를 필요로 하는 다른 세포 활동을 연결한다. 에너지 저장 특성에 대한 단서는 독특한 분자 구조에 있다.

ATP의 분자 구조

ATP는 5-탄당(리보스, ribose)에 연결된 질소 염기(아데닌)와 리보스에 결합된 3개의 인산기 사슬로 구성된 3개 파트 분자이다(**그림 8.12**). ATP의 높은 에너지는 비교적 부피가 크고 음전하를 갖는 인산기 도입으로부터 기인된다. 이러한 인산기 사이의 결합 내 반발하는 정전하의 근접성은 마지막 2개 인산기 사이의 결합에서 가장 강렬한 변형(strain)을 부여한다. 말단 인산염의 제거가 자유 에너지를 방출하기 때문에, 인산염 결합의 변형은 ATP의 높은 에너지를 설명한다.

ATP의 바깥쪽 2개의 인산염 사이의 결합을 끊으면 adenosine diphosphate(ADP)가 생성되고, 이어서 adenosine monophosphate(AMP)로 전환된다. AMP 유도체는 RNA의 골격을 형성하는 데 도움이 되며 특정 조효소(NAD, FAD 및 코엔자임 A)의 주요 구성 요소이다.

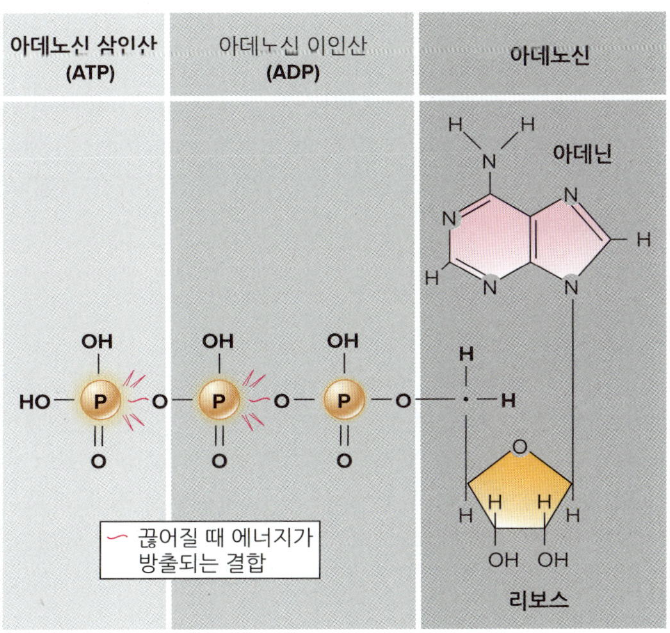

그림 8.12 ATP의 구조 가장 왼쪽의 인산기를 제거하면 ADP가 생성된다. 다음 인산기를 제거하면 AMP가 생성된다.

ATP의 대사 역할

ATP는 세포 내 주요 에너지 통화(energy currency)이다. 화학반응에 사용될 때는 교체된다. 따라서 ATP 활용 및 보충은 지속적인 주기로 일어난다. 가끔 ATP 가수분해 동안 방출된 에너지는 다른 기질에 효소적으로 연결되기 전에 활성화된 인산염을 개별 기질에 제공함으로써 생합성을 유도한다. ATP는 또한 해당과정(glycolysis)의 초기 단계에서 6-탄소 당이 인산화될 때와 같이 이화작용을 위한 분자 제조에도 사용된다.

ATP가 활용되면(말단 인산염을 제거하여 에너지와 ADP를 방출) ATP를 다시 만들어야 한다. 말단 인산염을 ADP에 다시 추가하면 ATP가 보충되지만 에너지 입력이 필요하다.

$$\text{ATP} \leftrightharpoons \text{ADP} + \text{P}_i + \text{에너지}$$

종속영양생물(heterotroph)에서, 탄수화물과 같은 영양소가 분해되어 에너지를 생성하는 특정 단계의 이화경로에서 고에너지 인산염(ATP)을 재생한다. 세포 내에서 일어나는 3가지 ATP 생합성 과정은 다음과 같다.

1. 일부 ATP 분자는 기질수준인산화(substrate-level phosphorylation)라는 공정을 통해 형성된다. 기질수준 인산화에서, ATP는 인산화된 기질로부터 ADP로 직접 인산기를 전달시켜 ATP를 생성함으로써 형성된다(**그림 8.13**).
2. 다른 ATP는 호흡경로의 최종 단계에서 발생하는 일련의 산화환원 반응인 **산화적 인산화**(oxidative phosphorylation)를 통해 형성된다. 세포 내 전자전달계에 의한 산화환원 반응에서 얻어진 에너지를 사용하여 ADP와

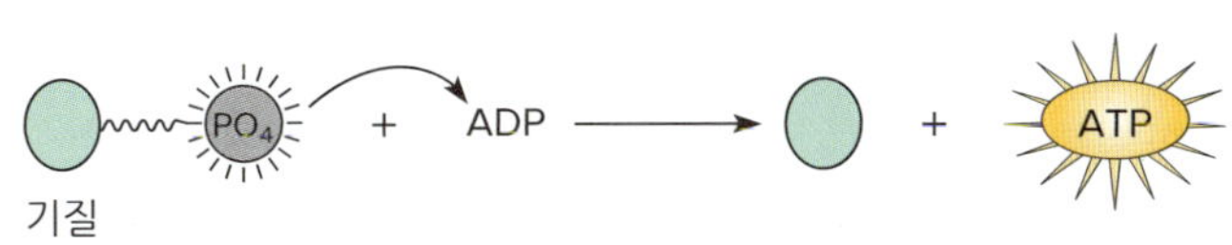

그림 8.13 기질수준인산화에 의한 ATP 형성 무기인산 및 기질은 높은 잠재적인 에너지(potential energy)를 갖는 결합을 형성한다. 효소적으로 촉매된 반응에서, 기질에 결합된 인산기는 ADP로 옮겨져 ATP가 생성된다.

무기인산으로부터 ATP를 생성하는 반응으로, 이 반응은 미토콘드리아의 내막(진핵세포) 혹은 세포막(원핵세포)에서 일어난다. 고분자 화합물의 산화로 생성된 환원된 전자가 막의 전자 전달계를 통한 산화과정에서 방출된 에너지를 이용하여 ATP 합성효소(synthase)를 통한 ADP 인산화 반응과 연계되어 일어난다. 즉, 인산화에 필요한 에너지가 산화환원 반응에서 공급되는 것이다.

3. 광영양생물(phototrophs)은 광인산화(photophosphorylation)라는 시스템을 가지고 있으며, ATP는 일련의 햇빛-구동 반응을 통해 형성된다. 광합성의 초기반응에서, 빛에너지에 의해 ADP와 무기인산으로부터 ATP가 생성되는 반응으로 미토콘드리아에서 일어나는 산화적 인산화와 유사하다.

광인산화와 산화적 인산화는 에너지 공여체가 전자에서는 광에너지이고, 후자에서는 화학결합에너지라는 점을 제외하면, 2가지 경로에서 산화환원 전자 전달과 함께 인산화 반응이 일어나며, 본질적으로는 동일한 개념에 속하는 반응이다.

8.2 학습 평가

7. 에너지를 세포에 저장되는 화학물질의 이름을 지정할 수 있다.
8. 산화환원 반응의 일반적인 도표를 작성할 수 있다.
9. 세포가 사용하는 전자 운반체를 설명할 수 있다.

8.3 이화: 재료와 에너지 얻기

이제 세포가 대사(metabolize)하는 데 필요한 모든 도구를 이해하였다. 효소는 대사과정에서 고분자 유기화합물을 저분자 물질(전구체 분자)로 분해(이화작용, catabolism)하는 반응을 촉매하며, 그리고 세포의 필요에 의해 저분자 물질로부터 더 크고 복잡한 고분자를 구축(동화작용, anabolism)하는 데 사용될 수 있다. 이 과정은 그림 8.1에 상징적으로 나타나며, 개별적 부분의 각 섹션 옆에 아이콘으로 반복되어 전체 그림에서 어떤 부분을 이야기하고 있는지 확인할 수 있다.

물질대사에 대한 또 다른 중요한 점은 **환원력**(reducing power, NADH 및 $FADH_2$에서 사용 가능한 전자)과 에너지(ATP의 결합에 저장됨)는 대사의 동화작용(anabolism, 그림의 파란색 막대)에서 대량으로 필요하다는 점이다. 또한 이들 환원력과 에너지는 대사의 이화작용(catabolism, 그림의 노란색 막대)에서 생성된다.

물질대사는 일반적으로 다른 유기체로부터 유래한 분자인 "영양소"를 환경으로부터 받아서 시작한다. 세포는 내부에 영양분을 공급해야 하며, 이를 위해 7.1절에서 논의된 기작을 사용한다. 이들 기작 중 일부는 세포에서 일어나는 이화작용으로부터 에너지를 얻을 수 있다. 다음 단계에서, 세포 내 영양소는 적절한 전구체 분자로 분해되어야 한다. 이러한 이화경로는 다음에 논의한다.

이화작용의 개요

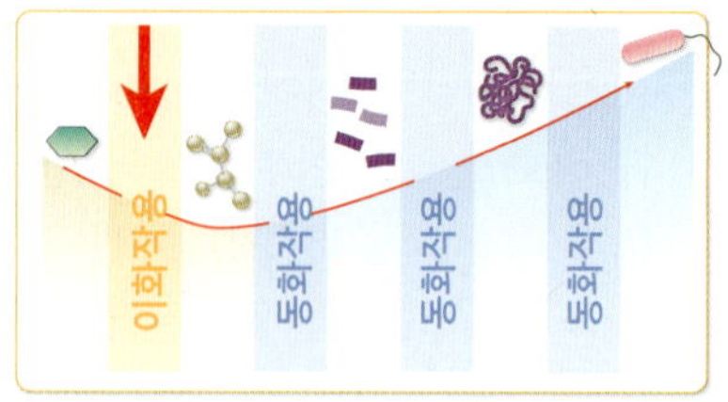

영양소 가공(nutrient processing)은 특히 세균에서 매우 다양하지만, 대부분의 경우 3가지 기본적인 이화경로로 일어난다. 종종 영양소는 포도당이다.

포도당을 분해하는 데 사용할 수 있는 몇 가지 경로가 있지만, 가장 일반적인 방법은 **해당과정**(glycolysis)이다. 해당과정 이후, 생명체는 주로 필요한 전구체와 에너지(즉, 이화작용)를 생성하기 위해 3가지 다른 경로를 사용한다(**그림 8.14**).

호기성 호흡(aerobic respiration)은 세포가 포도당을 CO_2로 변환하고 상당한 양의 에너지를 얻을 수 있는 일련의 반응들(해당과정, 크렙스[2] 회로, 및 호흡사슬)이다(그림 8.10 참조). 호기성 호흡은 전자와 수소의 최종 수용체(final acceptor)로 유리 산소에 의존하며 비교적 많은 양의 ATP를 생성한다. 호기성 호흡은 많은 세균, 곰팡이, 원생동물 및 동물에서 일어난다. 통성 혐기성균(facultative anaerobe) 및 내기성 혐기성균(aerotolerant microbe)은 해당과정만을 사용하여 포도당을 불완전하게 산화시킨다(**발효**, fermentation).

호기성 호흡

호기성 호흡(aerobic respiration)은 전자가 포도당과 같은 연료 분자에서 최종 전자 수용체인 산소로 전달되는 대사 체계이다. 이 경로는 호기성 종속영양생물(aerobic heterotroph)의 주요 에너지 생산 방식이며, 세포에서 필요로 하는 단백질, 지질 및 탄수화물 등의 고분자 생합성 및 세포 내 다른 대사경로에 필요한 ATP 및 중간대사산물(intermediary metabolite)을 공급한다.

2 "Krebs"는 F. A. Lipmann과 함께 1953년 노벨 생리의학상을 수상한 업적을 이룬 Hans Krebs 경을 기리는 의미이다.

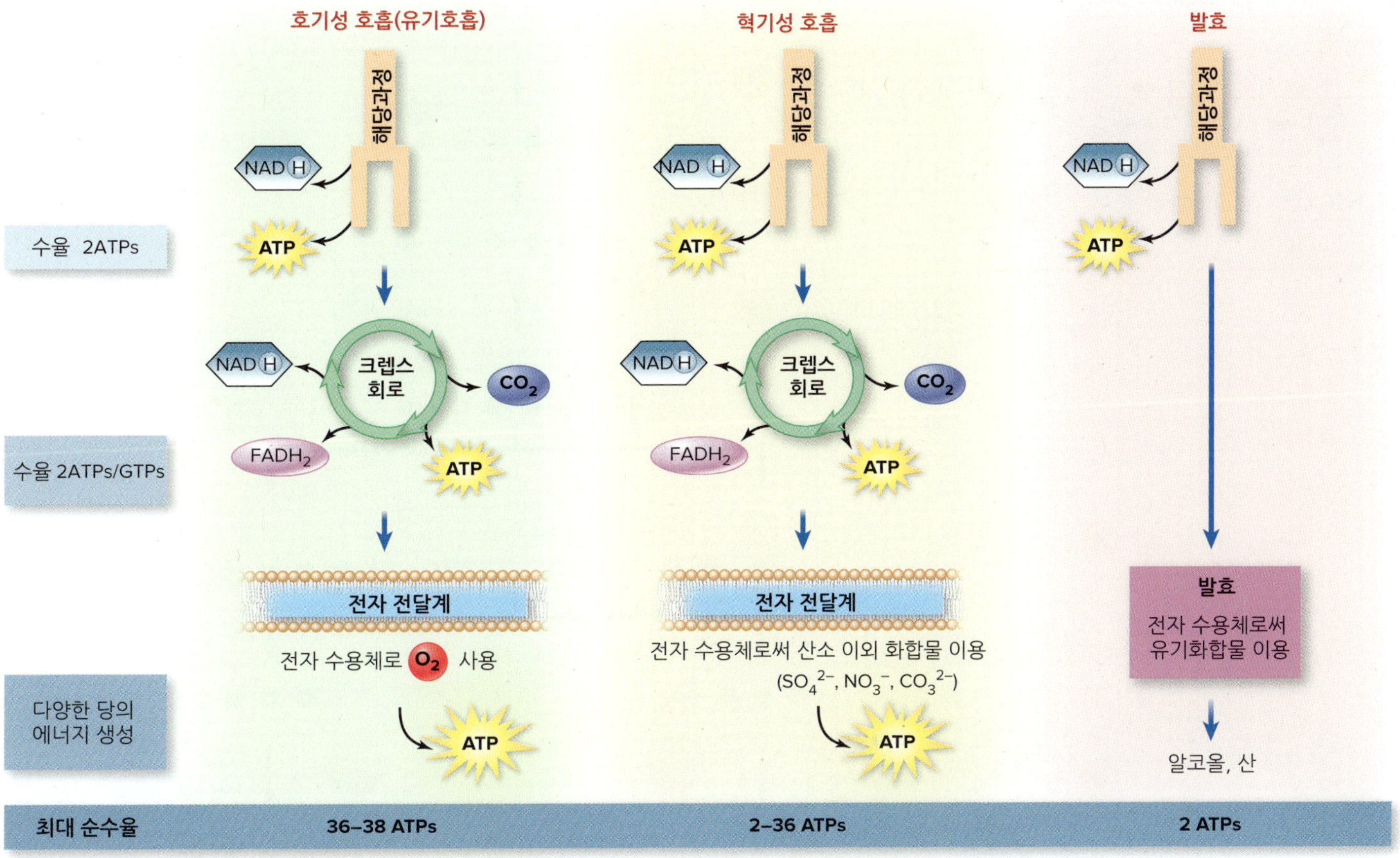

그림 8.14 이화작용의 3가지 주요한 경로의 개요

포도당: 출발 화합물

포도당과 같은 탄수화물은 쉽게 산화되기 때문에 좋은 연료(fuel)이다. 즉, 그들은 우수한 수소 및 전자 공여체이다. 포도당의 효소적 산화반응으로 수소뿐만 아니라 전자가 유리되어 전자 전달계로 전달되어 산화된다. 이 탄소 화합물 변환의 최종 생성물은 고에너지 ATP 및 에너지가 낮은 이산화탄소 및 물이다. 여기서 우리는 포도당을 주요 출발 화합물로 사용하지만 다른 육탄당(hexose, 과당, 갈락토스) 및 지방산 소단위도 호기성 호흡경로로 들어갈 수 있다.

해당과정: 시작 라인업

해당과정(glycolysis)은 여러 단계를 사용하여 포도당을 피루브산으로 전환한다. 생명체 및 환경조건에 따라, 그것은 호기성 호흡의 처음 단계로 작용하거나 또는 1차 대사경로(발효의 경우)로 작용할 수 있다. 해당과정은 ATP를 합성하고 필수적인 중간 대사물질인 피루브산을 생성하는 중요한 수단을 제공한다.

해당과정은 포도당에서 시작하여 피루브산[3](pyruvate)으로 끝나는 9단계로 진행된다. 해당 분해에 대한 개요가 여기에 제공된다. **과정 그림 8.15**에는 화학 구조와 반응의 시각적 표현을 나타낸다. 9개의 반응 각각은 특정 명칭(여기서는 언급되지 않음)을 갖는 특정 효소에 의해 촉매된다.

먼저, 포도당에 인산염을 첨가하여 포도당6인산(glucose-6-phosphate)이 생성된다(포도당 활성화, 인산화). 그런 다음(또 다른 반응, 또 다른 효소) 과당-6-인산(fructose-6phosphate)으로 전환하며, 다음으로 다른 인산염을 첨가하여 과당-1,6-이인산(fructose-1,6-diphosphate)으로 인산화된다(과정 그림 8.15, ①~③). 이러한 6-탄소분자인은 다시 2개의 3-탄소분자로 나누어진다(**과정 그림 8.15**, ④). 이 시점까지는 산화-환원이 발생하지 않았으며 2개 ATP가 사용되었다. 다음 단계는 하나의 3-탄소분자(DHAP)를 다른 3-탄소분자(glyceraldehyde-3-P; G-3-P)로 전환하여, 2개의 G-3-P를 생성하는 것이다.

3 생화학에서 유기산에 사용되는 용어는 산 형태(pyruvic acid) 또는 그 염(pyruvate)으로 나타난다.

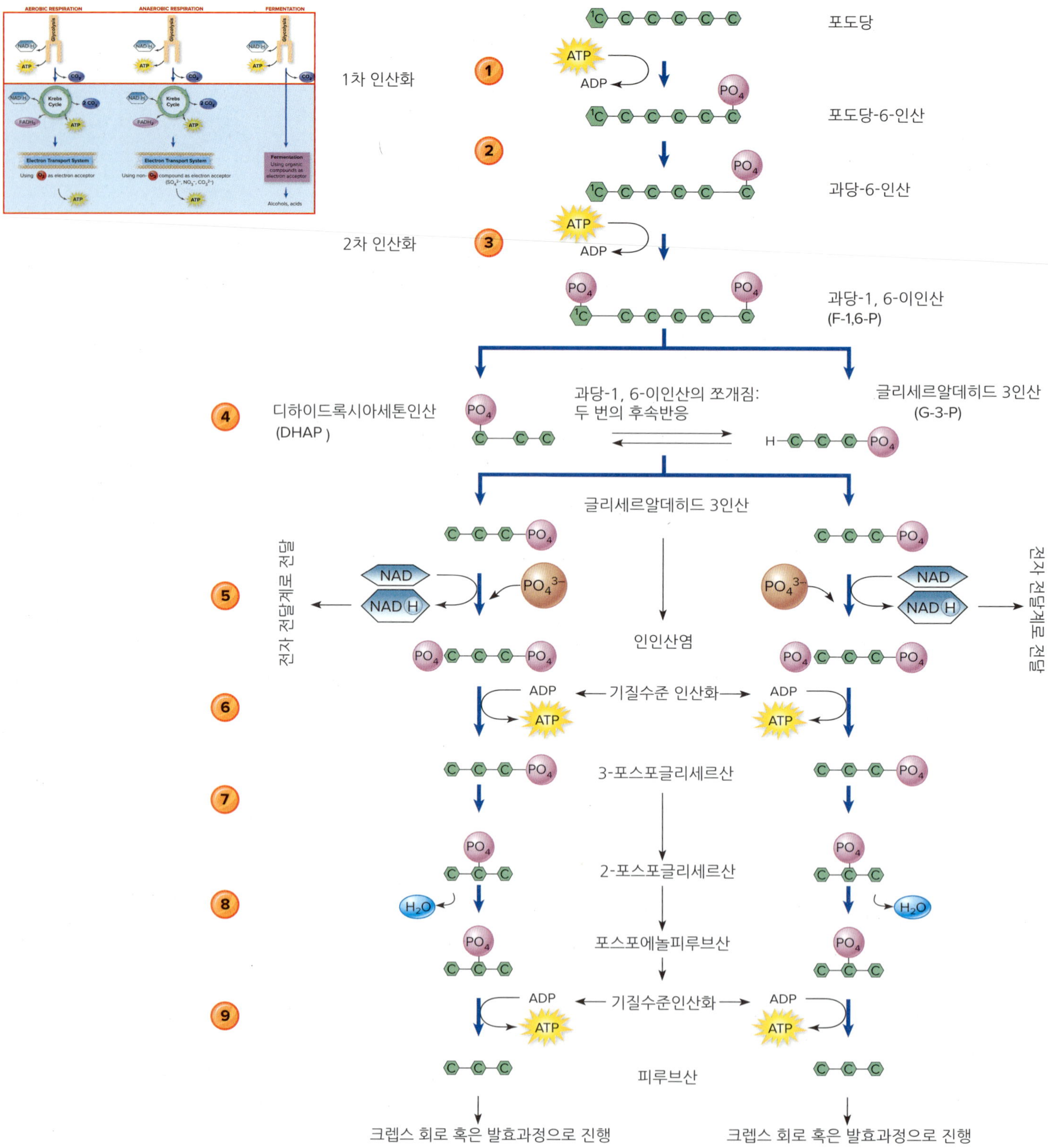

과정 그림 8.15 당분해 요약

여기에서 끝까지, 해당과정에서 일어나는 모든 반응경로는 2개 3-탄소분자 각각에 대해 두 번 일어난다. 먼저, G-3-P는 각각 무기 인산염을 받아 1,3-이인산염(1,3-diphosphoglycerate, 1,3-DPG)으로 전환된다. 동시에, 근처의 2개 NAD는 2개 NADH로 환원된다(**과정 그림 8.15**, ⑤). 이들 NADH는 이화작용의 마지막 단계(전자 전달계)에서 ATP를 생성하는 데 사용된다.

해당과정의 마지막 네 단계에서(**과정 그림 8.15**, ⑥~⑨), 3-탄소분자는 기질수준 인산화(substrate-level phosphorylation) 반응을 통해 중간대사체에 결합된 인산기를 ADP로 효소반응으로 직접 전달된다. 결과적으로 인산이 없는 2개의 3-탄소분자인 피루브산(pyruvate)을 생성한다. 해당과정의 전체 반응에서 4개의 ATP를 생성하나, 초기 대사경로에서 2개 ATP을 소비하였으므로 결론적으로 해당과정에서 생성되는 ATP 분자는 2개이다.

대부분의 유기체에서 해당과정은 피루브산 생성의 주요한 경로이다. 그러나 몇몇 미생물들은 해당과정의 일부 효소가 결여되어 포도당 분해를 위한 대체 경로를 작동시킨다. 이러한 대체 대사경로에는, Entner–Doudoroff 경로(*Pseudomonas* 및 *Enterococcus* 종에서 관찰) 및 오탄당인산회로(pentose phosphate pathway, 일부 광합성 미생물에서 관찰)와 같은 생화학 반응이 있다. 여기서 우리의 목표는 일반적인 원리에 초점을 맞추는 것이므로 해당과정으로 제한한다.

질병과의 연관성

장구균(*Enterococcus sp.*)은 장이나 여성 생식기관에서 평화롭게 살 수 있는 세균이지만 때때로 그러한 부위나 수술 상처에 질병을 일으킬 수 있다. 최근 항생제 반코마이신(vancomycin)에 내성을 갖는 장구균은 특히 병원에서 문제가 되고 있다. 이를 VRE(vancomycin-resistant enterococci)라고 한다. 이들은 매우 유연한 물질대사를 가지고 있으며 다양한 기질을 사용하여 에너지를 생산할 수 있다.

피루브산: 중앙 대사산물

피루브산(pyruvate)은 여러 경로에서 중요한 위치를 차지하며, 다른 생명체는 여러 방식에서 대사반응이 일어난다(**그림 8.16**). 절대호기성(strictly aerobic) 세균과 조건부혐기성균(facultative anaerobe)에서 피루브산은 추가대사 및 에너지 생성을 위해 크렙스 회로(TCA 회로)를 작동한다. 절대혐기성균(strict anaerobe)과 조건부혐기성균(facultative anaerobe)은 발효 대사(fermentation)를 사용하여 피루브산을 다른 유기산으로 환원한다.

크렙스 회로: 탄소 및 에너지 휠

해당과정에서, 포도당의 산화는 비교적 적은 양의 에너

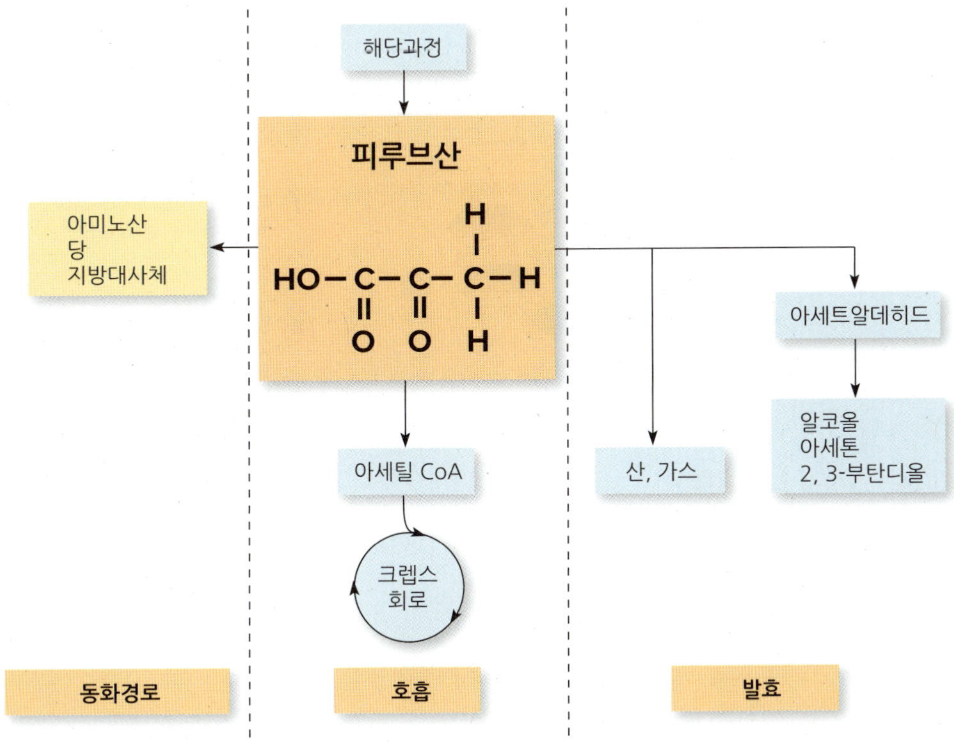

그림 8.16 피루브산(피루브산염)의 운명
이 대사신물은 미생물에 의한 영양소 처리에서 중요한 허브이다. 여러 최종 산물로 유기산으로 혐기적 발효과정을 통하여 최종 산물로 유기산을 생성하거나, 호기적 호흡과정에서 TCA 회로/전자 전달계를 통해 CO_2, H_2O로 완전히 산화된다. 또 아미노산과 탄수화물을 생합성하기 위한 원료 공급원으로 작용하기도 한다.

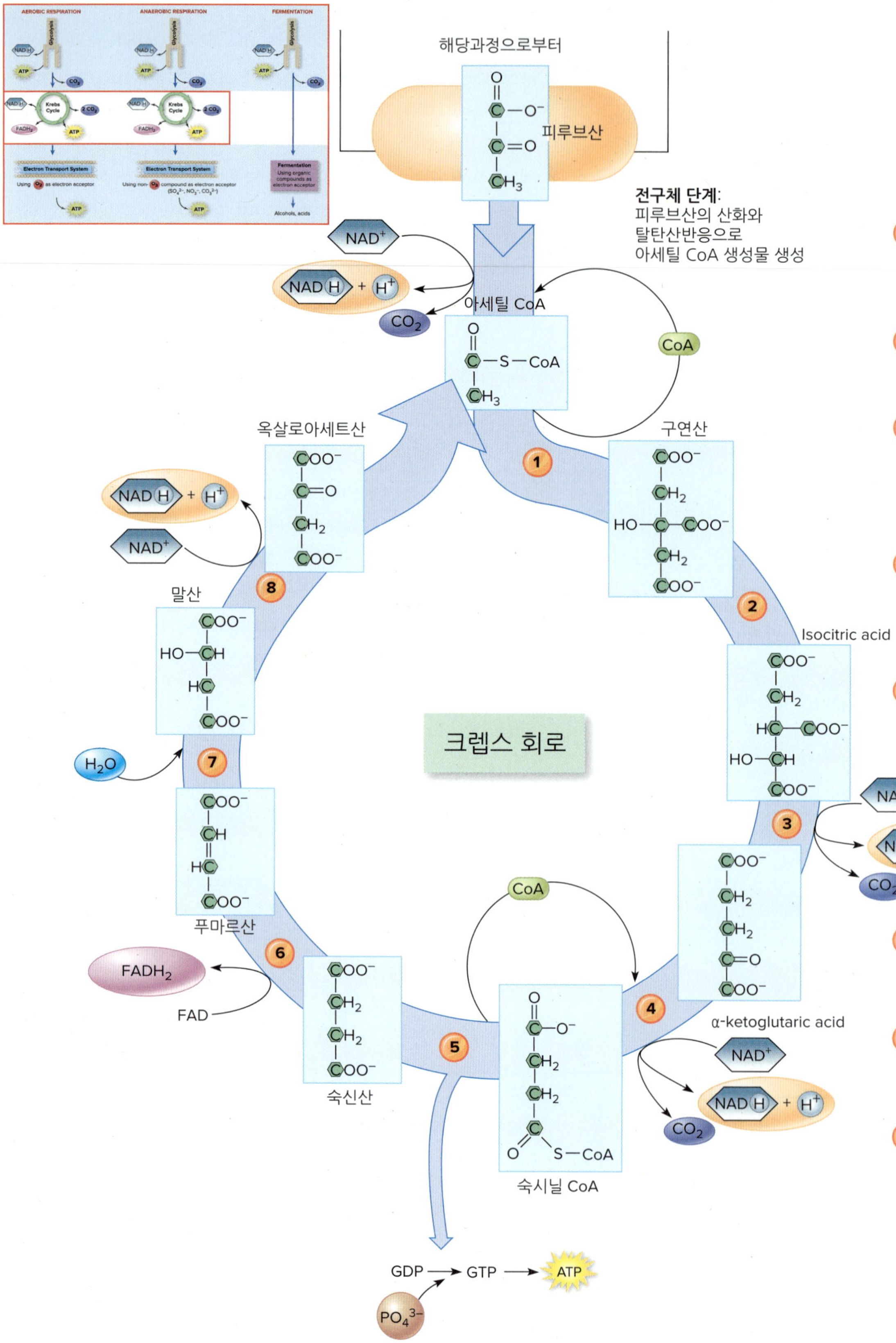

1. 2-탄소 아세틸 CoA 분자는 옥살로아세트산(oxaloacetate)과 결합하여 6-탄소 구연산염(citrate)을 형성하고 CoA를 방출한다.
2. 구연산염(citrate)은 원자의 배열을 변화시켜 Isocitric acid를 형성한다.
3. Isocitric acid는 5-탄소 α-ketoglutaric acid로 전환되어 NADH와 CO_2를 생성한다.
4. α-ketoglutaric acid는 2번째 CO_2를 잃고 NADH와 4-탄소 숙시닐 CoA(succinly CoA)를 생성한다.
5. 숙시닐 CoA는 숙신산(succinate)으로 전환되고 CoA를 재생시킨다. 반응에서 유리되는 에너지로 GTP (→ATP로 전환됨) 생성한다.
6. 숙신산은 $2H^+$와 $2e^-$를 잃어 푸마르산(fumarate)을 생성하고 $FADH_2$를 생성한다.
7. 푸마르산은 물과 반응하여 말산(malate)을 형성한다.
8. 말산은 옥살로아세트산(oxaloacetate)으로 전환되면서 NADH가 형성되는데, 이는 아세틸 CoA와 반응하여 다시 크렙스 회로로 들어가는 최종 생성물이다.

과정 그림 8.17 크렙스 회로의 단일회전반응 1분자의 포도당은 이 경로에서 2개의 스핀을 생성한다. 이것은 그림 8.14에 묘사된 중간 단계의 확대된 상세보기이다. 세균의 세포질과 진핵생물의 미토콘드리아 매질에서 일어난다.

지 생성과 피루브산 생성이 일어난다. 피루브산은 여전히 많은 에너지를 함유하여 ATP 합성에 필요한 다수의 환원된 수소 및 전자를 함유한다. 그러나 피루브산으로부터 에너지를 생성하기 위하여, 피루브산의 환원된 수소와 전자들이 호흡과정의 2번째 단계, 3번째 단계를 통하여 최종 전자 수용체인 산소로 이동하여야 가능하며, 최종 생성물로 CO_2 및 H_2O이 생성된다. 다음 절에서는 다음 단계인 크렙스 회로(TCA 회로)를 검토한다. 이 반응은 세균의 세포질(cytosol)에서 일어나며 효소그룹(일부는 세포질 막과 관련됨)에 의해 촉매된다. 진핵세포에서, 이 과정은 미토콘드리아 매질에서 일어난다.

이화과정의 호흡경로에서 해당과정 경로를 크렙스 회로(TCA 회로)에 연결하기 위해 피루브산은 먼저 크렙스 회로의 출발 화합물로 전환된다(**과정 그림 8.17**). 여기에 산화-환원 반응이 있는데, 이것은 또한 첫 번째 이산화탄소 분자를 방출한다. 첫 번째 반응으로 pyruvate dehydrogenase (coenzyme A와 효소복합체로 구성)에 의해 촉매되어 피루브산으로부터 아세틸 CoA(acetyl CoA)가 생성된다(그림 8.17). 이 반응에는 NAD의 NADH로의 환원(reduction) 및 피루브산의 2-탄소 아세틸기(acetyl CoA)로의 탈탄산반응이 일어난다. 이 반응 동안 형성된 NADH는 전자 전달계로 전달되어 산화적 인산화를 통해 ATP를 생성하는 데 사용된다. 해당과정 동안 2개의 피루브산이 형성되므로 크렙스 회로의 모든 반응은 실제로 각 포도당에 대해 두 번 일어난다.

과정 그림 8.17에서 묘사된 크렙스 회로는 항상 난해한 것처럼 보이지만, 8가지 효소에 의해 촉매되는 일련의 8가지 반응으로 생각하면 된다.

크렙스 회로의 단계

앞에서 배운 것처럼, 순환경로(cyclic pathway)는 시작 화합물이 마지막에 재생되는 경로이다. 크렙스 회로는 구연산(citrate) 형성으로 시작하고 옥살로아세트산(oxaloacetate)으로 끝나는 8단계로 구성된다. 크렙스 회로를 한 번 돌리면, 다음 항목을 추적하는 것이 유익하다.

- 각각의 기질과 생성물의 탄소 수
- CO_2가 생성되는 반응
- 전자 운반체인 NAD 및 FAD의 관여
- ATP 합성 부위

크렙스 회로의 반응은 다음과 같다.

① 옥살로아세트산(oxaloacetate, 4C)은 아세틸 CoA의 아세틸기(acetyl group, 2C)와 반응하여 구연산(citrate; 6C) 및 조효소 A(coenzyme A, CoA)를 생성하며, 재생된 CoA는 다른 아세틸기와 결합할 수 있다. 구연산 합성에 의해 촉매되며, 반응은 비가역적으로 진행된다.

② aconitase에 의해 구연산(citrate; 6C)을 isocitrate(6C)으로 전환되며, isocitrate는 다음 단계인 탈탄산반응과 탈수소반응의 기질로 작용한다.

③ Isocitric acid(6C)는 isocitrate dehydrogenase(효소복합체)의 작용으로 5-탄소 α-ketoglutaric acid로 전환되어 NADH(혹은 어떤 생명체는 NADPH)와 CO_2를 생성한다. 이 반응은 비가역적으로 진행된다.

④ α-ketoglutaric acid(5C)는 탈탄산반응으로 2번째 CO_2를 잃으며, 이 단계에서 조효소 A(coenzyme A, CoA)에 관여하여 숙시닐 CoA(succinly CoA; 4C)를 생성한다. 또한 탈수소반응으로 NADH를 생성한다. α-ketoglutaric acid dehydrogenase에 의해 촉매되며, 비가역적 반응이다.

크렙스 회로의 이 시점까지 보면, 원래 출발 물질인 피루브산(3C)의 탄소 3개가 CO_2 3분자로 방출되었다. 이후의 나머지 단계에서는 크렙스 회로의 출발 물질(acetyl CoA)과 결합하는 옥살로아세트산(oxaloacetate, 4C)을 재생하는 단계와 크렙스 회로의 중간 화합물(intermediate compounds)로부터 더 많은 에너지를 추출하는 단계이다.

⑤ 숙시닐 CoA(succinly CoA; 4C)는 크렙스 회로에서 일어나는 기질수준 인산화(substrate-level phosphorylation)의 원천이다. 대부분의 미생물에서는 GTP가 형성되어 ATP로 쉽게 전환된다. 이 반응은 succinly CoA synthase에 의해 촉매되며, 반응 생성물은 숙신산(succinate; 4C)이다. 숙시닐 CoA는 숙신산으로 전환되고 CoA를 재생시킨다. 반응에서 유리되는 에너지로 GTP(→ATP로 전환됨) 생성한다.

⑥ 숙신산(succinate; 4C)은 탈수소화되어 푸마르산(fumarate, 4C)을 생성하고, 전자와 수소 수용체인 flavin adenine dinucleotide(FAD)은 환원되어 $FADH_2$를 생성한다. $FADH_2$는 전자 전달계에 직접 전달된다. 그리고 효소인 숙시닐 탈수소효소(succinyl dehydrogenase)는 세균의 세포막과 진핵세포의 미토콘드리아 내막 크리스테(cristae)에 존재한다.

⑦ 푸마르산(fumarate, 4C)은 물과 반응하여 말산(malate; 4C)을 형성한다. 이것은 물을 직접 포함하는 호흡의 몇 가지 반응 중 하나이며, fumarase에 의해 촉매된다.

⑧ 말산(malate; 4C)은 옥살로아세트산(oxaloacetate; 4C)으로 전환되면서 탈수소화되어 NADH가 형성된다. 이 단계는 회로를 원래의 시작 위치로 되돌리며, 여

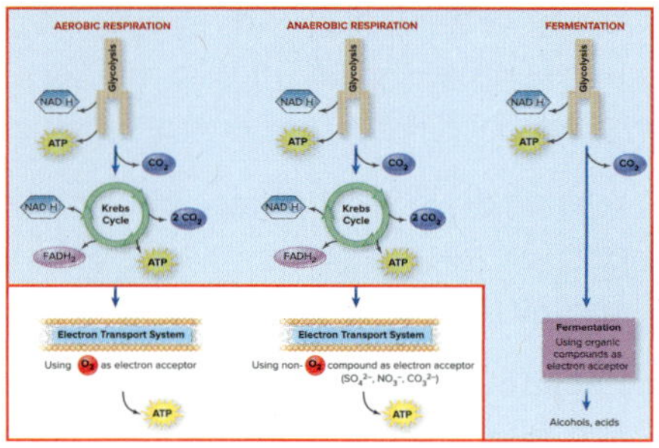

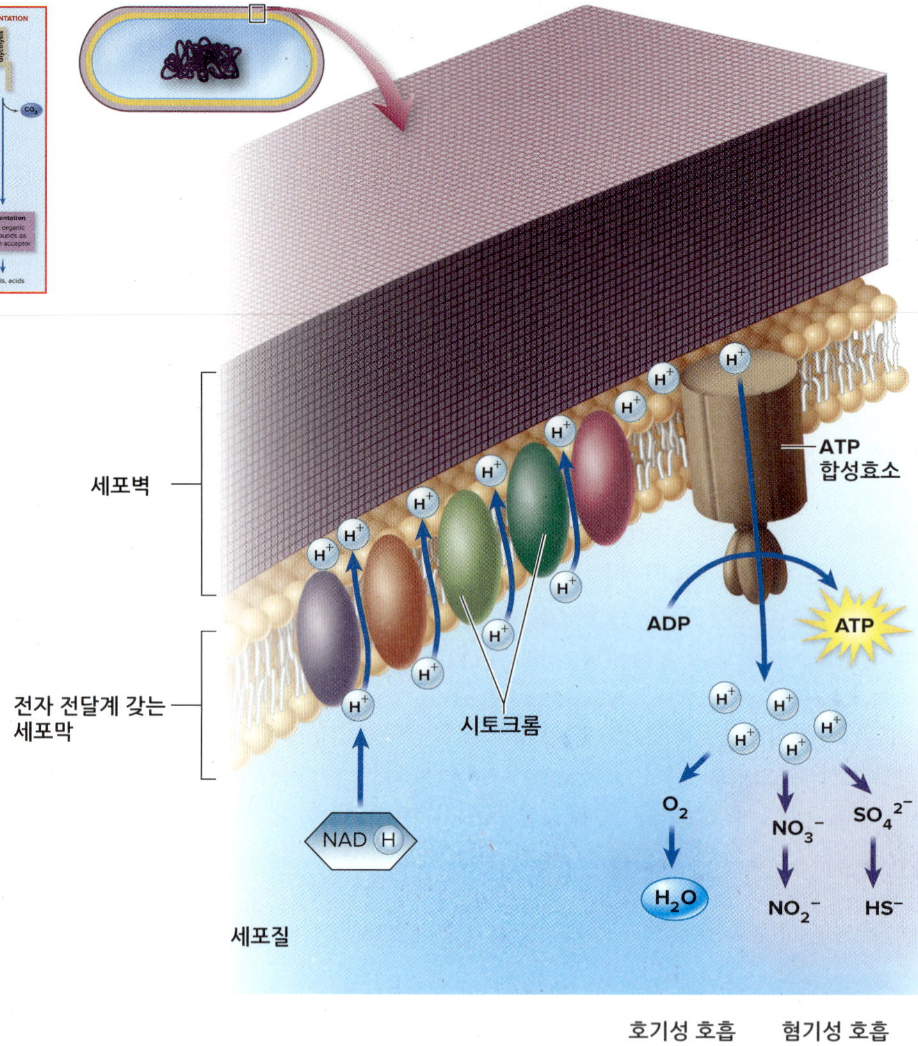

그림 8.18 세균 막에서 전자 전달계와 산화적 인산화 NADH 탈수소효소에서 시작하여, NADH에 의해 크렙스 회로에서 가져온 전자는 전자 전달계 운반체의 사슬을 따라 통과한다. 각각의 인접한 수송 분자쌍은 산화환원 반응을 받는다. 전자 전달과 연계되어 특정 운반체에 의해 H^+를 막을 사이에 두고 막 밖으로 능동적으로 수송하는 것이다. 이 과정은 ATP 합성과 최종 전자 수용체로의 H^+와 e^-의 전달. 호기성 호흡기 대 혐기성 호흡기의 최종 전자 수용체의 차이점에 유의한다.

기서 옥살로아세트산은 아세틸 CoA와 반응할 수 있다.

크렙스 회로는 아세틸 CoA에 저장된 에너지를 NAD/FAD로 전달하여 NADH/$FADH_2$로 환원하는 역할을 한다. 따라서 크렙스 회로의 주요 산물은 이러한 환원된 분자와 ATP(각 포도당 분자당 2개 ATP)이다.

환원된 Acetyl CoA, NADH 및 $FADH_2$는 전자 수송에서 발생할 에너지 생성에 필수적이다. 그 과정에서 acetyl CoA(2C)는 (4C)인 옥살로아세트산(oxaloacetic acid)과 결합한 다음 NADH와 $FADH_2$를 "방사"하면서 7가지 추가적인 화학 변형에 참여한다. 그래서 우리는 크렙스 주기를 "탄소 및 에너지 휠"이라고 부른다.

말산은 옥살로아세트산(4C)으로 전환되면서 NADH가 형성되는데, 이는 아세틸 CoA와 반응하여 다시 크렙스 회로로 들어가는 최종 생성물이다.

호흡계 체인(전자 전달계): 전자 전달과 산화적인 산화

이 절에서, 전자와 수소 이온을 위한 최종 "가공 공장"인 ATP의 주요 발전기인 에너지 체인을 관찰한다. 전반적으로 전자 전달계(electron transport system; ETS)는 해당과정 및 크렙스 회로에 의해 생성되어 환원된 운반체(NADH와 $FADH_2$)로부터 전자를 받아 순차적으로 다음 운반체로 전달하는 특수 산화환원 운반체(단백질) 체인으로 구성된다. 전자 전달계에서 환원된 전자의 흐름은 매우 에너지가 많으므로 호흡계가 있는 막을 사이에 두고 수소 이온을 막의 내부에서 외부로 능동적으로 수송하게 되며, 결과적으로 막을 사이에 두고 수소 이온 농도차를 발생시킨다. 전자 전달 과정의 마지막 단계는 전자와 수소를 산소에 전달하여 물을 생성하는 것이다. 분명히 이 과정은 산소를 소비한다. 유기체마다 약간의 가변성이 존재하지만, 이러한 복잡한 반응을 수행하는 주요한 화합물은 NADH 탈수소효소(NADH dehydrogenase), flavoproteins, coenzyme Q(유비퀴논, ubiquinone), **시토크롬**(cytochromes)이다. 시토크롬은 중앙에 단단히 결합된 금속 원자를 함유하고 있으며, 이는 전자를 수용하고 이들을 일련의 다음 운반체에 전달하는 데 적극적으로 관여한다. 호흡계의 고도로 구획화된 구조는 그 기능에 중요한 요소이다. **그림 8.18**에서 전자 전달 운반체와 효소는 세균의 세포질 막에 내장되어 있다. 진핵생물에서 전자 전달 운반체들과 효소들이 존재하는 유사한 구조는 **그림 8.19**에 묘사된 미토콘드리아 내막이다. 세균과 진핵생물 모두에서 전자 전달계를 설명할 것이다.

전자 전달의 요소: 에너지 캐스케이드

전자 전달계에 대한 주요 질문은 다음과 같다.

일련의 전자가 한 운반체에서 다른 운반체로 어떻게 전달되는가? 이 진행으로 인해 ATP 합성이 어떻게 이루어지는가? 산소(또는 다른 전자 수용체)는 어떻게 사용되는가? 이 과정의 생화학적 세부 사항은 다소 복잡하지만 기본 반응은 우리에게 친숙한 여러 산화환원 반응으로 구성된다.

일반적으로, 운반체 화합물 및 이들의 효소는 선형 순서로 배열되고 환원된 상태이며, 다음 차례로 산화된다.

대부분의 호기성 생명체의 호흡계에서 전자 운반체의 순서는

1. NADH 탈수소효소(dehydrogenase)
2. 플라빈 모노 뉴클레오티드(flavin mononucleotide, FMN)
3. 조효소 Q(coenzyme Q)
4. 시토크롬 *b*(cytochrome *b*)
5. 시토크롬 c_1(cytochrome c_1)
6. 시토크롬 *c*(cytochrome *c*)
7. 시토크롬 *a* 및 a_3(cytochrome a/a_3)은 함께 복합체로 구성

해당과정 및 크렙스 회로에서 NADH가 첫 번째 운반체에서 전자 전달계로 들어간다. 이것은 다음 6단계를 시작한다.

각각의 산화환원 교환으로, 반응물의 에너지 수준이 감소되며, 방출된 에너지는 ATP **합성효소**(synthase)에 의해 포집되어 사용되고, 이 효소는 막을 따라서 전자 전달계 운반체 라인의 말단에서 위치한다. 전자 전달계에 들어가는 각 NADH는 3개 ATP를 발생시킬 수 있다. 이러한 전자 전달과 ATP 합성의 짝맞춤(coupling)은 **산화적 인산화**(oxidative phosphorylation)로 지칭된다.

크렙스 회로에서 $FADH_2$의 전자가 전자 전달계에 들어가는 지점이 NAD 및 FMN 복합체 반응보다 뒤쪽의 지점에서 회로에 들어가기 때문에 방출할 에너지가 적게 되어 단지 2개 ATP만 발생한다.

ATP 형성과 화학적 삼투압

전자 전달은 ATP 생산과 어떻게 관련이 있는가? 먼저 세포질 막에 정확한 순서로 전자 전달 성분이 있는 세균의 시스템을 살펴볼 것이다. 이 과정을 **화학적 삼투압**(chemiosmosis)이라고 한다. 전자 전달 운반체가 전자를 수송함에 따라, 전자 전달계에서 환원된 전자의 흐름은 매우 에너지가 많으므로 호흡계가 있는 막을 사이에 두고 수소 이온을 막의 내부에서 외부로 능동적으로 수송(pumping)하게 되며, 결과적으로 막을 사이에 두고 수소 이온 농도차를 발생시키는데, 이러한 농도차를 **양성자동력**(proton motive force, PMF)이라고 한다. 양성자동력은 막의 외부 쪽(outside)(+)과 막의 내부 쪽(inside)(−) 사이의 전하 차이로 구성된다(그림 8.18 참조).

전하를 분리하는 것은 잠재적인 에너지(potential energy)를 일시적으로 저장할 수 있는 배터리 효과를 갖는다. 이 전하는 H^+에 대한 막의 불투과성(impermeability)으로 유지된다. H^+가 세포질 내로 확산될 수 있는 유일한 부위는 ATP 합성효소(synthase)이고, 이는 ATP 합성을 유도할 수 있는 H^+의 최종 처리 단계로 설정된다.

ATP 합성효소는 2개의 큰 단위로 구성된 복잡한 효소이다(그림 8.18 및 8.19 참조). ATP 합성효소는 막 안에 내장되어 있지만 일부는 마치 모터처럼 회전하여 화학에너지를 가두어 둔다. 막 밖에 위치한 H^+ 이온이 확산에 의해 ATP 합성효소의 중심(F0 domain)을 통과함에 따라 효소의 3차원 구조변화가 유도되어 ADP와 P_i를 끌어당겨 ATP로 인산화시킨다.

진핵생물 ATP 합성은 동일한 전체 과정에 의해 일어나지만, 진핵생물은 미토콘드리아 내막에 위치한 전자 전달계를 갖고 있다(그림 8.19 참조). 인간 건강이 ETS에 의해 어떻게 영향을 받는지에 대한 논의는 **들여다보기 8.2**를 참조한다.

산화적 인산화로부터 ATP의 잠재적 수율

총 5개의 NADH(크렙스 회로에서 4개, 해당과정에서 1개)를 사용하여 ATP를 합성할 수 있다.

$$\text{전자쌍당 3 ATPs} = 15 \text{ ATPs}$$
$$15 \times 2 = 30 \text{ ATPs (/포도당 1분자)}$$

크렙스 회로 동안 생산된 단일 FADH는

그림 8.19 미토콘드리아 내막의 크리스테에 있는 전자 전달계. 미토콘드리아 크리스테에 위치한 운반체는 전자를 전달할 때, H^+ 이온(양성자, proton)을 내막과 외막 공간(intermembrane space)으로 펌핑하여 외부 및 내부 미토콘드리아 구획 사이에 화학적 및 전하 구배를 생성한다.

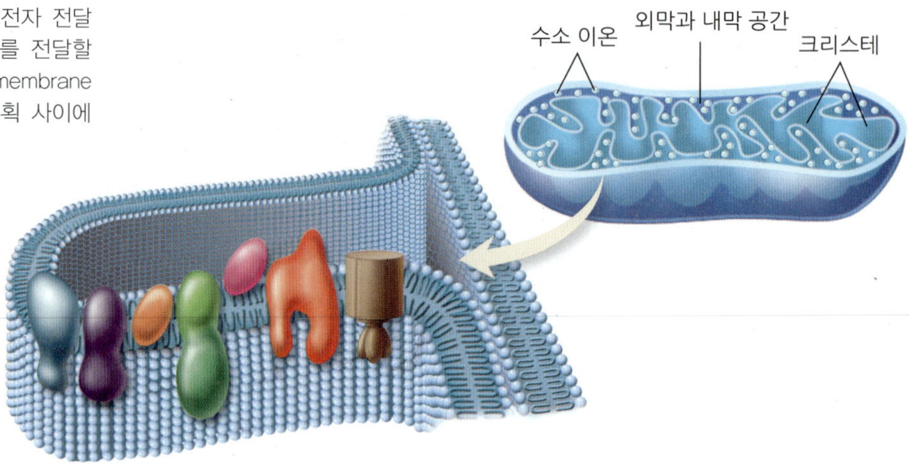

전자쌍당 3 ATPs = 15 ATPs

15 × 2 = 30 ATPs (/포도당 1분자)

그림 8.20은 전체 호기성 호흡에 대한 총 ATP 및 생산물을 요약한 것이다. 이 총계는 가능한 최대 수율(yield)이고, 많은 생명체에서 충족되지 않을 수 있다.

호기성 호흡 요약

원래 호흡에 대한 요약 방정식을 제시했다. 지금까지 대사경로의 여러 지점에서 최종 ATP를 요약할 수 있으며, 결국 방정식의 입력과 출력을 합산할 수 있는 위치에 있다. 그림 8.20에서는 유산소 호흡(유기호흡)의 몇 가지 중요한 측면을 볼 수 있다.

1. ATP의 총 가능한 생산량은 40개이다. 해당과정에서 4개, 크렙스 회로에서 2개, 전자 전달계에서 34개 그러나 2개의 ATP가 이미 해당과정에서 소비되기 때문에, 최대 38개 ATP가 남는다.

진핵세포에서 실제 총계는 더 낮을 수 있다. 그 이유는 해당과정 동안 생성된 NADH를 미토콘드리아 막을 가로질러 운반하므로 에너지가 소비되기 때문이다. 호기성 세균은 미토콘드리아가 결여되어 있으므로 세포질에서 모든 반응이 일어난다. 그래서 에너지 수율은 38개 ATP 생성이다.

2. 크렙스 회로 동안 6개의 이산화탄소 분자가 생성된다.
3. 전자 전달 동안 6개의 산소 분자가 소비된다.
4. 물 분자의 생성은 전자 전달에서 6개, 해당과정에서 2개 생성되나, 크렙스 회로에서 2개 물 분자가 소비되므로 생성되는 물 분자는 총 6개이다.

최종 단계

산소가 전자를 수용하는 마지막 단계는 시토크롬 산화효소(cytochrome oxidase)라고 하는 시토크롬 aa_3에 의해 촉매된다. 이 효소 복합체는 다른 시토크롬에서 전자를 받고 용액에서 수소를 흡수하고 산소와 반응하여 물 분자를 형성한다. 이 반응은 실제로는 더 복잡하지만 다음과 같이 요약된다.

$$2H^+ + 2e^- + 1/2O_2 \rightarrow H_2O$$

대부분의 진핵생물은 완결할 수 있는 시토크롬 시스템을 가지고 있지만 세균은 이 시스템 부분에서 광범위한 변형을 보인다. 일부 종에는 하나 이상의 산화환원 단계가 결여되어 있으며, 다른 것들은 몇 가지 대안적인 전자 전달체를 가지고 있다. 많은 세균에는 시토크롬 산화효소(cytochrome oxidase)가 없기 때문에 이 변이를 사용하여 세균의 특정 속(genus)을 동정하기 위한 분류형질로 사용하기도 한다. 산화효소 검출 검사는 *Neisseria*와 *Pseudomonas* 속의 구성원과 *Bacillus* 종을 동정하는 데 사용될 수 있다. 특정 세균(*Klebsiella*, *Enterobacter*)은 시토크롬 산화효소가 없는 시토크롬 시스템의 변형(variation)을 갖고 있어서 시아나이드(cyanide)의 존재 하에서도 성장할 수 있다. 시아나이드는 시토크롬 산화효소를 차단하여 호기성 호흡을 완전히 차단하기 때문에 인간과 다른 진핵생물에서 급사(rapid death)를 유발할 수 있지만, 이들 세균에는 무해하다.

호기성 생명체에서 호흡계의 잠재적 부작용은 산소가 과산화물 음이온(superoxide anion, O_2^-)과 과산화수소(H_2O_2)로의 불완전한 환원이다. 이러한 독성 산소 생성물은 세포에 매우 해로울 수 있다. 호기성 생명체는 **과산화물불균등화효소**(superoxide dismutase, SOD)와 **카탈라아제**(catalase)를

들여다보기 8.2 임상: NADH는 다양한 질병을 치료한다

이 장에서는 NAD⁺와 NADH가 전자 운반체로서 중요한 역할을 하는 것으로 설명한다. 여러분은 그것들을 해당과정, 크렙스 회로, 그리고 아마도 가장 중요한 전자 전달계에서 보았을 것이다. NAD⁺/NADH는 모든 세포에서 에너지 반응의 중심 역할을 하므로 많은 인간 질병에서 주요한 역할을 한다는 사실은 명확하다.

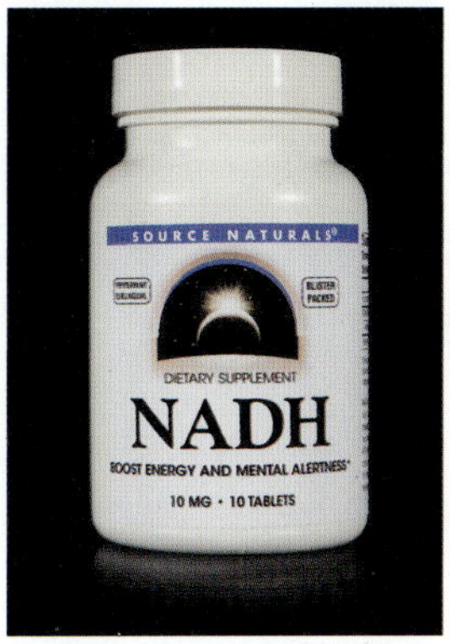

© McGraw-Hill Education/David Tietz

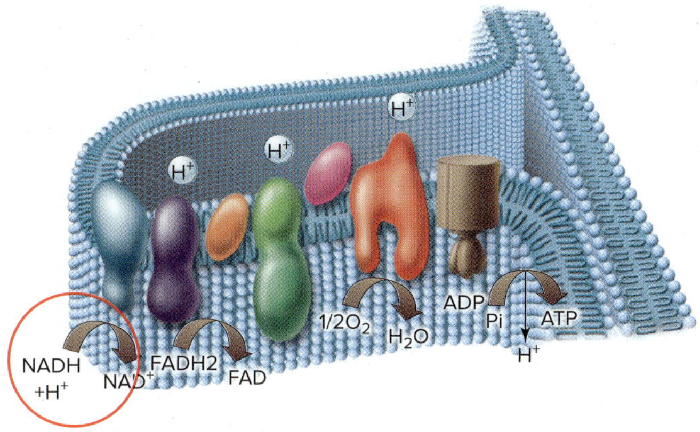

실험적으로 또는 임상적으로 NAD⁺/NADH로 치료되는 일부 질병은

- 파킨슨 병(Parkinson's disease)
- 미토콘드리아 질환(mitochondrial disease)
- 알츠하이머 병(Alzheimer's disease)
- 만성 피로 증후군(chronic fatigue syndrome)
- 고지혈증(hyperlipidemia)
- 암(cancer)

이것에 대한 정당성은 NAD⁺가 에너지 흐름과 생합성에서의 역할에서 찾을 수 있다. 파킨슨 병의 한 가지 예를 살펴보고 NADH가 어떻게 유익한 역할을 하는지 알아보자.

파킨슨 병은 뇌에서 뉴런의 선택적 사망으로 인해 발생한다. 물론 이 세포들은 에너지를 생성하기 위해 미토콘드리아에서 전자 전달계를 사용한다. 오른쪽 상단에 있는 그림은 NADH가 어떻게 모든 작업을 수행하는지 보여준다.

따라서 뇌의 뉴런을 포함하여 모든 세포에서 에너지 생산에 NADH가 필요하다는 것은 분명하다. 그러나 훨씬 더 흥미롭다. 파킨슨 병에서 가장 손상된 뉴런을 "도파민 성" 뉴런이라고 한다. 이는 중추 신경계에서 도파민의 주요 공급원이 작용한다. 도파민은 무엇보다도 중요한 신경전달 물질이다. NADH 농도 증가는 도파민 생산에 중요한 효소(tyrosine hydroxylase)의 활성을 크게 증가시킬 수 있는 것으로 나타났다(아래의 화학반응 참조). 임상의들은 NADH를 1990년대부터 파킨슨 병을 치료하기 위해 사용하였다.

NADH가 우리에게 유익하다는 것은 명백해 보인다. 비록 유용성은 불분명하지만 가게(슈퍼)에서 NADH를 구입할 수 있다(사진 참조). 예를 들어 혈액-뇌장벽에 의해 대부분의 것들이 뇌로 진입할 수 없기 때문에 위에서 뇌로 물질이 이동하는 것은 거의 불가능하다.

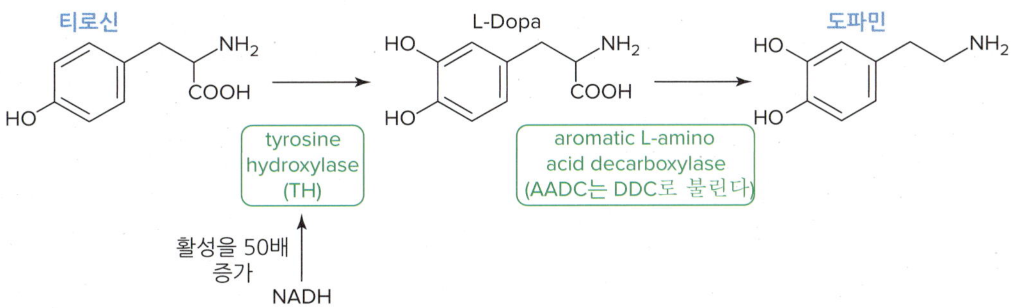

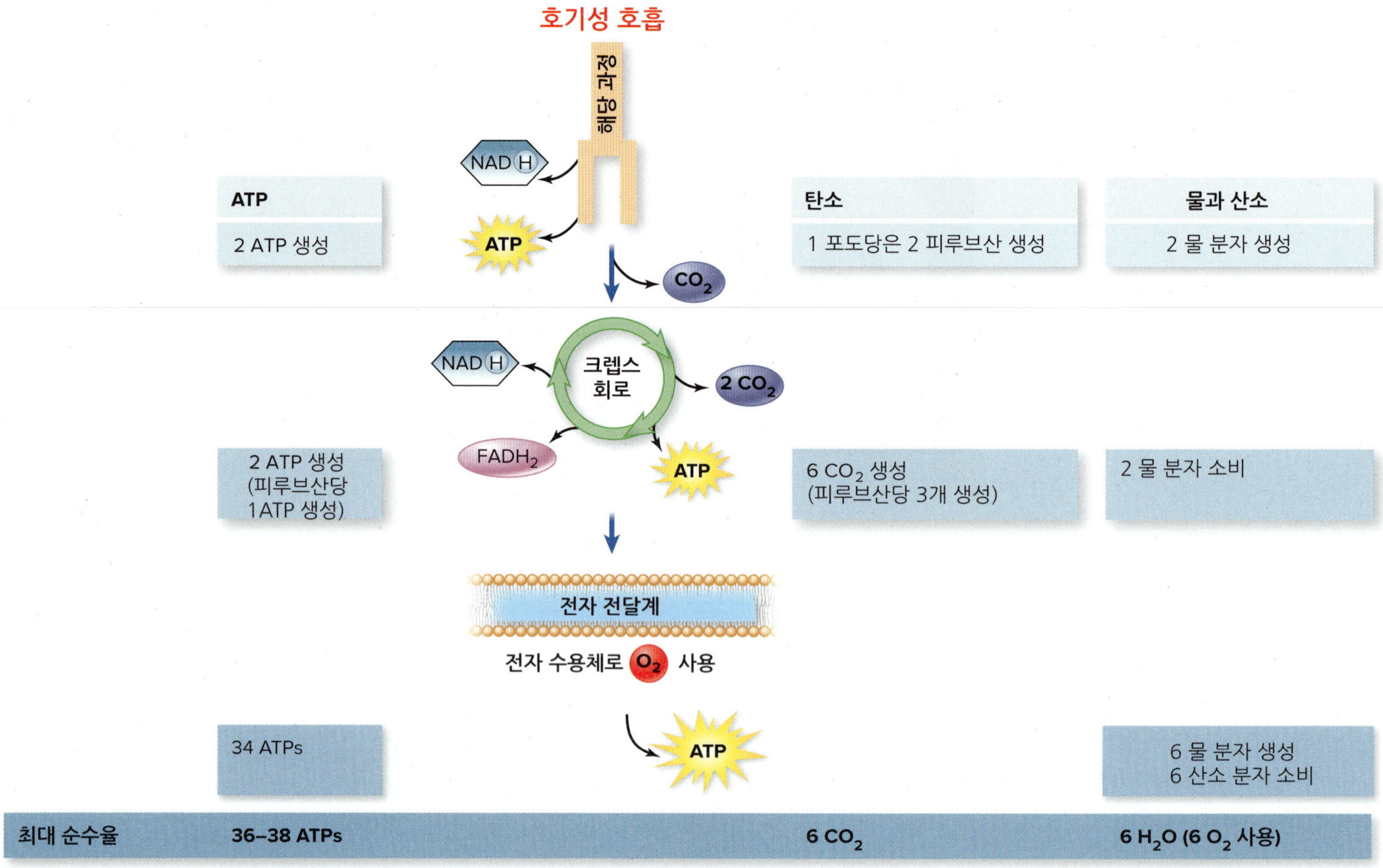

그림 8.20 호기성 호흡으로 인한 이론적 ATP 수율 ATP의 이론적 최대 수율을 달성하기 위해, NADH의 산화에 대하여 3과 FADH 2에 대한 2의 비율을 가정한다. 실제 수율은 일반적으로 낮으며 진핵생물과 세균 사이 그리고 세균 종에 따라 다르다.

포함하는 중화효소(neutralizing enzymes)를 가지고 있다. **연쇄상구균속**(*Streptococcus* sp.)은 산소에서 잘 자랄 수 있지만 시토크롬과 카탈라아제는 모두 부족하다. 이 세균의 산소에 대한 내성은 특별한 peroxidase의 중화 효과에 의해 설명될 수 있다. 시토크롬(cytochrome), catalase 및 peroxidase가 결핍된 혐기성 미생물에서는 유리 산소를 처리하는 능력이 제한되어서 산소가 독성 효과를 나타낸다.

혐기성 호흡

일부 세균은 최종 전자 수용체로서 유리 산소가 아닌 산소-함유 이온을 이용한다는 점을 제외하고는 호기성 시토크롬 시스템과 같은 기능을 하는 혐기성 호흡(anaerobic respiration) 시스템을 가지고 있다(그림 8.14 참조). 이 중 질산염(NO_3^-) 및 아질산염(NO_2^-) 환원 시스템이 가장 잘 알려져 있다. **대장균**(*Escherichia coli*)과 같은 종에서의 반응은 다음과 같이 표현된다.

$$\underset{\text{질산염}}{NO_3^-} + NADH \xrightarrow{\text{질산염 환원효소}} \underset{\text{아질산염}}{NO_2^-} + H_2O + NAD^+$$

질산염 환원효소(nitrate reductase)는 질산염(nitrate)에서 산소의 제거를 촉매하여 아질산염(nitrite)과 물을 생성물로 만든다. 이 반응검사는 세균을 동정하는 데 사용되는 생리적 테스트 중 하나이다.

세균 슈도모나스균(*Pseudomonas*) 및 바실러스균(*Bacillus*)은 아질산염을 산화질소(NO), 아산화질소(N_2O) 및 질소가스(N_2)로 환원시킬 수 있는 효소를 가지고 있다. **탈질**(denitrification)이라고 하는 이 과정은 생물권(biosphere)에서 질소를 재순환하는 데 매우 중요하다. 탄산염(carbonate)과 황산염(sulfate) 등의 다른 산소-함유 영양소들도 다양한 세균에 의해 혐기적으로 환원된다. 혐기성 호흡은 호기성 호흡만큼 많은 ATP를 생성하지 않는다.

발효

세 번째 주요 대사 경로는 **발효**(fermentation)이다. 발효의 정의는 **산소가 없는 상태에서 포도당 또는 다른 탄수화물의 불완전한 산화**이다. 이 과정은 최종 전자 수용체로서 유기 화합물을 사용하며, 참고로 산화적 호흡에서 최종 전자 수용체는 O_2이며, 혐기성 호흡에서 최종 전자 수용체는 산소-함유 이온을 이용한다. 발효과정에서는 소량의 ATP 만을 생성하는데, 발효의 시작 부분은 해당과정에 해당된다(그림 8.14 참조).

시간이 지남에 따라, **발효**라는 용어는 몇 가지 느슨한 의미를 얻었다. 원래 파스퇴르는 와인 생산 과정에서의 효모의 작용을 발효(ferment)로 불렀으며, 현재까지 생화학자들은 포도당 및 다른 탄수화물에 작용하는 효모에 의한 에틸 알코올(ethyl alcohol) 생산과정을 발효라고 한다. 또한 세균학자들은, 다양한 세균에 의해 피루브산에서 산, 가스 및 기타 산물 형성을 발효라고 한다. 이 과정은 많은 세균들의 일반적인 대사 전략이다: 미생물의 작용을 통해 대규모로 화학물질을 생산하는 산업 공정을 발효라고 한다. 이러한 각 용도는 하나의 응용 프로그램 또는 여러 응용 프로그램에서 사용할 수 있다.

전자 전달계를 사용하지 않는 발효는 단지 적은 양의 에너지(포도당 당 최대 2개 ATP)만 생성하고 세균의 생장 속도도 느린 것처럼 보인다. 그러나 실제로는 많은 세균들이 산소가 있을 때처럼 빨리 자랄 수 있다는 것이다. 이러한 급속한 생장은 해당과정 속도를 증가시킴으로써 가능해진다. 다른 관점에서, 발효는 분자 산소로부터 독립을 허용하고 혐기성 환경에서의 서식을 허용한다. 또 물질대사능이 있는 미생물이 산소의 이용 가능성이 변화된 환경에서 적응할 수 있게 한다. 그들에게 발효는 산소 수준이 너무 낮아서 호기성 호흡을 할 수 없는 경우에도 성장할 수 있는 방법을 제공한다.

소(cattle)의 반추위(rumen)에서 셀룰로오스(cellulose)를 소화시키는 세균은 대부분 발효할 수 있다. 처음에는 셀룰로오스를 포도당으로 가수분해한 후, 포도당을 유기산으로 세균들이 발효시키면 이 발효 산물들을 소가 주요 에너지원으로 흡수한다. 인간 근육 세포에서도 근육의 산소 공급이 소진된 후 짧은 기간 동안 발효가 일어난다. 근육 세포는 피루브산(pyruvate)을 젖산(lactate)으로 전환시켜 ATP의 혐기성 생성이 한동안 진행된다. 그러나 이것은 무기한으로 진행될 수 없으며, 몇 분 후에 축적된 젖산은 근육 피로를 유발한다.

질병과의 연관성

인간에게 질병을 일으키는 세균은 발효 경로를 사용할 수 있다. 놀랍게도 어떠한 세균은 산소가 풍부하다고 생각하는 폐(lung)에서도 발효 과정으로 물질대사를 해 집락을 형성한다. 그러나 일부 환경(특히 낭포성 섬유증 환자)에서 녹농균(*Pseudomonas aeruginosa*)은 폐에서 혐기성 환경인 생물막(biofilm)을 생성한다. 이러한 조건에서, 세균은 피루브산을 초산(acetate)과 젖산(lactate)으로 발효시켜 생존한다.

미생물 발효 산물

알코올 음료(와인, 맥주, 위스키)는 아마도 가장 잘 알려진 발효 제품일 것이다. 이 외에도 발효 식품이 있다. 용매(아세톤, 부탄올), 유기산(유산, 아세트산), 유제품 및 기타 여러 식품이다. 단백질, 핵산 및 기타 유기 화합물의 유도체는 정교하게 발효되어 비타민, 항생제 및 심지어 히드로코르티손(hydrocortisone)과 같은 호르몬을 생성한다.

발효 산물은 알코올 발효 산물과 산성 발효 산물(**그림 8.21**)의 2가지 범주로 분류할 수 있다. **알코올 발효**(alcoholic fermentation)는 피루브산을 에탄올로 전환시키기 위한 대사 경로를 갖는 효모 혹은 세균에 의한다. 이 공정은 피루브산을 아세트알데히드(acetaldehyde)로 탈탄산화시킨 후, 아세트알데히드를 에탄올로 환원시키는 것을 포함한다. 해당과정에서 형성된 NADH를 산화시키는 과정에서 NAD가 재생되어 해당과정이 계속 진행될 수 있다. 이 과정은 맥주와 와인 생산에 중요하지만, 원하는 양의 에탄올에 도달하기 위한 실제 기술과 부차적인 반응(side reaction)을 방지하는 것이 맥주 양조업의 중요한 비법이다. 알코올 발효의 산물은 에탄올뿐만 아니라 샴페인과 맥주의 거품을 설명하는 가스인 CO_2이다.

산성 발효(acidic fermentation) 경로는 매우 다양하다. 인간과 같은 방식으로 젖산균은 피루브산(pyruvate)을 발효하여 젖산(lactic acid)으로 환원시킨다. 이 발효의 산물이 *Streptococcus* 및 *Lactobacillus*의 특정 종에서와 같이 주로 젖산일 경우 **동형젖산 발효**(homolactic fermantation)라고 한다. 우유 사워(산유, milk source)는 주로 세균에 의한 산의 생성 때문이다. 류코노스톡(*Leuconostoc*) 및 다른 종의 *Lactobacillu*의 경우에서와 같이, 포도당이 젖산, 초산 및 이산화탄소의 혼합물로 발효될 때, 이 과정을 **이형젖산 발효**(heterolactic fermentation)라고 한다.

장내세균 과(family)(*Enterobacteriaceae*)의 많은 구성원(*Escherichia*, *Shigella*, *Salmonella*)은 피루브산을 여러 산으로 동시에 변환하는 효소 시스템을 보유하고 있다. **혼합산발효**

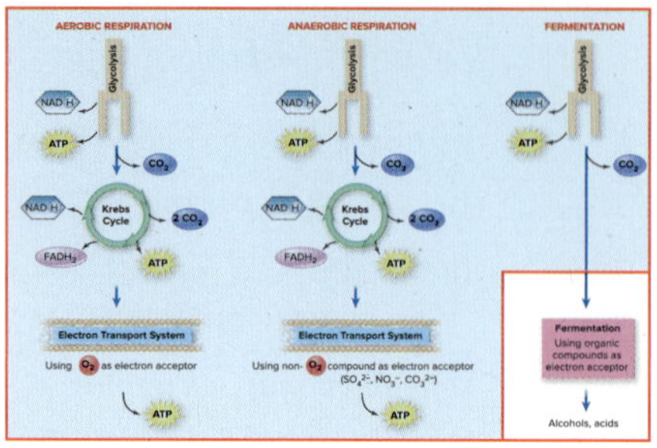

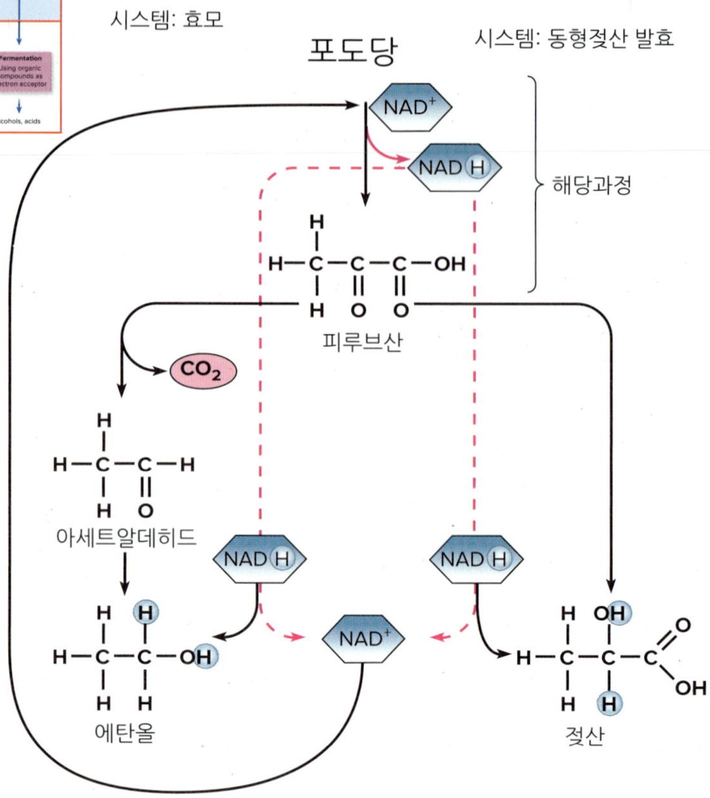

그림 8.21 산과 알코올을 생산하는 발효 시스템의 화학 두 경우에 있어서, 최종 전자 수용체는 유기 화합물이다. 효모에서, 피루브산은 아세트알데히드로 탈탄산화되고, 해당과정에서 생성된 NADH는 아세트알데히드를 에틸알코올로 환원시킨다. 동형젖산 발효 세균에서 피루브산은 NADH에 의해 젖산으로 환원된다. 두 시스템 모두 NAD를 재생하여 해당과정 혹은 다른 경로로 피드백된다.

(mixed acid fermentation)는 초산, 젖산, 숙신산(succinic acid) 및 포름산(formic acid)의 조합을 생성하고, 배지의 pH를 약 4.0으로 낮춘다.

*Propionibacterium*은 주로 프로피온산(propionic acid)을 생산하는데, 이는 스위스 치즈에 특징적인 풍미를 제공하는 반면 방출되는 가스(CO_2)는 치즈에 구멍을 생성한다. 또한 이 세균 중 일부는 포름산을 이산화탄소와 수소 가스로 완전히 분해한다. 장내세균은 일반적으로 장에서 증식하므로, 장내세균의 발효 활동은 장에 일부 유형의 가스가 축적의 원인이 된다. 또한 일부 세균은 유기산을 환원시켜성 최종 생성물 2,3-부탄디올(2,3-butanediol) 및 다른 용매를 생성할 수 있다. 많은 생화학적 검사는 발효에서 이러한 차이를 구분하여 세균 종을 동정하는 데 유용하다.

우리는 발효제품에 대해 간단하게 설명했지만 미생물들은 자신들이 생산하는 대사산물들을 다양하고 유용한 화합물(발효 산물)로 전환시키는 능력이 매우 탁월하므로 이러한 미생물의 이용 가치에 주목할 필요가 있다. 실제로 미생물에 의해 대규모로 생성되는 항생제, 호르몬, 비타민 및 아미노산 등의 발효 산물은 여기에 설명한 것과 완전히 다른 기작에 의해 생산된다고 한다. 심지어 호기적인 공정으로도 이들을 대량으로 생산한다니 발효(fermentation)의 의미가 매우 포괄적이라고 할 수 있다.

비 탄수화물 화합물의 이화작용

우리는 단당류 탄수화물인 포도당의 이화작용(catabolism)을 예로써 제시했다. 포도당뿐 아니라 다른 화합물들도 연료 역할을 한다. 더 복잡한 다당류(polysaccharide)도 단당류로 쉽게 분해되어 해당과정 회로의 다양한 지점(단계)에 진입할 수 있다. 물론 미생물들은 자신들의 필요를 위해 다른 물질들도 분해한다. 미생물이 필요로 하는 것은 에너지원과 물질합성을 위한 원료(빌딩블록)인데 그 2가지의 주요 출처는 지질과 단백질이다. 이들 모두 대사산물 전구체(precursor metabolites)와 에너지를 얻기 위해 분해되어야 한다.

2장에서 지방은 글리세롤(glycerol)에 지방산(fatty acid)

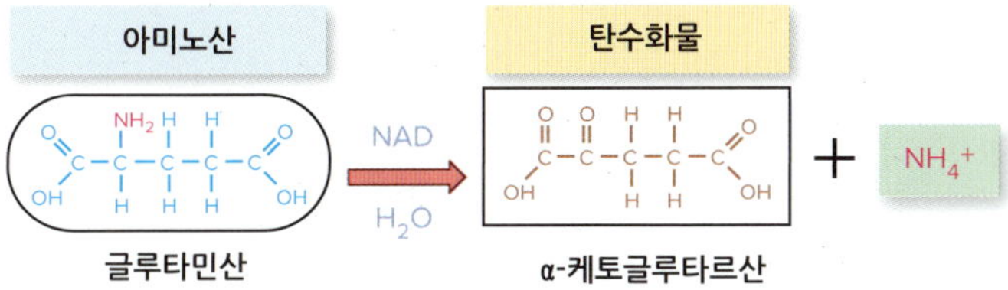

그림 8.22 탈아미노반응 아미노기를 제거하면 아미노산이 탄수화물 대사의 중간체(intermediate)로 전환되며, 암모늄(ammonium)은 부산물(by-product)이다.

이 결합된 것이라 했다. **지질분해효소(리파아제**, lipase)라고 불리는 효소는 이것을 분해한다. 이어서 글리세롤을 dihydroxyacetone phosphate(DHAP)로 전환하고, 이는 해당과정의 단계 4(step ④)에 들어갈 수 있다(과정 그림 8.15 참조).

지방산 성분은 **베타 산화**(β oxidation)라는 과정을 거친다. 지방산은 다양한 수의 탄소를 가지고, 베타 산화에서, 2-탄소 단위(2개 탄소단위)는 연속적으로 조효소 A(coenzyme A)로 전달되어 아세틸 CoA를 생성하고, 이는 크렙스 회로(TCA 회로)로 들어간다.

이 과정은 많은 양의 에너지를 생산할 수 있다. 6-탄소 지방산의 산화는 50개 ATP를 생산하지만, 6탄당(sugar, 포도당)의 38개 ATP를 생성한다.

단백질은 아미노산 사슬이다. **단백질분해효소**(프로테아제, protease)라 불리는 효소는 단백질을 그들의 아미노산 성분으로 분해하고, 그 후에 아미노기는 **탈아미노반응**(deamination, **그림 8.22**)이라 불리는 반응에 의해 제거된다. 이것은 탄소 화합물을 남기며, 이는 여러 크렙스 회로 중간체(intermediate) 중 하나로 쉽게 전환된다.

8.3 학습 평가

10. 3가지 기본적인 이화경로와 각각에 대한 추정되는 ATP 수율을 나열할 수 있다.
11. 해당과정을 요약하는 단락을 구성할 수 있다.
12. 크렙스 회로를 설명하고, 세균과 진핵생물 사이에서 해당과정을 비교할 수 있다.
13. 전자 전달계의 중요성을 설명할 수 있다.
14. 혐기성 호흡이 호기성 호흡과 다른 2가지 점들을 설명할 수 있다.
15. 미생물 발효 단계를 요약하고, 발효에 의해 만들어지는 유용한 발효 산물 3가지를 열거할 수 있다.
16. 비 탄수화물 화합물이 어떻게 대사되는지 설명할 수 있다.

8.4 생합성과 대사의 교차 경로

우리의 논의는 이제 이화작용과 에너지 추출에서 동화작용과 생합성으로 전환한다. 이 절에서, 우리는 간단한 분자의 생성(이화작용)과 고분자의 합성(동화작용)을 할 수 있는 양쪽성대사경로(amphibolic pathway)를 포함하는 중간물질대사의 측면을 제시한다.

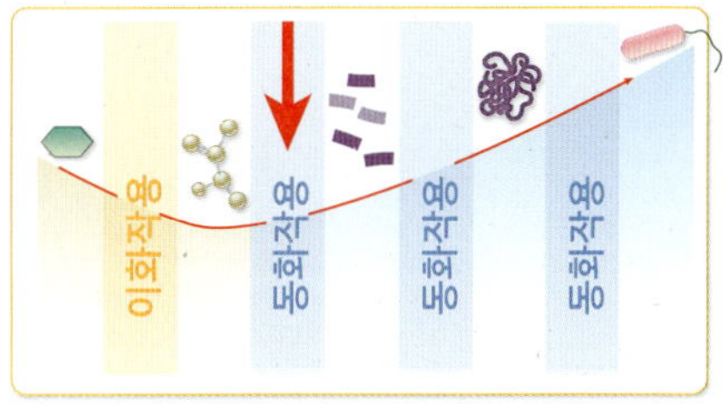

세포의 견고성: 낭비가 없으면 부족이 없다

세포는 탄소화합물을 조심스럽게 관리하기 위한 기작을 가지고 있음이 분명하다. 대부분의 이화작용 경로는 막 다른 경로가 아니라, 동화작용 경로로 전환될 수 있는 전략적 대사 중간체(대사산물, metabolite)를 포함한다. 이러한 방식으로, 주어진 분자는 다양한 목적을 달성할 수 있으며, 최대 이점은 이러한 대사 중간체들을 세포 풀의 모든 영양소와 대사산물로부터 얻을 수 있기 때문이다. 세포 효율을 개선하기 위해 이화작용 및 동화작용 경로를 통합하는 시스템의 특성을 **양쪽성대사**(amphibolism)라고 한다.

여러분은 이 시점에서, 그림 8.1의 처음에 제시된 것보다 더 복잡한 물질대사 관점을 이해할 수 있다. 그림 8.1의 내용이 개신된 **그림 8.23**에는 양쪽성대사 활동이 포함되어 있다. 세포는 효율적이다. 세포는 필요한 경우, 해당과정의 중간 생성물을 전환하여 탄수화물을 합성할 수 있다. 그래서 그림 8.1에서 제시했듯이, 이화작용과 동화작용은 완전히 분리되어 있는 것이 아니다.

세포 구성단위의 양쪽성 소스

Glyceraldehyde3phosphate는 해당과정에서 벗어나 아미노산, 탄수화물 및 중성지방(지방) 합성을 위한 전구체(precursor)로 전환될 수 있다.(**전구체 분자는 다른 화합물의 공급원이 되는 화합물이다.**) 우리는 이미 피루브산 이화작용이 취할 수 있는 수많은 방향을 언급했다. 합성 측면에서, 피루브산은 아미노산 중간체를 제공하는 데 중추적인 역할을 한다. 포도당 공급이 불충분한 경우, 피루브산는 다양한 대사 중간체로부터 포도당 합성을 위한 출발점 역할을 하는데, 이 과정을 **포도당신생반응**(gluconeogenesis)이라고 한다.

그림 8.23 물질대사에 대한 양쪽성의 견해(amphibolic view) 포도당과 같은 단순 화합물은 분해되어 더 작은 물질로 전환되거나(이화작용, catabolism) 변형되어 동화작용(anabolism)의 빌딩블록으로 사용된다.

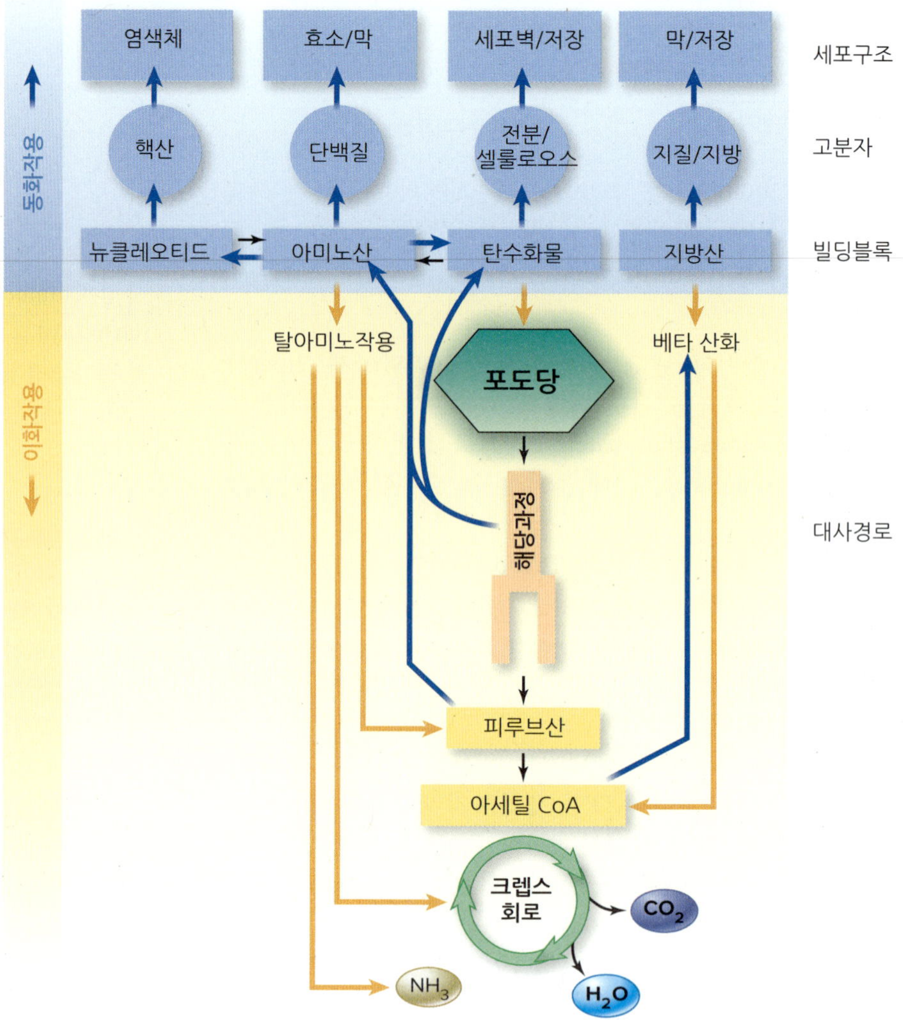

크렙스 회로를 시작하는 아세틸기(acetyl group)는 여러 가지 합성 경로에 공급될 수 있는 또 다른 매우 다양한 대사산물이다. 단일 단위로서 이러한 2-탄소 단편은 여러 아미노산 중 하나로 변환될 수 있거나, 다수의 이들 단편은 지방산 및 지질 합성에 중요한 빌딩블록(building block)인 탄화수소 사슬로 축합될 수 있다. 반대의 경우도 마찬가지이다. 베타 산화를 통해 지방이 아세틸로 분해되어 아세틸 조효소 A(acetyl CoA) 형태로 크렙스 회로에 진입할 수 있다.

DNA와 RNA의 구성 요소인 질소 염기(퓨린, 피리미딘)를 합성하는 경로는 아미노산에서 유래하므로 크렙스 회로의 중간체에도 의존할 수 있다. 또한 조효소(coenzyme) NAD, NADP, FAD 및 기타 등은 핵산과 유사한 퓨린(purine) 및 피리미딘(pyrimidine)을 함유하기 때문에, 이들의 합성 경로는 아미노산에 의존적이다. 탄수화물 흡수가 어려운 기간 동안, 생명체는 마찬가지로 탈아미노화에 의해 아미노산을 크렙스 회로의 중간체로 전환시켜 단백질로부터 에너지를 유도할 수 있다(그림 8.22 참조).

동화작용: 거대 분자의 형성

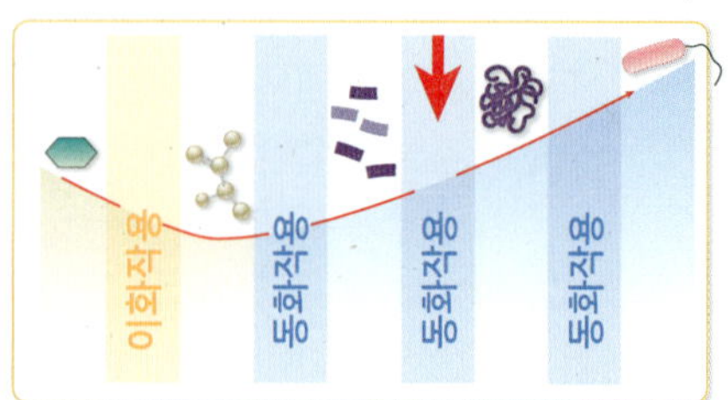

단당류, 아미노산, 지방산, 질소 염기 및 비타민(세포의 다양한 거대 분자 및 소기관을 구성하는 빌딩블록)은 출처에서 비롯된다. 그들은 바로 사용될 수 있는 상태(ready to use)로 외부에서 직접 세포로 들어오거나, 다양한 세포 경로를 통해

생합성될 수 있다. 생명체가 자신의 빌딩블록(단순한 분자)을 합성할 수 있는 정도는 유전자 구성에 따라 결정되는데, 그 요인은 그룹마다 엄청나게 다르다. 7.1절에서, 독립영양생물(autotroph)은 탄소원으로 CO_2만 필요하고, 모든 세포 물질을 합성하기 위해 몇 가지 미네랄이 필요하며, 유기 영양소는 필요하지 않다는 것을 학습했다. 일부 종속영양생물(heterotroph, *E. coli*, 효모) 등은 미네랄과 포도당과 같은 하나의 유기 탄소원으로부터 모든 세포 물질을 합성할 수 있다는 점에서 매우 효율적이다. 그리고 자체의 합성 능력이 없어서 숙주(host)로부터 대부분의 전구체 분자를 뺏어오는 완전한 기생충을 독립영양생물 및 종속영양생물과 비교해보자.

그들의 출처가 무엇이든, 일단 이들 빌딩블록이 대사 풀(metabolic pool)에 추가되면, 세포에 의한 중합체(polymer)의 합성에 이용 가능하다. 합성의 세부 사항은 거대 분자의 유형에 따라 다양하지만, 모두 특수한 효소에 의한 결합 형성 및 ATP의 소모를 포함한다.

탄수화물 생합성

물질대사와 에너지 이용에 있어 포도당의 역할은 매우 중요하므로 포도당 생합성을 위한 여러 대안경로(alternative pathways)에 의해 확실히 마련되어 있다. 세포의 특정 구조는 포도당의 적절한 공급에 의존한다. 포도당은 일부 진핵생물의 셀룰로오스 세포벽 및 특정 저장과립(전분, 글리코겐)의 주요 성분이다. 해당과정 중간체 중의 하나인 포도당-6-인산(glucose-6-phosphate)이 글리코겐을 형성하는 데 사용된다. 포도당 이외의 단당류는 세균 세포벽의 합성에 중요하다. 펩티도글리칸(peptidoglycan)은 muramic acid와 glucosamine이 연결된 중합체를 함유한다. 이들 2개 당(sugar)을 형성하는 데 해당과정 중간체 과당-6-인산(fructose-6-phosphate)이 사용된다. 5탄당(deoxy)도 핵산의 필수 구성 요소이다. 다당류는 캡슐(capsule) 및 글리코칼릭스(glycocalyx)와 같은 세포 표면 구조의 주성분이며, 일반적으로 점액층(slime layer)에서 발견된다.

아미노산, 단백질 합성 및 핵산 합성

단백질은 세포 성분의 상당 부분을 차지한다. 또한 효소, 세포질 막, 세포벽 및 세포 부속물의 필수 성분이다. 일반적으로 이 단백질을 만들려면 20종류의 아미노산이 필요하다. 일부 유기체(예를 들어, 대장균)는 20개 아미노산 모두를 합성할 수 있는 경로를 가지고 있지만, 동물을 포함한 다른 유기체들은 아미노산 합성을 위한 일부 또는 모든 경로가 결여되어 있으므로 식이(diet)로부터 필수적인 아미노산을 섭취해야 한다. 단백질 합성 자체는 9.2와 9.3절에서 볼 수 있듯이 유전적 청사진과 복잡한 세포 기구의 작동이 필요한 복잡한 과정이다.

DNA와 RNA는 세포의 유전적 연속성과 단백질 합성의 전반적인 방향을 담당한다. 핵산 합성은 유전학의 주요 주제이며 단백질 합성과 밀접한 관련이 있기 때문에 9.1절에서 다룰 것이다.

세포의 조립

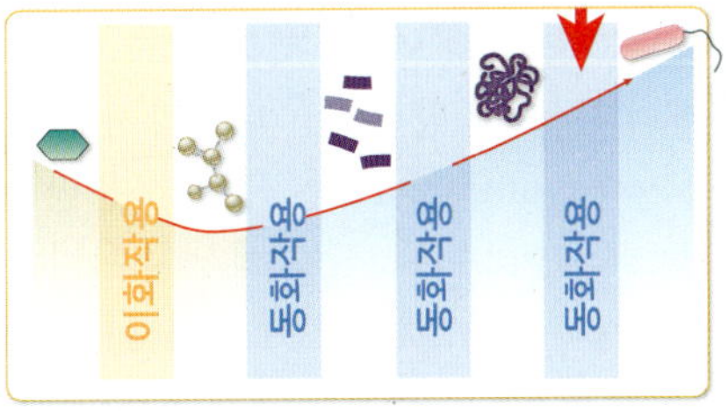

세균 세포의 구성 부분은 지속적으로 합성되며, 영양소가 존재하는 한 이화작용이 일어나서 세포는 비휴면 상태(nondormant state)로 있을 것이다. 동화작용은 2개의 세포에 제공하기에 충분한 거대 분자를 생성하면서 DNA 복제가 세포의 유전 물질의 복제본(duplicate copies)을 생성하는 경우, 세포는 이분법을 통하여 1개의 모세포(parent cell)로부터 2개의 딸세포로 분열된다. 두 세포는 2배 많은 리보솜, 2배 많은 효소 등이 필요하다. 앞에서 기술한 것 같이, 세포는 초기 생합성기간(동화단계)에서 이러한 거대 분자들을 만들었다. 세포 분열 전에, 막와 세포벽은 "신생" 세포보다 거의 2배 큰 세포를 생성하기 위해 크기가 증가될 것이다. 일단 합성되면, 막의 인지질 2중층 성분은 에너지 투입 없이 자발적으로 조립된다. 다른 조립 반응에는 에너지 입력이 필요하다. 단백질 및 기타 성분을 막에 첨가해야 한다. 당 및 펩티드의 첨가 및 커플링에 의해 달성되는 세포벽의 생장에는 에너지 입력이 필요하다. 이화과정 동안 축적된 에너지는 이러한 복잡한 빌딩반응(building reactions)에 필요한 모든 에너지로서 제공된다.

8.4 학습 평가

17. 대사의 동화작용 단계에 대한 개요를 제공할 수 있다.
18. 양쪽성대사를 정의할 수 있다.

8.5 광합성: 모두 빛으로 시작

앞서 언급했듯이, 세포에서 대부분의 화학에너지의 궁극적인 원천은 태양에서 비롯된다. 대부분의 유기체는 광합성을 통해 화학에너지로 전환되는 태양에너지에 직접 혹은 간접적으로 의존한다[일부 화학독립영양생물(chemoautotroph)은 무기질에서만 에너지와 영양소를 얻는다]. 광합성의 다른 주요 생산물은 탄소고정(carbon fixation)이라는 과정을 통해 이산화탄소에서 생성되는 유기탄소 화합물이다.

몇 가지 예외를 제외하고 모든 생명과정을 주도하는 에너지는 태양에서 비롯되지만, 이 출처는 광합성생물(photosynthesizer)이 직접 사용할 수 있다. 육지에서는 녹색 식물이 주요 광합성생물이다. 수생 생태계에서는 조류(algae), 녹색 및 자색세균(green and purple bacteria) 및 남세균(시아노박테리아, cyanobacteria) 등이 이 역할을 수행한다. 최근에 어떤 박테리오파지(세균성 바이러스, bacteriophages)는 해양 시아노박테리아(남세균, cyanobacteria)에 감염하여 이들이 광합성을 수행할 수 있게 하는 일부 유전자를 제공한다는 것이 발견되었다.

광합성생물은 저에너지 CO_2와 물로부터 고에너지 포도당을 생산하기 위해 빛에너지를 사용한다. 광합성은 전자의 공급원으로 사용되는 물, 빛, 색소(pigment), CO_2 등이 관여하는 일련의 반응을 통하여 일어난다.

광합성은 2가지 단계로 진행된다. 태양의 존재에서만 진행되는 **빛-의존적 반응**(**명반응**, light-dependent reactions)과 조명 조건(밝거나 어두운)에 관계없이 진행되는 **빛-독립적 반응**(**암반응**, light-independent reactions)이다.

태양에너지는 파동(wave)으로 이동하는 **광자**(photon, quanta라고도 함)라는 개별 에너지 패킷(전송단위, packet)으로 전달된다. 광합성에서 이용되는 빛의 파장은 400(보라색)~700 nm(적색) 사이의 가시광선 파장(visible spectrum)이다. 이 빛이 광합성 색소(pigment)에 부딪히면 일부 파장이 흡수되고 일부는 통과하며 일부는 반사된다. 광합성에 가장 큰 영향을 미치는 활성은 광합성 색소에 의한 빛의 흡수이다. 이들 색소에는 녹색인 **엽록소**(chlorophyll)가 포함되며, 황색, 주황색 또는 적색인 **카로티노이드**(carotenoid) 및 적색 또는 청록색인 **피코빌린**(phycobilins) 등이 있다.[4] 이러한 색소 중 가장 중요한 것은 세균엽록소(bacterial chlorophylls)이다. 이 분자에는 **포르피린**(porphyrin)이라는 복잡한 고리형 분자의 중심에 있는 마그네슘 원자로 구성된 **광중심**(photocenter)이 포함되어 있다. 우리가 볼 수 있듯이, 엽록소 분자는 광자의 에너지를 획득하여 그것을 화학에너지로 변환한다. 카로틴과 같은 다른 색소는 빛에너지를 포착하여 엽록소로 이동시키는 안테나 같은 작동을 한다. 이러한 빛-의존적 반응(명반응)은 이화반응으로 에너지를 생성하며, 생합성을 위해 에너지를 필요로 하는 빛-독립적 반응(암반응, 동화작용)에 에너지를 공급한다. 이 단계에서 CO_2의 탄소 원자가 유기 분자의 탄소 골격에 추가된다.

이 텍스트에는 광합성의 상세한 생화학이 필요하지 않지만, 녹색 식물, 조류(algae) 및 남세균(시아노박테리아, cyanobacteria)에서 발생하는 일반적인 과정에 대한 개요를 제공한다(**그림 8.24**). 많은 기본적인 작용(전자 전달 및 인산화)은 일반적인 호흡 경로와 유사하다.

4 색소의 색은 그것이 반사하는 빛의 파장에 해당한다.

들여다보기 8.3 마이크로바이옴: 전기 먹는 생물

이 장에서는 물질대사를 설명하고, 물질대사가 3가지 목표를 가지고 있음을 기술한다.

- 일반적으로 탄수화물과 같은 큰 분자를 분해하여 빌딩블록을 얻는 것
- 세포가 필요로 하는 분자를 합성하는 것
- 생합성을 위해 필요한 에너지를 획득(harvest)하는 것

다시 말해, 에너지를 얻기 위하여 전자 흐름이 전자 전달계를 통하여 에너지원에서 전자 운반체로 일어나야 한다.

자연은 중심 주제에 대한 다양한 변형으로 우리를 놀라게 한다. 2013년, 과학자들은 어떠한 당(sugar)도 사용하지 않으면서 생존하는 미생물을 발견했다. 당은 빌딩블록과 에너지의 일반적인 재료원이다. 실제로, 그들은 전기에서 전자만 사용하여 대사하고 생장한다. 그들은 TCA 회로를 역으로 진행시켜 이산화탄소로부터 아세틸 CoA를 생성할 수 있다. 아세틸 CoA에서 그들은 새로운 세포에 필요한 모든 분자를 만들 수 있다. 다시, 가장 최근에 발견된 세균은 탄소 부재(심지어 CO_2부재) 환경에서(증식은 할 수 없어도) 살아남을 수 있다.

이 연구를 수행한 Southern California University의 Ken Nealson 박사는 다음과 같이 말했다. "이것은 엄청납니다. 그 의미는 우리가 모르는 미생물 세계가 있다는 것입니다." 또 폐기물 재활용 및 생물 연료전지 생성을 포함하는 실제 응용분야가 있다. Nealson 박사는 이것이 다른 행성들에서 우세한 삶의 방식일 것이라고 추측하고 있다.

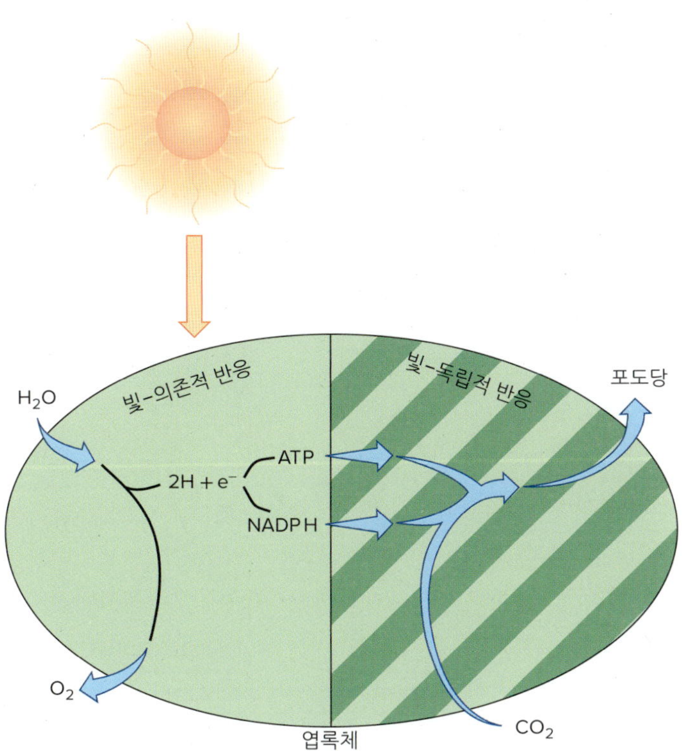

그림 8.24 광합성의 개요 광합성의 일반적인 반응은 빛-의존적 반응(명반응)과 빛-독립적 반응(암반응)이라는 두 단계로 구분된다. 빛-의존적 반응(명반응)은 엽록소 색소를 활성화하기 위해 빛을 필요로 하고, 활성화 동안 방출된 에너지를 사용하여 H_2O 분자를 산소와 수소로 분리하여 ATP와 NADPH를 생성한다. 빛의 유무에 관계없이 일어나는 빛-독립적 반응(암반응)은 명반응 동안 생성된 ATP 및 NADPH를 사용하여 CO_2를 포도당과 같은 유기 화합물에 고정시킨다.

빛-의존적 빈응

광합성 색소를 포함하는 동일한 시스템(광계, photosystem)이 광반응(light reaction)의 부위이다. 그것들은 엽록체에서 그라나(grana, 복수; granum, 단수)라 불리는 구획의 **틸라코이드 막**(thylakoid membranes)에서 발생한다(**과정 그림 8.25**). 세균에서는 광합성이 세포질 막의 특수 부분에서 발생한다. 이 시스템은 **광계 I**(photosystem I, P700)과 **광계 II**(photosystem II, P680)라고 하는 2개의 별도 시스템으로 존재한다.[5] 두 시스템 모두 엽록소를 함유하고 있으며 동시에 빛에 의해 활성화되지만 광계 II의 반응은 광계 I을 구동하는 데 도움이 된다. 시스템은 빛에 의해 활성화된 후, 전자를 수송하고, 수소 이온(H^+)을 펌핑하며, ATP와 NADPH를 형성한다.

광자가 P680 시스템(PS II)의 광중심(photocenter)으로 들

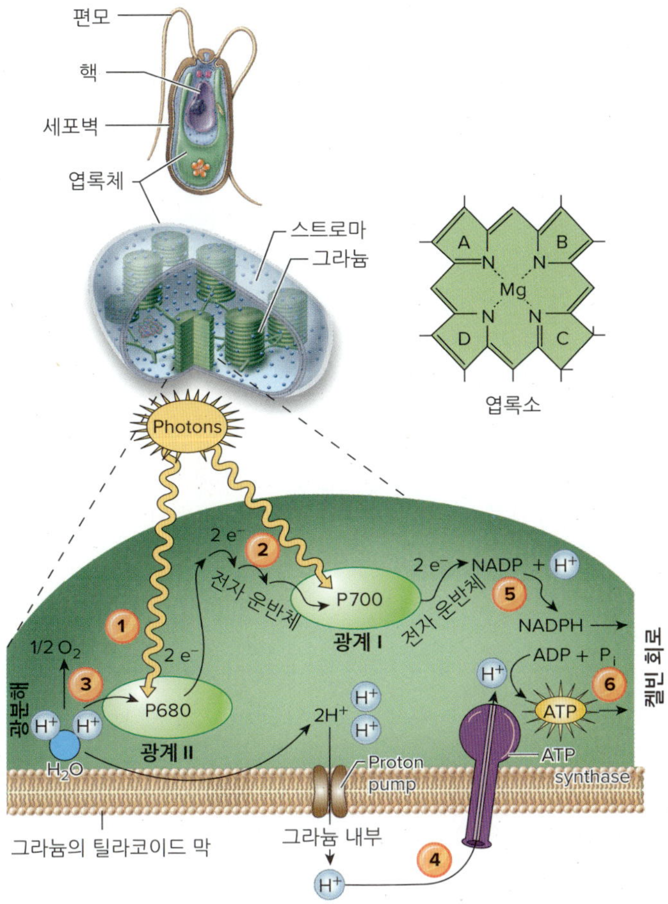

빛 반응의 주요 사건들을 하나의 그라늄(granum)에서 분해도로 나타낸다.

1. 빛이 광계 II를 활성화시키면, 전자가 엽록소에서 방출되는 연쇄 반응이 일어난다.
2. 이들 전자는 전자 운반체 체인을 따라 광계 I로 운반된다.
3. 광계 II의 빈 위치는 H_2O의 광분해에 의해 보충된다 광분해의 다른 생성물은 O_2 및 H^+이다.
4. 그라늄 내부로 H^+를 펌핑하면 ATP가 합성되는 조건이 생성된다.
5. 광계 I를 으로부터 받는 최종 전자 및 H^+ 수용체는 NADP이다.
6. NADPH와 ATP는 모두 켈빈 회로(암반응)를 위하여 스트로마에 공급된다.

과정 그림 8.25 광합성의 반응 하나의 큰 엽록체(확대 절개도)가 있는 진핵생물 운동성 조류 클라미도모나스(*Chlamydomonas*)의 세포. 엽록체(chloroplast)에는 엽록소(chlorophyll) 분자와 광 분자의 광계(photosystems)가 위치하는 그라나(grana)라는 막질 구획이 있다.

어가면, 엽록소의 마그네슘 원자가 여기되어 2개 전자를 방출한다. 광중심에서부터 전자 방출은 2가지 주요한 효과를 갖는다.

1. 광계 II에서 전자 방출은 광계 II의 빈 위치(vacancy)를 만들게 되며, 이것은 H_2O 분자를 수소(H^+)(전자 및 수소 이온)와 산소(O_2)로 분열되도록 유도하여, 유리

5 숫자는 각 광계에서 흡광도가 최대치를 보이는 빛의 파장을 의미한다.

되는 전자가 빈 공간을 재충전한다. **광분해**(photolysis)로 불리는 물의 분열(splitting)은 광합성의 중요한 산물인 O_2 가스의 궁극적 공급원이다. 용해된 물에서 방출된 전자는 다음 단계의 광반응을 위하여 광계 II를 재생한다.

2. 이 첫 번째 광반응에서 생성된 전자는 즉시 일련의 운반체(시토크롬, cytochromes)를 통해 P700 시스템으로 전달된다. 동시에, 틸라코이드(thylakoid) 복합체의 내부 공간에 수소 이온(H^+)이 축적되어 전기화학구배(electrochemical gradient)가 생성된다.

P700 시스템(PS I)은 PS II에 의해 생성된 전자를 수용할 수 있도록 빛에 의해 활성화된다. 이들 전자는 2번째 전자전달계를 통과하여 수소 이온(H^+)과 함께 NADP를 NADPH로 환원시키는 복합체로 전달된다. (이 의미에서의 환원은 기질 NADP에 전자와 수소의 첨가를 수반한다는 것을 기억하라.)

두 번째 에너지 반응은 그림 8.18과 8.19에서 보여준 것과 유사한 화학적 삼투 기작에 의한 ATP의 합성이 관여한다. 그라늄의 틸라코이드의 채널은 수소 이온(H^+)을 틸라코이드 막 내부챔버로 투입(pump)하여 양성자동력(proton motive force, PMF)을 생성한다. 이같은 H^+ 이온들이 틸라코이드 막에 위치한 ATP 합성효소(ATP synthase)를 통하여 H^+ 수송이 일어날 때 ADP를 ATP로 인산화한다. 이 과정이 빛에서 발생하기 때문에, 이 과정을 **광인산화**(photophosphorylation)라고 한다. NADPH와 ATP는 엽록체의 스트로마(stroma)로 방출되며, **켈빈 회로**(**암반응**)의 반응이 일어나도록 한다.

빛 반응의 주요 사건들을 하나의 그라늄에서 분해도로 나타낸다.

빛-독립적 반응

후속반응은 빛을 필요로 하지 않는 광합성 반응으로 남세균의 세포질 혹은 엽록체 안에서 발생한다. 이러한 반응은 광합성 명반응 단계에서 생성된 에너지를 사용하여 켈빈 회로를 통해 포도당을 합성한다(**그림 8.26**).

켈빈 회로는 CO_2가 인산화된 5-탄소 수용체 분자(ribulose-1,5-bisphosphate, RuBP이라 명명함)와 결합되는 시점에서 시작된다. 이 과정을 **탄소고정**(Carbon fixation)이라고 하며, 6-탄소 중간체화합물(intermediate compound)을 생성하여 즉시 3-탄소 분자(3-phosphoglyceric acid, PGA)로 분해된다. 다음 단계 반응은, 광계(photosystem)에서 발생한 ATP와 NADPH를 사용하여 고에너지 중간체(high-energy intermediates)를 형성한다.

먼저, ATP는 3-PGA에 2번째 인산염을 첨가하여 1,3-

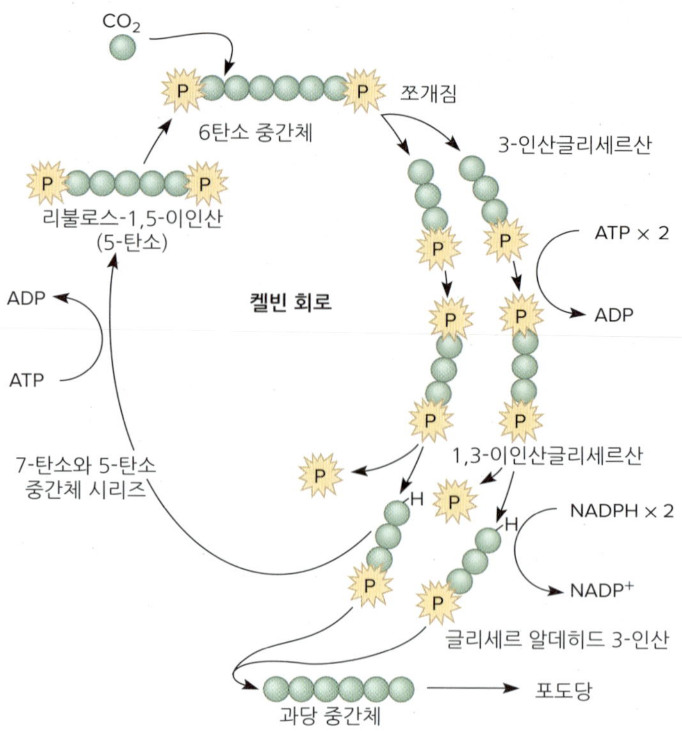

그림 8.26 켈빈 회로 광합성에서 빛이 관여하지 않는 반응의 주요 사건 이 사이클 동안, 광합성 명반응에서 생성된 에너지(ATP와 NADPH)를 사용하여 탄소가 유기 화합물로 고정된다. 최종 생성물인 포도당은 복합 탄수화물로 저장되거나, 다른 탄수화물 중간체 또는 아미노산을 생성하기 위해 다양한 양쪽성대사 경로에 사용될 수 있다.

bisphosphoglyceric acid(BPG)을 생성한다. 그런 다음 동일한 단계에서 NADPH가 수소를 BPG에 전달하며 1개의 고에너지 인산염이 제거된다. 이러한 사건은 glyceraldehyde-3-phosphate(PGAL, G-3-P)를 일으킨다. 이 분자(G-3-P)와 이성질체(dihydroxyacetone phosphate, DHAP)는 과당 및 포도당 같은 육탄당 합성의 핵심 분자이다. 이 경로는 해당과정의 역반응으로 진행된다는 것을 알 수 있다(과정 그림 8.15 참조). 그리고 켈빈 회로의 출발 물질인 RuBP의 재생성을 위해 PGAL(G-3-P)과 그림 8.26에 표시되지 않은 몇 가지 단계가 관여된다.

광합성의 다른 기작

식물, 조류 및 남세균에서 일어나는 산소-방출 광합성은 지구상에서 가장 우세한 **산소성 광합성**(oxygenic photosynthesis) 유형이다. 녹색 및 자색세균(green and purple bacteria)과 같은 다른 광합성생물은 빛을 포착하는데 더 다양한 세균엽록소(bacteriochlorophyll)를 보유한다. 이들 광합성 세균들은 순환 광계 I(cyclic photosystem I)만을 가지고 있는데, 이것은 전자를 광중심에서 전자 운반체로 그리고 다시 광계로 순환한다. 이 경로는 비교적 적은 양의 ATP를 생성하며 NADPH를 생성하지 않는다. 광무기영양생물(photolithotroph)인 이들 세균은 전자 공급원 및 환원력으로서 H_2O 분자가 아닌 H_2, H_2S 또는 원소 황을 사용한다. 결과적으로, 이들은 비산소성 광합성(anoxygenic photosynthesis)을 하며, 대부분은 절대혐기성균(strict anaerobe)이다.

방금 설명한 대부분의 기작은 빛-흡수 색소(light-absorbing pigment)로서 엽록소(chlorophyll) 또는 세균엽록소(bacteriochlorophyll)와 관련이 있지만, 고세균은 bacteriorhodopsin이라는 색소를 사용한다. 척추동물의 눈(막대와 원뿔)에 존재하는 색소인 루트 로돕신(rhodopsin)을 인식할 수 있다. 이 유형의 광합성은 전자 전달이 관여하지 않으며, 대신 빛에 의존한 양성자 펌프(light-driven proton pump)를 사용하며, 화학적 삼투(chemiosmosis)를 통해 ATP를 생성한다.

8.5 학습 평가

19. 광합성의 전체 과정을 한 문장으로 요약할 수 있다.
20. 빛-의존적 반응과 빛-독립적 반응의 관계에 대해 토론할 수 있다.
21. 광합성 과정에서 켈빈 회로의 역할을 설명할 수 있다.

현미경으로 본 세상 — 논평

마치 "김치를 먹으면 인기를 얻게 될 것"처럼 **의도된 메시지**이지만 이 기사는 대단한 흥미를 유발하지 않는다. 이 기사는 발효식품의 소비와 사회의 안정성과의 연관성이 있다는 연구 결과를 전달하고자 한 것 같다. 이 기사에 대한 나의 **비판적인 견해**는 다음과 같다(기사 정보: 널리 인정되는 의료사이트, WebMD).

이 기사의 저자는 우선 이 연구와 무관한 외부 전문가에게 의견을 구하는 실수를 했는데 그 의견도 본 연구 주제와 직결되는 것이 아니고 기사에 언급된 장뇌축(gut-brain axis)이 무엇인지, 그리고 그것과 본 연구와의 연결가능성에 대한 것이있다. 장내 마이크로바이옴이 뇌기능에 상당한 영향을 미친다고 과학 전문지에 기술되어 있으며 또 특정 세균은 불안과 연관성이 있어 해당 세균이 있을 경우 불안을 덜 느낄 가능성도 있다는 이전의 연구에 대해서도 언급하고 있다.

© Imagesource/PictureQuest RF

미생물학자가 아닌 친구들에게 장뇌축에 대해 먼저 말한 다음 피클을 먹으라고 한다. 전반적으로 기사의 전체 점수는 B+이다. 기사에 적혀진 것과 같이 하나의 누락된 링크가 있다. 발효된 식품이 발효되지 않은 식품보다 더 좋은 세균을 함유하는 이유를 설명하지 않고 있다.

출처: WebMD, "Social Anxiety? Fermented Foods May Help", 2015년 6월 18일 게시된 온라인 기사.

단원 요약

8.1 미생물 물질대사

- 물질대사는 세포화학과 신체활동을 포함한다. 그것은 동화작용(소분자를 큰분자로 전환시키는 에너지-필요한 반응)과 이화작용(대분자가 분해되어 에너지가 생성되는 반응)으로 구성된다.
- 물질대사는 활성화 에너지를 낮추어 반응속도를 높이는 효소라고 불리는 촉매에 의해 가능하게 된다.
- 효소는 소비되지 않으며 재사용할 수 있다. 각각의 효소는 그것의 매칭 분자 또는 기질에 특이적으로 작용한다.
- 기질은 활성 또는 촉매 부위라고 하는 특수 포켓(pocket)에서 효소에 부착한다.
- 많은 병원체는 독성인자(virulence factor)라고 하는 효소 또는 독소를 분비하여 숙주 방어를 피할 수 있다.

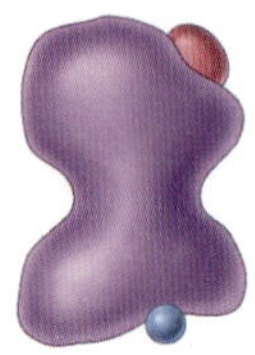

- 효소는 불안정하며, 온도, 삼투압 및 pH의 좁은 범위 내에서만 작동하며, 특히 변성에 취약하다.
- 효소는 종종 미생물 제어에 사용되는 물리 및 화학물질의 표적물이다.
- 대사조절은 효소에 직접 작용(효소활성)하거나 효소를 생성하는 과정(유전자 발현)에 작용한다.

8.2 에너지 추구와 활용

- 에너지는 시스템이 작업을 수행하는 능력이다. 그것은 흡열반응에서 소비되고 발열반응에서 방출된다.
- 에너지 추출에는 전자 공여체와 전자 수용체 사이의 산화-환원 사슬에 배열된 일련의 전자 운반체가 필요하다.

8.3 이화: 재료와 에너지 얻기

- 포도당과 같은 탄수화물은 에너지가 풍부하다. 왜냐하면 분해될 때 분자당 많은 수의 전자를 생성할 수 있기 때문이다.

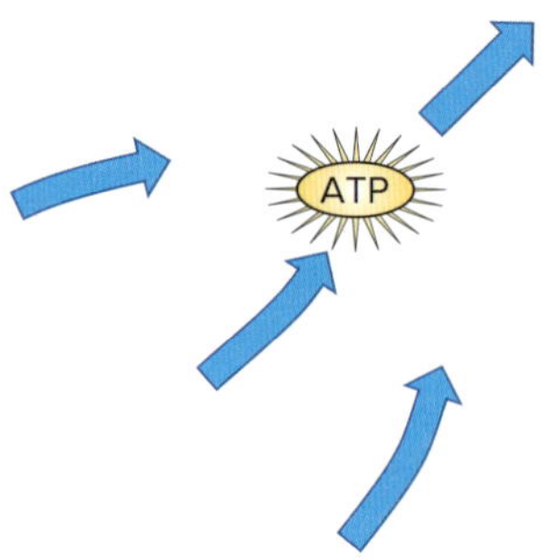

- 해당과정(glycolysis)은 산소를 요구하지 않으면서 포도당을 피루브산으로 분해하는 경로이다.
- 피루브산(pyruvate)은 크렙스 회로와 관련 전자 전달계에 관여하는 호기성 및 혐기성 호흡으로 처리된다.
- 아세틸 CoA(Acetyl CoA)는 피루브산 반응산물로, 크렙스 회로에서 추가적인 산화 및 탈탄산반응을 통하여 ATP, CO_2 및 H_2O를 생성한다.

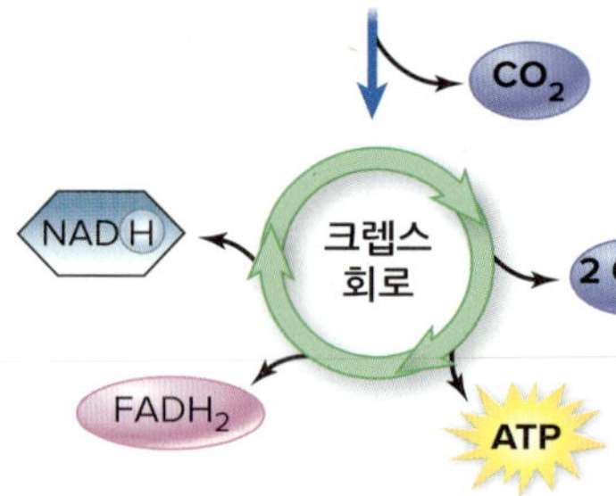

- 세포 호흡으로 ATP 에너지를 생성한다.
- 호기성 호흡의 최종 전자 수용체는 산소이며, 혐기성 호흡의 최종 전자 수용체는 황산염, 질산염 또는 아질산염과 같은 화합물이다.
- 세균은 질소 순환 공정에서 중요한 역할을 하며 질소고정도 한다.

- 발효는 전자 공여체와 최종 전자 수용체가 모두 유기 화합물인 혐기성 과정이다.
- 알코올, 식초 및 특정 산업용 용매의 생산은 발효에 의존한다.
- 해당과정과 크렙스 회로는 이화작용 및 동화작용 경로를 연결하는 중심 경로이며, 세포 내 여러 종류의 저분자들로 분해하여, 세포가 필요로 하는 화합물의 합성에 사용되도록 할 수 있다.
- 피루브산과 같은 중간체는 아미노반응(amination)을 통해 아미노산으로 만들어질 수도 있다.
- 아미노산은 탈아미노반응(deamination)으로 중간체(유기산)으로 산화되어, 포도당 및 기타 탄수화물 합성에 사용될 수 있다.
- 피루브산 유래 2-탄소 아세틸 분자(acetyl CoA)는 지방산 합성에 사용될 수 있다.

8.4 생합성과 대사의 교차 경로

- 세포 또는 시스템이 효율을 개선하기 위해 이화작용과 동화작용 경로를 통합할 수 있는 능력을 양쪽성대사(amphibolism)라고 한다.
- 단백질, 탄수화물 및 핵산과 같은 거대 분자는 동화작용으로부터 합성되거나 세포 외부로부터 유입된 영양소를 구성 요소로 이용한다.

8.5 광합성: 모두 빛으로 시작

- 광합성은 태양에너지를 화학에너지로 전환시키며, 이산화탄소를 유기 탄소 화합물로 전환시킨다.

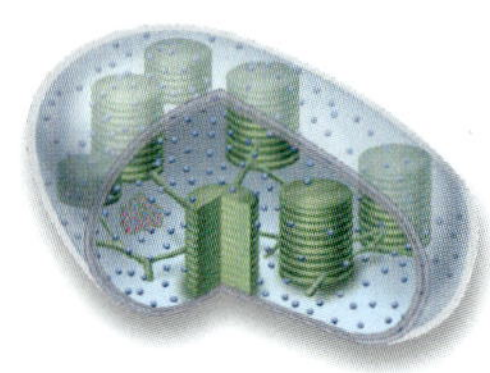

객관식 문제(선다형 문제와 OX 문제) | 블룸 1단계 및 2단계: 기억과 이해

선다형 문제 – 제시된 보기에서 답을 고르시오.

1. 이화작용은 ___ 분자가 ___ 분자로 변환되는 대사의 한 형태이다.
   a. 큰, 작은 b. 작은, 큰
   c. 아미노산, 단백질 d. 음식, 저장

2. 효소는
   a. 최종 생성물의 일부가 된다.
   b. 기질에 대해 비특이적이다.
   c. 반응에 의해 소비된다.
   d. 열과 pH에 불안정하다.

3. 아포효소는 ___이/가 있는 곳이다.
   a. 보조인자 b. 조효소
   c. 산화환원 반응 d. 활성 부위

4. 많은 조효소는 ___이다.
   a. 금속 b. 단백질
   c. 비타민 d. 기질

5. 환경에서 셀룰로오스를 소화하기 위해 곰팡이는 ___를 생산한다.
   a. 세포내효소(endoenzyme)
   b. 세포외효소(exoenzyme)
   c. 카탈라아제(catalase)
   d. 폴리머라제(polymerase)

6. 에너지는 다음 형태로 이화작용에서 동화작용으로 전달된다.
   a. ADP
   b. 고에너지 ATP결합
   c. 조효소
   d. 무기 인산염

7. 해당과정의 산물은 ____이다.
   a. ATP b. H_2O
   c. CO_2 d. A와 B 둘다

8. 포도당 분자의 발효는 순수의 ____ ATP를 생성할 수 있다.
   a. 4 b. 2
   c. 2 d. 0

9. 호기성 호흡에서 포도당의 완전한 산화는 ____ ATP의 순생산량을 산출할 수 있다.
   a. 40 b. 6
   c. 38 d. 2

10. ATP 합성효소 복합체는 전자 전달계로 들어가는 각각의 NADH에 대해 ___ ATP를 생성할 수 있다.
   a. 1 b. 2
   c. 3 d. 4

OX 문제 – 다음 문장 내용이 옳으면 O, 틀리면 X로 표기하고 틀린 내용을 올바르게 수정하시오.

11. 모든 광합성은 빛으로 시작한다.
12. 효소는 화학반응에 필요한 활성화 에너지를 감소시킨다.
13. 발효의 1회 주기는 유산소 호흡의 1회 주기보다 더 많은 에너지를 생성한다.
14. 생물학적 시스템에서 에너지는 주로 화학물질이다.
15. 세포외효소는 세포 외부에서 생산된다.

© Mare Czinar

Chapter 9

미생물 유전학

현미경으로 본 세상

협곡에서의 전염병

이번에 소개하는 사례를 통해 대중매체의 기사가 어디까지 사실인지 살펴볼 것이다. 이 사례는 2015년 AZDailySun.com 뉴스에 소개된 "플라그에 감염된 벼룩이 Picture Canyon에 나타났다."란 기사에 대한 것이다.

애리조나주 플래그스태프(Flagstaff) 근처의 그림 협곡(Picture Canyon)은 지구상에서 가장 아름다운 곳 중 하나이다. 이곳에는 많은 조류와 동물이 살고 있어 애리조나의 야생생물 체험 장소(Arizona Watchable Wildlife Experience)로 지정되어 있다. 이 기사에서는 가장 반갑지 않은 대표적인 야생생물인 전염성 세균이 있다고 소개한다. 관계자들은 협곡 주변의 프레리도그(prairie dog, 개쥐) 굴에서 수집한 벼룩에서 세균을 발견했다.

포유류에게 페스트(흑사병)을 야기하는 *Yersinia pestis*의 중간 숙주는 벼룩이다. 이 기사는 이 세균이 애리조나(Arizona), 콜로라도(Colorado) 및 뉴멕시코(New Mexico)에서 토착화되었다고 밝혔다. 과학자들은 미국 남서부의 기후, 지형 및 설치류 개체군이 수백 또는 수천 년 전에 세균이 처음 발견된 아시아의 영토와 유사하기 때문에 이것이 발생했을 것으로 추정하였다.

당신은 전염병이 기록된 이래, 역사가 인간을 괴롭혔다는 것을 알고 있을 것이다. 흑사병(black death, 페스트)은 1300년대 대유행한 전염병으로 전 세계 인구의 1/4이 이 병에 걸려 죽었다. 이름의 "검은색"은 질병이 악화됨에 따라 발생한 림프절의 변색에서 비롯되었다.

- 이 기사가 **의도하는 메시지**는 무엇인가?
- 기사를 읽은 후 **여러분의 평가**는 어떠한가? 평가가 비판을 의미하는 것은 아니다. 여러분의 지식을 이용하여 기사의 사실여부, 그리고 기사가 전달하고자 하는 메시지가 무엇인지를 제대로(혹은 옳게) 인지하기 위해서는 비평적인 안목이 필요하다.
- 미생물학을 공부하지 않은 친구를 위해 이 기사를 어떻게 **해석할** 것인가?
- 기사의 정확성과 의도된 효과의 정확성을 고려하여 기사에 대한 당신의 **점수**는 얼마인가?

현미경으로 본 세상–논평은 이 장의 끝에 나옵니다.

9.1 유전자와 유전자 소개: 유전의 비밀을 밝히다

유전학(genetic)은 생물의 **유전**(heredity) 혹은 상속(inheritance)에 대한 연구이다. 아래와 같은 내용들을 살펴보는 광범위한 과학에 속한다.

1. 부모로부터 자손에게 생물학적 특성(특징)의 전이(transmission)
2. 그러한 특성이 어떻게 표현되는가
3. 유전 물질의 구조와 기능
4. 이 물질이 어떻게 변화 하는가

이 장에서는 유전물질인 DNA와 세포에서 생성되는 단백질 및 기타 생성물에 대해 알아본다. 8장의 물질대사 관점에서 보면 새로운 DNA, RNA 및 단백질의 생성 또한 동화작용의 한 사례라고 할 수 있다.

유전학에 대한 연구는 여러 수준에서 일어난다(그림 9.1). **유기체 유전학**(organismal genetics)은 생명체 전체의 유전을 관찰한다. 세포 유전학은 단일 세포에 대해 살펴본다. **염색체 유전학**(chromosomal genetics)은 염색체의 특성과 작용을 검토한다. **분자 유전학**(molecular genetics)은 유전자의 생화학을 다룬다. 이 모두가 유용한 탐색 영역이지만 세포 및 분자 수준에서 유전자의 작동을 조사할 것이다. 우리는 이 책의 주제인 미생물의 분자 및 세포 유전학에 초점을 맞출 것이다. 미생물 유전학은 인간 유전학보다 단순하지만 많은 측면이 동일하기 때문에 중요한 창(window)을 제공한다. 또한, 많은 유전적 발견이 미생물에서 이루어졌으며 여전히 지속되고 있다.

유전물질의 본질

종이 생존하기 위해서는 자기복제(self-replication) 능력이 있어야 한다. 살펴본 바와 같이, 단세포 미생물에서 증식(reproduction)은 일반적으로 이분법(binary fission) 혹은 출아(budding) 방법에 의하여, 분열 과정에는 유전자 물질을 각 딸세포로 정확하게 복제 및 분리하는 것을 포함한다. DNA가 어떻게 복사되는지 살펴보기 전에, 이 유전물질의 구성(organization)을 살펴보고, 일반적이며 특이적인 면을 검토한다.

게놈의 구조 및 기능 수준

게놈(genome, 유전체)은 한 생명체(유기체)에 있는 유전물질의 총합이다. **유전체학**(genomics)은 생명체의 전체 게놈에 대한 연구이다. 대부분의 게놈이 염색체 형태로 존재하지만, 유전물질은 비 염색체 형태로 나타날 수도 있다(**그림 9.2**). 예를 들어 세균과 일부 곰팡이에는 작은 여분의 DNA 조각(플라스미드)이 포함되며, 진핵생물의 특정 소기관(미토콘드리아와 엽록체)에는 자체 DNA가 장착되어 있다. 세포의 게놈은 DNA로만 구성되지만 바이러스는 주요 유전 물질로 DNA 또는 RNA를 포함한다.

일반적으로, **염색체**는 깔끔하게 포장된 DNA 분자로 구성된 별개의 세포 구조이다. 진핵생물 및 세균 세포의 염색체는 여러 측면에서 상이하다. 진핵 염색체의 구조는 히스톤 단백질 주위에 단단히 감겨진 DNA로 구성되는 반면, 세균 염색체는 히스톤 유사 단백질에 의해 응축되어 패킷으로 고정된다. 진핵 염색체는 핵에 위치한다. 진핵 염색체 수는 몇 개에서 수백 개로 다양하다. 진핵 염색체는 이배체

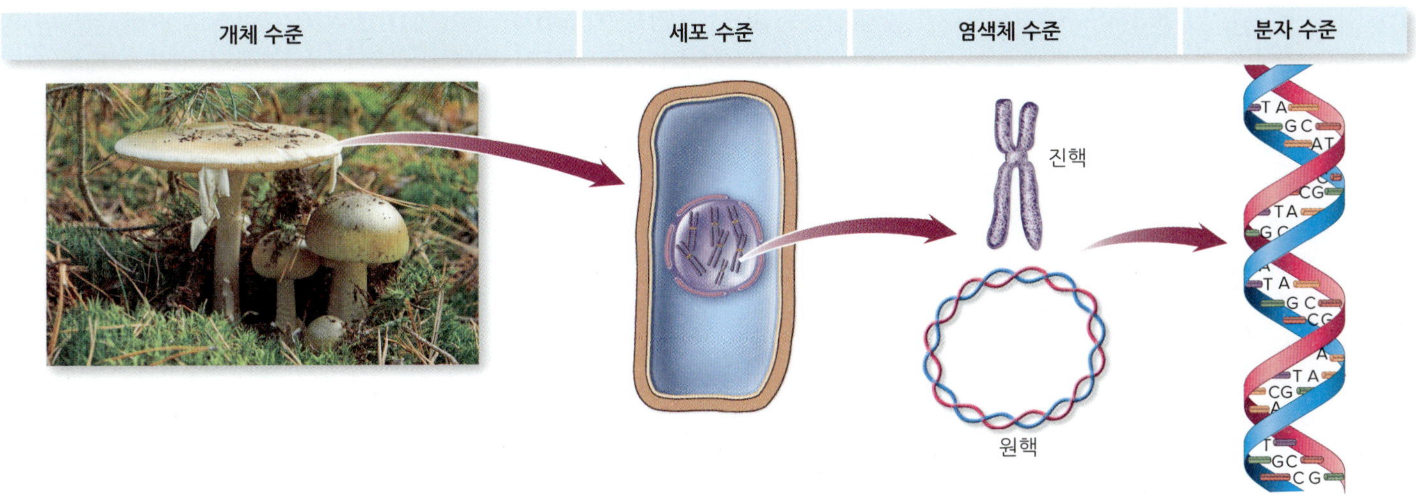

그림 9.1 유전자 연구 수준 유전학은 유기체, 세포, 염색체 및 DNA 서열(분자 수준)에서 연구될 수 있다.

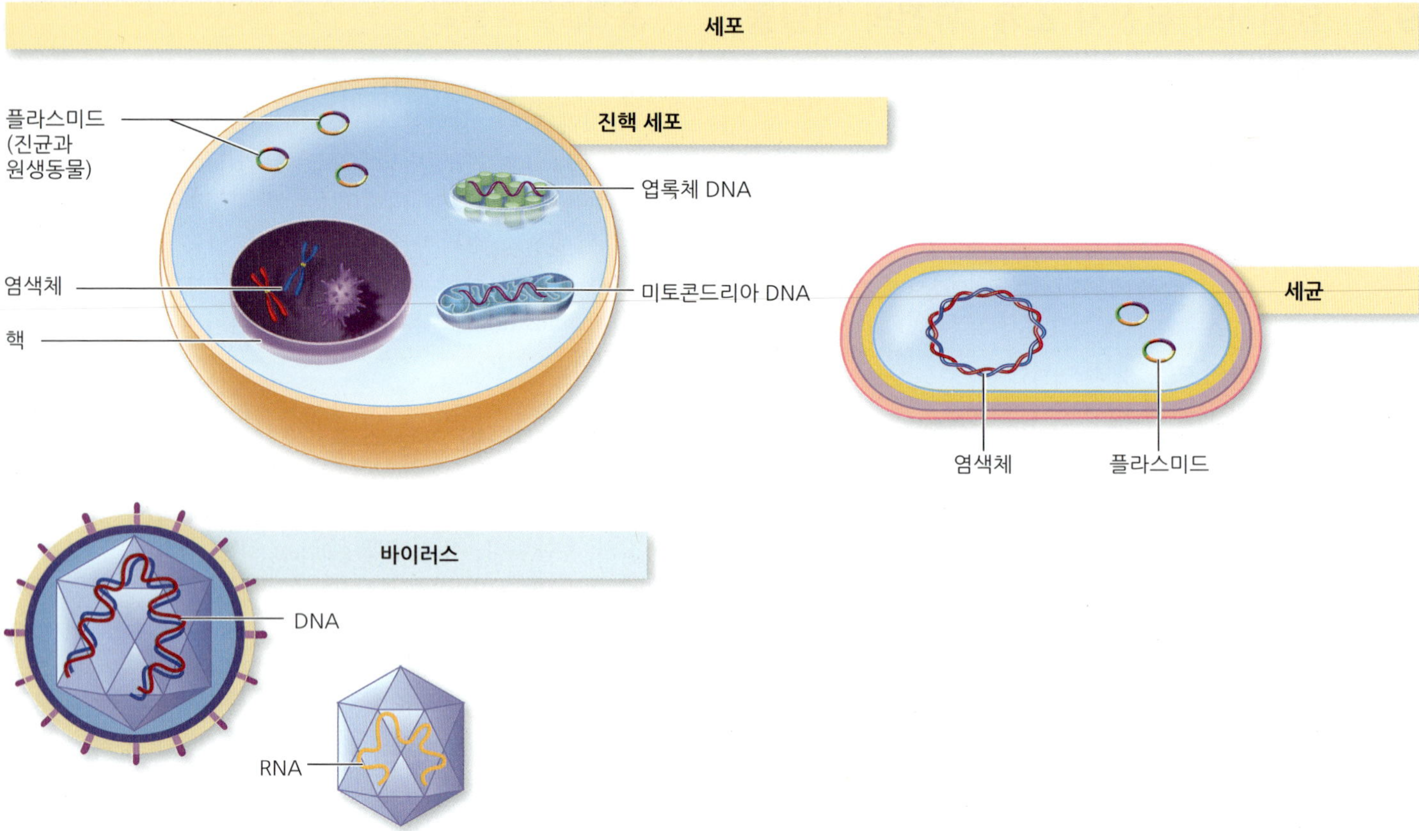

그림 9.2 세포와 바이러스에서 게놈의 일반적인 위치와 형태(모식도)

(diploid) 또는 반수체(haploid)로 나타날 수 있다. 진핵 염색체는 선형(linear)으로 보인다. 대조적으로, 대부분의 세균은 단일의 원형(circular; 이중가닥) 염색체를 갖지만, 일부 세균은 선형 염색체를 갖는다.

모든 세포의 염색체는 유전자라고 하는 기본 정보 패킷으로 세분된다. 염색체에 있는 **유전자**(gene)는 어떤 세포의 기능에 대한 정보를 제공한다. 달리 말하면, 유전자는 **단백질**(protein)이나 RNA를 만드는 데 필요한 코드를 포함하는 DNA의 한 부분이다.

유전자는 다음의 3가지 기본 범주로 분류된다. (1) 단백질을 코딩하는 구조 유전자, (2) 단백질 생산에 사용되는 RNA 기계를 코딩하는 유전자, (3) 유전자 발현을 제어하는 조절 유전자. 이러한 모든 유형의 유전자의 합은 생명체의 독특한 유전적 구성 또는 **유전자형**(genotype)을 구성한다. 주어진 시간에, 유전자의 일부만이 발현되어 특성(어떤 구조 또는 기능)을 나타내는 것을 **표현형**(phenotype)이라고 한다.

모든 생명체는 주어진 시간에 표현형으로 나타나는 것보다 유전자형에 더 많은 유전자를 포함한다(**들여다보기 9.1**). 다시 말해서, 표현형은 어떤 유전자가 "켜짐(turned on)"(발현되는 것)에 따라 변할 수 있다.

게놈의 크기와 포장

게놈의 크기는 매우 다양하다. 가장 작은 바이러스에는 4개 또는 5개의 유전자가 있다. **대장균**(*Escherichia coli*)은 4,000개 유전자를 함유하는 단일 염색체를 가지며, 인간 세포는 46개 염색체에 약 23,000개 유전자를 가지고 있다. **대장균**(*E. coli*)의 염색체는 풀려서 선형으로 뻗어 있으면 약 1 mm 정도이지만, 이것은 1 μm 길이의 세포 내에서 포장(packing)되어 있으며, 약 1 mm 길이로 뻗어 있는 DNA는 세포보다 1,000배 정도 더 길게 측정된다. 그럼에도 불구하고 세균 염색체는 세포 부피의 약 1/3에서 1/2을 차지한다. 그러한 큰 분자는 어떻게 세포의 작은 공간과 진핵생물의 경우 더 작은 구획인 핵에 들어갈 수 있는가? 답은 복잡한 DNA의 정교한 코일링(coiling)에 있다.

DNA 코드: 간단하면서도 심오한 메시지

분자 수준에서 DNA의 기능을 조사하려면 구조를 더 자세히 살펴봐야 한다. 이를 위해, 우리는 작은 유전자 조각을 약 5백만 배 확대할 수 있다고 상상할 수 있다. 그러한 정밀

들여다보기 9.1 연구: 세균 1개는 얼마나 많은 DNA를 필요로 하는가?

모든 생명체는 수백만이 아니라 수천 개의 DNA 염기를 포함한다. 인간 게놈은 약 2억 5천만 염기쌍을 포함한다. 가장 작은 생명체는 약 600,000 염기쌍을 포함한다. 유기체의 기능과 생존을 위해 얼마나 많은 염기쌍이 필요한가? 최근에 스탠포드 의과대학의 한 팀은, 하나의 세균이 생존하기 위하여 얼마나 많은 DNA 염기쌍이 필요한가를 결정하였다. 연구팀은 *Caulobacter crescentus*의 게놈 중 12% 만이 실험실 조건에서 성장하는 데 필요하다는 것을 발견하였다. 나머지 88%는 유기체가 성장과 증식을 방해하지 않고 돌연변이 시키거나 버릴 수 있었다. *C. crescentus*의 전체 게놈 분석은 2001년에 되었지만 유전자 코드의 지도에서는 생명체의 생존에 필요한 유전자들이 무엇인지는 보여주지 않았다. 이 연구는 *C. crescentus*의 유전체가 1,012개 필수 유전자, 402개 조절 서열, 130개의 비코딩 서열(noncoding sequences)을 포함하고 있으며, 기능이 밝혀지지 않은 90개 단편을 포함하고 있었다. 이러한 연구를 통해 과학자들은 진화를 통해 보존되는 필수 유전요소가 무엇인지를 결정하며, 세균 감염성을 암호화하는 유전자를 식별할 수 있도록 하여 새로운 항생제의 개발을 유도할 수 있다.

© Adrian Neal/Getty Images RF

출처: 2011. *Mol. Systems. Bio.* vol. 7, p. 528.

한 조사가 공개하는 것은 생물학의 위대한 경이로움의 하나이다. 제임스 왓슨(James Watson)과 프랜시스 크릭(Francis Crick)은 1953년에 퍼즐 조각을 모아 DNA가 이중 나선으로 걸힙된 거대한 분사인 핵산임을 발견했다(**그림 9.3**). DNA 구조의 기본 단위는 뉴클레오티드(nucleotide)이며, 전형적인 세균의 염색체는 끝과 끝이 연결된(환상형) 수백만 개의 뉴클레오티드로 구성된다. 각각의 뉴클레오티드는 **인산염**(phosphate), **5탄당**(deoxyribose sugar) 및 **질소 염기**(nitrogenous base)로 구성된다. 뉴클레오티드는 다른 뉴클레오티드와 phosphodiester 결합(뉴클레오티드의 **데옥시리보스** 3번 탄소와 다른 뉴클레오티드 5번 탄소를 인산기와 공유결합하여 연결된다)을 사용하여 서로 공유 결합한다. 이는 각 가닥에 일정한 순서와 방향을 부여한다(**그림 9.4**). 질소성 염기인 **퓨린**(purines) 및 **피리미딘**(pyrimidines)은 당의 1번 위치에서 공유 결합하여 부착된다(**그림 9.4a**). 이들 염기들은 DNA 분자의 중심에 위치하며, DNA 이중나선의 다른 가닥에 위치하는 적절한 상보적 염기와 쌍을 이룬다. 쌍을 이룬 염기는 수소결합으로 연결된다. 이러한 약한 결합은 쉽게 깨져서 분자가 2개의 상보적 가닥으로 "**압축해제**(unzipped, 이중가닥에서 단일가닥으로 풀리는 현상)" 될

그림 9.3 DNA의 투과전자현미경(TEM) 사진 나선 구조는 확대된 영역에서 명확하게 보인다.

© Professor Enzo Di Fabrizio, IIT/Science Source

수 있게 한다. 이 특징은 DNA가 관여하는 과정에서 매우 중요하다. 퓨린과 피리미딘의 짝은 무작위로 일어나는 것이 아니라, 그것은 같은 특정 염기에만 반복적으로 결합한다. 따라서 DNA에서 퓨린인 **아데닌**(A, adenine)은 항상 피

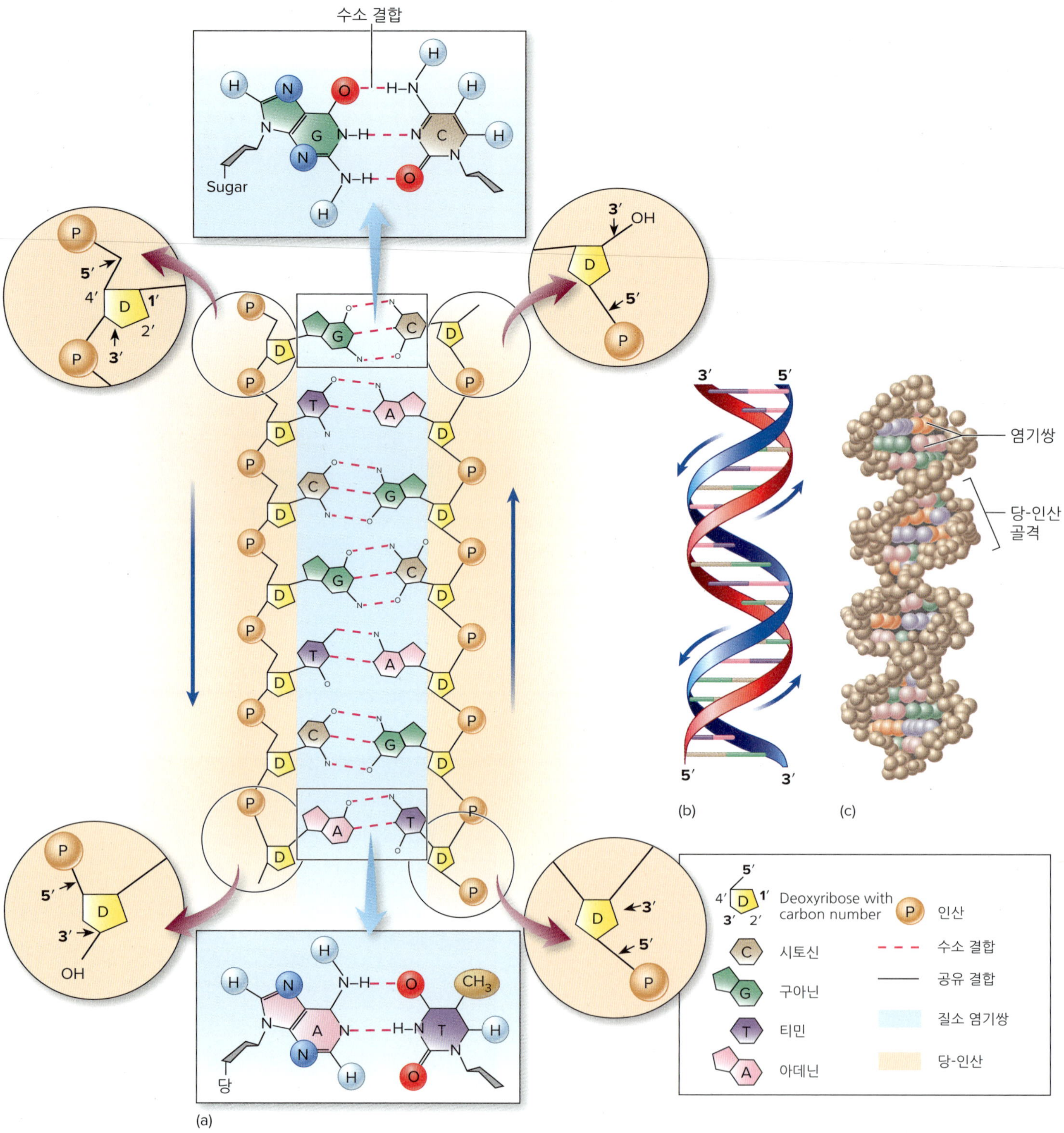

그림 9.4 DNA 구조에 대한 3가지 견해 (a) 나선이 만들어진 분자의 배열을 보여주는 모식 모델. 인산와 당 결합의 순서는 두 가닥을 위에서 아래로 살펴보면 다르게 나타난다. 그러나 5′ 끝에서 3′ 끝까지 각 가닥을 읽을 때 순서는 동일하며 DNA가 항상 전사되는 방향(5′→3′)이다. 삽입된 부분은 질소 염기쌍의 세부 사항을 보여준다. (b) 역방향 배열을 강조하는 단순화된 모델. (c) DNA의 3차원 구조를 더 정확하게 묘사하는 공간채움 모델(Space-filling model).

리미딘인 **티민**(T, thymine)과 짝을 이루고, 퓨린 **구아닌**(G, guanine)은 항상 피리미딘 **시토신**(C, cytosine)과 짝을 이룬다. 염기들 간의 쌍을 이루는 상보적인(complementary) 3차원 모양을 갖기 때문에, 염기들은 이러한 패턴에서 서로 끌어당겨진다. 염기들 간의 짝을 이루는 파트너는 일반적으로 다양하지 않을지라도, 각각의 DNA 분자에 위치하는 염기쌍의 종류와 순서에 의하여 무한한 수의 뉴클레오티드 서열을 초래할 수 있다.

DNA 구조의 또 다른 중요한 특성은 이중 나선 자체의 특성이다. 두 가닥은 같은 방향을 향하지 않는다. 나선의 한 쪽은 다른 쪽의 반대 방향으로 흐르며 **역방향**(antiparallel) 배열이라고 한다(**그림** 9.4b).

데옥시리보스의 탄소와 인산 사이의 결합 위치는 DNA 나선(helix)의 양면 방향을 추적하는 데 사용된다. 따라서 하나의 나선은 5′에서 3′ 방향으로 진행되고, 다른 나선은 3′에서 5′ 방향으로 진행된다. 이 특성은 DNA 합성 및 단백질 생산에 중요한 요소이다.

DNA 구조의 의의

DNA에서 질소 염기의 순서는 2가지 필수 효과가 있다.

1. **증식(reproduction) 동안 코드(code) 유지 관리** 염기쌍의 항상성은 세포 생장과 분열 동안에 코드가 유지되도록 보장한다. 두 가닥이 분리되면 각각은 새로운 분자의 복제(정확한 복사)를 위한 주형(패턴 또는 모델)을 제공한다(그림 9.5). 한 가닥의 염기배열은 자동으로 파트너(다른 가닥)의 염기배열을 복제를 위한 주형(template)으로 제공한다.
2. **다양성 제공** DNA 가닥의 길이에 따른 염기의 순서는 DNA 코드의 유전자 프로그램 또는 언어를 구성한다. 유전자에 존재하는 메시지는 이들 염기의 정확한 서열에 의해 결정되며, 게놈은 순서대로 조합하여 각 유기체의 고유한 특성을 담당하는 모든 DNA 염기의 집합체이다.

그러한 단순한 코드가 바이러스, 대장균 및 인간과 같은 다양한 형태의 극심한 차이를 어떻게 설명할 수 있는지 묻고자 한다. 26개 문자를 기반으로 한 영어는 무한한 다양한 단어를 만들 수 있지만, DNA와 같이 명백히 복잡한 유전자는 단 4개의 질소 염기 "문자"를 기반으로 할 수 있는 방법은 무엇인가? 수학적 예는 가능성을 설명할 수 있다. 1,000개 뉴클레오티드 길이의 DNA 단편의 경우, $4^{1,000}$개의 다른 서열이 가능하다. 계산된 이 수는 1.5×10^{602}에 가까우며, 이는 거의 끝없는 변화를 제공할 정도로 크다.

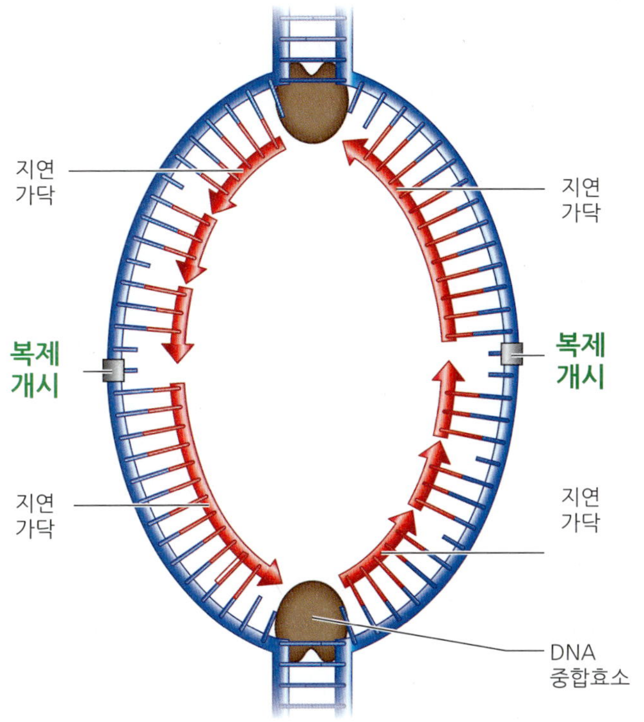

그림 9.5 DNA의 반보존적 복제를 보여주는 단순화된 단계 원형 DNA에는 복제가 시작되는 특별한 복제개시 부위가 있다. 가닥이 분리될 때, 2개의 복제기점이 형성되고, DNA 중합효소 III 복합체가 각 복제기점에 들어간다. DNA 중합효소는 DNA 분자를 따라 양방향으로 진행하여 주형의 패턴에 따라 올바른 뉴클레오티드에 부착한다.
주형의 A는 새로운 분자의 T와 쌍을 이루고, C는 G와 쌍을 이룰 것이다. 결과로 생성된 새로운 DNA 분자는 새로 합성된 DNA(빨간색으로 표시)와 원래의 주형 가닥(푸른). 이러한 복제 동안 염기의 선형 배열이 유지되므로 코드의 무결성이 그대로 유지된다. 과정의 실제 세부 사항은 과정 그림 9.6에 나와 있다.

DNA 복제: 코드 보존과 전달

유전자 길이에 따른 염기서열은 DNA의 언어를 구성한다. 이 언어가 수백 세대 동안 보존되기 위해서는 유전자 프로그램이 복제되어 각 자손에게 전달되어야 한다. 이 복제 과정을 DNA 복제라고 한다. 다음 예에서 우리는 세균에서의 복제를 보여줄 것이다. 이 방법은 일부 예외를 제외하고는 진핵생물과 일부 바이러스에서 작동하는 과정에도 적용된다. 이분법 초기에 세균의 대사 기구는 염색체의 복제를 시작한다. 이 DNA 복제는 단일 세대시간(*E. coli*에서 약 20분) 동안 완료되어야 한다.

전체적인 복제과정

DNA 분자가 정확히 복제될 수 있는 특징은 무엇이며, 그 완전성은 어떻게 유지되는가? DNA 복제는 기존 DNA

표 9.1 DNA 복제에 관여하는 효소들과 그들의 기능

효소	기능
나선효소(Helicase)	DNA 나선 풀기(unzipping)
프리마아제(Primase)	RNA 프라이머 합성
DNA 중합효소 (DNA polymerase III)	새로운 DNA 사슬에 염기 추가, 실수에 대한 체인 교정(proofreading)
DNA 중합효소 (DNA polymerase I)	프라이머 제거, 틈새(Gap) 채움, 불일치 수리
리가아제 (결합효소, Ligase)	합성 및 복구 동안 DNA에서 닉(nick)의 최종 결합
국소이성화효소 I(Topoisomerase I)	DNA 이중가닥의 단일가닥 절단을 통해 복제기점(origin)에서 슈퍼코일(supercoiling) 완화하여 느슨하게 함
국소이성화효소 (Topoisomerase II, (DNA gyrase) and IV	DNA 이중가닥의 양가닥을 모두 절단하여 복제기점(origin) 앞의 슈퍼코일(supercoiling) 제거 및 복제된 딸 DNA 분자 분리

분자의 이중가닥을 단일가닥으로 분리하고, 그 주형가닥을 복사하고, 2개의 완전한 딸 분자를 생산하는 30개의 다른 효소(**표 9.1의 부분 목록**)의 작용을 신중하게 조정해야 한다. 복제의 단순화된 버전은 **과정 그림 9.6**에 나와 있으며 다음을 포함한다.

- 부모 DNA 분자를 푼다(uncoiling, DNA 분자의 이중가닥을 단일가닥으로 분리).
- 염기쌍 사이의 수소 결합을 풀어서 두 가닥을 분리하고 각 가닥의 뉴클레오티드 배열이 주형(template) 역할을 하도록 노출시킨다.
- 각각의 주형가닥에 정확하게 상보적인 뉴클레오티드를 첨가함으로써 2개의 새로운 가닥을 합성한다.

DNA 복제의 중요한 특징은 각 딸 분자(daughter molecule)가 조성에서 부모와 동일하지만 어느 것도 완전히 새로운 것은 아니다. 주형 역할을 하는 가닥은 원래의 부모 DNA 가닥이다. 반원형(semicircle)에서처럼 **반보존적 복제**(semiconservative replication)라고 불리는 방법으로 부모 분자를 보존하는 것은 복제의 신뢰성과 충실성을 설명하는 데 도움이 된다.

복제의 정제와 세부 사항

부모가닥(parental strand)을 주형으로 사용하여 DNA의 새로운 딸가닥(daughter strand)을 합성하는 과정은 효소 DNA 중합효소(polymerase) III에 의해 수행된다. 그러나 복제의 전체 과정은 여러 효소에 의존하며 DNA 분자의 구조와 DNA 중합효소 III의 한계에 관한 몇 가지 점을 염두에 두면 아주 쉽게 이해할 수 있다.

1. DNA 중합효소 III에 의해 복사되어야 하는 뉴클레오티드는 이중나선 안에 깊이 묻혀 있다. 효소가 DNA 분자에 접근하기 위해서는 먼저 풀어야 하고, 그 다음에 나선의 두 가닥을 서로 분리해야 한다.
2. DNA 중합효소 III는 뉴클레오티드의 사슬합성을 시작할 수 없지만 이미 존재하는 사슬에 뉴클레오티드를 계속 추가할 수 있다.
3. DNA 중합효소 III는 한 방향으로만 뉴클레오티드를 첨가할 수 있으므로 새로운 가닥은 항상 5′에서 3′방향으로 합성된다.

과정 그림 9.6은 복제의 세부사항을 보여준다. 표 9.1에 나열된 효소 외에도 복제를 이해하는 데 도움이 되는 다른 중요한 용어가 있다.

복제기점(replication fork): 이중가닥이 풀어지고 복제가 이루어지는 나선형 내의 위치이다. 각 원형 DNA 분자는 2개의 복제기점을 가질 것이다(단 1개는 과정 그림 9.6에서 보여진다).

프라이머(primer): 복제 동안 새로 합성되는 딸가닥 내에 DNA로 대체되기 전에 초기에 삽입되는 RNA의 단편.

선도가닥(leading strand): 5′에서 3′ 방향으로 연속적으로 합성되는 새롭게 합성되는 DNA 가닥.

지연가닥(lagging strand): (5′에서 3′ 방향으로) 합성되고 나중에 함께 밀봉되어 3′에서 5′ 방향으로 가닥을 형성해야 하는 새롭게 합성되는 DNA 가닥.

오카자키 절편(Okazaki fragment): DNA의 짧은 분절은 5′에서 3′ 방향으로 합성된 후 함께 밀봉되어 3′에서 5′ 가닥을 형성한다.

딸 분자의 신장과 종결(Elongation and Termination) 뉴클레오티드의 첨가는 놀라운 속도로 진행되며, 일부 세균은 각 복제기점에서 초당 750개 염기가 첨가되는 것으로 추정된다. 복제가 진행됨에 따라 새로 생산된 이중 가닥 루프(loop)는 사라진다(**그림 9.7a**). DNA 중합효소 I은 DNA 합성을 시작하는 데 사용된 RNA 프라이머를 제거하고 DNA로 대체한다. 복제기점이 완전히 원을 이루고 만날 때, 리가아제(결합효소, ligase)는 DNA 단편의 초기 연결을 시작하기 위해 지연가닥을 따라 움직인다. 그런 다음 국소이성화효소(topoisomerase) IV는 DNA 이중가닥 절단을 일으켜서 DNA 합성종결과 새롭게 합성된 2개 DNA의 얽힌 원들을 분리시킨다(**그림 9.7b**).

어떤 '글쓰기'에서처럼, DNA는 성장하는 사슬에 잘못된 염기가 추가될 때 '잘못된 염기순서(misspelled)'된다. 연구

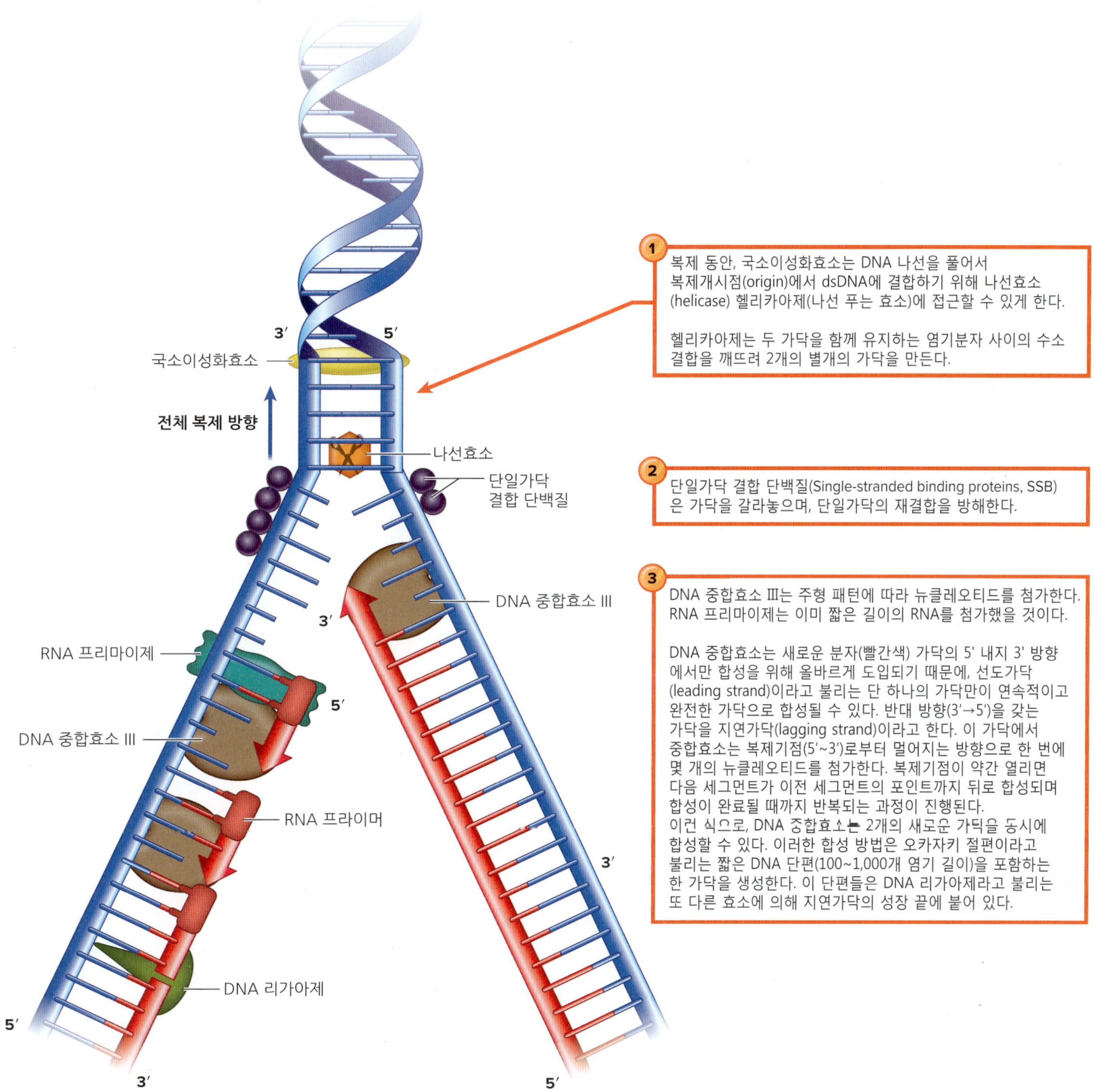

과정 그림 9.6 DNA 복제

에 따르면 세균에서 이러한 실수는 약 10^8~10^9개의 염기에서 1번 정도 발생하지만 대부분은 수정된다. 만약 수정하지 않으면 **돌연변이**(mutation)라고 한다(9.5절에서 다룬다).

지속적인 세포 무결성(cellular integrity)은 정확한 복제에 매우 의존적이기 때문에 세포는 DNA에 대한 자체 교정(proofreading) 기능을 진화시켰다. 분자를 신장시키는 효소인 DNA 중합효소 III는 부정확하고 일치하지 않는 염기를 검출할 수 있으며, 그것을 절단하고, 그것들을 정확한 염기로 대체한다. 또한 DNA 중합효소 I은 분자를 교정하고 손상된 DNA를 복구할 수 있다.

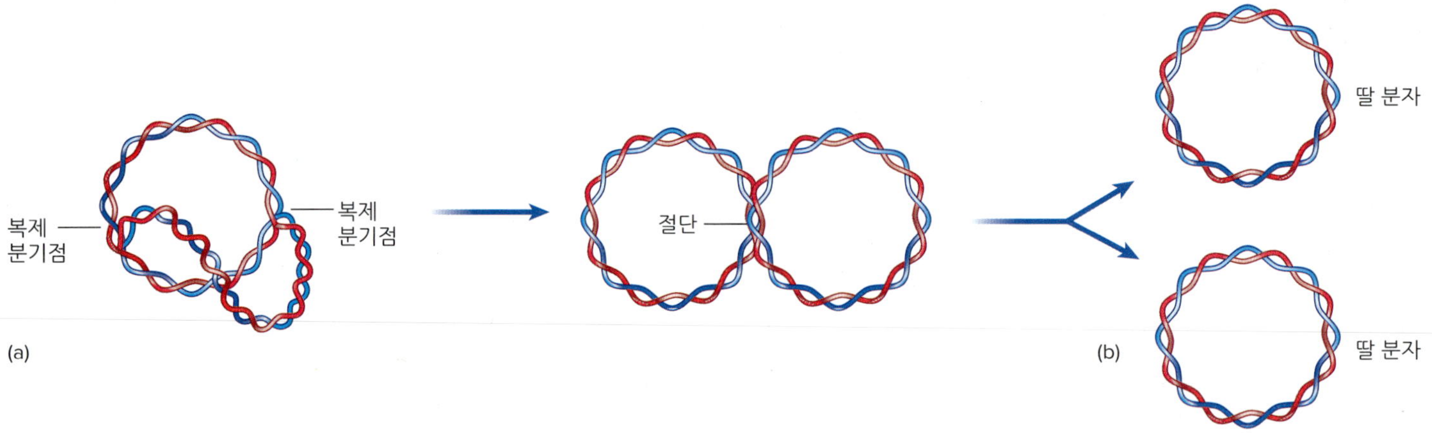

그림 9.7 세균 내 염색체 복제 완료 (a) 복제가 진행됨에 따라 이중 가닥이 1개씩 루핑된다. (b) 국소이성화효소 IV의 작용과 완성된 두 분자의 최종 분자를 통해 최종 분리를 달성한다. 딸 세포는 이항 핵분열 동안 이것들을 받는다.

선형 DNA의 복제 선형(linear) 형태로 존재하는 진핵 DNA의 복제는 세균 및 고세균의 복제와 유사하다. 이 과정은 또한 다양한 DNA 중합효소를 사용하며, 복제는 양방향으로 진행되며, 선형 DNA 분자를 따라 여러 개의 복제개시점에서 진행된다. 국소이성화효소는 복제될 때 DNA의 장력(tension)을 완화시키기 위해 복제에 이용되지만, DNA 분자가 완전히 복제된 후에 DNA를 재결합(recompact)시키기 위해 사용된다. 선형 DNA에서 새로운 DNA를 합성하는 것은 원형 DNA 분자를 복사하는 것과 비교할 때 다양한 도전 과제를 제시한다. 이 중 가장 중요한 것은 "말단 복제 문제(end replication problem)"로 알려져 있다. 진핵 DNA의 구조(선형구조)와 DNA 중합효소 활성의 방향성(5′ → 3′ 방향)으로 인하여, DNA 분자의 3′말단은 완전히 복제할 수 없다. 이 3′말단 부분을 **텔로미어**(telomere)라고 하며, 이 영역들은 각 세포분열에서 사라지게 된다. 그리고 시간이 지남에 따라, 선형 DNA가 일정 길이로 짧아지면 세포사멸(apoptosis)을 유발한다. 이러한 방식으로, 말단복제의 문제는 또한 고등한 진핵생물에서 오래된 세포가 제거될 수 있는 유익한 기작을 제공한다.

9.1 학습 평가

1. 유전체(genome)와 유전자(gene)라는 용어를 정의할 수 있다.
2. 유전자형(genotype)과 표현형(phenotype)을 구분할 수 있다.
3. DNA의 단편을 다이어그램으로 표시하고, DNA 분자 내의 모든 중요한 화학그룹에 라벨을 표시할 수 있다.
4. 세균 DNA 복제단계와 이 과정에서 사용되는 효소들을 요약할 수 있다.
5. DNA 복제과정에서 선도가닥(leading strand)과 지연가닥(lagging strand)의 합성을 비교하고 대조할 수 있다.

9.2 DNA 코드의 적용: 전사와 번역

우리는 DNA 분자의 유전자 메시지가 복제를 통해 어떻게 보존되는지 탐구하였다. 이제 우리는 세포에서 DNA의 정확한 역할을 알아볼 것이다. DNA 염기서열이 유전암호(코드)라는 점을 감안할 때, 이 코드의 본질은 무엇이며 세포에 의해 어떻게 활용되고 있는가? DNA는 중요한 정보로 가득 차 있지만, 분자 자체는 직접 세포과정을 수행하지 않는다. 저장된 정보는 RNA 분자로 전달되어 지시를 수행한다. 유전 정보가 DNA에서 RNA로 단백질로 흐른다는 개념은 분자생물학의 중심 주제다(**그림** 9.8a). 더 정확하게는 DNA의 마스터 코드가 **전사**(transcription)라고 불리는 과정을 통해 RNA 분자를 합성하는 데 처음 사용되며, 이 RNA 분자 중 많은 부분에 포함된 정보는 **번역**(translation)으로 알려진 과정에서 단백질을 생산하는 데 사용된다. 이 패턴에 대한 유일한 예외는 RNA를 다른 RNA로 변환하는 RNA 바이러스와 RNA를 DNA로 변환하는 레트로바이러스(retroviruse)에서 발견된다.

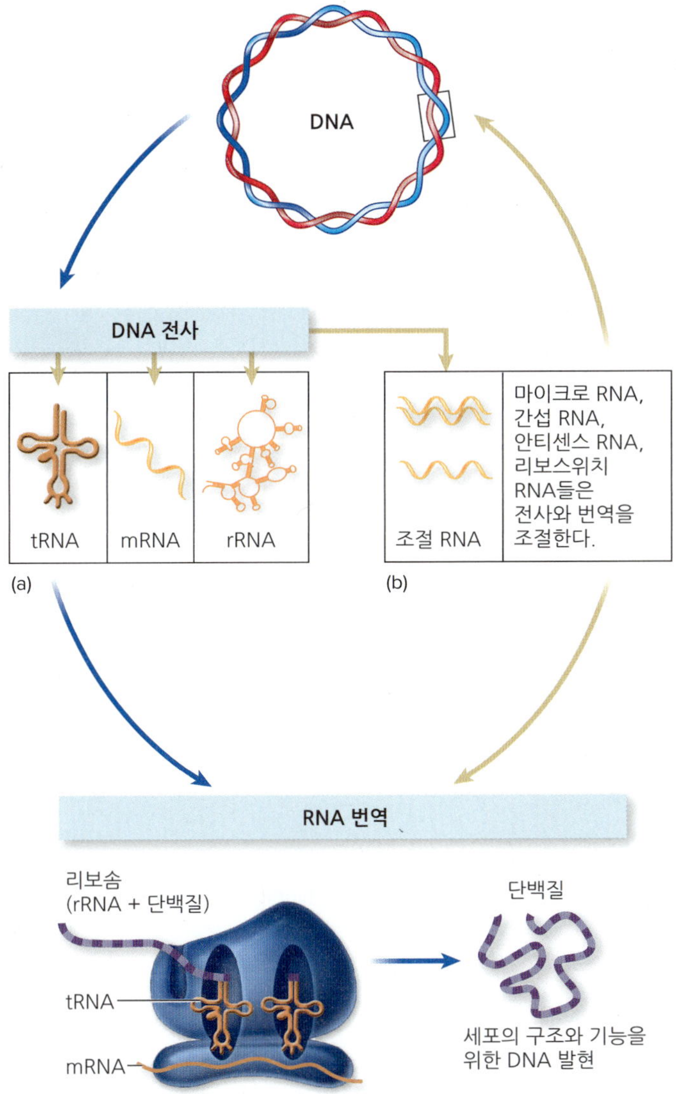

그림 9.8 미생물에서의 유전 정보 흐름 요약 DNA는 유전 정보의 궁극적인 저장고이자 유통업체다. (a) DNA는 유용한 언어로 해독되어야 한다. DNA 코드를 RNA 도우미 분자로 전사하여, 단백질 분자로 번역한다. (b) DNA의 다른 부분은 유전자와 그 생성물을 조절하는 매우 중요한 RNA 분자를 생성한다.

질병과의 연관성

가장 잘 알려진 레트로바이러스(retrovirus)의 예는 에이즈(AIDS)를 일으키는 HIV이다.

유전혁명 전반기(1950년대부터 시작) 동안, 유전학에 대한 일차적인 이해를 개략적으로 설명한 이 "중심원리(central dogma)"는 최근 불완전한 것으로 밝혀졌다. 단백질이 이 중심원리에 따라 만들어지는 것은 사실이지만, 더 많은 이야기들이 있다(**그림 9.8b**). 단백질을 생산하는 데 사용되는 RNA 이외에도, 다양한 RNA가 유전자 기능을 조절하는 데 사용된다. 인간 질병을 일으키는 많은 유전적 오작동(genetic malfunction)의 원인이 단백질의 유전자 때문일 것이라고 처음엔 추정했었으나 이러한 조절 RNA 때문임을 알게 되었다. 이 매우 중요한 RNA 분자를 암호화하는 DNA를 아주 최근까지 "정크(junk)" DNA라고 불렀다(**들여다보기 9.2**).

유전자-단백질 연결

유전자와 세포 기능의 관계에 관한 몇 가지 질문이 변함없이 제기된다. 예를 들어, 유전자 구조는 어떻게 개인 내의 형질의 발현을 유도하며, 유전자 발현의 어떤 특징이 한 유기체가 다른 유기체와 뚜렷하게 다르게 하는가? 답을 얻기 위해 우리는 유전자와 단백질 구조 사이의 상관관계에 주목한다. 우리는 각각의 구조 유전자가 단백질을 코딩하는 뉴클레오티드(nucleotide)의 선형배열이라는 것을 알고 있다.

각 단백질은 다르기 때문에 각 유전자의 구성이 어떻게든 달라야 한다. 사실, DNA의 언어는 하나의 DNA 가닥에 삼중항(트리플렛, triplet)이라고 하는 3개의 연속염기의 그룹 순서로 존재한다(**그림 9.9**). 따라서 한 유전자는 트리플렛의 순서에 의해 다른 유전자와 다르다. 이 개념의 중요한

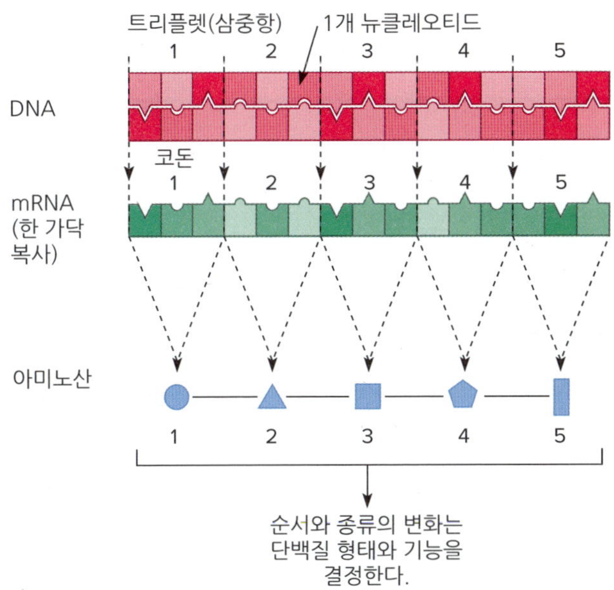

그림 9.9 DNA-단백질 관계에 대한 단순화된 관점 DNA 분자는 염기쌍의 연속 사슬이지만, 염기배열은 세 염기쌍(삼중항, triplet)의 그룹으로 해석되어야 한다. mRNA 코돈에 복사된 각 트리플렛은 하나의 아미노산으로 번역된다. 결과적으로 염기쌍에 대한 아미노산의 비율은 3:1이다.

들여다보기 9.2 임상: 마이크로 RNA: 작지만 전능함

왓슨과 크릭이 1950년대에 DNA 이중나선을 발견한 이래, 분자생물학의 소위 중심원리(central dogma)는 DNA가 RNA를, RNA가 단백질을, 그리고 단백질이 우리를 만든다는 것이다. 1993년에 **마이크로** RNA(micro RNA) 또는 miRNA라고 불리는 21~35개 뉴클레오티드 길이의 짧은 mRNA 서열이 발견되어 새로운 중심원리가 되었다. 이 작은 RNA 조각들은 과학자들이 DNA 조절을 보는 방식을 완전히 바꾸어 놓았다. 1998년 멜로(Craig Mello)와 파이어(Andrew Fire)는 이 짧은 RNA 가닥이 mRNA와 어떻게 결합하여 단백질 생산을 억제하는지에 대한 연구 결과를 발표하였다. 멜로와 파이어는 2006년 그들의 발견으로 노벨 생리학상을 받았다. 다양한 종류의 마이크로 RNA가 발견되었으며, 여기에는 작은 간섭 RNA(small interfering RNA, siRNA), 리보스위치(riboswitches), 안티센스 RNA(antisense RNA), 그리고 piwi-interacting RNA(piRNA)가 포함된다. 이 시스템은 대부분은 아니더라도 많은 진핵생물과 진핵세포를 감염시키는 바이러스에서 발견되며, 세균에도 비슷한 과정이 존재한다.

2015년 연구원들은 세균 리보스위치를 표적(targeting)으로 한 것이 대장균에 감염된 마우스에서 세균 수준을 감소시켰다는 것을 발견했다. 즉, 항생제로 작용했다는 것이다. 대부분의 항생제는 단백질을 표적으로 하지만, 이 화합물은 마이크로 RNA를 표적으로 삼았다. 12.1절에서 '완벽한' 항생제가 숙주를 해치지 않고 세균을 해친다는 것을 알 수 있다. 이 연구에서, 이 특별한 화합물은 리보플라빈을 만들기 위한 세균의 경로에서 리보스위치를 억제했다. 인간은 리보플라빈을 생성하지 못하지만, 세균은 리보플라빈을 만든다.

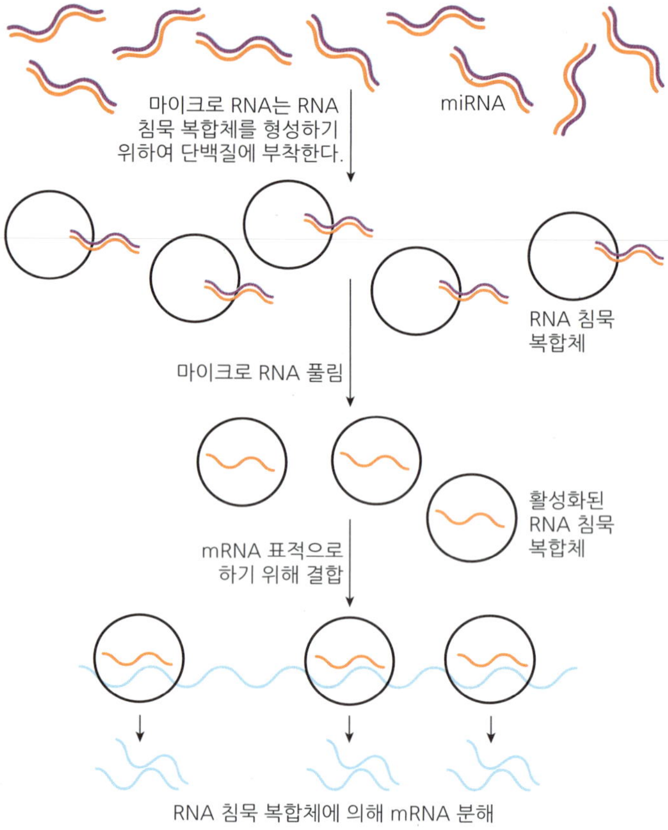

연구원들은 리보스위치 표적 약물을 지금 당장 시장에 내놓을 수 있는 입장이 아니라고 말한다. 하지만 새로운 연구 분야가 열리고 있다는 것이 분명하다.

부분은 각 트리플렛이 특정 아미노산에 대한 코드를 나타낸다는 것이다. 삼중항 코드가 전사되고 번역될 때, 그것은 폴리펩티드(단백질) 사슬에서 아미노산의 종류와 순서를 지시한다.

DNA와 유기체의 형질을 연결하는 마지막 핵심은 다음과 같다.

1. 단백질의 1차 구조(폴리펩티드에 있는 아미노산의 순서와 유형)는 단백질의 특징적인 모양과 기능을 결정한다(그림 2.21과 2.22).
2. 단백질은 궁극적으로 세포 기능 및 구조의 모든 측면의 표현형을 결정한다. 간단히 말해서, 생물은 단백질이 만드는 것이다. 조절 RNA는 어떤 단백질이 만들어지는지 결정하는 데 도움을 준다. **단백질체학**(proteomics)은 유기체에서 발현된 단백질의 완전한 집합을 연구하는 학문이다.
3. DNA는 주로 세포에 어떤 종류의 단백질과 RNA를 만들어야 하고 어떻게 만들지를 알려주는 청사진이다.

전사와 번역의 주요 참여자

전사는 DNA를 주형으로 하는 RNA 합성이다. **번역**은 RNA를 주형으로 사용하는 단백질 합성이다. 많은 성분들이 참여하는데 가장 눈에 띄는 것은 메신저 RNA(messenger RNA, mRNA), 전달 RNA(transfer RNA, tRNA), 조절 RNA(regulatory RNA, RNAs), 리보솜, 여러 종류의 효소 및 원료물질이다. 먼저 각 구성 요소를 조사한 후에, 세포의 조립라인에서 구성 요소가 어떻게 결합되는지 볼 수 있다.

RNA: 세포 조립라인의 도구

RNA는 DNA와 비슷하지만, 일반적인 구조(그림 2.23)는 여러 가지 면에서 다르다.

1. 나선 형태로 존재하는 **단일가닥 분자**이다. 이 단일가닥은 RNA 분자 내의 결합으로 인해 복잡한 2차 및 3차 구조 수준을 가정할 수 있으며, 이로 인해 전문화된 형태의 RNA(tRNA와 rRNA-그림 9.8a 참조)가 생성된다.
2. 아데닌(adenine)의 상보적 염기쌍 짝으로 RNA는 티민(thymine) 대신 **유라실**(uracil, U)을 함유한다. 이것은 유라실이 여전히 염기쌍 형성규칙을 따르기 때문에 어떤 식으로든 고유한 DNA 코드를 변경하지 않는다.
3. DNA와 마찬가지로 RNA는 반복되는 당-인산염 분자로 구성된 골격(back bone)을 포함하고 있지만, RNA의 당(sugar)은 데옥시리보스(deoxyribose)가 아니고 **리보스**(ribose)이다.

RNA의 많은 기능적 유형은 작은 조절 RNA에서부터 큰 구조 RNA(**표 9.2**와 들여다보기 9.2)에 이르기까지 다양하다. 모든 유형의 RNA는 DNA 유전자의 전사를 통해 형성되지만, mRNA만 다른 유형의 분자(단백질)로 더 번역된다.

메신저 RNA: DNA의 메시지 전달

메신저 RNA(mRNA)는 DNA의 구조 유전자 또는 유전자의 전사(복사)이다. DNA 복제 동안 선도가닥의 합성과 유사한 과정에 의해 합성되며, 상보적인 염기쌍-형성규칙은 코드(암호)가 mRNA 전사물에 충실하게 복사되도록 보장한다. 이 전사된 가닥은 나중에 **코돈**(codon)이라고 하는 일련의 삼중항으로 읽힌다(**그림 9.10**). mRNA 분자의 길이는 약 100개의 뉴클레오티드에서 수천 개까지 다양하다. 번역에서의 전사의 세부사항과 mRNA의 기능은 곧 다룰 것이다.

전달 RNA: 번역의 열쇠

전달 RNA(transfer RNA, tRNA)는 또한 DNA의 특정 영역의 사본이지만 그것은 mRNA와 다르다. 그것은 항상 길이가 같으며, 75~95개 뉴클레오티드이며, 그 자체 내에서 수소 결합을 형성하는 염기서열을 포함한다. 이 지점에서 분자는 여러 개의 **헤어핀구조**(hairpin loop)로 다시 구부러져 2차 **클로버잎구조**(cloverleaf structure)가 되어 분자가 더 복잡하고 3차원적인 나선 형태로 접히게 된다(그림 9.10). 이 콤팩트 분자는 RNA 언어를 단백질 언어로 변환하는 어댑터(adaptor)이다. 클로버잎의 하단 루프에는 **안티코돈**(anticodon)이라고 하는 노출된 삼중코돈(triplet codon)이 있다. 분자의 반대쪽 끝(3′ 말단)에는 아미노산의 결합 부위가 있다. 20개의 아미노산 각각에 대해, 그것을 운반하는 적어도 하나의 전문화된 유형의 tRNA가 있다. 안티코돈은 mRNA 분자상의 상보적인 코돈과 일치한다. 이것이 바로 어댑터처럼 작용하는 방법이다. tRNA 분자가 보여주는 **안티코돈**은 그것이 어떤 아미노산을 가지고 있는지를 결정한다. 따라서 mRNA에서 코돈의 정체성은 어떤 tRNA가 그것(mRNA codon)에 결합할 것인지, 따라서 어떤 아미노산이 tRNA에 의해 운반될 것인지를 결정한다. 아미노산을 특정 tRNA에 결합시키는 과정은 tRNA를 "충전(charging)"하는 것으로 알려져 있으며, 2가지 효소-구동 단계로 이루어진다. 첫째, ATP가 아미노산을 활성화시킨다. 그 다음 아미노산은 tRNA의 수용체 말단(3′말단)에 결합한다. tRNA는 mRNA의 마스터 코드를 단백질로 전환하는 분자이기 때문에 이 단계의 정확성이 중요하다.

표 9.2 RNA 유형

RNA 유형	특성	세포내 기능	번역되었는가?
메신저 RNA	단백질 내 아미노산 배열	DNA 유전암호를 리보솜으로 수송	예
전달 RNA	아미노산을 전달하는 클로버잎 모양 RNA	번역 동안 아미노산을 리보솜으로 운반	아니오
리보솜 RNA		리보솜의 주요 부분을 형성하여 단백질 합성에 관여	아니오
마이크로 RNA, 안티센스, 리보스위치, 작은 간섭 RNA	조절 RNA	유전자발현 및 염색질(chromatin) coiling 조절	아니오
프라이머	DNA 복제를 시작하게 하는 RNA	DNA 생성	아니오
리보자임, 스플라이솜	RNA 효소, 스플라이스(2개의 부분을 연결시키는) 효소의 부분	진핵생물에서 RNA로부터 인트론(intron)을 제거	아니오

(a) **전달 RNA (tRNA)**
좌측 : tRNA 가닥이 그 자체로 루프백되어 사슬 내 수소 결합을 형성한다. 결과는 단순화된 형태로 표시된 클로버 잎 구조이다. 그 하단에는 3'말단에서 특정 아미노산의 부착을 지정하는 안티코돈이 있다.
우측 : tRNA 구조의 3차원 보기

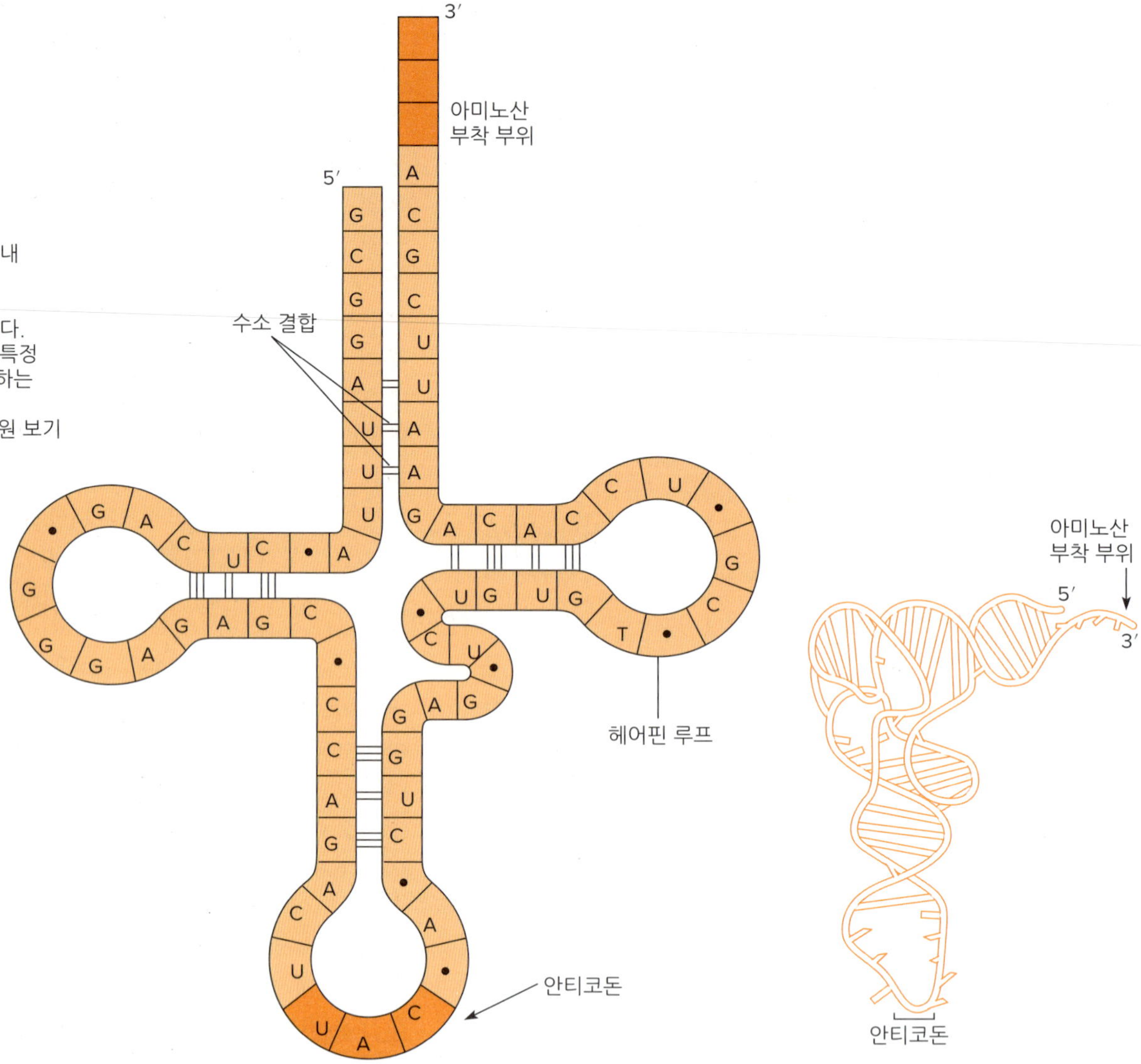

(b) **메신저 RNA (mRNA)**
짧은 메신저 RNA(mRNA)는 RNA의 일반적인 구조를 보여준다. 단일 가닥, 질소염기에 부착된 리보스당-인산염의 반복적인 골격, 티민 대신 유라실 사용.

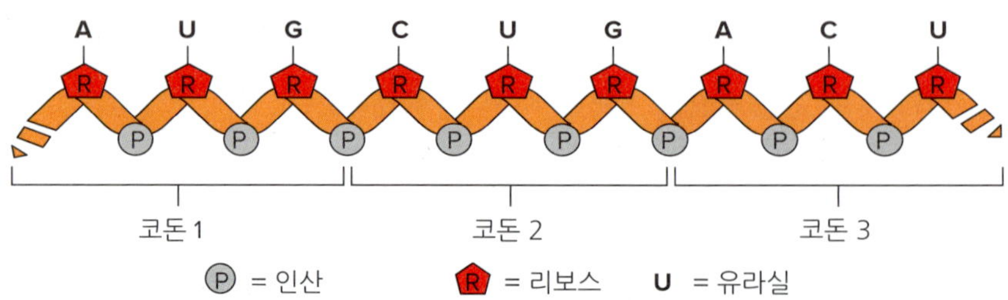

그림 9.10 전달 RNA(tRNA)와 메신저 RNA(mRNA)의 특성

리보솜: 번역을 위한 이동성 분자 공장

세균(70S) 리보솜은 단단히 포장된 **리보솜 RNA**(ribosomal RNA, rRNA)와 단백질로 구성된 입자다. 리보솜의 rRNA 성분은 긴 RNA 분자이다. 그것은 리보솜의 구조와 기능에 기여하는 복잡하고 3차원적인 모양을 형성한다. 단백질과 rRNA의 상호작용은 유전암호의 마지막 번역에 관여하는 리보솜의 2개 단위를 생성한다(**그림 9.11**). 대사적으로 활동적인 세균 세포는 이 작은 공장들을 최대 2만 개를 포함할 수 있다. 모두 유전자 프로그램을 읽고, 원료를 섭취하고, 단백질을 빠른 속도로 생산하는 데 적극적으로 참여한다.

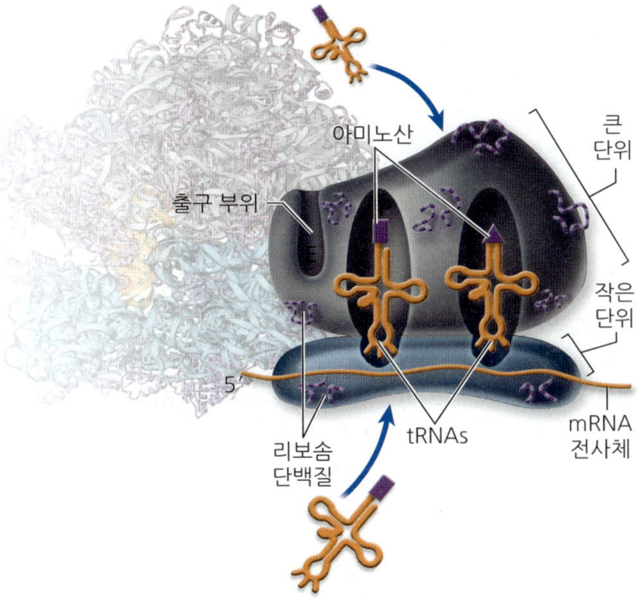

그림 9.11 번역에서 "플레이어" 리보솜은 단백질 합성의 단계 역할을 한다. 작고 큰 소단위체의 조립은 아미노산과 함께 mRNA 및 2개의 tRNA를 보유하기 위한 특정 부위를 형성한다. 리보솜의 이러한 묘사는 (배경에서 보이는) 분자적 뷰의 음영 묘사와 일치한다.

(Background image) © Center for Molecular Biology of RNA, UC-Santa Cruz

전사: 유전자 발현의 첫 단계

전사 동안, DNA 암호는 거대하고 매우 복잡한 효소 시스템인 RNA **중합효소**(RNA polymerase)에 의해 지시되는 여러 단계를 통해 RNA로 전환된다. **과정 그림 9.12**에 전사에 대해 알아야 할 세부사항을 설명하였다. DNA 한 가닥(**주형 가닥**, template strand)만이 기능성 폴리펩티드의 합성에 대한 의미있는 지침을 포함한다. 주형으로 작용하는 DNA 가닥은 유전자마다 다양하다.

(성장하는 RNA 분자와 관련하여) 5′에서 3′ 방향으로 진행하는 전사신장(elongation) 동안, DNA 주형에 상보적인 뉴클레오티드의 첨가에 의해 mRNA가 조립된다. 유라실(U)은 아데닌(A)에 상보적이다. 전사과정의 신장이 계속됨에 따라, 이미 전사된 DNA 부분은 원래의 나선형 형태로 되감겨진다. 전사종결 시, RNA 중합효소는 mRNA 가닥(**전사체**, transcript라고 함)의 분리 및 방출을 알리는 신호를 주는 DNA 코드(암호)를 인식한다. mRNA의 길이는 어느 정도인가? 가장 작은 mRNA는 100개 염기로 구성될 수 있고, 평균 크기의 mRNA는 1,200개의 염기로 구성될 수 있으며, 큰 것은 수천 개 염기로 구성될 수 있다.

마스터 유전자 코드: 메신저 RNA(mRNA)의 메시지

번역은 중심 원리에 의존한다. mRNA의 3개 뉴클레오티드는 그룹으로 읽는다. 3개의 뉴클레오티드(triplet)를 **코돈**(codon)이라고 하며, 성장하는 펩티드 사슬에 어떤 아미노산이 첨가되는지를 지시하는 것은 코돈이다. **그림 9.13**에서는 mRNA 코돈과 그에 상응하는 아미노산 특이성이 제시되어 있다. 극소수의 경우를 제외하고, 이 유전암호(코드)는 세균, 고세균, 진핵생물 또는 바이러스에 관계없이 보편적이다.

64개의 상이한 삼중항코드(triplet code)[1] 및 20개 종류의 상이한 아미노산이 있기 때문에, 일부 아미노산이 여러 개의 코돈으로 표시되는 것은 놀라운 일이 아니다. 예를 들어, 류신(leucine)은 6개의 다른 트리플렛으로 표현될 수 있는 반면, 트립토판(tryptophan)은 단일 코돈으로 표현된다. 여러 코돈으로 표시되는 아미노산의 이러한 특성을 **중복성**(redundancy)이라고 하며, DNA 배열에서 실수가 발생할 때에도 정기적으로 하는 것처럼 정확한 아미노산을 삽입할 수 있다. 또한 류신과 같은 코돈에서, 정확한 아미노산을 암호화하기 위해 처음 2개의 뉴클레오티드만 필요하고, 3번째 뉴클레오티드는 그 의미를 변화시키지 않는다. **워블**(wobble)이라고 하는 이 특성은 메시지를 변경하지 않고 약간의 변형(variation) 또는 돌연변이(mutation)를 허용하는 것으로 생각된다. **그림 9.14**는 DNA 배열, mRNA 코돈, tRNA 안티코돈 및 아미노산 사이의 관계를 보여준다.

번역: 유전자 발현의 두 번째 단계

번역에서 단백질 합성에 필요한 모든 요소들은(mRNA, tRNA 및 아미노산) 리보솜에 모인다(**과정 그림 9.15**). 이 과정에는 개시(initiation), 신장(elongation), 종결(termination) 3가지 주요 단계가 있다.

번역의 시작

mRNA 분자는 DNA 전사부위를 떠나 세포질에서 리보솜으로 운반된다. 리보솜 소단위체(subunit)들은 함께 조립되어 mRNA 및 tRNA가 결합할 자리를 형성함으로써 기능한다. 따라서 리보솜은 이들 분자를 인식하고 이들 사이의 반응을 안정화시킨다. 작은 소단위체는 mRNA의 5′말단에 결합하고, 큰 소단위체는 단백질 상에 펩티드 결합을 만들기 위한 효소를 공급한다.

---

1 4종류의 염기 중에서, 1개 아미노산을 암호화하는 데 3개 염기(triplet)로 조합을 이루면 $4^3 = 64$ 종류의 코돈이 가능하다.

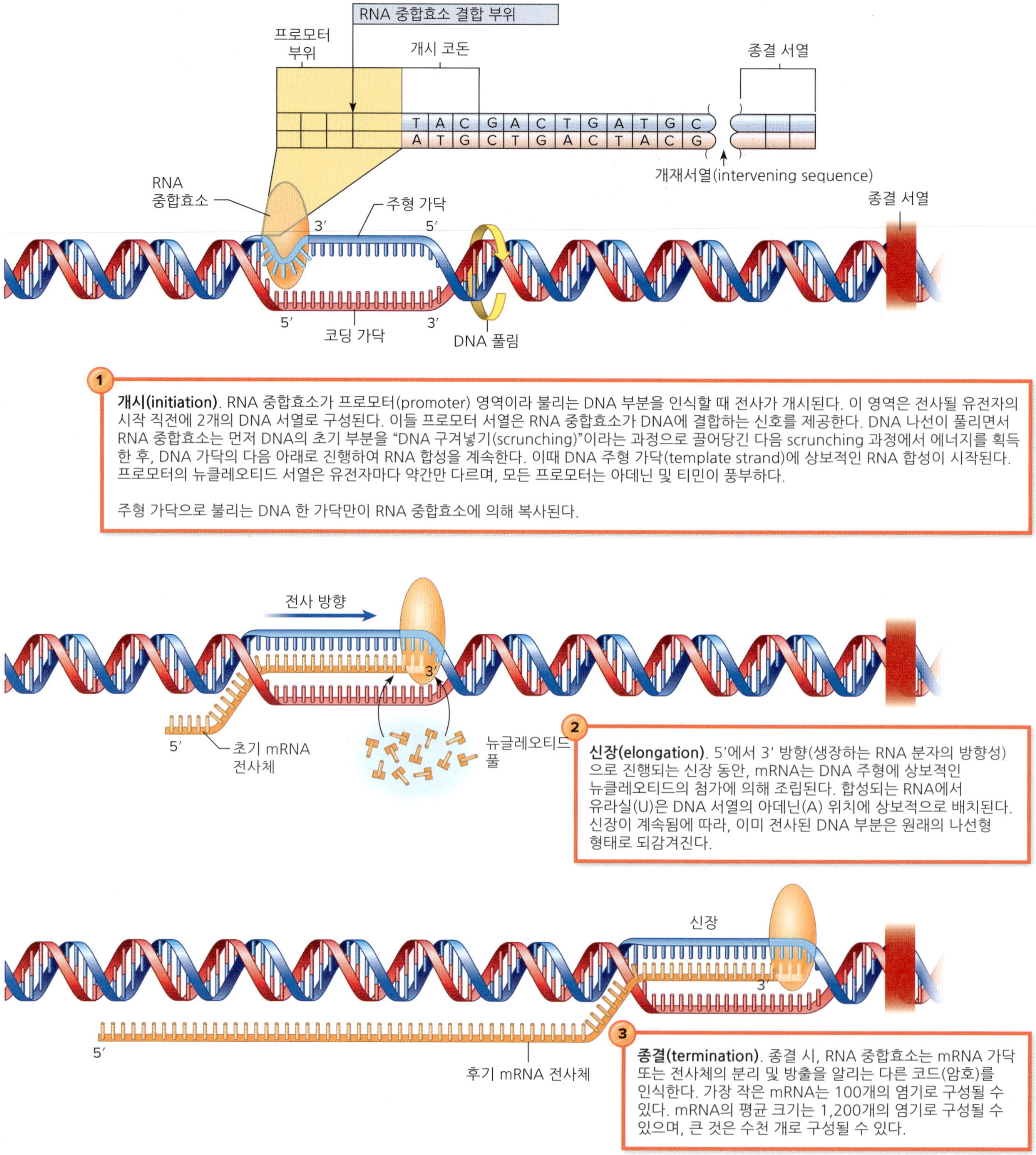

1 **개시(initiation)**. RNA 중합효소가 프로모터(promoter) 영역이라 불리는 DNA 부분을 인식할 때 전사가 개시된다. 이 영역은 전사될 유전자의 시작 직전에 2개의 DNA 서열로 구성된다. 이들 프로모터 서열은 RNA 중합효소가 DNA에 결합하는 신호를 제공한다. DNA 나선이 풀리면서 RNA 중합효소는 먼저 DNA의 초기 부분을 "DNA 구겨넣기(scrunching)"이라는 과정으로 끌어당긴 다음 scrunching 과정에서 에너지를 획득한 후, DNA 가닥의 다음 아래로 진행하여 RNA 합성을 계속한다. 이때 DNA 주형 가닥(template strand)에 상보적인 RNA 합성이 시작된다. 프로모터의 뉴클레오티드 서열은 유전자마다 약간만 다르며, 모든 프로모터는 아데닌 및 티민이 풍부하다.

주형 가닥으로 불리는 DNA 한 가닥만이 RNA 중합효소에 의해 복사된다.

2 **신장(elongation)**. 5'에서 3' 방향(생장하는 RNA 분자의 방향성)으로 진행되는 신장 동안, mRNA는 DNA 주형에 상보적인 뉴클레오티드의 첨가에 의해 조립된다. 합성되는 RNA에서 유라실(U)은 DNA 서열의 아데닌(A) 위치에 상보적으로 배치된다. 신장이 계속됨에 따라, 이미 전사된 DNA 부분은 원래의 나선형 형태로 되감겨진다.

3 **종결(termination)**. 종결 시, RNA 중합효소는 mRNA 가닥 또는 전사체의 분리 및 방출을 알리는 다른 코드(암호)를 인식한다. 가장 작은 mRNA는 100개의 염기로 구성될 수 있다. mRNA의 평균 크기는 1,200개의 염기로 구성될 수 있으며, 큰 것은 수천 개로 구성될 수 있다.

과정 그림 9.12 전사

두 번째 염기 위치

첫 번째 염기 위치	U	C	A	G	세 번째 염기 위치
U	UUU UUC } 페닐알라닌 UUA UUG } 루신	UCU UCC UCA UCG 세린	UAU UAC } 티로신 UAA UAG } 종결**	UGU UGC } 시스테인 UGA 종결** UGG 트립토판	U C A G
C	CUU CUC CUA CUG 루신	CCU CCC CCA CCG 프롤린	CAU CAC } 히스티딘 CAA CAG } 글라타민	CGU CGC CGA CGG 아르기닌	U C A G
A	AUU AUC AUA 아이소루신 AUG 개시 포르밀메티오닌	ACU ACC ACA ACG 트레오닌	AAU AAC } 아스파라진 AAA AAG } 라이신	AGU AGC } 세린 AGA AGG } 아르기닌	U C A G
G	GUU GUC GUA GUG 발린	GCU GCC GCA GCG 알라닌	GAU GAC } 아스파트산 GAA GAG } 글루탐산	GGU GGC GGA GGG 글리신	U C A G

*이 코돈은 번역을 시작한다.
**번역 중지 명령을 내리는 코돈의 경우 해당하는 tRNA와 아미노산이 없다.

그림 9.13 유전자 코드(genetic code) 주어진 아미노산을 지정하는 mRNA의 코돈. 번역의 마스터 코드는 mRNA 코돈에서 찾을 수 있다.

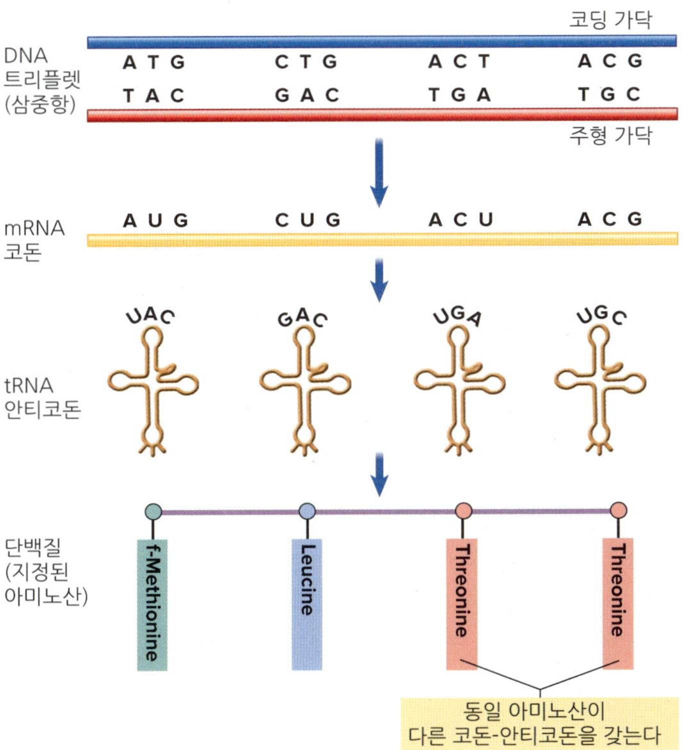

그림 9.14 DNA 암호 해석 DNA 배열이 알려지면, mRNA 코돈이 추측될 수 있다. 코돈이 알려진 경우, 안티코돈 및 최종적으로 아미노산 서열을 결정할 수 있다. 코드의 중복성(redundancy)으로 인해 그 반대의 경우는 간단하지 않다(아미노산 배열에서 정확한 코돈 또는 안티코돈을 결정).

단백질 합성 용어

mRNA가 가이드 역할을 하면서, 최종 단계는 실제 단백질 조립을 위해 설정된다. 과정 그림 9.15는 번역의 세부사항을 제시한다. 번역과정을 이해하는 데 몇 가지 용어가 중요하다.

개시 코돈(start codon) 메시지의 시작을 알리는 처음 3개의 RNA 뉴클레오티드. 개시 코돈은 항상 AUG이다.

정지 코돈(stop codon) 상응하는 tRNA가 없고 따라서 번역을 종결시키는 3가지 코돈 중 하나(UAA, UAG 또는 UGA), **넌센스 코돈**(nonsense codon)이라고도 한다.

전위(translocation) 새로운 mRNA를 읽기 위해 리보솜을 mRNA 가닥 아래로 이동시키는 과정이다.

단백질 합성의 완성

새로 만들어진 단백질이 구조적 또는 효소적 역할을 수행하기 전에, 종종 마무리 작업이 필요하다. 어떤 펩티드 사슬의 경우, 리보솜으로부터 방출되기 전에 생물학적으로 활성가능한 3차 입체형태를 달성하기 위해 그 자체가 접히기 시작한다. **번역 후 변형**(posttranslational modification)이라

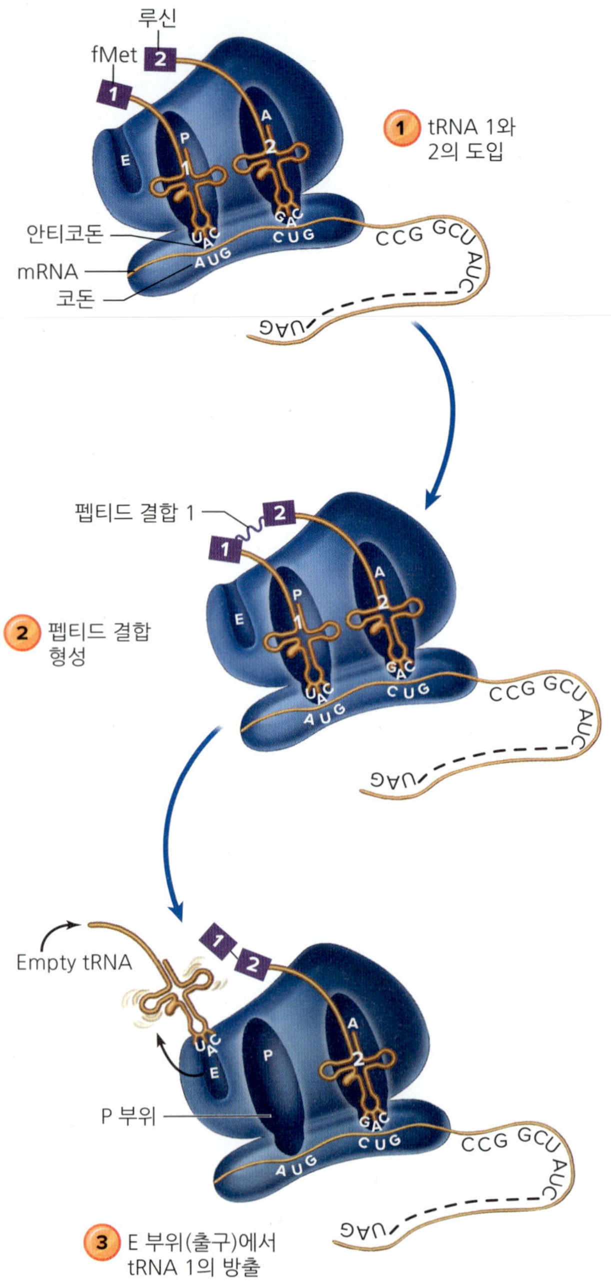

1

mRNA 분자는 DNA 전사부위를 떠나 세포질에서 리보솜으로 운반된다. 리보솜 소단위체는 함께 와서 mRNA 및 tRNA를 보유하는 부위들이 있다. 리보솜은 mRNA를 따라 5'에서 3' 방향으로 이동하여 mRNA를 스캔하기 시작한다. 처음 만나는 코돈은 START 코돈이라고 불리며, 거의 항상 AUG(그리고 희귀하게 GUG)이다. 리보솜(작은 소단위체)에 부착된 mRNA 코돈(START 코돈)에 결합하는 안티코돈을 갖는 fMet-tRNA(첫 아미노산인 메치오닌 결합된 tRNA)가 리보솜에 진입한다. 세포질 풀에는 정확한 아미노산이 부착되어 충전된 tRNA 집단들이 포함되어 있다. mRNA 코돈과 상보적인 tRNA가 만나는 단계는 리보솜의 큰 소단위체상의 2개 부위(P부위, 왼쪽에 위치; A부위, 오른쪽에 위치)에서 일어난다. 리보솜은 또한 사용된 tRNA가 방출되는 출구(exit) 또는 E 부위를 갖는다. (P는 펩티드 부위를 나타내고, A는 아미노아실 [아미노산] 부위를 나타내며, E는 출구 부위를 나타낸다.)

2

염기쌍 형성규칙(base-pairing rule)은 메치오닌-tRNA의 안티코돈이 mRNA 코돈 AUG에 상보적이어야 한다는 것을 나타낸다. 따라서 안티코돈 UAC를 갖는 tRNA는 먼저 P부위를 차지할 것이다. 세균에서 처음 tRNA에 의해 운반되는 아미노산은 포르밀메티오닌(formly methionine, fMet)이다. 포르밀기는 이 아미노산이 번역된 단백질의 일부가 아니라는 특별한 신호를 제공한다. 왜냐하면 일반적으로 fMet은 완성된 단백질의 영구적인 부분으로 유지되지 않고 대신 완성된 펩티드로부터 절단되기 때문이다. 리보솜은 mRNA를 따라 하나의 코돈에서 다음 코돈으로 오른쪽으로 "번역틀(reading frame)"을 이동시킨다. 이것은 다음 코돈이 리보솜 상에 위치되도록 하여, 다음 tRNA가 A위치로 들어갈 공간을 만들어 준다. 인접한 tRNA의 아미노산 사이에 펩티드 결합이 형성되고, 폴리펩티드의 길이가 길어진다.

신장은 리보솜 A부위에 두 번째 tRNA가 위치하면서 시작된다. 이 tRNA 및 그의 아미노산의 동일성은 두 번째 mRNA 코돈에 의해 지시된다.

3

A부위로의 tRNA 2의 진입으로 2개의 tRNA은 인접하게 되며, 2개의 tRNA들이 보유하는 아미노산들 사이에 펩티드 결합이 형성되기 위한 유리한 근접성을 부여한다. 첫 번째 tRNA에 부착된 fMet은 2번째 tRNA에 부착된 아미노산으로 옮겨져서(펩티드 결합) 2개의 아미노산으로 결합된 디펩티드(dipeptide)를 형성한다. 다음 단계를 진행하려면, 리보솜에 일정 공간이 비워져야 하며 mRNA의 다음 코돈은 리보솜에서 읽혀지기 위하여 새로 만들어진 공간에 위치해야 한다. 이 과정은 리보솜에서 효소-지시된 전이(전위, translocation이라 함)에 의해 달성되며, 리보솜이 mRNA 가닥을 따라 오른쪽으로 이동하게 되며, 결과로써 Empty-tRNA 1이 E 부위에서 리보솜으로부터 배출되게 한다.

과정 그림 9.15 번역

고 하는 다른 변경이 필요할 수 있다. 일부 단백질은 개시 아미노산(포르밀메티오닌)이 잘려나가야 한다. 복잡한 효소가 될 단백질에는 보조인자(cofactor)가 추가되어 있다. 일부는 다른 완성된 단백질과 결합하여 4차 구조를 형성한다.

전사 및 번역 작업은 기계적으로 정밀하다. 세균의 단백질 합성은 효율적이고 빠르다. 즉, 전사(mRNA의 생성)가 여전히 진행되는 동안 mRNA의 번역이 시작된다(**그림 9.16**). 이 과정을 **동시전사번역**(cotranscriptional translation)이라고 한다. 단일 mRNA는 하나 이상의 리보솜들이 부착되어 mRNA 암호를 번역할 수 있으며, 이것은 동일한 mRNA 전사체로부터 수백 개의 단백질 분자의 합성을 허용한다. 이 **폴리리보솜 복합체**(polyribosomal complex)는 실제로 단백질의 대량 생산을 위한 조립라인이다. 동시전사번역은 핵이 없고 전사와 번역이 모두 세포질에서 진행되는 세균과 고세균에서만 일어난다. (진핵생물에서, 전사는 핵에서 일어난다.) 유전자 발현과 관련된 모든 과정은 동화과정(anabolic process)이다. 평균 크기의 단백질 합성에 거의 1,200개 ATP가 필요하다.

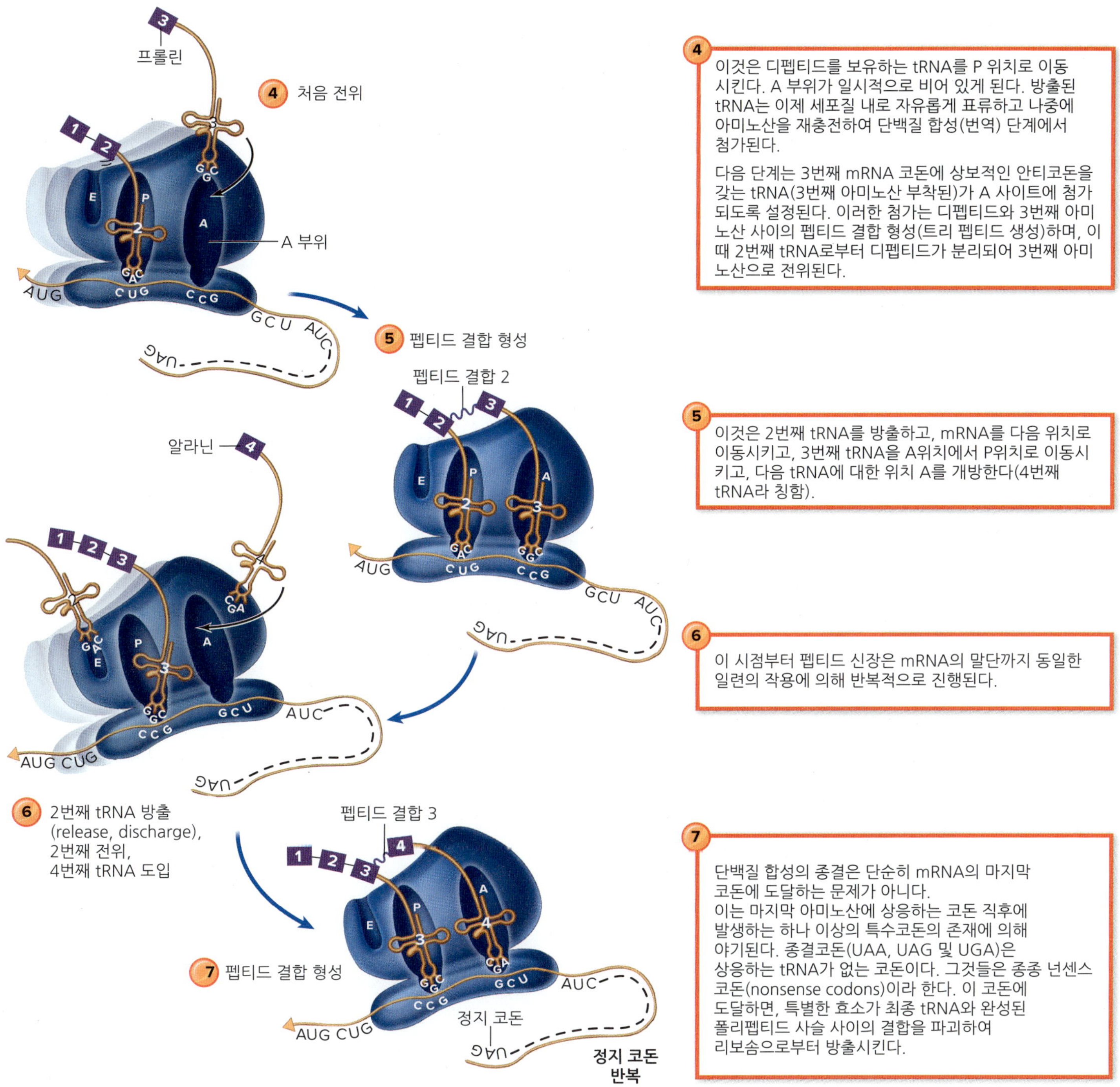

과정 그림 9.15 번역(계속)

진핵생물 전사 및 번역: 비슷하지만 다르다

진핵생물과 원핵생물의 단백질 합성에는 중요한 차이가 있다. 세균과 고세균만이 동시전사번역 과정이 일어난다. 진핵생물의 개시코돈도 AUG이지만, 다른 형태의 메티오닌을 암호한다. 또 다른 차이점은 진핵생물 mRNA는 단지 1개의 단백질을 코딩하나, 세균 mRNA은 종종 여러 단백질들의 유전자들 정보를 포함한다. 우리는 세균에 대해 잘 작동하는 유전자의 단순화된 정의를 주었지만, 대부분의 진핵생물 유전자에는 단백질을 코딩하지 않는 일련의 코돈들이 존재한다. 진핵생물의 많은 유전자들은 크게 **엑손**(**발현부위**, exon, E)과 **인트론**(**비발현부위**, intron, I)이라는 2개 구

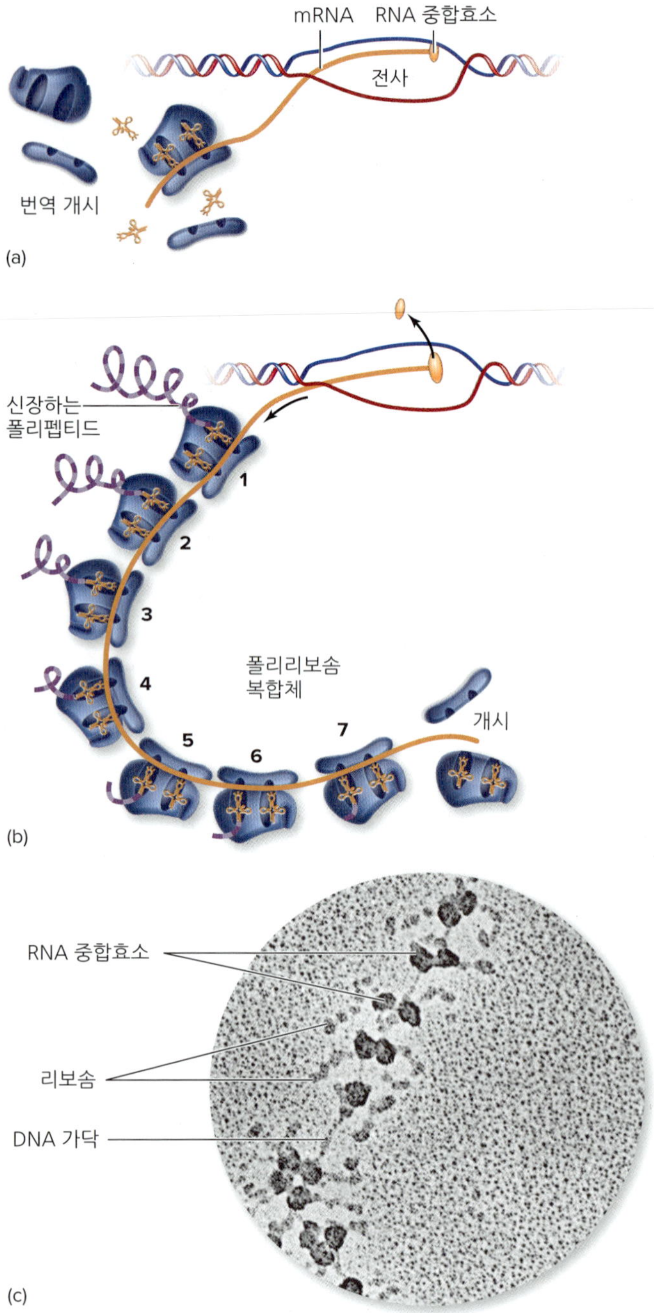

그림 9.16 세균의 단백질 조립라인의 높은 속도 (a) mRNA 전사체는 DNA를 떠나자마자 리보솜 부분과 마주친다. (b) mRNA를 따라 리보솜들이 각각 부착 나열되며, 각각의 리보솜에서는 mRNA 메시지를 읽고 이를 단백질로 번역한다. 따라서 전사가 종료되기 전에 많은 생성물이 합성경로를 따라 만들어진다. (c) 실제 작용하는 폴리리보솜 복합체의 현미경 사진.

Courtesy Steven McKnight and Oscar L Miller, Department of Biology, University of Virginia

성으로 나뉘게 되는데, 엑손은 번역 시 단백질로 합성되기 위한 암호를 포함하는 부위이고, 인트론은 단백질로 발현되지 않아서 잘려나가게 되는 부분이다(**그림 9.17**). 이와 관련해 예를 들어 설명해보자. 공직선상 암호(colinear code, mRNA 정보와 폴리펩티드의 아미노산 배열과 일치하는 것)를 갖는 박테리아 유전자의 짧은 부분은 TOM SAW OUR DOG DIG OUT; 동일한 부분을 코딩하는 진핵생물 유전자는 TOM SAW XZKP FPL OUR DOG QZWVP DIG OUT으로 읽는다. 그런데 진핵에서는 인식할 수 있는 단어는 엑손이고, **말이 되지 않는 글자**는 인트론을 나타낸다.

진핵생물의 1개 유전자 내에는 여러 개의 엑손과 인트론이 구성되어 있으므로 **분할 유전자**(split gene)라고도 하는데, 이 특이한 유전자 구조는 번역 전에 추가 처리가 필요하다. 즉, DNA로부터 막 전사된 pre-mRNA(1차 전사체, primary transcript)는 핵 내에서 여러 가공과정을 거치는데, 그 중 하나가 스플라이싱(splicing)이다. DNA로부터 전사된 대부분의 pre-mRNA는 단백질로 발현되는 엑손보다 발현되지 않는 더 긴 인트론 부분이 여러 개 있으므로 이들을 제거하는 과정을 스플라이싱이라고 한다. 이 스플라이싱 과정을 담당하는 효소역할을 하는 RNA-단백질 복합체를 **스플라이소솜**(spliceosome)이라 하며, 이것이 pre-mRNA 인트론-엑손 연결부위 염기를 인식하여 이를 효소적으로 절단한다. 특히 스플라이스(splicer) 효소는 인트론을 올가미 형태의 고리모양으로 만들어 잘라내어 남은 엑손의 양끝을 연결한다. 이를 통하여 인트론이 없는 mRNA 가닥이 만들어진다. 이 완성된 mRNA 가닥은 핵공을 통하여 세포질로 이동하여 리보솜에서 번역될 수 있다. 그러나 일부 진핵생물에서 스플라이싱 과정 중에 엑손들의 선택적 결합이 일어나서 다수의 상이한 mRNA를 생성하여 다른 길이의 단백질이 번역된다. 즉, 하나의 단일 유전자로부터 다양한 단백질을 생성하도록 편집될 수 있으며, 이러한 과정을 대체 스플라이싱(alternative splicing)이라 한다.

동물 바이러스의 유전학

바이러스의 유전학은 6.3절에 설명되어 있다. 바이러스는 본질적으로 보호코팅된 1개 이상의 DNA 또는 RNA 조각으로 구성된다. 무엇보다도, 이들은 자신들의 증식과정(복제, 전사 및 번역 등)을 위하여 숙주 세포의 유전자 및 대사 기계들을 필요로 하는 유전자 기생체이다. 그들은 또한 세포를 유전적으로 변화시킬 수 있는 잠재력을 가지고 있다. 그것들은 새로운 바이러스 생산에 필요한 유전자만을 포함하기 때문에 바이러스의 게놈은 경제적이라고 할 수 있을 만큼 매우 작다. 실제로, 이러한 단순성으로 인해 유전자 기능 연구에 아주 좋은 모델이다.

바이러스의 유전학은 매우 다양하다. 많은 바이러스에서, 핵산은 형태가 선형이거나 원형이다. 대부분의 바이러스

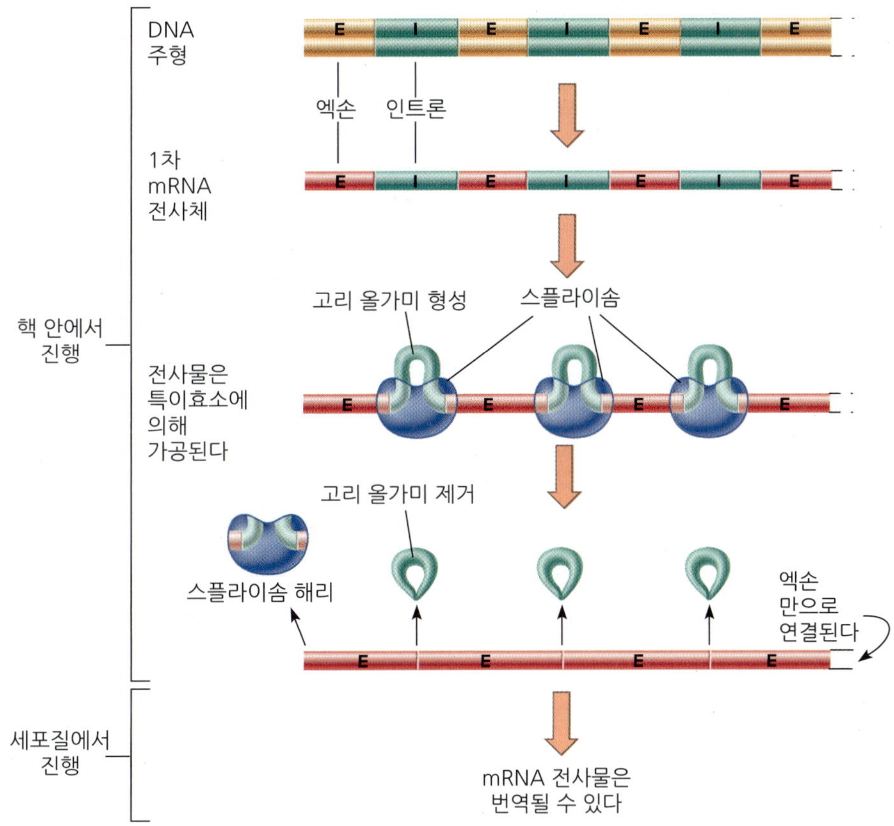

그림 9.17 진핵생물의 분할 유전자 진핵생물 유전자는 번역에 추가적인 복잡한 요인이 있다. 이들의 코딩서열(coding sequences) 또는 발현부위(엑손, exon, E)는 mRNA로 전사가 되지 않는 비발현부위(인트론, intron, I)라 하는 영역에 의해 나누어져 있다. 인트론은 1차 전사체로는 전사되지만, RNA 스플라이싱 효소에 의해 제거되어 mRNA로는 전환되지 않는다.

의 게놈은 단일 분자에 존재하지만, 소수의 바이러스는 여러 개의 작은 분자로 분할되어 있다. 대부분의 바이러스에는 "정상" 이중가닥(ds) DNA 또는 단일가닥(ss) RNA가 포함되어 있지만, 다른 패턴으로 ssDNA 바이러스, dsRNA 바이러스 및 레트로바이러스(retrovirus, ssRNA에서 dsDNA를 만들어 역으로 작동한다) 등이 있다.

바이러스 유전학에 대한 몇 가지 일반 사항이 언급될 수 있다. 모든 경우에, 바이러스 핵산은 세포를 관통하여 어느 시점에서 숙주의 유전자 처리 기구에 도입된다. 성공적인 감염에서, 침입한 바이러스는 숙주세포의 기구에 많은 새로운 바이러스 입자를 합성하도록 지시한다. 대부분의 경우, DNA 동물 바이러스에서 바이러스 DNA 복제는 세포의 DNA 복제가 일어나는 핵에서 일어나며, RNA 바이러스의 게놈은 세포질에서 복제된다. 모든 바이러스에서, 바이러스 mRNA는 숙주 tRNA를 사용하여 숙주세포 리보솜 상에서 바이러스 단백질로 번역된다.

9.2 학습 평가

6. 최근의 연구성과로 "중심원리(central dogma)"의 고전적 견해가 어떻게 바뀌었는지 설명할 수 있다.
7. RNA와 DNA의 중요한 구조적, 기능적 차이점을 식별할 수 있다.
8. mRNA 합성 방향과 주요 요소들을 기록하면서 전사 단계를 설명할 수 있다.
9. 번역에 직접 관여하는 3가지 유형의 RNA를 나열할 수 있다.
10. 코돈(codon)과 안티코돈(anticodon)이라는 용어를 정의하고 알려진 4가지의 개시(start) 및 종결(stop) 코돈을 나열할 수 있다.
11. 번역 동안 프로모터(promoter), 개시 코돈 및 A와 P 부위의 위치를 확인하시오.
12. 진핵생물 전사 및 번역이 세균 및 고세균에서의 과정과 어떻게 다른지 설명할 수 있다.
13. 유전체학(genomics)과 단백질체학(proteomics)의 관계를 설명할 수 있다.

9.3 단백질 합성의 유전자 조절

8장에서는 세포의 대사반응과 그 반응에 관여하는 효소를 조사했다. 당시 일부 효소가 세포에서 구성적으로 발현되는 반면 다른 효소는 엄격하게 조절된다고 언급했다. 이러한 조절은 유전자 수준에서 발생할 수 있으며, 이 조절 기작은 유전자가 단백질이 필요할 때만 활성화되도록 한다. 이것은 절박한 상황에서 단백질 합성에서 에너지와 물질의 낭비를 방지한다. 안티센스 RNA(antisense RNA), 마이크로 RNA(micro RNA) 및 리보스위치(riboswitch)(들여다보기 9.2 참조)는 많은 종류의 세포에서 조절기능을 한다. 그러나 세균과 고세균에는 추가 전략이 있다. 유전자 모음을 **오페론**(operon)으로 구성한다. 오페론은 조정된 유전자 세트로 구성되며, 모두 단일 단위로 조절된다. 오페론은 유도성(inducible) 또는 억제성(repressible)으로 분류된다. 각 오페론이 속하는 범주는 전사가 세포 주변 환경에 의해 어떻게 영향을 받는지에 따라 결정된다. 많은 이화성 오페론(catabolic operon) 또는 이화작용을 하는 효소를 암호화하는 오페론이 유도될 수 있는데, 이는 오페론이, 구조 유전자가 코딩하는 효소의 기질에 의해 유전자 발현이 활성화(유도)된다는 것을 의미한다. 이런 식으로 영양소(예: 유당)를 대사하는 데 필요한 효소는 영양소가 환경에 존재하는 경우에만 생성된다. 억제성 오페론은 정상상태가 "작동(on)"인 오페론이다. 이들은 종종 아미노산 합성에 사용되는 것과 같은 동화효소(anabolic enzyme)를 코딩하는 유전자를 함유한다. 이 오페론의 경우, 정상적으로 발현된 효소에 의해 합성된 생성물이 존재할 경우, 억제성 오페론의 몇몇 유전자가 꺼진다(억제됨).

락토스 오페론: 세균에서 유도가 가능한 유전자 조절을 위한 모델

유전자 유도를 통한 제어를 설명하기 위한 가장 잘 이해되는 세포 시스템은 **락토스 오페론**(lactose operon, lac operon)이다. 이 시스템은 **대장균**(*Escherichia coli*)에서 유당(lactose) 대사를 조절한다. 유사한 작용기작을 갖는 많은 다른 오페론들이 그 이후로 확인되었으며, 그들은 세포의 환경이 유전자 발현에 큰 영향을 미칠 수 있음을 보여준다.

유당 오페론에는 3가지 중요한 구성 요소가 있다(**과정 그림 9.18**).

1. **조절자**(regulator): 오페론을 억제할 수 있는 단백질(**억제자**, repressor)을 코딩하는 유전자로 구성되어 있다.
2. **제어 영역**(control locus): **프로모터**(promoter, RNA 중합효소에 의해 인식됨) 및 **작동자**(operator, 전사의 on/off을 조절하는 배열) 2개 영역으로 구성된다.
3. **구조적 위치**(structural locus): 유당 대사에 필요한 3가지 효소를 암호하는 3개 유전자로 구성된다.

3가지 효소 β-갈락토시다아제(β-galactosidase), 투과효소(permease), 아세틸트랜스퍼라제(acetyltransferase)가 있는데, 그중 **β-갈락토시다아제**는 이당류인 유당을 단당류로 가수분해하고 **투과효소**는 세포 밖에서 세포질 막을 가로질러 유당을 가져온다. 마지막으로 **아세틸트랜스퍼라제**는 락토스의 물질대사를 돕는다.

오페론은 특정 대사경로에서 유전자가 단일 조절요소에 의해 동시에 유도되거나 억제될 수 있는 효율적인 전략을 제공한다. 프로모터, 작동자 및 구조적 구성요소는 일반적으로 서로 인접해 있지만 조절자는 먼 위치에 있을 수 있다.

lac 오페론과 같은 유도성(inducible) 시스템에서, 오페론은 일반적으로 **꺼짐(off) 모드**로 있으며 적절한 기질이 없을 때는 전사를 개시하지 않는다(과정 그림 9.18). 이 모드에서 오페론은 어떻게 유지되는가? 핵심은 조절 유전자에 의해 코딩되는 억제자 단백질(repressor protein)에 있다. 이 비교적 큰 분자는 **다른자리입체성**(**알로스테릭**, allosteric) 특징으로 2개의 결합부위를 갖고 있다. 하나는 DNA의 작동자 서열에 결합하며, 다른 하나는 유당에 결합한다.

유당이 없는 경우, 이 억제자는 작동자 서열에 결합하여 하류에 있는 구조적 유전자의 전사를 차단한다. 억제자를 작동자의 잠금으로 생각하면, 작동자가 잠겨 있으면(RNA 중합효소가 작동자에 결합할 수 없어서) 구조 유전자를 전사할 수 없다. 중요하게는, 조절자 유전자는 작동자 영역의 상류(왼쪽)에 있으며, 오페론과 함께 제어되지 않기 때문에 구성적으로 항상 전사된다. 그것은 억제 단백질이 항상 존재한다는 것을 의미한다.

유당이 세포의 환경에 추가되면, 오페론을 켜는 몇 가지 이벤트가 유도된다. 억제자 단백질에 유당의 결합은 억제자의 형태를 변형시켜 DNA의 작동자로부터 억제자 단백질을 분리시키므로, 작동자가 열린 상태에서 RNA 중합효소는 프로모터에 결합하여 전사를 진행할 수 있다(과정 그림 9.18). 구조 유전자는 3가지 효소 모두 끊어지지 않은 한 가닥의 전사체 코딩으로 전사된다. (그러나 번역하는 동안 각 단백질은 개별적으로 합성된다.) 유당은 궁극적으로 단백질 합성을 자극하기 때문에, 유당을 **유도자**(inducer)라고 한다.

유당이 고갈됨에 따라, 추가 효소 합성이 필요하지 않으므로 사건의 순서가 역전된다. 이 시점에서, 더 이상 억제자를 저해할 수 있는 충분한 유당이 없다. 따라서 억제자는 다시 작동자에 자유롭게 부착될 수 있다. 작동자가 잠기면, 유

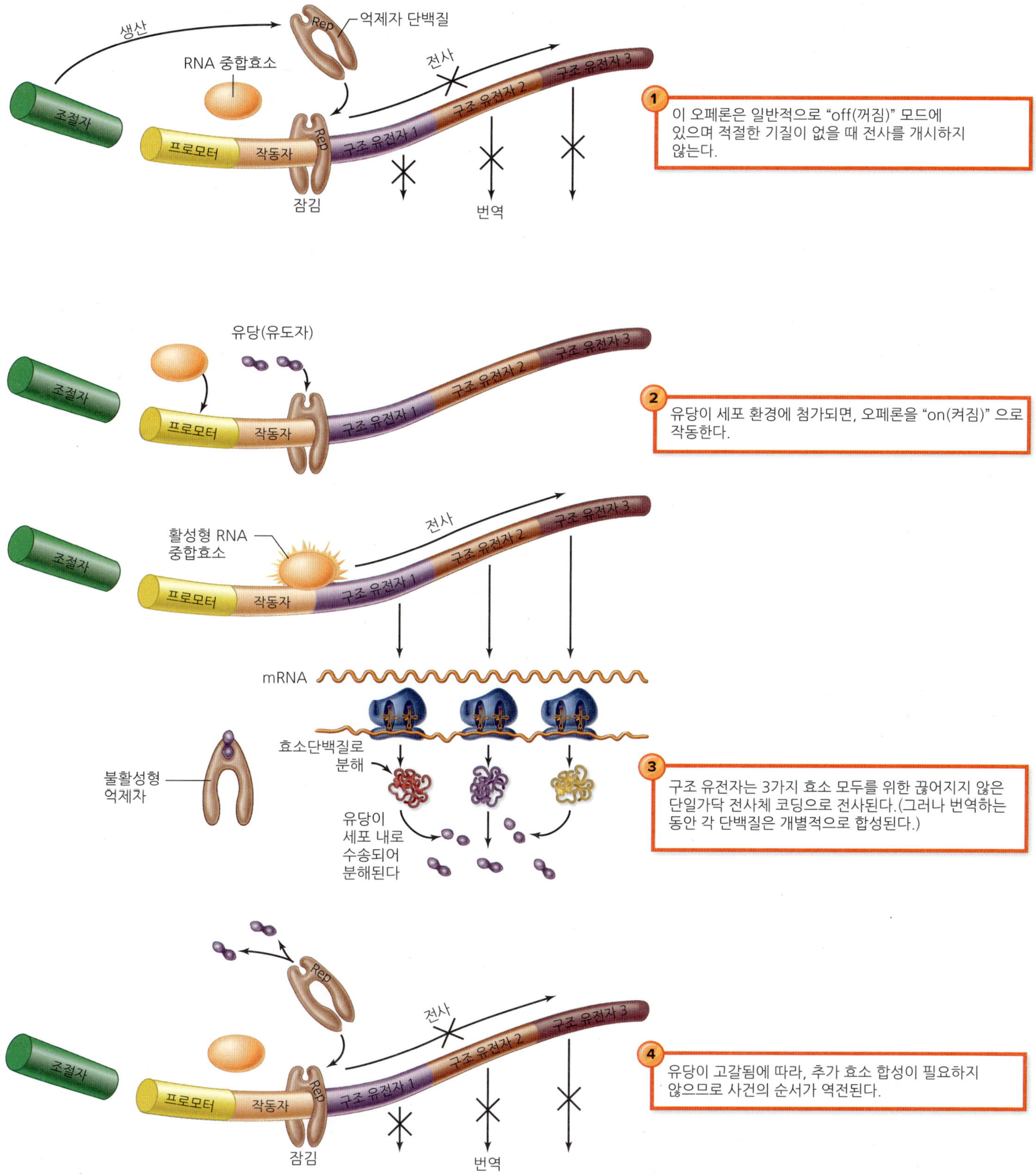

과정 그림 9.18 박테리아의 유당(lac) 오페론: 유도성 유전자은 어떻게 기질에 의해 제어되는가?

당과 관련된 구조 유전자 및 효소 합성의 전사가 정지된다.

매우 중요한 점은, lac 오페론은 포도당이 없거나 혹은 세포의 에너지 요구가 있거나, 이용 가능한 포도당이 충족되지 않는 경우에만 작동을 한다는 것이다. 포도당은 성장에 즉시 사용될 수 있고 lac 오페론의 유도를 필요로 하지 않기 때문에 바람직한 탄소원이다. 포도당이 존재하는 경우, 제2 조절 시스템은 환경의 유당 수준에 관계없이 lac 오페론이 비활성이 되도록 한다.

factors)라고 하는 일부 분자는 DNA 분자의 홈(groove)에 삽입되어 특정 유전자의 전사를 향상시킨다. 이러한 전사인자는 영양소, 독소 수준 또는 심지어 온도와 같은 환경 자극에 반응하여 유전자 발현을 조절할 수 있다. 진핵생물 유전자는 또한 고등한 다세포 생명체의 생장 및 발달 과정에서 조절되어 그들에게서 발견되는 수백 가지의 상이한 조직 유형을 초래한다.

질병과의 연관성

적어도 살모넬라(*Salmonella*) 균에서 lac 오페론과 독성(virulence) 사이에는 부정적인 연관성이 발견되었다. 2011년에 연구자들은 lac 오페론을 함유한 살모넬라 종이 lac 오페론을 잃은 살모넬라 종보다 독성이 적은 것을 발견했다.

억압성 오페론

아미노산, 퓨린 및 피리미딘의 합성을 위한 세균 오페론 및 다른 많은 공정은 약간 다른 원리, 즉 억압의 원리로 작용한다. 억압 단백질, 조작자 및 일련의 구조 유전자와 같은 유사한 요인들이 오페론에 존재하지만 몇 가지 중요한 차이점이 있다. lac 오페론과 다르게, 억압성 오페론(repressible operon)은 일반적으로 **켜짐 모드**(on mode)이며 이 영양소가 더 이상 필요하지 않은 경우에만 **꺼진다**(off mode). 과잉 영양소는 오페론의 작용을 차단하는 데 필요한 **보조억제자**(corepressor) 역할을 한다.

아미노산 아르기닌(arg)을 필요로 하는 성장 세포는 억제성 오페론의 작동을 효과적으로 설명한다.

이러한 조건 하에서, arg 오페론은 켜짐 모드로 설정되고, 오페론의 효소 단백질의 작용을 통해 아르기닌이 활발히 합성되고 있다(**그림 9.19a**). 활성 세포에서는 아르기닌은 즉시 합성되고, 이때 세포질에는 유리 아르기닌은 많지 않으므로 억제자가 비활성 상태로 유지된다(비활성 억제자는 작동자에 결합할 수 없음). 그러나 세포의 물질대사가 느려지기 시작하면 합성된 아르기닌은 더 이상 사용되지 않으므로 세포질에 많이 축적되며, 이때 유리 아르기닌은 보조억제자로 작용하여 비활성 억제자(inactive repressor)에 결합하여 활성형 억제자로 **입체형태변화**(ormational change)를 일으킨다. 활성형 억제자는 DNA 작동자에 결합하여 RNA 중합효소의 결합을 방해하여 전사를 억제하므로 아르기닌은 더 이상 합성되지 않는다(**그림 9.19b**).

진핵세포에서, 유전자 기능은 오페론과 유사한 고유 조절 세그먼트에 의해 변화될 수 있다. 전사인자(transcription

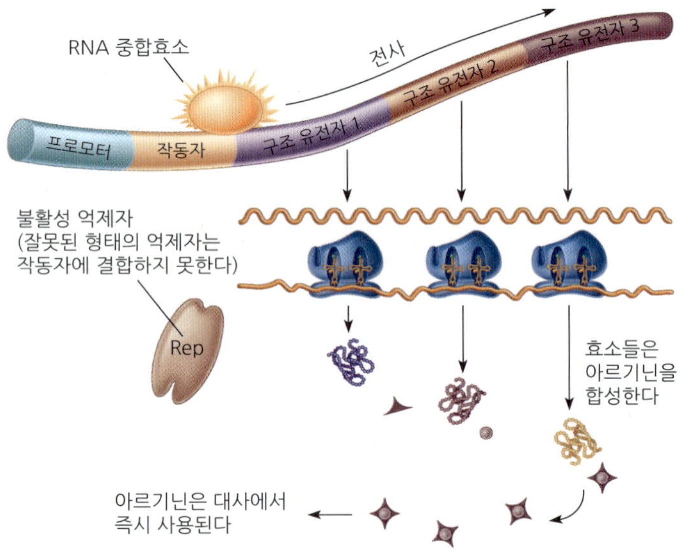

(a) **오페론 켜기(on).** 억압성 오페론은 생합성된 영양소(여기서는 아르기닌)가 세포에 의해 활발히 대사되어 아르기닌이 부족할 경우, 켜짐모드가 유지된다. (세포 내 낮은 영양소 수준에서, 억제자는 작동자와 결합할 수 없기 때문이다)

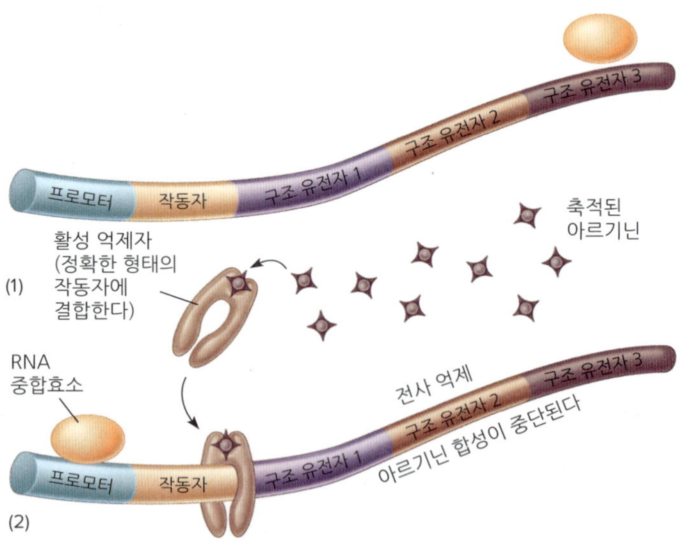

(b) **오페론 끄기(off).** (1) 세포 내 아르기닌이 많이 축적되면 아르기닌은 보조억제자로서 작용하여 비활성 억제자를 활성화시켜 오페론이 비작동으로 억압된다. (2) 억제자(보조억제자 결합된)는 DNA 작동자에 결합하여 RNA 중합효소의 프로모터 결합을 방해하여 추가적인 아르기닌 합성을 위한 유전자의 전사를 차단한다.

그림 9.19 억압성 오페론: 과도한 영양소를 통한 유전자 조절

위상변화

세균이 명백한 표현형 변화를 일으키는 일련의 유전자를 켜거나(turn-on) 끌 때(turn-off), 때때로 **위상변화**(phase variation)라고 한다. 위상변화는 다음 세대로 전달되는 유전적 표현형 변이의 유형으로, 후속 세대로 넘어갈 때 더 크게 변화될 수 있다. 이 과정은 오페론에서 기술된 바와 같이 조절 단백질에 의해 매개되는 유전자의 켜기를 포함한다. **위상변화**라는 용어는 세균 세포 표면에 영향을 미치는 형질에 가장 많이 적용되며 원래 세균이 숙주의 면역계에 의해 표적화되도록 표면 성분을 변화시키는 능력을 설명하기 위해 만들어졌다. 이러한 표면 분자는 세균의 표면 부착능에도 영향을 미쳐 결국 위상변화를 겪음으로써 더 잘 부착하므로 세균은 다른 환경에의 적응력이 향상된 셈이다. 이에 해당하는 사례는 부착성 핌브리아(fimbria)를 생성하는 *Neisseria gonorrhoeae*, 캡슐(capsule)을 생성하는 *Streptococcus pneumoniae*에서 볼 수 있다.

전사 및 번역에 영향을 미치는 항생제

자연발생 세포 영양소가 유전자 발현을 변형시킬 수 있는 유일한 제제는 아니다. 때때로 감염 치료는 특정 약물이 DNA, RNA, 리보솜과 반응하여 유전자 발현을 변화시킨다는 개념에 근거한다. 이러한 약물로 치료는 다음과 같은 중요한 전제에 기초한다. 치료를 받는 환자의 세포 합성을 방해하지 않고, 단백질합성 기구를 선택적으로 차단함으로써 세균의 생장이 억제될 것이다.

단백질 합성을 억제하는 약물(항생제)은 전사 또는 번역에 영향을 줄 수 있다. 예를 들어, 결핵 치료에 사용되는 리파마이신(rifamycin)은 RNA 중합효소에 결합하여 전사의 개시 단계를 차단한다. 리파마이신은 진핵생물 RNA 중합효소에 비해 박테리아 RNA 중합효소에 대하여 더 선택적인 활성을 갖는다. 악티노마이신 D(Actinomycin D)는 세균 DNA에 결합하여 mRNA 사슬 신장을 정지시키지만, 또한 인간 DNA에 결합한다. 이러한 이유로, 그것은 매우 독성이 있으며 세균 감염을 치료하는 데 사용되지는 않지만 종양 치료에 적용될 수 있다.

리보솜은, 리보솜 기능 및 궁극적으로 단백질 합성을 억제하는 항생제의 빈번한 표적이다. 이 항생제의 가치와 안전성은 다시 세균과 진핵생물 리보솜의 감수성에 의존한다. 세균 리보솜을 선택적으로 방해하는 약물의 한 가지 문제점은 인간의 미토콘드리아에 세균 유형의 리보솜이 포함되어 있으며 이러한 약물은 숙주의 미토콘드리아의 기능을 억제할 수 있다는 것이다.

어떤 항생제(에리스로마이신 및 스펙티노마이신)는 리보솜에 mRNA의 부착을 방해함으로써 번역을 방지한다. 클로람페니콜, 린코마이신 및 테트라사이클린은 폴리펩티드의 신장을 차단하는 방식으로 리보솜에 결합하고, 아미노글리코사이드(예컨대 스트렙토마이신)는 펩티드 개시 및 신장을 억제한다.

9.3 학습 평가

14. 오페론(operon)이라는 용어를 정의하고 그것이 세균 세포에 제공하는 1개의 장점을 설명할 수 있다.
15. 억압성(repressible) 및 유도성(inducible) 오페론을 구별하여 설명하고, 각각의 예를 제공할 수 있다.
16. 전사 및 번역 기구 내에 몇 가지 항생제와 그 표적을 나열할 수 있다.

9.4 DNA 재조합

유성증식을 통한 유전자 재조합은 진핵생물에서 유전자 다양성(genetic variation)의 중요한 수단이다. 박테리아는 유성증식과 정확히 일치하지는 않지만, 게놈의 일부를 공유하거나 재조합하는 기본 수단을 보여준다. 한 세균의 DNA를 다른 세균에 전달하는 사건은 **재조합**(recombination)이라고 하는 일종의 유전자 전달인데, 새로운 균주(strain)는 공여자(donor)와 원래 수용자(recipient) 균주와는 다른 균주이다. 세균에서 재조합은 부분적으로 세균이 세포 간 이동에 적합한 염색체외 DNA(extrachromosomal DNA), 즉 플라스미드(plasmid)를 함유한다는 사실에 의존한다. 유전자 교환은 세균의 유전적 다양성에 엄청난 영향을 준다. 이들은 약물 및 대사 독성에 대한 내성, 새로운 영양 및 대사 능력, 환경에 대한 독성 증가와 적응 증가 등을 위한 추가적 유전자를 제공한다.

일반적으로 다른 생물체에서 유래한 유전자를 포함하고 발현하는 생물체를 재조합체(recombinant)라고 한다.

박테리아의 수평 유전자 전달

생명체가 부모로부터 직접 새로운 유전자를 획득하는 것이 아니라, 다른 개체와 유전자를 주고받는 현상을 **수평 유전자 전달**(horizontal gene transfer, HGT)라고 한다. [부모 생명체로부터 유전자를 얻는 것은 수직 유전자 전달(vertical gene transfer)이다.] 수십 년 전부터 세균이 수평적으로 유전자 전달을 하는 현상이 알려졌다. 인간을 포함한 진핵생물 또한 수평 유전자 전달에 관여하는데 그 과정에서 바이러스의 도움을 받는 것이 분명해지고 있다. 이 사실은 진핵생물의 진화, 분류법, 심지어 "인간"에 대한 전통적인 견해를 뒤집어 놓았다. 1장에서 인간 DNA의 40~50%는 인간이 아닌 다른 종에서 유래(바이러스를 통해 우리에게 전달된)한다는 주장을 기억하는가? 여기에서는 유전자를 수평으로 획득하기 위해 세균에 의해 사용되는 메커니즘을 설명할 것이다.

세균 세포 사이의 DNA 전달에는 전형적으로 플라스미드 또는 염색체 단편(chromosomal fragment) 형태의 작은 DNA 조각이 사용된다. 플라스미드는 자체 복제기점(replication origin)을 포함하는 작은 원형 DNA 조각으로 세균 염색체와 독립적으로 복제할 수 있다. 플라스미드는 많은 세균 및 곰팡이에서 발견되며 일반적으로 최대 수십 개의 유전자만을 포함한다. 플라스미드는 일반적으로 세균의 생존에 필요하지 않지만, 종종 항생제 내성(antibiotic resistance)과 같은 유용한 특성을 지니고 있다. 용균된(lysed) 세균 세포로부터 배출된 염색체 단편은 세포들 사이에서 유전정보의 전달에 일반적으로 관여한다. 플라스미드와 단편 사이의 중요한 차이점은 플라스미드는 고유한 복제기점을 갖고 안정적으로 복제되고 유전되지만, 염색체 단편은 세균 염색체 내로 통합(integration)되어 염색체가 복제될 때 복제되거나 자손세포에게 전달되기도 한다.

전송 방식에 따라, 세균의 유전적 재조합 방식을 접합(conjugation), 형질전환(transformation) 또는 형질도입(transduction)이라고 한다. **접합**(conjugation)은 2개의 유사종(균주) 사이의 세포교량(bridge, pili)에 의해 세포 사이의 부착(attachment)과 이로 인한 DNA 전달이 일어난다. **형질전환**(transformation)은 노출된(naked) DNA(외부로부터 주어진 DNA)가 세포에 도입되어 세포의 유전적 성질이 변화하는 것이다. **형질도입**(transduction)은 세균성 바이러스의 작용을 통해 한 세포의 유전자가 다른 세포로 전달되는 현상이다(**표 9.3**).

접합: 세균성 "성(sex)"

접합은 플라스미드 또는 다른 유전물질이 직접적인 접촉에 의해 공여자 세포에서 수용자 세포로 전달되는 유전자 교환(genetic exchange) 기작이다(**그림 9.20**). 그람음성 세포와 그람양성 세포들은 접합할 수 있다. 그람음성 세포에서, 공여자는 **접합선모**(conjugative pilus) 합성을 허용하는 **생식**(fertility, F)**인자**(factor)로서 알려진 플라스미드를 갖는다. 수용체 세포의 표면에는 인식부위가 있다. 접합에서 세포의 역할은 F 플라스미드를 갖는 세포에 대해 F^+로 표시되고, F 플라스미드가 없는 세포에 대해 F^-로 표시된다. 선모는 F^+ 세포에서 밖으로 자라서 F^- 세포의 표면에 부착한 후에, 수축하여 두 세포를 함께 끌어당겨서 두 세포 사이를 가깝게 한다(그림 9.20, 그림 4.12 참조). 그람양성 및 그람음성 세포 둘 다에서, 연결된 세포 사이에 개구부(opening)가 생성되고, 복제된 DNA는 한 세포에서 다른 세포 안으로 전달된다. DNA는 아마도 선모를 통과하지 않을 것이며, 선모는 세포를 접촉시키는 데 사용된다. 실제 이동은 막 분비 시스템을 통해 이루어진다. 공여 세균은 일반적으로 전달되는 유전자 물질의 사본을 보유("보존")한다는 점에서 보존적 과정이다.

특성에 약간의 차이가 있는 많은 종류의 접합 플라스미드가 있다. 가장 잘 이해되는 플라스미드 중 하나는 대장균의 F 인자로, 다음과 같은 전이 패턴을 나타낸다.

1. 공여자(F^+) 세포는 F 인자의 사본을 만들어 이를 수용자(F^-) 세포로 전송한다. 이에 의해 F^- 세포는 선모를 생성하고 다른 세포와 접합할 수 있는 F^+ 세포로 변화된다. 이때 공여자 유전자의 추가적인 전이는 일어나지 않는다.
2. 고빈도재조합(high-frequency recombination, Hfr) 과정에서는, F 플라스미드는 공여자 염색체에 삽입 통합(integration)된 후에 수용자 세포로의 이동을 개시한다.

표 9.3 세균에서 유전자의 수평적인 전달 종류

	관여하는 인자	직접 혹은 간접*	예시(전달되는 유전자)
접합	선모를 갖는 수용자 수용자 내 생식(Fertility) 플라스미드 공여자와 수용자 둘 다 생존 DNA 전달을 위해 두 세포 사이에 선모 형성	직접	약제내성, 중금속 내성, 독소생성, 효소, 부착분자(선모), 독성성분 분해, 철이온 흡수
형질전환	유리(Free)의 공여자 DNA(단편) 생존: 형질전환성 수용체 세포(ompetent recipient cell)	간접	협막(capsule), 유전자 클로닝(유전공학)
형질도입	공여자는 용균된 세균; 결손 바이러스는 공여자 DNA 전달자; 공여자로써 동일한 종의 수용자 세포	간접	독소, 효소(당발효), 약제내성

*직접의 의미는 유전자 전달과정에서 공여자와 수용자가 직접 접촉하는 것을 말하며, 간접은 직접 접촉하지 않는 것이다.

고빈도재조합(high-frequency recombination, Hfr)이라는 용어는 F 인자가 세포의 염색체 일부로 삽입되어 통합된 세포를 말하며, F 인자가 통합되는(삽입되는 혹은 재조합되는) 부위의 유전자는 매우 높은 빈도로 수용자 염색체에 통합된다.

F 인자는 공여자 염색체의 일부를 수용자 세포로 좀 더 포괄적으로 전달할 수 있다. 이 전이과정에서 DNA의 복제가 일어나며, 복제 후 DNA 이중나선의 한 가닥은 공여자 세포 안에 유지되고 나머지 한 가닥이 수용자 세포 안으로 운반된다. 이 과정에서 F 계수가 전달되거나 전달되지 않을 수 있다. 즉, 전체 염색체의 전달은 약 100분이 걸리지만, 이 시간 전에 세포 사이의 연결이 보통 끊어지고, 공여자 세포의 전체 게놈이 전이되는 경우는 거의 없다.

접합은 생물 의학적 중요성이 크다. 항생제 및 기타 약물에 내성을 갖는 유전자를 운반하는 특수 **저항**(resistance, R) **플라스미드** 또는 **인자**(factor)는 일반적으로 접합을 통해 세균 간에 공유된다. R 인자의 전달은 테트라사이클린, 클로람페니콜, 스트렙토마이신, 설폰아미드 및 페니실린과 같은 항생제에 대한 다중 저항성을 부여할 수 있다. 다른 유형의 R 인자는 중금속(니켈 및 수은)에 대한 내성 또는 세균 균주의 병원성을 증가시키는 독성 인자(독소, 효소 및 접착 분자)의 합성을 위한 유전자를 보유한다.

고빈도재조합(Hfr) 전이는 공여자 세포에서 수용자 세포로 염색체 유전자의 전이가 일어난다. 플라스미드는 염색체로 점프하고, 염색체가 복제될 때 플라스미드 및 염색체의 일부는 접합을 통해 새로운 세포로 전달된다. 이어서 이 플라스미드/염색체 하이브리드는 수용자 염색체에 통합된다.

형질전환: 용액에서 DNA 캡처

형질전환(transformation)은 주변 환경으로부터의 DNA의 작은 단편이 세균 세포 안으로 도입되어 유전적인 변화가 일어나는 것이다(**그림 9.21**). 이 방법으로 유전물질을 수

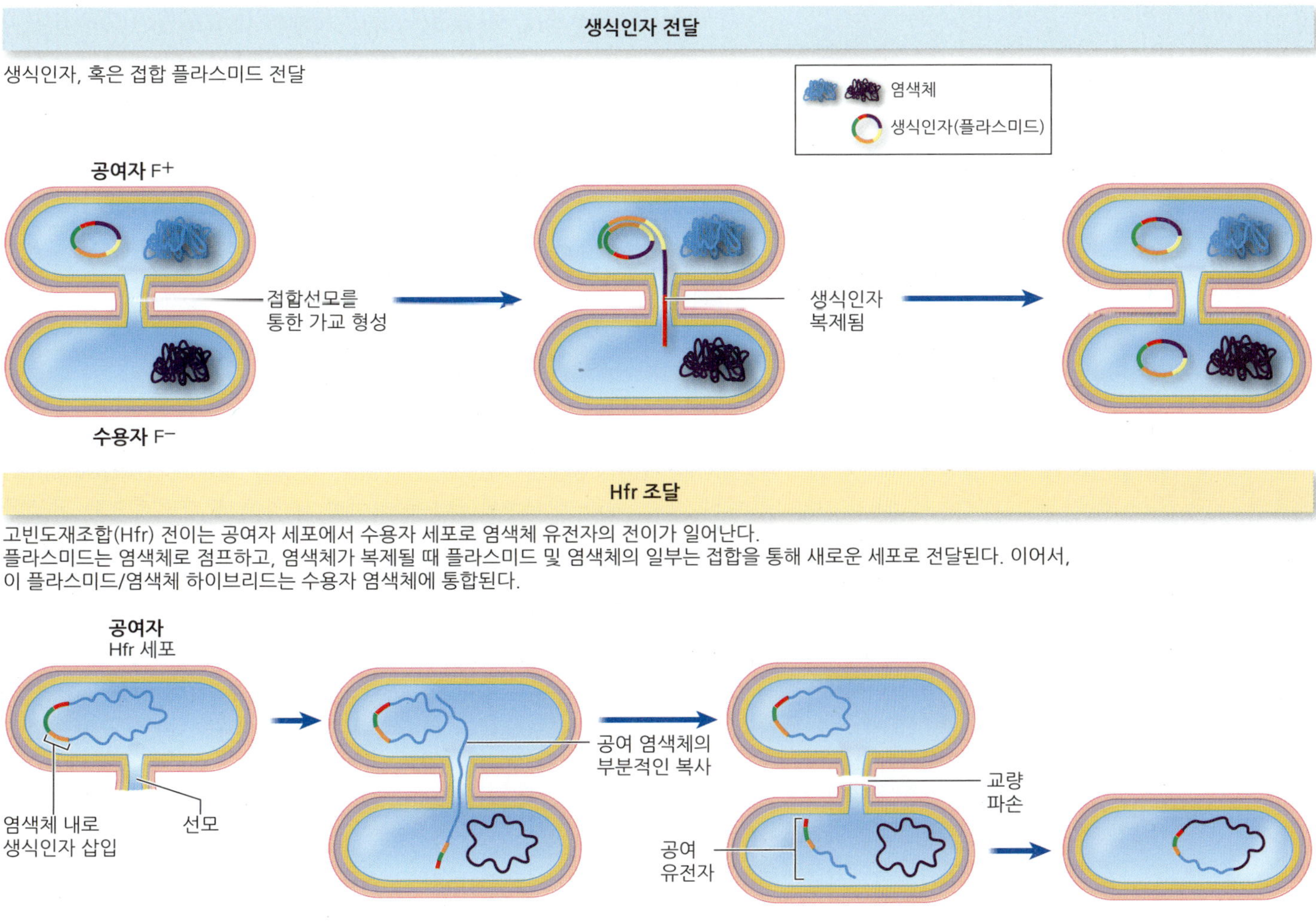

그림 9.20 접합 두 세포 사이의 직접적인 접촉을 통한 유전자 전달

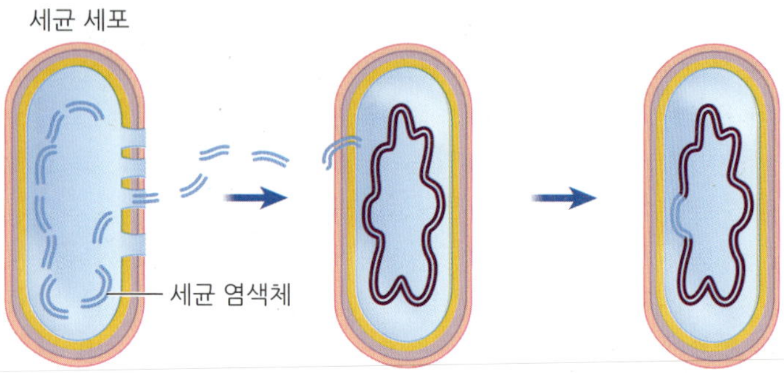

그림 9.21 형질전환 죽은 세포의 DNA는 환경으로 방출되어 살아 있는 세포로 흡수된다. DNA의 일부는 수용자 세포의 게놈으로 재조합될 수 있다.

용할 수 있는 세포를 **형질전환성**(competent)이라 한다. 그람음성균에서, 새로운 DNA는 세포 외막의 특수 단백질 채널을 통과한 다음 DNA-결합 단백질을 통해 세포벽을 통해 세포 안으로 이동한다. 그 다음 DNA는 세포질 막에 의해 처리되어 세포질로 운반되며, 그중 일부는 세균 염색체에 삽입된다. 형질전환은 여러 그룹의 그람양성 및 그람음성 세균 종에서 발견되는 자연 현상이다.

이 현상은 형질 전환이 어떻게 작동하는지와 단일 숙주에서 세균 간의 DNA 교환이 숙주에 실제 영향을 미칠 수 있는 방법을 우아하게 보여주는 유명한 실험에서 발견되었다. 실험은 *Streptococcus pneumoniae* 및 실험실 쥐를 연구대상으로 한 영국 생화학자 Frederick Griffith에 의해 1920년대 후반에 수행되었다. 이 세균은 2가지 다른 형태로 존재한다. (1) 캡슐(capsule)을 갖는 세균들은 매끄럽고(smooth, S) 유리 집락(glassy colony) 모양을 가지며 심각한 질병을 일으킬 수 있는 것, (2) 캡슐을 갖지 않는 세균들은 거친(rough, R) 집락 외관을 가지며 비병원성이다. (4.2절에서 캡슐이 숙주의 식세포 작용으로부터 세균을 보호한다는 사실을 배웠다.) 기초를 세우기 위해 그리피스는 생쥐에 살아 있는 독성(S) 균주를 주사하면 곧 쥐가 죽는다는 것을 보여주었다(**그림 9.22a**). 살아 있는 비독성(R) 균주를 주사한 생쥐는 죽지 않고 건강하였다(**그림 9.22b**). 다음으로 그는 이 주제에 대한 변형을 시도했다. 먼저, 그는 열처리하여 죽은 S 균주 쥐에게 주사한 결과, 쥐는 건강을 유지했다(**그림 9.22c**). 그리피스는 열처리로 죽은 S 세포와 살아 있는 R 세포를 생쥐에 주사하여 폐구균 혈액 감염으로 죽었다(**그림 9.22d**). 죽은 박테리아 세포가 다시 살아나지 않고 비독소 생균이 무해한 경우, 생쥐는 왜 죽었을까? 그는 당시에 그것을 알지 못했지만, 그리피스는 열처리로 죽은 S 세포가 생쥐의 몸을 통과하면서 죽은 S 세포 내의 DNA의 일부(우연히 캡슐을 만들기 위한 유전자를 포함하는 부분)를 방출했다는 것을 증명했다. 살아 있는 R 세포 중 일부는 이 DNA를 세포 안으로 들여와서 그에 의해 독성 캡슐 형성 균주로 형질 전환되었다. 이후의 연구는 용해된 세포에 의해 방출된 염색체가 수용자 세포에 의해 수용될 수 있을 정도로 작은 단편으로 분해되고 죽은 세포에서도 DNA가 유전자 코드를 유지한다는 개념을 지지했다.

질병과의 연관성

연쇄상 구균 폐렴은 다양한 인간 병원체이다. 폐렴, 귀 감염, 수막염 및 기타 상태를 유발한다. 캡슐은 질병 유발 능력에 필수적이다.

형질전환에는 특별한 부속장치(appendage)가 필요하지 않으며 공여자와 수용자 세포가 직접 접촉할 필요가 없기 때문에, 특정 유형의 재조합 DNA 기술에 유용하다. 이 기술을 사용하면, 완전히 관련이 없는 유기체의 외래 유전자가 플라스미드에 삽입된 다음 형질전환을 통해 형질전환성 세균 세포로 유입된다. 이러한 재조합은 시험관에서 수행될 수 있으며, 인간 유전자도 미생물 세포에 위치시킴으로써 실험될 수 있고 심지어는 인체 외부에서 발현될 수 있다. 형질주입(transfection)이라고 하는 진핵세포에서 이와 동일한 현상은 유전자 조작된 효모, 식물 및 생쥐의 필수 요소이다. 이 주제는 10장에서 더 자세히 다룬다.

형질도입: 피기백 DNA의 사례

박테리오파지(박테리아 바이러스)는 이전에 파괴적인 세균 기생충으로 설명되었다. 사실, 이러한 바이러스는 유전자 벡터(외래 DNA를 세포로 가져올 수 있는 개체) 역할을 할 수 있다. 박테리오파지를 매개로 하여 공여자 세포 DNA가 수용자 세포로 전달되는 과정을 **형질도입**(transduction)이라 한다. 세균의 광범위한 영역에서 자연적으로 발생한다. 숙주세포 종에 대한 바이러스의 특이성으로 인해, 단일 형질도입 사건에 참여하는 세균은 동일한 종이어야 한다.

형질 도입에는 2가지 버전이 있다. **일반형질도입**(generalized transduction)(**과정 그림 9.23**)에서, 용균사이클을 갖는 용균바이러스(lytic virus)를 매개로 세포 간의 유전자 전달로 형질이 도입되는 현상이다. 세포 A에 바이러스 감염 후, 바이러스의 복제된 DNA와 염색체 분해로 생긴 숙주 DNA 단편들이 바이러스 입자 조립(assembly) 동안 바이러스 자신의 DNA를 갖는 바이러스 입자도 있지만 숙주 DNA 단편을 갖는 바이러스 입자도 조립된다. 그 결과 세포 A의 DNA를 갖는 바이러스가 다른 세포 B에 감염되면 이 세포는 새로운 형질을 얻게 된다. 이러한 경우, 세포 A의 모든 유전자가

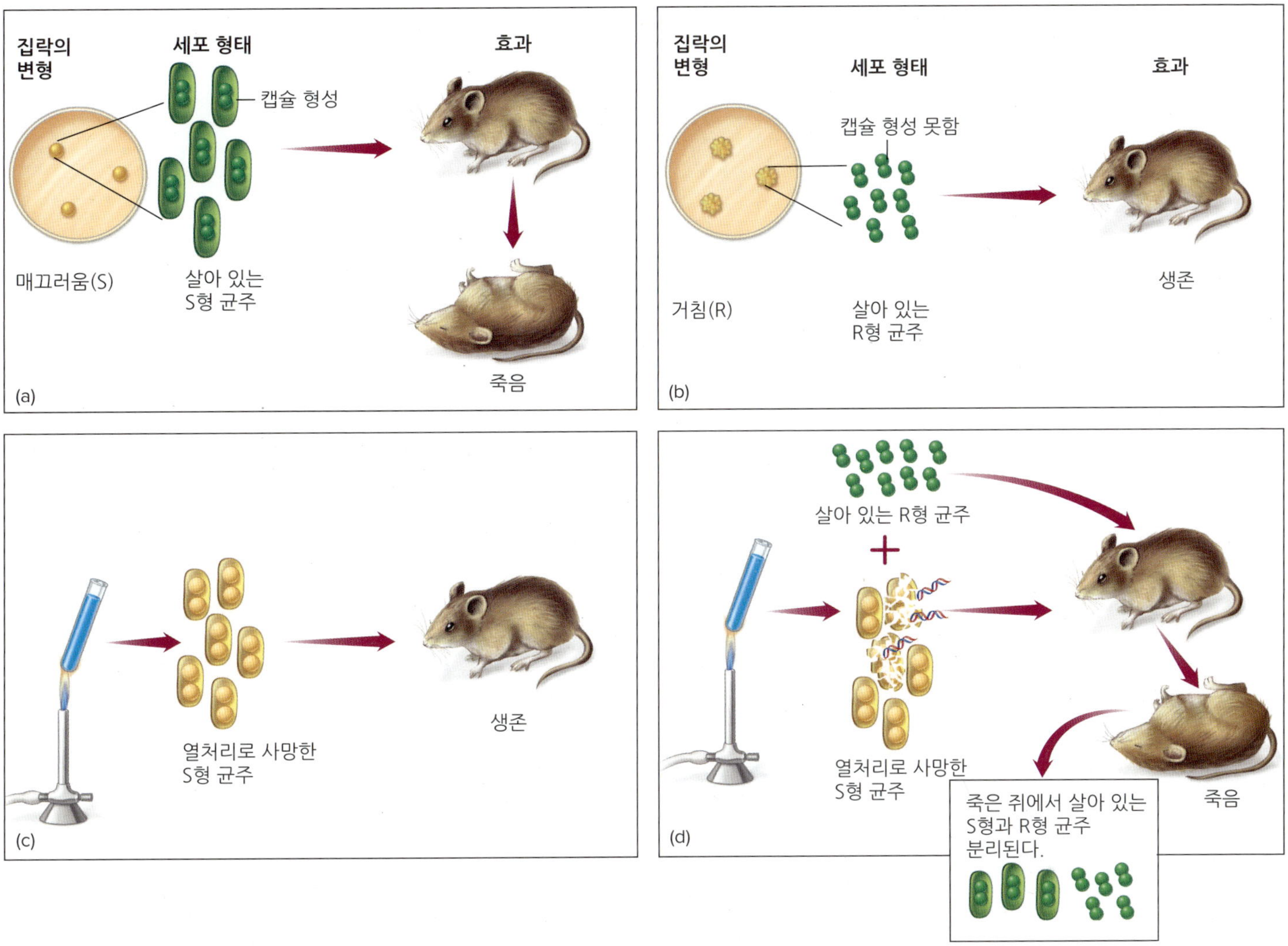

그림 9.22 그리피스의 고전적인 실험 본질적으로, 이 실험은 사멸된 세포로부터 방출된 DNA가 살아 있는 세포에 의해 획득될 수 있다는 것을 이해하게 하였다. 이 새로운 DNA를 받는 세포는 유전적으로 변형되는데, 이 경우 비독성 균주가 독성 균주로 형질전환된다.

바이러스에 의해 무작위로 다른 세포 B에 전달될 수 있다. **특수형질도입**(specialize transduction)(**과정 그림 9.24**)에서, 용균사이클과 용원성 사이클 둘 다 갖는 온건성 바이러스(template virus)를 매개로 하여 세포 간의 유전자 전달로 형질이 도입되는 현상이다. 특히 용원성 과정에서, 숙주 염색체의 매우 특정한 부분에만 규칙적으로 바이러스 DNA가 통합(integration)되어 프로파지(prophage) 상태로 존재한다. 염색체에 존재하는 프로파지가 활성화되면, prophage DNA는 세균 염색체에서 분리되면서 바이러스 자신의 DNA를 갖고 염색체로부터 분리되는데, 일부 바이러스 경우 자신의 DNA 일부와 세균 염색체 일부 DNA를 가지고 분리된다. 이때 세균 DNA 부분은 항상 바이러스가 통합된 염색체 인근의 DNA만을 갖고 나오므로 숙주 염색체의 특정한 부분만으로 한정된다. 용균사이클 동안, 이러한 특정 바이러스-숙주 유전자 조합은 바이러스 입자에 통합되어 다른 세균 세포로 운반된다.

특수형질도입의 여러 경우에는 의학적 중요성이 있다. *Corynebacterium diphtheriae*, *Clostridium spp.* 및 *Streptococcus pyogenes*와 같은 독성 균주는 모두 강력한 생리학적 효과가 있는 독소를 생성하지만, 비독소 균주는 이러한 독소를 생성하지 않는다. 독소는 형질도입에 의해 도입된 박테리오파지 유전자에 의해서만 생성되는 것으로 밝혀졌다. 온건성 파지(temperate phage)에 감염된 세균만이 독소를 형성한다.

전이성 인자

큰 관심을 갖는 또 다른 유형의 유전적 전달은 **전이인자**(transposons) 또는 **전이성 인자**(transposable elements, TE)를 포함한다. TE는 게놈의 한 부분에서 다른 부분으로 이동할 수 있는 능력을 가지고 있고, 그래서 **점핑 유전자**(jumping

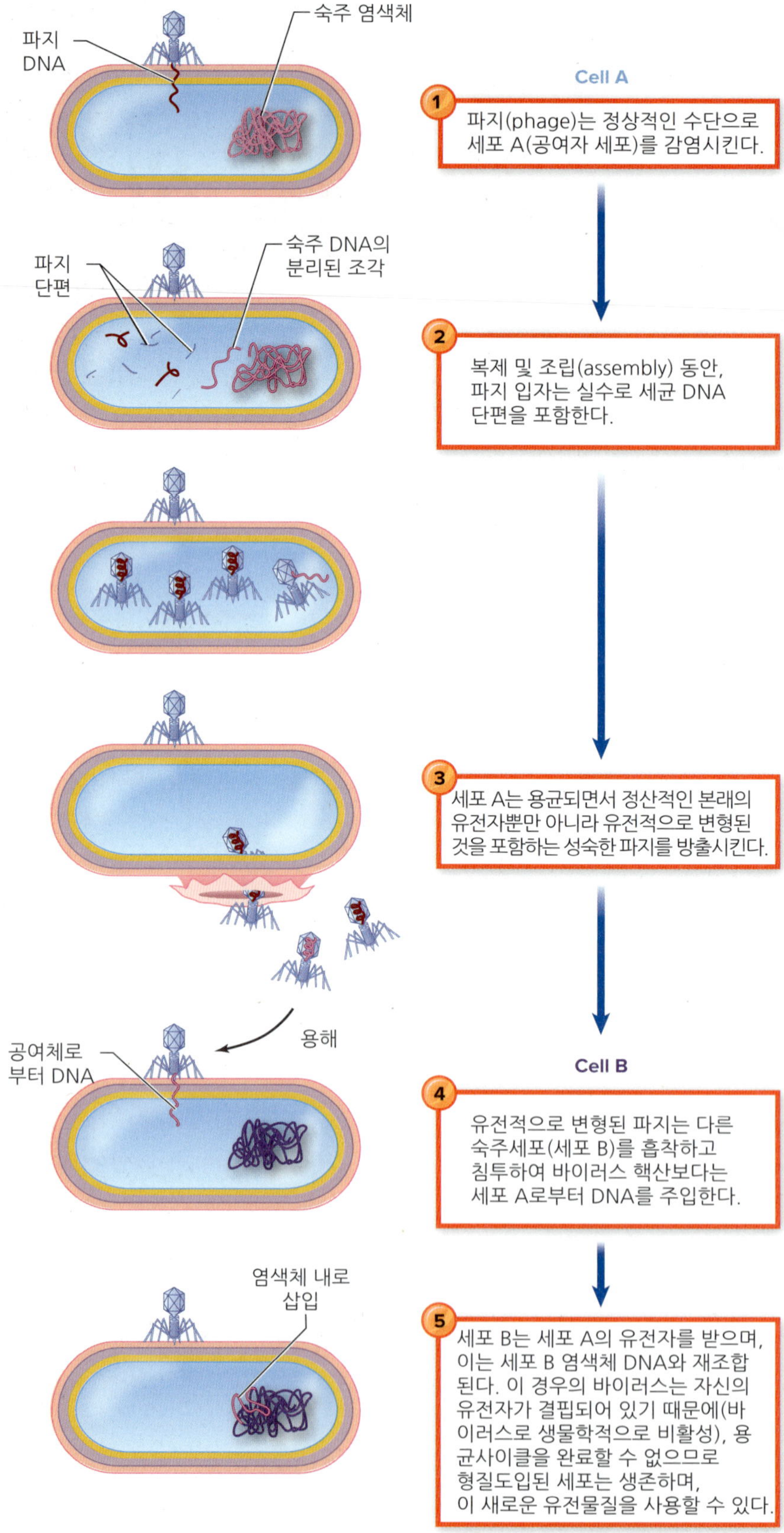

과정 그림 9.23 일반형질도입 바이러스에 의한 유전자 전달

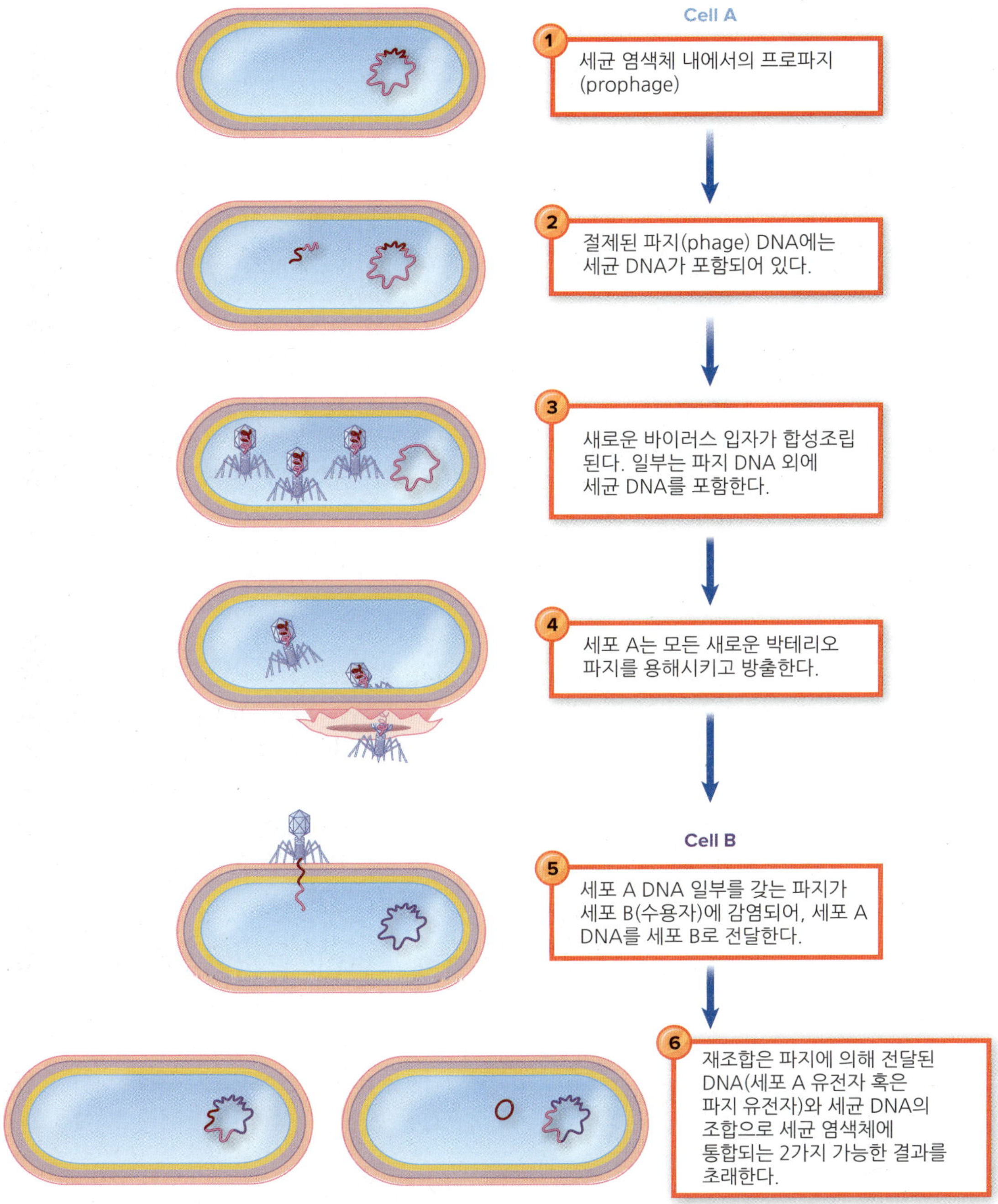

과정 그림 9.24 특수형질도입 바이러스에 의한 특이한 유전자 전달

genes)라고 불린다. 옥수수 식물에 존재한다는 점핑 유전자의 개념이 1951년 유전학자 바바라 맥클린톡(Barbara McClintock)에 의해 처음 제안되었을 때, 유전자의 위치가 정해졌고 유전자가 움직이지 않았거나 움직일 수 없다고 오랫동안 믿어져 왔기 때문에 처음에는 배척되었다. 그러나 이제는 점핑 유전자가 세포와 바이러스 사이에 널리 퍼져 있는 것이 확실하다.

모든 TE는 게놈의 한 위치에서 다른 위치로 이동하는 일반적인 특징을 공유한다. 한 염색체 부위에서 다른 위치로, 염색체에서 플라스미드로, 또는 플라스미드에서 염색체로 이동하는 것이다(**그림 9.25**). TE는 플라스미드에서 발생할 수 있기 때문에 세균과 몇 가지 진핵생물에서 한 세포에서 다른 세포로 전달될 수도 있다. 일부 TE는 다음 위치로 점프하기 전에 자신을 복제하고, 다른 TE는 복제하지 않고 단순히 이동한다.

TE는 게놈의 다른 부위에서 TE를 제거하고 재통합하

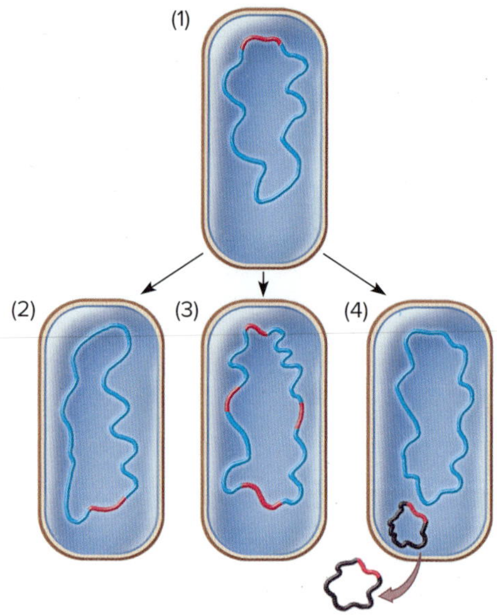

그림 9.25 전이성 요소(Transposable elements, TE) 게놈의 세그먼트를 이동시킨다. (1) TE는 숙주 세포 염색체에 통합된(integrated) 작은 DNA 조각으로 존재한다. (2) TE는 세포당 단일 복사본으로 유지되며, 유전체에서 한 위치에서 다른 위치로 이동할 수 있다. (3) 또한 이동하기 전에 복제되므로, 복사 수(copy number)의 증가와 숙주의 게놈에 대한 더 큰 영향을 미칠 수 있다. (4) 마지막으로, TE는 플라스미드로 점프할 수 있으며, 이 플라스미드는 다른 세균 세포로 옮겨질 수 있다.

는 데 필요한 효소를 암호화하는 DNA를 포함한다. DNA의 코딩 영역을 플랭킹하는 것은 TE가 제거되거나 게놈에 다시 삽입되는 지점을 표시하는 탠덤 반복(tandem repeats)이라고 하는 서열이다. 가장 작은 TE는 이 2가지 유전서열로만 구성되며 종종 **삽입요소**(insertion elements = insertion sequences, IS)라고 한다. TE의 한 종류인 레트로트랜스포존(retrotransposons)은 DNA로 시작하여 RNA의 중간 단계를 거쳐 DNA로 다시 역전사(reverse transcription)되어, 게놈 상에 다른 새로운 곳으로 삽입이 가능한 트랜스포존으로 많은 진핵생물들의 게놈에 존재한다. 다른 TE에는 항생제 내성 또는 독소 생산과 같은 특성을 제공하는 추가 유전자가 포함되어 있다.

유전자 언어를 스크램블하는 TE의 전반적인 효과는 염색체에서 삽입이 어디서 일어나고, 어떤 종류의 유전자가 재배치되고, 관련된 세포의 유형에 따라 숙주에게 유익하거나 불리할 수 있다. 세균에서 TE는 아래의 과정에 관여하는 것으로 알려져 있다.

1. 배지상의 집락(colony) 형태, 색소침착, 항원특성과 같은 특성의 변화
2. 손상된 DNA의 교체
3. 세균 사이의 약제내성 전달

병원성 유전자군: 수평 유전자 이동의 특별한 "선물"?

세균에서 수평으로 전달된 유전자 중 일부는 새로운 숙주를 병원성으로 만들거나 질병을 일으킬 수 있는 능력을 가지고 있다. 이들을 **병원성 유전자군**(pathogenicity islands, PAIs)이라고 한다. 이 PAI들은 철(페스트를 일으키는 세균에 중요한 것, *Yersinia pestis*) 또는 외독소(exotoxin, 포도상구균 *Staphylococcus aureus*에서 볼 수 있음)를 생산하는 능력과 같이 세균에 새로운 형질을 만들기 위해 조정된 여러 유전자 등을 포함하고 있다.

PAI들은 대개 TE 효소의 유전자처럼 보이는 서열에 의해 양옆 끝부분에 놓여 있다. 생물 정보학 분야는 세균에서 여러 PAI를 구별할 수 있게 했다. 이 연구 결과에 따르면, 생명체는 때때로 큰 덩어리로, 때로는 서로에게 유전자를 '공유'하며, 본질적으로 이런 식으로 유전자를 섞음으로써 진화 과정을 도약시킨다.

9.4 학습 평가

17. 재조합 유기체(recombinant organism)의 특징을 설명할 수 있다.
18. 세균에 사용되는 3가지 형태의 수평적인 유전자 전달을 설명할 수 있다.

9.5 변이: 유전암호에서의 변화

유전자 발현의 규칙이 정확하고 예측 가능한 것처럼 보이나, 유전자 코드에서 영구적인 변화가 발생한다. 실제로, 유전적 변화는 진화의 원동력이다. 예를 들어, 착색된 세균은 색소를 형성하는 능력을 상실할 수 있거나, 말라리아 기생충이 약물에 대한 내성을 일으킬 수 있다. 게놈에서 뉴클레오티드 서열에 대한 어떠한 변화를 돌연변이(mutation)라고 한다. 유전자형 변화가 표현형의 변화를 초래할 때 돌연변이가 가장 두드러진다. 돌연변이는 염기쌍의 손실, 염기쌍의 첨가, 또는 염기쌍 순서에서 재배열을 수반할 수 있다. 이것은 미생물이 유전자 정보의 전체 세그먼트를 자신들에게 전달하는 유전자 재조합(genetic recombination)과는 다르다.

정상적인 비돌연변이 특성을 나타내는 미생물을 **야생형**(wild type) 또는 **야생 균주**(wild strain)라고 한다. 끊임없이 변화하는 미생물 군집에서 정상적으로 변이되지 않은 상태는 무엇인가? 이런 이유로 인하여, 대부분의 과학자들은 **야**

생형을 모집단에서 가장 많은 수의 특성으로 정의하는 것을 선호한다. 미생물이 돌연변이를 일으키는 경우, 이를 **돌연변이 균주**(mutant strain)라고 한다. 돌연변이 균주는 형태, 영양 특성, 유전자 제어 기작, 화학물질에 대한 내성, 온도 선호도 또는 거의 모든 유형의 효소 기능의 변화를 나타낼 수 있다. 돌연변이 균주는 유전자 사건을 추적하고, 유전자 조직을 풀고, 유전자 마커를 찾아내는 데 매우 유용하다. 돌연변이 균주를 검출하는 전형적인 방법은 다양한 영양소를 배지에 첨가하여 그 영양소의 사용여부를 스크리닝하는 것을 포함한다. 예를 들어, 유당 양성인 야생형 박테리아의 배양에서(이 유당을 발효시키는 데 필요한 효소가 있음을 의미), 소수의 돌연변이 세포는 이 유당을 발효시키는 능력을 상실한 유당-음성이 되었다. 발효에 대한 지표를 함유하는 배지에서 배양한다면, 각 콜로니는 발효 반응에 대해 관찰되고 유당-음성 균주가 분리될 수 있다.

돌연변이의 원인

돌연변이는 자연발생이거나 유도될 수 있다. **자연발생 돌연변이**(spontaneous mutation)는 무작위로 발생하는 복제 오류로 인해 발생하는 DNA의 무작위 변화이다. 돌연변이는 10^5의 복제에서 1개의 돌연변이(높은 속도)에서 10^{10}의 복제에서 1개의 돌연변이(낮은 속도)까지 엄청나게 다양하다. 세균 번식의 빠른 속도로 인하여, 이들 돌연변이가 대부분의 진핵생물에서보다 세균에서 쉽게 관찰된다.

유도 돌연변이(induced mutations)는 파괴적인 방식으로 DNA와 상호 작용하는 물리적 또는 화학적 작용에 의한 DNA 구조변화로 일어난 돌연변이이다(**표 9.4**). 화학적 돌연변이 유발제는 DNA를 변화시키기 위해 다양한 방식으로 작용한다. 일부 약제는 인접한 염기 사이의 DNA 나선을 완전히 가로질러 삽입하여 나선을 왜곡시키는 돌연변이를 생성한다. 질소 염기의 유사체(예를 들어, 5-bromodeoxyuridine 및 2-aminopurine)는 복제 동안 DNA에 통합되는 천연 염기의 화학적 모방체(mimics)이다. 이러한 비정상적인 염기의 첨가는 염기쌍의 실수로 이어진다. 척추동물이 노출될 때 많은 화학 돌연변이 유발 물질이 발암 물질 또는 암 유발 물질로도 작용한다(이 절 뒷부분의 "Ames 테스트" 참조).

또한 물리적인 작용제(특히 방사선)는 DNA를 변화시킬 수 있다. 고에너지 감마선 및 X선은 DNA에 중대한 물리적 변화를 일으켜 복구할 수 없는 파손을 축적한다. 자외선(UV) 방사선은 인접한 피리미딘 염기 사이에 비정상적인 결합을 유도하여 정상적인 복제를 방해한다. 다량의 방사선에 대한 노출은 치명적일 수 있으며, 이는 방사선이 미생물 제어에 매우 효과적인 이유이다. 그것은 동물에서도 발암성일 수 있다. 미생물을 통제하기 위해 의도적으로 UV를 사용하는 방법은 11.2절에 자세히 설명되어 있다. 미생물 게놈이 우주 공간에서 어떻게 다른지에 대해서는 **들여다보기 9.3**을 참조한다.

표 9.4 선택된 돌연변이원과 그 효과

화합물	
아질산, 중아 황산염	어떤 염기로부터 아미노기를 제거
브로민화 에티듐 (ethidium bromide)	수소결합된 염기쌍 사이에 삽입
아크리딘 염료 (acridine dyes)	염기쌍 사이에 삽입되어 틀이동 변이 야기
질소염기 아날로그	DNA 복제에서 천연 염기와 경쟁적 저해
방사능	
이온화(감마선, X선)	DNA 한 가닥 혹은 두 가닥의 절단을 야기하는 자유라디칼을 형성
자외선	DNA 두 가닥에 위치하는 인접한 피리미딘 사이에 가교 형성

돌연변이 카테고리

돌연변이는 큰 유전자 서열을 얻거나 잃는 큰 돌연변이에서 유전자의 단일염기에만 영향을 미치는 작은 돌연변이까지 다양하다. 단일염기의 첨가(addition), 결실(deletion) 또는 치환(substitution)을 수반하는 이들 후자의 돌연변이를 **점 돌연변이**(point mutation)라고 한다.

DNA의 변화가 세포에 어떤 영향을 미치는지를 이해하려면, DNA 암호(code)가 특정 순서의 삼중항(3개의 염기)으로 나타나며, 각각은 아미노산을 지정하는 mRNA 코돈으로 전사되는 것을 기억해야 한다. mRNA로 복사되고 번역된 DNA의 영구적 변화는 단백질의 구조를 변화시킬 수 있다. 단백질의 변화는 마찬가지로 세포의 형태 및 생리를 변화시킬 수 있다. 일부 돌연변이는 세포에 해로운 영향을 미쳐 세포 기능 장애 또는 사망을 초래한다. 이것을 **치명적인 돌연변이**(lethal mutations)라고 한다. **중립 돌연변이**(neutral mutations)는 불리하거나 도움이 되는 변화를 일으키지 않는다. 물론, 돌연변이가 세포에 구조 또는 생리학적으로 유용한 변화를 제공한다면, 또한 유익할 수 있다.

다른 아미노산의 배열로 이어지는 암호의 변경을 **미스센스 돌연변이**(missense mutation)라고 한다(**표 9.5b**는 미스센스 돌연변이가 어떻게 보이는지를 보여준다). 미스센스 돌연변이는

1. 결함이 있고 기능이 없는(또는 기능이 덜한) 단백질을 만든다.

들여다보기 9.3 마이크로바이옴: 우주의 마이크로바이옴

이 글을 쓰는 동안 화성에 물이 존재한다는 확실한 증거에 대한 소식이 들려왔다. 이것은 우리와 비슷한 생명체가 존재할 수 있음을 의미한다. 이 생명체 중 가장 가능성이 높은 것은 미생물일 것이다. 그러나 어떤 종류의 미생물이 있을 수 있을까? 그리고 나머지 태양계에서 미생물은 어떻게 행동하는가? 우리 몸의 미생물이 우주에서 어떻게 행동할 수 있는지 시작해 보자.

2014년에 미국 국립과학아카데미(National Academy of Sciences)에서 발표한 보고서에 따르면 우주에서 상당한 시간을 보냈을 때 마이크로바이옴에 어떤 일이 일어날지 실제로 알지 못한다고 한다. 아시다시피, 인간 마이크로바이옴은 우리의 식이요법과 다른 종 및 그들의 마이크로바이옴과의 상호 작용의 산물이다. 우주에서는 식습관이 다를 수 있고 다른 종과의 상호 작용이 다를 수 있으며 우주에서 환경 조건이 다르다(무중력). 이 보고서는 살모넬라(*Salmonella*) 종이 우주에서 며칠이 지난 후 게놈을 변경하여 더욱 강한 독성을 만든다고 하였다.

현재의 연구는 우주의 실제 감염이 어떻게 진행되는지, 우주에서 항생제가 미생물에서 어떻게 작용하는지, 그리고 우주에서 인간 마이크로바이옴이 어떻게 다른지를 조사하고 있다. 예를 들어, 화성에서 우주 고유의 세균을 발견하면 외계 행성을 식민지화할 때 기대할 수 있는 것에 대해 훨씬 더 많은 정보를 얻을 수 있을 것이다.

NASA

2. 다른 방식으로 기능하는 단백질을 생산한다.
3. 단백질 기능에 큰 변화를 일으키지 않는다.

반면에, **넌센스 돌연변이**(nonsense mutation)는 정상 코돈을 정지코돈(stop codon)으로 변화시키는 것으로, 아미노산을 코딩하지 않고 단백질의 생산을 중단시키는 변화이다. 넌센스 돌연변이는 거의 항상 비기능성 단백질을 초래한다. [**표 9.5d**는 다음 단락에 설명되는 **틀이동**(frameshift)으로 인한 넌센스 돌연변이를 보여준다.] **침묵 돌연변이**(silent mutation)(**표 9.5c**)는 염기를 변경하였지만 아미노산으로 변화되지 않으므로 효과가 없다. 예를 들어, **코드의 중복성**(code redundancy)으로 인해 ACU, ACC, ACG 및 ACA는 모두 트레오닌(threonine)에 대한 코드이므로 마지막 염기만 변경하는 돌연변이는 메시지의 의미를 변경하지 않는다. **역 돌연변이**(back-mutation)는 돌연변이를 겪은 유전자가 원래의 기본 구성으로 역전(돌연변이, reverse mutation)할 때 발생한다.

또한 돌연변이는 하나 이상의 염기가 새로 합성된 DNA 가닥에 삽입되거나 결실될 때 발생한다. **틀이동**(**표 9.5d, e**)으로 알려진 이러한 유형의 돌연변이는 mRNA의 번역틀(reading frame)이 변경되었기 때문에 그렇게 명명되었다. 틀이동 돌연변이(역주: 틀 돌연변이라고도 함)는 돌연변이 이후 모든 아미노산이 원래 DNA에서 암호화된 것과 상이하기 때문에 거의 항상 비기능성 단백질을 초래한다. 또한 3의 배수(3, 6, 9 등)에서 염기의 삽입 또는 결실은 아미노산의 첨가 또는 결실을 초래하지만 번역틀을 방해하지는 않는다는 점에 유의한다. 이러한 모든 유형의 돌연변이의 효과는 표 9.5에서 볼 수 있다.

돌연변이의 수리(repair)

앞서, DNA가 복제과정에서(잘못된 염기가 들어간) 실수를 고치는 교정(proofreading) 기작을 가지고 있다고 하였다. 돌연변이는 잠재적으로 생명을 위협하므로, 세포에는 다양한 돌연변이 유발 물질과 과정에 의해 손상된 DNA를

표 9.5 점 돌연변이들과 그 효과의 범주

(a)	DNA	TAC	TGG	CTG	CTC	TAC	TTT...	정상 유전자
	RNA	AUG	ACC	GAC	GAG	AUG	AAA...	
	단백질	Met	Thr	Asp	Glu	Met	Lys...	
(b)	DNA	TAC	TGG	CTT	CTC	TAC	TTT...	미스센스 변이: 다른 아미노산으로 변화를 야기(기능이 잘 작동하거나 작동하지 못할 수 있음)
	RNA	AUG	ACC	GAA	GAG	AUG	AAA...	
	단백질	Met	Thr	Glu	Glu	Met	Lys...	
(c)	DNA	TAC	TGG	CTA	CTC	TAC	TTT...	염기치환: 침묵(기능의 변화는 없음)
	RNA	AUG	ACC	GAU	GAG	AUG	AAA...	
	단백질	Met	Thr	Asp	Glu	Met	Lys...	
(d)	DNA	TAC	TGC (→G)	TGC	TCT	ACT	TT	**틀이동 변이**
	RNA	AUG	ACG	ACG	AGA	UGA	AAA...	결손 변이(d) ↓ 둘 다, 틀이동을 유도하여 미성숙 정지 코돈을 야기할 수 있다. 단백질의 기능이 약하게 작용한다. ↑ 삽입 변이(e)
	단백질	Met	Thr	Thr	Arg	STOP		
			틀이동으로 때이른 종결					
(e)	DNA	TAC	TGG	GCT	GCT	CTA	CTT...	
	RNA	AUG	ACC	CGA	CGA	GAU	GAA...	
	단백질	Met	Thr	Arg	Arg	Asp	Glu...	
			틀이동					

찾아서 복구하기 위한 추가적인 시스템이 마련되어 있다. 가장 일반적인 DNA 손상은 그러한 결함을 찾아 수정하도록 설계된 효소 시스템에 의해 해결된다.

자외선에 의해 손상된 DNA는 광 활성화(photoactivation) 또는 광 복구(light repair)에 의해 복원될 수 있다. 이 복구 기작에는 가시광선과 빛에 민감한 효소인 DNA 광분해효소(photolyase)가 필요하며, 이는 손상된 부위를 감지하고 부착할 수 있다. 자외선 복구 기작은 비교적 적은 수의 UV 돌연변이에 대해서만 성공적으로 작용한다. 세포는 심각하고 광범위한 손상을 복구할 수 없으며 죽게 된다. 인간에서, 유전병 *xeroderma pigmentosa*는 UV광에 의해 생성되는 피리미딘 이량체(pyrimidine dimer)를 절단하는 역할을 하는 효소의 유전자 변이로 변이를 복구할 능력이 감소된다. 이 희귀 유전질환을 앓고 있는 사람에게 심각한 피부암이 발생한다.

돌연변이에 의한 잘못된 염기를 일련의 효소를 이용해 제거하고 대신 올바른 염기를 추가할 수 있다. 이 과정을 **절제수리**(excision repair)라고 한다. 첫째, 효소는 오류 부위에서 염기와 당 인산염 가닥 사이의 결합을 절단한다. 이어서 다른 효소가 오류 염기를 한 번에 하나씩 제거하여 DNA 중합효소 I에 의해 정확한 염기가 첨가되며, 마지막으로 DNA 연결효소(DNA ligase)에 의해 당-인산 사이의 결합이 형성된다(**그림 9.26**). 또한 수리 시스템은 교정 중에 누락된 불일치한 염기(예: C가 A와 잘못 짝을 짓거나, G가 T와 잘못 짝을 짓는)를 찾을 수도 있다. 불일치가 발생한 직후 염기를 교체해야 한다. 그렇지 않으면 복구 효소에 의해 인식하지 못할 수도 있다.

Ames 테스트

새로운 농업, 산업 및 의약 화학물질이 지속적으로 환경에 유입되고 있으며 그에 대한 노출이 갈수록 심각하다. 그러한 화합물 중 다수가 돌연변이원(mutagenic)이고, 이들 돌연변이원의 대부분이 암과 관련되어 있다는 발견은 중요하다. 비록 동물실험은 발암 가능성이 있는 화학물질을 탐지하는 표준방법이었지만, Ames **테스트**(Ames test)라고 하는 더 빠른 선별 시스템도 일반적으로 사용된다. 이 테스트에서, 실험 대상은 유전자 발현 및 돌연변이 속도가 쉽게 관찰되고 모니터링될 수 있는 세균이다. 전제 조건은 세균 DNA를 돌연변이시킬 수 있는 모든 화학물질이 포유류(인간 포함) DNA를 유사하게 돌연변이시킬 수 있으며 따라서 잠재적으로 위험하다는 것이다.

Ames 테스트에서 일반적으로 사용되는 한 생명체는 아미노산 히스티딘(histidine) 합성 능력을 상실한 *Salmonella typhimurium*의 돌연변이 균주이다. 이 결함은 DNA 복구 기작이 없기 때문에 역 돌연변이에 매우 취약하다. 히스티딘

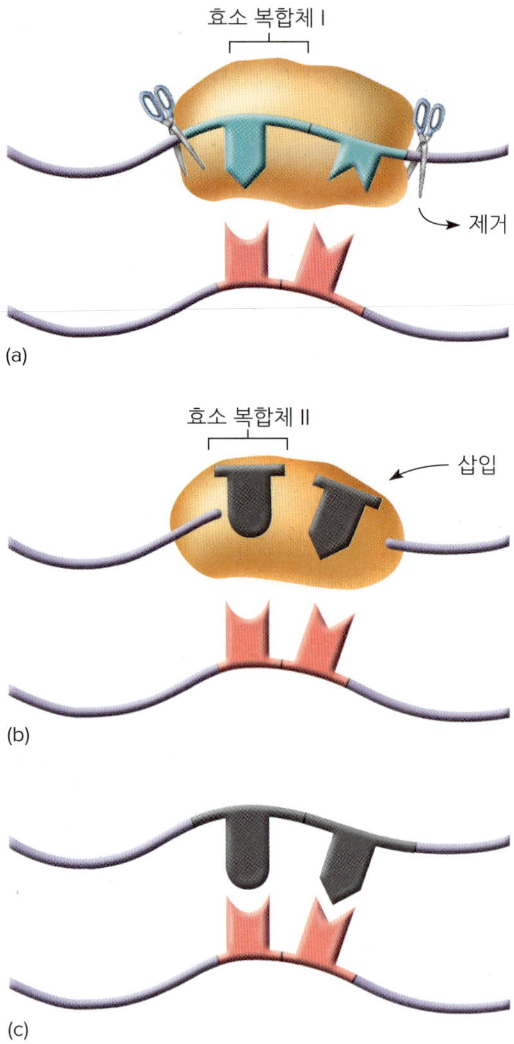

그림 9.26 효소에 의한 돌연변이의 절제 복구(excision repair) (a) 첫 번째 효소 복합체는 하나 또는 여러 개의 잘못된 염기를 인식하여 제거한다. (b) 제2복합체[DNA 중합효소 I 및 연결효소(ligase)]는 정확한 염기를 배치하고 갭(gap)을 밀봉한다. (c) 수리된 DNA(repaired DNA.)

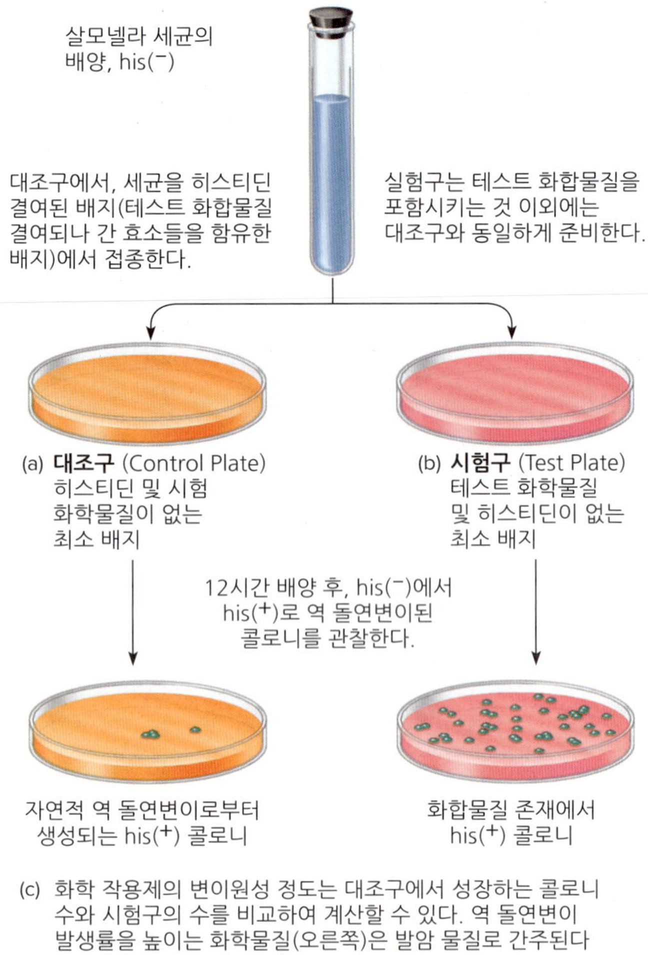

그림 9.27 Ames 테스트 이 테스트는 히스티딘[his (⁻)]을 합성할 수 없는 *Salmonella typhimurium* 균주에 기초한다. DNA를 복구할 수 있는 효소가 없기 때문에 돌연변이가 쉽게 나타나고, 세포벽이 누출되어 화학물질을 즉시 유입시킬 수 있다. 많은 잠재적인 발암 물질(예: benzanthracene, aflatoxin)은 포유류 간 효소에 의해 작용 한 후에만 돌연변이원이 되므로, 이들 효소의 추출물을 시험 배지에 첨가한다.

을 합성할 수 있는 야생균주(wild strain)로의 복귀를 야기하는 돌연변이는 낮은 속도로 자발적으로 발생한다. 검사대상 시험구가 자연적으로 발생하는 수준 이상의 역 돌연변이 속도를 향상시키는 경우 돌연변이원(mutagen)으로 간주된다. 이 테스트 절차의 한 버전은 **그림 9.27**에 요약되어 있다. Ames 테스트는 실험동물에 의존하지 않고 다양한 돌연변이원 및 발암성에 대한 다양한 환경 및 식이 화학물질을 선별하는 데 귀중한 것으로 입증되었다. 그러나 많은 돌연변이원이 인간과 다르게 세균에 영향을 미치기 때문에 Ames 테스트는 좀 더 엄격한 테스트를 거쳐야 하는 첫 번째 단계로만 간주된다.

돌연변이의 긍정적이고 부정적인 영향

많은 돌연변이는 복구되지 않는다. 세포가 돌연변이에 어떻게 대처하는가는, 돌연변이의 성질과 그 생명체가 이용할 수 있는 전략에 달려 있다. 돌연변이는 영구적이며 유전적이므로, 생명체와 새로운 바이러스의 후손에게 전달된다. 그것들은 유전자 풀(pool)의 장기적인 한 부분이 된다.

반수체 또는 단순 생명체에서와 같이 단일 카피(single copy)만이 존재하는 유전자에서 비 기능성 단백질을 초래하는 돌연변이가 발생하면 세포는 아마도 죽을 것이다. 이것은 대장균의 특정 돌연변이 균주가 UV 방사선에 의한 손상을 복구하는 데 필요한 유전자에서 돌연변이를 획득할 때 발생한다. 단일 단백질(대부분 효소)의 작용에 영향을 미치는 인간 게놈의 돌연변이는 3,500개 이상의 질병과 연계된다.

대부분의 자발적 돌연변이는 유익하지 않지만, 소수는 형질을 표현하는 다른 방법으로 변이주를 만들어 개체 및 개체로의 성공에 기여한다. 미생물은 이러한 이점을 "인식"하지 않으며 이러한 변경을 지시하지 않는다. 그들은 단순히 그들이 만나는 환경에 반응한다. 유익한 돌연변이를 가진 유기체는 더 쉽게 적응하고 생존하며 번식할 수 있다. 장기적 관점에서 볼 때, 이들이 생성하는 돌연변이와 변이는 개체군의 변화와 진화의 원천이 된다.

변이체를 생성하는 돌연변이는 어떤 개체군이 여러 특성에 대한 돌연변이 균주를 포함할 정도로 자주 발생하지만, 환경이 안정되어 있는 한, 이러한 돌연변이체는 일반적으로 개체군에서 작은 비율 이상을 차지하지 않는다. 그러나 환경이 변하면 특정 개인의 생존에 적대적이 될 수 있으므로, 새로운 환경에서 적응할 수 있는 돌연변이를 갖는 미생물만 이 생존할 수 있게 된다. 이러한 방식으로, 환경은 자연적으로 번식할 특정 돌연변이 균주를 선택하고, 시간이 지남에 따라 그 돌연변이 균주는 개체군에서 우점 균주(dominant strain)가 된다.

이러한 수단을 통해, 선택압력(selection pressure)이 작용하는 동안 이점을 제공하는 변화는 집단에 의해 유지될 것이다. 이러한 종류의 선택 및 적응에 대한 가장 명확한 모델 중 하나는 세균이 약제내성을 획득하는 것이다(12.4절 참조).

9.5 학습 평가

19. 돌연변이(mutation)라는 용어를 정의하고, 미생물에서의 돌연변이의 긍정적이고 부정적인 예를 각각 1개씩 설명할 수 있다.
20. 틀이동(frameshift), 넌센스(nonsense), 침묵(silent) 및 미스센스(missense) 돌연변이를 구별할 수 있다.

현미경으로 본 세상 — 논평

© Mare Czinar

이 뉴스 기사의 의도된 메시지는 유명한 관광지의 하이킹 코스 근처에 전염성 세균이 있음을 커뮤니티에 알리는 것이다.

이 기사를 비판적으로 읽으면 기사가 사실이라고 결론을 내릴 수 있다. 벼룩이 발견된 곳을 자세히 설명하고 협곡 지역에서 사람들이 취해야 할 예방 조치가 있는 사이드 바가 포함되어 있다. 그 진염성 세균이 왜 거기에 있을 수 있는지 설명하면서 과학지들에게 이야기에 대한 타당성을 제공했다. 이 기사는 매우 사교적인 동물인 프레리 도그(prairie dog, 개쥐)가 매우 높은 보급률을 갖고 있으나, 거의 하루 밤새 멸종될 수도 있다고 설명했다. 이것은 Picture Canyon에서 일어났다. 공원 순찰대원들은 한 지역의 프레리 도그 개체 수가 며칠 만에 실제로 사라졌다는 것을 알아냈다.

이 기사는 또한 질병 증상, 잠복기 기간 및 치료 옵션을 설명했다.

이 기사를 친구들에게 이해시키려면, 전염성 세균이 얼마나 치명적이었는지 설명하고, 항생제로 치료할 수 있다는 것을 설명해야 한다. 그것은 현대 미국에서 이 질병의 출현과 함께 전염병이나 흑사병에 대해 역사적으로 들은 것을 연결하는 것을 수반할 수 있다.

이 기사의 전반적인 점수는 A이다. 과학 정보가 뒷받침된 충분한 정보만으로 대중에게 경고하여야 대중이 놀라지 않고 무작정 불안해 하지 않는다.

출처: AZDailySun.com,"Plague-fected Fleas Show Up in Picture Canyon", 2015년 4월 3일 게시된 온라인 기사.

단원 요약

9.1 유전학과 유전자 소개: 유전의 비밀을 밝히다

- 핵산은 유전자 형태로 생명의 청사진(유전물질)을 포함하는 분자이다. DNA는 모든 세포 생명체의 청사진 분자이다. 그러나 바이러스의 청사진은 DNA 또는 RNA 일 수 있다.
- 생명체에서 DNA의 총량을 게놈(genome)이라고 한다. 모든 유전자가 항상 발현되는 것은 아니며, 발현되는 것은 생명체의 표현형(phenotype)으로 나타난다.
- 세균의 게놈은 진핵생물의 게놈에 비해 상당히 작다. 세균 DNA는 1개의 원형 염색체에 수천 개의 유전자로 구성되어 있다. 진핵생물 게놈은 수천 내지 수만 개의 유전자 범위이다.
- DNA는 반보존적 복제과정(semiconservative replication)에 의해 세포분열 직전에 스스로 복제한다. 반보존적 복제는 각각의 "오래된" DNA 가닥이 각각의 "새로운" 가닥이 합성되는 주형임을 의미한다.

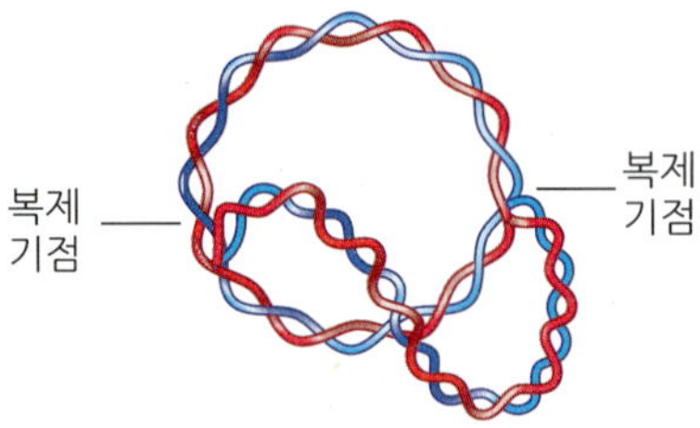

- 원형 세균 염색체는 DNA 중합효소 III의 지시에 따라 2개의 복제분기점(replication fork)에서 복제된다. 각각의 복제분기점에서, 2개의 새로운 가닥이 연속적으로 그리고 하나는 짧은 절편으로 합성되며 실수는 교정되고 제거된다.

9.2 DNA 코드의 적용: 전사와 번역

- DNA의 정보는 전사 및 번역 과정에 의해 단백질로 변환된다. 이들 단백질은 본질적으로 구조적이거나 기능적일 수 있다.
- DNA 코드는 3개의 염기그룹으로 나타난다. 이 코드는 코돈으로 RNA에 복사된다. 메시지는 단백질의 아미노산 유형을 결정한다. 그리고 이 코드는 모든 세포와 바이러스에서 보편적이다.
- DNA에는 많은 비단백질-코딩 서열이 포함되어 있다. 이들 서열은 종종 세포 기능을 조절하는 RNA로 전사된다.
- 진핵생물은 핵에서 DNA를 RNA로 전사하고 인트론을 제거하며 세포질에서 번역과정이 일어난다.

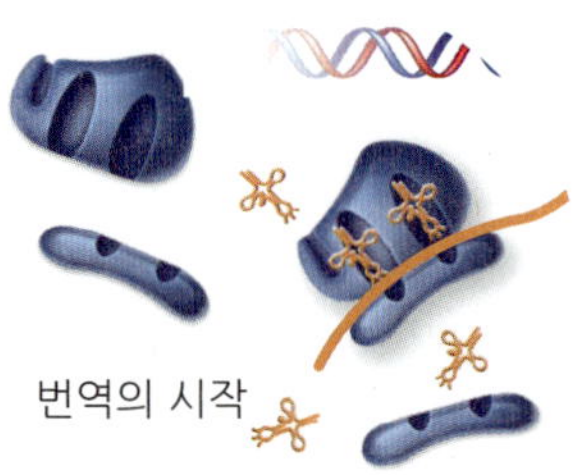

- 세균에서 DNA는 핵막에 의해 격리되어 있지 않으며, 또한 인트론이 없기 때문에, 세균에서는 전사하면서 번역 과정이 동시에 일어난다.
- 진핵세포는 별개의 스플라이싱(splicing) 기작 및 RNA 편집(editing)을 사용하여 단일 유전자 서열로부터 다양한 전사물을 생성할 수 있다.

9.3 단백질 합성의 유전자 조절

- 유전자는 발현과정인 전사단계에서 뉴클레오티드 코드를 노출시키거나 숨기는 특정 분자(억제자, repressor)에 의해 "켜짐" 및 "꺼짐"될 수 있다.
- 오페론은 DNA 상에서 기능적으로 연관되는 유전자들이 1개의 전사단위로 서로 연결되어 있는 구조단위이며, 여기에는 구조유전자, 작동자(operator), 프로모터(promoter)로 구성되며 이들을 조절하는 조절유전자가 따로 위치한다.
- 영양소는 조절 유전자 단백질과 결합하여 일련의 구조 유전자를 작동시키거나(유도성 유전자) 혹은 비작동시킨다(억제성 유전자). lac(락토스) 오페론은 유도성 오페론의 예시이다. arg(아르기닌) 오페론은 억제성 오페론의 예시이다.

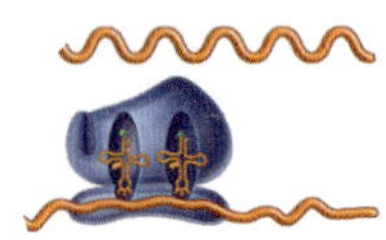

- 리파마이신(rifamycins), 테트라사이클린(tetracyclines) 및 아미노글리코사이드(aminoglycosides)는 미생물의 전사 및 번역 과정을 방해하는 항생제 부류이다.

9.4 DNA 재조합

- 유전자 재조합은 진핵생물에서 유성생식과 유전자의 수평적인 전달을 통해 발생한다.
- 세균에서 재조합은 단지 수평적인 유전자 전달을 통해서만 일어난다.
- 세균에서 발생하는 3가지 유형의 수평적인 유전자 전달은 접합(conjugation), 형질전환(transformation), 형질도입(transduction)이다.
- 전이성 요소(transposable elements, TEs)는 게놈의 한 부분에서 다른 부분으로 이동하면서, 유전물질이 재배열될 수 있는 유전자이다.

9.5 변이: 유전암호에서의 변화

- 유전자 암호의 변경은 다음 2가지 방법으로 발생할 수 있다(돌연변이 및 재조합). 돌연변이는 유기체 게놈의 뉴클레오티드 서열의 변화를 의미한다.

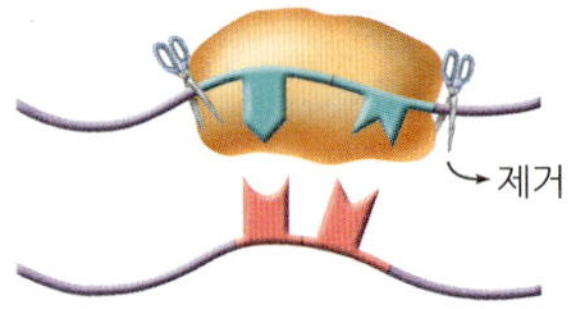

- 돌연변이는 자발적(자연

돌연변이) 혹은 외부 돌연변이 유발물질에 노출되어 유도될 수 있다.

- 모든 세포에는 손상된 DNA를 복구하는 효소가 있다. 손상 정도가 효소의 복구 능력을 초과하면 돌연변이가 발생한다.
- DNA 뉴클레오티드 서열에서 돌연변이에 의해 유도된 변화에는 1개 뉴클레오티드에서부터 많은 뉴클레오티드의 첨가와 결실에 이르기까지 다양하다.

객관식 문제(선다형 문제와 OX 문제) | 블룸 1단계 및 2단계: 기억과 이해

선다형 문제 – 제시된 보기에서 답을 고르시오.

1. 유전의 가장 작은 단위는 무엇인가?
   a. 염색체　　b. 유전자
   c. 코돈　　d. 뉴클레오티드
2. DNA 내 질소성 염기는 ___에 결합되어 있다.
   a. 인산　　b. 데옥시리보솜
   c. 리보솜　　d. 수소
3. DNA 복제는 반보존적이다. 이유는 ___가닥이 ___ 분자의 절반이 되기 때문이다.
   a. RNA, DNA
   b. 주형(template), 완결(finished)
   c. sense, mRNA
   d. codon, anticodon
4. DNA에서 아데닌은 ___에 대하여 상보적인 염기이며, 시토신은 ___에 대하여 상보적이다.
   a. guanine, thymine　　b. uracil, guanine
   c. thymine, guanine　　d. thymine, uracil
5. 전달 RNA는 ___ 분자이다.
   a. 리보솜 구조에 기여한다.
   b. 단백질 구조에 대해 유전암호를 적용시킨다.
   c. DNA 암호를 mRNA로 전달한다.
   d. 아미노산에 대한 마스터 코드(암호)를 제공한다.
6. 일반적인 규칙에서, DNA 주형 가닥(template strand)은 항상 ___로써 시작한다.
   a. TAC　　b. AUG
   c. ATG　　d. UAC
7. lac 오페론은 일반적으로 ___ 상태로 있으며, ___ 분자에 의해 활성화된다.
   a. on, repressor　　b. off, inducer
   c. on, inducer　　d. off, repressor
8. 어떠한 유전자가 3가지 다른 수평적인 유전자 전달방법에 의해 전달될 수 있는가?
   a. capsule production　　b. toxin production
   c. F factor　　d. drug resistance
9. 특수형질도입으로 일어날 수 있는 것은 어느 것인가?
   a. Hfr 플라스미드의 획득
   b. 독소 생산을 위한 유전자 전달
   c. 캡슐 생산을 위한 유전자 전달
   d. 살충제 분해를 위한 유전자을 포함하는 플라스미드의 전달
10. 유전자가 다른 환경에서 다르게 켜질 때, 이러한 것은 ___에서 변화를 나타낸다.
    a. 종(species)
    b. 유전형(genotype)
    c. 표현형(phenotype)
    d. 4증식속도(growth rate)

OX 문제 – 다음 문장 내용이 옳으면 O, 틀리면 X로 표기하고 틀린 내용을 올바르게 수정하시오.

11. DNA 염기쌍은 주로 공유 결합으로 유지된다.
12. 돌연변이(mutation)는 일반적으로 네거티브한 결과를 초래한다.
13. DNA에서 지연가닥(lagging strand)은 짧은 단편으로 복제된다. 이유는 DNA 중합효소가 한쪽 방향으로만 합성할 수 있기 때문이다.
14. mRNA는 DNA 주형가닥의 유전자 번역에 의해서 형성된다.
15. 뉴클레오티드는 오탄당, 인산, 질소성 염기로 구성되어 있다.

© Digital Vision/Getty Images RF

Chapter 10 유전공학과 재조합 DNA

현미경으로 본 세상

당신 안의 누군가!

이번에 소개하는 사례를 통해 대중매체의 기사가 어디까지 사실인지 살펴볼 것이다. 이 사례는 2015년 BBC.com 뉴스에 실린 "당신 안에 다른 누군가가 살고 있는가."란 기사에 대한 것이다.

이제 우리는 유전자가 움직인다는 사실에 익숙해져야 한다. 유전자는 유전체의 한 부분에서 다른 부분으로 자연스럽게 이동하며, 다양한 기작을 통해 한 생물에서 다른 생물로 이동한다. 이것은 인간조차도 다른 생물의 유전자를 가지고 있음을 의미한다. 한 연구자는 "인간은 단일 개체가 아닌 초개체(superorganism)이다. 매우 많은 수의 인간과 비인간 개체들이 우리를 제어하기 우리 내부에서 끊임없이 기를 쓰고 있다."라고 말했다.

BBC.com의 이 기사는 우리 몸에도 다른 인간의 유전자가 있다고 설명했다. 쌍둥이를 예를 들어, 형제·자매의 세포를 자신의 몸에 가지고 있을 가능성이 크다. 한 연구에 따르면, 성인 여성 뇌의 63%가 Y염색체(남성 염색체)를 가지고 있는 것으로 밝혀졌다. "뇌는 남성의 몸에서 나온 세포로 얼룩덜룩했다."라고 한 연구원은 말했다.

이란성 쌍둥이는 유전적으로 서로 다르지만 일란성 쌍둥이는 유전자 구성을 공유하는 것으로 알려져 있기 때문에, 연구자들은 종종 일란성 쌍둥이와 이란성 쌍둥이를 비교하여 유전적 요인에 관해 연구한다. 이 기사는 이란성 쌍둥이조차도 임신 중에 얻은 형제들로부터 많은 양의 DNA를 함유하고 있다고 제안했다. 이로 인해 과거부터 현재까지 진행해온 연구가 혼란에 빠질 수 있다.

- 이 기사가 **의도하는 메시지**는 무엇인가?
- 기사를 읽은 후 **여러분의 평가**는 어떠한가? 평가가 비판을 의미하는 것은 아니다. 여러분의 지식을 이용하여 기사의 사실여부, 그리고 기사가 전달하고자 하는 메시지가 무엇인지를 제대로(혹은 옳게) 인지하기 위해서는 비평적인 안목이 필요하다.
- 미생물학을 공부하지 않은 친구를 위해 이 기사를 어떻게 **해석할** 것인가?
- 기사의 정확성과 의도된 효과의 정확성을 고려하여 기사에 대한 당신의 **점수**는 얼마인가?

현미경으로 본 세상–논평은 이 장의 끝에 나옵니다.

10.1 유전공학의 소개

9장에서 미생물이 유전자 정보를 복제, 교환 및 사용하는 방법을 살펴보았다. 이것을 이용하여 생산되거나 응용된 것이 없기 때문에, 과학용어로 기초과학(basic science)이라고 부른다. 하지만 인간이라는 존재는 기초연구의 결과로부터 응용을 빠르게 이끌어내기 마련이다.

유전학에서도 동일한 시나리오가 펼쳐졌다. 미생물이 자신의 DNA로 하는 일들을 연구자들이 인간에게 중요한 목표를 달성하기 위해 어떻게 사용하였는지 살펴보라. 현대적이거나 그다지 현대적이지 않은 다양한 유전공학적인 기술들을 사용해 인간이 성취하고자 하는 것들은 대략 아래에 시나리오로 제시된 예시들과 같다.

1. 한 농부는 더 큰 돼지 자손을 생산하기 위해 2마리의 가장 큰 돼지를 교배시킨다. 불행하게도, 교배 중에 다른 유전자가 옮겨져서 작거나 건강하지 않은 돼지가 태어난다. 유전자 조작은 특정 유전자의 전달을 허용하여 유익한 특성만을 선택하도록 한다.
2. 법원은 수천 년 동안 사람의 표현형(눈 색, 머리 색 등)을 식별 수단으로 사용해왔다. 표현형이 특정 DNA 서열의 산물이라는 것을 기억한다면, 여러분은 누군가의 DNA(어쩌면 한 방울의 혈액에서)를 관찰하는 것이 그 사람의 신원을 확인하는 데 더 좋은 단서를 제공해준다는 것을 금방 알 수 있다.
3. 우리는 오랫동안 많은 질병이 단백질이 없거나 기능 장애의 결과라고 이해해왔고, 일반적으로 우리가 할 수 있는 최선의 방책으로 단백질을 대체하여 질병을 치료해왔다. 이러한 치료는 대개 일시적 완화와 제한된 성공만을 초래했다. 예를 들어, 인슐린 의존성 당뇨병, adenosine deaminase 결핍 및 혈액 응고 장애가 있다. 유전공학은 특정 단백질의 부족을 초래하는 근본적인 돌연변이를 고침으로써 과거보다 훨씬 더 성공적으로 이러한 질병을 치료할 수 있다고 확신한다.
4. 생물의 전체 유전체염기서열 분석이라는 새로운 결과물은 RNA 조절분자가 많은 질병을 영구적으로 "치료(fixing)"하는 데 더 유용할 수 있다는 것을 보여줬다.

유전공학 및 생명공학 응용에 대한 정보는 새로운 발견이나 제품이 뉴스에 거의 매일 등장하는 속도로 증가하고 있다. 이 주제를 다소 쉽게 관리하기 위해서는 다음과 같은 5가지 주제로 구성된 필수 개념과 응용 프로그램을 제시한다.

- 유전공학의 도구와 기술
- DNA 재조합 기술의 제품
- 유전적 치료
- 유전체 분석
- 단백질체 분석

10.1 학습 평가

1. 현대 유전적 기술의 실제 적용 사례를 제시할 수 있다.

10.2 유전공학의 도구와 기술

DNA: 원재료

DNA가 세균 내부 또는 시험관 내부에 있는지 여부와 관계없이 DNA의 모든 본질적인 특징은 똑같다. 예를 들어 helicase 효소는 세균 세포 내부와 마찬가지로 실험에서 쉽게 이중나선의 두 가닥을 풀 수 있다. 그러나 실험실에서는 DNA의 화학적 지식을 활용하여 helicase 없이 DNA를 풀 수 있다. DNA를 끓는점 바로 아래(90~95℃) 온도에서 가열하면 두 가닥이 분리되어 염기 정보가 노출된다. 뉴클레오티드가 노출된 DNA는 식별, 복제 또는 전사가 쉽게 가능해진다. 열변성 DNA가 서서히 냉각되면, 상보적 뉴클레오티드가 서로 수소 결합하고 가닥이 변성되거나 기존의 이중가닥 형태를 되찾게 된다(**과정 그림 10.1**). 우리가 볼 수 있듯이, 이 과정은 중합효소연쇄반응과 핵산 탐침(probe) 응용에 필요한 특징이다.

핵산의 다이싱, 스플라이싱, 리버싱 시스템

DNA의 폴리뉴클레오티드(polynucleotide) 가닥은 제한 효소 **endonuclease**에 의해 선택된 부위에서 십자형으로 절단될 수 있다.[1] 1971년 발견된 이 효소는 세균 및 고세균 세포에서 유래된 것으로, 이 장에서 다루게 될 거의 모든 부분을 가능하게 했다. 이 효소는 외부 DNA를 인식하고 인접한 뉴클레오티드 사이의 인산디에스테르 결합(phosphodiester bond)을 파괴하여 DNA 가닥을 절단할 수 있다. 자연적으로 이 효소는 세균과 고세균에서 외부로부터 침입한 박테리오파지(bacteriophage) 또는 플라스미드로부터 보호해준다. 실험실에서 효소는 원하는 위치에서 DNA를 절단하는 데 사용될 수 있으며 재조합 DNA 기술에 필요하다.

세균과 고세균에서 수천 개의 제한 endonuclease가 발견되었다. 이 효소들은 4~10개의 알려진 염기서열을 대상으

1 제한의 의미는 효소가 세균 자신의 DNA에 작용하지 않고, 분해효소가 끝이 아니라 내부적으로 DNA를 콕콕 찌른다는 것이다.

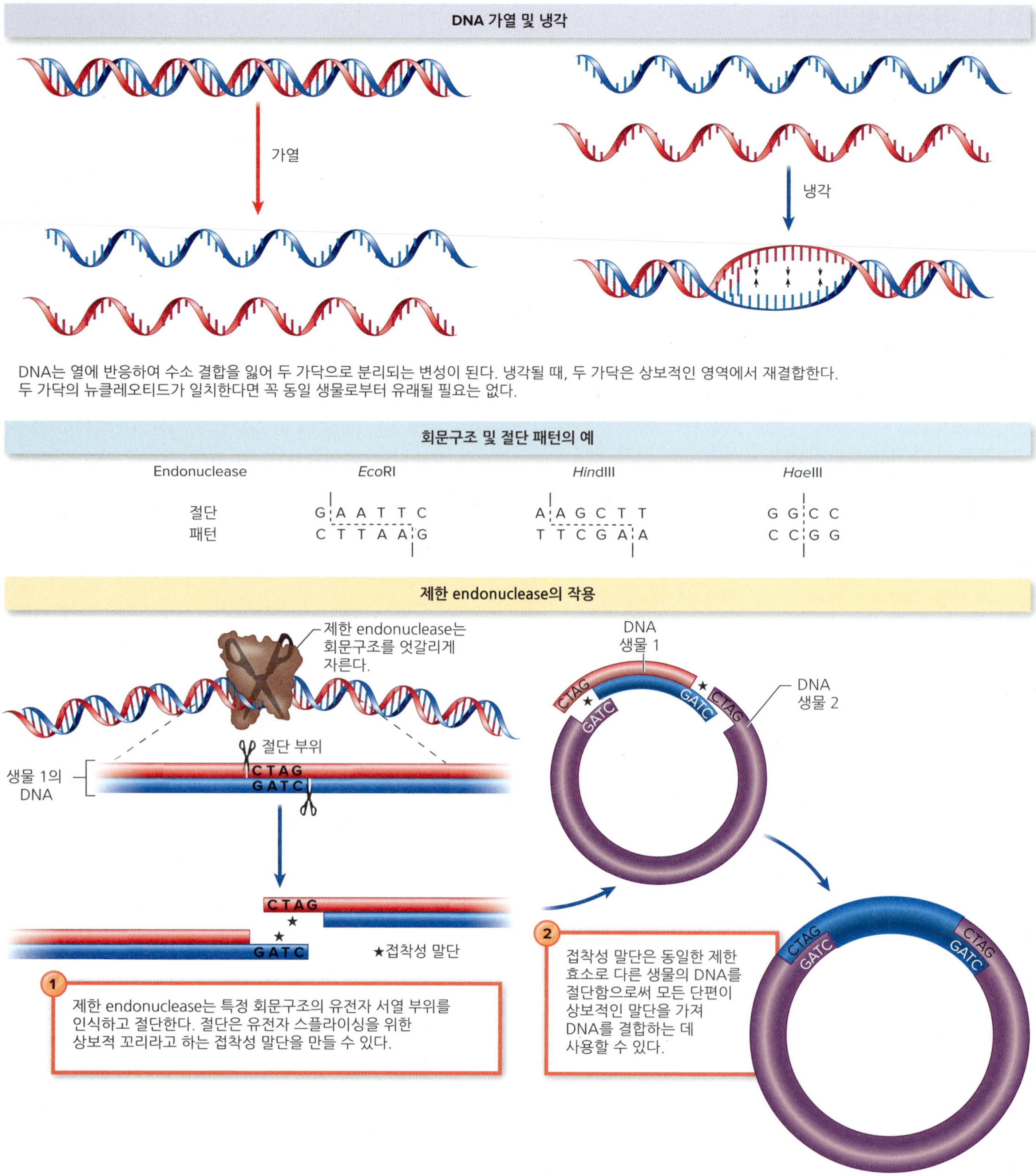

과정 그림 10.1 DNA의 유용한 특성

로 하는 각 유형이 있어서 절단 위치를 세밀하게 제어할 수 있다. 이 효소들은 **회문구조**(palindrome)라고 하는 염기서열을 인식하고 절단하는 독특한 특성을 가지고 있다(과정 그림 10.1 참조). 회문구조는 한 가닥에서 5′에서 3′ 방향으로, 다른 가닥에서 5′에서 3′ 방향으로 읽을 때 동일한 DNA 서열을 말한다.

Endonuclease는 일반적으로 세균 속(genus)의 첫 글자, 종(species)의 첫 2글자와 endonuclease 숫자를 조합하여 명명된다. 따라서 *EcoRI*은 대장균에서 발견된 첫 번째 endonuclease(R 균주)이고, *HindIII*는 인플루엔자균(*Haemophilus influenzae*) 유형 d에서 발견된 3번째 endonuclease이다(과정 그림 10.1 참조).

Endonuclease는 실험실에서 후속 연구를 위해 재조합 DNA 기술을 수행하는 동안 염기서열을 제거하고 삽입할 뿐만 아니라 추가연구를 위한 DNA를 더 작은 조각으로 절단하는 데 사용된다. *HaeIII*와 같은 endonuclease는 DNA를 직각으로 자른다. 하지만 "접착성 말단(sticky end)"이라고 하는 짧은 꼬리를 남기는 엇갈린 대칭 절단을 하는 효소가 더 많다. 효소는 3′가닥에서 4~5개의 염기를 절단하고, 5′가닥에서 4~5개의 염기를 절단하여 각 말단에 돌출부를 남긴다. 이러한 접착성 꼬리는 다른 DNA 절편 또는 플라스미드의 상보적 꼬리와 염기쌍을 이루게 된다(과정 그림 10.1 참조). 이러한 효과는 유전자를 특정 부위에 결합시키는 것을 가능하게 한다.

제한 endonuclease에 의해 생성된 DNA 조각을 **제한 절편**(restriction fragments)이라고 한다. 동일한 종의 균주들 사이에서도 DNA 서열이 다양하기 때문에, 특정 제한 endonuclease의 절단 패턴의 차이는 **제한 절편 길이 다형성**(restriction fragment length polymorphisms, RFLP)으로 알려진 서로 다른 길이의 제한 절편을 발생시킨다. RFLP를 사용하면 특정 위치에서 2가지 다른 생물의 DNA를 직접 비교할 수 있는데, 이는 앞으로 살펴보겠지만 다양하게 사용된다.

Endonuclease에 의해 절단된 인산-당 결합을 재결합함으로써 접착성 말단을 함께 밀봉하기 위해서는 **연결효소**(ligase)라 하는 다른 효소가 필요하다. 이는 유전자를 플라스미드와 염색체에 최종적으로 스플라이싱하기 위해 주로 응용된다.

역전사효소(reverse transcriptase)라고 하는 효소는 HIV 및 다른 레트로바이러스의 복제에 역할을 하는 것으로 잘 알려져 있다. 또한 유전학자에게 RNA를 DNA로 변환하는 귀중한 도구를 제공한다. **상보적 DNA**(cDNA, complementary DNA)라 하는 분자는 메신저, 전달, 리보솜 및 기타 형태의 RNA로부터 만들어진다. 이 기술은 mRNA 전사물로부터 진핵생물 유전자를 합성하는 귀중한 수단으

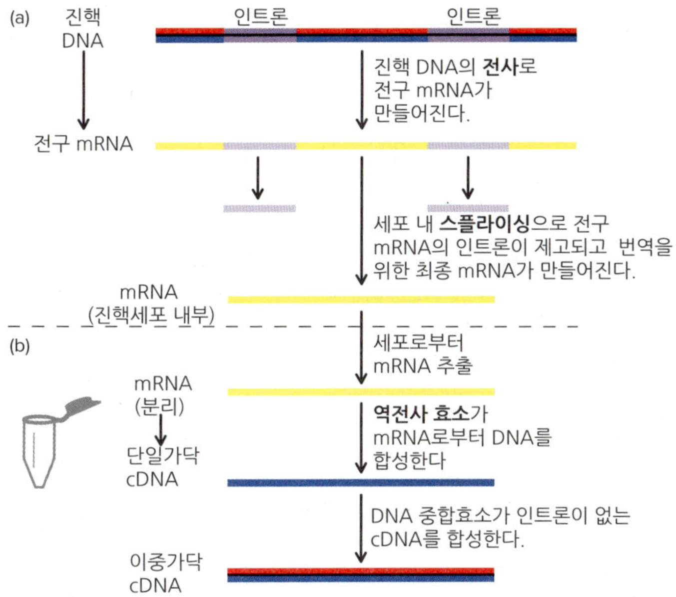

그림 10.2 진핵생물 mRNA로부터 cDNA 만들기 진핵생물 유전자가 세균 세포에 의해 발현되려면 인트론이 없는 DNA 복제물을 클로닝해야 한다. cDNA는 원래 DNA와 동일한 단백질을 암호화하지만 인트론이 없다.

로 사용된다(**그림 10.2**). 이 기술은 유전공학에서 진핵생물과 고세균의 유전자 조작을 복잡하게 하는 개재서열(인트론)을 갖지 않는 합성 유전자라는 이점이 있다.

연구자들이 유전체를 변경하기 위해 이용할 수 있는 또 다른 시스템이 세균과 고세균에서 발견됐다. 이 시스템을 CRISPR이라고 하며, 짧은 회문구조 반복 서열(clustered regularly interspaced short palindromic repeats)을 말한다. 세균 및 고세균에서 이들은 반복적인 뉴클레오티드를 갖는 짧은 길이의 DNA이다. 반복 서열 다음에, 짧은 간격의 스페이서(spacer) DNA가 발견된다. 이들은 박테리오파지 또는 플라스미드를 "침입(invading)"하면서 남겨진 DNA의 흔적으로 밝혀졌다. 유전체의 CRISPR 영역은 이 외래 DNA를 인식하고 절단하여 세균이나 고세균의 침입을 막을 수 있다. 세균이 사용하는 적응 면역체계인 것으로 생각하면 된다. 다시 말하자면, 세균은 DNA 조각을 자신의 유전체에 위치시킴으로써 침입성 파지를 식별할 수 있도록 "학습(learn)"하여, 이후로는 문제를 초래하기 전에 DNA를 절단할 수 있다.

이 시스템은 실험실 사용이 매우 적합한 것으로 알려져, 연구자들은 많은 유전공학의 응용분야에서 CRISPR을 사용하기 시작했다. 이 기술은 저렴하고, 수행하기 쉬우며 매우 효과적이다. 연구자들은 특정 유전자 서열을 대상으로 하는 올바른 **가이드 RNA**(guide RNA)만을 설계하면 된다. 가이드 RNA는 CRISPR 시스템과 연관된 nuclease와 혼합하여

원하는 거의 모든 생명체에서 DNA를 절단할 수 있다. 과학계 내외에서 CRISPR 시스템에 대한 윤리적 문제를 제기하는 많은 목소리가 있다. 한 가지 이유로는 대상이 아닌 유전체의 다른 영역에도 영향을 미치는 사례가 빈번했다. 또 다른 우려로 CRISPR 시스템이 **유전자 드라이브**(gene drive)라고 하는 과정에 사용될 수 있다는 것이다. 예를 들어, CRISPR을 이용하여 모기가 말라리아 원생동물에게 더 이상 영향을 받지 않을 수 있다면 이것은 좋은 일이다. 하지만 이렇게 빨라진 진화는 의도하지 않은 결과를 초래할 수 있으므로 두렵기도 하다.

DNA 분석

겔 전기영동

DNA 절편을 판독할 수 있게 하는 한 가지 방법으로 **겔 전기영동**(gel electrophoresis)이 있다. 이 기술에서, 시료는 부드러운 한천 겔의 구획(웰, wells)에 주입되고 전류를 흐르게 한다(**그림 10.3a**). DNA의 인산기는 전체 분자에 음전하를 부여하여 DNA가 겔의 양극(positive pole)으로 이동하게 한다. 이동속도는 주로 조각의 크기에 따라 다르다. 큰 조각은 느리게 이동하여 겔의 상단에 유지되는 반면, 작은 조각은 빨리 이동하여 구획에서 멀리 떨어지게 된다. DNA 절편은 염색을 통해 볼 수 있는데, 이는 겔 재료에 포함되

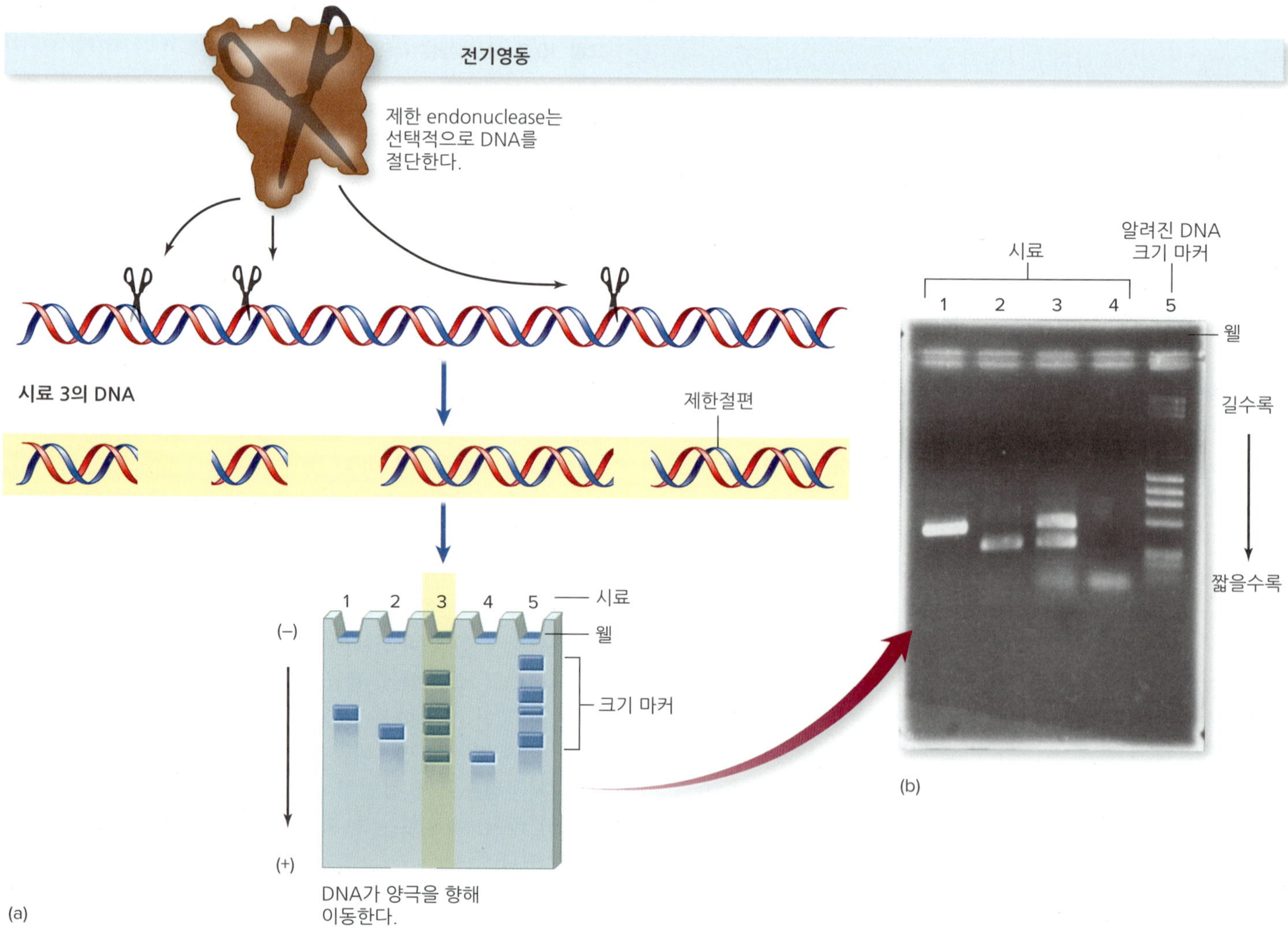

그림 10.3 전기영동으로 형성된 DNA 패턴 (a) 절편으로 절단 후, DNA는 한천 겔의 한쪽 끝의 웰에 주입된다. 전류가 겔을 통해 음극에서 양극으로 흐르면, 음으로 대전된 DNA는 양극 쪽으로 이동한다. 염기쌍 수가 더 많은 큰 절편은 더 작은(더 짧은) 절편보다 더 느리게 이동하고 웰 근처에 유지된다. (b) DNA 절편의 분리 패턴을 나타내는 실제 염색된 겔. 주어진 DNA 밴드의 크기는 알려진 크기(레인 5)의 DNA 단편 세트와 이동한 거리를 비교함으로써 결정된다.

(b) © Kathy Park Talaro

거나 전기영동 완료 후 염색한다(**그림 10.3b**). 전기영동 패턴은 매우 독특하고, DNA 절편을 특징화하여 유전적 지문(genetic fingerprint, 나중에 논의됨)이 되므로 시료 간의 유전적 유사도를 비교하는 데 매우 유용하다.

질병과의 연관성

겔 전기영동은 식품 매개 질병 발생여부 조사에 매우 유용하게 적용할 수 있다. CDC 및 공중 보건부는 식품 시료 또는 환자로부터 분리된 미생물이 정확히 동일한 계통이어서, 공통 발생인지 확인하기 위해 간헐 영역 겔 전기영동(pulse-field gel electrophoresis)을 변형하여 사용한다.

핵산혼성화 및 탐침

2개의 서로 다른 핵산은 그들의 상보적 영역에서 연결됨으로써 **혼성**(hybrid)될 수 있다. 단일가닥 DNA가 다른 단일가닥 DNA나 RNA와 연결되고, RNA가 다른 RNA와 혼성되는 등 모든 조합이 가능하다. 이러한 특성은 **유전자 탐침**(gene probe)이라고 하는 특별히 만들어진 추적자(tracer)의 개발을 가능하게 했다. 이들 탐침은 알려진 염기서열의 짧은 DNA 단편으로 구성되고, 만약 시험 시료에 상보적인 염기가 존재하는 경우 염기쌍을 형성한다. 혼성화 영역을 가시화할 수 있도록 탐침은 UV 빛 아래에서 보이는 형광염료나 가시광을 발산하는 발광 라벨과 같은 보고분자(reporter molecule)를 보유한다. 효소 연결 탐침은 비색소기질이 효소의 작용으로 유색 분자로 변할 때 감지된다.

탐침은 일반적으로 환자의 표본에서 감염원을 진단하고 알려지지 않은 세균 또는 바이러스를 식별하는 데 사용된다. 간단하고 빠른 방법으로 전기영동을 필요로 하지 않는 방법을 혼성화 시험(hybridization test)이라고 한다. 시료의 DNA를 분리하고, 변성시킨 후, 흡수 필터에 놓고 미생물별 탐침과 결합시킨다(**과정 그림 10.4**). 이어서, 블롯(blot)을 전개하고 혼성화 부분을 관찰한다. 시판되는 진단 키트를 사용하여 *Salmonella*, *Campylobacter*, *Shigella*, *Clostridium difficile*, 로타바이러스 및 아데노바이러스 등과 같은 장내 병원체를 식별할 수 있다. DNA 탐침은 또한 인간의 유전자 마커 및 일부 유형의 암을 위해 개발되었다.

탐침을 온전한 세포에 적용하고 유전자상의 특정 유전자 마커 서열의 존재 및 위치에 대해 현미경으로 관찰하는 또 다른 방법인 **형광현장혼성화법**(FISH, fluorescence *in situ* hybridization)이 있다. 염색체에서 유전자를 찾는 매우 효과적인 방법이다. **현장**(*in situ*)기술은 또한 자연 서식지에 살고 있는 알려지지 않은 세균을 배양하지 않고도 식별할 수 있으며, 세포와 조직에서 RNA를 탐지하는 데 사용될 수 있다.

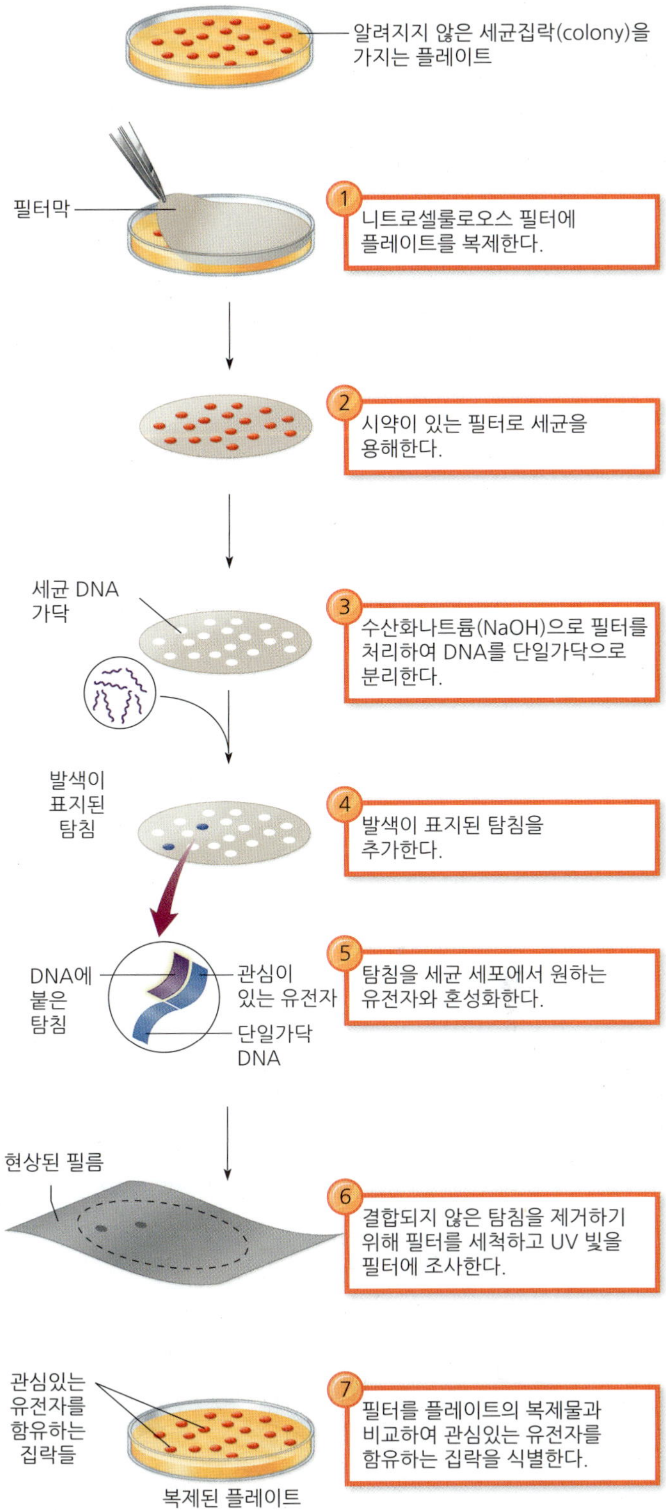

과정 그림 10.4 혼성화 시험은 알려지지 않은 세균이나 바이러스를 식별하기 위해 그들의 특이적 탐침을 이용한다.

들여다보기 10.1 마이크로바이옴: 숙주 유전학과 마이크로바이옴

사람의 미생물총(microbiota)의 조성은 사람마다 다르다. 물론 우리는 우리 자신이 서로 다른 유전적 구성에서 비롯된 많은 유전적 변이를 보인다는 것을 알고 있다. 이로 인해 연구자들은 미생물총의 구성이 숙주의 유전학에 영향을 받는지 궁금증을 갖고 있었다.

이것을 시험하는 한 가지 좋은 방법은 일란성 쌍둥이와 이란성 쌍둥이를 살펴보는 것이다. 이란성 쌍둥이는 동일한 유전자를 공유하지 않지만 일란성 쌍둥이는 공유한다. 일란성 쌍둥이의 마이크로바이옴이 이란성 쌍둥이의 마이크로바이옴보다 유의하게 더 유사하다면, 인간 유전체가 사람이 얻은 마이크로바이옴에 영향을 준다는 것을 암시한다.

이 질문을 위해 연구자들은 먼저 가설을 세울 것이다. 이란성 쌍둥이의 미생물총의 차이의 정도는 일란성 쌍둥이의 미생물총의 차이의 정도보다 크지 않을 것이다. 이것은 귀무가설로 작성된다. 즉, 두 그룹 간의 차이가 없다는 것이다. 그 후 많은 두 유형의 쌍둥이 쌍으로 가설을 검정하기 위한 실험을 설정할 것이다. 본 연구에서는 416쌍의 쌍둥이를 검사했다.

이 연구에서, 일란성 쌍둥이는 이란성 쌍둥이보다 더 유사한 마이크로바이옴을 갖는 것으로 조사되었다. 그들은 "상속 가능한 분류군의 허브(a hub of heritable taxa)"라 하는 것을 가지고 있었고, 그중에서도 크리스텐세넬라(*Christensenellaceae*)라고 하는 새로 발견된 세균 그룹이 있었다.

따라서 가설이 틀렸음을 입증하였다. 두 그룹 사이에는 상당한 차이가 있었다. 이 논문의 저자는 사람의 마이크로바이옴이 파란 눈을 가지는 것과 같은 유전적이라고 제안했다. 좀 더 간접적으로 표현하자면, 표현형을 결정하고 자신의 마이크로바이옴 역시 결정할 수 있는 사람의 유전자형은 유전된다.

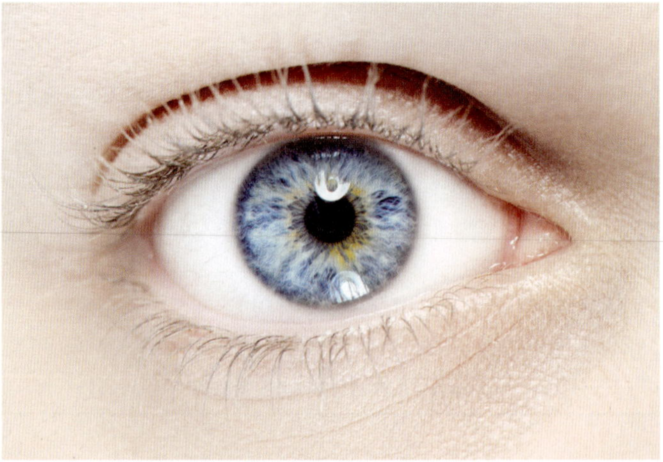

© coloroftime/Getty Images RF

과학에는 "기회는 준비된 자에게 찾아온다"라는 말이 있다. 이 연구의 경우 연구자들은 그들이 기대하고 있지 않던 것을 발견했다. *Christensenellaceae*의 존재가 낮은 체질량지수(BMI, body mass index)와 관련되어 있었다. 이것은 단지 연관성이었고 인과관계를 증명할 수 없었기 때문에 실험용 생쥐에 *Christensenellaceae*를 의도적으로 노출시키는 또 다른 실험을 수행했다. 이 생쥐들은 *Christensenellaceae*를 먹지 않은 생쥐에 비해 체중이 감소하였다. 따라서 현재 연구는 지속되고 있다. 놀라운 것을 발견하고 그들 스스로가 물었던 질문에 대한 답을 찾는 것에서 많은 연구자들은 자신의 직업에 매우 만족한다.

DNA의 크기

핵산의 상대적 크기는 일반적으로 이들이 함유하는 염기쌍(bp, base pair) 또는 뉴클레오티드의 수로 표시된다. 예를 들어, endonuclease에 의해 인식되는 회문서열은 일반적으로 길이가 4~10 bp이고, 대장균의 평균 유전자는 대략 1,300 bp 또는 1.3 kb(kilobase)이고, 전체 유전체는 대략 4,700,000 bp, 4,700 kb 또는 4.7 Mb(megabase)이다. 인간 미토콘드리아의 DNA는 16 kb를 가지고, 엡스타인-바 바이러스(Epstein-Barr virus, 감염성 단핵구증의 원인)는 172 kb를 갖는다. 인간은 46개의 염색체에 배열된 약 31억 개의 염기쌍을 갖는다.

오믹스(omics)

생명체의 전체 유전체 서열을 얻게 됨에 따라, 세포 또는 생명체의 어떤 측면에서의 "전체 그림"을 나타내는 새로운 용어들이 탄생했다.

유전체학(genomics) 생명체의 유전자와 기능에 대한 체계적인 연구

단백질체학(proteomics) 생명체의 모든 단백질[이것이 "단백질체(proteome)"]과 단백질에 의해 매개되는 기능에 대한 연구

범유전체학(metagenomics) ["군집유전체학(community genomics)"라고도 불림] 단일 종의 개별 유전체와는 달리 특정 생태적 지위의 전체 유전체에 대한 연구

대사체학(metabolomics) 주어진 시간에 세포에 존재하는 모든 작은 화학물질들에 대한 연구. 세포의 생리적 상태와 물질대사의 최종 생산물에 대한 스냅샷(snap shot) 제공

중합효소연쇄반응: DNA를 위한 분자 복사기

DNA와 RNA를 분석하는 데 사용되는 기술 중 일부는 사용 가능한 핵산의 양이 적어서 사용할 수 없다. 이 문제가 **중합효소연쇄반응**(PCR, polymerase chain reaction)이라 하는 DNA를 증폭하는, 단순하면서도 다재다능한 방법의 발명으로 해결되었다. 이 기술은 배양하거나 복잡한 정제 기술을 수행할 필요 없이 시료의 DNA 양을 빠르게 증가시킨다. 이 기술을 이용하면 단일 세포에서 암을 발견하거나 하나의 유전자 복제수(gene copy)로부터 감염을 진단할 수 있을 정도로 민감하다. 분자의 "건초더미(haytack)"에서 단일 DNA인 "바늘(needle)"을 찾아내고, DNA를 무제한으로 복제할 수 있다고 이야기할 수 있다. PCR의 빠른 속도는 대상

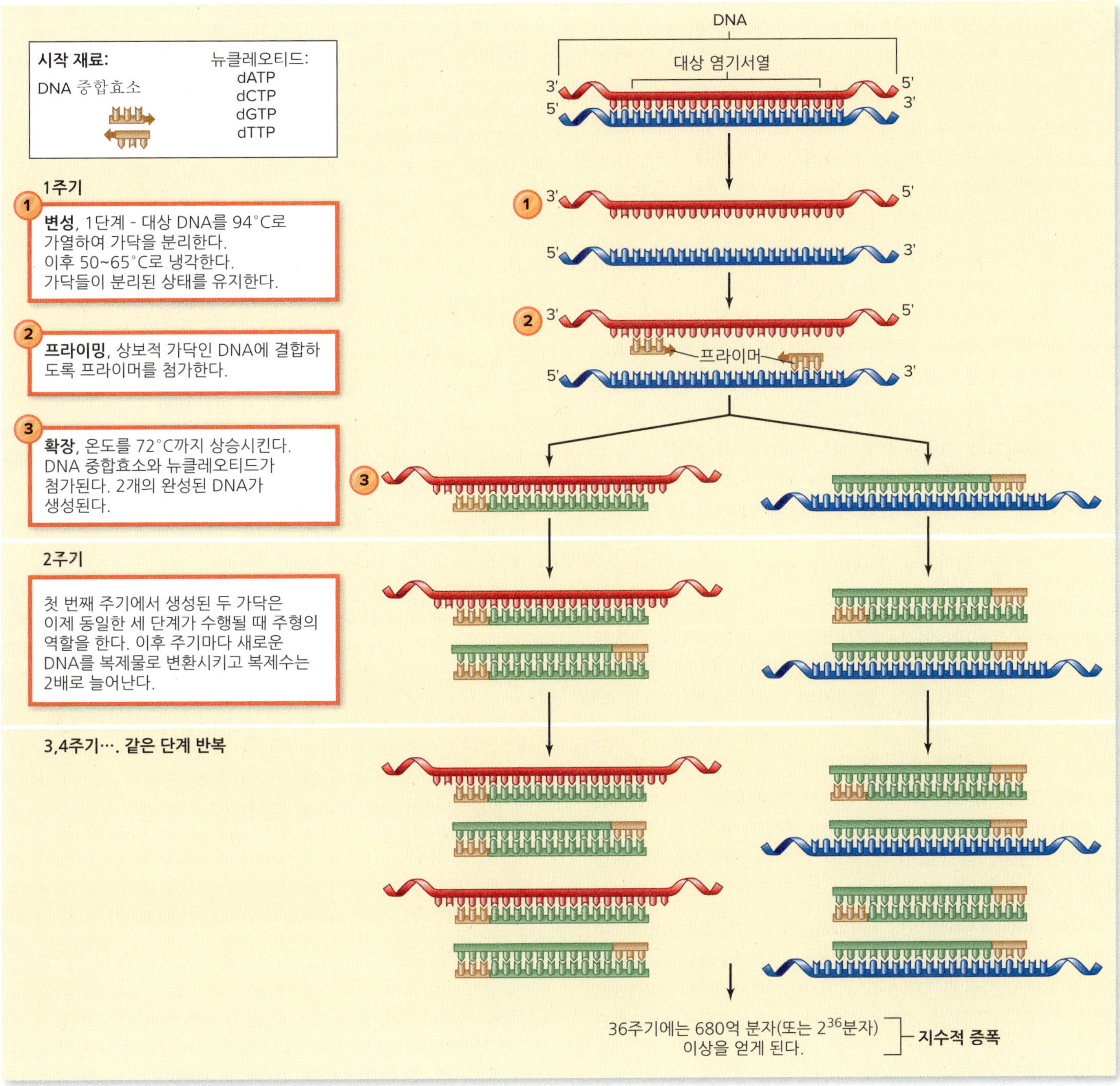

과정 그림 10.5 중합효소연쇄반응

DNA를 몇 시간 안에 몇 개의 복제수에서 수십억 복제수로 복제할 수 있게 한다. 1983년 PCR 기술의 발전은 분자유전학의 위대한 진보의 하나로 간주된다(많은 연구자는 2000년대 초에 시작된 CRISPR 시스템의 사용이 이와 유사한 중요한 발전이라고 생각한다).

PCR의 기본 개념을 이해하려면 세포에서 자연적으로 발생하는 DNA 합성을 보여주는 과정 그림 9.6을 살펴보면 도움이 될 것이다. PCR 방법은 이중가닥의 분리, 노출된 가닥을 주형으로 사용, 프라이머의 첨가 및 DNA 중합효소의 작용으로 생각하면 된다.

반응을 시작하려면 몇 가지 특수한 성분이 필요하다(**과정 그림 10.5**). 앞에서 본 바와 같이 **프라이머**(primer)는 DNA 증폭이 시작되는 위치를 나타내는 랜드마크 역할을 하는 15~30개의 알려진 염기서열로 합성된 올리고뉴클레오티드(oligonucleotides, 짧은 DNA 가닥)이다. DNA 가닥을 분리하려면 비교적 높은 온도에서 처리해야 한다. 이를 위해 호열성 세균으로부터 분리된 특수한 DNA **중합효소**(DNA polymerase)의 사용이 필요하다. 이러한 독특한 효소의 예로는 *Thermus aquaticus*로부터 얻어진 Taq 중합효소와 *Thermococcus litoralis*의 벤트(Vent) 중합효소가 있다. 이러한 호열성 생명체로부터 분리된 효소는 PCR 동안의 높은 온도에서도 활성을 유지한다(들여다보기 7.3 참조). PCR의 또 다른 유용한 요소로는 주기적 온도변화를 자동으로 수행하는 열순환기(thermo cycler)라고 하는 기계가 있다.

PCR 기법은 변성(denaturation), 프라이밍(priming) 및 확장(extention)의 3가지 기본 단계를 반복하여 작동한다. 이 과정은 과정 그림 10.5에 자세히 설명되어 있다.

DNA가 증폭되는 것은 이러한 단계의 주기적인 반복을 통해서이다. 첫 번째 주기에서 형성된 DNA가 변성되면, 2번째 주기에서는 프라이머가 붙고 확장되어 증폭물(amplicons)이 된다. 이후 주기마다 새로운 DNA를 증폭물로 변환하고 복제수를 2배로 늘린다. 100만 개의 분자를 만드는 데 필요한 주기 수는 20개지만, 그 과정에서 보통 30개 또는 40개 주기로 진행된다. 이 기술의 중요한 장점은 자동화가 자연스럽게 적용 가능하다는 것이다. PCR 기기는 2~3시간 동안 거의 100개의 시료에 대해 20주기를 수행할 수 있다.

한번 PCR이 완료되면 증폭된 DNA는 이 장에서 논의되는 기술 중 하나에 의해 분석될 수 있다. 또한 실시간 PCR(real-time PCR)이라는 기술도 마지막이 아닌 반응 도중에 시료를 감지할 수 있다. PCR은 또한 역전사효소를 사용하여 RNA 시료를 DNA로 처음에 변환함으로써 RNA를 분석하도록 응용될 수 있다. 이 cDNA는 일반적인 방식으로 PCR에 의해 증폭될 수 있다. 이러한 수단에 의해 리보솜 RNA 및 메신저 RNA의 염기서열분석이 가능하다. 중합

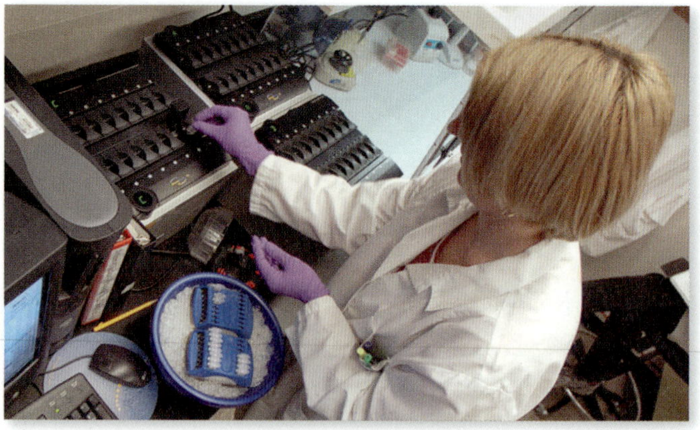

그림 10.6 감염병 진단을 위해 병원 및 임상 연구실에서 사용되는 자동화된 PCR 기기

효소연쇄반응은 분자생물학, 의학 및 생명공학의 강력한 도구이다. 유전자 지도 작성, 유전적 결함 및 암 연구, 법의학, 전염병 진단(**그림 10.6**) 및 분류학 연구에서 필수적인 역할을 한다.

재조합 DNA 기술의 방법들: 자연을 모방하는 방법

재조합 DNA 기술(recombinant DNA technology)의 주요 목적은 하나의 생명체에서 유전물질을 의도적으로 제거하고 다른 생명체의 유전물질과 결합시키는 것이다. 이 기술의 중요한 목적은 유전자 **클론**(clone)을 만드는 것이다. 클로닝은 동물, 식물 또는 미생물(유전자 공여체)에서 대상 유전자를 분리해 이를 다양한 숙주 생명체에 주입해 증식시키는 것이다. 클로닝을 위해서는 원하는 공여자 유전자를 먼저 선별하고 제한 endonuclease로 절단한 후 분리해야 한다. 이후 유전자를 클로닝 숙주에 DNA를 삽입할 **벡터**(vector, 보통 플라스미드 또는 바이러스)에 삽입한다. **클로닝 숙주**(cloning host)는 일반적으로 유전자를 복제하고 이를 암호화하는 단백질 생산물로 번역할 수 있는 세균 또는 효모이다. 다음 절에서는 유전자 분리, 벡터 및 클로닝 숙주의 요소들을 알아보고 이들이 어떻게 완전히 재조합 DNA 과정에 참여하는지 살펴볼 것이다.

클론

생명과학의 많은 용어와 마찬가지로 클론이라는 단어는 서로 관련이 있는 2가지 다른 의미를 지니고 있다. 이 절에서는 미생물 내에서 생성된 유전자 클론에 대해 살펴볼 것이다. 우리가 복제하는 것은 유전자이다. 우리는 미생물을 사용하여 원래 숙주를 떠난 유전자를 조작하고 복제할 수 있다. 우리는

전체 생명체 복제라고 하는 다른 종류의 클로닝에 훨씬 더 친숙할 것이다. 이는 생식적 클로닝이라고도 한다. 이것은 원래의 DNA를 사용하여 동일한 생명체를 만드는 과정이다. 돌리라고 하는 양은 최초의 복제된 전체 생명체였고, 많은 다른 생물들이 그 뒤를 따랐다.

재조합 DNA 및 유전자 클로닝의 기술적 측면

대상 유전자를 클로닝하는 첫 번째 단계는 공여자에서 정확한 위치를 찾은 다음 이를 분리하는 것이다. 이를 위한 가장 일반적인 전략은 다음과 같다.

1. DNA는 세포에서 제거되고 endonuclease에 의해 절편으로 분리된다. 그런 다음 복잡한 선별과정을 통해 정확한 절편을 식별한다.
2. 역전사효소를 사용하여 분리된 mRNA 전사물로부터 유전자를 합성할 수 있다(cDNA).
3. 유전자는 보통 PCR을 통해 증폭될 수 있다.

유전자 클로닝 및 분리는 매우 어려울 수 있지만, 다행스럽게도 일단 분리되면 유전자는 미생물의 순수배양과 마찬가지로 클로닝 숙주 및 벡터에서 유지될 수 있다. **유전체 라이브러리**(genomic library)는 수많은 생명체의 전체 유전체를 나타내는 cDNA 클론의 집합체이다.

클로닝 벡터 분리된 유전자는 자체적으로 쉽게 조작되지는 않는다. 이들은 일반적으로 제한효소를 사용하여 클로닝 벡터에 이어 맞춰진다. 플라스미드는 작고, 조작이 수월하므로 우수한 벡터이다. 이들은 형질전환을 통해 적절한 숙주 세포로 옮겨질 수 있다. 박테리오파지는 또한 형질도입을 통해 세균 숙주에 DNA를 주입할 수 있는 자연적인 능력을 갖기 때문에 우수한 벡터이다. 초기 연구에서 주로 사용되던 벡터는 항생제 내성에 대한 유전자 마커를 가지고 있는 대장균 플라스미드였지만, 수용 가능한 외래 DNA의 크기가 작아 한계점이 있었다. 변형된 파지 벡터인 **샤론**(Charon)[2] 파지는 유전체의 많은 부분이 소실되어 있어서 상당히 큰 크기의 외래 DNA를 운반할 수 있다. 초기 재조합 DNA 방법의 필수 요소였던 단순한 플라스미드와 박테리오파지는 더 새롭고 발전된 벡터로 대체되었다. 오늘날, 수천 개의 고유한 클로닝 벡터는 상업적으로 이용이 가능하다. 각각의 모든 벡터들은 특정 연구에 맞는 특성을 가지고 있지만, 모든 벡터가 가져야 할 중요한 3가지 특성이 있다(**그림 10.7**).

2 신화 속의 스틱스 강을 가로질러 영혼을 실어 나르는 하데스의 뱃사공 샤론에서 이름 붙여졌다.

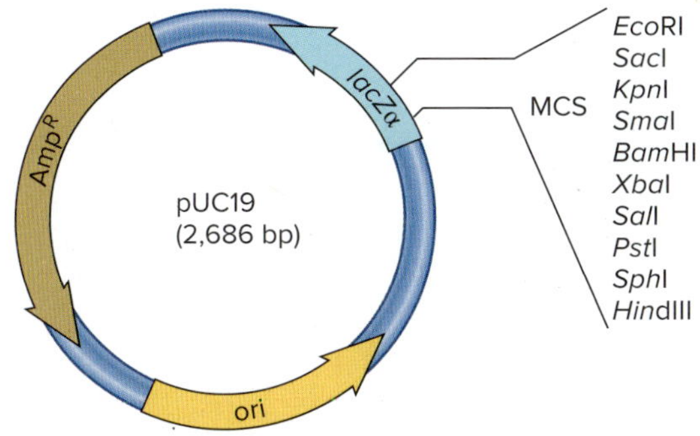

그림 10.7 pUC19 클로닝 벡터 복제원점은 노란색, 암피실린 내성 유전자는 황갈색이다.

1. 클로닝 숙주의 DNA 중합효소에 의해 복제될 수 있도록 벡터 어딘가에 복제원점(ORI, origin of replication)이 필요하다.
2. 벡터는 원하는 크기의 DNA를 수용해야 한다. 초기 플라스미드는 DNA를 삽입 크기 10 kb 미만으로 제한되어 있어서 크기가 큰 인트론을 갖는 대부분의 진핵생물 유전자에 비해 너무 낮았다. **코스미드**(cosmid)라 하는 벡터는 45 kb를 가질 수 있지만 복잡한 세균 인공 염색체(BACs, bacterial artificial chromosome)와 효모 인공 염색체(YACs, yeast artificial chromosome)는 각각 300 kb와 1,000 kb를 보유할 수 있다.
3. 벡터는 일반적으로 클로닝 숙주에게 약물 내성을 부여하는 유전자를 함유한다. 이러한 방식으로, 세포는 약물 함유 배지에서 성장할 수 있고, 플라스미드를 함유하고 있는 세포만이 선택될 것이다.

또한 많은 벡터는 다양한 제한효소에 의해 인식되는 DNA의 영역인 **다중 클로닝 부위**(MCS, multicloning site)라고 하는 부위를 가지고 있다.

클로닝 숙주 최고의 클로닝 숙주는 몇 가지 주요 특성을 가지고 있다(**표 10.1**). 전통적인 클로닝 숙주는 대장균

표 10.1 클로닝 숙주 세균에게 필요한 특징

특징
빠른 전환율 및 생장률
일반적인 배양법으로 대량배양 가능
비병원성
잘 알려진(지도제작된) 유전체
플라스미드 또는 박테리오파지 벡터를 수용할 수 있음
여러 세대를 지나도 외래유전자 유지
외래유전자를 발현시켜 높은 수율의 단백질 분비

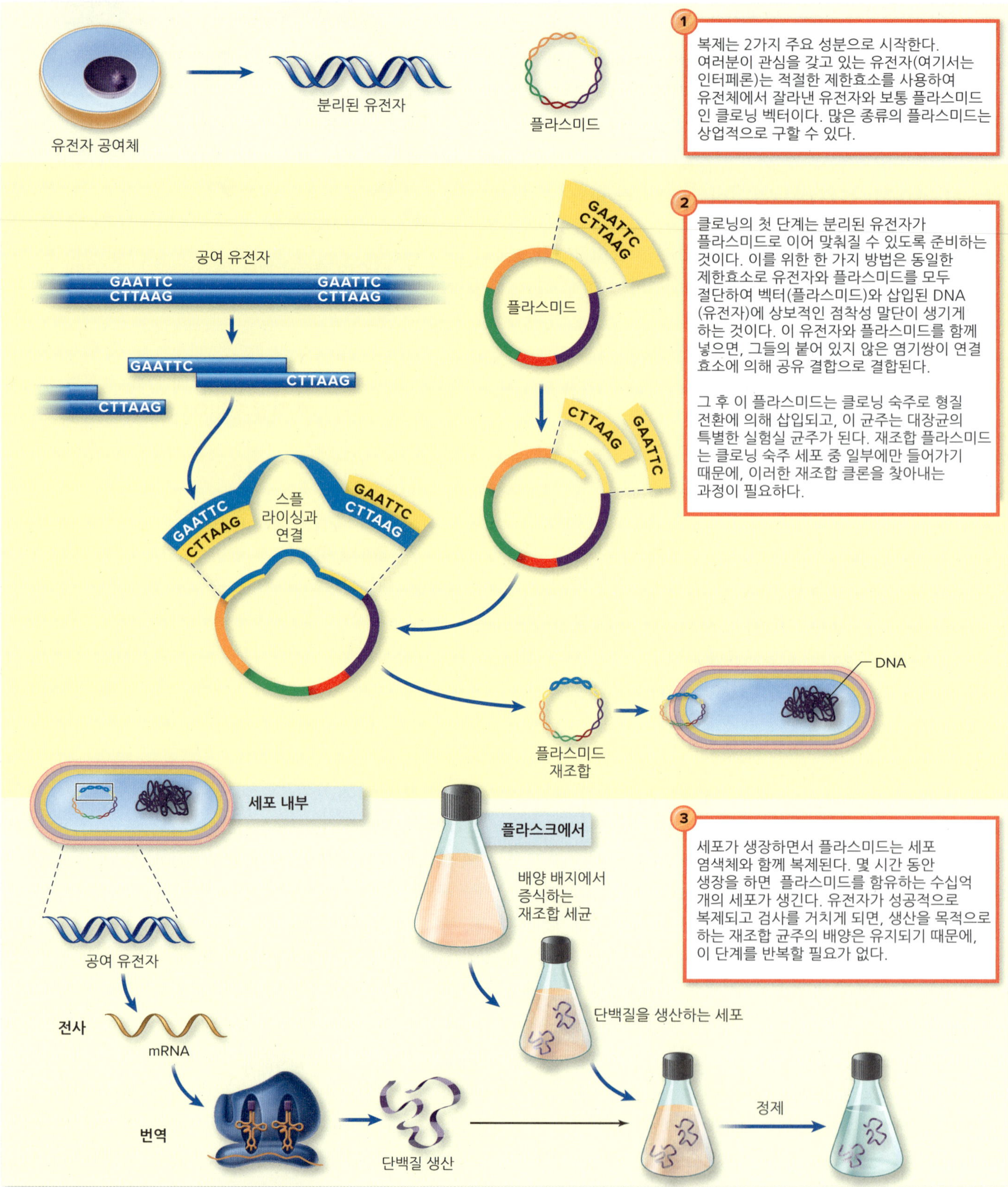

과정 그림 10.8 재조합 DNA를 이용한 유전자 클로닝

(*Escherichia coli*)이다. 이 세균은 원래 재조합 숙주이기 때문에 이를 사용하는 프로토콜은 잘 확립되어 있고 비교적 쉽고 신뢰할 수 있다. 이를 위해 수백 가지의 특수한 클로닝 벡터가 개발되었다. 이 종의 주요 단점으로는 진핵생물 소포체 및 골지체에서 일반적으로 발생할 수 있는 mRNA 스플라이싱과 단백질의 변형이 이 클로닝 숙주 세균에서는 불가능하다는 것이다. 특정 산업 공정 및 연구를 위한 대안 숙주로는 진핵생물이면서 진핵생물 유전자의 생산물을 가공하고 변형하기 위한 기작을 이미 보유하고 있는 효모(*Saccharomyces cerevisiae*)가 있다. 세균(*Bacillus subtilis*), 동물 세포 배양, 심지어 살아 있는 동물과 식물이 클로닝 숙주 역할을 하는 기술도 있다. 여기에서 세균과 효모에서 수행되는 재조합 과정을 살펴볼 것이다.

재조합의 제조, 클로닝 숙주로의 삽입 및 유전자 발현

이 절에서는 인터페론 알파(Roferon-A, alpha-2a interferon)라는 약물을 생산하기 위한 재조합 DNA 기술을 사례로 설명한다. 이러한 형태의 인터페론은 만성 C형 간염 및 모양세포성 백혈병(hairy cell leukemia)이나 에이즈(AIDS) 환자의 카포시 육종과 같은 암을 치료하는 데 사용된다. 인간의 인터페론 알파 유전자는 약 500 bp의 DNA 분자로 166개 아미노산의 폴리펩티드를 암호화한다. 원래 인간의 혈액 세포에서 분리되어 확인되었으며, 인트론이 없는 가공된 mRNA 전사체에서 만들어졌다. 이 단계는 클로닝 숙주 세균이 유전자의 비번역 부분을 제거하는 데 필요한 요소들을 갖고 있지 않기 때문에 필요하다. 나머지 과정들은 **과정 그림 10.8**에 요약되어 있다.

들여다보기 10.2 연구: 생물해커와 DIYbio: 차고지에서의 유전학

지하실, 부엌 또는 차고에서 일하고, 유전병의 치료법을 찾고, 세균 유전체를 손보거나, 인공생명체의 형태를 창조하는 연구자들의 커뮤니티가 빠르게 성장하고 있다. 정원에서 완두콩 식물을 교배한 멘델(Gregor Mendel)과는 달리 이 생물학 애호가들은 정부의 보조금이나 이익을 위한 기업으로부터 지원을 받는 대학 연구소와 같은 주류에서 벗어나 일하고 있다. 그들은 종종 정식 교육을 받지 않고 부엌에서 장비를 사용하거나 이베이(eBay)에서 저렴하게 구입하여 독학을 한다. 그들은 DIYBio.org와 같은 웹사이트를 통해 공동작업을 하며 많은 사람들이 브루클린 시내의 커뮤니티 실험실인 Genspace와 같은 장소에서 실험실 장비와 벤치 공간을 공유한다.

그들은 스스로를 과학에 대한 열정을 가지고 연구실의 전통적인 방식을 벗어나 일하는 아마추어들과 전문가들로 생물해커(biohackers)라는 공동체를 구성하였다. 이러한 재택 연구자 중 다수는 개인적인 동기가 있다. MIT를 졸업한 얼(Kay Aull)은 침실 옷장을 실험실로 만들었다. 그녀의 첫 번째 프로젝트에서는 1과 0의 이진법을 모방하여 푸른 빛을 발산함으로써 컴퓨터 프로세스를 흉내내도록 대장균을 유전공학적으로 조작하였다. 그 후 그녀는 아버지와 할아버지가 가지고 있던 유전질환인 혈색소 침착증에 대한 유전검사를 개발하는 데 집중하고 있다. 다른 생물해커들도 비슷한 개인적 동기가 있다. 레인호프(Huhg Reinhoff)는 의사들의 진단을 피해온 희귀 유전장애를 찾기 위해 그의 딸 베아트리체(Beatrice)의 유전암호를 연구해왔다. 딸의 혈액 시료를 채취하여 DNA를 추출한 뒤 집에서 자신의 PCR 기기로 염기서열을 분석함으로써, 레인호프는 매우 희귀한 유전자 돌연변이를 발견할 수 있었다. 레인호프는 지금 출판을 준비하기 위해 자신의 데이터를 확인하는 과정에 있다.

일부 연구자와 정책 입안자들은 증가하는 DIYbio운동에 대해 우려하고 있다. Genspace의 설립자인 조르겐센(Ellen Jorgensen)은 선제적인 움직임으로 연구실을 만들 때 현지 FBI에 손을 내밀었다. Genspace는 지역사회 노력으로 인해 브루클린에 본사를 두고 연방수사국(FBI)과 현지 법 집행부의 지원을 받는다. 회원들은 학생들과 대중 대상의 무료강의를 함으로써 생물학적 위협이 될 수 있는 것에 대한 인식을 높이고 있다. Genspace, DIYbio.or, 그리고 생물해커 커뮤니티의 회원들은 위험을 최소화하고 혁신을 촉진하기 위해 일련의 안전 기준을 개발했다.

출처: 2012. *The New York Times*. January 17, p. D4.

플라스미드는 전사와 번역에 필요한 염기서열을 가지고 있도록 조작되었기 때문에 세균 세포는 진핵생물의 유전자를 발현할 수 있다. 대장균이 배양됨에 따라 인터페론 유전자를 전사 및 번역하고 펩티드를 합성하여 성장 배지로 분비한다. 클로닝 세포와 다른 화학적 및 미생물 불순물을 배지로부터 제거하면서 과정을 끝낸다. 펩티드부터 말단 아미노산을 배출하는 최종 과정을 통해 비교적 순수한 형태의 인터페론 생성물을 얻을 수 있다. 이러한 과정의 규모는 시험관 크기에서 수천 갤론의 생성물을 생산할 수 있는 거대한 산업용 용기에 이르기까지 다양하다(15.4절 참조).

비록 여기서는 인터페론의 생산을 제시하였지만, 일부 변형을 통해 다양한 호르몬, 효소 및 농약과 같은 농산물을 대량 생산하는 데 사용될 수 있다. 심지어 최근에는 연구자들이 자연계에 존재하는 기능성 물질을 실험실에서 생산하는 기술을 확립하였다. **들여다보기** 10.2에서는 가정에서 이러한 유형의 실험을 수행하려는 DIY 사용자들의 노력을 설명한다.

10.2 학습 평가

2. 유전공학 과정에서 제한 Endonuclease의 역할을 설명할 수 있다.
3. 겔 전기영동이 DNA 분석에 어떻게 사용되는지 설명할 수 있다.
4. 중합효소연쇄반응의 단계를 나열할 수 있다. 이 기술의 한 가지 단점은 무엇인가?
5. 재조합 DNA가 어떻게 생성되는지 설명할 수 있다. 유전자 클로닝에서의 역할은 무엇인가?

10.3 재조합 DNA 기술의 제품들

재조합 DNA 기술은 재조합 생명체를 생산하는 데 사용될 수 있지만, 단백질 생성물이나 뉴클레오티드 염기서열의 대량 생산에도 사용될 수 있다. 재조합 기술은 제약회사에서 다른 어떤 방법으로도 만들 수 없는 약품을 제조하는 데 사용된다.

재조합 DNA 기술은 인간의 생명을 구하는 호르몬과 효소의 대규모 생산을 가능하게 함으로써 당뇨병, 왜소증 및 기타 질병 치료에 사용된다. 재조합 인간 인슐린은 이제 당뇨병 환자에게 처방될 수 있고, 왜소증이나 다른 질환이 있는 어린이에게는 재조합 HGH(인간 성장 호르몬)를 투여할 수 있다. HGH는 또한 에이즈 및 암 환자들에게 발생하는 낭비성 증후군을 예방하는 데도 사용된다. 이러한 모든 응용 분야에서 재조합 DNA 기술은 좀 더 안전한 제품과 예전에는 상상도 할 수 없는 소량으로도 제조가 가능해졌다. 재조합 DNA 기술을 통해 만들어진 다른 호르몬, 효소, 그리고 백신을 **표** 10.2에 요약하였다.

표 10.2 재조합 DNA 기술을 이용한 최신 약물의 예

면역치료
인터페론(Interferon): 일부 유형의 암, 다발성 경화증과 간염이나 곤지름과 같은 바이러스성 감염을 치료하는 데 사용되는 펩티드
인터루킨(Interleukin): 백혈구의 면역기능을 조절하는 사이토카인의 유형, 암치료에 사용
종양괴사인자(TNF, Tumor necrosis factor): 암치료에 사용
Remicade®와 Humira®: 류마티스 관절염 및 크론병과 같은 자가면역 질환치료에 사용되는 "생물의약품(biologics)"
호르몬
에리스로포이에틴(EPO, Erythropoietin): 일부 유형의 빈혈 치료에 사용되는 골수 자극 펩티드
인간 성장 호르몬(HGH): 왜소증이 있는 어린이의 성장을 자극, 낭비 증후군 억제 효소
효소
rhDNase(Pulmozyme): 낭포성섬유증의 두꺼운 폐 분비물을 분해할 수 있는 치료법
조직 플라스미노겐 활성인자(tPA, Tissue plasminogen activating factor): 잠재적으로 위험한 혈전을 용해시켜줌
PEG-SOD: 수술 또는 심한 외상 후 뇌 및 기타 조직의 손상을 최소화하는 일종의 superoxide dismutase
백신
B형 간염, 인간 유두종 바이러스(papillomavirus) 및 인플루엔자 B형 수막염 백신
기타
인자 VIII: A형 혈우병에서 대체 혈액 응고 인자

유전자변형생물

외래유전자의 도입을 통해 생성된 재조합 생명체를 **유전자이식**(transgenic) 또는 유전자변형생물(GMOs, genetically modified organisms)이라고 한다. 외래유전자는 재조합 DNA 기술을 통해 다양한 미생물, 식물 및 동물에 그들의 특성에 맞추어 삽입되었다. 유전자 변형 "디자이너(designer)" 생명체는 다양한 생명공학 응용분야에서 이용할 수 있다.

재조합 미생물: 변형된 세균 및 바이러스

실제로 농업에 처음 재조합 DNA를 적용한 사례는 세균인 *Pseudomonas syringae*의 유전자 변형 균주를 만드는 것이었다. 야생형(일반) 균주는 촉촉한 식물 표면에 얼음 또는 서리의 형성을 촉진하는 유전자를 가지고 있다. 재조합 플라스미드를 사용하여 서리 유전자의 유전자 변형을 통해 얼음 결정이 형성되는 것을 막을 수 있는 다른 균주를 만들었다. 또 다른 예로, *Pseudomonas fluorescens* 균주에 세균인 *Bacillus thuringiensis*의 살충제를 암호화하는 유전자가 삽입되었다. 이 재조합 세균은 식물 뿌리에 자리를 잡고 침입하는 곤충을 파괴하는 데 도움이 된다. 이 세균 유전자는 또한 유전자 이식 옥수수와 감자 작물에 삽입되어 곤충 해충에 대한 저항력을 높여준다. 모든 재조합 세균들은 환경보호국(EPA, Environmental Protection Agency)의 승인을 받아야 하며 이때 면밀히 조사된다.

생명공학자들은 이미 유출된 기름오염원을 정화하고 살충제와 독성 물질을 제거하는 여러 종류의 세균을 개발하고 시험했다. 최근에 연구자들은 새로 합성되는 단백질에 인공 아미노산을 첨가하여 새로운 특성을 가진 새로운 약물 또는 산업용 화학물질을 생산하는 재조합 세균을 만들어냈다.

조작된 식물을 자연계에 방출하는 것은 약간의 논란을 불러일으켰다. 많은 식물유전학자들과 생태학자들은 유전자변형식물이 제초제, 살충제 및 바이러스 저항성을 위한 유전자를 자연의 식물들과 공유하여 "슈퍼잡초(superweed)"가 탄생될 것을 우려하고 있다. 많은 연구자들은 유전자 조작되지 않은 식물과 생명체도 항상 예측할 수 없는 방식으로 유전자를 교환한다고 지적함으로써 이러한 우려에 맞서고 있다. 또한 곤충 저항성 유전자를 작물에 삽입하게 되면 작물에 사용되는 농약의 양을 크게 줄일 수 있다고 말한다. 미국 농무부는 유전자변형식물의 모든 사용을 신중하게 규제하고 있다. 그러나 유전자변형식물에 의한 식품 공급을 규제하는 나라는 현재 일부 국가에 국한된다.

유전자 이식 동물: 배아의 조작

동물의 유전자 조작도 가능하다. 실제로, 동물은 유전자 전이에 매우 적합하여 수백 종의 유전자 이식 동물이 연구와 산업에 사용되었다. 세균이나 효모와 달리 동물은 인간과 매우 유사하여 인간의 기관과 기관계의 유전자를 발현할 수 있기 때문에 많이 사용되고 있다. 이러한 장점으로 인해 인간의 유전질환을 연구하기 위한 실험동물 모델을 사용할 수 있게 되었고, 새로운 유전 치료법을 인간에게 적용하기 전에 먼저 시험해볼 수 있게 되었다. 양이나 염소와 같은 동물은 인간에게 유용한 단백질을 생산하고 우유나 정액으로 배설할 수 있는 "공장"이 되도록 설계할 수 있다. 이 중에서도 의학적으로 유용한 단백질을 생산하는 과정을 흔히 "파밍(pharming)"이라고 한다.

합성생물학

최근 몇 년간, 연구자들은 유전자 조작의 완전히 새로운 영역을 개척해왔다. 그들은 새로운 생물학적 분자와 생명체를 처음부터 만들려고 한다. 이 분야의 개척자 중 한 사람은 인간 유전체의 염기서열을 분석한 벤터(Craig Venter)이다. 2010년, 그는 4개의 화학물질인 DNA의 뉴클레오티드로부터 스스로 복제할 수 있는 세균 세포를 성공적으로 만들어냈다. 이것은 살아 있는 복제 세포가 화학물질로부터 합성된 첫 번째 사례로서 큰 발전이었다. 합성생물학(synthertic biology)은 공학적인 방법을 사용하여 분자와 세포를 조립한다. 연구자들이 질병에 걸린 사람들의 부족한 화학물질을 대체하고, 면역 구성 요소를 조립하거나, 암세포나 병원체를 정확하게 표적할 수 있는 생물학적 분자를 구성하는 정밀한 화학물질을 만들 수 있게 될 때, 의학의 혁신이 가능하다. 또한 합성생물학은 대체 에너지의 생산과 새로운 다른 제조 공정을 제공할 수 있다. 물론 연구자들이 삶을 "창조"하는 능력은 많은 사람들을 긴장하게 만든다. 과학계와 이를 감시하는 사람들은 합성생물학의 윤리적 문제 및 보안에 대해 격렬하게 논쟁하고 있다.

10.3 학습 평가

6. 인간의 건강에 기여한 재조합 제품의 몇 가지 사례를 제시할 수 있다.
7. 유전자변형세균, 식물, 동물의 예와 각각의 목적을 말할 수 있다.

10.4 유전적 치료: 신체로 DNA를 주입

유전자 치료

우리는 수십 년 동안 특정 질병의 표현형은 하나의 특정 단백질이 없기 때문에 발생한다는 것을 알고 있었다. 예를 들어, 제1형 당뇨병은 인슐린이 부족하여 발생하며, 질병이 있는 사람은 혈당을 제대로 조절할 수 없다. 초기 이 질병의 치료는 간단했다. 당뇨병 환자에게 돼지나 소의 췌장 등 다른 생명체에서 분리된 인슐린을 제공하였다. 이 치료법은 대부분의 당뇨병 환자에게 적합한 반면, 수요를 충족시키는 데 필요한 많은 동물과 동물성 단백질에 대한 민감성이나 알레르기 발생과 같은 문제가 있었다. 우리는 동물이나 인간으로부터 단백질을 분리하는 대신 세균이나 효모에서 재조합 단백질을 생산하여, 질병 치료에 유전공학이 사용되는 첫 번째 방법을 이미 살펴보았다. 실제로 재조합 인간 인

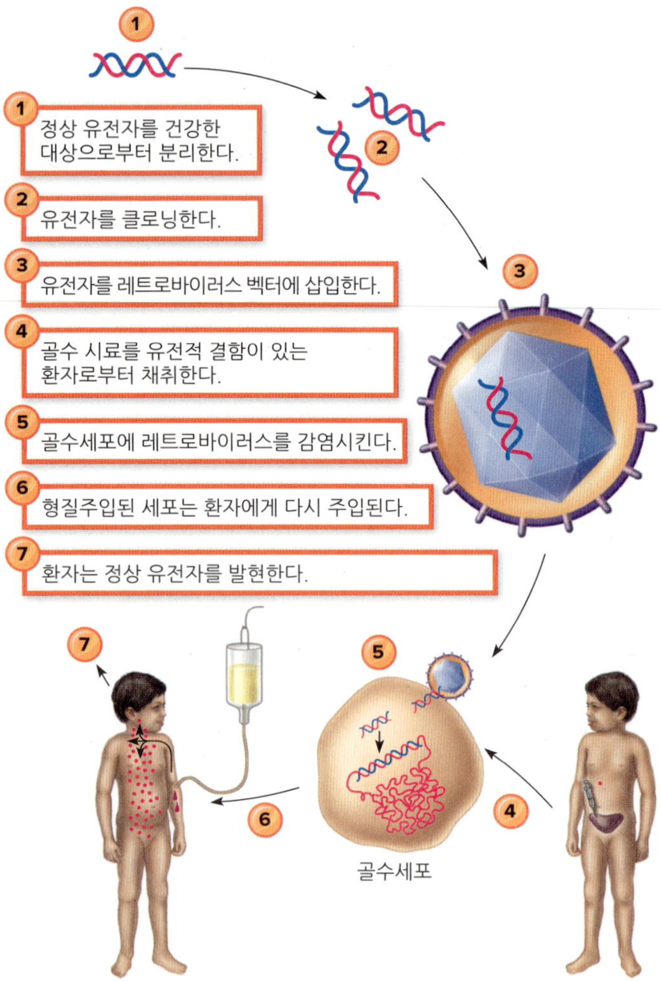

과정 그림 10.9 인간의 생체외 유전자 치료 유형에 대한 프로토콜

슐린은 사람에게 사용이 승인된 최초의 유전자 조작 약물이다. 다음 단계는 치명적이거나 쇠약성 질병으로 고통받는 인간에게 **유전자 치료**(gene therapy)로 알려진 결함 유전자를 교정하거나 고칠 수 있는지 확인하는 것이다.

이 치료법의 이점은 유전적 결함을 수정하여 생리 기능 장애를 영구히 치료하는 것이다. 이 치료법에는 다양한 전략이 있다. 일반적으로 정상 유전자를 감염성이지만 비교적 무해한 레트로바이러스(retroviruses, 생쥐 백혈병 바이러스)나 아데노바이러스와 같은 벡터에 클로닝된다. 조직을 환자로부터 제거하여 이들 유전자변형된 바이러스와 함께 배양한 후 정상 유전자로 형질주입시킬 수 있다. 그런 다음, 형질주입된 세포는 수혈에 의해 신체로 다시 유입된다(**과정 그림 10.9**). 이와 달리, 노출된 DNA(naked DNA)나 바이러스 벡터는 환자의 조직에 직접 주입된다. 이것이 오늘날 흑색종(melanoma)에 대한 성공적인 면역 요법 치료의 기본이다.

다양한 유형의 유전자 치료를 위한 임상실험은 특정 유전적 조건을 가진 자원자들에게 수행된다. 이러한 시험 중 수천 건은 미국 및 다른 국가에서 수행되고 있으며 현재도 진행되고 있다(**들여다보기** 10.3). 대부분의 시험은 암, 단일 유전자 결함, 감염을 대상으로 한다. 대부분의 유전자 전달은 바이러스 벡터에 의해 수행된다. 초기의 치료 실험은 그 효과 및 안전성과 관련된 여러 가지 두려움으로 인해 방해를 받았다. 안전 문제 중 일부로는 (비교적 안전한) 바이러스를 전달 수단으로 사용하는 것과 관련이 있었고, 결국 악성 종양을 일으켰다.

지금까지 설명한 전략을 **체세포**(somatic cell) 유전자 치료라고 한다. 이것은 치료를 받는 개인에게는 영구적이지만, 자손에게는 전달되지 않음을 의미한다. 유전자 치료의 근본적인 유형으로는 생식세포의 치료인데, 이 치료에서 유전자는 난자, 정자 또는 초기 배아에 삽입된다. 이러한 유형의 치료요법에서, 새로운 유전자는 개체의 모든 세포에 존재할 것이다. 치료 유전자는 또한 다음 세대에도 전해질 수 있는 유전적인 것이다.

의학 유전학으로서의 DNA 기술

마지막 절에서, 우리는 정상적인 세포 기능에 필요하지만 없거나 결함이 있는 단백질을 대체하기 위한 유전자 기술의 사용을 살펴보았다. 또 다른 문제로는 어떤 질병이 너무 많은 단백질들로 인해 발생할 때 생긴다. 예를 들어, 알츠하이머병, 대부분의 바이러스성 질환, 그리고 많은 암은 원치 않는 유전자가 발현될 때 발생한다. 이것은 때때로 마이크로 RNA의 오작동으로 인해 발생한다.

우리가 살펴보았듯이, 세포와 바이러스는 유전자 발현을 침묵시키기 위해 다양한 마이크로 RNA를 사용한다(들여다보기 9.2 참조). 결과적으로 연구자들은 질병에 대항하기 위해 miRNA 분자를 조직이나 전체 생명체에 첨가하는 실험을 진행해왔다. 다음은 그 2가지 예이다.

- 생쥐 내 폐암 종양의 작은 세포에 특이적 miRNA를 도입하여 종양의 성장을 차단하였다.
- 마이크로 RNA는 생쥐에서 간암의 퇴행을 유발하였다.

반면 miRNA의 통제가 불가능해져 질병의 원인이 되기도 한다. 연구자들은 잘못된 miRNA를 억제하는 여러 가지 실험을 성공시켰다.

- 생쥐에서 특정 miRNA를 억제하면 유방암과 난소암의 성장이 중단되었다.
- 아프리카 녹색원숭이에 마이크로 RNA를 억제하여 혈장 콜레스테롤 수치를 낮췄다.

들여다보기 10.3 임상: 시력 회복 유전자 치료

이 장에서는 인간 세포의 결함 유전자가 기능성 유전자로 대체되는 유전자 치료에 대해 살펴보았다. 이 영역에서 가장 큰 성공을 거둔 분야 중 하나는 망막 질환이다. 황반 변성을 포함한 10가지 이상의 서로 다른 망막 질환이 실험 시험에서 치료에 성공하였다.

망막의 유전자 치료에서, 인간의 기능성 단백질을 세포에 전달하기 위해 아데노연관바이러스(adeno-associated virus, AAV)라 하는 바이러스가 사용된다. 치료를 위해 바이러스를 사용하는 것에 대해 우려할 수 있지만 그렇지 않다. AAV는 2개의 유전자만으로 이루어진 매우 작고 외피가 없는 바이러스이다. 이들 유전자를 제거한 후 인간의 기능성 유전자를 바이러스에 삽입시킨다. 이 바이러스는 박테리오파지가 세균 숙주 내부로 유전자를 전달하는 방식과 유사한 전달 포드(pod)의 역할을 한다. 망막은 면역체계가 강력하지 못하다는 의미의 면역 회피(immune privilege)라 하는 개념으로 보호되어 있기 때문에 치료하기에 매우 적합하다. 이를 통해 바이러스 벡터는 새로운 유전자인 "짐(payload)"을 전달할 만큼 오래 생존할 수 있다. 바이러스는 일반적으로 주사를 통해 전달된다.

AAV 벡터는 100가지가 넘는 인간 치료 프로토콜에서 유해성 없이 성공적으로 사용되었다. 이들 중 다수는 III 상 시험에 있으며, 이는 광범위하게 사용을 위해 승인될 가능성이 매우 높다는 것을 의미한다.

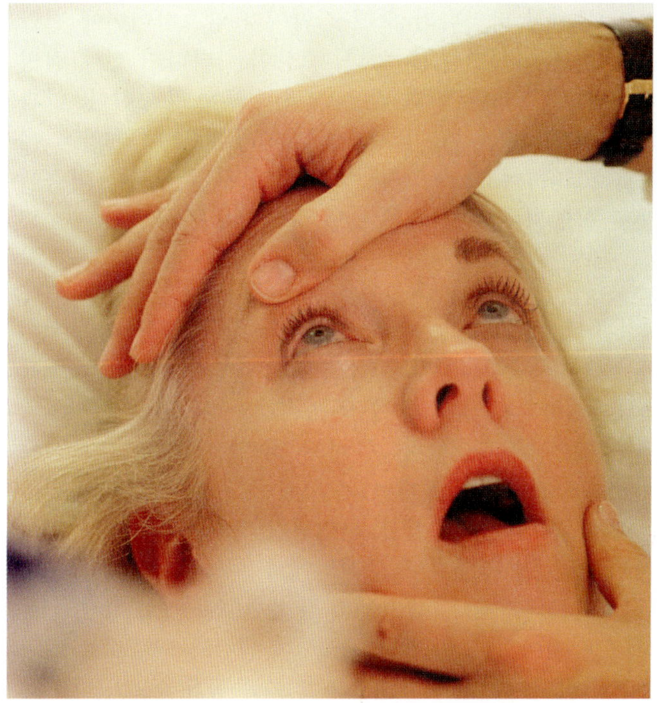

© Pixtal/age fotostock RF

- 침팬지 내 C형 간염 바이러스의 증식은 한 종류의 miRNA를 차단함으로써 억제되었다.

이는 현재 임상 시험 중이다. 2010년 테네시 대학에서는 처음으로 사람에게 간섭 RNA의 적용을 성공적으로 이루어냈다. 건강한 사람에게 호흡기세포융합바이러스(RSV, respiratory syncytial virus)의 유전자를 침묵시키도록 설계된 miRNA를 함유한 비강 스프레이를 사용했다. 그들은 RSV에 감염된 후 5일 동안 스프레이를 사용했다. 그 결과 대조군 중 71%가 감염된 것이 비해 간섭 RNA를 처방받은 사람의 44%만이 감염되었고, 감염된 사람들의 증상도 크게 감소하였다.

요약하자면, miRNA의 발견과 질병에서의 그들의 역할은 광범위한 새로운 연구 영역을 열어주었고, 질병의 치료, 치유 및 예방에 대해 희망도 갖게 하였다.

10.4 학습 평가

8. 체세포와 생식세포 유전자 치료의 차이점을 설명할 수 있다.
9. miRNA와 그 발견이 인간 질병에 어떠한 영향을 주었는지 설명할 수 있다.

10.5 유전체 분석: 지도와 프로파일

DNA 기술 덕분에 우리는 새롭고 개선된 방법으로 많은 오래된 목표들을 달성할 수 있었다. DNA 분석은 단순히 표현형을 보는 것보다는 생명체를 구별하는 데 더 좋고 정확한 기작을 제공한다. 또한 범죄 현장에 남겨진 머리카락에서 추출한 DNA로 범죄자를 식별하는 것처럼 DNA를 사용하여 더 이상 존재하지 않는 생명체를 식별할 수 있다. 마지막으로 특정 DNA 염기서열을 가진 사람은 유전질환의 위험성이 증가할 수 있다. 마커로 알려진 이 DNA 조각을 발견하여 증상이 나타나기 오래전 암이나 알츠하이머에 걸릴 높은 위험군을 식별할 수 있다. 증상이 나타나기 전에 질병을 탐지하는 능력은 암과 같은 질병에 특히 중요하다. 암과 같은 질병은 조기 치료가 생사를 갈라놓는다. 이와 같은 예시들을 고려하여 몇 년 전만 해도 꿈만 꾸던 새로운 기술이 실제로 실행되는 여러 가지 방법을 살펴보고자 한다.

유전자 지도 작성과 선별: 유전체 지도책

지금까지 유전체의 가장 상세한 **염기서열 지도**(sequence map)는 플라스미드, 염색체 또는 전체 유전체 염기서열의 정확한 순서를 제공한다. 유전체 염기서열분석 프로젝트(genome sequencing project)는 매우 성공적이었다. 바이러스, 세균 및 인간을 포함한 진핵생물 유전체의 염기서열이 분석되었다. 이 거대한 프로젝트에서 주목할 만한 발견 중 하나는 연관되지 않은 생명체의 유전체들이 서로 상당히 유사하다는 것이었다. 인간의 DNA는 생쥐와 약 80%, 벼와 약 60%, 심지어 예쁜꼬마선충과 30%를 공유하고 있다.

그렇다면 이러한 염기서열분석(sequencing)은 어떻게 수행될까? 샷건 염기서열분석(shotgun sequencing)이라는 오래된 방법을 설명함으로써 그 과정을 설명할 수 있다(**과정 그림 10.10**). 샷건 염기서열분석은 7단계로 나눌 수 있다.

1. 첫째, 생명체의 전체 유전체는 더 작고 조작하기 쉬운 절편으로 나뉜다.
2. 나뉜 절편은 겔 전기영동으로 분리된다.
3. 각 절편은 플라스미드에 삽입되고 대장균 세포에 클로닝된다. 이것은 완전한 조각 **라이브러리**(library)를 만들어낸다. 이 라이브러리는 배양된 세균에 존재하고, 영구적으로 보존 가능하며 반복적으로 채취할 수 있다.
4. 플라스미드를 정제하고 DNA 절편은 각 절편에 표지된 프라이머를 첨가하는 자동화된 염기서열분석기로 서열이 분석된다. 프라이머는 일반적으로 유전체 삽입물 옆에 있는 플라스미드 서열을 인식하여 기기가 절편의 시작과 끝을 알 수 있다. 유전체의 각 조각들은 여러번 겹쳐져 염기서열이 분석된다.
5. 컴퓨터 프로그램은 모든 염기서열 데이터를 가져와 염기서열이 겹치는 위치들을 찾을 수 있다. 이 자동화된 과정은 **콘티그**(contigs)라고 하는 더 크고 연속적인 뉴클레오티드 서열을 생성한다.
6. 전체 염기서열을 결정하기 위해 콘티그가 적절한 순서로 배치된다. 이 단계는 매우 어려운 과정이다. 콘티그 사이사이에는 종종 틈이 있지만, 이 문제를 해결하는 다양한 방법들이 있다.

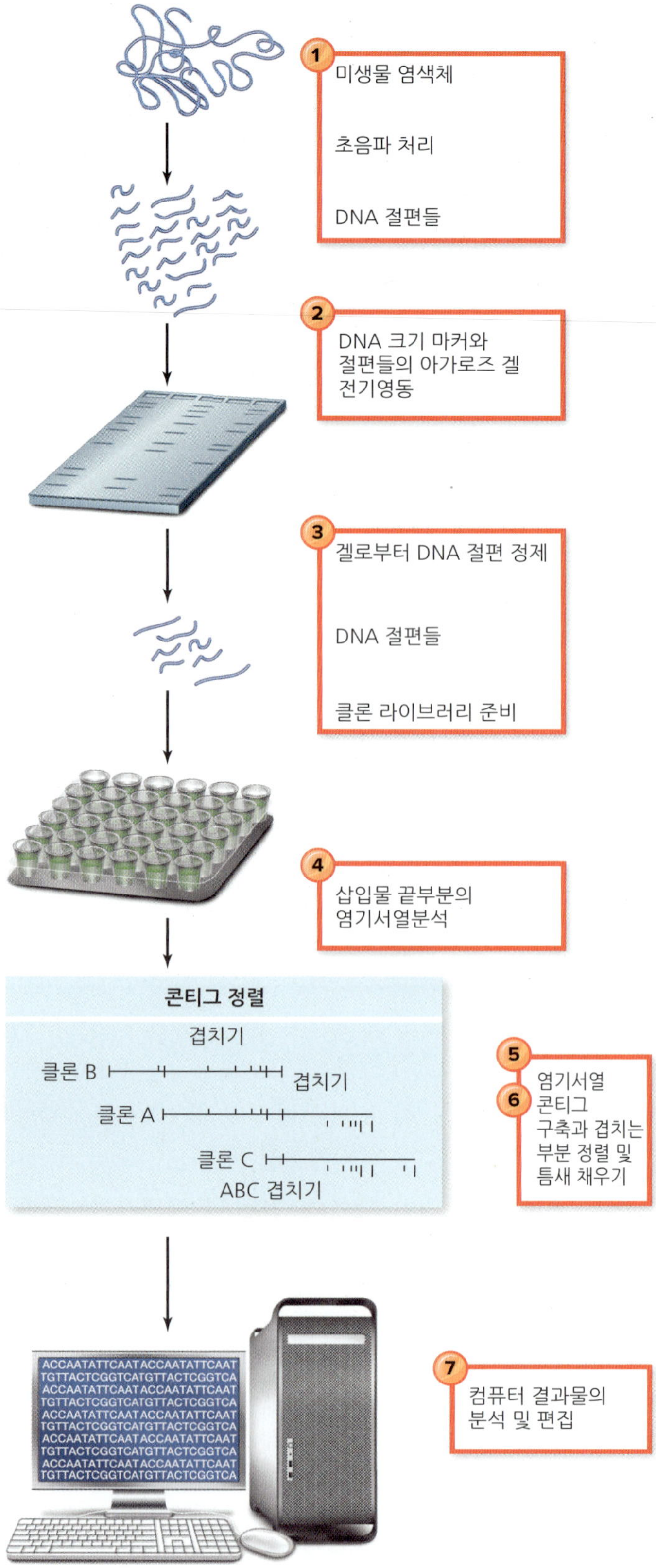

과정 그림 10.10 전체 유전체를 위한 샷건 염기서열분석 숫자에 대한 설명은 본문을 참조하라.

7. 중요한 마지막 단계는 편집이다. 분석된 염기서열 중 불규칙적인것(irregularities), 틀이동(frame shifts) 및 모호한 부분(ambiguities)을 찾아야 한다.

현대의 염기서열분석에서는 과거와 유사한 원리가 사용되지만, 전체적인 과정은 소위 "대용량(high throughput)" 유전체 염기서열분석으로 확장된다. 처리량이 많은 염기서열분석["심층 염기서열분석(deep sequencing)" 또는 "차세대 염기서열분석(next generation sequencing"]에는 4단계가 필요하다(**그림 10.11**). (1) DNA 라이브러리는 DNA를 절편화하고 각 절편을 다음 단계에서 탐침과 일치하도록 설계된 일부 공통 어댑터 또는 짧은 DNA 서열과 맞추는 방식으로 준비된다. (2) 염기서열의 수집은 플로우 셀(flow cell)에 놓여지며, 그 표면에는 DNA의 어댑터 분자와 결합할 탐침으로 코팅된다. 플로우 셀 내에서, 조건 및 시약은 하나 또는 다른 형태의 PCR을 사용하여 각 절편을 여러 번 증폭시킨다. (3) 이어서 모든 증폭된 절편은 각각의 뉴클레오티드가 어떤 길이(length)의 염기서열이든지 수천 번 "판독(read)"된다. 이것이 발생하는 방식에 대한 내용은 자동화 시스템마다 다르지만, 모두 생어(Sanger)방법에서 유래된 기술을 사용한다. (4) 마지막으로, "판독(read)"이라고도 하는 수백만 개의 서열 길이는 생물정보학 소프트웨어를 사용하여 정렬된다. 모든 판독값을 종합하면 전체 염기서열을 추론할 수 있다.

이 전체 과정은 지난 10년 동안 개발된 기기로 대부분 자동화되었다. 수백만 달러가 소요되고 유지비가 많이 필요하는 등 기기는 매우 비싸지만 유전체의 염기서열분석을 매우 쉽고 저렴하게 하는 혁명을 일으켰다. 예를 들어, 인간 유전

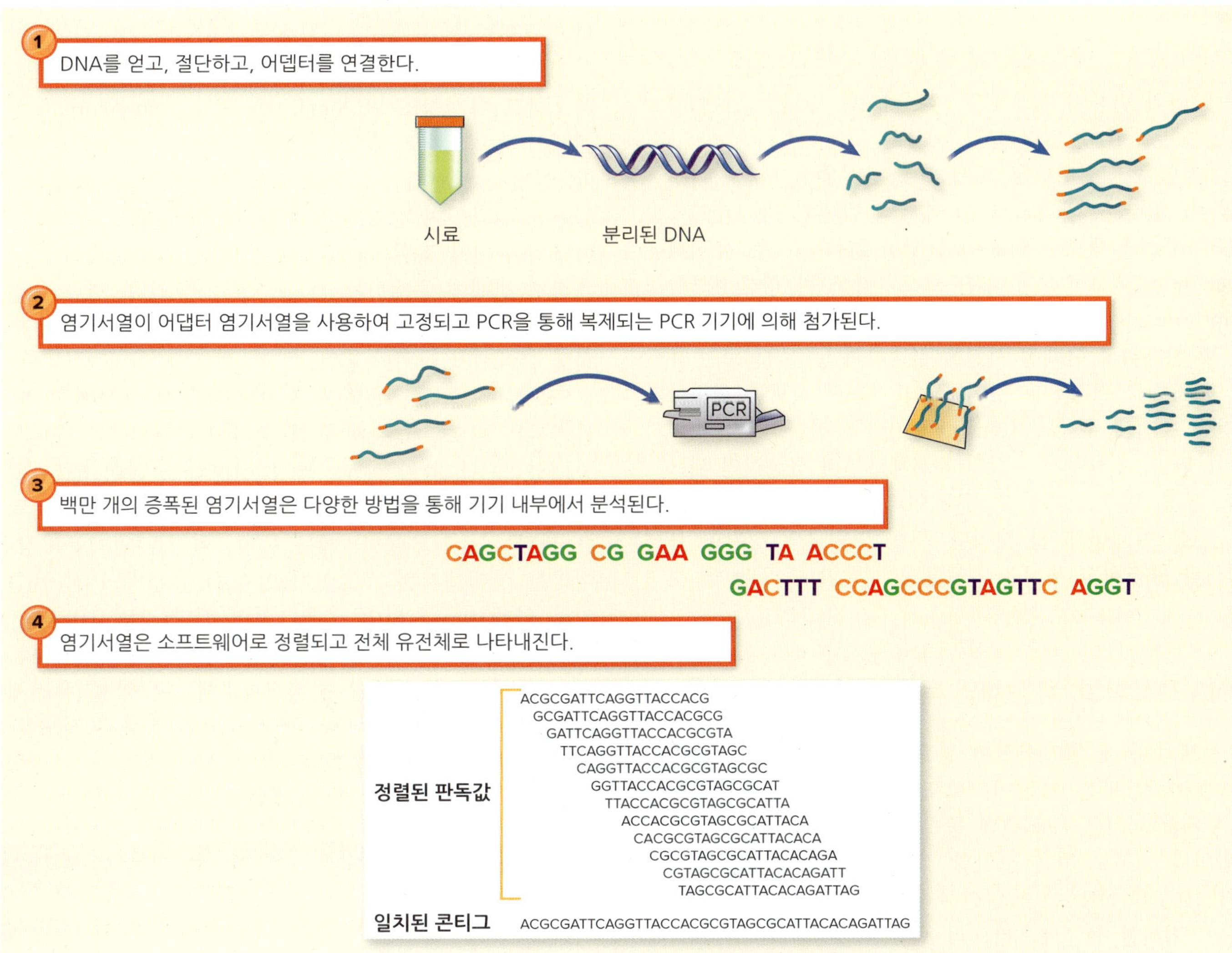

그림 10.11 대용량 염기서열분석법

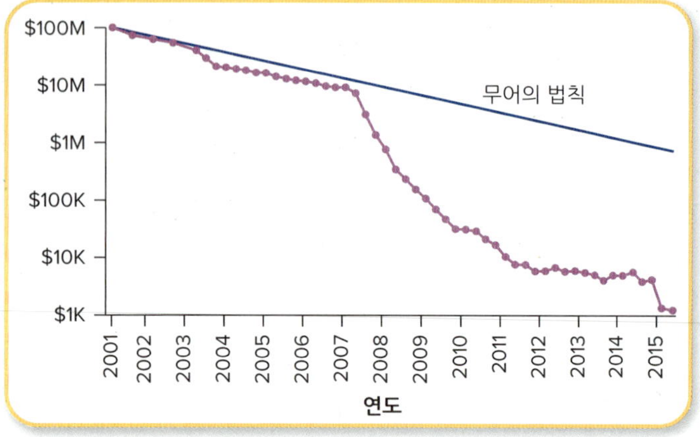

그림 10.12 인간 유전체 염기서열분석 비용 무어(Moore)의 법칙은 컴퓨터 하드웨어 산업에서 사용되는 용어로, 장비의 계산 능력은 매년 2배가 될 것으로 예측한다. 무어의 법칙에 따른 기술은 매우 성공적으로 생각된다. 염기서열분석 비용이 무어의 법칙을 능가하는지 여부에 주목하라.

체의 염기서열을 분석하는 데 예전에는 몇 년이 걸리고 약 30억 달러의 비용이 필요했었으나 이제는 반나절 만에 염기서열을 분석할 수 있다(**그림 10.12**).

염기서열을 식별한다고 해서 그것이 무엇을 하는지까지는 알 수 없다. 결과적으로 이 데이터 관리와 관련하여 2가지의 완전한 새로운 학문이 탄생하였다. 그것은 **유전체학**(genomics, "오믹스에 대한 노트" 참조)과 **생물정보학**(bioinformatics)이다. 유전체학과 생물정보학은 유전자를 분석 및 분류하고 단백질 서열을 결정하여 궁극적으로는 유전자의 기능을 결정하는 것이다. 이 기능적 정보를 결정하는 것을 유전체 주석달기(annotating)라고 한다. 시간이 더 지나게 되면, 주석달기가 잘된 유전체로부터 정상적인 세포 기능, 질병, 발생, 노화 및 기타 여러 문제의 현상에 대해 많은 것을 이해하게 될 것이다. 또한 병원균의 정확한 유전기작을 규명하고 새로운 치료법을 개발할 수 있게 될 것이다.

DNA 프로파일: 유전체의 독특한 사진

유전체의 전체 염기서열이 필요하지 않는 경우도 있다. DNA 타이핑 또는 지문이라고도 하는 DNA **프로파일링**(DNA profiling)은 1980년대 중반에 제프리(Alex Jeffreys)가 법의학 도구로 처음 고안한 것이 가장 잘 알려져 있다(**그림 10.13**). DNA는 동일한 4개의 뉴클레오티드로 구성되지만, 이러한 뉴클레오티드의 조합은 생명체마다 다르다는 원리에 근거한 분석법이다. 이것을 이용하면 전체 유전체의 염기서열분석을 하지 않고 생명체를 구별할 수 있다. 일반적으로 공중보건 연구소에서 질병의 전파 가능성이 있는 병원균을 구분하거나 범죄 현장에 남겨진 DNA와 용의자의 DNA의 일치여부를 조사하는 것 등 좀 더 실용적으로 사용된다.

많은 분석 중 특정 인식 부위에서 DNA를 절단하는 제한효소의 능력에 의존하는 방식이 있다. 주어진 DNA 가닥이 특정 제한효소에 대한 인식 부위를 가지고 있는 경우, DNA 가닥이 절단되어 2개의 더 작은 DNA 조각이 생성된다. 수세대 전에서 발생한 돌연변이로 인해 다른 사람의 동일한 가닥은 인식 부위를 가지고 있지 않은 경우, 제한효소에 의해 절단되지 않고 단일의 큰 DNA 조각으로 남아 있게 된다. 이들 DNA 시료를 각각 제한효소로 절단한 후 전기영동 겔상에서 분리하게 되면, 첫 번째 사람은 2개의 작은 밴드를, 두 번째 사람은 하나의 큰 밴드를 나타낼 것이다. 이것은 앞에서 설명한 제한절편길이다형성(RFLP)의 예이다. DNA 지문의 모든 방법은 유전체의 동일한 위치에서 DNA 서열의 차이를 조사하기 위해 이러한 방법을 조금씩 변형하여 사용한다.

최근 단일 뉴클레오티드만 변경된다는 의미의 **단일 뉴클레오티드 다형성**(SNP, single nucleotide polymorphism)은 개개인의 중요한 특성으로 밝혀진 다형성의 한 가지 유형이다. 이것은 생명체의 조상이 어느 시점에서 점 돌연변이가 일어난 결과이며 유전된다. 서로 다른 개체를 비교해보면, 하나의 유전자 좌위(locus)에서 수만 가지의 이러한 차이가 유전체 전체에 존재하는 것으로 알려져 있다. 인간 유전체는 천만 개의 SNP를 가진다. 이러한 다형성은 현재 연구 및 산업 분야에서 인기가 높다.

SNP를 식별하는 능력은 개인의 유전적 구성에 따라 맞춤화하는 새로운 맞춤형 의약 분야에 꼭 필요한 것으로 입증되었다. 한 가지 예로, 특정 질병과 관련이 있는 것으로 밝혀진 SNP에 대해 환자의 유전체를 검사하여 위험성을 판단하는 경우이다. 예를 들어, 혈전증(혈액응고장애)이라는 상태에서는 응고인자(인자V) 유전자의 점 돌연변이로 인해 아르지닌이 글루타민이 된다(**그림 10.14**). 이로 인해 환자의 응고가 증가한다. 또한 SNP는 환자와 특정 치료의 호환 여부를 결정한다. 새로운 약물 유전체학(pharmacogenomics) 분야는 이러한 SNP에 대한 정보를 이용하여 약물치료를 조정한다.

질병과의 연관성

2001년에 인간 유전체의 염기서열이 분석된 후, 많은 회사들이 생겨났다. 이 회사들 중 다수는 SNP를 지도 작성하고 소비자의 DNA를 직접 검사하여 가계, 민족, 오래된 조상 및

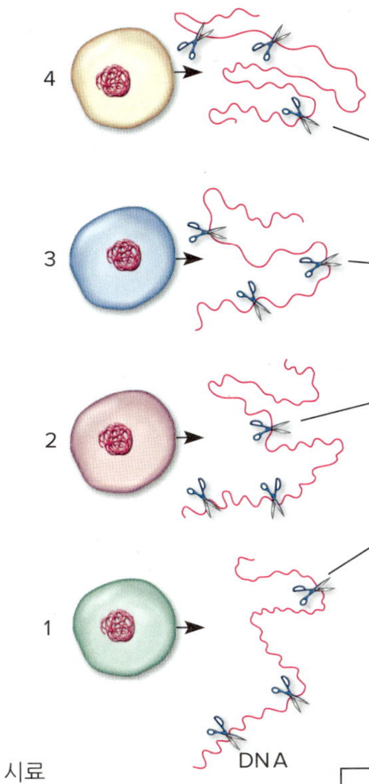

(a) 다른 시료로부터 온 세포로부터 DNA를 추출한다. DNA 시료는 endonuclease에 의해 특정 부위에서 서로 다른 절편들로 절단된다.

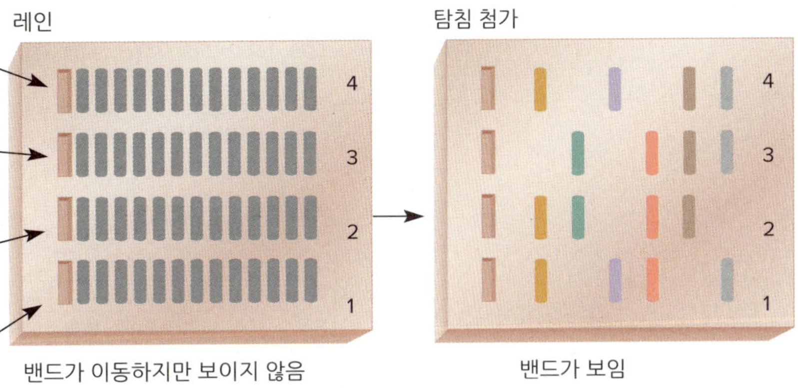

(b) 전기영동은 DNA 절편을 크기별로 분리하여, 크기가 더 큰 조각을 웰 근처에 머무르게 한다. 이 시점에서는 육안으로는 보이지 않지만 각 웰에는 수천 개의 개별 밴드가 포함되어 있다. DNA 절편을 나일론 막으로 옮긴 후, 형광 표지된 핵산 탐침과 혼성화하여 특정 DNA 서열이 확인된다.

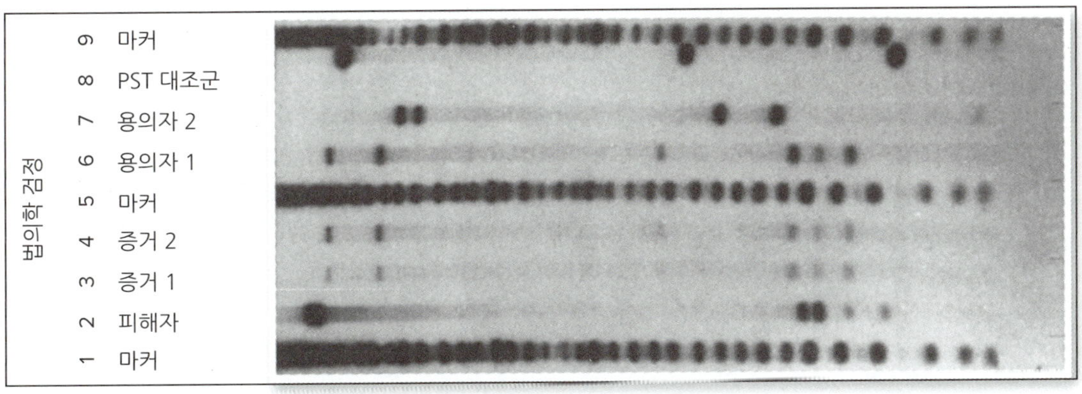

(c) 강간범죄에 사용된 실제 DNA 프로파일. 알려진 마커가 있는 대조군 레인은 레인 1, 5, 8, 9 이다. 두 번째 레인에는 피해자의 혈액에서 나온 DNA 시료가 들어 있다. 증거 시표 1과 2(레인 3과 4)에는 희생자로부터 채취된 정액 시료가 들어 있다. 용의자 1과 2(레인 6과 7)를 검정하였다. 강간의 증거와 용의자 레인을 비교하여 누가 범인인지 알 수 있는가?

그림 10.13 DNA 프로파일: 생명의 바코드

건강에 관한 정보를 제공하였다. 23andMe사는 운반자의 상태, 약물 반응 및 질병의 위험성과 같은 건강 매개변수를 평가할 수 있다고 주장하는 회사 중 하나이다. 또한 소비자가 자신의 유전정보를 알아볼 수 있는 방식을 개발하고 있다고 주장한다.

유전자 발현 측정: 마이크로어레이

생명과학과 전자공학의 발전으로 생명과학자들은 DNA **마이크로어레이**(microarray) 분석이라는 기술로 주어진 세포에서 유전자의 발현을 확인할 수 있었다. 마이크로어레이는 한 번에 수천 개의 유전자 발현을 추적할 수 있는, 매우 효율적인 실험법이다. 마이크로어레이는 유리, 실리콘 또는 나일론으로 만들어진 "칩(chip)"으로 구성되며, 그 위에 수만 개의 다른 유전자의 서열이 결합되어 있다. 주어진 시간에 세포에서 모든 mRNA 분자를 나타내는 형광으로 표지된

그림 10.14 질병과 관련된 단일 뉴클레오티드 다형성(SNP)의 예 좌위 506의 아르지닌 대신 글루타민인 경우, 응고인자의 억제가 일어나지 않아 과도한 응고가 발생한다.

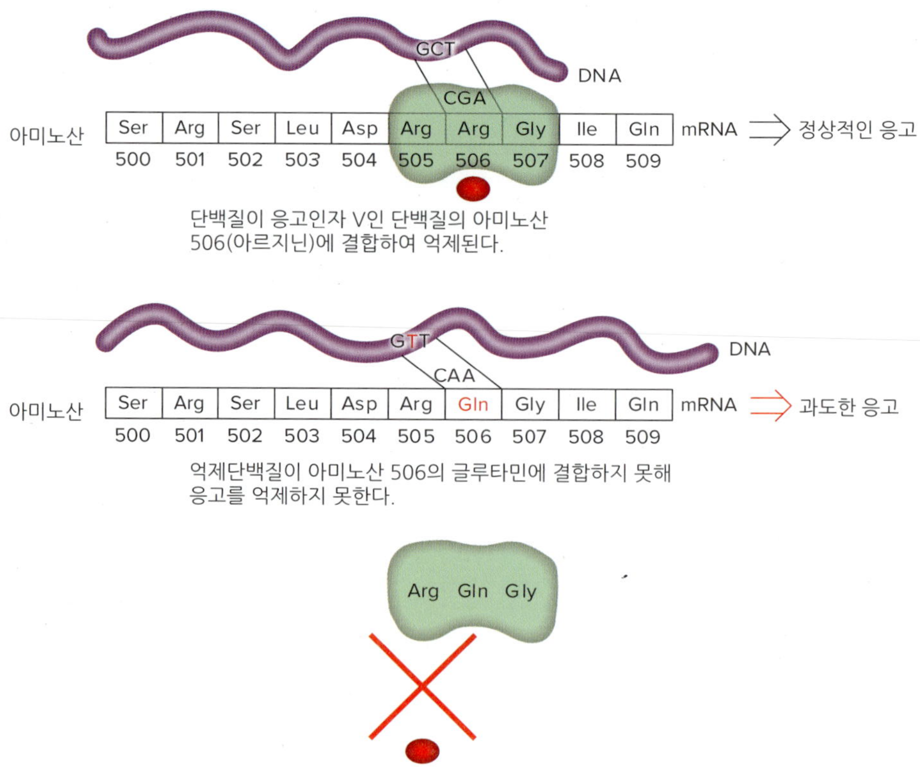

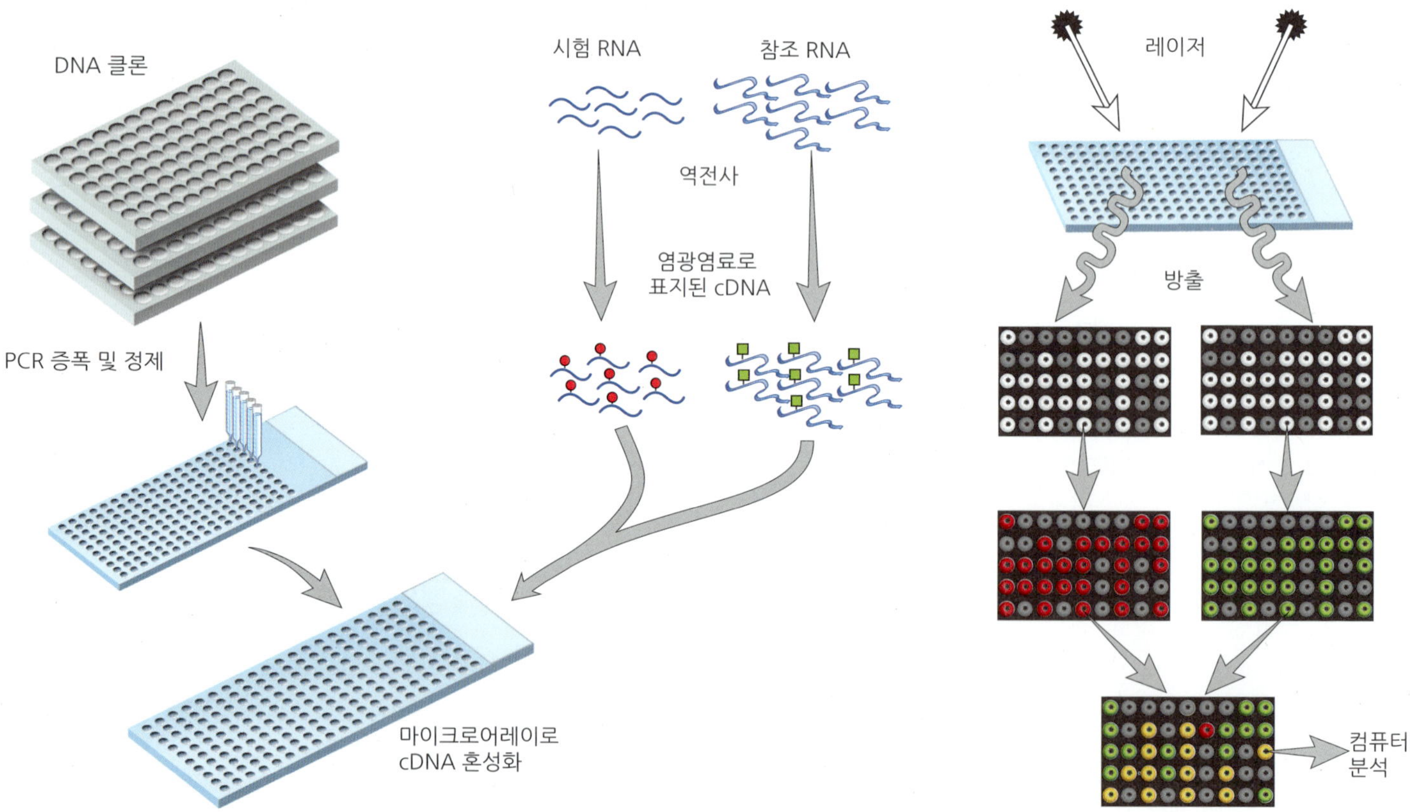

그림 10.15 마이크로어레이를 이용한 유전자 발현분석 생명체로부터 클로닝된 유전자는 PCR에 의해 증폭된다. 정제 후, 시료를 칩에 적용하여 반점이 있는 마이크로어레이를 생성한다. 시험 배양체와 참조 배양체의 mRNA를 역전사에 의해 cDNA로 전환하고, 2개의 서로 다른 형광염료로 표지한다. 표지된 혼합물을 마이크로어레이에 혼성화하고 스캔한다. 회색반응은 혼성화가 일어나지 않음을 의미한다. 녹색과 빨간색 반응은 시험 또는 참조 배양체에서 발현이 유의하게 더 높게 나타났음을 보여준다. 노란색 반응은 검정 및 참조 배양체의 RNA 시료 모두에서 같이 발현된 유전자를 나타낸다.

cDNA를 함유하는 용액을 칩에 첨가한다. 표지된 cDNA는 칩에 결합된 상보적 DNA에 결합될 수 있다. 그 후, cDNA에 형광꼬리표를 레이저로 여기시키고 컴퓨터에 연결된 검출기로 형광을 기록함으로써 결합된 cDNA를 검출한다. 그런 다음 컴퓨터는 이 데이터를 해석하여 다양한 조건에서 세포에 어떤 mRNA가 존재하는지 확인할 수 있다(**그림 10.15**). 이 그림의 예에서는 녹색, 빨간색 및 노란색 반응이 있다. 녹색 형광꼬리표가 세포의 대조군으로 추가되었다. 세균이 액체 배양에서 생장하고 있다고 가정해보자. 적색 형광꼬리표를 생물막에 존재하는 세균에 첨가하였다. 액체 배양에서만 발현된 유전자는 마이크로어레이에서 녹색으로 나타난다. 생물막 생장 동안 발현된 것은 빨간색으로 착색되고 유전자가 두 조건 모두에서 발현되었다면 이중 착색된 노란색 반응을 나타낸다.

마이크로어레이를 이용하면 특정 유전자의 발현 패턴을 찾을 수 있는 매우 민감한 진단 검정을 개발할 수 있다. 예를 들어, 유방암과 같은 많은 아형(subtype)을 식별할 수 있다면 약리학자와 의사는 각 암을 가장 효과적인 약물로 치료할 수 있다. 다시 말하면, 유전자 기술이 오랫동안 열망하던 일의 목표를 달성하는 데 매우 효과적인 방법이라는 것을 알 수 있다.

10.5 학습 평가

10. DNA 염기서열분석 과정을 간략하게 설명할 수 있다.
11. DNA 프로파일링의 일반적인 단계를 설명할 수 있다.
12. DNA 분석에서 단일 뉴클레오티드 다형성(SNP)의 중요성에 대해 논의할 수 있다.
13. DNA 마이크로어레이 기술의 유용성을 설명할 수 있다.

10.6 단백질체 분석

이전 절에서 살펴보았듯이 마이크로어레이 분석을 통해 어떤 유전자가 전사되는지 알 수 있다. 그러나 이것이 모두 번역이 된다는 것을 의미하지는 않는다. 세포와 생명체의 표현형을 연구하는 매우 중요한 방법은 정확히 어떤 단백질을 생산하는지 보는 것이다. 이것을 유전체학의 오믹스(-omics) 명명법에 따라 **단백질체학**(proteomics)이라고 한다. 이 용어는 일정 시점에 생산되는 단백질 전체를 의미한다.

연구자들은 오랫동안 단백질 하나하나를 연구해왔지만, 단백질체학 분야는 젊고(1997년에 이름이 지어짐) 빠르게 발전하고 있다. 세포에서 단백질 생산은 빠르게 변한다. 또한, 많은 세포가 번역을 제어한다는 사실은 mRNA 전사물을 만드는 유전자 발현의 조절로는 충분하지 않다는 것을 의미한다. 초기에는 단백질체를 특성화하기 위해 겔 전기영동을 응용하였다. 질량분석기와 같은 점점 더 진화된 기구를 이용하는 방법과 X선 회절과 같은 방법들이 점차 중요해지고 있다.

10.6 학습 평가

14. 단백질체를 정의하고, 유전체와 어떻게 다른지 설명할 수 있다.

현미경으로 본 세상 — 논평

© Digital Vision/Getty Images RF

이 기사가 **의도하는 메시지**는 우리가 우리 자신이라고 생각하는 사람의 일부라는 것이다. 또한 미생물 유전자와 인간 자신뿐만 아니라 다른 인간의 유전자가 얼마나 뒤죽박죽으로 되어 있는지 설명한다. **비판적 읽기**(critical reading)는 이러한 주장의 타당성을 고려해야 한다. 우리도 알다시피, 바이러스는 숙주 세포에서 DNA 조각을 새로운 숙주로 옮겨서 재조합체를 만들 수 있으므로, 우리 안에 있는 세균이 다른 종의 DNA를 함유할 수 있는 박테리오파지를 가지고 있다는 것은 놀라운 일이 아니다. 그리고 우리가 다른 인간의 유전자를 포함하고 있다는 이 기사의 주장은 연구자들의 말과 그들의 연구 논문을 인용하여 뒷받침된다. 이 기사에는 유전자에 대해 이미 알고 있는 것을 확인하고 스스로 판단할 수 있을 만한 자세한 설명이 있다.

나는 친구에게 이 기사에 대해 **설명할 때** 우리가 "자기 자신"에 대한 생각이 너무 좁은 것을 지적할 것이다. 우리가 우리 몸의 마이크로바이옴의 중요성을 알아내는 것처럼 "우리 자아(selves)"는 다른 자아의 유전자도 많이 포함한다.

나의 **점수**는 A⁻이다. 나의 단 한 가지 비판은 다른 인간의 유전자가 우리에게 올 수 있다는 것을 더 타당하게 만들기 위해 미생물이 얼마나 우리의 유전체에 기여하고 있는지를 구체적으로 설명했더라면 좋겠다는 것이다.

출처: BBC.com, "Is Another Human Living Inside You?", 2015년 9월 18일 게시된 온라인 기사.

단원 요약

10.1 유전공학의 소개

- 유전혁명은 인간의 삶의 청사진을 근본적으로 바꿀 수 있는 다양한 기술을 만들어냈다.

10.2 유전공학의 도구와 기술

- 유전공학은 특정 서열의 시각화, 염기서열분석, 혼성화 및 식별을 위해 DNA를 물리적으로 조작하는 광범위한 방법을 사용한다.
- 유전공학 도구에는 제한효소 endonuclease, 겔 전기영동 및 유전자 탐침이 있다.
- CRISPR은 세균 방어기작을 이용하여 빠르게 유전자 조작을 가능하게 하는 강력한 신기술이다. 이것의 응용법 중 하나를 유전자 드라이브라고 부르는데, 이는 후속 세대 생명체에게 빠른 돌연변이를 일으킬 수 있기 때문에 논쟁의 여지가 있다.
- 중합효소연쇄반응(PCR) 기술은 여러 분석을 위해 소량의 DNA를 훨씬 더 많은 양으로 증폭시킨다.
- 재조합 DNA 기술은 다른 출처의 DNA를 결합하여 산업 규모로 호르몬, 효소 및 백신을 생산하는 미생물 "공장"을 생성한다.
- 클로닝은 유전자를 원래 숙주로부터 떼어내고 클로닝 벡터를 이용하여 클로닝 숙주로 옮겨 복제하는 과정이다.
- 플라스미드, 박테리오파지 및 코스미드는 재조합 DNA를 클로닝 숙주로 옮기는 데 사용되는 클로닝 벡터의 유형이다.

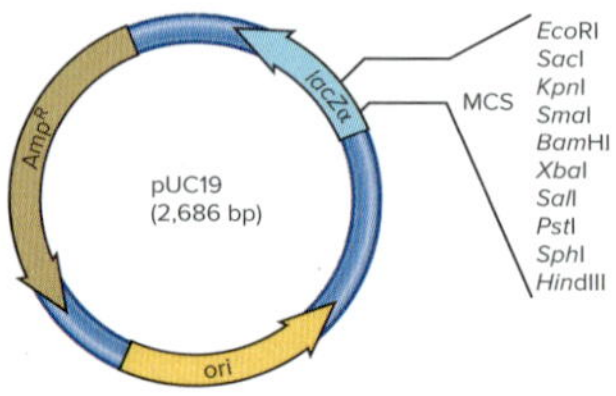

10.3 재조합 DNA 기술의 제품들

- 조작된 호르몬, 효소 및 백신은 동물로부터 직접 분리된 유사한 물질보다 더 안전하고 효과적이다.
- 재조합 미생물은 의학적 치료 및 예방 접종, 작물 개량, 해충 감소 및 생물학적 치료 등을 위해 유전적으로 설계된다.

- 합성생물학은 유용한 기능을 수행하고 유용한 제품을 생산할 수 있다고 여겨지는 생물학적 분자와 생명체를 창조하기 위해 공학 프로토콜을 사용하는 것이다.

10.4. 유전적 치료: 신체로 DNA를 주입

- 유전자 치료는 바이러스나 중합체와 같은 전달 수단을 사용하여 결함이 있는 숙주 유전자를 기능성 유전자로 대체하는 것이다. 이 치료법은 유전질환과 후천성 질환을 고치는 데 사용할 수 있다.
- 마이크로 RNA는 올바르지 않은 숙주 유전자의 발현을 차단하고, 숙주 세포에 대한 유해한 miRNA를 침묵시키고, 미생물 공격에 대한 방어를 돕는 데 사용된다.
- DNA 기술은 기본 유전원리에 대한 이해를 향상시켜, 광범위한 분야, 특히 의학, 진화, 법의학 및 인류학에 중요한 응용을 가능하게 했다.

10.5 유전체 분석: 지도와 프로파일

- 인간 유전체 프로젝트와 기타 유전체 염기서열분석 프로젝트는 생명체를 이해하는 데 혁명적인 통찰을 제공했으며, 그로부터 유전체학 및 생물정보학과 같은 새로운 생명과학의 세 분야들이 탄생하였다.
- 전체 유전체 염기서열분석은 인간, 다른 진핵생물, 세균과 고세균 및 바이러스의 뉴클레오티드 서열을 결정하는 데 사용되는 방법이다.

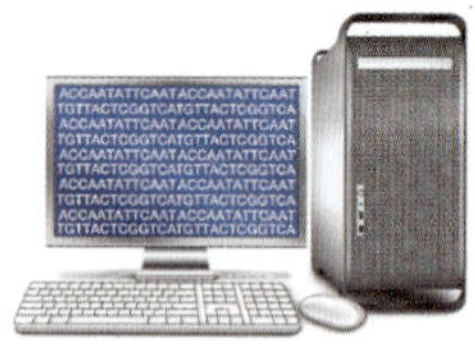

- DNA 프로파일링은 의료 진단, 유전적 조상, 법의학 목적으로 생명체를 식별하는 기술이다.
- 질병 및 약물 치료에 대한 감수성과 관련된 인간 유전체에서 단일 뉴클레오티드 다형성의 식별은 맞춤의학과 약물 유전체학이라는 새로운 분야로 이어졌다.

- 마이크로어레이 분석은 특정 조직에서 어떤 유전자가 전사되는지를 알 수 있다. 질병의 표현형 프로필을 기반으로 질병 치료를 결정하고 고안하는 데 사용된다.

10.6 단백질체 분석 (ASM 지침 4.3, 4.5)

- 특정 세포의 표현형을 결정하려면 단백질체를 분석해야 한다. 단백질체는 세포에 존재하는 단백질의 총합이다.

객관식 문제(선다형 문제와 OX 문제) | 블룸 1단계 및 2단계: 기억과 이해

선다형 문제 – 제시된 보기에서 답을 고르시오.

1. 다음 중 중합효소연쇄반응을 수행하는 데 필수적인 것이 아닌 것은 무엇인가?
   a. 프라이머
   b. DNA 중합효소
   c. 겔 전기영동
   d. 높은 온도
2. 다음 중 콘티그와 가장 가까운 동의어는 무엇인가?
   a. 뉴클레오티드 염기서열
   b. 제한효소
   c. 라이브러리
   d. 프라이머
3. 연결효소(ligase)의 기능은?
   a. DNA의 조각을 다시 연결한다.
   b. DNA를 세로로 자른다.
   c. cDNA를 합성한다.
   d. 인대를 분해한다.
4. 화학물질만을 사용하여 생물학적 분자를 생성하는 것을 무엇이라 하는가?
   a. 재조합　　b. 환경정화
   c. 염기서열분석　　d. 합성생물학
   e. 인공생물학
5. 다음 중 상보적인 염기와 결합하였을 때, 제한 endonuclease에 의해 절단될 수 있는 염기서열은?
   a. ATCGATCGTAGCTAGC
   b. AAGCTTTTCGAA
   c. ACCATTGGTA
6. 다양한 제한효소에 의해 인식되는 플라스미드의 DNA 영역을 무엇이라 하는가?
   a. 원점　　b. 조절기
   c. 다중 클로닝 부위　　d. 벡터
7. 유전자 발현을 조절하기 위해 다양한 세포에서 사용 되는 짧은 RNA 서열을 무엇이라 하는가?
   a. 리보솜 RNA　　b. 리보솜
   c. 마이크로 RNA　　d. 메신저 RNA
8. 다음 중 분리된 유전자를 클로닝할 때 가장 처음 사용되는 것은 무엇인가?
   a. 제한 endonuclease　　b. 벡터
   c. 숙주 생명체　　d. 위 모두
9. 단일 뉴클레오티드 다형성은?
   a. DNA이다.　　b. RNA이다.
   c. 플라스미드이다.　　d. siRNA이다.
10. 마이크로어레이는 무엇을 위해 사용되는가?
    a. DNA 복제 속도
    b. DNA에 특정 유전자의 존재
    c. 인티센스 RNA
    d. 어떤 유전자가 발현되고 있는지

OX 문제 – 다음 문장 내용이 옳으면 O, 틀리면 X로 표기하고 틀린 내용을 올바르게 수정하시오.

11. 중합효소연쇄반응의 합성 단위는 복제물(replica)이다.
12. 핵산 탐침은 임상시료에서 알려지지 않은 세균이나 바이러스를 식별하는 데 사용될 수 있다.
13. 450 bp의 DNA 절편은 2,500 bp보다 전기영동 겔의 상단(음극)에 더 가깝다.
14. 재조합 세포를 검출하기 위해, 플라스미드는 항생제 내성 유전자를 함유한다.
15. 플라스미드는 재조합 과정에서 현재 이용 가능한 유일한 벡터이다.

Chapter 11

미생물 제어를 위한 물리화학적 방법

© Brand X Pictures/PunchStock RF

현미경으로 본 세상

샤워를 멈춰라

이번에 소개하는 사례를 통해 대중매체의 기사가 어디까지 사실인지 살펴볼 것이다. 이 사례는 2015년 미국의 보스턴 글로브 일간지에 실린 "병 속의 세균: 에이오바이옴(AOBiome)은 비누 없이 깨끗해지는 방법을 제공합니다."란 기사에 대한 것이다.

누군가 15년 동안 샤워를 하지 않았다고 말한다면 어떨까? 서둘러 그 사람을 피하게 되지 않을까? 화학공학 엔지니어인 휘트락(David Whitlock)이 바로 15년 동안 샤워를 하지 않은 장본인이다. 그는 비누를 이용하여 샤워를 하는 대신, 그의 회사인 에이오바이옴이 판매하는 스프레이를 매일 사용한다고 한다. 그는 미스트 스프레이가 "좋은" 세균을 함유하고 있어서 그의 몸을 깨끗하게 유지시켜 준다고 말한다. 또한 깨끗하고 상쾌한 향기와 훌륭한 피부 상태를 유지해준다고 한다. 이 기사에서는 MIT 교수인 휘트락이 2000년부터 세균 스프레이에 대해 이야기하기 시작하였으나 다른 과학자들은 이러한 아이디어에 회의적이었다고 말한다. 그러나 우리는 마이크로바이옴에 대해 많은 것을 배웠기 때문에, 좋은 미생물과 나쁜 미생물이 섞여 있는 몸을 비누로 문지르는 것보다 유익한 미생물을 몸에 뿌리는 것이 더 나을 수 있다고 생각할 수 있다.

휘트락 교수는 세균이 피부 분비물과 냄새가 나는 원인인 땀에 있는 암모니아와 요소를 매우 일반적인 무취 가스인 산화질소로 전환한다고 말했다.

- 이 기사가 **의도하는 메시지**는 무엇인가?
- 기사를 읽은 후 **여러분의 평가**는 어떠한가? 평가가 비판을 의미하는 것은 아니다. 여러분의 지식을 이용하여 기사의 사실여부, 그리고 기사가 전달하고자 하는 메시지가 무엇인지를 제대로(혹은 옳게) 인지하기 위해서는 비평적인 안목이 필요하다.
- 미생물학을 공부하지 않은 친구를 위해 이 기사를 어떻게 **해석할** 것인가?
- 기사의 정확성과 의도된 효과의 정확성을 고려하여 기사에 대한 당신의 **점수**는 얼마인가?

현미경으로 본 세상–논평은 이 장의 끝에 나옵니다.

11.1 미생물 제어

우리는 매일 정수된 수돗물, 선반 위의 '균(germ)'을 없앤 수많은 부패되지 않는 식품, 그리고 감염을 치료하기 위한 약을 섭취한다. 잠재적으로 해로운 미생물에 노출되는 정도를 통제하는 것은 우리 삶의 큰 관심사이며, 긴 역사를 가지고 있다. 초기 문명에서도 음식물을 소금에 절이고 훈제하거나 말려서 보관하고 침구를 햇빛에 널어두는 것은 널리 퍼진 실용적 사례다. 그리스인과 로마인은 전염병이 돌면 옷과 시체를 태우고 물을 구리나 은 용기에 저장했다. 특히 중세의 흑사병 대유행 기간에는 대규모 무덤에 시체를 묻고, 피해자의 옷을 태우고 향이 질병과 싸울 것이라는 믿음에서 병자의 집에서 향이 있는 나무를 태우는 관습이 있었다. 이러한 시도가 어리석고 구식일지 모르지만 실제로 나무가 불에 타면서 포름알데히드(formaldehyde)가 방출되면 소독제로 작용할 수 있다. 이러한 옛날 방법은 다소 조잡하지만, 오늘날에도 사용되고 있는 미생물 제어 방법에 대한 토대를 마련해 주었다.

미생물 제어의 일반적인 고찰

체외에서 사용되는 미생물 제어 방법은 멸균(sterilization), 소독(disinfection), 방부법(antisepsis) 그리고 오염처리(decontamination) 4가지로 구분할 수 있다.

멸균 모든 살아 있는 미생물을 파괴하거나 제거한다.

소독 대부분의 미생물을 파괴하여 무생물체 표면의 오염을 감소시킨다.

방부법 **균제거**(degermation)라고도 하며 생물체 표면의 오염을 감소시킨다는 점을 제외하고 소독과 동일한 의미이다.

오염제거 **위생처리**(sanitization)이라고도 하며 생물체 또는 무생물체의 표면에서 대부분의 미생물을 기계적으로 제거하는 것이다.

그림 11.1의 순서도(flowchart)에 미생물 제어의 주요 응용 분야와 목표를 요약하여 나타내었다.

미생물의 상대적 내성

미생물 제어는 감염이나 부패를 일으킬 수 있는 미생물을 목표로 한다. 이들은 외부 환경과 인체에 끊임없이 존재한다. 이러한 미생물 집단은 내성과 해로움의 정도가 매우 다른 미생물들의 혼합체라는 점에서 단순하거나 일정하지 않다. 세균의 영양세포(vegetative cell)와 내생포자(endospore), 진균의 균사와 포자, 효모, 원생동물의 영양체와 낭종, 벌레, 바이러스 및 프리온은 적절하게 제어되지

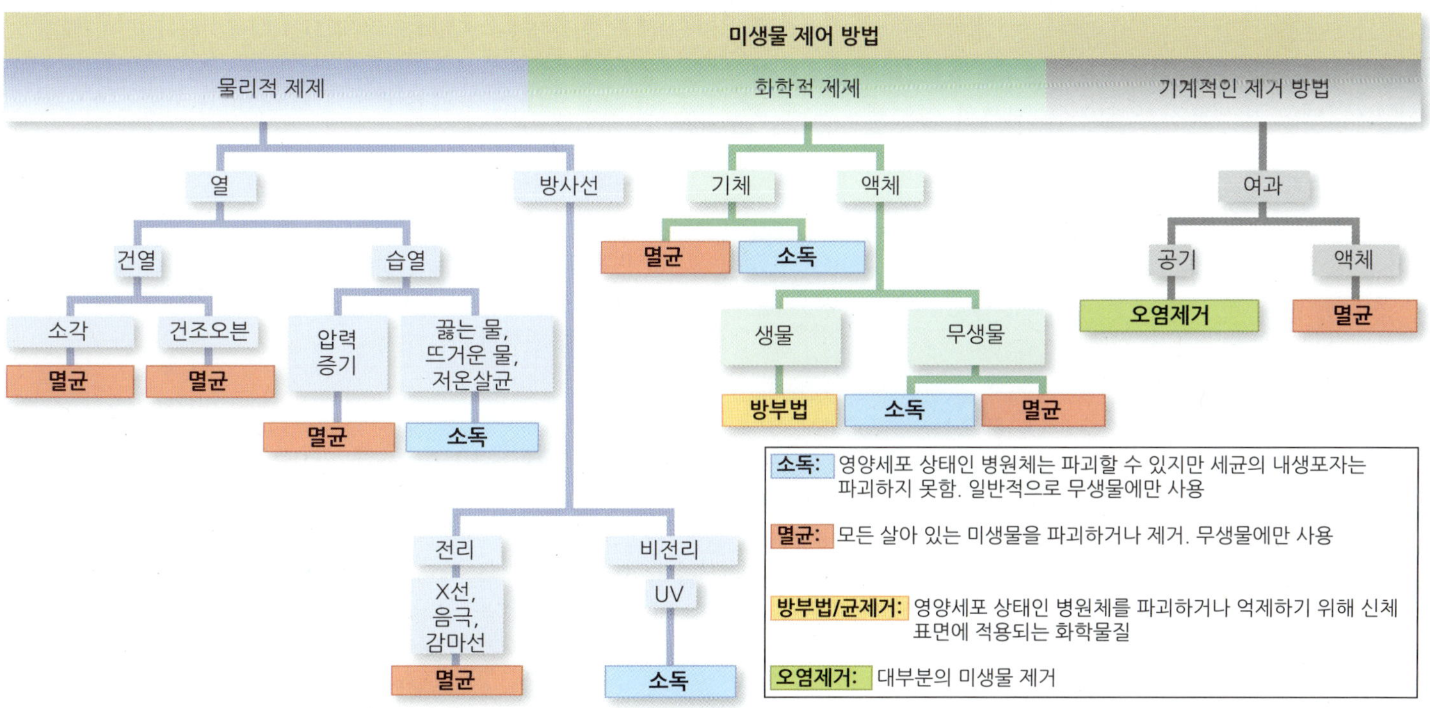

그림 11.1 미생물 제어 방법

그림 11.2 미생물 제제에 대한 미생물 유형의 상대적 내성 이것은 일반적인 내성의 계층이며 미생물 제제에 따라 다양한 미생물에서 더 효과적이거나 덜 효과적일 수 있다.

않으면 위험할 수 있다. **그림 11.2**는 이러한 균들의 물리적 및 화학적 제어에 대한 내성을 비교하고 있다.

다양한 미생물군을 파괴하는 데 필요한 실제 비교 수치를 **표 11.1**에 나타냈다. 세균의 내생포자는 전통적으로 내성이 가장 강한 것으로 간주되어 왔으며, 영양세포보다 파괴하기가 18배나 더 힘들다. 미생물 제어에 대해 높은 내성을 나타내기 때문에 내생포자를 파괴하는 것이 **멸균**(sterilization)의 목표다. 내생포자를 죽이는 공정이라면 내성이 약한 다른 모든 미생물체를 죽일 수 있기 때문이다. 다른 제어 방법(소독, 방부법)은 주로 내생포자보다 내성이 약한 내생포자가 없는 미생물의 영양세포를 목표로 한다.

표 11.1 제어제에 대한 세균의 내생포자와 영양세포의 상대적 내성

방법	내생포자를 파괴하는 데 필요한 강도	영양세포를 파괴하는 데 필요한 강도	상대적인 내성*
열(습열)	120℃	80℃	1.5X
방사선 (X선) 조사량	4,000 그레이	1,000 그레이	4X
멸균가스 (산화 에틸렌)	1,200 mg/L	700 mg/L	1.7X
살포자액(2% 글루타르알데히드)	3시간	10분	18X

* 내생포자를 파괴하는 데 필요한 처리 강도를 영양세포의 것에 대비해서 나타낸 것이며 각 집단에서 가장 내성이 강한 병원균들의 평균값이다.

프리온

프리온은 "멸균"공정에서 매우 독특한 부류에 속한다. 이 장에서 무균은 모든 살아 있는 미생물 생명체가 없는 것으로 정의하고 있다. 그러나 이 장에서 기술된 공정 중 어느 것도 프리온을 파괴하기에 충분하지 않다. 프리온은 열과 화학물질에 대한 저항성이 매우 강하다. 만약 기구나 물체가 프리온에 의해 오염된 경우, 생물학적 유해 물질로 폐기해야 하며, 폐기가 불가능할 경우 CDC 지침에 따라 강화된 멸균 방법을 적용해야 한다. 프리온에 대한 연구가 계속되면서 지침은 지속적으로 발전하고 있다. 한편, 이 장에서는 세균 내생포자를 미생물 생명체 중에서 가장 내성이 강한 형태로 간주하고 내생포자에 준한 멸균 방법에 관해 설명한다. 생체조직, 체액 또는 기구가 프리온을 포함하고 있는 것으로 의심되는 경우 효과적인 멸균 조건을 확립하기 위해서 감염관리 전문가 및 CDC의 조언을 받을 것을 권장한다.

미생물 제어 방법

수년에 걸쳐, 미생물을 제어하는 방법을 기술하고 정의하기 위한 용어는 계속 많아지고 있다. 복잡한 용어들 때문에 어떤 용어들은 일상적으로 사용하고 있음에도 불구하고 가끔 애매하고 부정확하다. 예를 들어, 우리는 환자의 피부를 '살균' 또는 '소독'한다고 하는데, 두 용어 모두 기술적인 정의에 부합하지 않는다. 우리는 이 장에서 일련의 개념,

정의 및 사용법을 제시함으로써 미생물 제어에 대한 토대를 마련하고자 한다.

용어

멸균(sterilization)은 바이러스를 포함한 모든 살아 있는 미생물을 파괴하거나 제거하는 공정이다. 이 공정을 거친 모든 물질은 **무균성**(sterile)이라고 한다. 이 용어는 멸균하기 위해 입증된 방법에 의한 것으로 가장 엄격한 의미로만 사용해야 한다. 한 물체를 약간 멸균하거나 거의 멸균할 수는 없고, 멸균된 상태이거나 멸균되지 않은 상태다. 멸균에 의한 제어 방법은 일반적으로 무생물에 적용되는데 그 이유는 인체의 일부를 멸균하는 것은 매우 위험하고 비현실적이기 때문이다.

멸균된 제품(수술 도구, 주사기 및 포장된 유통 식품)은 인간의 풍요로운 삶에 필수적이다. 대부분의 멸균은 열과 같은 물리적 작용으로 이루어지지만, 몇몇 화학물질도 내생포자를 파괴할 수 있는 능력 때문에 멸균 제제로 분류될 수 있다.

특정 미생물 그룹만 제어하면 되는 경우가 있는데 이런 경우 멸균은 비실용적이며 필요하지 않다. 일부 항미생물제(antimicrobial agent)는 민감한 영양세포 상태의 미생물은 제거할 수 있지만, 내성이 강한 내생포자나 피낭(cyst) 상태에 있는 것은 파괴하지 못한다. 인체와 동물에서 대부분의 감염성 질병은 포자를 형성하지 않는 미생물에 의해 발병되기 때문에 내생포자의 파괴가 반드시 필요한 것은 아니라는 점을 명심하자.

소독(disinfection)은 영양세포 상태의 병원균은 파괴할 수 있지만, 세균의 내생포자는 파괴하지 못하는 화학적 제제(소독제, disinfectant)나 물리적 제제를 사용하는 것을 말한다. 소독제는 효능이 있는 농도에서는 사람이나 다른 동물 조직에 독성이 있을 수 있으므로 일반적으로 무생물에만 사용된다는 점에 유의해야 한다. 또한 소독 공정을 통해 물질에서 유해한 미생물에 의해 생산된 해로운 산물(독소, toxin)을 제거할 수 있다. 소독의 예로는 5%로 희석된 표백제를 검사용 탁자에 적용하는 것, 환자가 사용하는 식기구를 물에 끓이는 것 그리고 온도계 사용 전과 후에 요드 용액에 담그는 것 등이 있다.

현대에서의 **패혈증**(sepsis)은 미생물이 혈액 및 다른 조직에서 생장하는 것으로 정의된다. **무균법**(asepsis)이란 용어는 무균 상태인 조직에 감염원이 유입되는 것을 방지하여 감염을 예방하는 모든 방법을 지칭한다. 보건의료에서 일반적으로 실시되는 무균 기술은 모든 미생물을 제거하는 멸균법에서 **방부법**(antisepsis)에 이르기까지 다양하다. 방부법에서 **방부제**(antiseptic agent)라고 하는 화학 제제는 노출된 신체 표면(피부 및 점막), 상처 및 수술 부위에 직접 적용되어 영양세포 상태의 병원균을 억제하거나 파괴한다. 방부법의 예로는 요드 화합물을 수술 전 절개 부위의 피부에 바르는 것, 잇몸의 상처 부위를 과산화수소로 닦는 것 및 살균 비누로 손을 씻는 것 등이 있다.

방부법(균제거, degermation)을 통해 피부의 미생물 수를 줄여야 하는 경우가 종종 있는데, 이 공정은 일반적으로 피부를 문지르기, 화학물질에 담그기, 또는 2가지 모두를 포함한다. 또한 피부 표면에 있는 기름을 유화시키고 피부 표면의 잠재적 병원균을 기계적으로 제거한다. 균제거 공정의 예로, 외과적 손씻기(surgical hand scrub), 알코올로 문지르기, 그리고 살균 비누 또는 살균수로 상처 닦기 등이 있다.

미생물제제와 미생물 제어공정

멸균, 소독 등의 용어는 미생물의 제어공정을 의미한다. 미생물 제어공정에 사용되는 미생물제제는 다른 용어로 정의된다. 2가지 예로, **살세균**(bactericidal)과 **정세균**(bacteriostatic)이라는 용어가 있다. “죽이는 것(to kill)”을 의미하는 *-cide*라는 어근은 어떤 부류의 미생물을 파괴하는 것이 목적인 항미생물제를 정의하기 위해 다른 용어와 결합하여 사용할 수 있다. 예를 들어, **살세균제**(bactericide)는 세균을 파괴하는 화학물질이다(내생포자 상태에 있는 것은 제외). 이것은 다른 미생물 그룹에는 효과가 있을 수도 있고 없을 수도 있다. **살진균제**(fungicide)는 진균의 포자, 균사 그리고 효모를 죽일 수 있는 화학물질이다. **살바이러스제**(virucide)는 바이러스, 특히 살아 있는 조직의 바이러스를 불활성하시키는 것으로 알려진 화학물질이다. **살포자제**(sporicide)는 세균의 내생포자를 파괴할 수 있기 때문에 멸균제로도 사용 가능하다. **살균제**(germicide)와 **살미생물제**(microbicide)는 미생물을 죽이는 화학물질에 대해 추가적으로 이용되는 용어이다.

그리스어로 *stasis*와 *static*은 “정지(to stand still)”를 의미한다. 이 단어는 미생물이 일시적인 증식은 억제되었으나 완전히 죽지는 않은 상태를 나타내기 위해 여러 가지 접두사와 연결하여 사용될 수 있다. 미생물을 사멸시키거나 영구적으로 불활성화시키는 것이 미생물 제어의 일반적인 목표이지만, 정미생물(microbistasis)은 의미 있는 미생물 제어의 방법이 될 수 있다. **정세균**(bacteriostatic) 화학물질은 조직이나 환경에 있는 물체에 존재하는 세균의 생장을 억제하고, **정진균**(fungistatic) 화학물질은 진균의 생장을 억제한다. 많은 살미생물 효과는 사람 세포에 대해 독성이 매우 강할 수 있으므로, 몸에 있는 미생물을 제어하기 위해 사용되는 물질(방부제 및 약물)은 흔히 미생물 생장 억제, 즉 **정미생물**(microbiostatic) 효과를 가지고 있다.

오염제거(위생처리)

위생처리(sanitization)는 미생물 및 기타 잔해물을 기계적으로 제거하여(decontaminate) 오염을 안전한 수준으로 낮추는 세정 기술이다. 위생처리제(sanitizer)는 이러한 방법에 사용되는 비누 또는 세제와 같은 화합물이다.

세척 및 건조된 조리기구, 접시, 병, 캔 및 의류에는 미생물이 완전히 제거되지 않아도 일반적으로 사용하는 데에는 안전한 수준으로 여겨진다. 병원과 클리닉 및 실험실에서는 자외선램프를 이용한 공기 살균을 통해 공기 중의 미생물을 저감시킨다. 일부 위생처리 공정은 물체를 매우 엄격히 멸균하지만 모든 위생처리 방법이 그러한 것은 아니다. 예를 들어, 식당에서는 다른 사람의 오래된 음식 찌꺼기가 묻은 멸균된 포크나 립스틱이 묻은 멸균된 찻잔을 받는 것보다는 위생처리를 통해 이전 손님의 흔적이 없는 유리잔을 받는 것이 좋을 것이다. 이 외에도 위생처리는 멸균보다 비용이 훨씬 덜 든다는 장점이 있다. 이처럼 기술의 유용성은 상황에 따라서 다르다.

미생물 제어에 대해 실제로 고려해야 할 것들

미생물 제어의 방법을 선택하는 데에는 수많은 고려 사항이 있다. 다음은 가장 먼저 고려해야 할 문제들이다.

1. 미생물 제어 대상에 멸균과 소독 중 어느 것이 적절한가? 다시 말해, 포자가 파괴되어야 하는가 아니면 영양세포의 세균만 파괴해야 하는가?
2. 재사용이 가능한가 아니면 영구적으로 폐기해야 하는가? 폐기해야 할 경우 가장 빠르고 저렴한 방법을 선택해야 한다.
3. 재사용할 경우 열, 압력, 방사선 또는 화학물질을 견딜 수 있는가?
4. 미생물 제어 방법이 주어진 상황에 적합한가? 예를 들어, 자외선은 살포자제이지만 고체 물질을 관통할 수 없다. 또는 화학물질의 경우 해로운 잔류물이 남지는 않는가?
5. 미생물제제가 필요한 만큼 침투가 가능한가?
6. 선택한 제어 방법의 비용과 노동효율이 높고 안전한가?
7. 환자에게 직접적으로 사용되는 의료기구의 경우, 미생물 제어 방법을 선택하는 데에는 감염위험 정도에 따라서 의료기구가 고위험(critical), 준위험(semicritical) 또는 비위험(noncritical) 기구 중 어디에 분류되는지가 중요하다. 고위험 의료기구는 조직이나 혈관 등 무균 상태의 조직과 접촉할 것으로 예상되는 주삿바늘 또는 인공 고관절 등이다. 이들은 사용하기 전에 반드시 멸균해야 한다. 준위험 기구는 내시경 튜브와 같이 점막과 접촉하는 기구이다. 이러한 기구는 최소한 높은 수준의 소독을 해야 하며 멸균하는 것이 바람직하다. 비위험 기구는 환자에게 직접적으로 닿지 않거나 온전한 피부에만 닿을 것으로 생각되는 혈압측정띠 또는 목발 등이 있다. 비위험 기구는 혈액이나 체액으로 오염되지 않는 한 낮은 수준의 소독이 요구된다.
8. 매우 다양한 물질들의 살균이 필요할 수 있다. 2001년 미연방 정부 사무소는 탄저균(*Bacillus anthracis*) 내생포자가 오염되어 사무소 내의 고무와 같은 내구성이 있는 고체부터 혈청과 같은 민감한 액체와 심지어는 사무실 건물 전체까지 다양한 방법의 살균을 해야 했다. 살균은 기술자, 간호사, 의사 또는 제조업자와 같은 건강관리에 관련된 사람들에게 수백 가지의 각기 다른 상황으로 필요하지만 이러한 모든 상황에 맞는 한 가지 미생물 제어 방법은 존재하지 않는다.
9. 비용, 효과 및 폐기 방법과 같은 사항도 모두 중요하게 고려되어야 한다. 예를 들어, 침습법 시술(invasive medical procedure)에 사용되는 카테터(catheter)나 주사기와 같은 일회용 플라스틱 품목은 조직을 감염시킬 가능성이 있기 때문에 제조 시 멸균해야 하지만 열은 플라스틱에 손상을 줄 수 있으므로 비가열방식(가스 또는 방사선)으로 멸균해야 한다. 이러한 물품들은 잠재적인 위험성이 있으므로 사용한 후에 오염을 제거하여 폐기하여야 한다. 사용 후에는 플라스틱이 파손되더라도 상관 없으므로 빠르고 확실한 증기 멸균이 현명한 선택일 것이다.

미생물 사멸이란 무엇인가

사멸(death)이란 한 생물의 생명 활동이 영구적으로 종료되는 현상이다. 동물과 같은 복잡한 생물에서 삶의 징후는 자명한(self-evident) 것이고 사멸은 신경 기능, 호흡 또는 심장 박동의 상실로 명확해진다. 동물과는 다르게, 하나 또는 몇 개의 세포로 구성된 현미경적 크기인 미생물에서는 뚜렷한 사멸 징후가 나타나지 않기 때문에 사멸을 감지하기 힘들다. 방사선이나 화학물질과 같은 사멸제(lethal agents)가 반드시 미생물 세포의 형상을 변화시키는 것은 아니다. 운동성 미생물의 운동성 상실도 사멸을 나타내는 데 사용할 수 없다. 이러한 사실들로 인해 미생물의 사멸을 정의하고 묘사할 수 있는 기준을 개발할 필요성이 생겼다.

화학적 또는 물리적 제제의 파괴적인 효과는 단일 세포 수준에서 발생한다. 세포가 강한 열 또는 독성 화학물질과 같은 제제에 지속적으로 노출되게 되면 다양한 세포 구조는 기능 장애를 일으킨다. 세포 전체가 돌이킬 수 없는 손상을 입게 될 수 있다. 현재 이러한 손상을 감지하는 가장 실질적인 방법으로는 미생물 세포가 적절한 환경에 놓였을 때 아직도 생장할 수 있는지를 확인하는 것이다. 미생물이 적절한 환경 조건에서도 생장할 수 없을 정도로 대사적 또는 구조적 손상을 유지하게 되면 더 이상 살아 있지 않은 것으로 간주된다. 최적의 생장 조건에서도 생장 능력을 영구적으로 상실하는 것으로 미생물 사멸을 정의할 수 있다.

사멸 속도에 영향을 미치는 인자

배양된 세포를 이용해 살미생물제에 대한 감수성의 유의미한 정도를 나타낼 수 있다. 전체 개체군의 사멸은 순간적으로 일어나는 것이 아니라, 일정 시간과 농도의 조합과 같은 특정 살미생물제의 임계점이 충족될 때 시작된다. 제제의 처리시간 또는 농도가 증가하면 대수적으로 지속된다(**그림 11.3a**). 많은 살미생물제가 세포의 대사 과정을 표적으로 하기 때문에, 더 어리고 빠르게 분열하는 활성 세포는 대사적으로 활동이 덜한 세포(더 늙고, 비활성 상태의)보다 더 빠르게 죽는 경향이 있다. 결국, 어떠한 세포도 생존할 수 없는 지점에 도달하게 되고 이 지점이 멸균에 해당된다.

특정 제제의 효과는 시간 이외의 여러 가지 인자에 의해 좌우된다. 이러한 추가적인 인자는 항미생물제의 작용에 영향을 준다.

1. 미생물의 수(**그림 11.3b**). 오염균이 많을수록 파괴하는 데 더 많은 시간이 필요하다.
2. 집단에 있는 미생물의 생장(**그림 11.3c**). 대부분의 실제 소독과 멸균에서 대상 집단이 단일 종의 미생물로 이루어지는 것이 아니라 세균, 진균, 포자 및 바이러스의 혼합체로 존재하며 넓은 범위의 미생물적 내성을 나타낸다.

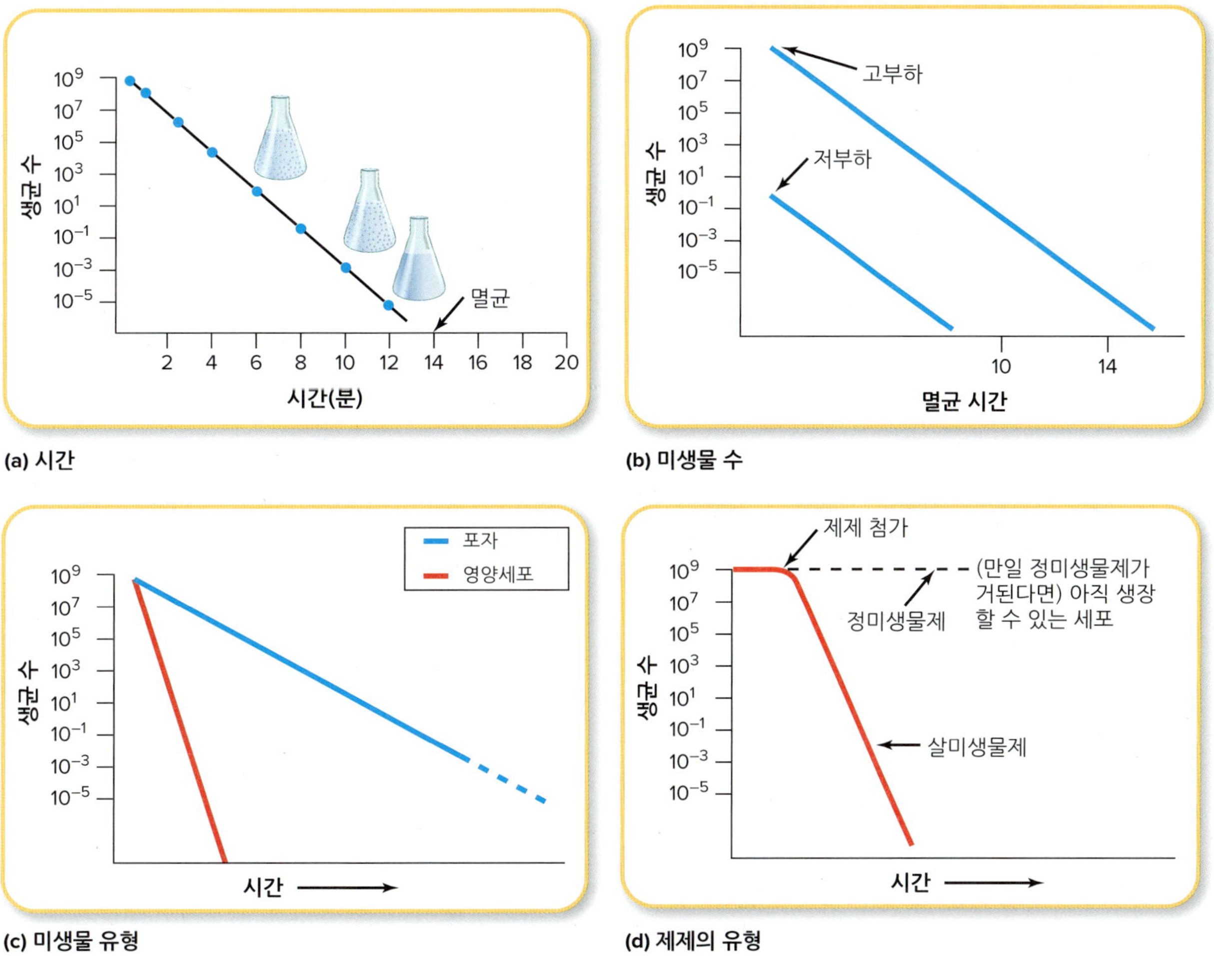

그림 11.3 항미생물제제가 미생물의 사멸 속도에 영향을 미치는 인자 (a) 제제에 노출되는 시간. 화학적 또는 물리적 제제에 노출되는 동안 미생물 집단의 모든 세포, 심지어 순수배양된 세포마저도 동시에 죽지 않는다. 시간이 지남에 따라 집단에 남아 있는 생균 수는 대수적으로 감소하여 그래프에서 직선 관계를 나타낸다. (b) 미생물 부하량(얼마나 많은 미생물이 있는지)의 영향 (c) 영양세포와 포자의 상대적 내성 (d) 살미생물제 및 정미생물제의 작용

3. 미생물 생장 유형. 부유성 세균 개체군은 유체 환경 내에서 자유롭게 자라며 표면에 부착되지 않는다. 일반적으로 이들은 의료 장치 및 생체조직과 같은 표면에 부착되어 잘 발달된 생물막 내의 미생물과 비교하면 제제에 더욱 민감하다.
4. 환경의 온도와 pH.
5. 제제의 농도(투여량, 강도). 예를 들어, UV 방사선은 260 nm에서 가장 효과적이고, 대부분의 소독제는 높은 농도에서 활성이 더 높다.
6. 제제의 작용방식(**그림 11.3d**). 제제가 어떻게 미생물을 죽이거나 억제하는가?
7. 용매, 방해하는 유기물질 및 억제제의 존재. 타액, 혈액 및 분변은 소독제의 작용 및 열의 작용까지도 억제할 수 있다.

이러한 요인의 영향에 대해서는 다음 절에서 자세히 알아보자.

항미생물제는 어떻게 작용하는가: 작용방식

항미생물제가 세포에 미치는 해로운 영향은 작용방식 또는 작용기작으로 알려져 있다. 제제는 하나 이상의 세포 표적에 영향을 미쳐 세포가 더 이상 생존할 수 없을 때까지 지속적으로 손상을 가한다. 항미생물제의 표적 세포는 일정한 범위를 가지는데, 열이나 방사선과 같은 광범위한 미생물에 대해 효과를 나타내는 제제가 많이 선정된다. 약물과 같은 더 선택적인 제제는 단일 세포 성분만을 표적으로 하기 때문에 효과가 있는 미생물은 매우 제한적이다.

물리적 및 화학적 제제의 세포 표적의 일반적인 범주는 4가지로 분류된다.

1. 세포벽
2. 세포 또는 원형질막
3. DNA와 RNA의 세포합성과정
4. 단백질

제제가 세포벽에 미치는 영향

세포벽은 세균 및 진균 세포의 구조적 완전함을 유지시켜준다. 여러 유형의 화학 제제는 세포벽의 합성을 차단하거나 세포벽을 분해하거나 표면을 파괴하여 세포벽을 손상시킨다. 세포벽의 기능이 상실된 세포는 깨지기 쉽고 매우 쉽게 용해된다. 세척제와 알코올은 특히 그람음성 세균의 세포벽을 파괴할 수 있다.

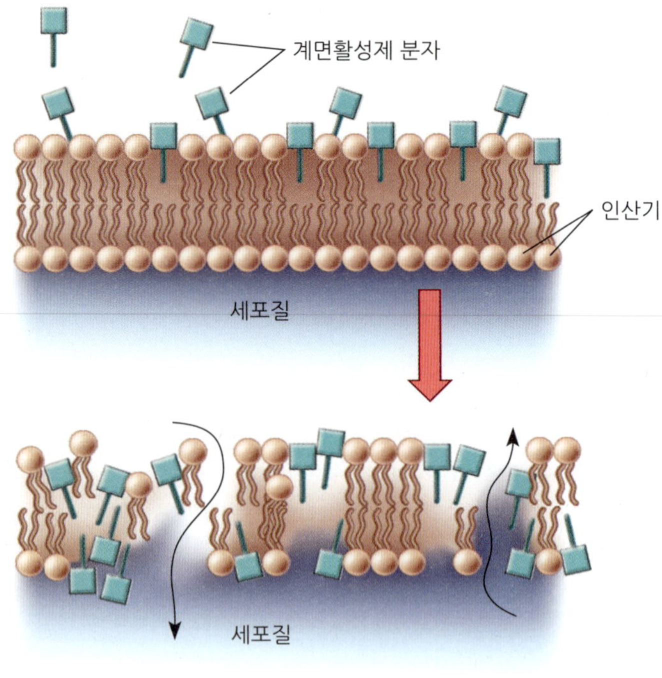

그림 11.4 세포막에 대한 계면활성제의 작용방식 지질 2중층에 침투한 계면활성제는 막을 방해하고, 비정상적인 채널을 만들어 투과성을 변형시키고 세포 내외로 물질이 누출되게 한다.

제제가 세포막에 미치는 영향

모든 미생물에는 인지질로 구성된 세포막이 있으며 많은 바이러스는 막으로 된 외피를 가지고 있다. 이전 장에서 살펴본 것처럼, 세포막은 양방향 수송 체계를 제공한다. 이 막이 파괴되면, 세포는 선택적 투과성을 잃고, 중요한 분자의 손실을 막거나 유해한 화학물질의 유입을 차단할 수 없다. 이러한 능력의 상실은 세포 사멸로 이어진다. **계면활성제**(surfactants)라 하는 세제는 살미생물제로 작용한다. 계면활성제는 지질층에 물리적으로 결합하여 막 내부의 소수성 영역을 침투할 수 있는 친수성 및 소수성 영역을 갖는 극성 분자이다. 실제로 이러한 과정은 세포막의 단단한 중간 면을 "열어 젖혀서(open up)" 유해한 화학물질이 세포 내로 스며들게 하고 중요한 이온은 바깥으로 빠져나오게 하는 누출 지점을 만든다(**그림 11.4**).

제제가 단백질과 핵산 합성에 미치는 영향

미생물의 수명은 효소와 구조분자로서 기능을 할 수 있는 단백질을 질서정연하고 지속적으로 공급할 수 있는가에 달려 있다. 9.2절에서 살펴보았듯이, 단백질은 리보솜을 통해 번역이라는 복잡한 과정을 통해 합성된다. 클로람페니콜

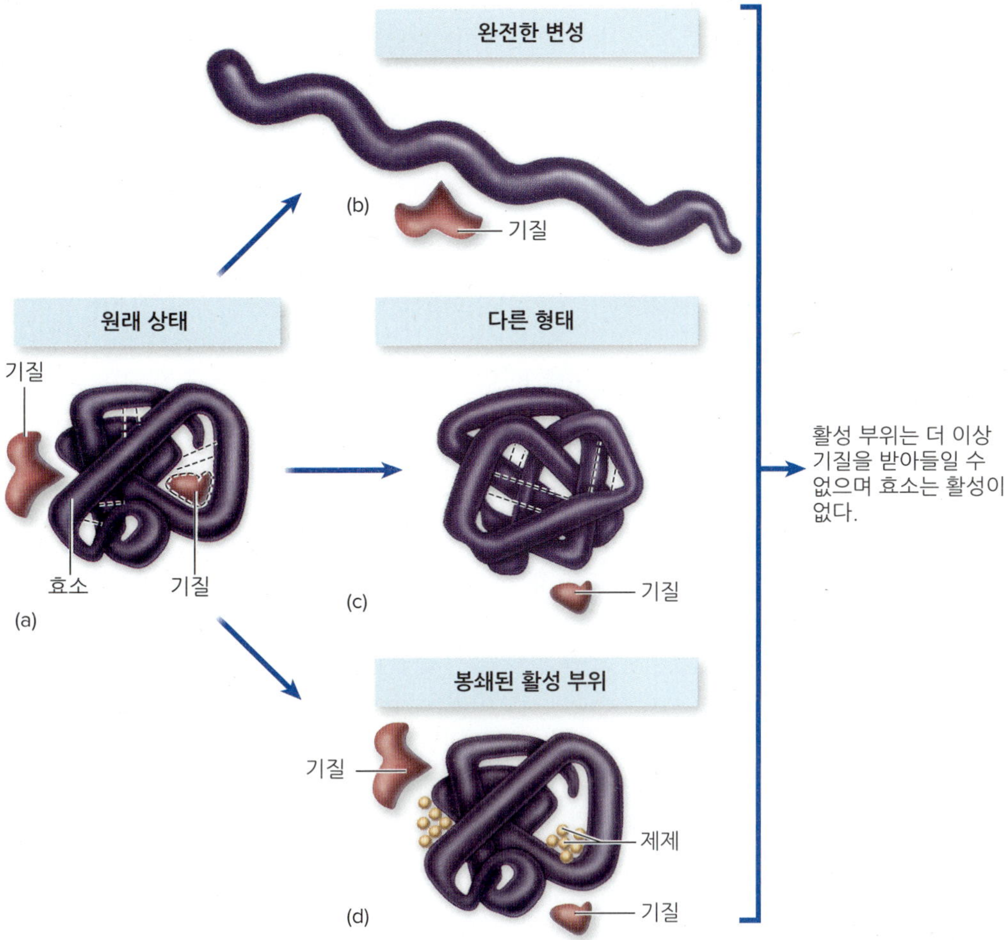

그림 11.5 단백질 기능에 영향을 미치는 작용방식 (a) 기능이 있는 원래 상태는 기질에 맞는 활성 부위를 만들어내는 결합에 의해 유지된다. 일부 제제에 의해 모든 또는 2차 및 3차 구조를 파괴하여 단백질을 변성시킨다. 그 결과 (b) 완전히 펴지거나 (c) 무질서한 결합과 부정확하게 접혀진다. (d) 다른 일부 제제는 활성 부위에 있는 작용기와 반응하여 결합이 형성되는 것을 방해한다.

(chloramphenicol) 항생제는 세균의 리보솜에 결합하여 펩티드 결합이 형성되는 것을 막는다. 이 항생제에 의해 많은 세균 세포는 생장 및 대사에 필요한 단백질이 형성되지 못해 생장이 억제된다.

미생물의 지속적인 기능을 위해서는 핵산도 필요하다. DNA는 성장하는 세포에서 정기적으로 복제되고 전사되어야 하며, 이러한 과정에 영향을 미치거나 유전암호를 변화시키는 물질은 잠재적인 항미생물제이다. 일부 제제들은 DNA에 비가역적으로 결합하여 전사 및 번역을 모두 방해하기도 하고, 돌연변이 유발제도 있다. 감마선, 자외선 또는 X 방사선은 DNA를 영구적으로 불활성화하는 돌연변이를 일으킨다. 포름알데히드(formaldehyde)와 에틸렌옥사이드(ethyleneoxide)와 같은 화학물질은 DNA와 RNA의 기능을 방해한다.

단백질의 기능을 변성시키는 제제

미생물 세포는 자연상태(native state)라고 하는 정상적인 3차원적 형상으로 유지되는 경우에만 제대로 기능을 하는 다량의 단백질을 함유한다. 일부 제제의 항미생물적 특성은 단백질의 구조를 파괴하거나 **변성시키는**(denature) 능력으로부터 나온다. 일반적으로 변성(denaturation)은 단백질의 2차 및 3차 구조를 유지하는 결합이 파괴될 때 발생한다. 이러한 결합을 끊게 되면 단백질은 펴지거나 무질서하고 비규칙적인 고리와 코일을 생성한다(**그림 11.5**). 단백질을 변성시킬 수 있는 한 가지 방법은 증기 열에 의한 응집이다(달걀을 조리할 때 일어나는 달걀 흰자 위의 비가역적인 고형화를 생각해보자). 강한 유기용매(알코올과 산)와 같은 화학물질 역시 단백질을 응집시킬 수 있다. 금속이온과 같은 몇몇 항미생물제는 단백질의 활성 부위에 결합하여 단백질이 기질과 상호작용하는 것을 방해한다. 정확한 기작과는 관계없이 정상적인 단백질 기능의 손실은 물질대사를 신속히 정지시킬 수 있다. 이러한 유형의 항미생물제는 대부분 넓은 범위의 미생물에 효과적이다.

11.1 학습 평가

1. 멸균(sterilization), 소독(disinfection), 방부법(antisepsis) 그리고 오염제거(decontamination)라는 용어를 구별해서 설명할 수 있다.
2. 제어 방법에 가장 내성이 있고, 가장 내성이 없는 미생물의 유형을 식별할 수 있다.
3. 살미생물제와 정미생물제를 비교하고, 각각의 예를 설명할 수 있다.
4. 물리적 및 화학적 제제에 대한 4가지 범주의 세포 표적을 설명할 수 있다.

11.2 물리적 제어 방법

미생물을 제어하는 방법은 물리적 방법과 화학적 방법인 2가지 범주로 나눌 수 있다. 여기서는 물리적 방법부터 설명하고자 한다. 미생물은 온도, 습도, 압력 및 빛의 혹독한 조건에서도 지구가 제공하는 다양한 서식지에 적응해 왔다. 일반적으로 이러한 극한의 물리적 조건을 견딜 수 있는 미생물의 경우 우리가 시도하는 제어는 거의 효과가 없을 것이다. 다행스럽게도 우리는 인간이 살고 있는 곳과 동일한 환경에서 번성하는 미생물을 제어하는 데 관심이 가장 많다. 이러한 미생물의 대다수는 환경의 급격한 변화에 의해 쉽게 제어된다. 항미생물적인 물리적 제제 중에서 가장 돋보이는 것은 열이다. 그 다음으로 널리 사용되는 것은 방사선과 여과, 초음파 및 저온도 있다. 다음 절에서는 이러한 방법 중 일부를 살펴볼 것이다.

미생물제제로서의 열

미생물의 최적 온도에서 갑자기 벗어나면 해로운 영향을 받을 수 있다. 일반적으로 최고생장온도를 초과하여 온도를 올리는 것은 살미생물제인 반면, 최소생장온도보다 더 낮은 온도는 정미생물제이다. 열은 습하거나 건조한 형태로 가할 수 있다. **습열**(moist heat)은 온수, 끓는 물 또는 증기(증발된 물)의 형태로 발생한다. 실제로 습열의 온도는 일반적으로 60~135℃ 범위이다. 증기의 온도는 밀폐된 용기에서 압력을 조정하여 조절할 수 있다. **건열**(dry heat)이라는 표현은 화염이나 전기적인 열선에 의해 가열된 낮은 습도를 가진 공기를 의미한다. 실제로 건열 온도는 160℃에서부터 수천 도(℃) 사이이다.

표 11.2 습열과 건열로 살균을 달성하기 위한 시간과 온도 비교

	온도(℃)	멸균 시간(분)
습열	121	15
	125	10
	134	3
건열	121	600
	140	180
	160	120
	170	60

열의 작용방식과 상대적 효과

습열과 건열은 작용방식과 효율이 다르다. 습열은 낮은 온도와 짧은 노출 시간에서 작용하여 건열과 동일한 효과를 얻는다(**표 11.2**). 많은 세포 구조가 습열에 의해 손상되기는 하지만, 가장 좋은 살미생물적 효과로는 세포 대사를 신속하고 영구적으로 중단시킬 수 있는 단백질의 응집와 변성이다.

건열은 세포를 탈수시켜 대사 반응에 필요한 수분을 제거하고 단백질을 변성시킨다. 그러나 물의 부족은 실제로 일부 단백질 형태의 안정성을 증가시키기 때문에 미생물을 건열로 제어할 때는 더 높은 온도의 사용이 필요하다. 매우 높은 온도에서의 건열은 세포를 산화해 재로 연소시킨다. 이러한 방법은 실험실 내에서 접종용 백금이(loop)를 가스불에 달궈 멸균하거나 산업적으로 의료 폐기물을 소각할 때 사용되는 방법이다.

내열성과 열 사멸: 포자와 영양세포

세균과 진균의 영양세포는 습열과 건열 모두에 내성이 가장 약하고, 세균의 내생포자는 가장 높은 내성을 나타낸다. 내생포자의 파괴는 포자에 따라 그 내성이 매우 다르지만, 끓는점 이상의 온도가 필요하다.

영양세포 역시 열에 대한 민감성이 매우 다양하다. 세균 중에서 습열에 의한 사멸 시간은 3분 동안 50℃(*Neisseria gonorrhoeae*)에서 60분 동안 60℃(*Staphylococcus aureus*)까지로 다양하다. 포자생성 세균의 영양세포는 비포자생성 세균의 영양세포만큼 민감하며, 병원체는 비병원체보다 더 민감하지도 덜 민감하지도 않는다는 점은 주목할 만하다. 진균, 원생동물 및 벌레를 포함한 다른 미생물은 열에 대한

감수성이 거의 비슷하다. 바이러스는 55℃에서 2~5분(아데노 바이러스)부터 60℃에서 600분(A형 간염바이러스)에 이르기까지 열에 대한 내성이 놀라울 만큼 높다. 실질적으로 내열성이 없는 세균, 효모, 진균, 원생동물, 벌레 및 바이러스는 80℃에서 20분 동안 노출되면 파괴된다.

미생물의 열에 대한 감수성: 열 사멸 측정

적절한 멸균을 위해서는 온도와 처리시간 모두를 고려할 필요가 있다. 앞에서 살펴보았듯이, 온도가 높아질수록 더 짧은 처리시간이 필요하며 더 낮은 온도일수록 처리시간이 길어진다. 이 두 변수의 조합으로 **열 사멸시간**(TDT, thermal death time)은 지정된 온도에서 모든 대상 미생물을 죽이는 데 필요한 최단시간으로 정의된다. TDT는 여러 가지 열처리되는 물질에서 보편적이거나 중요한 오염균인 미생물 종에 대해 실험적으로 결정된다. 미생물의 열에 대한 감수성을 비교하는 또 다른 방법으로는 10분 안에 시료의 모든 미생물을 죽이는 데 필요한 최저 온도로 정의되는 **열 사멸점**(TDP, thermal death point)이다.

부패하기 쉬운 많은 물질은 습열로 처리된다. 이러한 제품 중 어떤 것은 실내 온도에서 몇 달 동안 또는 몇 년 동안 진열대에 올려진 상태로 있기도 하다. 열처리 방법이 선택되면 그 제품은 부패나 병원균이 없는 상태가 되도록 처리되어야 한다. 동시에 제품의 질과 가공 속도 및 비용을 고려해야 한다. 예를 들어, 녹두 통조림을 제조하는 공장의 최대 관심사는 보툴리누스 식중독(botulism)균의 생장을 막는 것이다. 클로스트리디움 보툴리누스균(*Clostridium botulinum*)의 내생포자에 대한 여러 가지 가능한 TDT 중에서 제조자는 모든 포자를 죽이지만 콩은 으깨지지 않는 TDT를 선택해야 한다. 이렇게 많은 고려사항 중에서 주어진 처리방법에 대한 최적 TDT를 만들어야 한다. 상업용 통조림은 녹두와 같은 저산성 식품을 121℃에서 30분 동안 열처리하여 멸균한다. 통조림 공장에서의 이런 엄격한 제어 덕분에 유통되는 통조림 식품에서 보툴리누스 식중독이 발병하는 경우는 드물다.

통상적인 습열 제어 방법

습열로 미생물을 제어하기 위해 사용되는 4가지 방법은 다음과 같다.

1. 끓는 물
2. 저온 살균(pasteurization)
3. 무압력증기
4. 압력증기

이러한 방법들을 **표 11.3**에 자세히 설명되어 있다.

질병과의 연관성

CJD(크로이츠펠트-야콥병, Creutzfeldt-Jakob disease)로 알려진 질병은 프리온으로 알려진 신비한 전염성 단백질에 의해 발생한다(이 장 앞부분의 **프리온에 관한 노트** 참조). 질병에는 여러 유형이 있다. 어떤 경우는 자발적으로 발생하고, 어떤 경우에는 유전자 마커의 유전으로 인한 것이며, 일부는 동물로부터 전염된다. 1980년대에 이 질병은 영국 및 다른 곳의 소에서 발병했다. 이러한 소의 상태를 광우병이라고 한다. 프리온의 존재가 인정되기 전에, 장비를 이전 환자에게 사용한 후 멸균하였음에도 불구하고, 수술 과정 동안 환자에게 질병이 전염되기도 했다. 이는 건열 및 고압 멸균을 포함하여 이러한 환경에서 사용되는 멸균 방법으로는 프리온을 파괴하지 못하기 때문이다. 현재의 의료 기기에 대한 멸균 지침은 감염된 조직에 접촉할 수 있는 장치를 멸균하는 데 필요한 향상된 기술을 포함하고 있다. 향상된 기술은 고온에서 고압멸균과 고압멸균 전에 화학멸균제를 처리하는 장치이다.

건열: 열기와 소각

건열은 습열만큼 다목적이거나 널리 사용되지는 않지만 몇 가지 중요한 멸균 응용성을 가지고 있다. 건열에 적용되는 온도와 시간은 특별한 방법에 따라 변하지만, 일반적으로 습열보다 높고 크다. **표 11.4**는 2가지 건열 멸균법을 설명한다.

저온과 건조의 영향

저온(cold) 처리의 주요 이점은 가공과 저장 동안 식품에 있는 미생물의 생장을 느리게 만드는 것이다. 저온은 대부분의 활성을 지연만 시킨다는 점을 기억해야 한다. 일부 미생물들이 저온에 의해 죽는 것도 사실이지만, 대부분은 점진적인 냉각(gradual cooling), 장기간 냉장(long-term refrigeration) 또는 급속 냉동(deep freezing)을 하더라도 영향을 받지 않는다. 실제로 −70~−135℃까지 범위의 냉동 온도는 세균, 바이러스 및 진균의 배양균을 장기간 보존하기 위해 실험실에서 종종 사용한다. 일부 저온영양성균(psychrotroph)은 냉동 온도에서도 아주 천천히 생장하여 독성이 있는 산물을 계속 분비할 수 있다. 이러한 사실은 상온에서 해동된 후 부적절하게 조리된 냉동식품으로 인한 수많은 식중독이 발병하는 이유를 설명해준다. 냉장고에서 여러 달 동안 생존할 수 있는 병원균으로는 포도상

표 11.3 습열 방법

멸균이 가능한 기술과 화학물질은 분홍색 배경으로 강조하였다.

방법	응용
 © Charles D. Winters/McGraw-Hill Education **끓는 물: 소독** 단순히 끓는 욕조나 물통으로 병원과 가정에서 사용하는 물품의 오염을 빠르게 제거할 수 있다. 100℃에서 한 번 처리하는 것으로 내성이 있는 모든 세포를 다 죽일 수는 없기 때문에 이 방법은 멸균이 아닌 소독에 목적을 두고 있다. 30분 동안 끓는 물에 물질을 노출시키면, 결핵균 및 포도상구균과 같은 저항성이 있는 종을 포함하여 대부분의 포자를 형성하지 않는 병원균을 죽일 수 있다. 이 방법의 가장 큰 단점은 물품을 물에서 꺼낼 때 쉽게 재오염될 수 있다는 것이다.	가정에서 물, 아기를 위한 물품, 음식과 기구들, 침구류 및 병실의 환자복 등에 유용하다.
 © James King-Holmes/Science Source **저온살균법: 음료의 소독** 우유, 과일주스, 맥주 및 와인과 같은 신선한 음료는 수집 및 가공과정에서 오염되기 쉽다. 미생물은 이러한 식품을 부패시키거나 질병을 유발할 수 있기 때문에, 미생물의 양을 줄이거나 병원균을 파괴하기 위해 흔히 가열법을 사용한다. **저온살균법**(pasteurization)은 감염과 부패를 일으킬 수 있는 잠재적 원인균을 죽이는 반면, 액의 향미와 식품으로서의 가치는 그대로 남아 있을 만큼만 액체에 열을 가하는 기술이다. 일반적인 저온 살균 기술은 액체를 71.6℃에서 15초(순간 방법, flash method) 또는 63~66℃에서 30분(배치 방법)을 처리할 수 있는 특수 열교환기가 필요하다. 첫 번째 방법은 향미와 영양분 함량의 변화가 크지 않으며 *Coxiella* 및 *Mycobacterium*과 같은 특정 내성이 있는 병원체에 대해 더욱 효과적이다. 이러한 처리는 대부분의 바이러스를 불활성화하고 세균 및 진균의 97~99%의 영양세포 상태를 파괴할 수 있지만, 내생포자나 특히 내열성 미생물(대부분 비병원성 유산균, 미세구균 및 효모)을 죽이지 못한다. 보통의 저온 살균 후 우유가 멸균되지는 않는다. 실제로 밀리리터당 20,000개 이상의 미생물이 있는데, 이는 개봉하지 않은 우유도 왜 결국 부패할 수 있는지를 설명해준다. 최신 기술로는 저장기한이 3개월인 멸균 우유를 생산할 수 있다. 이 우유는 초고온(UHT, ultrahigh temperature)인 134℃에서 1~2초 동안 처리한다. 이것은 일반적으로 저온 살균으로 간주되지 않기 때문에 저온 살균은 멸균법에는 포함되지 않는다.	우유, 와인, 맥주 및 기타음료  © John A. Rizzo/Getty Images RF
포화수증기압을 이용한 멸균 멸균 해수면에서 정상 대기압은 제곱 인치당 15파운드(psi) 또는 1기압(atmosphere)이다. 이 압력에서 물은 100℃에서 끓고(액체가 기체로 변경), 생성된 증기는 정확히 그 온도를 유지하면서 모든 미생물을 확실하게 죽일 수 없다. 이러한 증기의 온도를 높이려면 증기가 발생하는 압력을 높여야 한다. 압력이 증가하면 물이 끓는 온도와 증기의 온도가 모두 상승하게 된다. 예를 들어, 20 psi(정상보다 5 psi 높음)의 압력에서 증기의 온도는 109℃이다. 압력이 정상보다 10 psi 증가하게 되면 증기의 온도는 115℃로 상승하고 정상보다 15 psi가 높은 상황(총 2기압)에서는 121℃가 된다. 미생물을 죽이는 것은 압력이 그 자체가 아닌 압력이 만들어내는 온도가 된다. 이러한 압력-온도의 조합은 순수한 증기에 1기압 이상의 압력을 가할 수 있는 특수한 장치로만 수행할 수 있다. 보건 및 상업/산업분야에서는 이러한 목적을 달성하기 위해 **고압증기멸균기**(autoclave)를 사용하는데, 압력밥솥을 생각하면 된다. 멸균을 위한 가장 효율적인 압력-온도의 조합은 15 psi, 121℃이다. 증기가 내용물 주위를 자유롭게 순환하지 못하고 필요한 완전 접촉을 방해할 만큼 과포장되거나 너무 많은 내용물은 피해야 한다. 멸균 시간은 멸균기 내에 들어간 내용물의 부피(두꺼운 다발로 된 물질 또는 액으로 채워진 커다란 플라스크)와 멸균기가 얼마나 가득 차는지에 따라 조절된다. 멸균 시간의 범위는 가벼운 물품일 경우인 10분에서부터 무겁거나 부피가 큰 것일 경우 40분까지 변할 수 있다. 평균 시간은 20분이다.	유리 제품, 천(외과용 드레싱), 금속 기구, 액체, 종이, 일부 용지 및 내열성 플라스틱과 같은 내열성 재료. 플라스틱이나 페트리 접시 등 열에 민감하지만 폐기할 경우에는 고압증기멸균기를 선택해야 한다. 하지만 오일이나 왁스 같은 수분을 제거하는 물질이나 그로 인해 손상되는 물질(분말)에는 멸균 효과가 없다.

표 11.3 습열방법(계속)

방법	응용
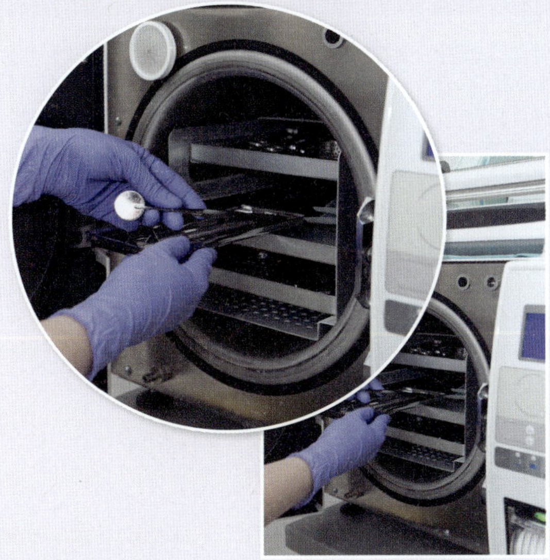 © iStock/360/Getty Images RF	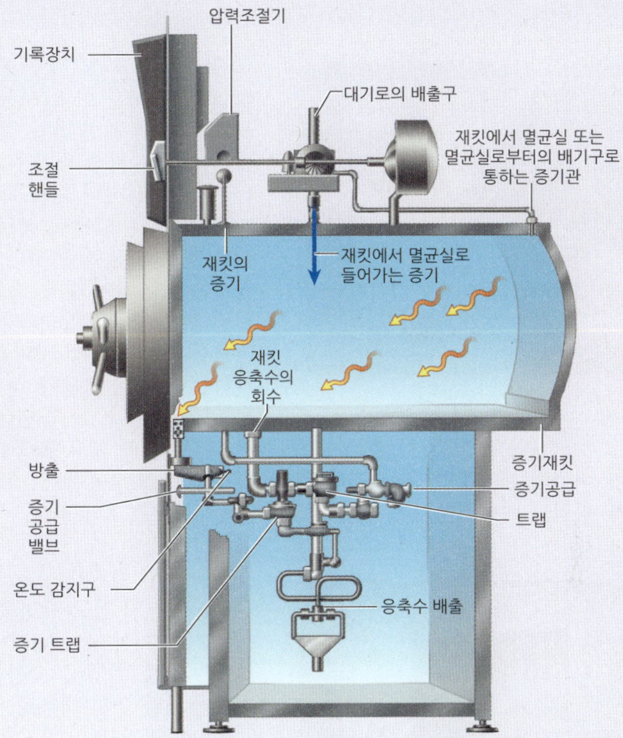

구균(*Staphylococcus aureus*), 클로스트리듐 종(*Clostridium* species, 내생포자형성 세균), 연쇄상구균 종(*Streptococcus* species)과 효모의 일부 유형, 곰팡이, 바이러스 등이 있다. 아이스크림, 달걀, 티라미수와 같은 냉장 식품에 의한 살모넬라(*Salmonella*)균 감염은 냉장 온도로는 병원체를 확실하게 죽일 수 없다는 증거가 된다.

정상적인 실내 공기에 노출된 영양세포는 점차 탈수되거나 **건조**(desiccated)된다. 폐렴균(*Streptococcus pneumoniae*), 매독의 스피로헤타(spirochete), 임질균(*Neisseria gonorrhoeae*)과 같은 미묘한 병원균은 두세 시간 동안 건조한 곳에 있으면 죽을 수 있지만, 다른 많은 미생물은 죽지 않으며 어떤 것은 보존되기도 한다. *Bacillus*와 *Clostridium*의 내생포자는 극도의 건조한 환경에서 수백만 년 동안 생존할 수 있다. 건조된 분비물에 존재하는 포도상구균(staphylcocci)과 연쇄상구균 그리고 가래(침)에 둘러싸여 있는 결핵 간균(tubercle bacillus)은 오랫동안 공기와 먼지 속에서 생존할 수 있다. 또한 많은 바이러스(특히 외피가 없는)와 진균 포자는 오랫동안 건조 상태에 견뎌낼 수 있다. 건조는 미생물의 생장에 필요한 물의 양을 크게 줄이기 때문에 식품 보존을 위해 가치 있는 수단이다.

냉각과 건조의 조합인 **동결건조**(lyophilization)는 미생물과 다른 세포를 생존해 있는 상태로 수년간 보존할 수 있는 일반적인 방법이라는 점에서 흥미롭다. 동결건조하면 순수배양된 세균이 순간적으로 냉동되고 진공에 노출되어 빠르게 수분이 제거된다(동결 상태에서 증기 상태로 변환). 이 방법은 세포를 손상시킬 수 있는 얼음 결정의 형성을 방지해준다. 이러한 처리 과정에서 모든 세포가 다 살아남는 것은 아니지만 향후 재배양하면 충분한 생균 수(viable counts)를 얻을 수 있다.

일반적으로 냉장, 냉동 및 건조는 항미생물적 효과가 일정하지 않고 불확실하기 때문에 소독이나 멸균의 방법의 일종으로 생각하면 안 될 뿐 아니라 병원균이 사멸했다고 확신해서도 안 된다.

미생물제제로서의 방사선

항미생물제로 사용될 수 있는 또 다른 형태의 에너지로는 방사선이 있다. **방사선**(radiation)은 원자 활동에서 방출되는 에너지로 물질이나 공간을 통해 높은 속도로 퍼져나간다. **그림 11.6**은 여러 파장의 방사선을 보여준다. 방사선은

표 11.4 건열 방법

멸균이 가능한 기술과 화학물질은 분홍색 배경으로 강조하였다.

방법	응용
 © Universal Images Group/Getty Images 화염이나 전기 열선에 의한 **소각**(incineration)은 아마 모든 열처리 중에서 가장 철저한 방법일 것이다. 분젠 버너의 화염은 가장 뜨거운 지점의 온도가 1,870℃에 달하며 화로/소각로는 800~6,500℃의 온도에서 작동한다. 이러한 강한 열에 직접 노출되면 미생물과 다른 물질은 발화되어 재와 가스로 사라진다. 접종용 백금이(loop)와 바늘에 있는 미생물 시료를 분젠 버너를 사용하여 소각하는 것은 미생물학 실험실에서는 흔히 있는 일이다. 이 방법은 빠르고 효과적이지만 그것을 사용할 수 있는 것은 금속이나 내열성 유리 재료에 국한된다. 이러한 이유로 분젠 버너의 대체용인 탁상용 적외선 소각로를 많이 사용한다. 감염균의 완전한 파괴를 위해 병원과 연구소에서는 정기적으로 대형 소각로를 사용한다.	분젠버너/소각로: 접종용 백금이와 같은 실험실 장비. 대형 소각로: 주사기, 바늘, 배양 물품, 드레싱, 붕대, 침구류, 동물의 사체 및 병리학적 시료
 © RayArt Graphics/Alamy RF 고온-공기 오븐(hot-air oven)은 다른 종류의 건열 멸균 방법을 제공한다. 소위 건조오븐(dry oven)이라고 하는 이것은 보통 전기적 장치(때로는 가스)로 폐쇄된 구획 내부로 열을 방사하는 열선을 가지고 있다. 가열되고 순환된 공기는 열을 오븐의 내부로 전달한다. 멸균은 2시간에서 4시간 동안 150~180℃에 노출되어야 하고, 이는 물체의 철저한 가열과 내생포자의 파괴를 보장한다.	증기가 잘 스며들지 않는 유리 제품, 금속기구, 분말 및 오일. 고온에서 화상을 입을 수 있는 플라스틱, 면 및 종이 또는 증발하는 액체에는 적합하지 않다.

여러 상태로 존재하고 다양한 방식으로 기술되고 특성화될 수 있지만, 여기서는 미생물 제어에 적합한 유형인 감마선, X선과 자외선만을 살펴볼 것이다.

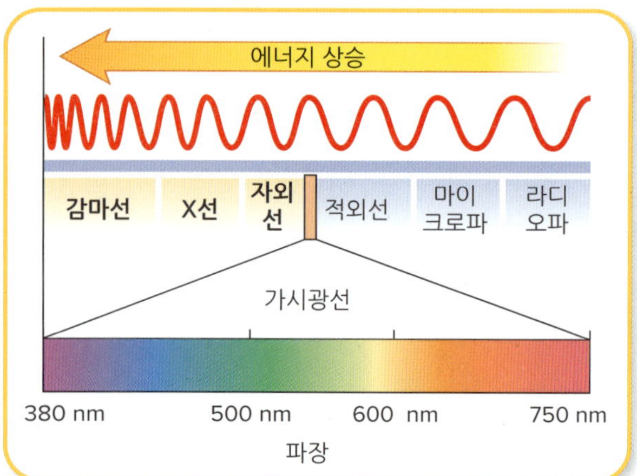

그림 11.6 여러 유형의 방사선을 보여주는 전자기 스펙트럼

전리 방사선과 비전리 방사선의 작용양식

미생물에 대한 방사선의 실질적인 물리적 영향은 세포 수준에서의 **방사선 조사**(irradiation) 또는 방사선 피폭(bombardment with radiation) 과정을 시각화함으로써 이해할 수 있다(**그림 11.7**). 세포가 특정 파동이나 입자에 충격을 받으면 그 분자는 이용 가능한 에너지의 일부를 흡수하여 다음 2가지 결과 중 하나를 초래한다.

(1) 만약 방사선이 원자의 궤도에 있는 전자를 이탈시키면 그 결과로 이온이 형성된다. 이러한 유형의 방사선을 **전리 방사선**(ionizing radiation)이라고 한다. 이러한 유형의 방사선은 DNA에 치명적인 돌연변이를 일으키고 단백질을 손상시킨다. 2차 치명적인 영향으로는 세포소기관의 화학적 변화와 독성 물질의 생성으로 나타난다. 감마선, X선 및 고속 전자는 모두 전리 방사선이다. (2) 자외선(UV)으로 가장

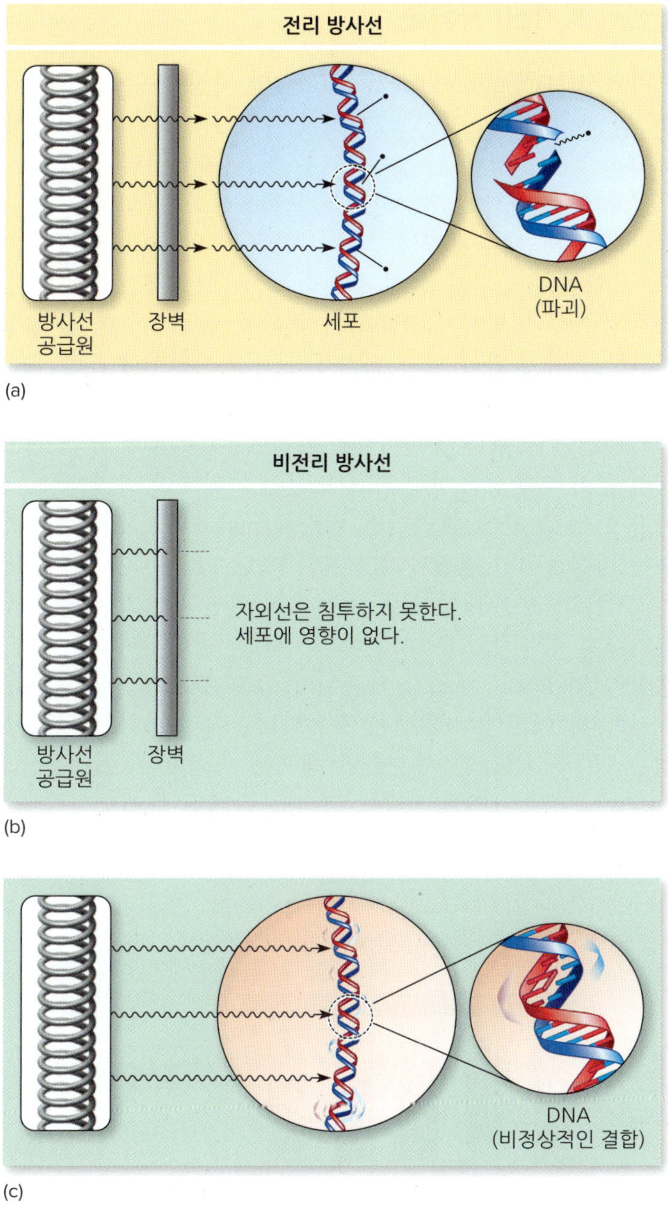

그림 11.7 세포에 대한 방사선의 영향 (a) 전리 방사선은 고체장벽을 관통하여 세포에 충격을 가하여 세포로 들어가 분자로부터 전자를 제거할 수 있다. DNA가 파손되면 대량의 돌연변이가 발생하고 단백질이 손상되면 DNA가 복구되지 않는다. (b) 비전리 방사선으로는 고체장벽을 침투할 수 없다. (c) 비전리 방사선은 세포로 들어가 분자를 타격하여 여기시킨다. DNA에 비정상적인 결합의 형성으로 돌연변이를 일으킨다.

잘 알려진 **비전리 방사선**(nonionizing radiation)은 원자를 더 높은 에너지 상태로 상승시켜 원자를 자극하지만, 이온화하지는 않는다. 이러한 원자여기(atomic excitation)는 DNA와 같은 분자 내에 비정상적인 결합을 형성시켜 돌연변이의 원인이 된다(**표 11.5**).

표 11.5 방사선 방법

멸균이 가능한 기술과 화학물질은 분홍색 배경으로 강조하였다.

© Adam Hart-Davis/Science Source

전리 방사선: 감마선과 X선 전리 방사선은 열이나 화학물질에 민감한 물질을 살균하기 위한 매우 효과적인 대체제이다. 이온화 광선을 방출하는 장치로는 방사성 코발트를 포함하는 감마선 기기가 있다.

© Tom Pantages

비전리 방사선: 자외선 자외선 방사선의 파장 범위는 약 100~400 nm이다. 240~280 nm까지가 가장 치명적이다(260 nm가 최고점).

전리 방사선: 감마선, X선 및 음극선

전리 방사선은 열이나 화학물질에 민감한 물질을 멸균하기 위한 매우 효과적인 대체재다(**그림 11.8**). 전리 방사선은 가열 없이 멸균할 수 있기 때문에 방사선 조사는 **저온 멸균**(cold sterilization)의 한 유형이다.

전리 방사선을 방출하는 기구로는 방사성 코발트를 포함하는 감마선 기기, 의료 진단에 사용되는 것과 유사한 X선 기기, 음극선 기기가 있다. 이 기기에 물품을 넣고 조심스럽게 선택된 조사량으로 짧은 시간 동안 조사한다. 방사선 조사량의 측정은 그레이(Gray) 단위[라드(rad)는 과거의 용어]로 나타낸다. 응용 방법에 따라 조사량은 5~50킬로그레이(kilogray, kGy, 1000그레이와 같음)의 범위에서 사용된다. 모든 전리 방사선은 액체와 대부분의 고체 물질에 침투

그림 11.8 일반적으로 방사선 조사되는 음식 규정에 따르면 방사선 조사에 대한 마크를 모든 방사선 조사된 음식에 부착해야 한다.
USDA/Dr. Brendan A. Niemira

할 수 있지만, 감마선이 가장 침투력이 강하며 X선이 중간, 음극선의 침투력이 가장 약하다.

전리 방사선의 응용

미국에서는 50년 이상 제한된 경우에 한해서 식품에 방사선 처리를 해왔다. 밀가루부터 돼지고기와 갈아 만든 소고기 그리고 과일과 채소까지, 방사선은 세균성 병원균뿐만 아니라 곤충과 벌레를 죽이는 데 그리고 흰색 감자의 발아를 억제하는 데도 사용된다(그림 11.8 참조). 그러나 방사선이 언급되자마자 방사선 조사가 식품의 영양을 떨어뜨리거나, 맛이 없어지게 하거나 불안전하게 할지도 모른다는 소비자의 우려가 생기고 있다. 그러나 방사선이 조사된 식품들은 광범위하게 연구되었으며 이러한 우려되는 문제들이 해결되었다.

방사선 조사는 식품에서 티아민(thiamine, 비타민 B_1)의 양을 약간 감소시킬 수도 있지만, 중요하지 않을 만큼 미미한 변화이다. 방사선 조사 공정은 짧은 자유라디칼(free radical) 산화제를 생성하여 거의 즉시 사라진다(이러한 형태의 화학적 중간산물은 요리 중에도 자주 발생한다). 방사선 조사가 잘 이루어지지 않는 특정 식품들이 있는데, 이들은 방사선 조사에 의한 항미생물적 제어에는 적합하지 않다. 달걀흰자는 우유 같이 변해 액체 상태가 되며, 알파파(alfafa)의 씨앗은 발아하지 못한다. 마지막으로 식품은 방사선 조사 공정에 의해 방사능을 띠는 것은 아니라는 점이 중요하며, 동물과 사람을 대상으로 행해진 많은 연구에서 방사선 조사된 식품을 먹어도 나쁜 영향은 없다는 결론을 내렸다. 실제로 NASA의 우주비행사들은 방사선이 조사된 고기만을 섭취한다.

전리 방사선: 자외선

자외선(UV, ultraviolet radiation)의 파장은 약 100~400 nm 범위이다. 240~280 nm까지가 가장 치명적이다(260 nm가 최고점). 일상에서 쉽게 볼 수 있는 자외선의 공급원은 254 nm의 방사선을 생성하는 살균램프이다. 자외선은 낮은 에너지 상태 때문에 전리 방사선만큼 침투력이 높지는 않다. 자외선은 공기를 쉽게 통과하고 액체는 약간 통과하며 고체는 아주 빈약하게 통과하기 때문에 소독해야 할 물체가 완전한 소독 효과를 얻기 위해서는 직접 자외선에 노출시켜야 한다.

자외선이 세포를 통과할 때, 처음에는 DNA에 흡수된다. 특정 분자의 손상은 티민과 시토신인 피리미딘 염기에서 일어나서 서로 간에 **피리미딘 이량체**(pyrimidine dimer)라고 하는 비정상적인 결합을 형성한다(**그림 11.9**). 이러한 결합은 같은 DNA 가닥에 있는 이웃한 피리미딘 염기 사이에서 일어나며 정상적인 DNA 복제와 전사를 방해한다. 그 결과, 생장이 억제되고 세포가 사멸된다. 또한 DNA를 직접 변형시키는 것 이외에 자외선은 자유라디칼이라고 하는 독성이 있는 광화학 산물을 생성하여 세포를 파괴한다. 이러한 고반응성 분자는 DNA, RNA, 그리고 단백질에 결합하여 필

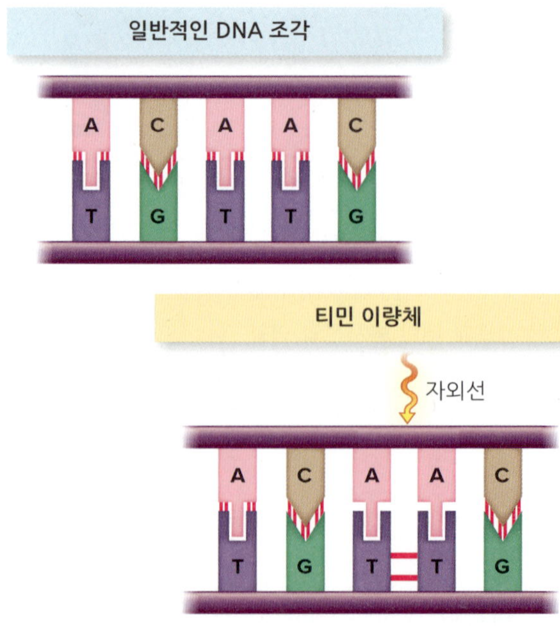

그림 11.9 자외선 작용에 의한 피리미딘 이량체의 형성 한 가닥의 DNA에 인접한 2개의 티민 염기가 UV에 의해 서로 측면으로 결합하도록 유도할 때 발생하는 현상을 보여준다. 결과적으로 티민 이량체(더 상세히 표시됨)가 형성된다. 또한 이량체는 인접한 시토신과 티민 사이에서 시토신 염기에 발생할 수 있다. 이들이 재결합되지 않으면, 이량체는 DNA 조각이 정확하게 복제되거나 전사되는 것을 방해한다. 대규모 이량체화는 세포에 치명적이다.

들여다보기 11.1 임상: 세균을 없애기 위한 병원의 새로운 도구

병원은 환자의 (병)원내 감염을 막기 위해 끊임없이 노력한다. 하지만 한편으로는 터무니없는 일도 일어난다. 질병을 치료하기 위해 병원에 가지만 그 곳에서 감염될 수도 있다. 물론 병원이 감염된 사람들이 모이는 곳이므로 감염성 미생물이 많은 것은 이해할만 하다. 그뿐만 아니라 수술 상처가 있는 등 거의 모든 환자가 약화된 상태에 있기 때문에 병원에서의 감염 발생 가능성을 추측하는 것은 어렵지 않다. 모든 병원의 목표는 환자가 병원에 머무르는 동안 새로운 병원성 미생물과 접촉하지 않도록 하는 것이다.

최근 몇년 동안 병원들의 위생상태는 크게 개선되었다. CDC는 중심정맥관(C-line, central venous catheter) 감염이 2008년 이후 전국적으로 46% 감소했다고 보고했다. 메티실린 내성 포도상구균(MRSA)에 의한 감염은 2011년과 2013년 사이에 8% 감소했다. 같은 기간 동안 *Clostridium difficile*의 감염이 10% 감소했다. 동시에 카테터 관련 요로감염은 증가했다. 이것은 두더지 게임과 같다. 한 가지 유형의 감염에 대처하면 다른 문제가 튀어나온다.

병원과 기타 의료 시설은 이러한 문제를 해결하기 위해 새로운 기술을 사용하고 있다. 환자가 퇴실할 때, 병실 청소는 중요한 관점 중 하나이다. 일부 병원에서는 환자가 퇴실한 후와 정기적으로 청소가 완료된 후 방에 배치된 펄스 제논 자외선 시스템(pulsed xenon ultraviolet light systems) 기계를 사용하고 있다. 이 기기는 표면에 숨어 있는 병원균을 파괴하기 위해 10~12피트에 이르는 자외선 펄스를 사용한다. 소독이 진행되는 동안 사람들은 병실 밖으로 나가야 하며, 일반적으로 기계를 방안에서 새로운 위치로 옮기는 과정을 반복해야 한다. 펄스 제논 자외선 시스템의 작동에 약 10분이 소요된다. 또 다른 새로운 기술로는 과산화수소를 분무하는 방법이 있다. 이러한 방식은 빛을 사용하는 시스템이 놓칠 수 있는 부위까지 구석구석 도달할 수 있다. 단점으로는 긴 시간(약 90분)이 소요된다는 것이다.

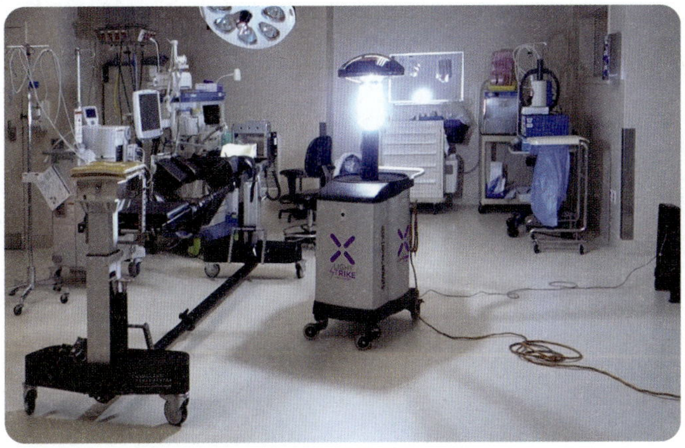

Courtesy Xenex Dissinfection Services

심장외과 의사나 뇌외과 의사 그리고 응급실 팀원들은 종종 의료계의 영웅으로 간주된다. 하지만 치명적이고 보이지 않는 위협에 끊임없이 대항하기 위해 무대 뒤에서 일하고 있는 감염관리팀원들도 이러한 지지를 받을 자격이 충분하다.

수 세포 공정을 방해한다. 자외선은 진균의 세포 및 포자, 세균의 영양세포, 원생동물, 바이러스를 파괴하기 위한 강력한 도구다. 영양세포에 비해 방사선에 10배 이상 내성이 강한 세균의 포자는 방사선에 장시간 노출시키면 사멸될 수 있다.

자외선 처리는 벽과 바닥과 같은 고체의 비다공성 재료의 표면을 처리하는 데 효과가 있음이 입증되었다. **들여다보기 11.1**은 환자가 퇴원한 후 자외선을 사용하여 병실을 소독하는 방법을 설명한다.

자외선의 주요 단점은 유리, 금속, 천, 플라스틱 및 종이와 같은 고체 물질을 통한 침투력이 매우 약하다는 것이다. 자외선의 또 다른 단점으로는 인체 조직이 자외선에 과하게 노출되면 피부가 그을리거나(sunburn) 망막손상, 암, 피부 주름을 야기한다는 것이다.

여과에 의한 오염제거: 미생물 제거 기술

여과는 공기와 액체에서 미생물을 제거하기 위한 효과적인 방법이다. 실제로 액체는 통과하기에 충분히 크지만, 미생물이 통과하기에는 작은 구멍을 가진 여과기(filter)를 통해 걸러진다(**그림 11.10a**).

대부분의 최신 미생물 여과기는 초산셀룰로스(cellulose acetate), 폴리카보네이트(polycarbonate) 및 테플론, 나일론과 같은 다양한 인공합성물질로 만들어진 얇은 막이며 이들의 구멍 크기(pore size)를 신중하게 조절하고 표준화할 수 있다. 숯, 규조토 또는 고령토와 같은 일반적인 물질도 일부 응용 분야에 사용된다. 현미경으로 관찰해보면 대부분의 여과막은 매우 정확하고 일정한 크기의 구멍으로 되어 있다(**그림 11.10b**). 구멍의 직경은 성긴 것(coarse, 8 μm)에서 초미세한 것(ultrafine, 0.02 μm)까지 다양하여 여과기에 걸

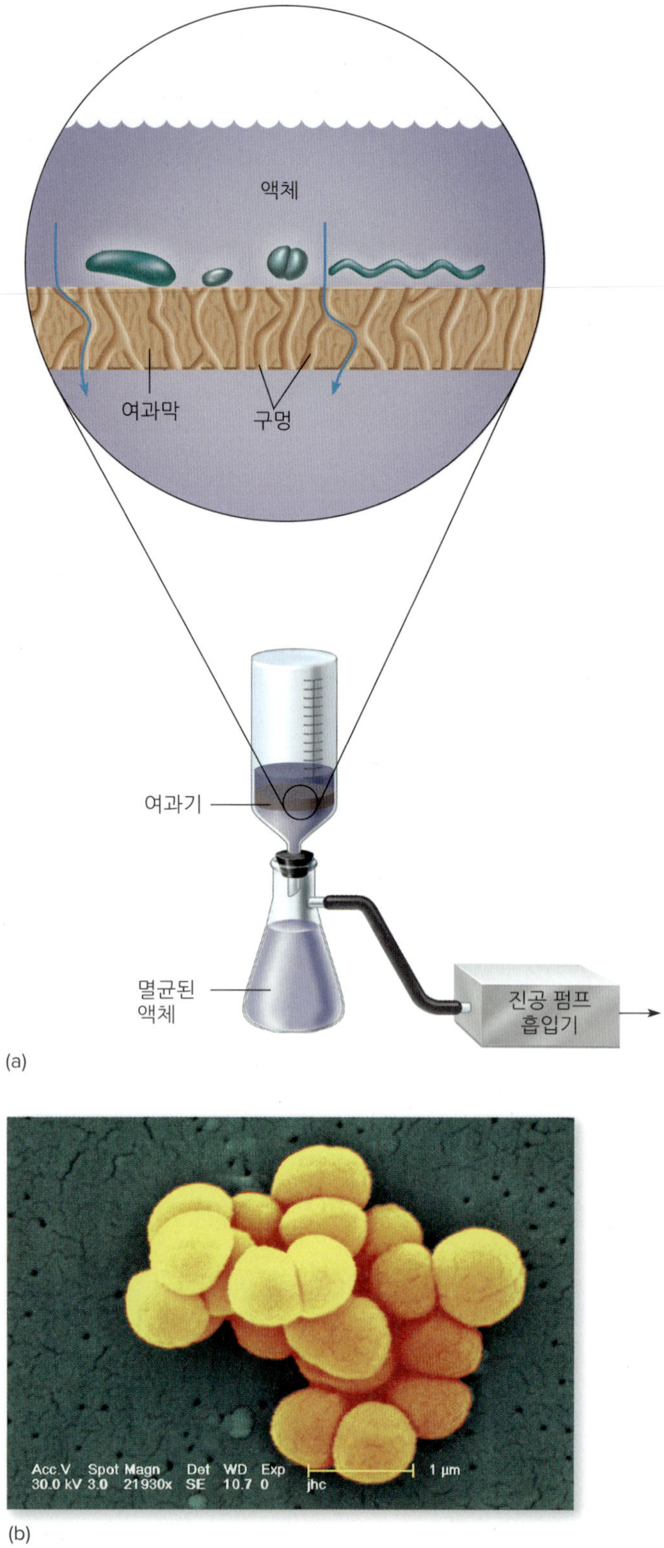

그림 11.10 막 여과 (a) 흡입을 통한 액체 여과를 위한 진공 조립품. 미생물 세포가 통과하기에는 통로(구멍)가 너무 작지만, 액체는 충분히 통과할 수 있는 여과막의 단면을 보여준다. (b) 여과막의 주사전자현미경 사진으로 표면에 걸린 세균과 구멍의 상대적인 크기를 보여준다.

(b) © BSIP/Newscom

릴 수 있는 최소 입자크기를 선택할 수 있게 해준다. 이보다 더 작은 직경의 구멍을 가진 여과기는 바이러스를 제거하여 진정한 멸균이 되도록 해주며 큰 단백질까지도 제거해주는 여과막도 있다. 전형적으로 멸균된 액체 여과액은 멸균된 여과막을 통과하여 미리 멸균된 용기 속으로 흡입시켜서 만들어진다. 또한 이러한 여과막은 혼합되어 있는 미생물을 분리하는 데 사용되며 수질검사 시, 세균을 계수하는 데도 사용된다.

여과의 응용

여과는 혈청과 기타 혈액 제품, 백신, 의약품, 정맥주사 그리고 배지를 포함해 열을 견딜 수 없는 액체를 멸균하는 데 사용된다. 여과는 향미를 변화시키지 않고 우유와 맥주를 멸균하기 위한 대체 수단으로 사용되어 왔다. 또한 여과는 물 정제의 중요한 단계이다. 세균성 외독소와 같은 매우 작은 분자(구멍 크기보다 작은)를 제거하지 못한다는 단점이 있다.

여과는 또한 감염과 부패의 일반적으로 원인이 되는 공기 오염균을 제거하는 데 효율적이다. High-efficiency particulate air(HEPA, 고성능 공기여과기)는 무균 공기가 병실과 무균실로 유입되도록 널리 사용된다. HEPA 필터가 장착된 진공청소기는 2001년 말 테러 공격 이후, 가장 심하게 오염된 사무소의 탄저균을 제거하는 데 사용되었다.

삼투압

그림 7.5에서는 삼투압이 세포에 미치는 영향에 대해 설명하였다. 삼투압은 오랫동안 음식을 보존하는 수단으로 사용되어 왔다. 음식에 다량의 소금이나 설탕을 첨가하면 고장성 환경이 조성되어 음식에 존재 가능한 세균의 세포질 분리 현상으로 음식에서 세균이 번식할 수 없게 된다. 사람들은 이러한 기술이 세균을 발견하기 오래 전부터 작동하고 있음을 알고 있었다. 그렇기 때문에 육류를 "소금에 절이거나(cured)" 높은 소금 농도로 처리하였을 때 냉장을 하지 않아도 장기간 보관할 수 있었다. 젤리와 같은 높은 설탕 농도의 식품도 이와 동일한 영향을 받는다.

11.2 학습 평가

5. 미생물의 물리적 제어 방법 6가지를 제시할 수 있다.
6. 습열 및 건열 제어 방법을 비교, 대조하고 각각의 여러 예시를 설명할 수 있다.
7. 열 사멸시간(thermal death time)과 열 사멸점(thermal death point)을 정의하고 멸균에서의 역할

을 설명할 수 있다.
8. 습열 제어의 4가지 방법을 설명할 수 있다.
9. 건열 제어의 2가지 방법을 설명할 수 있다.
10. 저온 처리 및 건조의 장단점을 비교할 수 있다.
11. 2가지 유형의 방사선 제어 방법을 구별하고 방사선의 응용 사례를 제시할 수 있다.
12. 여과 과정을 설명하고 미생물 제어에 있어서 2가지 장점을 설명할 수 있다.
13. 미생물 제어 방법으로서의 삼투압의 일반적인 용도를 설명할 수 있다.

11.3 미생물 제어를 위한 화학적 제제

미생물의 화학적 제제는 의사들이 상처를 치료하고 수술하기 전에 손을 씻기 위해 석회 염화물과 요드 용액을 사용했던 1800년대 초부터 생겨났을 것이라 추측된다. 현재에는 1만여 종이 서로 다른 항미생물적 화학 제제가 제조되고 있다. 아마 이들 중 1,000가지 정도는 의료기관과 가정에서 일상적으로 사용될 것이다. 감염과 부패를 피해야 할 필요성은 있지만 "살균", "소독", "방부처리", "청소 및 위생처리", "탈취", "플라크와의 싸움" 그리고 "공기 정화"를 하는데 사용할 수 있는 제품 등이 넘쳐나는 것은 때때로 과하다 싶을 만큼 환경에서 미생물을 제거해야 한다는 우리의 지나친 강박관념 때문일 것이다.

항미생물적 화학물질은 액체, 기체, 혹은 고체 상태로 존재하고, 소독제, 방부제, 멸균제, 균제거제, 또는 보존제(물질의 변질을 막기 위한 화학물질)에 이르기까지 다양하다. 편리함을 위해, 때로는 안전을 위해, 많은 고체 또는 기체로 된 항미생물학적 화학물질을 물, 알코올 또는 이 둘의 혼합물에 용해시켜 액체 용액을 만든다. 용매로서 순수한 물을 포함한 용액을 **수용액**(aqueous)이라고 하는 반면, 순수한 알코올이나 물-알코올 혼합액에 용해된 것은 **팅크제**(tincture)라고 한다.

표 11.6에 보건 분야에서 일상적으로 사용되는 화학물질을 정리하였다.

살미생물적 화학물질의 선정

항미생물적 화학물질을 선정하고 적절히 사용하는 것은 의학과 치의학에서 끊임없이 주목하고 있는 대상이다. 화학적

표 11.6 보건분야에서 사용되는 화학적 제제의 품질

제제	대상 미생물	활성 수준	독성	기타
염소	살포자적(느린)	중간	가스는 독성이 높다. 용액은 피부를 자극한다.	유기물질에 의해 불활성화된다. 햇빛에 불안정하다.
페놀화합물	일부 세균, 바이러스, 진균	낮음–중간	피부에 흡수될 수 있다. CNS 손상을 일으킬 수 있다.	낮은 용해도. 값이 비싸다.
클로르헥시딘*	대부분의 세균, 일부 바이러스, 진균	낮음–중간	낮은 독성	신속한 작용, 순함, 잔류 효과를 가진다.
알코올	대부분의 세균, 바이러스, 진균	중간	섭취하면 독성이 있다. 유순한 자극제. 피부를 건조시킨다.	가연성, 신속한 작용.
안정화된 과산화수소*	살포자적	높음	눈에 독성이 있다. 섭취하면 독성이 있다.	개선된 안정성. 유기물질에서 잘 작용한다.
4차 암모늄 화합물	일부 살세균적, 살바이러스적, 살진균적 활성	낮음	점막을 자극한다. 체내로 들어가면 유독하다.	낮은 농도의 용액은 미생물을 성장하게 한다. 쉽게 불활성화된다.
비누	일부 매우 민감한 종	매우 낮음	무독성. 독성 영향이 있어도 매우 낮다.	토양, 기름, 부스러기의 제거에 사용된다.
질산은	살세균적	낮음	독성과 자극이 있다.	피부를 탈색시킨다.
글루타르알데히드*	살포자적	높음	피부를 자극할 수 있다. 흡수되면 독성이 있다.	유기물질에 의해 불활성화되지 않는다. 불안정하다.
산화에틸렌 가스*	살포자적	높음	눈과 폐에 매우 위험하다. 발암성이다.	순수한 상태에서는 폭발성이 있다. 침투성이 좋다. 물질은 가스가 제거되도록 통기되어야 한다.

* 이 화학물질은 광범위한 범위, 낮은 독성, 빠른 작용, 침투 능력, 잔류 효과, 안정성, 유기물질의 효과와 용해도 등 많은 이상적인 특성을 가진다.

오염제거의 실제 임상 적용은 다양하지만, 살균제에서의 확인된 적절한 특성들은 다음과 같다.

1. 낮은 농도에서도 빠른 작용
2. 물이나 알코올에서의 용해도와 장기적인 안정성
3. 사람과 동물 조직에 독성이 없으며, 넓은 범위의 살미생물적인 작용
4. 누진적이거나 지속적인 작용을 유지하기 위한 무생물 표면으로의 침투력
5. 유기물에 의해 불활성화되는 것에 대한 내성
6. 비부식성이거나 비오염성
7. 위생처리와 탈취 특성
8. 경제성과 가용성

아직까지 이러한 모든 요구 조건을 다 충족시키는 화학물질은 없지만 글루타르알데히드(glutaraldehyde)와 과산화수소가 이상적인 조건에 가장 근접한다. 동시에 우리는 구강세정제와 공기 분무형 소독제와 같은 상업적인 제품에 대해 너무 과장된 요구를 하는 것은 아닌지 의문을 가져야 한다. 2012년, 연구원들은 화학물질인 폴리헥사메틸렌 구아니딘 하이드로클로라이드(PHMGH, polyhexamethyleneguanidine hydrochloride)를 확인해 본 결과, 위 요건의 대부분을 충족시키고 포자도 파괴하는 것으로 나타났다. 추가 시험을 통해 화학적 무기의 중요한 부분이 될 수 있을 것이다.

살균제는 의료와 치과 환경에서 미생물을 파괴하는 효과를 평가받는다. 이 장의 앞부분에 언급한 의료기구를 고위험, 준위험 또는 비위험에 각각 맞은 화학적 오염제거 과정이 있다. 이들은 각각 **높고**(high), **중간**(intermediate)이며 **낮다**(low). 높은 수준의 살균제가 적절하게 사용될 경우 내생포자를 사멸시키는 살균제가 된다. 이 살균제는 카테터, 심장-폐 장비 및 임플란트와 같은 중요한 품목에 사용된다. 이들은 열 멸균이 가능하지 않고 의료 과정 중에 신체 조직에 들어가도록 만들어졌다. 중간 수준의 살균제는 세균이 아닌 곰팡이 포자(진균), 결핵균과 같은 약물 내성이 있는 병원체 및 바이러스를 사멸시킨다. 이들은 호흡 장비와 온도계와 같은 준위험 의료기구를 소독하는 데 사용된다. 낮은 수준의 소독은 영양세포 세균, 곰팡이 세포와 일부 바이러스만 제거된다. 전극, 스트랩(strap)과 점막이 아닌 피부 표면에만 닿는 기구와 같이 중요하지 않은 품목을 청소하는 데 사용된다.

화학물질의 살균 활성에 영향을 주는 인자

살균제의 영향을 제어하는 인자에는 처리되는 미생물의 성질, 처리하는 물질의 성질, 오염의 정도, 노출 시간, 살균제의 강도와 화학적 작용이 있다. 살균제의 강도는 또한 미생물 집단에 작용하는 능력에 중요한 역할을 한다. 대부분의 살균제의 작용방식은 단백질, 핵산, 세포벽 및 세포막과 같은 앞에서 설명한 세포 표적을 공격하는 것이다.

화학물질의 강도 또는 농도는 준비방법에 따라 다양한 방법으로 표현된다. 희석에서, 소량의 액체 화학물질(용질)은 더 큰 부피의 용매에 희석되어 특정 비율을 이룬다. 예를 들어 라이솔(lysol)과 같은 일반적인 실험실용 페놀 소독제는 보통 1 : 200으로 희석된다. 즉, 물 200분량당 화학물질 1이 첨가되는 것이다. 희석이 많이 된 농도에서 효과적인 염소와 같은 용액은 ppm(parts per million)으로 표시한다. 백분율 용액에서는, 용액의 특정 백분율을 만들기 위해 물에 용질을 첨가한다. 예를 들어 알코올은 50~95% 범위의 백분율이 사용된다.

앞에서 소개한 바와 같이, 대부분의 화합물은 그 물질이 침투하여 존재하는 미생물에 작용할 수 있도록 적절한 노출시간을 필요로 한다. 살균제로 사용되는 화학물질의 조성이 살균 효과에 미치는 영향이 클 것이므로 그 조성에 대해 심사숙고해야 한다. 매끄럽고 단단한 물체는 흙이 들어갈 수 있는 구멍이나 홈을 가진 것보다 소독이 더 용이하다. 혈청, 혈액, 타액, 고름, 대변 또는 소변과 같이 흔한 생물학적 물질로 오염된 품목은 효과적으로 소독하는 데 또 하나의 장벽이 된다. 대량의 유기물질은 소독에의 침투를 방해할 수 있으며 경우에 따라서는 활성을 감소시키는 결합을 형성할 수 있다. 기구와 기타 재사용 가능한 재료를 적절히 세정하면 살균제가 작용하기 좋다.

화학적 종류에 따른 살균제의 범주

여러 종류의 통상적인 화학적 화합물이 의약품과 상업에서 항미생물적인 목적으로 널리 사용된다. 두드러지는 제제로는 할로겐(halogen), 페놀 화합물, 알코올, 산화제, 알데히드, 세척제 및 가스가 여기에 포함된다. 이러한 화학제제들은 각 제제의 특정한 형태와 작용양식, 사용을 위한 표시, 그리고 제한사항의 관점에서 다음 절에서 살펴보게 될 것이다.

할로겐 항미생물 화학제제

할로겐(halogens)은 비금속 원소 집단인 불소(fluorine), 브로민(bromine), 염소(chlorine), 요드(iodine)이며, 모두 주기율표 VII 족에서 발견된다. 정미생물적이 아니라 살미생물적이기 때문에 처리시간이 더 길어지면 포자도 죽일 수 있기 때문에 소독제와 방부제에 매우 효과적인 구성성분이다. 이러한 이유로, 할로겐은 현재 시판되는 모든 항미생물

적 화합물의 거의 1/3에 존재한다.

염소와 그 화합물 염소는 약 200년 동안 소독과 방부처리에 사용되어 왔다. 미생물 제어에 사용되는 주요 형태는 액체와 염소가스(Cl_2), 하이포아염소산염(차아염소산염, ClO^1, hypochlorite) 그리고 클로라민(NH_2Cl, chloramine)이다. 일상에서 사용되는 가정용 표백제는 하이포아염소산염이다. 용액에서 이러한 화합물은 물과 결합하여 하이포아염소산(HOCl, hypochlorous acid)을 방출하여 아미노산인 시스테인의 황화수소 작용기(SH, sulfhydryl group)를 산화시키고 수많은 효소의 이황화 결합(S-S)을 방해한다. 그 결과로 인해 효소는 변성되어 영구적으로 대사 반응이 종결된다. 염소는 세균와 내생포자뿐만 아니라 곰팡이와 바이러스도 사멸시킨다. 표백제의 사용은 *Clostridium difficile*(*C. diff*)에 효과적인 몇 안 되는 소독제이기 때문에 재사용되고 있다. 염소 화합물은 빛, 알칼리성 pH와 과도한 유기물에 노출되면 그 효과가 떨어진다.

소독제와 방부제의 염소 화합물 가스 및 액체 염소는 농업과 산업의 공급원인 식수, 하수 및 폐수의 대규모 소독에 거의 독점적으로 사용된다. 물 100만 분량당 염소 0.6~1.0 분량, 즉 0.6~1.0 mg/L으로 염소화하면 일반적으로 물을 안전하게 마실 수 있다. 이러한 처리는 물의 맛에 과도하게 영향을 미치지 않으면서 대부분의 영양세포 상태의 병원성 미생물을 제거한다(일부 논쟁이 있다).

하이포아염소산염(hypochlorite)은 아마도 모든 염소 화합물 중에서 가장 광범위하게 사용될 것이다. 낙농업, 식당 및 통조림에서 식품 장비의 소독 및 위생처리와 수영상, 스파, 식수 및 신선한 음식까지도 적용 범위에 포함된다. 하이포아염소산염은 상처를 치료하고, 장비, 침구 및 기구를 소독하기 위한 의료지역에서 사용된다. 일반적인 가정용 표백제는 염증 소독제, 탈취제 및 얼룩 제거제의 역할을 하는 소듐하이포아염소산의 낮은 농도(5%) 용액이다.

클로라민(chloramine, dichloramine, halazone)은 음용수, 정수 처리에서 순수한 염소에 대한 대체제로 더 자주 사용된다. 최근에 물의 표준 염소 처리는 발암물질인 THM(trihalomethane)을 생성하는 것으로 알려져, 일부 지자체에서 순수한 염소보다는 클로라민 처리를 권장하고 있다. 클로라민은 또한 위생처리와 살균제로 사용되며 상처와 피부 표면을 치료한다.

요드(iodine)와 그 화합물 요드는 물이나 알코올에 녹일 때 갈색의 용액이 되는 자극성 화학물질이다. 2가지 주요 요드 제제는 용액 속의 유리 요드(I_2, free iodine)와 요드제(iodophor)이다. 요드는 미생물의 세포에 빠르게 침투하여 단백질의 수소와 이황화결합(염소와 유사한 작용방식)을 방해함으로써 다양한 대사 기능을 저해한다. 적절한 농도와 노출 시간이 적용되면 모든 종류의 미생물이 요드에 의해 사멸된다. 요드의 활성은 염소만큼 유기물과 pH에 의해 악영향을 받지는 않는다.

요드(iodine) 용액과 응용 수성 요드(aqueous iodine)는 2%의 요드와 2.4%의 NaI(sodium iodide)를 함유하고, 이것은 수술 전에 국소적 방부제로 사용되며 때로는 화상과 감염된 피부 치료제로 사용된다. 더 강한 요드 용액[5% 요드와 10% K(칼륨), 요드칼륨(KI)]은 주로 플라스틱 제품, 고무기구, 칼날, 온도계 및 기타 무생물적 품목의 방부제로 사용된다. 요드 팅크제는 70% 알코올의 요드와 NaI의 2% 용액으로 피부궤양에 사용될 수 있다. 요드는 흡수될 때 피부에 극도로 자극적이며 독성이 있을 수 있기 때문에 강한 수용액과 팅크제(5~7%)는 일반적인 방부제로서 안전하다고 간주되지 않는다.

아이오도포어(iodophor, 요드제)는 요드와 알코올의 복합체이다. 이것은 유리 요드의 방출을 느리게 하고 침투력을 증가시킨다. 이 화합물은 조직의 염색이나 자극이 덜하기 때문에 의학적 방부법에서 유리 요드 용액의 대체제로 사용됐다. 일반적으로 판매되는 아이오도포어 제품인 베타딘(betadine), 포비돈(PVP, povidone) 및 아이소딘(isodine)에는 요드를 2~10% 포함한다. 이들은 수술과 주사를 위한 피부 및 점막을 준비하고, 외과용 손세정 비누, 화상 치료, 장비 및 표면 소독을 위해 사용된다. 순수한 요드는 눈에 독성이 있지만, 베타딘 용액은 신생아의 안구감염을 예방하는데 효과적인 수단이며 항생제와 질산은을 대체하는 방법이다.

질병과의 연관성

당뇨병 환자와 같은 침대에만 있는 환자의 경우 매트리스가 발뒤꿈치에 가하는 압력으로 인해 상처가 발뒤꿈치에 상처가 생길 수 있다. 이러한 상처가 발생하게 되면 상처를 습하게 만들어 결국 커지게 되므로 감염을 예방하고 상처를 건조하게 유지하기 위해 주로 베타딘(포비돈-요드)을 바른다.

페놀과 그 유도체

페놀(석탄산, carbolic acid)은 콜타르(coal tar)를 증류했을 때 나오는 자극성이 있는 독성 화합물이다. 1867년 리스터(Joseph Lister)에 의해 수술용 살균제로 처음 채택된 이후 페놀은 독성과 자극성이 덜한 다른 페놀화합물

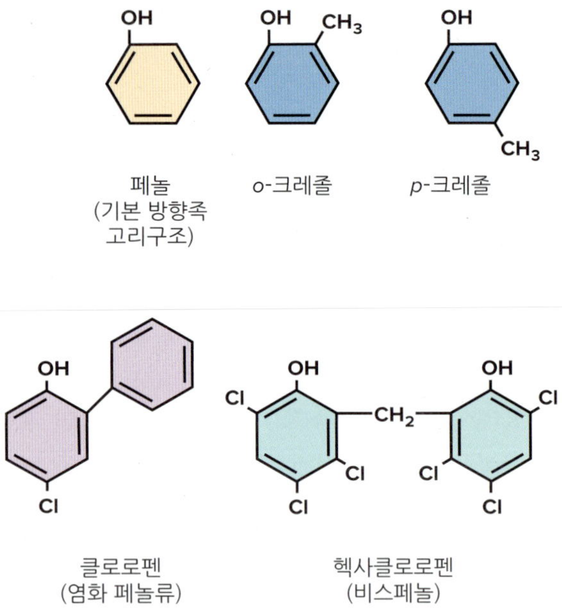

그림 11.11 일부 페놀화합물 모두 기본적으로 방향족 고리를 포함하고 있지만, 염소와 메탄과 같은 추가 화합물의 유형이 다르다.

(phenolics)이 개발될 때까지 주된 항미생물적 화학물질이었다. 페놀용액은 현재 한정된 경우에만 사용되고 있지만 다른 페놀소독제의 등급을 매기기위한 기준으로 남아 있다. 페놀계수(phenol coefficient)는 어떤 화학물질의 항미생물적 특성을 페놀의 그것과 정량적으로 비교한다. 화학적으로 페놀과 관련된 물질을 흔히 페놀화합물이라고 한다.

페놀화합물은 작용기가 첨가된 하나 이상의 방향족 탄소 고리로 구성되어 있다(**그림 11.11**). 이들 중 가장 중요한 것은 알킬화 페놀인 크레졸(cresols), 염소화 페놀 및 비스페놀(bisphenol)이다. 이들은 고농도에서는 세포 독성이 있고 세포벽과 원형질막(세포막)을 급속하게 파괴하며 단백질을 침전시킨다. 낮은 농도에서는 특정 중요한 효소 시스템을 불활성화한다. 페놀화합물은 영양세포 상태의 세균(결핵균 포함), 진균 및 많은 바이러스(B형 간염바이러스 제외)를 파괴하지만 확실한 살포자제는 아니다. 유기물질의 존재하에서도 작용하는 이들의 활성과 세척작용은 이러한 페놀화합물의 효용성을 높여준다. 불행히도 많은 페놀화합물의 독성으로 인해 방부제로 사용하기에는 너무 위험하다.

페놀화합물의 응용 페놀 그 자체로는 여전히 하수구, 동물 사육장을 일반적으로 소독할 때는 사용되지만 의학적 살균으로는 거의 사용되지 않는다. 크레졸은 병원에서 중간 또는 낮은 수준의 소독을 위해 사용되는 비누와 결합된 간단한 페놀 유도체이다. 라이솔(lysol)과 크레올린(creolin)은 1~3%의 현탁액으로 일반적으로 가정용으로 사용된다.

비스페놀(bisphenol) 또한 상업적, 임상적으로 그리고 가정에서 널리 사용된다. 소독제인 에어로졸 스프레이의 주요 성분이다. 병원과 연구실 소독에 자주 사용되는 화합물(라이솔)에서도 이와 동일한 페놀 성분이 발견된다. 비스페놀 중 하나인 헥사클로로펜(hexachlorophene)은 한때 병원과 가정용 세정비누(pHisoHex)의 흔한 첨가제였다. 헥사클로로펜이 피부를 통해 흡수되어 신경손상을 일으키는 원인이 된다는 것이 발견되어 처방전 없이는 더 이상 구할 수 없게 되었다. 피부 감염을 제어하는 데 종종 사용된다.

가장 널리 사용되는 페놀은 **트리클로산**(triclosan)으로, 화학적으로 디클로로페녹시페놀(dichlorophenoxyphenol)로 알려져 있다. 비누에 첨가되는 항미생물적 화합물이다. 소독제와 방부제로 모두 작용하며 넓은 범위의 효능을 가지고 있다. 불행하게도, 트리클로산을 광범위하게 사용하게 되면 미생물의 트리클로산과 항생제에 대한 내성이 증가할 수 있다는 연구가 최근 발표되었다.

클로르헥시딘

하비클렌(hibiclen), 히비탄(hibitane)과 같은 화합물 클로르헥시딘(chlorhexidine)은 염소와 2개의 페놀 고리를 포함하고 있는 복잡한 유기 염기다. 이 화합물의 작용방식은 세포막과 단백질을 표적으로 삼아 막의 표면장력을 낮추고 단백질을 변성시킨다. 이것은 보통의 농도에서 높은 농도까지 그람양성균과 그람음성균 모두에 대해 살세균적이지만 포자에 대해서는 활성이 없다. 바이러스와 진균에 대한 이 화합물의 영향은 다양하다. 이 화합물은 순함, 낮은 독성, 그리고 빠른 작용 때문에 많은 다른 방부제에 비해 뚜렷한 장점을 가지고 있으며, 또한 조직의 어느 정도 깊이 이상으로는 흡수되지 않는다. 클로르헥시딘을 알코올이나 물에 녹여 손 세정제, 수술 절개 및 주사를 위한 피부 부위 및 전신 세척에 일반적으로 사용된다. 클로르헥시딘 용액은 또한 산부인과의 방부제, 신생아 세척액, 상처 소독, 점막 세정제 및 안구용 용액 보존제로서 사용한다. 이것은 처방전 없이 구매 가능한 구강세정제로도 판매된다.

항미생물제로서의 알코올

알코올은 하나 이상의 OH 작용기를 가진 무색의 탄화수소이다. 여러 알코올 중에서 에틸알코올(ethyl alcohol)과 아이소프로필알코올(isopropyl alcohol)만이 미생물 제어에 적합하다. 메틸알코올(methyl alcohol)은 살미생물적 활성이 없고, 더 복잡한 알코올은 물에서의 용해도가 낮거나 일상에서 사용하기에는 독성이 너무 크다. 알코올은 단독으로 수용액 상태에서 사용되거나 팅크제(예, 요드)에 대한 용매로 사용된다.

알코올의 작용기작은 부분적으로 그 농도에 달려 있다. 50% 이상의 농도는 막지질을 용해시키고 세포의 표면장력을 파괴하며 막의 유지를 위태롭게 한다. 원형질에 들어간 알코올은 응집을 통해 단백질을 변성시키지만 50~95%까지의 알코올 수용액에서만 일어난다. 알코올은 항미생물적 화학물질의 농도가 높을수록 더 큰 항미생물적 활성을 나타낸다는 규칙에 대해서는 예외이다. 단백질의 응집을 위해 물이 필요하기 때문에 알코올은 100% 농도(물 0%)보다는 70% 농도(물 30%)에서 더 큰 항미생물적 활성을 나타낸다. 순수 알코올(100%)은 세포막을 용해하고 생장을 억제하지만, 일반적으로 단백질 응집제는 아니다.

중간 수준에서 낮은 수준까지의 살균 응용 분야에서 알코올은 유용하지만 실온에서 세균 내생포자를 파괴하지는 못한다. 그렇지만 알코올은 적당한 처리 시간이 주어지면 결핵균을 포함한 내성이 있는 영양세포 상태의 세균과 진균의 포자를 파괴할 수 있다. 알코올은 일반적으로 소아마비 바이러스와 A형 간염바이러스와 같은 외피(envelope)가 없는 바이러스보다 외피를 가진 바이러스에 더 효과적이다.

알코올의 응용 에탄올(ethanol) 혹은 곡물 알코올(grain alchohol)이라고도 하는 에틸알코올은 균제거제 및 비자극성이고 저렴한 것으로 알려져 있다. 계면활성제 작용은 피부의 기름, 흙 그리고 피부 깊숙이 숨어 있는 미생물을 제거하기 때문에 70~95%의 용액이 일상적으로 피부 소독제로 사용된다. 에틸알코올은 전극, 안면 마스크 및 온도계를 소독하는 데 사용되며 먼저 세척한 다음 알코올에 10~20분 담그는 방식으로 사용된다. 대부분의 알코올 기반 손 세척 및 얼굴 세정제는 60~70%의 에틸알코올을 함유하고 증발이 잘되지는 않지만, 살미생물적 효과를 위해서 피부에 최소 30초 동안 노출되어야 한다. **들여다보기 11.2**에서는 의료종사자가 알코올 손 세정을 얼마나 자주 사용하는지 살펴보고 그 영향에 대해 몇 가지에 대해 알아볼 것이다. 소

들여다보기 11.2 마이크로바이옴: 손 위생

병원에서 감염을 예방하는 가장 좋은 방법의 하나는 의료 종사자가 손을 씻는 것임을 알고 있는가? 이제 우리는 우리와 공생하는 미생물총(microbiota)이 얼마나 중요한지 알고 있으므로, 손을 자주 씻는 것이 무엇을 의미하는지 알아야 한다. 최근 외과 중환자실에 근무하는 34명의 의료 종사사를 대상으로 조사하였다. 24명의 간호사, 6명의 호흡기 치료사, 4명의 간호조무사가 여기에 포함되었다.

일반적인 12시간 교대 근무를 하는 동안

- 53%가 비누와 물로 6~20회 손을 씻었고
- 41%가 20회 이상 알코올로 문질렀고
- 62%가 40회 장갑을 착용했다.

© O. Dimier/PhotoAlto RF

연구자들이 그들에게서 일반적인 병원체를 조사한 결과, 의료 종사자의 손의 약 45%에 포도상구균(*Staphylococcus aureus*)이 존재하는 것으로 나타났다. 그들의 손의 3.9%에서 메티실린 내성 포도상구균(Methicillin-resistant staphylococcus aureus, MRSA)이 검출되었다. 손의 약 4%에서는 진균인 칸디다 알비칸스(*Candida albicans*)가 검출되었다.

이 비율은 하루에 20회 이상 손을 씻지 않는 일반인들에게서도 볼 수 있는 비율이다. 이 결과는 군체를 형성한 미생물들과 손과 접촉해 일시적으로만 머무는 미생물들 간의 차이를 반영하는 것일 수도 있다. 일시적으로 손을 오염시킨 세균들은 일반적으로 쉽게 씻겨지는 반면, 손 피부에 정착해 군체를 형성한 미생물들은 묻혀 있어 씻겨나가지 않는다.

본 연구를 통해 자주 손을 씻음으로써 손의 마이크로바이옴을 변화를 일으키는 것이, 병원균이 간병인의 손을 쉽게 혹은 더 어렵게 오염시키는지의 여부는 확인할 수 없었다.

출처: Rosenthal, et al. "Healthcare Workers' Hand Microbiome May Mediate Carriage of Hospital Pathogens," Pathogens. 2014 Mar: 3(1):1-13.

독용 알코올로 판매되는 이소프로필 알코올보다 훨씬 더 살균력이 뛰어나지만 이러한 이점은 항상 독성과 비교하여 평가되어야 한다. 증기를 흡입하게 되면 신경계에 악영향을 줄 수 있으므로 소독 또는 피부 세척에 주의해서 사용해야 한다.

과산화수소와 관련 살균제

과산화수소(H_2O_2, hydrogen peroxide)는 빛, 금속 또는 catalase 효소가 존재할 때 물과 산소로 분해되는 무색의 부식성 액체이다. 과산화수소의 살균 효과는 산소의 직/간접적 작용으로부터 나온다. 산소는 수산기 자유라디칼(hydroxyl free radical, ·OH)을 형성하는데 이것은 초과산화물과산화 라디칼(superoxide radical)(7장 참조)과 같이 세포에 대한 독성과 반응성이 높다. 대부분의 미생물 세포가 대사에 의해 생성되는 과산화수소를 불활성 시키기 위해 catalase를 생성하지만, 소독과 방부처리 동안 세포 내부로 들어오는 과산화수소의 양을 다 중화시킬 수는 없다. 과산화수소는 살세균적이고 살바이러스적이며 높은 농도에서는 살포자적이다.

과산화수소의 응용 방부제로서의 3% 과산화수소는 피부 및 상처 세척, 욕창(bedsore) 관리 및 구강 세정 등 다양하게 필요로 한다. 혐기성 세균은 산소에 치명적이기 때문에 이들 세균에 의한 감염 치료에 특히 유용하다. 과산화수소는 또한 콘택트렌즈, 수술용 이식물(implant), 플라스틱 장비, 가정용 기구, 침구류 및 실내 장식물을 위한 다목적 소독제이다.

많은 임상 시술에는 내시경과 치과용 손잡이기구와 같은 섬세하고 재사용이 가능한 기기가 필요하다. 이러한 장치들은 조직과 체액에 의해 심하게 오염될 수 있기 때문에, 간염, 결핵 및 곤지름과 같은 감염을 막기 위해 한 번 사용을 한 후 소독뿐 아니라 멸균을 거쳐야 한다. 최대 30,000달러를 하는 대장 내시경과 같은 매우 효과적이고 값비싼 진단도구는 또 다른 딜레마를 만들었다. 이 도구들은 제거하기 어려운 감염원으로 오염될 수 있으며 섬세하고 복잡하여 세척이 어렵다. 일반적인 방법들은 열과 같이 기기를 손상시킬 정도로 가혹하고, 산화에틸렌에 의한 멸균은 너무 긴 시간이 걸린다. 효과적이고 빠른 멸균을 위해 액상 화학 멸균제를 함유하는 저온 멸균 캐비닛(low-temperature sterilizing cabinets)이 개발되었다(**그림 11.12**). 이 기기에 사용되는 주된 유형의 화학 살균제는 과산화수소(35%)와 초산(35%)과 같은 강력한 산화제로 섬세한 기기에 침투하여 내성이 높은 미생물을 사멸시키고 부품들을 부식을 일으키거나 손상시키지 않는다.

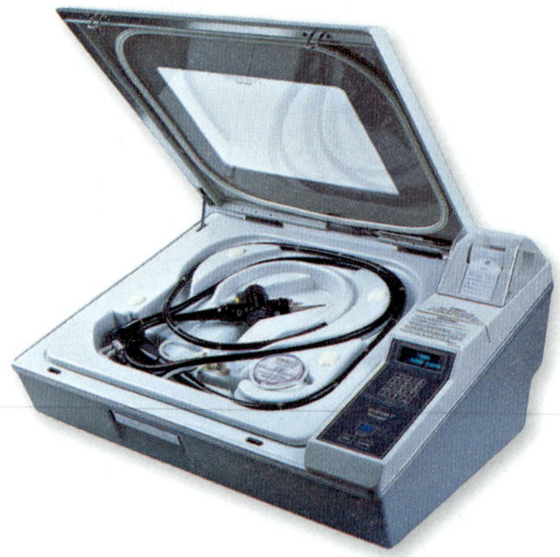

내시경 및 기타 미세 수술도구의 신속한(30분 이내) 멸균 처리를 위한 캐비닛

그림 11.12 침습장비의 멸균 처리로 환자를 보호한다.

STERIS Corporation. System 1® is a registered trademark of STERIS Corporation

증기 상태의 과산화수소는 밀폐된 지역에서 멸균제로 사용될 수도 있다. 과산화수소 플라스마(plasma) 멸균기는 소규모 산업이나 의료 품목과 관련된 응용 분야에 사용된다. 격리실, 통과실과 같은 더 큰 밀폐 공간의 경우 과산화수소 발생기를 사용하여 과산화수소 증기로 방을 살포자할 정도로 높은 농도로 채울 수 있다.

과산화수소와 유사한 효과를 갖는 또 다른 화합물은 공기, 물 및 산업용 에어컨 및 냉각탑을 소독하는 데 사용되는 오존(O_3)이다.

표면작용을 가진 화학물질: 세제

세제(detergent)는 **계면활성제**(surfactant)로 작용하는 극성 분자이다. 대부분의 음이온성 세제는 제한된 살미생물력을 가지고 있다. 대부분의 비누가 여기에 포함된다. 훨씬 더 효과적인 것은 양전하(양이온) 세제, 특히 4차 암모늄이온 화합물(quaternary ammonium compounds)이 훨씬 더 효과적이다. 질소 원자에 4개의 R기가 붙어 있어서 일반적으로 줄인 이름 **쿼트**(quat)로 불린다.

양이온성 세제의 활성은 양방향인 양극성(amphipathic) 성질에서 발생한다. 양으로 하전된 말단 부분은 주로 음으로 하전된 세균의 표면단백질과 잘 결합하는 반면, 세제의 길지 않은 하전되지 않은 탄화수소 사슬은 원형질막을 파괴할 수 있게 한다(**그림 11.13**). 결국, 원형질막은 선택적 투과성을 상실하여 세포가 사멸한다. 몇 가지 다른 효과가 있지만, 막의 완전한 상태를 손상시키는 것이 가장 중요하다.

세제의 효과는 다양하다. 4차 암모늄이온 화합물을 충분히 높은 농도에서 사용하면 일부 그람양성균, 바이러스, 진균, 조류제거에 효과가 있다. 낮은 농도에서는 정미생물적

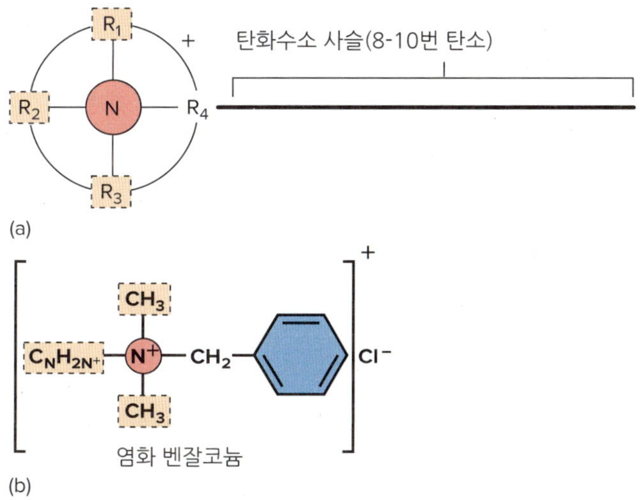

그림 11.13 세제의 구조 (a) 일반적으로 세제는 양전하를 띤 머리 부분과 하나 이상의 길고, 전하를 띠지 않는 탄화수소 사슬을 갖는 극성분자이다. 머리 부분은 다양한 알킬기(R)가 부착된 질소 핵을 함유한다.

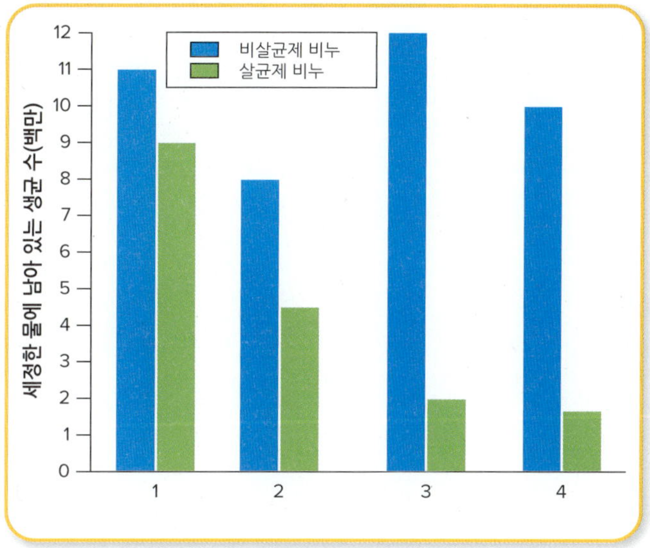

그림 11.14 손 세정의 효과를 보여주는 도표 비살균제 비누와 살균제 비누를 사용하여 여러 날 동안 세정한 경우를 비교한 것이다. 세로축은 세정한 물에 남아 있는 생균 수를 나타낸다. 살균제 비누는 시간이 지남에 따라 피부에 지속적인 영향을 미쳐 미생물 수를 낮춘다. 비살균제 비누는 이러한 지속적인 효과를 나타내지 않는다.
출처: Nolte, et al. *Oral Microbiology*, 4/e, (c) 1982, Mosby.

효과만 나타난다. 쿼트의 결점은 결핵균, 간염 바이러스, 슈도모나스 및 내생포자에 대해서는 농도와 상관없이 효과가 없다는 것이다. 더욱이 이들의 활성은 유기물질의 존재에서는 현저히 감소하며, 알칼리성 조건에서 활성이 높다. 이러한 제한 때문에, 쿼트는 임상 영역에서는 낮은 수준의 소독에만 사용된다.

세제 및 비누의 응용 쿼트(quat, 4차 암모늄이온 화합물)에는 염화벤잘코늄(benzalkonium chloride, 상품명 Zephiran) 및 염화세틸피리디늄(cetylpyridinium chloride, 상품명 Ceepryn)이 있다. 1 : 100~1 : 1000 범위의 희석범위에서 세척제와 혼합되는 쿼트는 바닥, 가구, 장비 표면 및 화장실을 소독하고 살균한다. 식당의 식기구, 식품 가공 장비, 유제품 장비 및 의류를 세척하는 데 사용된다. 소독 수준이 너무 낮아 의료 기기를 소독할 수는 없다.

비누는 기름의 지방산을 나트륨 또는 칼륨염과 결합하여 만든 알칼리성 화합물이다. 일반적으로 비누는 약한 살미생물제일 뿐이며 임질, 수막염과 매독과 같은 매우 민감한 형태를 가지는 미생물만 파괴한다. 일반적으로 병원성 슈도모나스(*Pseudomonas* sp.)는 비누에 매우 강하여 다양한 미생물들이 비누 거치대에서 잘 자란다.

비누는 주로 산업과 가정에서 세정제와 위생처리제의 역할을 한다. 비누의 탁월한 거품 내기와 습윤 특성은 미생물을 포함하는 다량의 표면 흙, 수지(grease) 및 부스러기를 제거하는 데 도움이 된다. 비누는 클로르헥시딘이나 요드와 같은 제제와 혼합될 때 더 큰 살균력을 가진다. 열 멸균, 환자 피부의 균 제거, 의료 및 치과에서의 일상적인 손 세척, 수술 전 손 씻기 등을 하기 전의 기기 세척에 사용할 수 있다. 15초 동안 살균제 비누로 손을 강하게 닦는 것은 일부 잔류 미생물뿐 아니라 먼지, 기름 및 표면 오염 물질을 제거하는 효과적인 방법이지만 피부를 멸균하지는 않는다(**그림 11.14**).

중금속 화합물

수세기에 걸쳐 다양한 형태의 금속 원소인 수은, 은, 금, 구리, 비소 및 아연이 미생물 제어에 사용되어 왔다. 이들은 상대적으로 높은 원자량으로 인해 중금속이라고도 한다. 하지만 이들 중 수은과 은을 함유하는 제제만이 아직 살균제로서의 의미를 가진다. 아연 및 철과 같은 일부 금속들은 실제로 효소의 보조인자로서 아주 적게 필요하지만, 분자량이 더 큰 금속(수은, 은, 금)은 mg/L 단위와 같은 아주 미량에서도 독성이 매우 클 수 있다. 소량으로도 항미생물적 효과를 나타내는 이러한 특성을 **미량동작용**(oligodynamic action)이라고 한다(**그림 11.15**). 중금속 살균제는 무기 또는 유기금속염을 함유하며, 수용액, 팅크제, 연고 또는 비누의 형태로 되어 있다.

수은, 은 및 대부분의 다른 금속은 단백질의 작용기에 결합하고 이들을 불활성화하여 물질대사가 급속히 정지됨으로써 항미생물적 효과를 나타낸다(그림 11.5d 참조). 이 작용방식은 영양세포 상태의 세균, 진균 세포 및 포자, 조류,

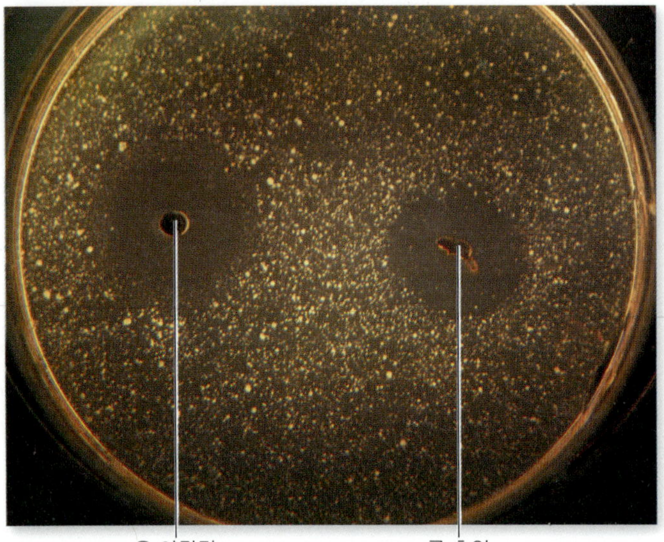

그림 11.15 중금속의 미량동작용의 증명 타액을 접종한 주입평판에 작은 중금속 조각이 살짝 눌려 있다. 배양하는 동안 생장 억제를 나타내는 투명대(clear zone)가 두 금속 조각 주위에 형성되었다. 아말감(amalgam, 차이 땜질에 사용됨)을 둘러싸는 약간 더 큰 투명대는 아말감에 들어 있는 은과 수은의 상승효과를 반영하고 있다.
© Kathy Park Talaro

원생동물 및 바이러스를 포함하여 많은 종류의 미생물(내생포자는 아님)을 파괴할 수 있다.

불행하게도 미생물 제어에서 금속을 사용하는 데는 몇 가지 단점이 있다.

1. 금속은 미생물 세포에 독성이 있는 것과 같은 이유로 소량이라도 피부를 통해 섭취, 흡입 또는 흡수될 경우 인체에 매우 유독할 수 있다.
2. 종종 알레르기 반응을 일으킨다.
3. 다량의 체액과 노폐물은 이들의 작용을 중화시킨다.
4. 미생물은 금속에 대한 내성을 만들어낼 수 있다.

건강과 환경에 대한 우려로 의약, 치과, 상업 및 농업에서 금속 항미생물적 화합물의 사용이 크게 감소하였다.

중금속의 응용 티메로살(thimerosal)과 니트로메르솔(nitromersol)과 같은 약한(0.001~0.2%) 유기 수은 팅크제는 매우 효과적인 방부제이고 감염방지제지만 유해하고 치료를 지연시키기 때문에 피부 상처에 사용해서는 안 된다. 유기 수은은 화장품과 안약 용액의 보존제로도 사용된다. 각 가정의 오래된 필수 의약품의 하나인 메큐로크롬(mercurochrome)은 가장 약한 소독제로 간주되고 있다.

여러 응용 분야에서 사용되는 은 화합물은 질산은($AgNO_3$)이다. 독일의 산부인과 의사였던 크레데(Carl Siegmund Franz Credé)는 19세기 후반에 신생아가 산도(birth canal)로부터 감염될 수 있는 임균(gonococcal) 감염을 예방하기 위해 질산은을 사용하였다. 현재는 많은 병원체가 질산은에 대해 내성이 있기 때문에 거의 사용하지 않고, 대부분은 항생제로 대체되었다. 1~2%의 질산은 용액은 구강염(mouth ulcers) 및 가끔 치아의 근관(root canals)의 국소적 살균제로 사용될 수 있다. 은 설파다이아진(silver sulfadiazine)은 드레싱에 첨가되면 2~3도 화상 환자의 감염을 효과적으로 방지하며, 병원에서 요로 감염을 예방하기 위해 순수 은이 카테터에 통합되었다. 콜로이드 은(colloidal silver) 제제는 가벼운 항미생물적 연고나 입, 코, 안구 및 질의 세정에 사용된다. 은 이온은 화장실, 청진기, 심지어 냉장고 문과 같은 품목의 미생물 생장을 제어하는 방법으로 플라스틱 및 강철과 같은 많은 단단한 표면을 대상으로 점점 더 많이 사용되고 있다. 기업들은 심지어 은과 4차 암모늄 이온 화합물을 섬유에 스며들게 해 오랫동안 무늬와 무취를 유지하는 항미생물적 의류를 생산하기도 한다.

살균제로서의 알데히드

말단 탄소에 -CHO 작용기(강한 환원 작용기)를 가지고 있는 유기물질은 알데히드(aldehyde)라고 한다. 당과 일부 지방과 같은 몇 가지 일반적인 물질들도 엄밀히 따지면 알데히드이다. 미생물 제어에서 가장 흔히 사용되는 2가지 알데히드는 글루타르알데히드(glutaraldehyde)와 포름알데히드(formaldehyde)이다.

글루타르알데히드는 순한 냄새를 가진 노란색의 액체다. 글루타르알데히드의 작용기작은 세포 표면에 있는 단백질과 교차결합한다. 이 과정에서 아미노산은 알킬화되어 아미노산의 수소 원자가 글루타르알데히드 분자 자체로 대체된다. 또한 세포 내에서 효소의 활성을 돌이킬 수 없게 방해할 수 있다. 글루타르알데히드 효과는 빠르고 광범위하며 멸균제 및 높은 수준의 소독제로 공식적으로 인정되는 몇 안 되는 화학물질 중 하나이다. 3시간 안에 내생포자를 파괴하고 몇 분 안에 진균과 세균(*Mycobacterium*과 *Pseudomonas*)을 파괴한다. 가장 내성이 강한 형태를 포함해 바이러스는 비교적 짧은 노출 시간 후에 불활성화되는 것으로 보인다. 글루타르알데히드는 유기물이 존재할 때에도 그 효과가 있고, 비부식성이며 플라스틱을 손상시키지 않으며 포름알데히드보다 독성이 덜하고 비자극적이다. 주요 단점으로는 증가하는 pH와 온도에서 다소 불안정하다는 것이다.

포름알데히드는 물에 쉽게 용해되어 **포르말린**(formalin)이라는 수용액으로 되어 예리하고 자극적인 가스가 된다. 순수한 포르말린은 물에 용해된 포름알데히드 기체의 37% 용액이다. 이 화학물질은 핵산 및 아미노산의 작용기에 부착되어 살미생물적이다. 포르말린은 글루타르알데히드보다 더 느리게 작용하지만 중간 내지 높은 수준의 소독제이다. 포름알데히드의 지나친 독성(발암물질로 분류됨)과 피부 및 점막에 대한 자극 효과는 의학적 유용성을 크게 떨어뜨린다.

제3의 알데히드인 orthophthalaldehyde(OPA)는 또 다른 높은 수준의 소독제이다. OPA는 거의 냄새가 나지 않는 옅은 청색 액체이며 글루타르알데히드와 직접적으로 비교될 수 있다. 이것은 글루타르알데히드와 유사한 작용기작을 가지며, 안정적이고, 눈과 비강에 자극적이지 않으며, 대부분의 경우 글루타르알데히드보다 훨씬 빠르게 작용한다. *Mycobacterium* 및 *Pseudomonas*, 진균 및 바이러스를 포함한 비포자 형성 세균에 효과적이다. 단점 중 하나로는 내생포자를 안정적으로 파괴할 수 없다는 점과 좀 더 실질적으로는 단백질을 염색하는 경향이 있는데 사람의 피부도 함께 염색된다는 점이다.

알데히드의 응용 글루타르알데히드는 열에 의해 손상된 물질을 살균하기 위한 약한 화학물질로 응용된다. 2%로 희석된 상용화된 제품들(Cidex, Sporicidin)은 호흡기 치료 기기, 지혈제, 광섬유 내시경(복강경, 관절경) 및 신장 투석 장비를 멸균하는 데 사용된다. 글루타르알데히드는 B형 간염 및 기타 혈액 매개 바이러스를 불활성화하기 위해 치과 기구(보통 고압습윤멸균기와 함께)에 사용된다. 또 백신을 보관하고 가금류 시체를 위생처리하며 젖소의 젖꼭지의 균을 제거한다.

포르말린 팅크제(8%)는 수술기구의 소독제로만 사용이 가능하며, 포르말린 용액은 어류 기생충을 죽이고 조류와 진균의 생장을 제어하기 위해 어류 양식에 응용되고 있다. 신체와 밀접하게 접촉하도록 의도된 모든 대상은 포르말린 잔류물을 중화시키기 위해 철저히 씻어야 한다. 결국 방부액의 활성 성분 중 하나이다.

가스 멸균제와 소독제

화학물질 증기(vapor), 가스, 에어로졸(aerosol)로 무생물 물질을 처리하는 것은 열이나 액체 화학물질을 대체할 수 있는 방법이다. 현재 가장 폭넓은 응용성을 가지고 있는 증기와 에어로졸은 산화에틸렌(ETO, ethylene oxide), 산화프로필렌(propylene oxide), 이산화 염소(chlorine dioxide)이다.

산화에틸렌(ethylene oxide)은 실온에서 가스로서 존재하는 무색 물질이다. 공기 중에는 폭발성이 매우 높으며 높은 농도의 이산화탄소나 탄화플루오린(fluorocarbon)과 결합하여 제거될 수 있다. 알데히드와 마찬가지로 ETO 역시 매우 강한 알킬화제이며 DNA와 단백질의 작용기와 격렬하게 반응한다. 이러한 작용을 통해 이 물질은 DNA 복제와 효소 반응을 모두 차단한다. 산화에틸렌은 일반적으로 화학적 멸균을 위한 사용이 허용되는 아주 드문 가스 중 하나인데, 그 이유는 이것은 엄격한 처리 규정에 따라 적용될 때 살포자제이기 때문이다. 고압증기멸균기의 변형체인 **케미클레이브**(chemiclave)라고 하는 멸균통, 가스 출입구, 그리고 압력, 온도 및 습도 제어장치가 장착되어 있는 특수 설계된 ETO 멸균기가 있다. 산화에틸렌은 침투력이 있는 편이지만 비교적 느리게 작용하므로 처리 시간이 90분에서 3시간 정도 필요하다. 일부 품목은 ETO 잔류물을 흡수하므로 가능한 많은 잔류 가스가 사라지도록 누출 후 몇 시간 동안 멸균 공기로 환기시켜줘야 한다. 이러한 모든 효과에도 불구하고 ETO는 단점을 가지고 있다. 이 물질은 폭발성을 가지고 있어 취급이 위험하고 이것과 직접적으로 접촉하면 폐, 눈, 점막에 손상을 입으며 그리고 발암물질로 지정되어 있다.

이산화 염소(chlorine dioxide)는 최근 멸균제로 사용되는 또 다른 가스이다. 염소란 이름에도 불구하고 이산화 염소는 이 장의 앞부분에서 설명한 염소 화합물과는 완전히 다른 방식으로 작용한다. 단백질을 방해하고 영양세포 세균, 진균, 바이러스 및 내생포자에 효과적인 강력한 알킬화제이다. 이산화 염소는 식수, 폐수, 식품 가공 장비 및 의료 폐기물의 처리에 사용되지만 가장 널리 사용되는 것은 2001년 탄저병 공격 이후 사무소의 오염처리에 사용되었다.

가스와 에어로졸의 적용 산화에틸렌은 병원과 산업체에서 플라스틱 재료와 섬세한 기구들을 멸균하고 소독하는 데 효과적인 방법이다. 미리 포장된 의료 기기, 수술용품, 주사기 및 일회용 페트리 접시를 멸균할 수 있다. 산화에틸렌은 당, 향료, 건조식품 및 약품의 소독에 널리 사용된다.

산화프로필렌은 독성이 적지만 ETO와 유사한 물리적 특성과 작용방식을 갖는다. 비교적 무해한 물질로 분해되기 때문에 견과류, 분말, 전분, 향료와 같은 식품의 멸균에 ETO보다 안전하게 사용된다.

항미생물제로서의 염료

염료(dye)는 염색 기술과 배지에서의 선택제(selective agent) 및 분별제(differential agent)로서 중요한 역할을 한다. 또한 염료는 화학요법에서 사용되는 일부 의약품의 주된 공급원이다. 크리스탈바이올렛(crystal violet) 및 말라카이트 그린(malachite green)과 같은 아닐린(aniline) 염료는 그람양성균과 일부 진균에 대해 매우 활성이 높기 때문에 백선과 같은 피부 감염을 치료하기 위한 용액과 연고에 함유된다. 노란색의 아크리딘(acridine) 염료인 아크리플라빈(acriflavine)과 프로플라빈(proflavine)은 때때로 의학적 및 수의학 병원에서 항경련 및 상처 치료에 이용된다. 대부분의 경우, 염료는 얼룩지고 활성 범위가 좁기 때문에 응용 분야가 제한적이다.

산과 알칼리

매우 낮거나 높은 pH 조건은 미생물 세포를 파괴하거나 억제할 수 있으나 이들은 부식성과 유해성이 있으므로 제한적으로 사용된다. 수산화 암모늄(ammonium hydroxide) 수용액은 세제, 세정제 및 탈취제의 일반적인 성분이다. 유기산은 내생포자 발아와 세균 및 진균의 생장을 막고 일반적으로 섭취하기에 안전한 것으로 간주되기 때문에 식품 보존에 널리 사용된다. 예를 들어, 식초의 형태인 초산(acetic acid)은 세균 생장을 억제하는 피클 제조용 절임제로 사용되고 프로피온산(propionic acid)은 흔히 곰팡이의 생육을 지연시키기 위해 빵과 케이크에 함유되며 젖산(lactic acid)은 혐기성 미생물(특히 세균 clostridia)의 생육을 방지하기 위해 소금에 절인 양배추와 올리브에 첨가한다. 벤조산(benzoic acid)과 소빅산(sorbic acid)은 효모를 억제하기 위해 음료, 시럽 및 마가린에 첨가된다.

일부 일반 가정용 제품에서 발견되는 항미생물적 화학물질에 대해서는 **표 11.7**을 참조한다. 미생물 제어 방법의 발전은 인류에게 큰 도움이 되었지만, 이에 대한 부정적인 시각 및 연구 견해와 연구 결과들이 우리사회에 긍정적인 영향을 끼칠 수 있다.

오늘날 수많은 제품에 트리클로산이 널리 사용되면서 혼란스러운 상황을 만들고 있다. 질병통제예방센터에 따르면 트리클로산은 미국인의 75%의 소변에서 배출된다. 이 화학물질이 배수구로 배출되게 되면 다양한 지하수원(강, 우물, 수돗물)에서 트리클로산이 감지 가능한 수준으로 검출된다. 이 항미생물제는 햇빛에 노출될 때 다이옥신 유사 화합물로 분해되어 환경과 주변 지역 동식물에 위험을 초래한다. 또한, 전 세계의 연구자들은 인간 병원체를 포함한 다양한 환경의 미생물에서 트리클로산 내성을 확인했다. 작물 관개를 위해 트리클로산이 함유되어 있는 물의 사용은 식량 공급

표 11.7 여러 상업적인 항미생물 제품에서 항미생물적 활성을 가진 구성성분

제품	특정 화학 제제	항미생물적인 범주
라이솔 위생처리 닦이 (Lysol Sanitizing Wipes)	다이메틸 벤질 염화 암모늄 (Dimethyl benzyl ammonium chloride)	세제(쿼트, quat)
클로록스 소독용 닦이 (Clorox Disinfecting Wipes)	다이메틸 벤질 염화 암모늄	세제(쿼트, quat)
타일렉스 곰팡이 제거제 (Tilex Mildew Remover)	하이포아염소산나트륨염 (sodium hypochlorite)	할로겐
리솔 곰팡이 제거제(Lysol Mildew Remover)	하이포아염소산나트륨염	할로겐
아이작스 항미생물 손비누(Ajax Antibacterial Hand Soap)	트리클로산	페놀화합물
다운 항미생물 손비누 (Dawn Antibacterial Hand Soap)	트리클로산	페놀화합물
다이얼 항미생물 손비누(Dial Antibacterial Hand Soap)	트리클로산	페놀화합물
리솔 소독용 스프레이(Lysol Disinfecting Spray)	알킬 다이메틸 벤질암모늄 (Alkyl dimethyl benzyl ammonium saccharinate)/알코올	세제(쿼트, quat)/알코올
리뉴 콘택트렌즈 액 (ReNu Contact Lens Solution)	폴리아미노프로필 바이구아나이드 (polyaminopropyl biguanide)	클로로헥시딘
항미생물 물수건(Wet Ones Antibacterial Moist Towelettes)	염화벤지소늄(Benzethonium chloride)	세제(쿼트, quat)
녹스지마 삼중 세정제(Noxzema Triple Clean)	트리클로산	페놀화합물
스코프 구강세정제(Scope Mouthwash)	에탄올	알코올
퓨렐 즉석 손 위생처리제(Purell Instant Hand Sanitizer)	에탄올	알코올
파인-솔(Pine-Sol)	페놀화합물과 계면활성제	혼합
알러간 안약(Allergan Eye Drops)	아염소산나트륨(sodium chlorite)	할로겐
콜게이트 종합 치약(Colgate Total Toothpaste)	트리클로산	페놀화합물

을 저해하는 새로운 내성 미생물의 진화를 유발할 가능성이 있다. 트리클로산 내성은 대장균과 같은 의학적으로 관련된 미생물에서 추가적인 항생제 내성 발달에 기여한다는 증거가 있는데 이는 더 큰 문제로 이어질 수 있다. 2001년 미국 의학 협회는 소비 제품에 트리클로산을 사용하는 것에 대해 경고했으며 현재는 그 효과를 조사하는 연구를 수행하고 있다. 2009년 미국 공중 보건 협회는 비의료 응용 분야에서의 사용을 금지할 것을 권고했다.

11.3 학습 평가

14. 화학적 제제의 바람직한 특성에 대해 말할 수 있다.
15. 여러 가지 할로겐 제제의 형태와 이들의 작용양식에 대해 토론할 수 있다.
16. 미생물 제제로서 페놀화합물의 사용에 대한 장단점을 열거할 수 있다.
17. 알코올의 작용방식과 효과적인 항미생물제로서의 한계점을 설명할 수 있다.
18. 미생물 제제로서 과산화수소의 가장 적절한 응용법을 설명할 수 있다.
19. 계면활성제(surfactant)라는 용어를 정의하고 이들의 작용방식을 설명할 수 있다.
20. 일부 중금속 제제의 종류와 이들의 일반적인 적용 사례를 설명할 수 있다.
21. 물 제어에 이용되는 알데히드 제제의 장단점에 대해 설명할 수 있다.
22. 산화에틸렌 가스의 멸균 적용 사례를 설명할 수 있다.

현미경으로 본 세상 – 논평

이 기사의 **의도된 메시지**에는 "더러운 것"이라는 요소가 포함되어 있다. 이 기사는 세균의 추출물로 샤워를 대체할 수 있다는 사실을 우리가 이해하고 우리의 믿음의 한계를 넓히기를 원한다.

하지만 우리가 마이크로바이옴과 우리의 건강 유지에 유익균이 필요하다는 것에 대해 알고 있는 것들과 함께, 세균(마이크로바이옴)이 비누로 씻겨져 나가는 것보다는 피부에 남아 있는 것이 우리 몸에 더 좋다고 생각하는 것은 그리 어려운 일이 아니다. 이 기사를 논평하려면 기사를 반박할 만한 과학적인 근거가 있는지를 따져 보아야 한다. 우리가 이미 알고 있는 것은 무엇인가? 이 장에서 읽은 바와 같이, 비누 등의 계면활성제는 오일을 제거하면서 그 안에 있던 미생물도 제거한다. 그 스프레이에 있는 세균은 실제로 냄새나는 암모니아를 냄새가 없는 산화질소로 전환할 수 있다. 이 기사에 따르면, 베네수엘라 아마존에 사는 부족들의 피부에 관한 최신 연구에서 그들의 피부가 스프레이에 있는 세균들과 동일한 세균들의 숙주라는 것이 밝혀졌다.

© Brand X Pixtures/ PunchStock RF

친구를 위해 이 기사를 **해석**하는 것은 흥미로운 일이다. 하지만 이 기사는 더 자연스럽게 살고자 하는 방법을 찾고 있는 젊은 전문가들 사이에서 이 제품이 매우 잘되고 있다고 말하고 있다. 따라서 당신 친구 중에 위와 같은 젊은 전문가가 한 명이라도 있다면 당신은 매우 수용적인 최소한의 청중을 갖게 될 것이다.

이 기사에 대한 나의 **점수**는 탄탄한 B이다. 이 기사는 겉보기에 터무니없는 전제를 이야기하지만 이 전제를 믿을만한 몇 가지 증거들을 제공하고 있다. 그리고 그것들은 유명한 출처인 보스턴 글로브에서 온 것이다. 물론 그 자체가 과학적 정확성을 보장하지는 않는다. A를 얻으려면 더 많은 문헌과 데이터를 제공해야 한다.

출처: *Boston Globe*, "Bacteria in a Bottle: AOBiome Offers Ways to Stay Clean Without Traditional Soap", 2015년 7월 7일 게시된 온라인 기사.

단원 요약

11.1 미생물 제어

- 미생물 제어 방법에는 특정 환경에서 미생물의 수를 제거하거나 감소시키기 위해 물리적 및 화학적 작용제를 사용하는 것을 포함한다.
- 부패 또는 감염을 일으키는 미생물의 집단은 매우 다양하므로 각각 상황에 맞게 미생물 제어 방법을 조정해야 한다.
- 미생물 제어의 유형은 사용되는 용어로 알 수 있다. 멸균(sterilization)제는 바이러스를 포함한 모든 가능한 생명체를 파괴한다. 방부법(antisepsis), 소독(disinfection) 그리고 오염제거(decontamination)는 가능한 미생물의 수를 지정된 수준까지 줄이는 것이다.

- 항미생물제는 미생물을 파괴하거나 생장을 억제하는 능력에 따라 기술된다. 살미생물제는 미생물의 사멸을 유발한다. 이들은 대상이 무엇이냐에 따라 살(-cide)을 붙여 부르게 된다. 예, 살포자제(sporocide), 살세균제(bactericide), 살진균제(fungicide), 살바이러스제(viricide).
- 미생물을 파괴하거나 생장을 억제하기 위해 방부제가 살아 있는 조직에 적용된다.
- 소독제는 물리적 또는 화학적 수단에 의해 무생물의 미생물 수를 안전한 수준으로 감소시킨다.
- 균제거(degermenation)는 피부에서 미생물을 기계적으로 제거하는 과정이다.
- 미생물 사멸은 해당 미생물의 영구적인 생식능 손실로 정의된다.
- 항미생물제는 특정 세포 부위를 공격하여 미생물 사멸 또는 손상을 유발한다. 4개의 주요 세포 표적은 세포벽, 세포막, DNA 또는 RNA의 생합성 경로 및 단백질(효소) 기능이다.

11.2 물리적 제어 방법

- 미생물 제어의 물리적 방법에는 열, 저온, 방사선, 건조, 여과 및 삼투압이 있다.
- 열은 가장 널리 사용되는 미생물 제어 방법이다. 물(습열) 또는 건열(오븐, 불꽃)과 함께 사용된다.
- 열 사멸시간(TDT, thermal death time)은 특정 온도에서 모든 미생물을 죽이는 데 필요한 최단 시간이다.
- 열 사멸점(TDP, thermal death point)은 지정된 시간(10분) 내에 모든 미생물이 사멸되는 최저온도이다.

© Charles D. Winters/McGraw-Hill Education

- 고압증기멸균기(autoclave)는 증기에 압력을 가해 생성된 포화수증기압으로 비교적 짧은 시간(분-시간) 내에 광범위한 재료를 멸균하는 과정이다.
- 끓는 물과 음료의 저온 살균은 재료를 소독하지만 멸균하지는 못한다.
- 건열은 지정된 시간과 온도에서 살미생물적이다. 화염 열 또는 소각 역시 살미생물적이다.
- 냉장, 냉동 및 건조는 살미생물적은 아니고 정미생물적이다. 이들은 효과가 일관적이지 못하기 때문에 진정한 소독 방법으로는 간주되지 않는다.
- 감마선 및 X선에 의한 전리 방사선(냉장 멸균)은 의료 품목, 육류 및 향료를 살균하는 데 사용한다. 이것은 파괴적인 이온을 생성함으로써 DNA와 세포소기관을 손상시킨다.

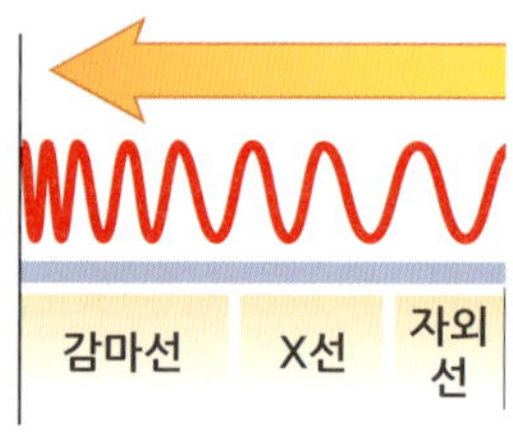

- 자외선 또는 비전리 방사선은 투과능력이 제한적이다. 일부 병원에서는 병실을 소독하는 데 사용되지만, 모든 부분에 도달하려면 UV 기기를 옮겨야 한다.
- 여과에 의한 오염제거는 열에 민감한 액체 및 대기 공기에서 미생물을 제거한다. 어떤 종류의 미생물을 제거하는지는 여과기의 구멍 크기에 따라 결정된다.
- 식품에 다량의 소금 또는 설탕을 첨가하는 것은 삼투압을 통한 식품 보존 방법이다.

11.3 미생물 제어를 위한 화학적 제제

- 미생물제제는 물리적 상태와 화학적 성질에 따라 분류된다.
- 화학제는 살미생물적이거나 정미생물적일 수 있고, 높은, 중간 또는 낮은 수준의 살균제로 분류될 수 있다.
- 할로겐은 살미생물적, 정미생물적 수준의 효과가 있다. 염소, 요드, 아이오딘포어가 그 예이다.
- 페놀은 일반적인 소독에 사용되는 강력한 소독제이다. 비스페놀인 약한 페놀화합물도 방부제로 사용된다.
- 알코올은 막 지질을 용해시키고 세포 단백질을 파괴한다. 그들의 활성은 농도에 달려 있지만 일반적으로 정미생물

적 효과만 있다.

- 과산화수소는 상처에 대한 방부제와 기구에 대한 소독제로 사용할 수 있는 다목적 살미생물제이다. 고농도는 효과적인 살포자제이다.
- 계면활성제는 세제와 비누의 2가지 유형이 있다. 막의 표면장력을 줄여 막을 파열시킨다. 양이온성 세제나 쿼트는 존재하는 유기물의 양과 미생물량에 의해 제한되는 저수준 살균제이다.
- 알데히드는 강력한 멸균제이며 미생물 효소를 돌이킬 수 없게 손상시키는 고수준의 소독제이다.
- 산화에틸렌과 이산화 염소는 단백질과 DNA 알킬화로 작동되는 가스 멸균제이다.

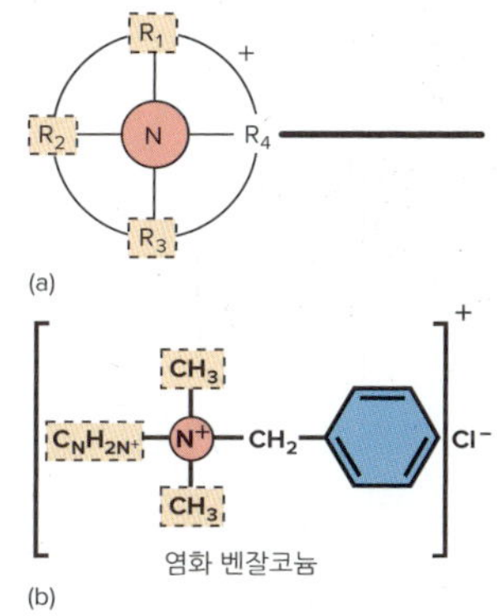

객관식 문제(선다형 문제와 OX 문제) ❙ 블룸 1단계 및 2단계: 기억과 이해

선다형 문제 – 제시된 보기에서 답을 고르시오.

1. ________를/을 죽이는 미생물 제어 방법은 멸균의 효과를 낼 수 있다.
   a. 바이러스　　b. 결핵 간균
   c. 내생포자　　d. 피낭
2. 위생처리는 __________.
   a. 물체의 미생물량을 감소시킨다.
   b. 물체를 화학물질로 멸균시킨다.
   c. 기구를 문질러 닦는다.
   d. 피부의 괴사조직을 제거한다.
3. 세포의 표면장력을 낮추는 제제의 한 예는 ________이다.
   a. 페놀　　b. 염소
   c. 알코올　　d. 포르말린
4. 높은 온도는 ________(하)고, 낮은 온도는 ________한다.
   a. 멸균, 소독
   b. 세포를 죽이, 세포생장을 억제
   c. 단백질을 변성시키, 세포가 터지도록
   d. 물질대사를 가속시키, 물질대사를 느리게
5. 저온 살균의 표적이 되는 미생물은 ________이 있다.
   a. *Clostridium botulinum*　　b. *Mycobacterium* 종
   c. *Salmonella* 종　　d. b와 c
6. 비전리 방사선의 주된 작용 방식은 __________.
   a. 초과산화물 이온을 생산하는 것이다.
   b. 피리미딘 이량체를 만든다.
   c. 단백질을 변성시킨다.
   d. 이황화 결합을 파괴한다.
7. 도시의 상수도를 소독하는 가장 실용적인 방법을 고르시오.
   a. 자외선　　b. 오존에 노출
   c. 베타 프로피오락톤　　d. 여과법
8. 다음 중 살포자적 특성을 가지는 화학물질은?
   a. 페놀
   b. 알코올
   c. 4차 암모늄이온 화합물
   d. 글루타르알데하이드
9. 질산은은 __________에 사용된다.
   a. 화상의 방부제
   b. 구강청결제
   c. 생식기 임질 치료제
   d. 물을 소독하는 데
10. 세제는 __________.
    a. 높은 수준의 살균제이다.
    b. 낮은 수준의 살균제이다.
    c. 우수한 방부제이다.
    d. 수술 도구 소독에 사용된다.

OX 문제 – 다음 문장 내용이 옳으면 O, 틀리면 X로 표기하고 틀린 내용을 올바르게 수정하시오.

11. 포자를 형성하지 않는 생명체를 파괴하는 과정은 소독의 정의에 적합하다.
12. 고압증기멸균기에 허용되는 온도–압력 조합은 131℃와 9 psi이다.
13. 전리 방사선은 원자에서 양성자를 제거한다.
14. 살미생물제는 미생물을 파괴하는 작용제이다.
15. 프리온은 열에 의해 쉽게 변성된다.

Chapter 12

항생제 치료

© MarkHatfield/iStock/Getty Images RF

현미경으로 본 세상

오징어 수프로 치료합니다

이번에 소개하는 사례를 통해 대중매체의 기사가 어디까지 사실인지 살펴볼 것이다. 이 사례는 2015년 가디언 지에 소개된 "북한 사람들은 메르스 바이러스를 막기 위해 오징어 수프를 사용한다."란 기사에 대한 것이다.

2015년 중동호흡기증후군인 MERS의 발생으로 남한에서 30명 이상이 사망했다. 이 기사는 건강 관리 인프라가 취약한 북한에 초점을 맞췄다. 정부는 국가 내에서의 확산을 막기 위해서 노력을 강화했지만, 시민들은 정부의 능력을 불신했다. 정부의 조치에는 시민들에 대한 엄청난 테스트와 모든 수입품에 대한 검역이 포함되었다.

2006년 북한에서 파라티푸스 환자가 대량 발생해 의사들이 이를 치료할 수 있는 의약품을 구하는 데 어려움을 겪었다. 파라티푸스는 심한 장염과 고온을 유발하는 세균 감염 질환이다. 주민들은 삶은 오징어 수프를 기적의 치료법으로 선전하기 시작했다(닭고기 수프 치료법과 비슷해 보인다!). 오징어는 북한의 동해에서 풍부하게 잡힌다.

MERS의 증상 중 하나가 고열이기 때문에, 남한에서 지금 막 발병한 MERS에 감염될까 두려운 북한의 주민들은 오징어 수프가 좋은 치료법이 될 것이라고 생각했다. 이 기사는 함경남도의 한 취재원이라고만 밝힌 주민이 "다양한 전염병이 퍼져도 주민들은 약을 구할 수가 없다. 그래서 당국에 기대는 대신 이런 민간요법을 적극적으로 사용한다."라는 말을 인용하고 있다.

1948년 북한에 정부가 수립되었을 때 건강 관리는 보편적인 권리로 여겨졌다. 하지만 지금은 병원 사정이 악화되고 건강 관리가 어려워졌다.

- 이 기사가 **의도하는 메시지**는 무엇인가?
- 기사를 읽은 후 **여러분의 평가**는 어떠한가? 평가가 비판을 의미하는 것은 아니다. 여러분의 지식을 이용하여 기사의 사실여부, 그리고 기사가 전달하고자 하는 메시지가 무엇인지를 제대로(혹은 옳게) 인지하기 위해서는 비평적인 안목이 필요하다.

- 미생물학을 공부하지 않은 친구를 위해 이 기사를 어떻게 **해석할** 것인가?
- 기사의 정확성과 의도된 효과의 정확성을 고려하여 기사에 대한 당신의 **점수**는 얼마인가?

현미경으로 본 세상–논평은 이 장의 끝에 나옵니다.

12.1 항생제 치료의 원리

100년 전, 미국에서는 3명의 어린이 중 1명은 다섯 살이 되기 이전에 감염 질환으로 사망할 것으로 예상되었다. 성홍열, 디프테리아, 결핵, 수막염 및 기타 많은 세균성 질병으로 인해 조기 사망하거나 평생, 질병으로 인해 쇠약한 건강 상태로 살아가는 것이 전 세계 인구 대부분에게 있어 무시무시하면서도 부인할 수 없는 사실이었다. 1930년대 감염을 통제하기 위해 도입된 약물은 의료 혁명을 가져다 주었고, 인간의 수명과 건강에 큰 도움이 되었다. 특히 항생제는 오랫동안 기적의 약으로 간주되어 왔다는 것은 놀랄 일이 아니다. 항생제는 특정 감염 질환의 발생률을 크게 줄였지만 완벽히 없앤 것은 아니었으며, 아마 앞으로도 그럴 것이다. 실제로 현재 많은 의사들은 우리가 가지고 있는 약물들이 더 이상 효과를 발휘하지 못하는, 포스트-항생제 시대라는 위험에 처해 있다고 경고하고 있다.

항생제 치료의 목표는 간단하다. 감염 환자에게 약물을 투여해서 숙주의 세포에는 해를 끼치지 않으면서 감염원을 파괴하는 것이다. 간단하지만, 실제로는 많은(또는 서로 상반되는) 요소들을 고려해야만 하기 때문에 달성하기 쉽지 않은 목표이다. 이상적인 약물은 투여하기 쉬워야 하면서, 신체의 어느 부위든 간에 감염원이 있는 곳이라면 도달할 수 있어야 하며, 숙주에게는 무해하면서도 감염원에 독성을 가져야(또는 증식할 수 있는 능력을 차단할 수 있어야) 한다. 또 신체 내에서 활성화된 상태로 있으면서 안전하고 쉽게 분해되고 배출되어야 할 필요도 있다. 또한 생물막(biofilm)에 존재하는 미생물에 대해서는 다른 약물이 필요하다. 요약하면, 완벽한 약물은 존재하지 않는다. 그러나 적절한 약물을 선택하면 장단점간의 균형은 유지하면서 타협을 통해 만족스런 치료 효과에 도달할 수 있다(표 12.1).

표 12.1 이상적인 항생제의 특성

- 미생물에는 독성을 지니면서 숙주에는 무해함
- 미생물의 생장 억제보다는 살균
- 상대적으로 녹는 성질: 체액에 많이 희석된 상태에서도 효과
- 작용할 수 있는 정도로 오랫동안 효과 유지, 쉽게 분해되지 않거나 너무 이르게 분비되지 않음
- 항생제 내성을 유발하지 않음
- 숙주의 방어 작용을 보완하거나 도움
- 조직이나 체액에서 효과
- 감염된 위치로 쉽게 이동
- 적정 가격
- 알레르기를 유발하거나 다른 감염에 취약해지는 등 숙주의 건강을 해치지 않음

항생제의 기원

항생제의 원천, 효과 범위, 그리고 이들이 천연적으로 만들어지는 것인지, 화학적으로 합성되는 것인지에 관해 설명한다. 중요한 용어는 표 12.2에서 나와 있다.

대부분의 항생제는 자연으로부터 나온다. 항생제는 세균과 진균의 일반적인 대사 산물이다. 특정 미생물에 의해 생산된 항생제는 동일한 서식 환경에서 다른 미생물의 생장을 억제함으로써(길항 작용) 영양물질과 공간에 대한 경쟁이 줄어들게 된다. 이러한 선택적 이점으로 항생제 생산과 관련한 유전자가 진화상 보존된다. 현재 사용되는 많은 항생제는 방선균(*Streptomyces*)과 바실루스(*Bacillus*) 속의 세균과 푸른곰팡이(*Penicillium*)와 세팔로스포리움(*Cephalosporium*) 속의 진균으로부터 유래한 것이다. 미생물이 얻는 이점이 무엇이든, 이 화합물은 인간에 매우 이로운 것이다. 과학자들은 항미생물 효과를 갖는 새로운 대사 화합물을 다양한 환경에서 찾는 '탐사자'가 되었다. 범유전체학(metagenomics) 분야에 의해 엄청나게 정보량이 증가하면서 컴퓨터 생물학이 신약 발견에서 중요한 역할을 하고 있다. 미생물 중 99%는 배양되지 않기 때문에, 연구자들은 잠재적 후보 약물을 찾아내기 위해 컴퓨터에 기반한 스크리닝 도구를 사용하여 다양한 출처로부터 나온 범유전체, 단백체, 대사체의 데이터를 분석한다.

화학자는 자연적으로 만들어지는 항생제의 구조를 변경함으로써 새로운 약물을 만들 수도 있다. "클릭 화학(click chemistry)"이라고 하는 이 방법은 미생물이 생성한 천연물질과 미리 선택한 다양한 분자들을 결합시켜 다른 약물에 비해 장점이 많은 반합성 약물을 만드는 것이다. 에를리히(Paul Ehrlich)는 최초로 부모 분자를 체계적으로 변형하여 새로운 유도체인 살바산(salvasan)이라고 하는 화합물을 만들어 냈다. 그러나 일부 자연 화합물은 서식지를 파괴하지

표 12.2 항생제 관련 용어

화학치료 약물 Chemotherapeutic drug	질병의 치료, 구호, 예방에 사용되는 화학물질
예방 Prophylaxis	위험에 처한 사람에게서 임박한 감염을 예방하기 위해 약물을 사용하는 것
항생제 화학요법 Antimicrobial chemotherapy	감염을 통제하기 위해 약물을 사용하는 것
항균제 Antimicrobials	어떤 형태의 미생물이든 표적과 상관없이 모든 항생물질을 포괄하는 용어
항생제 Antibiotics	일부 미생물의 자연적인 대사 과정에서 생산되거나 과학자에 의해 만들어진, 미생물의 생장을 저해하거나 파괴할 수 있는 물질. 일반적으로 세균을 표적으로 하는 경우에 사용되는 용어
반합성 약물 Semisynthetic drugs	천연적으로 분리된 후 실험실에 화학적으로 수정된 약물
합성 약물 Synthetic drugs	실험실 조건에서 전적으로 화학반응에 의해 만들어진 약물
좁은 스펙트럼 항생제 Narrow–spectrum (limitedspectrum)	제한된 미생물에만 효과적인 항생제. 예를 들어, 주로 그람양성균에만 효과적인 항생제
넓은 스펙트럼 항생제 Broad-spectrum (extended spectrum)	다양한 미생물에 효과적인 항생제. 예를 들어, 그람양성균과 그람음성균에 모두 효과적인 항생제

않고서는 무한하게 얻을 수 없다. 이러한 경우 화학자들은 실험실에서 이러한 화합물의 작용을 모방하여 합성 약물을 만들어냈다. 바이오엔지니어링 기술을 사용하면 이러한 약물을 설계할 수 있는 가능성은 무한하며, 실제로 자연의 항생제를 생산하는 미생물의 유전자를 조작하여 여러 약물이 만들어지기도 한다.

치료 시작하기

어떠한 약물을 이용하여 항생제 치료를 시작하기 전에 적어도 다음과 같은 3가지 요소에 대해서 알고 있어야 한다.

1. 감염을 일으킨 미생물
2. 미생물의 다양한 항생제에 대한 감수성 정도
3. 환자의 전체적인 의학적 상태

감염원 파악하기

감염원을 파악하는 것은 가능한 한 빨리 시도해야 한다. 항생제가 감염원을 제거하는 경우를 대비하여 항생제를 투여하기 전에 표본을 확보하는 것이 매우 중요하다. 체액, 가래, 또는 분변을 직접 검사하는 것은 세균이나 곰팡이를 감지하고 식별하는 데 있어 빠르고 초기에 수행하는 방법이다. 의사는 그러한 초기 발견이나 정보에 근거한 최선의 추측에 근거하여 치료를 시작한다. 예를 들어, 임질 감염으로 생성된 고름을 그람염색하면 콩 모양의 그람음성 쌍구균이라는 특징적인 모양을 볼 수 있다. 이러한 모양은 (증상과 결합해서 생각할 때) 감염원이 임질균(*Neisseria gonorrhoeae*)이라고 가정하고 치료할 수 있을 정도로 독특한 것이다. 하지만 대부분의 경우 감염 미생물을 식별하기 위해서는 추가 테스트가 필요하다. 추가적인 테스트를 위해 보통 미생물을 배양하지만, 경우에 따라서는 다양한 비배양법을 이용하기도 한다. 때로는 미생물을 파악하는 것이 결정적이지 않을 수도 있다. 그런 경우 감염을 일으킨 가장 가능성이 높은 감염원을 예측하기 위해 역학 통계를 이용한다. 예를 들어 폐렴구균(*Streptococcus pneumoniae*)은 어린이에게서 대부분의 수막염을 일으키는 원인이고, 그 다음으로는 수막염균(*Neisseria meningitidis*)이 차지한다.

질병과의 연관성

살바산은 독성 화학 비소의 유도체이다. 환자에게 유독했고, 주사를 맞는 것은 고통스러웠다. 그러나 살바산으로 치료할 수 있는 매독(syphilis)은 매우 치명적인 질병이었다. 살바산은 치료율이 매우 높았기 때문에 의학적인 돌파구로 여겨졌고, 마법의 총알이라고도 불렸다. 오늘날에는 환자에게는 부작용이 없으면서 병원체만 사멸시키는 진정한 마법의 총알이 된 페니실린 G로 매독을 치료하는 경우가 많다.

항생제 감수성 테스트

포도상구균(*Staphlococcus aureus*), 임질균(*Neisseria gonorrhoeae*), 폐렴구균(*Streptococcus pneumoniae*), 장구균(*Enterococcus faecalis*) 및 호기성 그람음성 장내세균과 같이 일반적으로 내성을 갖고 있는 다양한 그룹의 세균에 대해서는 어떤 항생제가 환자에게 가장 효과적인지를 결정하는 것이 필수적이다. 그러나 모든 감염원에 대해 항생제 감수성 테스트가 필요한 것은 아니다. 예를 들어 곰팡이나 원생생물에 대해서는 일반적으로 항생제가 이들 그룹 모두를 대상으로 하기 때문에 약물 테스트가 어렵기도 하고, 때로는 불필요하기도 하다. 페니실린이나 그룹 A 연쇄상구균(group A streptococci)처럼 어떤 세균은 특정 항생제에 대해 확실한 감수성을 나타내기도 한다. 이런 경우 감수성

표 12.3 커비-바우어(Kirby-Bauer) 테스트의 결과

항생제	억제대 직경 기준(mm)		포도상구균의 결과 예(mm)	판정*
	감수성(S)	내성(R)		
에리스로마이신(Erythromycin)	>18	<13	15	I
겐타마이신(Gentamicin)	>13	<12	16	S
네오마이신(Neomycin)	>17	<12	12	R
페니실린 G(Penicillin G)	>29	<20	10	R
스트렙토마이신(Streptomycin)	>15	<11	11	R
반코마이신(Vancomycin)	>12	<9	15	S

* R = 내성(resistant), I = 중등도 내성(intermediate), S = 감수성(sensitive)

검사는 필요하지 않다.

올바른 항생제를 선택하는 것은 표준화된 방법을 이용하여 감염원에 대해 여러 항생제의 시험관내(*in vitro*) 활성을 측정하는 것으로부터 시작된다. 일반적으로, 이런 테스트에서는 여러 가지 항생제에 순수 배양한 세균을 노출시켜 생장에 어떤 영향을 미치는지 관찰한다.

커비-바우어(Kirby-Bauer)라는 기술은 한천 확산법(agar diffusion test)으로서 항생제 감수성에 대한 유용한 데이터를 제공한다. 테스트를 위해서 특수한 배지 표면에 미리 정해진 농도의 항생제가 포함된 작은 디스크를 올려놓는다. 배양 후, 디스크 주변의 미생물 생장이 억제된 구역의 직경을 측정하고, 각 항생제의 기준(**표 12.3**, **그림 12.1**)과 비교한다. 이러한 항생제 감수성 프로파일을 **항생제 감수성 양상**(antibiogram)이라고 한다. 또 다른 확산법인 Etest도 항생제의 효과에 대한 정보를 제공한다(**그림 12.2**).

더 민감하고 정량적인 결과는 시험관 희석법(tube dilution test)을 통해 얻을 수 있다. 우선 항생제를 액체배지가 들어 있는 시험관에 연속적으로 희석한다. 각 시험관에 동일한 농도의 순수 배양한 세균 시료를 접종하고 배양한 후 성장(탁도)을 조사한다. 눈에 띄게 억제하는 항생제의 최소 농도(가장 많은 희석한 농도)를 **최소억제농도**(minimum inhibitory concentration, MIC)라고 한다. MIC는 항생제의 최소 유효 복용량을 결정하고 다른 항생제와 비교하는 데 유용하다(**그림 12.3**). 많은 임상 실험실에서 수십 개의 항생제를 동시에 테스트할 수 있는 자동화된 기계를 통해 이러한 항생제 감수성 테스트가 수행된다.

MIC와 치료지수

항생제 감수성 검사 결과를 통해 의사는 적절한 항생제를 선택하게 된다. 이미 치료가 시작된 경우라면, 항생제 감수성 검사를 통해 그 항생제의 사용이 옳은 것인지를 확인할 수가 있다. 항생제의 시험관내(*in vitro*) 활성과 생체내(*in vivo*) 효과가 항상 상관 관계가 있는 것은 아니기 때문에, 일단 치료를 시작하면 환자의 임상적 반응을 관찰하는 것이 중요하다. 통제된 환경, 즉 병원에서 항생제 치료가 실패한다면, 그 실패는 다음과 같은 이유 때문이다.

1. 항생제가 신체의 각 부위(뇌, 관절, 피부 등)로 적절하게 확산되지 않아서
2. 항생제 내성 검사를 위해 수집한 시료에 포함하지 않은 미생물 중 감염을 일으킨 내성 미생물이 있어서
3. 항생제에 내성이 있는 하나 이상의 감염체에 의한 감염 때문

외래 환자의 경우에는 그 환자가 항생제를 올바르게 복용하지 않았을 가능성도 고려해야 한다.

질병과의 연관성

항생제 치료의 실패는 표적 조직으로 항생제가 확산되지 못해 생길 수 있다. 이는 혈액 순환이 좋지 못하기 때문일 수 있다. 예를 들어, 나이든 환자, 특히 당뇨병 환자의 경우에는 종종 다리나 발 궤양을 치료하기 위해 경구용 항생제 복용을 마친 후에도 상처가 거의 치료되지 않는 걸 볼 수 있다. 왜 그럴까? 말초 혈관 질환(심장과 뇌를 넘어서 혈관에까지 영향을 주는 상태)이 있는 경우, 혈액 순환이 잘 되지 않아 항생제가 하지로 전달되지 않을 수도 있다. 이런 환자들의 감염 치료에는 경구용 항생제보다 정맥 또는 국소 항생제가 좋다.

미생물의 감수성 이외에도 다른 요인들이 항생제 선택에 영향을 미친다. 항생제의 특성 및 스펙트럼, 잠재적 부작용, 환자의 상태가 중요할 수 있다. 한 가지 이상의 항생제가 감염 치료에 효과적이면, 다른 요인들을 고려하게 된다. 일반적으로 표적이 아닌 미생물 이외의 미생물에 가장 영향을 적게 미치는 항생제를 선택하는 것이 좋다. 이는 다양한 부

그림 12.1 디스크 확산법의 준비와 해석 (a) 한천 배지 표면에 고르게 분포되어 있는 세균 균주. 접종 후 항생제를 포함하는 디스크를 한천 배지 중앙에 놓고 배양한다. 한천은 촉촉하기 때문에 디스크에 있는 항생제가 넓게 퍼져나가도록 한다. 항생제의 농도는 디스크에서 멀리 떨어질수록 낮아진다. 테스트하는 세균이 해당 항생제에 대해 감수성이 있다면, 억제대가 디스크 주변에 생성된다. 대략적으로 이 억제대의 크기가 클수록 항생제에 대한 세균의 감수성은 크다고 할 수 있다. 각 억제대의 직경은 밀리미터 단위로 측정하고 표준 직경과의 비교를 통해 감수성 또는 내성여부를 판정하게 된다(표 12.3 참조). (b) 그림으로 나타낸 원리.

(a) © Don Rubbelke/McGraw-Hill Education

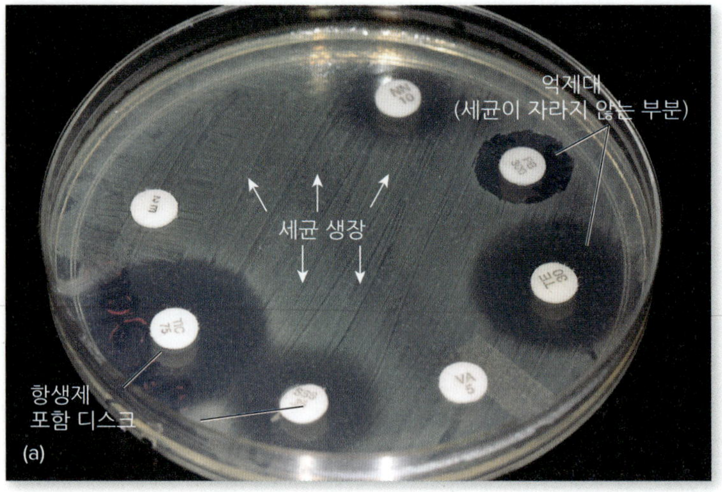

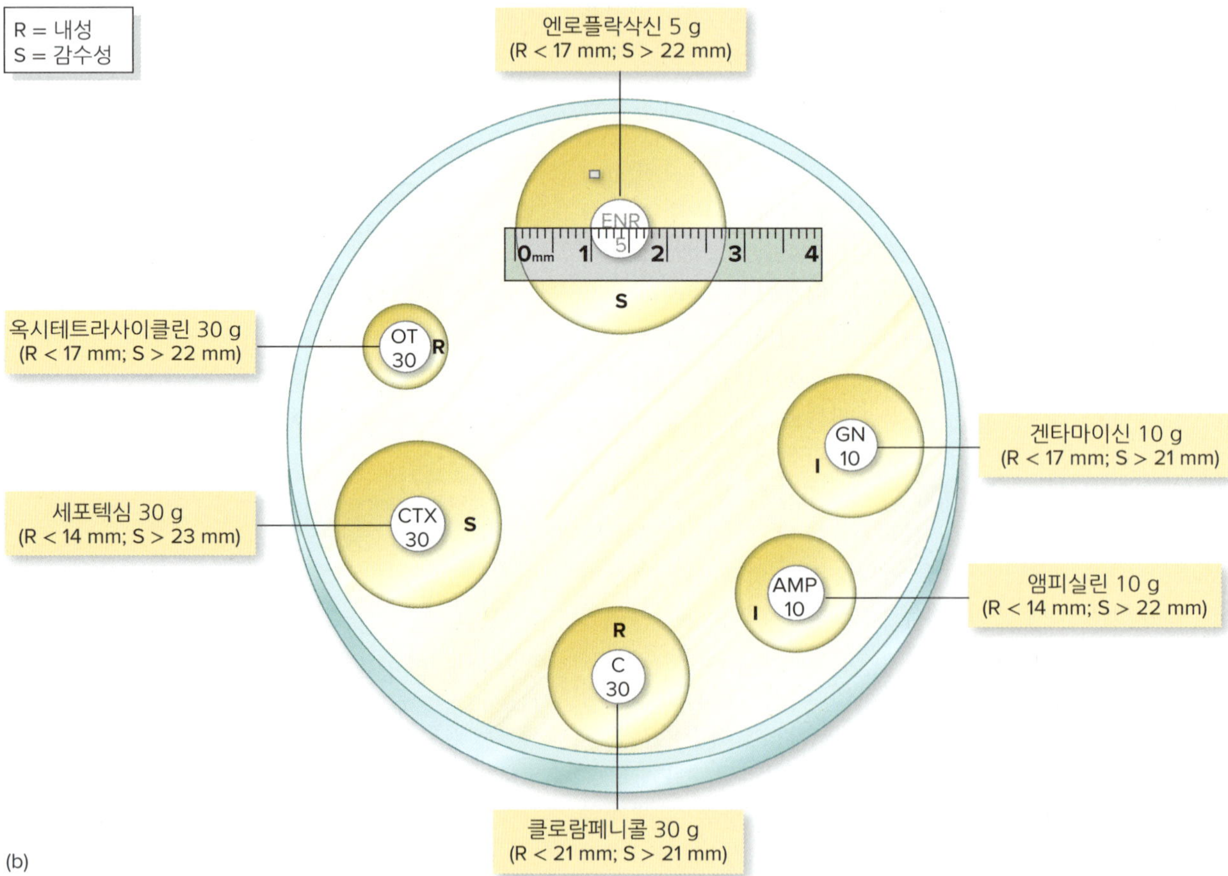

(b)

작용의 가능성을 줄일 수 있다.

약물 독성은 중요한 문제이기 때문에 감염원에 대해서는 선택적인 독성이 높고, 인체 독성은 낮은 항생제를 선택하는 것이 가장 좋다. **치료지수**(therapeutic index, TI)는 사람에게 독성을 갖는 약물의 용량과 최소 유효(치료) 용량의 비로 정의된다. 두 수치가 비슷할수록(즉, 비가 작을수록), 독성 약물 반응의 가능성이 커진다. 예를 들어 다음과 같은 치료지수를 갖는 약물이 있다고 하면,

$$\frac{10\ \mu g/mL\ \text{중독량}}{9\ \mu g/mL\ (MIC)}\ TI = 1.1$$

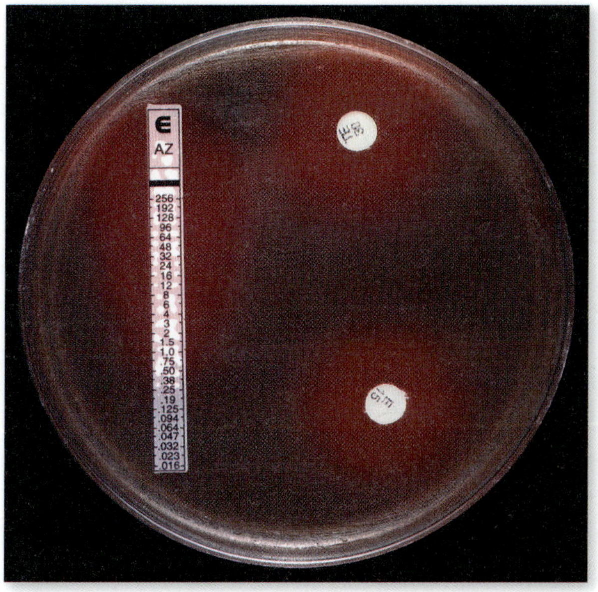

그림 12.2 커비-바우어(Kirby-Bauer) 대체 방법 또 다른 확산법은 Etest법으로, 스트립을 이용하여 억제 영역을 만들어내는 방법이다. Etest법의 장점은 스트립이 마이크로그램 단위로 항생제의 기울기를 포함하고 있다는 점이다. 억제 영역의 끝부분에 해당하는 스트립의 항생제 농도를 측정하여 MIC를 결정한다. [TE=테트라사이클린(tetracycline), E=에리스로마이신(erythromycin)]

CDC/Dr. Richard Facklam

이것은 다음과 같은 치료지수를 갖는 약물을 선택하는 것보다 위험하다.

$$\frac{10\ \mu g/mL}{1\ \mu g/mL}\ TI = 10$$

치료를 위해 고려되는 여러 항생제가 비슷한 MIC를 갖는 경우, 가장 높은 치료지수를 갖는 것이 일반적으로 가장 안전하다고 할 수 있다.

의사는 항생제의 활성이나 환자의 반응에 영향을 줄 기존의 의학적 조건을 발견하기 위해서 환자의 이력을 주의 깊게 파악해야 한다. 특정 종류의 항생제에 대한 알레르기 병력이 있다면 해당 항생제 및 관련 항생제의 사용은 금지된다. 간 또는 신장에 기저 질환이 있다면, 이러한 기관들은 약물들을 대사하거나 배설하는 데 중요한 역할을 하기 때문에 일반적으로 약물 치료를 변경해야 한다. 유아, 노인 및 임산부는 특별한 주의가 필요하다. 예를 들어, 나이가 들면 위장에서의 흡수나 기관의 기능이 감소될 수 있으며, 대부분의 항생제는 태반을 통과하여 태아의 발달에 영향을 줄 수 있다.

약물 간의 부적합성으로 인해 하나 이상의 약물의 독성이 증가하거나 치료가 실패할 수도 있기 때문에, 환자에게 어떤 약을 복용하고 있는지 질문해야 한다. 예를 들어, 아미노글리코사이드(aminoglycosides)와 세팔로스포린(cephalosporins)의 조합은 신장 독성 효과를 증가시킨다. 제산제는 이소니아지드(isoniazid)의 흡수를 감소시킨다. 경구용 피임약은 테트라사이클린(tetracycline) 또는 리팜핀(rifampin)의 상호 작용으로 피임약의 효과가 사라져버릴 수도 있다. 일부 약물 조합(특정 아미노글리코사이드와 페니실린 또는 플루시토

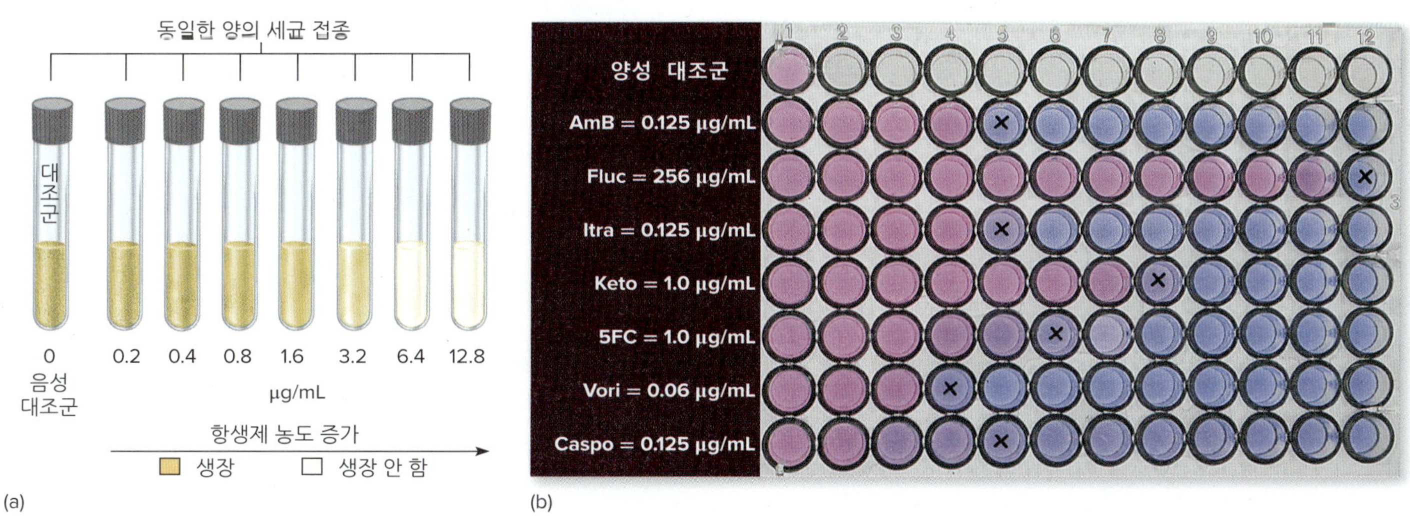

그림 12.3 최소억제농도(MIC)를 결정하기 위한 시험관 희석법 (a) 액체 배지가 담긴 시험관의 오른쪽에서 왼쪽으로 연속적으로 항생제를 희석한다. 모든 시험관에 테스트할 세균을 동일한 양으로 접종한 후 배양한다. 맨 윗줄의 시험관에는 항생제가 없어 해당 세균이 생장한(양성) 대조군이다. 생장하지 않는(탁도 없는) 첫 시험관의 항생제 농도가 MIC가 된다. (b) 다중 홈 플레이트를 이용한 액체 희석법(microbroth dilution). 암포테리신 B(amphotericin B), 플루시토신(flucytosine), 여러 아졸계(azoles) 항진균제를 병원성 진균에 대해 테스트한 결과이다. 분홍색은 생장한 것을 나타내고, 파란색은 생장하지 않은 것을 나타낸다. 숫자는 MIC를 나타내며, 각 줄의 X는 생장하지 않은 첫 번째 홈을 나타낸다.

(b) © Dr. David Ellis

신과 암포테리신 B)은 상승 효과가 있으므로 병합 요법에 각각의 용량을 줄일 수도 있다. 일반적으로 환자는 처방전 없이 구입할 수 있는 의약품과 보충제를 복용하는데, 이중 상당수는 항생제의 작용에 영향을 줄 수도 있다.

항생제 선택은 예술이면서 과학

모든 정보를 알고 있다고 하더라도 항생제를 최종적으로 선택한다는 것은 항상 쉽지도, 간단하지도 않다. 폐렴균(*Klebsiella*)에 의한 폐렴을 갖고 있으면서 간과 신장 기능이 저하되어 복잡한 증상을 보이는 알코올 중독 노인 환자의 가상 사례를 살펴보도록 하자. 모든 항생제는 위장 내막의 사전 손상 및 열악한 흡수력으로 인하여 주사로 투여할 수밖에 없다. 감수성 검사에 따르면, 감염원은 3세대 세팔로스포린, 겐타마이신, 이미페넴(imipenem) 및 아즐로실린(azolocillin)에 감수성을 갖는다. 환자의 병력에 따르면 페니실린에 대한 알레르기가 있기 때문에 페니실린은 배제된다. 알코올과 세팔로스포린 사이에는 약물 간 상호 작용이 발생하고, 이는 노인 환자에게 있어 심각한 출혈로 이어질 수 있기 때문에 세팔로스포린은 좋은 선택이 아니다. 겐타마이신과 같은 아미노글리코사이드는 신장에 유독하며 손상된 간에 의해서는 잘 제거되지 않는다. 이미페넴은 장에 불편한 느낌을 주지만 독성이 적어 선택할 수 있다.

심각한 전신 칸디다(*Candida*) 감염이 있는 암 환자의 경우에는 고려해야 할 기준이 줄어든다. 정맥용 암포테리신 B 및 플로코나졸은 약물 독성이나 다른 가능한 부작용에도 불구하고 선택할 수 있는 유일한 선택이다. 생명을 위협하는 상황에서 위험한 약물이 생명을 살릴 수 있는 유일한 기회를 제공한다면, 선택할 수 있는 경우의 수는 줄어들고, 우선순위도 달라진다.

올바른 항생제를 선택하는 것은 다른 많은 것들을 고려해야 하는 일종의 예술이자 과학이지만, 스마트폰과 관련 응용프로그램("앱")의 출현으로 프로세스가 단순해지거나 적어도 휴대할 수 있는 상태가 되었다. 대부분의 의사들은 이제 주머니에서 스마트폰을 꺼낼 때 문자 그대로 정보를 손에 넣게 된다.

다음 절에서는 다양한 유형의 항생제에 대해서, 그 항생제들의 작용 기작 및 효과적인 미생물 종류에 대해서 알아본다.

12.1 학습 평가

1. 항생제 치료의 주요 목적에 대해 명확하게 설명할 수 있다.
2. 가장 일반적으로 사용되는 항생제가 어디서 온 것인지를 확인할 수 있다.
3. 항생제 감수성 검사의 2가지 방법을 요약할 수 있다.
4. 치료지수를 정의하고, 높은 지수가 선호되는지, 낮은 지수가 선호되는지 알 수 있다.

12.2 항생제와 미생물의 상호 작용

항생제의 목표는 세포 내 물질대사 과정이나 병원체의 구조를 파괴하거나 복제를 억제하는 것이다. 항생제는 고분자를 합성하거나 조립하는 데 필요한 효소의 기능을 방해하거나 세포 내에 이미 형성된 구조를 파괴할 수 있다. 무엇보다도 항생제는 **선택적 독성**(selective toxicity)을 가져야 하는데, 이는 숙주 조직을 손상시키지 않으면서 미생물 세포를 죽이거나 억제해야 한다는 것을 의미한다. 선택적 독성이라는 개념은 항생제 치료에 있어서 중심적인 것이며, 현재 사용되고 있는 가장 좋은 항생제들은 미생물에서 분자의 작용이나 합성을 차단하지만 척추동물 세포에서는 그렇지 않은 것들이다(나중에 보겠지만 미래의 약물은 미생물들이 사용하는 숙주 세포의 일부 측면을 공격함으로써 미생물 생장을 억제할 수 있다). 훌륭한 선택적 독성을 지닌 항생제의 예는 세균에서 세포벽 합성을 차단하는 것들이다(페니실린). 사람의 세포는 펩티도글리칸이 없기 때문에 항생제의 이런 작용에 영향을 받지 않아 독성이 낮고 직접적 영향이 거의 없다. 사람의 세포에 가장 유독한 것은 세포막과 같이 감염체와 숙주 세포가 모두 가지고 있는 구조에 작용하는 약물들이다(예를 들어, 진균 감염 치료에 사용되는 암포테리신 B). 감염체의 특성이 숙주 세포의 특성과 점점 더 비슷해짐에 따라, 선택적 독성은 달성하기가 힘들어지고 바람직하지 않은 부작용이 발생할 가능성이 높아진다. 이 주제에 관해서는 다음 절에서 자세히 살펴보도록 한다.

항생제의 작용 기작

항생제 사용의 목표가 한 유기체가 더 이상 생존할 수 없는 단계까지 구조나 기능을 파괴하는 것이라면, 첫 번째 단계는 살아 있는 미생물의 구조적, 대사적 필요 사항을 파악하는 것이다. 일단 이것이 결정되면 이러한 필요 조건들을 제거, 중단, 또는 방해하는 방법을 알아낼 수 있다. 활발하게 분열하는 세포의 물질대사의 특징은(대부분의 세포에서) 새로운 세포벽 성분, DNA, RNA, 단백질 및 세포막의 생성이라고 할 수 있다. 결과적으로 현재의 항생제는 이러한 대사 과정 중 어떤 것이 영향을 받는지에 따라 여러 범주로 분류된다. 이 범주는 다음과 같고, **그림 12.4**에 요약되어 있다.

1. 세포벽 합성 방해
2. 핵산(RNA와 DNA) 구조 및 기능 방해
3. 단백질 합성 방해
4. 세포막 구조나 기능 파괴
5. 엽산 합성 방해

표 12.4는 이들 범주와 각각의 범주에 속하는 대표적인 항생제를 소개하고 있다.

12.2 학습 평가

5. 선택적 독성의 개념을 설명할 수 있다.
6. 항균제의 5가지 주요 목표를 설명하고 각각과 관련된 주요 약물을 열거할 수 있다.
7. 가장 선택적으로 독성이 있는 약물 종류를 선별하고 그 이유를 설명할 수 있다.

12.3 주요 항생제 그룹 조사

수많은 항생제가 판매되고 있다. 의학 및 제약 문헌에는 엄청나게 많은 이름들이 등장하지만 대부분은 소수의 항생제 계열의 변형이다. 항생제들을 분류하는 가장 유용한 방법 중 하나는 항생제를 **넓은 스펙트럼**(broad-spectrum) 또는 **좁은 스펙트럼**(narrow-spectrum)으로 분류하는 것이다. 넓은 스펙트럼 항생제는 하나 이상의 세균 그룹에 효과적이며, 좁은 스펙트럼 항생제는 일반적으로 특정 그룹의 세균만을 대상으로 한다. **표 12.5**는 테트라사이클린은 넓은 스펙트럼의 항생제인 반면 폴리믹신과 페니실린은 좁은 스펙트럼의 항생제임을 보여준다.

이 절의 나머지 부분에서는 5가지 주요 기작을 기반으로 하는 항생제에 대한 세부 정보를 제공한다. 항생제로 생물막 감염을 치료하는 특별하고도 중요한 사례도 포함한다.

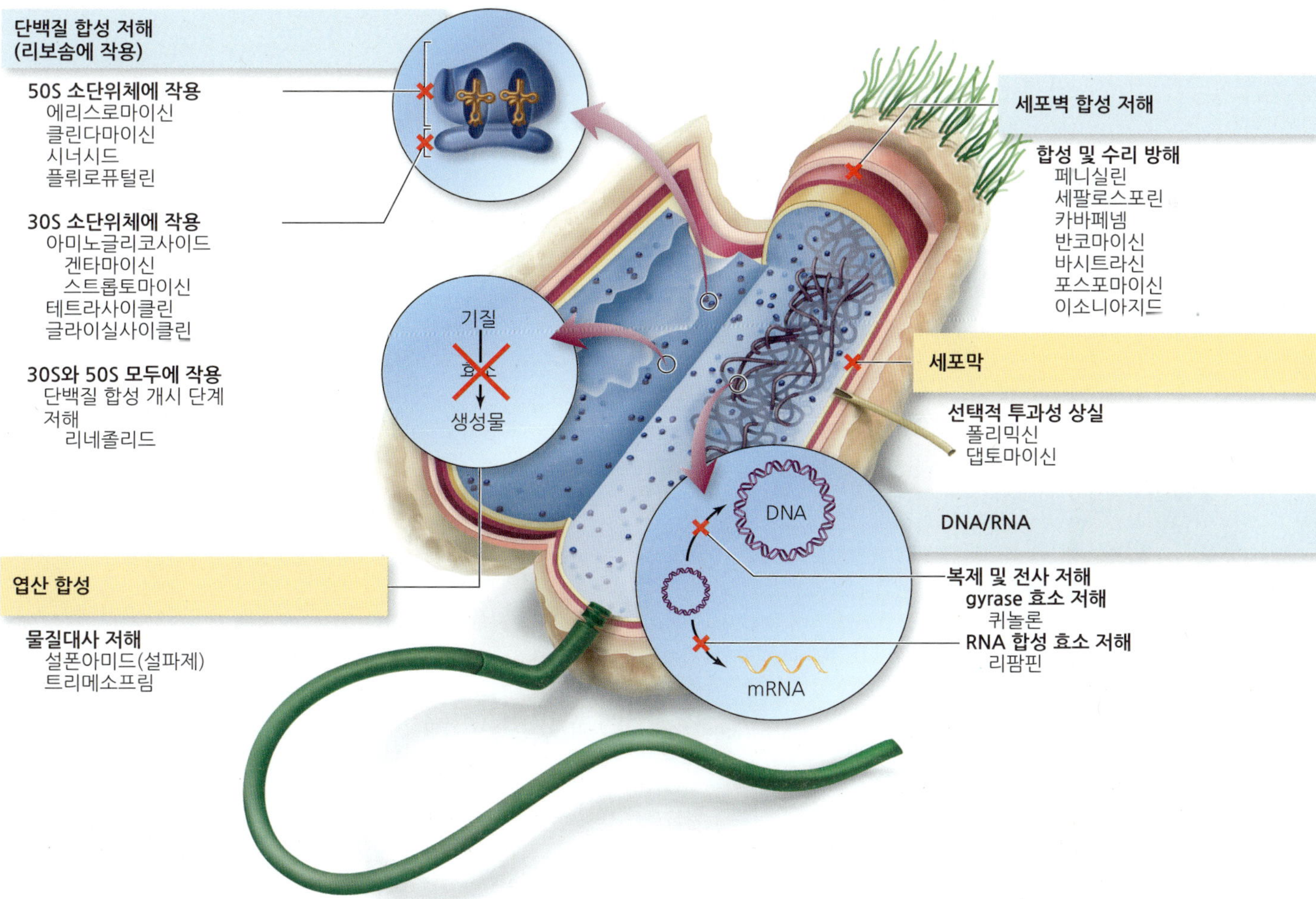

그림 12.4 항생제가 세균 세포에 일차적으로 작용하는 부위

표 12.4 특정 항생제와 대사 표적

항생제 계열/작용 기작	하위그룹	사용/특징
세포벽을 표적으로 하는 항생제		
페니실린(Penicilins)	페니실린 G와 V	그람양성균, 그람음성균 치료에 사용되는 가장 중요한 자연 형태의 항생제
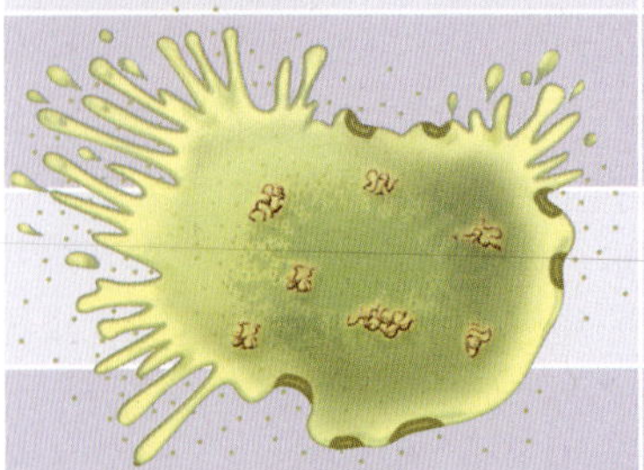 세포 용해	암피실린(ampicillin), 카베니실린(carbenicillin), 아목시실린(amoxicillin)	광범위한 작용 스펙트럼을 가지며 반합성. 그람음성 장내 간균에 사용
	메티실린(methicillin), 나프실린(nafcillin), 클록사실린(cloxacillin)	일부 페니실린 분해효소(페니실린의 베타-락탐 고리를 파괴할 수 있는 효소) 생성 세균으로 인한 감염 치료에 유용
	메즈로실린(mezlocillin), 아즐로실린(azlocillin)	광범위한 스펙트럼(페니실린 계열 항생제 중 가장 넓은 스펙트럼)
	클라뷰란산(clavulanic acid)	베타-락탐 분해효소를 억제. 페니실린 생성 세균에 대한 효과를 높이기 위해 페니실린에 첨가
세팔로스포린(Cephalosporins)	세팔로틴(cephalothin), 세포졸린(cefazolin)	1세대*; 그람양성 구균, 그람음성균에 가장 효과적
	세포클러(cefaclor), 세포니시트(cefonicid)	2세대; *Enterobacter*, *Proteus* 및 *Haemophilus*와 같은 그람음성균에 대해 1세대보다 효과적
	세파렉신(cephalexin) 세포택심(cefotaxime)	3세대; 특히 베타-락탐 분해효소를 생산하는 장내 세균을 포함하여 광범위한 스펙트럼
	세프트리악손(ceftriaxone)	3세대; 다양한 비뇨기, 피부, 호흡기 및 신경계 감염을 치료하는 반합성, 광범위 약물
	세피롬(cefpirome), 세페핌(cefepime)	4세대
	세프토비프롤(ceftobiprole)	5세대; 메티실린 내성 포도상구균(MRSA) 및 페니실린-내성 그람양성균 및 그람음성균에 사용
카바페넴(Carbapenems)	도리페넴(doripenem), 이미페넴(imipenem)	강력하지만 잠재적으로 독성이 있음. 다른 약물이 효과가 없을 때 사용하도록 보류됨
	아즈트레오남(aztreonam)	좁은 스펙트럼; 폐렴, 패혈증 및 요로 감염을 유발하는 그람음성 호기성 간균 치료에 사용. 페니실린에 알레르기가 있는 사람들에게 효과적
그 밖의 세포벽을 표적으로 하는 항생제	바시트라신(bacitracin)	좁은 스펙트럼; 연쇄상구균 및 포도상구균으로 인한 피부 감염을 퇴치하는 데 사용. 네오스포린(Neosporin)의 주요 성분
	이소니아지드(isoniazid)	결핵균을 치료하는 데 사용되지만 생장하는 세포에 대해서만 사용할 수 있음. 활성 결핵에서 다른 약물과 함께 사용
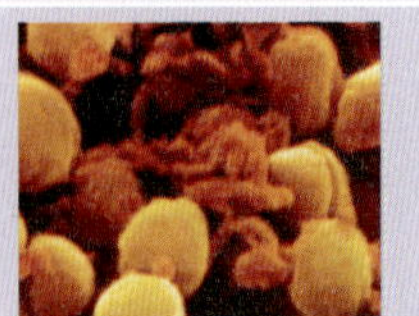 © CNRI/Science Source	반코마이신(vancomycin)	좁은 작용 스펙트럼; 페니실린 및 메티실린 내성 또는 페니실린에 알레르기가 있는 환자에서 포도상구균 감염 치료에 사용
	포스포마이신(fosfomycin)	인산제; 장내 세균으로 인한 요로 감염에 대한 대체 치료제로 효과적
단백질 합성을 표적으로 하는 항생제		
아미노글리코사이드(Aminoglycosides) 30S 단위체에 삽입되어 mRNA의 판독오류를 유도하고, 비정상적인 단백질을 만듦	스트렙토마이신(streptomycin)	넓은 스펙트럼; 그람음성 간균, 특정 그람양성균에 의한 감염 치료에 사용; 림프절 페스트, tularemia 및 결핵 치료에 사용
테트라사이클린(Tetracyclines) A 위치에 tRNA가 부착하는 것을 방해하여 단백질 합성 방해	테트라사이클린(tetracycline), 옥시테트라사이클린(테라마이신)(oxytetracycline, terramycin)	그람양성 및 그람음성 간균 및 구균, 호기성 및 혐기성 세균, Mycoplasmas, 리케차 및 sprochetes에 효과적

* 새로운, 개선된 비전의 약물을 새로운 "세대"라고 한다.

표 12.4 특정 항생제와 대사 표적(계속)

항생제 계열/작용 기작	하위그룹	사용/특징
글라이실사이클린(Glycylcyclines)	티지사이클린(tigecycline)	테트라사이클린의 유도체; 테트라사이클린 계열 항생제에 내성을 갖는 세균에 효과적
마크로라이드(Macrolides) 번역 과정에 소단위체의 전좌를 방해(에리스로마이신)	에리스로마이신(erythromycin), 클레리스로마이신(clarithromycin), 아지스로마이신(azithromycin)	상대적으로 넓은 스펙트럼, 반합성; AIDS 환자의 Mycobacterium 감염뿐만 아니라 귀, 호흡기 및 피부 감염 치료에 사용
그 밖의 단백질 합성 표적 항생제	클린다마이신(clindamycin	페니실린-내성 포도상구균, 다른 항생제가 반응하지 않는 위와 내장의 심각한 혐기성균 감염에 사용하는 넓은 범위의 항생제
	퀴누프리스틴(quinupristin), 달포프리스틴(dalfopristin)(시너시드, synercid)	스트렙토그라민 그룹의 병합 항생제; 내성 세균을 포함하여, 심내막염과 수술후창상감염을 일으키는 포도상구균과 장구균에 대해 효과적
	리네졸리드(linezolid)	옥사졸리디논(oxazolidinones)으로부터 합성; 단백질 합성 개시 단계 저해; MRSA나 VRE와 같은 항생제 내성 세균 치료
엽산 합성 저해 항생제		
설폰아미드(Sulfonamides) 테트라하이드로엽산 합성에 필요한 효소를 저해함으로써 엽산 대사를 방해, 테트라하이드로엽산은 엽산 합성에 필요한 것이고 결과적으로 DNA, RNA, 아미노산 합성에 필요함	설피속사졸(sulfisoxazole)	이질, 급성 요로 감염, 특정 원생동물 감염 치료에 이용 
	실버 설파다이아진(silver sulfadiazine)	화상, 안구 감염에 사용(연고, 용액 형태로)
	트리메소프림(trimethoprime)	설폰아미드가 저해하는 단계에 바로 이어지는 효소 단계를 저해, 트리메소프림은 설파메소사졸(sulfamethoxazole)과 함께 사용했을 때 시너지 작용이 생김, AIDS 환자에서 *Pneumocystis jiroveci*를 치료하는 데 이용
DNA 또는 RNA 표적 항생제		
플로르퀴놀론(Fluoroquinolones) DNA 풀림 효소나 helicase를 방해하여 전사를 중단시킴	날리딕스산(nalidixic acid)	1세대; 더 이상 사용되지 않음
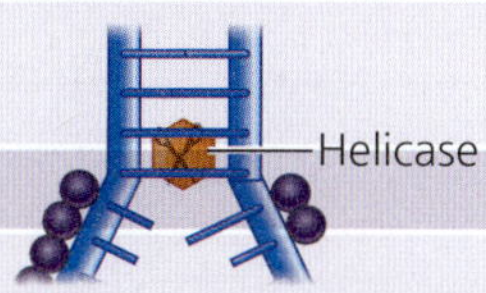 	시프로플락삭신(ciprofloxacin), 오플로삭신(ofloxacin)	2세대
	레보플락삭신(levofloxacin)	3세대; 다른 항생제에 내성을 갖는 세균들을 포함하여 그람양성균에 사용
	트로바플락삭신(trovafloxacin)	4세대; 혐기성균에 효과적
그 밖의 DNA 또는 RNA 표적 항생제	리파마이신(rifamycin)(리팜핀(rifampin)으로 화학적 전환)	많은 그람음성 간균의 세포외피를 통과하지 못해 사용이 제한적; 주로 그람양성 간균이나 구균, 일부 그람음성균에 의한 감염을 치료하는 데 사용; 나병과 결핵 치료에 이용
세포막을 표적으로 하는 항생제		
폴리믹신(Polymyxins) 세포막의 인산지질과 상호작용; 특히 그람음성균에서 세포 표면을 비틀고 단백질과 질소염의 누수 유발	폴리믹신 B와 E (polymyxin B and E)	항생제 내성 녹농균과 그람음성 간균에 의한 심각한 요로 감염 치료에 사용
	답토마이신(daptomycin)	그람양성균에 가장 효과적

표 12.5 항생제의 작용 스펙트럼

세균	마이코박테리아	그람음성균	그람양성균	클라미디아	리케차
질병의 예	결핵	살모넬라증, 페스트, 임질	패혈성 인두염, 포도상구균 감염*	클라미디아증, 트라코마	록키산 홍반열
다양한 항생제의 작용 스펙트럼	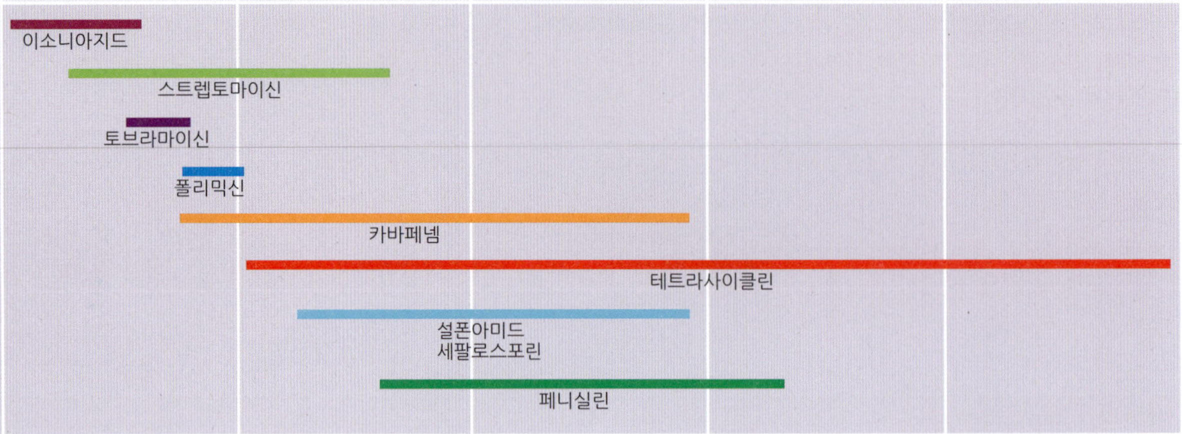				
이 그룹에 정상 바이오타가 존재하는지 여부	그렇다	그렇다	그렇다	아마도	알려지지 않음

* 세균 집단의 일부 구성원들은 후천적으로 획득했거나 태생적인 저항성으로 인해 표시된 항생제에 영향을 받지 않을 수 있다는 점에 유의하라. 다시 말해서 예외는 존재한다.

세포벽을 표적으로 하는 항생제

페니실린과 유사 약물

모(母)화합물에 명명된 **페니실린** 계열의 항생제는 다양한 화합물 그룹이고, 대부분 접미사가 -cillin으로 끝난다. 페니실린은 실험실에서 간단한 원료로 완벽하게 합성되거나 미생물 발효를 통해 자연적으로 얻을 수 있다. 천연 생성물은 변형하지 않은 상태로 사용하거나 반합성 화합물로 유도할 수 있다. 80년 동안 *Penicillium chrysogenum*이 이 항생제의 원천이라고 생각했지만, 원래 페니실린을 생산하는 곰팡이는 아직 명명되지 않은 다른 *Penicillium*의 종이라는 것이 밝혀졌다. 모든 페니실린은 티아졸리딘(thiazolidine) 고리, 베타-락탐 고리, 살균 작용과 관련이 있는 다양한 곁사슬의 3부분으로 구성된다(**그림 12.5**).

페니실린의 하위 그룹 및 용도 페니실린의 특성은 표 12.4에 나와 있다. 페니실린 G와 V는 가장 중요한 자연적 형태이다. 페니실린은 감수성이 있는 것으로 알려진 그람양성 구균(일부 연쇄상구균)과 (매독 스피로헤타와 같은) 일부 그람음성균에 의한 감염에 선택 약제로 취급된다.

암피실린, 카베니실린 및 아목시실린과 같은 특정 반합성 페니실린은 더 넓은 스펙트럼을 가지기 때문에 그람음성 장내 간균에 의한 감염을 치료하는 데 사용될 수 있다. 많은 세균이 페니실린의 베타-락탐 고리를 파괴하는 효소를

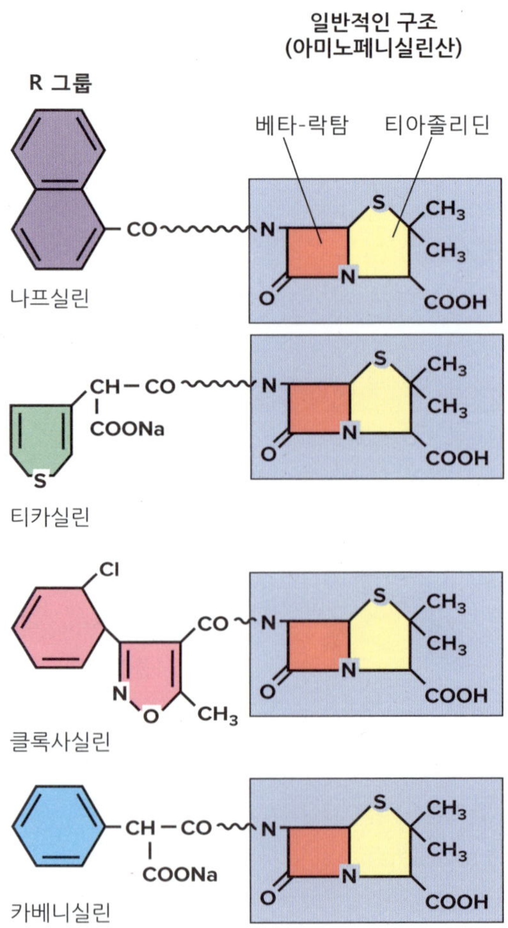

그림 12.5 페니실린의 화학 구조 모든 페니실린은 티아졸리딘 고리(노란색)와 베타-락탐 고리(빨간색)를 갖지만, 곁사슬 부위(R 그룹)가 서로 다르다. 이 R 그룹 부위는 생물학적 활성의 차이와 관련이 있다.

생산한다. 이 효소는 **페니실린 분해효소**(penicillinase) 또는 **베타-락탐 분해효소**(beta-lactamase)로 불리며, 이를 생산하는 세균은 많은 페니실린 계열의 항생제에 대해 내성을 갖는다. 연구자들은 세균에서 532개의 서로 다른 베타-락탐 분해효소를 찾아냈다. 이것은 다재다능한 세균이 우리의 공격에 얼마나 잘 저항할 수 있는지를 보여준다. 이에 대해 과학자들은 메티실린, 나프실린, 클록사실린과 같은 페니실린 분해효소-내성 페니실린을 개발하였고, 이 중 일부는 페니실린 분해효소 생성 세균에 의한 감염을 치료하는 데 유용하다. 모든 -cillin 항생제는 (사람에게는 없는) 세포벽에 대한 작용 방식 때문에 비교적 순하고 효과가 좋다. 치료에 있어 가장 우선적인 문제는 독성과는 다른 알레르기와 내성 병원균이다. 클라불란산은 페니실린 분해효소 생성 세균이 있을 때 베타-락탐 분해효소를 억제하여 베타-락탐 계열 항생제의 효과를 증가시키는 화학물질이다. 이런 이유로 클라불란산은 항생제의 효과를 강화시키기 위해 반합성 페니실린계열 항생제에 첨가한다. 예를 들어 아목시실린 및 클라불란산 조합은 오구멘틴(augumentin)이라는 상품명으로 시판된다. 조신(Zosyn)은 다양한 전신 감염에 사용되는 타조박탐(tazobactam)이라는 베타-락탐 분해효소 억제제와 피퍼라실린(piperacillin)의 조합이다.

새로운 항생제 조합이 2015년에 승인되었는데, 이 조합에서는 세프타지딤(ceftazidime)을 새로운 유형의 베타-락탐 분해효소 억제제인 아비박탐(avibactam)과 결합시켰다. 상표명은 아비카즈(Avycaz)이다.

세팔로스포린 계열 항생제

세팔로스포린(cephalosporin)은 1940년대 후반에 *Cephalosporium acremonium*이라는 곰팡이에서 분리된 항생제 그룹이다. 세팔로스포린은 페니실린과 유사하다. 모두 베타-락탐 구조를 가지고 있으며(**그림 12.6**) 작용 모드도

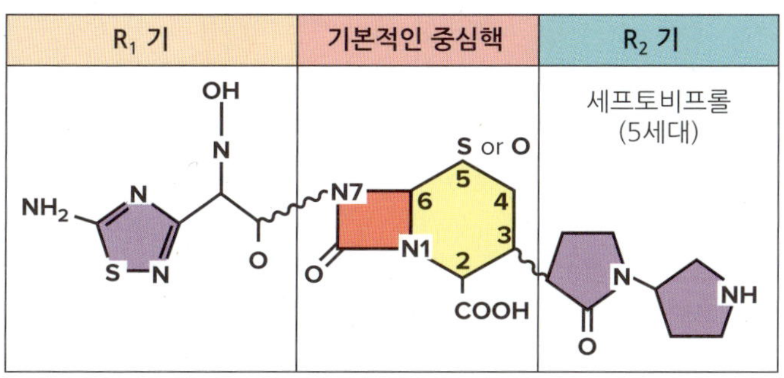

그림 12.6 세팔로스포린의 구조 페니실린과 같이 세팔로스포린도 베타-락탐 고리(빨간색)를 갖지만, 다른 주요 고리(노란색)를 갖는다. 그러나 페니실린과 달리, R 그룹(R_1, R_2)이 두 부위(위치 3과 7)에 존재한다. 이로 인하여 기능이 다양해지고, 구조가 복잡해진다.

비슷하다. 이들 화합물은 일반적으로 명칭에 종종 cef, ceph 또는 kef라는 접두사가 있어 확인할 수가 있다.

세팔로스포린의 하위 그룹 및 용도 세팔로스포린은 다재다능하다. 상대적으로 넓은 스펙트럼을 가지고 있으며, 대부분의 페니실린 분해효소에 내성이 있으며 페니실린보다 알레르기 반응이 적다. 일부 세팔로스포린은 경구용이지만, 대부분은 장에서 잘 흡수되지 않아 근육이나 정맥에 주사하여 비경구로 투여해야 한다.

5세대에 이르는 세팔로스포린 계열의 항생제가 있으며 이들은 서로 상이한 항균 활성을 지닌다. 세포로틴과 세파졸린과 같은 1세대 세팔로스포린은 그람양성 구균 및 일부 그람음성균에 가장 효과적이다. 2세대 세팔로스포린에는 세파클러와 세포나이시드가 있으며, 이들은 1세대 세팔로스포린보다 *Enterobacter*, *Proteus* 및 *Haemophilus*와 같은 그람음성균에 의한 감염을 치료하는 데 더 효과적이다. 세팔렉신[케플렉스(Keflex)], 세포택심과 같은 3세대 세팔로스포린은 베타-락탐 분해해소를 생성하는 장내 세균에 대해 특히 좋은 활성을 갖는 스펙트럼이 넓은 항생제이다. 세프트리악손[로세핀(Rocephin)]은 다양한 호흡기, 피부, 비뇨기 및 신경계 감염을 치료하는 데 쓰이는 반합성 광범위 스펙트럼의 항생제이다. 4세대 세팔로스포린은 세피롬과 세페핌이 포함되고, 5세대 세팔로스포린 세프토비프롤은 메티실린 내성 포도상구균(MRSA) 및 페니실린 내성 그람양성 및 그람음성 세균에 활성을 갖는다.

그 밖의 베타-락탐 항생제들

도리페넴 및 이미페넴과 같은 새로운 항생제는 카바페넴(carbacpenem)이라고 하는 새로운 세포벽 합성 저해 항생제 계열에 속한다. 이들은 강력한 항생제이지만 잠재적으로 위험하며 다른 항생제가 효과가 없을 때 병원에서 사용하도록 보류되고 있다. *Chromobacterium violaceum*이라는 세균에서 분리된 아즈트레오남은 그람음성 호기성 간균에 의한 폐렴, 패혈증 및 요로 감염 치료를 위한 스펙트럼이 좁은 항생제이다. 아즈트레오남은 페니실인에 알레르기가 있는 사람을 치료할 때 특히 유용하다. 페니실린, 세팔로스토린 및 카바페넴 사이에는 화학 구조가 유사하기 때문에 페니실린에 대한 알레르기는 종종 세팔로스포린 및 카바페넴에 대한 알레르기를 동반한다. 아즈트레오남의 구조는 화학적으로 다르기 때문에 페니실린에 알레르기가 있는 사람은 아즈트레오남에 의해서는 보통 부작용이 없다.

최근에 그람음성균에서 카바페넴에 대해 내성을 부여하고, 세균에서 세균으로 수평적으로 전달될 수 있는 N-demethylase이라는 효소를 만드는 유전자의 출현은 커다란

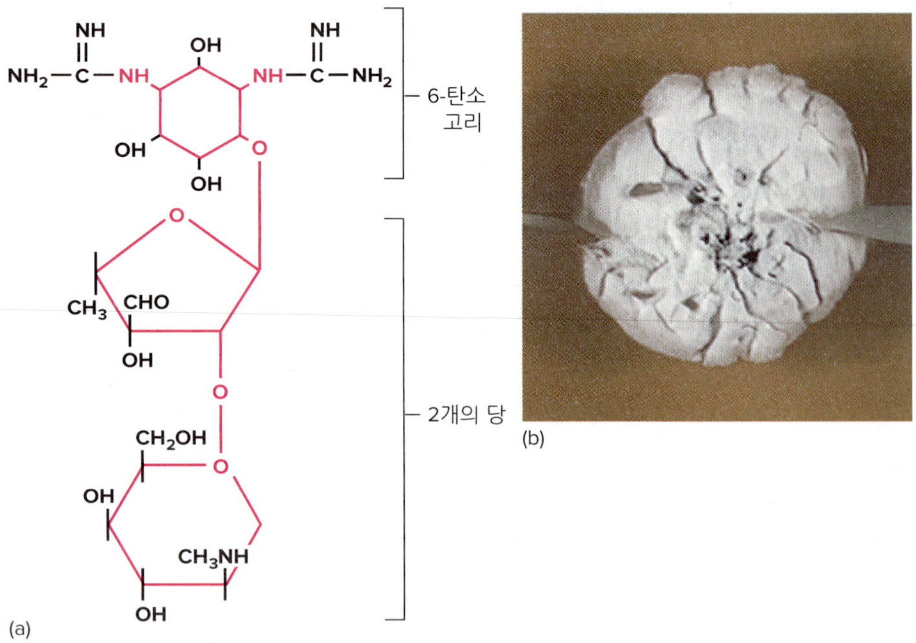

그림 12.7 스트렙토마이신 (a) 항생제의 화학적 구조. 색깔이 있는 부분은 아미노글리코사이드에 일반적으로 존재하는 부분이다. (b) 자연에서 가장 왕성한 항생제 생산자 중 하나인 방선균에 속하는 *Streptomyces*의 콜로니(집락).

(b) CDC/Dr. Ajello

우려를 불러일으켰다.

세포벽을 표적으로 하는 그 밖의 항생제들

바시트라신(bacitracin)은 고초균(*Bacillus subtilis*)이라는 세균에 의해 만들어진 좁은 스펙트럼의 항생제이다. 처음 분리된 이래, 연쇄상구균 및 포도상구균에 의한 피부 감염을 퇴치하기 위해 일반적인 약국 판매 항생제 연고인 Neosporin의 주요 성분이라는 명성을 얻었다. 이를 위해서는 보통 네오마이신(아미노글리코사이드)와 폴리믹신을 결합시킨다.

이소니아지드(isoniazid, INH)는 **결핵균**(*Mycobacterium tuberculosis*)에 살균 작용을 하지만 생장하는 세포에만 작용한다. 활성이 있는 결핵 치료를 위해서는 보통 두세 가지의 다른 항생제를 함께 조합한다. **반코마이신**(vancomycin)은 페니실린과 메티실린 내성, 페니실린에 알레르기가 있는 환자에서 포도상구균 감염 치료에 가장 효과적인 좁은 스펙트럼의 항생제이다. 반코마이신은 1960년대에 처음 도입된 1세대 글리코펩티드 항생제에 속한다. 그람양성균은 메티실린에 내성을 가지고 있어 병원과 지역 사회에서 큰 문제가 되고 있기 때문에 반코마이신은 현재 점점 더 많이 사용되고 있다.

단백질 합성을 표적으로 하는 항생제들

아미노글리코사이드 약품

하나 이상의 아미노당 및 아미노사이클리톨(6-탄소) 고리로 구성된 항생제를 **아미노글리코사이드**(aminoglycoside)라고 한다(**그림 12.7a**). 이 복합 화합물은 *Streptomyces*(**그림 12.7b**)와 *Micromonospora*라는 토양 **방선균**(actinomycetes)류에 의해 생성된다.

아미노글리코사이드의 하위 그룹 및 용도 아미노글리코사이드는 단백질 합성에 관계된 구조를 억제하기 때문에 상대적으로 넓은 스펙트럼을 갖는다(**그림 12.8**). 호기성 그람음성 간균 및 특정 그람양성 세균에 의한 감염 치료에 특히 유용하다. 스트렙토마이신은 가장 오래된 항생제 중 하나이며 점차 독성이 적은 새로운 항생제로 대체되었다. 이 항생제는 아직도 림프절 페스트와 툴라레미아(tularemia) 치료에 선택적인 항생제로 쓰이며, 특히 새로운 항생제를 구할 수 없는 집단에서는 훌륭한 항결핵제로 여겨진다. 많은 아미노글리코사이드 계열 항생제들의 어미가 -mycin이지만, 이런 접미사는 다른 계열의 항생제(예: 반코마이신)에도 사용되므로 이것으로 항생제가 어느 계열에 속하는지 기억하는 것은 유용한 방법이 아니다.

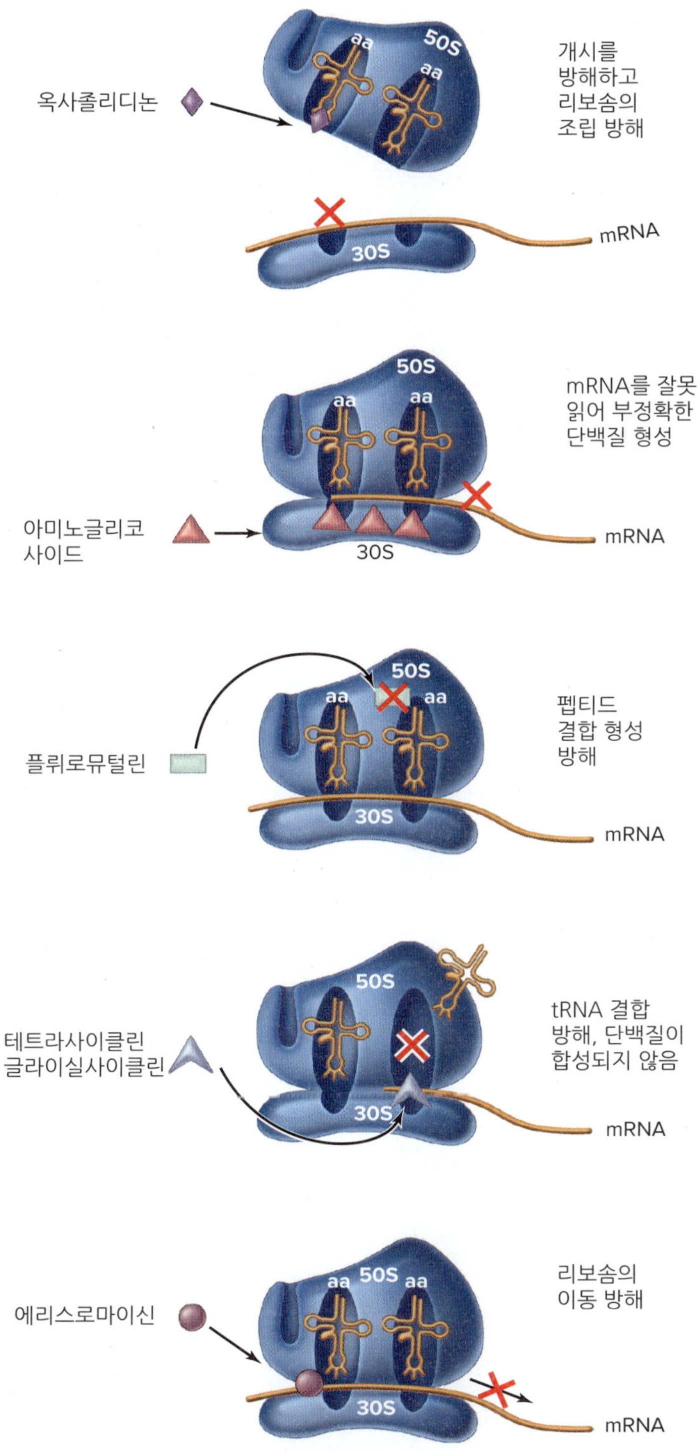

그림 12.8 세균의 리보솜에서 방해받는 위치와 그 부위에 작용한 주요 항생제들 이것들은 모두 단백질 생성을 저해하는 효과를 갖는다. 저해 작용은 빨간색 X로 표시하였다.

테트라사이클린 계열 항생제

1948년 토양에서 분리된 방선균(*Streptomyces*)이 강력한 항균 특성을 갖는 물질인 아우레오마이신(aureomycin)

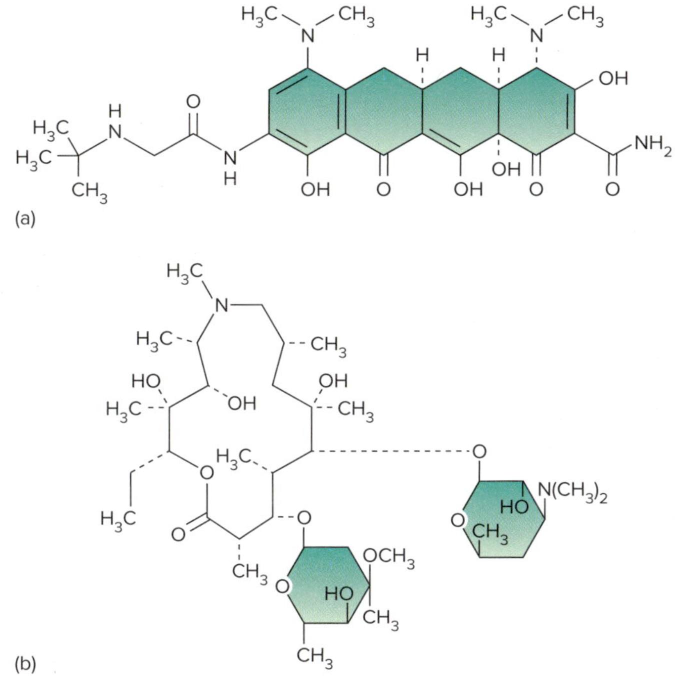

그림 12.9 넓은 스펙트럼을 갖는 2개 항생제의 구조 (a) 새로운 테트라사이클린인 글라이실사이클린(glycylcycline)의 한 종류인 티지사이클린(tigecycline). 이것은 4개의 고리로 이루어진 규칙적인 그룹에 따라 이름이 붙여졌다. 4개의 R 그룹의 변이에 따라 다양한 구조와 활성을 지니게 된다. (b) 마크로라이드(macrolide) 계열의 아지스로마이신(azithromycin). 중앙에 특징적인 큰 락톤 고리가 있고, 여기에 2개의 6탄당(hexose)이 결합되어 있다.

을 방출하는 것으로 밝혀졌다. 이 항생제는 테라마이신(terramycin)과 테트라마이신(tetramycin)을 합성하는 데 이용되었다. 이런 전연 모(母)화합물과 반합성 유도체는 **테트라사이클린**(tetracycline) 계열의 항생제로 알려져 있다(**그림 12.9a**). 이 항생제들은 리보솜에 결합하여 단백질 합성을 차단하는 능력을 가지고 있어 광범위한 스펙트럼을 갖는 효과가 있다(그림 12.8 참조).

테트라사이클린의 하위 그룹 및 용도 테트라사이클린에 의해 억제되는 미생물의 범위는 그람양성 및 그람음성 간균 및 구균, 호기성 및 혐기성 세균, 마이코플라즈마(mycoplasma), 리케차, 스피로헤타를 포함한다. 일반적인 테트라사이클린은 비용이 저렴하고 관리가 쉽지만, 위장관 내 생물상의 변화로 인한 위장 장애와 치아 변색 가능성 등의 부작용이 있어 사용이 제한될 수 있다(표 12.9 참조).

글라이실사이클린

글라이실사이클린(glycylcyclines)은 테트라사이클린의 새로운 유도체이다. 작용 방식은 30S 리보솜 소단위체에 결합하여 아미노산으로 충전된 tRNA가 리보솜의 A 부위로 들어가는 것을 막는 것으로 테트라사이클린과 동일하다(그림 12.8 참조). 그러나 항생제의 구조가 다르기 때문에 테트라사이클린에 내성이 있는 세균에 효과적이다. 이 그룹에서 사용이 허가된 최초의 항생제는 타이가실(Tygacil)이라는 상품명으로 판매되는 타이지사이클린이다.

에리스로마이신과 텔리스로마이신

에리스로마이신과 마크로라이드 고리라 불리는 화학 그룹을 갖는 항생제이다. 1952년 *Streptomyces* 균주에서 처음 분리되었다. 당이 결합된 큰 고리로 구성된 구조를 가지고 있다. 이 항생제는 비교적 넓은 스펙트럼을 가지고 있고, 독성이 상당히 낮다. 리보솜에 부착하여 단백질 합성을 차단한다(그림 12.8 참조). 새로운 반합성 마크로라이드 계열 항생제로 **클라리스로마이신**과 **아지스로마이신**이 있다. 두 항생제 모두 중이염, 호흡기 및 피부 감염에 유용하며 AIDS 환자의 *Mycobacterium* 감염에 대해서도 사용이 승인되었다. 클라리스로마이신은 추가로 전염성 위궤양을 조절하는 데도 적용된다.

케톨라이드라고 알려진 항생제 종류는 에리스로마이신과 같은 마크로라이드 계열의 항생제와 유사하지만 서로 다른 고리 구조를 갖는다. 텔리스로마이신[상품명 케텍(Ketek)]이라고 하는 새로운 케톨라이드 계열의 항생제는 폐렴구균(*Streptococcus pneumoniae*)과 같은 항생제 내성 세균에 의한 호흡기 감염에 사용되었다. 하지만 일부 환자에 심각한 간 손상을 유발하는 것으로 밝혀져 사용이 제한되었다.

옥사졸리디논(oxazolidinones)은 또 다른 부류의 합성 항생제로 2000년에 개발되었으며, 이 계열의 첫 번째 항생제는 리네졸리드(linezolid)이다. 이 항생제는 완전히 새로운 작용기작을 가지고 있으며 단백질 합성의 시작을 억제한다(그림 12.8). 이러한 종류의 항생제는 자연에서는 발견되지 않기 때문에 세균 사이에서 내성이 발달하는 것이 느릴 것으로 기대했지만, 내성 균주가 발견되었다.

플뤼로뮤틸린(pleuromutilins)이라고 하는 항생제는 펩티딜 전이효소의 작용을 차단한다(그림 12.8 참조). 이 플뤼로뮤틸린의 첫 번째 항생제는 retapamulin[알타박스(Altabax)]이며 농가진(impetigo)과 같은 피부 감염에 대한 외부 적응증에 대해서만 사용이 승인되었다.

시너시드

시너시드(synercid)는 스트렙토그라민 계열의 복합 항생제이다. 내성 균주를 포함하여 심내막염 및 수술후창상감염을 일으키는 포도상구균 및 장구균 종에 효과적이다. 내성으로 인해 다른 항생제가 효과가 없을 때 선택할 수 있는 항생제 중 하나이다. 시너시드는 50S 리보솜 부위에 결합하여 번역을 억제하는 작용을 한다.

엽산 합성을 표적으로 하는 항생제

설폰아미드, 트리메소프림 및 설폰

1930년대 초에 사용된 최초의 근대적 항생제는 "설폰아미드(sulfonamide)" 또는 "설파제"(**그림 12.10**)이었다. 그것들은 합성 항생제였으며 세균이나 곰팡이에서 유래하지 않는다. 수천 개의 설폰아미드가 제조되었지만, 몇 가지만 중요하다. 설피속사졸은 이질, 급성 요로 감염 및 특정 원생생물에 의한 감염 치료에 가장 적합한 항생제이다. 실버 설파다이아진 연고 및 용액은 화상 및 안구 감염의 치료를 위해 처방된다. 이 설폰아미드에 의해 억제된 단계 바로 직후의 효소 단계를 억제한다. 이 때문에 트리메소프림은 종종 설파메소사졸과 병용하여 두 항생제 사이의 시너지 효과를 이용하게 된다.

DNA 또는 RNA를 표적으로 하는 항생제

세균과 인간의 핵산은 화학적으로는 유사하지만 DNA와 RNA는 항생제의 유용한 표적으로 입증되어 왔다. **플루오로퀴놀론**(fluoroquinolones)은 높은 효능 및 광범위한 스펙트럼을 포함하여 몇 가지 이상적인 특징을 나타낸다. 매우 낮은 농도로도 퀴놀론은 다양한 그람양성 및 그람음성 세균을 억제한다. 또 이들은 장에서 쉽게 흡수된다. 다른 항생

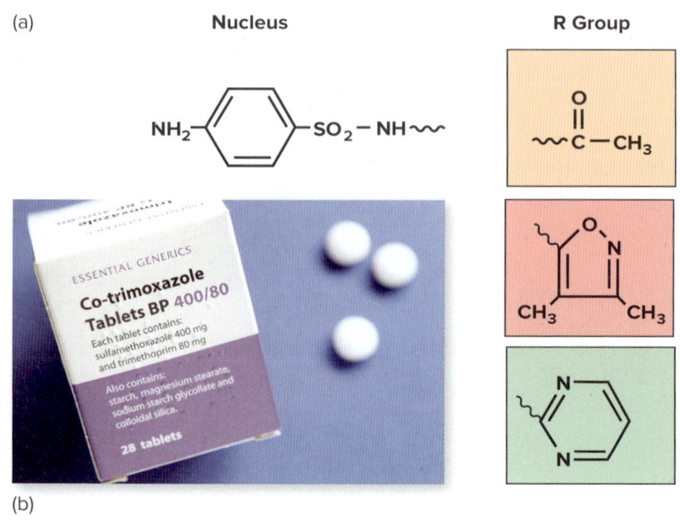

그림 12.10 설폰아미드 (a) 설폰아미드의 화학 구조. (b) 상업적으로 포장된 설폰아미드+트리메소프림(trimethoprime).
(b) © Steven May/Alamy Stock Photo

제 계열에서처럼 퀴놀론에도 여러 '세대'가 있다. 1세대는 날리딕산으로 대표되며, 현재는 거의 사용되지 않는다. 2세대 퀴놀론에는 시프로플락삭신 및 오플로삭신이 포함된다. 3세대 퀴놀론에는 다른 항생제에 내성이 있는 것들을 포함하여 그람양성 세균에 대해 확장된 활성을 나타내는데, 가장 잘 알려진 예는 레보플락삭신이다. 4세대 퀴놀론은 혐기성 세균에 효과적이고, 트로바플락삭신이 그 예이다. 퀴놀론의 사용을 제한하는 부작용으로는 발작 및 기타 뇌 장애가 있다.

Streptomyces 속의 다른 산물로 라파마이신이 있는데, 이것은 리팜핀으로 화학적으로 변형된다. 분자가 그람음성 간균의 세포 외피를 통과할 수 없기 때문에 스펙트럼이 다소 제한된다. 주로 그람양성 간균 및 구균, 그람음성 세균에 의한 감염을 치료하는 데 사용된다. 리팜핀은 마이코박테리움 감염, 특히 결핵 및 나병의 치료에 가장 두드러진 효과를 나타내지만, 일반적으로 내성의 발달을 막기 위해 다른 항생제와 병용하여 쓰인다.

세포막을 표적으로 하는 항생제

모든 세포에는 막이 있다. 일부 항생제는 막을 표적으로 하지만, 몇몇 상황을 제외하고는 일반적으로 1차 항생제는 아니다. *Bacillus polymyxa*는 세제 활성에 기여하는 독특한 지방산 성분을 가진 좁은 스펙트럼 펩티드 항생제인 **폴리믹신**(polymixins)을 생성한다. 두 종류의 폴리믹신, B와 E[콜리스틴(colistin)이라고도 함]만 사용되며, 심지어 이것들은 신장에 대한 독성이 있어서 사용이 제한된다. 녹농균 및 다른 그람음성 세균에 의한 심한 요로 감염 치료에 처방되기도 한다.

답토마이신(daptomycin)[상표명 큐비신(Cubicin)]은 *Streptomyces*에서 만들어지는 리포펩티드이다. 막 기능의 여러 측면을 방해하여, 그람양성 세균에 대해 가장 효능이 좋다.

항생제와 생물막

7.2절에서 설명한 것처럼, 생물막(biofilm)에 있는 미생물은 자유 생활하는 미생물과는 다르게 행동한다. 적어도 의학적 관점에서 볼 때, 다른 주요한 것 중 하나는 그들이 자유 생활할 때보다 그들에게 작용하는 항생제에 대해 1,000배 덜 민감하다는 점이다. 이런 현상이 처음 알려졌을 때, (종종 이온으로 하전된) 항생제가 이 생물들을 둘러싸고 있는 끈적끈적한 세포외 물질을 침투할 수 없기 때문이라고 추정하였다. 그것도 하나의 요인이지만, 생물막 저항성에 기여하는 더 중요한 요인이 있다. 생물막 세균에서 발현되는 다른 표현형이 바로 그것이다. 세균이 표면에 고정되면 그렇지 않았을 때와는 다른 유전자를 발현하게 되므로 항생제 감수성 프로파일도 달라지게 된다.

수년간의 연구에도 불구하고 지금까지 이 문제에 대한 확실한 해결책을 제시하고 있지 못하지만, 몇 가지 부분적으로 성공한 전략은 있다. 그중 한 가지는 세포 사이의 상호작용을 매개하고 표현형(phenotypic)의 발현을 변화시킬 수 있는 정족수 인식(quorum sensing) 경로를 방해하는 것이다. 내성 세균에 의한 심부 조직 감염에 효과적인 리포펩티드 계열의 답토마이신도 생물막 감염 치료에 어느 정도 효과를 보였다. 또 일부 연구자들은 항생제에 DNase를 첨가하면(용해된 세포로부터 나오는 DNA로 보이는) 세포외 부스러기를 통해서 항생제가 세포내로 침투하는 데 도움이 될 수 있음을 발견했다. 최근의 연구에 따르면 새로이 발견된, 천연 항생물질로 생물막을 전처리하면 다제내성 균주에 대해서 치료 효과가 증가하는 것으로 나타났다.

심장이나 비뇨기 카테터와 같이 신체 내에 삽입된 생체물질에서 많은 생물막 감염이 일어날 수 있다. 이들 표면의 집락 형성을 방해하기 위해서 삽입하기 전에 항생제로 미리 처리할 수 있다. 물론 이런 방법은 전립선이나 중이와 같은 자연 조직의 생물막 감염에 대해서는 할 수 없다.

흥미롭게도, 일부 항생제의 경우에는 항생제를 처리하면 세균이 더 빠른 속도로 생물막을 형성하기도 한다.

진균(곰팡이) 감염 치료제

진균은 진핵세포이기 때문에 항생제 처리에 특히 문제가 있다. 우선 대부분의 항생제는 세균에 작용하도록 되어 있으며, 일반적으로 진균 감염에는 효과가 없다. 또 다른 예로는, 진균과 인간 세포의 유사성 때문에 진균 세포에 독성이 있는 약물이 인간 조직에도 해를 끼칠 수 있는 경우가 종종 있다. 전신 및 표면 진균 감염을 치료하기 위한 몇몇 항진균제가 개발되어 있다. 현재 사용되고 있는 4가지 주요 항진균제 그룹은 몇몇 기타 약물 외에 폴리엔(polytene), 아졸(azole), 에키노칸딘(echinocandin), 알릴아민(allylamines) 계열이다(**표 12.6**).

항원생동물 및 항기생충 치료

원생동물과 기생충은 매우 다양하고, 또 그에 상응하는 치료법은 이 교재의 범위를 벗어난다. 그러나 일반적인 약물 중 일부를 여기에 소개하고자 한다.

항말리라아제: 퀴닌과 그 유사체

퀴닌(quinine)은 신코나나무 껍질에서 추출한 것으로 수

표 12.6 진균(곰팡이) 감염 치료제

그룹	예	작용
마크로라이드 폴리엔	암포테리신 B	• 진균의 막에 결합하여 선택적 투과성을 상실토록 함. 매우 다양 • *Candida albicans*로 인한 피부나 점막 병변 치료에 사용할 수 있음. • histoplasmosis와 크립토코커스(*Cryptococcus*) 수막염을 치료하는 데 주사할 수 있음.
아졸	케토코나졸, 플루코나졸, 미코나졸, 클로트리마졸	• 진균의 스테롤 형성을 방해 • 케토코나졸-Ketoconazole-피부 진균증, 질 및 구강 칸디다증, 진신성 진균증 • 플루코나졸-AIDS 관련 진균증(아스페르길루스증, 크립토코커스 수막염) • 클로트리마졸과 미코나졸-피부, 구강, 질 감염 치료
에키노칸딘	미카펀진 카스포펀진	• 세포벽 합성 방해 • 칸디다 균주와 아스페르길루스증에 사용
뉴클레오티드 시토신 유사체	플루시토신	• 구강으로 빨리 흡수되고, 혈액이나 척수액에 쉽게 녹음 • 피부 진균증에 사용 • 많은 진균이 내성을 가지고 있어 전신 감염 치료에 보통 암포테리신 B와 함께 사용

백 년 동안 말라리아의 주요 치료제였지만, 인간에 독성이 덜한 합성 퀴놀론(주로 클로로퀸과 프리마퀸)으로 대체되었다. 원생동물 포자충류인 *Plasmodium*(말라리아 병원체)에는 여러 종이 있으며 여러 단계의 수명 주기가 있어 모든 종과 단계에 보편적으로 효과적인 단일 약물은 없으며 각 약물의 적용 범위가 제한적이다. 예를 들어, 프라미퀸은 감염 시 간기를 제거하고 클로로퀸은 적혈구 감염과 관련한 급성 발작을 억제한다. 클로로퀸은 예방을 위해 단독으로 사용되며 급성 말라리아를 억제하기 위해서는 독시사이클린(doxycycline)이나 다른 항생제와 병용한다. 프리마퀸은 말라리아 재발 환자에게 투여된다. 퀴닌 유도체 또는 기타 약물과 함께 아르테미신을 함께 사용하는, 아르테미신 병용요법(ACT)은 오늘날 특정 유형의 말라리아 치료에 권장되고 있다.

투유유(Tu Youyou)라는 중국의 여성 과학자는 1972년에 말라리아에 대한 아르테미신의 치료 효능을 발견해 수백만의 생명을 구한 공로로 2015년에 노벨상을 수상했다.

다른 원생동물 감염 치료

널리 사용되는 아메바치료약인 메트로니다졸(metronidazole, 상품명 Flagyl)은 *Entamoeba histolytica*에 의한 경증 및 중증의 장 감염 및 간 질환을 치료하는 데 효과적이다. *Giardia lamblia*와 *Trichomonas vaginalis*에 의한 감염에 대해 구강 치료에도 이용된다. 항원생동물 활성을 갖는 다른 약물로는 퀴나크닌(퀴닌계 약물), 설폰아미드 및 테트라사이클린이 있다.

항기생충 약물 치료

흡충(디스토마), 촌충, 회충은 다른 미생물보다 훨씬 큰 기생충이며 동물이기 때문에 사람의 생리학과 유사성이 많다. 그래서 약물을 사용하여 번식을 막는 일반적인 전략은 보통 성충을 근절하는 데 성공하지 못한다. 가장 효과적인 약물은 수명 주기의 모든 단계, 특히 비분할 기생충 단계에서의 대사 과정을 고정화하거나, 분해 또는 억제하는 것이다.

메벤타졸과 알벤다졸은 여러 회충 감염에 사용되는 광범위한 항기생충제이다. 이 약물들은 장에서 작용하여 벌레, 알, 유충의 미세소관의 기능을 억제한다. 이것은 기생충이 더 이상 포도당을 사용할 수 없기 때문에 결국 죽게 된다. 복합 피란텔은 장내에서 기생충의 근육을 마비시킨다. 결과적으로 기생충은 장벽에 부착될 수 없으며 장의 정상적인 연동 운동에 의해 대변과 함께 배출되게 된다. 다양한 촌충 및 흡충 감염을 치료하는 프라지콴텔(praziquantel), 현재 인간의 간충증과 사상충증을 치료하는 데 쓰이는 이버멕틴(ivermectin) 2가지 새로운 항기생충제가 있다.

항바이러스제

바이러스 감염 치료에는 고유한 문제점이 있다. 바이러스는 대사 기능의 대부분을 숙주 세포에 의존하는 감염체이다. 현재 사용하는 약물이 바이러스 대사를 방해하기 위해서는 숙주 세포의 대사를 방해하게 된다. 다른 방식으로 얘기하자면, 단일한 물질대사 시스템이 바이러스와 숙주의 삶을 함께 담당하기 때문에 바이러스 감염과 관련해서는 선택적 독성을 달성하기 어렵다. 효과적인 예방 접종을 통해 홍역, 유행성 이하선염, 간염과 같은 바이러스 질환을 예방할 수는 있지만, 효과적인 치료법은 거의 없는 셈이다. 현재 HIV, B형 간염, C형 간염 및 헤르페스 바이러스 감염 정도만 일상적으로 치료할 수 있다. 인플루엔자 약물이 있긴 하지만 항상 효과적인 것은 아니다.

현재 사용되는 항바이러스제는 바이러스 감염 주기에서 특정 지점을 목표로 개발되는데, 3가지 주요 작용은

1. 바이러스가 숙주 세포로 침투하는 것을 막고,
2. 바이러스 분자의 전사 및 번역을 차단하고,
3. 바이러스 입자의 성숙을 방지한다.

표 12.7은 널리 사용되는 항바이러스제의 포괄적인 개요

표 12.7 항바이러스제의 기능

기능	예	약물의 효과
바이러스 침입 방지: 수용체/융합/침입 저해제	엔푸버타이드(Fuzeon)	바이러스 수용체와 세포 수용체의 결합을 방지하여 HIV 감염을 차단
	아만타딘과 유사체, 카나미비르(Relenza), 오셀타미비르(Tamiflu)	바이러스와 세포막의 융합을 방해하여 인플루엔자 바이러스의 유입(과 방출)을 차단. 바이러스가 세포에 유입(과 조립)되는 데 필요한 인플루엔자 뉴라미니다 제의 작용을 중지
핵산 합성 저해	아사이클로비르(Zovirax)와 "-클로비르", 비다라빈	헤르페스 바이러스에서 DNA 복제를 종결시키는 퓨린 유사체
	리바비린	호흡기 세포 융합 바이러스(RSV) 및 일부 출혈열 바이러스에 사용되는 퓨린 유사체
	지도부딘(AZT), 라미부딘(3T3), 디다노신(ddI), 잘시타빈(ddC), 스타부딘(ddT)	뉴클레오티드 유사체 역전사효소(RT) 억제제; HIV에서 RT의 작용을 멈추고 바이러스 DNA를 차단
	네비라핀, 디파비렌즈, 델라비르딘	비뉴클레오티드 유사체 역전사효소 억제제; HIV RT 결합 자리에 결합하여 RT의 작용 중지
바이러스의 조립/방출 방해	인디나비르, 사퀴나비르	프로테아제 억제제; HIV 프로테아제에 삽입하여 작용을 멈추고 비감염성 바이러스를 비활성화

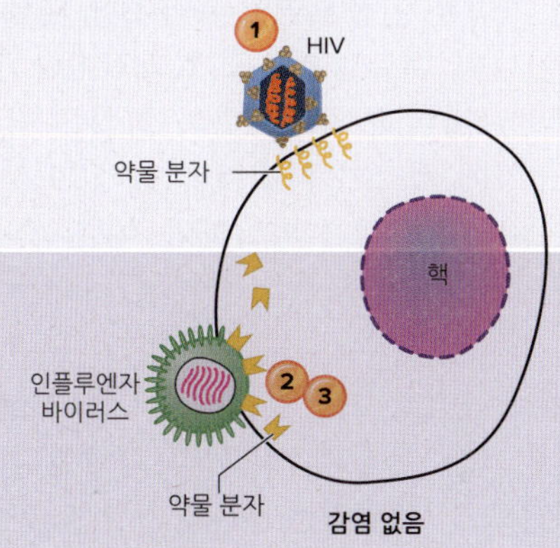

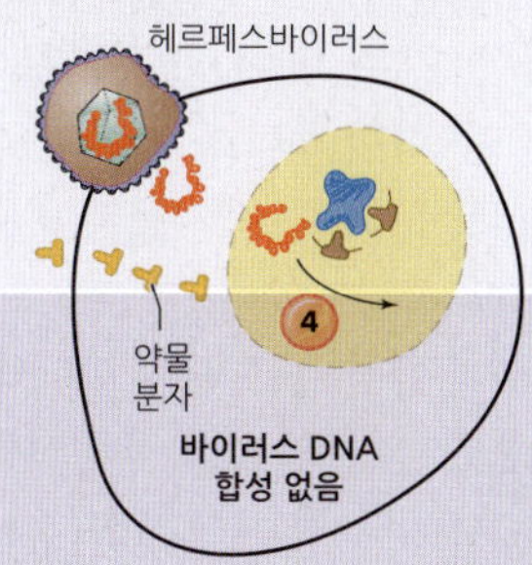

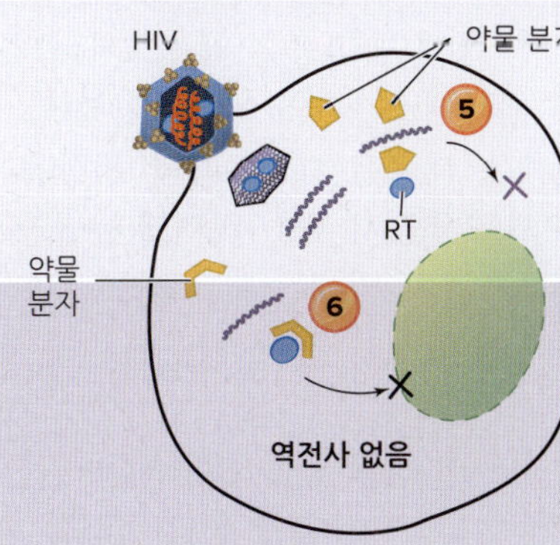

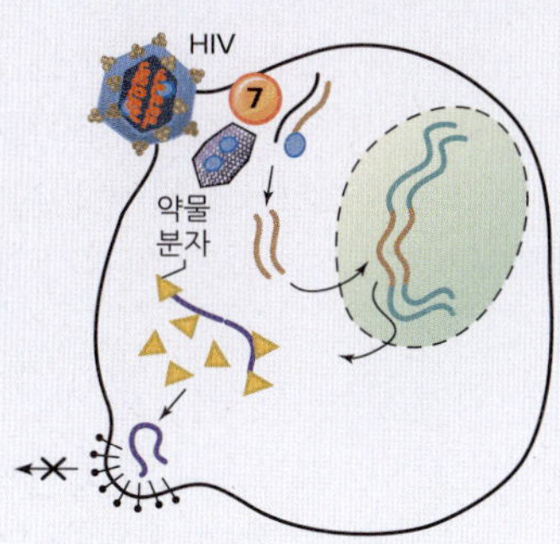

를 나타낸다. 다음의 예들은 표 12.7의 원리에 추가적인 세부 사항들을 제공한다. 항바이러스제는 바이러스의 합성 및 방출을 막아 감염되지 않은 세포를 보호하지만, 대부분은 세포 밖의 바이러스나 잠복 상태의 바이러스를 파괴할 수는 없다.

항-HIV제인 퓨전(fuzeon)(일반명 enfuvirtide)은 바이러스가 세포 수용체에 부착하는 것을 막아 HIV의 숙주 세포로의 초기 융합을 방지한다. 리렌자(Relenza) 및 타미플루(Tamiflu) 처방은 인플루엔자 A와 B에 대해 유용한 예방법일 뿐만 아니라 치료법으로도 효과적이다. 이 약물들의 작용 중 하나는 바이러스의 융합과 침입을 막는 것이기 때문에 감염 초기에 치료가 이뤄져야 한다. 또 바이러스는 항바이러스제에 빨리 내성을 획득한다. 예를 들어 2009~2010년에 유행한 독감 바이러스는 대부분 타미플루에 내성이 있었다.

몇몇 항바이러스제는 뉴클레오티드의 구조를 모방하여 DNA 복제 시에 뉴클레오티드와 경쟁한다. 이러한 '가짜' 뉴클레오티드가 복제되는 DNA 가닥에 끼어 들어가면 모든 복제가 중단된다. **아사이클로비르**(Acyclovir)(Zovirax)와 그 유사체들은 일부 바이러스 그룹에서 DNA 합성을 차단하는 합성 퓨린 화합물이다. 이 약물의 유도체로는 발간시클로버(valganciclovir), 팜시클로비르(famciclovir), 펜시클로비르(penciclovir)가 있다.

HIV는 레트로바이러스로 분류되는데, 이는 DNA가 아니라 RNA의 형태로 유전정보가 운반된다는 것을 의미한다. 감염되면 RNA 게놈은 바이러스의 유전자 정보의 DNA 사본을 생성하기 위해 **역전사 효소**(RT)에 의해 주형으로 이용된다. 이러한 특별한 반응은 레트로바이러스 외에서는 나타나지 않기 때문에 2가지의 이상적인 화학 요법 목표가 생긴다. 첫 번째는 새로운 DNA 가닥 생성을 억제하는 것으로, **뉴클레오시드 역전사 효소 억제제**(뉴클레오티드 유사체)를 사용하면 된다. 두 번째는 **비뉴클레오시드 역전사 효소 억제제**를 사용하여 합성을 담당하는 효소의 작용을 방해하는 것이다.

아지도사이미딘(AZT 또는 zidovudine)은 티민 유사체로 HIV의 성장하는 DNA 사슬에 통합되고 합성을 종결시킨다. AZT는 혈액이나 다른 체액에 사고로 노출된 사람들을 예방하는 것을 포함하여 HIV 감염의 모든 단계에 사용된다.

비뉴클레오시드 역전사 효소 억제제[예: 네비라핀(nevirapine)]는 역전사 효소 자체에 결합하여 DNA 합성 능력을 억제함으로써 HIV 게놈의 역전사 방지라는 동일한 목표를 달성한다.

프로테아제 억제제는 성숙한 바이러스 입자의 조립 및 방출을 표적으로 한다. 일반적으로 뉴클레오티드 유사체 및 역전사 효소 억제제와 함께 사용되는 이들 약물(인디나비르, 사퀴나비르)은 세포에서 바이러스 입자의 성숙 단계를 방지함으로써 HIV의 부하를 검출할 수 없는 수준으로 감소시킨다. HIV 약물의 기작에 관해서는 표 12.7에 요약되어 있다.

인터페론(IFN)은 인공 약물에 대한 합리적인 대안이 되어 왔다. 인터페론은 다양한 면역 자극에 대한 반응으로 주로 섬유아세포와 백혈구에 의해 생성되는 당단백질이다. 항바이러스 및 항암 특성을 포함한 수많은 생물학적 활성을 지니고 있다. 연구에 따르면 자연 면역에 중요한 역할을 하는 동물 숙주 방어의 다목적 반응인 것으로 나타났다.

2016년 IBM의 과학자들은 대부분의 바이러스가 표면에 가지고 있는 당단백질을 표적으로 하는 새로운 유형의 항바이러스제를 개발했다. 이 약물은 일반적인 당을 이용하여 감염 부위로 면역 세포를 유인한다. 성공을 예측하기에는 아직 이르지만, 좀 더 다양한 바이러스에 제어 효능이 있는 항바이러스제를 개발하려는 이러한 전략은 아주 참신하다.

12.3 학습 평가

8. 넓은 스펙트럼과 좁은 스펙트럼의 항생제를 구별하고 그 구별의 중요성을 설명할 수 있다.
9. 페니실린 항생제의 발달을 추적하고 효과적으로 작용하는 미생물을 확인할 수 있다.
10. 베타-락탐 분해효소의 작용을 설명하고, 항생제 내성에서 그 중요성을 설명할 수 있다.
11. 베타-락탐 항생제의 예를 열거할 수 있다.
12. 베타-락탐 계열 항생제에 포함되지 않는 다른 세포벽 저해 항생제를 설명할 수 있다.
13. 단백질 합성을 억제하는 여러 항생제의 표적을 제시할 수 있다.
14. 퀴놀론의 세포 표적을 확인하고 2가지 예를 제시할 수 있다.
15. 세포막을 표적으로 하는 2가지 항생제의 이름을 제시할 수 있다.
16. 생물막 감염 치료에 사용되는 독특한 방법에 대해 설명할 수 있다.
17. 항진균제의 4가지 주요 범주를 명명하고 각각의 예를 제시할 수 있다.
18. 오늘날 사용되는 4개의 항원생동물 약제와 3개의 항기생충제를 열거할 수 있다.
19. 항바이러스제의 2가지 주요 작용 방식을 설명할 수 있다.

12.4 항생제 내성

미생물과 약물의 상호 작용: 항생제 내성의 획득

항생제를 사용하는 데 있어서 유감스러운 것 중 하나는 미생물에서 **항생제 내성**의 발생이다. 항생제 내성이란 일반적으로 미생물이 억제될 수 있는 항생제 농도에도 미생물이 견디는 것을 의미한다. 항생제의 작용을 우회하거나 비활성화하는 능력은 미생물 집단의 놀라운 유전적 다양성과 적응성 때문이다. 항생제 내성은 태생적이거나 나중에 획득한 것일 수도 있다. 항생제 내성이 미생물의 고정된 특성인 경우 내재적이라고 한다. 예를 들어, 모든 미생물은 자체적으로 만들어내는 항생제에 대해 본질적으로 내성이 있다. 훨씬 더 중요한 것은 이전에는 항생제에 감수성이 있던 미생물이 항생제에 내성을 획득하는 것이다. 보통의 맥락에서, **항생제 내성**이라는 용어는 이 후자의 획득 내성을 의미한다.

항생제 내성은 어떻게 발달할까?

일반적인 믿음과는 달리 항생제 내성은 최근의 현상이 아니다. 몇 년 전, 뉴멕시코의 한 동굴에서 93종의 세균이 발견되었는데, 이 세균들은 수백만 년 동안 지표면과 차단되었었다. 이들 종 대부분은 다른 미생물이 자연적으로 생산하는 여러 항생제에 대해 내성이 있는 것으로 밝혀졌다. 가장 오랫동안 치료에 사용된 항생제는 곰팡이와 세균이 자연적으로 생산하는 것이기 때문에 항생제에 대한 내성은 미생물이 주변에 있는 다른 미생물에 대한 생존 전략이었다. 1980 · 1990년대에 연구자들 및 내과 의사들이 대규모의 항생제 치료의 실패를 지켜보면서 항생제 치료제가 야기하는 문제점들의 범위가 명확해졌다. 항생제 내성에 의한 전 세계 사망자 수가 2050년경이 되면 암 사망자 수를 능가할 것이라고 최근 한 경제학자가 예측한 것처럼, 항생제 내성 문제는 매우 심각하다.

세균은 다음 2가지 사건 중 하나가 발생하면서 항생제에 대해 내성을 갖게 된다. (1) 염색체에 있는 유전자에 자발적 돌연변이 또는 (2) 다른 세균으로부터 수평 이동해 온 새로운 유전자 전체 또는 유전자 세트의 획득. 이러한 돌연변이가 발현될 가능성은 적으며, 특정 항생제에 대해 내성을 획득할 가능성도 낮다. 그럼에도 불구하고, 모든 개체군에서 많은 수의 미생물과 일정한 돌연변이율을 고려할 때, 항생제 내성 관련 돌연변이가 발생하기 마련이다. 결과적으로 항생제에 대한 감수성이 약간 감소해서 이전보다 높은 농도의 약제를 투여해야 하는 경우부터 약제에 대한 감수성을 완전히 상실한 경우까지 항생제 내성의 양상은 매우 다양하다.

플라스미드 유전자의 수평적 이동으로 **내성요인**(resistance (R) factor) 유전자를 획득한 수용체 세포는 내성을 획득하는데 이때의 유전자 이동방식은 접합, 형질전환, 형질도입에 의한다. 연구에 따르면 항생제 내성이 암호화되어 있는 플라스미드는 항생제에 노출되기 전 미생물에 자연적으로 존재한다. 이러한 특성은 발현되고, 해당 종에 적응성을 부여하는 기회를 포착하기 위해 대기하고 있는 상태이다. 많은 세균은 또한 한 플리스미드에서 다른 플라스미드로, 또는 플라스미드에서 염색체로 복제되어 삽입되는 수송 항생제 내성 염기서열[트랜스포존(transposon)]을 가지고 있다. 항생제 내성과 관련한 암호를 갖는 염색체 유전자나 플라스미드는 복제되고 모든 후손들에 유전된다. 항생제 내성 세균의 빠른 증식은 이러한 내성 유전자의 공유로 설명된다. 이전 장에서 설명한 바와 같이, 자연생태계에 존재하는 생물들 간에는 유전자들의 이동이 매우 활발하다. 즉 전혀 관련이 없는 세균이나 바이러스, 혹은 우리 인체에 사는 다른 생물들과 자연환경에서 유래한 유전자들이 서로 교환한다.

곰팡이는 항생제 내성으로 발달할 수 있는 2가지 옵션과 함께, 2014년에 발견된 세 번째 옵션을 함께 가지고 있다. 최소한 일부 곰팡이는 간섭 RNA 또는 RNAi(들여다보기 9.2 참조)라는 유전자 서열에 일시적으로 결합하는 작은 조절 RNA를 갖고 있다. 그것이 결합되면, 유전자는 침묵하고 항생제의 표적은 곰팡이에 의해 더 이상 만들어지지 않기 때문에 그 항생제에 일시적으로 내성을 갖게 된다. 즉 곰팡이에 더 많은 유연성을 제공하여 나중에 항생제가 더 이상 존재하지 않을 때 유전자를 발현할 수 있도록 한다. 이러한 가역적 기작은 **후성유전학적**(epigenetic)이라고 하며, 유전자 침묵을 **후생변이**(epimutation)라고 한다.

항생제 내성의 기작

미생물이 항생제에 내성을 갖게 되는 2가지 사건(앞서 설명)은 다음과 같은 작용 중 하나에 의해 내성을 유발한다(**그림 12.11** 참조).

1. 새로운 효소의 합성: 항생제의 불활성화(새로운 유전자가 획득될 때만)
2. 세균으로의 항생제의 투과성 또는 흡수 감소(보통 돌연변이에 의해 발생)
3. 항생제의 즉각적인 제거(보통 새로운 유전자의 도입에 의해)
4. 항생제와 인체세포 간의 친화성 감소로 항생제의 결합 자리 수가 줄어듦(돌연변이 또는 새로운 유전자의 획득으로 가능)
5. 영향받는 대사 경로가 멈추거나 다른 경로 이용(원래 효소의 돌연변이에 의해 발생)

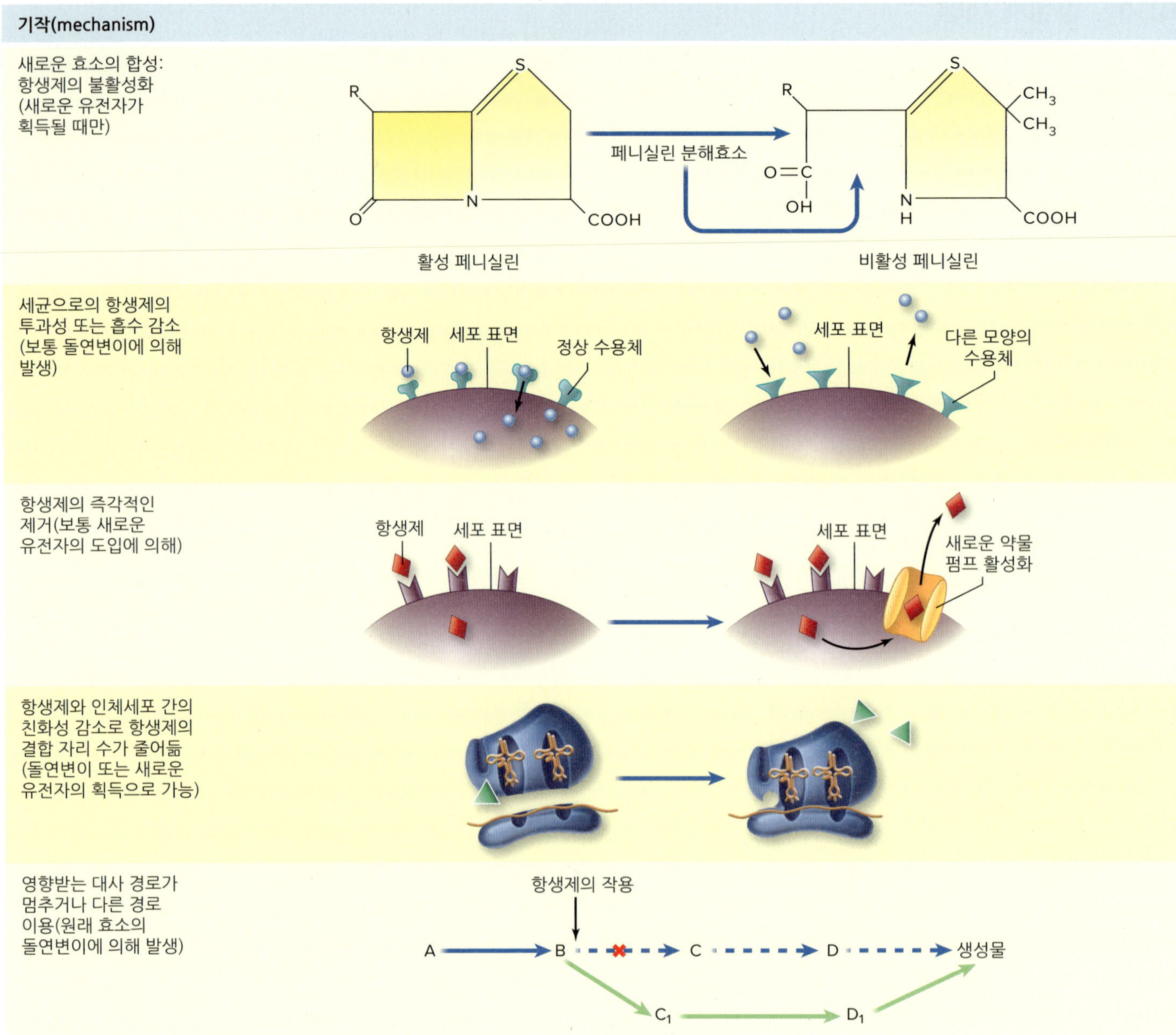

그림 12.11 항생제 내성의 기작

일부 세균은 물질대사를 늦춤으로써 휴면 상태로 들어가 간접적으로 내성 상태가 되기도 한다. 대부분의 항생제는 빠르게 생장하는 집단에 가장 잘 작용하기 때문에 그런 현상이 발생한다. 많은 종류의 세균은 이러한 환경에서 **퍼시스터**(persister)를 만들어내는데, 느리게 생장하는 세균은 항생제의 영향을 받지 않는다. 항생제가 사라지면 퍼시스터는 다시 생장할 수 있다. 퍼시스터의 생성은 특히 생물막 감염에서 흔하다. 일부 세균이 페니실린이 존재할 때 세포벽이 없는 상태로 전환하여 불침투성이 될 수 있는 것도 진정한 항생제 내성이 아닌 항생제 회피의 또 다른 예이다.

1. **항생제 불활성화 기작** 미생물은 항생제의 구조를 영구적으로 변화시킬 수 있는 효소를 생성하여 항생제를 불활성화시킨다. 한 가지 예가 베타-락탐 분해효소로 베타-락탐 고리라는 결정적인 구조를 가수분해하여 항생제를 불활성화한다. 2개의 베타-락탐 분해효소(페니실린 분해효소와 세팔로스포린 분해효소)는 특정 페니실린이나 세팔로스포린 분자를 파괴하여 활성을 상실시킨다. 포도상구균(*Staphylococcus aureus*)의 많은 균주는 페니실린 분해효소

를 생산하기 때문에 페니실린은 더 이상 치료 가능한 선택이 아니다. 다른 형태의 베타-락탐 분해효소는 다른 병원성 세균 사이에 퍼지고 있다.

2. 항생제 투과성 감소 일부 세균에서 항생제 내성은 항생제가 세포 내로 침입하여 표적에 작용하는 것을 막는 기작에 의해 일어날 수 있다. 항생제는 종종 세균 표면의 외부 단백질이나 리보솜 단백질과 같은 내부 구조에 결합해야 작용한다. 돌연변이가 일어나 결합 부위의 아미노산 서열이 변화하는 경우, 항생제가 더 이상 결합하지 못하고, 세균은 항생제에 대해 불투과성이 된다.

3. 항생제의 제거 많은 세균은 항생제 및 기타 화학물질을 세포 밖으로 적극적으로 방출하는 **다제 내성**(MDR, multidrug resistant) 펌프를 가지고 있다. 이 펌프는 세포막에 위치해 있고, ATP 합성과 유사한 양성자 동력(proton motive force)에 의해 분자를 방출한다(그림 12.11). 병원성이 있는 많은 그람양성 세균(*Staphylococcus*, *Streptococcus*)과 그람음성 세균(*Pseudomonas*, *E. coli*)은 이러한 펌프에 의해 항생제 내성을 갖게 된다. 이러한 펌프는 선택적이 아니기 때문에 한 가지 유형의 펌프가 광범위한 항생제, 세제 및 기타 독성 물질을 방출할 수 있다.

4. 항생제 수용체의 변화 대부분의 항생제는 단백질, RNA, DNA 또는 막 구조와 같은 특정 표적에 작용하기 때문에 미생물은 이러한 표적의 특성을 변화시켜 항생제의 효과를 무력화할 수 있다. 세균의 리보솜 단백질에 점 돌연변이가 생기면 아미노글리코사이드에 내성이 될 수 있다(그림 12.11). 에리스로마이신 및 클린다마이신 내성은 50S 리보솜의 결합 부위 변화와 관련이 있다. 폐렴구균(*Streptococcus pneumoniae*)의 페니실린 내성과 포도상구균(*Staphylococcus aureus*)의 메티실린 내성은 세포벽의 결합 단백질 변화와 관련이 있다. 장구균(Enterococci)은 세포벽 단백질이 유사하게 변화하여 반코마이신에 대한 내성을 획득한다. 곰팡이는 특정 항진균에 대한 주요 수용체인 에르고스테롤(ergosterol)의 합성을 줄임으로써 내성을 획득하기도 한다.

5. 대사 패턴의 변화 미생물이 대체 대사 경로나 효소를 만들어내게 되면 항대사물질의 작용을 피할 수 있게 된다. 예를 들어, 설폰아미드 및 트리메토프림 내성은 미생물이 일반적인 엽산 합성 패턴에서 벗어날 때 발생한다. 곰팡이는 특정 물질대사 활동을 완전히 차단함으로써 플루시토신(flucytosine)에 대한 내성을 획득할 수 있다.

자연선택과 항생제 내성

지금까지 세포 및 분자 수준에서 항생제 내성을 다뤄왔지만, 이러한 항생제 내성은 세포 집단에 걸쳐 발생하는 경우에만 그 전체적인 영향을 알 수 있다. 이러한 현상이 어떻게 일어나는지, 장기적인 치료에의 영향은 어떤 것이 있는지 살펴보자.

미생물의 모든 집단은 이전의 돌연변이나 플라스미드의 전달에 의해 이미 항생제에 내성인 소수의 개별 세포를 포함할 수 있다(**그림 12.12a**). 항생제가 존재하지 않는 이상, 이러한 내성 세포의 수는 낮은 상태에 머물러 있게 된다. 그러나 미생물 집단이 항생제에 노출되면(**그림 12.12b**) 감수성 개체는 억제되거나 파괴되며 내성을 가진 세포만 생존하고 증식하게 된다. 추가 집단 생장이 일어나면서 이러한 내성 세균의 자손은 항생제 내성을 갖게 될 것이다. 시간이 지남에 따라 항생제에 내성인 개체가 우세한 상황으로 집단이 교체되고, 결국 집단 전체가 내성을 갖게 될 것이다(**그림 12.12c**). 생태학적인 측면에서, 환경적 요소(이 경우 항생제)가 개체군에 선택 압력을 가하여 더 '적합한' 미생물(항생제 내성 미생물)이 생존할 수 있게 하며 개체군이 항생제 내성을 가진 집단으로 진화하게 된다.

질병과의 연관성

콜리스틴(colistin)은 50년 된 항생제이다. 세균의 세포질과 외막을 표적으로 하고, 오늘날 최후의 상황에서만 사용된다. 독성 부작용을 가지고 있고 아주 효과적이지도 않다. 그러나 해당 감염균이 다른 모든 항생제에 내성을 가지고 있으면 콜리스틴을 사용할 수 밖에 없다. 그러나 2013년 콜리스틴 내성 세균이 나타나기 시작했고, *Klebsiella pneumoniae*나 *Acinetobacter baumannii* 감염에 대해 치료 옵션이 없는 경우가 생겼다. 더 나쁜 것은 세균이 콜리스틴에 내성이 생기면 동시에 인체 방어 시스템의 구성 요소들의 영향을 받지 않게 된다는 점이다. 즉, 세포막을 표적으로 하는 콜리스틴의 무력화로 병원균이 인체 세포로 들어오면 면역요소인 리소자임의 영향을 받지 않게 된다.

항생제 내성에서 인간의 역할

최근 연구에 따르면 항생제 처방의 75%가 인후염, 부비동염, 폐렴, 상부호흡기 감염에 대한 것으로 나타났다. 이들 중 상당히 높은 비율은 바이러스성 감염이며 항생제의 이점이 거의 없거나 전혀 없다. 과거에는 많은 의사들이 경미한 감염에 대해서 "샷건(shotgun)" 항생제 요법을 사용하는 경

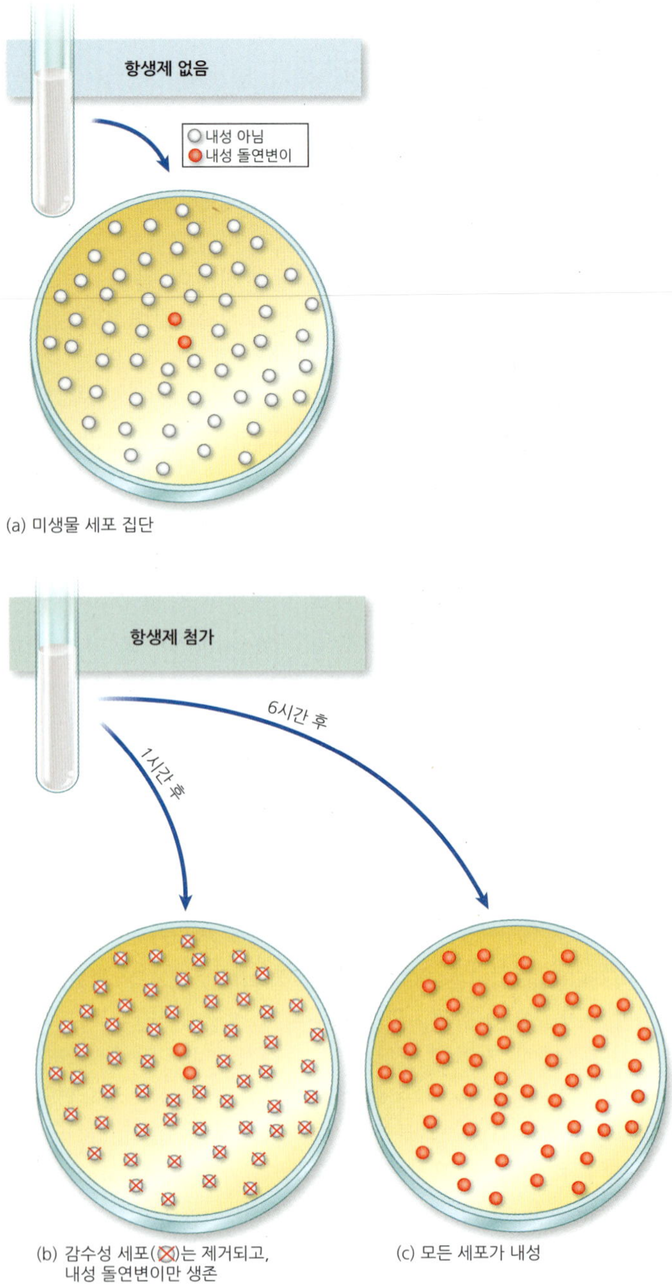

그림 12.12 항생제 내성의 자연선택 (a) 미생물 군집에는 항생제 내성과 관련한 돌연변이를 갖는 구성원이 일부 존재한다. (b) 환경 압력(여기서는 항생제의 존재)에 따라 그러한 돌연변이만 생존하여 선택된다. (c) 생존한 (항생제 내성) 돌연변이가 군집에서 우점하게 된다.

향이 있었다. 이 요법은 좁은 스펙트럼의 항생제 대신 넓은 스펙트럼의 항생제를 투여하는 것이다. 이러한 관행은 중복 감염과 기타 부작용을 초래했다. 중요한 것은, 항생제에 노출된 "구경꾼" 미생물(정상 생물군)에도 내성이 생기도록 한다는 점이다. 이는 병원균에서 항생제 내성의 확산에 기여했다. 또 한 나라에서 생산된 많은 양의 항생제는 통제가 엄격하지 않은 개발도상국으로 수출된다. 이러한 국가들에서는 사람들이 올바른 처방 없이 스스로 치료하는 것이 일반적이다. 이러한 방식으로 사용되는 약물은 크게 효과가 없고, 더 나쁜 것은 이후에 항생제 내성 세균이 감염 질환을 일으킨다는 것이다.

병원 요인

병원 환경에서는 지속적으로 병원체가 다양한 항생제에 노출된다. 또 병원에는 방어력이 약한 환자와 보편적 예방 조치를 엄격하게 지키지 않는 인력이 존재한다. 이러한 요인들로 인하여 단 30년 만에 거의 모든 포도상구균(*Staphylococcus aureus*) 종에 속한 균주(strain)들이 페니실린에 대해 내성을 갖게 되었다.

동물 사료의 항생제

미국에서는 전체 항생제의 거의 80%가 단순히 가축을 더 크게 키우기 위한 목적으로 가축에게 투여된다. 이들 동물에서 정상적인 장 생물군인 살모넬라균, 대장균 및 장구균 같은 장내 세균은 내성 플라스미드를 쉽게 공유하며 항생제에 노출되게 되면 지속적으로 선택되고 증식한다. 이러한 병원체는 이후 인간에게 옮겨지고, 항생제 내성 감염을 일으키며 종종 급속하게 확산된다. 의회 내 유일한 미생물학자인 뉴욕주 출신 슬로터(Louise Slaughter)가 "의학적 치료를 위한 항생제 보존법"이라는 의회 법안을 수차례 제출했다. 이 법안은 2015년 다시 제출되었지만, 이 교재가 인쇄되는 시점까지 아직 의회에서 통과되지 않았다.

전 세계적 이동

일반적으로 세균, 곰팡이, 원생동물 또는 바이러스 등에 의한 감염 질환의 대부분은 전 세계 모든 지역에서 내성이 증가하고 있다. 이러한 문제에 덧붙여 세계 여행과 식품의 세계화에 의해 항생제 내성은 더 빠르게 확산되고 있다. 우리가 미생물과 경쟁 중에 있다는 것, 그리고 그 경쟁에서 뒤처지고 있다는 것은 분명하다. 이러한 추세가 지속된다면, 효과적인 항생제가 거의 사라지게 되는 세계를 마주할 수도 있다. 우리는 미생물이 내성을 개발할 수 있는 것만큼 빨리 항생제를 개발할 수 없다. 이러한 관점에서 다음에서 보듯 2가지 이상의 전선에서 미생물과 전투를 벌여야 한다.

긴급한 문제

일반적으로 교재에서는 최상급이나 느낌표 사용을 피한

다. 그러나 항생제 내성의 위험은 과장이 아니다. 질병통제 예방센터(CDC)는 이 문제에 대해 2013년 처음으로 "위협 보고서(Threat Report)"를 발행했고, "잠재적으로 파국적"이라 선언하고 그 상황을 지속적으로 모니터링하고 있다.

2016년 5월 세계적인 경제학자 오닐(Jim O'Neill)은 항생제 이후 시대를 대비하는 방법에 관한 포괄적인 보고서를 발표했다. 이 보고서는 영국 정부의 의뢰로 2016년 세계보건기구(WHO)의 세계보건총회(World Health Assembly)와 뉴욕 유엔총회(UN General Assembly)를 비롯한 여러 국제 회의에서 주목받았다. 항생제 내성과의 싸움에서 국제적 협력은 불가피한 것으로 인식되고 있다.

비록 항생제 시대가 70년 전에 시작되었지만, 우리는 항생제 이전의 시대가 어땠는지를 잊어버리고 항생제 시대가 영원할 것처럼 믿고 있다. 특정 유형의 폐렴의 사망률은 50%였다. 스트렙 인후염은 치명적일 수도 있었다. 감염된 상처는 종종 절단이 필요하거나 사망에까지 이르게 했다. 그러나 현재 사용 가능한 항생제의 효과가 감소하고 있고, 어떤 경우에는 그 속도가 매우 빠르다. 곧 우리가 항생제 치료가 불가능한 '포스트 항생제 시대'에 살게 될 가능성도 농후하다.

새롭고 효과적인 항생제의 출시는 느리다. 이에 관해서는 (평생 복용하는) 만성 질환에 대한 약물만큼 의약품 제조업체에서 (짧은 복용 주기를 갖는) 항생제가 수익성이 좋지 않은 것과 같은 경제적인 문제를 포함하여 여러 가지 이유가 있다. 항생제의 개발에는 많은 시간과 비용이 소요된다. 정책 입안자들이 새로운 항생제 발견 및 제조를 지원하기 시작했지만, 새로운 항생제조차도 시간이 지남에 따라 세균이 적응하여 효과가 떨어질 것임을 염두에 두어야만 한다.

CDC는 내성 세균을 세 그룹으로 분류했다(**표 12.8**).

표 12.8 가장 심각한 항생제 내성 위협

긴급한 위협

- 카바페넴 내성(Enterobacteriaceae)(CRE)
- 항생제 내성 임질균(*Neisseria gonorrhoeae*)

심각한 위협

- 다제 내성 아시네토박터(*Acinetobacter*)
- 항생제 내성 캠필로박터(*Campylobacter*)
- 광범위 베타-락탐 분해효소(ESBL) 생성
- 반코마이신 내성 장구균(*Enterococcus*)(VRE)
- 다제 내성 녹농균(*Pseudomonas aeruginosa*)
- 항생제 내성 비장티푸스성 살모넬라(*Salmonella*)
- 항생제 내성 장티푸스균(*Salmonella* typhi)
- 항생제 내성 이질균(*Shigella*)
- 메티실린 내성 포도상구균(*Staphylococcus aureus*)(MRSA)
- 항생제 내성 폐렴구균(*Streptococcus pneumoniae*)
- 항생제 내성 결핵균(tuberculosis)

관심 가져야 할 위협

- 반코마이신 내성 포도상구균(VRSA)
- 에리스로마이신 내성 그룹 A 연쇄상구균(group A *Strepcococcus*)
- 클린다마이신 내성 그룹 B 연쇄상구균(group B *Streptococcus*)

출처: CDC, 2013.

항생제 치료에 관한 새로운 접근법

새로운 항생제 치료 전략에 대한 탐구는 종종 세균 세포에서 새로운 표적으로 찾고 그것들을 표적으로 하는 맞춤형 약물을 찾는 데 중점을 둔다. 그러나 최근에는 침입자(병원체)가 자신의 위치를 강화시키는 데 사용하는 숙주(인체)의 분자를 무력화하는 새로운 접근법이 주목을 받고 있다. 또 다른 유망한 방법 중 하나는 세균이 한 세포 구획에서 다른 구획으로 이동하는 데 사용하는 숙주 세포 단백질을 표적으로 하는 것이다. 이것은 숙주 세포 내에 사는 세균에 가장 효과적일 것이다. 침입하는 세균에 직접적인 피해를 주는 방법에 관한 흥미롭고도 새로운 전략이 많다.

좋은 소식은 새로운 항생제 전략에 관한 연구가 조금씩 증가하고 있다는 것이다. 항생제 내성이 처음 크게 문제시 되었을 때는 제약 회사들이 항생제 개발 속도를 급격하게 늦췄기 때문에 "신약 없음"이라는 괴담이 돌기도 하였다. 그렇다고 그들이 비난받을 수는 없다. 1950년대부터 1980년대까지 모든 감염이 치료될 수 있을 것이라고 생각하던 때가 있었다. 살펴본 것처럼 이는 너무 성급한 판단이었다.

들여다보기 12.1은 항생제에 대한 또 다른 대안들을 소개한다. 동유럽 국가들은 세균 감염에 대한 의약품으로 박테리오파지 혼합물을 사용해온 것으로 유명하다. 최근에는 서구에서도 이를 사용하기 위해 활발히 테스트를 하기 시작했는데, 이러한 치료법의 효과에 대해서는 논쟁할 여지가 거의 없다. 최근 사람을 대상으로 한 시험에서는 녹농균(*Pseudomonas aeruginosa*)에 특이적인 박테리오파지를 혼합하여 세균에 의한 귀 감염을 치료했다. 이러한 감염은 생물막 형태로 나타나며 치료하기가 매우 어렵다. Biophage-PA라는 파지 제제로 장기 항생제 내성 감염 환자를 성공적으로 치료했다. 다른 연구자들은 파지를 상처 드레싱에 포함시키고 있다. 박테리오파지 요법의 한 가지 분명한 이점은 파지의 매우 높은 특이성이다. 질병을 야기한 세균만 영향을 받고, 인체 내 정상 세균들은 아무런 영향을 받지 않는다.

자연 따라하기

감염을 제어하기 위한 또 다른 접근법에는 **프로바이오틱스**

들여다보기 12.1 임상: 바이러스를 항생제로 사용

고려해야 할 사실이 2가지 있다.

- 6.5절에서 배운 박테리오파지는 세균을 감염시켜 죽이는 바이러스이며 다른 유형의 세포는 감염시키지 않는다.
- 20세기 중반 이전에는 세균 감염에 대한 효과적인 치료법이 없었다.

이 두 문장을 읽으면서 어떤 추측을 하게 되는가?

1919년 프랑스계 캐나다 미생물학자 데렐(Felix d'Herrelle)은 심한 이질로 고생하는 12세 소년을 다른 이질 시료로부터 분리한 박테리오파지를 이용해 치료하기로 결정했다. 그는 세균과 다른 입자를 제거하고, 작은 박테리오파지를 남겨두기 위해 아픈 환자로부터 대변 시료를 여과하여 박테리오파지를 얻었다. 데렐은 박테리오파지가 아이를 아프게 하는 세균을 공격할 것이라고 추론했다. 파지 "수프"를 투여하기 전에, 그와 다른 의사들은 실제로 그것이 안전한지 확인하기 위해 일부를 마시기도 했다.

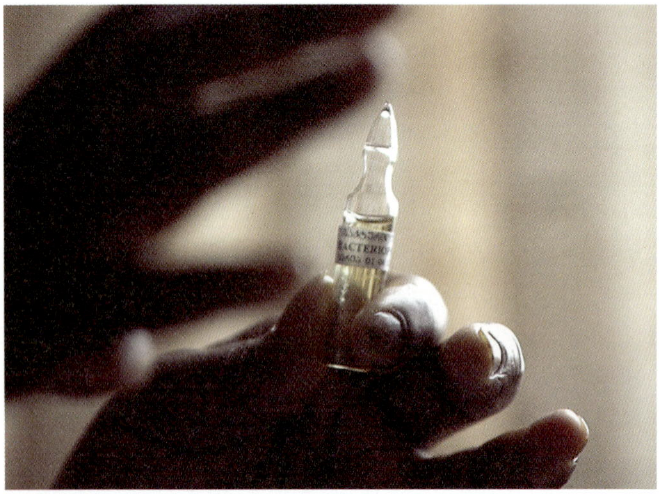

© Aaron Suozzi/KRT/Newscom

소년에게 박테리오파지를 투여하자, 증상이 즉각 개선되기 시작했고 며칠 안에 완전히 회복되었다. 이것이 박테리오파지 요법의 시작이었다. 결국 데렐은 호흡기 감염, 피부 감염, 장 감염 등을 치료하기 위해 5가지 박테리오파지를 상업적으로 만들었다. 그것들은 현재 로레알로 알려진 프랑스 회사에 의해 판매되었다.

박테리오파지는 항생제가 발견된 20세기 중반까지 간헐적으로 사용되었다. 항생제는 서양에서 모든 세균 감염에 대한 치료제로서 박테리오파지 요법을 빠르게 넘어섰다. 항생제에 거의 접근하지 못했던 소련과 다른 동유럽 국가들에서는 박테리오파지가 계속 사용되었다. 그것은 현대의 약학 테스트 기준에 따라 엄격하게 검증된 것은 아니었지만, 그곳에서는 20세기 내내 효과적으로 작동했다.

21세기 초 우리는 항생제 내성 세균에 대한 효과적인 치료법이 거의 없다는 것을 알게 되었다. 유럽과 미국의 과학자들은 다시 파지 요법으로 돌아서고 있다. 파지 요법의 첫 번째 주요 임상 시험은 2015년 여름에 유럽에서 시작되었다. 유럽 위원회는 프랑스, 벨기에, 스위스의 화상 환자에 대한 치료 효과를 조사하는 연구에 자금을 지원했다. 2014년 미국 국립 알레르기 및 감염증 연구소는 파지 요법을 항생제 내성을 표적으로 하는 7개의 집중 분야 중 하나로 지목하기도 했다. 파지 요법이 "약물"을 시장에 출시하는 데 필요한 엄격한 테스트를 통과하기까지는 적어도 5년이 걸릴 것이지만 여전히 항생제 내성 감염에 대한 무기고에 무기를 제공할 것이다.

출처: 2001. *Antimicrob. Agents. Chemother*. Vol. 45(3): 649-659. DOI: 10.1128/AAC.45.3.649−659.2001
로이터 통신, 2015년 7월 2일 게시된 온라인 기사.

그림 12.13 프로바이오틱스 식료품의 예들

© Kathy Park Talaro

(probiotics) 또는 **프리바이오틱스**(prebiotics)가 있다. 프로바이오틱스는 장내 미생물을 개선하기 위해 동물과 인간에게 음식물로 주는 살아 있는 미생물 제제이다. 이것은 항생제 요법 중 사라진 미생물을 대체하거나 단순히 이미 존재하고 있는 생물상을 보완할 수 있다. 최근 몇 년 동안 식품점에서 판매되는 프로바이오틱스 제품의 수가 크게 증가했다(**그림 12.13**). 전문가들은 일반적으로 이러한 제품은 안전하다고 생각하고, 어떤 경우에는 효과적일 때도 있다. 프로바이오틱스는 식품 알레르기 관리에 유용한 것으로 여겨지고 있다. 프로바이오틱스의 점막 면역 자극에 대한 역할도 연구되고 있다.

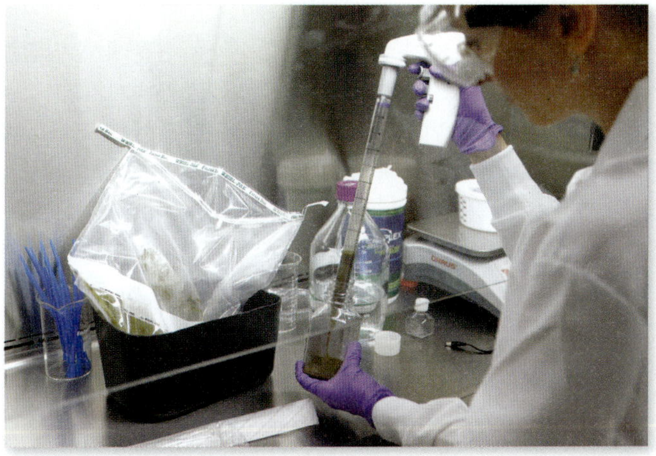

그림 12.14 대변 이식 한 연구원이 환자에게 이식할 건강한 대변을 준비하고 있다.
© Steven Senne/AP Images

프리바이오틱스는 장에서 유익한 미생물의 생장을 촉진시키는 영양소(먹이)이다. 예를 들어, 프럭탄(fructans)과 같은 특정 당은 대장에서 유익한 비피도박테리움의 생장을 촉진하고 잠재적 병원체의 생장을 막는 것으로 생각한다. 프로바이오틱스와 프리바이오틱스의 개념에 대해 과학자들이 점점 더 많이 연구함에 따라서 여러분들은 이에 관해서 더 많이 들을 수 있을 것이다. 이러한 약제의 사용은 분명 우리가 지금껏 사용해온 것과는 다른 유형의 항생제 전략이지만, 기존의 항생제가 더 문제가 되는 미래에는 자리를 잡을 것으로 기대된다.

일부 의료계에서는 재발성 *Clostridium difficile* 감염 치료에 대변 이식을 사용하고 있다. 이러한 치료는 대장 내시경을 통해 건강한 정상인로부터 환자로 유익한 정상 생물을 포함하는 대변을 이식하게 된다(**그림 12.14**). 이것은 실제적인 프로바이오틱스의 적용이라고 할 수 있다. 몇 가지 유익한 세균을 경구로 제공하는 대신, 건강한 장내 세균들이 정착하길 희망하면서 풍부한 미생물총이 서식해야 하는 부위, 즉 대장으로 직접 투여한다. 이 방법은 농장 동물에서 성공했으며, 인간에게 치료 효과를 보여주는 연구도 있다. 또 회사들은 "윽(yuck)" 요소를 제거하기 위한 "장내 마이크로바이옴(gut microbiome)"을 만들어내기 위해 노력하고 있다. 이들이 대장에 도달하기 전에 위와 소장을 거쳐야 하므로 그 효과성 여부는 아직 확실하지 않다. 어쨌든 장내 마이크로바이옴은 장 밖에서도 건강에 매우 중요한 것으로 보이며, 미래에는 건강한 대변 세균을 보충하는 것이 더 널리 이용될 것이다.

12.4 학습 평가

20. 미생물이 항생제 내성을 획득하는 2가지 방법에 대해 설명할 수 있다.
21. 미생물이 항생제에 내성을 가지는 데 사용하는 5가지 세포 또는 구조적 기작을 제시할 수 있다.
22. 연구 중에 있는 새로운 항생제 개발 전략을 3가지 이상 설명할 수 있다.

12.5 항생제와 숙주의 상호 작용

선택적 독성을 지속적으로 추구하는 것이 이상적이지만, 항생제 요법은 본질적으로 사람의 조직에 해를 줄 수 있는 이물질과의 접촉을 포함한다. 실제로 항생제를 복용하는 사람들 중 적어도 5%는 비교적 심각한 부작용을 경험하는 것으로 추정된다. 약물의 주요 부작용은 다음의 3가지 범주 중 하나에 속한다(독성을 통한 조직의 직접적인 손상, 알레르기 반응 및 정상적인 미생물총 균형의 파괴). 항생제로 인한 피해는 단기적이고 가역적일 수도 있지만 영구적일 수도 있고, 심각성 정도가 미미할 수도 있지만 치명적일 수도 있다. 항생제 치료의 분야에서는 "*Graviora quaedum sunt remedia periculus*"("어떤 치료법은 질병보다 나쁘다")라는 라틴어로 쓰인 고대 격언을 항상 기억해야 한다.

장기 독성

약물은 종종 간(간 독성), 신장(신 독성), 위장관, 심혈관계, 조혈 조직(혈액 독성), 신경계(신경 독성), 호흡기, 피부, 뼈 및 치아와 같은 장기에 부작용을 야기한다. 항생제가 신체에 대한 잠재적인 독성 영향과 그 원인이 되는 항생제를 **표 12.9**에 자세히 설명하고 있다.

피부는 항생제로 인한 부작용의 주요 표적이다. 피부 반응은 약물 알레르기의 증상 또는 직접적인 독성 효과의 동의어일 수 있다. 일부 항생제는 햇빛과 반응하여 피부 염증을 일으킨다. 테트라사이클린은 치아의 법랑질과 결합하여 치아를 영구적으로 회색에서 갈색으로 변색시키기 때문에 8세까지의 어린이에게 사용이 금지되어 있다(권장하지 않음). 테트라사이클린은 간 손상을 일으킬 수 있으므로 임산부는 사용을 피해야 한다. 테트라사이클린은 태반을 통과하여 발달 중인 태아의 뼈와 치아에 쌓일 수 있다. 그러나 경구용 항생제 요법에서 가장 일반적인 불만 사항은 설사인데, 이는 심각한 장 염증이나 대장염으로 진행될 수 있다. 일부 항생제는 장 내벽을 직접 자극하기도 하지만, 일

표 12.9 흔히 사용하는 약물에 대한 주요 부작용

약물	주요 손상 및 이상 증세
항세균제	
페니실린 G	피부 이상
세팔로스포린	혈소판 기능 저해 백혈구 순환 감소 신장염
테트라사이클린	설사와 전장염(enterocolitis) 치아 법랑질의 변색 햇빛(감광)에 대한 반응
설폰아미드	신장 결석; 소변 흐름 막힘 용혈 적혈구 수 감소
폴리믹신	신장 손상 근육 반응 약화
퀴놀론(시프로플락삭신, 노르플락삭신)	두통, 현기증, 떨림, 위장관 통증
항진균제	
암포테리신 B	신장 기능 파괴
플루시토신	백혈구 수 감소
항원생동물제	
메트로니다졸	욕지기, 구토
항우울제	
피란텔	짜증 두통, 현기증
항바이러스제	
아만타딘	신경 과민, 구역질
AZT	면역 억제, 빈형

반적인 위장에서의 부작용은 장미생물총의 파괴로 인해 발생한다.

항생제에 대한 알레르기 반응

가장 빈번한 항생제에 대한 반응 중 하나는 알레르기이다. 이 반응은 항생제가 항원(면역계를 자극할 수 있는 외부 물질) 역할을 하여 알레르기 반응을 자극하기 때문에 발생한다. 이 반응은 온전한 항생제 분자에 의해서도 일어나지만, 약물에 의한 인체의 대사 변화에 의해 만들어지는 물질에 의해서도 일어날 수 있다. 페니실린의 경우, 페니실린 분자 자체가 알레르기 반응을 일으키는 것이 아니라 벤질페니실로일(benzylpenicilloyl)이라고 하는 부산물에 의해 일어난다. 모든 주요 유형의 항생제에 대해 알레르기 반응이 보고되어 왔지만, 페니실린이 항생제 알레르기 중 가장 많은 수를 차지하고, 그 다음이 설폰아미드이다.

항생제에 알레르기가 있는 사람들은 첫 접촉에서 민감해지는데, 일반적으로 증상은 없다. 일단 면역체계가 민감해지면, 항생제에 두 번째 노출부터 피부 발진(두드러기), 호흡기 염증, 드물지만 급속히 발병하고 치명적일 수 있는 급성 알레르기 반응인 아나필락시스(anaphylaxis)와 같은 반응이 나타난다.

항생제에 의한 미생물총의 변화

마이크로바이옴에 대한 지식이 폭발적으로 증가하면서 항생제 사용이 인간의 마이크로바이옴에 미치는 영향을 고려해야 한다. 항생제는 마이크로바이옴의 성질을 변화시켜 의도치 않은 다양한 효과를 유발할 수 있다. 이에 대한 예는 **들여다보기** 12.2를 참조한다.

우리가 마이크로바이옴의 절대적인 중요성에 대해 분명히 알기 전에도 항생제 사용이 건강에 부정적인 영향을 줄 수 있다는 것은 분명했다. 감염을 치료하기 위해 광범위한 항생제를 사용하는 경우, 항생제가 없애고자 하는 병원균뿐 아니라 인체로 침입한 병원균과 함께 있는 감염과 별 상관없는 미생물들에게도 영향을 미치므로 우리 몸에 상주하는 유익한 미생물군집이 파괴된다(**그림** 12.15). 이러한 치료 방법으로 유익균들까지 파괴하게 되면, 소수에 지나지 않았던 유해균들이 폭발적으로 생장해 질병을 일으킬 수도 있다. 이러한 합병증을 **슈퍼감염**(superinfeciton)이라고 한다.

미생물총(microbiota)의 교란이 어떻게 생물상을 교체하고 슈퍼감염을 일으키는지에 대한 몇 가지 일반적인 예가 있다. 대장균에 의한 요로감염을 치료하는 데 사용되는 광범위 항생제인 세팔로스포린은 감염을 치료하지만, 질에서 일반적으로 보호 역할을 하는 산성 환경을 유지시켜 주는 유산균까지 제거한다. 그러나 이 항생제는 정상적인 질에 있는 효모인 *Candida albicans*에는 영향을 미치지 않는다. 유산균에 의해 효모 증식이 억제되던 환경에서 유산균들이 없어지면 효모가 급증하여 증상을 유발한다. *Candida*는 구강인두(아구창)와 대장에서 슈퍼감염을 일으킬 수 있다.

테트라사이클린, 클린다마이신 및 광범위 항생제인 페니실린과 세팔로스포린을 이용한 경구 요법은 **항생제 관련 대장염**(antibiotic-associated colitis)[거짓막대장염(peudomembranous colitis)]으로 알려진 심각하고 치명적인 질병과 관련이 있다. 이러한 상태는 *Clostridium difficile*("*C. diff*")이라는 많은 항생제에 내성이 있는 내생포자 형성 세균의 과도한 증식에 의한 것이다. 이 세균은 장 내벽에 침범하여 설사, 발열 및 복통을 유발하는 독소를 방출한다. 없애기가 매우 어렵기 때문에 대변 이식과 같은 실험적 치료법이 종종 고려되고 있다.

들여다보기 12.2 마이크로바이옴: 항생제 때문에 뚱뚱해지는가?

미국을 비롯한 몇 개국에서 비만의 증가가 항생제의 발견과 사용 증가와 시기상 일치한다고 말하는 이들이 있다. 1950년대 이전에는 미국인들이 모두 날씬하지 않았나? 그들이 어린 시절의 질병에서 살아남았다면 그랬다.

이는 단지 관찰에 기초한 추측일 뿐이다. 그리고 잘 이해되지 않는 또 다른 관찰 결과도 있다. 수십 년 동안 농부들은 가축에게 항생제를 먹이로 공급하여 성장을 촉진시켜 왔다. 이유를 아는 사람은 아무도 없지만, 최근까지 농업 분야에서 저용량 항생제를 사용하여 가축의 체중을 늘리면서 이익을 얻어 왔다. 물론 그러한 관행은 항생제 남용을 가져와 내성의 증가에 기여한다는 것을 인식하게 되었다.

2012년 뉴욕의 연구자들은 이러한 추측 중 일부를 실험했다. 그들은 생쥐를 다섯 그룹으로 나누고 같은 종류 및 양의 실험용 생쥐 사료를 먹였다. 그리고 생수(대조군)이나 항생제가 들어 있는 물을 공급했다. 그들은 쥐가 젖을 떼고 난 후(즉, 어린 생쥐) 7주 동안 수행했다. 그런 다음 생쥐의 무게, 지방 조성, 장내 마이크로바이옴을 분석했다.

그들이 발견한 것은 다음과 같은 것들이었다. 항생제를 먹인 생쥐는 생수를 마신 생쥐보다 체지방률이 상당히 높았다(그림 참조). 전체 체중은 비슷하더라도 그랬다. 연구자들은 생쥐의 장내 마이크로바이옴을 분석했을 때, (1) 모든 생쥐 장내 미생물의 수는 그룹별로 비슷했지만, (2) 항생제 그룹과 비교하여 대조군의 미생물 유형이 다르다는 것을 발견했다. 구체적으로 말하면, 항생제 그룹에서 Firmicutes 대비 Bacteroidetes의 비율(1.5절 참조)이 훨씬 높았다.

연구자들은 탄수화물 대사에 역할을 하는 단사슬 지방산의 대사를 포함하여 항생제 사용의 결과들을 살펴보았다. 그러한 결과는 또한 실험군에서의 변화도 보여주었다.

그래서 연구자들은 항생제가 마이크로바이옴에 미치는 영향과 함께 비만(지방 수준)에서 건강한 장내 마이크로바이옴이 하는 역할을 이해하기 위해 노력하고 있다. 그러나 여전히 많은 연구가 필요하다.

	몸무게(g)	체지방 (%)
+ no antibiotic(Ct) (control)	15.3	20.0
+ Penicillin(P)	14.8	24.0
+ Vancomycin(V)	15.0	21.8
+ Penicillin and Vancomycin(P+V)	14.8	23.6
+ Chlortetracycline(C)	15.2	21.5

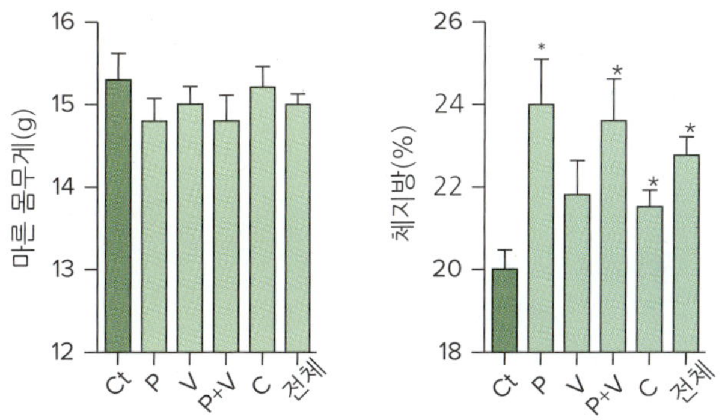

출처: Cho, Ilseung et al. *"Antibiotics in Early Life Alter the Murine Colonic Microbiome and Adiposity." Nature 488.7413 (2012): 621–626.*

12.5 학습 평가

23. 약물 독성과 약물에 대한 알레르기 반응을 구별할 수 있다.
24. 슈퍼감염이라는 용어를 정의하고 환자에서 어떻게 생기는지 요약할 수 있다.

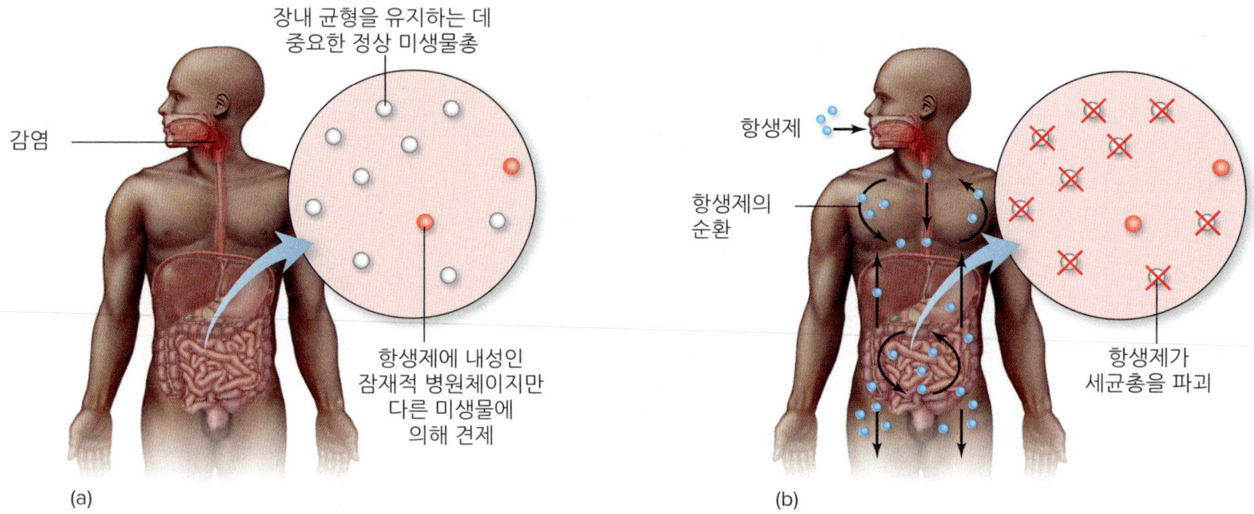

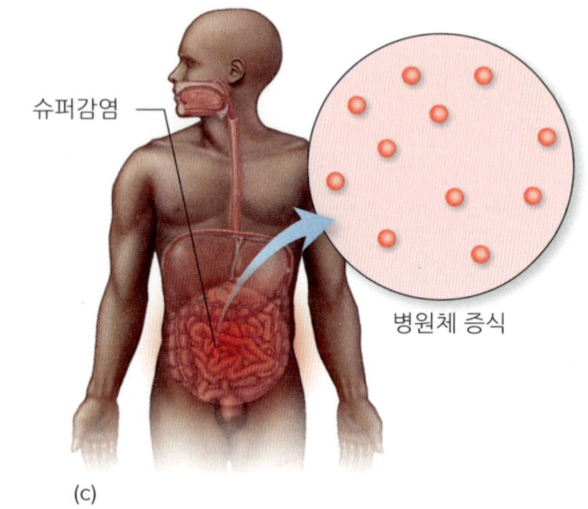

그림 12.15 미생물 생물군을 교란시키고 슈퍼감염을 일으키는 항생제의 역할 (a) 인후에 생긴 1차 감염은 경구용 항생제로 치료한다. (b) 항생제는 장으로 운반되어 순환계로 흡수된다. (c) 1차 감염은 치료되지만, 항생제 내성 병원체는 살아남아 장내 슈퍼감염을 일으킨다.

현미경으로 본 세상 — 논평

© MarkHatfield/iStock/Getty Images RF

중동호흡기증후군(MERS)은 2012년 사우디아라비아에서 처음 발견된 코로나바이러스에 의해 발생하였다. 그 후, 아라비아 반도 주변국과 유럽, 미국, 기타 여러 국가의 여행 관련 사례에서 보고되었다.

이 기사의 **목적**은 효과적인 건강 관리 시스템 대신 북한 주민들이 대안 치료를 하고 있다는 것을 전달하려는 것이다. 즉 글쓴이가 자신의 비평적인 의견은 제시하지 않고, 단지 그들이 무엇을 하고 있는지를 보고하는 것이다.

기사를 **비판적으로 읽으면** 추측할 수 있다. 이 기사에서 인용된 "취재원"은 아마도 정부의 공무원일 것이다. 정부의 공무원은 주민이 약에 대한 접근성이 열악하고, "민간 요법"이라고 부르는 것에 의존하고 있다는 것을 인정한다. 이 기사는 인정받는 영국의 뉴스 매체에 실렸으며, "편향"되지는 않았지만, 인용한 공무원에 의존하고 있다. 나는 취재원의 진술에서, "그들은 오징어 수프에 의존해서는 안 된다. 또는 다른 약이 없다면 오징어 수프가 어느 정도는 치료 효과가 있다."와 같은 판단을 기대한다. 그 공무원은 당국의 지시를 따라야 한다고 말한다. 이는 당국이 주민들에게 많은 것을 제공하지 않는 것처럼 들린다.

이 기사를 비전문가에게 **해석**해주는 것은 비교적 간단하다. 나는 이것이 정보를 지닌 기사이며 오징어 수프가 좋은 것인지, 나쁜 아이디어인지 판정하는 것은 아니라고 말하고 싶다.

나의 **점수**는 C이다. 재미는 있지만 결론적인 메시지가 없다.

출처: *The Guardian*, "North Koreans Turn to Squid Soup to Ward Off MERS Virus", 2015년 6월 30일 게시된 온라인 기사.

단원 요약

12.1 항생제 치료의 원리

- 항생제 치료는 신체의 감염을 통제하기 위해 약물을 사용하는 것이다.
- 항생제는 합성되거나 천연물로 만든다. 감염된 숙주에서 미생물의 생장을 억제하거나 파괴한다.
- 항생제는 효과를 나타내는 범위에 따라 분류된다. 광범위 항생제는 여러 유형의 미생물에 효과적이고, 좁은 스펙트럼의 항생제는 제한된 그룹의 미생물에 효과적이다.
- 세균과 곰팡이는 현재 가장 많이 사용되는 항생제의 주요 공급원이다. 이들 화합물의 분자 구조는 실험실에 화학적으로 변경되거나 모방할 수 있다.
- 효과적인 항생제를 선택하는 데 필요한 3가지 주요 고려 사항은 감염 미생물의 정체, 이용 가능한 항생제에 대한 미생물의 감수성, 감염된 숙주의 전반적인 의학적 상태이다.

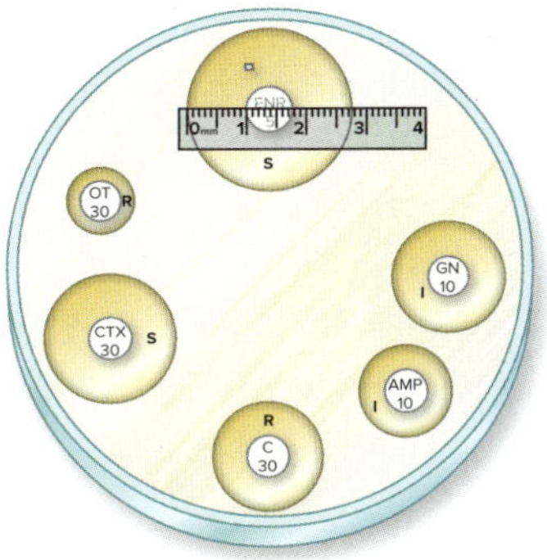

- 커비-바우어(Kirby-Bauer) 테스트는 특정 감염성 세균 균주에 효과적인 항생제를 선택하는 데 이용된다.
- MIC(최소억제농도)는 감염 미생물에 대해 독성이 있는, 가장 적은 항생제의 용량이다.
- 치료 지수는 감염된 숙주에게 독성이 있는 항생제의 농도와 MIC의 비율이다. 이 비율이 작을수록 숙주-약물 독성 반응의 가능성이 커진다.

12.2 항생제와 미생물의 상호 작용

- 이상적으로는, 항생제는 선택적인 독성이 있어야 한다. 즉, 미생물에는 영향을 미치지만 숙주에는 영향을 미치지 않아야 한다.
- 항생제는 화학 성분, 원천 또는 기원, 작용 부위에 따라 여러 그룹으로 분류된다.

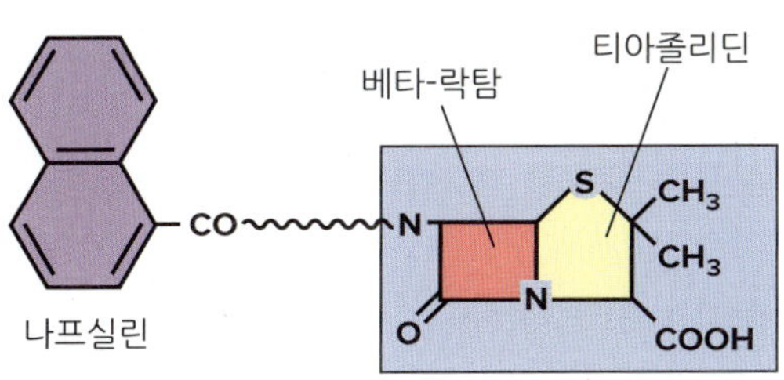

- 대부분의 항생제는 세균에 효과적이며, 일부가 원생동물, 기생충, 곰팡이, 바이러스에 효과적이다.
- 미생물 제어를 위한 항생제의 5가지 주요 표적은 세포벽 합성, 핵산의 구조와 기능, 단백질 합성, 세포막, 엽산의 합성이다.

12.3 주요 항생제 그룹 조사

- 좁은 스펙트럼 항생제는 한 가지 또는 몇 가지 유형의 세균을 표적으로 한다. 광범위 항생제는 여러 유형의 세균에 영향을 미친다.
- 페니실린, 세팔로스포린, 카바페넴, 반코마이신은 세포벽 합성을 막는다.
- 아미노글리코사이드, 테트라사이클린, 에리스로마이신, 케톨라이드는 세균의 단백질 합성을 차단한다.
- 시너시드, 옥사졸리니돈, 플레우로무틸린은 단백질 합성에 영향을 주는 새로운 항생제이다.
- 설폰아미드와 트리메소프림은 세균에 의한 엽산 합성에서 효소 단계를 차단한다.
- 플루오로퀴놀론은 광범위한 범위의 미생물에 효과적인 합성 항생제이며, 핵산 합성의 단계를 차단한다.
- 폴리믹신과 답토마이신은 세포막을 파괴하는 항생제다.
- 생물막의 세균은 자유로운 상태의 세균과 다르게 반응한다. 그래서 인체에서 생물막을 없애기가 어렵다.
- 마크로라이드 폴리엔, 아졸, 에키노칸딘, 알릴아민과 같은 항진균제는 감염된 숙주에 대한 잠재적 독성 때문에 주의 깊게 모니터링해야 한다.
- 기생충은 사람과 같은 진핵생물이며, 수명 주기의 여러 단계를 가지고 있기 때문에 항기생충제는 항생제에 비해 숫자가 적다.
- 항기생충제는 감염성 기생충을 고정시키거나 해체하거나 물질대사를 억제한다.
- 항바이러스제는 바이러스가 세포로 유입되는 것을 막거나, 복제 과정을 막거나, 바이러스 입자가 완전한 비리온으로 조립되는 것을 막음으로써 바이러스 복제를 방해한다.
- 많은 항바이러스제는 뉴클레오티드 유사체이다. 바이러스성 핵산에 포함되면 복제 과정이 비활성화된다. HIV 항바이러스제는 역전사 효소 또는 protease 효소를 방해하여 바이러스 입자의 성숙을 막는다.

12.4 항생제 내성

- 특정 항생제에 대해 감수성을 가졌던 어떤 미생물이 동일한 항생제로 더 이상 저해되지 않을 때 항생제 내성이 있다고 한다.
- 대부분의 항생제 내성은 유전된다. 미생물은 항생제를 불활성화하거나 항생제로부터 피할 수 있는 방법을 암호화

하는 유전자를 획득하거나 항생제의 효과에 영향을 미치는 돌연변이가 생김으로써 내성이 생긴다.

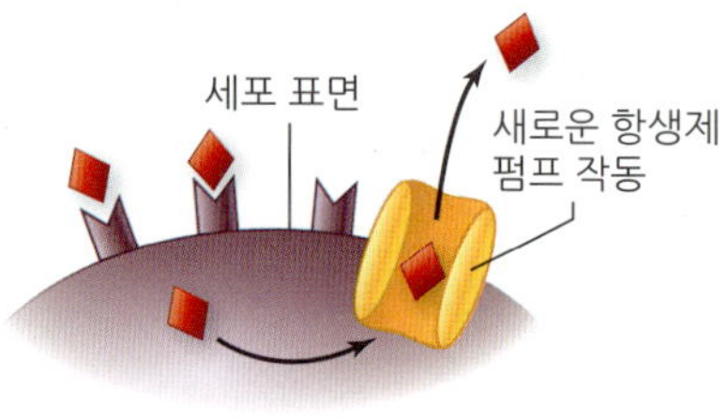

- 다양한 항생제 내성에는 항생제 비활성화, 유입 감소, 수용체 부위 감소, 항생제에 의해 공격받는 대사 경로의 변경 등이 있다.
- 항생제의 무분별한 사용으로 인해 모든 일반적인 약물에 대해 내성을 가진 미생물들이 폭발적으로 증가하였다.
- 새로운 유형의 항생제에 대한 연구 전략에는 미생물 증식에 중요한 숙주 세포 단백질의 표적화, RNA 간섭 이용, 박테리오파지 사용과 같은 것들이 있다.
- 프로바이오틱스와 프리바이오틱스를 섭취하면 유익균 생장에 유리한 대장환경이 조성되어 병원성 세균이 퇴치된다.
- 항생제 내성의 문제는 전 인류의 주요 관심사이므로 국제기구와의 협력으로 그 문제를 해결하고자 한다.

12.5 항생제와 숙주의 상호 작용

- 항생제의 3가지 주요 부작용은 장기 독성, 알레르기 반응, 정상적인 생물상의 변화로 생기는 문제 등이다.
- 거의 모든 정상 생물상을 파괴하는 항생제는 영향 받지 않은 유해세균들의 과도한 증식을 야기해 슈퍼감염을 일으킬 수 있다.

객관식 문제(선다형 문제와 OX 문제) | 블룸 1단계 및 2단계: 기억과 이해

선다형 문제 – 제시된 보기에서 답을 고르시오.

1. 다른 미생물의 생장을 파괴하거나 억제하는, 세균 또는 곰팡이에 의해 합성되는 화합물은?
   a. 합성 약물　　b. 인터페론
   c. 항생물질　　d. 경쟁적 억제제
2. 항생제 요법에 사용되는 약물의 목적에 대한 진술이 아닌 것은?
   a. 약물은 선택적 독성이 있어야 한다.
   b. 약물은 많이 희석해도 활성이 있어야 한다.
   c. 약물은 잘 분해되고 빨리 분비되어야 한다.
   d. 약물은 세균을 죽여야 한다.
3. 세균의 세포벽 합성을 막는 항생제는?
   a. 퀴놀론　　b. 테트라사이클린
   c. 베타-락탐　　d. 아미노글리코사이드
4. 미생물에 대한 항생제 내성이 획득되는 경로는?
   a. 접합(conjugation)
   b. 형질도입(transduction)
   c. 형질전환(transformation)
   d. 전부
5. R 요소는 _______에 대한 암호를 포함하는 __________이다.
   a. 유전자, 복제
   b. 플라스미드, 항생제 내성
   c. 트랜스포존, 인터페론
   d. 플라스미드, 접합
6. 파지 요법에서 이용하는 것은?
   a. 사람의 세포를 감염시키는 파지를 파괴하는 화학물질
   b. 몸에 유익한 파지의 생장을 촉진하는 화학물질
   c. 정상적인 생물상의 생장을 촉진하는 파지
   d. 신체의 병원성 세균을 표적으로 하는 파지
7. 대부분의 항기생충제의 기능은?
   a. 기생충을 약화시켜 장에서 쫓아낸다.
   b. 기생충의 대사를 억제한다.
   c. 영양소의 흡수를 차단한다.
   d. 알 생산을 억제한다.
8. 다음 중 가장 선택적 독성이 있는 기작은 무엇인가?
   a. 리보솜 기능 중지
   b. 세포막 용해
   c. 세포벽 합성 억제
   d. DNA 복제 억제
9. MIC는?
   a. 미생물의 생장을 억제하는 필요한 항생제의 가장 높은 농도이다.
   b. 미생물의 생장을 억제하는 필요한 항생제의 표준 복용량이다.
   c. 미생물의 생장을 억제하는 필요한 항생제의 가장 낮은 농도이다.
   d. 미생물의 생장을 억제하는 필요한 항생제의 최저 희석량이다.
10. 다음 중 더 나은 선택은?
   a. 치료지수가 낮은 항생제
   b. 치료지수가 높은 항생제

OX 문제 – 다음 문장 내용이 옳으면 O, 틀리면 X로 표기하고 틀린 내용을 올바르게 수정하시오.

11. 대부분의 항바이러스제는 활성 바이러스를 파괴하는 방법으로 작동한다.
12. 설폰아미드는 단백질 합성을 방해함으로써 작용한다.
13. 생물막에 있는 세균들은 치료가 어렵고 항생제에 대해서도 항상 반응하지는 않는다.
14. 숙주의 정상적인 생물상을 파괴하는 항생제는 슈퍼감염을 일으킬 수 있다.
15. 항생제 내성은 환자의 면역 체계가 항생제에 반응할 때 발생할 수 있다.

Chapter 13

감염 진단

현미경으로 본 세상

세균이 암을 검출하다

이번에 소개하는 사례를 통해 대중매체의 기사가 어디까지 사실인지 살펴볼 것이다. 이 사례는 2015년 로스앤젤레스 타임즈에 소개된 "재능을 가진 세균이 암, 당뇨를 감지한다."란 기사에 대한 것이다.

이 기사는 우리의 오랜 친구인 대장균의 특이한 재능을 다음과 같이 설명하고 있다. "이 세균은 많은 악성 대장균 군에 속한다. 구토와 설사를 유도하는 리타 아주머니의 감자샐러드 속의 세균처럼, 이 대장균은 내장으로 들어가 몸 전체로 퍼져간다." 이제 대장균은 암을 진단한다.

세균 자체가 마법을 부리는 요술쟁이가 아니다. 이 기사는 우리의 무해한 미생물총의 구성원인 대장균에 행해지는 유전공학에 대한 것이다. 과학자들은 이 세균에 디지털 증폭 유전 스위치를 장착했다. 세균은 장에서 간으로 통과할 수 있게 되었고, 그곳에서 암 세포 쪽으로 끌려갔다. 만약 암세포가 있으면 대장균이 효소를 분비해 소변에 있는 정상적인 화학물질을 변화시켜 가시적인 색깔을 나타내도록 한다.

다른 연구에서, 연구자들은 소변에 당이 있을 경우, 형광 적색으로 발색되도록 세균의 유전자를 조작할 수 있었으며 이것으로 당뇨병을 진단하였다.

- 이 기사가 **의도하는 메시지**는 무엇인가?
- 기사를 읽은 후 **여러분의 평가**는 어떠한가? 평가가 비판을 의미하는 것은 아니다. 여러분의 지식을 이용하여 기사의 사실여부, 그리고 기사가 전달하고자 하는 메시지가 무엇인지를 제대로(혹은 옳게) 인지하기 위해서는 비평적인 안목이 필요하다.
- 미생물학을 공부하지 않은 친구를 위해 이 기사를 어떻게 **해석할** 것인가?
- 기사의 정확성과 의도된 효과의 정확성을 고려하여 기사에 대한 당신의 **점수**는 얼마인가?

현미경으로 본 세상–논평은 이 장의 끝에 나옵니다.

13.1 감염원 확인

이 장에서는 자주 질병을 야기하는 세균, 곰팡이, 기생충 및 바이러스를 조사하고, 그들의 감염여부의 진단을 소개한다.

많은 학생들(및 전문가)에게, 미생물학에서 가장 주요한 주제는 어떻게 환자 시료나 자연에서 미지의 세균을 동정하는가이다. 미생물학자들이 세균을 동정하기 위해 사용하는 방법은 세균의 생리와 생화학뿐만 아니라 그들의 형태를 포함한 **표현형적**(phenotype) 분석과 혈청학적 분석을 수반하는 **면역학적**(immunologic) 및 **유전학적**(genotypic) 기법, 3가지이다.

우리는 전염병 진단 분야의 변혁을 눈앞에 두고 있다. 대부분의 전문가들은 5년 안에 표현형 및 면역학적 방법을 대체할 유전자 및 기타 진단법이 나올 것을 예측한다. 이 장 끝에 이러한 신기술들을 요약할 것이다.

시료(검체) 채취

적절한 시료 채취 방법은 진단법과 달리, 환자의 건강관리와 관련해 의사결정을 하는 모든 의료진들에게 제공되어야 하는 중요한 정보이다. 시료는 임상 실험실 과학자, 의료기술자, 간호사, 의사 또는 환자가 채취할 수 있다. 그러나 환경이나 환자의 오염을 방지하기 위한 멸균 시료 용기 및 기타 도구를 포함한 일반적인 무균 절차를 반드시 준수해야 한다. **그림 13.1**은 가장 일반적인 시료 채취 장소와 절차를 나타낸다.

원래의 미생물총(microbiota)이 서식하는 신체부위의 경우, 감염 부위에서만 채취하고 주변 부위에서 채취하지 않도록 주의해야 한다. 침은 밀리리터당 수백만 개의 세균을 포함하고 있기 때문에 특히 바람직하지 않은 오염물질이다. 가래는, 하부 호흡기 표면, 특히 폐를 코팅하는 점액 분비물로써 기침으로 배출되거나 타액으로 오염되지 않도록 카테터라고 하는 얇은 관으로 배출된다. 또 인후 및 비인두 면봉이 혀, 볼, 침에 닿지 않아야 한다. 때로는 치과진단을 위해서 침 시료가 필요한 경우, 멸균된 용기에 담는다.

소변은 해당 부위에 맞게 설계된 카테터를 사용하여 방광에서 채취한다. "깨끗한 포획"이라고 하는 또 다른 방법은 외부 요도를 세척하고 소변 중류를 수집한다. 후자의 방법은 필연적으로 시료에 몇 개의 정상적인(무해한) 균 미생물총을 포함하지만, 이것들은 보통 실제 감염을 야기한 병원균과 구별될 수 있다. 때때로 진단 기술에는 먼저 "깨끗하지 않는" 소변이 필요하다. 요도, 질, 자궁경부의 점막은 면봉이나 도포 스틱으로 채취할 수 있다. 피부병변 특성에 따라 피부를 메스로 긁어 드러난 깊은 층에서 시료를 채취할 수도 있다. 피부에 많은 비병원성 미생물총들의 수집을 피하기 위하여 채집과정에서는 상처를 깨끗이 씻는다. 혈액, 뇌척수액, 조직액과 같은 균이 없는 물질은 멸균 바늘 흡입을 통해 채집해야 한다. 이 경우 주사기 사용 부위의 소독법이 매우 중요하다. 추가 시료(검체) 공급원은 눈, 귀관, 활액, 비강(모두 면봉) 및 수술로 제거된 질환 조직이다(생체검사).

적절한 시료(검체) 수집 후, 시료를 일정 시간 동안 보관해야 하는 경우 즉시 실험실로 운반하여 (일반적으로 냉장) 보관한다. 특히 소변, 대변, 가래 등 멸균되지 않은 시료는 실온에서 변질되기 쉽다. 시료 채취와 시료의 안정적인 상태 유지를 위한 특수 포장 및 운반 시스템이 설계되어야 한다. 운반 및 장치보관에는 영양소는 없지만 완충제가 포함된 무기성 배지(미생물이 생존하지만 자라지 않도록 하기 위해), 산소 민감 세균의 파괴 가능성을 방지하기 위한 혐기성 환경 등이 포함된다.

실험방법의 개요

미생물 감염의 징후(발열, 상처 삼출물, 점액 생성, 이상 병변)에 대한 환자 분석이 우선이며, 그 후 채취한 시료를 분석한다. 여기에는 (1) 시료에서 미생물 또는 미생물의 식별에 대한 단서를 제공하는 현미경, 면역학적 또는 유전적 방법을 사용한 직접 시험과 (2) 다양한 일반 및 특정 테스트를 위한 병원균의 배양, 격리 및 식별이 포함된다(**그림 13.2**). 대부분의 시험 결과는 다음과 같은 2가지 범주로 나뉜다. 분리된 미생물을 속(genus) 수준으로 동정한 추정 데이터와 해당 미생물의 구체적인 특성에 근거한 확인 데이터이다. 분석에 필요한 총 시간은 연쇄상 구균 인후염 또는 새로운 접촉점(point-of-contact) 방법의 경우 몇 분에서 결핵 감염 진단의 경우, 몇 주가 소요되기도 한다.

시료 분석 결과를 평가 및 치료 요법에 사용할 수 있는 요약 환자 차트(**그림 13.3**)에 입력한다. 이 환자 차트는 별도의 화면에 범주를 배치하는 가장 일반적으로 사용되는 전자 기록 시스템보다 요청할 수 있는 다양한 시험에 대한 포괄적인 정보를 제공한다. 또한 이 차트에 여러분에게 친숙한 그람염색 정보 등이 기록되어 있는 것을 알게 될 것이다.

일부 질병은 시료 안에 있는 실제 미생물을 분석하지 않고도 진단된다. 환자 혈청에 대한 혈청학적 검사는 항체 반응의 분석을 통해 특정 병원체에 대한 간접적 증거를 제공한다. 시간 경과에 따른 미생물 특이적 항체 수치의 측정은 이전 감염과의 식별을 가능하게 해준다. 반면에 피부 검사는 풍진이나 결핵 등 전염성 질병에 노출된 적이 있는 일반인들의 항체보유여부를 확인하는 데 사용된다. 또한 일

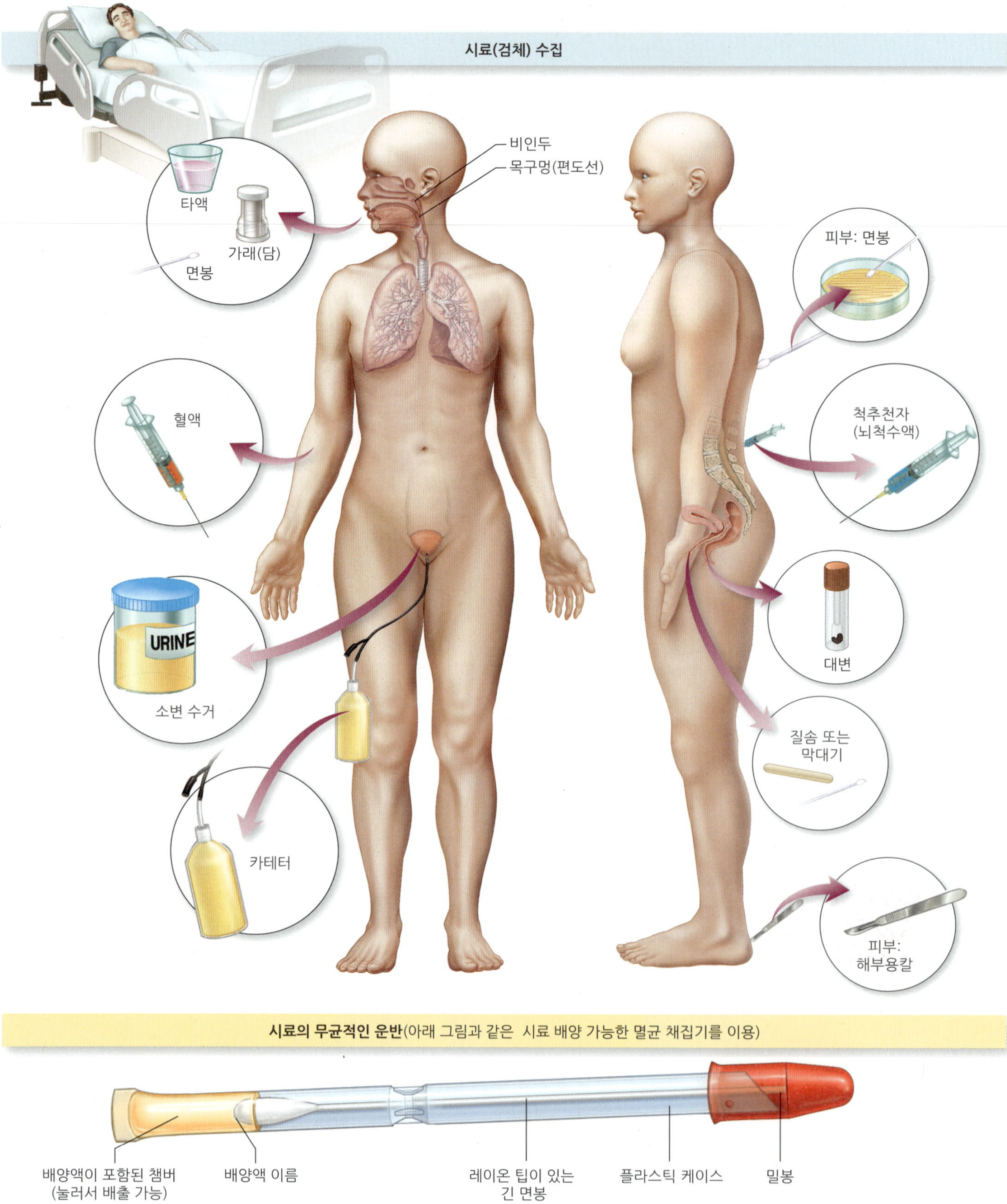

그림 13.1 임상 실험실을 위한 시료 채취 부위 및 방법

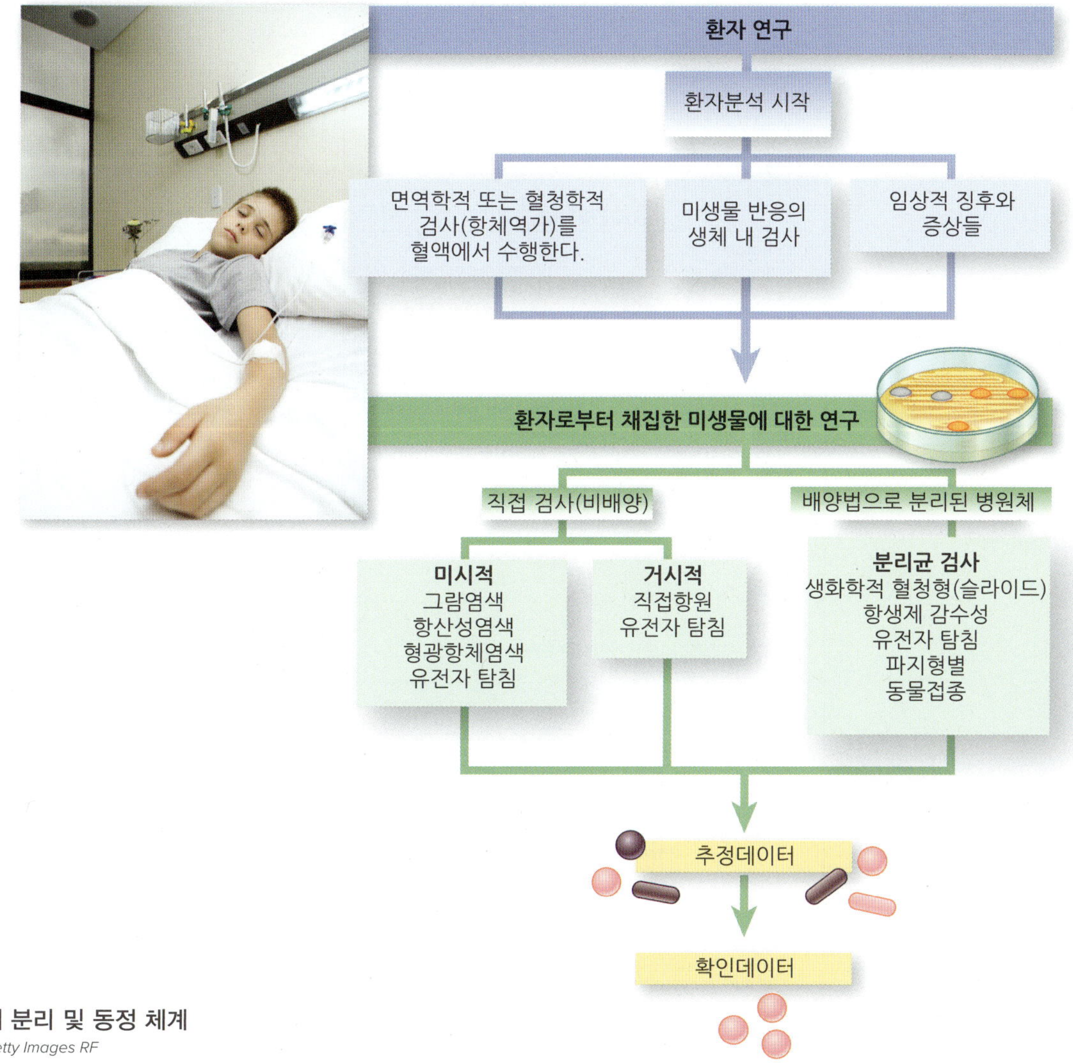

그림 13.2 검체 분리 및 동정 체계

부 병원체는 거의 환자의 징후와 증상에 의해 확인된다. 예를 들어, 에이즈는 혈청 검사나 바이러스를 분리하지 않고도 복잡한 징후와 증상으로 진단된다. 무좀과 같은 일부 질병은 전형적인 증상으로 진단되므로 실험실 검사를 하지 않을 수도 있다.

13.1 학습 평가

1. 미생물 식별 기법의 3가지 주요 범주를 나열할 수 있다.
2. 환자 시료에서 감염물질 식별에 영향을 미칠 수 있는 요인을 요약할 수 있다.
3. 환자에게서 채취한 미생물 시료(검체)의 분석 결과와 환자가 말한 징후와 증상에 의한 결과를 비교할 수 있다.
4. 시료 분석 과정에서 추정 데이터와 확인 데이터를 구별할 수 있다.

그림 13.3 환자 시료에 대한 데이터를 보고하는 데 사용되는 임상 양식의 예

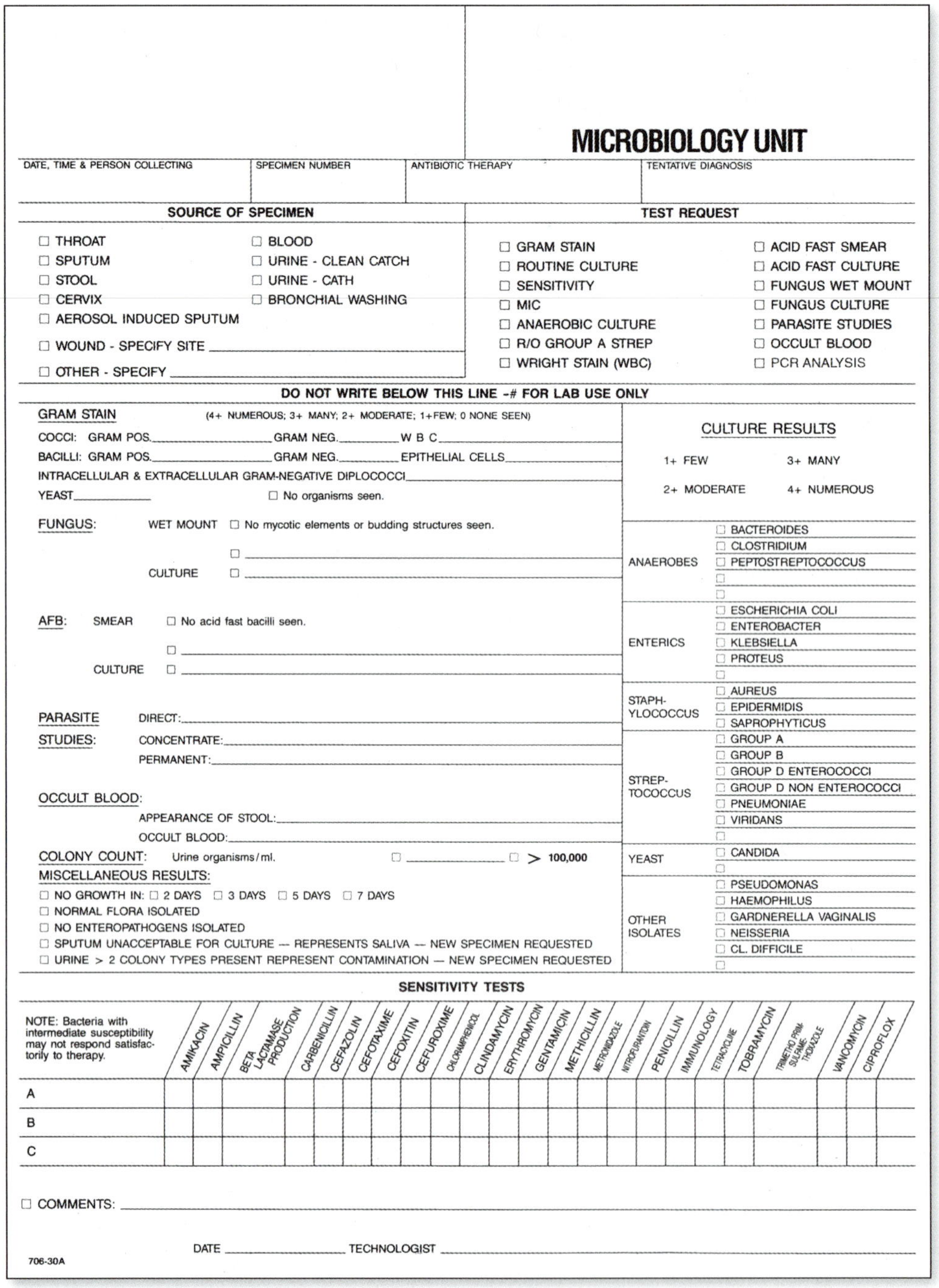
MICROBIOLOGY UNIT

DATE, TIME & PERSON COLLECTING | SPECIMEN NUMBER | ANTIBIOTIC THERAPY | TENTATIVE DIAGNOSIS

SOURCE OF SPECIMEN

☐ THROAT
☐ SPUTUM
☐ STOOL
☐ CERVIX
☐ AEROSOL INDUCED SPUTUM
☐ BLOOD
☐ URINE - CLEAN CATCH
☐ URINE - CATH
☐ BRONCHIAL WASHING
☐ WOUND - SPECIFY SITE ______
☐ OTHER - SPECIFY ______

TEST REQUEST

☐ GRAM STAIN
☐ ROUTINE CULTURE
☐ SENSITIVITY
☐ MIC
☐ ANAEROBIC CULTURE
☐ R/O GROUP A STREP
☐ WRIGHT STAIN (WBC)
☐ ACID FAST SMEAR
☐ ACID FAST CULTURE
☐ FUNGUS WET MOUNT
☐ FUNGUS CULTURE
☐ PARASITE STUDIES
☐ OCCULT BLOOD
☐ PCR ANALYSIS

DO NOT WRITE BELOW THIS LINE -# FOR LAB USE ONLY

GRAM STAIN (4+ NUMEROUS; 3+ MANY; 2+ MODERATE; 1+FEW; 0 NONE SEEN)
COCCI: GRAM POS.______ GRAM NEG.______ W B C______
BACILLI: GRAM POS.______ GRAM NEG.______ EPITHELIAL CELLS______
INTRACELLULAR & EXTRACELLULAR GRAM-NEGATIVE DIPLOCOCCI______
YEAST______ ☐ No organisms seen.

FUNGUS: WET MOUNT ☐ No mycotic elements or budding structures seen.
☐ ______
CULTURE ☐ ______

AFB: SMEAR ☐ No acid fast bacilli seen.
☐ ______
CULTURE ☐ ______

PARASITE STUDIES: DIRECT:______
CONCENTRATE:______
PERMANENT:______

OCCULT BLOOD:
APPEARANCE OF STOOL:______
OCCULT BLOOD:______

COLONY COUNT: Urine organisms/ml. ☐ ______ ☐ > 100,000

MISCELLANEOUS RESULTS:
☐ NO GROWTH IN: ☐ 2 DAYS ☐ 3 DAYS ☐ 5 DAYS ☐ 7 DAYS
☐ NORMAL FLORA ISOLATED
☐ NO ENTEROPATHOGENS ISOLATED
☐ SPUTUM UNACCEPTABLE FOR CULTURE — REPRESENTS SALIVA — NEW SPECIMEN REQUESTED
☐ URINE > 2 COLONY TYPES PRESENT REPRESENT CONTAMINATION — NEW SPECIMEN REQUESTED

CULTURE RESULTS
1+ FEW 3+ MANY
2+ MODERATE 4+ NUMEROUS

ANAEROBES: ☐ BACTEROIDES ☐ CLOSTRIDIUM ☐ PEPTOSTREPTOCOCCUS ☐ ☐
ENTERICS: ☐ ESCHERICHIA COLI ☐ ENTEROBACTER ☐ KLEBSIELLA ☐ PROTEUS ☐
STAPHYLOCOCCUS: ☐ AUREUS ☐ EPIDERMIDIS ☐ SAPROPHYTICUS
STREPTOCOCCUS: ☐ GROUP A ☐ GROUP B ☐ GROUP D ENTEROCOCCI ☐ GROUP D NON ENTEROCOCCI ☐ PNEUMONIAE ☐ VIRIDANS ☐
YEAST: ☐ CANDIDA ☐
OTHER ISOLATES: ☐ PSEUDOMONAS ☐ HAEMOPHILUS ☐ GARDNERELLA VAGINALIS ☐ NEISSERIA ☐ CL. DIFFICILE ☐

SENSITIVITY TESTS

NOTE: Bacteria with intermediate susceptibility may not respond satisfactorily to therapy.

	AMIKACIN	AMPICILLIN	BETA LACTAMASE PRODUCTION	CARBENICILLIN	CEFAZOLIN	CEFOTAXIME	CEFOXITIN	CEFUROXIME	CHLORAMPHENICOL	CLINDAMYCIN	ERYTHROMYCIN	GENTAMICIN	METHICILLIN	METRONIDAZOLE	NITROFURANTOIN	PENICILLIN	IMMUNOLOGY	TETRACYCLINE	TOBRAMYCIN	TRIMETHOPRIM-SULFAMETHOXAZOLE	VANCOMYCIN	CIPROFLOX
A																						
B																						
C																						

☐ COMMENTS: ______

DATE ______ TECHNOLOGIST ______

706-30A

13.2 표현형 방법

시료의 즉각적인 직접 검사

염색된 시료(검체)를 직접 현미경으로 관찰하는 것은 추정적 특성과 때로는 확인적 특성을 결정하는 가장 빠른 방법 중 하나이다. 그람염색(들여다보기 4.2 참조)과 항산성 염색(그림 3.21b)은 세균 식별에 가장 많이 사용된다.

시료 구축

배지 분리

미생물 분리를 위한 다양한 배지가 존재하기 때문에 사용목적에 적합한 배지의 선택은 중요하다. 의심되는 병원체가 소량 존재하거나 비병원성 세균의 과다생장(overgrowth)으로 병원균의 분리가 어려울 경우에는 시료를 특수 배지를 이용해 배양할 수 있다. 소변, 대변 등 다양한 세균종을 함유하고 있는 비살균 시료는 의심되는 병원체의 성장을 위하

여 선택배지에서 배양한다. 예를 들어, 요로 감염의 약 80%가 대장균(*Escherichia coli*)에 의해 유발되는 것으로 알려져 있으므로, 일반적인 병원체의 분리 배양에 적합한 특정 선택배지를 사용한다. 혈액에서의 반응(혈액 한천) 및 발효 방식(만니톨염 및 Mac-Conkey 한천)과 같은 결정적인 특성을 선별하기 위해 시료를 다른 배지에 접종하기도 한다. 주기적으로 채집한 환자의 혈액은 보통 특수액상 배지를 이용해 의심되는 병원균을 분리한 후, 연이어 수많은 분별 배지와 생화학 배지를 이용해 병원균의 다양한 특성들을 검사할 수 있다(3.1절 참조). 혼합되거나 오염된 배지를 다루는 것은 오해의 소지가 있고 모호한 결과를 초래한다. 의심되는 병원균이 분리된 후에는 해당 균만이 정확하게 순수배양되어야 한다. 그러면 임상 미생물학자들은 의심되는 병원체의 현미경적 형태 및 염색 반응, 배양 형태, 운동성, 산소요구량 등을 현미경 등을 이용해 관찰하고 생화학적 분석 및 항생제 민감성 검사를 한다.

한 가지 기억해야 할 중요한 것은 배양 결과를 얻으려면 최소 18시간에서 24시간이 필요하다는 것이다. 이것은 위독한 환자를 돌보는 데 중요한 시간이 될 수 있다. 그런 이유로 최신의 일부 현장 진단 기술이 고가이지만 인기를 얻고 있다. 표현형 방법의 또 다른 단점은 자연계에 있는 대부분의 세균을 실험실에서 배양할 수 없다는 것이다.

생화학적 검사

영양소 및 기타 기질에 대한 세균의 생리적 반응은 특정 세균종에 존재하는 효소에 대한 간접적 증거를 제공한다. 이러한 테스트들은 효소 매개 대사 반응에 기초하고 있는데, 이는 색 변화로 가시화된다. 이러한 종류의 반응은 세균에 특히 의미가 있는데, 세균은 일반적으로 주어진 영양분을 활용하기 위해 유전자를 발현하는 반수체(haploid)이다.

미생물을 특수 기질이 있는 배지에서 배양한 다음, 특정 최종 산물에 대해 검사한다. 미생물의 효소 발현은 착색된 염료에 의해 보여진다. 발색되지 않으면 해당 효소가 없음을 의미한다. 분리 배양된 세균을 이용해 이와 같은 생화학적 검사를 하는 것이 일반적이지만, 일부의 경우에는 환자 시료에 직접 생화학적 검사를 수행하여 몇 시간 혹은 수일 내 결과를 얻을 수도 있다.

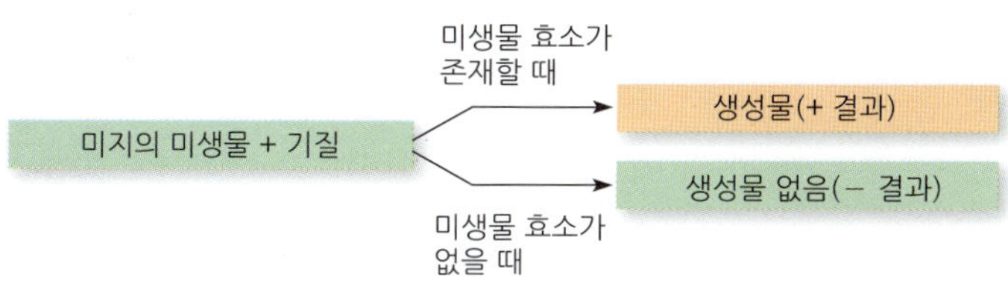

대표적인 생화학적 검사로는 탄수화물 발효(산 및/또는 가스 생산), 젤라틴, 전분 및 기타 중합체(polymer)의 가수분해, 다양한 효소(catalase, oxidase, coagulase)의 작용, 대사의 다양한 부산물 여부 등이다. 현재 작은 개별 튜브를 이용해 최대 23개의 특성을 동시에 결정할 수 있는 신속 소형 키트가 상품화되어 시판되고 있다(**그림 13.4**). 생화학적 프로파일의 복잡성을 고려할 때 중요한 장점은 이러한 시스템이 컴퓨터 분석에 쉽게 적용된다는 것이다.

세균을 식별하기 위한 일반적인 체계가 존재한다. 이는 운동성, 산소요구량, 그람염색반응, 형태, 포자 형성 및 다양한 생화학 반응과 같은 쉽게 인식할 수 있는 특성에 기초한다. **이분법적 동정키**(dichotomous keys)는 각 수준에서 선택할 수 있는 2가지 상반된 특성(예: 양성 대 음성)을 제공하여 식별 경로를 추적하는 데 사용되는 순서도(**그림 13.5**)이다. 결국 종말점에 도달하게 되고, 그 특정의 결합에 맞는 속이나 종의 이름이 나타난다. 학생 및 연구 실험실에서는 유용하지만, 대부분의 임상 실험실에서는 이분법적 동정키보다 더 완벽한 미생물 정보를 제공하는 진단표를 선호한다.

심지어 세균의 생장 및 접종과정(incubation step)이 가능한 기계를 이용하면 동시에 2,500세균종의 동정도 가능하다.

여러 가지 검사들

파지 판별에는 매우 특정한 종 및 균주 특이적 방식으로 세균을 공격하는 바이러스인 박테리오파지를 사용한다. 파지 판별은 일부 세균, 주로 살모넬라균을 식별하는 데 유용하며, 전염병에서 세균의 균주를 추적하는 데 종종 사용된다. 이 기술은 순수배양된 세균을 페트리 접시에 접종하고, 이를 구획으로 지도화하고, 다른 구획의 생장 영역에 다른 파지를 적용하는 것을 포함한다(**그림 13.6**). 세포가 용해되어 형성된 투명대(분해영역)는 파지에 대한 민감성을 나타내며, 이 독특한 패턴에 기초하여 세균을 식별할 수 있다.

항생제 민감도 테스트는 치료에 사용될 약물을 결정하는 데 매우 중요하다(그림 12.1 참조). 특히, 항생제 내성이 만연한 이 시대에 더욱 그러한다. 민감성 유형 또한 *Streptococcus*, *Pseudomonas*, 그리고 *Clostridium* 일부 종에 대한 추정 식별에도 사용될 수 있다. 항균제는 또한 많은 배지에 선택적 작용제로 사용된다.

질병과의 연관성

그람염색으로 진단되는 질병 중 하나인 임질은, 특히 증상이 있는 남성들에게서 진단된다. 그 증상은 *Neisseria gonorrhoeae*에 의해 일어난다. 분비물에 있는 세균이 그람염색이 될 경우, 식세포(phagocyte) 내부에서 흔히 볼 수 있는 독특한 모양의 그람음성 쌍구균(gram-negative diplococci)이 진단된다.

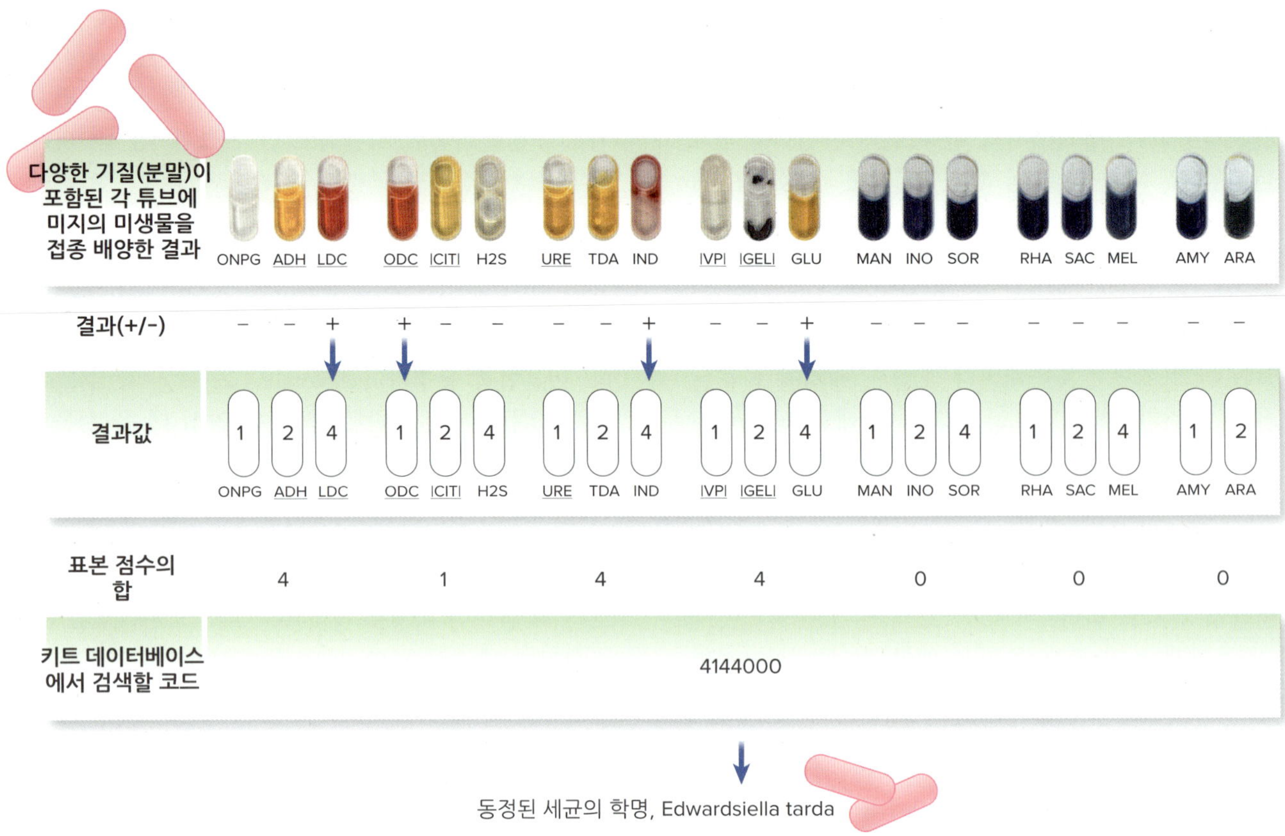

그림 13.4 세균의 생화학적 특성을 이용한 신속 동정 키트 동정하고자 하는 미지의 그람음성균을 순수배양한 후 그 배양액을 키트의 튜브들(각각 특정 효소유무 및 다양한 당류 검사를 위한 기질이 포함됨)에 접종한 후 일정 시간(보통 1일 이내) 배양한다. 배양 후 제작사의 지시대로 일부 튜브에 시약을 추가하면 다양하게 발색된다. 그 결과는 위 결과값 그림과 같이, 튜브 세트당 양성 결과에 지정된 값(첫째 튜브 양성–1, 둘째 튜브 양성–2, 셋째 튜브 양성–4)을 추가하여 결과 판정이 완료된다. 도출된 7개의 문자열(예: 4144000)을 제조사에서 제공하는 웹에 입력하면 세균종(*Edwardsiella tarda*)의 동정이 가능하다.

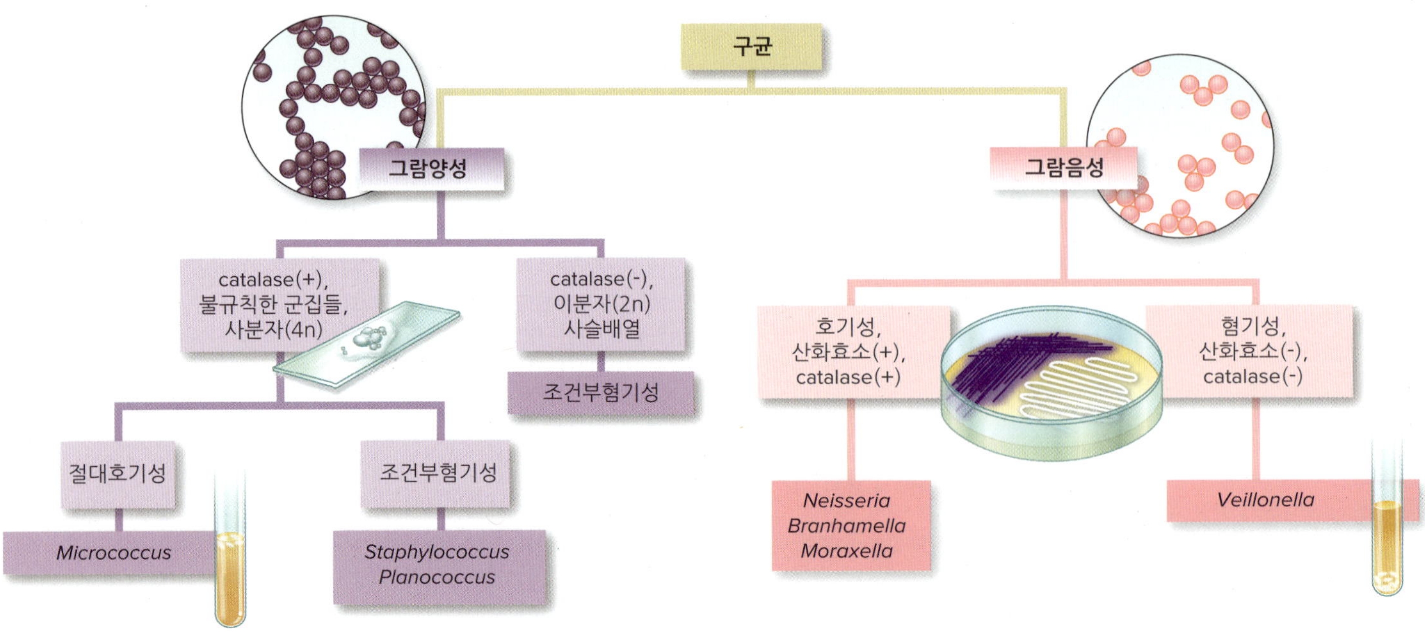

그림 13.5 그람양성과 그람음성 세균을 동정하는 검색도 일반적인 인체 질병과 연관되는 구형세균의 동정 체계

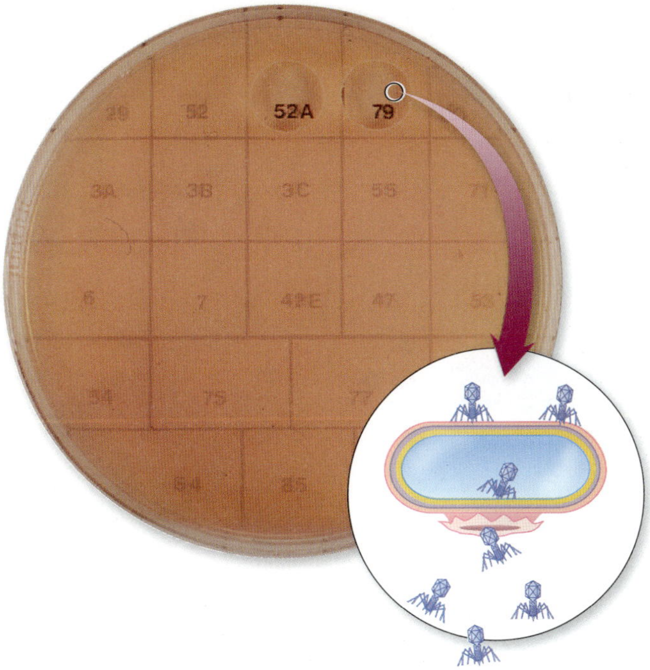

그림 13.6 알려지지 않은 세균의 파지 판별 파지에 의해 도말되었던 세균이 용해되어 투명대를 이룬다. 투명대의 크기는 파지에 대한 세균의 민감도와 연관이 있다.
Courtesy The University of Leeds

배양된 균의 임상적 의미를 결정

시료에서 분리된 균의 임상적인 의미를 신속하게 결정하는 것은 매우 중요하다. 예를 들어 대장균이 소변시료에서 약간 검출되었다면 이것은 정상이지만, 수백 군집은 활성 감염을 의미할 수 있다. 이와는 대조적으로, 가래 배양에서 *Mycobacterium* 결핵균 또는 무균상태여야 할 뇌척수액이나 혈액에서 단 1개의 병원체가 검출되더라도 그것은 질병의 감염 가능성을 의미한다.

13.2 학습 평가

5. 시료의 직접 검사에 사용되는 가장 일반적인 방법을 요약할 수 있다.
6. 표현형 식별 방법과 관련된 2가지 단점을 설명할 수 있다.
7. 생화학적 검사의 기본 원리를 설명하고, 그러한 검사의 예를 확인할 수 있다.

13.3 면역학적 방법

면역반응 중에 형성된 항체는 감염을 퇴치하는 데 중요하며 추가적인 실용적 가치를 지니고 있다. 항체의 특성(예: 수량 또는 특이성)은 환자가 미생물 또는 다른 항원과 접촉한 이력을 나타낼 수 있다. 이것이 혈청 검사의 기본이다. **혈청학**(serology)은 혈청의 생체외 진단 시험에 사용되는 용어이다. 혈청 검사는 항체가 항원에 대해 극도의 특이성을 가지고 있다는 개념을 기반으로 특정 항원이 특정 항체에 노출되면 장갑 속의 손처럼 적합하게 된다. 이러한 상호작용을 물리적으로 볼 수 있는 능력은 항체 또는 그 문제에 대한 항원을 감지, 식별 및 정량화하는 강력한 도구를 제공한다. 그 계획은 상황에 따라 양방향으로 진행된다. 알려진 항원을 이용하여 미지의 항체를 검출하거나 식별할 수 있으며, 알려진 특정 항체를 사용하여 미지의 항원을 검출하거나 식별하는 데 도움을 줄 수 있다(**그림 13.7**). 혈청, 소변, 뇌척수액, 전체 조직 및 타액 외에도 특정 항체의 존재 여부를 분석할 수 있다. 이러한 면역 검사 및 기타 면역 검사는 환자의 면역상태를 확인하거나, 의심되는 진단을 확인하거나, 개인의 질병을 선별하는 데 도움이 된다.

면역 검사의 일반적인 특징

가장 효과적인 혈청 검사는 높은 수준의 특이성과 민감도를 가지고 있다(**그림 13.8**). **특이성**(specificity)은 특정 항체 또는 항원에만 초점을 맞추고 관련성이 없거나 먼 항체와는 반응하지 않는 검사의 속성이다. 더 구체적으로 말하면, 특이성은 감염되지 않은 사람들에게 무반응이다. 높은 특이성은 검사의 실패율이 낮다. 민감도가 높으면 검체에 있는 미세한 양의 항체 또는 항원을 감지하므로 모든 양성자들에게서 검사할 수 있다. 감도가 높은 검사는 실패율이 낮다. 그러나 어떠한 절차도 항상 100% 정확하지 않기 때문에 높은 민감도 또는 위양성(false-positive)이나 위음성(false-negative) 결과를 피하는 검사방법을 선택하는 것이 좋다.

항원 – 항체 상호작용

임상 환경에서 유용하려면 항원-항체 결합이 육안으로 보이거나 광학현미경으로 분명히 보여야 한다. 인체 또는 미생물 세포가 정확한 특이성, 큰 덩어리 또는 응집체의 항체에 노출되면 쉽게 보일 수 있다. 그러나 작은 항원-항체 복합체는 쉽게 관찰되지 않기 때문에, 염료나 형광 시약을 추가해줌으로써 반응 결과를 육안으로도 관찰할 수 있다.

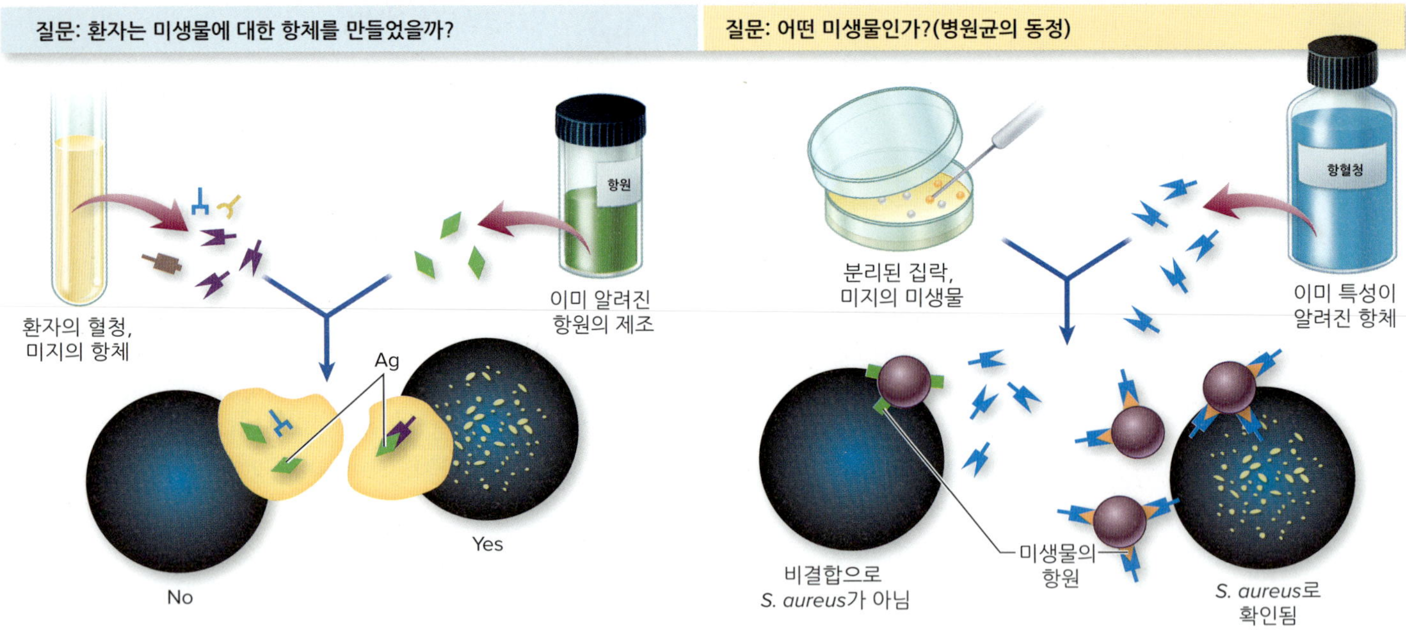

그림 13.7 항체 및 항원을 활용한 혈청 검사의 기본 원리

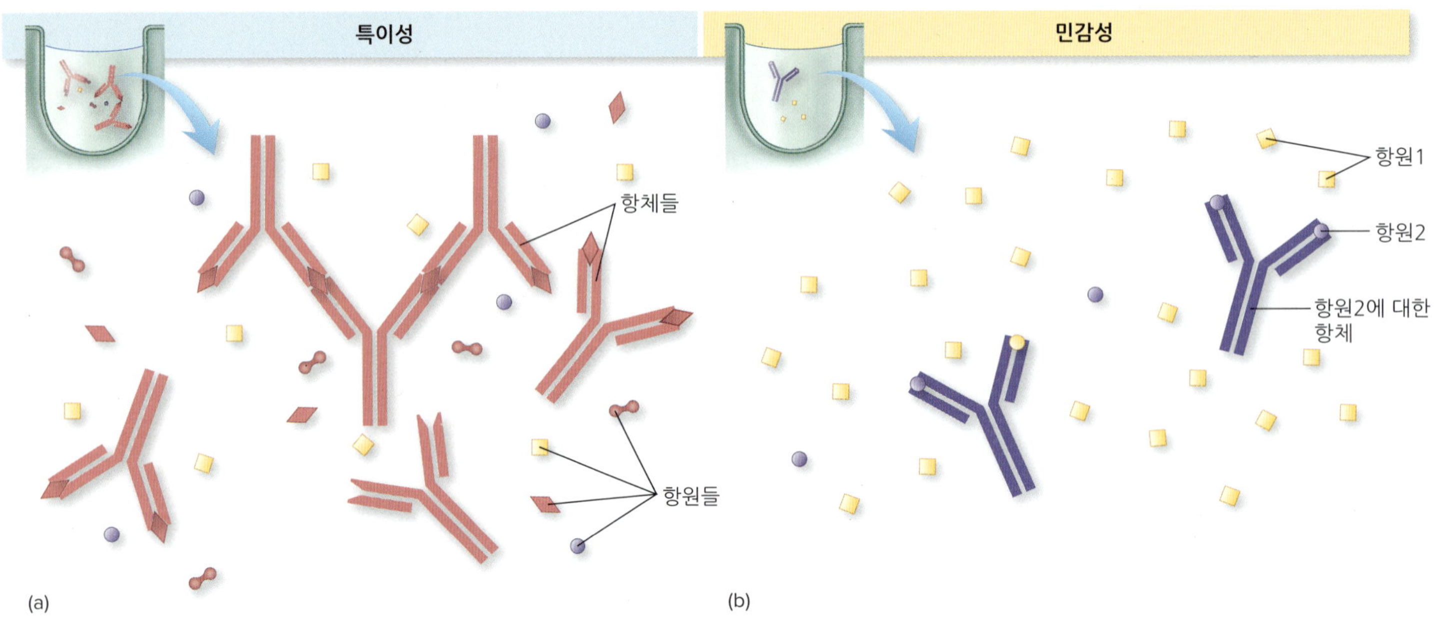

그림 13.8 면역 검사의 특이성 및 민감성 (a) 이 시험은 항체(Ab)가 특정 항원(Ag)하고만 정밀하게 결합되는 특이성을 보여준다. 종종 높은 특이성을 가진 항체는 어느 정도의 민감성을 상실하는데, 이는 그들이 정확한 정체성의 일부 항원을 놓칠 것이라는 것을 의미한다. (b) 민감성은 항원이 희석되어 항체가 항원과 결합할 수 있다는 사실로 증명된다. 높은 민감성의 항체는 일부 특이성을 줄여 때로는 잘못된 항원과 결합할 수도 있다.

응집과 침전 반응

표 13.1에서 볼 수 있듯이 응집과 침전의 본질적인 차이는 항원의 크기, 용해도 및 위치에 있다.

응집반응을 하는 항원-적혈구의 경우, 세포 전체에 있고 위치는 세균이나 바이러스의 경우, 표면에 있다. 침전 시 활용되는 항원은 가용성 분자이다. 두 반응 모두에서, 항원 및 항체 농도가 최적일 때, 하나의 항원은 여러 항체에 의해

표 13.1 면역학적 방법 요약

시험법	기술 설명	예시
응집 (agglutination)	전체 세포의 항체 매개 응집과 관련	혈액형, 항체(Ab)
침전 (precipitation)	작은 크기의 항체-항원 복합체 생성	매독과 혈청형에 대한 PRP검사
웨스턴 블롯 (western blot)	항체 매개 검출에 의한 단백질 분리	HIV 검증 테스트
면역형광(immunofluorescence) 직접적(direct)	형광 염료로 표지된 항체(Fabs) 알 수 없는 검체가 알려진 형광항체에 노출됨(현미경 사진 참조)	뇌막염, 전염병 검사
간접적(indirect)	환자의 항체의 Fc 부위는 알려진 형광항체와 결합	매독에 대한 FTA-ABS 검사
면역분석(immunoassay) 방사면역측정법 (radioimmunoassay)	미량의 항체 또는 항원에 대한 민감하고 신속한 검사 결합된 방사성 물질로 표지된 항체 또는 항원의 측정	알레르기에 대한 RAST 또는 RIST
면역크로마토그래픽 검사	직접 항원 및 "딥 스틱" 검사	HIV, *Leishmania*
효소면역측정법 (ELISA)	미지의 항원 또는 항체 검출을 위한 발색 검사	*Helicobacter*, HIV 검사
In vivo 방법	반응을 유도하기 위해 환자에게 도입된 항원 또는 항체	결핵에 대한 Tuberculin 검사

© Image Source/Getty Images RF

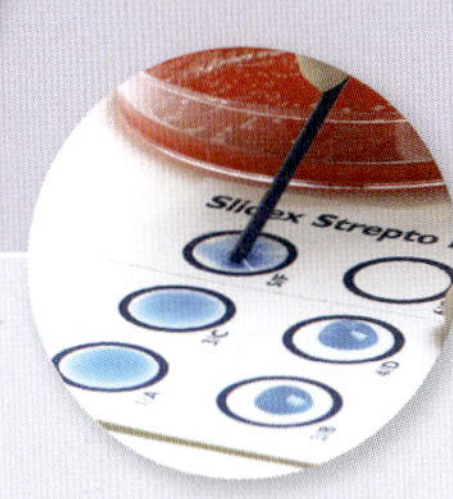
© Mauro Fermariello/Science Source

© Hank Morgan/Science Source

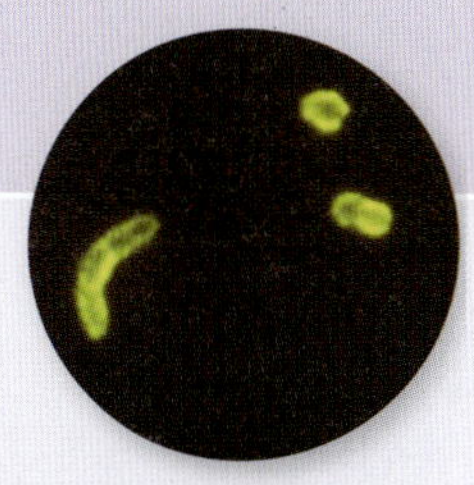
CDC/Dr. Jack Poland

Microscopic view

© Comstock/PunchStock RF

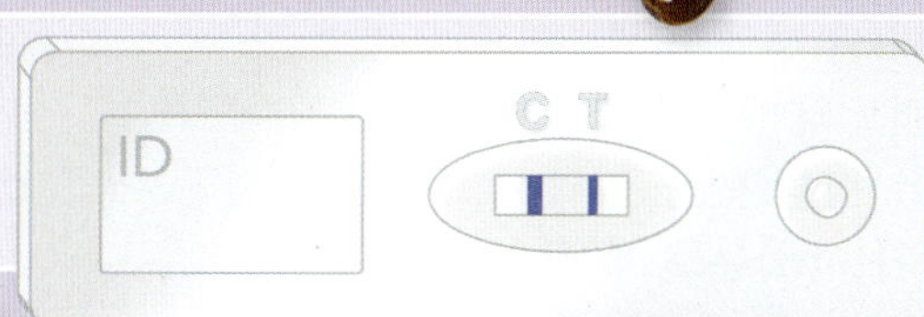

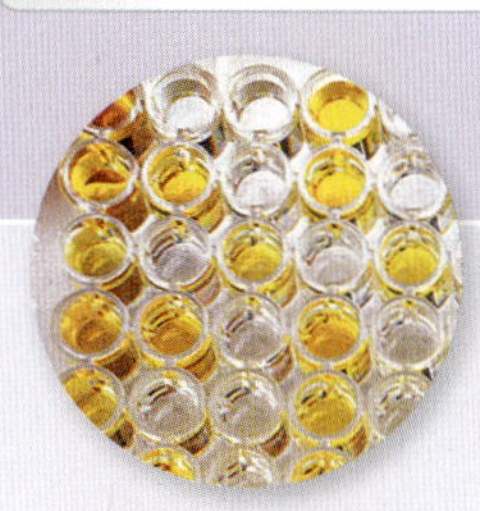
© Hank Morgan/Science Source

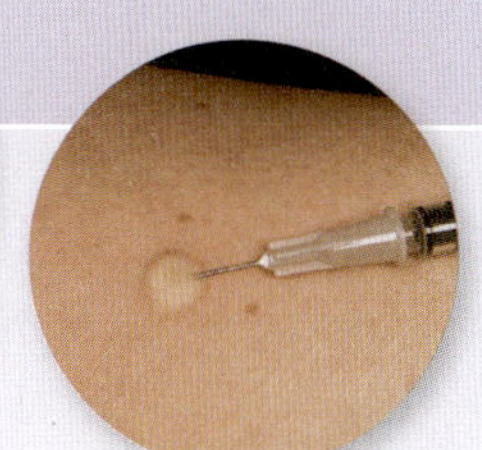
CDC/Gabrielle Benenson

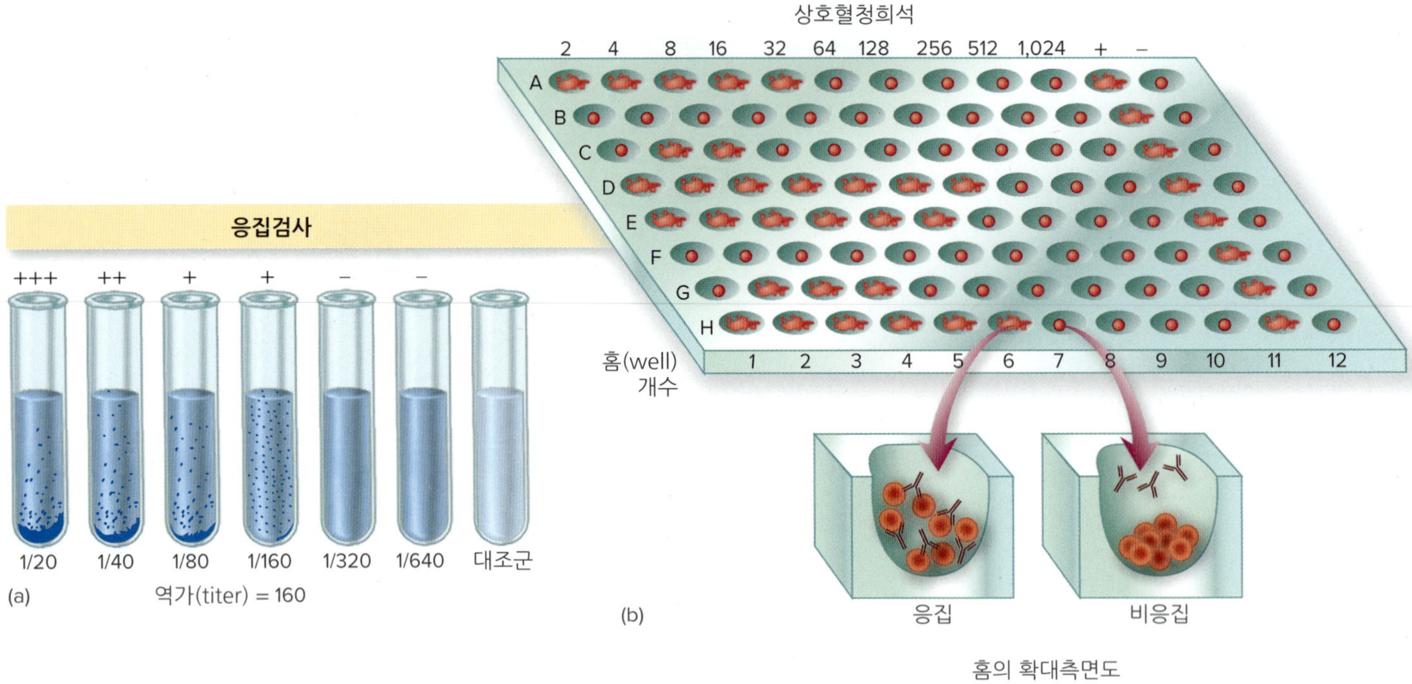

그림 13.9 응집 검사 (a) 항체 역가를 결정하기 위한 튜브 응집시험. 각 튜브에 동일한 수의 세포(항원)를 추가하고, 환자의 혈청을 연속으로 희석한다. 이 예의 역가는 희석 비율(1/320)에서 다음 튜브에 응집되지 않기 때문에 160이다. (b) 적혈구 응집을 나타내는 마이크로 역가 플레이트. 항체는 1열에서 10열까지 모든 홈에 배치된다. 비교를 위해 양성 대조군(11열)과 음성 대조군(12열)이 포함된다. 적혈구는 각각의 홈에 첨가한다. 세포를 응집시킬 수 있는 충분한 항체가 존재하는 경우, 홈의 바닥에 가라 앉는다. 항체가 불충분할 경우 촘촘한 알갱이가 형성된다.

연결되어 용액에 침전되는 불용성 응집체를 형성한다.

응집(agglutination)은 눈에 보이는 세포 덩어리와 같이 구성되기 때문에 쉽게 보인다(**그림 13.9b**). 혈액 은행에서 수혈을 준비하는 과정에서 ABO 및 Rh 혈액형을 결정하기 위해 정기적으로 응집 시험을 한다.

이 유형의 검사에서 적혈구의 혈액 항원에 대한 항혈청 함유 항체를 소량의 혈액과 혼합하여 응집여부를 관찰한다. 항체로 코팅된 라텍스 비드를 사용하여 응집이 가능하다. 라텍스 응집검사는 인두염을 포함한 다양한 전염병을 신속하게 진단하는 데 사용된다. 검체에 미생물이 있으면 항원-항체 복합체가 형성되어 비드의 응고현상이 쉽게 관찰된다.

항원-액체에서 일어나는 항체 반응은 역가 또는 시료의 항체 농도로 계산된다. 역가(titer)는 모두 동일한 양의 세포(항원)를 포함하는 마이크로 역가 플레이트의 시험 튜브 또는 홈(well)에 연속적으로 희석된 환자 혈청을 주입해 조사한다(**그림 13.9**). 역가는 여전히 응집을 일으키는 혈청 중 가장 희석 정도가 높은 것으로 정한다. 일반적으로, 혈청 시료는 희석될 수 있고 항원과 반응할수록 항체의 농도가 높아져 항체의 역가가 된다. 항체 역가는 종종 류마티스 관절염 및 루푸스와 같은 자가 면역 질환을 진단하고 풍진과 같은 특정 질병에 대한 과거 이력을 결정하는 데 사용된다.

침전(precipitation) 반응에서, 수용성 항원은 항체에 의해 침전된다. 침전이 유용한 검출 수단이지만, 침전물은 액체 매질에서 매우 쉽게 파괴되므로 대부분의 침전 반응은 거대하고 불용성인 입자에 고정된 항원이나 항체로 수행되므로 확대 없이 반응이 보인다(표 13.1 참조).

혈청형 분석은 특정 세균을 혈청형이라고 하는 범주로 식별, 분류, 세분화하기 위한 항원-항체 기술이다(표 13.1 참조). 이 방법은 캡슐, 편모 및 세포벽과 같은 세포 항원에 대한 항혈청을 사용한다. 혈청형은 *Salmonella* sp.와 그 균주들을 동정하는 데 널리 사용되며 수많은 폐렴 구균 및 연쇄상 구균 혈청형을 구별하기 위한 기초가 된다.

단백질 검출을 위한 웨스턴 블롯

웨스턴 블롯 검사(Western blot test)는 전기영동에 의해 단백질은 분리한 후 이들 단백질의 항체-매개 검출을 수반한다(**그림 13.10**). 첫 번째로, 세균 세포 또는 바이러스의 단백질 시료는 겔 내에서 전하를 통해 분리된다. 겔 전체에 분포된 단백질을 특수 필터로 옮긴다. 필터는 환자의 혈청(항체 포함)과 함께 반응된다. 혈청에 미생물에 대한 항체가 포함되어 있다면 필터에 항원이 결합한다. 이 시점에서, 환자의 항체가 어떤 방식으로든 표지되어 있지 않기 때문에 결합이 보이지 않는다. 항원에 결합된 항체가 있는지 확인

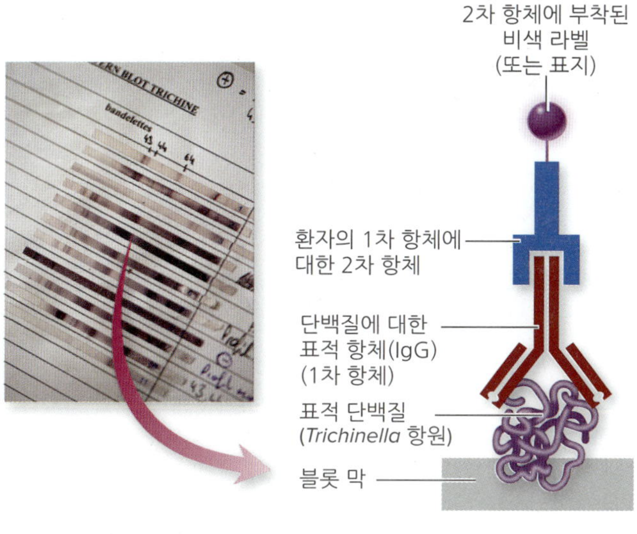

그림 13.10 웨스턴 블롯 과정 선충 *Trichinella*의 주요 항원을 전기영동을 통해 분리하여 필터로 옮겼다. 필터는 10명의 분리된 환자(10행)의 혈청과 함께 배양하였다. 혈청은 1차 항체를 포함한다. 2차 항체(그림에서 파란색)와 비색 레이블을 추가하여 환자의 결합 항체(그림에서 적갈색)를 시각화하였다. *Trichinella* 항원과 환자 항체의 복합체가 밴드로 표시된다.
©Phanie/Science Source

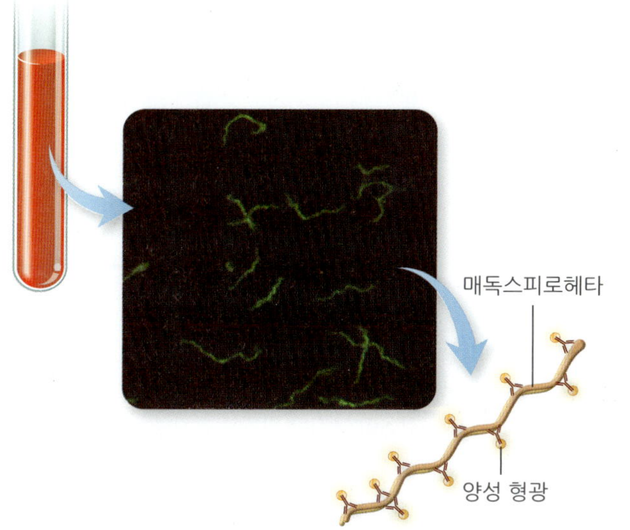

그림 13.11 직접 형광 항원 검사 나선(스피로헤타) 형태의 매독균 *Treponema pallidum*에 대한 직접 형광 검사의 현미경 사진
CDC/Russell

하기 위해, 인간 항체의 Fc 부분을 항원으로 인식하도록 설계된 제2항체가 필터에 적용된다. 이 2차 항체는 형광 또는 발광 분자 또는 무색 기질을 유색으로 바꾸는 효소를 함유하도록 만들어져 있다. 배양 후 특정 항원-항체 결합 부위는 알려진 양성 및 음성 대조군과 비교할 수 있는 밴드 양상으로 나타난다. 환자 시료에 미생물 특이적 항원 또는 항체 존재여부를 확인하는 매우 구체적이고 민감한 방법이다. 웨스턴 블롯은 예비 항체인 양성 HIV 선별 검사를 위한 두 번째(검증) 검사로, 검체에서 미생물과 그 항원을 검출하는 데 많이 활용되고 있다.

면역형광검사

면역형광검사의 기본 도구는 형광 항체(형광염료로 표지된 항체)이다. 형광 항체는 2가지 방법으로 진단에 사용될 수 있다. 직접 시험에서, 미지의 시험 시료나 항원이 슬라이드에 고정되어 알려진 성분의 형광 항체 용액에 노출된다. 항원-항체 복합체가 형성되면, 이들은 시료에 결합된 상태로 유지되고 실험 결과(양성)를 형광 형미경으로 관찰할 수 있다(**그림 13.11**). 직접 형광항체검사는 실험실에서 쉽게 배양되지 않거나 환자의 생존을 위해 신속한 진단이 필수적인 경우 특히 유용하다. 특히 매독, 임질 및 뇌막염의 원인 물질을 확인하는 데 유용하다.

이와 대조적으로, 간접 시험에 사용되는 형광항체는 환자 혈청에서 항체의 Fc 영역을 인식한다. 알려진 항원(세균 세포)을 알 수 없는 항체 함량의 시험 혈청에 첨가한다. 형광이 부착된 항체의 결합은 형광 현미경을 통해 가시화된다. 이는 형광 응집체 또는 세포의 Fabs가 시험 혈청에서 미생물-특이적 항체와 복합체를 형성했음을 나타낸다.

방사면역측정법(RIA)

방사성 동위원소로 표지된 항체 또는 항원을 사용하여 미세한 양의 해당 항원 또는 항체를 정확히 찾아낼 수 있다(표 13.1 참조). 실제로는 매우 복잡하지만, 이러한 분석법은 배양 전과 후의 시료에 존재하는 표지의 양을 알려진 표지된 항원 또는 항체와 비교한다. 방사능의 양은 동위원소 카운터로 측정된다(**그림 13.12**). 방사면역측정법(RAI, radioimmunoassay)은 시료에서 호르몬 수치를 검출하고 환자의 알레르기 진단에 종종 사용된다. 후자의 경우, 절차를 RAST(radio-allergosorbent test)라 한다.

면역크로마토그래픽 검사

시료를 분석할 수 있는 또 다른 방법은 직접 항원 검사를 통해 알려진 항체가 분리 배양된 세균액 또는 환자 시료 표면의 항원과의 결합 여부를 식별하는 데 사용된다는 점에서 직접 형광과 유사한 기법이다. 그러나 직접 항원 감사에서는 육안으로 반응을 볼 수 있다. 이러한 테스트는 측면 흐름 면역크로마토그래픽 검사라고 하며, 처음에는 임신 여부를 확인하

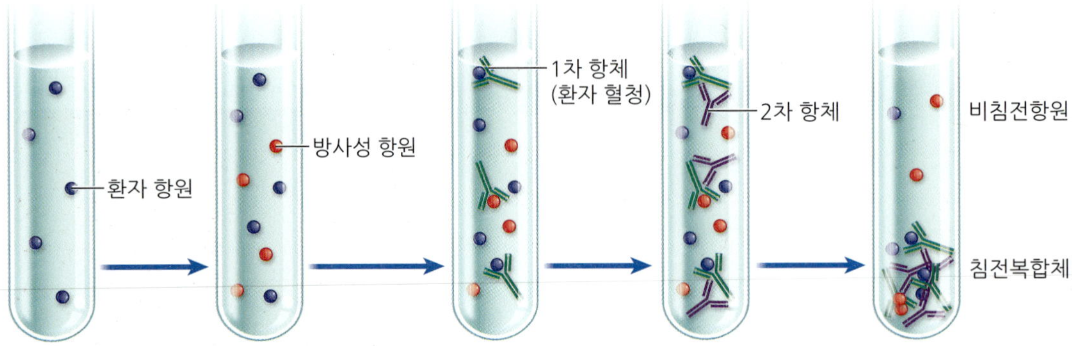

그림 13.12 방사면역측정법 표지가 붙지 않은 항원이 들어 있는 환자의 혈청은 튜브의 완충액에 첨가된다. 다음으로, 알려진 양의 항체와 방사성 항원이 추가된다. 환자의 항원이 표지된 항원을 대처하는 정도는 환자의 혈청 내 항원의 농도를 나타낸다. 1차 항체의 Fc 부분에 결합하는 2차 항체는 항원-항체 복합체를 침전시키는 작용을 한다. 가용성상의 유리항원의 농도를 측정할 수 있다.

기 위해 개발되었지만 현재는 건강관리 클리닉에서 흔히 하는 검사법이다. 이러한 빠른 검사는 임상 진단 속도를 크게 높이며, 그 중 *Staphylococcus aureus*, *Streptococcus pyogenes*, *Neisseria gonorrhoeae*, *Haemophilus influenzae*와 *Neisseria meningitides* 등에 의한 감염 진단에 이용할 수 있다.

면역크로마토그래픽 딥스틱 검사는 시료에 항원 특이 항체의 존재 여부를 분석하는 데도 사용할 수 있다. 이 경우, 알려진 항원이 카트리지 내에 고정되고 시료(침, 혈청)가 여과지 팁에 수집된다. 시료가 카트리지 길이 방향으로 이동함에 따라 항원과 결합해 양성 시료인 경우, 색상 변화가 나타날 수 있다. 이러한 검사는 임질의 빠른 선별 검사(**그림 13.13**)와 개발도상국의 *Leishmania* 및 *Trypanosoma* 감염 여부를 검사하는 데 사용된다.

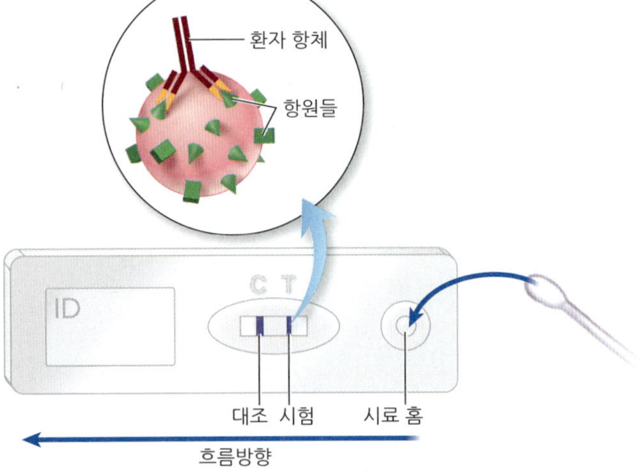

그림 13.13 항원-항체 결합에 의존하는 면역크로마토그래픽 시험
이것은 *Neisseria* 임질에 대한 양성반응이다.

효소면역측정법(ELISA)

효소면역측정법(Enzyme-Linked Immunosorbent Assay)은 효소 면역 분석(enzyme immunoassay, EIA)이라고도 하며, 효소와 연결된 지표 항체를 사용하여 항원-항체 반응을 가시화한다. 이 기술은 또한 반응물을 흡착(표면에 결합)할 수 있는 플라스틱 마이크로타이터(microtiter) 플레이트와 같은 고체 지지체가 필요하다(**그림 13.14**).

ELISA는 2가지가 있다(직접과 간접). 간접 ELISA 검사는 환자 혈청에서 미생물 특이적 항체를 검출한다. 키트에서 나온 알려진 항원은 홈 표면에 흡착되어 환자의 혈청과 혼합된다(**그림 13.14a**). 항원-항체 복합체가 형성되면 용액으로 씻어도 환자의 항체는 홈에 남아 있게 된다. 그 다음(효소를 가진) 2차 항체를 첨가한다. 그것은 환자의 항체 Fc 부분에 결합될 것이다. 그런 다음, 효소에 대한 정확한(무색) 기질이 첨가되면 기질은 효소에 의해 발색(양성)된다. 환자의 혈청에 정확한 항체가 들어 있지 않으면 무색이다. 이것은 HIV, 다양한 구루병 종, A형 및 C형 간염 및 *Helicobacter*에 대한 항체 검사에 사용되는 일반적인 검사이다. 잘못된 결과가 나타날 수 있으므로 검증(웨스턴 블롯) 시험을 추가할 필요가 있다.

직접 ELISA 검사는 알려진 항체(키트로부터)가 홈 바닥에 흡착되어 알려지지 않은 항원과 함께 배양된다(**그림 13.14b**). 항원-항체 복합체가 형성되면, 2차 항체와 결합하고 이들은 홈에서 발색하여 양성 결과를 나타낸다.

이 기술의 최신 버전에는 알칼리성 인산염이라는 효소를 포함하고 있는데, 이 효소는 색 변화 대신 눈에 보이는 빛을 만들어낸다. 기계와 사진 필름으로 빛을 감지하거나 정량화한다.

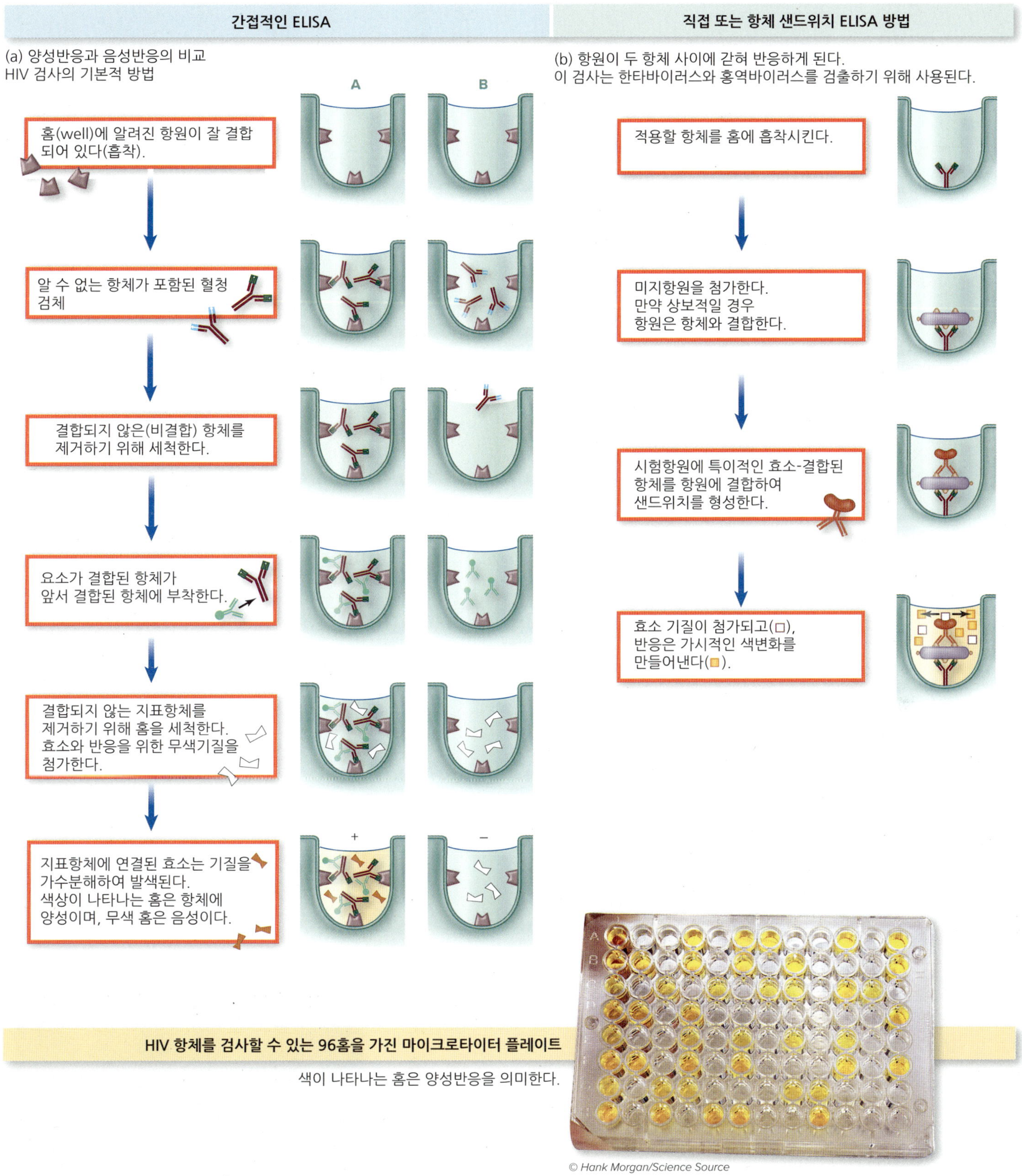

그림 13.14 ELISA 검사 방법 (a) 간접 ELISA는 환자 항체를 감지한다. 여기에 양성 및 음성 검사가 모두 설명되어 있다. (b) 직접 ELISA는 미생물 항원을 검출한다. 여기에서 양성반응만 설명한다.

In Vivo 검사

실제로, 체내(몸 안에서 또는 몸 위에서 일어나는 것이라는 뜻) 시험은 혈청학적 시험과 유사한 원리를 사용하지만, 이 경우 항원 또는 항체가 환자에게 투입되어 일종의 가시적 반응을 이끌어 낸다. **투베르쿨린 검사**(tuberculin test)는 *Mycobacterium tuberculosis*에서 소량 정제된 단백질 유도체(purified protein derivate), 즉 항원이 피부에 주입되는 대표적인 예이다(표 13.1 참조). 48~72시간 내에 붉고 굵은 두꺼운 병변이 나타나는 것은 이전에 결핵에 노출되었음을 의미한다(**그림 13.15** 참조). 비슷한 피부 진단 검사는 곰팡이(예: coccidioidin 및 histoplasmin 테스트) 또는 알레르기 항원으로 인한 감염을 평가하는 데 유용하다.

13.3 학습 평가

8. 혈청학이라는 용어를 정의하고 혈청학적 검사의 면역학적 원리를 설명할 수 있다.
9. 민감성과 특이성을 구분할 수 있다.
10. 미생물 질병 진단에 형광 항체를 어떻게 사용할 수 있는지 설명할 수 있다.
11. 응집 및 침전 반응을 비교하고, 각각 감염성 질환을 진단하는 데 사용되는 방법의 한 예를 제시할 수 있다.
12. 웨스턴 블롯 과정을 요약하고 미생물 동정에 어떻게 사용할 수 있는지 설명할 수 있다.
13. 검체 내 미생물 항원 또는 미생물 특이적 항체를 검출하기 위한 2가지 빠른 면역학적 방법을 설명할 수 있다.
14. 직접 ELISA와 간접 ELISA의 차이점을 설명할 수 있다.

13.4 유전형적 방법

DNA 또는 RNA 내의 질소 염기서열은 모든 미생물에 고유한 특성이다. 이러한 사실과 게놈 분석기술의 발전으로 인해, 핵산 검사는 오늘날 미생물 동정에 주도적으로 사용된다.

중합효소연쇄반응: 정보 확대

많은 핵산 검사에서 중합효소연쇄반응(polymerase chain

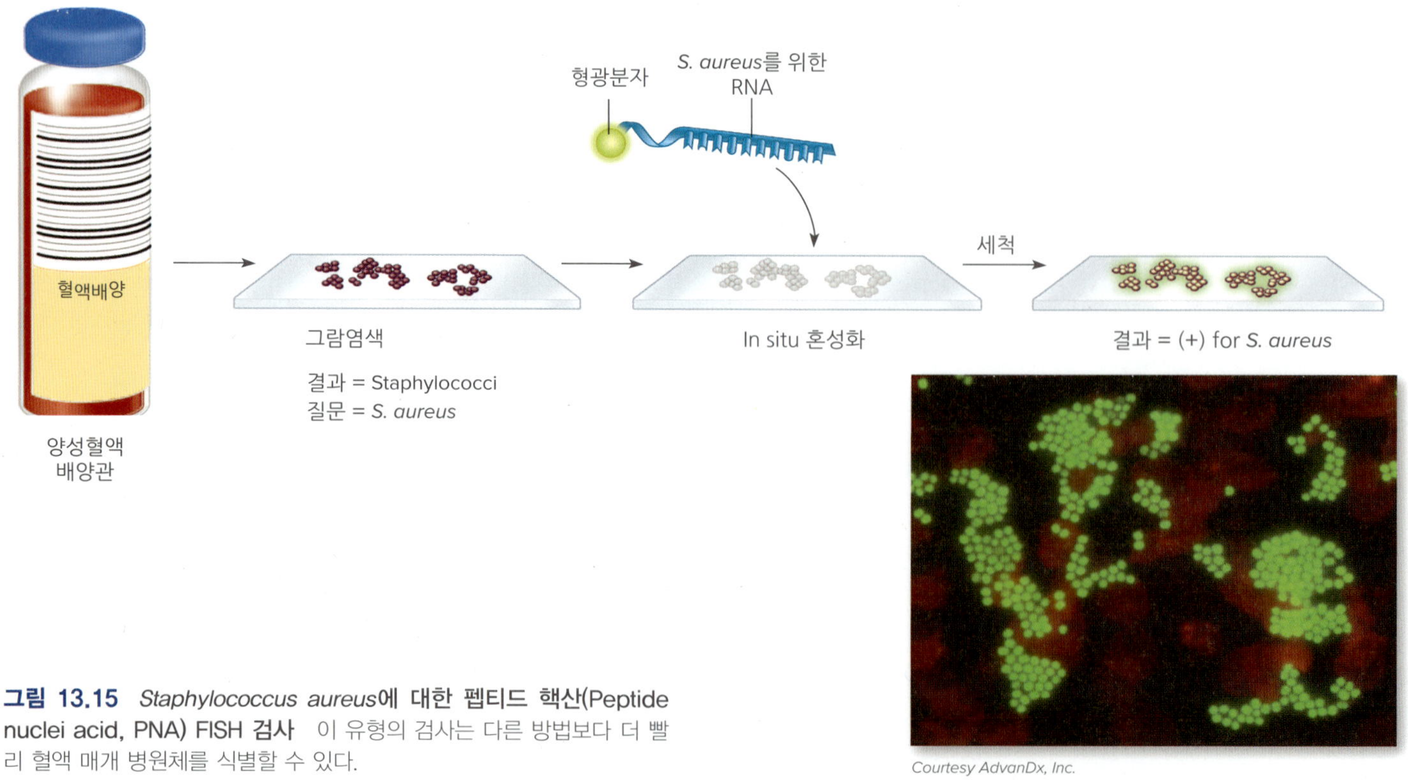

그림 13.15 *Staphylococcus aureus*에 대한 펩티드 핵산(Peptide nuclei acid, PNA) FISH 검사 이 유형의 검사는 다른 방법보다 더 빨리 혈액 매개 병원체를 식별할 수 있다.

reaction, PCR)을 사용한다. PCR로 몇 시간 내에 수많은 동일한 복제 DNA 또는 RNA 분자가 생성된다(과정 그림 10.5). 이 방법으로 시료에 존재하는 미세한 양의 핵산을 증폭시킬 수 있으며, 검사의 감도를 크게 향상시킨다. PCR을 이용한 진단은 다양한 세균, 바이러스, 원생동물, 곰팡이의 유전물질에 대해 수행될 수 있다. 인체 및 환경의 메타 게놈 분석은 핵산 시험에 이용 가능한 미생물 정보의 양을 증폭시키는 PCR 분석 능력에 달려 있다. 최신 PCR 방법은 모든 세균에 공통적인 프라이머를 사용하여 존재하는 모든 세균을 증폭시킨다. 그런 다음, 세균종을 식별하기 위한 추가 방법을 수행할 수 있다.

혼성화: 유사성 검사

혼성화(hybridization)는 미생물의 유전물질의 일부를 분석하여 미생물의 식별을 가능하게 하는 기법이다. 이것은 특정 미생물로부터 분리된 핵산의 특정 서열에 상보적인 것으로 알려진, **탐침**(probe)이라고 하는 단일 가닥 DNA(또는 RNA)의 작은 조각을 필요로 한다. 알려진 탐침과 핵산의 염기쌍을 관찰하여 미생물의 동일성을 증명할 수 있다. 혼성화 기술은 매우 구체적이지만 교차 반응을 배제하기 위해 탐침을 사용해야 한다. 이러한 검사는 수년에 걸쳐 발전해 더욱 편리하고 휴대성이 좋아졌다. 탐침은 일반적으로 형광 라벨로 표시되거나 혼성화가 발생할 때 색의 변화를 유발하는 효소가 부착되어 있다. 자외선에 반응하여 가시광선을 방출하는 로다민(rhodamine) 등의 형광 염료가 실험 결과의 가시화를 위해 사용되는데, 그에 대한 특성은 3.2절에서 논의되었다. 이러한 형광의 특성은 진단 검사에서 수많은 응용분야 개발에 기여하였다.

형광현장혼성화[Fluorescent *in situ* hybridization(FISH)] 기술은 형광 라벨이 부착된 탐침을 환자 시료 또는 환경 시료의 분석에 활용된다(**그림 13.15**). 현미경 분석은 형광을 발하는 특정 미생물을 동정하는 데 사용된다. FISH는 진단을 확인하거나 생물막 내 미생물을 동정하는 데에도 종종 사용된다.

펄스-필드 겔 전기영동: 미생물 지문

10.5절에서, DNA 지문을 시료 내의 짧은 DNA 부분을 분석하는 방법을 기술했다. DNA pulse-field gel electrophoresis(PFGE)도 이와 유사한 기술이지만, 기존 겔 전기영동 방법에 비해 큰 DNA 조각을 분리할 수 있다(**과정 그림 13.16**). 이 분리는 3개의 다른 방향의 겔에 전압을 천천히 적용함으로써 이루어지며, 유사한 크기의 DNA 조각도 완전히 분리될 수 있다. 미생물 하위 유형을 평가하거나 환자 시료에서 검출된 병원체의 정확한 동정이 가능하므로 중요한 역학 연구 방법이 되었다. 펄스넷(PulseNet)은 질병통제예방센터(CDC)가 수립한 프로그램으로, PFGE를 사용하여 질병 발생 가능성, 특히 식품에 의한 질병 발생의 조사를 보조한다. 전국의 공공 보건 시설의 과학자들은 환자 시료 및 기타 시료에서 PFGE 자료를 신속하게 전달하고 비교할 수 있어 발병 여부를 며칠 또는 심지어 몇 주가 아닌 몇 시간 내에 확인할 수 있다. PFGE는 2012년 워싱턴 주에서 발생한 백일해의 어떤 변종이 가장 일반적으로 병을 유발하는지 식별하기 위해 사용되었다(**들여다보기 13.1 참조**).

리보타이핑: rRNA 분석법

1장에서 3도메인 생명체들 간의 진화적 연관성을 규명하는 데, 사용한 지표 중의 하나는 rRNA의 작은 소단위체를 구성하는 16S rRNA의 염기서열을 비교하는 것임을 기억할

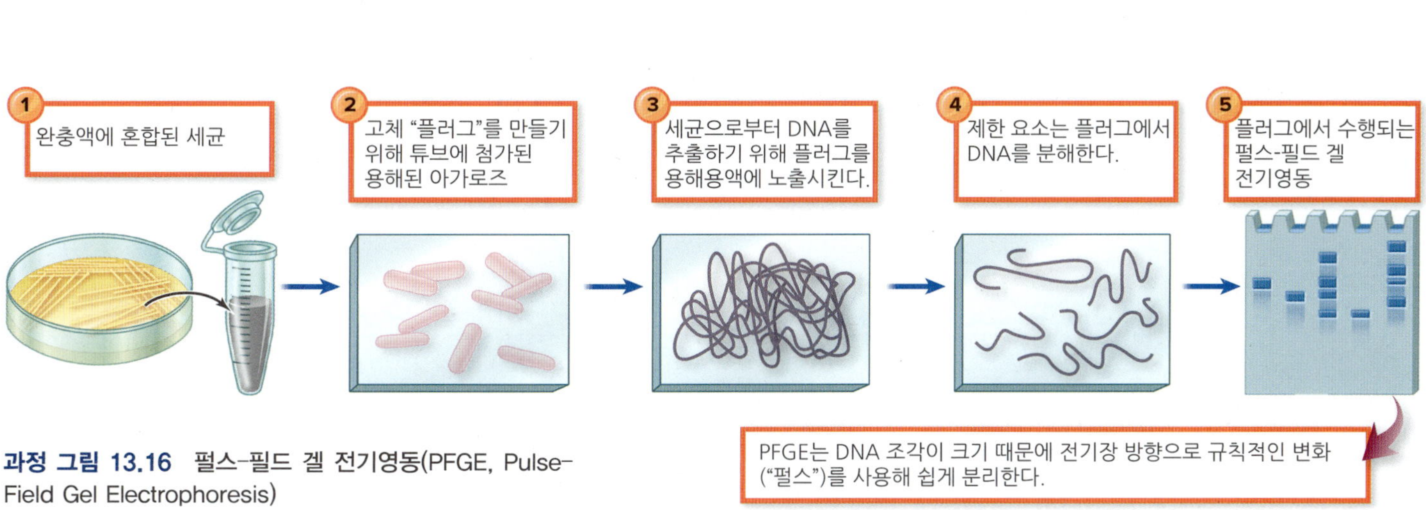

과정 그림 13.16 **펄스-필드 겔 전기영동**(PFGE, Pulse-Field Gel Electrophoresis)

들여다보기 13.1 임상: 워싱턴의 백일해

2012년, 워싱턴 주에서는 흔히 윙윙거리는 기침으로 알려진 백일해 전염병이 발생했다. 백일해는 호기성 그람음성 coccobacillus인 *Bordetella pertussis*에 의해 발생하는 세균성 질병으로 호흡기를 통해 전염된다. 백일해는 질병에 의해 영향을 받은 많은 사람들에 의해 나타나는 특징적인 증상에서 파생된 이름이다. 함성을 지르는듯한 날카로운 입김이 뒤따르는 폐렴(극심한) 기침이다. 2012년 첫 6개월 동안 워싱턴 주에서 2,520건의 백일해가 발생했으며, 이는 전년도 같은 기간의 180건보다 많았다. 이 질병의 발병률은 1세 미만의 어린이와 10~14세 사이의 어린이 및 히스패닉 인구에서 가장 높았다. 주 전체의 백일해 발병률은 10만 명당 37.5건이었으며, 전국에서는 10만 명당 4.2건이 발생하였다.

보고된 백일해 사례들은 환자 시료 배양을 통해 임상 및 주 보건소에서 확인되었다. 또한 미생물 시료는 중합효소연쇄반응(PCR) 등의 분자 기법으로도 분석되었다. 이 핵산 검사는 배양하지 않고 시료에서 미생물의 존재를 감지하기 때문에 환자의 질병을 신속하게 진단한다.

코와 인후 면봉의 세균 배양이 백일해 진단의 표준 방법이지만, *B. pertussis*는 까다로운 유기체이기 때문에 종종 실험실 조건에서 배양하기 어려운 경우가 많다. 특히 항생제를 이미 투여 받은 환자로부터 양질의 검체를 얻는 것은 어려운 일이다. 배양 방법은 시간이 많이 소요되며 백일해가 의심되는 경우 치료를 지연시킬 수 있다. PCR은 신속하게 양성 진단 결과를 얻을 수 있으므로 가끔 사용된다. 그러나 때로는 가양성 또는 가음성 결과가 발생하며 백일해 기침의 첫 3주 동안에는 PCR이 가장 민감하다.

PFGE는 DNA 지문 채취의 일종으로, 워싱턴 주에서 발생한 질병통제예방센터(CDC)에 의해 수행되었다. 환자로부터 채취한 시료에서 생성된 DNA 프로파일은 *B. pertussis*의 PFGE 프로파일의 전국 데이터베이스와 비교되었다. CDC에 따르면, 분리된 균주의 54%가 *B. pertussis*의 가장 일반적인 분리균주 4개를 나타내고, 20개의 분리균주들 중 덜 흔한 분리균주 7개를 나타냈으며, 5개의 시료는 CDC 데이터베이스에서 볼 수 없는 PFGE 프로파일을 가지고 있었다.

예방접종을 받은 어린이는 여전히 백일해가 발생할 수 있지만 증상이 경미하고 질병이 전염시킬 가능성이 적으며 단기간 아팠다. 예방접종을 받지 않은 어린이는 백일해에 감염될 가능성이 8배나 높았다.

1997년 DTaP 백신이 전체 세포백신에서 독소만 있는 무세포 백신으로 전환되었다. 연구자들은 무세포 백신이 전체 세포 백신만큼 오래 지속되지 않을 수 있다고 하였는데, 이것이 13~14세 사이의 환자들 사이에서 발병률이 더 높은 이유였다. 또한 연방 연구에 따르면 워싱턴 주는 자녀에 대한 예방접종을 거부한 부모의 비율이 가장 높았다. 감소하고 있는 백신 효능과 면역력이 떨어지는 인구의 조합은 워싱턴 주에서 백일해로 인한 전염병의 원인일 수 있다.

그래프에서 볼 수 있듯이, 2015년에는 백일해 환자가 또 증가했다. 그것은 2012년의 발병만큼 심각하지 않은 것으로 밝혀졌다.

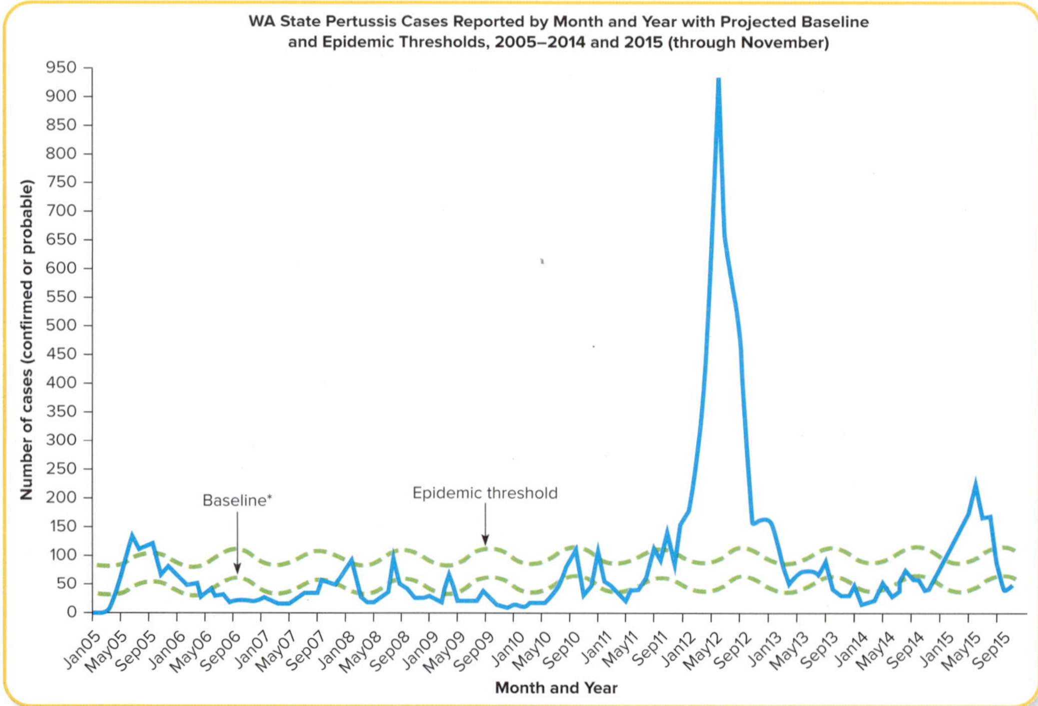

출처: *Washington State Department of Health.*

것이다. 16S 리보솜 RNA는 세균 및 고세균 리보솜의 30S 소단위체의 구성 요소이다. 다른 rRNA 서열은 종마다 다르지만, 16S rRNA(ssuRNA)는 종 및 진화 시간에 걸쳐 매우 보전적이다. 따라서 이러한 RNA 분석 또는 리보타이핑은 세균 식별 및 감염의 후속 진단에 유용하다. 16S rRNA는 환자 시료(검체) 및 환경 시료로부터 추출되어 분석된다.

앞서 논의한 FISH방법은 rRNA 분석에 사용되고 있다. 유기체를 배양하지 않고도 16S rRNA 서열을 신속하게 식별할 수 있다. 이 기술을 사용하여 혈액에 존재하는 미생물을 식별하는 소요 시간이 24시간에서 90분으로 단축되었다(그림 13.15 참조).

이 절에서는 널리 사용되는 게놈 진단 방법에 대해 설명했다. 많은 새로운 게놈 분석법이 개발되었는데, 그 중 다수는 가까운 미래에 전염병 진단을 위한 표준 도구가 될 것이다. 그에 관해서는 13.5절 획기적인 방법론에서 논의한다.

13.4 학습 평가

15. 미생물 식별(동정) 검사에서 PCR이 어떻게 사용되는지 설명할 수 있다.
16. DNA 분석과 관련된 2가지 유전자형 분석 방법을 요약할 수 있다.
17. RNA 분석이 감염성 질병 진단 과정에 어떤 영향을 미쳤는지 설명할 수 있다.

13.5 획기적인 방법론

진단 미생물학은 새로운 시대에 접어 들었다. 유전학, 물리학 및 정보과학(대규모 데이터베이스 형태) 분야의 방대한 신기술을 이용해 의학계는 근본적으로 새로운 진단 기술을 채택하기 시작했다(**그림 13.17**). 진단의 표준화에 항상 문제가 되는 것은 발전된 방법으로 미생물을 분리배양(그리고 동정)하지만 그 기술은 여전히 결함을 가지고 있다. 분리된 미생물이 질병의 원인균이 아니라 방관자라면? 또한 배양에 최소 18시간이 소요되며, 많은 병원체들은 훨씬 더 긴 배양 시간을 요구하기도 한다. 게다가, 우리는 점점 더 많은 감염이 다균성임을 알고 깨닫는다. 하나의 질병 원인균을 분리하려는 우리의 단순한 노력은 심각한 오진을 초래할 수 있다.

혈류 감염(패혈증)의 가장 일반적인 예를 들어보자. 이것은 매우 빨리 죽을 수 있는 조건이다. 적절한 관리를 위한 주요 시간은 6시간 미만으로 추정된다. 그러나 전통적으로 치료과정은 다음과 같고 더 긴 시간을 요구한다.

- 혈액 시료를 채혈하여 혈액배양관에 접종한다.
- 광범위한 항균제 처리가 시작된다.
- 18~24시간 후 배양된 세균의 식별(동정)이 시도되고 항균제 민감성이 결정된다.
- 더 적절한 항균 치료요법이 시행된다.

연구 결과에 따르면 18~24시간의 배양기간 동안 환자가 받고 있는 넓은 스펙트럼의 항균제를 기반으로 개선되고 있는 경우, 많은 의사들이 좀 더 적절한 약물에 대한 항생제를 주문하지 않는 것으로 나타났다. 환자가 호전되지 않는 경우 항균제 변경의 지연은 치명적일 수 있다.

이러한 이유로, 환자의 머리맡이나 의사의 진료실에서 즉시, 그리고 종종 치료 시점에 발생할 수 있는 좀 더 정교한 진단 기술이 필요하다. 비록 이 장의 앞부분에 설명한 많은 진단 기술이 새로운 방법에 비해 상대적으로 저렴하지만, 진단 검사법에 따라 환자 상태가 결정된다는 데는 동의하는 것 같다. 결국 전염병 전문가들은 진단 검사가 의료 치료의 약 70%에 영향을 미치지만, 현재 미국 의료 비용의 2%만이 진단 검사를 위해 지출되고 있다고 지적한다. 따라서 다음 내용은 향후 5년간 미국 의료분야에서 볼 수 있는 가장 가능성이 높은 새로운 진단 기법에 대한 개요이다.

마이크로어레이

감염성 질환 진단을 위해 설계된 마이크로어레이(microarray)는 잠재적으로 수천 가지의 서로 다른 감염성 물질의 유선사 염기서열을 포함하는 칩(흡수편)이며, 조사 대상 증후군(호흡기 감염 또는 뇌막염 증상 등)에 따라 선택된다. 어레이는 매우 다양한 감별 진단을 기반으로 선택된다. 다시 말해서, 이 증후군에 질병을 일으킬 수 있는 미생물은 무엇인가? 어레이는 한 번의 검사에서 세균, 바이러스, 곰팡이 등의 유전자를 포함하도록 만들 수 있다. 이런 점에서 환자 시료(가래, 뇌척수액) 또는 그것으로부터 분리된 핵산은 마이크로어레이에서 표지된 유전자 서열과 함께 반응한다. 매칭 서열은 칩에 혼성화되고, 라벨(대부분의 경우, 형광)은 컴퓨터 프로그램에 의해 검출되어 분리 또는 분리의 동일성을 제공한다.

핵산염기서열화: 전체 이야기

대용량의 핵산염기서열분석법의 개발은 10장에서 설명한 바와 같이 인간 게놈의 분석에 혁명을 가져왔다. 전체 유전체 서열 분석의 비용이 낮아져서 이 기술은 가까운 미래에 전 세계 임상 및 역학 실험실에서 흔히 적용될 것이다.

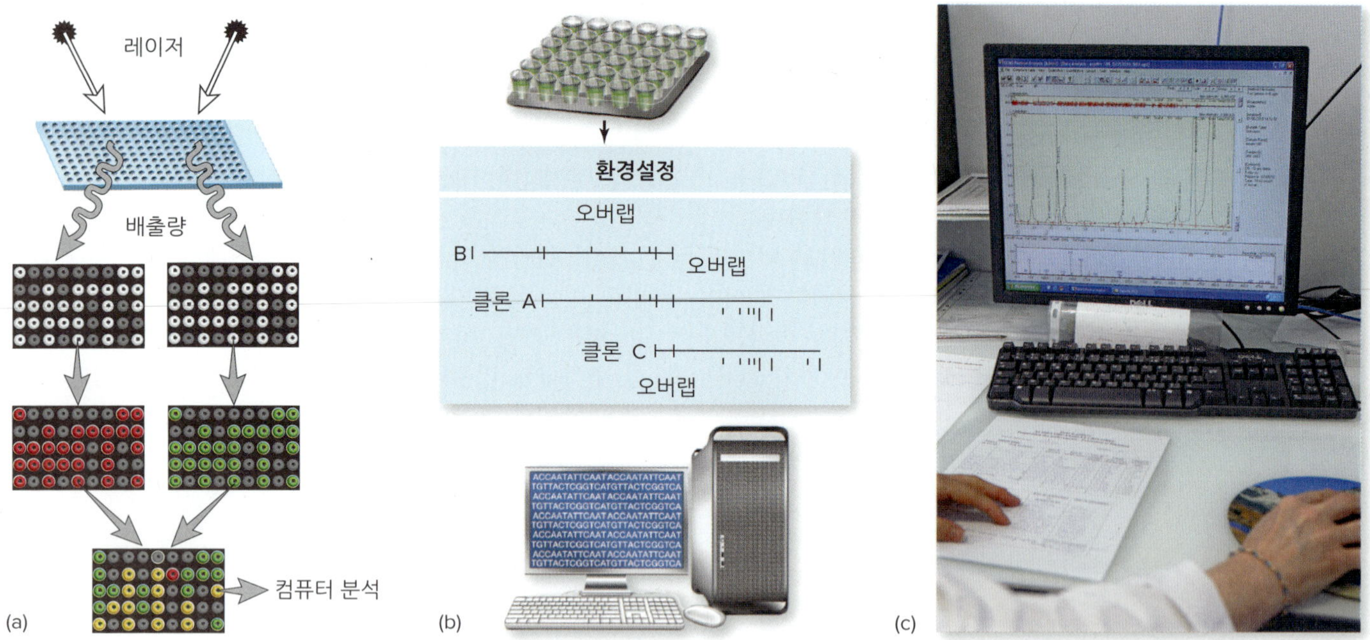

그림 13.17 최신 진단 기술 개요 (a) 마이크로어레이. (b) 핵산염기서열화. (c) 질량 분석. (d) 랩온어칩.
(c) © Jean-Paul Chassenet/Science Source; (d) © Volker Steger/Science Source

핵산염기서열화(nucleic acid sequencing)는 또한 소위 차세대 염기서열기술의 창조를 가져왔다(**들여다보기** 13.2). 무작위 증폭된 다형성 DNA 분석(유전자 식별에 관한 13.4절에 설명)과 같은 기술은 새로운 핵산 서열을 식별하기 위해 무작위 프라이머를 사용한다. 더욱 중요한 것은 단일 게놈을 심층염기서열분석(deep sequencing)이라고 하는 프로세스에서 여러 번 스캔하고 분석할 수 있어 오류를 최소화할 수 있다는 점이다. 일부 과학자들은 이러한 유형의 서열화는 저렴하고 일상적이어서 우리는 곧 증상을 일으키는 하나 이상의 미생물을 찾기 위해 환자 시료의 모든 미생물을 서열화할 것이다. 다른 이들은 더 나은 진단을 위한 경쟁에서 마이크로어레이 또는 다른 기술이 자리를 차지할 것이라고 믿는다.

질량 분석법

질량 분석법(mass spectrometry)은 다양한 화학 화합물 및 생물학적 분자의 구조와 구성을 결정하기 위해 수년간 사용되어 왔다. 질량 분석법으로 시료를 분석하면 단 몇 분 안에 빠르고 정확한 미생물 식별을 위한 새로운 최첨단 기술이 될 것이다.

MALDI-TOF(matrix-assisted laser desorption ionization

들여다보기 13.2 마이크로바이옴: 인간 미생물군유전체 프로젝트 및 감염 진단

수십년 동안 과학자들은 미생물을 동정하기 위해 배양하는 것은 시간이 많이 걸리고 비효율적일 뿐만 아니라 불완전하다는 것을 깨달았다. 많은 미생물들이 까다롭고, 고도의 전문화된 생장조건을 필요로 하며 또 대부분이 살아 있지만 배양할 수 없다는 것을 알게 되었다(VBNC, viable but nonculturable). 일부 연구자들은 인체에서 발견된 서열의 99.9%가 VBNC에 해당한다고 추정하므로 이들이 인간 마이크로바이옴과 질병에서 어떤 역할을 하는지 이해하지 못한다.

J. C. Venter가 개발한 기술로 해양 미생물의 마이크로바이옴을 분석한 경험이 있는 연구자들은 인간 미생물군유전체 프로젝트(Human Microbiome Project, HMP)도 수행해 VBNC 미생물의 게놈을 지도화하였다. Venter 연구소의 과학자들은 다중 변위 증폭(multiple displacement amplification, MDA) 기술을 개발했다. MDA는 분석을 위해 재구성한 수십억 개의 세포에 도달할 때까지 단일 세포에서 DNA 사본 조각을 복사할 수 있다. MDA는 단일 세포에서 유전자의 90%를 포착할 수 있다.

과학자들은 MDA를 사용하여 항생제에 대한 민감성, 사용된 단백질 신호, 그리고 VBNC 미생물의 생존 및 이동에 대한 정보를 얻을 수 있다. 이 모든 정보는 HMP에 필수적이다. MDA를 사용하여, 그들은 인간 미생물군유전체 프로젝트를 위한 통합 미생물 게놈 및 메타 게놈이라는 거대한 비교 분석 시스템에 입력된 약 3.5 테라베이스*의 DNA 서열을 수집했다.

과학자들은 사람 사이의 유전체 차이는 0.01%에 불과하지만 우리 몸 안에 있는 마이크로바이옴 사이의 유전체들은 서로 간에 50% 정도 차이가 난다고 지적한다. 연구원들은 마이크로바이옴 게놈 특성을 이용하여 누가 제2형 당뇨병에 걸릴 위험성이 있는지, 예를 들어 마른 상태나 비만의 위험성에 대해 예측연구를 시작하였다. 일부 과학자들이 말하듯이 마이크로바이옴에 대한 과대평가는 삼가해야 하지만 유전학에 대한 지식에서 비롯된 중요한 발견이 분명히 있을 것이다.

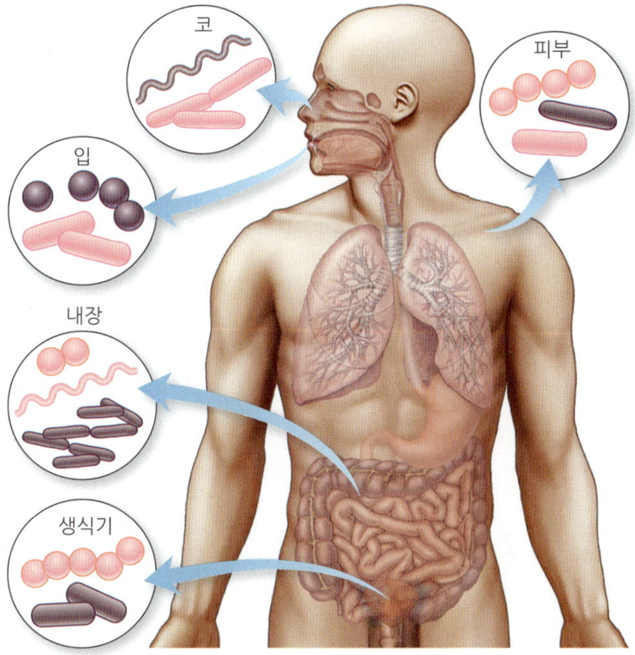

CDC/Russell

*테라베이스는 10^{12}개의 핵산염기들의 유전자 배열이다.

time of fight)[1]이라고 하는 이 기술은 순수 배양된 분리 물질 또는 환자 시료에서 직접 단백질 지문을 분석하는 데 사용할 수 있다. 그것은 환자 시료를 금속판에 첨가한 다음 레이저를 조사한다. 이로 인해 시료가 이온화된다. 시료의 이온을 분리하여 질량 대 전하 비율에 따라 분리하는 기계로 유도된다. 이 기술은 지금까지 세균, 바이러스 및 곰팡이의 동정에 사용되어 왔으며, 기존의 표현형, 유전자형 및 면역학적 방법에 비해 빠르고 정확하며 비용도 경제적이므로 많은 임상 및 연구소에서 사용될 것이다.

마이크로어레이 및 질량 분석 기술은 모두 항생제 민감성을 동시에 검출하는 데 사용될 수 있다.

가장 강력하고 유망한 진단은 PCR과 질량분석법을 결합하는 것이다. 이 기술은 PCR을 사용하여 시료에서 광범위한 프라이머를 증폭한 다음 심층 분석을 위해 자동으로 질량분석기로 전달된다. 전체 시스템이 자동화되었으며 4~5시간 내에 종합적인 결과를 얻을 수 있다.

랩온어칩

최신 기술은 컴퓨터 칩을 포함하는 감지 시스템을 사용하여 항원-항체 복합체가 형성될 때 발생하는 전기 전류의 미세한 변화를 측정한다. 민감성이 매우 높아 시료에 있는

1 이 질량 분석 기술의 전체 이름은 "매트릭스-보조 레이저 탈착/이온화 비행 시간"이다. 이것이 항상 약어이다.

12개 정도의 분자를 검출할 수 있으며 측정 시에 적은 양의 유체가 필요하다. 이러한 기술을 랩온어칩(Lab-on-a-Chip)이라고 한다. 특히 개발도상국에서 상품화되어 사용될 수 있기를 희망한다.

이미징

가끔 감염에서만 사용되는 감염 진단의 오래된 방법은 다양한 이미징 기술을 포함한다. 예를 들어, 고관절 임플란트와 관련된 감염은 혈액 시료를 통한 접근이 어려울 수 있다. 병원균이 이식된 물질에 있는 생물막에서 자라고 있거나 고관절 깊숙한 곳에 있는 종기에서 자라고 있을 수 있다. 심층 조직에서 국소화된 감염 영역을 찾기 위해 자기공명영상, 컴퓨터 단층 촬영(CT), 양전자 방출 단층 촬영(PET) 스캔이 점점 더 많이 사용되고 있으며 나중에 이 영역으로부터 시료를 채취하고 배양해 추가적인 검사를 할 수도 있다. 이미지에서 감염이 발견되지 않을 경우, 환자는 침습적 시술로부터 더 이상의 검사를 할 필요가 없다.

초음파는 종종 감염(또는 그 원인)을 진단하는 데 사용된다. 예를 들어, 초음파를 사용하여 심장 판막이 감염되었는지 확인하기 위해 심장을 가시화하는 데 사용될 수 있다. 복부 초음파에서 복부의 장기를 가시화하여 감염의 징후를 평가할 수 있다. 복부감염의 일반적인 부위는 맹장, 담낭, 췌장, 간이다. 그 밖에 초음파로 평가할 수 있는 부위로는 관절, 혈관, 골반 장기 등이 있다.

13.5 학습 평가

18. 표준 배양 방법을 통해 병원체를 분리하는 것이 오래된 진단 전략이 될 수 있는 이유를 설명할 수 있다.
19. 마이크로어레이 진단 방법의 주요 장점을 나열할 수 있다.
20. 질병 진단을 위해 환자 시료의 전체 게놈 서열화를 사용하는 이점을 요약할 수 있다.

현미경으로 본 세상 — 논평

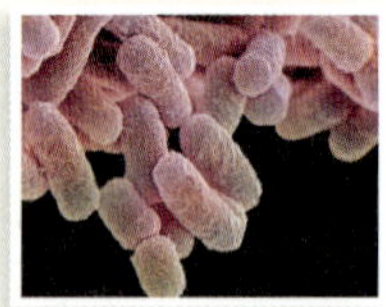
©Science Photo Library RF/Getty Images RF

이 글은 분명히 호기심을 자극했고, 과학이 그럴듯해 보이기 때문에 그럴듯해 보였다. 그러나 나의 첫 번째 반응은 감자샐러드에 대한 것이었다. 대장균 균주의 대다수는 정상적인(필요한) 미생물총이며 다른 사람의 감자 샐러드에는 아무것도 하지 않는다. 그래서 이 기사는 대장균을 상대로 세균에 대한 지식 부족과 충격을 주고자 하는 욕망을 보여주었다. 사실, 최초의 연구 기사에 따르면 연구에 사용된 대장균 균주는 일반적인 균주라고 한다.

이 글의 **의도된 메시지**는 유전공학적으로 변형된 대장균을 이용하면 생쥐의 암진단을 저비용의 비침습적 진단법으로 할 수 있다는 것을 기술하는 것이다. 그것을 **비판적으로** 읽으면 그것이 언급한 기사들을 확인하게 되는데, 그것은 합법적인 것으로 판명된다. 또한 우리는 이 장에서 효소를 사용하여 무색 기질을 유색으로 바꾸는 것이 진단에서 흔히 사용되는 방법이라는 것을 알게 되었다.

나는 이 기사를 내 친구들에게 먼저 대부분의 대장균, 그리고 확실히 이 대장균은 완전히 무해하다는 것을 설명함으로써 **해석**할 것이다. 그런 다음 세균을 이용한 유전공학에 대해 또 발색을 야기하는 효소를 세균에 추가시킬 수 있음을 얘기해 줄 것이다. 그 기사에 대한 **점수**는 B^-이다. 이 글은 디지털 증폭 유전스위치가 무엇인지 설명하지 않고 있으며, 일반 대중에게 가장 중요한 것은 대장균이 경구적으로 투여되고 있다는, 암 진단에 큰 도움이 된다는 것이다.

출처: *Los Angeles Times*, "Talented Bacteria Detect Cancer, Diabetes", 2015년 5월 28일 게시된 온라인 기사.

단원 요약

13.1 감염원 확인

- 미생물학자들은 3가지 범주의 기술을 사용하여 감염을 진단한다(표현형, 유전자형, 면역학).

- 임상 진단의 첫 단계(환자 관찰 후)는 시료(검체)를 얻는 것이다. 이 단계를 정확하게 수행하지 않으면 아무리 좋은 시험이라도 시료 분석이 정확하지 않다.

13.2 표현형 방법

- 주요 표현형 방법에는 시료의 직접 검사, 선택 배지 상의 집락 형태 등 미생물 생장 양상 관찰과 순수배양한 균주들의 생화학적 검사 등이 있다.

13.3 면역학적 방법

- 혈청 검사는 다양한 체액 또는 조직에서 수행할 수 있으며 항체가 항원에 대해 높은 특이성을 갖는다는 원칙을 기반으로 한다.
- 미생물 특이적 항원 또는 항체에 대한 시험은 전형적으로 시험관 내에서 수행되고, 항원-항체 상호작용은 거시적 또는 현미경으로 관찰된다.
- 세포와 라텍스 비드에 결합된 항체와 항원 사이에 응집반응이 발생하여 환자 혈청에서 역가 또는 항체 농도를 결정하는 데 기초가 되는 눈에 보이는 응집체가 나타난다.

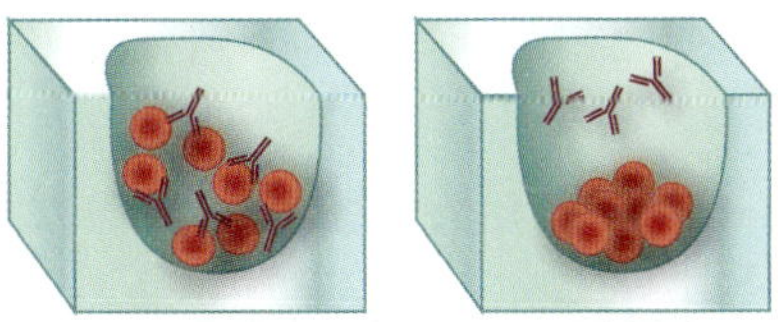

홈의 확대된 측면도

- 침전반응은 항체와 항원 사이에서도 발생하며 불용성, 가시적 침전물을 생성하지만, 일반적으로는 방사성 또는 효소 표지를 첨가하여 가시화한다.
- 웨스턴 블롯과 같은 면역 전기영동 기술에서, 전류에 의해 분리된 단백질은 표지된 항체에 의해 식별된다.
- 직접 형광항체 시험은 미생물 항원의 존재를 나타내며, 간접 형광항체 시험은 미생물 특정 항체의 존재를 나타낸다.
- 방사면역분석법은 매우 적은 양의 항원, 항체 또는 기타 물질을 탐지하고 염류-방사성 동위원소를 사용하여 항원-항체 복합체를 가시화할 수 있다.
- 면역크로마토그래픽 검사는 임상 검체에서 미생물 항원 또는 미생물 특이적 항체에 대한 신속한 치료 시험에 사용된다.
- ELISA 검사는 환자 검체에서 미생물 항원(직접적 방법) 또는 미생물 특이적 항체(간접적 방법)를 검출하는 데 널리 사용된다.
- 투베르쿨린 검사와 같은 생체 내 혈청학적 검사는 숙주에서 눈에 보이는 면역 반응을 유도하기 위해 항원의 주입을 포함한다.

13.4 유전형적 방법

- 미생물 동정에서 유전(자)형의 사용이 기하급수적으로 증가하고 있다.
- 중합효소연쇄반응은 빠르게 표준 진단 기술이 되었다.
- 혼성화 기술은 핵산의 염기쌍 특성을 이용한다.
- 펄스-필드 겔 전기영동 및 리보타이핑은 진단 시 특정 용도에 사용된다.

13.5 획기적인 방법론

- 향후 5년 동안 전염병의 광범위한 진단에 많은 새로운 기술이 도입될 것이다.
- 전체 게놈 염기서열 분석은 미생물의 DNA 염기서열에 의존한다.
- 질량 분석법은 단백질 지문을 통해 미생물을 검출한다.
- 질량 분석과 결합된 PCR은 곧 가장 정확하고 시기 적절한 전염병 진단법으로 간주될 것이다.

객관식 문제(선다형 문제와 OX 문제) | 블룸 1단계 및 2단계: 기억과 이해

선다형 문제 – 제시된 보기에서 답을 고르시오.

1. 소변 시료를 도말한 된 플레이트에 있는 2개의 대장균에 대한 가장 적절한 해석은?
   a. 감염 가능성이 있음
   b. 정상적인(무해한) 미생물총
   c. 오염

2. *Streptococcus pneumoniae*의 50개 집락(colony)의 분리에 대한 가장 가능성 있는 해석은?
   a. 감염 가능성이 있음
   b. 정상적인(무해한) 미생물총
   c. 오염

3. 인후 면봉에서 배양된 다양한 연쇄상 구균의 80개 집락을 분리하는 가장 가능성 있는 해석은?
   a. 감염 가능성이 있음
   b. 정상적인(무해한) 미생물총
   c. 오염

4. 대변에서 세균을 분리하는 데 사용되는 선택배지에서 검은 곰팡이의 집락을 가장 잘 해석하는 것은?
   a. 감염 가능성이 있음
   b. 정상적인(무해한) 미생물총
   c. 오염

5. 다음 방법 중 미생물의 다른 균주를 식별할 수 있는 방법은?
   a. 현미경 검사
   b. 방사면역측정법
   c. DNA 분석
   d. 응집시험

6. 응집반응에서 항원은 __________이고, 침전반응에서, 이것은 __________이다.
   a. 가용성 분자, 전체 세포
   b. 전체 세포, 가용성 분자
   c. 세균, 바이러스
   d. 단백질, 탄수화물

7. 감염원에 대한 _______ 역가 항체를 가진 환자는 일반적으로 _______ 역가를 가진 환자보다 더 큰 보호를 받는다.
   a. 높은, 낮은
   b. 낮은, 높은
   c. 음성, 양성
   d. 오래된, 새로운

8. 직접 면역형광검사에서 표지된 항체를 활용하여 식별할 수 있는 것은?
   a. 알려지지 않은 미생물
   b. 알려지지 않은 항체
   c. 구성성분 보완
   d. 응집항원

9. 웨스턴 블롯 검사를 사용하여 식별할 수 있는 것은?
   a. 알려지지 않은 항체
   b. 알려지지 않은 항원
   c. 특이적 DNA
   d. a와 b

10. 다음 중 단백질 특징을 찾는 방법은?
   a. 핵산염기서열화
   b. 혈청학적 방법
   c. 질량분석법
   d. 리보타이핑

OX 문제 – 다음 문장 내용이 옳으면 O, 틀리면 X로 표기하고 틀린 내용을 올바르게 수정하시오.

11. PNA FISH 검사는 형광과 핵산을 모두 활용한다.
12. DNA Probe는 DNA의 상보적인 부분을 찾기 위해 사용된다.
13. 생화학적 식별 방법은 미생물의 영양소 활용을 기반으로 한다.
14. 임상시료에서 자라는 모든 미생물은 유의미한 것으로 간주되어야 한다.
15. 감별진단은 마이크로어레이 칩에 배치된 유전자를 선택한다.

Chapter 14 미생물과 환경

© Shutterstock/AstroStar RF

현미경으로 본 세상

해양의 바이러스

이번에 소개하는 사례를 통해 대중매체의 기사가 어디까지 사실인지 살펴볼 것이다. 이 사례는 2015년 콴타 매거진(Quanta Magazine)에 실린 "5,000개의 새로운 해양 바이러스의 발견"이란 기사에 대한 것이다.

해변에서 수영을 하면서 삼킨 한 모금의 바닷물의 양은 어느 정도라고 생각하는가? 아마 몇 티스푼? 한 티스푼은 약 5밀리리터이며, 1밀리리터에는 약 천만 개의 바이러스가 있을 수 있으므로 엄청나게 많은 바이러스를 삼킨 것이다. 그러나 당황할 필요는 없다. 오염된 물에서 수영하지 않는 한, 바이러스는 인간 바이러스가 아니라 대부분 박테리오파지이다. 이 기사에서는 세균은 통과하지 못하는 아주 작은 필터를 통과한 바닷물을 이용한 혁신적인 메타유전체연구를 통해서 5,000종 이상의 바이러스를 처음으로 동정했다는 사실을 소개하고 있다.

수십 년 동안 과학자들은 바다에 바이러스가 많다는 사실은 이미 알고 있었다. 그러나 바이러스의 숙주가 무엇인지 모르고 실험실에서 바이러스를 배양할 수는 없었다. 메타유전체학적 접근 방식으로 바이러스 서열을 분석하고, 바이러스의 유전체를 확인할 수 있다. 이 연구에서 과학자들은 DNA 바이러스만 조사했으므로 RNA 바이러스는 아직 알지 못한다. 그러나 발견된 DNA 바이러스의 99%는 이전에 발견되지 않았던 바이러스였다. 연구원들은 바다에서 발견될 새로운 바이러스와 그 외의 바이러스 총 수가 수만에 달할 것으로 추정하고 있다. 연구원들은 현재 이 박테리오파지가 무엇을 하고 있는지, 그리고 생물권에서 어떤 역할을 하는지 대체로 알지 못하지만, 이제는 이에 대한 답을 얻는 데 도움이 되는 기본 정보를 갖게 되었다. 이 연구결과는 전 세계 해양에 총 10^{30}(즉, 1,000,000,000,000,000,000,000,000,000,000)개의 바이러스 입자가 있을 것으로 추정(모든 세포성 생물을 합한 것보다 10배 더 많음)하기 때문에 중요하다. 이렇게 기본적인 것을 과학이 아직도 해결하지 못하고 있다는 것이 흥미롭다.

- 이 기사가 **의도하는 메시지**는 무엇인가?
- 기사를 읽은 후 **여러분의 평가**는 어떠한가? 평가가 비판을 의미하는 것은 아니다. 여러분의 지식을 이용하여 기사의 사실여부, 그리고 기사가 전달하고자 하는 메시지가 무엇인지를 제대로(혹은 옳게) 인지하기 위해서는 비평적인 안목이 필요하다.

- 미생물학을 공부하지 않은 친구를 위해 이 기사를 어떻게 **해석할** 것인가?
- 기사의 정확성과 의도된 효과의 정확성을 고려하여 기사에 대한 당신의 **점수**는 얼마인가?

현미경으로 본 세상–논평은 이 장의 끝에 나옵니다.

이 장은 지구의 생명 유지 시스템을 유지하고 제어하는 데 도움이 되는 미생물의 활동에 중점을 두고 있다. 이 장에서는 환경에서 미생물의 역할, 즉 토양, 물, 무기물의 순환과 같은 생태적 균형유지에 미생물의 기여도가 크다는 관점에서 탐구할 것이다.

14.1 생태학: 상호 연결된 생명의 그물

자연 서식지에서의 미생물의 연구는 **미생물 생태학**(microbial ecology)으로 알려져 있다. 7.1절에서, 극한 환경에서부터 더 살기 좋은 지역에 이르는 전 세계 대부분의 서식지에서 미생물의 광범위한 분포와 적응에 대해 알아보았다. 석탄 및 석회석과 같은 지구의 지질학적 특성이 미생물에 의해 어느 정도 형성된다는 것을 오랫동안 알고 있었지만, 최근에서야 지구상에 존재하는 미생물을 양적으로 이해하게 되었다. 대부분의 미생물은 아직 배양할 수 없다는 것을 기억할 것이다. 세균의 배양에 의존하지 않는 유전체 기술의 발달로, 지구 전체에서 다양한 미생물을 발견했다(**그림 14.1**). 우리는 지구와 빙하의 깊은 곳에서 이 행성의 형성에 미치는 세균의 영향을 알아볼 것이다. 바다에 바이러스가 엄청나게 풍부하게 존재한다는 것은 놀라운 일이다.

그림 14.1 뉴질랜드의 심해 열수구 흑연 분구(black smoker)라고 한다. 열수구(hydrothermal vent)에 풍부한 황화물이 그 인근에 있는 화학영양세균에게 공급된다. 이 열수구 주변의 온도는 750℉(약 400℃) 정도이다.
Courtesy New Zealand American Submarine Ring of Fire 2007 Exploration, NOAA Vents Program

생태학 연구는 생물 환경의 생물요인과 무생물요인을 모두 다룬다. **생물**(biotic)요인은 생물 서식지에 존재하는 살아 있거나 죽은 생물[1]로 정의할 수 있다. **무생물**(abiotic)요인은 대기가스, 무기질, 물, 온도 및 빛과 같은 무생물 요소를 포함한다. 이러한 요인들이 미생물 생장에 영향을 미친다는 것을 기억할 것이다. 생물과 생물을 둘러싸고 있는 물리적, 화학적 요인들의 합을 **생태계**(ecosystem)라고 한다.

생태계의 조직

지구는 불규칙하고 혼란스러운 곳처럼 보이지만 실제로는 엄청나게 조직적이고 미세하게 조정되는 기계와 같다. 생태적 관계는 지구 전체에서 생물 개체에 이르기까지 여러 수준으로 존재한다(**그림 14.2**). 모두를 포괄하는 수준인 **생물권**(biosphere)은 생물이 살고 있는 지구상의 모든 물리적 위치를 의미하는데, 지구 표면을 둘러싸고 그 아래로 이어지는 생물이 살고 있는 얇은 외피로 이루어진다. 지구생태계는 **수권**(hydrosphere), **암석권**(lithosphere), **대기권**(atmosphere)으로 구성된다. 생물권은 생명과정에 필요한 온도, 빛, 가스, 수분 및 무기질의 조건을 유지하거나 생성한다. 생물권은 육상 및 수중 영역으로 세분화될 수 있다. 육상 영역은 일반적으로 **생물군계**(biome)라고 하는 특정 기후지역에 분포되어 있으며, 각 생물군계의 특징은 우점 식물형, 온도 및 강수량이다. 특정 생물군계에는 초원, 사막, 산림 및 열대 우림이 포함된다. 수중 생물권은 일반적으로 담수 및 해양 영역으로 나눌 수 있다. 지구의 지각에도 방대하고 다양한 생물들이 살고 있는데, 수중 및 육상 영역

1 생물학자들은 비생물과 죽은 생물을 구별한다. 비생물은 이전에 살아 있던 적이 없는 것이고, 죽은 것은 살아 있었으나 현재는 살아 있지 않은 것을 의미한다.

그림 14.2 생물권에서 생물 개체에 이르는 생태계의 조직 수준

의 생물 수와 비슷하거나 더 많은 생물이 사는 것으로 추정된다.

생물군계와 수중생태계는 같은 시간과 장소에 함께 살며, 대체로 잘 정의된 영양적으로 또는 행동적인 상호관계를 보이는 생물들의 혼합 집단으로 구성된다. 이런 집단을 **군집**(community)이라고 한다. 대부분의 군집은 쉽게 보이는 우점 식물 및 동물에 의해 식별되지만, 복잡한 세균, 균류, 조류, 원생동물 및 바이러스도 포함한다. 군집구조의 기본 단위는 **개체군**(population), 즉 같은 생물종의 모임이다. 유성생식이 가능한 생물의 경우, 이 수준은 종(spiecies)이다. 반대로, 세균은 "균주"와 같은 분류학적 단위를 사용하여 분류한다. 개체군의 조직 단위는 생물 개체이며, 각각의 다세포 생물은 자체의 조직 수준(기관, 조직, 세포)을 가지고 있다. 생태계 내에서 각각의 생물은 인식 가능한 서식지와 생태적 지위를 차지한다. **서식지**(habitat)는 한 생물이 적응한 물리적 장소와 환경이다. 미생물의 경우, 서식지는 특정한 양의 산소, 빛 또는 양분 함량 특성이 그 미생물에 적합한 **미세환경**(microenvironment)이다. **생태적 지위**(niche)는 종(또는 개체군)이 군집에서 제공하는 전반적인 역할이다. 여기에는 영양 섭취, 군집구조에서의 위치, 그리고 개체군 증가율과 같은 활동이 포함된다. 생태적 지위는 넓을 수도 있고[예: 거의 모든 유기물 먹이를 먹는 청소부생물(scavenger)] 좁을 수도 있다(낙엽에서 셀룰로오스를 분해하는 미생물).

자연 생태계에서 미생물은 극한 환경에 적응하는 경향을 보인다. 순수 배양체는 자연에서 거의 발견되지 않는다. 이 규칙에 대해 특히 주목할 만한 한 가지 예외가 있다. 2008년에 연구원들은 그 생태계에서 다른 생물과 같이 살지 않고 완전히 혼자 사는 세균을 발견했다. 이 세균은 남아프리카 금광의 표면에서 2마일 아래에 있는 바위의 깨진 틈에 모인 액체에서 발견되었다. 그 곳에는 빛이 전혀 없었으며, 세균에게 광합성 산물을 제공할 수 있는 광합성 생물(예: 식물)도 없었다. *Desulforudis audaxviator*라는 이 세균은 살아가는 데 필요한 모든 것을 무생물 환경에서 얻어야 한다. 이 세균은 암석에서 우라늄의 방사성 붕괴로 생성된 수소와 황산염을 대사하여 에너지를 얻고 환경에서 무기탄소와 질소를 얻을 수 있는 유전자를 가지고 있다. 이 발견에서 흥미로운 사실은 이제 다른 행성에서 미생물 생명체를 발견할 가능성이 갑자기 높아졌다는 것이다. 한 연구원은 *Desulforudis*가 "화성에서 생존할 수 있는 종류의 생물"이라고 했다.

생태계의 에너지 및 양분의 흐름

모든 생물은 무생물 환경과 생물 환경에서 양분과 유

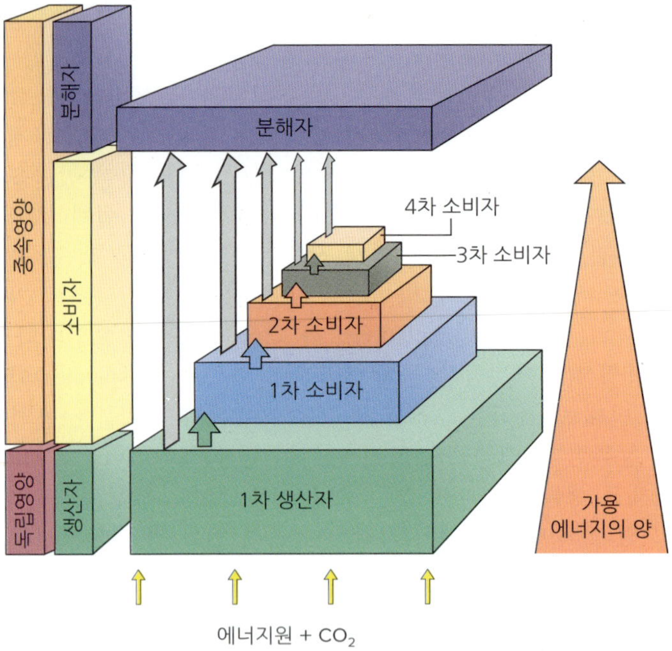

그림 14.3 영양 및 에너지 피라미드 각 단계의 상대적 크기는 주어진 영양단계에 존재하는 개체의 수를 나타낸다. 오른쪽의 주황색 화살표는 생산자에서 최고 소비자까지 사용 가능한 에너지의 양을 나타낸다. 생물의 수와 사용 가능한 에너지의 양은 영양단계가 높아질수록 감소한다. 분해자는 모든 영양단계(회색 화살표)에서 에너지를 얻을 수 있기 때문에 이 패턴에서 예외이다. 왼쪽에 표시된 단계는 피라미드에 해당하는 일반적인 영양 유형 및 단계를 나타낸다.

용한 에너지를 얻어야 한다. 생태계의 에너지와 양분관계는 여러 가지 편리한 방법으로 설명할 수 있다. **먹이사슬**(food chain) 또는 **에너지 피라미드**(energy pyramid)는 생산자, 소비자 및 분해자로 지정된 일반적인 영양 단계를 간단히 요약하여 나타낼 수 있고, 한 단계에서 또 다른 단계까지 사용 가능한 에너지의 흐름과 양을 추적할 수 있다(**그림 14.3**). 미생물은 3가지 주요 영양 방식 모두, 즉 생산자, 소비자, 분해자에 존재하는 유일한 생물이라는 점은 주목할 가치가 있다. 생태계에서 미생물의 영양 역할은 **표 14.1**에 요약되어 있다.

1차 생산자(primary producer)는 영양 피라미드를 구동하는 기본이 되는 에너지원을 제공하기 때문에 이들이 없다면 생명은 가능하지 않을 것이다. 1차 생산자는 대기에서 무기탄소(CO_2)를 동화(고정)하여 포도당과 같은 유기탄소화합물을 생산할 수 있는 생태계의 유일한 생물이다. 생장을 위해 얻을 수 있는 탄소의 유일한 공급원이 CO_2인 경우, 이 생물을 **독립영양생물**(autotroph)이라고 한다. 대부분의 생산자는 태양에너지를 화학결합에너지로 변환시키는 광합성 생물이다(광합성은 8.5절에서 다루었다). 육상에서는 주로 식물이 광합성을 하지만 수중환경에서는 식물성 플랑크톤[조류(algae)]이 광합성을 담당한다. 이러한 조류에는 진핵의 식물성 플랑크톤뿐만 아니라 시아노박테리아도 포함되며, 최근 자료에 따르면 식물성 플랑크톤은 지구 바이오매스의 약 2%에 불과하지만 지구 전체 탄소 고정의 거의 50%를 차지하고 있다. 이전에 언급한 *Desulforudis*와 같은 무기영양(lithotrophs) 세균에 의해 적지만 의미 있는 양의 CO_2 동화가 발생한다. 이 세균은 산화환원 반응을 사용하여 암모니아, 황화물, 수소 같은 단순한 무기화합물에서 에너지를 얻는다. 무기영양생물은 특정 생태계에서 유일한 1차 생산자일 수도 있다.

소비자(consumer)는 다른 생물체를 섭식해 생체 내 유기물에 존재하는 결합에서 에너지를 얻는다. 이 범주에는 동물, 원생동물, 일부 세균과 진균이 포함된다. 피라미드는 생산자를 소비하는 **1차 소비자**(식초 또는 초식 동물)에서, 1차 소비자를 먹는 **2차 소비자**(육식 동물), 2차 소비자를 먹는 **3차 소비자**, 3차 소비자를 먹는 **4차 소비자**(보통 마지막 수준)까지 일반적으로 여러 단계의 소비자를 가지고 있다.

표 14.1 생태계에서 미생물의 주요 역할

역할	활동 설명	관련 미생물의 예
1차 생산자	광합성	조류, 세균, 황세균
	화학합성	열수구의 화학무기영양세균(화학독립영양세균)
소비자	포식	조류와 세균을 먹는 자유 생활 원생동물, 선충류를 먹이로 하는 진균 분해자
분해자	식물 및 동물의 물질 및 노폐물의 분해	셀룰로오스, 리그닌 및 기타 복잡한 거대분자를 분해하는 토양 부생생물(주로 세균 및 진균)
	유기양분의 무기질화	유기화합물을 CO_2 및 무기질 같은 무기화합물로 환원시키는 토양세균
생물지화학 순환을 위한 순환제	탄소, 질소, 인, 황을 함유한 재활용 화합물	원소를 다른 화합물로 변형시키고 생물권의 생물단계에서 무생물단계로, 다시 생물단계로 순환시키는 특수세균
기생생물	숙주에서 살고, 양분 섭취	개체군 조절에 중요한 역할을 하는 바이러스, 세균, 원생동물, 진균, 벌레

들여다보기 14.1 임상: 사체를 분해하는 마이크로바이옴이 살인자를 잡을 수 있다

콜로라도대학교의 과학자 제니퍼 멧칼프(Jennifer Metcalf)는 살인 희생자의 유족에게 조금이나마 위안을 준다. "어떤 의미에서, 미생물은 살인사건의 증인이다." "사람이 분해될 때, 미생물은 살인사건의 해결을 도울 수 있다." 미생물은 매우 질서 정연하고, 예측 가능한 과정을 거쳐 시체를 분해하기 때문이다. 연구자들은 사람이 죽은 지 얼마나 오래 되었는지에 대해 이전에 사용했던 방법들, 예를 들어 사후경직의 정도나 시체에 존재하는 곤충의 종류를 분석하는 것보다 어떤 미생물이 시체에 존재하는지를 분석하면 좀 더 정확하게 예측할 수 있다는 것을 알게 되었다.

연구자들은 먼저 생쥐 실험을 한 다음, 최대 143일 동안 4개의 인간 사체를 연구했다. 텍사스 샘휴스턴주립대학의 한 연구시설에서 연구원들은 분해되는 사체에 대해 연구했다. 이 시설은 높은 울타리로 둘러싸인 넓은 들판으로 그 목적을 위해 기증된 시체가 배치되어 자연 분해 과정을 거치게 된다. 마이크로바이옴을 연구함으로써 연구진은 사망시간을 2~4일 이내(25일을 넘지 않는 한)까지 정확하게 예측할 수 있다.

이것은 우리가 죽은 후에도 미생물이 우리에게 제공하는 또 하나의 서비스이다!

그림 14.4 및 14.5는 이러한 수준의 특성 생물들을 보여주고 있다.

주로 토양과 물에 서식하는 미생물인 **분해자**(decomposer)는 죽은 생물의 유기물을 분해하여 흡수한다(**들여다보기 14.1**). 분해자는 이들의 생물학적 기능으로 인해 먹이 피라미드의 모든 단계에서 활동한다. 이 중요한 영양 단계의 부생생물이 없다면, 생물권은 정체되어 죽을 것이다. 분해자의 작업은 유기물을 생태계에서 다시 순환시켜, 특히 1차 생산자가 사용할 수 있는 무기물과 기체로 환원시키는 것이다. **무기질화**(mineralization)라고도 하는 이 과정은 매우 효율적이기 때문에, 거의 모든 생물 화합물을 일부 유형의 분해자가 환원시킬 수 있다. 수많은 미생물이 식물 세포벽을 구성하는 다당류인 셀룰로오스와 리그닌을 분해할 수 있다. 놀랍게도 분해자들은 지구상에서 자연적으로 발견되지 않는 인간이 만든 화합물의 대부분을 분해할 수 있다. 이 과정을 **생물정화**(bioremediation)라고 한다.

그림 14.3의 피라미드는 에너지와 관련된 생태계의 몇 가지 한계를 보여준다. 영양단계에 따라 사용되고 재순환되며, 재사용되는 양분과 달리 에너지는 순환되지 않는다. 그림 14.4 및 14.5에 표시된 것과 같이 복잡하고 상호의존적인 영양관계를 유지하려면 1차 생산자 수준에서 일정한 에너지의 공급이 필요하다. 에너지가 다음 단계로 이동함에 따라, 에너지의 많은 부분(90%까지)이 시스템으로 다시 공

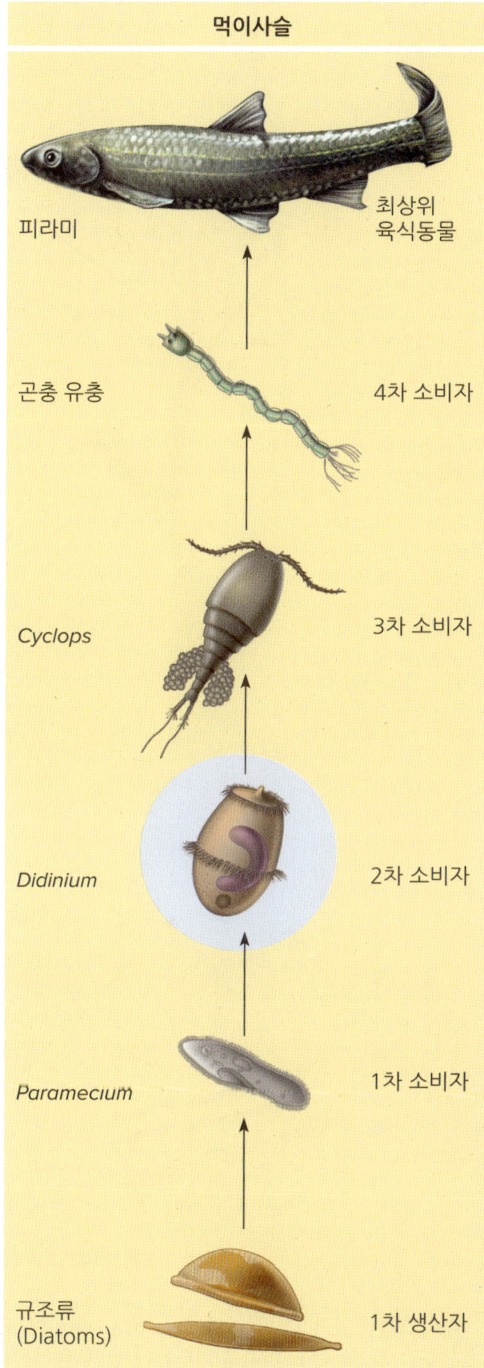

그림 14.4 먹이사슬 먹이사슬(food chain)은 생물 사이에 특정한 섭식관계를 나타내는 가장 간단한 방법이지만 군집의 총 영양 상호작용을 반영하지 않을 수도 있다.

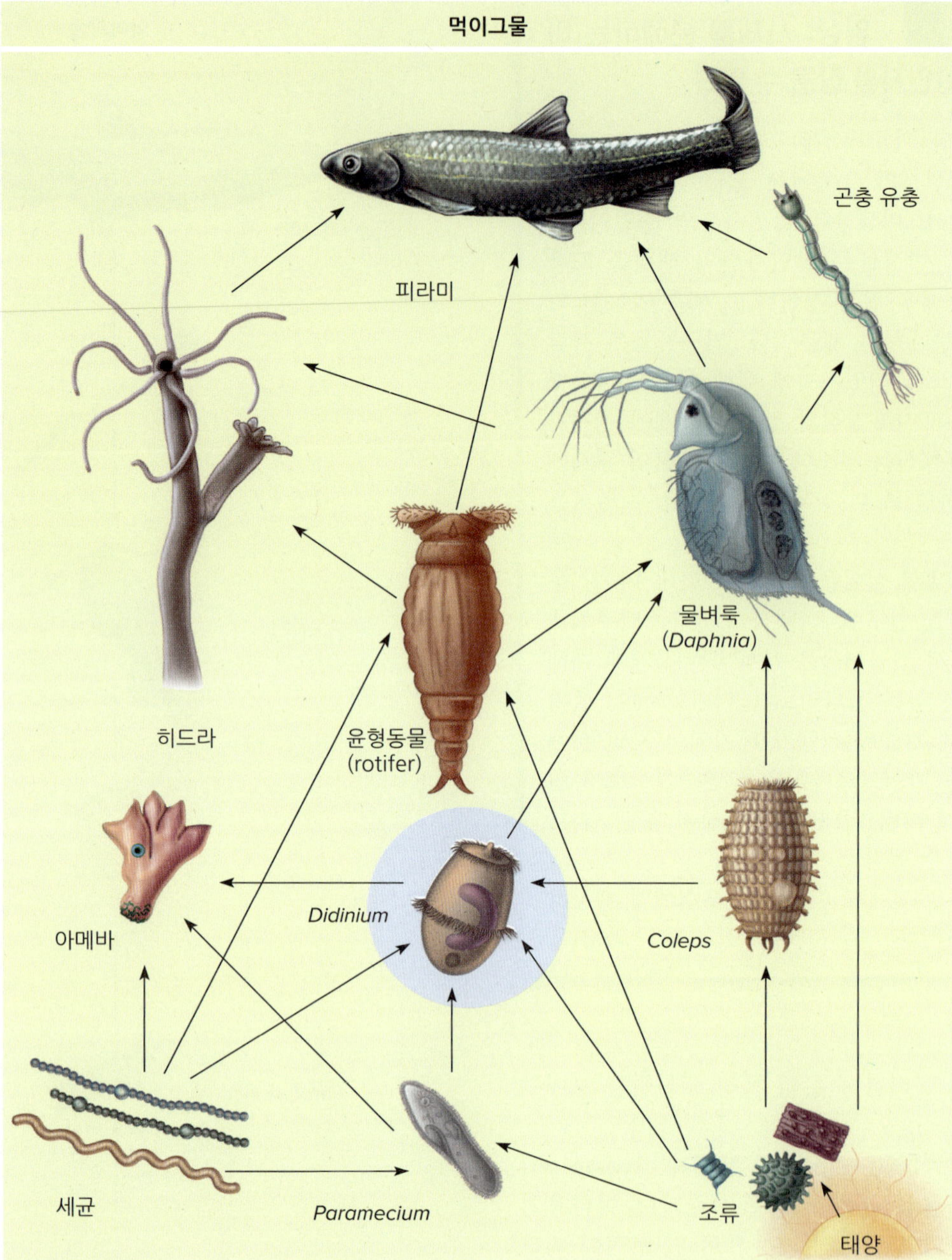

그림 14.5 먹이그물 먹이그물(food web)은 좀 더 복잡한 영양 패턴을 정확하게 묘사할 수 있으며, 대부분의 생물이 갖고 있는 복잡한 먹이 관계를 추적할 수 있다. (참고: 화살표는 소비자를 가리킨다. 이 먹이 관계를 그림 14.4의 먹이사슬과 비교해본다.)

급될 수 없는 형태(주로 열)로 손실된다. 따라서 이용 가능한 에너지의 양은 각각의 연속적인 영양단계에서 감소한다. 이 에너지 손실은 또한 각 다음 단계를 지원할 수 있는 개체의 수를 줄인다.

14.1 학습 평가

1. 미생물 생태학을 정의할 수 있다.
2. 지구상에 존재하는 미생물에 대한 우리의 견해가 최근 몇 년간 바뀐 이유를 요약할 수 있다.
3. 생태계와 군집이라는 용어의 관계에 관해 토론할 수 있다.

4. 서식지와 생태적 지위를 구분할 수 있다.
5. 에너지 피라미드의 예를 그린 후 1차 생산자, 소비자 및 분해자를 표시할 수 있다.

14.2 생체원소의 자연적 재순환

생물 구성 요소의 공급이 제한적이므로, 생물권이 장기적으로 지속되기 위해서는 원소와 영양소를 지속적으로 **재순환**(recycling)하여야 한다. 탄소, 질소, 황, 인, 산소 및 철과 같은 필수 원소는 **생물지화학 순환**(biogeochemical cycle)이라고 하는 생물학적, 지질학적 및 화학적 기작을 통해 순환된다. 이러한 순환들은 순환마다의 특성에 따른 차이가 있지만 아래에 요약한 것처럼 몇 가지 일반적인 특징들을 공통적으로 가지고 있다.

- 모든 원소는 궁극적으로 대기권, 암석권 또는 수권에 있는 무생물적 장기 저장소에서 시작한다. 모든 원소는 순수한 형태(예: N_2) 또는 화합물(예: PO_4)로 순환한다. 산화환원 반응에 의해 순환이 촉진된다.
- 원소는 무생물 환경과 생물 환경 사이를 순환한다.
- 재순환은 생물권 내에 필요한 양분이 축적되거나 부족하게 되지 않도록 균형을 유지한다.
- 순환은 주요 생산자, 소비자 및 분해자의 상호작용에 의존하는 복잡한 시스템이다. 종종 한 생물의 노폐물이 다른 생물의 에너지원이나 구성요소가 된다.
- 모든 생물이 재순환에 참여한다. 그러나 특정 미생물만이 무기화합물을 하나의 영양형태에서 다른 형태로 변환할 수 있는 대사경로를 가지고 있다.

수십억 년 동안 미생물은 지각의 형성과 유지, 암석과 무기질의 발달, 화석연료의 형성에 중요한 역할을 해왔다. 지질과정에서의 생물학적 관련성을 이해하기 위한 연구는 **지질미생물학**이라는 분야를 탄생시켰다. 이 분야의 논리적 확장의 결과는 **천체미생물학**(astromicrobiology) 또는 **우주생물학**(exobiology)이며, 지구 이외의 행성에서 생물에 대해 연구하는 학문이다. 지구의 가장 극단적인 환경에 살고 있는 미생물을 발견하는 것은 이 분야의 연구에 힘을 실어주는 것이다(14.3절 참조).

다음 몇 개의 절에서, 미생물의 활동이 일정 기간에 걸쳐 어떻게 무생물적 환경에 영향을 미치며 또한 영향을 받는지 살펴볼 것이다.

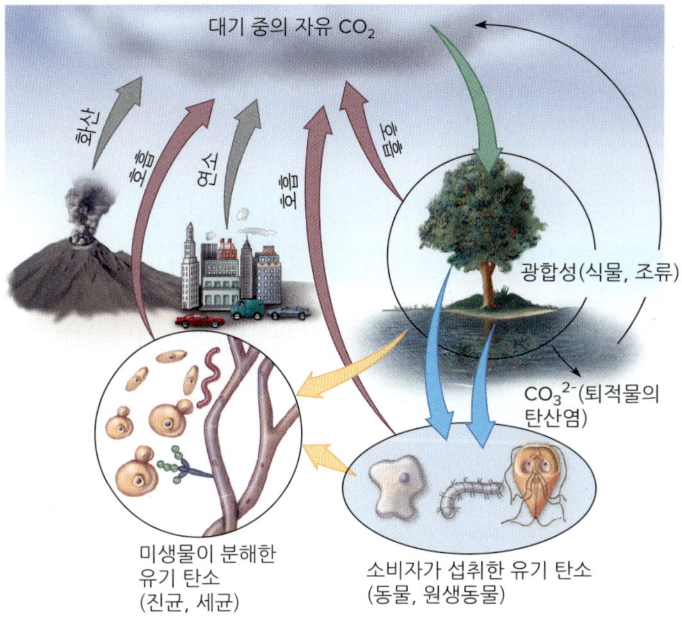

그림 14.6 탄소 순환 이 탄소 순환은 대기 중의 CO_2 풀에서 원형질에 고정되는 1차 생산자(녹색 화살표)까지의 탄소 이동을 보여주고 있다. 소비자(파란색 화살표)와 분해자(노란색 화살표)가 유기탄소화합물을 섭취하고, 호흡을 통해 CO_2를 생성하여 대기(분홍색 화살표)로 되돌린다. 화석연료의 연소와 화산폭발 또한 CO_2 풀에 추가된다. 일부 CO_2는 탄산염(CO_3) 골격을 합성하는 생물에 의해 무기 퇴적물로 운반된다. 시간이 지나면 노출된 탄산염 골격에 작용하는 자연적인 과정에 의해 CO_2가 방출될 수 있다.

대기 순환

탄소 순환

탄소는 모든 생체분자의 기본 원자이며 생물량(biomass, 건조량)의 적어도 절반을 차지하기 때문에 탄소 순환은 생물권의 에너지 전달 및 영양패턴과 밀접한 관련이 있다. 탄소는 주로 무기물 상태로 존재하며 생명체에 유기물 저장소로 존재한다. 또 훨씬 더 적은 양의 탄소가 이산화탄소(CO_2), 일산화탄소(CO) 및 메탄(CH_4)과 같은 기체 상태로 존재한다. 일반적으로 탄소는 탄소고정, 호흡 또는 유기분자의 발효, 석회석 분해, 메탄 생산을 통해 생태계에서 재순환된다. 이산화탄소는 탄소 순환의 중심을 차지하고 있으며, 생태계의 모든 부분으로 확산되는 크고 일반적인 풀(pool)을 나타내기 때문에, 이산화탄소에서 탄소의 이동을 추적하는 것이 편리하다(**그림 14.6**). 일반적으로 산소와 수소의 순환은 탄소 순환과 밀접하게 관련되어 있다.

대기 이산화탄소 풀의 주요 사용자는 식물, 조류 및 일부 세균과 같은 독립영양생물(광독립영양생물)이다. 매년 약 1,600억 톤의 유기물이 광합성으로 생산되며, 조류의 광합성은 지구 전체 광합성의 거의 절반을 차지한다. 아직 지각에 정확히 얼마나 많은 독립영양생물이 존재하는지 알 수 없지만, 무기화학물질의 결합에서 에너지를 얻는 세균인 화학무기독립영양생물도 CO_2를 사용한다. 그림 8.24의 광합성에 대한 일반식을 살펴보면, 광영양생물은 광에너지를 사용하여 생합성에 사용될 수 있는 포도당과 같은 유기화합물에 CO_2를 고정시킨다는 것을 알 수 있다. 광합성은 또한 O_2를 대기에 공급하는 주요 수단이다.

광합성은 대기 중의 CO_2를 사용하여 태양에너지를 화학에너지로 변환하는 반면, 호흡 및 발효는 CO_2를 방출하고 저장된 화학에너지를 운동에너지와 일로 변환한다. 8.3절의 호기성 호흡에 대한 설명을 기억하듯이, O_2가 존재하면 포도당과 같은 유기화합물은 에너지를 방출하고 H_2O가 형성되면서 CO_2로 완전히 분해된다. CO_2는 혐기성 호흡과 특정 유형의 발효에 의해서도 방출된다.

주로 탄산칼슘($CaCO_3$)으로 이루어진 석회석 침전물의 형성은 탄소 순환에서 작지만 중요한 단계이다. 석회암은 연체동물, 산호, 원생동물, 조류와 같은 해양생물이 주변의 CO_2와 칼슘이온을 결합하여 단단한 껍질을 형성할 때 생성된다. 이 생물이 죽으면 내구성 있는 골격 성분이 해양 침전물에 축적된다. 이렇게 형성된 거대한 퇴적물은 지질학적 격변이나 해수면이 후퇴하면서 점진적으로 노출되어 다양한 분해자가 CO_2를 방출하고, 물과 공기의 CO_2 풀(pool)로 돌려보낸다.

석회석 침식 및 화산 활동 같은 자연적인 CO_2 방출과정과 함께 광합성과 호흡의 보완 작용은 대기의 CO_2 풀을 비교적 안정적으로 유지해 왔다. 그러나 최근의 자료는 인간이 화석연료와 그 외의 유기탄소원을 연소하면서 이 균형이 깨지고 있다. 석탄, 석유, 천연가스를 포함하는 화석연료는

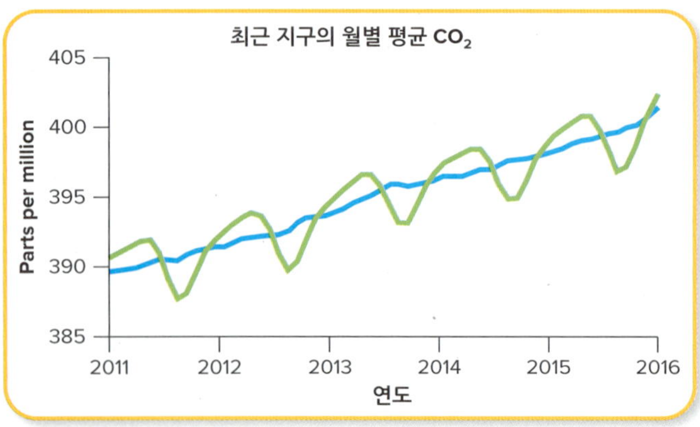

그림 14.7 2011년 이후 세계 월간 평균 CO_2 양 CO_2는 전 세계의 해양에 설치된 대기 포집 지에서 측정된다. 녹색 선은 월평균 값을 나타낸다. 파란색 선은 동일한 자료에서 계절 변동을 제거하였다.

수백만 년의 생물학적 및 지질학적 활동을 통해 형성되었다. 인간은 이 에너지원에 너무 의존함으로써 지난 25년간 대기 중 CO_2의 비율이 320~400 ppm(mg/L)으로 증가했다(**그림 14.7**). 이러한 증가가 미미한 것처럼 보이지만 과학자들은 이 CO_2의 증가가 생물권의 온도 균형을 깨트려 기후 변화를 초래하고 있다는 것을 알고 있다.

메탄가스(CH_4)는 **메탄생성균**(methanogens)이 우점하고 있는 혐기성 생태계에서 중요한 생산물일 수 있지만 CO_2와 비교해서 메탄은 탄소 순환의 보조 역할을 하고 있다. 일반적으로 메탄생성균이 여러 가지의 산화가 가능한 물질을 이용하여 이산화탄소를 환원시킬 때 CH_4가 발생한다.

오늘날 메탄은 대기에서 CO_2에 비해 거의 20배 더 많은 열을 차단할 수 있기 때문에 CO_2보다 강력한 온실 가스로 인식되고 있다. 메탄의 대부분은 장내 가스에서 비롯된다. 소, 염소, 양과 같은 반추 동물의 내장에서 방출되는 메탄은 전 세계 메탄생산의 약 20%를 차지한다. 흰개미뿐만 아니라 인간의 장에 있는 메탄생성균도 매년 이 수치 증가에 일조하고 있다. 이로 인해 미생물학자들은 소의 먹이를 바꾸면 소가 메탄가스를 적게 생산할 것인가에 대해 의문을 갖게 되었다. 현재 데이터를 보면 '그렇다'는 답을 얻을 수 있으며, 가까운 미래에 이러한 측면에서의 지구 온난화를 상당히 감소시킬 수 있는 길이 열릴 것으로 기대하고 있다.

질소 순환

질소(N_2)가스는 대기 중에서 가장 풍부한 성분으로, 공기량의 거의 79%를 차지한다. 대기 중의 이 거대한 질소저장소는 대부분의 생물이 이용할 수 없다. 지구 질소의 약 0.03%만이 질산(NO_3), 아질산염(NO_2), 암모늄이온(NH_4^+), 유기질소화합물(단백질, 핵산) 같이 다른 형태로 결합(또는 고정)되어 있다.

질소 순환(nitrogen cycle)은 아주 다양한 미생물들이 순환의 흐름을 유지하는 데 관련되어 있어서 다른 순환에 비해서 더 복잡하다. 여러 가지 측면에서, 발생하는 반응들의 복잡성 때문에 실제로는 오히려 질소 "그물"이라고 할 수 있다. 고등식물은 NO_3^-와 NH_4^+를 사용할 수 있고, 동물은 식물이나 다른 동물로부터 유기질소를 받아야 하지만, 미생물은 모든 형태의 질소(NO_2^-, NO_3^-, NH_4^+, N_2, 유기질소)를 사용할 수 있다. 질소 순환에는 질소 고정, 암모니아화, 질화작용, 탈질작용의 4가지 기본적인 반응이 있다(**과정 그림 14.8**).

뿌리혹: 천연 비료 공장 **뿌리혹세균**(*Rhizobium*, *Bradyrhizobium*, *Axorhizobium* 속의 세균)과 **콩과식물**(대두, 콩,

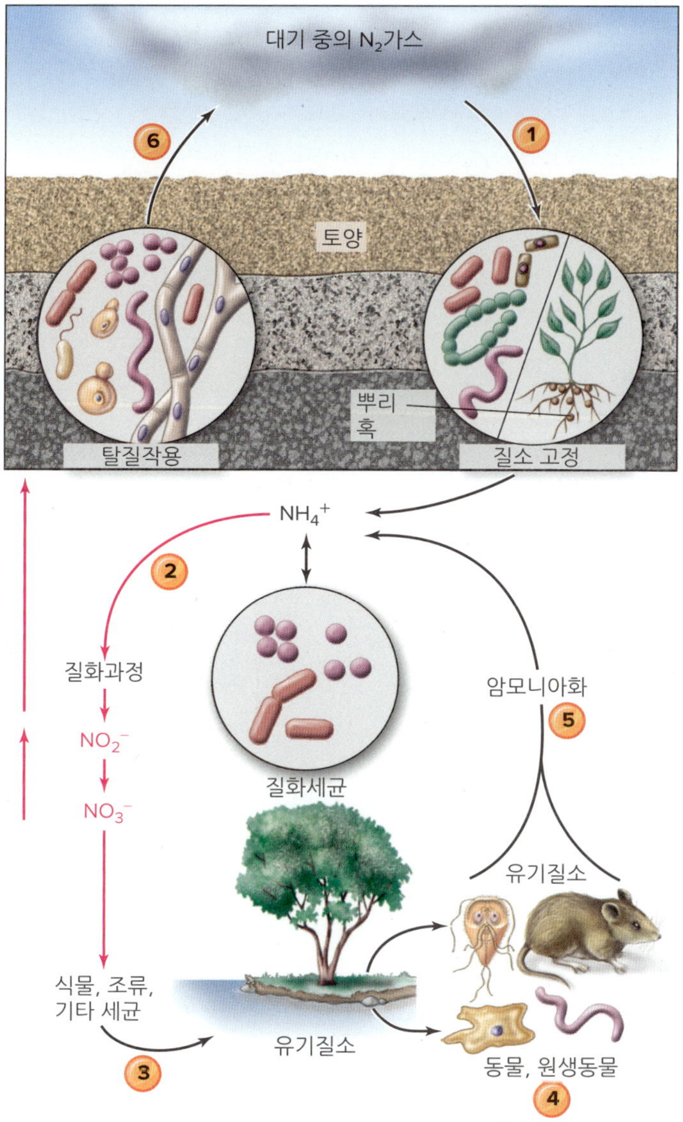

과정 그림 14.8 단순화한 질소 순환 과정 (1) 질소 고정에서, 기체 질소(N_2)는 질소 고정 세균에 의해 암모니아(NH_3)로 변환된다. (2) 암모니아는 질화작용의 질화세균에 의해 아질산(NO_2^-)과 질산(NO_3^-)으로 변환된다. (3) 식물, 조류, 세균은 질산염을 사용하여 질소유기화합물(단백질, 아미노산, 핵산)을 합성한다. (4) 유기질소화합물을 동물과 기타 소비자가 사용한다. (5) 암모니아화에서, 노폐물과 죽은 생물의 질소 고분자는 암모니아화 세균에 의해 NH_4^+로 변환된다. NH_4^+는 식물과 조류에 의해 직접 사용될 수 있고, 식물과 조류에 의해 사용될 수 있는 질산염으로 변환되거나, (6) 탈질세균(탈질작용)에 의해 대기 N_2 형태로 되돌아 갈 수 있다.

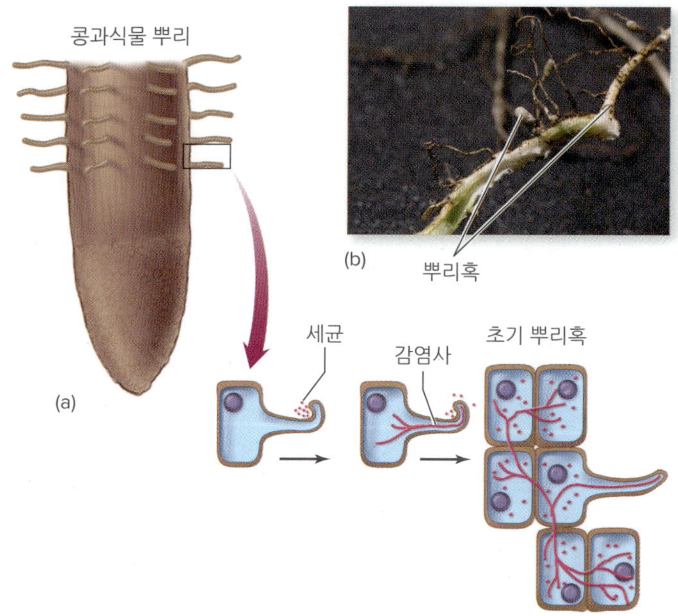

그림 14.9 공생을 통한 질소 고정 (a) 뿌리혹의 형성. 세균 *Rhizobium*의 세포가 콩과식물의 뿌리털에 붙으면 뿌리털이 휘어진다. *Rhizobium*이 적절한 콩과식물의 뿌리에 침입하면 수많은 인접 세포로 퍼지는 감염사(infection thread)를 형성하기 시작한다. 세포에 세균이 존재하면 뿌리혹이 형성된다. (b) 전동싸리(sweet clover)에 발달한 성숙한 뿌리혹

(b) © Lisa Burgess/McGraw-Hill Education

완두콩, 알팔파, 토끼풀 등과 같이 꼬투리에 씨앗을 형성하는 식물) 사이에는 중요한 공생관계가 존재한다. 그람음성의 운동성이 있는 막대모양의 이 세균이 콩과식물의 뿌리에 침입하면 **뿌리혹**(root nodules)이라고 하는 질소를 고정하는 기관이 형성된다(**그림 14.9**). 뿌리털의 특정 위치에 뿌리혹세균이 감염되면 뿌리혹이 형성되기 시작한다. 그곳에서 세균은 더 깊은 곳의 뿌리 세포에 침입하고 종양과 같은 덩어리를 형성하도록 유도한다. 세균의 효소시스템은 환원된 질소원을 식물에게 지속적으로 공급하고, 식물은 세균의 활동을 위한 양분과 에너지를 공급한다. 콩과식물은 NH_4^+를 사용하여 다양한 탄수화물의 중간산물에 아미노기(amino group)를 첨가함으로써, 식물과 동물의 생합성에 사용되는 아미노산과 기타 질소화합물을 합성한다.

가용 질소원은 작물의 생장에 제한 요인이기 때문에 식물과 세균의 관계는 농업에서 실질적으로 매우 중요하다. 자가수분 특성으로 인해 콩과식물은 토양이 열악한 지역과 자원이 제한된 국가에서 귀중한 작물이 되었다. 토양에는 뿌리혹 형성을 위한 적절한 세균 균주가 없을 수도 있기 때문에 콩과식물 종자에 뿌리혹세균의 순수배양체를 접종함으로써 작물 건강과 수확량을 향상시킬 수 있는 것으로 나타났다.

암모니아화, 질화작용 및 탈질작용 질소 순환의 또 다른 측면으로, 질소를 포함하는 유기물은 다양한 세균(*Clostridium*, *Proteus*)에 의해 분해된다. 죽은 생물의 부식질(detritus)에는 단백질과 핵산, 그리고 요소와 요산 같은 동물의 질소노폐물이 다량 포함되어 있다. 이러한 물질이 분해되면 아미노기가 분리되어 NH_4^+가 생성된다. 따라서 이

과정을 **암모니아화**(ammnonification)라고 한다. 방출된 암모니아는 특정 식물이 재사용하거나 다음에 논의되는 바와 같이 다른 질소 화합물로 전환될 수 있다.

NH_4^+가 NO_2^-와 NO_3^-로 산화되는 과정을 **질화작용**(nitrification)이라고 한다. 가장 산화된 형태의 질소(질산염, NO_3)를 생성하기 위한 필수적인 전환 과정이다. 이 반응은 두 단계로 발생하며 토양과 물에서 두 종류의 무기영양세균이 관여한다. 첫 번째 단계에서, *Nitrosomonas*, *Nitrosospira*, *Nitrosococcus* 속에 속하는 그람음성 세균은 NH_3를 NO_2^-로 산화시켜 에너지를 얻는다. 두 번째 질화세균인 *Nitrobacter*, *Nitrosospira*, *Nitrococcus*은 최종 산화과정인 NO_2^-에서 NO_3^-로의 전환을 빠르게 수행한다. 질산염은 다양한 생물(식물, 진균, 세균)에 의해 여러 경로를 통해 동화될 수 있다. 질산염과 아질산염은 혐기성 호흡에서도 중요하며, 최종 전자 수용체로 사용된다. 일부 세균은 산소원으로도 사용한다.

질소 순환은 NO_3^-가 중간 단계를 거쳐 대기 질소로 전환되는 일련의 반응에 의해 질소화합물이 공기 중의 저장소로 돌아가면서 완료된다. 질산염을 아질산염으로 환원시키는 첫 단계는 수백 종의 세균이 수행할 정도로 일반적인 반응이다. *Bacillus*, *Pseudomonas*, *Spirillum*, *Thiobacillus*와 같은 여러 속의 세균이 다음과 같이 **탈질작용**(denitrification)을 수행할 수 있다.

$$NO_3^- \rightarrow NO_2^- \rightarrow NO \rightarrow N_2O \rightarrow N_2(\text{기체})$$

이 과정이 완료되지 않으면, 온실가스인 아산화질소(N_2O)가 대기에 추가된다.

퇴적물 순환

황 순환

황 순환은 질소 순환보다 탄소 순환과 유사하다. 황은 대부분 고체 형태이며 대기보다는 암석, 해양, 호수 및 습지의 자연 퇴적물에서 비롯된다. 황은 원소형태(S), 황화수소가스(H_2S), 황산염(SO_4) 및 티오황산염(S_2O_3)으로 존재한다. 한 형태의 무기 황을 다른 형태로 전환시키는 산화환원반응의 대부분은 세균에 의해 이루어진다. 식물과 여러 미생물들은 SO_4만을 흡수할 수 있으며, 동물은 유기물의 형태로 흡수한다. 유기황은 아미노산인 시스테인 및 메티오닌에 존재하는데, 설프하이드릴(-SH)기를 포함하고 있으며, 단백질의 안정성과 구성에 기여하는 이황화(S-S)결합을 형성한다.

티오바실러스(thiobacillus)는 생물권에서 황의 순환에 가장 뚜렷한 영향을 미치는 세균이다. 그람음성의 운동성 있는 막대모양의 이 세균은 복잡한 유기양분을 필요로 하는 생물에게는 견딜 수 없는 환경인 진흙, 하수구, 습지, 광산수, 염분이 많은 연못 등에서 살아간다(**그림 14.10**). 그러나 이러한 특수한 무기영양세균의 대사는 원소 황, 황화물 및 티오황산염을 산화시켜 에너지를 추출하는 데 적합하다. *T. thiooxidans*라는 종은 이 과정에서 다량의 황산을 매우 효율적으로 환경에 방출한다. 이 세균의 놀라운 점은 지구상에서 가장 산도가 높은 서식지를 생성하고 또 그 곳에서 생존하는 능력이다. 또한 인 순환에서 중요한 역할을 하고 있으며, *T. ferrooxidans*는 철의 순환에도 참여한다. 황을 황산염으로 산화시킬 수 있는 또 다른 세균은 광합성 황세균이다.

그림 14.10 캘리포니아의 광산 배수지 철광산(Iron Mountain Mine)으로 인해 양분이 부족하고 아연, 구리, 카드뮴 및 황이 풍부한 극도로 산성의 물이 흐르고 있다.
NOAA Restoration Center & Damage Assessment and Restoration Program

황화물의 산화로 형성된 황산염은 다양한 생물에 의해 생물량으로 동화된다. 무기 및 유기 황화합물이 환원될 때 황 순환이 완료된다. *Desulfovibrio*와 *Desulfuromonas* 속의 세균은 전자전달의 최종 단계로서 황산을 황화수소 또는 금속황화물로 혐기적으로 환원시킨다. 해양의 퇴적물과 진흙 속의 이 세균의 서식지에서는 일반적으로 H_2S로 인해 강하고 썩은 달걀 악취가 나며, 함유된 철 때문에 검은색을 띨 수도 있다.

인 순환

인은 DNA, RNA 및 ATP의 필수 구성 요소이므로 모든 생물은 인을 지속적으로 공급받아야 한다. 인은 무생물적 환경과 생물 환경 사이에서 거의 대부분을 원소 형태가 아닌 무기 인산염(PO_4)으로서 순환한다(**그림 14.11**).

주요 무기물 저장소는 불용성 화합물인 형광인회석

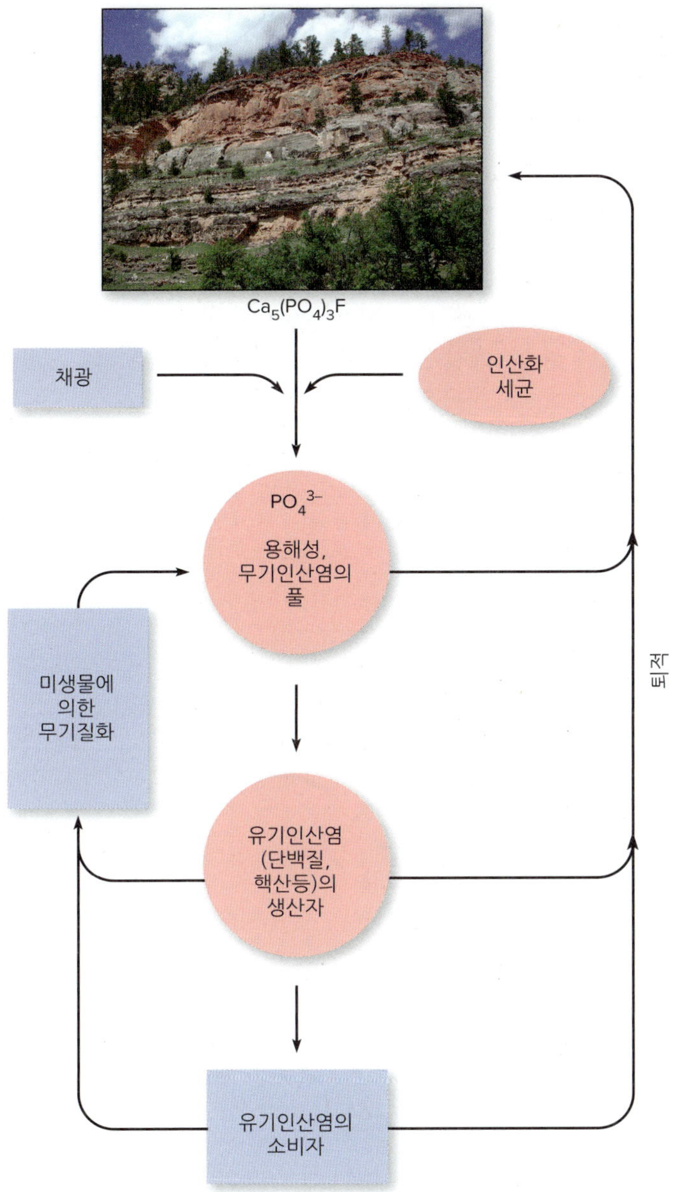

그림 14.11 인 순환 퇴적암에 존재하는 인산염은 침식과 미생물 작용에 의해 자연적으로 생태계로 방출되거나 인산 비료의 채굴과 사용에 의해 인공적으로 방출된다. 수용성 인산(PO_4^{3-})은 생산자, 소비자 및 분해자를 통해 가용성 인산으로 다시 순환되거나 수중 생물권에 퇴적되어 되돌아간다.

(fluorapatite, $Ca_5(PO_4)_3F$)을 함유하는 인산염 암석이다. 생물계에 들어가기 전에 이 무기질은 산의 작용에 의해 가용성인 PO_4^{3-}로 인산화되어야 한다. 인산은 *Thiobacillus*에 의해 생성된 황산이 인산암석을 용해시킬 때 자연적으로 방출된다. 토양과 물에 존재하는 용해성 인산염은 독립영양생물의 주요 공급원으로, 유기분자에 고정되어 종속 영양생물에게 전달된다. 유기인산은 분해자에 의해 용해성 인산 풀로 되돌아가고, 최종적으로 퇴적과 같은 느린 지질학적 과정에 의해 무기질 저장소로 순환된다. 많은 토양에서 인산염 함량이 낮으면 생산성이 제한될 수 있으므로 인산염을 토양에 추가하여 농업 생산량을 증가시킨다. 비료의 과도한 유출은 종종 조류의 과잉 성장을 유발하여 수중 환경에 치명적인 영향을 줄 수 있다(14.3절의 부영양화 참조).

다른 형태의 순환

환경에 독성 물질을 추가함으로써 순환하는 원소와 화합물에서의 미생물의 역할이 확대될 수 있다. 비소, 크롬, 납, 수은과 같은 독성 성분과 지난 수백 년 동안 환경에 첨가된 수십만 가지의 합성 화학물질은 미생물 작용에 의해 순환된다. 이러한 화학물질 중 일부는 덜 유해한 물질로 변환되지만 PCB 및 중금속과 같은 다른 물질은 영양소와 함께 모든 단계의 생물권으로 지속적으로 흐르게 된다. 이러한 오염물질이 살아 있는 조직에 축적되어 배설되지 않으면, 생태계의 자연적인 물질 흐름을 통해 살아 있는 생물에 축적될 수 있다. 이 과정을 생물농축(bioaccumulation)이라고 한다. 세균과 조류 같은 미세생산자에서 축적 과정이 시작된다. 최상위 단계의 소비자가 독성 수준에 도달할 때까지, 소비자는 먹이사슬의 단계에 따라 점점 더 많은 양의 화학물질을 축적한다.

14.2 학습 평가

6. 생물지화학 순환의 5가지 중요한 요소를 나열할 수 있다.
7. 탄소 순환을 다이어그램으로 나타낼 수 있다.
8. 탄소 순환에서 메탄생성균의 역할을 설명할 수 있다.
9. 질소 순환과 관련된 4가지 반응을 열거할 수 있다.
10. 질소 고정 과정을 설명하고 이 생화학 반응에서 미생물이 어떤 역할을 하는지 설명할 수 있다.
11. 황과 인 순환을 간략하게 요약할 수 있다.

14.3 육상 및 수중 미생물

아주 최근까지도 어떤 미생물이 어떤 장소에 서식하는지에 대해서 우리가 이해하기 위해서는 세균을 배양해야 했다. 이전의 과학자들은 세균배양기술을 사용하여 육지, 물, 공기를 포함한 환경에 살고 있는 미생물을 동정하는 데 바빴다. 환경유전체학 분야는 한때 어떤 생명체도 살 수 없는 것으로 생각되는 빙하와 해저 깊은 곳에 서식하는 세균 등 많은 놀라운 것들을 밝혀냈다.

2010년에 지구 미생물군유전체 프로젝트(Earth Microbiome Project)라는 프로젝트가 "전 세계의 마이크로바이옴을 분석하기 위한 대규모의 다분야 연구"[2]로 시작되었다. 이 연구의 희망은 표준화된 방법을 사용하여 미생물의 특성을 밝히고, 모든 연구자들에게 그 자료를 공개하는 것이다. 이전의 인간 미생물군유전체 프로젝트와 마찬가지로 이 지구 미생물군유전체 프로젝트는 지구의 생물에 대한 우리의 관점을 혁신할 것을 약속하고 있다.

2 프로젝트 웹사이트 www.earthmicrobiome.org/

유전체 시대의 환경 시료 채취

환경에서 세균과 유전자를 식별하는 방법은 빠르게 발전하고 있다. 서식지에 있는 모든 미생물의 유전자를 수집할 때 이를 메타유전체학(metagenomics)이라고 한다. 사용되는 과정은 10.5절에 설명된 바와 같이 일반적으로 대용량 서열분석법(high-throughout sequencing)이다. 이 과정은 항상 대량의 해수 또는 토양과 같은 환경 시료에서 시작한다. 이러한 시료로부터 DNA를 추출하는 기술이 사용 가능하다. 그런 다음, **과정 그림 14.12**에 요약된 대로 심층서열분석(deep sequencing)을 수행한다.

과정 그림 14.12 환경에서 직접 유전체 라이브러리의 구성 및 선별

© Ariel Skelley/Blend Images LLC RF

토양 미생물학

미세한 수준에서 토양은 수많은 지질학적, 화학적 및 생물학적 요인 사이의 복잡한 상호작용이 일어나는 역동적인 생태계이다. 암석권(lithosphere)은 미생물이 풍부하며, 생물지화학 순환에서 역동적인 역할을 하고 유기 잔재물과 죽은 육상생물의 중요한 저장소이다. 수년 전에 토양에 항생제를 생산하는 세균이 존재하는 것으로 알려져 왔지만, 최근 과학자들은 항생제 분해 미생물이 존재한다는 증거도 발견했다. 이 미생물은 실제로 항생제를 대사하고 에너지를 얻는 데 사용하고 있으며, 이는 환경이 항생제 내성의 발달에 어떤 영향을 미치고 있는지에 대한 새로운 통찰력을 제공하고 있다.

암석 분해는 암석, 자갈 및 모래 알갱이부터 느슨한 응집체로 이루어진 미세한 모르셀(morsel)에 이르기까지 다양한 크기의 입자를 방출한다(**그림 14.13**). 토양의 다공성 구조는 다양한 크기의 공간을 생성하여 수많은 미세공간을 제공한다. 일부 공간은 수분을 가두어 무기질이온 및 기타 양분이 용해되는 액상을 형성한다. 다른 공간은 토양 미생물, 식물 및 동물에게 가스를 공급할 공기를 가두게 한다. 물에 포화된 토양은 산소가 더 적고 건조한 토양은 산소가 더 많다. 토양의 가스 장력도 수직으로 변할 수 있다. 일반적으로 토양 깊이에 따라 O_2 농도가 감소하고 CO_2 농도가 증가한다. 호기성 및 조건부 호기성 미생물은 느슨하고 건조한 토양을 차지하는 반면, 혐기성 미생물은 수분이 많고 산소공급이 적은 토양에 적합하다.

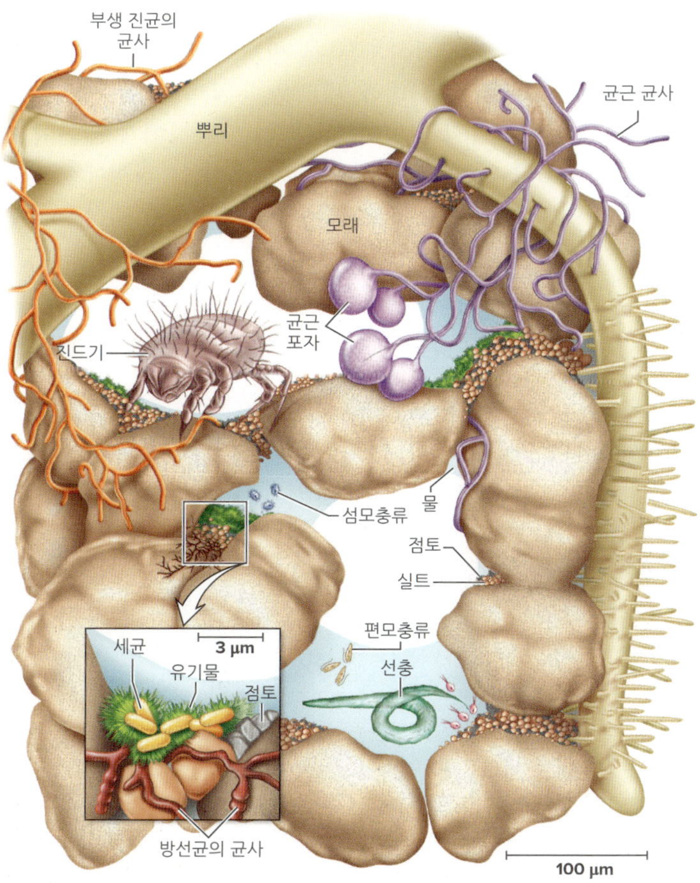

그림 14.13 토양 서식지 전형적인 토양 서식지에는 토양 유기물과 함께 점토, 미사 및 모래가 혼합되어 있다. 원생동물과 세균뿐만 아니라 뿌리와 동물(선충 및 진드기 등)은 미생물이 사는 토양 내 기공으로 빠르게 확산되는 산소를 소비한다. 2가지 유형의 진균이 존재하는데, 균근은 식물뿌리에서 유기탄소를 추출하며 부생 진균은 유기물질의 분해를 돕는다.

토양의 상부구조 안에는 식물과 동물조직 기원의 유기 잔재물인 다양한 양의 부식질이 있다. 이 부드럽고 부서지기 쉬운 혼합물은 스폰지처럼 물을 담는다. 또한 복잡한 쓰레기를 분해하고 점차적으로 양분을 순환하는 미생물에게 중요한 서식지이다. 부식질 함량은 기후, 온도, 수분 및 무기질 함량 및 미생물 작용에 따라 다르다. 예를 들어, 열대의 높은 수분과 기온은 빠른 미생물 분해를 촉진하여 부식질의 함량을 감소시키며, 많은 강우량은 미생물이 형성한 양분을 씻어낸다. 이러한 과정은 열대 지방이 농업에 매우 열악한 토양을 갖게 한다. 열대우림은 이러한 조건에 적응하여 번성하는 반면 농작물은 비료를 투입하지 않으면 잘 자라기 어렵다. 반면, 온대 지역의 온화한 기후는 식물의 생장과 미생물 분해가 균형을 이루어 부식질이 축적되고 자연적으로 비옥한 토양이 형성된다.

질병과의 연관성

토양에서 발견되는 대부분의 미생물은 인체 병원균이 아니다. 토양의 생물군집은 인체와 다른 환경인 차갑고 건조한 환경에서 번성한다. 그러나 일부 병원균은 토양에서 생존할 수 있다. 내생포자를 형성할 수 있는 세균은 토양에서 수년간 내생포자 형태로 생존한다. 여기에는 파상풍(*Clostridium tetani*)과 탄저병(*Bacillus anthracis*)을 일으키는 세균이 포함된다.

토양에서의 생명 활동

토양에 풍부한 양분은 많은 미생물(세균, 진균, 조류, 원생동물 및 바이러스)이 서식할 수 있게 한다. 부식질 함량이 높은 촉촉한 양토 1 g에는 미생물 수가 100억 개에 이를 수 있다. 가장 독특한 생물학적 상호작용 중 일부는 식물 뿌리를 둘러싸는 토양구역인 **근권**(rhizosphere)에서 일어나며 세균, 진균 및 원생동물이 살고 있다(그림 14.13 참조). 식물은 상승작용 방식으로 토양 미생물과 상호작용한다. 연구 결과에 따르면 풍부한 미생물 군집이 뿌리털과 기타 노출된

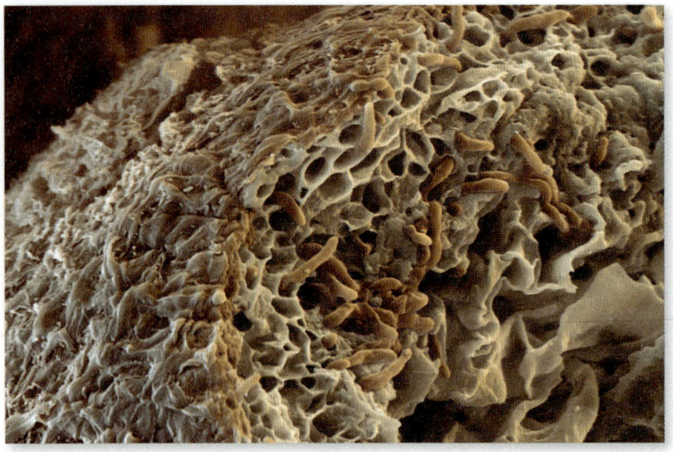

그림 14.14 균근 진균과 식물뿌리 사이의 공생관계는 토양에서 물과 무기질의 흡수능력을 향상시킨다. 진균(진한 갈색)은 뿌리의 외부를 둘러싸고 뿌리 안으로 침투한다.

표면 주위의 생물막에서 자란다. 미생물의 존재는 식물이 이산화탄소, 당, 아미노산, 비타민과 같은 생장인자를 분비하도록 자극한다. 이 양분은 유동 공간으로 방출되어 미생물이 쉽게 흡수할 수 있다. 세균과 진균도 마찬가지로 호르몬성장인자와 보호물질을 방출하여 식물 생존에 기여한다. 또한 영양소를 식물이 이용 가능한 무기질 형태로 변환시켜주는 중요한 일을 한다. 우리는 질소, 황 및 인 순환에서 수많은 예를 보았다.

우리는 이전에 식물이 미생물과 밀접한 공생관계를 형성하여 질소를 고정시킬 수 있음을 관찰했다. 식물의 뿌리와 미생물 사이의 또 다른 공생관계는 **균근**(mycorrhizae)이다. 이 관계는 다양한 종의 담자균류, 자낭균류 또는 접합균류가 관속식물의 뿌리에 침입할 때 나타난다(**그림 14.14**). 식물은 광합성을 통해 진균에게 양분을 제공하고 진균은 여러 가지 방법으로 이 관계를 유지한다. 균사체를 근권으로 확장함으로써 식물을 고정시키고 건조하고 척박한 토양에서 물과 무기질의 흡수를 위한 표면적을 증가시킨다. 균근이 있는 식물은 균근이 없는 식물보다 척박한 서식지에 더 잘 생존할 수 있다.

표토는 표면에서 수 인치에서 수 피트 아래까지 이어지며, 선충, 흰개미, 지렁이와 같은 다양한 동물이 서식한다. 이들 동물 중 다수는 소화를 통해 유기양분을 분해하고 입자의 크기를 기계적으로 줄임으로써 미생물이 좀 더 쉽게 무기질화할 수 있게 해주는 분해자 생물이다. 호기성 세균은 이산화탄소와 물로 유기물의 소화를 시작하고 황산, 인산 및 질산염과 같은 무기질을 생성하며, 이는 혐기성 세균에 의해 추가로 분해될 수 있다. 진균의 효소는 셀룰로오스, 케라틴, 리그닌, 키틴 및 파라핀과 같은 복잡한 물질을 가수분해하여 토양 분해 효율을 높인다.

토양은 또한 살충제, 제초제, 살균제, 산업 폐기물 및 가정용 화학물질과 같은 농업, 산업 및 가정 폐기물의 저장소이다. 공학, 생명공학 및 생태학의 전문 지식을 사용하는 응용미생물학자는 고유 토양미생물을 활용한 생물정화를 통해 바람직하지 않은 탄화수소 및 살충제를 분해할 수 있는 가능성을 탐구하고 있다.

지하 미생물학

지난 30년 동안 과학자들은 지표면으로부터 2마일 이상 깊은 지하에서 시료를 채취해 왔다. 이 연구의 시작부터 그 결과는 놀라웠다. 유전체 시료 채취(샘플링)의 출현으로 수많은 발견이 이루어지고 있다. 가장 흥미로운 정보는 심해 퇴적물에서 발견되었는데, 그곳의 미생물 다양성이 엄청나며 상상할 수 없는 깊이까지 생물이 서식하고 있다. 예를 들어, 해저표면에서 30미터 아래에 있는 8천 8백만 년 전에 퇴적된 점토에서 세균이 발견되었다. 점토에는 영양소가 거의 없지만 세균과 고세균이 발견되었다. 고압, 저온 및 완전한 빛의 부재로 특징지어지는 전 세계의 이 극한 환경은 생물지화학적 과정 등에 대한 새로운 통찰력을 제공할 수 있다. 과학자들은 거의 생물이 살 수 없는 환경에서 세균이 어떻게 생존하고 있는지를 연구하고 있으며 그 과정에서 생명의 근원에 대한 단서를 제공할 수 있는 새로운 대사 능력을 발견하고 있다.

수중 미생물학

물은 지구 표면의 거의 4분의 3을 차지한다. **물 순환**(hydrologic cycle)(**그림 14.15**)은 태양과 바람에 노출된 표면의 물(호수, 바다, 하천)이 증발해서 대기의 수증기 단계로 들어가면서 시작한다. 생물은 다양한 활동으로 이 저장소에 기여한다. 육지로 떨어진 물의 대부분은 식물에 의해 대기로 돌아가는데, 토양의 물이 식물을 통하여 잎에서 증발함으로써 대기로 돌아간다. 모든 호기성 생물은 호흡 중에 물을 방출한다. 공기 중 수분은 대기 중에 축적되는데, 대표적인 것은 구름이다.

물은 세균에 의해 영향을 받는 과정인 결로 또는 강수(비, 눈)를 통해 지구로 돌아온다. 강수의 가장 많은 부분이 지표수로 다시 흘러 들어가서 흐르는 물(유수)과 고인 물(정수) 사이를 빠르게 순환한다. 물의 약 2%만이 지구로 스며들거나 얼음으로 존재하고 있지만, 매우 중요한 저장소이다. **그림 14.16**은 물이 지구에 어떻게 분포하고 있는지 보여준다. 지표수는 암석, 자갈과 모래의 아래 층에 생성된 넓은 지하공간에 모인다. 이 과정을 통해 **대수층**(aquifer)이라

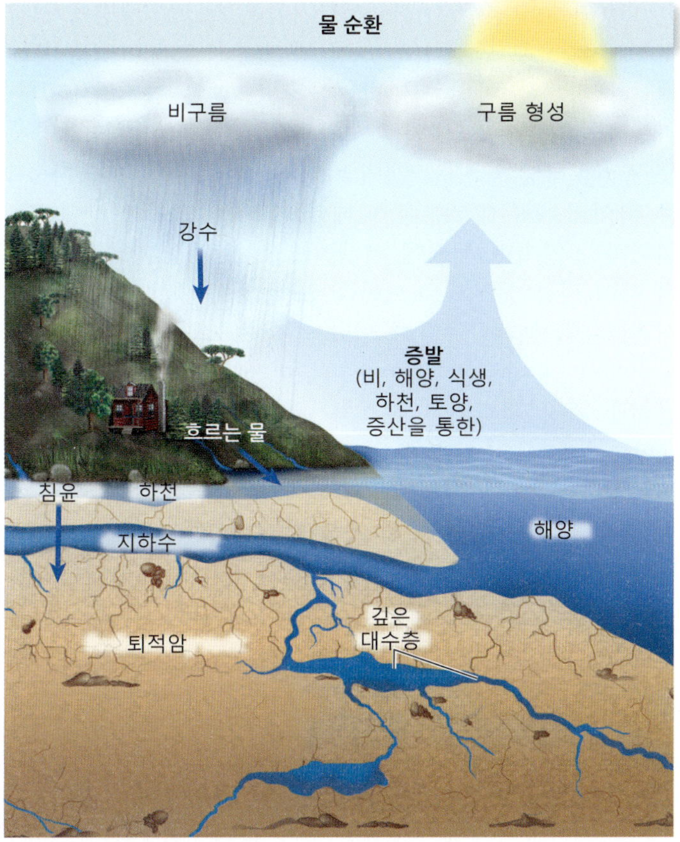

그림 14.15 물 순환 가장 큰 비율의 물은 증발, 증산 및 강수를 통해 서 수권과 대기권 사이를 순환한다. 그 외의 물 저장소는 지하수나 퇴적암 속의 대수층에 존재한다. 식물은 증산을 통해 물을 방출하고, 종속영양생물은 호흡을 통해 물을 방출한다.

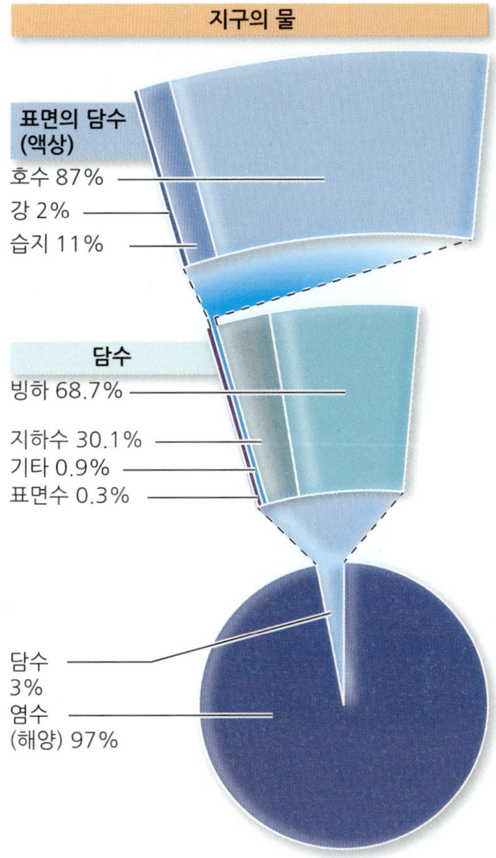

그림 14.16 지구상의 물 분포

는 깊은 지하수원이 형성된다. 대수층의 물은 매우 천천히 순환하며 지표수의 중요한 보충원이다. 온천, 간헐천, 그리고 열수구를 통해 표면수로 다시 돌아올 수 있으며, 인간이 사용하는 전체 물의 1/4에 해당하는 주요 공급원이다.

물 순환에서 물의 총량은 수백만 년에 걸쳐 변하지 않았지만, 그 분포와 질은 인간 활동에 의해 크게 변경되었다. 대수층에서 2가지 심각한 문제가 발생했다. 첫째, 우물 시추, 토지 개발과 지속적인 지역적 가뭄이 증가하여 많은 지역의 대수층이 고갈되는 만큼 빠르게 보충되지 않았다. 이 저장소는 전 세계 여러 곳에서 사용됨에 따라 인간은 파이프라인, 댐과 저수지 같은 다른 전달 방법을 사용해야 하는데, 이는 물 순환을 더욱 방해할 수 있다. 둘째, 물은 공기를 통해 떨어지거나 지면에 스며들 때 물질을 흡수하기 때문에 대수층은 오염물질이 축적되는 중요한 장소이기도 하다. 수자원의 적절한 관리는 금세기의 가장 큰 과제 중 하나이다.

해양 환경

해양은 염분, 깊이, 온도, 정수압 및 혼합에 있어서 극심한 변화를 보인다. 그럼에도 불구하고, 해양에는 세균뿐 아니라 매우 많은 바이러스가 서식하고 있다는 것을 최근에서야 알게 되었다. 2004년 인간유전체프로젝트의 리더 중 한 명인 벤터(J. Craig Venter)는 100피트급 요트를 타고 지구 해양 생태계 전체의 DNA 프로파일을 결정하기 위해 출항했다. 그의 연구팀은 2년 이상 전 세계를 항해하며 해양 시료를 수집했다. 마침내 그들은 6백만 개의 새로운 유전자와 수천 개의 새로운 단백질을 발견함으로써 현재까지 알려진 단백질의 수를 2배로 늘렸다. 물론 단백질은 세포의 거의 모든 활동을 담당한다.

또 다른 과학 항해 원정이 약 10년 동안 진행되었다. 타라 원정대(Tara Expedition)는 전 세계 연구실에서 참여하는 프랑스 프로젝트이다. 스쿠너라는 돛단배를 사용하여 해양을 여행하며 시료를 수집하고 최신 기술로 분석한다(**그림 14.17**). 해양의 바이러스에 관해 소개하는 도입부 기사의 자료는 이 배에서 수집한 것이다. 원정대는 해양과 인류,

그림 14.17 타라 원정대의 스쿠너

© Fred Tanneau/AFP/Getty Images

해양과 생물 다양성, 해양과 기후 등 3가지 주제에 대해 수많은 새로운 발견과 중요한 정보를 얻었다.

우리는 높은 염분이 미생물 생장을 제어하기 위한 효과적인 물리적 수단이라는 것을 알고 있다. 사해는 염분이 거의 35%인 초고염수로, 미생물학자들은 미생물 생명체가 전혀 없을 것으로 믿었다. 따라서 생물의 생존이 어려운 사해에서 생장하는 미생물을 발견한 것은 매우 충격적이었다. 미생물의 대부분은 내염성 고세균으로 확인되었다. 해양에는 밀리리터당 약 천만 개의 바이러스가 포함되어 있다. 이들 바이러스의 대부분은 박테리오파지이므로 인간에게는 위험하지 않지만 세균에 기생하므로 세균 집단에 대한 자연 제어 기작인 것으로 보인다. 또한 세균의 용해는 바다에서 양분의 전환에 중요한 역할을 한다. 그러나 진화론적인 관점에서, 흥미로운 발견이 이루어졌다. 대양은 인류에게 알려진 가장 광범위한 유전자 풀이며, 자연-공학(nature-engineered) 유전자의 가상의 툴박스이다. 박테리오파지는 많은 미생물 유전자를 교환할 수 있기 때문에, 생존력을 높일 수 있는 새로운 형질을 획득하는 능력은 바이러스의 생물학 및 진화에서 중요한 역할을 한다. 한 예로서, 과학자들은 숙주인 시아노박테리아의 빛흡수능력을 바꿀 수 있는 유전자가 시아노파지(cyanophage)에 포함되어 있음을 발견했다. 이는 박테리오파지가 환경에서 미생물로부터 획득한 유

들여다보기 14.2 마이크로바이옴 : 새로운 온천 바이러스가 물방울로 이동한다

온천은 독특한 고온의 환경을 나타내며, 낮은 pH의 물에는 *Acidianus*, *Metallosphaera*, *Stygiolobus*, *Sulfolobus*, *Sulfurococcus* 및 *Sulphurisphaera*를 포함한 다양한 고세균이 서식하고 있다. 최근까지 이러한 독특한 생물을 감염시키는 바이러스에 대해서는 알려진 바가 거의 없었다. Bozeman의 Montana State University(MSU)의 연구원들은 옐로스톤국립공원의 온천과 일본과 아이슬란드의 온천에서 *Sulfolobus*에 감염되는 바이러스를 연구했다. 이 바이러스는 *Fueslloviridae* 과에서 유래되었으며 바이러스에 감염된 고세균에서만 발견되는 독특한 스핀들 또는 "레몬" 모양을 가지고 있다. 연구원들은 최대 20마일 떨어진 온천 사이에서 이 바이러스의 이동 패턴을 발견했으며, 바이러스가 온천에서 나오는 증기의 물방울로 이동했을 것으로 추정했다. 연구원들은 바이러스의 공기를 통한 이동이 러시아, 아이슬란드, 일본의 온천에서 발견된 거의 동일한 바이러스가 옐로스톤공원에서 어떻게 나타나는지를 설명할 수 있다고 가정했다.

© Creatas RF/Punchstock RF

MSU 연구자들은 고세균에 감염된 이 바이러스를 연구하면서 또 다른 놀라운 발견을 했다. 온천 바이러스의 메타유전체 분석 결과 현재까지 알려진 모든 RNA 바이러스와 완전히 관련이 없는 고세균의 양성 가닥(positive-strand) RNA 바이러스가 밝혀졌다. 지금까지 발견된 고세균에 감염된 유일한 바이러스는 dsDNA 바이러스였다. 고세균에서 이러한 새로운 양성가닥 RNA 바이러스의 발견은 진핵세포를 감염시키는 RNA 바이러스의 기원을 밝히는 데 도움이 될 것이다. 과학자들은 고세균과 기생 바이러스를 분리하여, 고세균과 진핵생물의 RNA 바이러스 사이의 연관성을 찾기 위해 실험실에서 더 자세히 연구하고 있다.

출처: 2012. J. Virol. vol. 86, no. 10, p. 5562.

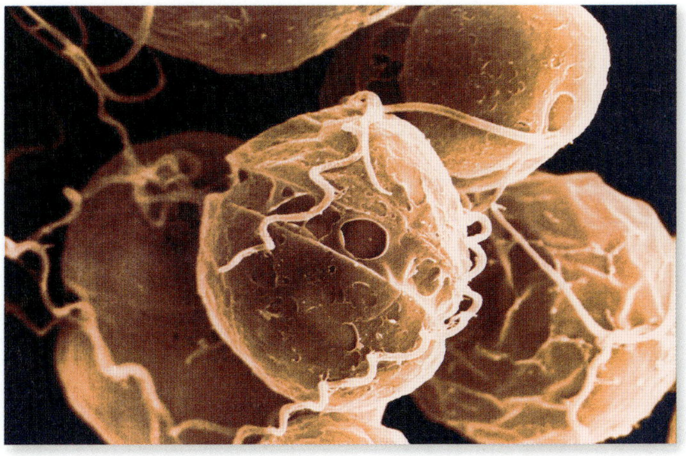

(a)

(b)

(c)

그림 14.18 적조 (a) 쌍편모조류(dinoflagellates, 사진은 *Gymnodinium*)라는 단세포 홍조류. 영양분이 많고 따뜻한 바닷에서 적조를 일으키며 붉은색 또는 갈색이다. (b) 적조의 한 가운데에 있는 캘리포니아 해안선 (c) 플로리다 해변에서 발생한 적조로 인해 폐사한 어류

(a) © David M. Phillips/Science Source; (b) © Carleton Ray/Science Source; (c) © J. G. Domke/Alamy RF

전자를 사용하여 숙주의 광합성 속도를 높일 수 있음을 의미한다. 그런데 그 이유는 무엇일까? 그 이유는 생존과 관련되며, 좀 더 구체적으로는 에너지와 관련되어 있다. 실험에 따르면 광합성의 증가는 파지가 생활주기를 완성하는 데 필요한 에너지를 제공한다. 해양 바이러스의 복잡성을 완전히 밝혀내는 데 수년이 걸릴 것이지만, 이러한 연구 과정에서 훨씬 더 흥미로운 정보가 나타날 것이다.

해양에 서식하는 일부 미생물은 해안선 주변에 주기적으로 **적조**를 일으킨다(**그림 14.18**). 과학자들은 이것을 유해 적조(harmful algal bloom, HAB)라고 한다. 환경적 요인으로 인해 조류의 수가 증가하여 먹이 사슬에서 먼 곳에 있는 생물의 먹이는 증가하지만, 어류, 패류, 해산물을 섭취하거나 수영하는 사람에게 해를 끼칠 수 있는 독소를 생산하기도 한다. 어떤 조류는 강력한 근육 독소를 생산하며, 여과 섭식을 통해 패류에 농축될 수 있다. 인간이 독소가 들어 있는 조개, 홍합 또는 굴을 먹으면 마비를 일으키는 패류 중독을 일으킨다. 플로리다 해안은 빈번한 적조와 갈조가 발생하는 지역이다. 이러한 사건들에 관련된 의학적 불만의 대부분은 독소의 에어로졸화로 인한 호흡기 자극이다.

바다에 떠다니는 플라스틱의 양이 엄청나고 생태에 크게 악영향을 미친다는 인식이 부각되기 시작했으며, 이러한 지역을 **플라스틱권**(plastisphere)이라고 한다. 해양 표면의 88%가 미세 플라스틱 입자로 덮여 있는 것으로 추정된다. 해양의 플라스틱 입자는 바다의 미생물에게 일종의 장애물이 되어 햇빛이 바다에 도달하는 것을 막을 수 있으며 무척추 동물과 어류의 생존에 위협이 되고 있다. 연구원들은 플라스틱 제거 방법뿐만 아니라 해양생태계의 불균형을 야기하는 원인도 조사하고 있다.

담수 군집

담수 환경은 엄청난 미생물의 활동 장소이다. 미생물의 분포는 햇빛, 온도, 산소 수준 및 양분 가용성과 관련이 있다. 가장 상층부는 물의 흐름에 의해 떠다니는 부유성 미생물 군집인 **플랑크톤**(plankton)이 서식하고 있기 때문에 가장 생산적인 자립(self-sustaining) 지역이다. 이 군집의 주요 구성원은 다양한 광합성 조류와 시아노박테리아를 포함하는 식물플랑크톤(phytoplankton)이다. 식물플랑크톤은 여과, 섭식, 포식, scavenge하는 원생동물과 무척추동물 같은 미세소비자로 이루어진 **동물플랑크톤**(zooplankton)에게 양분을 공급한다. 플랑크톤은 더 큰 무척추동물과 어류 같은

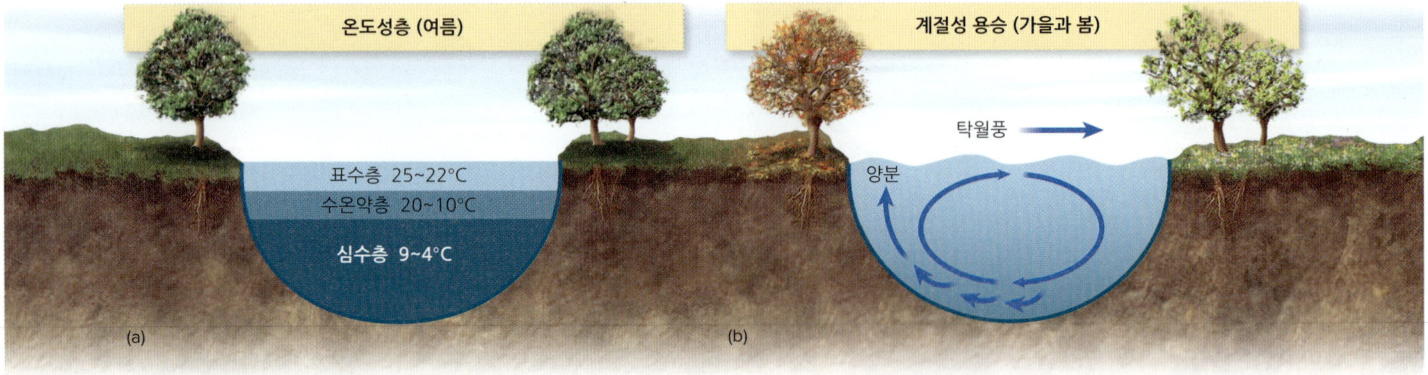

그림 14.19 호수의 단면 (a) 여름 동안에는 호수가 3가지 주요 온도층으로 안정화된다. (b) 가을과 봄 동안, 물이 차가워지거나 따뜻해지면 온도층이 교란되고 바닥의 퇴적물에서 영양분이 용승한다.

상위 영양 단계의 생물에게 먹이를 제공한다. 양분함량이 높은 더 깊은 지역에서도 수생식물, 호기성 세균 및 유기 잔재물의 재순환에 관련된 혐기성 세균을 포함하는 다양한 생물들이 높은 밀도로 서식한다.

특히 여름 동안 정수는 깊이에 따른 온도 구배 또는 온도 성층화(thermal stratification)를 야기한다(**그림 14.19**). **표수층**(epilimnion)이라고 불리는 상층부가 가장 따뜻하며, 더 깊은 수역인 **심수층**(hypolimnion)은 차갑다. 2개의 층 사이에는 일반적으로 두 층의 물이 혼합되는 것을 막는 완충 구역인 **수온약층**(thermocline)이 있다. 1년에 두 번, 봄의 온난화순환(warming cycle)과 가을의 냉각순환(cooling clcel) 동안, 물기둥의 온도 변화로 수온약층이 깨져 두 층의 물이 혼합된다. 혼합은 층화를 방해하고 퇴적물에서 영양분을 끌어 올리는 흐름을 생성한다. **용승**(upwelling)이라고 하는 이 과정은 특정 미생물군의 활동 증가와 관련이 있다. 산소는 물에 잘 녹지 않으며 플랑크톤에 의해 빨리 소모되고 또 광합성을 통해 생성하므로 산소 농도는 표수층에서 가장 높고, 바닥에서 가장 낮은 구배를 형성한다. 일반적으로, 용해 가능한 산소의 양은 온도에 의존한다. 표면의 따뜻한 층은 더 낮은 수준의 산소를 용해하는 경향이 있다. 그러나 물의 모든 특성 중 양분함량에서 가장 큰 차이가 발생한다. 양분이 부족한 수생 생태계를 **빈영양**(oligotrophic)이라고 한다. 이러한 양분이 부족한 지역에서 살 수 있는 종은 *Hyphomicrobium*과 *Caulobacter*이다. 이 세균은 빈영양 서식지에 존재하는 소량의 탄화수소도 포획하는 특별한 줄기(stalk)를 가지고 있다. 수생 생태계에 과도한 양의 양분을 첨가하는 경우, **부영양화**(eutrophication)라고 하며 생물 군집에 혼란을 일으킨다. 따뜻한 온도와 함께 풍부한 양분이 갑자기 유입되면 바다의 적조와 유사하게 시아노박테리아와 조류의 대량발생(대발생)을 야기한다(**그림 14.20**). 이 두꺼운 생물량 층은 호수 아래로의 산소 공급을 효과적으로 차단한다. 표면 아래의 산소 함량은 유기물을 활발하게 분해하는 호기성 종속영양생물에 의해 모두 고갈된다. 산소 부족은 군집의 생태적 균형을 크게 방해한다. 이는 절대 호기성 미생물(어류, 무척추 동물)의 급격한 소멸을 일으키며, 혐기성 또는 조건부혐기성 미생물만이 생존하게 될 것이다. 이는 산업 폐기물과 생활하수에 포함된 세제가 수계로 유입되거나 퇴비와 비료가 풍부한 밭의 침출수에 의해 유발되며, 복원에는 오랜 시간이 걸릴 수 있다.

그림 14.20 부영양화 연못의 수표면에서의 조류와 시아노박테리아의 대발생

14.3 학습 평가

12. 환경의 메타유전체분석을 수행하는 데 사용되는 기본 과정을 설명할 수 있다.
13. 토양에서 일어나는 2가지 중요한 공생관계를 나열할 수 있다.
14. 물의 순환을 다이어그램으로 나타낼 수 있다.
15. 메타유전체 시료 채취가 깊은 지하 및 해양 미생물학에 대한 견해를 어떻게 바꾸었는지 토론할 수 있다.
16. 호수 등 흐르지 않는 정체수의 성층화 현상을 설명할 수 있다.
17. 부영양화를 정의하고 미생물이 어떻게 수생생물에 영향을 미치는지 설명할 수 있다.

14.4 "하나의 건강" 개념

인간의 건강, 동물의 건강, 그리고 환경의 건강은 서로 불가분의 관계이며 지구상의 모든 생물의 건강은 연결되어 있다는 것은 분명하다. 과학자들은 이 개념을 **하나의 건강**(one health)이라고 부르고 생물권에서 상호작용하는 세 부분, 즉 환경, 인간, 그 외의 동물을 강조한다. 여기서는 미생물이 인간 숙주, 동물 숙주 및 환경 저장소 사이를 순환하는 것으로 추론할 수 있다. 환경의 변화는 병원체가 이전에 노출되지 않았던 동물과 인간에게 감염될 수 있도록 한다.

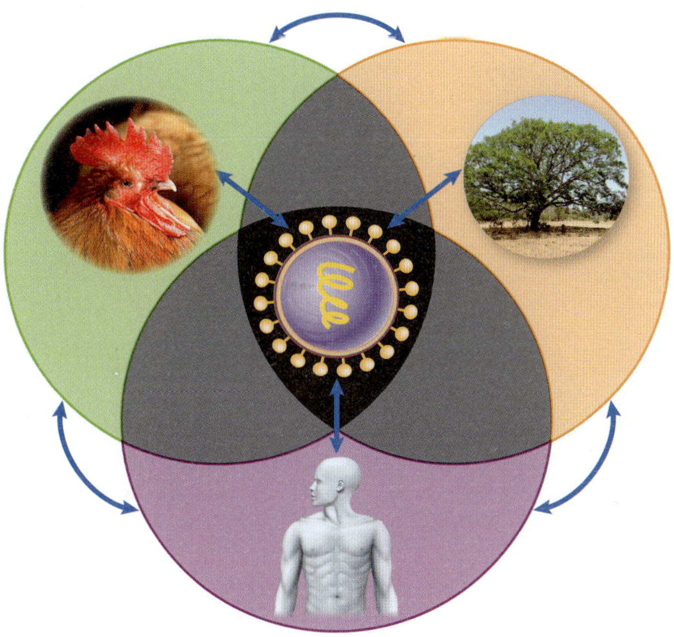

그림 14.21 하나의 건강
(rooster) © Pixtal/age fotostock; (tree) © OGphoto/Getty Images

3개의 겹치는 구형으로 시각화하면 하나의 건강을 이해하기 쉬울 수 있다(**그림 14.21**). 구형 중 하나가 변화하면 다른 구형에 영향을 미치며, 계속해서 다른 구형에 영향을 주고 받는다. 다른 동물 숙주와 다른 환경 조건에서 미생물이 혼합되면 새롭고 잠재적으로 위험한 병원체의 진화로 이어질 수 있다. 특히 인간 활동은 생태적 교란과 동물의 이동을 통해 전염병의 출현을 촉진할 수 있다. 이것은 일부 미생물에서 자주 발생한다.

1990년대에 급성호흡기 질환의 무서운 발발을 통해 우리는 한타바이러스를 알게 되었다. 이 바이러스의 숙주인 사슴쥐가 증가하여 갑자기 인간에게 질병을 일으키기 시작했다. 사슴쥐 개체군은 1993년에 폭발적으로 성장했는데, 전문가들은 이전 몇 년 동안의 가뭄 이후 그 해에 발생한 엘니뇨와 관련된 폭우를 원인으로 생각했다. 폭우는 동시에 뱀, 올빼미, 코요테와 같은 사슴쥐 포식자의 수를 감소시켰으며, 쥐가 가장 좋아하는 먹이인 피논넛의 성장을 증가시켰다. 사슴쥐의 개체수가 증가함에 따라 사람들의 쥐 배설물 접촉이 증가하였으며, 흡입으로 인한 인간 호흡기 감염이 발생하였다.

질병과의 연관성

말레이시아 동부에서는 인간의 행동으로 인한 말라리아 감염 사례가 증가하고 있다. 원인은 벌목이다. 말레이시아 동부(보르네오라고도 함)에서 *Plasmodium knowlesi*는 인간 말라리아의 병원체이다. 모기에 의해 전염되는 이 병원체의 숙주는 구세계(Old World) 원숭이의 일종인 짧은꼬리원숭이(macaques)이다. 삼림 벌목은 짧은꼬리원숭이와 모기, 그리고 인간을 훨씬 더 가깝게 하여 인간 말라리아가 증가하게 되었다.

기후 온난화와 같은 환경의 변화는 질병을 옮기는 동물의 서식지(예: 곤충)를 변화시키며 위험에 처한 사람들을 변화시킨다. 현재 북쪽으로 이동하는 지카(Zika)바이러스와 뎅기열 바이러스의 문제는 기온이 약간 상승함에 따라 북쪽으로 이동하는 숙주인 *Aedes aegypticus* 모기 때문이다. 환경이나 사람들이 자주 접촉하는 동물 종류의 변화는 미생물의 숙주 특이성을 서서히 또는 갑작스럽게 바꿀 수 있다.

이 상호 연결의 총합은 새로 등장한 질병의 가속화와 이전에 통제되었던 질병의 재발이다. **표 14.2**는 새로운 질병과 재발한 질병을 모두 나열하고 있다. 이 목록은 2015년 12월 세계보건기구(World Health Organization)가 만

표 14.2 신종 감염성 질병

최근 몇 십 년 내에 새로 인식된 병원체	재발성 병원체	신종 병원균의 2016 WHO 목록
잔잔증(Acanthamebiasis)	*Clostridium difficile*	크림슨콩고 출혈열 (Crimean Congo hemorrhagic fever)
호주박쥐 리사바이러스(Australian bat lyssavirus)	엔테로바이러스 71(Enterovirus 71)	에볼라 바이러스 질병(Ebola virus disease)
바베시아, 비정형(Babesia, atypical)	유행성 이하선염 바이러스(Mumps virus)	마르부르크(Marburg)
Bartonella henselae	*Staphylococcus aureus*	라사열(Lassa fever)
에를리키아증(Ehrlichiosis)	*Streptococcus*, group A	메르스(MERS)
Encephalitozoon cuniculi	크림슨콩고출혈열 (Crimean Congo hemorrhagic fever)	사스(SARS)
Encepalitozoon hellem	Chikungunya	Nipah
Enterocytozoon bieneusi	지카바이러스(Zika virus)	리프트계곡열(Rift Valley fever)
헨드라바이러스(Hendra virus)		치쿤구니아(Chikungunya)
인간 헤르페스바이러스 6(Human herpesvirus 6)		지카바이러스(Zika virus)
인간 헤르페스바이러스 8(Human herpesvirus 8)		
라임병(Lyme disease)		
파르보바이러스 B19(Parvovirus B19)		
에볼라(Ebola)		
마르부르크(Marburg)		
라사열(Lassa fever)		
메르스(MERS)		
사스(SARS)		
니파(Nipah)		
리프트계곡열(Rift Valley fever)		

출처: 세계보건기구

들었으며, 미래에 가장 큰 위협이 되는 전염병을 일으키고, 현재 효과적인 대책이 없는 새로운 질병 목록을 포함하고 있다.

14.4 학습 평가

18. "하나의 건강"을 위해 상호작용하는 3가지 구성 요소의 이름을 나열할 수 있다.
19. 환경의 변화에 의해 영향을 받아온 인간 질병의 사례 한 가지를 제시할 수 있다.

현미경으로 본 세상 — 논평

© Shutterstock/AstroStar RF

해양의 바이러스 수와 종류에 관한 이 기사는 직설적이다. 이 기사에서 의도한 메시지는 연구원들이 전 세계 해양에서 5,000종 이상의 바이러스를 처음으로 발견했다는 새로운 정보를 전하는 것이다. 비판적 읽기에는 생물학적 타당성을 점검하는 것을 포함한다. 예를 들어, 지금까지 이 정보를 몰랐는가? 그렇다. 이 기사에서 바이러스는 정확한 숙주(특정 세균 또는 더 높은 생물)가 필요하고 과학자들은 바이러스의 숙주를 모르기 때문에 실험실에서 바이러스를 배양할 수 없었다. 이는 좋은 설명이다. 나는 바닷물에 있는 바이러스의 개수를 친구들에게 이야기하면서 이러한 사실을 설명하고, 바로 이어서 바이러스가 해양에서 수적으로 다른 생명체들에 비해 훨씬 많지만 과학자들은 실제로 자신들이 무엇을 하고 있는지 알지 못한다고 이야기할 것이다. 많은 사람들은 과학에 답이 없는 질문이 너무 많다는 사실을 이해하지 못한다. 나는 이 기사에 A⁺를 줄 것이다.

출처: *Quanta Magazine*, "Scientists Map 5,000 New Ocean Viruses", 2015년 5월 21일 게시된 온라인 기사.

단원 요약

14.1 생태학: 상호 연결된 생명의 그물

- 생태학 연구에는 지구의 생물 및 무생물 요소가 모두 포함된다.
- 생태계는 특정 서식지에 사는 생물 개체군의 조직이다. 환경 생태계는 생존을 위해 지속적인 외부 에너지원과 토양, 물, 공기로 구성된 무생물 서식지가 필요하다.

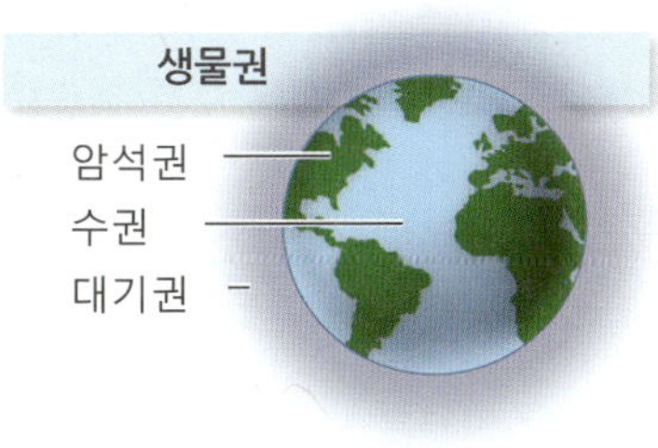

- 생물 군집은 먹이그물이라는 에너지와 영양 관계의 패턴을 보여주는 2생물종 이상의 개체군으로 구성된다. 미생물은 모든 생태계에서 필수적인 생산자와 분해자이다.

14.2 생체원소의 자연적 재순환

- 군집과 생태계에 필요한 영양분과 무기질은 지속적으로 재순환되어야 한다. 생물지화학 순환에서는 원소를 무기물에서 유기물의 형태로 변환시킨 후 재순환시킨다. 많은 양분을 한 형태에서 다른 형태로 변환하려면 특정 미생물이 필요하다.

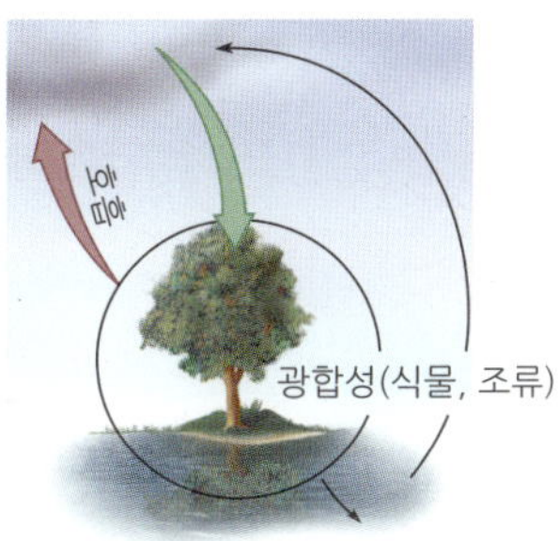

- 다양한 형태로 순환하는 모든 생태계에 중요한 원소는 탄소, 질소, 황, 인이다.

14.3 육상 및 수중 미생물

- 지구의 육지, 물, 대기에는 우리가 상상했던 것보다 많은 미생물이 서식하고 있다. DNA 서열분석법인 메타유전체학을 통해 환경 시료에서 엄청난 수의 미생물을 발견했다.
- 암석권은 무기질이 풍부한 암석이 토양 군집의 기반이 되는 유기 부식질로 분해되는 생태계이다.

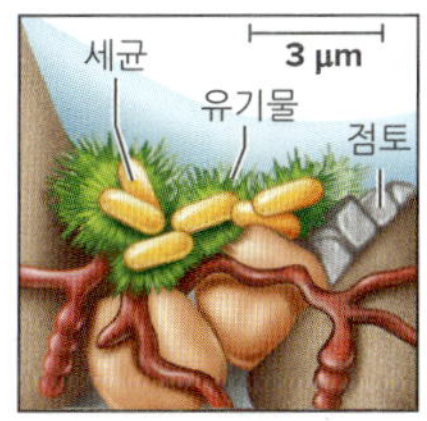

- 육지와 바다의 표면 아래 깊은 곳에는 다양한 대사 능력을 가진 풍부한 미생물이 서식하고 있다.
- 수생생물 군집의 먹이그물은 식물플랑크톤과 동물플랑크톤을 기반으로 한다. 수생생물 군집의 본질은 온도, 깊이, 무기질과 각 구역에 존재하는 빛의 양에 따라 다르다.
- 바다에는 밀리리터당 수백만의 미생물이 서식하고 있다. 박테리오파지가 풍부하며 해양 생태계에서 중요한 역할을 한다.
- 담수 및 해양 생태계의 부영양화는 과도한 영양소의 첨가로 인해 발생하며, 해당 생태계에 큰 혼란을 초래한다.

14.4 "하나의 건강" 개념

- "하나의 건강"은 미생물, 환경 및 인간을 포함한 동물의 상호 관련성을 나타내는 개념이다.
- 하나의 건강의 3가지 구성 요소 중 하나를 변경하는 인간 활동은 질병역학에서 의도하지 않은 결과를 유발할 수 있다.
- 기후의 온난화로 인해 모기가 매개하는 질병이 북쪽으로 퍼져 나가는 것은 확실히 기후온난화 사례에 해당된다.

객관식 문제(선다형 문제와 OX 문제) | 블룸 1단계 및 2단계: 기억과 이해

선다형 문제 – 제시된 보기에서 답을 고르시오.

1. 다음 중 생물권의 주요 부분이 아닌 것은 무엇인가?
   a. 수권　　b. 암석권
   c. 성층권　　d. 대기권
2. __________은/는 주어진 서식지를 공유하는 개체군의 집단으로 정의된다.
   a. 생물권　　b. 군집
   c. 생물군계　　d. 생태계
3. 에너지 피라미드의 하위 수준에서 상위 수준으로 갈수록 사용 가능한 영양소의 양은 어떻게 변화하는가?
   a. 증가한다.
   b. 감소한다.
   c. 안정적으로 유지된다.
   d. 주기적으로 변화한다.
4. 다음 중 온실 가스로 간주되는 것은 무엇인가?
   a. CO_2　　b. CH_4
   c. N_2O　　d. 모두
5. 뿌리혹에는 __________가 포함되어 있으며 __________할 수 있다.
   a. *Azotobacter*, N_2를 고정
   b. *Nitrosomonas*, NH_3^-를 질화작용
   c. rhizobia, N_2를 고정
   d. *Bacillus*, NO_3^-를 탈질
6. 퇴적물에 주로 존재하는 무기물 저장소에는 어떤 원소가 있는가?
   a. 질소　　b. 인
   c. 황　　d. 황과 인
7. 환경의 미생물은 어떻게 동정할 수 있는가?
   a. 배양
   b. 마이크로어레이
   c. 클로닝 및 염기서열분석
   d. 대용량 염기서열분석
8. 육지, 바다 및 대기의 유전체 분석 결과를 통해서 알 수 있었던 것은?
   a. 우리가 예상했던 것보다 더 많은 동물들이 있다.
   b. 우리가 예상했던 것보다 적은 수의 미생물이 있다.
   c. 바다에는 우리가 예상했던 것보다 생물이 훨씬 더 적다.
   d. 미생물은 우리가 상상하지 못한 곳에서 번식한다.
9. 환경에 있는 미생물에 대해 적절히 표현한 것은?
   a. 표면의 생물막에 살고 있다.
   b. 개별 생장하며 플랑크톤 생활을 한다.
   c. 실험실에서는 배양할 수 없다.
   d. b와 c
10. 최근 연구에 따르면 ______________
    a. 광합성의 100%가 식물에 의해 이루어진다.
    b. 바이러스는 세균의 광합성을 증가시킬 수 있다.
    c. 태양은 광합성을 위한 유일한 에너지원이 아니다.
    d. 위의 모두 사실이 아니다.

OX 문제 – 다음 문장 내용이 옳으면 O, 틀리면 X로 표기하고 틀린 내용을 올바르게 수정하시오.

11. 순수배양은 생물권에서 매우 흔하다.
12. 전 세계의 해양에는 모든 종류의 생물을 합한 것보다 더 많은 바이러스가 있다.
13. 모든 질소 화합물의 생산은 질소 고정이라 하는 과정에서 시작한다.
14. 플라스틱권은 해수를 모을 때 사용하는 특수한 공이다.
15. 우리가 아는 범위 내에서, 모든 미생물은 여러 종으로 이루어진 군집으로만 존재한다.

객관식 문제(선다형 문제와 OX 문제) 답

Chapter 1

1. d
2. d
3. d
4. a
5. c
6. c
7. c
8. d
9. 1st col:
   3, 7, 4, 2
   2nd col:
   8, 5, 6, 1
10. c
11. F: 같은 목보다 하위분류체계인 같은 과에 속한 생물들 사이의 유연관계가 더 깊다.
12. F: 원핵생물과 진핵생물이 각각 독립적으로 출현하였다.
13. T
14. T
15. T

Chapter 2

1. c
2. c
3. b
4. d
5. c
6. b
7. b
8. c
9. a
10. b
11. T
12. F: 두 원소가 전자를 공유하는 결합이 공유 결합이다.
13. F: 유기화합물이란 탄소와 수소가 다양한 조합으로 결합된 물질이다.
14. T
15. F: 막의 주요 구성 성분은 인지질이라는 고분자 물질이다.

Chapter 3

1. b
2. c
3. b
4. b
5. c
6. c
7. a
8. b
9. ab, df, abf, ef, af, bc, ef, bf
10. c or d
11. F: 한천은 미생물에 의해 쉽게 분해되지 않는 반면, 젤라틴은 분해된다.
12. T
13. F: 현미경 관찰 시 상의 선명성을 결정하는 주요인은 해상도이다.
14. F: 살아 있는 표본 관찰에는 위상차 현미경이나 간섭 대비 현미경이 적합하다.
15. F: 세균이 가진 두꺼운 캡슐은 음성 염색을 하면 잘 보인다.

Chapter 4

1. d
2. c
3. a
4. c
5. b
6. d
7. b
8. d
9. b
10. c
11. F: 그람양성균과 그람음성균의 가장 큰 차이는 세포외막의 유무이다.
12. F: 두 세균종 사이의 진화적 유연관계를 연구할 때 유용한 참고 서적은 《Bergey's Manual of Systematic Bacteriology》이다.
13. T
14. T
15. T

Chapter 5

1. b
2. d or e
3. d
4. b
5. b
6. d
7. d
8. b
9. c
10. a
11. T
12. T
13. F: 원생동물의 생활사에서 영양체 상태와 피낭 상태 모두 감염성이 있다.
14. F: 병원성 진균은 인간의 피부나 점액성 막들을 감염시킨다.
15. F: 진균은 일반적으로 유기물 소화(분해)로 자신이 필요한 양분을 얻는다.

Chapter 6

1. c
2. d
3. d
4. a
5. a
6. b
7. d
8. a
9. 그림 6.4 참조
10. 광견병, 구순허피스, 생식기 근종, 볼거리(유행성이하선염)
11. T
12. F: 캡시드는 캡소머로 구성되어 있다.
13. F: 동물성 바이러스의 외피는 숙주세포의 세포막이나 핵막에서 유래한다.
14. F: 동물성 바이러스의 핵산이 침투과정을 통해 숙주세포로 들어온다.
15. T

Chapter 7

1. a
2. a
3. c
4. b
5. a
6. a
7. b
8. c
9. c
10. b
11. F: 막을 통과하는 물질의 능동수송에는 에너지가 소모된다.
12. T
13. T

14. F: 절대호염성균의 생장에는 고농도의 염이 요구된다.
15. T

Chapter 8

1. a
2. d
3. d
4. b
5. b
6. b
7. a
8. b
9. c
10. c
11. T
12. T
13. F: 발효에 의해 생성된 에너지량은 산소호흡에 비해 적다.
14. T
15. F: 체외효소는 세포 내에서 생성되어 세포 밖으로 배출된다.

Chapter 9

1. b
2. b
3. b
4. c
5. b
6. a
7. b
8. d
9. b
10. c
11. F: DNA의 염기쌍은 수소 결합에 의한다.
12. F: 일부의 변이는 유해하지만 대부분의 변이는 중립적이거나 이롭다.
13. T
14. F: mRNA는 DNA 주형가닥의 전사에 의한 것이다.
15. T

Chapter 10

1. c
2. a
3. a
4. d
5. b
6. c
7. c
8. d
9. a
10. d
11. F: PCR의 합성단위는 amplicon이다.
12. T
13. F: 450 bp 크기의 DNA 조각이 2,500 bp 크기의 조각보다 홈으로부터 더 멀리 양극쪽으로 이동한다.
14. T
15. F: 플라스미드와 박테리오파지는 흔히 사용되는 클로닝 벡터이다.

Chapter 11

1. c
2. a
3. c
4. b
5. d
6. b
7. d
8. d
9. a
10. b
11. T
12. F: 고압증기멸균기를 이용해 멸균할 경우 온도와 압력의 조합은 121℃, 15 psi이다.
13. F: 이온화(=전리) 방사선은 원자에서 전자가 이탈하면 발생한다.
14. T
15. F: 프리온은 열에 의해 쉽게 변성되지 않는다.

Chapter 12

1. b
2. c
3. b
4. d
5. b
6. d
7. a or b
8. c
9. c
10. b
11. F: 대부분의 항바이러스제는 바이러스의 핵심적인 활성을 차단한다.
12. F: 설폰아미드는 folic산 합성을 못하게 한다.
13. T
14. T
15. F: 병원균이 항생제에 민감하게 반응하지 않으면 그 약제에 내성이 있는 것이다.

Chapter 13

1. b
2. a
3. b
4. c
5. c
6. b
7. a
8. a
9. d
10. c
11. T
12. T
13. T
14. F: 미생물의 출처가 병원 시료이면 주의 깊게 그 실체를 파악해야 한다.
15. T

Chapter 14

1. c
2. b
3. b
4. d
5. c
6. d
7. d
8. d
9. d
10. b
11. F: 자연계에는 순수배양 상태의 미생물이 거의 존재하지 않는다.
12. T
13. T
14. F. 플라스틱의 남용으로 바다에 떠다니는 수많은 플라스틱의 합을 'plastisphere'라는 신조어로 부른다.
15. T

찾아보기

ㅈ

ㅊ

ㅋ

▶ **역자 소개**

감수

이영옥 대구대학교 생명과학과

역자

강윤중 중원대학교 의생명과학과
고관수 성균관대학교 의과대학 기초의학
엄안흠 교원대학교 생물교육과
이경열 전북대학교 치의예과
이동선 제주대학교 생명공학부
이미령 대구대학교 식품영양학과
이준식 조선대학교 생명과학과
이중재 강원대학교 화학·생화학부
이효정 군산대학교 생물학과
한송이 목원대학교 미생물생명공학과

5판
COWAN
미생물학 에센스

2020년 8월 24일 5판 인쇄
2020년 8월 31일 5판 발행

지은이 Marjorie Kelly Cowan·Heidi Smith
감　수 이영옥
옮긴이 강윤중·고관수·엄안흠·이경열·이동선
이미령·이준식·이중재·이효정·한송이
펴낸이 류원식
펴낸곳 **교문사**
편집팀장 모은영
책임편집 안영선
디자인 신나리
본문편집 홍익m&b

주소 (10881) 경기도 파주시 문발로 116
전화 031-955-6111
팩스 031-955-0955
홈페이지 www.gyomoon.com
E-mail genie@gyomoon.com
등록번호 1960.10.28. 제406-2006-000035호
ISBN 978-89-363-1986-1(93470)
값 32,000원